微孢子虫 机会性病原体

Microsporidia　Pathogens of Opportunity

主　编　Louis M. Weiss
　　　　James J. Becnel

主　译　潘国庆　西南大学
副主译　李春峰　西南大学
　　　　李　田　西南大学
　　　　刘同宝　西南大学
　　　　陈　洁　西南大学

译　者
　　　　潘国庆　西南大学
　　　　李春峰　西南大学
　　　　李　田　西南大学
　　　　刘同宝　西南大学
　　　　陈　洁　西南大学
　　　　韦俊宏　西南大学
　　　　党晓群　重庆师范大学
　　　　龙梦娴　西南大学
　　　　马振刚　重庆师范大学
　　　　刘含登　重庆医科大学
　　　　包佳玲　西南大学
　　　　李　治　重庆师范大学
　　　　向　恒　西南大学
　　　　黄　为　重庆市疾病预防控制中心
　　　　杨东林　重庆文理学院
　　　　韩　冰　西南大学
　　　　李致宏　西南大学
　　　　宋　跃　西南大学
　　　　孟宪志　西南大学
　　　　马　强　重庆三峡医药高等专科学校
　　　　黄宇康　西南大学
　　　　刘方燕　西南大学
　　　　罗　波　遵义医科大学

高等教育出版社·北京

图字：01-2016-9970 号

Microsporidia: Pathogens of Opportunity
Edited by Louis M. Weiss, James J. Becnel/ISBN9781118395226

Copyright ©2014 by John Wiley & Sons, Inc.

图书在版编目（CIP）数据

微孢子虫：机会性病原体 /（美）路易斯·M. 韦斯 (Louis M. Weiss)，（美）詹姆斯·J. 贝克内尔 (James J. Becnel) 著；潘国庆主译 . -- 北京：高等教育出版社，2020.2

书名原文：Microsporidia: Pathogens of Opportunity

ISBN 978-7-04-047765-8

Ⅰ . ①微… Ⅱ . ①路…②詹…③潘… Ⅲ . ①微孢子目 Ⅳ . ① Q959.115

中国版本图书馆 CIP 数据核字（2017）第 138015 号

郑重声明

反盗版举报电话　（010）58581999　58582371　58582488
反盗版举报传真　（010）82086060
反盗版举报邮箱　dd@hep.com.cn
通信地址　北京市西城区德外大街4号　高等教育出版社法律事务与版权管理部
邮政编码　100120

防伪查询说明

用户购书后刮开封底防伪涂层，利用手机微信等软件扫描二维码，会跳转至防伪查询网页，获得所购图书详细信息。用户也可将防伪二维码下的20位密码按从左到右、从上到下的顺序发送短信至106695881280，免费查询所购图书真伪。

反盗版短信举报

编辑短信"JB，图书名称，出版社，购买地点"发送至10669588128

防伪客服电话

（010）58582300

策划编辑　吴雪梅　　　责任编辑　高新景　　　特约编辑　郝真真　　　封面设计　赵　阳
责任印制　耿　轩

出版发行　高等教育出版社　　　　　　　　　咨询电话　400-810-0598
社　　址　北京市西城区德外大街4号　　　　网　　址　http://www.hep.edu.cn
邮政编码　100120　　　　　　　　　　　　　　　　　　　http://www.hep.com.cn
印　　刷　北京市密东印刷有限公司　　　　　网上订购　http://www.hepmall.com.cn
开　　本　889mm×1194mm　1/16　　　　　　　　　　　http://www.hepmall.com
印　　张　41　　　　　　　　　　　　　　　　　　　　　http://www.hepmall.cn
插　　页　16
字　　数　1200 千字　　　　　　　　　　　版　　次　2020 年 2 月第 1 版
购书热线　010-58581118　　　　　　　　　印　　次　2020 年 2 月第 1 次印刷
　　　　　　　　　　　　　　　　　　　　　定　　价　160.00 元

本书如有缺页、倒页、脱页等质量问题，请到所购图书销售部门联系调换
版权所有　侵权必究
物料号　47765-00

INTRODUCTION TO CHINESE EDITION

I was honored when my colleagues at State Key Laboratory of Silkworm Genome Biology at Southwest University, Chongqing, China approached me with a request to translate "Microsporidia: Pathogens of Opportunity" into Chinese. There is a great deal of interest in microsporidia throughout Asia as these pathogenic organisms are important pathogens in both sericulture and aquaculture; which are of critical importance as major industries throughout Asia[1]. There is no doubt that this translation will greatly facilitate dissemination of information that has been provided by the experts who contributed to the writing of this book. The need and interest in this translation was evident at the "2016 International Symposium on Intracellular Pathogen and Host (ISIPH2016)" held at Southwest University on October 19th though 21st 2016 (Figure 1). There are now at least 208 recognized genera of microsporidia and this will no doubt expand as other phylogenetic host groups are examined for the presence of these parasites as the number of microsporidia genera and species recognized in each host phylum has a clear correlation to the depth of environmental sampling for these pathogens in each group. Several lines of evidence, including recent genome-scale phylogenies, support that these unicellular obligate intracellular spore forming eukaryotes should be grouped with the Cryptomycota the basal branch of the fungal kingdom (or alternatively as a sister phylum)[2-5]. Recently described microsporidia-like organisms, such as *Mitosporidium daphniae*, *Nucleophaga terricolae* and *Paramicrosporidium*, illustrate that more environmental sampling and genome sequencing will be useful in fully resolving the relationship of microsporidia and fungi, as well as provide critical data on the origin and diversification of microsporidia. Our understanding of the microsporidia continues to evolve and expand driven by the increasing amount of genome data (available at http://microsporidiadb.org/micro/) as well as model systems where the genomes of both the host and microsporidian pathogen have been sequenced, e.g. *Nematocida parisii* /*Caenorhabditis elegans*[6] and *Danio rerio* (zebrafish) /*Pseudoloma neurophili*[7], which facilitate detailed transcriptomic and proteomic studies of host-pathogen relationships. The ability to genetically modify the hosts in these model systems is further advancing our understanding of how microsporidiosis alters host cell physiology. These pathogens can significantly alter host cell physiology as evidenced by the formation of xenomas, alternations in host cell immune responses and juvenilization of infected hosts. We are only beginning to understand the complex relationships of the microsporidia to their various hosts. Genome data on the microsporidia is also providing insights into how microsporidia acquire genes from their hosts, the functioning of the microsporidian genome and the biochemical adaptations that these organisms have undergone[8-9]. Microsporidia have a very unique invasion organelle, the polar tube, which was described over 100 years ago and upon appropriate environmental stimulation rapidly discharges out of the spore, pierces a cell membrane, and serves as a conduit for sporoplasm passage into a host cell. Progress has been made using proteomic approaches on understanding the mechanism of invasion including the role of various polar tube and spore wall proteins, as well as host cell proteins, in the formation and function of the invasion synapse. A major need for research on these pathogens, that has yet to be solved, is the development of transfection systems that would allow the full use of genetic techniques to understand the biology of these pathogens, as have been so successfully utilized in other obligate eukaryotic pathogens. Some microsporidia, such as *Trachipleistophora hominis* and *Nosema bombycis*, have been demonstrated to have the genes required for RNAi, suggesting that this approach could be utilized for this subset of microsporidia[10-11]. I look forward to the fundamental insights into the biology of these ubiquitous intracellular pathogens that are surely to come from researchers in the future.

Dr. Louis M. Weiss
Bronx, New York, USA
November 27, 2016

Figure 1   Photograph of the ISIPH 2016 participants

REFERENCES

[1] Stentiford, G. D., Becnel, J. J., Weiss, L. M., et al. Microsporidia - emergent pathogens in the global food chain. *Trends Parasitol*, 2016, 32:336-348.

[2] James, T. Y., Kauff, F., Schoch, C. L., et al. Reconstructing the early evolution of fungi using a six-gene phylogeny. *Nature*, 2006, 443: 818-822.

[3] James, T. Y., Pelin, A., Bonen, L., et al. Shared signatures of parasitism and phylogenomics unite Cryptomycota and Microsporidia. *Curr Biol*, 2013, 23: 1548-1553.

[4] Haag, K. L., James, T. Y., Pombert, J. F., et al. Evolution of a morphological novelty occurred before genome compaction in a lineage of extreme parasites. *Proc Natl Acad Sci U S A*, 2014, 111:15480-15485.

[5] Corsaro, D., Michel, R., Walochnik, J., et al. Molecular identification of *Nucleophaga terricolae* sp. nov. (Rozellomycota), and new insights on the origin of the Microsporidia. *Parasitol Res*, 2016, 115:3003-3011.

[6] Cuomo, C. A., Desjardins, C. A., Bakowski, M. A., et al. Microsporidian genome analysis reveals evolutionary strategies for obligate intracellular growth. *Genome Res*, 2012, 22:2478-2488.

[7] Ndikumana, S., Pelin, A., Williot, A., et al. Genome analysis of *Pseudoloma neurophilia*: a Microsporidian parasite of

zebrafish (*Danio rerio*). *J Eukaryot Microbiol*, 2017, 64: 18-30.

[8] Alexander, W. G., Wisecaver, J. H., Rokas, A., et al. Horizontally acquired genes in early-diverging pathogenic fungi enable the use of host nucleosides and nucleotides. *Proc Natl Acad Sci U S A*, 2016, 113: 4116-4121.

[9] Corradi, N. Microsporidia: eukaryotic intracellular parasites shaped by gene loss and horizontal gene transfers. *Annu Rev Microbiol*, 2015, 69:167-183.

[10] Paldi, N., Glick, E., Oliva, M., et al. Effective gene silencing in a Microsporidian parasite associated with honeybee (*Apis mellifera*) colony declines. *Applied and Environmental Microbiology*, 2010, 76:5960-5964.

[11] Reinke, A. W. and Troemel., E. R. The development of genetic modification techniques in intracellular parasites and potential applications to Microsporidia. *PLoS Pathogens*, 2015, 11: e1005283.

中文版序

当中国西南大学家蚕基因组生物学国家重点实验室的合作者向我提出要将《微孢子虫：机会性病原体》（*Microsporidia: Pathogens of Opportunity*）一书翻译成中文的时候，我感到十分荣幸和高兴。微孢子虫是一种对全亚洲主要支柱性产业之一的农业和水产养殖业都有重要影响的病原体，在亚洲有着非常重要的研究意义*。毫无疑问此次翻译的工作也将有助于对该病原体科研成果的传播和普及，同时这也是原作者们撰写这本专著的初衷。通过 2016 年 10 月由家蚕基因组生物学国家重点实验室主办的"2016 胞内病原与宿主国际学术研讨会"，我们能更加深刻地体会到翻译这本书的必要性和紧迫性（图 1）。目前已经有 208 个属的微孢子虫被鉴定，毫无疑问这个数目还在随着新感染宿主的发现而增加。一些研究数据包括最新的基因组进化分析结果表明，微孢子虫这种单细胞胞内寄生的真核生物应该与隐真菌门一起归类到真菌界的一个分支内（或者为真菌的姐妹物种）[2-5]。近期鉴定的类似于微孢子虫的微生物如 *Mitosporidium daphniae*、*Nucleophaga terricolae* 以及 *Paramicrosporidium*，表明环境采样和基因组测序数据越多，越有利于阐明微孢子虫与真菌之间的关系，就越能够为研究微孢子虫的起源和多样性提供更加严谨的数据。目前一些模式系统如巴黎杀线虫微孢子虫 / 秀丽隐杆线虫（*Nematocida parisii /Caenorhabditis elegans*）[6]、斑马鱼 / 嗜神经假洛玛孢虫（*Danio rerio/Pseudoloma neurophili*）[7] 等其宿主和微孢子虫的基因组都已测序清楚，对于研究病原体宿主之间的转录组和蛋白质组分析都具有重要的作用。同时随着微孢子虫基因组数据的不断建立和完善，都能够促进我们对微孢子虫的研究和理解。对于模式系统中宿主的基因修饰可以帮助我们进一步理解微孢子虫在宿主细胞内调节其生理活动的机制。这些病原体可以显著改变宿主细胞的生理学特征，这些证据包括形成异物瘤（xenoma）、被感染宿主的免疫反应以及感染宿主的保幼化。对于微孢子虫与其宿主之间复杂的关系我们目前仅仅处于初始研究的阶段，微孢子虫基因组数据可以帮助我们理解微孢子虫如何从它们的宿主获得基因、微孢子虫基因组的功能以及这种病原体在宿主内经历的生化适应性[8-9]。极管是微孢子虫特有的侵染器官，对极管的鉴定可以追溯到 100 多年以前。在合适的环境条件下，极管会以极快的速度由孢子内弹出，并刺入细胞膜将含有孢子细胞核的孢原质注入宿主细胞内。目前利用蛋白质组学的方法研究微孢子虫的侵染机制已经取得了一定的进展，包括对不同的极管蛋白、孢壁蛋白以及宿主蛋白在微孢子虫侵染过程中作用的研究等。目前对于该病原体的研究，最急切需要解决的问题就是转染体系的建立，从而可以允许研究人员能像在其他真核病原体一样利用基因操作技术去研究微孢子虫的生物学特性。目前的研究表明在一些微孢子虫如人气管普孢虫（*Trachipleistophora hominis*）以及家蚕微粒子虫（*Nosema bombycis*）中可以利用 RNA 干涉影响基因的转录，预示着这种方法可能应用到这些微孢子虫属的其他成员中 [10-11]。我期待未来研究者们能够取得更多的微孢子虫研究成果。

Louis M. Weiss 教授
写于纽约布朗克斯
2016 年 11 月 27 日
（潘国庆　译）

*：参考文献和图 1 同 "Introduction to Chinese Edition"

前　言

　　微孢子虫作为一种典型而又引人关注的寄生虫，人们对它的研究已经有超过150年的历史。它之所以受人关注，不仅由于其能够广泛地感染无脊椎动物和脊椎动物，还与其致病力强弱有关。一部分微孢子虫能温和地感染宿主，不引起宿主明显的损伤，而另一部分感染宿主后可引起宿主强烈的病理反应甚至会导致宿主的死亡。同时，微孢子虫能够产生一种结构复杂、单细胞形式的孢子，这也是它引人关注的原因之一。2008年Franzen发表的《微孢子虫研究历史》综述了参与微孢子虫研究的重要学者和他们的相关工作。在微孢子虫相关研究的第一个百年的大部分时间里，微孢子虫并不是主要的研究焦点，学者往往是在研究节肢动物和鱼类时，发现它们会被微孢子虫感染。但也有广为人知的两个例外，这两项研究中，微孢子虫无疑是研究的主要内容：其一是法国微生物学家Pasteur及相关研究人员针对家蚕微粒子虫（*Nosema bombycis*）在家蚕中的研究。其二是Zander及相关研究人员针对西方蜜蜂微粒子虫（*Nosema apis*）在蜜蜂中的研究。该时期还有其他的研究团队对微孢子虫的研究做出了重要的贡献（例如，法国的Leger、Duboscq、Hesse、Thelohan等和德国的Stempell、Weissenberg等），但是Kudo是对微孢子虫开展广泛而深入研究的第一人。尽管Kudo认为自己对于微孢子虫的研究只是个人爱好，但正是由于他对这种"小动物"的痴迷研究，使微孢子虫领域第一本综合性专著——《微孢子虫的生物学和分类学研究》在1924年得以出版，该书对当时微孢子虫相关的文献资料进行了系统的评价。50多年后，Vavra和Sprague在1976年和1977年分别出版了《微孢子虫生物学》和《微孢子虫分类学》，这两本专著仍然是微孢子虫权威性著作。直到1999年《微孢子虫和微孢子虫病》得以出版，书中阐述了脊椎动物和无脊椎动物中寄生的微孢子虫，并且第一次系统性地综述了微孢子虫的分子生物学和系统发育学相关进展。随着微孢子虫基础和分子生物学研究的迅速发展，我们显然需要一本最新修订和内容夯实的微孢子虫专著。本书包括25章，包含了从事微孢子虫研究的进化生物学家、分子生物学家、兽医、昆虫学家、鱼类学家和内科医生对微孢子虫的研究成果。本书致力于为学生、微孢子虫研究领域的年轻学者以及不同学科的微孢子虫生物学家提供全面的微孢子虫知识资源，谨供他们参考和学习。

　　我们可以想象得到，如果Pasteur、Zander、Kudo，以及其他微孢子虫研究领域内的先驱者有机会读到这本书，他们一定会感到兴奋。他们如果了解到目前微孢子虫的发展，我们相信他们一定会非常欣慰。

参考文献：

FRANZEN, C. 2008. Microsporidia: a review of 150 years of research. *The Open Parasitology Journal*, 2, 1–34.

WITTNER, M.，WEISS, LM. 1999 (eds).*The Microsporidia and Microsporidiosis*. ASM Press, Washington, DC.

VAVRA, J.，SPRAGUE, V. 1976. *The Biology of the Microsporidia* (Volume 1); BULLA，LA CHENG，TC (eds) *Comparative Pathobiology*, Plenum Press, New York and London.

VAVRA, J.，SPRAGUE, V. 1977. *Systematics of the the Microsporidia* (Volume 2); BULLA LA Cheng，TC (eds) *Comparative Pathobiology*, Plenum Press, New York and London.

目　录

第 1 章　微孢子虫的结构 ⋯⋯⋯⋯⋯⋯⋯⋯⋯⋯⋯⋯⋯⋯⋯⋯⋯⋯⋯⋯⋯⋯⋯⋯⋯⋯⋯⋯⋯⋯⋯ 1

第 2 章　微孢子虫发育形态学和生活史 ⋯⋯⋯⋯⋯⋯⋯⋯⋯⋯⋯⋯⋯⋯⋯⋯⋯⋯⋯⋯⋯⋯⋯ 67

第 3 章　人感染微孢子虫的流行病学 ⋯⋯⋯⋯⋯⋯⋯⋯⋯⋯⋯⋯⋯⋯⋯⋯⋯⋯⋯⋯⋯⋯⋯⋯ 127

第 4 章　无脊椎动物微孢子虫病的动物流行病学 ⋯⋯⋯⋯⋯⋯⋯⋯⋯⋯⋯⋯⋯⋯⋯⋯⋯ 159

第 5 章　微孢子虫在真核生物进化树中的地位 ⋯⋯⋯⋯⋯⋯⋯⋯⋯⋯⋯⋯⋯⋯⋯⋯⋯⋯ 187

第 6 章　微孢子虫的系统发育 ⋯⋯⋯⋯⋯⋯⋯⋯⋯⋯⋯⋯⋯⋯⋯⋯⋯⋯⋯⋯⋯⋯⋯⋯⋯⋯⋯ 193

第 7 章　微孢子虫基因组结构与功能 ⋯⋯⋯⋯⋯⋯⋯⋯⋯⋯⋯⋯⋯⋯⋯⋯⋯⋯⋯⋯⋯⋯⋯⋯ 209

第 8 章　性和微孢子虫 ⋯⋯⋯⋯⋯⋯⋯⋯⋯⋯⋯⋯⋯⋯⋯⋯⋯⋯⋯⋯⋯⋯⋯⋯⋯⋯⋯⋯⋯⋯⋯ 217

第 9 章　微孢子虫生物化学与生理学特征 ⋯⋯⋯⋯⋯⋯⋯⋯⋯⋯⋯⋯⋯⋯⋯⋯⋯⋯⋯⋯⋯ 229

第 10 章　微孢子虫极管以及孢壁 ⋯⋯⋯⋯⋯⋯⋯⋯⋯⋯⋯⋯⋯⋯⋯⋯⋯⋯⋯⋯⋯⋯⋯⋯⋯ 243

第 11 章　哺乳动物微孢子虫病的免疫学 ⋯⋯⋯⋯⋯⋯⋯⋯⋯⋯⋯⋯⋯⋯⋯⋯⋯⋯⋯⋯⋯ 287

第 12 章　人类微孢子虫病的哺乳动物模型 ⋯⋯⋯⋯⋯⋯⋯⋯⋯⋯⋯⋯⋯⋯⋯⋯⋯⋯⋯⋯ 301

第 13 章　秀丽隐杆线虫和其他线虫中的微孢子虫感染 ⋯⋯⋯⋯⋯⋯⋯⋯⋯⋯⋯⋯⋯ 311

第 14 章　微孢子虫病研究的模式生物——斑马鱼 ⋯⋯⋯⋯⋯⋯⋯⋯⋯⋯⋯⋯⋯⋯⋯⋯ 327

第 15 章　微孢子虫病临床综合征 ⋯⋯⋯⋯⋯⋯⋯⋯⋯⋯⋯⋯⋯⋯⋯⋯⋯⋯⋯⋯⋯⋯⋯⋯⋯ 341

第 16 章　眼微孢子虫病 ⋯⋯⋯⋯⋯⋯⋯⋯⋯⋯⋯⋯⋯⋯⋯⋯⋯⋯⋯⋯⋯⋯⋯⋯⋯⋯⋯⋯⋯⋯ 367

第 17 章　微孢子虫的实验诊断 ⋯⋯⋯⋯⋯⋯⋯⋯⋯⋯⋯⋯⋯⋯⋯⋯⋯⋯⋯⋯⋯⋯⋯⋯⋯⋯ 383

第 18 章　微孢子虫的培养与增殖 ⋯⋯⋯⋯⋯⋯⋯⋯⋯⋯⋯⋯⋯⋯⋯⋯⋯⋯⋯⋯⋯⋯⋯⋯⋯ 415

第 19 章　高等脊椎动物中的微孢子虫 ⋯⋯⋯⋯⋯⋯⋯⋯⋯⋯⋯⋯⋯⋯⋯⋯⋯⋯⋯⋯⋯⋯⋯ 425

第 20 章　鱼类微孢子虫 ⋯⋯⋯⋯⋯⋯⋯⋯⋯⋯⋯⋯⋯⋯⋯⋯⋯⋯⋯⋯⋯⋯⋯⋯⋯⋯⋯⋯⋯⋯ 445

第 21 章　昆虫微孢子虫 ⋯⋯⋯⋯⋯⋯⋯⋯⋯⋯⋯⋯⋯⋯⋯⋯⋯⋯⋯⋯⋯⋯⋯⋯⋯⋯⋯⋯⋯⋯ 471

第 22 章　微孢子虫、蜜蜂和蜂群崩溃失调症 ⋯⋯⋯⋯⋯⋯⋯⋯⋯⋯⋯⋯⋯⋯⋯⋯⋯⋯ 519

第 23 章　水生无脊椎动物微孢子虫 ⋯⋯⋯⋯⋯⋯⋯⋯⋯⋯⋯⋯⋯⋯⋯⋯⋯⋯⋯⋯⋯⋯⋯⋯ 525

第 24 章　原始微孢子虫 ⋯⋯⋯⋯⋯⋯⋯⋯⋯⋯⋯⋯⋯⋯⋯⋯⋯⋯⋯⋯⋯⋯⋯⋯⋯⋯⋯⋯⋯⋯ 549

第 25 章　微孢子虫作为生物防治因子与有益昆虫病原体的两面性 ⋯⋯⋯⋯⋯⋯ 581

附录 A　微孢子虫模式种及其模式宿主的通用名目录 ⋯⋯⋯⋯⋯⋯⋯⋯⋯⋯⋯⋯⋯⋯ 613

附录 B　微孢子虫的功能基因组资源数据库——MicrosporidiaDB ⋯⋯⋯⋯⋯⋯⋯ 627

附录 C　微孢子虫拉丁名与中文名对照表 ⋯⋯⋯⋯⋯⋯⋯⋯⋯⋯⋯⋯⋯⋯⋯⋯⋯⋯⋯⋯ 633

后记 ⋯⋯ 646

第 1 章　微孢子虫的结构

Jirí Vávra

捷克布拉格查理大学自然科学系
捷克科学院生物中心寄生虫研究所
捷克南波西米亚大学自然科学系

J. I. Ronny Larsson

瑞典隆德大学生物系

1.1　引言

在原生生物界，微孢子虫是一类典型的专性细胞内寄生的单细胞真核生物。然而，微孢子虫同时也展现出了一些自身独有的特征，如一些物种基因组减缩而另一些具有新的结构特征。微孢子虫典型的形态学特征是在裂殖增殖期和孢子形成期其形态存在差异。微孢子虫的细胞在裂殖增殖期难以观察，呈现出一些看似原始的特征：没有线粒体而含有纺锤剩体（mitosome），即简化的线粒体细胞器（Williams et al. 2002；Vavra 2005）；高尔基体散在排列（Vávra 1965，1976a；Beznoussenko et al. 2007）；核糖体也不同于真核生物而是类似于原核生物（Ishihara & Hayashi 1968；Curgy et al. 1980），缺乏典型的微体样细胞器（如过氧化物酶体）（Vávra & Lukes 2013）。微孢子虫具有独特的侵染装置，孢子发芽时弹出极丝，将具有感染性的孢原质运输至宿主细胞内（Lom & Vávra 1963a；Vávra 1976a；Weidner 1976a；Vávra & Lukeš 2013）。孢子是微孢子虫在宿主体外能够存活的唯一阶段，由于孢子具有抗逆性且结构复杂，该阶段便成为微孢子虫鉴定和分类必需参考的时期。

1.2　微孢子虫的结构特征和分类

尽管分子生物学方法在揭示微孢子虫种属关系以及和其他物种的关系方面取得了重要进展，但微孢子虫的结构特征仍是其分类的主要依据。分子生物学方法在鉴定微孢子虫复杂生活史的不同阶段方面也提供了一些参考（见 1.3.4）。

第一种微孢子虫于 1857 年被报道（Nägeli 1857），距今已有 150 多年的研究历史。基于细胞学研究，微孢子虫被相继归为酵母样真菌、多样的原生动物、古真核生物界、真核细胞产生之前的线粒体前期的原始生物（Corradi & Keeling 2009）。然而，现在的观点认为微孢子虫与真菌亲缘关系更近。微孢子虫 – 真菌之间的关系被越来越多的分子生物学证据所支持（见第 5 章）。结构上，微孢子虫与真菌亲缘关系的证据不是很明确，仅局限于以下几个特征：如在某一发育阶段孢壁组分在质膜上沉积、纺锤体端部的结构、是否存在几丁质、是否是核膜不解体的封闭式有丝分裂、单核 / 双核及有无减数分裂等（Cavalier-Smith 2001；Thomarat et al. 2004）。然而，这些特征并不是真菌特有的（Vávra & Lukeš 2013），下文将会对其详细描述。

根据微孢子虫特有的结构和生物学特征，将微孢子虫独立成 1 个门，1977 年被定义为 *Microspora Sprague*，

1982 年被归为 Microsporidia Balbiani，Balbiani 认为微孢子虫还不能被认定为门，仍属于后鞭毛生物总界内（superkingdom Opisthokonta）（Adl et al. 2012）。然而，微孢子虫缺乏后鞭毛生物所具有的 9+2 型微管结构的鞭毛。在这一点上，微孢子虫和真菌类似，因为真菌几乎完全丢失了鞭毛（James et al. 2006；Liu et al. 2006）。

另外根据传统，国际动物学术语命名委员会对如何定义微孢子虫新种属，包括其命名、描述和类型做了规定（ICZN 1999）。根据国际植物命名法规（ICBN），该委员会建议将其归类为与真菌近缘的真菌界（Redhead et al. 2009）。Larsson（1999）、Sprague（1992）、Canning 和 Vávra（2000）等均对微孢子虫属的数目进行了统计，Larsson（1999）还提供了大量属的结构信息。自 1999 年以来，大约有 43 个属的微孢子虫被加进来，现在已经有 197 个属，共有 1 300~1 500 种微孢子虫（Vávra & Lukeš 2013）。正如前面提到的，微孢子虫的分类是基于结构特征（Sprague 1977；Weiser 1977；Issi 1986），且存在不同的分类方法。那些不是基于形态学的分类都有不同程度的局限性，它们只能涵盖一部分属（Sprague et al. 1992；Vossbrinck & Debrunner–Vossbrinck 2005）。

尽管结构上非常相似，但根据结构和生活史上一些明显的区别，微孢子虫仍然被分为两个主要的分支。一支为非典型的微孢子虫，它们被认为是最原始的或者经历减缩进化的；另一支为典型微孢子虫，又被进一步细分为两个亚支。

到目前为止，具有典型结构的微孢子虫是最大的一个种群，几乎涵盖了近 190 个属，1 000 多个种。它们的宿主极其广泛，从原生动物到人都有其宿主。它们的生活史非常复杂，并能产生形态多样的孢子，从球形的到棒状的。

生活史和细胞学形态特征能将典型的微孢子虫与壶孢虫（Chytridiopsids）和梅氏孢虫（Metchnikovellideans）区别开来。我们对这些种群的认识还处于比较肤浅的阶段。这两个种群都有相似但不完全一致的发芽装置。它们的生活史也和典型微孢子虫不同。但是，这些相似性是否暗示这两个种群与微孢子虫具有亲缘关系目前仍然不清楚。壶孢虫有 8 个属，15 个种，寄生于陆生或水生无脊椎动物尤其是昆虫体内。壶孢虫的孢子为球形。梅氏孢虫有 4 个属，25 个种，寄生于簇虫，它们的孢子多为亚球形，有些甚至是棒状的，而且孢子内没有极质体，极丝结构特殊。

1.2.1 光学显微镜下的微孢子虫

采用镜检方式检测某种生物是否被微孢子虫感染时，是否存在孢子或孢子母细胞是鉴定微孢子虫存在与否最可靠的方式。由于其他原生生物也会形成孢子或类似微孢子虫孢子的细胞，所以利用光学显微镜观察孢子时，没有一种可靠有效的方法能够识别发育时期的孢子。本章将会介绍几种特殊的用于鉴定微孢子虫的技术。鉴定微孢子虫的最重要的标志是极丝从新鲜的还未固定的孢子中弹出（图 1.8e 和 g）。这一行为可自发也可在机械或化学刺激下发生。希氏过碘酸染色法（periodic acid–Schiff，PAS）是一种可靠的检测方法。我们将在 1.11 部分展示对孢子染色和发芽的处理方法。

1.2.1.1 新鲜材料中微孢子虫的检测

新鲜材料中很少识别到特征明显且保存完整的孢子母细胞。相反，孢子能抵御恶劣的外界环境，也不容易被常规压片破坏。因此，孢子便成了最主要的检测目标。大多数微孢子虫的孢子仅有几微米长，然而最大和最小孢子差异比较大。寄生于人类的毕氏肠微孢子虫（Enterocytozoon bieneusi）有 1 μm 长，而寄生于水生的寡毛纲动物的纤突小杆孢虫（Bacillidium filiferum）有近 40 μm 长。微孢子虫大多具有特定的形态和大小，有时也会出现两种完全不同大小的情况。有时样品中的酵母细胞会被误认为是微孢子虫。

然而某些真菌的孢子也会被误认为微孢子虫。大多数微孢子虫的孢子呈卵圆形或梨形，也有棒状、球形或其他形状，但不常见。大约有 20% 的微孢子虫属具有棒状的孢子（Vávra & Lukeš 2013）（图 1.1）。孢子的固定和染色处理也会改变孢子的形态。例如，寄生于昆虫的钝孢子虫属（Amblyospora）的物种在其转宿主寄生时以八孢子形式存在，这些孢子呈卵圆形，染色后则呈桶状（Hazard & Oldacre 1975）。

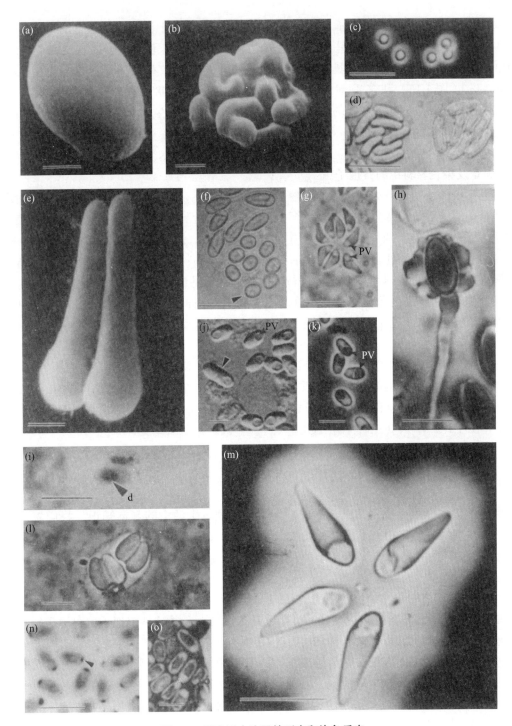

图 1.1　微孢子虫孢子的形态和染色反应

（a）梨形［侵袭上横隔孢虫（*Episeptum invadens*）］；（b）马蹄形［变异弓形格留虫（*Toxoglugea variabilis*）］；（c）球形［微球球孢虫（*Coccospora microccus*）］；（d）棒状［蜻蜓瑞斯摩尔孢虫（*Resiomeria odonatae*）］；（e）烧瓶形［多距石蛾类上横隔孢虫（*Paraepiseptum*（原 *Cougourdella*）*polycentropl*）］；（f）二态型孢子：梨形和卵圆形（箭头所示）［坚硬钝孢虫（*Amblyospora callosa*）］；（g）有棱角的八孢子形态［星状博胡斯拉维孢虫（*Bohuslavia asterias*）］；（h）卵形的孢子在弹出极丝［蚋尾孢虫（*Caudospora simulii*）］；（i）耦核［迈氏变形微孢子虫（*Vairimorpha mesnili*）］；（j 和 k）卵形孢子［异状格留虫（*Glugea anomala*）］；（l）成对的孢子［水蚤诺列文孢虫（*Norlevinea daphniae*）］；（m）四孢子形式并有黏液分泌［秀丽马尔森孢虫（*Marssoniella elegans*）］；（n）希氏过碘酸染色法（PAS）染孢子的锚定盘处（箭头所示）［鳞尾虫微孢子虫（*Nosema lepiduri*）］；（o）孢子染色涂片［西方蜜蜂微粒子虫（*Nosema apis*）］。（a，b，e）为扫描电镜观察结果；（c）暗视野；（d，j）干涉相位显示；（f，g，h，k）相差显示；（i，o）吉姆萨染色；（l，m）墨汁负染色法；（n）希氏过碘酸染色法（PAS）。标尺=1 μm（a，b，e），10 μm（c，d，f，h），5 μm（i～o）。d，双核；PV，后极泡。［引自 WITTNER，M.，WEISS，L. M.（eds.）1999. The Microsporidia and Microsporidiosis. ASM Press，Washington，DC.］

活孢子具有折光性。通常，在孢子的后端只有一个可见的后极泡，后极泡有的很小，有的占据整个孢子的 1/3（图 1.1g，j，k，m），但呈卷曲线状的感染装置只有在孢子中可以观察到（图 1.8e）。寄生于水生生物的微孢子虫孢子常膨大并具有丝状突起，使其看起来像花朵一样，这与寄生于黑蝇的尾孢虫属（*Caudospora*）（图 1.1h）和多毛孢虫（*Hirsutosporos*）（Batson 1983）、寄生于蚊子的毛状八孢虫属（*Trichoctosporea*）（Larsson 1994b）等属的孢子的特征类似。寄生于水生无脊椎动物的微孢子虫孢子释放到水中时会产生黏膜（图 1.1c 和 m）（Lom & Vávra 1963b）（见 1.11.3.5）。

1.2.1.2 固定及染色材料中的微孢子虫

固定和染色不仅能鉴定孢子类型，还能观察孢子的发育时期。鉴定没有孢子存在的发育阶段即使对专家来说也很困难，但这对认识微生物的生活史至关重要。涂片检测时常用吉姆萨染色，这种染色方法可以鉴定发育时期孢子的细胞核。成熟孢子在孢子中心呈现出暗带，即细胞核所在区域（图 1.10）。这个深色的斑点有时在孢子前端锚定盘处，有时在孢子后极泡处呈红色颗粒状。如果是成熟孢子，用吉姆萨染色几乎看不到细胞核（图 1.11），除非在染色之前进行酸水解处理（见 1.11.3.6）。

另一种有用的染色方法是希氏过碘酸染色法（PAS），这种方法可以将孢子的一端（通常是前端，锚定盘处）染成红色的点（见 1.11.2.2）（图 1.1n）。这种染色反应是微孢子虫特有的，且具临床诊断价值。

一些微孢子虫会产生成簇的孢子，但包裹孢子的膜不管是在新鲜的材料还是染色涂片都很难在光学显微镜下观察到，但已有一种体内染色技术可以检测寄生泡膜的存在与否，详见 1.11.3.7（图 1.33）。如图 1 所示，如果 2、4、8、16 或其他有规律的孢子数目在涂片或者研磨涂片观察时聚在一起，就可以推断它们是微孢子虫了（图 1.1d，f，g，l，m；图 1.2g）。

1.3 微孢子虫的生活史及其增殖结构特征

第二章将详细描述微孢子虫生活史。然而，为了便于理解生活史的基本知识，我们先在这里简要介绍一下不同发育时期的细胞学相关术语。有关微孢子虫生活史和术语的更多信息可参考：Vávra（1976b）、Vávra 和 Sprague（1976）、Larsson（1986b，1988c），以及 Sprague 等（1992）。

1.3.1 基本生活史

微孢子虫的孢子阶段是最容易被观察到的时期，具有感染性，并且是微孢子虫存活于宿主体外唯一可见的形式。孢子通常通过肠道进行感染，但也有其他传播方式。

当孢子进入合适的宿主体内很快就会感染细胞，其孢原质会通过极管注入细胞内完成感染。孢原质在新的细胞中增殖循环，最终产生新的孢子。通常情况下，宿主细胞最终会充满成熟的孢子，几乎看不到发育前期的孢子。对于大多数微孢子虫来说，在宿主细胞内都经历两个增殖期：起初为裂殖增殖期，由最初的孢原质分裂产生裂殖体（merozoites），裂殖体可以继续裂殖增殖或发育为母孢子进入孢子增殖期（sporogony）产生孢子。像微粒子属（*Nosema*）的一些微孢子虫，在孢子增殖期的增殖比较弱，也就是说母孢子二分裂后只形成两个孢子母细胞，由孢子母细胞进一步发育成为成熟的孢子（Brooks et al. 1985）。像这样的微孢子虫，其在裂殖增殖期增殖效率较高，会经过多次分裂，积累很多的裂殖体以保证后期的高效性。

还有少数微孢子虫，从未被观察到其裂殖增殖期，唯一可知的增殖就是孢子的产生。壶孢虫属（*Chytridiopsis*）（Larsson 1993）、梅氏孢虫属（*Metchnikovella*）（Vivier & Schrével 1973）以及几个相关的属就属于这种情况。2010 年，Tonka 等报道了壶孢虫属像出芽一样进行裂殖增殖，并且可能通过原质团分割（plasmotomy）的方式进行孢子增殖（见 1.3.2）。

1.3.2　增殖模式

根据种属不同，裂殖增殖和孢子增殖进程可以是二分裂、原质团分割或裂殖增殖（图 1.2）。光学显微镜下的染色观察可观测到孢子分裂情况。

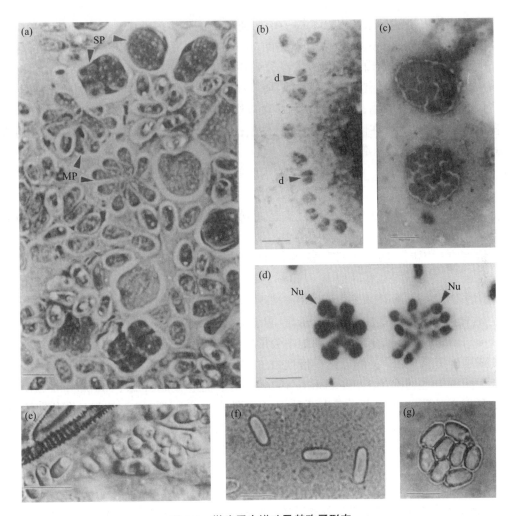

图 1.2　微孢子虫增殖及其孢子形态

（a）裂殖增殖、孢子增殖和成熟孢子［短嘴蚊共螺孢虫（*Systenostrema corethrae*）］；（b）耦核裂殖体［微粒子虫属（*Nosema* sp.）］；（c）原质团分割的两个阶段［寄生于黑蝇的全距石蛾变异微孢子虫（*Vavraia holocentropi*）］；（d）裂殖增殖的两个阶段［滴状毛突氏孢虫（*Trichotuzetia guttata*）］；（e~g）从舞毒蛾（*Lymantria dispar*）幼虫分离的变形微孢子虫属（*Vairimorpha* sp.）孢子形态；（e）组织间孢子的传播；（f）微粒子属型、宿主之间传播的耦核孢子；（g）泰罗汉孢虫属（*Thelohania*）型、宿主之间传播的具单核的孢子。（a，b，d）吉姆萨染色；（c）苏木精染色；（e）微分干涉相差；（f，g）相差。标尺 =10 μm（a，c，d~g）；5 μm（b）。d，双核；MP，裂殖原质团（merogonial plasmodium）；Nu，细胞核；SP，产孢原质团（sporogonial plasmodium）。［引自 WITTNER，M.，WEISS，L. M.（eds.）1999. The Microsporidia and Microsporidiosis. ASM Press，Washington，DC.］

二分裂时，两个子细胞由母细胞分裂而来。通常两个子细胞会黏在一起，形成一串细胞（图 1.2b；图 1.26d）。裂殖体会进行一系列核的二分裂，产生多核细胞，也称为原生质团。这种原生质团通常呈圆形，也常有带状包裹且呈线性排列的细胞核（Larsson et al. 1997a）。原生质团经过数次分裂形成较小部分，此过程称为质裂或原质团分割（图 1.2c）。在少数的微孢子虫里，原生质团分裂时会在内部形成空泡，膨胀的空泡将原生质团分割成多个细胞，这一过程称为空泡化（Beard et al. 1990）。

裂殖增殖又经历 3 个阶段：首先多核的原生质团经过最后一次核分裂后，各细胞核在膜周围聚集；然后膜的外围形成突起，其数目与核一致（图 1.2d），最后所有的突起同时出芽，每个突起产生一个子细胞。

1.3.3 有性生殖过程

有报道称极少量的微孢子虫存在有性生殖。由于仅有光镜和电镜的静态观察数据，所以有性增殖的情况还不是很清楚。

1984 年，Hazard 等用光学显微镜观察了蚊子中的钝孢子虫属微孢子虫的减数分裂，发生在由裂殖增殖向孢子增殖过渡的阶段（Hazard & Brookbank 1984）（见 1.4.2.2）。后续的研究描述了有性生殖的特有形式 "papilla"，类似乳头状突出，由双膜包裹，在裂殖体早期发生（Hazard et al. 1985；Becnel et al. 1987；Becnel 1992，1994）。这种细胞具有单核，通过胞质融合方式与其他细胞融合，使裂殖子恢复到双核状态。有一些微孢子虫的有性增殖被减缩，在超薄切片中可以观察到联会复合体。尽管结构上的数据很有限，一些分子遗传学方法证实有性重组在微孢子虫中确有发生，也暗示了有性生殖在微孢子虫中是存在的（Haag et al. 2013；Ironside 2013）（见第 8 章）。

1.3.4 生活史类型

目前，只有极少数的微孢子虫的完整生活史有文献描述。研究表明微孢子虫的生活史极其复杂，有些微孢子虫产生一种类型的孢子，它们形状大小相似；有些则产生多种类型的孢子，它们的大小、形状甚至细胞学结构都有所不同（图 1.1f；图 1.2e ~ g）。有些微孢子虫在感染同一宿主的不同组织或不同宿主的同一组织时也会产生不同类型的孢子（Pilley 1976；Becnel 1994）。迄今为止，同一微孢子虫最多可以产生 4 种类型的孢子（Sokolova & Fuxa 2008）。如果产生了两种在细胞形态上不同的孢子（不仅仅是大小），它们的生活史被认为是二型性（dimorphic），可能会产生 3 种或更多种类型的孢子。嗜人气管普孢虫（*Trachipleistophora anthropophthera*）在人的细胞中会形成两种类型的孢子（Vávra et al. 1998）（图 1.29e ~ i；见 1.10.3）。鮟鱇思普雷格孢虫 / 美洲思普雷格孢虫（*Spraguea lophii*）在感染宿主鮟鱇鱼囊状细胞瘤不同层的时候可产生两种类型的孢子（Weissenberg 1976）。纳卡变形微孢子虫（*Vairimorpha necatrix*）感染鳞翅目昆虫幼虫和蛹期的脂肪体时也可产生两种类型的孢子（Pilley 1976）。寄生于梅纳斯滨蟹（*Carcinus maenas*）的螃蟹针状孢虫（*Nadelspora canceri*）在感染心肌细胞和骨骼肌细胞时会产生两种差异极大的孢子（Stentiford et al. 2013）。感染舞毒蛾（*Lymantria dispar*）蛹期的舞毒蛾变形微孢子虫（*Vairimorpha disparis*）则能产生 3 种不同类型的孢子，一种是在肠周肌肉组织，另两种则分别是在脂肪体和丝腺（Vávra et al. 2006）（图 1.2e ~ g）。寄生于火蚁（*Solenopsis*）的内尔氏孢虫（*Kneallhazia*），因其宿主膜翅目火蚁的群居地位和发育阶段不同而产生 4 种不同类型的孢子（Sokolova & Fuxa 2008）。最复杂的生活史是转宿主，涉及不止一个宿主世代。如钝孢子虫科（Amblyosporidae）和肠微孢子虫科（Enterocytozoonidae）的嗜成纤维孢虫属（*Desmozoon*）的微孢子虫分别是在桡足类动物与蚊子之间或在桡足类动物与鲑鱼之间进行转宿主传播的（Vossbrinck et al. 2004；Freeman & Sommerville 2011）（图 1.1f）。在缺乏对微孢子虫生活史的整体了解情况下，同种微孢子虫的孢子增殖和不同孢子间的细胞学特征差异较大，一些在不同宿主或不同组织内的微孢子虫可能会被认为属于不同的属。微孢子虫生活史的重要性和孢子多态性的研究并不是很清楚。分子生物学手段经常作为证明或者推翻微孢子虫在生活史中孢子一致性的唯一手段（Stentiford et al. 2013）。本书第 2 章会有对生活史的更多描述。

1.4 微孢子虫细胞学特征

1.4.1 细胞膜

微孢子虫的细胞膜有 3 层结构，厚约 7 nm。在裂殖增殖期，这层膜可能参与和宿主细胞质膜的相互作用，如形成小泡或管状结构，以增加微孢子虫的表面积（Vávra 1976a）。裂殖体膜的最外面有一层厚厚的多糖，常形成小管覆盖于整个细胞质膜（Koudela et al. 2001；Franzen et al. 2005）（图 1.32）。在生命周期的某一时刻，电子致密物质在细胞膜沉积，这些电子致密物质随后并入孢子壁或形成各种孢子囊膜。这种形态暗示裂殖增殖期即将结束，孢子增殖期开始（Vávra 1976a）。

1.4.2 细胞核

微孢子虫的细胞核通常是圆形或者是卵圆形的。核的大小随生活周期的不同而有所不同。裂殖体时期，核的直径可达数微米；孢子萌发时，细胞核会变得很小，在成熟孢子中，细胞核为 1～2 μm 甚至更小。

由双层膜（即核膜）包裹的细胞核是真核生物的典型特征之一，双层膜间为核周腔，可观察到核孔（图 1.3c 和 e；图 1.10f）。核质均一，染色质浓缩成染色体这种现象偶有报道。除了在孢子形成期外（图 1.3c）（Vávra 1976a），几乎看不到核仁（Larsson 1986b）。

1.4.2.1 细胞核结构

微孢子虫有两种细胞核结构：单核（图 1.3a）和耦核（图 1.3b；图 1.30b 和 f；图 1.31a；图 1.32b 和 g）。有些微孢子虫在整个生活史中都呈单核状态，在分裂期有很多的单核细胞，而有一些微孢子虫在整个生活史中则呈耦核状态，在分裂期有许多耦核细胞。也有一些微孢子虫在生活史的不同阶段涉及从单核形式向耦核形式的转换。在这种情况下，虽然孢子增殖期也可能观察到单核，耦核仍是裂殖增殖期向孢子增殖期过渡的典型特征（Canning 1988）。这种微孢子虫细胞核结构多型性的转换通常在转宿主或在不同组织寄生时发生。

在结构上，耦核包括两个类似咖啡豆状缔合的细胞核，每个细胞核都含有其完整核膜，两个细胞核毗邻，无核孔（Vávra 1976a）（图 1.3c 和 d；图 1.10f）。耦核中的两个核结构相同，同时分裂（Vávra 1976b）。有超微结构表明，一些微孢子虫具有耦核的裂殖体，但母孢子和孢子呈单核，该耦核起源于微孢子虫生活周期初始阶段有性生殖中细胞核融合（融合的细胞是配子体）（Hazard et al. 1985）。一些具耦核的微孢子虫通过核分离或融合呈现单核状态（由核融合导致的单核形式缺乏结构证据）（Sprague et al. 1992）。核分离是指耦核通过逐步解离实现单核（Mitchell & Cali 1993）。耦核孢子中的两个细胞核的融合被认为是减数分裂的一种形式。

1.4.2.2 减数分裂和有丝分裂时期的细胞核

微孢子虫具有一种核内侧式有丝分裂（Hollande 1972；Raikov 1982），这意味着有丝分裂和减数分裂期间核膜被保留，有丝分裂时期纺锤体是在核内。组成纺锤体的微管一端连接到染色体的着丝粒（图 1.3f），另一端连接到一个微管组织发生中心，即纺锤体板（图 1.3f 和 g；图 1.7b）。有些微管由纺锤体板延伸到相反方向，即远离纺锤体板朝向细胞质（Desportes 1976；Desportes–Livage et al. 1996）。微孢子虫中不存在中心粒，其纺锤体板精细结构与酵母和其他子囊菌非常相似（Vávra 1976a；Desportes & Théodoridès 1979）。像酵母的微管组织中心一样（Alfa & Hyams 1990），在核膜的内部和外部也发现了微孢子虫微管组织中心的组成成分。从外部看，微孢子虫的纺锤体板呈透镜状，该区域电子致密，呈层状，位于核膜沉降区。几个（通常 3～6 个）"极囊泡"，是由双层膜包裹的电子不透明的囊泡，位于纺锤体板附近，它们也被称为纺锤剩体（mitosomes），是线粒体的残体（见 1.4.3）。纺锤体板的内部是纺锤体微管衔接处，是在核膜内部聚集的电子致密物（图 1.3g；图 1.7b、d、e）。纺锤体板结构的一些变化已有描述（例如，在透镜状区域的外观和层数）。这些变化是人工处理切片时所为，还是真实的微孢子虫的结构特征，或者是不同生活史阶段纺锤体板的组成不同，还无从可知。应当指出，酵母的纺锤体板结构在有丝分裂和减数分裂期间也会有所变化（Zickler & Olson 1975）。

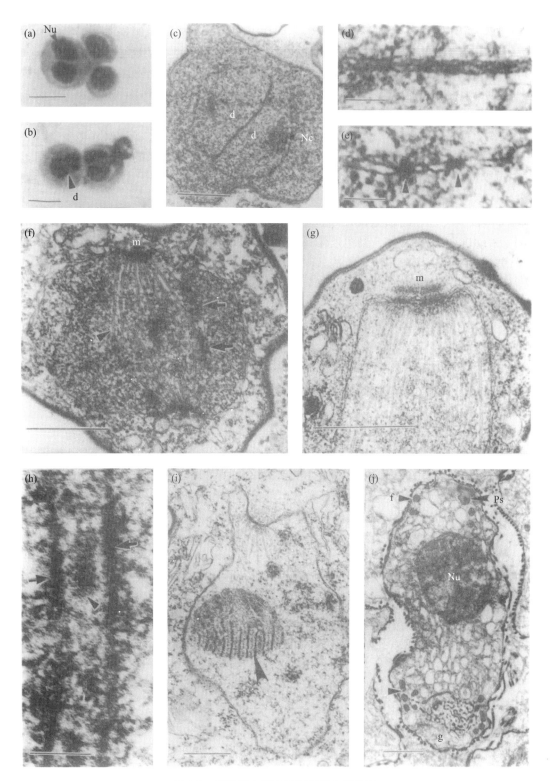

图 1.3　微孢子虫发育早期的形态学特征

（a）单核裂殖体［谢氏贝尔瓦德孢虫（*Berwaldia schaefernai*）］；（b）双核裂殖体［温顺微粒子虫（*Nosema tractabile*）］；（c~e）具有核（d）、核周腔（e）的双核裂殖体（箭头所示为核孔）［聚何氏孢虫（*Helmichia aggregata*）］；（f）有丝分裂纺锤体的微管（无尾箭头所示），纺锤体板，极囊泡和染色体（箭头所示）［变异弓形格留虫］；（g）双层的纺锤体板［消耗透明球孢虫（*Hyalinocysta expilatoria*）］；（h）联会复合体的侧向（无尾箭头所示）和中心元件（箭头所示）（聚何氏孢虫）；（i）联会多聚复合体（箭头所示）［阿尔巴共螺孢虫（*Systenostrema alba*）］；（j）孢子母细胞中的高尔基体、锚定复合体和极丝［德贝西厄亚氏孢虫（*Janacekia debaisieuxi*）］。吉姆萨染色（a，b），透射电镜（c~j）。标尺 =1 μm（a~c，j），100 nm（d，e，h），0.5 μm（e，g，i）。d，双核；f，极丝；g，高尔基体；m，纺锤体板；Nu，细胞核；Nc，核仁；Ps，囊状极膜层。［引自 Wittner, M., Weiss, L. M.（eds.）1999. The Microsporidia and Microsporidiosis. ASM Press, Washington, DC.］

一般情况下，在寄生虫生长期和分裂期，有两个或更多纺锤体板存在于细胞核内。多余的纺锤体板是准备进行下一次有丝分裂（Vávra 1976b）。新的纺锤体板是由旧的细胞分裂产生的（Larsson 1986b），它们沿着核表面转移到终点（Vávra 1976a）。目前还不知道这种纺锤体板是否存在于孢子中，但在其孢子母细胞中已有报道（Walker & Hinsch 1972）。

通过光学显微镜和电子显微镜已观察到微孢子虫的减数分裂（Hazard & Brookbank 1984；Chen & Barr 1995；Loubès et al. 1976；Loubès 1979）。代表减数分裂期染色体的联会复合体已在电镜中观察到，大概有 20 个属的微孢子虫（Loubès 1979；Larsson 1986b）发现有联会复合体。微孢子虫联会复合体类似于其他真核生物。复杂的是，联会复合体约 100 nm 宽，具有 3 个平行的支链（图 1.3h）：两个侧翼元件和一个中央元件。

垂直于纵链的是微纤维。早期观点认为，联会复合体存在于孢子从耦核的裂殖增殖向单核的孢子生殖发育的过渡期（Loubès et al. 1976；Loubès 1979）。有报道联会复合体存在于具单核物种的所有生活史阶段，如寄生于簇虫的芭提拉双钝孢虫（*Amphiamblys bhatiellae*）（Ormières et al. 1981），还存在于具耦核微孢子虫的整个生活史阶段，如钩虾微粒子虫（*Nosema rivulogammari*）和蟋蟀类微粒子虫（*Paranosema grylli*）等（Larsson 1983b；Nassonova & Smirnov 2005）。但在虻属共螺孢虫（*Systenostrema tabani*）和同属的其他两个种中观察到的联会多聚复合体的作用仍然不清楚（图 1.3i）（Larsson 1988a，未发表数据）。然而，细胞核内平行排列的深色物质并不一定是联会复合体，并且这些观察也不充分。

微孢子虫的减数分裂是一种特殊的过程还是传统的方式，在这一问题上仍有分歧（Hurst 1993；Flegel & Pasharawipas 1995）。

1.4.3　纺锤剩体

纺锤剩体是高度减缩的线粒体残体 [（100 ~ 200）nm × 100 nm，有时甚至可达 500 nm]，为双层膜小泡，以 3 ~ 6 个小泡成簇存在，与纺锤体板相邻近。也有一些纺锤剩体散落在细胞质中（Williams et al. 2002，2008；Vávra 2005）（图 1.7c ~ e）。在感染人的人气管普孢虫中，每个细胞约有 28 个（7 ~ 47）纺锤剩体（Williams et al. 2002）。正如前面提到的（见 1.4.2.2），在纺锤体板周围的纺锤剩体也被称为极囊泡（Vávra 1976a）。对于纺锤剩体生理功能的详细信息，请参阅第 9 章。

1.4.4　内质网

在早期的裂殖增殖细胞中很少有膜细胞器，但它们的数量和排列的顺序性随着生命周期进程而增加（图 1.3c 和 g；图 1.6d 和 e）。有些膜元件可能是粗面内质网的一部分，它们平行排布覆盖于核糖体上。许多由单层膜包裹的内部透明的囊泡仅存在于除孢子时期外的微孢子虫细胞中。现在还不能确定它们是否属于平滑型的内质网或是胞吞或胞吐囊泡的一部分。

1.4.5　核糖体

核糖体是微孢子虫细胞质的主要成分。大量的核糖体的存在揭示非常高效的蛋白质合成，增殖速率也相当明显。孢原质进入宿主细胞的 48 h 内，细胞分裂可能已完成几轮，甚至也可能会形成孢子（Vávra & Lukeš 2013）。

在早期发育阶段，核糖体大多分散在细胞质中（图 1.6d），而在晚期裂殖增殖阶段（merogonial stages）和在孢子增殖阶段（sporogonium stages），附着到内质网层的核糖体变得明显多起来（图 1.3c 和 g；图 1.6e）。在孢子母细胞和早期的孢子时期，经常会观察到多聚核糖体，核糖体很整齐的进行排列（图 1.4）。

微孢子虫的核糖体属于原核型。70S 型的核糖体由 50S 和 30S 两个亚基组成。如同原核生物一样，微孢子虫缺乏 5.8S rRNA，但在大亚基中具有一段对应于 5.8S rRNA 一部分的区域（Ishihara & Hayashi 1968；Curgy et al. 1980；Vossbrinck & Woese 1986；Vávra & Lukeš 2013）（见第 6 章和第 9 章）。

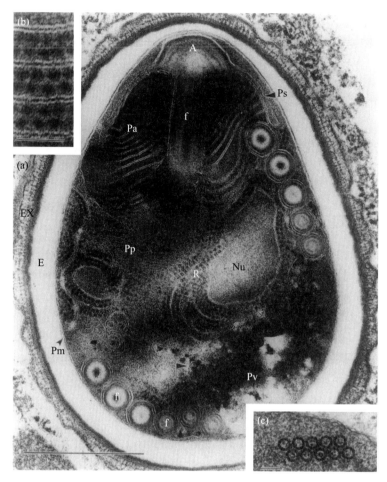

图 1.4 成熟孢子的超微结构

（a）纵切的孢子及其细胞器（箭头所示为囊膜）［寄生于黑蝇的微孢子虫翻转上横隔孢虫（*Episeptum inversum*）］；（b）附着在膜上的多聚核糖体［寄生于内摇蚊属的微孢子虫螺旋纳帕孢虫（*Napamichum dispersus*）］；（c）环形排列的多聚核糖体［麦格水蚤汉氏孢虫（*Hamiltosporidium magnivora*）］。所有图片为透射电镜拍摄。标尺 =0.5 μm（a），100 nm（b，c）。A，锚定盘；E，内壁；EX，外壁；f，极丝；Nu，细胞核；Pa，片状极质体；Pm，质膜；Pp，囊状极质体；Ps，极囊；Pv，后极泡；R，多聚核糖体。［引自 Wittner, M., Weiss, L. M.（eds.）1999. The Microsporidia and Microsporidiosis. ASM Press, Washington, DC.］

1.4.6 高尔基体

在孢子形成前（presporal）阶段的细胞质中，有一些小的不透明的单层膜包裹的囊泡累积在一个或几个区域（图 1.3j；图 1.7a；图 1.8a）。囊泡形成的网状结构，其中心部分的囊泡比边缘的要小（Vávra 1976a）。实际上，这些囊泡被嵌在比周围的细胞质密度更大的基质中。因为它不像真核细胞中的由叠片状囊泡组成的经典高尔基体，这一区域被称为"高尔基体原发区"（primitive Golgi zone）（Vávra 1965）。微孢子虫拥有一个非典型的高尔基体结构，但通过组织化学检测硫胺素焦磷酸酶的结果表明该结构的生理功能与典型高尔基体相似，因为硫胺素焦磷酸酶是高尔基体的跨膜成分所特有的（Takvorian & Cali 1994，1996）。通过透射电子显微镜（TEM）可以观察到微孢子虫高尔基体为 300 nm 厚度的分枝或肥大的管状网络（Beznoussenko et al. 2007；Takvorian et al. 2013）。这也是随着孢子增殖进程的发展逐渐变得明显的细胞器之一。在后期母孢子和孢子母细胞时期，高尔基体占据了更大的空间，推测其在孢子细胞器的精巧安排中起关键作用（Vávra 1976a）（图 1.7a；图 1.14a）。令人感兴趣的是，最近利用组织化学鉴定了在按蚊微孢子虫新产生的孢原质中，在"多层交错网络"（multilayered interlaced network，MIN）中存在顺式和跨膜的高尔基体酶促活性（Cali et al. 2002；Takvorian et al. 2005，2013）（图 1.32d 和 e）。

1.5　微孢子虫发育时期的结构特征

在光学显微镜下，当同时有裂殖增殖阶段和孢子形成阶段时，可以通过大小、核、细胞质着色密度以及囊泡的存在与否将两者区别开来。然而，从裂殖增殖至孢子形成的转变，主要使用电子显微镜观察孢壁的厚度来判断。

1.5.1　孢子

微孢子虫发育以成熟孢子开始，又以成熟孢子结束（图 1.4a；图 1.5a）。成熟孢子主要由孢壁（spore wall）、孢原质（sporoplasm）、发芽装置（extrusion apparatus）和孢子细胞器（organelle）等组成。孢壁由三层结构组成，由外到内依次为高电子密度的刺突状外层即孢外壁（exospore）、电子透明薄层即孢内壁（endospore）和纤维性内层即原生质膜（plasm membrane）。发芽装置主要由 3 个部分构成：侧螺旋状盘绕的极丝（极管、"侵入管"、"注射管"）、若干膜叠成片状或囊状的极膜层（占据孢子前端的一半以上，又称极质体）和后极泡（靠近孢子后极）（对于孢子结构的细节，见 1.6）。正如前面提到的（见 1.3.4），许多微孢子虫产生两种或更多的不同类型的孢子，这些孢子无论是在细胞学特征和发芽过程中都有所不同（Vávra & Lukeš 2013）。

感染始于孢子的萌发。在适当的刺激物作用下，微孢子虫被激活后，活化的微孢子虫孢壁通透性改变，大量吸收水分，极膜层变成膨胀状态，形成强大的压力，孢子内部渗透压升高，迫使极管从孢壁最薄的锚定盘处破壳而出（Lom & Vávra 1963a），瞬间完成极管外翻，像脱手套一样（见第 10 章），孢原质从孢子内被挤出运送进宿主细胞（图 1.5c；图 1.8g；图 1.29j）。1982 年 Henneguy 和 Thélohan 最初将极管命名为极丝，在其外翻之前极管被认为是不具备功能的。Weidner 根据极管的两种存在状态将其进行了区分，将其在孢子内部的状态命名为极丝，孢子萌发时外翻的状态命名为极管，以区分不同生理状态下的极丝（Weidner 1976a，1982）。2013 年 Vávra 和 Lukeš 将该结构命名为"注射管"，强调微孢子虫侵染宿主细胞的方式。

孢子发芽的整个过程中极膜层（polaroplast）都处于活跃状态。随着极膜层的膨胀，导致膜内基质体积的增加，进而扰乱了膜状薄层的排列，从而增加了孢子内部的膨胀压。极膜层的膨胀有利于发芽初始阶段的极丝弹出。在发芽的后期阶段，极膜层的膨胀也促发了孢原质（sporoplasm）的形成（Weidner et al. 1984）。新生的孢原质仅含有细胞核。当通过极管传递时，便由极膜层包裹，与极管内的其他内容物一起被注入宿主细胞内。

孢子发芽时，后极泡膨大，将孢子内容物压迫至极管（图 1.5c）。孢子发芽显然是一个渗透压剧烈变化的事件，但至今仍然无法解释。研究者认为海藻糖分解成葡萄糖，从而使渗透压增加，进一步推动了孢子发芽（Undeen 1990；Undeen & Vander Meer 1994）。海藻糖存在于微孢子虫孢子中，目前认为它似乎不是作为能量存储而是用作孢子的抗干燥剂（Undeen & Solter 1996；Metenier & Vivarés 2001；Vávra & Lukeš 2013）。孢子完成发芽之后，由膜包裹的后极泡充满大部分的内部空间。该膜被认为是质膜和内膜的融合。

孢子内容物通过极管注入宿主细胞的细胞质中。在极管的前端即是包含单核或者耦核的孢原质（图 1.5c；图 1.6a；图 1.8g）。极管弹出时，孢原质仍然与极管末端连接（Weidner 1972）（图 1.32d），但在几秒钟后，它便缩进极管（Lom & Vávra 1963a）。据报道，新弹出的孢原质由双层膜包裹。其中一层膜源于极管外膜，这层膜会迅速消失（Weidner 1972）。释放的孢原质含有外膜、一些囊泡和含核糖体的内质网，以及与孢子内容物相当的细胞质。正如前面提到的（见 1.4.6），感染蚊子的按蚊微孢子虫弹出的新鲜孢原质具有高尔基酶促活性（Cali et al. 2002；Takvorian et al. 2005，2013）（图 1.32d 和 e）。这种类似于多层网络交错的膜结构可能在孢原质中是普遍存在的（图 1.6a）。

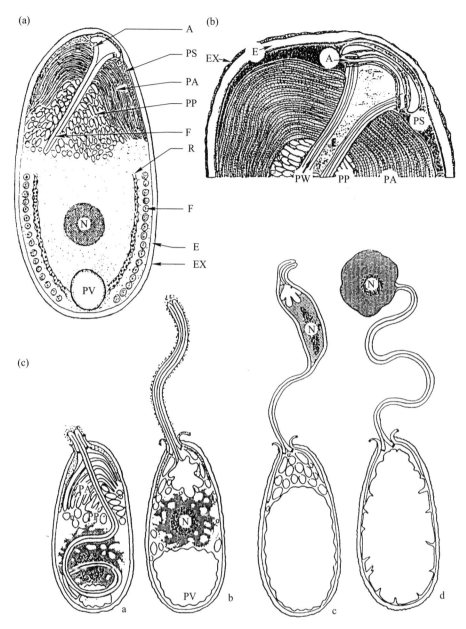

图 1.5 微孢子虫孢子模式图

（a）微孢子虫成熟孢子模式图；（b）孢子的前端；（c）成熟孢子发芽模式图：极管外翻（a和b），孢原质通过极管管腔（c），孢原质被挤出极管并被新膜包被（d）银汉鱼格留虫（*Glugea atherinae*）。A，锚定盘；E，内壁；EX，外壁；F，极丝；PW，极管壁；N，核；PA，片状极质体；PP，囊状极质体；PV，后极泡；PS，极囊；R，含多聚核糖体的内质网。[引自 Wittner, M., Weiss, L. M.（eds.）1999. The Microsporidia and Microsporidiosis. ASM Press，Washington，DC.]

1.5.2 裂殖体和裂殖子

当孢子将孢原质通过极管注入宿主细胞后，孢原质便发育为裂殖体（meront），该裂殖体经过生长和核分裂，产生子细胞即裂殖子（merozoites）（图 1.6b）。裂殖体和裂殖子在形态上相同，均为单层膜包裹的圆形或略不规则的细胞。由于微孢子虫种类的不同，它们具有一个或多个核，通常是单核或者双核。胞质均匀，有未成熟的早期内质网或没有内质网（图 1.6d）。通过电镜可以观察到高尔基囊泡积累在一处或几处（见 1.4.6）。吉姆萨染色时，与孢原质相比，裂殖体和裂殖子的细胞质染色较浅，但细胞核更大，更鲜明。

如果裂殖增殖发生数个循环，在裂殖增殖世代之间的差异仅体现在含核糖体的内质网薄层不断增加。

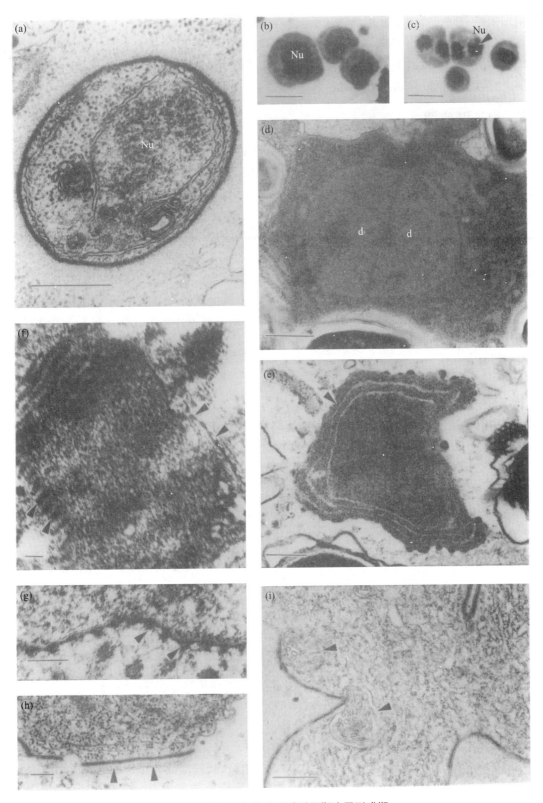

图 1.6 微孢子虫由孢原质到早期孢子形成期

(a) 孢原质 [米歇尔埃姆森孢虫（*Ameson michaelis*）]；(b, c) 裂殖体和母孢子 [谢氏贝尔瓦德孢虫（*Berwaldia schaefernai*）]；(d) 耦核裂殖体（聚何氏孢虫）；(e) 高电子密度物质包裹母孢子（无尾箭头）（谢氏贝尔瓦德孢虫）；(f, g) 物质开始堆积的孢外壁（温顺微粒子虫）；(h) 变宽的孢外壁（无尾箭头）（寄生于黑蝇的翻转上横隔孢虫）；(i) 壁旁体（paramural bodies）（无尾箭头）（从水蚤中分离的微孢子虫）。透射电镜（a, d~i），吉姆萨染色（b, c）。标尺 =1 μm（b, c, i），0.5 μm（a, d, e），100 nm（f~h）。d，双核；Nu，细胞核。[引自 Wittner, M., Weiss, L. M.（eds.）1999. The Microsporidia and Microsporidiosis. ASM Press, Washington, DC.]

在裂殖增殖结束时，高电子密度的物质会沉积在质膜的外表面（图 1.6f~h）。这种物质分泌是寄生虫进入孢子增殖阶段的证据（在超微结构水平）。当细胞被高电子密度物质包裹时，它们便成为母孢子，即孢子增殖的初始阶段。触发微孢子虫由裂殖增殖过渡到孢子增殖的机制还不清楚。一旦微孢子虫细胞进入孢子增殖期，它就不能恢复到裂殖增殖期。

1.5.3　孢子形成期

孢子形成期（又称孢子增殖期）包括母孢子及其经过二分裂产生的子细胞——孢子母细胞（图 1.3j；图 1.24a；图 1.25c；图 1.26f；图 1.27f；图 1.30e）。孢子母细胞成熟，转变成孢子。由于微孢子虫物种不同，母孢子的分裂次数也不同。有分裂一次的，形成两个孢子母细胞，也有经过多次分裂的，形成多个孢子母细胞。在一些物种中，孢子增殖通常会产生 4、8 或 16 个孢子，八孢子增殖（octosporous sporogony）是最常见的。双孢子增殖（bisporous sporogony）是通过简单的二分裂进行的，但多孢子增殖则存在不同的方式：原质团分割、裂殖增殖或空泡化。孢子形成可以发生在宿主细胞的细胞质中，有的孢子母细胞可与宿主细胞的细胞质直接接触，有的孢子母细胞被膜包被，后者是微孢子虫最原始的增殖方式。

光学显微镜下观察染色涂片，孢子形成阶段通常比裂殖增殖阶段着色更弱，孢子增殖阶段的核较小（图 1.6b，c）。通过超薄切片可观察到，胞质电子密度低，游离核糖体较少，但含有更多的囊泡和粗面内质网的顺式元件。这种顺式的粗面内质网经常围绕在核周围（图 1.6e）。在母孢子中，代表高尔基体的小囊泡更加明显。

1.5.3.1　母孢子表面高电子密度物质

当观察到高电子致密物在母孢子质膜外表面逐渐累积时（图 1.6e~h），标志着微孢子虫细胞进入孢子形成期。根据微孢子虫物种不同，这种高电子密度物质将有可能成以下 3 个结构中的一个。

（1）它可能会成为孢外壁。电子密度物质在母孢子质膜累积，像一层膜一样覆盖整个表面，将其与外界隔离，成为孢壁，孢壁可直接接触到宿主细胞的细胞质基质。孢外壁组成因物种不同而不同。在兔脑炎微孢子虫（Barker 1975）、寄生于水蛭的温顺微粒子虫（Larsson 1981c）和斯拉普顿单核微孢子虫（*Unikaryon slaptonleyi*）（Canning et al. 1983），孢外壁为平行排列的高电子密度层（图 1.6f 和 g）。更常见的是，孢外壁区域较宽（图 1.6h）。孢外壁原基最终既可以发育为电子密度大的均一片层，如美洲红点鲑洛玛孢虫（*Loma fontinalis*）（图 1.9a）（Morrison & Sprague 1981），也可以发育成不同电子密度和厚度的片层（图 1.9b 和 c）。在一些微孢子虫中，孢外壁包裹成对的孢子（图 1.1l）（Codreanu & Vávra 1970；Larsson 1981a；Vávra 1984）（见 1.6.1）。

（2）它也可以形成薄的膜状囊泡，即产孢囊或成孢子泡（SPOV），将母孢子及其分裂产物（包括孢子）包裹起来（图 1.28c；图 1.29b，g，h）。在这种情况下，高电子密度物质形成了产孢囊膜，所以需要高电子密度物质的再次形成和累积才能组装成孢外壁。这种模式也常常出现（见 1.7.1）。

（3）它还有可能与质膜一起形成囊泡状被膜，即母孢子来源的孢子囊。这种情况是最不常见的（见 1.7.3）。

下面两种情况下，电子致密物的沉积不代表孢子发育进入了孢子增殖阶段。在匹里虫科（匹里虫属、普孢虫属和变异微孢子虫属）中，在裂殖子表面已有电子致密物，形成裂殖子来源的产孢囊包裹着母孢子（图 1.18g；图 1.28a）。相反，也有一些微孢子虫，例如，毕氏肠微孢子虫，高电子密度物质累积会延迟。直到产孢原质团（sporogonial plasmodia）形成时，电子致密物才开始积累（Cali & Owen 1990）（图 1.22；图 1.23；图 1.24）。分子生物学研究显示，在显微镜下能够见到母孢子表面的孢壁形成之前，一些参与孢壁蛋白合成的基因的转录被激活（Taupin et al. 2006；Vávra & Lukeš 2013）。

1.5.3.2 壁旁体

当多核的孢子形成期细胞分裂为单核的子细胞时，细胞分离则在原生质体之间形成小沟或缝隙，逐步加深直到子细胞完全分离。产孢原质团表面的电子致密物质并不覆盖小沟的底部。在这个位置，质膜有时折叠成像螺纹状（图 1.6i）。更多的质膜在这一位置正在形成，以覆盖增加的细胞表面。该螺纹膜最初被称为 scindosome（出现在裂开位点的小体）（Vávra 1975，1976a），但这个名字后来被壁旁体（paramural bodies）（紧邻孢壁的小体）代替。它在结构上与真菌的这种结构类似，推测其可能也有相似的功能。

1.5.4 孢子母细胞

由母孢子向孢子母细胞的转变是一个连续的过程。在此期间，核分裂，高电子密度的蛋白积聚在质膜，形成厚的孢外壁，发芽装置开始形成。孢子母细胞逐渐呈孢子的形状，并逐渐形成成熟孢子的孢壁。孢子母细胞的细胞器开始承担在成熟孢子中的功能（图 1.3j；图 1.25）。在超微结构的研究中，由于操作易造成孢子母细胞的褶皱，导致难以观察到细胞器。有时孢子母细胞成熟到一定阶段的"皱纹"可能是由于细胞对增加的渗透压比较敏感。孢子母细胞由电子致密物覆盖整个质膜形成连续层，将来可能发育成孢子的孢外壁。具有囊膜包裹的孢子形成期的微孢子虫，该层往往形成管状或纤维状扩张，就像孢子母细胞表面的突起。即使从孢子母细胞到孢子的过渡是一个连续的过程，但研究者们一致认为应找一个术语描述命名孢子母细胞过渡到孢子的关键分割点。Larsson（1986b）认为细胞的极化是两者过渡的转折点，当细胞极化启动时，细胞器不再随机分布，就认为其是成熟的孢子。

1.5.5 发芽装置的起源

发芽装置作为微孢子虫的典型结构特征，通常开始于孢子母细胞阶段。人们普遍认为，高尔基体形成了发芽装置的各个部分（图 1.3j；图 1.7a）。

研究发现，内质网的管状囊泡的末端，含有电子致密物，这种致密物有可能被运输至高尔基体，与其囊泡融合后形成发芽装置（图 1.7a；图 1.8a）。

1.5.5.1 极丝

某些情况下，在孢子母细胞中也可以观察到极丝（polar filament）（图 1.7a）。首先，电子致密的高尔基小泡在直接相邻的核（图 1.7a-1）周围积累。接着，一些含有致密颗粒的小的圆形液泡也会出现在这里。液泡大部分由膜包裹，未包裹的部分直接与高尔基囊泡接触。液泡可能会发育成极膜层（Vinckier 1973，1975，1990；Vávra 1976a）（图 1.7a-2）。极丝最初表现为环状，中心很暗，边框致密，位于高尔基网状结构的边缘。这些环实际上是盘绕的极管横截面（图 1.7a-3）。边界有一层膜是与液泡的边界，这种具有穿透性的管的中央与极膜层间隔一段距离，这里会发展为锚定盘（图 1.7a-4）。高尔基小泡逐渐远离核，朝向孢子后部运输，在此过程中，更多的极丝缠绕形成在其边缘处（图 1.7a-4，a-5）。当高尔基体囊泡到达将要成熟的孢子的后端，变成后极泡，含有内质网残体。这一模式被冷冻切片超微结构观察所证实（Vinckier 1990；Vinckier et al. 1993）。此时，高尔基体占据整个细胞的大部分空间（图 1.14a）。

1.5.5.2 极质体／极膜层

因为极质体（又称极膜层）是一个微妙的膜状结构，其外观的最早迹象很容易被忽视。可能由于微孢子虫不同，时间和起始模式不同，关于它的起源有不同的说法。在任何情况下，极质体（polaroplast）和极丝都有紧密的联系，推测这两个细胞器都是极丝 - 极质体膜复合体的组成部分（Lom & Corliss 1967）。一种形成模式推测所述极质体片层是由包裹液泡的膜渐进内折形成的，在一些微孢子虫如威氏微粒样孢虫中（Vinckier 1973，1975），当极囊和极丝形成时，紧邻细胞核的地方能观察到这种情况的发生（Vávra 1976a）（图 1.7a-2，a-3）。又如对库蚊钝孢子虫（Toguebaye & Marchand 1986）和寄生于水生的寡毛纲动物的蚯

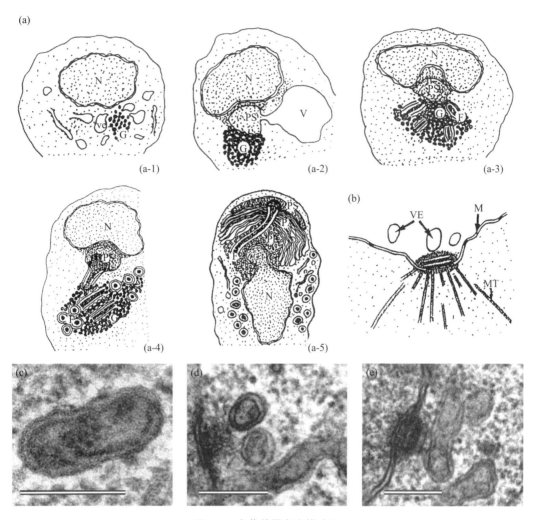

图 1.7　发芽装置发育模式图

（a）母孢子向孢子过渡时发芽装置的发育模式图 [威氏微粒样孢虫（*Nosemoides vivieri*）]；（a-1）聚集在核周围的小液泡（ve）和高尔基小泡（G）；（a-2）极囊（PS）原基和大液泡（V）靠近细胞核（N），高尔基体囊泡紧邻极帽；（a-3）高尔基体囊泡融合开始形成极丝（F）；（a-4）极囊（PS）和极丝材料逐渐组装成层；（a-5）极囊向孢子顶端迁移，极质体的前端（PA）和后端（PP）开始出现；（b）纺锤体板的形成模式图（银汉鱼格留虫），纺锤体板是有丝分裂时微管组织发生中心，位于核膜凹陷处（M），由一堆扁平的低电子密度囊泡组成，囊泡周围是密集的颗粒状物质，微管（MT）从这些物质中辐射出来。纺锤剩体（VE）靠近纺锤体板分布。（c～e）纺锤剩体：分离的纺锤剩体（c），一簇纺锤剩体靠近纺锤体板（d，e）[图片采自库蚊变异微孢子虫（*Vavraia culicis*）]。标尺 =200 nm。[引自 Wittner, M., Weiss, L. M.（eds.）1999. The Microsporidia and Microsporidiosis. ASM Press, Washington, DC（a，b），Vávra, Folia Parasitologica 2005（c～e）]

蚓小杆孢虫（*Bacillidium criodrili*）（Larsson 1994a）的观察，表明极质体合成起始于孢子母细胞的后期（图 1.8b～d）。该极质体的原基（primordia）是一些小的、内衬膜样突起，来源于极丝表面的单位膜，它们最早可在极囊附近观察到。它们扩大成为膜内衬囊（membrane-lined sacs），新的小室从后部增加，最后这些小室组装成各种形式。

1.5.5.3　后极泡

直到孢子成熟，后极泡（posterior vocuole）才完全形成（图 1.4；图 1.5a）。后极泡是在孢子母细胞晚期出现的，在孢子后部以囊泡和高尔基体小管形成网状结构并发展成后极泡（Vinckier 1975），在一些微孢子虫早期孢子的后极泡里这种网状结构的残余物看起来像小囊泡（posterosome）（Weiser & Žižka 1974，1975）。用吉姆萨染色后，这种小囊泡被染成深红色，对于没有经验的人来说，它很容易被误认为核。

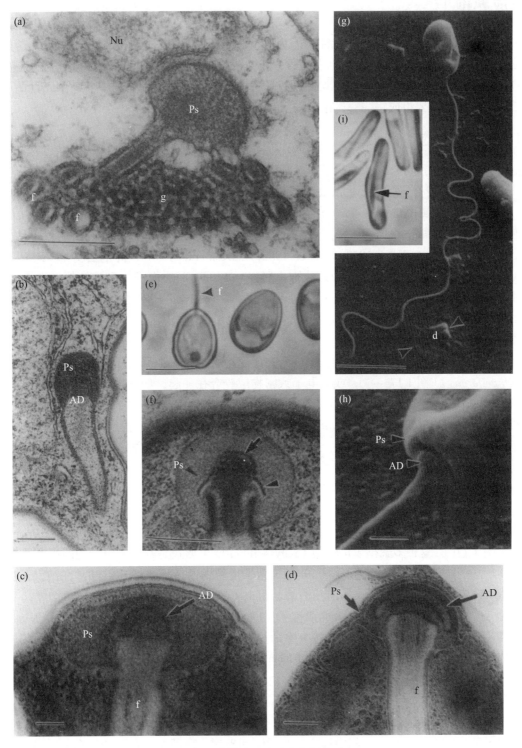

图 1.8　发芽装置的触发与极丝弹出

（a）极丝和极囊的起源，注意极囊与核紧密相连（威氏微粒样孢虫）；（b~d）在孢子母细胞里的极囊和锚定盘（b）、未成熟孢子（c）和成熟孢子（d）；（e）位于孢子内的极丝和弹出的极丝（钝孢子虫属，原称伊蚊属）；（f）极囊和锚定盘的形成（库蚊钝孢子虫），注意锚定盘（箭头所示）片层的形成和极丝（箭头）旁的层状物质，这种结构起着铰链的作用，在极丝外翻的过程中，它会向内翻转；（g）弹出的极管和孢原质（无尾箭头所示）（温顺微粒子虫）；（h）孢子前端：可见极囊和被穿透的锚定盘（威氏微粒样孢虫）；（i）手柄状极丝［白剑水蚤姆则克孢虫（*Mrazekia cyclopis*）］。透射电镜（a~d，f）；相差显微镜（e）；扫描电镜（g 和 h）；新鲜材料未经染色（i）。标尺 = 0.5 μm（a，f），25 nm（b），100 nm（c，d），5 μm（e，g，i），0.5 μm（h）。AD，锚定盘；d，耦核；f，极丝；g，高尔基体；Nu，细胞核；Ps，极囊。［引自 Wittner, M., Weiss, L. M.（eds.）1999. The Microsporidia and Microsporidiosis. ASM Press, Washington, DC.］

1.6 成熟孢子

形状和大小是成熟孢子重要的结构特征，因为对于微孢子虫来说，这些指标相当恒定并且具有种属特异性，但必须考虑到转宿主时也可能产生多态性（见 1.3.4）。形状和大小最好使用光学显微镜进行评估，但要正确评价孢子的结构，必须使用超薄切片通过透射电镜观察。通过孢子的中心纵剖面可揭示其独特而又复杂的结构，其中的主要组成将一一讨论。

1.6.1 孢子的形态

对微孢子虫一个属的所有种来说，孢子形态（图 1.1）是相对恒定的。孢子最常见的形态为卵圆形，如脑炎微孢子虫属（图 1.22d；图 1.24c）和微粒子虫属（图 1.1o）；或梨形，如马尔森孢虫属（*Marssoniella*）（图 1.1m）和聚团孢子虫属（*Agglomerata*）；毛孢虫属（*Pilosporella*）和壶孢虫属（*Chytridiopsis*）的孢子为球形；小杆孢虫属（*Bacillidium*）、何氏孢虫属（*Helmichia*）和姆则克孢虫属（*Mrazekia*）的孢子呈粗棒形（图 1.1d；图 1.8I；图 1.11c ~ e）（Vávra 1962；Larsson 1982；Larsson et al. 1993）；筒孢虫属（*Cylindrospora*）孢子呈细棒形（Larsson 1986c），而寄生于蟹的针状孢虫属（*Nadelspora*）的孢子几乎是丝状（Olson et al. 1994）。一些属的微孢子虫的孢子形状是该属特有的。弓形格留虫属（*Toxoglugea*）（图 1.1b）和弓孢虫属（*Toxospora*）的孢子弯曲像马蹄铁，铃孢虫（*Campanulospora*）孢子呈钟形，类上横隔孢虫［*Paraepiseptum*，原葫芦孢虫属（*Cougourdella*）］孢子呈烧瓶形（图 1.1e）。

在一些微孢子虫属，孢子成对紧邻，完全嵌入在无定型组织中，如寄生于蜉蝣生物的格留形特罗孢虫（*Telomyxa glugeiformis*）（图 1.17g ~ j），或与电子致密物层胶合在一起，如寄生于水蚤的单核贝尔瓦德孢虫（*Berwaldia singularis*）（Larsson 1981b）、水蚤诺列文孢虫（*Norlevinea daphniae*）（图 1.1l）（Vávra 1984）以及溪畔水蚤微孢子虫（*Microsporidium fluviatilis*）（Voronin 1994）。在特罗孢虫属中，最初在 1910 年描述其为成对的孢子，它们之间的联接非常紧密，需要借助电子显微镜来进行相邻孢子的区分（Codreanu & Vávra 1970）。

1.6.2 孢子的大小

大多数情况下同一种属的所有孢子都大小相同，但一些属产生有少量的大孢子（macrospores）和大量的普通孢子（图 1.17f）。这种多聚孢子母细胞（polysporoblastic）形式是寄生于甲虫的匹里虫属（Canning & Nicholas 1980）和变异微孢子虫属（Larsson 1986d）孢子增殖期的特征之一，也经常在钝孢子虫属观察到（Hazard & Oldacre 1975）。寄生于黑蚊的消耗透明球孢虫（*Hyalinocysta expilatoria*）产生 3 类不同大小的孢子：小的八孢子、中等大小的四孢子、大的双孢子（Larsson 1983c）。红火蚁内尔氏孢虫［*Kneallhazia*（原 *Thelohania*）*solenopsae*］在宿主火蚁体内的各个生命周期阶段可形成 4 种结构和大小都不同的孢子，分别为其寄生于卵时产生的耦核型孢子，寄生于成虫时产生的八孢子和微粒子虫样耦核孢子，寄生于不同幼虫和蛹组织时产生的大孢子（Sokolova & Fuxa 2008）。

1.6.3 孢壁

孢壁在孢子萌发期间能耐受一定的渗透压，而后瞬间破裂。破裂发生在孢子顶端孢壁最薄的地方，为极管弹出提供出口。该壁由靠近质膜的两层结构组成。

1.6.3.1 孢外壁

孢外壁是孢子的最外层（图 1.4；图 1.9），是均匀厚度的高电子密度层，包裹在孢子外周。不同微孢子虫孢外壁的厚度和结构有所不同，有薄薄的孢壁、致密且厚的孢壁、约 10 nm 不成层的结构到约 200 nm

厚的多层结构的孢壁等（Larsson 1986b）。

　　观察孢外壁结构时必须用高分辨率透射电镜。例如，在脑炎微孢子虫属，孢外壁看似为一个均匀层（Barker 1975），但高分辨率电镜显示，它实际上由三个不同电子密度和结构的层组成（Bigliardi et al. 1996）。对钝孢子虫属的微孢子虫进行冷冻蚀刻观察发现，孢外壁为粗纤维层，短粗纤维被分散在丰富的颗粒中（Vávra et al. 1986）（图1.10a）。Bigliardi 等（1996）用冷冻蚀刻技术在海伦脑炎微孢子虫（*Encephalitozoon hellem*）中观察到孢外壁由两层组成，4 nm 纤维束定向排列在其中。因为孢外壁可以在分类学中作为依据，孢外壁的精细结构研究吸引了更多研究人员的关注，多层孢外壁是区分蝗虫微孢子虫和其他微孢子虫的特征之一，并由此创立了一个新属安东尼微孢子虫 [*Antonospora* 现为类微粒子虫属（*Paranosema*）]（Slamovits et al. 2004）。孢外壁的主要成分是蛋白质层。最近，一些微孢子虫特异性孢外壁蛋白也相继被描述和报道（Vávra & Lukeš 2013）（见第 10 章）。

　　一些微孢子虫的孢外壁变化非常快，而在另外的一些微孢子虫中孢外壁的变化则更加复杂，其孢壁通过一系列的变化最终成为成熟孢子的外壁结构。孢壁层的顺序是鉴定微孢子虫的有利工具之一（Larsson 1986b）。许多属都有其独特的孢外壁，如纳帕孢虫属（*Napamichum*）（图1.9c）和上横隔孢虫属（*Episeptum*）（图1.4a）（Larsson 1986e，1996）。孢外壁的超微结构是鉴别微孢子虫之间关系的一个指标。例如，在泰罗汉孢虫属和钝孢子虫属，孢子类型之一的八孢子的孢外壁具有典型的层序，中间层类似于双

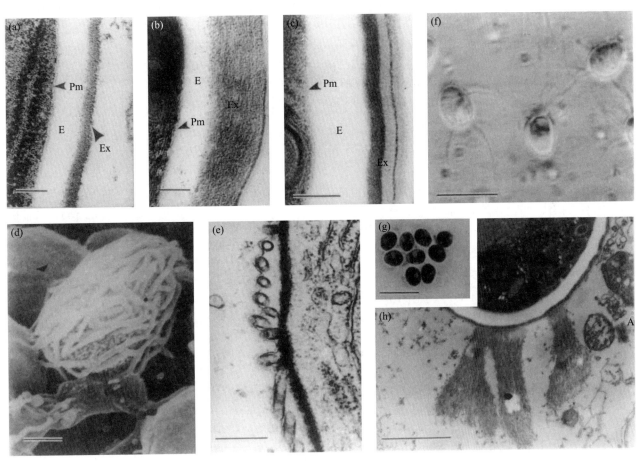

图 1.9　孢壁结构

　　（a）成熟孢子的孢外壁 [坚硬钝孢子虫（*Amblyospora callosa*）]；（b）八孢子型钝孢子虫的孢外壁（octospore）（坚硬钝孢子虫）；（c）多层的孢外壁（寄生于内摇蚊属的螺旋纳帕孢虫）；（d，e）管状孢外壁（德贝西厄亚氏孢虫）；（f～h）染色涂片中有不透明层的孢外壁；（g）寄生于蚊子的尾毛状八孢虫（*Trichoctospora pygopellita*）。透射电镜图（a～c，e，h），扫描电镜图（d），微分干涉相差显微镜（f），吉姆萨染色（g）。标尺 =100 nm（a～c），1 μm（d），0.5 μm（e），10 μm（f～h）。E，内壁；Ex，外壁；Pm，质膜。[引自 Wittner, M., Weiss, L. M.（eds.）1999. The Microsporidia and Microsporidiosis. ASM Press, Washington, DC.]

层膜。此外，各属可能具有或多或少复杂的特定分层（图 1.9b 和 c）。姆则克孢虫科（Mrazekiidae）的微孢子虫孢外壁都具有宽且均一的基底层和外部双层膜样层（图 1.11；图 1.20a ~ c）。寄生于水生生物的微孢子虫，孢外壁经常呈现出附属物、纤维、孢子尾等形式的修饰，使这些属具有独特的孢外壁（Vávra 1963）。尾孢虫属孢外壁非常厚，会形成翅状和尾状的扩展，使孢子看上去和人类精子类似，在光学显微镜下就可观察（图 1.1h）。利用光学显微镜观察到亚氏孢虫的孢子有较长的尾巴（Lom 1953；Larsson 1989b，1990b）。寄生于蚋科的多毛孢虫属（*Hirsutosporos*）和内生孢虫属（*Inodosporus*）的孢外壁为管状。在多毛孢虫属中，管状突起形成腰带和后毛束（Batson 1983），而在内生孢虫属孢外壁的前端为小叉状，后端有 3 个或 4 个长的附属物（Overstreet & Weidner 1974）。寄生于蚊子的尾毛状八孢虫的孢子可使用干涉相差显微镜观察（图 1.9f ~ h）。通过透射电镜观察可看到它们的孢外壁为管状突起（Vávra 1965；Loubès & Maurand 1976；Rausch & Grunewald 1980）（图 1.9d 和 e）。孢子周围有黏液的微孢子虫多寄生于水生生物。当孢子与水接触，黏液状物质溶胀使得孢子膨胀（Lom & Vávra 1963b）。这类黏液可通过在孢子悬浮液中滴加印度墨汁在光学显微镜下观察（见 1.11.3.5）（图 1.1m）。将透射电镜制片进行负染，亦可使黏液保持精细的纤维状结构（Vávra 1976a）。

1.6.3.2 孢内壁

孢内壁是电子透明层，因此在孢外壁下方表现为无结构层（图 1.4；图 1.9）。这一层约 100 nm 厚，厚度均匀，只是在孢子的顶点较薄。在冷冻蚀刻切片中，钝孢子虫属的孢内壁是粗纤维与短纤维平行于孢子表面（Vávra et al. 1986）（图 1.10a）。通过染色反应及利用红外光谱和 X 线衍射等物理方法分析证实，孢内壁的主要成分是 α- 几丁质（Vávra 1976a）。几丁质的存在可用于微孢子虫的荧光检测（Vávra & Chalupský 1982；van Gool et al. 1993；Vávra et al. 1993a）（见 1.11.2.3）。

孢内壁形成于孢子成熟晚期，孢内壁层一直增厚直至孢子完全成熟。孢内壁在后期成熟的原因可能是它密封孢子，将其与宿主细胞质分离开，从代谢角度看，它的成熟取决于孢子是否成熟。

1.6.4 原生质膜

孢内壁的内表面与质膜相邻（图 1.4；图 1.9a ~ c）。该膜界定孢壁和孢子的细胞质，通常认为它是孢壁的一部分，因为它在发芽后的孢子中仍然存在（Lom 1972；Weidner 1972；Undeen & Frixione 1991）。孢原质离开孢子时重新形成质膜（一般认为是从极膜层衍生而来）。

冷冻蚀刻电镜观察揭示了质膜是含有膜内颗粒的经典细胞膜（Vávra et al. 1986；Bigliardi et al. 1996）。在未成熟的孢子中颗粒很多，但在成熟的孢子中消失。膜内颗粒被认为是运输蛋白，在孢子成熟过程中可能会逐渐减少（Vávra et al. 1986）（图 1.10a 和 c；图 1.14d）。

但必须强调的是，孢子是单细胞。孢子中的这层质膜将孢壁与细胞质隔离，在孢子内部不存在膜包裹的 "芽"（germ）。

1.6.5 细胞核

在成熟孢子中可观察到一个或两个典型的真核细胞核（图 1.4；图 1.15a）。在有两个核的孢子中，它们成对紧邻，称为耦核（diplokarya）（图 1.11）。在寄生于介形虫的双核孢虫（*Binucleospora*）的耦核孢子中，每个核都有膜包裹，以阻止两个核物质的交流（Bronnvall & Larsson 1995a）。核的形状从球形至卵形都有。但是，霍瓦斯梅氏孢虫（*Metchnikovella hovassei*）的核是马蹄形（Vivier & Schrével 1973）。

1.6.6 细胞器

孢子的细胞质中往往能观察到附着多聚核糖体的内质网，尤其是在即将成熟的孢子的核周围更为明显。多聚核糖体要么看起来像 "三明治"，核糖体夹在膜间（图 1.4a 和 b），要么根本看不到膜。通常，横

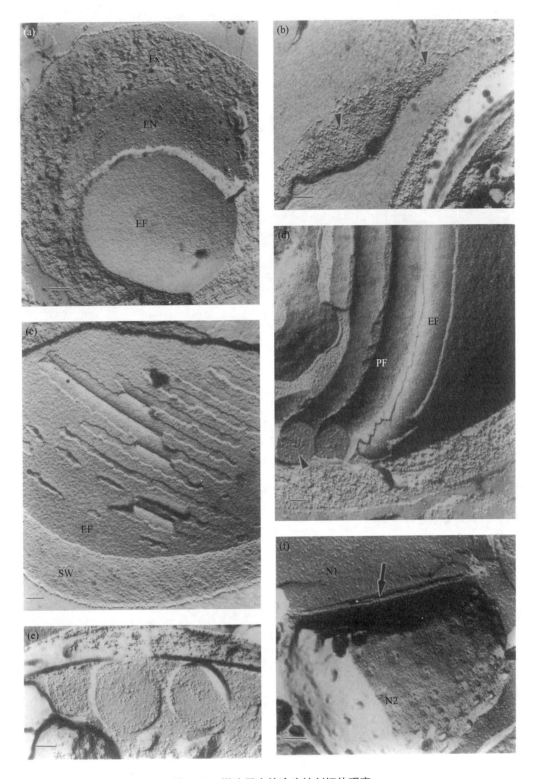

图 1.10 微孢子虫的冷冻蚀刻切片观察

（a）不透明钝孢子虫（*Amblyospora opacita*）孢外壁，基质面向质膜，孢内壁具有纤维，孢外壁具有粗纤维和颗粒；（b）不透明钝孢子虫的 SPOV 的膜（无尾箭头），不规则的颗粒状结构暗示该膜不是细胞质膜；（c）突氏孢虫（*Tuzetia*）未成熟孢子的横切图，显示内膜颗粒覆盖在基质膜上，这种颗粒在极膜层上也有（星号显示）；（d）变异钝孢子虫（*Amblyospora varians*）孢子，极圈（无尾箭头所示）和原生质膜、极丝的基质膜，在成熟孢子中，极丝的膜是由膜内颗粒组成；（e）环状（缠绕）极丝，它看起来边缘像环形，中心为精细颗粒；（f）苞状钝孢子虫（*Amblyospora bracteata*）的耦核，一个被切坏了的核（N1），第二个核（N2）有核膜，箭头所示为核膜。标尺 =100 nm。EN，内膜；Ex，外膜；N，细胞核；SW，孢壁；EF 和 PF，基质膜和原生质膜。[引自 Wittner, M., Weiss, L. M. (eds.) 1999. The Microsporidia and Microsporidiosis. ASM Press, Washington, DC.]

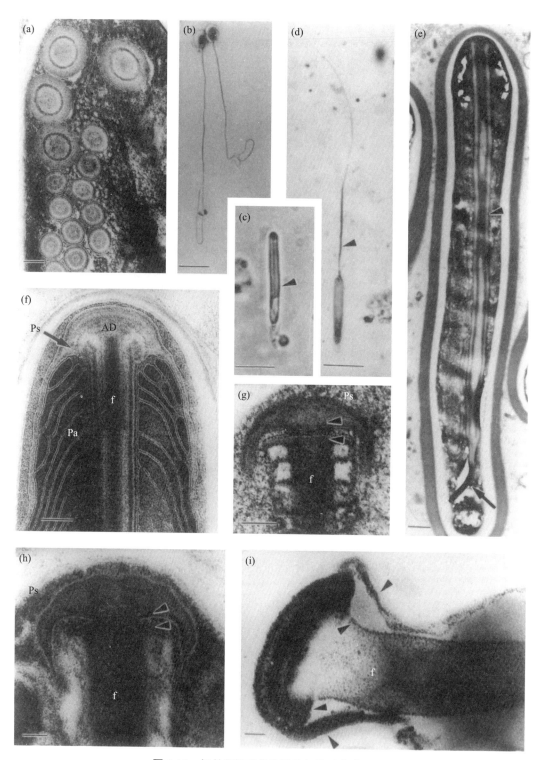

图 1.11　极丝和锚定盘装置的细胞形态学观察

（a）极丝（钝孢子虫属）；（b）弹出的极丝（极管）（寄生于蚊子的尾毛状八孢虫）；（c～e）活孢子中的直极丝，（c）寄生于寡毛纲动物的内卷杰氏孢虫（*Jirovecia involuta*）发芽，（d）（无尾箭头显示直极丝部分），纵切，（e）箭头显示极丝宽的部分，无尾箭头显示极管窄的后部［寄生于水生的寡毛纲动物的紧密小杆孢虫（*Bacillidium strictum*）］；（f）位于锚定盘处的极丝，周围有极囊、层状锚定盘并且极丝的每一层都包裹在锚定盘内；（g，h）帽状极囊，锚定盘不可见，极丝与极帽像电源插座一样连接，（g）寄生于树皮甲虫的毛翅虫壶孢虫（*Chytridiopsis trichopterae*），（h）寄生于螨虫的粉螨因特斯塔孢虫（*Intexta acarivora*）；（i）Thiéry's 反应显示极帽处含 α-乙二醇基的多糖（无尾箭头）（白剑水蚤姆则克孢虫）。透射电镜（a，e～h），吉姆萨染色（b），相差显微镜（c），苏木精染色（d），希氏过碘酸染色法（PAS）反应，透射电镜（i）。标尺 =100 nm（a，f，g），10 μm（b，c，d），50 nm（h，i），0.5 μm（e）。AD，锚定盘；f，极丝；Pa，前端极膜层；Ps，极囊。［引自 Wittner, M., Weiss, L. M.（eds.）1999. The Microsporidia and Microsporidiosis. ASM Press, Washington, DC.］

向和纵向切片中的多聚核糖体无显著差异。然而，在芬克异孢虫（*Heterosporis finki*）（Schubert 1969）、角膜气管普孢虫（Vávra et al. 1998）和麦格水蚤汉式孢虫［*Hamiltosporidium*（原扇孢虫属 *Flabelliforma*）*magnivora*］（Larsson et al. 1998）（图 1.4c）3 种微孢子虫中有时会偶尔观察到横向截面的多聚核糖体排列成圆圈，每个圆圈含有 9 个核糖体。在这种结构中看不到膜。

在未成熟孢子中，只要感染装置还没有最终形成，高尔基体就比较明显。值得一提的是，虽然清晰的高尔基体膜在完全成熟的孢子中似乎不存在；而高尔基体样小囊泡（posterosome）出现在未成熟的孢子中，在刚刚弹出的孢原质中可检测到具有高尔基体酶促活性的膜（Takvorian et al. 2013）（见 1.4.6；图 1.32e）。到目前为止，在成熟孢子中还未观察到纺锤剩体。

1.6.7　极丝

极丝是成熟孢子中最明显的结构。第 2 章将从生物化学和功能性方面对其进行描述。本章主要从结构和多样性角度介绍。

1.6.7.1　极丝类型

在大多数微孢子虫中，极丝是线状的，通常比孢子更长。极丝有 3 个组成部分：直的前段部分（有时称为极丝的柄端），通常其长度约为孢子长度的 1/3；极丝折向侧面几乎与孢壁接触的部分；一个或多个极丝圈（图 1.4；图 1.5a）。除了少数例外，极丝的最大部分被盘绕在孢子的后半部。孢子内的极丝排列有几种形式。

少数微孢子虫，如壶孢虫属（*Chytridiopsis*）及其近缘属，极丝很短（图 1.15c），没有直的部分，这意味着整根极丝都是在孢子的一端缠绕成圈。特殊情况下，极丝的长度比孢子长度还短，呈现直棒状。一些属的微孢子虫极丝呈现这种特征，如杆状孢虫属（*Baculea*）（Loubès & Akbarieh 1978）、筒孢虫属（*Cylindrospora*）（图 1.15a）、何氏孢虫属（*Helmichia*）（Larsson 1982）和席氏孢虫（*Scipionospora*）（Bylén & Larsson 1996）。极丝差不多都是同样的结构，唯一的不同之处就是极丝的长度。

有些微孢子虫极丝较粗，而极丝的厚度是可变的，可能只是在极丝的直线部分、极丝的前部或者一些极丝圈部分厚度会发生变化。在一些属，加厚的极丝往往有更少的极圈数［见 1.6.7.2（4）］。

1.6.7.2　极丝形态

尽管极丝的结构基本一致，但极丝的一些特性变化比较大，可用于个别微孢子虫的鉴别。

当研究微孢子虫的极丝时，研究成熟孢子的极丝是非常有必要的。因为孢子完全成熟时，极丝才最终形成。与未成熟的孢子相比，成熟孢子的极圈数更多，极圈更宽。在快要成熟的孢子中的最后一个或两个极丝圈，由于还远远没有发育到最终形态，通常比成熟孢子中完成发育成形的极丝圈窄，内部组成也没有那么复杂。

（1）极丝类型是在属水平或属以上水平用于鉴别微孢子虫的基本特征。

（2）极圈数目和极圈的排列。极圈是一层还是多层取决于极丝的长度（图 1.4；图 1.5a）。它们通常规则地排列并彼此接近形成单层或双层（图 1.11a），如毕氏肠微孢子虫（图 1.24c）。如果极丝长，这些层可能会看起来不规则，如短嘴蚊共螺孢虫（*Systenostrema corethrae*）（Larsson 1986a，1988a），或者后部的极圈数明显增加，如寄生于甲虫的微孢子虫鲇脂鲤匹里虫（*Pleistophora hyphessobry*）（Lom & Corliss 1967）。特定种类的极圈数量通常较为稳定。我们应该对近乎成熟或成熟的孢子中的极圈数进行计数，因为随着孢子成熟极圈数会增加。

（3）极圈的倾斜度。极圈常以一定的角度与孢子纵向保持平行。不同种类微孢子虫其极管倾角不同，可以作为判断种的标准（Burges et al. 1974）。测量极管倾斜角度非常困难，因为它取决于切片的平面，孢子必须纵切，其最前端和最后端必须被同时切断。大多数物种的极管倾斜角度为 40° 和 60°，个体之间的差异为 5°~10°。有时这种差异可能是错误测量的结果。当在切片上以垂直于正确测量的角度进行测量时，倾斜角度似乎呈 90°。

（4）极丝的宽度。极丝有两种基本类型（Weiser 1977）。一种类型是指整个极丝具有相同的或几乎相同的直径（图 1.5a；图 1.16c），为同极丝（isofilar）。另一种类型是异极丝（anisofilar），极丝前端较粗（图 1.4a；图 1.11a；图 1.13e），在极圈中收缩部位将宽的和窄的部分分开。极丝弹出时，异极丝可以用光学显微镜（图 1.11b）进行观察。靠近锚定盘的区域通常略宽于这两种类型的极丝（Larsson 1986c）。非等圈极丝（heterofilar）是另一种描述极丝的新术语，该极丝的一个或几个中间极丝圈在直径上不同于前部和后部的极丝圈（Voronin 1989a）。

在姆则克孢虫科中，极丝厚度变化不大；在笛鲷微丝孢虫（*Microfilum lutjani*）中，极丝的特征较为明显（Faye et al. 1991），其中前部呈现为宽且硬的棒状结构（图 1.8i；图 1.11c~e）。Léger 和 Hesse（1916）提出用"柄状体"来形容这个手柄状的极丝部分。极丝直段之后往往是细的末端部分，能形成半圈的极丝圈，如纤突小杆孢虫（图 1.11e）（Larsson 1989c），更常见的则是形成几个极丝圈。这类微孢子虫以类似于异极丝（anisofilar）的柄状极丝取代卷曲的极丝。然而，与此相反的情况是，典型的异极丝在宽和窄部分之间没有突然的收缩。取而代之的是逐渐缩小的连续的线圈，粗的部分和较窄的部分之间的差异大于正常情况下的异极丝中宽和窄部分的差异。

在梅氏孢虫科中，"柄状体"也被用于形容其粗极丝（图 11.5b 和 f）（Hildebrand & Vivier 1971；Vivier 1975；Desportes & Théodoridès 1979；Ormières et al. 1981；Sprague et al. 1992）。然而，这种极丝是一种独特的类型，因此最好避免使用"柄状体"。同极丝或异极丝的排列和柄状体的出现具有属特异性。

（5）极丝的长度。从孢子的透射电镜图片和孢子弹出极丝的图片计算出的极丝长度并不一致。Weidner（1972）计算了米歇尔埃姆森孢虫极丝长度，在孢子时期该极丝的长度为孢子长度的 20~30 倍；极丝弹出后，极管的长度是孢子长度的 60~100 倍。极丝的直径保持不变，为 100~120 nm。

（6）极丝的内部结构，请参见"极丝结构"。当描述一个新种时，极丝的结构包括极丝层的排列。

（7）极丝 – 极囊的连接模式。这一结构特征将微孢子虫分成两类在结构上及可能在进化方面不同的群体（见 1.6.7.3；图 1.12a 和 b）。

1.6.7.3　极囊 – 锚定盘复合物

在成熟的孢子中，极丝终止于钟形（伞形）结构，靠近孢子的顶端，与极囊形成复合物（图 1.4a；图 1.8b~d；图 1.11f~i）。在此处，孢壁最薄，并且孢子萌发时极丝由此弹出。不管微孢子虫是椭圆形、梨形还是棒状，极囊 – 锚定盘复合物都位于顶端，极丝沿孢子纵向延伸（图 1.4a；图 1.11c~e）。锚定盘位于孢子的近顶端、极丝略微横向排布是不常见的（图 1.5；图 1.27d；图 1.29c）。

极囊 – 锚定盘复合物有两个组成部分。在成熟孢子中，极囊以钟状包围顶端的极膜层（图 1.4a；图 1.5a 和 b；图 1.11f）。极囊是单位膜折叠而成，内含电子致密物。极丝进入极囊并终止于它的中心。锚定盘是双凸的层状体，也可以理解为是一个修饰/特化的末端，是极丝的扁平化部分（图 1.5b；图 1.8b~d，f）。在横截面中，可以看到锚定盘有很多层，电子密度高。极囊和锚定盘包含一些富含甘露糖的糖蛋白（Taupin et al. 2007），通过 PAS 染色可以观察到（图 1.1n），电子显微镜下可以看到锚定盘的修饰情况（Thiéry 1972）（图 1.1n；图 1.11i）（Vávra 1972）。这种涂片或染色也是微孢子虫的诊断方法之一（见 1.11.2.2）。

1.6.7.4　极丝 – 极囊之间的联系

微孢子虫极丝 – 极囊之间的联系有两种模式。

（1）在大多数微孢子虫中，极丝完全进入极囊，极丝的各层都与锚定盘连接（图 1.8d；图 1.4a；图 1.11f）。极丝在极囊内部以漏斗状形式存在，最外层变宽直到与锚定盘的宽度相同。例如，在寄生于内

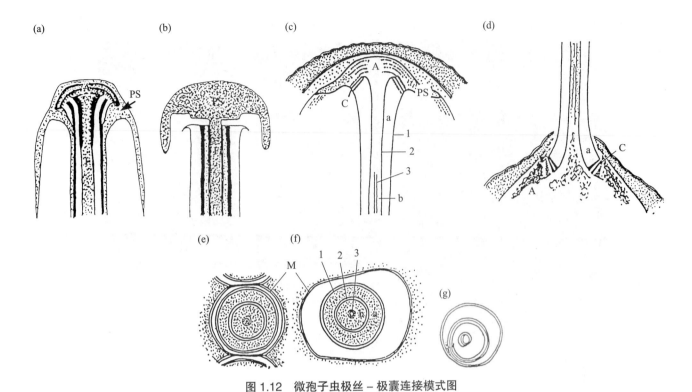

图 1.12　微孢子虫极丝 – 极囊连接模式图

（a，b）典型微孢子虫（a）和壶孢虫属微孢子虫（b）的极丝 – 极囊联系方式模式图；（c～e）极丝外翻模式图：（c）休眠孢子顶端的发芽装置；（d）发芽孢子中极囊 – 极丝之间的联系，注意 c 图中的 C 作为铰链发挥作用；（e）休眠孢子中极丝横切图；（f）萌发孢子中极丝的结构；（g）弹出的极丝横切图。A，锚定盘；a，极丝最外层；b，极管腔；C，铰链；M，极管外鞘膜；PS，极囊。1、2、3 是极丝的层（不是单位膜）。[引自 Wittner，M.，Weiss，L. M.（eds.）1999. The Microsporidia and Microsporidiosis. ASM Press，Washington，DC.]

摇蚊属的微孢子虫螺旋纳帕孢虫（Larsson 1984）和寄生于蚊子的库蚊钝孢子虫（Toguebaye & Marchand 1985，1986）中，极丝的外层连接到锚定盘（图 1.8f），作为“铰链”围绕在极丝圈，在极管外翻时发挥作用（Lom 1972）（见 1.6.7.6）。

　　（2）壶孢虫属（Larsson 1993）和梅氏孢虫属微孢子虫（Vivier & Schrével 1973）中，极囊是一个相当小的杯形体（图 1.11g 和 h；图 1.12b；图 11.5b）。极囊是由单位膜折叠而成，内含电子致密物。然而，与典型的微孢子虫不同的是没有可见的锚定盘，也没有观察到极丝进入整个极囊。在壶孢虫中，极囊的后部中心像一个插座（图 1.11g 和 h）。极丝的外层向前加宽直到与插座的宽度大致相同，成轴环状结构（图 1.11g 和 h）。极囊的膜与极丝表层是连续的。然而，插座和套环（极丝加粗部分）之间由一个明显的间隔隔开，只有极丝中心进入极囊（图 1.12b）。

1.6.7.5　极丝的精细结构

　　极丝弹出时，孢子横切面上极丝通常呈环状，包裹在厚厚的电子致密物中，具有纤维颗粒状电子透明基质和深色的圆形中央点（图 1.8a）。孢子纵切面上可观察到包裹极丝的边界与极囊相连，极丝中央的深色物质深入到极囊内部（图 1.8c 和 d）。这一深色的电子致密物是未来发育成锚定盘最早的标志。在孢子的形态发生过程中，极丝的原始结构发生重构，最终形成一个复杂的多层结构。成熟孢子极丝的横切面是研究其结构最好的素材，通过横切面可见多个不同电子密度、不同厚度的同心层（图 1.13）。

极丝的基本结构

　　大多数微孢子虫都具有极丝的基本结构。然而，实验所使用的可视化技术和孢子的成熟程度会影响微孢子虫极丝不同层之间的特征。由于这些原因，各个层之间并不总是有很明显的差异，且各个层的厚度

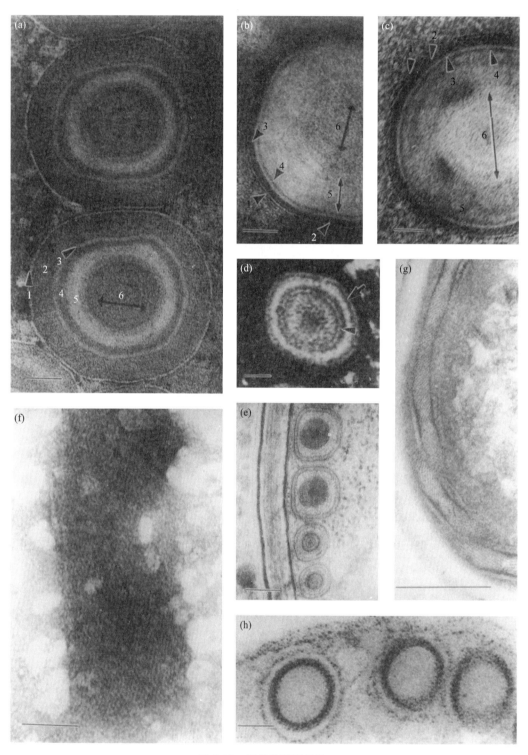

图 1.13 极丝的精细结构

（a~c）尾毛状八孢虫（a）、嗜脂肪体亚氏孢虫（*Janacekia adipophila*）（b）、内卷杰氏孢虫（c）极丝的横切面，1~6 标记易辨认的 6 层结构；（d）极丝层，外层（箭头），内层（无尾箭头）（芬克异孢虫）；（e）未成熟孢子中极丝层，注意在前端后端极圈数的不同（库蚊钝孢子虫）；（f，g）极丝的亚显微结构：胰酶消化怀特类微粒子虫 [*Paranosema*（原 *Nosema*）*whitei*] 后的极丝（f），极丝中的糖类发生 Thiéry's 反应 [来自盐卤虫（*Artemia salina*）的微孢子虫]（g）；（h）Thiéry's 反应下极丝的横切面（水蚤诺列文孢虫）。均为透射电镜图片。标尺：50 nm（a~c，f，h），25 nm（d），100 nm（e），0.5 μm（g）。[引自 Wittner, M., Weiss, L. M.（eds.）1999. The Microsporidia and Microsporidiosis. ASM Press, Washington, DC.]

物种之间也有所不同。对于横切的极丝，通常按照下列顺序进行辨别（从外侧向内侧）（图 1.13a ~ c）：外部是单位膜（i）；3 层大致相同厚度的电子致密层（ii）、透明层（iii）和致密层（iv）；嵌入到均一基质的透明纤维层（v）和中心层（vi）。中心层可以进一步细分，但这些层往往不鲜明。例如，上横隔孢虫属（Larsson 1996）、阿尔巴共螺孢虫属（Larsson 1988a）和变异微孢子虫属（Larsson 1986d）都具有这种极丝。通常，极丝的层次在粗的极圈和细的极圈中呈现相同分布，极圈直径的差异主要是由于中心层（层 6）具有不同的厚度，如寄生于黑蝇的全距石蛾变异微孢子虫（*Vavraia holocentropi*）（Larsson 1986d）和上横隔孢虫属（Larsson 1996）（图 1.4a）。然而，外层可能会在粗的部分更厚，如寄生于蚊子的尾毛状八孢虫（Larsson 1994b）。

Vávra（1976a）监测了几种微孢子虫极丝从开始形成到成熟的过程，对极丝分层做了详细描述，并提出极丝是一个厚壁管，外壁和内壁由 3 个层组成（致密层、透明层、致密层）。在外壁和内壁之间存在厚的电子透明层。在极丝形成过程中，未成熟的极丝的厚的深色外壁被透明层分裂成两个电子密度相同的同心层（2 ~ 4 层）。这 3 层表示极丝的外壁管。另外不太厚的 3 层（两个致密的环状层被不透明物质分隔开，可能是被细分的层 5）为极丝内壁。内管是由精细纤维沿着极丝长度螺旋排列。这些纤维既可以在极丝的形成时看到，也可以在极丝弹出时进行负染观察（Vávra 1976a）（图 1.13f）。在外壁和内壁之间是电子透明层，侧手翻方式沿内壁延伸至内壁的纤维层（纤维层以侧翻方式从内管壁延伸至电子透明层）。这些纤维通过 Thiéry's 反应（1972）可被染色（图 1.13g）。内管的内腔（中间层 6）中含有两种电子密度的粒状物质，密度较小的物质将电子密度高的点状物包裹在中央。在冷冻蚀刻制片中，极丝看起来像一个实心棒（图 1.10e）。当标本是断裂的情况下，可以看到位于其外缘的不显眼的颗粒紧密环，并在其中心有颗粒累积（图 1.10d ~ e；图 1.14a ~ c）。如冷冻蚀刻技术（Vinckier et al. 1993）显示，极丝是由单位膜包裹（图 1.10c 和 d；图 1.14c）。极丝外层鞘膜是极丝的一部分还是属于膜系统（Vávra 1976a）尚存在争议。糖类（糖蛋白）主要位于比外壁电子密度低的内壁（图 1.13h）

极丝的特殊结构

少数微孢子虫含有特殊类型的极丝。

（1）姆则克孢虫科微孢子虫产生的杆状孢子是具有柄状体的粗极丝（图 1.8i；图 1.11e）。其内部组织与基本结构的不同之处在于直线部分的层 5 格外厚，并且具有斑驳结构（图 1.13c）。在极丝的狭窄部分，它被压缩成窄的致密层（Larsson 1994a）。

（2）与典型的微孢子虫相比，壶孢虫在几个方面都有所不同。孢子很小，呈球形，没有极膜层，并且极丝未倾斜。极丝层数较少，易辨别。外部致密层的极丝被转变成蜂窝状层，含电子透明物和类似圆形肺泡的小泡。极丝的横截面，极丝为星状形式（图 1.15e 和 h）。极丝的纵切面，极丝的表面上的蜂窝状肺泡层常见于双脐螺球孢虫（*Coccospora brachynema*）（Richards & Sheffield 1970）（图 1.15g 和 h）、壶孢虫属（Larsson 1993）（图 1.15c）和寄生于猫蚤的诺勒孢虫属（*Nolleria*）（Beard et al. 1990）。这些特殊形式的极丝难以解释。

由于迄今为止没有报道过壶孢虫具有极膜层，推测极丝表面的圆形肺泡层代表了一种特殊类型的极膜层囊泡，而蜂巢状层则是这一类型极膜层的原始形式（Vávra 1976a）。在粉螨因特斯塔孢虫（Larsson et al. 1997b）中，极丝表面单位膜为光滑层，即围绕电子透亮管的区域（图 1.15d）。斯堪尼亚布氏孢虫（*Buxtehudea scaniae*）（Larsson 1980）和盖氏伯克孢虫（*Burkea gatesi*）（Puytorac & Tourret 1963）与其他微孢子虫不同的是，其具有很大倾斜角度的极丝，这也赋予了孢子具有极性。极囊的顶端像皇冠一样包住极丝的直端。极丝的后部缠绕成许多线圈。在斯堪尼亚布氏孢虫中，覆盖在极丝的单位膜折叠并缠绕极丝，横截面类似于一个八角星（图 1.15e）。极丝的内部类似于正常细胞学的极丝，包括纤维层（对应于正常极丝的第 4 层）

（3）梅氏孢虫科的微孢子虫极丝粗短，后部膨胀呈球形（图 11.5b 和 f）。在寄生于簇虫的微孢子虫芭提拉双钝孢虫（Ormiéres et al. 1981）和劳比瑞双钝孢虫（*Amphiamblys laubieri*）（Desportes & Théoridès

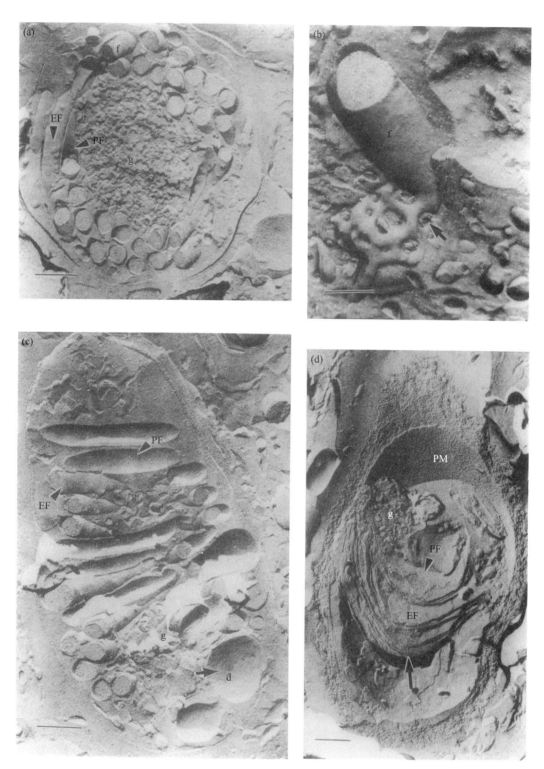

图 1.14　微孢子虫孢子的冷冻蚀刻电镜图

（a）西方蜜蜂微粒子虫的未成熟孢子的高尔基体区域和极圈，均朝向内质网层；（b）寄生于蚊子的变异钝孢子虫的孢子母细胞，极丝起源于内质网小泡（箭头）；（c）西方蜜蜂微粒子虫的纵切图，极丝呈圆柱形，被内质网膜包裹，反面有更多的膜间颗粒，箭头所示为后极泡朝向顺面；（d）西方蜜蜂微粒子虫的极膜层由膜折叠而成，膜间颗粒填充其间，孢子质膜的反面有更多的膜间小泡。标尺 =0.5 μm（a，c，d），250 nm（b）。g，高尔基体区；f，极丝；d，耦核；PM，质膜；EF 和 PF，基质膜和原生质膜。[引自 Wittner, M., Weiss, L. M.（eds.）1999. The Microsporidia and Microsporidiosis. ASM Press, Washington, DC.]

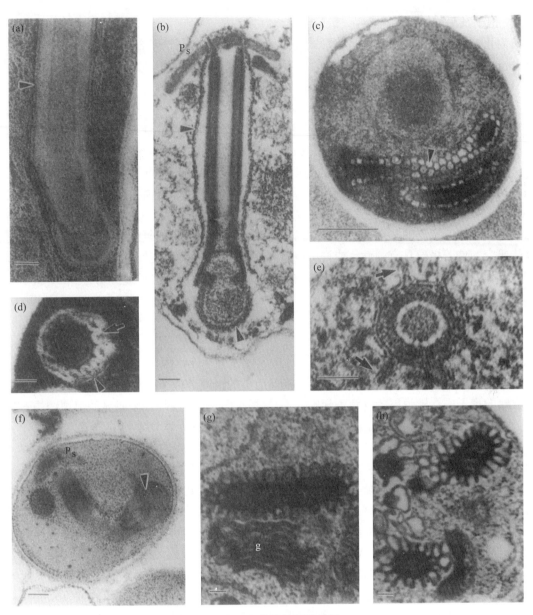

图 1.15　不常见的极丝类型

　　（a）束状筒孢虫（*Cylindrospora fasciculata*）的极丝后部直线部分细胞学结构图；（b）梅氏孢虫科极丝的直线部分，后端类似"腺体"（无尾箭头）［双棘孢虫属（*Amphiacantha* sp.）］；（c）寄生于树皮甲虫的毛翅虫壶孢虫中的极丝短，缠绕成环（无尾箭头）；（d）粉螨因特斯塔孢虫极丝的横切面（箭头为极管，无尾箭头指覆盖的单位膜）；（e）斯堪尼亚布氏孢虫极丝的横切面（箭头指示单位膜的折叠）；（f）霍瓦斯梅氏孢虫的极丝，有球状的腺体（无尾箭头）；（g，h）双脐螺球孢虫极丝的纵切（g）和横切（h）。标尺：50 nm（a，d，e），0.5 μm（c，f），100 nm（b，g，h）。Ps，极囊；g，高尔基体。［引自 Wittner, M., Weiss, L. M.（eds.）1999. The Microsporidia and Microsporidiosis. ASM Press, Washington, DC.］

1979）中，极丝不缠绕成环；在霍瓦斯梅氏孢虫（Vivier & Schrével 1973）中，极丝绕半圈向后弯曲。前面讲过极丝的直线部分被称为柄状体（见 1.6.7.2），法国研究者将后部膨大部分称为"腺"（gland）（Vivier & Schrével 1973）。极丝被单位膜覆盖，该区域为颗粒状，呈中心轴，由不同层环绕。膨胀部分是从柄部分隔成不同的组织区域（Larsson 2000；Larsson & Køie 2006）。单位膜从后部膨胀的部分以片层和管状结构形成极膜层，其内含的致密颗粒物与极丝的外部区域相同。

1.6.7.6 孢子发芽时的极丝结构

到目前为止，在孢子内的极丝是最终形式还是孢子发芽形成极管所需的原料，这一问题仍然没有得到解决。Weidner 等提出，在极丝外翻时，极管实际上是由物质聚合而形成的管道（Weidner 1982；Weidner et al. 1995）。另一方面，Lom 和 Vávra 提出，极丝外翻类似脱手套一样使极丝内部外翻到外面（1963a），目前还没有令人信服的理由让人们不相信这一观点，因为"脱手套"假说已被光镜和超微结构观察所证实（Lom 1972；Vávra 1976a）。根据这个模型，极丝弹出过程如下。在孢子发芽时，极膜层先膨胀，随着膜间空间的增大，其膜的规则排列被打乱。在极丝中，首先是单位鞘膜与极丝膜之间的狭窄空间增加（图 1.12e，f），同时伴随着极膜层的肿胀。然后，孢子内挤压极丝的基部（即与锚定盘的连接位点）（图 1.5c）。极丝由内而外像脱手套一样，围绕"铰链状"纤维结构则使外翻管与锚定盘紧密相连（图 1.12c，d；图 1.8f；图 1.12d）。外翻管有几个同心层（Lom 1972）（图 1.12g）。

考虑到前面介绍的极丝的复杂性，这种"简单外翻模式"比想象的复杂得多。极丝是否具有弹性这一问题也有待研究，倘若极丝具有弹性，或许可以解释在孢子内测量的极丝长度和挤压状态的长度之间的差异。这种差异是比较大的，为 100～120 μm。对鱼类微孢子虫而言，这种差异可达 300～500 μm（Lom & Corliss 1967）[见 1.6.7.2（5）]。

1.6.8 极膜层 / 极质体

极膜层是孢子前部的膜折叠的空腔系统（图 1.4a；图 1.5a 和 b；图 1.16）。在大多数微孢子虫中，它是一个庞大的系统，围绕着极丝的直线部分，直至极丝前端的极圈。孢子体积的 1/3，甚至 1/2 都被极膜层占据。在未成熟的孢子中，极膜层的发育不规则，而成熟孢子中极膜层是一个明显的组织结构，最常见的是片状。

1.6.8.1 评估极膜层结构的条件

当研究极膜层的构造时，有必要先研究成熟孢子的极膜层。同属的微孢子虫都具有几乎相同结构的极膜层，因此极膜层也是一个非常有用的分类特征。作为由膜构建的细胞器，极膜层较为脆弱，所以固定和包埋时较容易破坏其结构。在保存完好的标本和固定在高渗固定液的孢子中，极膜层的薄片紧凑，排列规则。低渗固定剂易导致极膜层溶胀（Vávra 1976a；Vinckier et al. 1993）。保存得比较好的单位膜切片，无论是极膜层还是极丝，能较清晰地显示其 3 层结构的特征，这是解析极膜层结构的重要前提。此外，要注意的是如何切极膜层。一个完美的纵剖面比斜截面能提供更多的信息。接近孢子中线的纵向截面和偏离中线的纵切面的图像也各不相同。一些异常极膜层类型可能仅由斜切造成。即使两个片状的纵剖面看起来完全相同，横切可能揭示其差异，因为在薄片的排列方式可能有两种：一种是完整一体的薄片，这意味着每一个极膜层都完全包围极丝（图 1.16e）；另一种是窄的薄片（分成几个小叶），像花朵的花瓣（图 1.16f）一样排列。

1.6.8.2 极膜层的精细结构

极膜层的形状像薄片、小室或约 5 nm 厚的由单位膜分隔的小管。通过冷冻蚀刻技术可以观察到极质体单位膜的特征，大量颗粒存在于膜间及膜内（Vinckier et al. 1993）（图 1.14d）。极囊的膜、极膜层小室的膜以及覆盖极丝的单位膜都属于相同的膜系统，并且极膜层的膜与极丝的单位膜相吻合。通常，极质体被分成较短的前部和更大体积的后部，在亚结构水平，最多有 4 个不同区域存在几种变型。

（1）极膜层最常见的类型是其含有两个层状部分。前片层包装紧密，排列规则，而后薄片更宽，排列更无序（图 1.5a 和 b；图 1.16a）。如脑炎微孢子虫属、匹里虫属（Canning & Nicholas 1980）和很多其他属都含有典型的极膜层（Barker 1975）。这两个区域被称为层状极膜层和囊状极膜层。另一种极膜层则相反，在前端和后端两个区域薄片都规则排列，其中，前部薄片宽而后部窄，如上横隔孢虫属（图 1.4a）和突氏

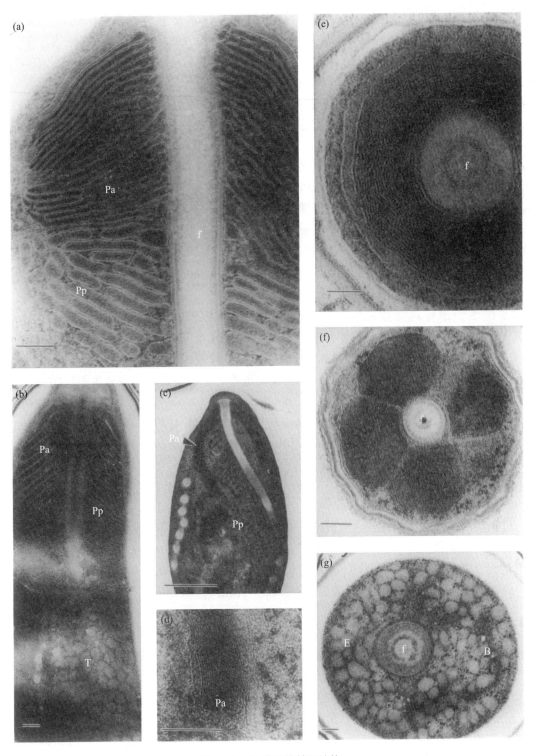

图 1.16　极膜层的精细结构

（a）典型的极膜层，前端排列紧密（寄生于黑蝇的全距石蛾变异微孢子虫）；（b）极膜层的 3 个区域（宽膜，窄膜，管状）[仙达蚤聚团微孢子虫（*Agglomerata sidae*）]；（c, d）极膜层膜折叠形成"腔"；（e~g）极膜层横切的 3 种排列类型；（e）中心层（束状筒孢子）；（f）花瓣状排列 [*Paraepiseptum*（原 *Cougourdella*）*polycentropi*]；（g）管状（寄生于寡毛纲动物的内卷杰氏孢子虫）。标尺 =100 nm（a，b，d，f，g），50 nm（e），0.5 μm（c）。Pa，前端极膜层；Pp，后端极膜层；T，小管；f，极丝。[引自 Wittner，M.，Weiss，L. M.（eds.）1999. The Microsporidia and Microsporidiosis. ASM Press，Washington，DC.]

孢虫属（Vávra et al. 1997）。

（2）某些微孢子虫，如米歇尔埃姆森孢虫（Sprague et al. 1968）、鲅鳒思普雷格孢虫 / 美洲思普雷格孢虫（Loubès et al. 1979）和寄生于内摇蚊属的聚何氏孢虫（Larsson 1982），前端区域被压缩，具有特殊的电子密度，薄层排列成均匀层状（图 1.16c 和 d）。最初，该区域被认为是一个腔而不是层状细胞器，"空腔"一词用来表示这样的区域（Sprague et al. 1968）。

（3）囊状极膜层的变化不常见。钝孢子虫属物种的后部薄层很宽，形状不规则，可以称为小室（Andreadis 1983；Dickson & Barr 1990）。在寄生于内摇蚊属的塞拉塔姆纳帕孢虫（*Napamichum cellatum*）中，后部极膜层几乎是管状的（Bylén & Larsson 1994）。

（4）现已发现，极膜层在 3 个区域的两种变化。一类是前部具有窄薄片层，中部较宽，后部区域为小管状，如寄生于介形亚纲动物的长双核孢虫（*Binucleospora elongata*）（Bronnvall & Larsson 1995a）。第二类，在极膜层的 3 个区域，前端宽，紧接着是狭窄密集的薄片层，最后是小管部分。这种类型的极膜层可在聚团孢子虫属中（图 1.16b）观察到，寄生于水蚤的管状兰那塔孢虫（*Lanatospora tubulifera*）也有这种情况（Bronnvall & Larsson 1995b）。

（5）在溪畔水蚤微孢子虫中观察了极膜层的 4 个区域（Voronin 1994）。在后部可观察到：排列疏松的小室、排列紧凑的小室、大的球状小室、片层结构。

（6）少数微孢子虫属具有相同的层状极膜层。寄生于根潜蝇的甘蓝根蝇囊孢虫（*Cystosporogenes deliaradicae*）的极膜层是片状的，侧向伸入极丝（Larsson et al. 1995）。束状筒孢虫（Larsson 1986c）和寄生于水蚤的成束奥陶孢虫（*Ordospora colligata*）（Larsson et al. 1997a）的极膜层的薄片是折叠的。

（7）钝孢子虫属既可以寄生蚊子，也可以寄生于桡足类。在桡足类寄生虫产生细长的孢子，其极膜层完全由球形囊状体组成（Sweeney et al. 1985；Becnel & Sweeney 1990）。人们最初认为这是在钝孢子虫属中特有的，但新的研究揭示在库蚊孢虫属（*Culicospora*）（Becnel et al. 1987），寄生于蚊子的微孢子虫类库蚊孢虫属（*Culicosporella*）（Becnel & Fukuda 1991）和伊蚊孢虫属（*Edhazardia*）（Becnel et al. 1989）中，也产生了类似的孢子变形与同类型的极膜层。

（8）星状博胡斯拉维孢虫（*Bohuslavia asterias*）的极膜层缺乏一些区域（Larsson 1985）。小室的形状变化是连续的，从前部广泛的不规则小室逐渐变为后部紧密排列的片状结晶。

（9）与极膜层的基本结构相比，少数微孢子虫的孢子极膜层有不同的膜或管状物。这些结构有时被解释为原始的简单的极膜层。寄生于水蚤的微孢子虫水蚤杆状孢虫（*Baculea daphniae*）有这样一个基本的极膜层以液泡的形式存在（Loubès & Akbarieh 1978）。壶孢虫和类梅氏孢虫（*Metchnikovella*-like）微孢子虫缺乏典型的极膜层（图 11.5b，c，f），其表面结构独特（Vávra 1976a）。

1.6.9　后极泡

后极泡是孢子（图 1.4a；图 1.5a）发芽装置组成的第 3 个部分，位于孢子的后部，是一种膜泡。光学显微镜下观察，它看起来像一个空液泡，且大小和形状变化很大。一些极端情况下，有一些微孢子虫明显不具有后极泡，而在其他情况下，它看起来像一个不显眼的裂缝。通常，后极泡是容易看到的，并且在一些物种中，它占据孢子体积的一半以上。鱼类微孢子虫通常都含有如此大的液泡。冷冻蚀刻技术显示，后极泡由单位膜包裹（Vinckier et al. 1993）（图 1.14c）。像发芽装置的其他部分，后极泡是高尔基小泡的产物。在未成熟孢子中的后极泡像海绵网状的电子致密囊泡结构，进一步证实了后极泡是高尔基小泡的产物。这一过程与高尔基体发育成极丝是相似的。未成熟孢子中后极泡中的囊泡被 Weiser 和 Žižka（1974，1975）命名为小囊泡（posterosome），取代了原先的名称，如"posterior body"和"inclusion body"。

极丝和后极泡之间的空间关系并不清楚。对于极丝是否进入后极泡并终止在那里还存在争议。Weidner（1972）推测，极丝进入后极泡，但它和后极泡之间有膜分隔开。然而，冷冻蚀刻技术并未能证明极丝进入后极泡（Vinckier et al. 1993）。另一方面，Lom 和 Vávra（1963a，未发表数据）观察到在孢子萌发和极丝解螺旋期间，囊泡在后极泡高速旋转。这一观察证明极丝终止于后极泡。在未成熟孢子中的囊泡是由高尔基体衍生的。通过 Cali（2002）和 Takvorian（2013）等对孢原质释放至宿主细胞内的描述，也可推测囊泡可能源于内质网膜（如多层交错网络"MIN"）（图 1.32d）。

1.7　微孢子虫质膜的起源

微孢子虫的发育与宿主细胞质有着密切的关系。微孢子虫与宿主细胞质的密切接触一直持续到孢子接近成熟，这暗示了微孢子虫完全依赖宿主细胞的代谢。

微孢子虫以注入孢原质的方式进入宿主细胞，成功逃避了宿主的识别和防御。微孢子虫的质膜（与最终的膜表面糖蛋白）是在裂殖增殖期间甚至孢子增殖期间与宿主细胞细胞质基质直接接触的部分。宿主细胞的粗面内质网将微孢子虫包裹在囊泡内。许多微孢子虫是与宿主细胞有边界的（见 1.9.2）。微孢子虫与宿主的边界可能由微孢子虫产生，如上文提到的封闭式孢子增殖（见 1.5.3），它们在其内部产生各种泡状结构：两种类型的产孢囊（或称成孢子泡）（sporophorous vesicle，SPOV），由孢外壁衍生的囊膜泡结构和囊状结构。各种类型的囊膜泡为宿主细胞质的流动和孢子之间提供了屏障。如果把囊膜泡作为分类依据，区分微孢子虫在感染后，囊膜泡的来源是源于宿主细胞，还是来自微孢子虫，以及确定微孢子虫产生囊膜泡的方式，都是至关重要的。

1.7.1　产孢囊

产孢囊，又称成孢子泡（sporophorous vesicles，SPOV），在以前的文献中称为泛孢子母细胞（pansporoblast）（图 1.17；图 1.33c），但现在已经不推荐使用这个术语了（Vávra & Sprague 1976；Canning & Nicholas 1980）。SPOV 源于由微孢子虫产生的层状分泌物。它与质膜失去接触进而形成一个囊状被膜。产孢囊中"被膜"和微孢子虫细胞之间的空间称为母孢子外空间（Vávra 1984）。由母孢子产生的小泡称为母孢子起源的 SPOV（sporontogenetic SPOV），而由裂殖体产生的小泡（这种情况比较罕见）称为裂殖体起源的 SPOV（merontogenetic SPOV）（Canning & Hazard 1982）。在一些微孢子虫，囊泡是一种短暂的过渡结构，在孢子成熟前一直持续存在，然后迅速退化。还有些微孢子虫都有或多或少的小泡结构。由于大多数"被膜"都是精细复杂的结构，光学显微镜难以观察到产孢囊的结构，但可观察到一簇孢子在一起。

产孢囊通常为球形或卵形，如钝孢子虫属（*Amblyospora*）、泰罗汉孢虫属（*Thelohania*）、类泰罗汉孢虫属（*Parathelohania*）、变异微孢子虫属（*Vavraia*）和气管普孢虫属（*Trachipleistophora*）（图 1.17a；图 1.28c；图 1.29b）（Hazard & Oldacre 1975；Vávra et al. 1981，1998）。察氏孢虫属（*Chapmanium*）（Hazard & Oldacre 1975）、纳帕孢虫属（*Napamichum*）（Larsson 1984）和奥氏孢虫属（*Ormieresia*）（Vivarès et al. 1977）的微孢子虫都具有梭形产孢囊。

寄生于蜉蝣类生物的微孢子虫高翔蜉毛状八孢虫（*Trichoduboscqia epeori*）的产孢囊为球形，通常有 4 μm 甚至长达 20 μm 的针状附属物（Batson 1982）。它们的核心由类似胶原蛋白的物质组成。突起从 2~4 个不等，与其中所含的孢子数目有关（Léger 1926；Weiser 1961；Batson 1982）。宿主死后，产孢囊被释放到水中，突起可能发挥着漂浮装置的作用。

寄生于蜉蝣生物的微孢子虫格留形特罗孢虫（*Telomyxa glugeiformis*）的产孢囊呈椭圆形（图 1.17g~j），其中有两个孢子嵌入电子致密物中（Léger & Hesse 1910；Codreanu & Vávra 1970；Larsson 1981a），其形状酷似微孢子虫孢子，最初被认为是单个孢子（Léger & Hesse 1910）。

1.7.1.1　由母孢子产生的 SPOV

母孢子产生的小泡的表面上是一电子致密分泌物沉积层，通常为薄的电子致密结构，随后形成"被膜"逐步从质膜分离（图 1.18a~c）。由母孢子产生的产孢囊（SPOV）有两种类型。

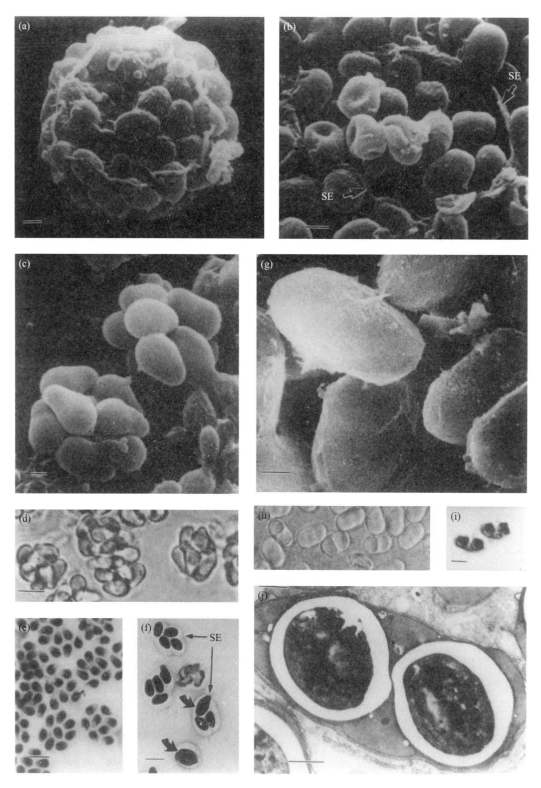

图 1.17　产孢囊的形态学结构

　　（a，b）寄生于黑蝇的全距石蛾变异微孢子虫（*Vavraia holocentropi*）裂殖体产生的产孢囊；（c~e）念珠共螺孢虫（*Systenostrema candida*）中含八孢子的产孢囊；（f）多丽莎格里孢虫（*Gurleya dorisae*）中含四孢子的产孢囊（长箭头所示）和少于 4 个孢子的产孢囊；（g~j）寄生于蜉蝣生物的微孢子虫格留特罗孢虫（*Telomyxa glugeiformis*）中含有两个孢子的产孢囊。扫描电镜图（a~c，g），相差显微镜图（d，h），苏木精染色（e，f），吉姆萨染色（i），透射电镜（j）。标尺 = 1 μm（a~c），5 μm（d~f，h），1 μm（g，i），0.5 μm（j）。SE，产孢囊囊泡。［引自 Wittner，M.，Weiss，L. M.（eds.）1999. The Microsporidia and Microsporidiosis. ASM Press，Washington，DC.］

（1）多细胞产孢囊，这是最常见的类型，产孢囊内含有所有的孢子母细胞。这种 SPOV 在许多微孢子虫中都存在。如钝孢子虫属（*Amblyospora*）（Hazard & Oldacre 1975）和上横隔孢虫属（*Episeptum*）（Larsson 1996）。多细胞 SPOV 通常在光学显微镜下比较明显，看起来好像孢子或多或少的被包装起来（图 1.1b, d, f；图 1.17c ~ f；图 1.29e）。在保存完好的样品中，产孢囊也可在扫描电子显微镜下观察到（图 1.28c）。孢子在此类囊泡的数量可以在两个和许多之间变化。在一些微孢子虫属中，囊泡中孢子的数量是恒定的，而在其他微孢子虫属中，囊泡中孢子的数量是不稳定的。囊泡中孢子的数量是鉴定微孢子虫种的重要特征之一。在观察寄生于中肠组织的 SPOV 中孢子的数量时要非常小心，避免把肠上皮细胞中的孢子误认为是多细胞 SPOV（图 1.21a 和 b）。

（2）如果产孢囊被膜随内部的原生质团分裂时同时进行分裂，最后每个孢子有自己的囊泡，就形成了单细胞产孢囊（图 1.18d 和 e）。突氏孢虫属（*Tuzetia*）、亚氏孢虫属（*Janacekia*）、阿尔夫文亚孢虫属（*Alfvenia*）、内莉孢虫属（*Nelliemelba*）（Maurand et al. 1971；Larsson 1983d）和兰那塔孢虫属（*Lanatospora*）（Bronnvall & Larsson 1995b）都具有单细胞 SPOV，并且必须用透射电镜才可以看到。在染色涂片上观察嗜脂肪体亚氏孢虫（*Janacekia adipophila*）的 SPOV 时，由于母孢子外空间（episporontal space）中物质被染色，每个产孢囊中都可观察到孢子母细胞和未成熟的孢子（图 1.14）（Larsson 1992）。

由母孢子产生 SPOV 的结构

产孢囊的原基要么随母孢子同时进行发育，完全形成被膜后释放出来，如囊孢虫属（*Cystosporogenes*）（图 1.18a 和 b），要么像点状一样分布在母孢子的表面（图 1.6e）。后者似乎更为普遍。产孢囊随后像水泡一样被释放（图 1.18c），然后这些水泡融合形成一个完整的产孢囊。这常发生在类突氏孢虫属（*Tuzetia*）微孢子虫中。这些水泡充满了电子致密物（图 1.6e），容易用苏木精染色，这使得孢子增殖阶段的涂片看起来呈点状（图 1.18e）。

SPOV 的被膜通常很薄，只有几纳米，如寄生于根潜蝇的微孢子虫甘蓝根蝇囊孢虫（*Cystosporogenes deliaradicae*）（图 1.18a）。SPOV 被膜有时呈两层，但在其他微孢子虫（物种）中明显呈单层。突氏孢虫属（*Tuzetia*）和钝孢子虫属（*Amblyospora*）囊泡的冷冻蚀刻图片已经表明，它不是单位膜结构（Vávra et al. 1986）（图 1.10b）。

由母孢子产生的 SPOV 的异常类型

只有少数属产生异常的母孢子来源的 SPOV（sporontogenetic SPOV）。寄生于水蚤的贝尔瓦德孢虫属（*Berwaldia*）微孢子虫孢子被封闭在由小管支撑的膜泡中。折叠的产孢囊会偶尔附着在外壁（Larsson 1981b；Vávra & Larsson 1994）。寄生于蜉蝣生物的微孢子虫格留形特罗孢虫（*Telomyxa glugeiformis*）（图 1.18h）、短丝隐秘孢虫（*Cryptosporina brachyfila*）（图 1.18i）和片状佩氏孢虫（*Pegmatheca lamellata*）（Larsson 1987）的产孢囊被膜较厚，厚度可达约 30 nm。格留形特罗孢虫（*T. glugeiformis*）的产孢囊具有层状结构，但与成熟孢子孢外壁的层次不同（Codreanu & Vávra 1970；Larsson 1981a），*C. brachyfila* 产孢囊的分层则像孢外壁的层次（Hazard & Oldacre 1975）。在这个物种中，孢外壁的分层经过两个过程：第一层是由产孢囊的分泌物形成的，第二层是孢外壁（图 1.18i）。佩氏孢虫属（*Pegmatheca*）的囊泡更不寻常，经过最后一次分裂产生的孢子母细胞仍然被产孢囊包在一起，直至孢子成熟（Hazard & Oldacre 1975；Larsson 1987）（图 1.18j 和 k）。另一种特殊的形式是在多孢虫属（*Polydispyrenia*）中（Canning & Hazard 1982）。多核裂殖体不释放裂殖子，保持不分离状态直到进入孢子增殖期。一旦进入孢子增殖期，就由孢子母细胞产生的囊泡形成产孢囊，其作用是将由裂殖体产生的所有子细胞包在一起。

1.7.1.2　裂殖体来源的产孢囊

在少数微孢子虫中，用于形成产孢囊的物质在裂殖增殖过程中似乎已经合成（Canning & Hazard 1982）。裂殖体质膜表面沉积了大量的电子致密物（图 1.18g；图 1.28a）。其结果就是形成了高达 165 nm 厚的无定形细胞壁［寄生于黑蝇的微孢子虫库蚊变异微孢子虫（*Vavraia culicis*），图 1.18f］，通过膜的通道和表

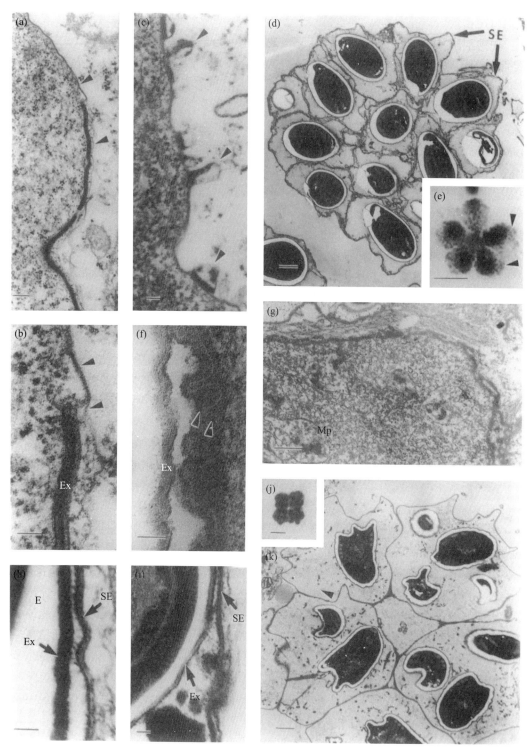

图 1.18 产孢囊 SPOV 的超微结构

（a，b）孢子母细胞表面开始形成产孢囊（无尾箭头指示）[寄生于根潜蝇的微孢子虫甘蓝根蝇囊孢虫（*Cystosporogenes deliaradicae*）]；（c）以小泡状形式开始合成产孢囊（无尾箭头指示）[复塔氏孢虫（*Tardivesicula duplicata*）]；（d）产孢囊包裹的成熟孢子 [安蒂亚娜亚氏孢虫（*Janacekia undinarum*）]；（e）花瓣状孢子产孢囊上的被染成 [嗜脂肪体亚氏孢虫（*Janacekia adipophila*）]；（f，g）全距石蛾变异微孢虫（*Vavraia holocentropi*）裂殖体来源的层状产孢囊包裹成熟的孢子（f）；产孢囊开始合成（g）；（h，i）寄生于蜉蝣生物的微孢子虫格留形特罗孢虫（*Telomyxa glugeiformis*）中异常的产孢囊（h），短丝隐秘孢虫（*Cryptosporina brachyfila*）产孢囊与孢外壁相同（i）；（j，k）产孢囊彼此相连 [片状佩氏孢虫（*Pegmatheca lamellata*）]。透射电镜（a~d，f~i，k），苏木精染色（e，j）。标尺 =100 nm（a），50 nm（b，c，f，h，i），1 μm（d），10 μm（e），0.5 μm（g，k），5 μm（j）。E，内壁；Ex，外壁；Mp，裂殖体孢原质；SE，产孢囊被膜。[引自 Wittner，M.，Weiss，L. M.（eds.）1999. The Microsporidia and Microsporidiosis. ASM Press，Washington，DC.]

面迷宫状突起与宿主细胞的细胞质进行交流。在孢子增殖的时候，孢原质膜缩小，膜通道和迷宫状突起消失，留下一个被膜包裹所有的子细胞。最后，这一膜内充满了成熟的孢子（图 1.17a 和 b）。它的特点是，产孢囊的膜较厚。这种膜通常在匹里虫属（Pleistophora）、变异微孢子虫属（Vavraia）和气管普孢虫属（Trachipleistophora）的微孢子虫中产生（图 1.18f 和 g；图 1.28b 和 c）。这种膜结构的特征是：在匹里虫属（Pleistophora）微孢子虫中是不同电子密度的两层或 3 层（Canning & Nicholas 1980），在变异微孢子虫属（Vavraia）和嗜人气管普孢虫（Trachipleistophora anthropophthera）中，是两个厚层被一透明层分隔开（Vávra et al. 1998）（图 1.18f）。在人气管普孢虫（Trachipleistophora hominis）中，产孢囊是均匀的致密层（Hollister et al. 1996）。在气管普孢虫属（Trachipleistophora）中，产孢囊是由 25 ~ 40 nm 的一簇纤维或小管延伸至宿主细胞的细胞质中形成的（Weidner et al. 1997；Vávra et al. 1998）（见 1.10.3）。

1.7.1.3　母孢子外空间及其内容物

母孢子外空间（episporontal space）是指产孢囊被膜和孢子母细胞壁之间的空腔（Vávra 1984）。在孢子增殖时，孢外空间小，不是所有的孢子表面都被包在空腔里面。随着孢子母细胞在产孢囊中产生越来越多的孢子以及囊泡的体积增加，孢外空间变得重要起来。

孢外空间含有多种电子致密物。这些结构在孢子增殖的早期阶段更多，当达到峰值时孢子母细胞被释放，同时形成成熟孢子，电子致密物的量减少，仅在产孢囊包含成熟的孢子时存在。特殊情况下，这种电子致密物几乎完全消失，如透明球孢虫属（Hyalinocysta）（Hazard & Oldacre 1975；Larsson 1989a）。

产孢囊中的内含物有三种类型：纤维状、管状或结晶状（粒状）。在许多情况下，这三种形式均存在。内含物呈动态的结构，随着产孢囊的成熟，内含物在数量和外观上有所变化。

产孢囊的常规组成部分是细纤维状物质，如寄生于蚊子的多毛钝孢子虫（Amblyospora capillata）（Larsson 1983a）和迈氏泰罗汉孢虫属（Thelohaniamaenadis）（Vivarès 1980）。这些纤维状物质经常从母孢子的表面穿越母孢子外空间覆盖整个产孢囊。滴状毛突氏孢虫（Trichotuzetia guttata）的纤维有一个独特的结构和排列方式（图 1.19a 和 b）。

在寄生于蚊子的尾毛状八孢虫（Trichoctosporea pygopellita）中，纤维状物质持续存在于成熟孢子中，以外芽孢突起的形式（图 1.9f ~ h），排列成球状室（Larsson 1994b）。

类突氏孢虫属（Tuzetia）微孢子虫的外空间被无间隔的小管横穿，这些小管在突氏孢虫属（Tuzetia）和兰那塔孢虫属（Lanatospora）比较细（Voronin 1989b），在亚氏孢虫属（Janacekia）比较粗（Weiser & Žižka 1975；Loubès & Maurand 1976）（图 1.9d 和 e；图 1.19c）。在寄生于水蚤的贝尔瓦德孢虫属（Berwaldia），小管与产孢囊紧密相连，看起来产孢囊有两层（Larsson 1981b）。泰罗汉孢虫属微孢子有两种不同类型的管。细管的管腔通常填充有电子致密物，管状并不总是显而易见。粗管从孢子母细胞壁突起，具有隔膜，像孢外壁（图 1.19e 和 f）。寄生于根潜蝇的甘蓝根蝇囊孢虫（Cystosporogenes deliaradicae）（Larsson et al. 1995）与对虾八叠孢虫（Agmasoma penaei）（Hazard & Oldacre 1975）的小管具有相同特征（图 1.19e）。在丝黛芬妮格留虫（Glugea stephani）中可以观察到 3 种不同类型的管状结构，并且提出了一个编号系统（Takvorian & Cali 1983）。

变形微孢子虫属（Vairimorpha）产孢囊的特征是在母孢子外（episporontal）空间内平行厚壁管形成像迷宫一样的结构（Weiser & Purrini 1985；Moore & Brooks 1992，1994），这种情况也发生在其他一些微孢子虫，如弓形格留虫属（Toxoglugea）（图 1.19d）。

钝孢子虫属（Amblyospora）中产孢囊的一个显著特征是产孢囊是由结晶或颗粒状物质组成，可在光学显微镜下看到（图 1.19g）。孢子成熟过程中晶体逐渐减少，但一小部分的晶体仍然存在于原来的囊泡。在短丝隐秘孢虫（Cryptosporina brachyfila）中可观察到更大的结晶，其中孢子或多或少的被晶体遮蔽（Hazard & Oldacre 1975）。在超微结构上，晶体要么是由单一均匀的电子密度大的物质构成，如钝孢子虫属（Amblyospora）（图 1.19g）（Hazard & Oldacre 1975）和短丝隐秘孢虫（C. brachyfila）（图 1.21i），要么是由

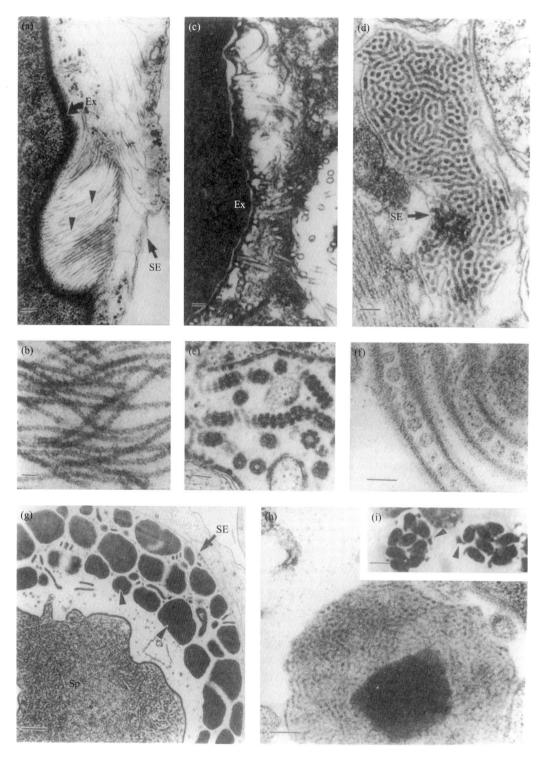

图 1.19　孢外壁突起及母孢子外腔中内含物

（a，b）纤维束（箭头）将孢外壁与被膜相连（滴状毛突氏孢虫）；（c）粗的管状物由孢外壁伸入到被膜（德贝西厄亚氏孢虫）；（d）迷宫样管状结构（箭头）（变异弓形格留虫）；（e）孢外壁衍生的小管（对虾八叠孢虫）；（f）隔板，孢外壁衍生的小管（螺旋纳帕孢虫）；（g）规则的无定形晶体状物质（箭头）（纯孢子虫属）；（h，i）两层结晶层（箭头）（寄生于内摇蚊属的螺旋纳帕孢虫）。透射电镜（a~h），苏木精染色（i）。标尺 =100 nm（a，c~e，h），50 μm（b，f），0.5 μm（g），5 μm（i）。Ex，孢外壁；SE，产孢囊被膜；Sp，母孢子。［引自 Wittner，M.，Weiss，L. M.（eds.）1999. The Microsporidia and Microsporidiosis. ASM Press，Washington，DC.］

不同电子密度和质地的物质组成，如寄生于内摇蚊属的纳帕孢虫属（*Napamichum*）（图 1.19h，i）。

目前，我们对孢外空间分泌的蛋白质知之甚少。但由于其与孢外壁紧密连接，结构相似，表明孢外空间和孢外壁具有相同或相似的化学成分。Weidner 和他的同事们鉴定了未命名的泰罗汉孢虫属（*Thelohania*）微孢子虫孢外空间内的纤维蛋白，类似角蛋白中间体和桥粒类似物（Weidner et al. 1990）。

孢外空间分泌物行使着各种功能。这些结构的旧术语为"代谢颗粒（metabolic granules）"，暗示孢外空间分泌物在生物体的某些代谢作用（Hazard & Oldacre 1975）。研究者认为从孢子母细胞的形成过程中产生的分泌物被或多或少用于孢子的形成（Larsson 1986b）。某些类型的分泌物在结构上与孢外壁成分相同（图 1.19e）支持了这一推测。基于这种分泌物具有形成小管、通道、片层的倾向，另一个解释是它们发挥着连接孢子母细胞或连接未成熟孢子的外层与产孢囊的作用。例如，如寄生于内摇蚊属的微孢子虫喜日察氏孢虫（*Chapmanium cirritus*）（Hazard & Oldacre 1975）、滴状毛突氏孢虫（*Trichotuzetia guttata*）和德贝西厄亚氏孢虫（*Janacekia debaisieuxi*）（图 1.19a ~ c），即母孢子外分泌物行使着传导功能，正如 Overstreet 和 Weidner 在思普雷格内生孢虫（*Inodosporus spraguei*）中通过实验展示的一样（Overstreet & Weidner 1974）。对于不同类型的产孢囊和分泌物的详细信息，请参阅 Larsson（1986b）的研究结果。

1.7.2　由孢外壁衍生的被膜

姆则克孢虫科（Mrazekiidae）和突氏孢虫科（Tuzetiidae）的一些微孢子虫，包围它们的孢子是由孢外壁衍生的被膜，曾被误认为是 Tuzetia 类型的 SPOV。

（1）姆则克孢虫科。姆则克孢虫科的孢子母细胞产生一个厚的分层孢外壁，其中基底层是宽且均匀的，表面层类似于双层膜。在寄生于水生寡毛纲动物的紧密小杆孢虫（Larsson 1992）、寄生于寡毛纲动物的有尾志氏孢虫（*Jirovecia caudata*）（Larsson 1990b）和异瘤哈拜孢虫（*Hrabyeia xerkophora*）（Lom & Dyková 1990）成熟的孢子中，双层孢外壁保持不变。在纤突小杆孢虫中，表面层以丝状突起被释放（Larsson 1989c），而短尾志氏孢虫（*Jirovecia brevicauda*），表面层转变成管状突起（Larsson & Götz 1996）。在这两个物种中，只有基底层仍然作为成熟孢子的孢外壁。在小杆孢虫（Larsson 1994a）、内卷志氏孢虫（Larsson 1989b）和网纹直孢虫（*Rectispora reticulata*）（Larsson 1990d）中，孢子母细胞外面孢外壁的表面组分由基底层组成，仍然作为成熟孢子的孢外壁。表面层形成围绕成熟孢子的完整囊（图 1.20a ~ c），使之与产孢囊不易区别。

（2）突氏孢虫科。突氏孢虫科微孢子虫的孢子被母孢子产生的产孢囊包裹（图 1.18d）。在裸孢阿尔夫文亚孢虫（*Alfvenia nuda*）（Larsson 1983d，1986b）和贝壳水蚤内莉孢虫（*Nelliemelba boeckella*）（Milner & Mayer 1982）两个种中，当孢子母细胞孢外壁的表面物质被释放时，第二层膜在产孢囊内部形成。在裸孢阿尔夫文亚孢虫中，孢子母细胞的一部分保留了完整的孢外壁，其结果就是导致有两个被膜的孢子和一个被膜的孢子一起出现。

1.7.3　母孢子衍生的孢子囊

母孢子细胞质膜表面覆盖有致密物质，形成囊将孢子包裹起来（图 1.20d ~ g）。这在壶孢虫和梅氏孢虫属微孢子虫比较典型（Desportes & Théodoridès 1979；Purrini & Weiser 1984；Beard et al. 1990；Larsson et al. 1997b）。在这个过程中，空泡在产孢原质团内出现，将核与细胞质的区域分隔开。每个这样的单元发育成孢子母细胞，空泡膜融合成孢子母细胞的质膜。因此，产孢原质团的质膜并不是成为孢壁的成分，而是仍作为被膜的内层（图 1.20e）。在梅氏孢虫和壶孢虫属微孢子虫中，包裹在母孢子衍生的孢子囊中进行的孢子形成期与孢子由宿主细胞来源的寄生泡包裹的孢子形成期一起发生（图 1.20f 和 h）（Vivier & Schrével 1973；Larsson 1993）。

梅氏孢虫的母孢子衍生的产孢囊呈长的纺锤形，或呈钝的或线状末端的圆柱状结构（图 1.20h）（Vivier & Schrével 1973；Desportes & Théodoridès 1979；Ormières et al. 1981）。壶孢虫在球形产孢囊中进行孢

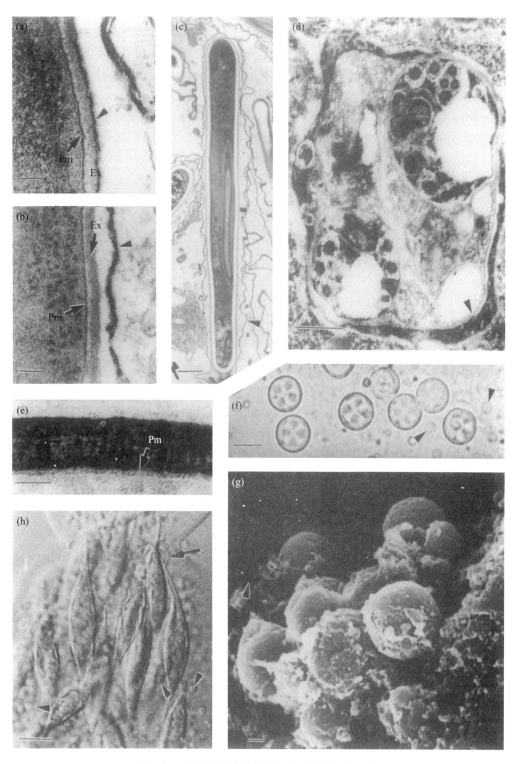

图 1.20 孢外壁衍生的被膜和母孢子产生的孢囊

（a~c）孢外壁衍生的膜的合成，无尾箭头显示孢外壁最外层形成被膜，释放的被膜包裹成熟的孢子（寄生于寡毛纲动物的内卷杰氏孢虫）；（d）孢子母细胞外部转化成被膜（无尾箭头）（粉螨因特斯塔孢虫）；（e~g）寄生于树皮甲虫的毛翅虫壶孢虫中厚的孢囊，（e）包裹成熟孢子的膜，（f）孢囊包裹孢子，无尾箭头指示未包裹的孢子母细胞，（g）成熟孢囊；（h）双棘孢虫属的孢囊（长箭头指示丝状突出，无尾箭头指示的孢子在孢囊和细胞质中）。透射电镜（a~e），相差显微镜（f，h），扫描电镜（g）。标尺 =50 nm（a，b，e），1 μm（c，g），0.5 μm（d），5 μm（f，h）。Ex，孢外壁；Pm，质膜。[引自 Wittner, M., Weiss, L. M.（eds.）1999. The Microsporidia and Microsporidiosis. ASM Press, Washington, DC.]

子增殖（图 1.20f 和 g）。

1.7.4　寄生泡——微孢子虫来源的被膜?

在宿主细胞内，一些微孢子虫属是在宿主细胞内的由薄膜包裹在空泡内进行发育的。这种膜在孢原质时期就已经存在，紧紧贴着质膜。在发育过程中，外膜逐步分离，寄生泡形成，包裹着发育阶段的孢子及成熟孢子。对于寄生泡是来自宿主细胞还是微孢子虫自身还存在分歧。目前盛行的是第一种观点，但寄生泡起源于微孢子虫的假说也不能完全排除（更多细节参见 1.9.2）。

1.8　微孢子虫异常的细胞形态学

在已报道或看到的显微照片中微孢子虫异常的细胞形态不在少数。多数的异常是由于技术条件或受宿主的外部影响而造成的假象。其次还有源自微孢子虫自身的内部因素。第三种原因可能是微孢子虫细胞中夹杂了一些外源物。

（1）外部影响。微孢子虫的畸形可能是由于药物对宿主的治疗导致的（Liu & Myrick 1989；Ditrich et al. 1994）。微孢子虫与其他微生物的接触也可能导致细胞形态学的异常，如寄生于根潜蝇的甘蓝根蝇囊孢虫（Larsson et al. 1995）。当宿主细胞同时感染了真菌绝育斯魏霉（*Strongwellsea castrans*）时，常能观察到异常孢子在菌丝附近出现。

（2）内部条件。在微孢子虫的杆状孢子和极丝排列杂乱的成熟孢子中，孢子母细胞不完全分离时常常发生的异常现象比较普遍（Vávra 1962；Becnel et al. 1989；Larsson 1989c，1990d，1995）。极丝的异常通常表现为极圈不整齐，存在多余的和未分化的极圈，或出现中心层数量增加的极圈。寄生于蚊子的伊蚊艾德氏孢虫（*Edhazardia aedis*）（Becnel et al. 1989）和消耗透明球孢虫（Larsson 1983c）中也发现孢子增殖中的异常现象，许多孢子母细胞不能发育成成熟孢子。

细胞形态学中一些异常的现象或许可以被解释为减缩。至少在寄生于蚊子的多毛钝孢虫（Larsson 1983a）和寄生于内摇蚊属的水丝纳帕孢虫（*Napamichum aequifilum*）（Larsson 1990a）这两种微孢子虫中的极丝可能是同极丝（isofilar），更有可能是异极丝（anisofilar），其后部细的部分减缩了。这两个属都是具有鲜明的细胞学特征和异极丝的属。寄生于蜻蜓的双形裸孢虫（*Nudispora biformis*）在孢子增殖时没有产孢囊，可能也是由于减缩所致的另外一个例子（Larsson 1990c）。这种微孢子虫在细胞学上类似泰罗汉孢虫属的微孢子虫，在产孢囊中形成孢子，在裂殖增殖和孢子增殖时特征相同，同泰罗汉孢虫属微孢子虫一样在孢外空间中有内含物。

（3）另一种异常则是由外源物的存在导致的。已有 3 篇文献报道将外源物认为是病毒颗粒。Liu（1984）最早观测到了这种现象，他描述了西方蜜蜂微粒子虫裂解的细胞质中有许多类似蜜蜂病毒颗粒的物质。还有报道在泰罗汉孢虫科两种未鉴定的微孢子虫（Larsson 1988b）和滴状毛突氏孢虫（Vávra et al. 1997）的核内聚集了球形的粒子，周边透亮，中心电子致密，直径为 20 ~ 25 nm。

1.9　微孢子虫对宿主细胞形态学的影响

宿主细胞或多或少会受到微孢子虫发育的影响，但明显的致病作用似乎只发生在孢子增殖阶段（图 1.21）。在早期阶段，微孢子虫与宿主细胞更像是协作的共生体。下文将介绍微孢子虫对宿主细胞的影响。1976 年 Weissenberg 对这一主题进行了评述，但随后又出现了大量新信息。

1.9.1　与宿主细胞器的联系

在极少数情况下，微孢子虫与宿主细胞特定的细胞器有着密切的联系。壶孢虫属微孢子虫的发育与宿主细胞核密切联系，形成的孢子位于内陷的核膜处（图 1.21e）（Sprague et al. 1972）。同样，毕氏肠微孢子虫通常靠近肠上皮细胞的细胞核（Desportes–Livage et al. 1996）（图 1.22f）。海伦脑炎微孢子虫也常被发现存在于宿主细胞核周围，微孢子虫与宿主细胞的线粒体也有联系（图 1.22d；图 1.23b）。斯堪尼亚布氏孢虫会招募宿主细胞的线粒体聚集在正在进行孢子增殖的微孢子虫周围，形成框状的结构（frame–like structure）（图 1.21d）。鲑鱼核孢虫（*Nucleospora salmonis*）被发现在宿主细胞核内存在。其他微孢子虫，如德贝西厄亚氏孢虫会诱导被感染细胞的细胞膜融合（Maurand 1973；Weiser 1976a；Larsson 1983d），由此将感染组织转变成一个合胞体，数以千计的微孢子虫分散在含有很多宿主细胞核和细胞器的合胞体中。

1.9.2 寄生泡是否是宿主细胞的产物

一些微孢子虫如脑炎微孢子虫属和肠道类格留孢虫（*Glugoides intestinalis*）（Larsson et al. 1996），它们与宿主细胞细胞质分隔开，不仅通过孢原质膜，还有另一层膜形成边界。这个边界膜在孢原质和早期裂殖体中已经出现并且逐渐发展为寄生泡膜的外表面（图 1.25a 和 b）。在发育过程中，这层膜逐渐从裂殖体表面分离，在寄生虫的质膜和空泡膜之间形成小泡（图 1.26e）。这些空泡逐渐融合（图 1.25c），最终形成一个大的膜泡，分裂中的裂殖体部分黏附在空泡膜上与之形成紧密的连接（Weidner 1976b）（图 1.27f）。孢子母细胞和孢子从膜上分离，游离在空泡中心（图 1.27e）。这种在微孢子虫及其发育阶段周围形成膜围绕的腔，称为寄生泡（Barker 1975）。寄生泡膜产生丰富的小泡，有些进入寄生泡基质内（Weidner 1976b）（图 1.27a）。寄生泡通常被认为起源于宿主细胞，但是寄生泡是如何形成的还未阐释清楚（Bohne et al. 2011；Fasshauer et al. 2005）。脑炎微孢子虫寄生泡内具有蛋白丝组成的网络分支系统（Canning et al. 1994；Ghosh et al. 2011）。也有文章报道物质在肠脑炎微孢子虫寄生泡中形成隔膜（Cali et al. 1993）（图 1.25d 和 e）。这种寄生泡内物质的存在似乎支持了脑炎微孢子虫属微孢子虫的寄生泡实际上是一种特殊的产孢囊这一假说，寄生泡内的细丝和其他物质与其他微孢子虫产孢囊中的分泌物类似（Vávra，未发表数据）

1.9.3 宿主细胞增大

微孢子虫感染对宿主细胞的影响，常见的是使宿主细胞增生性增大，其中包括核（Weissenberg 1976）。被微孢子虫感染的昆虫脂肪细胞的细胞核，增生最为明显（Liu 1972；Martins & Perondini 1974）。不仅细胞核数目增多，染色体的体积也增加（Pavan et al. 1969）。最不寻常的是宿主细胞的细胞核通常并不会被微孢子虫感染，如家蚕微粒子虫（*Nosema bombycis*）（Takizawa et al. 1973）和低额溞微粒样孢虫（*Nosemoides simocephali*）（Loubès & Akbarieh 1977）。然而，一些微孢子虫，专门能感染宿主细胞的细胞核，例如，鲑鱼核孢虫（*Nucleospora salmonis*）（Hedrick et al. 1991）和肠孢虫属（*Enterospora*）（Stentiford & Bateman 2007；Stentiford et al. 2007）。

肥大性生长最突出的例子是形成充满微孢子虫孢子的巨细胞，这种结构称为异物瘤（xenoma）。这类结构经常发生在鱼类中，但在其他宿主中也有发生（Lom & Dyková 2005）。典型的例子是异状格留虫感染棘鱼（刺鱼属和多刺鱼属）的表皮细胞时（Canning et al. 1982），引发非常复杂的宿主—寄生虫互作。被侵染的细胞由寄生虫统治，其细胞核也被迫使分裂。其结果就形成了一个异物瘤，巨大的上皮细胞包含成千上万个宿主细胞核和数百万的微孢子虫（图 1.21a 和 b）。异物瘤是分层的，中心是成熟的孢子，外围是未成熟的孢子（图 1.21f）。异物瘤外部被多层被膜覆盖，内部含有成纤维状细胞和上皮细胞碎片。

1.9.4 食下感染

由于消化道的上皮细胞具有高度的再生能力，一定程度上可以补偿微孢子虫的破坏，被微孢子填充的上皮细胞会脱落到肠腔（图 1.21b）。这种填充了很多孢子的细胞很容易被误认为是产孢囊。

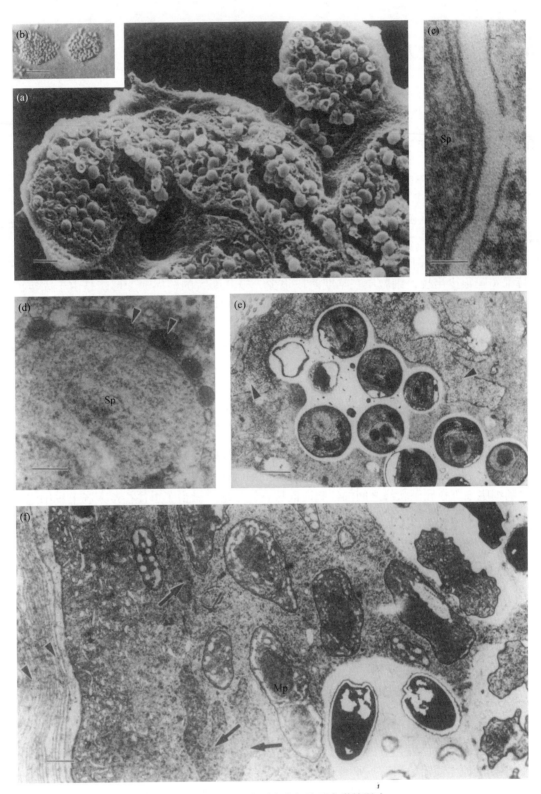

图 1.21　微孢子虫对宿主细胞形态学的影响

（a）肠上皮细胞充满微孢子虫（西方蜜蜂微粒子虫）；（b）肠上皮细胞脱落到管腔，被误认为是包含多个孢子的产孢囊（西方蜜蜂微粒子虫）；（c）寄生泡（肠道类格留孢虫）；（d）宿主细胞线粒体（无尾箭头）在母孢子表面聚集（斯堪尼亚布氏孢虫）；（e）宿主细胞核（无尾箭头）与寄生于树皮甲虫的毛翅虫壶孢虫孢子包裹在一起；（f）格留虫属型的异物瘤具有多层壁（无尾箭头），许多未成熟的微孢子虫聚集在边缘（长箭头指示宿主细胞核）（异状格留虫）。扫描电镜（a），微分干涉相差显微镜（b），透射电镜（c~f）。标尺=5 μm（a），25 μm（b），50 nm（c），.5 μm（d），1 μm（e，f）。Mp，裂殖原质团；Sp，产孢原质团。［引自 Wittner, M., Weiss, L. M.（eds.）1999. The Microsporidia and Microsporidiosis. ASM Press, Washington, DC. ］

1.10　机会性感染人的微孢子虫的结构

这部分内容仅包括了和其他微孢子虫相比有足够的结构数据的感染人类的微孢子虫。本节只介绍细胞形态学，各种微孢子虫的生物学参见第 15 章。

1.10.1　毕氏肠微孢子虫

毕氏肠微孢子虫（ *Enterocytozoon bieneusi* ）常寄生于许多哺乳动物和鸟类的小肠中，并且它可能是人类最常见的微孢子虫（Vávra & Lukeš 2013）。毕氏肠微孢子虫的超微结构相继被 Desportes 等（1985）、Cali 和 Owen（1990）、Orenstein（1991）、Desportes–Livage 等（1991，1996）和 Hilmarsdottir 等（1993）报道。

对 *E. bieneusi* 的精细结构的所有数据都来自于活检材料。微孢子虫对固定操作比较敏感，一些公认的超微结构特征（膜很少出现，细胞质在早期阶段很少，极其膨大的核周池）可能是由于固定前对材料的处理而造成的。使用铁锇固定液固定时，能较好地保存细胞质结构（Hilmarsdottir et al. 1993；Desportes–Livage et al. 1996）。

毕氏肠微孢子虫是单核型的，在其整个生活史中只有一个细胞核（Cali & Owen 1990）。最初描述的耦核很可能是有丝分裂后两个细胞核紧密排列在一起。在孢原质早期，核呈香肠状，为快速、连续的有丝分裂做好准备（图 1.22d），这是在生命周期短的肠细胞中寄生的先决条件。纺锤板（spindle plaques）横跨细胞核的短轴，暗示着姐妹染色单体的分离发生在核分离之前（Cali & Owen 1990）。由于微孢子虫长的香肠状的核与圆形核之间的过渡状态—深裂核几乎观察不到，很显然细胞核分离快速发生（Orenstein，未发表数据）。实际上，核分裂只观察到一次，纺锤板横跨细胞核的短轴，核膜内陷，使细胞核呈哑铃形（Spycher，未发表数据）（图 1.22e）。在毕氏肠微孢子虫细胞核中没有观察到联会复合体。所有这些发育阶段都与宿主肠细胞细胞核和刷状缘之间的细胞质区域直接接触。微孢子虫往往侵入肠上皮细胞的细胞核浅凹陷处（图 1.22f），周围被黏附在寄生泡膜上的宿主细胞线粒体包围（图 1.22d；图 1.23b）。传统意义上的裂殖增殖（即增殖阶段）可能在脑炎微孢子虫属不会发生或比较少。可见两个微孢子虫细胞紧密相连，中间未见宿主细胞质（Cali & Owen 1990；Orenstein，未发表数据），但实际的分裂并未观察到。每个脑炎微孢子虫细胞在肠上皮细胞中单独定位表明感染一开始是单核的细胞（图 1.22c），随后发育成多核的原质团，其中伴随孢子细胞器的分化（图 1.23b）。迄今观测到的唯一的细胞分裂是在孢子母细胞形成时发生的（图 1.24a）。

通常，基于在细胞质膜上出现电子致密物将微孢子虫的生活史分为裂殖增殖和孢子增殖两个阶段，但这不适用于脑炎微孢子虫。在脑炎微孢子虫属中，一直到孢子母细胞阶段寄生泡膜都一直是裸露的单位膜，而发芽装置在原质团中已经形成有一段时间了。因为发芽装置的形成很早就开始了，就不可能确定哪个阶段是裂殖子，哪个阶段是母孢子。一些术语，如"早期单核细胞""早期原质团""晚期原质团""孢子母细胞"和"孢子"，似乎是描述毕氏肠微孢子虫发育阶段的最好方式。

早期单核细胞是由单位膜包裹的小细胞（约 1 μm），具有单核，细胞质中含有核糖体与内质网残体（图 1.22c）。早期的原生质团是圆形或卵圆形的细胞，有细长的香肠样核和少数片层状内质网。核膜扩张区域（膨大的核周池）或粗面内质网形成具有电子致密边界（由磷脂成分的多层物质组成）的电子透亮裂口（Desportes–Livage et al. 1993）（图 1.22d）。高尔基小泡聚集在一些内质网薄片远端，与 Desportes–Livage 等（1991）和 Hilmarsdottir 等（1993）描述的"极膜层囊泡前体"相同。

晚期孢原质团的标志是出现许多圆形的细胞核及一些表明微孢子虫由裂殖增殖进入孢子增殖的结构。虽然研究者们对这些结构分别进行了描述，但它们很可能是形成发芽装置的囊泡系统的一部分。

（1）最先在细胞质中出现的是有几个卵形或球形的"空囊泡"（empty-looking vesicles，ELVs），直径为

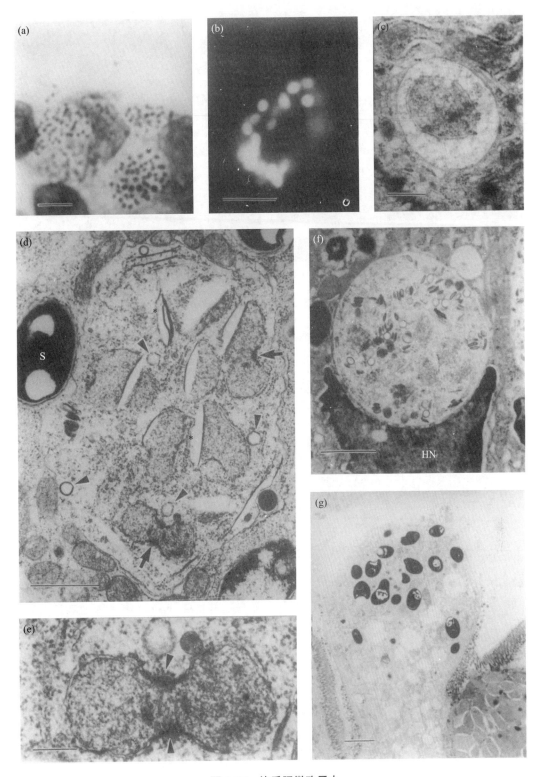

图 1.22　毕氏肠微孢子虫

　　（a）来自不同原质团的孢子（吉姆萨染色）；（b）肠道活检组织中原质团中的孢子（荧光增白剂染色）；（c）单核的起始发育阶段；（d）具长核的多核原质团，有一些正在分裂（箭头所示），扩张的核周池中含有电子致密物（星号所示），电子致密的环状结构似乎是发芽装置（可能是囊状极膜层）的最初形式（无尾箭头所示）；（e）d 图中分裂的核、纺锤体板（无尾箭头）和纺锤体位于细胞核的短轴上；（f）多核原质团与肠上皮细胞的细胞核之间的联系；（g）内有孢子的肠上皮细胞脱落到消化管腔中。标尺 =5 μm（a，b），0.5 μm（c），1 μm（d），250 nm（e），2 μm（f，g）。图片都是透射电镜图。HN，宿主细胞核；S，孢子。［引自 Wittner, M. and Weiss, L. M.（eds.）1999. The Microsporidia and Microsporidiosis. ASM Press, Washington, DC.］

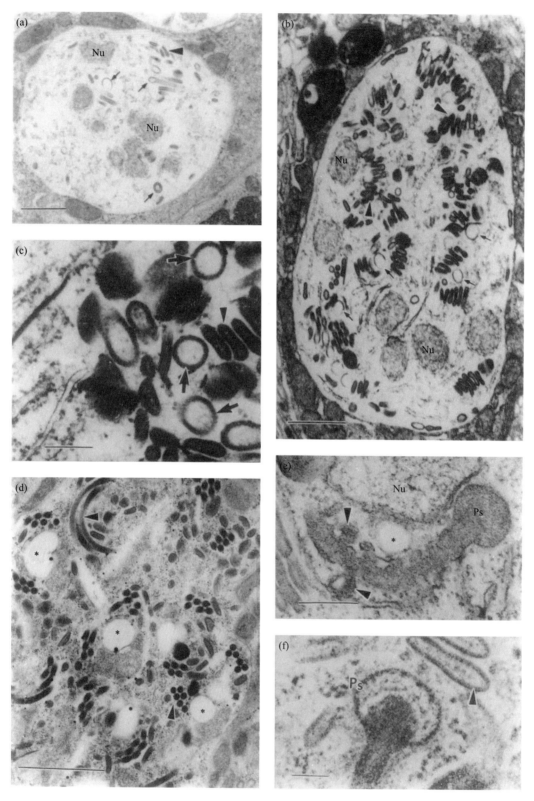

图 1.23　在多核原质团中毕氏肠微孢子虫发芽装置的形成

无尾箭头所示为囊状极质体的最初形式，箭头指示为极丝的最初形式。(a) 起始阶段；(b) 晚期的原质团；(c) b 图的局部放大；(d) 更晚期的原质团，将来可能发育成极质体和后极泡的空泡与各自的细胞核联系在一起 (*所示)；(e) 与细胞核有联系的囊状极质体和空泡 (*所示)，极丝的小囊泡逐渐发育为极质体 (无尾箭头)；(f) 囊状极质体。标尺 =1 μm (a，b，d)，250 nm (c，e)，100 nm (f)。图片都是透射电镜图。Nu，细胞核；Ps，囊状极质体。〔引自 Wittner，M.，Weiss，L. M.（eds.）1999. The Microsporidia and Microsporidiosis. ASMPress，Washington，DC.〕

200～250 nm，有一个厚的致密的但有时不完全的边界（图 1.23a 和 c）。这些结构与"极管前体"大致相似（Hilmarsdottir et al. 1993，Desportes-Livage et al. 1996）。这些囊泡源自内质网，常在顺式内质网层中看到，并与内质网电子致密层内含物接触（Cali & Owen 1990）（图 1.22d）。这些囊泡的命运尚不清楚。一直到电子致密盘形成并开始组织堆叠未来的极圈时，它们才可被辨认出来（见前面微孢子虫结构）。每个堆叠都将发育成孢子的极丝，它们围绕 ELV 装配（Spycher，未发表数据）（图 1.23b）。这里假设 ELVs 是囊状极质体原基。

（2）第二种结构是由电子致密盘状（electron-dense disklike，EDD）结构（Cali & Owen 1990），呈现电子致密边界及中央不透明的香肠状结构（图 1.23b 和 c）。经铁锇固定液（ferriosmium）（含有四氧化锇、铁氰化钾的二钾砷酸钠溶液）固定和更高的分辨率的电镜图片显示，EDD 结构的边界是由多层膜包围（Hilmarsdottir et al. 1993；Desportes-Livage et al. 1996）。每个 EDD 结构似乎是结合在一起形成膜桥（Ditrich et al. 1994）。除了 ELVs，EDD 结构还出现在细胞质中电子透明裂口的边界处（扩张的内质网片层）和在高尔基小泡的附近。这种盘状结构不断积聚，稍后融合形成圆弧状和完整的极圈（图 1.23b 和 d）。

（3）每个核逐渐与位于细胞核浅凹陷处的由膜包裹的透明空泡——核周空泡（perinuclear vacuole，PNV，直径为 150～200 nm）形成联系（图 1.23d 和 e）。该 PNV 可能与 1990 年 Cali 和 Owen 研究中的"电子透明内含物层"相同（Cali & Owen 1990，图 3）。随着寄生虫发育，PNV 逐渐增大，常看到 PNV 被不完全或完全的分成两个部分（图 1.23d）。在此期间，PNV 直径为 400～500 nm。一般认为被分开的这两部分分别形成极膜层和后极泡。

（4）极囊形成时是由膜包裹的电子致密囊泡，紧密地与核相连，并且部分套叠在核膜上。极囊位于 PNV 附近，在这个位置有包含电子致密物的核周池（图 1.23e）。极丝延伸至极囊中（图 1.23e）。有一个电子致密的中心，四周由双层膜包裹的密度较小的一层物质包围，该膜与包围极囊的膜属同一膜系统。中央电子致密物伸入到极囊内部，形成电子致密的圆顶样小帽（图 1.23f）。在孢子形成阶段的晚期，极囊变平，极圈形成连续的卷曲，类似螺纹，囊状极膜层的小囊泡出现，看上去像是直极丝包膜的衍生物（图 1.23e）。

（5）最后，隶属于每个核的发芽装置在原生质团中形成（图 1.24d）。每个极囊都有其发芽装置，聚集在原生质团质膜的附近（Orenstein 1991）（图 1.24d）。质膜内陷，同时由于增加了表面层（以后是孢子的孢外壁层）而变厚，单核的孢子母细胞分离，每个孢子母细胞含有一套完整的孢子细胞器（图 1.24a）。因此，孢子增殖是多孢子母细胞型（一个孢子原生质团可产多达约 60 个孢子）（Vávra，未发表数据）（图 1.22a 和 b），孢子细胞器基本形成。孢子成熟涉及后极泡的形成及孢内壁的形成。

孢子大小为 1.5～0.9 μm，椭圆形，具单核。尽管有许多关于孢子结构的报道，但由于大部分用于观察的孢子并没有完全成熟，所以孢子的精细结构了解得还不是很清楚。完全成熟的孢子有一个比较厚的（40 nm）孢内壁和薄的（13 nm）单层孢外壁（Orenstein 1991）。极质体前端是紧密的片层结构，后端是囊泡结构。极丝为 5～6 圈，排成两排（图 1.24d）。Ditrich 等描述的异常的孢子形成可能是由于艾滋病药物叠氮胸苷（azidothymidine）的处理引起的（Ditrich et al. 1994），包括形成大的深裂的产孢原质团，不完全分离的孢子母细胞，产生含有 10 个极圈的大孢子（2.5 μm）。

这种微孢子虫发育的独特性主要在于细胞器在原生质团内的早熟和电子致密外层在产孢原质团的滞后形成。这一事件的顺序可能是由于生物体在只有 4～5 天寿命的肠上皮细胞中完成其生命周期的需要所决定的（Desportes-Livage et al. 1991）。在此之后，孢子脱落到肠腔（Orenstein 1991）（图 1.22g）。内质网片层中电子致密的多层磷脂物质显然为极丝和将来孢子中的各种膜状结构提供了材料。电子致密的外被形成较晚，大概是因为原生质团比较大，核也多，合成发芽装置必须要有非常高的代谢速率，跨膜转运不能被阻碍。

如果将毕氏肠微孢子虫的发育和结构与其他微孢子虫相比，与其最接近的是鲑鱼核孢虫（以前归类于脑炎微孢子虫属），寄生于鲑鱼的未成熟血细胞的细胞核（Hedrick et al. 1991）；还有寄生于蟹类肝胰腺细

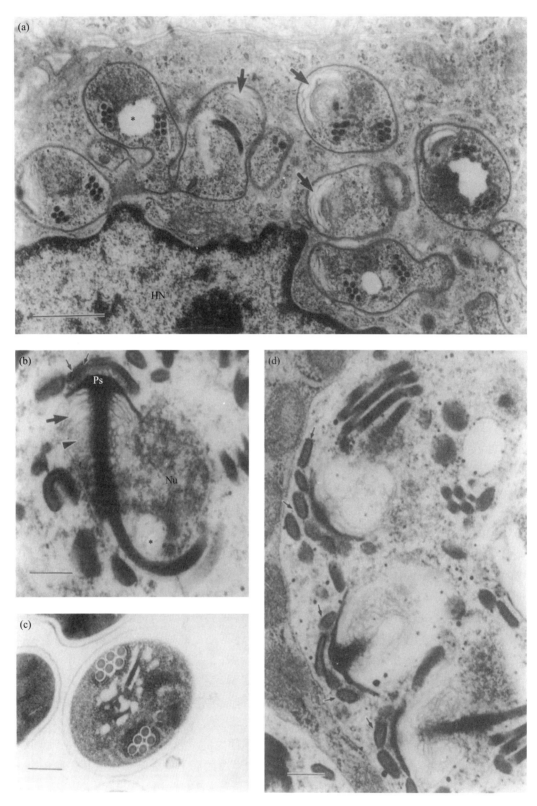

图 1.24 毕氏肠微孢子虫孢子的形成

（a）最初的孢子母细胞，在孢子母细胞中层状极质体已形成（箭头所示）及后极泡开始出现（*所示），极圈排列已经成型；（b）极囊、极丝、层状极质体（大箭头所示）、囊状极质体（无尾箭头）、核和正在形成的后极泡（*）的放大图，注意在极囊上方有许多电子致密的囊泡状结构，在这些囊泡和极囊之间的有不透明物质（小箭头所示）；（c）接近成熟的孢子具有很薄的孢外壁，相对厚的孢内壁，极丝圈排成两排；（d）开始形成孢子母细胞，发芽装置的前端聚集在产孢原质团的表面，注意每个极囊外沿都排列着细长的囊泡（小箭头）。图片都是透射电镜图。标尺 =1 μm（a），250 nm（b~d）。Nu，细胞核；HN，宿主细胞核；Ps，极囊。[引自 Wittner, M., Weiss, L. M.（eds.）1999. The Microsporidia and Microsporidiosis. ASM Press, Washington, DC.]

胞（hepatopancreatocytes）细胞核的肠孢虫属（Stentiford et al. 2007）。在这些微孢子虫中，发芽装置的形成开始于初期，即在产孢原质团分裂形成孢子母细胞之前。

1.10.2　脑炎微孢子虫属物种特征

3 个脑炎微孢子虫属的兔脑炎微孢子虫（Levaditi et al. 1923）、海伦脑炎微孢子虫（Didier et al. 1991）和肠脑炎微孢子虫（Cali et al. 1993）是已知感染人类的微孢子虫。这些物种具有相似的形态，由于肠脑炎微孢子虫细胞内存在松散的空泡（intravacuolar）物质，可以根据这个把它与其他两个物种区分开来（Cali et al. 1996b）。脑炎微孢子虫属是单型性的，在所有发育阶段都具单核。脑炎微孢子虫的发育被认为是在由宿主细胞衍生的寄生泡中完成（Bohne et al. 2011）（见下文及 1.9.2）。寄生泡的外膜最初呈单位膜状，与裂殖体的质膜紧密相连，这使得裂殖体看上去有两层膜包裹（Barker 1975）（图 1.25a 和 b）。随后，包裹微孢子虫的寄生泡外膜开始分离，小的电子透明区域在寄生泡膜和空泡膜之间出现（图 1.25c；图 1.26e）。随着微孢子虫的生长和分裂，包裹微孢子虫的寄生泡内腔也随着增大（图 1.25d；图 1.26b 和 c；图 1.27e 和 f）。寄生泡腔内包含紧贴寄生泡膜的裂殖体（图 1.26c 和 f），裂殖体与膜形成紧密连接（Weidner 1975，1976b）。裂殖体以二分裂形式多次分裂，由于滞后的胞质分裂，可见裂殖体呈链状（图 1.26c）。母孢子的特征是质膜表面有致密物沉积，初期以线状沉积，后来沉积为均匀层包裹着母孢子（Barker 1975）。母孢子与寄生泡膜分离（图 1.26f）。孢子增殖发生在寄生泡中（图 1.26c 和 f），常见双孢子发育形式，偶见四孢子形式。寄生泡不与微孢子虫细胞直接接触，其边缘形成水泡延伸到寄生泡内腔（Weidner 1975，1976b）（图 1.27a）。

肠脑炎微孢子虫寄生泡的特征是有明显的浅裂及颗粒物形成的隔（图 1.25c）。在寄生泡中隔膜形成不完全的小室包裹各个微孢子虫，这种形成隔膜的物质被认为是由微孢子虫分泌的（Cali et al. 1993）。Canning 等认为隔膜是由脑炎微孢子虫属物种寄生泡中不透明的松散的网状物质沉积形成的（Canning et al. 1994）。这种物质在其他两个物种兔脑炎微孢子虫和海伦脑炎微孢子虫的孢子增殖期消失（Ghosh et al. 2011）。显然，脑炎微孢子虫属微孢子虫的寄生泡内部的结构看起来似乎不仅仅是松散的部分。事实上，肠脑炎微孢子虫的孢子母细胞和孢子有相当恒定的宽度（约 0.3 μm），由一个隔膜分离开来（图 1.25e）支持了寄生泡具有结构的假说。肠脑炎微孢子虫的寄生泡外观看起来有裂痕，可能是各个微孢子虫细胞与宿主细胞质碎片融合的结果（图 1.25d），已有文献报道了几个较大寄生泡融合的情况（Canning et al. 1994）。

孢子大小为 2.5~1.5 μm，椭圆形，单核（图 1.26a 和 b），具有粗糙孢外壁和中等厚度的孢内壁（图 1.25d；图 1.27g）。低放大倍数时，孢外壁看上去就一层，约 30 nm 厚，但高分辨率透射电镜观察显示孢外壁有 3 层：外层电子致密"多刺层"（12 nm），中间低电子密度薄层（3 nm）和电子致密的纤维内层（15 nm）（Bigliardi et al. 1996）。极质体是层状的，极丝为同极丝类型，排列成单行，共有 3~8 个极圈，极圈数与孢子发育时期有关（图 1.26g；图 1.27b，c，g）。有时会观察到后极泡（图 1.26g；图 1.27g）。当孢子从寄生泡释放时，孢子经常会弹出极丝（图 1.27d），是组织间传播感染的先决条件。

尽管有不少关于脑炎微孢子虫物种结构的报道，但其细胞学的细节仍不清楚。微孢子虫在寄生泡内发育，而寄生泡的起源耐人寻味。虽然也有学者认为它起源于宿主细胞（Agaud et al. 1997；Bohne et al. 2011），但寄生泡的发生方式（以膜的形式紧贴早期裂殖体质膜）及在不同类型的感染细胞中都有相似的结构，这些情况似乎仍然没有排除寄生泡是微孢子虫来源的观点（Vávra，未发表数据）。

脑炎微孢子虫属的孢子增殖是双孢子的还是四孢子的形式一直存在争议（Cali et al. 1993；Canning et al. 1994；Cali et al. 1996b）。这一特征取决于生长速度与细胞胞质分裂的关系以及微孢子虫的生长条件。在组织培养中，母孢子可以形成相当长的链（Vávra et al. 1972；Desser et al. 1992）（图 1.26d）。

1.10.3　气管普孢虫属物种特征

在角膜涂片、肌肉活检组织以及全身感染的艾滋病患者身上检测到两个已知气管普孢虫属的微孢子

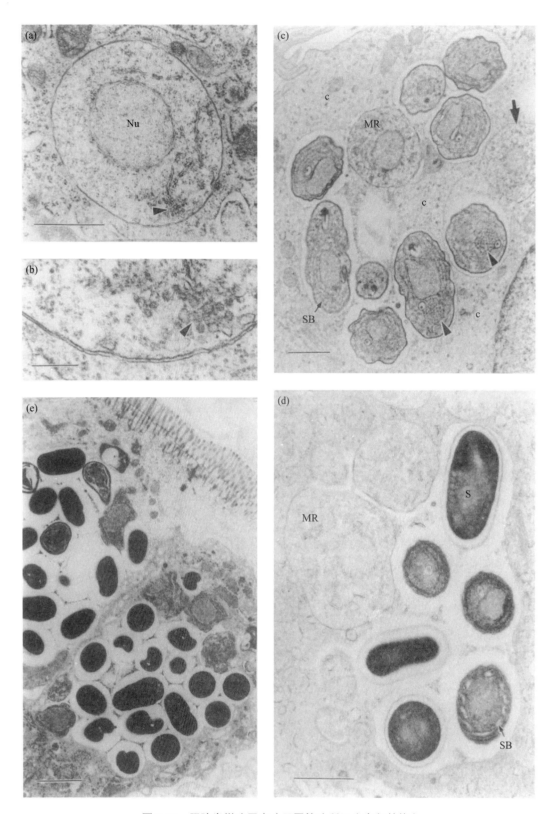

图 1.25　肠脑炎微孢子虫（无尾箭头所示为高尔基体）

（a）裂殖体起始阶段，被膜包裹，以后这层膜发育成寄生泡膜；（b）a 图中裂殖体的膜状复合体的详细视图；（c，d）当正在分裂的寄生虫周围的每个空泡渐进汇合，就形成了大的寄生泡，裂殖体（箭头所示）被完全嵌入宿主细胞质中；（e）在寄生泡中各个孢子周围有隔膜形成的不完全小室。所有图片均为透射电镜图。标尺 =1.0 μm（a，c，d），250 nm（b），2 μm（e）。c，宿主细胞质；MR，裂殖体；Nu，细胞核；SB，孢子母细胞；S，孢子。[引自 Wittner, M., Weiss, L. M.（eds.）1999. The Microsporidia and Microsporidiosis. ASM Press, Washington, DC.]

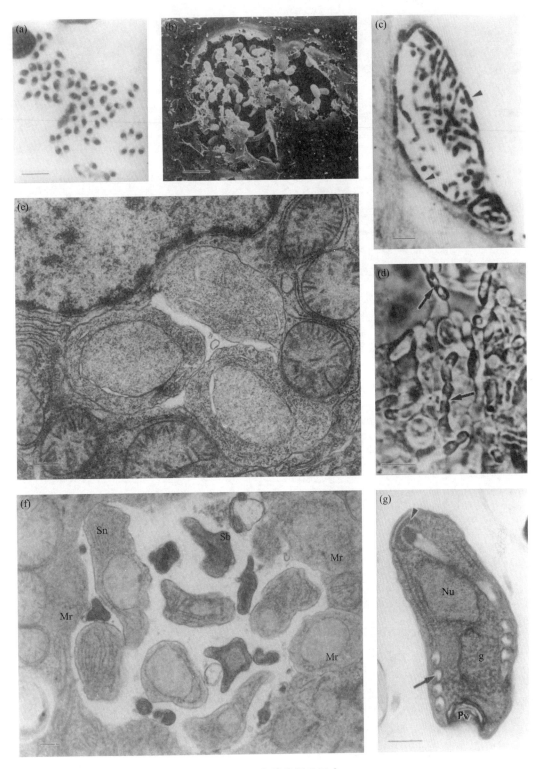

图 1.26　兔脑炎微孢子虫

（a）孢子吉姆萨染色观察；（b）扫描电镜观察破碎的含有孢子的寄生泡；（c）寄生泡包裹的裂殖体排列在边缘（无尾箭头所示），孢子增殖期时孢子在寄生泡中心（吉姆萨染色）；（d）寄生泡内的孢子母细胞呈链状（箭头所示）（相差显微镜）；（e）在 3 个裂殖体周围形成的早期寄生泡；（f）寄生泡最终形成，裂殖体紧靠在寄生泡膜的边缘，母孢子、孢子母细胞与寄生泡膜分离，位于寄生泡内部；（g）具有细胞器的早期孢子，箭头指示极丝的早期形式，无尾箭头指示囊状极质体。小鼠腹膜分泌物涂片（a），免疫缺陷小鼠的肝（b，e~g），兔脉络丛细胞组织培养（c，d），透射电镜（e~g）。标尺 =5 μm（a~d），0.5 μm（e~g）。g，高尔基网；Mr，裂殖体；Nu，细胞核；Sb，孢子母细胞；Sn，母孢子；Pv，已经崩塌的后极泡。［引自 Wittner, M., Weiss, L. M.（eds.）1999. The Microsporidia and Microsporidiosis. ASM Press, Washington, DC.］

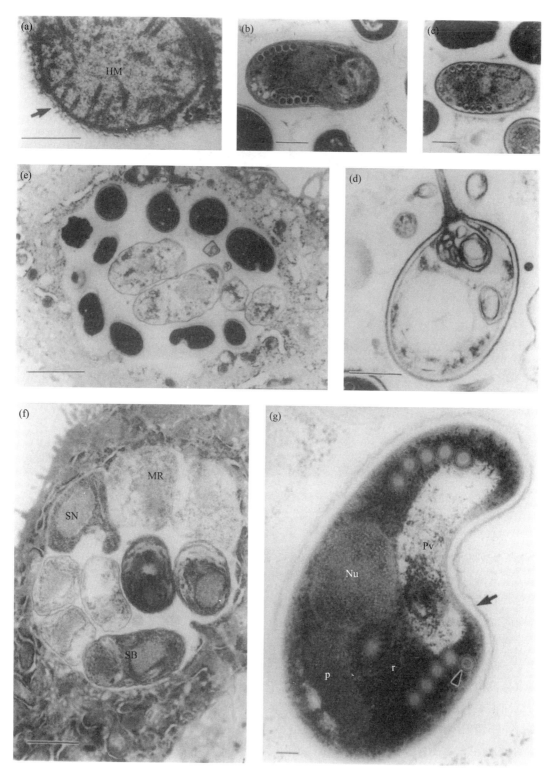

图 1.27　脑炎微孢子虫属

　　肠脑炎微孢子虫（a~d），海伦脑炎微孢子虫（e~g）。(a) 寄生泡的边缘，小泡（箭头所示）伸入寄生泡内部；(b, c) 具 5 个极圈的早期孢子；(d) 发芽孢子；(e) 完全形成的寄生泡；(f) 早期的寄生泡中含有最终发育成孢子的裂殖体、母孢子和孢子母细胞；(g) 有细胞器的孢子。无尾箭头所示为具有同心环亚结构的极丝。孢壁的 3 层结构，孢外壁、孢内壁和质膜分别用箭头指示。标尺 =0.5 μm（a~d），2 μm（e），1 μm（f），100 nm（g）。HM，宿主细胞线粒体；MR，裂殖体；Nu，细胞核；p，极膜层片层；r，有多聚核糖体的区域；SB，孢子母细胞；SN，母孢子；Pv，扭曲的后极泡。〔引自 Wittner, M., Weiss, L. M.（eds.）1999. The Microsporidia and Microsporidiosis. ASM Press, Washington, DC.〕

虫，人气管普孢虫（*Trachipleistophora hominis*）（Hollister et al. 1996）和嗜人气管普孢虫（*Trachipleistophora anthropopthera*）（Vávra et al. 1998）。由于人气管普孢虫可以感染蚊子幼虫，不能排除人气管普孢虫实际上是寄生于昆虫的微孢子虫（Weidner et al. 1999）。

人气管普孢虫是气管普孢虫属的模式种，为单型性，具单核。裂殖体质膜表面具有致密的外被，形成分支状延伸入宿主细胞的细胞质（图 1.28a）。外被是产孢囊的前体，随着裂殖体的分离而分开。裂殖增殖可能仅限于二分裂，因为没有观察到链状或多核的裂殖体时期的原生质团。孢子增殖始于表面被膜内母孢子质膜皱缩，表面被膜会成为相当厚的 SPOV 被膜（图 1.28b）。母孢子经过一系列的二分裂变成单核孢子母细胞并形成孢子，每个产孢囊含有 2~32 个孢子（图 1.29b）。孢子呈梨状，新鲜孢子大小为 4.0 μm × 2.4 μm（图 1.29a~c），前外侧有一个锚定盘，层状极膜层具有两种不同类型的片层间距，大约 11 个极圈排成单列。异极丝（anisofilar），通常后部有 3 个较细的极圈（Canning，未发表数据；Vávra，未发表数据）。

嗜人气管普孢虫的形态类似于人气管普孢虫，但不同之处在于它是二型性的。这种微孢子虫能形成两种类型的产孢囊，不同类型的产孢囊包裹不同类型的孢子。I 型产孢囊类似于人气管普孢虫的产孢囊，通常包含 8 个或更多的厚壁孢子（3.7 μm × 2.0 μm）（图 1.28c；图 1.29b，d 和 g）。I 型孢子与人气管普孢虫的孢子有相同的组织结构，异极丝（anisofilar），通常有 7 个粗极圈和两个细极圈（图 1.28d）。II 型产孢囊可以和 I 型产孢囊在同一组织中形成，有时甚至可以在同一细胞中形成（图 1.29f），II 型产孢囊膜薄，只包含有两个 II 型孢子（图 1.29h），孢子比较小，近圆形（2.2~2.5）μm ×（1.8~2.0）μm，孢壁薄，具有 4 个或 5 个同极丝（isofilar）极圈（图 1.28e 和 f）。因为常常观察到它们的极管弹出，II 型孢子被认为是在宿主组织内传播感染（Orenstein，未发表数据）（图 1.29i 和 j）。

1.10.4　角膜条孢虫

1990 年，Shadduck 等从人角膜基质中分离到了角膜条孢虫（*Vittaforma corneae*）（Shadduck et al. 1990；Silveira & Canning 1995）。该微孢子虫在艾滋病患者的泌尿道和肺部均有发现（见第 15 章和第 16 章）。这种寄生虫在其整个生命周期都是双核，单型性。在细胞核中未观察到联会复合体。细胞核的结构是造成其最初被认为是微粒子属的原因。

这种微孢子虫的独特之处在于微孢子虫被三层单位膜组成的复合体包裹，最外面的两层被认为是宿主起源的。膜状复合体在整个生命周期都存在，包括孢子阶段，这也表明了由宿主细胞衍生的膜以某种方式被转化为微孢子虫的膜。

该膜结构可以解释微孢子虫为什么聚集在宿主细胞内质网膜周围。内膜是微孢子虫的质膜，中间层是宿主细胞中不含核糖体的内质网膜（host cell ER membrane，HERM1），外膜则是充满了核糖体的宿主细胞的内质网膜（host ER cisterna，HERM2）。裂殖增殖以二分裂形式进行，HERM1 和 HERM2 两种膜随着裂殖体的分裂而分离。已有报道在裂殖体核周池形成扩大的"裂口"（Silveira & Canning 1995）。像在毕氏肠微孢子虫的核周"裂口"观察到电子致密物质，在条孢虫属裂殖体的裂口处也能观察到，不过很可能是样品固定时人为操作造成的。

孢子增殖期间，由于胞质分裂的延迟，形成细长带状的母孢子（图 1.30f）。该母孢子的标志是质膜表面电子致密物逐渐沉积，首先在弯曲处出现，随着发育进程，逐渐形成透镜状结构，最后，在母孢子表面形成均匀致密层。分裂受垂直于带状产孢原质团长轴的深裂痕的影响。寄生泡膜、电子致密被膜和 HERM1 一起内陷，将原生质团分隔成最多 8 个线性排列的孢子母细胞。在膜内陷底部，形成像壁旁体样的膜轮（membranous whorls）。随着孢子母细胞分离，HERM2 与寄生虫的表面失去紧密接触，但尽管如此，它还是作为一个松散的外层，完全包住了每个孢子母细胞和孢子（Silveira & Canning 1995）。

在组织培养中的孢子是多型性的，通常为细长圆柱体（图 1.30a），也存在小的卵形孢子或类似棒状的孢子。孢子大小为（3.7~3.8）μm × 1.0 μm（Shadduck et al. 1990；Silveira & Canning 1995）。卵形孢子的大

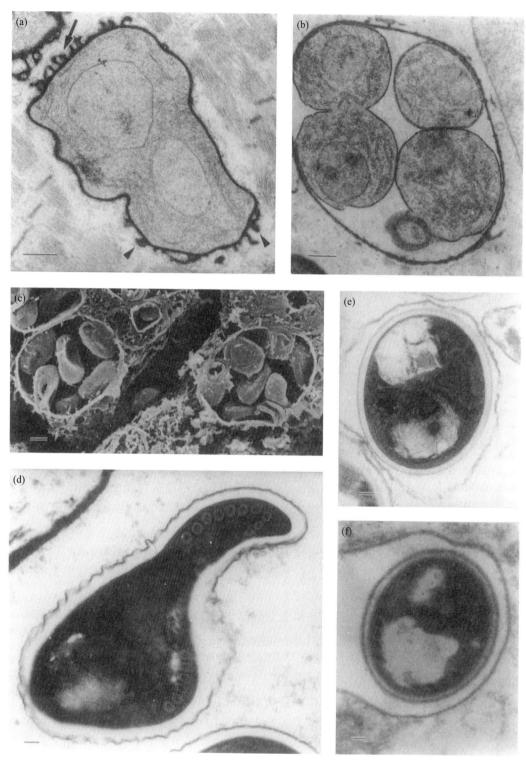

图 1.28　气管普孢虫属微孢子虫

（a）骨骼肌细胞中双核的裂殖体，箭头所示为裂殖体，无尾箭头指示宿主细胞质，裂殖体质膜表面致密物连接将裂殖体联系在一起并伸入宿主细胞质；（b）含 4 个孢子母细胞前体的产孢囊；（c）含 I 型孢子的产孢囊；（d）I 型孢子壁厚，有 7 个粗极圈和两个细极圈；（e，f）II 型薄壁孢子，有 4 个极圈。在免疫缺陷小鼠骨骼肌细胞中的人气管普孢虫（a），RK-13 细胞培养（b），a、b 图片均为透射电镜图片。人脑中的嗜人气管普孢虫，扫描电镜图片（c）和透射电镜图片 TEM（d~f）。标尺 =0.5 μm（a），1 μm（b，c），100 nm（d~f）。［引自 Wittner, M., Weiss, L. M.（eds.）1999. The Microsporidia and Microsporidiosis. ASM Press, Washington, DC.］

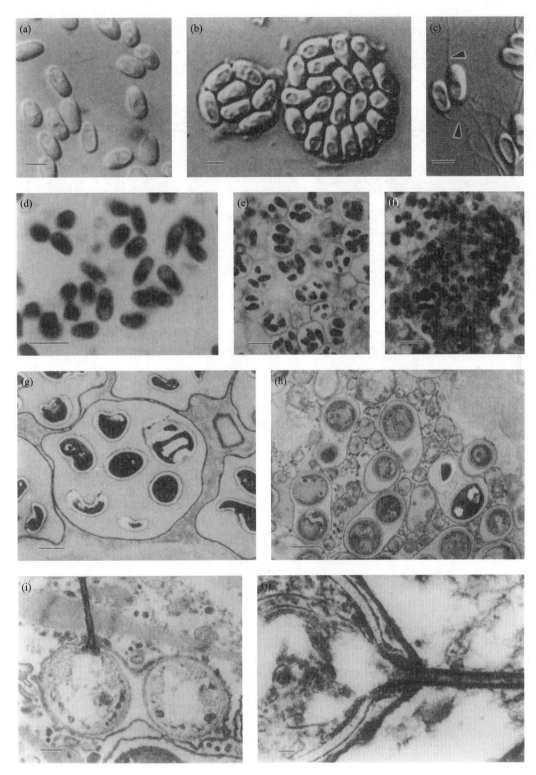

图 1.29　气管普孢虫属

（a）新鲜孢子；（b）在产孢囊中的新鲜孢子；（c）发芽孢子，无尾箭头所示为弹出的极丝；（d）染色的孢子（Goodpasture's 石碳酸品红染色）；（e）产孢囊中的 I 型孢子（半薄切片，亚甲基蓝 - 品红染色）；（f）组织切片中累积的 II 型孢子（苏木精 - 伊红染色）；（g）含有多个孢子的产孢囊中的 I 型孢子；（h）含有两个孢子的产孢囊中的 II 型孢子；（i）弹出极丝的 II 型孢子；（j）弹出极丝的 II 型孢子的顶端。免疫缺陷小鼠骨骼肌质中的人气管普孢虫（a～c），人脑中的嗜人气管普孢虫（d～h），人心脏肌细胞中的嗜人气管普孢虫（i，j）。微分干涉相差显微镜图片（a～c），透射电镜图片（g～j）。标尺 =5 μm（a～f），1 μm（g，h），0.5 μm（i），100 nm（j）。［引自 Wittner, M., Weiss, L. M.（eds.）1999. The Microsporidia and Microsporidiosis. ASM Press, Washington, DC.］

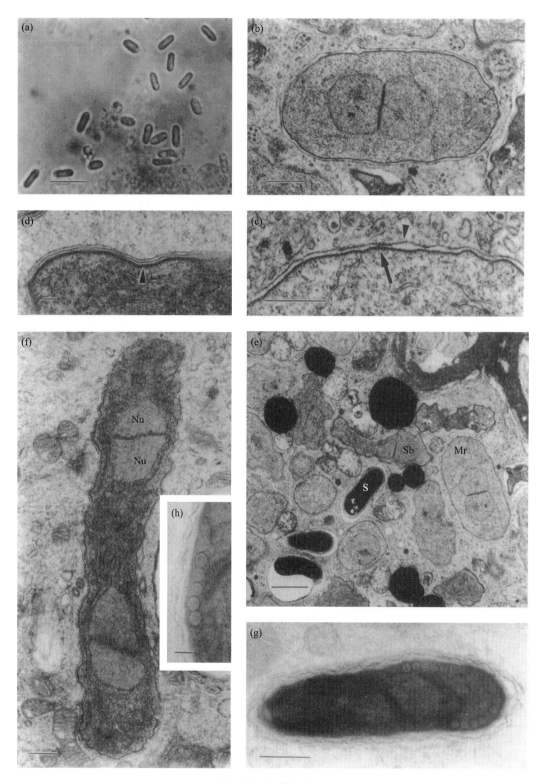

图 1.30 角膜条孢虫

（a）相差显微镜下的新鲜孢子；（b）裂殖体；（c）裂殖体，箭头指示为内膜复合物，最内层膜来源于微孢子虫，外层来源于宿主细胞，无尾箭头为最外层的宿主细胞膜；（d）母孢子的边界，无尾箭头指示为电子致密物沉积在内膜表面；（e）被角膜条孢虫感染的小鼠肝；（f）正在分裂的母孢子；（g）成熟孢子；（h）极丝。透射电镜图片（b~h）。标尺=5 μm（a），0.5 μm（b，c，f，g），100 nm（d，h），1 μm（e）、（d，f，h）。Mr，裂殖体；Nu，细胞核；Sb，孢子母细胞；S，孢子。［引自 Wittner, M., Weiss, L. M.（eds.）1999. The Microsporidia and Microsporidiosis. ASM Press, Washington, DC.］

小是上述孢子大小的一半，棒状的孢子大小是上述孢子大小的两倍（目镜测量）（Vávra，未发表数据）。孢子是双核的。极丝为同极丝（isofilar），约 6 个极圈（图 1.30h）。孢外壁的厚度大约是孢内壁的一半，并且它是由松散的膜包围（图 1.30g）。极膜层是由紧凑排列的片层组成，这些片层包裹着极丝的直线部分，几个后部片层以 4 个为一组排列（Silveira & Canning 1995）。

条孢虫属膜的排列特征在生活史所有阶段都是区别于其他属的主要特征（图 1.30b ~ g）。这主要是相对于其他一些微孢子虫仅在裂殖增殖期是包裹在宿主细胞中的内质网囊泡而言的。条孢虫属膜的排列方式类似内网虫属（*Endoreticulatus*），裂殖体紧紧地被宿主细胞内质网包围。然而，在内网虫属中孢子增殖期的分裂发生在宿主细胞的内质网囊泡之间，相比之下，在条孢虫属中，孢子并不是包含在宿主细胞来源的小囊泡中（Brooks et al. 1988；Cali & El Garhy 1991）。

1.10.5　管孢虫科微孢子虫对人的致病性

Franzen 提出了管孢虫科（Tubulinosematidae）（2005），用于区分在结构上类似微粒子属的双核微孢子虫结构。它们之间主要的区别是在裂殖体时期，管孢虫科微孢子虫具有糖被层，其质膜上有电子致密囊泡管状附属物。通过这些构造，管孢虫科的发育阶段在宿主细胞细胞质中交错发生（未成熟的孢子镶嵌在宿主细胞质中）。该科的孢子有一个厚厚的孢内壁和均一的孢外壁。从分子系统进化水平来说，管孢虫属和安卡尼亚属（以前归为 *Brachiola* 属）是该科的典型代表，这两个属形成姐妹群。管孢虫科的微孢子虫寄生于各种昆虫，但一些感染人类的微孢子虫种也有报道。

1.10.5.1　按蚊微孢子虫和水泡安卡尼亚孢虫

按蚊微孢子虫（*Anncaliia algerae*），以前命名为阿尔及尔微粒子虫（*Nosema algerae*）（Vávra & Undeen 1970），也命名为 *Brachiola algerae*（Vávra & Undeen 1970；Lowman et al. 2000）。水泡安卡尼亚孢虫（*Anncaliia vesicularum*）以前命名为液泡布朗奇孢虫（*Brachiola vesicularum*）（Cali et al. 1998）。按蚊微孢子虫最初记载是感染昆虫的（Vávra & Undeen 1970），但目前是在一些人类组织中也可检测到（Coyle et al. 2004；Field et al. 2012）。水泡安卡尼亚孢虫是从艾滋病患者骨骼肌细胞中检测到的（Cali et al. 1996a，1998）。这些微孢子虫是单型性的，双核，具单核或双核的裂殖体直接与宿主细胞的细胞质接触并发育（图 1.31a；图 1.32b 和 g）。其特征是在寄生虫的发育阶段表面的电子致密层外被，被膜上有小管状长囊泡（图 1.31b，c 和 f；图 1.32f，g 和 h），有时会从寄生虫表面延伸一定距离（图 1.32g 和 h）。这个特征在水泡安卡尼亚孢虫中更为明显（图 1.31d）。这类微孢子虫的孢子增殖是双孢子型（disporoblastic），按蚊微孢子虫的新鲜孢子大小为 4.5 μm × 3 μm，被固定的水泡安卡尼亚孢虫孢子大小为 2.9 μm × 2.0 μm。按蚊微孢子虫中孢子的极圈为 7 ~ 10 圈，排成 1 ~ 3 行，水泡安卡尼亚孢虫中通常排列成两行（图 1.31e）。孢子有一个厚厚的孢内壁和厚度均一的孢外壁（图 1.31e；图 1.32c）。极丝是异极丝型的，最后两个或三个极圈较细。按蚊微孢子虫和水泡安卡尼亚孢虫在结构上非常相似，Franzen 等（2006b）论述了它们之间的关系。

1.10.5.2　管孢虫属物种特征

管孢虫属包括以前归类于微粒子虫属的 3 个微孢子虫种。晚期的裂殖体在质膜上具有管状外被，类似于安卡尼亚孢虫属。它们的宿主是昆虫（如果蝇和蝗虫）。孢子有一个厚的孢内壁和厚度均一的孢外壁，极圈数为 9 ~ 14 圈，大小为（4.1 ~ 4.3）μm ×（2.5 ~ 2.6）μm（图 1.32a）。关于微孢子虫结构的比较分析数据，详见 Franzen 等（2006a）的研究结果。管孢虫属的一个种，其 SSU rRNA 的基因与从蚂蚱中分离的嗜蝗虫管孢虫（*Tubulinosema acridophagus*）具有 100% 的一致性，被确认为两例肌炎的病因，可在免疫缺陷患者中传播微孢子虫病（Choudhary et al. 2011；Meissner et al. 2012）。

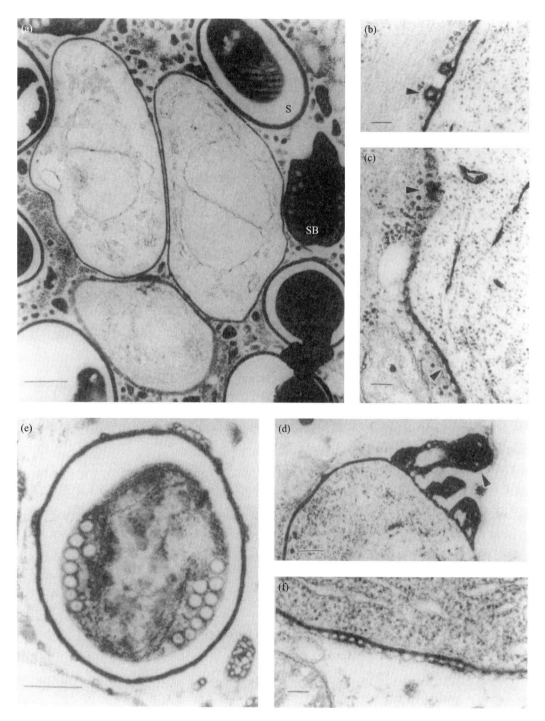

图 1.31 人骨骼肌细胞中的水泡安卡尼亚孢虫和按蚊微孢子虫

（a）发育时期的裂殖体具有双核；（b，c）电子致密物沉积在质膜（无尾箭头所示）形成与膜结合的小管或线性排列的致密小管；（d）孢子虫表面具有大片扩散的囊泡管状电子致密物（无尾箭头所示）；（e）极圈排成两行；（f）寄生于蚊子幼虫的按蚊微孢子虫裂殖体的表面结构。所有图片均为透射电镜图片。标尺 =1 μm（a），100 nm（b，c，f），250 nm（d），0.5 μm（e）。SB，孢子母细胞；S，孢子。[引自 Wittner，M.，Weiss，L. M.（eds.）1999. The Microsporidia and Microsporidiosis. ASM Press，Washington，DC.]

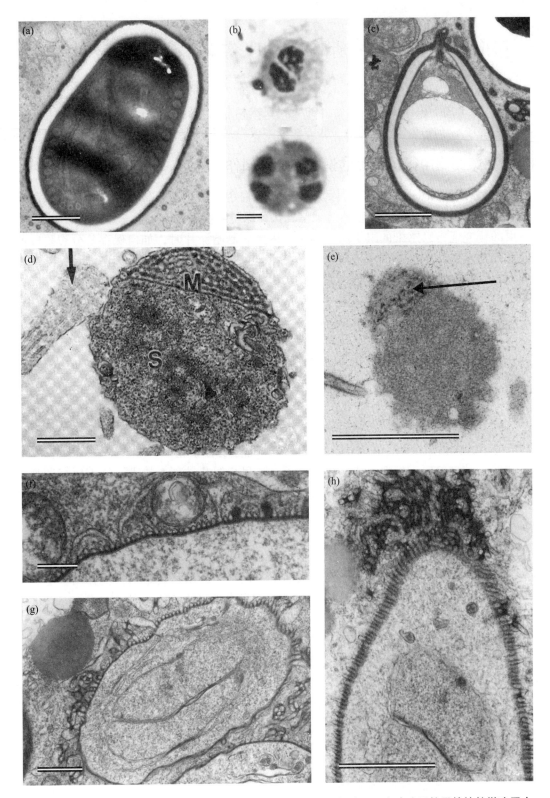

图 1.32 （a）寄生于果蝇的金氏管孢虫（*Tubulinosema kingi*）；（b~h）寄生于蚊子的按蚊微孢子虫

（a）金氏管孢虫的孢子具有厚的孢内壁，厚的单层孢外壁，极丝为轻度的极丝异丝型；（b）双核和四核细胞（吉姆萨染色）；（c）正在发芽的孢子，孢壁有点类似于图（a）；（d）刚弹出的孢原质（S）仍在极管末端（箭头所示），部分孢原质在 M 处形成膜旋（"MIN"）；（e）硫胺素焦磷酸酶免疫组化检测显示"MIN"来源于高尔基体小囊泡，硫胺素焦磷酸酶为高尔基体分子标记（箭头所示）；（f）裂殖体质膜表面的小管状层；（g）双核的裂殖体表面不断扩大的糖被层；（h）管状层穿过糖被与宿主细胞的细胞质接触。标尺 =0.2 μm（f），1.0 μm（a，c，d，g，h），2.0 μm。[图片版权得到 Franzen, C. 和 Kraaijeveld, A. R.（a）、Takvorian, P. M.（e），以及 Takvorian 等个人许可（d），*Folia Parasitologica* 2005. 原始图片由 J. Vávra 提供（b，c，f~h）]

1.11 微孢子虫结构研究中所使用的相关实验技术

Vávra 和 Maddox（1976）、Hazard 等（1981）、Undeen 和 Vávra（1997）、Becnel（2012）和 Solter 等（2012）已相继总结了用于微孢子虫结构研究的实验技术和方法。我们将在本节介绍一些重要及特殊的方法。某一些方法旨在用于快速诊断，而另一些方法或多或少是不同类型切片的制备所需要的。

1.11.1 感染细胞中微孢子虫的识别和涂片制作

透明的宿主组织被微孢子虫孢子充满后可能呈现乳白色外观，源于微孢子虫使光线散射。这种乳白色与宿主组织背景颜色混在一起，使感染组织呈乳状黄绿色或玫瑰色。

微孢子虫的研究通常以感染的组织涂片为主。因此，制备涂片时，如何保存各分裂阶段使分裂方式清晰可见及如何避免破坏产孢囊便成了很重要的技术。如果制备孢子涂片像细菌涂片，除非囊泡仍然存在，否则像在孢子增殖期产孢囊中的孢子群都将丢失。挤压涂片能更好地保存这些特性。因此，充满孢子虫的一小部分组织挤压在两片显微镜载玻片之间的一小滴清水或生理盐水中。当载玻片分离时，避免片层之间滑动显得非常重要（Larsson 1988c）。

在大多数情况下，孢子是微孢子虫感染诊断的最直接的阶段。其他发育阶段不明显，而且在宿主死亡后它们对环境条件敏感。孢子具有抗逆性，在宿主死后仍可以在体外持续多年，使它们非常适合诊断（Weiser 1961）。人体内微孢子虫的检测详见第 17 章。

1.11.2 微孢子虫孢子的鉴定

大多数情况下，微孢子虫孢子在大小、形状上和其他生物也很相似，如其他原生生物、细菌和真菌。它们甚至也和原生动物的精子相似，如螨虫的精子。这里介绍几种基本技术，便于研究者判断光学显微镜下的微孢子虫孢子。这几种实用的染色方法是基于在涂片脱色后孢子仍然可以保持染色或染色复合物的能力。这也是为什么微孢子虫孢子革兰氏染色呈阳性，也可以很好的用苯酚品红染色（carbol-fuchsin stains）（Goodpasture-Perrin 方法、Ziehl-Neelsen 技术、抗酸三色染色法）（Vávra & Maddox 1976；Ignatius et al. 1997）。对于特异检测微孢子虫的方法，可以使用希氏过碘酸染色法（PAS）染色。可以使用荧光增白剂检测孢壁中的几丁质。判断是否是微孢子虫孢子的最有力证据是观察到极丝弹出。电子显微镜是微孢子虫孢子鉴定的最可靠的技术。Garcia 概述了用于微孢子虫检测的各种临床方法（Garcia 2002）。

1.11.2.1 抗酸三色染色法鉴定微孢子虫（Ignatius et al. 1997）

被甲醇固定的孢子涂片或组织切片，可以用石炭酸品红溶液室温孵育 10 min，用自来水简单地洗涤，用 0.5% 的盐酸乙醇进行脱色，并再次用自来水冲洗。接着，用 Didier's 三色（Didier's trichrome）溶液在 37℃下染色 30 min。用冰醋酸乙醇冲洗载玻片 10 s，再用 95% 的乙醇洗 30 s，使玻片干燥或封片进行观察。

试剂：

石碳酸品红溶液：25.0 g 苯酚，500 mL 蒸馏水，25 mL 饱和的品红乙醇溶液（2.0 g 碱性品红溶在 25 mL 96% 乙醇中配成的饱和品红乙醇溶液）。

Didier's 三色溶液：溶解 6.0 g chromotrope 2R，0.5 g 的苯胺蓝，0.7 g 磷钨酸在 3 mL 乙酸中，在室温下搅拌 30 min，加入 100 mL 蒸馏水，并且用 2 mol/L 盐酸调节至 pH 2.5。

冰醋酸乙醇溶液：4.5 mL 冰醋酸加入 995.5 mL 90% 乙醇中。

1.11.2.2　极帽的希氏过碘酸染色法（PAS）

当孢子被希氏过碘酸试剂染色时，在孢子的一端会出现极小的红色颗粒（即极帽或囊状极质体 – 锚定盘复合物）。这种方法可以特异区分微孢子虫孢子与其他相似微生物的孢子（Vávra 1959）。该染色方法揭示了锚定盘的极丝位置上存在含 1,2- 乙二醇基团的多糖。

这种方法既可应用于涂片，也可用于脱石蜡组织切片。任何固定剂都可以使用，但醛固定剂可能会产生非特异性染色。①将材料置于蒸馏水中。②氧化反应：在蒸馏水中加入过碘酸使其终浓度为 0.5%～1.0%，使实验材料在过碘酸水溶液中氧化 8～10 min。③还原反应：将 2.0 g 碘化钾、2.0 g 结晶的硫代硫酸钠和 20 mL 的 1 mol/L HCl 加入 100 mL 蒸馏水中，配成还原剂溶液，将材料置于该还原剂溶液中 20 s。④在蒸馏水中洗涤 2 min。⑤用 Schiff's 试剂（leukofuchsin）染色 15 min（对于 Schiff's 试剂的制备，参见免疫组化手册）。⑥在含有 SO_2 的水中洗两次（含 SO_2 水的配制：5 mL 1 mol/L 盐酸，6 mL 100 g/L 亚硫酸氢钠，100 mL 蒸馏水）。先快速冲洗，洗脱大部分的 Schiff's 试剂，再漂洗 4 min，洗脱残余的试剂。⑦用自来水冲洗。⑧用哈里斯苏木精（Harris's hematoxylin）染色试剂（或其他苏木精染色试剂）染色，在蒸馏水中用 1% 浅绿色 SF 试剂进行复染。⑨在梯度乙醇中迅速脱水，然后封片。孢子一端显示微小的红色颗粒（使用油镜观察）。苏木精染色时间应该要短，以避免其掩盖了希氏过碘酸染色法（PAS）的阳性结构。

1.11.2.3　几丁质检测

微孢子虫孢子的孢内壁含有几丁质层（见 1.6.3.2）。尽管几丁质在其他生物中也存在，但通过荧光增白剂（如 Calcofluor 或 Uvitex）检测几丁质的存在也为微孢子虫的检测提供了一个有用的诊断技术。荧光增白剂是具有芳香环的有机化合物，其芳香环在紫外或短波光激发下发射可见光谱中的光。Vávra 等阐述了荧光增白剂标记几丁质壳的理论基础（Vávra et al. 1993a）。该方法既可以用于新鲜孢子检测，也可用于组织学材料。

荧光增白剂 Calcofluor White M2R 标记微孢子虫的方法（Vávra et al. 1993）

①新鲜材料。将含有孢子的材料与 0.01% Calcofluor White M2R 溶液（American Cyanamid Co）混合；或用 pH 8.0 的 0.1 mol/L 磷酸盐缓冲液配制的荧光增白剂 28（Fluorescence Brightener 28，Sigma）与含孢子的材料混合。用相同的溶液浸润干燥的涂片。盖上盖玻片，通过荧光显微镜在紫色或蓝色激发光下观察。孢壁上有强烈的荧光。固定的（固定剂含苦味酸的除外）或不固定的孢子都可以在孢壁上观察到荧光。如果 Calcofluor 溶液被洗掉并用甘油或其他封片剂进行封片，也会获得相同的结果。甘油封片剂的配制：甘油和 0.25 mol/L pH 9.5 碳酸钠溶液的比例是 1：9。②如果新鲜材料（如孢子）已经被存储了很长一段时间或是已固定的材料，建议用 0.001% Calcofluor White M2R 溶液染色（用 1 mol/L 氢氧化钠配制）。这种溶液也被推荐用于快速检查组织活检标本，染色剂能快速渗透到在载玻片和盖玻片之间被压碎组织中。用这种方法进行微孢子虫荧光检测可以在几分钟内完成（Vávra et al. 1993b）。备注：许多类似于 Calcofluor 染色效果的荧光增白剂是真菌学家使用的几种商业化几丁质检测试剂盒的活性物质。van Gool 等（1993）使用的 Uvitex B（Ciba–Geigy，Basel，Switzerland）已经成功用于微孢子虫的临床诊断（详见第 17 章）。

组织切片中微孢子虫的荧光观察（Weir & Sullivan 1989）

①用卡诺固定液（Carnoy's fixative）将材料固定。不要用 Bouin's 固定液或其他含有苦味酸的固定液。②处理：按照常规方法将材料包埋在石蜡中。③脱蜡后的切片用苏木精染色，不能用伊红复染。④洗去染色液，用 1% 的 Uvitex 2B（Ciba–Geigy）或用 pH 7.0～8.0 的 0.1 mol/L 磷酸盐缓冲液配制的 0.01% Calcofluor White M2R 溶液浸润切片。染色时间的长短不是很重要，因为荧光剂的结合几乎是瞬间完成。对切片用水进行冲洗，要么片子还没干燥时及时观察，要么用甘油缓冲液封片。用荧光显微镜在紫色或蓝色激发光下进行观察。

1.11.2.4 极丝弹出

检测时判断某微生物是不是微孢子虫的有力证据是能否观察到孢子弹出极丝。然而，极丝弹出是一个随机的事件。有些微孢子虫在无任何特殊的刺激下极丝也会弹出，而另外一部分微孢子虫在机械和化学刺激之下也不容易弹出极丝。目前，还没有单一可靠的方法用于孢子发芽，每个物种的孢子虫的发芽条件可能会不同。Undeen 和 Vávra（1997）发现了一些能够促进孢子萌发的可能的因素。下面是通用的孢子发芽的方法，但不是所有的孢子都能发芽。

（1）压力。在孢子涂片制作时以拇指挤压盖玻片可以引起孢子的发芽（为了安全，挤压时应覆盖一张滤纸）。

（2）过氧化氢。将含孢子的材料与 3%~6% 过氧化氢或用具有同样浓度过氧化氢的 0.1 mol/L KCl 按 1:1 混合孵育。

（3）碱性触发。将待检材料（孢子悬液）与 0.2 mol/L KOH 按 1:1 的比例混匀，放置约 30 min。离心，弃去上清液。在载玻片上将一小部分沉淀与一大滴 pH 7.3 的 Dulbecco 磷酸盐缓冲液（Dulbecco's phosphate-buffered saline）混匀，这种盐溶液不含 Mg^{2+}/Ca^{2+}，100 mL 溶液中含 0.93 g 的 KCl。盖上盖玻片，然后观察（Yasunaga 等的方法进行了改进，1995）。

（4）孢子回湿。用自来水浸润新鲜干燥的孢子涂片。

（5）加氯化钾晶体于载玻片上的孢子中，盖片并观察。盐溶解时的对流使孢子处于不同浓度的 KCl 溶液中，有些孢子可能会萌发并弹出极丝。

1.11.2.5 透射电镜观察

鉴定微孢子虫的另一种明确方法是透射电镜观察。做电镜实验时，在微孢子虫固定之前，不要用乙醇或其他醇进行固定，因为细胞学结构会被醇类物质破坏。

Becnel 等总结了微孢子虫用透射电镜观察时样品的处理方法（Becnel 2012）。使用常规技术对孢子材料进行固定，建议孢子成熟前的固定时间为正常时间，成熟孢子的固定时间延长至 24 h 或更长。孢子在树脂中包埋渗透也需要更长的时间。Larsson 等（2005）报道了孢子的固定方法及需要考虑的因素。Larsson 发现，孢子可以在戊二醛中存储较长时间；不加甲醇作为稳定剂的多聚甲醛和甲醛溶液有时比常规戊二醛固定孢子的效果更好；低温冷冻并不会完全破坏微孢子虫孢子的超微结构。值得一提的是即使孢子在宿主体内已经脱水干燥（甚至很多年），只要将孢子浸在 4% 的不加稳定剂的甲醛溶液中于 60℃ 放置 5 h，仍然可以得到微孢子虫的超微结构（Larsson，未发表数据）。如果使用冷戊二醛固定孢子失败，可以尝试用热的甲醛溶液固定。通过对包埋在石蜡中的组织材料再处理，可以获得更多的结构信息。即便是经过染色的切片在处理后进行电子显微镜观察，也可看到极丝结构和孢壁。将切片浸泡在二甲苯中去除封片剂后，将切片用 50% 的乙醇进行再水化，然后通过 0.1 mol/L 二甲胂酸缓冲液（cacodylate buffer）转移至含 1% OsO_4 缓冲液中。随后，用乙醇洗涤并在乙醇中脱水，再将切片转移到环氧丙烷中，70:30 和 30:70 的环氧丙烷和环氧包埋树脂的混合物，最后是 100% 的环氧包埋树脂。将一块预聚合好的树脂块放在有包埋物上方，在 65℃ 的环境中孵育过夜，以使树脂充分聚合。然后将包埋块放置在热板上，切下含包埋物的部分。包埋块进行简单修块，切去多余的树脂，使处于包埋块中的孢子材料暴露于表面（Curry，私人交流）。Larsson 等描述了如何用融化的琼脂对脱蜡组织进行再次移动和后续的处理（Larsson 1983c）。

1.11.3 孢子的观察和测量

虽然微孢子虫孢子外观上看起来似乎差不多（大多数物种的孢子是椭圆形或梨形），孢子形态仍然是必不可少的诊断。当然，这是已知它们在体内的形状和大小都能观察到并有适当描述的情况下才能作为检测依据的。特别是对于以水栖脊椎动物为宿主的微孢子虫，孢子表面常常有纹饰或黏膜层，这些可以用来作为形态学分类的特征（见 1.2.1 和 1.6.3.1）。

1.11.3.1　微孢子虫的染色与储存

甲醇固定 – 吉姆萨染色涂片是检测微孢子虫的标准技术。当准备涂片时，应用"感染的宿主和组织的外观和涂片的制备"中描述的技术就很有必要。吉姆萨染色也可用于石蜡包埋切片（Short & Cooper 1948；具体操作步骤见 Vávra & Maddox 1976）。吉姆萨染色虽然快速方便，但褪色也相当快，尤其是使用不适当的封片剂时褪色更快。吉姆萨染色涂片可以不加盖玻片，可安全的敞开放置，而且以后需要的话还可以从涂片上直接提取孢子的 DNA（Hyliš et al. 2005）。

对于需要长时间储存的制片，苏木精染色比较好。改进的海德汉铁苏木精染色法（Heidenhain's iron hematoxylin stain）染色比较快，结果也很不错。

铁 – 苏木精染色法（Sprague 1981）

① 将切片置于水中。② 在朗氏溶液（Lang's solution）中放置 10 ~ 30 min 或更长的时间（时间不是关键的因素）。朗氏溶液配制：300 mL 14% 硫酸铵、5.0 mL 乙酸和 0.6 mL 硫酸。③ 用流水冲洗 5 min。④ 在蒸馏水中冲洗。⑤ 0.5% 苏木精溶液染色一次或两次（时间并不重要）。0.5% 苏木精溶液的配制参见组织学手册。⑥ 脱色：在饱和苦味酸溶液中孵育 10 ~ 60 min（在显微镜下查看脱色的程度）。⑦ 用流水冲洗 1 h。⑧ 用伊红复染。⑨ 脱水、清洗和封片。

1.11.3.2　孢子的固定

显微镜使用者面临的挑战是刚刚封片的孢子会由于布朗运动而移动，这使得观察人员难以确定孢子的形状和大小。将孢子固定在单层琼脂中可防止布朗运动（Vávra 1964），从而可以进行尺寸的精确测量和形状描述。该方法如下：① 用蒸馏水制备 1.5% 的琼脂溶液。② 在载玻片上倒入一层薄薄的琼脂，然后让它冷却形成凝胶（琼脂层的表面应该有点凸而且要光滑）。③ 把一小滴孢子悬浮液滴在盖玻片上。④ 反转盖玻片并将其放置在琼脂层上。此时避免碰盖玻片，保持不动。单层的孢子被固定在琼脂和盖玻片之间的区域。虽然可以马上观察，但有时经过几个小时后，当琼脂层已开始变干，孢子被更牢固地压入琼脂层中，这时观察效果会更好。该方法制备的片子可以在湿的培养皿、用石蜡或指甲油密封的情况下储存几天。Hostounský 和 Žižka（1979）报道了一种可供选择的孢子固定的方法，预先准备琼脂包被的载玻片，使琼脂干燥并储存在冰箱。含有孢子悬液的盖玻片盖在干燥的琼脂上，琼脂吸收悬液中的水分，溶胀至一定程度，从而使孢子固定。

1.11.3.3　孢子形状的记录

与口头描述相比，一张新鲜孢子的显微照片可以提供更多的信息，并且在描述一个新的微孢子虫种的时候，它应该是一个不可或缺的组成部分。但令人惊奇的是，新的微孢子虫种很少有好的可以显示孢子重要特征的显微照片。好照片不仅展示孢子的形态和大小，而且还应提供后极泡的大小和位置。活孢子光学显微镜照片有时就成为现在研究的微孢子虫与微孢子虫学前 100 年中描述的物种进行比较的唯一手段。

显微照相记录时，使用高对比度的相机或使用高对比度的底片是非常有必要的。不要过分关闭显微镜的聚光镜孔径，不要使用相差，因为孢子轮廓可能会被衍射线扭曲。整个拍摄过程应着眼于获取最大的对比度。

1.11.3.4　孢子大小的测量

孢子的大小是一个重要的结构特征，但很难精确记录其大小，特别是在微孢子虫孢子非常小的情况下。当前的目镜观测计不能提供足够的精度，因为它很难使刻度与折光性的孢子的边缘精确地重叠。

Kramer 强烈推荐使用特殊的测量目镜（image-splitting eyepiece；Vickers Instruments，Ltd.，York，UK）（Kramer 1964）。更现代的方法是使用计算机化图像分析程序。如果没有特殊的目镜或图像分析仪，用仔细校准的显微镜和照相放大镜测量照片上的孢子是一个合适的选择。固定导致孢子收缩高达 25%，这意味着只有当样品以相同的方式处理，孢子大小的测量结果才可以进行比较。因此，非常有必要确定测量的孢子是如何处理的。

1.11.3.5　孢外壁的附属结构和孢外黏质层

感染水生生物的微孢子虫孢子表面经常有尾巴状、纤维状、黏液层等形式的附属结构（见 1.6.3.1）。这种相对厚的结构可通过负染方法检测。负染即染色时染色剂不能透过孢子结构，不能将其染色，而是染其背景，因此反衬出孢子结构。然而，对于微孢子虫表面的附属物，只有用电子显微镜才能观察到，其所采用的技术方法也因孢外黏质层（mucocalyx）或附属结构的存在与否而有所变化：

（1）孢外黏质层。在水中滴一大滴新鲜孢子悬液，再滴一小滴墨汁。盖上盖玻片观察。如果孢子有黏膜，将显示为透明区域，即孢子周围有光环（Lom & Vávra 1963b）（图 1.1m）。

（2）孢外附属结构。在水中滴一滴新鲜孢子悬液，再滴一小滴细菌油墨（bacteriological ink）[细菌学上使用的 Burri 墨水原液或由 Deflandre 改进的 5%～10% 水溶性苯胺黑水溶液（Deflandre 1923）]。制作涂片，让其干燥。孢子的附属物会在黑暗的背景下显示出白色的纤维。涂抹孢子材料的厚度和染料的用量至关重要。此方法是涂片检测孢子有没有附属结构的最简单的方法之一（Vávra 1963）。

1.11.3.6　检测孢子细胞核的方法

核的结构是微孢子虫孢子的一个重要的结构特征。目前的染色方法（例如吉姆萨染色和苏木精染色）由于将孢子内容物染色过深，而不能很好地显示孢子细胞核的正确位置。此外，福尔根反应（Feulgen reaction），是特异染 DNA 的，但应用于孢子的细胞核染色不明显（Jírovec 1932）。最好的方法是吉姆萨染色后进行水解，这样会减小围绕核的细胞质的颜色（Piekarski 1937，改进的方法）：①使用任何一种常规的固定剂固定孢子。②用蒸馏水洗涤。③在 1 mol/L 盐酸溶液中水解，60℃孵育 2～10 min。这一步骤中孵育的时间是非常关键的，时间长短随物种不同应进行调整。④在自来水中反复冲洗，随后用蒸馏水除去所有残留酸液。⑤按常规方法进行吉姆萨染色。细胞核呈现鲜红色，而孢子的其他部位几乎无色。这种技术实际上是较令人满意的染微孢子虫细胞核的唯一的方法。请不要把细胞核误认为小囊泡（posterosomes）（见 1.5.5.3），在发育早期孢子的后部小囊泡也能被染色。这一技术的简化步骤是，将一大滴 1 mol/L HCl 覆盖的干燥孢子涂片，在本生灯上加热，直至产生烟雾。另外，洗涤和染色如前所述（Weiser 1976b）。

1.11.3.7　产孢囊的可视化

许多微孢子虫形成产孢囊，产孢囊具有相对厚的壁，可长时间存在。但有些微孢子虫形成薄壁的产孢囊，持续一段时间或孢子一旦成熟便消失。有些产孢囊在光学显微镜下都清晰可见，还有些只有在高倍率时才能看到，有的几乎不可见。这里介绍一个简单的体内染色技术用来显示产孢囊的存在。将一滴孢子悬液与 1% 的刚果红水溶液按 1：1 的比例混合，产孢囊便会膨胀，它们的壁被染色（Solter et al. 2012）。类似地，如果用相同浓度的叠氮思嘉红（Azidine Scarlett Red）代替刚果红，可以获得更明显的染色效果（Vávra et al. 2011）（图 1.33）。

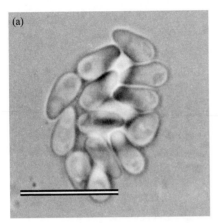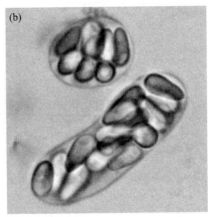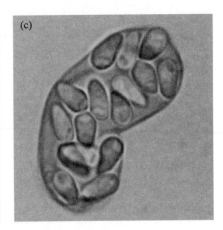

图 1.33　体内染色观察大型溞类双核孢虫（*Binucleata daphniae*）的产孢囊（见文后彩图）

（a）没有被染色的孢子中，在孢子周围的产孢囊的薄壁很难观察到；（b）加刚果红染液使 SPOV 的体积膨胀，其壁也被染色；（c）采用叠氮思嘉红（Azidine Scarlett Red）染色，染色结果更加明显。标尺 =10 μm（原始图片由 J. Vávra 提供）

致谢

　　我们对提供显微照片、修改完善本章内容的同事表示衷心感谢：J. J. Becnel（USDA，ARS，Gainesville，FL），A. Cali（Rutgers University，Newark，NJ），E. U. Canning（Imperial College，London，UK），A. Curry（Whittington Hospital，Manchester，UK），I. Desportes−Livage（INSERM and Musée d'Histoire Naturelle，Paris，France），I. Fries（Swedish University of Agricultural Sciences，Uppsala，Sweden），M. Hyliš（Faculty of Science，Charles University，Prague，Czech Republic），B. Koudela（Veterinary Research Institute，Brno，Czech Republic），J. M. Orenstein（George Washington University，Washington，DC），E. Porchet−Henneré（Université de Lille，Lille，France），J. Schrével（Musée d'Histoire Naturelle，Paris，France），J. A. Shadduck（Heska Corp.，Fort Collins，CO），K. Snowden（Texas A & M University，College Station，TX），M. A. Spycher（University Hospital，Zürich，Switzerland），G. Stentiford（Cefas，UK），P. M. Takvorian（Rutgers University，Newark，NJ），B. S. Toguebaye（Université Cheik Antal Diop，Dakar，Senegal），D. Vinckier（Université de Lille，Lille，France），R. Weber（University Hospital，Zürich，Switzerland），E. Weidner（Louisiana State University，Baton Rouge，LA），J. Weiser（Institute of Entomology，−eské Budejovice，Czech Republic）和 L. M. Weiss（Albert Einstein College of Medicine，Bronx，NY）。

参考文献

　第 1 章参考文献*

---

*扫描左侧二维码查看相关内容，下同。

第2章　微孢子虫发育形态学和生活史

Ann Cali, Peter M. Takvorian

美国罗格斯大学生物科学系

2.1　引言

　　微孢子虫（Balbiani 1882）是一群专性细胞内寄生的原生生物[*]。这类原生生物都具有孢子发育时期，孢子是其特化的胞外发育阶段，抵抗性强，与微孢子虫的初始感染有关（图 2.1）。微孢子虫孢子的独特结构（图 2.2）为所有微孢子虫所共有（图 2.3）。孢子内极丝与锚定盘复合体相连，孢子弹出极丝，将孢子孢原质注射入宿主细胞内而起始发育（图 2.4）。

　　迄今已发现大约 200 个属超过 1 000 个种的微孢子虫（附录 A 和 B），它们的生活史及其导致的疾病差

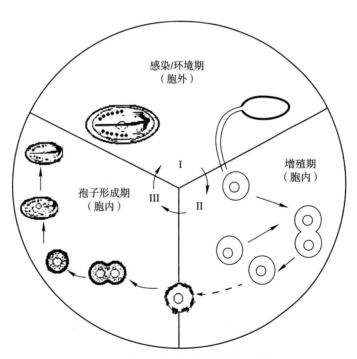

图 2.1　微孢子虫典型发育周期示意图

　　3 个区域表示微孢子虫生活史中的 3 个阶段。阶段Ⅰ是感染 / 环境时期，为生活史中的胞外时期，表现为环境中的成熟孢子。在适当条件下孢子将被激活（例如，孢子被宿主摄入，它将会被中肠环境激活），触发极丝外翻（极丝将变成中空的管子）。如果极管刺入易受感染的宿主细胞，并将孢原质注入细胞内，阶段Ⅱ就开始了。阶段Ⅱ是增殖期，是细胞内发育的起始时期。在增殖期微孢子虫通常与宿主细胞质直接接触而且其数量会增加。阶段Ⅲ是孢子形成期，在此时期微孢子虫形成孢子。许多微孢子虫生活史中，该时期的形态特征是具有逐渐增厚的孢壁。孢子形成期细胞分裂的次数和最后形式的孢子数根据所研究的属而有所不同

---

[*] 译者注：现在的观点认为微孢子虫与真菌亲缘关系更近。

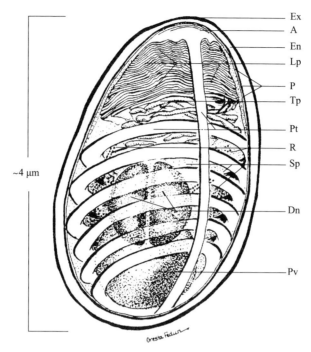

图2.2 微孢子虫孢子内部结构模式图

孢壁最外层的高电子密度区域称为孢外壁（Ex），内层较厚的低电子密度层为内壁（En）。孢原质膜（P）将孢子壁与其内含物分隔开来。由锚定盘（A）、极管（Pt）、片状极膜层（Lp）和囊状极膜层（Tp）构成的发芽装置占据了孢子内部的大部分空间，可用于微孢子虫的诊断识别。后极泡（Pv）是一种具有膜结构的囊泡，有时会包含"膜状涡旋"或"肾小球状"结构、絮状物质或这些结构的组合。孢子的细胞质致密，并含有紧密卷曲的呈螺旋排列的核糖体（R）。细胞核是单核或者紧邻的耦核（Dn）。孢子的大小取决于具体的物种，可能小于1 μm或者大于10 μm。极管的圈数也是可变的，从几圈到30圈或更多，这同样取决于所观察的物种。（引自Cali and Owen 1988, Wittner, M., and Weiss, L.M., eds. 1999. *The Microsporidia and Microsporidiosis*. Washington, DC: ASM Press. © ASM）

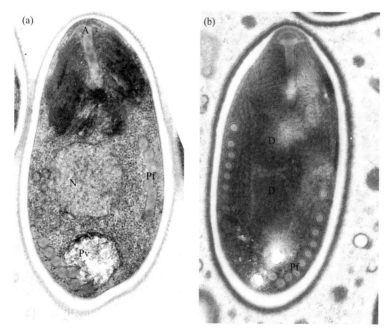

图2.3 微孢子虫的电子显微照片

（a）显示了寄生美洲鮟鱇鱼（*Lophius americanus*）的美洲鮟鱇鱼格留虫（*Glugea americanus*）典型的单核孢子结构，孢子前端为锚定盘（A）、极丝（Pf）、片状和囊状极膜层（P）构成的发芽装置，核糖体、极管横切面和单核（N）占据了孢子的中部，孢子的后部是后极泡（Pv），经常与极丝圈毗邻［引自Takvorian, P. M., and A. Cali. 1986. The ultrastructure of spores（Protozoa: Microsporida）from *Lophius americanus*, the Angler Fish. *J. Protozool.* 33（4）：570-575. Society of Protozoologists. © Wiley］；（b）按蚊微孢子虫（*Anncaliia algerae*）孢子具耦核（D）和极丝（Pf）（引自Cali et al. 2002）

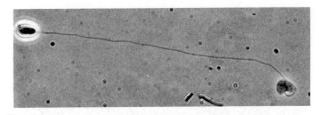

图 2.4　相差显微镜观察发芽后的按蚊微孢子虫

孢子发芽后极管和孢原质相连（引自 Cali & Takvorian 2001，*J. Eukaryot. Microbiol.* 48: 83S–84S. © Wiley）

异非常大。微孢子虫的宿主范围可以从原生生物到无脊椎动物和脊椎动物，如昆虫、鱼类和哺乳动物，包括人类。因此，微孢子虫既有共同的特征，又有一些只与特定的科、属或者种相关的特征。本章综述了微孢子虫生活史中比较典型的形态特征和发育周期。虽然上一版微孢子虫专著出版至今只有十几年，但我们对微孢子虫的认识已显著增加。微孢子虫已经从原生动物移出而并入原生生物，由于与真菌非常接近，有的学者甚至将其归入真菌。归属于原生生物的微孢子虫是单细胞真核生物，但其又缺乏典型的线粒体和中心粒。微孢子虫具有原核型大小的 70S 核糖体（Curgy et al. 1980；Ishihara & Hayashi 1968），但已测序的微孢子虫 16S rRNA 明显短于原核生物和真核生物的小亚基 rRNA（Vossbrinck et al. 1987；Weiss et al. 1992）。最初对纳卡变形微孢子虫（*Vairimorpha necatrix*）rRNA 的进化分析表明，微孢子虫是最早从真核生物分支出来的生物体（Vossbrinck et al. 1987），随后的重分类研究也将微孢子虫归属于源真核生物（Cavalier-Smith 1987）。然而后续的研究证实在微孢子虫中存在高尔基体和内质网酶类（Takvorian & Cali 1994，1996）、与线粒体有关的热休克蛋白（Germot et al. 1997）、高度减缩的线粒体残余物——纺锤剩体（Williams et al. 2002；Williams et al. 2008a），这些研究结果表明微孢子虫发生了相当程度的演化，但作为寄生生物发生了退化。Katinka 等（2001）对兔脑炎微孢子虫（*Encephalitozoon cuniculi*）进行全基因组测序结果表明其基因组极度缩减，大小仅 2.9 Mb，之后测序的肠脑炎微孢子虫（*Encephalitozoon intestinalis*）基因组大小为 2.3 Mb，是已知的最小的真核生物基因组（Corradi et al. 2010）。此外，微孢子虫微管蛋白基因分析表明其与真菌的分类关系很近（Edlind et al. 1996）。有趣的是，微孢子虫和真菌细胞核分裂时核膜保存完好且都缺乏中心粒。虽然 Keeling 将微孢子虫归属于真菌（Keeling 2003），但 Williams 等（2008）认为微孢子虫是由真菌高度进化而来，Texier 等（2010）则认为微孢子虫是与真菌相关的原生生物。Capella-Gutierrez 等（2012）认为微孢子虫可能是最早从真菌枝分支出来的。Corradi 和 Selman（2013）指出许多跨越门的基因组序列可能会使我们对微孢子虫的演化和起源有更深入的了解。在本章中，我们将微孢子虫归为原生生物。

2.2　光学和电子显微镜鉴定微孢子虫孢子

微孢子虫的孢子一般为椭圆形或梨形，其长度为 1～12 μm，有些针状的孢子长约 20 μm（Canning & Lom 1986；Cepede 1924；Olson et al. 1994；Sprague & Vavra 1977）。感染哺乳动物的微孢子虫一般长 1～4 μm（Bryan et al. 1991；Weber et al. 1994）。微孢子虫感染常常通过检测孢子来进行诊断（Cali et al. 2011）。采用相差显微镜或微分干涉显微镜观察新鲜孢子时其折光性很强（图 2.5）。通过 Calcofluor White M2R 以及其他荧光染料处理（Sak et al. 2011；Schwartz et al. 1992），或者采用更传统的染色剂包括吉姆萨、革兰氏和革兰氏变色酸处理对固定涂片进行制样（van Gool et al. 1993；Moura et al. 1997；Strano et al. 1976），可便于观察粪便或其他体液样本制作的涂片中的孢子。采用石蜡包埋固定后染色时，孢子不能用常规的苏木精－伊红（H&E）染色液很好地染色，但如果借助双折射或者使用一些特殊的染色方法，孢子就易于被观察，这些染色方法包括 Grocott's methenamine silver（GMS）染色（图 2.6）、抗酸染色、吉姆萨染色、海登海因氏铁苏木精染色或 Ziehl-Neelsen 染色（图 2.7）（Gray et al. 1969；Strano et al. 1976）。PAS 染色法可在孢子前端染出红色的小颗粒（图 2.8）。这是一种识别至少 4 μm 长微孢子虫的光学显微诊断技

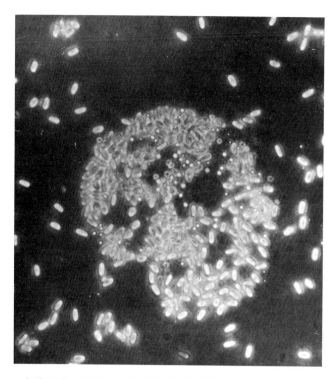

图 2.5 蜜蜂肠道上皮细胞中的西方蜜蜂微粒子虫（*Nosema apis*）的孢子

采用相差显微镜观察新鲜制备的压片，孢子具有很强的折光性。孢子大小约 4 μm×2 μm。（引自 Cali and Owen 1988, Wittner, M., and Weiss, L.M., eds. 1999. *The Microsporidia and Microsporidiosis.* Washington, DC: ASM Press. © ASM）

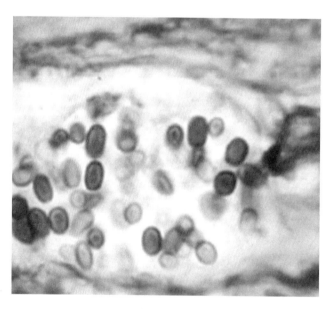

图 2.6 角膜条孢虫（见文后彩图）

空肠肌层中的孢子，孢壁可以被 GMS AFIP# 71-5887 很好地染色（引自 Strano, A., A. Cali, and R. Neafie. 1976. Microsporidiosis, protozoa section 7. In Pathology of Tropical and Extraordinary Diseases, eds. C. H. Binford and D. H. Connor. Washington, DC: Armed Forces Institute of Pathology Press: 336-339. © AFIP Press）

术（Strano et al. 1976）。可惜的是许多感染人的微孢子虫孢子（1~2 μm）都太小而不能检测到这种小颗粒。Luna 染色法能将孢子染成砖红色，在组织切片中很容易观察（Luna 1968）。目前已有多种荧光抗体染色方法（图 2.9）应用于微孢子虫结构的观察（Bouzahzah et al. 2010），如荧光原位杂交（FISH）和多重荧光原位杂交技术。酶金相检测法、基于抗体的标记或染色法、免疫胶体金标记技术都可以应用于光学或电子显微镜的观察（图 2.10）。此外，考虑到石蜡包埋组织的厚度阻碍了透射电镜（TEM）的观察，可以将其放在载玻片上用甲苯胺蓝（图 2.11）和其他染色剂染色处理后在光学显微镜下进行观察（Orenstein et al. 1992b）。然而，由于增殖时期的微孢子虫体积太小而且位于宿主细胞内，大多数微孢子虫的结构和发育阶段需借助 TEM 或者 SEM（图 2.12）进行研究。这些传统的方法结合一些比较新的技术，例如免疫胶体金标记、高压成像及电脑断层摄影术制作 3D 图像以及相关的光学显微镜和电子显微镜方法，已经能够对微孢子虫独特的结构进行识别。

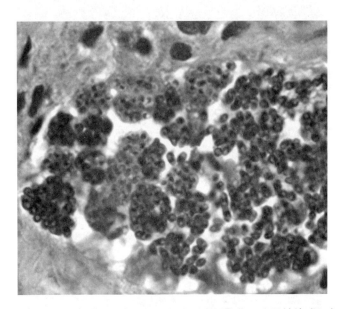

图 2.7　人骨骼肌中罗氏匹里虫（*Pleistophora ronneafiei*）孢子成团聚集，孢子被染成红色（ZN AFIP）（见文后彩图）

（引自 Cali, A., R. C. Neafie, and P. M. Takvorian. 2011. Microsporidiosis. In *Topics on the Pathology of Protozoan and Invasive Arthropod Diseases*, eds. W. M. Meyers, A. Firpo, and D. J. Wear. Washington, DC: Armed Forces Institute of Pathology Press: 1-24. © DTIC）

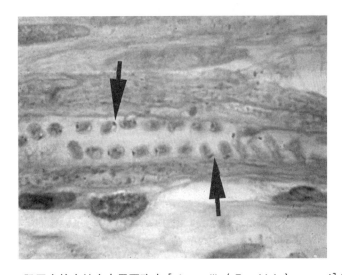

图 2.8　肌层中的康纳安卡尼亚孢虫［*Anncaliia*（*Brachiola*）*connori*］孢子

孢子前端含有 PAS 阳性颗粒信号（箭头所示）。（引自 Strano, A., A. Cali, and R. Neafie. 1976. Microsporidiosis, protozoa section 7. In *Pathology of Tropical and Extraordinary Diseases*, eds. C. H. Binford and D. H. Connor. Washington, DC: Armed Forces Institute of Pathology Press. pp. 336-339. © AFIP Press）

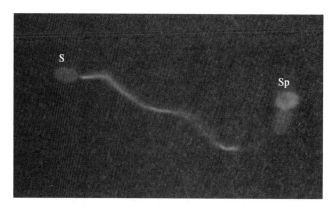

图 2.9 按蚊微孢子虫（*Anncalia algerae*）发芽孢子（S）（见文后彩图）

极管采用 Cy-3 标记的 PTP-1 抗体染色，孢原质（Sp）用 DAPI 染色

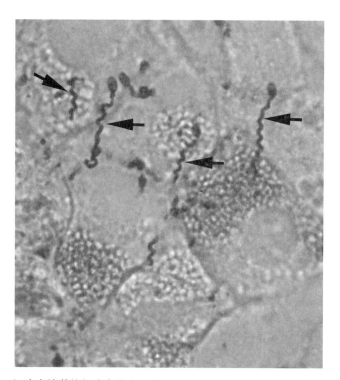

图 2.10 RK-13 细胞中培养的兔脑炎微孢子虫（*Encephalitizoon cuniculi*）发芽孢子的形态观察

采用 EC PTP-1 抗体为一抗，胶体金标记为二抗，结果显示金颗粒沉积在极管上（箭头所示）

2.3 生活史

微孢子虫的生活史一般可分为 3 个阶段：感染期或环境时期；增殖期，也称之为裂殖增殖；孢子形成期（图 2.1）。感染期包括孢子释放期、环境游离期和环境刺激发芽期。微孢子虫的增殖期和孢子形成期都是在感染的宿主细胞内进行的。大多数微孢子虫感染宿主细胞质，而核孢虫属（Docker et al. 1997）、肠孢虫属（Stentiford et al. 2007）和嗜成纤维孢虫属（Freeman & Sommerville 2009）的微孢子虫感染宿主细胞的核质，有些微孢子虫能够同时在细胞核和细胞质中增殖（Palenzuela et al. 2014；Stentiford et al. 2007）。尽管微孢子虫不同的科或属其增殖情况也不尽相同，但其胞内增殖阶段都产生母孢子和孢子母细胞，最终产生更多的孢子（图 2.13）。为了成功地寄生，孢子从感染的宿主中释放后，必须在环境中保存活力，直

至遇到下一个易感宿主后进入宿主细胞，以维持微孢子虫的增殖。微孢子虫要成功寄生就必须克服这些障碍。绕过这些障碍的方法是经卵垂直传播，在感染昆虫和鱼类的微孢子虫中已经发现有这种传播方式（Andreadis & Hall 1979）。此外兔脑炎微孢子虫也可以经胎盘传播（Baneux & Pognan 2003；Hunt et al. 1972）。一些微孢子虫可以交叉感染两类宿主：昆虫和桡足类动物（Andreadis 1985，1990；Sweeney et al. 1985），鱼类和节肢动物（Nylund et al. 2010）（见第 20 章和第 22 章）。本章内容将主要涉及典型的水平传播感染。

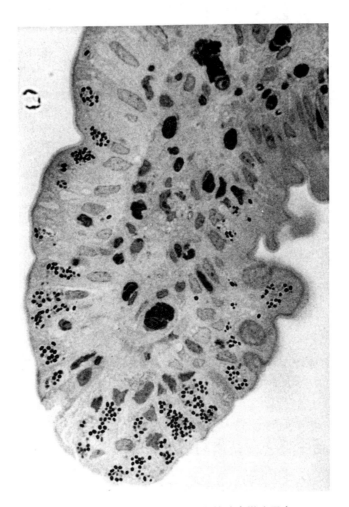

图 2.11　人体肠道活检组织中的脑炎微孢子虫

采用半薄切片，甲苯胺蓝染色，光学显微镜观察显示孢子集中在肠道绒毛上皮细胞顶部的细胞质中。[引自 Orenstein, J. M., M. Tenner, A. Cali, and D. P. Kotler. 1992b. A microsporidian previously undescribed in humans, infecting enterocytes and macrophages, and associated with diarrhea in an acquired immunodeficiency syndrome patient. *Hum. Pathol.* 23（7）:722–728. © Elsevier]

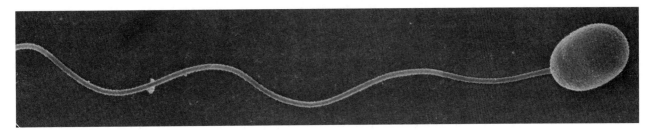

图 2.12　按蚊微孢子虫发芽孢子极管的扫描电镜观察

（Courtesy of Leslie Gunther–Cummins and Frank Macaluso, Albert Einstein College of Medicine, Analytical Imaging Facility）

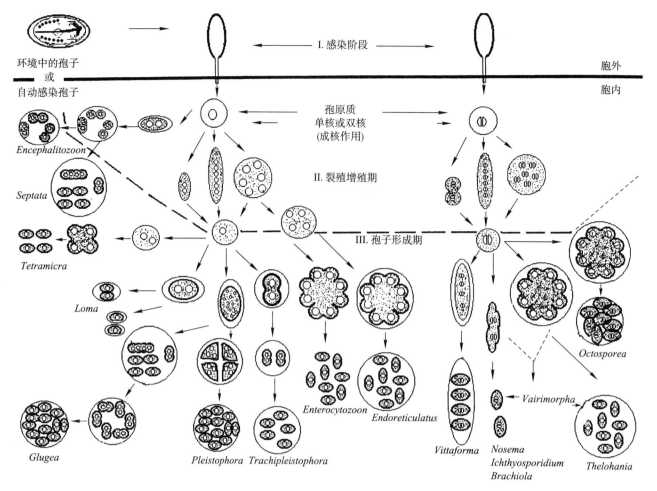

图 2.13　几种不同属微孢子虫水平传播生活史的示意图

既体现出 3 阶段生活史中的共同性，又展示了在裂殖增殖期和孢子形成期的多样性（详情见特定属的生活史描述）

2.3.1　微孢子虫生活史阶段 I- 环境与感染期

现在已经鉴定到了许多与感染相关的环境因素，一些环境因素对孢子发芽有不利影响，而另一些环境因素对于触发或激活特定种类的微孢子虫则是必须的。感染期涵盖了生命周期中最难以捉摸的方面。与感染相关的环境因素可以分为两类：影响孢子在细胞外环境中生存的及影响孢子激活的环境因素。我们将先对孢子进行总体描述，随后对孢子激活 / 孢子发芽，及微孢子虫在宿主体内的增殖进行描述。

2.3.2　孢子结构

典型的微孢子虫成熟孢子呈椭圆形，具强折光性且抵抗力强，其大小为 1 ~ 12 μm，但最常见的微孢子虫大小为 1 ~ 4 μm。在 TEM 下观察，孢子高电子密度的孢外壁覆盖在较厚的低电子密度的孢内壁上，紧接着是包围孢原质的膜（图 2.2；图 2.3）。微孢子虫的诊断特征是其具有极丝，直极丝前部与孢子的锚定盘连接，上附被膜鞘（图 2.14）。从膜鞘的前端伸出一系列紧密而又平行堆积的膜，即片状极膜层，紧随其后的是囊状极膜层（图 2.15）。孢子的中部包含单核或一对紧邻的细胞核（耦核）和紧密排列的核糖体和细胞质（图 2.3）。大部分孢子的后部包含一个高度可变的结构，称为后极泡（图 2.16）。极丝圈围绕着孢子的细胞核和细胞质的中部（图 2.2；图 2.3）。根据不同的微孢子虫，其横切面上的极丝圈数从几圈到几十圈不等，且以单行或多行进行排列。

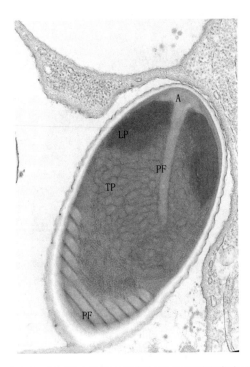

图 2.14　斑马鱼组织中可见产孢囊中的噬神经假洛玛孢虫孢子的透射电镜图

在切片中，可以看到极丝（PF）的前部附着复合物（A）紧邻孢子前端的内壁。片状（LP）和管状（TP）极膜层紧紧靠近极丝的前端。极丝直的部分完全被极膜层包围。［引自 Cali, A., M. Kent, J. Sanders, C. Pau, and P. M. Takvorian. 2012. Development, ultrastructural pathology, and taxonomic revision of the microsporidial genus, *Pseudoloma* and its type species *Pseudoloma neurophilia*, in skeletal muscle and nervous tissue of experimentally infected zebrafish banio rerio. *J. Eukaryot. Microbiol.* 59（1）: 40-48. Society of Protozoologists. © Wiley］

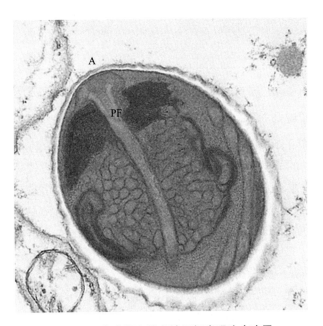

图 2.15　产孢囊中的噬神经假洛玛孢虫孢子

图片很好地呈现了孢子的前部结构。在切片中可看到锚定盘（A）与其相连的极丝（PF）最前端部分。［引自 Cali, A., M. Kent, J. Sanders, C. Pau, and P. M. Takvorian. 2012. Development, ultrastructural pathology, and taxonomic revision of the microsporidial genus, *Pseudoloma* and its type species *Pseudoloma neurophilia*, in skeletal muscle and nervous tissue of experimentally infected zebrafish banio rerio. *J. Eukaryot. Microbiol.* 59（1）: 40-48. © Wiley］

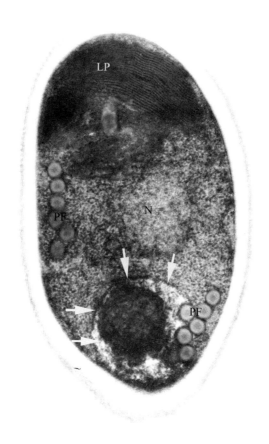

图 2.16 单核（N）的美洲鮟鱇鱼格留虫

美洲鮟鱇鱼格留虫（*Glugea americanus*）的孢子中含有片状极膜层（LP）、极丝（PF）及膜包裹的后极泡（箭头所示）。［引自 Takvorian, P. M., and A. Cali. 1986. The ultrastructure of spores（Protozoa: Microsporida）from *Lophius americanus*，the Angler Fish. *J. Protozool.* 33（4）：570–575. © Wiley］

2.3.3　孢子发芽

环境中的微孢子虫孢子将具感染性的孢原质注入易感染的宿主细胞是由一系列复杂事件导致的结果，包括激活孢子发芽机制所必需的环境条件的变化。这些变化可能是化学的和（或）物理的变化，影响孢子的渗透性，并导致孢子极丝的外翻。极丝从孢子里面外翻后呈管状，极丝外翻的过程速度非常快，如果碰到宿主细胞将会刺穿细胞质膜。随后通过极管将孢原质从孢子中注入宿主细胞质内，形成一种独特的侵染方式（图 2.17）。最终，孢原质不经过与宿主细胞膜的相互作用而进入宿主细胞中开始其胞内增殖过程（图 2.18）。虽然大多数感染可能是由极管刺穿宿主细胞后将孢原质注入其中而引起的，但仍有其他感染方式的报道。

孢子发芽激活所需的条件在一些微孢子虫属中已有研究。大多数研究结果表明初始激活所需的条件依据所研究的特定物种而有所变化。孢子环境中物理和化学因素相关的实验提出了一些有趣的假说来解释极丝外翻的机制。一些实验中使孢子接触高压条件（20 000 lbs/in²，磅 / 平方英尺）（Weidner 1982）、风干之后再湿润（Olsen et al. 1986）以及温和的超声处理（Frixione et al. 1994）来评估物理条件变化对发芽的影响，取得了一定的效果。由于大多数微孢子虫的感染是从宿主的肠道开始，肠道化学环境似乎是寻找特定刺激因子的合理场所。蚊子中开展的化学环境对按蚊微孢子虫（安卡尼亚孢虫属）孢子发芽的综合研究显示，消化道中化学环境条件的变化与蚊子肠道中孢子的激活和极丝外翻存在相关性（Jaronski 1979）。Jaronski（1979）研究发现孢子可以对一个或多个刺激因子（pH、离子浓度、渗透压、消化酶、氧化还原电位和消化产物）产生反应，并且钠离子和钾离子（一定 pH 范围内）在孢子发芽条件中起着主要作用。

　　另有报道称孢子萌发与 pH 变化而引起的钙离子浓度改变有关。在海伦脑炎微孢子虫孢子发芽的研究中，从发芽液中去除钙离子导致极丝弹出比例下降，这暗示了寄生泡中维持了较低的钙浓度，从而阻止孢子发芽（Leitch et al. 1995）。研究人员推测在细胞死亡过程中，伴随着宿主细胞的破裂，钙离子水平急剧上升，刺激孢子萌发。在孢子萌发过程中，学者们对孢子内部钙浓度变化的作用也进行了研究。在鱼类微孢子虫鲅鳙思普雷格孢虫的研究中发现钙离子从孢子壁或质膜涌入发芽装置（Pleshinger & Weidner 1985），而在同样感染鱼的格留虫属微孢子虫赫氏格留虫的研究中，认为钙离子的进入与膜状的极膜层有关（Weidner & Byrd 1982）。

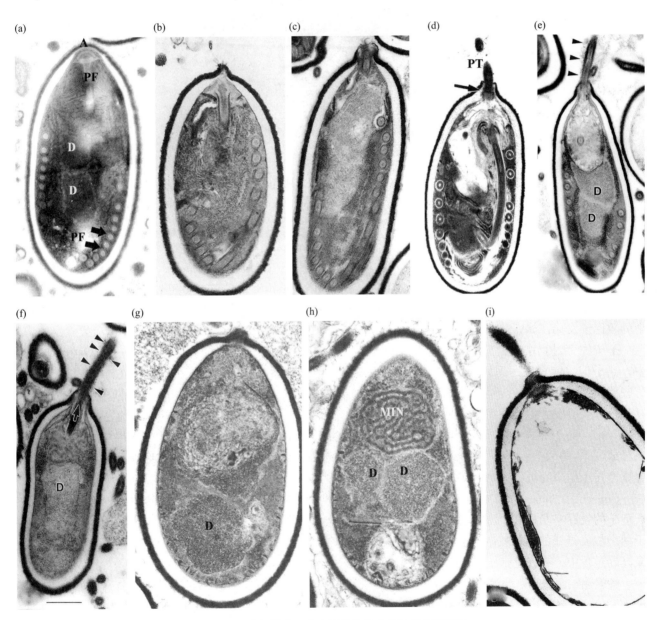

图 2.17　按蚊微孢子虫孢子体外发芽的透射电镜观察

　　图片按顺序呈现了孢子发芽过程中的事件。（a）典型的 A. algerae 孢子含有极丝（PF），锚定盘（A），耦核（D）；（b）孢壁膨胀；（c）孢壁破裂，极膜层扩大；（d）极管的早期翻转和移动；（e）大部分的极管已经被弹出，细胞核和细胞质仍然存在于孢子；（f）孢子中已经没有极丝圈，但孢原质仍然存在；（g）在紧靠孢子内壁下方可看到孢子的"膜通道"；（h）后极泡，双核及 MIN（孢原质），是孢壳中最后存在的结构；（i）与极管仍然相连的空孢壳。箭头所示的是外翻极管上的纤维状物质。（引自 Society of protozoologists multiple papers. *J. Eukaryot. Microbiol.* © Wiley）。

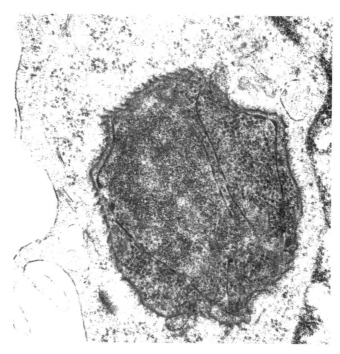

图 2.18 RK-13 细胞中的按蚊微孢子虫孢原质

[引自 Takvorian, P., L. Weiss, and A. Cali. 2005. The early events of *Brachiola algerae* (Microsporidia) infection: spore germination, sporoplasm structure, and development within host cells. *Folia Parasitol.* 52: 118–129. © Wiley]

　　pH 通过刺激孢子发芽而影响孢子的激活。米歇尔埃姆森孢虫（*Ameson michaelis*，原为 *Nosema michaelis*）的孢子在 pH 为 10 时发芽效果好（Weidner 1972），赫氏格留虫（Scarborough–Bull & Weidner 1985）和海伦脑炎微孢子虫在 pH 为 9.0 时比较敏感（Leitch et al. 1995），而其他的一些微孢子虫需要中性或酸性的 pH 来刺激孢子发芽，如库蚊变异微孢子虫（*Vavraia culicis*）（Undeen 1983）。

　　孢子发芽过程中单价离子（Na^+、K^+）的作用一直是按蚊微孢子虫的研究主题之一。在这种微孢子虫中，离子似乎能诱发一系列的事件，导致孢子内部渗透压增加。当存在 Cl^- 和碱性 pII（8～10）情况下，这些离子的活性会进一步增强。一般认为这些单价阳离子涌入到孢子中是与孢子中 Ca^{2+} 的再分配有关，并以某种方式触发了孢子发芽（Frixione et al. 1994）。Undeen 和 Vander Meer（1994）在相似的发芽条件下（pH 9.5，NaCl）进行孢子发芽实验，结果表明孢子活化的比例很高。此外，他们将离子的作用与海藻糖酶激活或释放联系在一起，由于海藻糖酶能将海藻糖二糖分解为单糖，可以使糖浓度快速增加，导致孢子内部渗透压增强（据研究可高达 79 个大气压），从而为孢子发芽提供动力（Undeen & Vander Meer 1994）。

　　Undeen 和 Solter（1997）在 V. necatrix 中观察到有两种不同密度（1.198 vs. 1.150）的成熟孢子。密度较大孢子的发芽率明显高于密度较小的孢子。针对密度较大孢子开展化学分析表明，其增加重量的 88% 是由于糖类物质组成的。按蚊微孢子虫中也报道了相似的结果。他们认为"糖的累积似乎发生在孢子密度达到最高的过程中，或许是孢子成熟的信号"（Undeen & Solter 1997）。

　　1997 年，Frixione 等综合上述的几个特性，提出了一个比较可信的假说，该假说整合了离子的相互作用（Na^+、K^+、Cl^-）、碱性 pH、孢子中出现的大量糖类物质、水解二糖的酶解作用以及水在孢子发芽时的作用等研究结果。他们认为孢子萌发包含多个步骤，如孢原质膜—孢壁复合体的水化状态、离子的刺激以及水通过类似高渗透细胞中的水通道那样的跨膜通道进入孢子等（Frixione et al. 1997）。

　　早期生理和生化数据表明，孢子发芽和极管外翻弹出需要水流入孢子内（Lom & Vavra 1963）。孢子发芽机制的其中一种假说认为海藻糖与海藻糖酶相互作用导致孢子内渗透压增强并伴随着孢子内水的增加（Undeen 1990；Undeen & Frixione 1990；Vandermeer & Gochnauer 1971）。虽然孢子发芽的刺激因素是可变的（Undeen & Epsky 1990），但假说认为海藻糖分解为葡萄糖及其代谢物，使孢子内压增强及渗透膨胀从而导致极丝外翻（在其他章节中有评论）。由于跨脂质双分子层的水通量是有限的，通常认为微孢子虫中的水通道蛋白（AQP）分子等跨膜通道能促进渗透作用，水的快速流入促进孢子激活（Frixione et al. 1992，1997）。研究者在实验中观察到，汞盐能够抑制按蚊微孢子虫孢子的发芽现象，进一步增强了这一假说的可信度（Frixione et al. 1997），因为汞离子抑制了 AQP 的功能（Agre et al. 1993；Yang et al. 2000）。进一步的证据表明，*E. cuniculi* 基因组中鉴定到一个 AQP 同源序列（*EcAQP*），说明在微孢子虫中存在水通道蛋白（Katinka et al. 2001）。克隆 *EcAQP* 序列并在非洲爪蟾卵母细胞中进行表达，使卵母细胞对水的通透性大大增强，证实了微孢子虫中存在功能性的 AQP（Ghosh et al. 2006）。水通道蛋白一般为同源四聚体，每个单体相对分子质量为（2.6～3.4）×10^4，并可独立成孔（Verkman & Mitra 2000）。*EcAQP* 蛋白的相对分子质量约为 2.68×10^4，这也在 AQP 单体相对分子质量的范围之内。

2.3.4　极丝弹出

孢子激活后在极丝外翻弹出的过程中会观察到一系列快速发生的形态事件。发芽孢子的孢壁和孢子内容物都将经历连续的变化。其外部形态特征为孢子顶端膨胀凸起，且该区域的孢子内壁变薄（图 2.17）。极丝顶端的附着复合体及其相关的膜系统、极丝等在孢子激活过程中进行重排。此外，当极丝冲破孢壁时，顶端复合体外翻形成一个衣领状的结构（图 2.17）（Cali et al. 2002；Takvorian et al. 2005）。在孢子顶端发生变化的同时，在孢子内壁的下方会出现 25～30 nm 宽的膜内陷（图 2.19）。这些着色较深的膜通道在膜和孢子内壁的交界处插入孢子的细胞质，而且与极丝密切相关。观察孢子横切面时，膜通道及其联系都很明显。它们与围绕在极丝周边的膜连在一起，这些膜结构有可能是片状极膜层（Cali et al. 2002）。随着极管的弹出，这些膜结构变得越来越明显（图 2.20）。

2.3.4.1　休眠孢子

休眠的成熟孢子孢壁的最内面是一层膜，这是微孢子虫的典型特征，在许多种属的孢子中已经被观察和描述过（Undeen & Frixione 1991；Vavra 1976）。这层膜将孢原质包裹在孢壁内并且黏附到孢子内壁上，当孢原质释放后这层膜仍然保留在空孢壳内（Cali et al. 2002；Lom 1972；Undeen & Frixione 1991；Weidner 1972）。研究人员已经报道了这种膜沿着空孢壳内部内褶的情况（Liu & Davies 1972；Undeen & Frixione 1991；Vavra et al. 1986），他们认为内褶是孢子生理变化的证据，孢子内膨压的突然释放导致发芽的孢子体积收缩，从而使膜产生内褶（Undeen & Frixione 1991；Vavra et al. 1986）。

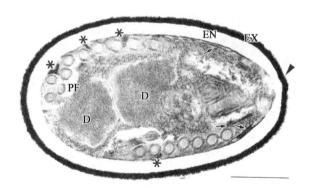

图 2.19　激活的按蚊微孢子虫孢子

　　孢外壁（EX）开始膨胀凸起（箭头所示），在这个区域孢内壁（EN）变狭窄，极膜层的膜在孢子外围明显可见。极丝（PF）的排列已经从一排改变为不规则排列。在极丝附近有许多致密的膜通道（*），孢原质膜和极丝之间的开放空间变得很明显。孢原质内有轮廓清晰的耦核（D）。[引自 Cali, A., L. M. Weiss, and P. M. Takvorian. 2002. *Brachiola algerae* spore membrane systems, their activity during extrusion, and a new structural entity, the multilayered interlaced network, associated with the polar tube and the sporoplasm. *J. Eukaryot. Microbiol.* 49（2）: 164–174. © Wiley]

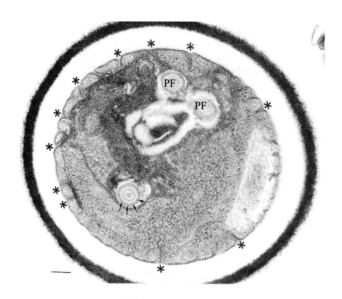

图 2.20 正在发芽的按蚊微孢子虫孢子的横截面

从孢壁内部的细胞质膜延伸而来的网状膜包围着极丝（PF，箭头所示）。孢子细胞质膜上有许多与孢子内壁紧挨着的凹痕（*）。[引自 Cali, A., L. M. Weiss, and P. M. Takvorian. 2002. *Brachiola algerae* spore membrane systems, their activity during extrusion, and a new structural entity, the multilayered interlaced network, associated with the polar tube and the sporoplasm. *J. Eukaryot. Microbiol.* 49（2）: 164–174. © Wiley]

  Cali 等（2002）利用超薄切片和冷冻蚀刻透射电镜观察了空孢壳中的膜结构（图 2.21）。其他研究者也报道了类似的结构（Undeen & Frixione 1991；Vavra et al. 1986）。有关孢子活化和极管弹出过程方面的研究揭示这种孢子内膜（孢原质膜）比最初想象的要复杂得多（Cali et al. 2002）。Cali 等（2002）证实孢原质周边膜的内褶与包裹极丝的膜是和大部分的膜连在一起的（图 2.20）。所有这些研究结果结合孢原质膜内褶的复杂特征及其与孢壁和极丝的关系，暗示着这里是水通道蛋白的潜在位置，能够使水快速涌入孢子内部，促进极丝弹出。

  孢原质膜系统的第二种可能的功能是隔离极丝。早在 1972 年 Lom 在活化孢子的横截面切片中观察到极丝都被膜包围。随后在其他微孢子虫孢子横截面切片中也发现膜包裹着极丝（Larsson 1986；Weidner et al. 1995）。不过有人认为极丝鞘膜有可能不属于极丝而是属于孢原质膜系统的一部分（Vavra 1976）。在

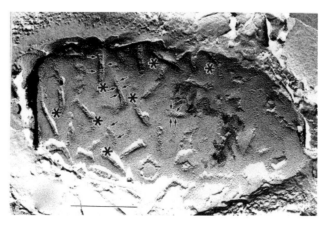

图 2.21 完全发芽的按蚊微孢子虫孢子冷冻蚀刻透射电镜图

孢子中包含许多如图 2.20 中那样分布的短片段通道状结构（*），在片段上存在有很细小的颗粒（箭头）。[引自 Cali, A., L. M. Weiss, and P. M. Takvorian. 2002. *Brachiola algerae* spore membrane systems, their activity during extrusion, and a new structural entity, the multilayered interlaced network, associated with the polar tube and the sporoplasm. *J. Eukaryot. Microbiol.* 49（2）: 164–174. © Wiley]

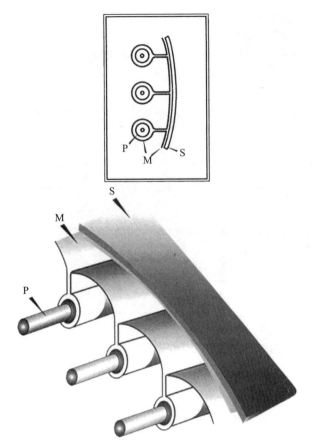

图 2.22　极丝（P）被孢子原生质膜（M）系统隔离的示意图

极丝圈被膜系统包围，在孢壁（S）下面的膜形成许多内褶，导致极丝位于孢原质的外面。［引自 Cali, A., L. M. Weiss, and P. M. Takvorian. 2002. *Brachiola algerae* spore membrane systems, their activity during extrusion, and a new structural entity, the multilayered interlaced network, associated with the polar tube and the sporoplasm. *J. Eukaryot. Microbiol.* 49（2）: 164-174. © Wiley］

正在弹出极丝的孢子切片中（图 2.20）可以看到复杂的膜系统。从孢壁内层的细胞质膜延伸出来又包裹着极丝，并可能和片状极膜层连在一起。膜内褶与包裹极丝的膜连在一起（图 2.20），暗示着陷入孢原质的极丝并不是直接位于孢原质的细胞质内，而是在向内翻折入孢原质的孢子内界膜（inner spore limiting membrane）的外面（图 2.22）。2000 年，基于详细的超微结构研究，Cali 等证实了极丝是位于细胞质外面，极丝圈通过这种膜系统与孢原质隔离开来。这些现象有助于解释为什么当极丝快速解旋并从孢子内迅猛弹出时孢原质仍然完好无损。

2.3.5　孢子激活

在孢子激活过程中随着膜通道的扩张，极丝与周围细胞质间的空隙会增大。通常整齐排列成行的极丝在孢子激活过程中会变成不规则排布（Cali et al. 2002；Takvorian et al. 2005），有时可能会误认为 "休眠孢子" 含有不同圈数的极丝。孢子极丝重排过程中可以明显观察到一些新的结构。其外层致密的环状物仍然存在，其内部被致密物质分隔形成几个透明圆柱环。冷冻蚀刻电镜观察苞状泰罗汉孢虫孢子切片，孢子极丝的这种内部结构含有 10 nm 的透明小体，称为微圆柱体（microcylinders）。通过使用旋转图像增强技术（rotational enhancement），Liu 和 Davies（1972）观察到极管周边有 12 个距极管中心 32 nm 的微圆柱体，彼此中心间距为 15 nm。Canning 和 Nicholas（1974）在单核虫属微孢子虫孢子极丝切片中也观察到了包含大约 18 个微圆柱体的相似结构。活化的 *A. algerae* 孢子极丝（图 2.23；图 2.24）含有由微小致密颗粒包围的一圈 16～19 个

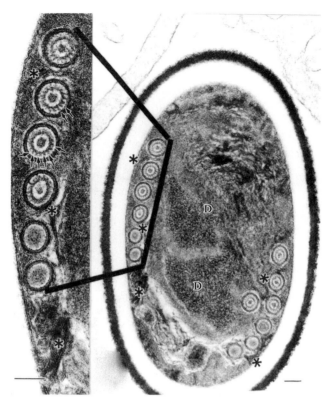

图 2.23 具极丝圈横截面和膜状网络的按蚊微孢子虫孢子纵切图

孢子细胞质附近的极丝圈周围充满了网络状的膜，这种膜包裹着每个极丝圈（＊）。最外层的致密纤维状层被一个透明的空间与膜分隔开来。观察放大的极丝横截面透射电镜图：致密的颗粒物质（短箭头）将极丝圈内部透明的圆柱形结构与外界分隔。［引自 Cali, A., L. M. Weiss, and P. M. Takvorian. 2002. *Brachiola algerae* spore membrane systems, their activity during extrusion, and a new structural entity, the multilayered interlaced network, associated with the polar tube and the sporoplasm. *J. Eukaryot. Microbiol.* 49（2）: 164-174. © Wiley ］

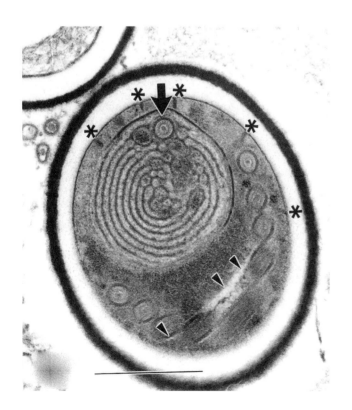

图 2.24 含有几个膜内褶（＊）的正在发芽的按蚊微孢子虫孢子切片

在孢子中央是与 MIN 相似的一个中等电子密度的网状结构。在此网状结构中有一部分含有许多透明圆柱状结构（见图 2.23）的极丝（箭头所示）。［引自 Cali, A., L. M. Weiss, and P. M. Takvorian. 2002. *Brachiola algerae* spore membrane systems, their activity during extrusion, and a new structural entity, the multilayered interlaced network, associated with the polar tube and the sporoplasm. *J. Eukaryot. Microbiol.* 49（2）: 164-174. © Wiley ］

微圆柱体（Cali et al. 2002）。目前微圆柱体的功能还不清楚。除了极丝的位置和内部结构发生改变之外，发芽孢子最明显的形态特征是孢子极丝转变成为中空的管状，在此时通常称为极管。

2.3.6　极管外翻及弹出

极管外翻始于一系列快速发生事件：孢子的顶端破裂，杆状极管逐渐弹出，片状极膜层极度膨胀，几乎占据孢子 2/3 的空间（图 2.17）。极管外翻过程中孢子的极丝会发生重排，但是细胞核及其细胞质（孢原质）仍然留在孢子中（图 2.17；图 2.19）。在按蚊微孢子虫孢子切片和负染色材料处理中，外翻的极丝出现多种变化（Cali et al. 2002）。与孢子内的极丝不同，外翻的极管有致密的纤维状外层（图 2.17）。在外翻过程中孢子极管的直径可能会有变化，但完全弹出的极管具有相对一致的直径（图 2.13）。极管外翻及孢子孢原质弹射完成后，短时间内空孢壳和孢原质通过极管仍然连在一起（图 2.4；图 2.9）（Cali et al. 2002；Scarborough-Bull & Weidner 1985）。

2.3.7　孢原质

孢原质从完全外翻的极管中出来用时不到 2 s。在切片中，孢原质呈现为球形或卵圆形细胞，直径 1.5 ~ 2.0 μm（图 2.25）。孢原质由典型的细胞质膜包裹，具单核或双核，细胞质很少，具有一个复杂的泡状结构（Avery & Anthony 1983；Cali et al. 2002；Ishihara 1968；Scarborough-Bull & Weidner 1985；Weidner 1972）。孢原质的形状随不同的物种而有所变化，甚至同一物种在不同环境条件下也会发生变化。Weidner（1972）等利用不同的宿主细胞及胞外环境，在培养细胞中对孢原质进行了观察发现孢原质被两层紧密联系的膜包裹，孢原质外较薄的膜与外翻后的极管会在数分钟内仍然连在一起，这表明孢原质和外翻后的极管一定时间内存在着连接（Weidner 1972）。Scarborough-Bull 和 Weidner（1985）在赫氏格留虫（*Glugea hertwigi*）孢子孢原质中观察到一种泡状结构，位于刚刚释放的孢原质细胞质膜的外部，在随后的 30 min 内，泡状小体与孢原质融合为一体。Ishihara（1968）在家蚕微粒子虫中观察到从孢子中释放的孢原质"含有螺旋管、同心环、小泡的囊膜"（Ishihara 1968）。Sato 和 Watanabe（1986）在研究家蚕微粒子虫时也得到与 Ishihara（1968）同样的结果。Avery 和 Anthony（1983）在按蚊微孢子虫中观察到孢原质具有增厚的原生质膜，在释放后 1 h 内表面有小泡。同时他们还提到早期孢原质最明显的特征是在细胞质中有轮生的囊泡及外周膜上有纤维状突起（Avery & Anthony 1983）。

在按蚊微孢子虫刚刚发芽的孢原质中可观察到一个外形可变、与原生质膜和极管有多处连接的囊泡状结构（图 2.25；图 2.26）。该结构不同角度的切片中展示了一个由致密的网络组成的蜂窝状截面模式。在一部分切片中，经常出现类似指纹的间隔平行排列，这种结构被称为多层交错网状结构（multilayered interlaced network，MIN），其将极管连接到孢原质的细胞质（Cali et al. 2002）。按蚊微孢子虫的 MIN 位于细胞质膜下方，包裹着孢原质，是极管的附着位点，在孢原质从极管弹射时保持其完整性（图 2.27）。有人认为 MIN 是参与形成按蚊微孢子虫早熟质膜增厚的致密材料的来源，可能是微孢子虫适应性进化过程中由高尔基体形成的一种独特结构（Cali et al. 2002；Takvorian et al. 2005）。微孢子虫高尔基体相关的活动最早是用酶组织化学方法在丝黛芬妮格留虫孢原质中极管形成时观察到的（Takvorian & Cali 1994，1996）。随后，在类微粒子虫属微孢子虫中，Beznoussenko 等（2007）在除了孢原质外的所有增殖时期都鉴定到了高尔基体。最近，Takvorian 等（2013）在 *A. algerae* 孢原质中利用透射电镜酶组织化学方法证明了 MIN 的顺-反式高尔基体活性（图 2.28a 和 b），从而证明高尔基体存在于微孢子虫所有增殖阶段。使用高压电子显微镜（HVEM）及计算机三维断层扫描技术，他们构建了 MIN 的 3D 模型，证实其具有高尔基体状结构（图 2.29；图 2.30）。另外，随着孢子发芽后 30 min 内 MIN 结构的消失，已证明孢原质在被注入宿主细胞质数分钟内 MIN 结构会转移到孢原质细胞表面（Takvorian et al. 2005，2013）。

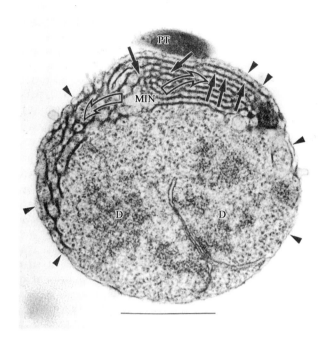

图 2.25 发芽液中的按蚊微孢子虫的孢原质

孢原质被一层薄薄的原生质膜包裹（无尾箭头所示），细胞质含有耦核（D）。在细胞质中存在一个具有许多交叉连接（箭头所示）的 MIN（空心箭头所示）。一部分致密的极管（PT）似乎是附着在 MIN 的表面。[引自 Cali, A., L. M. Weiss, and P. M. Takvorian. 2002. *Brachiola algerae* spore membrane systems, their activity during extrusion, and a new structural entity, the multilayered interlaced network, associated with the polar tube and the sporoplasm. *J. Eukaryot. Microbiol.* 49（2）：164–174. © Wiley]

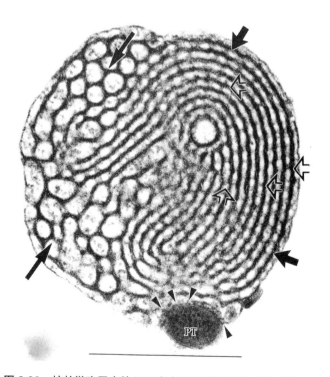

图 2.26 按蚊微孢子虫的 MIN 与相连极管（PT）部分的切面图

致密网状结构呈现出蜂窝状（长箭头所示）和具有交叉连接（空心箭头所示）的多层平行排列（无尾箭头所示），极管与 MIN（箭头所示）之间有密切联系。[引自 Cali, A., L. M. Weiss, and P. M. Takvorian. 2002. *Brachiola algerae* spore membrane systems, their activity during extrusion, and a new structural entity, the multilayered interlaced network, associated with the polar tube and the sporoplasm. *J. Eukaryot. Microbiol.* 49（2）：164–174. © Wiley]

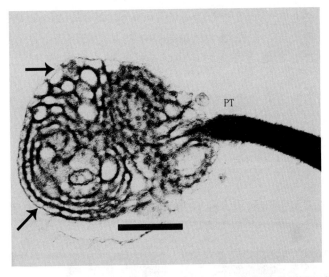

图 2.27　按蚊微孢子虫弹出的极管（PT）与 MIN 细管相连的纵切截图

箭头指示围绕 MIN 的电子致密（ED）程度较弱的质膜。MIN 细管的大小和外形及相互连接有差异。［引自 Takvorian, P. M., K. F. Buttle, D. Mankus, C. A. Mannella, L. M. Weiss, and A. Cali. 2013. The Multilayered Interlaced Network（MIN）in the sporoplasm of the microsporidium *Anncaliia algerae* is derived from Golgi. *J. Eukaryot. Microbiol.* 60（2）：166–178. © Wiley］

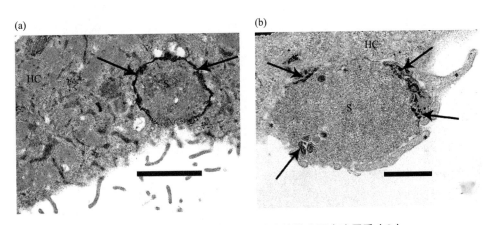

图 2.28　宿主细胞质（HC）中的按蚊微孢子虫孢原质（S）

（a）在孢原质周围有密集的 IDPase 标记信号（箭头所示）；（b）正在被宿主细胞（HC）通过伪足（*）吞噬的孢原质，这有可能是内化后引发感染的机制，在几个地方存在反式高尔基体硫胺素焦磷酸酶（TPPase）反应产物（箭头所示），尤其是与宿主细胞质作用的孢原质周围，这证明反式高尔基体标志性酶 TPPase 在孢原质 MIN 中存在并分布在亚细胞质膜上。［引自 Takvorian, P. M., K. F. Buttle, D. Mankus, C. A. Mannella, L. M. Weiss, and A. Cali. 2013. The Multilayered Interlaced Network（MIN）in the sporoplasm of the microsporidium *Anncaliia algerae* is derived from Golgi. *J. Eukaryot. Microbiol.* 60（2）：166–178. © Wiley］

2.3.8　孢原质转运和侵染

极管刺入宿主细胞并伴随着孢原质的转移是主要的但不是唯一的感染途径。1894 年，Thelohan 绘制的具有弹出极管和孢原质的微孢子虫孢子模式图开创了对孢子、极管以及孢原质之间关系的研究（Thelohan 1894）。1937 年，Ohshima 的报道显示孢原质存在于中空的极管中（Ohshima 1937），后来在 1960 年，Kramer 也证实孢原质存在于已经弹出的极管中（Franzen 2008；Kramer 1960），这些数据都证实了孢子、孢原质与极管的联系。随着高速视频显微镜的应用（Frixione et al. 1992），研究者在许多光学显微镜和电子显微镜图片中都观察到宿主细胞质内有部分极管并且在孢原质周围结束。因此，传统的微孢子虫感染宿主细胞的假说认为通过弹出的极管，孢原质从孢子中转移、注入宿主细胞（图 2.31）

（Keohane & Weiss 1998；Keohane et al. 1999；Takvorian et al. 2005；Vavra 1976；Weidner 1972）。虽然初始感染大多数都是依靠这种方法，但微孢子虫也具有一些其他的感染方法。Xu 等（2004）提出宿主细胞受体可能会与极管蛋白互作，其他学者认为某些孢子可能附着到细胞表面，以确保紧密接近宿主细胞（Southern et al. 2006）。另外，如同 Schottelius 等（2000）描述的过程，极管除了穿刺细胞质膜，也可以用来将孢原质递送到宿主细胞的内陷处（如微环境）。研究表明，感染传播的其他模式可能对孢子感染宿主也具有重要作用（Couzinet et al. 2000；Delbac et al. 2001；Nassonova et al. 2001；Franzen 2004，2005，2008；Delbac & Polonais 2008）。

2.3.8.1 交叉感染模式
交叉感染模式是指宿主细胞吞噬孢子，随后孢子发芽，极管穿透吞噬泡使孢原质逃脱吞噬体而进入

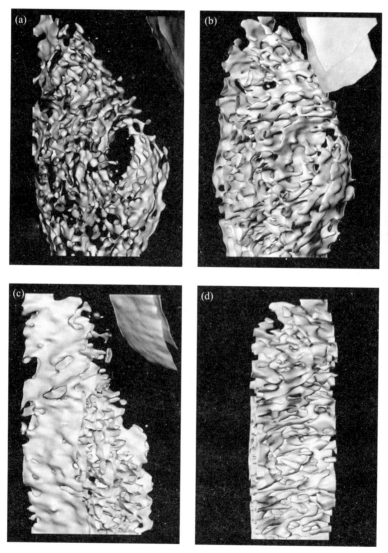

图 2.29　按蚊微孢子虫 MIN 断层扫描三维模型旋转视图

　　MIN 呈现一系列复杂的相互关联的扁平囊和小管，类似于高尔基池的外观。（a）展现了 MIN 中一系列相互关联的扁平囊和曲张小管；（b）显示了几个小管转换或附着到扁平囊和片状结构；（c）（b 图旋转约 90°）显示了 MIN 的有孔扁平片层结构，这也展示了小囊和小管开口边缘的情况；（d）展示有孔的扁平片层结构附着众多囊状和管状结构短的部分。［引自 Takvorian, P. M., K. F. Buttle, D. Mankus, C. A. Mannella, L. M. Weiss, and A. Cali. 2013. The Multilayered Interlaced Network（MIN）in the sporoplasm of the microsporidium *Anncaliia algerae* is derived from Golgi. *J. Eukaryot. Microbiol.* 60（2）：166–178. © Wiley］

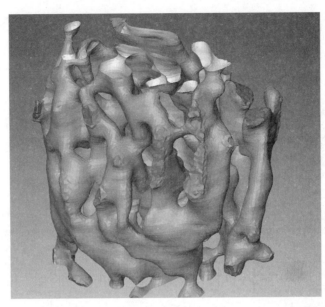

图 2.30　从周围高密度区域中放大和抽离的按蚊微孢子虫 MIN 表面模型

表面模型展示了扁平的膜和各种尺寸的小管，该模型的下部展示了分支管状网络和出现的一些相互连接。[引自 Takvorian，P. M.，K. F. Buttle，D. Mankus，C. A. Mannella，L. M. Weiss，and A. Cali. 2013. The Multilayered Interlaced Network（MIN）in the sporoplasm of the microsporidium *Anncaliia algerae* is derived from Golgi. *J. Eukaryot. Microbiol.* 60（2）：166–178. © Wiley]

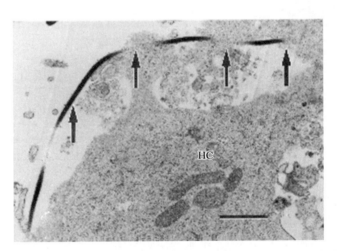

图 2.31　按蚊微孢子虫弯曲的极管在多个位置刺穿了宿主细胞（HC）的细胞质（箭头所示）

[引自 Takvorian，P.，L. Weiss，and A. Cali. 2005. The early events of *Brachiola algerae*（Microsporidia）infection：spore germination，sporoplasm structure，and development within host cells. *Folia Parasitol.* 52: 118–129. © Folia Parasitologica]

宿主细胞质内的模式，这在脑炎微孢子虫属孢子中已有报道（Couzinet et al. 2000；Fasshauer et al. 2005；Franzen 2005；Franzen et al. 2005）。用 *A. algerae* 感染兔肾细胞（RK-13）进行定点、定时研究，在感染后 30 min 内首次观察到孢子被吞噬，感染后 2 h 在一些 RK-13 细胞中出现许多被吞噬的完整孢子和空孢壳（图 2.32），在宿主细胞质内和细胞外空隙也出现有部分弹出的极管（Takvorian et al. 2005）。在培养细胞和宿主动物中，宿主细胞吞噬孢子似乎是一个相当普遍的现象（Couzinet et al. 2000；Nassonova et al. 2001），这些研究报道支持了孢子被吞噬是感染的另一种模式（Franzen 2004，2005；Takvorian et al. 2005）。

脑炎微孢子虫属孢子的入侵过程也可能与孢子和宿主细胞表面的硫酸化糖胺聚糖（GAG）有密切的关联，这可能有助于孢子尽可能靠近细胞膜（Hayman et al. 2005）。Mn^{2+} 和 Mg^{2+} 的存在会增强孢子与硫酸化

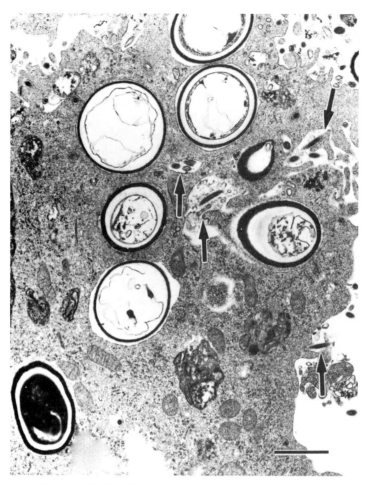

图 2.32　接种培养细胞 2 h 后被吞噬的按蚊微孢子虫孢子

可观察到空孢壳，宿主细胞的细胞质中嵌入许多弹出的极管（箭头所示）。［引自 Takvorian，P.，L. Weiss，and A. Cali. 2005. The early events of *Brachiola algerae*（Microsporidia）infection: spore germination, sporoplasm structure, and development within host cells. *Folia Parasitol.* 52:118–129. © Folia Parasitologica］

糖胺聚糖的黏附（Southern et al. 2006），*Encephalitozoon* 孢子孢壁蛋白 EnP1 与宿主细胞膜上的 GAG 相互作用提高了孢子的黏附和侵染（Southern et al. 2007）。Leitch 等（2005）报道了硫酸软骨素 A 处理肠脑炎微孢子虫孢子后其感染能力下降，这表明宿主细胞表面硫酸化糖胺聚糖的改变抑制了宿主细胞吞噬孢子。Ceballos 和 Leitch（2008）的研究表明一些肠道抗菌肽（乳铁蛋白、溶菌酶和人 α 防御素）可以抑制肠脑炎微孢子虫、海伦脑炎微孢子虫和按蚊微孢子虫孢子而有助于宿主对侵染的防御。

2.3.9　极管蛋白

极管糖蛋白（Xu et al. 2003，2004）和孢壁糖蛋白似乎也是与侵染有关的重要因素（Xu et al. 2006）。这种感染方式涉及释放到胞外的孢原质与宿主细胞表面间的密切互作。按蚊微孢子虫孢子感染培养细胞时进行观察发现，一些细胞外的孢原质似乎紧靠细胞质膜（图 2.33）。除此之外，一些孢子似乎正处于被吞噬的过程中（图 2.28）或者已经被宿主细胞内吞（Takvorian et al. 2005）。Takvorian 等（2013）用酶组织化学方法标记顺式高尔基体肌苷二磷酸酶（IDPase）和反式高尔基体硫胺素焦磷酸酶（TPPase），观察了吞噬细胞对标记孢原质的摄入情况。电子致密反应产物（RP）在孢原质 – 宿主细胞界面处的沉积表明这些孢原质正在分泌用于形成未成熟的厚厚的寄生膜物质，这种寄生膜存在于 *A. algerae* 的所有增殖阶段（Takvorian et al. 2013）。

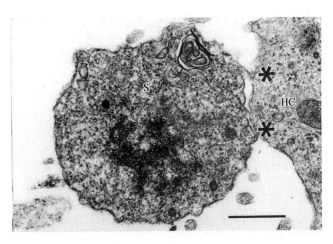

图 2.33　培养细胞中的按蚊微孢子虫孢原质（S）在星号所示的两个位置紧紧毗邻宿主细胞（HC）质膜

〔引自 Takvorian，P.，L. Weiss，and A. Cali. 2005. The early events of *Brachiola algerae*（Microsporidia）infection: spore germination, sporoplasm structure，and development within host cells. *Folia Parasitol.* 52: 118–129. © Folia Parasitologica〕

2.4　微孢子虫的胞内发育和界面关系

由于微孢子虫是专性细胞内寄生，如果没有宿主和微孢子虫相互交流，微孢子虫将不可能完成其发育和生活史。与微孢子虫生物多样性一致，这种特性变化非常大，取决于微孢子虫所属的属和科。

在对宿主 – 微孢子虫界面进行详细描述之前，几个术语需要先进行定义。微孢子虫要么是与宿主细胞的细胞质直接接触，要么是被隔离开。Sprague 等（1992）为所有类型的隔离创造了一个术语，界面膜（interfacial envelope），其定义为"能够包裹寄生虫并能防止寄生虫质膜和宿主细胞的细胞质直接接触的结构"。这个术语是相当有用的，因为有时这种膜的来源或性质是未知的。

此外，随着对微孢子虫发育了解不断加深，还有一些其他术语被用于不同的定义（Canning & Hazard 1982；Sprague et al. 1992）。考虑到界面膜在微孢子虫发育阶段的产生时期及其性质（分泌物或膜），将宿主来源的界面膜称为"寄生泡"（parasitophorous vacuole），而寄生虫来源的界面膜称为"产孢囊或成孢子泡"（sporophorous vesicle，SPOV）（Canning & Lom 1986）。Larsson（1986）对 5 种形态变化进行了区分，以试图系统性的描述不同类型的产孢囊。Lom 和 Nilsen（2003）在一篇有关鱼类微孢子虫的综述中对这种独特的宿主 – 寄生虫互作和各种类型的异物瘤（xenoma）进行了详细的描述。自 1971 年以来，由分泌物导致的微孢子虫质膜增厚标志着孢子增殖的开始，已被大多数微孢子虫研究学者所接受（Cali 1970，1971）。

随着我们观察到新的物种或在以前研究过的物种中发现新的特性，我们对宿主 – 寄生虫界面关系的认识将不断扩展。目前，可以将其分成 4 种类型（Cali 1986；Cali & Owen 1988）。随着新的信息的出现，虽然进行了修改和详细说明，但仍然囊括在这 4 种分类关系中（表 2.1）。

自从电子显微镜用于研究微孢子虫的发育，这些界面关系被赋予更多的意义（Cali 1971；Tuzet et al. 1971）。这些关系可能反映了不同的分类（Issi 1986；Larsson 1986；Sprague et al. 1992）。在一般情况下，界面关系往往是科的特征。然而，我们很少使用科，因为它们会随所使用的分类依据而有所变化，有时科内的物种会发生变化。所以，我们将列举代表属来说明界面关系。

许多微孢子虫在进入孢子增殖期形成的另一种界面关系前，微孢子虫在整个生活史或裂殖增殖阶段与宿主细胞只发生一种界面关系。因此，在微孢子虫的胞内发育阶段，微孢子虫可以在一种或多种与宿主细胞的这种作用关系中。由于在两个不同的发育阶段中微孢子虫的需求可能会发生明显的改变，因此微孢子虫在裂殖增殖期和孢子形成期可能会与宿主细胞有不同的互作关系也就不足为奇了。尽管对这种界面关

表 2.1　微孢子虫的界面关系

I. 直接接触	微孢子虫细胞质膜与宿主细胞的细胞质直接接触，例如，微粒子属和肠脑炎微孢子虫属，或者与宿主细胞核质直接接触，如核孢虫属和肠孢虫属
II. 通过微孢子虫产生的分泌物造成隔离的间接接触	微孢子虫分泌的表面物质，在整个发育过程中都存在，如按蚊微孢子虫属、布朗奇孢虫属（*Brachiola*）和管孢虫属（*Tubulinosema*）
	微孢子虫分泌复杂的包膜，在整个发育过程中包裹着微孢子虫细胞。在孢子形成期当微孢子虫细胞质膜与分泌的包膜分开，质膜开始增厚时，包膜成为产孢囊，如匹里虫属（*Pleistophora*）
	在早期发育阶段微孢子虫与宿主细胞的细胞质直接接触，随后微孢子虫形成的膜（SPOV）隔离了孢子形成时期的微孢子虫与宿主细胞质的接触，如变形微孢子虫属（*Vairimorpha*）
	在早期发育阶段微孢子虫与宿主细胞的细胞质直接接触，然而微孢子虫会产生一种有点像糖萼的外层物质，成为微孢子虫原生质膜和宿主细胞的细胞质之间的分离区。这种物质从孢原质质膜上起泡并与之分离，在孢子增殖期形成产孢囊（SPOV），如假洛玛孢虫属（*Pseudoloma*）
III. 通过宿主细胞产生的物质造成隔离的间接接触	宿主内质网双层膜在整个发育过程中包裹着微孢子虫细胞。在微孢子虫增殖期，宿主内质网双层膜随着分裂细胞的质膜移动，不形成明显的囊泡。在孢子形成期，宿主内质网不随母孢子分裂而是形成一种双层膜的寄生泡，包裹着一团孢子形成期的微孢子虫，如内网虫属（*Endoreticulatus*）
IV. 通过宿主和微孢子虫共同产生的物质造成隔离的间接接触	宿主和微孢子虫一起形成一层厚厚的膜，将所有发育阶段的微孢子虫细胞包裹在内，如气管普孢虫属（*Trachipleistophora*）
	由宿主产生而由微孢子虫进行修饰的单层膜将正在发育的一团微孢子虫包裹在中间，即形成寄生泡。这在裂殖增殖期和孢子形成期都可以发现；但是，微孢子虫与寄生泡的关系不尽相同，如兔脑炎微孢子虫
	宿主形成的寄生泡包裹着发育中的成团的微孢子虫，微孢子虫分泌的物质包裹寄生泡内的每个微孢子虫细胞，如肠脑炎微孢子虫
	宿主内质网紧紧挨着裂殖增殖期微孢子虫的细胞质膜。在孢子形成期，微孢子虫产生产孢囊（SPOV）。SPOV可能含有细管，如洛玛孢虫属（*Loma*）和格留虫属（*Glugea*）
	微孢子虫诱使感染的宿主细胞生长和增大，在微孢子虫和宿主细胞器增殖的同时伴随着胞外方式的隔离，如异物瘤（xenoma）的形成，例如，格留虫属（*Glugea*）、洛玛孢虫属（*Loma*）、鱼孢子虫属（*Ichthyosporidium*），以及柯蒂微孢子虫（*Microsporidium cotti*）

系的了解还不是很清楚，但很明显它们具有重要的生理和营养意义（Becnel et al. 1986；Cali & Owen 1988，1990；Overstreet & Weidner 1974；Weidner 1975）。宿主 – 微孢子虫的联系可以是微孢子虫原生质膜与宿主细胞质直接联系，也可以是由宿主或微孢子虫来源的物质造成隔离的间接联系，此外还会形成种种的附属物（Moore & Brooks 1992；Takvorian & Cali 1983），两者之间均可进行交流（表 2.2）。

表 2.2　管状附属物分类

I 型，起源于母孢子表面而终止于灯泡状结构的单一小管（图 2.59）

II 型，一串呈电缆线状排列的均匀的薄小管（图 2.60）

III 型，粗细均一的小管，可以有分支并包含电子致密、规则间隔的颗粒（图 2.61）

IV 型，产孢原质团周围的分支复杂的网状小管（图 2.62）。依据小管中内容物的不同小管呈现电子致密状或者电子透明状

V 型，在孢子表面针状的突起，例如，*A. michaelis*（图 2.63）

I ~ III 型，是由 Takvorian 和 Cali（1983）进行描述的；IV 型，是由 Moore 和 Brooks（1992）命名的；V 型，是由 Weidner（1972）进行描述的

2.4.1　Ⅰ型：微孢子虫与宿主直接接触

与宿主细胞具有直接接触关系的微孢子虫是指那些在整个增殖期孢原质膜和宿主细胞的细胞质或核质之间保持接触，在孢子增殖期开始时其原生质膜增厚，它们没有任何类型的界面膜。微粒子虫属（图2.34；图2.35）和脑炎微孢子虫属（图2.36；图2.37）在发育上大相径庭，却具有相同的界面关系。其他例子还包括多毛孢虫（*Hirsutusporos*）、以赛亚微孢子虫（*Issia*）、单核微孢子虫（*Unikaryon*）、埃姆森孢虫（*Ameson*）和嗜成纤维孢虫（*Desmozoon*）。此外，感染细胞核的微孢子虫，如核孢虫属和肠孢虫属，是与核质直接接触的（图2.38）。在孢子增殖期，所有这些属的微孢子虫都不能在核质中形成界面膜。由于孢子表面分泌物质的沉积，微孢子虫的原生质膜在孢子形成期的开始阶段会逐渐增厚，这种物质会成为孢子的

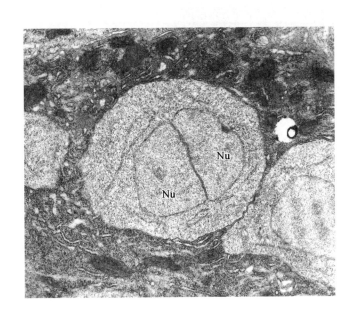

图2.34　感染家蚕的家蚕微粒子虫

　　裂殖增殖期细胞具双核（Nu），家蚕微粒子虫细胞与宿主细胞的细胞质直接接触

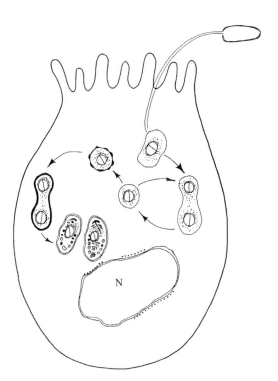

图2.35　微粒子虫属微孢子虫生活史的模式图

　　受到刺激的孢子将其具耦核的孢原质注入宿主细胞质中起始裂殖增殖期，带状念珠形多核细胞通过二分裂或多分裂进行增殖，分泌物质使原生质膜增厚标志着向孢子形成期过渡。在微粒子属中每个母孢子产生两个孢子母细胞，并最终产生两个孢子。整个生活史都是在宿主细胞中，孢子虫与宿主细胞的细胞质直接接触（Ⅰ型界面关系）

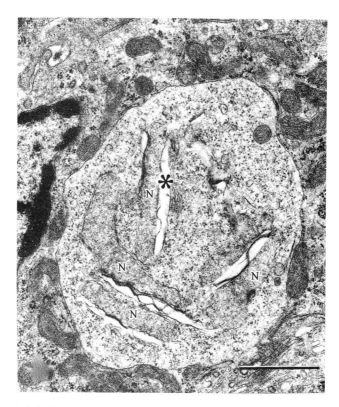

图 2.36　感染人类肠道的毕氏肠微孢子虫（*Enterocytozoon bieneusi*）裂殖增殖期

细胞质相对简单，只含有核糖体和少量的膜。电子透明的内含物（*）附近是多个细长的细胞核（N），均不是紧挨着的双核形式。图中显示宿主细胞核和线粒体与微孢子虫原生质膜靠得很近（Ⅰ型界面关系）。[引自 Cali, A., and R. L. Owen. 1990. Intracellular development of *Enterocytozoon*, a unique microsporidian found in the intestine of AIDS patients. *J. Protozool.* 37（2）:145−155. © Wiley]

外壁，例如，微粒子虫属（Cali 1971）、单核微孢子虫属（Canning & Nicholas 1974）、埃姆森孢虫（Weidner 1972）和肠脑炎微孢子虫属（Cali & Owen 1990；Desportes et al. 1985）等。这种联系似乎与宿主的分类学位置无关，而与微孢子虫的属有关。微粒子虫属似乎无处不在，但在昆虫中分布最广。单核微孢子虫属感染吸虫（Canning & Nicholas 1974）和昆虫（Toguebaye & Marchand 1984），埃姆森孢虫感染蟹类（Weidner 1970），而肠脑炎微孢子虫属可寄生感染无脊椎动物和脊椎动物，包括人类（Cali et al. 1998；Desportes et al. 1985；Sak et al. 2011；Thellier & Breton 2008；Tourtip et al. 2009）。

这些微孢子虫逃避了宿主在其周围形成吞噬体的免疫机制，相反，它们在细胞质细胞器之间发育，就像它们是这个环境的一部分。有报道称这些微孢子虫中的一部分可能与宿主细胞器发生相互作用，例如线粒体、细胞核或者核糖体（图 2.36；图 2.39）。

许多微孢子虫在裂殖增殖时期保持这种直接接触，而在孢子形成期则与宿主细胞是另外一种接触关系。

2.4.2　Ⅱ型：微孢子虫自身产生被膜

这种类型的微孢子虫自身产生的分泌物或膜将其与宿主细胞质分隔开来。

微孢子虫产生的分泌物在整个发育阶段都维持被膜状态，而膜状被膜直到进入孢子增殖期时才开始形成（Sprague et al. 1992）。

2.4.2.1　ⅡA型：微孢子虫的分泌物使未成熟的原生质膜增厚

部分微孢子虫在早期增殖发育时期就开始分泌物质（未成熟原生质膜的增厚），在整个发育过程中一直保留在孢子表面或宿主交界面上（成为孢子的外层）。微孢子虫的原生质膜可以形成各种类型的结构，

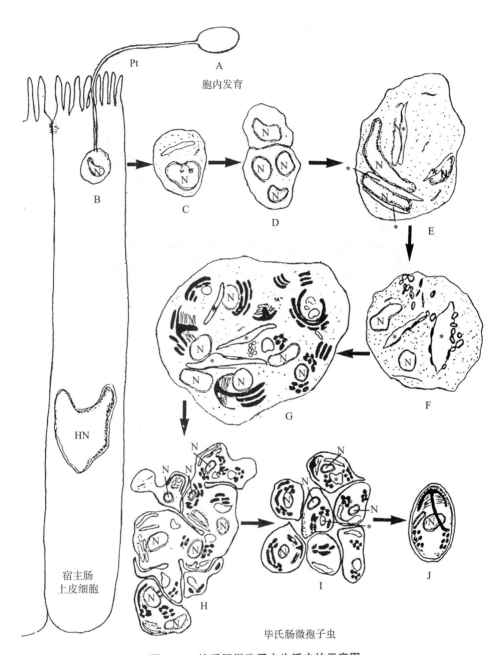

图 2.37　毕氏肠微孢子虫生活史的示意图

（A，B）连在空孢壳上的极管注入宿主肠上皮细胞的细胞质中，极管（Pt）的末端是孢原质（B）；（C~J）代表胞内发育阶段，（C）早期的正在进行分裂的单核（N）增殖细胞；（D）紧挨着的裂殖原生团，中间没有宿主细胞器隔离，说明原质团刚刚发生细胞分裂；（E）裂殖原质团细胞内含有多个细长的细胞核（N）和电子透明的内含物（*）；（F）早期产孢原质团在电子透明内含物表面正在形成电子致密盘状物；（G）晚期产孢原质团中充满了电子致密盘状物，一些成堆，一些与极管形成早期的弧面相融合，细胞核呈圆形且致密，通常与电子致密锚定盘复合体和电子透明内含物连在一起，在此阶段形成极管附着复合体（伞状致密结构）；（H）在孢子增殖期细胞分裂过程中，原生质膜增厚并内褶，将每个细胞核和极管复合体分隔开来；（I）刚刚形成的孢子母细胞形状不规则，具有厚厚的原生质膜，极管 5~6 圈；（J）成熟的孢子有以下特征：孢原质中有小的电子透明内含物，单核，6 圈极管呈两排，前部的锚定盘复合体沿极膜层向下延伸，有厚厚的电子透明的孢壁。［引自 Cali, A. 1993. Cytological and taxonomical comparison of two intestinal disseminating microsporidioses. *AIDS* 7（Suppl. 3）: S12-S16. © Wolters Kluwer］

例如，脊、小泡、密集堆积的小泡（图 2.40），或者长形的附属物（表 2.2）。一般来说，附属物通常会在原生质膜增厚之后的孢子形成期出现。有人认为这些附属物在裂殖增殖时期形成，会使微孢子虫为了营养需求而与宿主相互作用，例如，按蚊微孢子虫、布朗奇孢虫属和管孢虫属（Cali et al. 1998；Franzen et al.

2006a，b；Issi et al. 1993；Lowman et al. 2000）。此外在液泡布郎奇孢虫中，一些增殖期细胞变长并产生许多明显含有细胞质的枝条或手臂状突起（图2.41）。

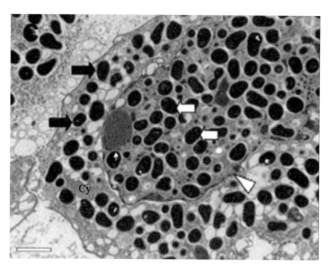

图2.38　普通黄道蟹（*Cancer pagurus*）肝胰腺中的黄道蟹肠孢虫（*Enterospora canceri*）

宿主核质中孢子（白色箭头）和细胞质中孢子（黑色箭头）的超微结构。［引自 Stentiford, G. D., K. S. Bateman, M. Longshaw, and S. W. Feist. 2007. *Enterospora canceri* n. gen., n. sp., intranuclear within the hepatopancreatocytes of the European edible crab Cancer pagurus. *Dis. Aquat. Organ.* 75（1）：61–72.. Inter–Research，2007］

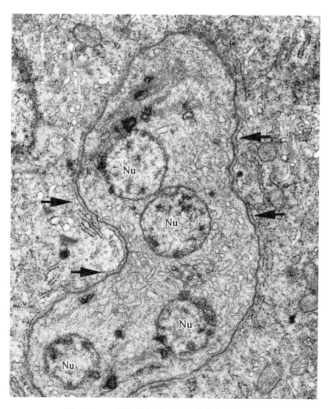

图2.39　感染比目鱼的丝黛芬妮格留虫

异物瘤中，具四核的增殖期微孢子虫细胞伸长，紧紧毗邻宿主细胞的内质网（箭头所示）

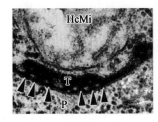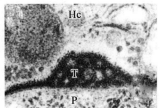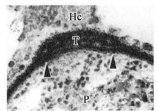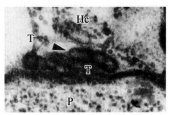

图 2.40　感染人骨骼肌的液泡布郎奇孢虫

　　微孢子虫细胞表面放大图展示了被电子致密纤维状糖萼样基质包围的 5 种不同管状小泡复合体。P，微孢子虫；Hc，宿主细胞质；HcMi，宿主细胞质中的线粒体；T，管状小泡复合体。这些结构的管状特征很明显，可能有分支并广泛存在，被电子致密的纤维状糖萼样物质包裹。一些管状结构似乎与微孢子虫的细胞质膜连在一起。此外，在管状结构簇中存在一些在电子透明基质中由电子致密物质组成的结构，被很薄的膜包围着（箭头所示）。[引自 Cali, A., P. M. Takvorian, S. Lewin, et al. 1998. *Brachiola vesicularum*, N. G., N. Sp., a new microsporidium associated with AIDS and myositis. *J. Eukaryot. Microbiol.* 45（3）：240-251. © Wiley]

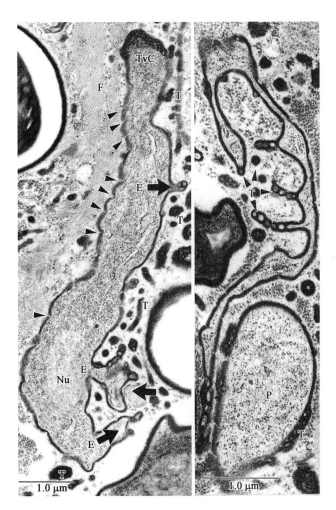

图 2.41　感染人骨骼肌细胞的液泡布郎奇孢虫形态观察

　　这些细长的裂殖增殖期细胞一端有管状小泡"帽子"复合体（TvC），与"迁移"细胞有关，厚厚的原生质膜表面呈扇形并含有一些通道（箭头所示）。此外，这些细胞有不同长度的孢原质扩展（E），从细胞表面突出（粗箭头所示）。在孢原质突起的末端是管状小泡（T）结构，具有电子致密的纤维状外被。图中显示管状小泡（T）结构与宿主细胞质接触。[引自 Cali, A., P. M. Takvorian, S. Lewin, et al. 1998. *Brachiola vesicularum*, N. G., N. Sp., a new microsporidium associated with AIDS and myositis. *J. Eukaryot. Microbiol.* 45（3）：240-251. © Wiley]

2.4.2.2 ⅡB型：微孢子虫分泌物在孢子表面形成复杂的网状结构

部分微孢子虫在裂殖增殖早期就开始分泌某些物质，在整个发育过程中形成一种网状结构。匹里虫属（*Pleistophora*）微孢子虫的分泌物包裹着增殖期多核原质团（图 2.42），并可被后续分泌物质所修饰。进入孢子形成期时，这些分泌物质与原生质膜分离并形成产孢囊（SPOV）（Canning & Hazard 1982）。随后，原质团原生质膜分泌其他物质形成典型增厚的孢囊（sporogonial membrane）。这种原质团分裂后形成孢子母细胞并最终形成孢子，整个过程都发生在 SPOV 内（图 2.42；图 2.43）。

匹里虫属微孢子虫感染在许多脊椎动物和无脊椎动物宿主中已经有报道。而在 1980 年 Canning 和 Nicholas 重新描述匹里虫属微孢子虫之前，并未获得从无脊椎动物中分离的匹里虫属微孢子虫的超微结构。菲德利斯内网虫（*Endoreticulatus fidelis*）和舒氏内网虫（*E. schubergi*）其实是 *P. fidelis* 和 *P. schubergi*（Brooks et al. 1988；Cali & El Garhy 1991）。匹里虫属微孢子虫感染鱼类、两栖类动物和人的肌肉组织（Cali & Takvorian 2003；Canning & Lom 1986；Ledford et al. 1985）。

2.4.2.3 ⅡC型：产孢囊（SPOV）形成标志着微孢子虫裂殖增殖期向孢子形成期转变

微孢子虫的增殖阶段都位于宿主细胞的细胞质中。裂殖增殖期的后期，微孢子虫在原生质膜上产生泡状突起，泡状突起随后扩大并与原生质膜分离开来，形成用于分隔质膜的第二层膜。进入孢子形成期时，这些微孢子虫就产生一种界膜将自身包裹起来。这是一种膜状的 SPOV，典型的薄单位膜，可能长期存在也可能短期存在。通过分泌物的沉淀积累，在 SPOV 内部产孢原质团的原生质膜会持续变厚，直至母孢子时期原生质膜变得厚度均一（图 2.44）。这种类型的微孢子虫属包括泰罗汉孢虫属（*Thelohania*）、八孢虫属（*Octosporea*）和变形微孢子虫属（*Vairimorpha*）。

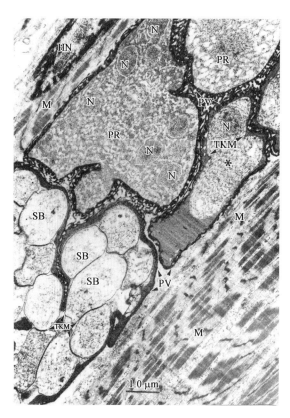

图 2.42 AIDS 患者骨骼肌中发育的罗氏匹里虫（*Pleistophora ronneafiei*）电镜照片

裂殖增殖阶段细胞（PR）和孢子母细胞（SB）被具厚膜的产孢囊（PV）包围。裂殖增殖期细胞含有多个单核（N）。早期的母孢子质膜与产孢囊分离，质膜也开始增厚（TKM）。［引自 Cali, A., and P. M. Takvorian. 2003. Ultrastructure and development of *Pleistophora ronneafiei* n. sp., a Microsporidium（Protista）in the skeletal muscle of an immune-compromised individual. *J. Eukaryot. Microbiol.* 50（2）：77–85. © Wiley］

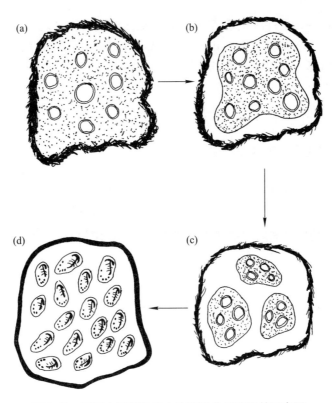

图 2.43　匹里虫属微孢子虫分泌形成 SPOV 的示意图

　　（a）单核细胞在裂殖增殖期多次核分裂形成原质团；（b）增殖期的原质团分泌物质形成一层电子致密的无定形外被，当微孢子虫原生质膜与其分离后被保存下来并形成 SPOV；（c）原生质膜与 SPOV 分离时会变厚，多核原生质团通过质裂方式进行细胞分裂，产生比较小的多核细胞；（d）细胞分裂过程将持续，直到所有细胞呈单核，这些细胞就是孢子母细胞，所有孢子母细胞经历变形成为孢子。整个循环发生在宿主细胞质中的 SPOV 内（III 型界面关系）

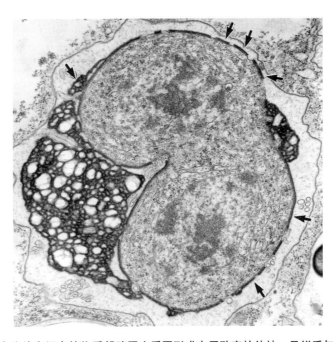

图 2.44　纳卡变形微孢子虫孢外空间内的物质帮助原生质团形成电子致密的外被，且似乎与微孢子虫连接（箭头所示）

　　［引自 Mitchell, M. J., and A. Cali. 1993. Ultrastructural study of the development of *Vairimorpha necatrix*（Kramer, 1965）（Protozoa, Microsporida）in larvae of the corn earworm, *Heliothis zea*（Boddie）（Lepidoptera, Noctuidae）with emphasis on sporogony. *J. Eukaryot. Microbiol.* 40（6）：701−710. © Wiley］

变形孢虫属（*Vairimorpha*）是首次报道有两种不同发育模式的物种之一。它有一个类微粒子属的裂殖增殖期，然后有两个孢子增殖周期（图2.45）。一个周期仍然是像微粒子属那样进行孢子增殖，而另一个周期是类似泰罗汉孢虫属形成界膜将微孢子虫与宿主细胞质隔离而进行孢子增殖（Mitchell & Cali 1993；Pilley 1976）。这类主要是寄生于昆虫的微孢子虫。在哺乳动物中报道的这类微孢子虫，有从田鼠大脑中分离的姬鼠泰罗汉孢虫（*Thelohania apodemi*）（Doby et al. 1963）。

2.4.2.4 ⅡD型：微孢子虫表面形成糖萼状结构

微孢子虫在裂殖增殖期早期的分泌物是很难看得到的，因为它们看起来就像寄生虫和宿主之间的一个非常细的区带。这种物质几乎呈现为电子透明，并且有点像糖萼，在宿主细胞器和微孢子虫之间行使隔离区的作用，但微孢子虫可以通过这层物质进行吸收或与宿主互作（图2.46）。如前面所述的假洛玛孢虫属，当这类微孢子虫的孢子增殖阶段开始时，这种物质膨胀起泡，形成SPOV（图2.47）（Cali et al. 2012）。

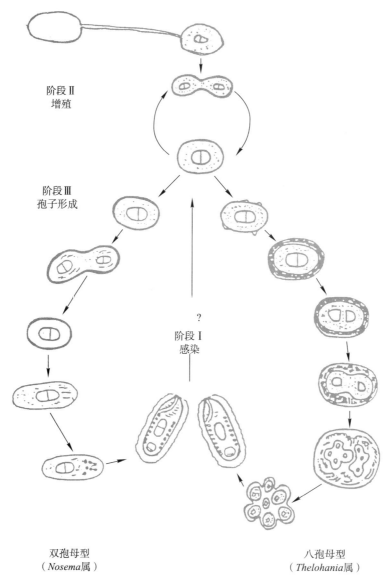

图 2.45　纳卡变形微孢子虫

微孢子虫生活史模式图展示了其两种发育模式，双孢母型（disporoblastic）（*Nosema*属）和八孢母型（octosporoblastic）（*Thelohania*属）。在八孢母型的孢子增殖阶段，在一个SPOV中微孢子虫似乎发育为两个产孢原质团。（引自 Dr. M. Mitchell 1993）

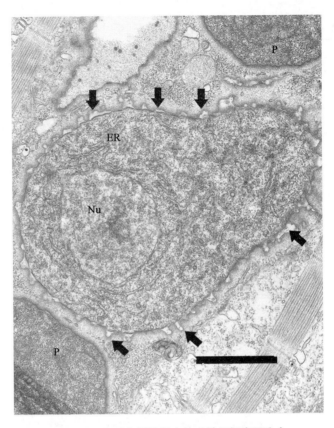

图 2.46　斑马鱼骨骼肌中的噬神经假洛玛孢虫

微孢子虫细胞正在从裂殖增殖期向孢子形成期过渡。图中显示了两者间的差异，毗邻的增殖期细胞（P）膜仍然被糖萼状外被包围。在原生质膜上开始出现许多"泡状结构"（实心箭头所示），在泡状结构下面的原生质膜在这一时期增厚。泡状结构持续扩大直到形成一个隔离室，SPOV 的形成标志着孢子增殖期的开始。［引自 Cali, A., M. Kent, J. Sanders, C. Pau, and P. M. Takvorian. 2012. Development, ultrastructural pathology, and taxonomic revision of the microsporidial genus, *Pseudoloma* and its type species *Pseudoloma neurophilia*, in skeletal muscle and nervous tissue of experimentally infected zebrafish banio rerio. *J. Eukaryot. Microbiol.* 59（1）: 40-48. © Wiley］

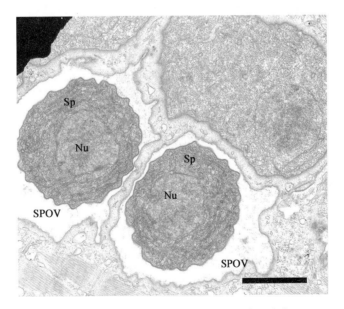

图 2.47　斑马鱼骨骼肌中的噬神经假洛玛孢虫

在一个 SPOV 中有两个单核（Nu）的母孢子（Sp）。SPOV 外边缘与宿主肌肉细胞的细胞质接触，SPOV 里面的母孢子具有加厚的原生质膜，与宿主细胞质隔离。［引自 Cali, A., M. Kent, J. Sanders, C. Pau, and P. M. Takvorian. 2012. Development, ultrastructural pathology, and taxonomic revision of the microsporidial genus, *Pseudoloma* and its type species *Pseudoloma neurophilia*, in skeletal muscle and nervous tissue of experimentally infected zebrafish banio rerio. *J. Eukaryot. Microbiol.* 59（1）: 40-48. © Wiley］

2.4.3　III 型：宿主产生界膜的微孢子虫

部分微孢子虫从裂殖增殖期到孢子形成期，都由宿主产生的膜包裹从而与宿主细胞质隔离开。这类宿主形成的膜可能是单层或双层膜。微孢子虫有可能劫持这些宿主的膜系统来满足自身的营养需求。界膜可能是由宿主的内质网形成的。在内网虫属（*Endoreticulatus*），宿主内质网紧密包围各个增殖细胞，围绕每个微孢子虫细胞形成一个囊泡。当孢子形成期开始时，微孢子虫的原生质膜增厚，周围的内质网不再黏附到微孢子虫上。囊泡并未在分裂的细胞间形成内陷，而是形成一个具有双层膜的液泡状结构（图 2.48）。当这个液泡里面充满了孢子母细胞及孢子后，液泡开始破裂；这是一种亚持久性的寄生泡（Brooks et al. 1988；Cali & El Garhy 1991）。

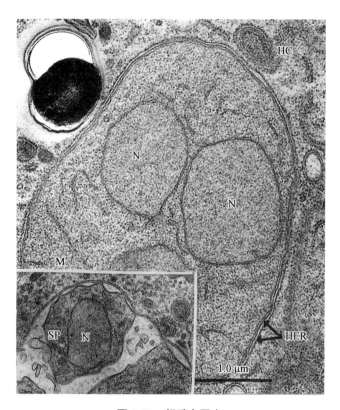

图 2.48　舒氏内网虫

宿主细胞质（HC）中宿主的内质网（HER）聚集在至少含 3 个核（N）的多核裂殖体（M）周围。嵌入图：产孢原质团通过质裂产生单核的母孢子。双层膜寄生泡内含有单核母孢子（SP）。[引自 Cali and El Garhy 1993. *J. Protozool.* 38（3）271–278. © Wiley]

2.4.4　IV 型：微孢子虫通过宿主和微孢子虫产生的膜与宿主进行间接接触

这类微孢子虫指的是由宿主和微孢子虫一起形成的膜或分泌物将微孢子虫与宿主细胞质隔离开的类型。

2.4.4.1　IV A 型：宿主和微孢子虫的分泌物

宿主和微孢子虫一起形成一层厚厚的膜，将所有发育阶段的微孢子虫细胞包裹在内。以感染人的气管普孢虫属（*Trachipleistophora*）微孢子虫（Hollister et al. 1996；Weidner et al. 1997）为例，Weidner 等（1997）观察到了一种与管状结构相关联的表面斑状基质（plaque matrix，PQM），这两种物质都是来源于微孢子虫（图 2.49）。PQM 表面似乎是被宿主的内质网所覆盖，核糖体通常会粘连在上面。这种宿主细胞内质网包裹的 PQM 和管状物被固定在宿主与微孢子虫交界面适当的位置。

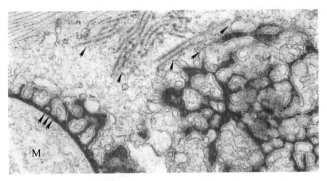

图 2.49　人气管普孢虫（*Trachipleistophora hominis*）

　　带有小管，纵横交错的 PQM 临近裂殖体（M）的电镜图。三箭头指示裂殖体的质膜位置。丰富的内质网囊泡排列在 PQM 表面。单箭头指示膜结合小管、小管－膜与 PQM 周围的内质网膜融合点。［引自 Weidner, E., E. U. Canning, and W. S. Hollister. 1997. The plaque matrix（PQM）and tubules at the surface of intramuscular parasite, *Trachipleistophora hominis. J. Eukaryot. Microbiol.* 44（4）: 359-365. © Wiley ］

2.4.4.2　Ⅳ B 型：微孢子虫发育阶段限制在寄生泡中

　　微孢子虫的发育阶段均被包裹在一个吞噬体样的液泡中（寄生泡）。虽然细胞通常产生吞噬泡将进入细胞质的外源物质包裹起来，但大多数的微孢子虫似乎已经绕过这一机制。兔脑炎微孢子虫的被膜被认为来源于宿主，但最近研究表明，这种膜可被微孢子虫进行修饰，且缺乏内吞途径的标记物和溶酶体相关膜蛋白与内质网标记物钙连接蛋白（Fasshauer et al. 2005）。兔脑炎微孢子虫（Cali 1971；Pakes et al. 1975；Sprague & Vernick 1971）裂殖增殖期的微孢子虫紧紧毗邻寄生泡膜，一直维持到进入孢子形成期原生质膜开始增厚（图 2.50）。微孢子虫随后与寄生泡膜分开，松散排布在寄生泡腔内，完成生活史中的孢子形成阶段，形成孢子（图 2.51）。

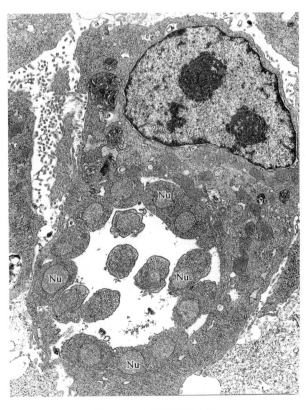

图 2.50　兔脑炎微孢子虫

寄生泡中裂殖增殖期微孢子虫含有大而圆的单核（Nu）

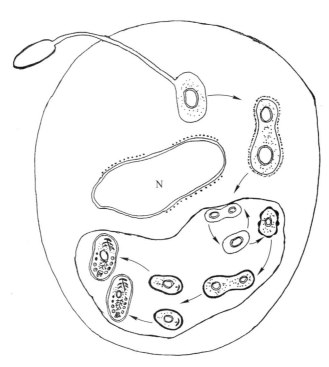

图 2.51 脑炎微孢子虫属微孢子虫生活史模式图

孢子发芽,将其单核孢原质注射到宿主细胞质中起始裂殖增殖期。这个种属的所有发育阶段都是在宿主－微孢子虫形成的寄生泡中进行。通过二分裂或带状念珠形多核细胞的多分裂进行增殖。微孢子虫通过孢原质膜分泌物质使母孢子的膜增厚并与寄生泡分离为进入孢子形成期。该属孢子母细胞产生的数量是否取决于种的不同,对此目前还没有定论。*Encephalitozoon cuniculi* 产生 2 ~ 4 个孢子母细胞, *E. hellem* 和 *E. intestinalis* 可产生 4 个孢子母细胞。所有的孢子母细胞经过形态变化形成孢子。整个生活史在宿主细胞质中的寄生泡内发生(IV 型界面关系)

2.4.4.3 IV C 型:微孢子虫发育阶段限制在宿主产生的寄生泡和微孢子虫分泌的表面物质中

宿主形成的寄生泡将正在发育的成簇的微孢子虫包裹,并且在寄生泡内部微孢子虫分泌物质又将自身包裹,产生一种有隔的(似蜂巢样)外观(图 2.52)。肠脑炎微孢子虫的寄生泡膜就具有这种特征(Cali et al. 1993)。肠脑炎微孢子虫在寄生泡中进行发育的裂殖增殖期和孢子形成期,会持续分泌高电子密度的纤维状物质,在每个细胞外形成网状结构(图 2.53;图 2.54)。

2.4.4.4 IV D 型:宿主内质网毗邻裂殖增殖期微孢子虫并在孢子增殖期形成 SPOV

微孢子虫的增殖发育过程中,宿主内质网紧紧毗邻微孢子虫的原生质膜。格留虫属(*Glugea*)就是这种发育类型中的一个例子,其会形成一种亚稳固的 SPOV(Canning et al. 1982;Takvorian & Cali 1981)。裂殖增殖期微孢子虫的原生质膜紧临宿主内质网,形成一种界面膜(图 2.39;图 2.55)。一旦进入孢子增殖期,微孢子虫原生质膜向外扩展产生"液泡"。当其进一步扩展并与原生质膜剥离后,就形成了 SPOV(图 2.56)。产孢原质团的质膜由于分泌物的累积而增厚,形成一个扇形的表面,进而发展成厚薄均匀的外壳(厚膜)。洛玛孢虫属(*Loma*)具有类似的发育过程(Canning & Lom 1986)。

2.4.4.5 IV E 型:形成异物瘤

微孢子虫能诱导宿主细胞器增殖,加上微孢子虫的增殖,导致了大量的宿主细胞肥大,宿主细胞又会以这种方式隔离微孢子虫。这种情况在一些感染鱼类的微孢子虫中比较常见(Lom & Nilsen 2003)。格留虫属或洛玛孢虫属微孢子虫会在宿主细胞的细胞质膜外部形成片层状结构并与感染细胞共同形成异物瘤(xenoma)(图 2.57)。这种胞外物质是宿主在应对微孢子虫感染时产生的胶原纤维。其他类型的异物瘤形成如鱼类对柯蒂微孢子虫(*Microsporidium cotti*)感染的宿主反应,宿主细胞也会肥大,它的界膜（limiting membrane）呈现微绒毛状的外观（Canning & Lom 1986）。在维斯鱼孢子虫（*Ichthyosporidium weissii*）感染过程中（Sanders et al. 2012），宿主细胞肥大，其细胞膜会形成球状的突起（图 2.58）。在疮痂鲺嗜成纤维孢子虫（*Desmozoon lepeophtherii*）感染桡足类动物过程中，可观察到大量增大的感染细胞（Freeman & Sommerville 2009）。所有这些都被认为是异物瘤。

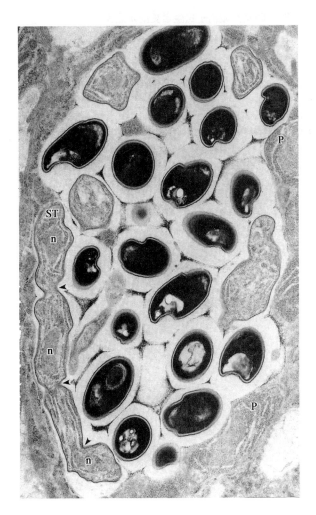

图 2.52　肠脑炎微孢子虫母孢子

　　分泌物质的沉积使母孢子细胞具有厚度均一增厚原生质膜。这些母孢子持续分泌纤维状片层物质。在胞质分裂过程中母孢子（ST）是一个细长的四核细胞（n）（箭头所示）。这一团微孢子虫细胞也包含电子致密的成熟孢子、增殖细胞（P）和密集的纤维状片层分隔的单个细胞。[引自 Cali, A., D. P. Kotler, and J. M. Orenstein. 1993. *Septata intestinalis* N. G., N. Sp., an intestinal microsporidian associated with chronic diarrhea and dissemination in AIDS patients. *J. Eukaryot. Microbiol.* 40（1）：101-112. © Wiley]

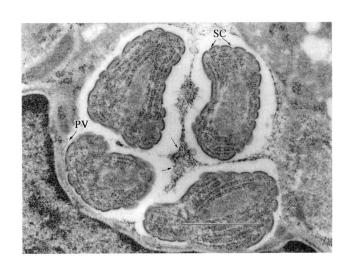

图 2.53　肠脑炎微孢子虫

　　孢子增殖阶段开始和母孢子形成。孢子增殖阶段最早的标志为分泌物在含有单个核的细胞表面，也称为母孢子的细胞质膜表面（SC）沉积。当分泌物持续沉积，母孢子细胞表面呈扇形状，脱离纤维状片层（箭头所示）。在这个时期寄生泡膜（PV）变得明晰。[引自 Cali, A., D. P. Kotler, and J. M. Orenstein. 1993. *Septata intestinalis* N. G., N. Sp., an intestinal microsporidian associated with chronic diarrhea and dissemination in AIDS patients. *J. Eukaryot. Microbiol.* 40（1）：101-112. © Wiley]

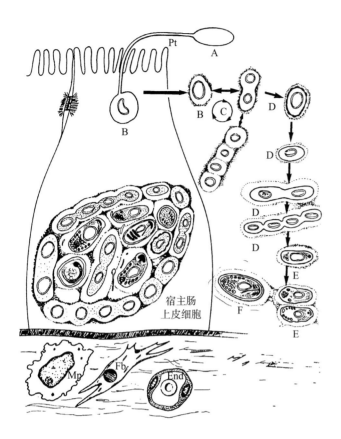
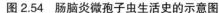

图2.54 肠脑炎微孢子虫生活史的示意图

（A，B）连在空孢壳上的极管注入宿主肠上皮细胞的细胞质中，极管的末端是孢原质（B）；（C~G）代表胞内发育阶段，（C）裂殖体可能是单核、双核或四核，多核细胞伸长，通过简单裂变进行分裂，这些细胞的原生质膜是单位膜，分泌颗粒物质，形成纤维状基质，将微孢子虫嵌入其中；（D）具有厚厚的原生质膜的母孢子细胞可能是单核、双核和四核，能够持续分泌纤维状基质，母孢子表面似乎与纤维状基质分离，使母孢子细胞处于单独的小室中，寄生泡膜变得明晰可见，在母孢子的表面形成长的管状附属物，分散在微孢子虫细胞之间；（E）最后一次细胞分裂后孢子母细胞开始形态转变，这些细胞是单核卵圆形，含有囊状的与极管结合的高尔基体样结构；（F）孢子大小为 2 μm×1 μm，具有厚厚的电子透明的孢壁，单核，极管大约为 5 圈并排成一行，有一个后极泡；（G）微孢子虫团显示了其发育的不同步性，每个细胞被纤维状基质分隔开，存在 I 型管状附属物。可能被该微孢子虫感染的细胞有成纤维细胞（Fb）、内皮细胞（End）和巨噬细胞（Mp）。［引自 Cali, A., D. P. Kotler, and J. M. Orenstein. 1993. *Septata intestinalis* N. G., N. Sp., an intestinal microsporidian associated with chronic diarrhea and dissemination in AIDS patients. *J. Eukaryot. Microbiol.* 40（1）：101–112. © Wiley］

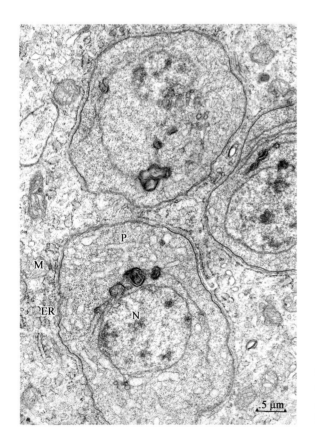

图2.55 丝黛芬妮格留虫 I

异物瘤边缘的早期增殖细胞被宿主内质网（ER）和宿主线粒体（M）包围。［引自 Takvorian, P. M., and A. Cali. 1981. The occurrence of *Glugea stephani*（Hagenmuller, 1899）in American winter flounder, *Pseudopleuronectes americanus*（Walbaum）from the New York–New Jersey lower bay complex. *J. Fish Biol.* 18: 491–501. © Wiley］

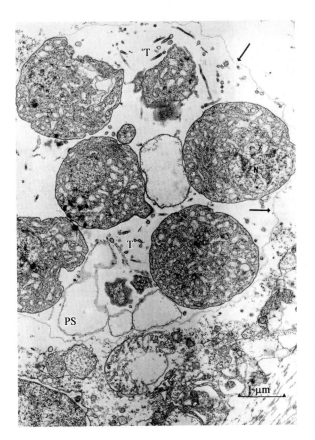

图 2.56 丝黛芬妮格留虫 II

在亚稳定性的 SPOV 中的孢子母细胞（箭头所示），图示 SPOV 中孢子母细胞的原生质膜增厚，细胞质密度增强以及出现小管（T）（IV D 型界面关系）。[引自 Takvorian, P. M., and A. Cali. 1981. The occurrence of *Glugea stephani*（Hagenmuller, 1899）in American winter flounder, *Pseudopleuronectes americanus*（Walbaum）from the New York–New Jersey lower bay complex. *J. Fish Biol.* 18: 491–501. © Wiley]

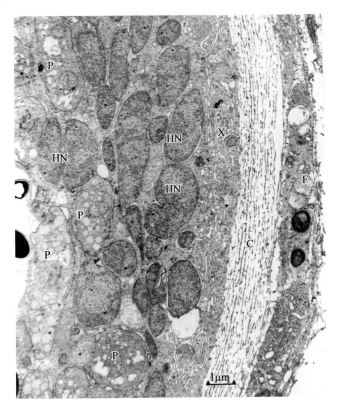

图 2.57 丝黛芬妮格留虫 III

异物瘤（X）边缘含有在宿主细胞核（HN）中增殖的寄生虫（P）（IV E 型界面关系）。[引自 Takvorian, P. M., and A. Cali. 1981. The occurrence of *Glugea stephani*（Hagenmuller, 1899）in American winter flounder, *Pseudopleuronectes americanus*（Walbaum）from the New York–New Jersey lower bay complex. *J. Fish Biol.* 18: 491–501. © Wiley]

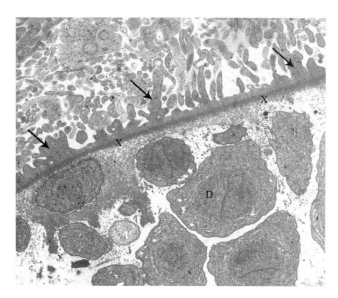

图 2.58 感染虾虎鱼的维斯鱼孢子虫

含有耦核（D）母孢子的异物瘤（X）透射电镜图，异物瘤表面有球状突起（箭头所示）（IV E 型界面关系）。[引自 Sanders，J.，M. S. Myers，L. Tomanek，A. Cali，P. M. Takvorian，and M. Kent. 2012. *Ichthyosporidium weissii* n. sp.（Microsporidia）infecting the Arrow Goby（*Clevelandia ios*）. *J. Eukaryot. Microbiol.* 59（3）：258–267. © Wiley]

2.5 附属物

前面对界面关系的叙述中已多次提到过，与宿主－微孢子虫交界面有关的另一个特征就是附属物。1983 年，Takvorian 和 Cali 就对管状附属物进行了分类（Takvorian & Cali 1983），随后研究人员又进行了补充（表 2.2），将有明显特征的小管分成了 I ~ V 5 种类型。（图 2.59；图 2.60；图 2.61；图 2.62；图 2.63）（Moore & Brooks 1992；Takvorian & Cali 1983；Weidner 1970）。这些小管在不同物种中已有报道（Freeman & Sommerville 2009；Larsson 1986；Sprague et al. 1992）。小管通常与孢子增殖相关，经常与界面膜连接在一起。在脑炎微孢子虫属的寄生泡（Cali et al. 1993）、格留虫属（Canning & Lom 1986；Takvorian 1981；Takvorian & Cali 1983）和变形孢虫属（Moore & Brooks 1992）的 SPOVs 中都已有报道。在液泡布朗奇孢虫（*Brachiola vesicularum*）（Cali et al. 1998）和按蚊微孢子虫（*Anncaliia algerae*）（Avery & Anthony 1983）增殖期中发现有小管的存在，并且宿主细胞质中在寄生虫附近也有这些小管的存在。精巧的分枝状小管网直接与宿主细胞质的联系可能对微孢子虫早期过早的质膜增厚起作用。但所有这些附属物的功能目前都不清楚，它们可能参与辅助宿主－微孢子虫之间物质交换。其他细丝状、纤维状、鬃毛状、黏液状以及脊线状附属物也已在不同微孢子虫的表面结构中有所描述（Vavra 1963）。Weidner 证实了在 *Ameson* 孢子表面有精巧的细丝排布（Weidner 1970）。

2.6 微孢子虫生活史的第二阶段

微孢子虫的裂殖增殖期包括了从孢原质开始感染宿主细胞到孢子形成前的所有细胞生长及分裂过程。也有人把这个阶段称为 schizogonic 和 merogonic，但却对这两个术语定义了不同类型的核活动。一些学者把 schizogonic 和 merogonic 作为同义词使用（Vavra & Sprague 1976）。1986 年，Canning 和 Lom 的著作中只采用了裂殖体（meronts）一词，他们将裂殖体特征定义为具有单核或双核，能通过二分裂、多分裂或质裂（plasmotomy）进行重复分裂。其他人对两种术语都有使用并将其用于不同类型的成核现象。Merogonic 只用于双核细胞，schizogonic 用于单核细胞分裂（Sprague et al. 1992）。此外，微孢子虫的染色体倍数、减数分

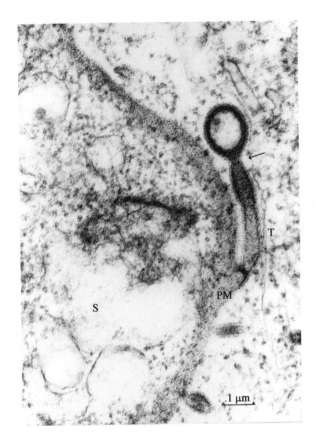

图 2.59　丝黛芬妮格留虫 I 型小管

小管（T）和孢子母细胞（S）质膜（PM）连在一起，灯泡状结构结尾处的远端有缢痕（箭头所示）。图示覆盖灯泡状结构的颗粒和纤维物质。［引自 Takvorian, P. M., and A. Cali. 1983. Appendages associated with *Glugea stephani*, a microsporidan found in flounder. *J. Protozool.* 30: 251−256. © Wiley ］

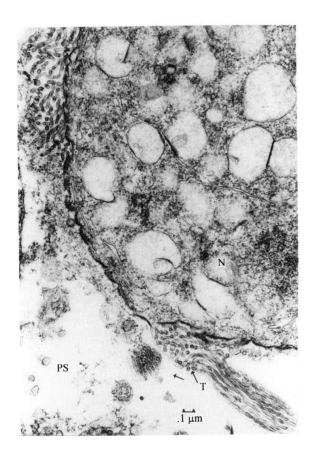

图 2.60　丝黛芬妮格留虫 II 型小管

一簇 II 型小管（T）从孢子母细胞上突出。在此放大图上，沿小管长轴的缢痕十分明显。（引自 Takvorian, P. M., and A. Cali. 1983. Appendages associated with *Glugea stephani*, a microsporidan found in flounder. *J. Protozool.* 30: 251−256. © Wiley ）

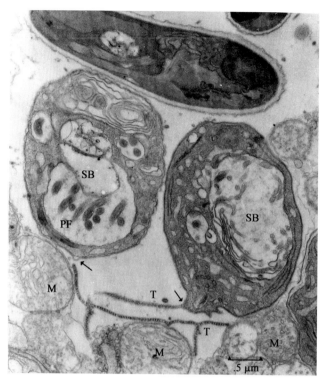

图 2.61　丝黛芬妮格留虫 III 型小管

III 型小管（T）管腔内含有规则的间隔排列的电子致密颗粒（箭头所示）。图示小管毗邻宿主线粒体（M）。（引自 Takvorian, P. M., and A. Cali. 1983. Appendages associated with *Glugea stephani*, a microsporidan found in flounder. *J. Protozool.* 30: 251-256. © Wiley）

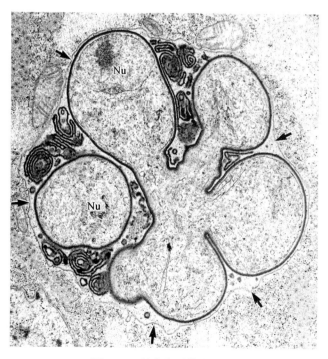

图 2.62　纳卡变形微孢子虫

在 SPOV 中类似泰罗汉孢虫属发育模式的孢子增殖阶段细胞电镜图。SPOV 含有被外部空间的 IV 型小管包围的多核原质团（II C 型界面关系）。［引自 Mitchell, M. J., and A. Cali. 1993. Ultrastructural study of the development of *Vairimorpha necatrix*（Kramer, 1965）（Protozoa, Microsporida）in larvae of the corn earworm, *Heliothis zea*（Boddie）（Lepidoptera, Noctuidae）with emphasis on sporogony. *J. Eukaryot. Microbiol.* 40（6）: 701-710. © Wiley］

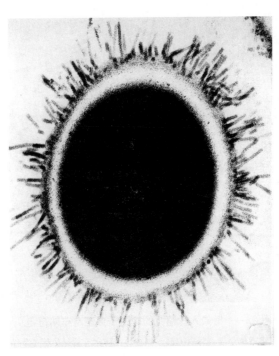

图 2.63　米歇尔埃姆森孢虫

具有 V 型突起的孢子表面电镜图。（引自 Dr. E. Weidner；adapted from Wittner, M., and Weiss, L.M., eds. 1999. *The Microsporidia and Microsporidiosis*. Washington，DC: ASM Press. © ASM）

裂的出现或缺失、耦核间的相互作用等问题都是未解之谜。由于微孢子虫的多样性以及对术语五花八门的解释，将此发育阶段称为裂殖增殖期（proliferative phase）似乎更恰当，并对特定微孢子虫的核活动进行描述。

2.6.1　增殖的细胞

一般来说，增殖的细胞核区域大，细胞质简单。在孢子增殖开始之前细胞质中核糖体和内质网相对稀少，高尔基体通常并不明显。大多数微孢子虫属的原生质膜呈典型的单位膜状，可以直接与宿主细胞质接触或存在各种各样的界膜（图 2.13）。

2.6.2　成核和核活动

圆形单核（图 2.39；图 2.50）或耦核（一对毗邻的细胞核）（图 2.34）都有其成核的描述。部分微孢子虫的耦核出现在整个发育周期中，有的微孢子虫仅在部分发育周期中出现，还有一些物种完全没有耦核。耦核成对分裂产生新的耦核。已有报道耦核能倍增、融合或彼此分开（图 2.64；图 2.65；图 2.66；图 2.67）。

在毕氏肠微孢子虫发育早期可观察到一种非典型的核形，呈长型腊肠状细胞核（图 2.36）（Cali & Owen 1990），这种核型很罕见。随后还发现了虽然观察不到过渡阶段，但能够产生许多细胞核的现象（图 2.68）。在这种微孢子虫中，染色质在有丝分裂前可能经过多次复制（Cali & Owen 1990）。在螃蟹针状孢虫（*Nadelspora canceri*）的孢子阶段也报道了有明显拉长的细胞核（Olson et al. 1994）。这些大的细胞核的特性目前并不清楚。

2.6.3　细胞核分裂

一般来说，核分裂的标志是由密集的染色物质（中心粒斑块）出现在核被膜上（有丝分裂期持续存在），伴随微管附着在细胞核内。在微孢子虫中可以看到伴随核融合有凝聚的染色质致密小体与微管相连，核膜在分裂后期内陷（图 2.64；图 2.65）。在有的微孢子虫中有丝分裂和胞质分裂紧密相随，而在另一些

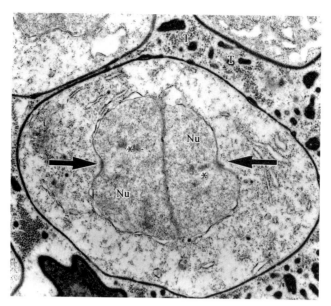

图 2.64 感染人骨骼肌的微孢子虫液泡布朗奇孢虫

　　具有耦核（Nu）的早期增殖细胞正在进行核分裂。核膜内陷，耦核的核膜上有纺锤体板（箭头所示），每个核质中都有染色体（＊）。图示宿主胞质中的囊管物质（T）和增厚膜的出现。［引自 Cali，A.，P. M. Takvorian，S. Lewin，et al. 1998. *Brachiola vesicularum*，N. G.，N. Sp.，a new microsporidium associated with AIDS and myositis. *J. Eukaryot. Microbiol.* 45（3）：240–251. © Wiley］

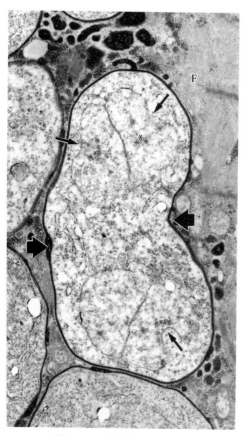

图 2.65 液泡布朗奇孢虫

　　早期增殖细胞和细胞分裂后期均含有两个耦核。染色体（＊）靠近纺锤体板（箭头所示）。在核进入间期之前，质膜内陷（粗箭头所示）表明胞质分裂已经开始，因此将这两个过程联系在一起。肌丝（F）在微孢子虫附近说明没有寄生泡产生，微孢子虫细胞直接与肌肉细胞质接触。［引自 Cali，A.，P. M. Takvorian，S. Lewin，et al. 1998. *Brachiola vesicularum*，N. G.，N. Sp.，a new microsporidium associated with AIDS and myositis. *J. Eukaryot. Microbiol.* 45（3）：240–251. © Wiley］

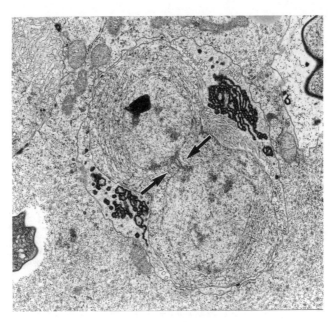

图 2.66 纳卡变形微孢子虫

箭头所指为正在分裂的母孢子的双核和胞质内陷处之间核区域。在 SPOV 中存在 IV 型附属物［引自 Mitchell，M. J.，and A. Cali. 1993. Ultrastructural study of the development of *Vairimorpha necatrix*（Kramer，1965）（Protozoa，Microsporida）in larvae of the corn earworm，*Heliothis zea*（Boddie）（Lepidoptera，Noctuidae）with emphasis on sporogony. *J. Eukaryot. Microbiol.* 40（6）：701-710. © Wiley］

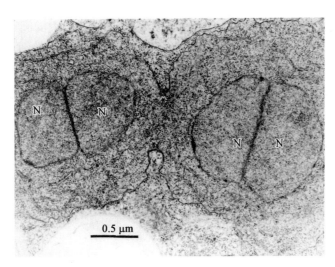

图 2.67 家蚕微粒子虫增殖期细胞分裂的电镜图

在这种微粒子虫中核（N）呈典型的耦核（成对并紧密相邻）。微粒子虫和宿主胞质直接接触。［引自 Cali，A. 1971. Morphogenesis in the genus *Nosema*. Proceedings of the IV international colloquium on insect pathology，College Park，MD. © Cali］

微孢子虫中有丝分裂和胞质分裂却截然分开。能够说明减数分裂行为的联会复合体在某些昆虫微孢子虫中已被证实（有关详细信息请参阅第 21 章昆虫微孢子虫），但在其他微孢子虫中却不存在，包括所有在哺乳动物中已有研究的微孢子虫。

2.6.4 胞质分裂

当核分裂后紧接着进行胞质分裂，细胞质均等分裂，一分为二（图 2.65；图 2.67）。在许多微孢子虫

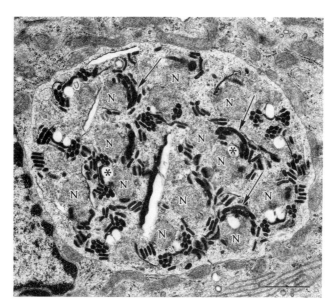

图 2.68 具有多个正在形成极丝和许多细胞核的毕氏肠微孢子虫原质团

在本切面中的产孢原质团至少含有 12 个核（N）。每个圆且致密的核与电子致密盘复合体和电子透明内含物连在一起（＊）。电子致密盘融合到了正在形成的极丝圈里。尽管孢子成熟和细胞器的分离与每个核相关，但至今还没有观察到胞质分裂或细胞膜变厚的现象（I 型界面关系）。［引自 Cali，A.，and R. L. Owen. 1990. Intracellular development of *Enterocytozoon*，a unique microsporidian found in the intestine of AIDS patients. *J. Protozool.* 37（2）：145−155. © Wiley ］

属中，多次核分裂后不发生胞质分裂，从而产生多核细胞。在形成巨大的圆形产孢原质团后，最终进行质裂或称原质团分割（plasmotomy）（图 2.42；图 2.68）。另一种方式是形成细长的带状的（念珠状）多核体（图 2.39；图 2.50），然后通过逐步片段化分裂形成小的多核细胞，最终分裂形成的细胞每个都含单核或耦核。在一些种属，增殖阶段细胞不断分裂，产生数以百计的个体（如 *Glugea* 属）（图 2.39），而在另一些属，这一阶段产生相对较少的细胞，大量的增殖发生在随后的孢子增殖阶段（如 *Pleistophora* 属）（图 2.42）。不同的属以不同方式进行胞质分裂（图 2.13）。

2.7 微孢子虫生活史的第三阶段

孢子增殖阶段包括母孢子（能产生两个到多个孢子母细胞的细胞）、孢子母细胞（经过发育成为孢子的细胞）和孢子。

2.7.1 母孢子

母孢子（sporont）不仅是在此发育阶段的起始细胞，也是进入孢子增殖的过渡细胞。在进行减数分裂的微孢子虫中，母孢子的出现标志着孢子开始向孢子形成期过渡。然而，在大多数微孢子虫中，减数分裂也并不是孢子增殖的一个基本特征。在双核分开的种属中，母孢子的出现被认为是孢子增殖的开始。向孢子增殖过渡的形态标记包括了由于内质网和核糖体的增加导致的细胞质密度的普遍增大、微孢子虫原生质膜外观的变化等。在许多微孢子虫的发育过程中，细胞转变成母孢子时质膜开始增厚。微孢子虫分泌的物质附着到质膜上会形成高电子密度的结构。这是一个渐进的过程，沉积物质通常形成斑块，外观上呈扇形（图 2.53）。它也可能是由分泌物不规则的附着（图 2.44），形成大大小小的斑块状分泌物。分泌物的进一步堆积形成具有光滑的、有脊线的，或有其他形状的（图 2.40）均匀致密的外被（图 2.62），通常被称为母孢子的"增厚膜"（图 2.56）。这个电子致密层成为孢子阶段的外壁（图 2.17；图 2.56）。在

Nosema 属中最早发现这种膜增厚的现象，随后在其他种属中也有报道（Cali 1971）。当然也有少数例外，特别是在 *Anncaliia algerae* 中，微孢子虫的整个增殖期细胞表面都具有一个过早形成的"增厚膜"（Avery & Anthony 1983）。此外，它似乎是管孢虫科（Tubulinosematidae）中一些种属的特征（Franzen et al. 2006a），包括 *Anncaliia varivestis*（Brooks et al. 1985；Issi et al. 1993）和 *Brachiola vesicularum*（Cali et al. 1998）。在 *Enterocytozoon bieneusi* 中还观察到一些其他的变化，直到孢子母细胞分裂之前原生质膜的增厚才发生。

　　一旦母孢子"增厚膜"完全形成，核和细胞分裂的次数便取决于属的不同（图 2.13）。目前观察到的分裂形式（类似于在增殖阶段看到的情况）有 3 种类型。核分裂紧随胞质分裂，也称为均等分裂，形成两个孢子母细胞。在一些属，如 *Nosema* 属（耦核），每个母孢子细胞经过核分裂和细胞均等分裂，产生两个

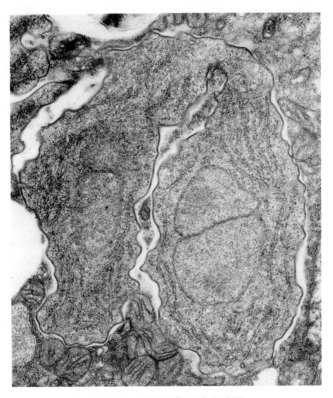

图 2.69　家蚕微粒子虫母孢子

家蚕微粒子虫（*Nosema bombycis*）母孢子细胞中耦核分离已经完成。胞质分裂开始，但耦核间的联系仍然存在。（引自 Cali, A. 1971. Morphogenesis in the genus *Nosema*. Proceedings of the IV international colloquium on insect pathology, College Park, MD. © Cali）

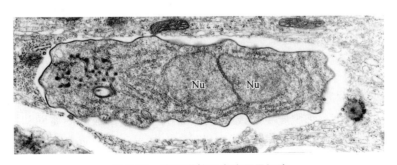

图 2.70　家蚕微粒子虫孢子母细胞

细胞的外膜很厚，出现双核，已经开始形成极丝。这个细胞成为孢子的形态发生已经开始。（引自 Cali, A. 1971. Morphogenesis in the genus *Nosema*. Proceedings of the IV international colloquium on insect pathology, College Park, MD. © Cali）

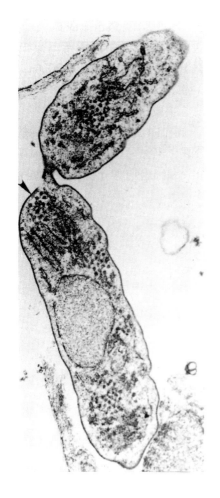

图 2.71　正在进行胞质分裂的兔脑炎微孢子虫母孢子

　　加厚的膜（箭头）和单核。［引自 Pakes, S. P., J. A. Shadduck, and A. Cali. 1975. Fine structure of *Encephalitozoon cuniculi* from rabbits, mice and hamsters. *J. Protozool.* 22（4）：481–488. © Wiley］

孢子母细胞（图 2.69）。每个孢子母细胞经过发育产生一个孢子（图 2.70），因而被称为双孢子属。

　　如果胞质分裂不紧接有丝分裂发生，核分裂在细胞内重复进行，将形成四核细胞。这些细胞可能拉长，形成个不同长度的带状的、念珠状母孢子或四核产孢原质团。在 *Tetramicra* 属或 *Encephalitozoon* 属，四核细胞产生后，经过有丝分裂形成 4 个孢子母细胞（图 2.52；图 2.71）。当细胞内的核分裂重复多次，细胞增大成为一个圆形的多核细胞，称为产孢原质团，通过质裂进行分裂。在泰罗汉孢虫属、辛孢子虫属（耦核）或变形孢虫属的原质团，母孢子发育成一个 8 核的产孢原质团（图 2.62），进行质裂并产生 8 个孢子（图 2.72）。在其他多孢子属，如匹里虫属（*Pleistophora*），大多数的细胞分裂通过孢子增殖进行，有时从一个产孢原质团产生多达 100 或更多的孢子。

2.7.2　孢子母细胞

　　母孢子最终分裂形成孢子母细胞。孢子母细胞（sporoblast）是整个胞内发育最后一次分裂的产物，这些细胞经过形态发生形成孢子。它们会形成发芽装置，包括极丝、锚定盘复合体、极膜层或小管、后极泡。此外，孢子母细胞中还将形成大量核糖体，高尔基体变得更加明显。随着孢子母细胞进一步成熟，细胞边缘呈圆锯齿状、体积缩小、细胞质更加致密（图 2.70）。快速形成的内质网和核糖体、扩大的高尔基体、大量的电子致密小体的出现和部分正在形成的极丝复合体导致了胞质密度和复杂性的增加。

2.7.2.1　高尔基体

　　孢子母细胞形态发生早期，会出现通常被称为"原始高尔基体"或类高尔基体复合物的一簇囊泡。早

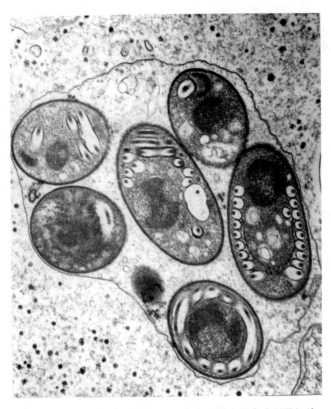

图 2.72　SPOV 中正在成熟的纳卡变形微孢子虫孢子母细胞

在极丝发育的晚期，缺乏电子透明的内壁，外部空间电子致密物质的量减少。[引自 Mitchell, M. J., and A. Cali. 1993. Ultrastructural study of the development of *Vairimorpha necatrix*（Kramer，1965）（Protozoa，Microsporida）in larvae of the corn earworm, *Heliothis zea*（Boddie）（Lepidoptera，Noctuidae）with emphasis on sporogony. *J. Eukaryot. Microbiol.* 40（6）：701–710. © Wiley]

在 1965 年，Vavra 就将这个"囊泡区"描述为"原始高尔基体区"。随后，高尔基体这个词被用来描述孢子母细胞中的这一系列结构。Sprague 和 Vernick（1969）将极膜层区域前端的 PAS- 阳性区域描述为高尔基体。Jensen 和 Wellings（1972）将丝黛芬妮格留虫（*Glugea stephani*）的小囊称为高尔基体，其"囊泡区"称为颗粒物质。自 20 世纪 70 年代早期以来，许多研究人员都对微孢子虫多个种属的"囊泡区"进行了观察或描述（Cali 1971；Walker & Hinsch 1972；Youssef & Hammond 1971）。

硫胺素焦磷酸酶（TTPase）活性是高尔基体的标志（Fujita & Okamoto 1979），通过细胞化学技术证明了丝黛芬妮格留虫孢子母细胞"囊泡区"具有 TTPase 活性，与极丝形成有关（Takvorian & Cali 1994）。与极丝形成有关的膜结合的管状和片层状结构包含着逐渐增多的反应产物（RP，reaction pruduct）（图 2.73），表明了这个结构确实有高尔基体活动存在（Takvorian & Cali 1994）。此外，作为内质网和一些顺式高尔基体最外层细胞标记的核苷二磷酸酶（NDPase）也被用于丝黛芬妮格留虫的组织化学研究（Takvorian & Cali 1996）。核苷二磷酸酶反应产物出现在早期孢子母细胞的后部末端，在小管以及形成的极丝上。反应产物看起来像是从邻近正在形成的极丝的多裂片小体上"发泡"形成。在极丝形成末期，后极泡区域片状体上、极膜层膜上和极丝鞘上可以看到反应产物出现。这些有关酶组织化学的研究表明，内质网和高尔基体都与极丝形成有关。Beznoussenko 等（2007）利用各种组织化学的标记证明了高尔基体存在于蟋蟀类微粒子虫（*Paranosema grylli*）和蝗虫类微粒子虫（*Paranosema locustae*）的裂殖体、母孢子和孢子母细胞。高尔基体呈 300 nm 网状结构，含有分支或弯曲小管。Takvorian 等（2013）使用 HVEM 和计算机三维模型也描述了 *Anncallia algerae* 孢原质中的 MIN-Golgi 以管网状结构存在。

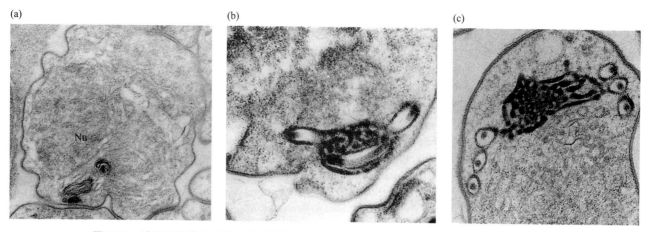

图 2.73　酶组织化学方法处理的丝黛芬妮格留虫孢原质显示存在高尔基体相关的酶 TPPase

（a）膜上 TPPase 活性和致密小体（正在形成的极丝）；（b）随着孢原质的成熟，与正在形成的极丝相连的囊状和片状结构含有越来越多的反应产物；（c）正在形成的极丝圈横截面中可看到有反应产物和相连的囊状和片状结构，其他的孢原质结构都不含 TPPase 活性。［引自 Takvorian, P. M., and A. Cali. 1994. Enzyme histochemical identification of the Golgi apparatus in the microsporidian, *Glugea stephani*. *J. Eukaryot. Microbiol.* 41（5）：63S–64S. © Wiley］

2.7.2.2　极丝复合体

细胞最前端区域为蘑菇状或伞状的锚定盘结构。锚定盘中心有一个电子致密区，似乎是直线状的极丝或极丝柄部分附着的区域。许多微孢子虫有一个特殊的称为极囊的膜覆盖在锚定盘上，是这部分极丝的限制膜（limiting membrane）（图 2.14；图 2.15；图 2.74；图 2.75）（Cali et al. 2002，2012；Larsson 1986；Vavra & Sprague 1976）。

极膜层是一组多层片状和 / 或管状的结构，沿极丝柄部分发育。该结构变化较大，在一些微孢子虫

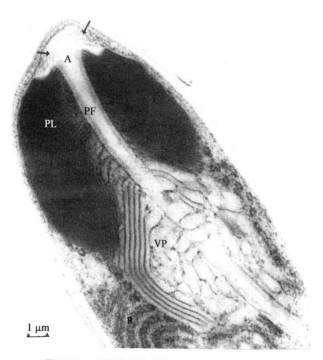

图 2.74　丝黛芬妮格留虫孢子前部的纵切面

在锚定盘（A）处的铰链状结构（箭头）连接在极丝（PF）的极丝柄部分。极膜层被分成两个区域，前部是紧密堆积的片状极膜层（PL），紧跟着是囊泡状的极膜层（VP）。核糖体有规律地紧密堆积排列

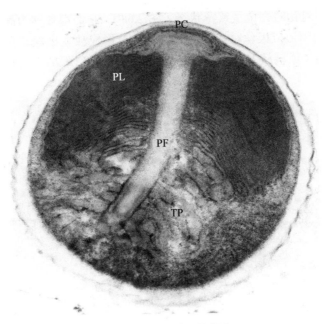

图 2.75　丝黛芬妮格留虫

孢子前部斜剖面中可看到结构清楚的极帽（PC）。在孢子的这一切片中很好地体现了极膜层的管状特征。在极帽区域孢壁很薄。可见紧密排列的片状极膜层（PL）和极丝（PF）。[引自 Takvorian, P. M., and A. Cali. 1981. The occurrence of *Glugea stephani*（Hagenmuller, 1899）in American winter flounder, *Pseudopleuronectes americanus*（Walbaum）from the New York–New Jersey lower bay complex. *J. Fish Biol.* 18: 491–5011z. © Wiley]

属中缺失（如 *Hessea squamosa*）或很难界定（如 *Buxtehudea scaniae*），而在大部分种属的孢子中大量存在（Larsson 1986）。极膜层靠近锚定盘帽下方，从垂直于极丝柄部分的极囊呈放射状发散（图 2.15；图 2.74；图 2.75）。极膜层来源于泡状物质并扩大呈囊泡状。这些囊泡伸长并紧密堆积在一起，形成一堆电子致密片层，片层之间有空隙（Cali et al. 2012；Larsson 1986；Takvorian & Cali 1986；Vavra & Sprague 1976）。虽然极膜层随物种不同而形态各异，通常可发育成两种类型，泡状或管状，都沿着极丝存在。

极丝圈一般出现在极膜层下面及细胞后部，极丝圈绕在孢子母细胞的外围，环绕着孢原质。经实验固定处理后发现这时的细胞比早期孢子母细胞的电子密度显著增高，体积通常变小，与周围组织分离后边缘常常呈圆锯齿状。

最后，随着孢子母细胞发育接近成熟孢子，后极泡和孢子内壁生成。后极泡是膜状囊泡，被认为是高尔基体残余（Sprague & Vernick 1969）。孢子内壁是当孢子母细胞转变为成熟的孢子时形成并增厚的一层低电子密度分泌物，位于原生质膜和之前分泌形成的电子致密外壁之间。

2.7.3　肠微孢子虫科的孢子增殖

与前述孢子增殖不同，肠微孢子虫科微孢子虫的孢子增殖是个例外。肠微孢子虫科内的几个属及多个种在分子水平上归为一类，在产孢原质团分裂之前过早的形成极丝及孢子前体结构是其独有的特征，分裂产生了相对独立的孢子母细胞。这一科的微孢子虫形成了在其他微孢子虫中没有的两种结构，低电子密度包含物和高电子密度盘状结构（有的带有透亮的中心）。在发育早期，微孢子虫裂殖原质团开始产生低电子密度包含物，为极丝前体提供原料（图 2.36）。

超微结构中的透明体可能与内质网和微孢子虫细胞核有关（Cali & Owen 1990）。高尔基体型结构的堆积为高电子密度盘状结构的产生提供了原料，可能是超微结构中观察到的透明体产生的原因（图 2.76）。高电子密度盘状结构的核心最初呈透明状（组织横切片），但同时也可观察到当高电子密度盘状结构与多个发育中的极丝和相关结构对比时完全呈致密状态（图 2.68）。它们都被称为高电子密度盘状结构。正是这些结构在每个组织中心周围形成极丝段，然后进一步结合形成独立极丝。在原质团内，有多个组织中心，每个组织中心都由单核（或耦核）与极丝及其相关结构组成（图 2.77）。直到原质团开始质裂，增厚

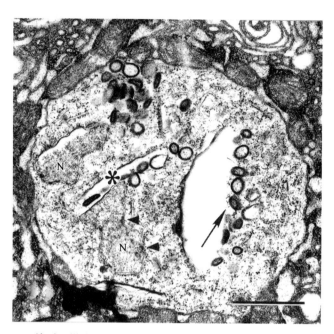

图 2.76 毕氏肠微孢子虫早期多核原生质团中形成的电子致密盘状结构

不同电子密度的圆盘排列在电子透明包含物的边缘（箭头）。在不规则细胞核（N）中的核斑（无尾箭头）毗邻电子透明的包含物（*）。［引自 Cali，A. and R. L. Owen 1990. Intracellular development of *Enterocytozoon*，a unique microsporidian found in the intestine of AIDS patients. *J. Protozool.* 37（2）：145–155. © Wiley］

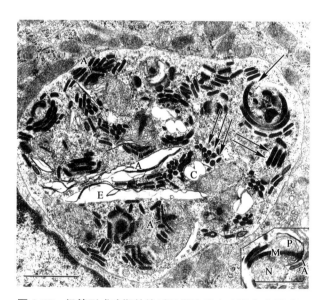

图 2.77 极管形成晚期的毕氏肠微孢子虫晚期产孢原质团

在细胞质中到处都有盘绕（单箭头）、堆积（双箭头）及 cross-sectional（三箭头）状的融合的电子致密盘状结构。即使个别极膜层的膜还没有形成，在这个时期前部的锚定盘（A）和相连的极膜层膜会出现。可看到细长型（E）和 cross-sectional（C）的电子透明包含物。嵌入图：原质团中形成的各种结构的联系和组织。伞状的锚定盘（A）和相连的极膜层膜（P）与极丝的极丝柄部分连在一起。［引自 Cali，A. and R. L. Owen 1990. Intracellular development of *Enterocytozoon*，a unique microsporidian found in the intestine of AIDS patients. *J. Protozool.* 37（2）：145–155. © Wiley］

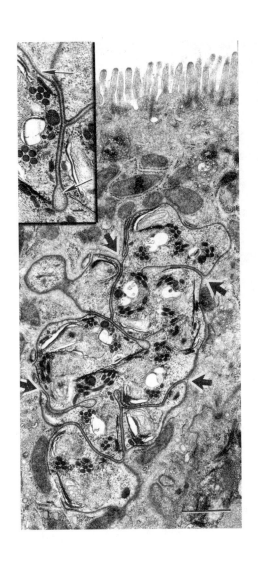

图 2.78　毕氏肠微孢子虫孢子期分裂

　　原生质膜内陷时增厚，将每个细胞核－细胞器复合体分开，产生孢子母细胞，每个孢子母细胞仅缺乏电子透明的孢子内壁。嵌入图：一部分内陷的膜，在上面可看到正在形成的外壁（箭头所示）。［引自 Cali, A. and R. L. Owen 1990.Intracellular development of *Enterocytozoon*, a unique microsporidian found in the intestine of AIDS patients. *J. Protozool.* 37（2）：145-155. © Wiley］

的质膜、孢子外壁才开始形成。随后，形成低电子密度的孢子内壁（图 2.78），通过非典型的方式完成典型的微孢子虫孢子的形成（Cali & Owen 1990）。

　　孢子前体结构（低密度内容物和高密度盘状结构），以及在分裂形成独立"孢子母细胞"之前在产孢原质团中形成多个孢子结构的发育方式是肠微孢子虫科的共同特性。

　　目前在这个科只有几个属，它们的一些特征，如微孢子虫成核现象、位于宿主胞质或核质、与宿主发生直接或间接接触等特征都是完全不同的，被认为是其种属的特征（Palenzuela et al. 2014）。脑炎微孢子虫属具单核，在哺乳动物（Cali & Owen 1990）和虾（Tourtip et al. 2009）中可以与宿主细胞质直接接触。核孢虫属具单核，在鱼类中与宿主细胞核质直接接触（Lom & Dykova 2002）。嗜成纤维孢虫属微孢子虫感染鱼类后，在发育早期具二核，在孢子增殖期具单核，与宿主细胞质接触，能形成异物瘤（Freeman & Sommerville 2009）。肠孢虫属具双核（图 2.79）和单核，感染蟹类和鱼类后在宿主细胞核和细胞质中都有分布（图 2.38）（Palenzuela et al. 2014；Stentiford et al. 2007）。肝孢虫属感染蟹类，具单核，在细胞质里的囊泡中有分布（Stentiford et al. 2011）。显然，过早的极丝发育和通过分子手段归类为同一类群是 Enterocytozoonidae 科唯一的相同特征，而实际情况也确实如此。

2.8　孢子

　　如前面所指出的，孢子（spore）是诊断微孢子虫的特征（图 2.2）。

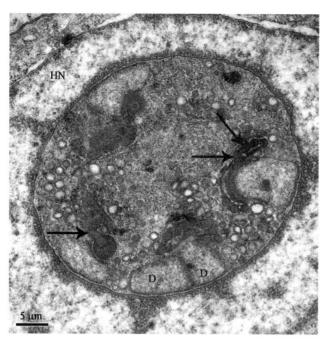

图 2.79 欧洲海鲷中的嗜核肠孢虫

感染细胞核的微孢子虫直接与核质接触（HN），产孢原质团含有多个耦核（D），每个都有极丝（箭头）形成位点

2.8.1 孢壁

孢子拥有一层厚厚的外被，可分成 3 个区域。最外层是电子致密的孢外壁，来源于孢子增殖期起始时的微孢子虫分泌物。外壁厚度大约是膜的两倍到几倍，可能是光滑的或具有脊、细丝（包括中间纤维）（Weidner 1992；Weidner et al. 1990），管状结构（Batson 1983），或者含有纤维的黏液涂层（Vavra 1976）。紧接着一层是电子透明的孢内壁，是蛋白质 - 几丁质的复合体，厚度不一致，但通常比外壁厚。在孢子前部锚定盘区域处的内壁最薄（图 2.75）。孢壁最内层是包裹整个孢子内容物即发芽装置、孢原质（孢子的核和细胞质）及后极泡的膜。孢壁为孢子在环境中的生存提供了很好的保护作用，似乎对孢子的激活也很重要。

2.8.2 发芽装置

发芽装置是由在孢子母细胞中形成的几部分构成（Enterocytozoonidae 科除外）。最明显的是长长的盘绕的极丝，也称为极管。它在孢子里面呈现为实心，被弹出时外翻呈管状。极丝附着在锚定盘的内部并由极膜层包裹，占据孢子前部 1/3 ~ 1/2 的空间（图 2.14；图 2.15）。在成熟的孢子中，极丝呈多层排列，由许多不同厚度的电子致密的同心环组成，整个结构由一层膜鞘包围（Cali et al. 2002；Larsson 1986；Takvorian & Cali 1981，1986；Vavra 1976）。研究人员已经在不同孢子的极丝横截面中观察到了大量的变化，但总的来讲，极管是由 6 个或更多个交替同心排布的深色和浅色层组成。极丝连接在锚定盘上，典型的极丝直径在盘绕区域为 80 ~ 110 nm，在直的部分往往拓宽至 150 nm。由于极丝独特的结构和在感染起始时的功能，极丝的发育、发芽装置及形成极丝的细胞器一直是微孢子虫研究者最感兴趣的问题。

2.8.2.1 极膜层 / 极质体

极膜层最前部区域的膜囊毗邻锚定盘，其膜囊通常呈现紧密压缩而且规则排列的片状，而多数后部的膜囊很少压缩且多不规则，有时形成管状或囊泡状外观（Cali et al. 2002，2012；Takvorian & Cali 1981，1986；Vavra 1976）。这些区域被称为片状极膜层、管状极膜层和囊泡状极膜层。认识到在不同物种微孢子虫中极膜层形态和组织的多样性，Larsson 报道了 5 种类型的极膜层结构（Larsson 1986）。虽然极膜层的体积和形态是可变的，但它总是位于盘绕的极丝区域前面。极丝盘绕孢子的其余部分，孢原质和后极泡（图 2.2）。

2.8.2.2　极丝

极丝的长度、结构和直径都是可变的。极丝的圈数在物种之间有所变化，但在特定的物种通常相当一致。极丝圈数少的只有 6 圈（例如，毕氏肠微孢子虫、兔脑炎微孢子虫）（图 2.80），多的可多达 36 ~ 48 圈（例如，美洲大绵鳚匹里虫、维斯鱼孢子虫）（图 2.81）（El Garhy 1993；Sanders et al. 2012）。在特定的物种中极丝的排布是可变的或一致的。毕氏肠微孢子虫的极丝总是盘绕成 6 圈形成两行（Cali & Owen

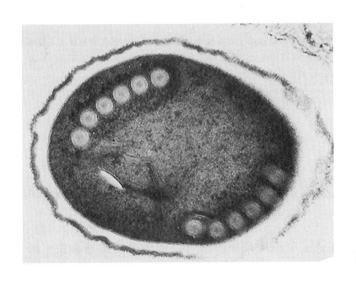

图 2.80　具有 6 圈极丝的兔脑炎微孢子虫孢子

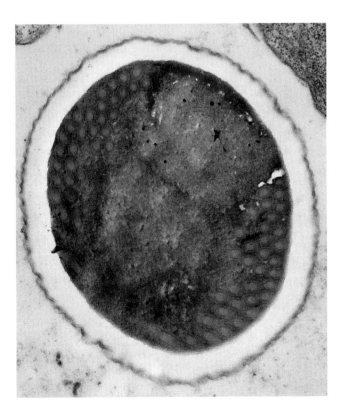

图 2.81　感染虾虎鱼的维斯鱼微孢子虫孢子，孢子含有很多的极丝，排成多行

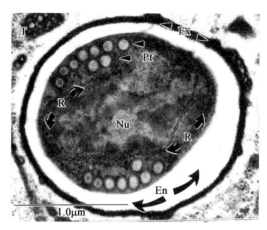

图 2.82 液泡布朗奇孢虫

成熟的孢子具有发育完全的电子透明孢内壁。外壁表面有一些囊泡管状结构。横截面上有 9 根极丝排成两行。这种类型的极丝是极丝异丝型；最后的两圈或 3 圈的极丝直径比其他的要小一些。[引自 Cali, A., P. M. Takvorian, S. Lewin, et al. 1998. *Brachiola vesicularum*, N. G., N. Sp., a new microsporidium associated with AIDS and myositis. *J. Eukaryot. Microbiol.* 45（3）: 240−251. © Wiley]

1990），而兔脑炎微孢子虫的极丝是 6 圈成一行（Pakes et al. 1975）。液泡布朗奇孢虫的极丝通常形成两行，但一行和三行的情况也有发生（Cali et al. 1998）。极丝的直径有可能是极丝同型，在整个长度比较统一（大多数微孢子虫），或者极丝异丝型，部分极丝圈的直径比其他部分的极丝圈直径要小（图 2.82）。

2.8.2.3 孢原质

孢原质由细胞核和细胞质组成。细胞核的形式可能呈单核或耦核，这与微孢子虫的种属有关（图 2.13）。细胞质非常致密并富含核糖体，通常螺旋堆积排列或紧密堆积成多层（图 2.82）。

孢子的最后部区域是后极泡，其形状往往不规则。这个膜限定的结构被描述为一个空的液泡，在同心螺环或颗粒结构中含有絮状、球状、小泡状、肾小球状或片层状结构。

2.8.3 孢子类型

孢子是在感染的宿主细胞内形成的。当宿主细胞死亡，孢子被释放，可通过排泄物传递到宿主外面，或者当宿主死亡，孢子进入外部环境。具有抗逆性的孢子壁能够保护孢子存活，直到孢子被吞入或处于能够刺激极丝外翻的适当环境中。这些孢子也可以称为环境中的孢子。

2.8.3.1 自发感染的孢子

除了环境孢子，一些微孢子虫还产生自发感染孢子。同一宿主体内，这种孢子能活化并发芽。孢子的极丝外翻，可以刺穿遇到的任何组织。孢原质释放到被极管末端刺穿的细胞内，从而感染其他宿主细胞，在同一宿主新的感染细胞内重复进行胞内发育周期（图 2.83）。之所以称为自发感染孢子是因为它们促进了孢子在宿主体内的扩散。微孢子虫产生两种类型的孢子，在其孢子中就有两种不同的极丝圈数（Iwano & Ishihara 1989，1991），自发感染孢子极丝较短（Iwano & Kurtti 1995）。这可能是因为自发感染的孢子为到达相邻的未感染细胞不必要在距其非常远的位置释放孢原质。短极丝微孢子虫，如兔脑炎微孢子虫（约6圈），只有一种尺寸的极丝，产生两种类型的孢子（数据未发表）。

2.8.3.2 环境孢子

对特定的物种而言，环境孢子需要适当的刺激，如前面提到的温度变化、干燥、湿润、pH 或离子变

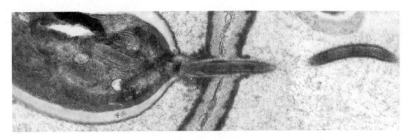

图 2.83　美洲大绵鳚匹里虫自发感染孢子弹出的极管

极管刺穿了厚厚的 SPOV 膜，在孢原质被释放的临近细胞质中可看到极管的一部分。（引自 Dr. M. El Garhy 1993）

化。大多数微孢子虫感染是经口感染的。在孢子被宿主摄入及肠道环境刺激极管外翻后，感染就发生在宿主的肠道内。极管外翻伴随巨大的冲力，能够使其刺穿临近的宿主细胞而释放孢原质。微孢子虫要想成功存活下来，具感染性的孢原质必须释放到能够支持微孢子虫生长的宿主细胞内。宿主肠壁黏膜表面容易感染，孢子可通过极管刺入到宿主细胞注入孢原质进行直接感染。然而，远离肠道的组织通过不是很直接的及不确定的过程被感染往往了解得不是很清楚。在一些微孢子虫感染时，如肠脑炎微孢子虫和家蚕微粒子虫，除了上皮细胞还有几种细胞如游走的巨噬细胞、内皮细胞和成纤维细胞都有助于微孢子虫的生长（Cali 1993；Cali et al. 1993），这导致感染被扩散到宿主身体的其他部位。而一些其他的微孢子虫，如毕氏肠微孢子虫或蜜蜂微粒子虫，微孢子虫似乎仅局限在与消化道相关的上皮细胞内（Gray et al. 1969；Pol et al. 1993）。微孢子虫可以通过这些表皮细胞在细胞间进行扩散，但下面的结缔组织似乎不能被感染。当然也有相反的情况，例如，丝黛芬妮格留虫是一种在比目鱼肠道中发现的鱼类微孢子虫。这种鱼可以通过经口接种感染，但肠道上皮细胞不被感染；相反，上皮细胞下层的结缔组织被感染（Cali et al. 1986）。

2.8.4　物种内的多样性

前面已经提到过，一些物种能够形成两类孢子：自发感染孢子和环境孢子。另外还有第 3 种孢子类型，大孢子，在一些物种中很罕见，例如，匹里虫属（Canning & Hazard 1982）。称其为大孢子是因为它的大小是这个物种典型孢子大小的两倍。还有一些微孢子虫，如钝孢虫，有两轮宿主周期，在每个周期具有形态不同的孢子，而且在同一宿主的不同性别个体发育有差异（Andreadis 1985，1988；Sweeney et al. 1985，1988）。这些情况将在昆虫微孢子虫一章中进行详细介绍。

2.8.4.1　温度引起的多样性

一般认为在恒温动物宿主中温度是微孢子虫感染成功或失败的一个因素。大多数感染变温动物宿主的微孢子虫一般是在其宿主发育温度范围内进行发育。然而，有些微孢子虫是机会性感染，例如 *Glugea stephani* 可以感染生活在相对较冷的水中的各种比目鱼。当鱼生活在温水或高于 16℃，微孢子虫开始发育。只要鱼处在这种水温范围内微孢子虫的增殖就会持续发生；但是，只要温度低于 15℃，微孢子虫的发育就会停止。再次接触到较高的温度将触发微孢子虫的持续发育（Olson 1981）。

许多昆虫微孢子虫在其环境温度范围内进行发育，温度可能具有形态效应。变形孢虫属的微孢子虫以两种不同的形态模式进行发育（图 2.45）。取决于其变温动物宿主的温度，变形孢虫属的孢子可以是以类 *Nosema* 属或者是以类 *Thelohania* 属的形态进行发育，通常是两者混在一起的，因为在温度改变后形态似乎有重叠（Mitchell & Cali 1993；Moore & Brooks 1992；Pilley 1976）。

A. algerae 最初是在蚊子中分离到的，在较低的温度时可以接种哺乳动物培养细胞（Undeen 1975；Undeen & Avery 1984）。在培养一段时间之后，Lowman 等（2000）在较宽的温度范围内（29～37℃）用 *A. algerae* 成功感染哺乳动物培养细胞；Trammer 等（1999）在 36℃用 *A. algerae* 能够感染人培养细胞。

Undeen（1976）通过注射的方法，使该微孢子虫感染了小鼠的脚垫和尾巴局部。随后，另有研究通过注射的方法使该微孢子虫感染了裸鼠的脚垫和尾巴（Cali et al. 2004；Trammer et al. 1997）。

这些初期的实验认为温度可能是哺乳动物传播感染的限制因素。然而，Koudela 等（2001）将孢子接种在 SCID 小鼠的眼部成功地引发了内脏感染。随后，*A. algerae* 对人类深层组织的感染如肌肉组织（Coyle et al. 2004）、声带和结缔组织（Cali et al. 2010）也有报道。

2.8.4.2　孢子在环境中的生存

除了经卵传播（Kellen et al. 1965）和寄主交替（Sweeney et al. 1993）外，大多数微孢子虫孢子在感染期的一部分是存在于宿主体外的环境中。Kramer 将这段时间的孢子称为"体外的孢子"（Kramer 1976）。无论孢子是用何种方法进入体外环境，在孢子进入新的易感宿主之前，它们必须在恶劣条件下生存一段时间。温度、湿度、电子辐射及孢子周围的物质等环境因子似乎对宿主体外的孢子保持活力具有影响（Undeen et al. 1993）。有报道指出孢子离开宿主体内时的物质也影响孢子存活。

孢子可通过几种途径排到体外，这取决于感染的宿主和感染部位。在一些鳞翅目昆虫中，孢子的回流（regurgitation）是排出体外的一种方式（Thomson 1958）。受感染的动物死亡后通过尸体分解、同类相食、清除、物理磨损或环境作用（风和/或波浪）导致的撕裂等方式使大量的孢子进入环境。感染微孢子虫的肠上皮细胞通常脱落并在消化系统内降解，使得孢子可以随粪便被释放（Orenstein et al. 1992b）。肾感染产生的孢子可以随尿液排出体外（Orenstein et al. 1992a），而鼻窦和呼吸道感染产生的孢子可通过痰离开身体（Schwartz et al. 1992）。此外，在一项针对正常人类群体的研究中，尽管缺乏任何临床症状，结果表明抽样人群中 15% 的人在他们的粪便中有孢子排出（Sak et al. 2011）。最终，孢子进入食物 – 水的循环（图 2.84），被再次引入新的人体和动物宿主体内（Cali & Takvorian 2004；Didier & Weiss 2011；Hale Donze & Didier 2007）。家养和野生动物中都潜伏有感染人类的微孢子虫，成为感染人类的另一个潜在途径（Lobo et al. 2003）。对西欧野生和家养的小鼠进行微孢子虫（毕氏肠微孢子虫和兔脑炎微孢子虫属）调查，结果

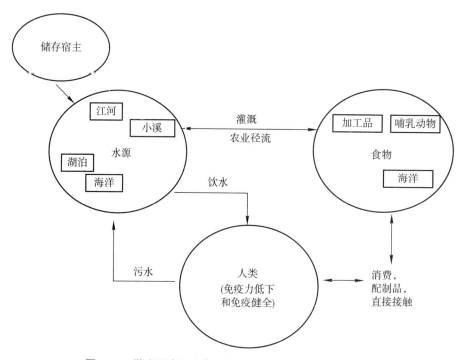

图 2.84　微孢子虫和人类感染之间食物 – 水联系的示意图

［引自 Cali, A., L. M. Weiss, and P. M. Takvorian. 2004. An analysis of the Microsporidian genus *Brachiola*, with comparisons of human and insect isolates of *B. algerae*. *J. Eukaryot. Microbiol.* 51（6）：678–685. © Wiley］

发现分别有 34% 和 33% 的小家鼠被微孢子虫感染（Sak et al. 2011）。另外，已经确定 *Encephalitozoon* spp. 可以感染超过 30 种不同的宿主动物。

2.8.4.3　孢子存活时间

Kramer（1970）已经证实孢子存活时间的长短依赖于环境因素。室温下放置在干燥表面的来源于昆虫的孢子，在两周或者长达一年之内孢子仍然能保持感染性。Kramer 还报道了在同样条件下的粪球或干尸中的孢子可以维持最多 6 个月的感染性，但放置在冷水中可以超过一年仍然具有感染性。在 5℃、湿度 50% 的条件下干粪便中的家蝇八孢虫（*Octosporea muscaedomesticae*）孢子可以存活 16 个月，但在室温下只有 8 个月（Kramer 1970）。在 55℃放置 20 min 后破坏者微粒子虫（*Nosema destructor*）的孢子仍然具有活力，但在 70℃被灭活（Maddox 1973）。纳卡微粒子虫（*Nosema necatrix*）孢子中也观察到了类似的效果，在 60℃ 30 min、55℃ 90 min 或 50℃ 5 h 后孢子失去活力，但 40℃连续放置 3 周，孢子仍然保持感染性（Maddox 1973）。这些报道表明高温严重降低了感染性，而低温似乎能够延长孢子的存活时间。除温度之外，水对孢子存活也有影响。在干燥状态下 6 个月内孢子仍然具有感染能力，而保存在冷的蒸馏水中孢子感染性可长达 10 年（Kramer 1970）。Kramer 还报道保存在水中两年的 *Octosporea* 孢子仍然具有感染性，如果干燥后再将孢子润湿，两个月孢子就失去感染性（Kramer 1970）。

阳光对孢子的影响似乎是物种依赖性的。Maddox 报道了西方蜜蜂微粒子虫暴露在阳光下 24 h 仍然具有感染性，而纳卡微粒子虫接触日光仅 5 h 就失去活力（Maddox 1973）。按蚊微孢子虫孢子暴露在强烈的阳光下长达 4 h 后感染性没有表现出变化，但用人工紫外光源照射 8 min，感染性和感染强度（感染昆虫中产生的孢子数）下降 99.9%（Kelly & Anthony 1979）。另外的实验表明，紫外线照射 1 min 后孢子感染力下降 48%，照射 2 min 后下降 76%，只是照射 2 min 后感染强度则下降 91%（Kelly & Anthony 1979）。Undeen 和 Vander Meer（1990）利用紫外线来刺激 *A. algerae* 孢子发芽，结果表明短时间接触低剂量的紫外线（254 nm）会使一些孢子发芽，但接触 20 min 将使所有的孢子失去发芽能力。他们认为孢子不能发芽和海藻糖的含量下降有关，海藻糖似乎是孢子在激活期间维持渗透势所必需的（Undeen & Vander Meer 1990）。Olsen 等（1986）将西方蜜蜂微粒子虫暴露在人工紫外线照射下研究其对感染力的影响，也发现相似的情况。

2.8.4.4　实验室条件下的孢子保存

孢子的保存方式随物种的类型、需要保存的期限和实验室可用设备而有差异。保存在冷藏的蒸馏水（Fuxa & Brooks 1979）、冷藏的海水（Cali et al. 1986）、冷冻水悬浮液（Henry & Oma 1974）中的孢子及冻干的孢子（Bailey 1972）均具有感染性。最近，研究者将已经在液氮中保存了长达 25 年的微孢子虫孢子解冻后用来检测对各种宿主的感染能力（Maddox & Solter 1996；Solter et al. 2012），结果显示所有陆生宿主的微孢子虫孢子仍然保持发芽的能力并能进行感染。他们发现来源于蚊子水生阶段的微孢子虫按蚊微孢子虫的孢子用这种方法保存时无法生存。但是，当按蚊微孢子虫孢子在零上几度冷藏保存在蒸馏水中时，可以维持生存多年（Undeen & Vander Meer 1994）。在 4℃保存在蒸馏水中的按蚊微孢子虫孢子和海水中的丝黛芬妮格留虫孢子超过 25 年仍然能保持活力。

2.9　总结

虽然各种各样的微孢子虫已经被鉴定，但仍有新的物种被报道，为多样性一词不断赋予新的含义。孢子是体现微孢子虫特征的一个阶段，是一个相对一致的阶段，而其他所有阶段都有变化，因此它受到了最多的关注。孢子具有独特的发芽装置，负责将孢原质传送到宿主细胞，从而引发感染。孢子初始活化的必需条件已经在几个属中有了研究报道，结果显示初始活化的条件是可变的，与物种有关。几个因素的相互作用似乎与触发一系列启动极丝弹出的连续事件有关，而这在不同的微孢子虫属和种中也有所变化。

  作为跨膜通道的水通道蛋白分子在微孢子虫中已经被证明能促进渗透，被认为是水快速涌入激活孢子的分子基础。这为孢子壁的破裂、极丝外翻变成极管和孢原质传送提供了动力。此外，已经证实了极丝是在细胞质外面，极丝圈被一种膜系统与孢原质分隔开来。这些观察到的结果有助于解释为什么当极丝快速解旋而且迅猛弹出孢子时孢原质仍然保持完整。有些微孢子虫可通过弹出的极管直接刺入宿主的细胞质释放孢原质后在几分钟内进行感染，这是微孢子虫如何感染其宿主的传统观念。也有一些报道显示，被吞噬的孢子能够发芽并从吞噬体中释放其孢原质，胞外的孢原质常常毗邻宿主细胞的细胞质膜，有可能通过吞噬作用或内吞作用而被内化。这些现象与最近的生物化学、信号转导和分子生物学方面的数据表明，微孢子虫进入宿主细胞的方式可能比我们先前想象的更加多样和复杂。不论采取何种方式孢子进入宿主细胞，极管作为转移载体传送孢原质。孢原质在宿主细胞中的最终感染情况似乎与不同的微孢子虫和宿主类型而有变化。然而，一旦孢原质进入了相容的宿主细胞，增殖期就开始了。正如我们所看到的，微孢子虫的胞内发育阶段以及它们与宿主的关系差异非常大，但是微孢子虫都产生具有极丝且抵抗性强的孢子。

参考文献

第 2 章参考文献

第 3 章 人感染微孢子虫的流行病学

RONALD FAYER

环境微生物与食品安全实验室，贝茨维尔农业研究中心
美国农业部农业研究局

MONICA SANTIN-DURAN

环境微生物与食品安全实验室，贝茨维尔农业研究中心
美国农业部农业研究局

3.1 简介

微孢子虫在自然界广泛存在，全球都有发现。有超过 1 200 种的微孢子虫被划分于微孢子虫门，大多数能感染昆虫、鸟类和鱼类；目前已知有 17 种微孢子虫能感染人类（表 3.1）。事实上尽管存在基因型的差异，但是所有能感染人类的微孢子虫也能感染其他动物。

表 3.1 感染人类的微孢子虫种类

物种	可能的来源	参考文献
Encephalitozoon（异名 *Nosema*）*cuniculi*	哺乳动物	Deplazes et al.（1996a）
Enterocytozoon bieneusi	哺乳动物、鸟类	Deplazes et al.（1985）
Enterocytozoon hellem	鸟类、果蝠	Didier et al.（1991）；Cali et al.（1998）
Enterocytozoon（异名 *Septata*）*intestinalis*	哺乳动物	Hartskeerl et al.（1995）
Microsporidium africanum（异名 *Nosema* sp.）	未知	Pinnolis et al.（1981）
Microsporidium ceylonensis（异名 *Nosema* sp.）	未知	Ashton & Wirasinha（1973）；Canning et al.（1998）；Suankratay et al.（2012）
Microsporidium sp.（与 *Endoreticulatus* spp. 相似）	未知	Suankratay et al.（2012）
Pleistophora ronneafiei（异名 *Pleistophora* sp.）	未知	Ledford et al.（1985）；Cali & Takvorian（2003）
Trachipleistophora hominis	未知	Field et al.（1996）；Hollister et al.（1996）；Rauz et al.（2004）
Trachipleistophora anthropopthera	未知	Yachnis et al.（1996）；Vávra et al.（1998）；Juarez et al.（2003）
Tubulinosema sp.	昆虫	Choudhary et al.（2011）
Anncaliia（异名 *Nosema*、*Brachiola*）*algerae*	昆虫	Coyle et al.（2004）；Visvesvara et al.（1999）；Field et al.（2012）
Anncaliia（异名 *Nosema*、*Brachiola*）*connori*	未知	Margileth et al.（1973）；Sprague（1974）

续表

物种	可能的来源	参考文献
Anncaliia（*Brachiola*）*vesicularum*	未知	Cali et al.（1998）
Nosema ocularum	未知	Cali et al.（1991）
Nosema sp.	未知	Curry et al.（2007）
Vittaforma corneae（异名 *Nosema corneum*）	未知	Davis et al.（1990）；Shadduck et al.（1990）；Silveira & Canning（1995）

　　早期有关人微孢子虫病及其流行病学的知识非常有限，因为非常难以判断显微镜下的孢子是否是微孢子虫，即使是在光学显微镜最高放大倍数下孢子依然非常微小。最早有关人感染微孢子虫的零星报道出现于19世纪20年代。第一例报道或许是来自于一个当时被认为感染了查氏脑炎微孢子虫（*Encephalitozoon chagasi*）的新生儿（Torres 1927）。在另一个早期案例中，脉络膜视网膜炎和脑炎被认为是由兔脑炎微孢子虫（*Encephalitozoon cuniculi*）感染所致（Wolf & Cowen 1937）。脑炎微孢子虫（*Encephalitozoon* sp.）是首先从一个出现痉挛的男孩体内诊断到的，这个案例有时也被认为是人类感染微孢子虫的第一个病例（Matsubayashi et al. 1959）。有关微孢子虫感染人类案例的零星报道一直存在，直到艾滋病的暴发。当时人们从一个艾滋病患者肠道中发现了毕氏肠微孢子虫（*Enterocytozoon bieneusi*）（Ledford et al. 1985），并从另一位艾滋病患者骨骼肌中发现未知微孢子虫（Ledford et al. 1985），这引起了学界对微孢子虫研究的兴趣。疾病暴发是获得诸如微孢子虫这样病原体流行病学相关信息的独特的机会，且流行病学调查获取的数据会对医疗决策和公众卫生政策产生深远的影响。因此，艾滋病暴发后，相继有9属17种微孢子虫在免疫缺陷及免疫功能正常的患者感染中被发现（表3.1）。虽然我们鉴别了这些微孢子虫物种以及一些物种的多态性基因型，但有关它们传播及流行病学方面的许多知识仍有待于我们进一步学习。

3.2　感染剂量及孢子排泄量

　　由于微孢子虫是新出现的病原体，几乎所有种的LD$_{50}$及最低感染剂量都是未知的，并且种间及种内不同基因型之间的剂量似乎也不一样。不同感染者的孢子播散强度也不一样。在无感染症状的儿童里，毕氏肠微孢子虫的孢子量可达每克排泄物 1.2×10^5 个（Mungthin et al. 2005）；在艾滋病患者中，毕氏肠微孢子虫的孢子浓度在每克腹泻排泄物 $4.5 \times 10^5 \sim 4.4 \times 10^8$ 个，在24 h内排泄物中的孢子总数可达 10^{11} 个（Goodgame et al. 1999）。这些数字可能会被认为不完整，甚至可能引起误解，因为感染而导致的孢子排泄量在病原体的种间、种内不同基因型间，或者是不同年纪和不同健康状况的感染者之间都存在巨大差异。即使基于相同的因素，能引起感染所需的孢子数量也会差异很大。

3.3　传播的来源

　　普遍认为大多数感染是通过被感染的人或动物的孢子所污染的食物或水经由粪–口途径传播的（Didier & Weiss 2011）。人类病原体微孢子虫，如毕氏肠微孢子虫、海伦脑炎微孢子虫（*Encephalitozoon hellem*）、兔脑炎微孢子虫、按蚊微孢子虫（*Anncaliia algerae*）、角膜条孢虫（*Vittaforma corneae*）和肠脑炎微孢子虫（*Encephalitozoon intestinalis*）都可以在农作物的灌溉用水、再生水、饮用水和污水处理厂的污水（包括重新释放到环境的生物淤泥）中检测到（Dowd et al. 1998；Thurston Enriquez et al. 2002；Coupe et al. 2006；Izquierdo et al. 2011；Li et al. 2012a；Galván et al. 2013）。食源性的微孢子虫感染暴发可能与旅馆为客人提供的被污染的新鲜食材有关（Decraene et al. 2012）。微孢子虫病可通过破损的皮肤及眼部损伤的直接接触和性行为传播（Didier & Weiss 2011）。在人体中也发现了能感染昆虫的微孢子虫，这可能是通过昆虫的叮咬、皮肤损伤或污染的食物或水传播的。孢子的垂直传播目前尚未在人类中发现，但是在非人类的灵长类和其他许多不同的哺乳类动物中已被报道。

3.3.1　外伤和眼部感染

有关眼部感染的病例报告则表明了微孢子虫的一些传播路线。有关眼部感染微孢子虫的报告比较少，但免疫缺陷人群中感染的情况比免疫正常人群要普遍地多一些。在两类感染情况中，只有 4 例关于免疫正常人群角膜基质底部感染的报告，而其他所有的免疫缺陷人群的感染都发生在表层上皮（Friedberg & Ritterband 1999）。第一例人类眼部感染微孢子虫的事例发生在一个 11 岁的男孩身上，6 年前他的眼睛被山羊戳伤并接受了眼角膜移植（Ashton & Wirasinha 1973）。对受伤的角膜组织病理学检测发现其基质深处存在生物体，并最终确定该生物体为兔脑炎微孢子虫的孢子。至于该微孢子虫的确切来源到底是哪只山羊，还是更大的环境，目前已无从得知，但伤口为孢子的入侵和增殖提供了空间。其余 3 个角膜基质底部感染的患者身体并没有先前受到伤害的历史。在表层角膜炎的早期病例中，要不就是没有识别微孢子虫，要不就是疏忽报道微孢子虫病相关的任何关系。一个鼻腔及鼻旁窦感染的艾滋病患者也被报道由于兔脑炎微孢子虫导致了眼部感染（Rossi et al. 1999）。慢性鼻窦炎恶化之后才出现眼部感染的症状，表明眼部是鼻腔感染的后继感染区域，这也表明上呼吸道是感染发生的最初位点，随后会扩散到眼部。在海伦脑炎微孢子虫和肠脑炎微孢子虫的感染案例中，有证据表明眼部感染是包括鼻腔、鼻窦、呼吸道和肾在内的系统感染的一部分，而肠脑炎微孢子虫引起的眼部感染也可能是消化道感染的一个部分（Friedberg & Ritterband 1999）。接触沾有尿路感染者含孢子尿液的手指可能导致孢子直接进入眼部表面（Lowder et al. 1996）。类似的情况也能导致孢子感染从呼吸道或消化道传入眼部。

3.3.2　水传播和环境生存

水是微孢子虫孢子传播最有可能的来源。水体提供了可以使孢子存活下来的环境。水用于饮用、灌溉以及清洗食物，并且也用于洗澡、洗手、洗脸以及用于娱乐。污水及草坪、街道、牧场、田地等径流中的孢子最终汇集到水体里。一些水传播的微孢子虫种类见表 3.2。

微孢子虫的一些生物学特征也暗示了其通过水体传播的可能性。能够感染人的许多种和种内不同基因型的微孢子虫同样也可以感染动物，它们排泄的尿液和粪便中的孢子可以污染水源。兔脑炎微孢子虫的孢子在 4℃下保存两年或 –12℃ 和 –24℃ 冻存 24 h 后仍能够对小鼠造成致命性的感染（Koudela et al. 2003.）。兔脑炎微孢子虫、海伦脑炎微孢子虫和肠脑炎微孢子虫的孢子在 10℃、15℃、20℃、25℃ 及 30℃ 的水体中保存数周至一年之后仍具有感染性，感染活性持续的时间在物种之间存在差异，并随温度的升高而下降（Li et al. 2003）。微孢子虫的孢子可在不同的盐浓度和温度条件下存活。兔脑炎微孢子虫的孢子可在 37℃ 的缓冲液下能够存活超过 9 天，在 4℃ 和 20℃ 条件下至少能存活 24 天，在 –70℃ 条件下至少能存活 6 个月（Shadduck & Polley 1978）。兔脑炎微孢子虫的孢子在低浓度生理盐水（培养基 199）中 22℃ 存放超过两周或 4℃ 超过 98 天仍具有感染性（Waller 1979）。兔脑炎微孢子虫的孢子在海水中同样能够存活，只是时间较前者稍短（Fayer 2004）。海伦脑炎微孢子虫的孢子在 30 ng/L、10℃ 的海水中可存活 12 周；在 30 ng/L、20℃ 的海水中可存活两周。肠脑炎微孢子虫孢子的感染性在 30 ng/L、10℃ 和 20℃ 条件下可分别保持一周和两周。兔脑炎微孢子虫孢子的感染性在 10 ng/L、10℃ 或 20℃ 的海水中保持超过两周。虽然自然界中这 3 种微孢子虫在淡水及不同盐浓度溶液和温度中存活的能力有所不同，它们都可能保持长久的感染性从而成为在河流、湖泊、港湾及海洋中广泛分布的物种。

游泳池里使用的硅藻土过滤网并不能有效地过滤一些像隐孢子虫（Cryptosporidium）卵囊这样的小的颗粒，而微孢子虫的孢子甚至更小（Hutin et al. 1998）。另外，从前瞻性病例对照研究推断出的肠微孢子虫感染风险因素表明，对于感染 HIV 的患者而言，微孢子虫的感染通常与男性同性行为和在泳池游泳有关，这

表 3.2 水传播微孢子虫证据

检测到的种类	地点	水源	所影响的宿主	检测方法	文献
E. bieneusi	法国	塞纳河	N/A	PCR	Sparfel et al.（1997）
E. bieneusi	美国	地下水、地表水、污水处理厂	N/A	PCR	Dowd et al.（1998）
E. intestinalis					
V. corneae					
E. bieneusi	法国	塞纳河	N/A	Uvitex 2B、PCR	Fournier et al.（2000）
E. Intestinalis（94% 同源）; *Pleistophora* spp.（89% 同源）	哥斯达黎加、美国、墨西哥、巴拿马	来自灌渠、湖泊和河流里的灌溉用水	N/A	PCR	Thurston–Enriquez et al.（2002）
未知种	法国	游泳池	N/A	PCR	Fournier et al.（2002）
E. intestinalis	危地马拉	饮用水	N/A	PCR	Dowd et al.（2003）
E. bieneusi	爱尔兰	香农河	斑马贻贝	FISH、PCR	Graczyk et al.（2004）
E. intestinalis					
E. bieneusi	法国	河流休闲区、湖泊	N/A	PCR	Coupe et al.（2006）
E. bieneusi	美国马里兰州	河流休闲区	N/A	FISH，PCR	Graczyk et al.（2007）
E. bieneusi	爱尔兰	3 条河流流域	贻贝	FISH	Lucy et al.（2008）
E. intestinalis			鸭贻贝		
E. hellem			斑马贻贝		
E. bieneusi	爱尔兰	湿地	N/A	FISH、PCR	Graczyk et al.（2009）
E. bieneusi	西班牙加尼西亚	饮用水处理厂、污水处理厂、河流休闲区	N/A	Microcopy、PCR	Izquierdo et al.（2011）
E. bieneusi	爱尔兰西北部 4 个地点	污水处理厂	N/A	FISH	Cheng et al.（2011）
E. intestinalis					
E. hellem					
E. bieneusi	中国	城市废水	N/A	PCR	Li et al.（2012a）
E. bieneusi	突尼斯	未经或经处理过的废水	N/A	PCR	Ben Ayed et al.（2012）
E. bieneusi	美国纽约	雨水	野生动植物	PCR	Guo et al.（2014）
E. bieneusi	西班牙中部	饮用水处理厂、污水处理厂、4 处河流流域	N/A	Chromotropestain、PCR	Galván et al.（2013）
E. intestinalis					
E. cuniculi					
A. algerae					

也表明粪口途径的传播也包括性传播和水传播（Hutin et al. 1008）。在刚果民主共和国金沙萨，那些感染了毕氏肠微孢子虫和肠脑炎微孢子虫的艾滋病患者，接触过地表水是感染微孢子虫的一个显著而独立的影响因素（Wumba et al. 2012）。如果微孢子虫能发生感染的剂量相对较低，那么因为水传播感染微孢子虫病的

可能性就会增加（Franzen & Müller 1999）。考虑到水体是感染微孢子虫的一个可能源头，因此美国国立卫生研究院将微孢子虫列为 B 类病原体。美国环境保护署将微孢子虫（*Enterocytozoon* 和 *Septata*）作为微生物类别候选列入安全饮用水行动的污染物清单 1（CCL1）。

虽然水是生命之源且是潜在的水源性病原体来源，可是有些来源于昆虫的微孢子虫却能在常温的干燥表面保持感染性长达一年（Kramer 1970）。干燥的粪球或尸体内的微孢子虫孢子在同样的条件下可保持感染性长达 6 个月（Kramer 1970）。

许多研究均表明紫外线对微孢子虫的存活具有毒害作用。例如：将纳卡微粒子虫（*Nosema necatrix*）的孢子喷于豆类叶片上表层，在没有紫外线保护剂的作用下，孢子在 28 h 后会迅速地丧失感染能力，在 78 h 后完全丧失感染能力；而那些含有紫外线保护剂的孢子即使在 78 h 后仍能感染 23% 的供试昆虫，144 h 后，那些没有暴露在阳光下的孢子仍具有感染活性（Kaya 1977）。人工紫外线照射也获得了相同的结果。例如，按蚊微孢子虫（*Nosema algerae*）的孢子暴露在人工紫外线下 8 min 后，99.9% 的孢子丧失感染能力（Kelly & Anthony 1979）。其他报道已证实 6 mJ/cm^2 低 – 中压紫外线会让水体内超过 3.6 log10[*] 的肠脑炎微孢子虫孢子丧失活性，在细胞培养中则需要更高的紫外剂量（Huffman et al. 2002），如在 8.43 mWs/cm^2 的紫外线下可使 3 log10 的孢子丧失活性（John et al. 2003）。

3.3.2.1　地表水里的微孢子虫

第一份经同行评议的出版物证实了人类病原体微孢子虫毕氏肠微孢子虫和肠脑炎微孢子虫的确在美国的地表水里存在（Dowd et al. 1998）。

在法国，通过光学显微镜观察和 PCR 检测，研究者从一份采集自塞纳河和 3 份采自卢瓦尔河的样本中发现了微孢子虫。从塞纳河采得的标本与已发表的毕氏肠微孢子虫序列之间存在 98% 的同源性（Sparfel et al. 1997）。从塞纳河采集的其他 25 份水样中 64% 为微孢子虫阳性，但仅在一份水样中检测到毕氏肠微孢子虫（Fournier et al. 2000）。通过 DNA 的序列分析发现，8 种未知样品与角膜条孢虫或具褶孢虫属的物种（*Pleistophora* sp.）有着最高的同源性。作者推断水体中较低水平的毕氏肠微孢子虫孢子污染率表明微孢子虫经水感染人类的风险是有限的。

研究者收集了哥斯达黎加、巴拿马、墨西哥和美国直接用于灌溉作物的运河及湖泊水体样本（Thurston-Enriquez et al. 2002），从 25 个水样中发现了 7 个样本存在微孢子虫 DNA，表明每个国家均有一个或多个样本存在微孢子虫 DNA。其中两个样本的 PCR 产物已经测序，其中一个与肠脑炎微孢子虫具有 94% 的同源性，另一个与具褶孢虫属物种具有 89% 的同源性，两者都没有足够近的物种亲缘关系以确定其真实身份。不过这些发现却表明了灌溉用水中存在微孢子虫，并在食物安全方面引起关注。

在爱尔兰，软体贝类作为水中微生物的生物存储库，从香农河流域以及其他 3 个流域的 12 个地点捕获之后，发现其包含有毕氏肠微孢子虫、肠脑炎微孢子虫或者海伦脑炎微孢子虫（Graczyk et al. 2004；Lucy et al. 2008）。

3.3.2.2　饮用水和废水

饮用水处理厂（DWTPs）承担着生产饮用水的工作，生产的水中没有病原菌，有毒物质也被控制在对公共卫生无害的极低水平。污水处理厂（WWTPs）在减少废水中微生物的含量中起着重要作用。在处理之后，液体和悬浮颗粒将会释放到地表水里或者作为生物淤泥释放到陆地上。任何会使病原体存活下来的处理程序都会导致水传播的公共卫生风险，或者会使病原体成为用作肥料的生物淤泥中的污染物。曾确认地表水中含有人类病原体微孢子虫的研究同样还报道了三级污水和地下水中存在肠脑炎微孢子虫，三级污水中也存在角膜条孢虫（Dowd et al. 1998）。在危地马拉，人们在危地马拉城周围农村的公共用水的水源中检

---

* 原著中单位表示方法

测到肠脑炎微孢子虫（Dowd et al. 2003）。在西班牙西北地区，人们对从加尼西亚的 8 个饮用水处理厂、8 个污水处理厂、6 个河流休闲区采集的 38 个样品进行了微孢了虫检测。通过铬变素染色后显微镜观察，发现饮用水处理厂的入水样品中存在孢子而出水样品未发现孢子。在其中一处污水处理厂的出水样品中同样发现了孢子。在 8 个阳性样品中，通过 PCR 的方法仅确认了来自一处河流休闲区的样品，鉴定为肠脑炎微孢子虫。在西班牙中部地区，从 4 个饮用水处理厂、7 个污水处理厂及 4 条河流流域的 6 个地点共采集了 223 份样品（Galván et al. 2013）。在污水处理厂样品里发现了毕氏肠微孢子虫 C、D 的基因型和类 D 的基因型；在一个饮用水处理厂及两条河流区域也发现了类 D 的基因型；同时也检测到了肠脑炎微孢子虫、兔脑炎微孢子虫和按蚊微孢子虫（Galván et al. 2013）。在突尼斯，人们经常会在 18 个污水处理厂的废水和淤泥中检测到毕氏肠微孢子虫（Ben Ayed et al. 2012），毕氏肠微孢子虫 D 的基因型和 IV 型是最普遍的基因型。对来自 18 个污水处理厂的 209 个毕氏肠微孢子虫样本的转录间隔区（ITS）序列分析发现它们有着相似的遗传多样性，与地理位置无关。在爱尔兰莱迪，人们在一个污水处理厂的一个湿地流入口水样中和 3 个湿地排水口的两个水样中发现了毕氏肠微孢子虫孢子（Graczyk et al. 2009）。在爱尔兰西北部，人们分别在 4 月和 7 月对来自 4 个污水处理厂的废水样品进行了检测，在这两个时段的检测中，毕氏肠微孢子虫、海伦脑炎微孢子虫和肠脑炎微孢子虫的孢子分别在 3 号、3 号和 1 号处理厂房的出水样品中被检测到（Cheng et al. 2011）。在中国上海、青岛和武汉，超过 90% 的污水处理厂样品中均检测出了毕氏肠微孢子虫孢子，在南京这一比例为 62.1%（Li et al. 2012a）。在 338 个毕氏肠微孢子虫阳性标本中，一共发现了 26 个基因型。D 的基因型为最常见基因型，在 82.5% 样本中均有发现。

Galván 等（2013）发现毕氏肠微孢子虫在西班牙存在春夏两季季节性增长，Cheng 等（2011）也发现在爱尔兰污水处理厂的入水及出水水样中都存在此情况。Galván 发现肠脑炎微孢子虫在冬季存在季节性增长情况。

3.3.2.3　游憩用水

人们在娱乐时意外地摄入自然水体可能会导致如隐孢子虫（Cryptosporidium）、鞭毛虫（Giardia）等水传原生生物的感染，这也可能包括微孢子虫。在法国巴黎，研究者对来自 6 个泳池的 48 份水样进行了检测，发现其中一个样品含有微孢子虫，其与昆虫微孢子虫舒氏内网虫（Endoreticulatus schubergi）的亲缘关系较近（Fournier et al. 2002）。在巴黎附近的另一个研究中，研究者一年内每月从两个游憩湖泊和 3 条泳客和划船客常去的河流中进行了采样，结果从一个湖泊和一个河水样品中发现了毕氏肠微孢子虫（Coupe et al. 2006）。在美国马里兰切萨皮克海岸的一个海水浴场岸边，游泳客的数量和海水浑浊度（与潮汐或降雨无关）在周末明显比平时高很多（Graczyk et al. 2007）。周末含微孢子虫孢子的水样的比例以及孢子的浓度也明显更高。大多数孢子属于毕氏肠微孢子虫，而肠脑炎微孢子虫的孢子只在一个周末的水样里被发现。现在无法确定污染水体的微孢子虫的更重要的来源是由于浴客搅起了沉淀还是浴客排泄出孢子，但是这两种情况都是游憩水体中粪便大肠菌含量增加的原因（Graczyk et al. 2007）。

一个前瞻性病例对照研究推断，艾滋病患者感染微孢子虫病与其在游泳池游泳有关（Hutin et al. 1998）。不过，对于感染微孢子虫病的艾滋病患者的粪便分析表明这并不总与游憩用水相关，也许是因为艾滋病患者已被告知未经处理的地表水中存在条件性致病菌而避免接触，这也许能够解释为什么这种风险因素并没有明显出现（Conteas et al. 1998）。

3.3.2.4　水传播疫情的暴发

一篇基于粪便样品中微孢子虫的研究报告表明法国微孢子虫病的暴发可能与饮用水有关（Cotte et al. 1999）。从 1995 年 6—9 月，特定区域患者微孢子虫阳性粪便样品数量显著增加表明感染的源头可能是里昂市部分给水系统。然而，研究中存在不足，这可能影响有关疫情暴发是由于传染引起的结论（Hunter 2000）。例如，研究中没有病例控制或组群研究，没有适当地描述流行病学方法研究（例如，并没有询问患者相关可能的危险因素），没有提供相关病例是否是艾滋病毒阳性的信息，而且提供的在疾病暴发期间有关水处理失败的证据并不能令人信服（Hunter 2000）。有关水传播引起的疫情暴发的结论只是基于大多数患者住在由同一给水系统供水的区域。该结论似乎只是一种可能，缺乏足够的支撑证据，难以令人信服。

3.3.2.5　涉水野生生物

目前有关水栖野生陆生哺乳动物感染微孢子虫的信息较少。研究者利用分子手段对在马里兰东部湿地地区捕获的野生毛皮动物进行了微孢子虫检测（Sulaiman et al. 2003b）。分别从麝鼠、浣熊、海狸、狐狸和水獭中发现了 20、15、13、9 和 2 个毕氏肠微孢子虫的分离株。大多数毕氏肠微孢子虫基因型都是宿主特异性的基因型，不过也鉴定了一些先前描述的人类和其他动物的基因型。由于这些野生哺乳动物生活在地表水中或附近，其携带人类病原体毕氏肠微孢子虫并污染水体。然而马萨诸塞州的一项研究并没有从海狸中检测到微孢子虫（Fayer et al. 2006）。在西班牙，研究者发现野兔为毕氏肠微孢子虫阳性（del Aguila et al. 1999）。在中国，研究者发现公园中自由放养的 411 只猕猴中有 116 只携带有毕氏肠微孢子虫，而猴子居住的公园湖水中鉴定的所有微孢子虫基因型在这些猴子中也得到鉴定（Ye et al. 2012）。

3.4　食源性传播

有关食物中存在微孢子虫的研究相对较少。不过，有一次微孢子虫病的暴发被证实与会议中酒店提供的被污染的食物有关（Decraene et al. 2012）。食源性微孢子虫可能来源列于表 3.3。

3.4.1　新鲜农产品和果汁中的存在情况

研究者对从哥斯达黎加中央山谷农贸市场获得的新鲜的生菜、芹菜、香菜、草莓和黑莓进行了微孢子虫、环孢子虫（Cyclospora sp.）、隐孢子虫（Cryptosporidium sp.）和粪大肠杆菌存在情况的检测（Calvo et al. 2004）。从 5 个不同市场分别在旱季和雨季对每种农产品采集 25 份样本，并对其进行检测。对样品冲洗下来的沉淀进行了姜-尼（Ziehl–Neelsen）和韦氏三色染色法染色并通过显微镜进行寄生虫检测。所有的蔬菜样品都含有粪便大肠杆菌，微孢子虫在除黑莓之外的所有农产品中均有发现。

在波兰西部，研究者分别从食品杂货店、超市、街头摊贩以及食品摊那里购买了一些绝大多数产自本地的新鲜农产品（Jedrzejewski et al. 2007）。首先对草莓、树莓、绿豆、苜蓿、萝卜、卷心莴苣、散叶莴苣、芝麻菜、韭葱、欧芹叶和莳萝进行了镜检。在草莓和树莓中发现了肠脑炎微孢子虫，在树莓、绿豆芽和卷心莴苣中发现了毕氏肠微孢子虫；在欧芹叶中发现了兔脑炎微孢子虫（表 3.3）。由于微孢子虫的孢子可来源于各种各样的非人类脊椎动物和无脊椎动物宿主，所以存在常规染色法呈阳性而 FISH 检测却是阴性的情况，这最可能是由非感染人类的微孢子虫孢子污染所致。

在埃及，通过改良的韦氏三色染色法和姜-尼氏染色法对作为商品销售的新鲜橙子、柠檬、甘蔗、草莓和芒果汁进行了湿片镜检（Mossallam 2010）。孢子活力通过二乙酸荧光素/碘化丙啶染色进行评估；感染性通过瑞士小白鼠进行检测。草莓汁受污染程度最高（54.28%），橙子受污染程度最低（22.86%）。隐孢子虫是最常见的污染物（61.29%），环孢子虫是最少见的（14.52%）。微孢子虫是最顽强的污染物，在被检测的果汁中都保持着活性和感染性。

3.4.2　食源性传播暴发

在瑞典韦姆兰省的一家酒店中有 100 多位参会者在专业会议后出现了肠胃疾病（Decraene et al. 2012）。同天，在此酒店参加另外一个会议的 15 个访客中有两人出现病症。同天食用了相同食物的 39 个工作人员中，有 3 人也出现了病症。从会议开始到发病，这些患者的疾病中位潜伏期为 9 d（范围是 0~21 d），确认是微孢子虫病的 4 位患者中位潜伏期为 7 d（范围是 3~15 d）。那些早晨参加茶歇的人患病概率比不参加的

表 3.3　检测到与食物相关的微孢子虫

产品类型	来源	国家	种类	检测方法	文献
草莓	食品杂货店、街边地摊	波兰	E. intestinalis	铬变酸 -2R 染色、荧光增白剂染色、FISH	Jedrzejewski et al.（2007）
树莓	食品杂货店、街市档位	波兰	E. intestinalis、E. bieneusi]	铬变酸 -2R 染色、荧光增白剂染色、FISH	Jedrzejewski et al.（2007）
绿豆芽	超市	波兰	E. bieneusi	铬变酸 -2R 染色、荧光增白剂染色、FISH	Jedrzejewski et al.（2007）
欧芹	食品杂货店	波兰	E. cuniculi	铬变酸 -2R 染色、荧光增白剂染色、FISH	Jedrzejewski et al.（2007）
卷心莴苣	街市档位	波兰	E. bieneusi	铬变酸 -2R 染色、荧光增白剂染色、FISH	Jedrzejewski et al.（2007）
草莓、生菜、芹菜、香菜	市场	哥斯达黎加	N/A	姜 - 尼染色法、韦氏染色法	Calvo et al.（2004）
可能是沙拉和三明治中的黄瓜	酒店餐厅（11 人被感染）	瑞典	E. bieneusi（C 基因型）	PCR	Decraene et al.（2012）
橙子、柠檬、甘蔗、草莓、杧果	商业出售的新鲜果汁	埃及	微孢子虫	姜 - 尼染色法、韦氏染色法	Mossallam（2010）
牛奶	从 180 头奶牛中检测到 15 个阳性种类	韩国	E. bieneusi（基因型 D、I、J、CEbD 和 IV 型）	PCR	Lee（2008）

高 6.4 倍。午餐也与发病相关。早上茶歇中的奶酪三明治和午餐中的沙拉相对危险最高。在 135 个病例中，97% 的人吃过奶酪三明治，87% 的人吃过沙拉。土豆泥和面包也与发病相关。之后，调查者发现剩下的用于制作奶酪三明治的黄瓜片后来被加入到沙拉之中。供给于批发商的预切黄瓜是中间供应厂商从西班牙进口的，没有剩余食物样本以供检测。不过，所有用于检测的 6 份粪便样品都含有从遗传学角度不能区分的毕氏肠微孢子虫 C 的基因型。尽管进行了大量的检测，但粪便样品中并没有检测出其他的生物体，这有力地表明毕氏肠微孢子虫是致病病原体。

3.4.3　受污染产品的消毒

研究者将肠脑炎微孢子虫孢子污染的生菜和罗勒暴露在气态二氧化氯之中，该气体曾经被用作生食品的细菌和真菌的杀菌剂（Ortega et al. 2008）。通过气体处理，罗勒和生菜上的菌落总数分别出现了超过 1 000 到 10 000 倍的显著下降。在市场上通过对生鲜农产品的消毒处理能够影响微孢子虫的传播，不过缺乏数据支持。

3.5　空气传播

微孢子虫能够感染呼吸系统表明微孢子虫可经由被污染的气溶胶进行传播。呼吸感染的典型方式是从诸如气管等近端的上皮细胞扩展到像小支气管等远端区域的上皮细胞。所有记录在案的肺部微孢子虫病都与免疫缺陷患者，艾滋病患者及骨髓移植患者相关（Martínez-Girón et al. 2008）。艾滋病病毒携带者或艾滋病患者大多数感染都是由海伦脑炎微孢子虫引起的（Schwartz et al. 1992，1993），不过肠脑炎微孢子虫、兔脑炎微孢子虫和毕氏肠微孢子虫也有引起感染的报道（Botterel et al. 2002；Didier et al. 1996a；Orenstein et al. 2005）。多起海伦脑炎微孢子虫感染鼻旁窦的案例表明这里是呼吸系统感染的最初部位（Dunand et al. 1997；Scaglia et al. 1998）。对于海伦脑炎微孢子虫，这种在水禽、宠物鸟类及城市鸽子里面普遍存在的微孢子虫，这些发现推测出它与新型隐球菌（*Cryptococcus neoformans*）有着相似的感染途径，新型隐球菌可通过吸入粪便气溶胶传播。

3.6　传播载体和动物传播来源

目前已知能感染脊椎及无脊椎动物的微孢子虫远超过 1 000 种。在电子显微镜及分子工具的帮助下，我们发现一些已经命名的物种及与其亲缘关系密切相关的物种明显与人类感染相关。现已鉴定能感染许多脊椎动物宿主，包括人类、家畜及野生动物。这些宿主中有人、猕猴、狨猴、猪、牛、马、美洲驼、条纹羚、狗、猫、狐狸、浣熊、水獭、豚鼠、海狸、兔、麝鼠、猎鹰和其他鸟类。至今为止，通过核糖体 ITS 序列分析，一共鉴定了 201 个 *E. bieneusi* 基因型，包括 54 个感染人类的基因型，33 个感染人类和其他动物，102 个感染特殊动物族群的宿主适应型（表 3.4；表 3.5；表 3.6）。同时也发现只有几个 *E. bieneusi* 基因型仅感染人类或其他动物宿主，有一些基因型在于人类和动物中都存在，表明存在人畜共患的可能性。

表 3.4　仅在人类中鉴定出来的 *Enterocytozoon bieneusi* 基因型

基因型名[别名]（Genbank收录号）	地理分布	参考文献
B [Type I]（AF101198）	澳大利亚、喀麦隆、英格兰、法国、德国、荷兰、尼日利亚、瑞士和突尼斯	Rinder et al.（1997）；Liguory et al.（1998，2001）；Sadler et al.（2002）；Breton et al.（2007）；ten Hove et al.（2009）；Stark et al.（2009）；Chabchoub et al.（2012）；Ojuromi et al.（2012）
Q（AF267147[a]）	德国、瑞士	Rinder et al.（2000）；Dengjel et al.（2001）
R（AY945808）	泰国	Leelayoova et al.（2006）
S（AY945809）	泰国	Leelayoova et al.（2006）
T（AY945810）	泰国	Leelayoova et al.（2006）
U（AY945811）	泰国	Leelayoova et al.（2006）
V（AY945812）	泰国	Leelayoova et al.（2006）
W（AY945813）	泰国	Leelayoova et al.（2006）
Peru3（AY371278）	秘鲁	Sulaiman et al.（2003a）；Bern et al.（2005）；Cama et al.（2007）
Peru13（EF014429）	秘鲁	Cama et al.（2007）
Peru15（EF014431）	秘鲁	Cama et al.（2007）
CAF2（DQ683747）	加蓬、尼日利亚	Breton et al.（2007）；Akinbo et al.（2012）
CAF3（DQ683748）	加蓬	Breton et al.（2007）
CAF4（DQ683749）	加蓬、喀麦隆	Breton et al.（2007）
III 型（AY242477）	法国	Liguory et al.（1998，2001）
V 型（AF242479）	法国	Liguory et al.（2001）
NIA1（EF458628）	巴西、刚果、尼日尔	Espern et al.（2007）；Wumba et al.（2010，2012）；Feng et al.（2011）
HAN1（EF458627）	越南	Espern et al.（2007）
UG2145（AF502396）	马拉维、乌干达	Tumwine et al.（2002）；ten Hove et al.（2009）
基因型 17（EU140500）	秘鲁	Cama et al.（2007）

续表

基因型名[别名]（Genbank收录号）	地理分布	参考文献
S1（FJ439677）	马拉维	ten Hove et al.（2009）
S2（FJ439678）	马拉维	ten Hove et al.（2009）
S3（FJ439680）	马拉维	ten Hove et al.（2009）
S4（FJ439679）	马拉维	ten Hove et al.（2009）
S5（FJ439681）	马拉维	ten Hove et al.（2009）
S7（FJ439683）	荷兰	ten Hove et al.（2009）
S8（FJ439684）	荷兰	ten Hove et al.（2009）
S9（FJ439685）	荷兰	ten Hove et al.（2009）
CZ1（GU198949）	捷克共和国	Sak et al.（2011a）
CZ2（GU198950）	捷克共和国	Sak et al.（2011a）
CHN2（HM992510）	中国	Zhang et al.（2011）
Nig1（JN997477）	尼日利亚	Akinbo et al.（2012）
Nig2（JN997478）	尼日利亚	Akinbo et al.（2012）
Nig3（JN997479）	尼日利亚	Akinbo et al.（2012）
Nig4（JN997480）	尼日利亚	Akinbo et al.（2012）
Nig5（JN997481）	尼日利亚	Akinbo et al.（2012）
MAY1（JN595887）	法国	Pomares et al.（2012）
KIN1（JQ437573）	刚果	Wumba et al.（2012）
KIN2（JQ437574）	刚果	Wumba et al.（2012）
KIN3（JQ437575）	刚果	Wumba et al.（2012）
IH（KC708073）	印度	Li et al.（2013）
Henan II（JF691565）	中国	Wang et al.（2013a）
SH1（JX994257）	中国	Wang et al.（2013b）
SH2（JX994258）	中国	Wang et al.（2013b）
SH3（JX994259）	中国	Wang et al.（2013b）
SH4（JX994260）	中国	Wang et al.（2013b）
SH5（JX994261）	中国	Wang et al.（2013b）
SH6（JX994262）	中国	Wang et al.（2013b）
LW1 [SH7]（JX000571）	中国	Wang et al.（2013b）
SH8（JX994264）	中国	Wang et al.（2013b）
SH9（JX994265）	中国	Wang et al.（2013b）
SH10（JX994266）	中国	Wang et al.（2013b）
SH11（JX994267）	中国	Wang et al.（2013b）
SH12（JX994268）	中国	Wang et al.（2013b）

[a] 基因型 Q 为 245 bp

表 3.5 在人类和动物中发现的 Enterocytozoon bieneusi 基因型

基因型名 [别名]（Genbank 收录号）	宿主	地理分布	参考文献
A [Peru1]（AF101197）	人	喀麦隆、加蓬、德国、印度、荷兰、尼日尔、尼日利亚、葡萄牙、秘鲁、斯洛伐克共和国、瑞士和泰国	Rinder et al. (1997); Sulaiman et al. (2003a); Bern et al. (2005); Leelayoova et al. (2005, 2009); Breton et al. (2007); Cama et al. (2007); Espern et al. (2007); ten Hove et al. (2009); Pagornrat et al. (2009); Li et al. (2011, 2013); Akinbo et al. (2012); Lobo et al. (2012); Maikai et al. (2012); Halánová et al. (2013)
	狒狒	肯尼亚	Li et al. (2011)
Peru11 [Peru12]（AY371286）	人	中国、秘鲁、泰国	Sulaiman et al. (2003a); Bern et al. (2005); Leelayoova et al. (2006); Cama et al. (2007); Wang et al. (2013a, 2013b)
	狒狒	肯尼亚	Li et al. (2011)
	猕猴	中国	Ye et al. (2012)
	白头叶猴	中国	Karim et al. (2014); Ye et al. (2014)
	浣熊	美国	Guo et al. (2014)
	草原野鼠	美国	Guo et al. (2014)
	东方白尾灰兔	美国	Guo et al. (2014)
Peru7（AY371282）	人	秘鲁	Sulaiman et al. (2003a); Bern et al. (2005); Cama et al. (2007)
	狒狒	肯尼亚	Li et al. (2011)
CAF1 [PEbE]（DQ683746）	人	加蓬、尼日尔	Breton et al. (2007); Espern et al. (2007)
	猪	加蓬、韩国	Breton et al. (2007); Jeong et al. (2007)
EbpC [E、Peru4、WL13、WL17]（AF076042）	人	中国、秘鲁、泰国、越南	Sulaiman et al. (2003a); Bern et al. (2005); Leelayoova et al. (2006); Cama et al. (2007); Espern et al. (2007); Wang et al. (2013a, 2013b)
	猪	中国、德国、日本、秘鲁、瑞士和泰国	Deplazes et al. (1996b); Breitenmoser et al. (1999); Leelayoova et al. (2009); Reetz et al. (2009); Abe & Kimata (2010); Feng et al. (2011); Li et al. (2014)
	野猪	澳大利亚、波兰	Němejc et al. (2014)
	牛	阿根廷	del Coco et al. (2014)
	海狸	美国	Sulaiman et al. (2003b)
	水獭	美国	Sulaiman et al. (2003b)
	麝鼠	美国	Sulaiman et al. (2003b)

基因型名 [别名]（Genbank 收录号）	宿主	地理分布	参考文献
	浣熊	美国	Sulaiman et al.（2003b）
	狐狸	美国	Sulaiman et al.（2003b）
	猕猴	中国	Ye et al.（2012）；Karim et al.（2014）
Peru 16（EF014427）	人	秘鲁	Cama et al.（2007）
	豚鼠	秘鲁	Cama et al.（2007）
Peru10（AY371285）	人	秘鲁	Sulaiman et al.（2003a）；Bern et al.（2005）；Cama et al.（2007）
	猫	哥伦比亚	Santín et al.（2006）
IV 型 [CMITS1，BEB5，BEB-var，K，Peru2，PtEBIII]（AF242478）	人	乌干达、中国、法国、加蓬、英格兰、伊朗、拉维、瑞士、尼日尔、尼日利亚、秘鲁、葡萄牙和乌干达	Liguory et al.（1998，2001）；Sadler et al.（2002）；Tumwine et al.（2002）；Sulaiman et al.（2003a）；Bern et al.（2005）；Sarfati et al.（2006）；Breton et al.（2007）；Cama et al.（2007）；Espern et al.（2007）；ten Hove et al.（2009）；Ayinmode et al.（2011）；Akinbo et al.（2012）；Lobo et al.（2012）；Maikai et al.（2012）；Agholi et al.（2013a）；Wang et al.（2013a）
	猕猴	中国	Ye et al.（2012）；Karim et al.（2014）
	食蟹猴	中国	Karim et al.（2014）
	牛	韩国、葡萄牙、美国	Sulaiman et al.（2004）；Lee（2008）；Santín et al.（2012）
	猫	哥伦比亚、德国、日本、葡萄牙	Dengjel et al.（2001）；Santín et al.（2006）；Lobo et al.（2006b）；Abe et al.（2009）
	狗	哥伦比亚	Santín et al.（2008）
	花栗鼠	美国	Guo et al.（2014）
	土拨鼠	美国	Guo et al.（2014）
	草原野鼠	美国	Guo et al.（2014）
	松鼠	美国	Guo et al.（2014）
	黑熊	美国	Guo et al.（2014）
WL11 [Peru5]（AY237219）	人	秘鲁	Sulaiman et al.（2003a）；Bern et al.（2005）；Cama et al.（2007）
	狗	哥伦比亚	Santín et al.（2008）
	狐狸	美国	Sulaiman et al.（2003b）

基因型名 [别名]（Genbank 收录号）	宿主	地理分布	参考文献
O（AF267145）	猫	哥伦比亚	Santín et al.（2006）
	人	泰国	Leelayoova et al.（2006）
PigEBITS7（AF348475）	猪	德国、泰国	Dengjel et al.（2001）；Reetz et al.（2009）；Leelayoova et al.（2009）
	人	中国、印度、泰国	Leelayoova et al.（2006）；Wang et al.（2013a）；Li et al.（2013）
	猪	美国	Buckholt et al.（2002）
	猕猴	中国	Karim et al.（2014）
	白头叶猴	中国	Karim et al.（2014）
Peru6（AY371281）	人	葡萄牙、秘鲁	Sulaiman et al.（2003a）；Bern et al.（2005）；Cama et al.（2007）；Lobo et al.（2012）
	鸟	葡萄牙	Lobo et al.（2006b）
	狗	葡萄牙	Lobo et al.（2006a）
	牛	美国	Santín et al.（2005）
WL15（AY237223）	人	秘鲁	Cama et al.（2007）
	猕猴	中国	Ye et al.（2012）
	食蟹猴	中国	Ye et al.（2012）
	马	捷克共和国	Wagnerová et al.（2012）
	狐狸	美国	Sulaiman et al.（2003b）
	海狸	美国	Sulaiman et al.（2003b）
	麝鼠	美国	Sulaiman et al.（2003b）
	浣熊	美国	Sulaiman et al.（2003b）
D [CEbC、Peru9、PigEBITS9、PtEbVI、WL8]（AF101200）	人	巴西、喀麦隆、中国、刚果、英格兰、加拿大、印度、伊朗、马拉维、荷兰、尼日尔、尼日利亚、波兰、葡萄牙、秘鲁、俄国、西班牙、泰国、突尼斯和越南	Sadler et al.（2002）；Sulaiman et al.（2003a）；Bern et al.（2005）；Breton et al.（2007）；Leelayoova et al.（2006）；Espern et al.（2007）；ten Hove et al.（2009）；Saksirisampant et al.（2009）；Ayinmode et al.（2011）；Feng et al.（2011）；Galván et al.（2011）；Sokolova et al.（2011）；Akinbo et al.（2012）；Chabchoub et al.（2012）；Lobo et al.（2012）；Maikai et al.（2012）；Wumba et al.（2012）；Agholi et al.（2013a，2013b）；Li et al.（2013）；Wang et al.（2013a，2013b）；Kicia et al.（2014）

续表

基因型名 [别名]（Genbank 收录号）	宿主	地理分布	参考文献
	猪	中国、捷克共和国、日本、美国	Buckholt et al.(2002); Sak et al.(2008); Abe & Kimata(2010); Li et al.(2014)
	野猪	捷克共和国、斯洛伐克共和国	Němejc et al. (2014)
	牛	阿根廷、韩国、南非	Lee (2007, 2008); Abu Samra et al. (2012); del Coco et al. (2014)
	海狸	美国	Sulaiman et al. (2003b)
	狐狸	美国	Sulaiman et al. (2003b)
	麝鼠	美国	Sulaiman et al. (2003b)
	浣熊	美国	Sulaiman et al. (2003b)
	水獭	美国	Guo et al. (2014)
	猎鹰	阿布达比酋长国	Muller et al. (2008)
	鸽子	伊朗	Pirestani et al. (2013)
	马	哥伦比亚、捷克共和国	Santín et al. (2010); Wagnerová et al. (2012)
	狗	葡萄牙	Lobo et al. (2006b)
	鼠	捷克共和国、德国	Sak et al. (2011b)
	狒狒	肯尼亚	Li et al. (2011b)
	猕猴	中国、美国	Chalifoux et al. (2000); Karim et al. (2014); Ye et al. (2014)
	食蟹猴	中国	Karim et al. (2014)
	白头叶猴	中国	Karim et al. (2014)
S6 (FJ439682)	人	马拉维	ten Hove et al. (2009)
	鼠	捷克共和国、德国	Sak et al. (2011b)
Peru8 (AY371283)	人	中国、马拉维、尼日利亚、秘鲁、泰国	Sulaiman et al. (2003a); Bern et al. (2005); Cama et al. (2007); ten Hove et al. (2009); Akinbo et al. (2012); Chabchoub et al. (2012); Wang et al. (2013a)
	食蟹猴	中国	Karim et al. (2014)
	孙猴	中国	Karim et al. (2014)
	白头叶猴	中国	Karim et al. (2014)
S6 (FJ439682)	人	马拉维	ten Hove et al. (2009)

续表

基因型名 [别名]（Genbank 收录号）	宿主	地理分布	参考文献
	鼠	捷克共和国，德国	Sak et al.（2011b）
Peru8（AY371283）	人	中国，马拉维，尼日利亚，秘鲁，突尼斯	Sulaiman et al.（2003a）；Bern et al.（2005）；Cama et al.（2007）；ten Hove et al.（2009）；Akinbo et al.（2012）；Chabchoub et al.（2012）；Wang et al.（2013a）
	食蟹猴	中国	Karim et al.（2014）
	猕猴	中国	Karim et al.（2014）
	白头叶猴	中国	Karim et al.（2014）
	鸡	秘鲁	Feng et al.（2011）
	鼠	捷克共和国，德国	Sak et al.（2011b）
CZ3（GU198951）	人	捷克共和国	Sak et al.（2011a）
	鼠	捷克共和国，德国	Sak et al.（2011b）
C [Type II]（AF101199）	人	法国，德国，荷兰，葡萄牙，瑞士	Rinder et al.（1997）；Liguory et al.（1998，2001）；Dengjel et al.（2001）；ten Hove et al.（2009）；Lobo et al.（2012）
	鼠	捷克共和国，德国	Sak et al.（2011b）
BEB4 [CHN1]（AY331008）	人	中国，捷克共和国	Sak et al.（2011a）；Zhang et al.（2011）.
	牛	阿根廷，中国，南非，美国	Sulaiman et al.（2004）；Santin et al.（2005，2012）；Fayer et al.（2007）；Santín & Faye（2009a）；Zhang et al.（2011）；Abu Samra et al.（2012）；del Coco et al.（2014）
	猪	中国	Zhang et al.（2011）
EbpA [F]（AF076040）	人	中国，捷克共和国，尼日利亚	Sak et al.（2011a）；Akinbo et al.（2012）；Wang et al.（2013b）
	猪	中国，捷克共和国，德国，日本，瑞士，美国	Breitenmoser et al.（1999）；Rinder et al.（2000）；Dengjel et al.（2001）；Buckholt et al.（2002）；Sak et al.（2008）；Reetz et al.（2009）；Abe & Kimata（2010）；Li et al.（2014）
	野猪	捷克共和国，波兰	Němejc et al.（2014）
	马	捷克共和国	Wagnerová et al.（2012）
	鼠	捷克共和国，德国	Sak et al.（2011b）
	牛	德国	Dengjel et al.（2001）
	鸟	捷克共和国	Kasičkova et al.（2009）

续表

基因型名 [别名] (Genbank 收录号)	宿主	地理分布	参考文献
PigITS5 [PEbA] (AF348173)	人	捷克共和国	Sak et al. (2011a)
	猪	日本、韩国、美国	Buckholt et al. (2002); Jeong et al. (2007); Abe & Kimata (2010)
	鼠	捷克共和国、德国	Sak et al. (2011b)
I [BEB2、CEbE] (AF135836)	人	中国	Zhang et al. (2011)
	弥猴	中国	Karim et al. (2014)
	牛	阿根廷、中国、捷克共和国、德国、韩国、南非、美国	Rinder et al. (2000); Dengjel et al. (2001); Sulaiman et al. (2004); Santin et al. (2005, 2012); Fayer et al. (2007, 2012); Lee (2007, 2008); Santin & Fayer (2009a); Zhang et al. (2011); Abu Samra et al. (2012); Jurankova et al. (2013); del Coco et al. (2014)
J [BEB1、CEbB、PtEbX] (AF135837)	人	中国	Zhang et al. (2011)
	牛	阿根廷、中国、德国、伊朗、韩国、葡萄牙、美国	Rinder et al. (2000); Dengjel et al. (2001); Reetz et al. (2002); Sulaiman et al. (2004); Santin et al. (2005, 2012); Lobo et al. (2006b); Fayer et al. (2007); Lee (2007, 2008); Santin & Fayer (2009a); Zhang et al. (2011); Pirestani et al. (2013); del Coco et al. (2014)
	鸡	德国	Reetz et al. (2002)
CHN3 (HM992511)	人	中国	Zhang et al. (2011)
	牛	中国	Zhang et al. (2011)
CHN4 (HM992512)	人	中国	Zhang et al. (2011)
	牛	中国	Zhang et al. (2011)
WL12 (AY237220)	人	巴西	Feng et al. (2011)
	海狸	美国	Sulaiman et al. (2003b)
	水獭	美国	Sulaiman et al. (2003b)
PtEbII (DQ425108)	人	葡萄牙	Lobo et al. (2012)
	鸟	葡萄牙	Lobo et al. (2006b)
EbpD (AF076043)	人	中国	Wang et al. (2013a)
	猪	瑞士	Breitenmoser et al. (1999)
WL7 (AY237215)	人	尼日利亚	Maikai et al. (2012)

续表

基因型名 [别名]（Genbank 收录号）	宿主	地理分布	参考文献
Henan-I（JF691564）	海狸	美国	Sulaiman et al.（2003b）
	人	中国	Wang et al.（2013a）
	猪	中国	Li et al.（2014）
	野猪	澳大利亚	Němejc et al.（2014）
Henan-III（JF691566）	人	中国	Wang et al.（2013a）
	猪	中国	Li et al.（2014）
Henan-IV（JQ029727）	人	中国	Wang et al.（2013a）
	猪	中国	Li et al.（2014）
Henan-V（JQ029728）	人	中国	Wang et al.（2013a）
	猕猴	中国	Karim et al.（2014）
	食蟹猴	中国	Karim et al.（2014）
	日本猕猴	中国	Karim et al.（2014）

表 3.6 仅在动物中鉴定出来的 *Enterocytozoon bieneusi* 基因型

基因型名[别名]（Genbank收录号）	宿主	地理分布	参考文献
L（AF267142）	猫	德国	Dengjel et al.（2001）
EbfelA（AF118144）	猫	瑞士	Mathis et al.（1999a）
PtEbIV（DQ885580）	猫	葡萄牙	Lobo et al.（2006b）
PtEbVIII（DQ885584）	猫	葡萄牙	Lobo et al.（2006b）
D-like（DQ836345）	猫	哥伦比亚	Santín et al.（2006）
BEB3（AY331007）	牛	美国	Sulaiman et al.（2004）；Sanín et al.（2005）
BEB3-like（JQ923448）	牛	南非	Abu Samra et al.（2012）
PtEbXI（DQ885587）	牛	葡萄牙	Lobo et al.（2006b）
M（AF267143）	牛	德国	Dengjel et al.（2001）
	鸽子	伊朗	Pirestani et al.（2013）
N（AF267144）	牛	德国	Dengjel et al.（2001）
4948 FL-2 2004（DQ154136）	牛	美国	Santín et al.（2005）
CEbA（EF139195）	牛	韩国	Lee（2007，2008）
CEbD（EF139198）	牛	韩国	Lee（2007，2008）
CEbF（EF139194）	牛	韩国	Lee（2007，2008）
BEB6（EU153584）	牛	美国	Fayer et al.（2007）
	山羊	秘鲁	Feng et al.（2011）
	猕猴	中国	Karim et al.（2014）
BEB7（EU153585）	牛	美国	Fayer et al.（2007）
BEB8（JQ044398）	牛	美国	Santín et al.（2012）
BEB9（JQ044399）	牛	美国	Santín et al.（2012）
BEB10（KJ675191）	牛	阿根廷	del Coco et al.（2014）
PtEbIX（DQ885585）	狗	哥伦比亚、日本、葡萄牙、瑞士、美国	Santín et al.（2008）；Abe et al.（2009）；Feng et al.（2011）
CHN5（HM992513）	狗	中国	Zhang et al.（2011）
CHN6（HM992514）	狗	中国	Zhang et al.（2011）
Horse1（GQ406053）	马	哥伦比亚、捷克共和国	Santín et al.（2010）；Wagnerová et al.（2012）
Horse2（GQ406054）	马	哥伦比亚、捷克共和国	Santín et al.（2010）；Wagnerová et al.（2012）
Horse3（JQ804971）	马	捷克共和国	Wagnerová et al.（2012）
Horse4（JQ804972）	马	捷克共和国	Wagnerová et al.（2012）
Horse5（JQ804973）	马	捷克共和国	Wagnerová et al.（2012）
Horse6（JQ804974）	马	捷克共和国	Wagnerová et al.（2012）
Horse7（JQ804975）	马	捷克共和国	Wagnerová et al.（2012）

续表

基因型名[别名]（Genbank收录号）	宿主	地理分布	参考文献
Horse8（JQ804976）	马	捷克共和国	Wagnerová et al.（2012）
Horse9（JQ804977）	马	捷克共和国	Wagnerová et al.（2012）
Horse10（JQ804978）	马	捷克共和国	Wagnerová et al.（2012）
Horse11（JQ804979）	马	捷克共和国	Wagnerová et al.（2012）
H [PEbC]（AF135835）	猪	中国、德国、日本、韩国、泰国	Rinder et al.（2000）；Dengjel et al.（2001）；Jeong et al.（2007）；Leelayoova et al.（2009）；Abe and Kimata（2010），Li et al.（2014）
	鼠	捷克共和国、德国	Sak et al.（2011b）
G（AF135834）	猪	德国	Rinder et al.（2000）；Dengjel et al.（2001）
	野猪	捷克共和国	Němejc et al.（2014）
	马	捷克共和国	Wagnerová et al.（2012）
PigEbITS1（AF348469）	猪	美国	Buckholt et al.（2002）
PigEbITS2（AF348470）	猪	美国	Buckholt et al.（2002）
PigEbITS3 [PEbB]（AF348471）	猪	韩国、美国	Buckholt et al.（2002）；Jeong et al.（2007）
PigEbITS4（AF348472）	猪	韩国、美国	Buckholt et al.（2002）；Jeong et al.（2007）
PigEbITS6（AF348474）	猪	美国	Buckholt et al.（2002）
PigEbITS8（AF348476）	猪	美国	Buckholt et al.（2002）
EbpB（AF076041）	猪	瑞士	Breitenmoser et al.（1999）
CHN7（HN992516）	猪	中国	Zhang et al.（2011）
CHN8（HN992517）	猪	中国	Zhang et al.（2011）
CHN9（HN992518）	猪	中国	Zhang et al.（2011）
CHN10（HN992519）	猪	中国	Zhang et al.（2011）
E1（EU849129）	猪	德国	Reetz et al.（2009）
F1（EU883783）	猪	德国	Reetz et al.（2009）
CS-1（KF607047）	猪	中国	Li et al.（2014）
CS-2（KF607048）	猪	中国	Li et al.（2014）
CS-3（KF607049）	猪	中国	Li et al.（2014）
CS-4（KF607050）	猪	中国	Li et al.（2014）
CS-5（KF607051）	猪	中国	Li et al.（2014）
CS-6（KF607052）	猪	中国	Li et al.（2014）
CS-7（KF607053）	猪	中国	Li et al.（2014）
CS-8（KF607054）	猪	中国	Li et al.（2014）

基因型名[别名]（Genbank收录号）	宿主	地理分布	参考文献
Wildboar1（KF383396）	野猪	斯洛伐克共和国	Němejc et al.（2014）
Wildboar2（KF383397）	野猪	波兰	Němejc et al.（2014）
Wildboar3（KF383398）	野猪	捷克共和国、波兰	Němejc et al.（2014）
Wildboar4（KF383400）	野猪	捷克共和国	Němejc et al.（2014）
Wildboar5（KF383402）	野猪	波兰	Němejc et al.（2014）
Wildboar6（KF383404）	野猪	波兰	Němejc et al.（2014）
WL1（AY237209）	浣熊	美国	Sulaiman et al.（2003b）
WL2（AY237210）	浣熊	美国	Sulaiman et al.（2003b）
	水獭	美国	Guo et al.（2014）
WL3（AY237211）	浣熊	美国	Sulaiman et al.（2003b）
WL4 [WL5]（AY237212）	麝鼠	美国	Sulaiman et al.（2003b）
	松鼠	美国	Guo et al.（2014）
	花栗鼠	美国	Guo et al.（2014）
	黑熊	美国	Guo et al.（2014）
	浣熊	美国	Guo et al.（2014）
	水獭	美国	Guo et al.（2014）
	貂	美国	Guo et al.（2014）
	鹿鼠	美国	Guo et al.（2014）
	东方白尾灰兔	美国	Guo et al.（2014）
	白尾鹿土拨鼠	美国	Guo et al.（2014）
WL6（AY237214）	麝鼠	美国	Sulaiman et al.（2003b）
	松鼠	美国	Guo et al.（2014）
	土拨鼠	美国	Guo et al.（2014）
	浣熊	美国	Guo et al.（2014）
WL9（AY237217）	海狸	美国	Sulaiman et al.（2003b）
WL10（AY237218）	麝鼠	美国	Sulaiman et al.（2003b）
WL14（AY237222）	麝鼠	美国	Sulaiman et al.（2003b）
WL18（KF591680）	白尾鹿	美国	Guo et al.（2014）
WL19（KF591681）	白尾鹿	美国	Guo et al.（2014）
WL20（KF591682）	土拨鼠	美国	Guo et al.（2014）
	北方红黑田鼠	美国	Guo et al.（2014）
WL21（KF591683）	松鼠	美国	Guo et al.（2014）
	北方红黑田鼠	美国	Guo et al.（2014）
	草原田鼠	美国	Guo et al.（2014）
WL22（KF591684）	土拨鼠	美国	Guo et al.（2014）

续表

基因型名[别名]（Genbank收录号）	宿主	地理分布	参考文献
WL23（KF591685）	花栗鼠	美国	Guo et al.（2014）
	鹿鼠	美国	Guo et al.（2014）
WL24（KF591688）	浣熊	美国	Guo et al.（2014）
WL25（KF591686）	鹿鼠	美国	Guo et al.（2014）
WL26（KF591687）	浣熊	美国	Guo et al.（2014）
PtEbV（DQ885581）	Kudo	葡萄牙	Lobo et al.（2006b）
	松鼠	美国	Guo et al.（2014）
PtEbXII（DQ885588）	狨猴	葡萄牙	Lobo et al.（2006b）
P（AF267146）	美洲驼	德国	Dengjel et al.（2001）
Peru6-var（DQ425107）	鸟	葡萄牙	Lobo et al.（2006b）
Col01^a（AY668952）	鸽子	西班牙	Haro et al.（2005）
Col02^a（AY668953）	鸽子	西班牙	Haro et al.（2005）
KB-1（JF681175）	狒狒	肯尼亚	Li et al.（2011）
KB-2（JF681176）	狒狒	肯尼亚	Li et al.（2011）
KB-3（JF681177）	狒狒	肯尼亚	Li et al.（2011）
KB-4（JF681178）	狒狒	肯尼亚	Li et al.（2011）
KB-5（JF681179）	狒狒	肯尼亚	Li et al.（2011）
KB-6（JF681180）	狒狒	肯尼亚	Li et al.（2011）
Macaque1（JX000572）	猕猴	中国	Ye et al.（2012）
Macaque2（JX000573）	猕猴	中国	Ye et al.（2012）
Macaque3（KC441073）	食蟹猴	中国	Ye et al.（2014）
Macaque4（KC441074	食蟹猴	中国	Ye et al.（2014）
CM1（KF305581）	食蟹猴	中国	Karim et al.（2014）
	猕猴	中国	Karim et al.（2014）
	白头叶猴	中国	Karim et al.（2014）
CM2（KF305586）	食蟹猴	中国	Karim et al.（2014）
	白头叶候	中国	Karim et al.（2014）
CM3（KF305589）	食蟹猴	中国	Karim et al.（2014）
CM4（KF543866）	猕猴	中国	Karim et al.（2014）
	金丝猴	中国	Karim et al.（2014）
CM5（KF543867）	食蟹猴	中国	Karim et al.（2014）
CM6（KF543870）	食蟹猴	中国	Karim et al.（2014）
CM7（KF543871）	食蟹猴	中国	Karim et al.（2014）

^{a} 不完整 ITS 核苷酸序列

3.6.1 昆虫源微孢子虫

按蚊微孢子虫能感染多种蚊子，虽然人气管普孢虫（*Trachipleistophora hominis*）感染蚊子后在其食管中能发现孢子，但即使在严重感染的蚊子肠道中也没有发现按蚊微孢子虫的孢子。因此，通过喂食的方法对蚊子接种按蚊微孢子虫的孢子是不可行的，然而，感染的蚊子在吸血时排泄或被打扁，其肠道中释放的孢子可通过摄食点破坏的皮肤进入人体，这似乎很可能引起人类的感染（Coyle et al. 2004）。有趣的是，HIV 感染者罹患微孢子虫病的一个风险因素就是被蜜蜂、胡蜂或者大黄蜂蜇刺，这再次暗示昆虫在微孢子虫传播中的作用（Dascomb et al. 2000）。

昆虫微孢子虫能引起人类扩散性感染。小鼠实验表明按蚊微孢子虫能够在身体温度较低的部位如耳朵、鼻子和皮肤中复制，或许是在为散布至人体更深部位之前进行适应较高温度做准备（Undeen & Alger 1976）。有研究表明按蚊微孢子虫会导致浅表性角膜损伤（Visvesvara et al. 1999），它也能导致慢性淋巴细胞性白血病患者的声带感染（Cali et al. 2010）。其他一些类微粒子属的种类也被报道能够引起 HIV 阴性人群的角膜感染（Cali et al. 1991）。有发现表明按蚊微孢子虫能够在 26~37℃包括昆虫、两栖动物和哺乳类的组织培养细胞中生长，表明它可以感染广泛的宿主。HIV 阴性人群因风湿性关节炎导致肌肉疼痛和持续性虚弱，其服用免疫抑制剂后，通过透射电子显微镜法发现其四头肌内存在的大量生物体为按蚊微孢子虫（Coyle et al. 2004）。这是该物种导致的系统感染的首例报道。因为按蚊微孢子虫在全球范围内广泛感染包括库蚊、疟蚊和伊蚊在内的许多蚊属，并通过实验方法发现能感染其他很多昆虫属，包括已被感染的蚊子为食的物种（Brooks 1988），微孢子虫能在普通环境中广泛存在，因此存在多种可能导致人类感染的源头。

其他发现也证实昆虫可能是人类感染微孢子虫的潜在来源。安卡尼亚孢虫属（*Anncallia*）的第二个物种——水泡安卡尼亚孢虫（*Anncaliia vesicularum*），发现于一个艾滋病患者体内。此患者已经有 5 个月感觉头疼、持续性肌无力和腿疼（Cali et al. 1998）。研究者在获得一个慢性淋巴性白血病患者舌前部小瘤的组织切片后，通过超微结构观察和 SSU rRNA 序列分析鉴定出在病变部位的微孢子虫（Choudhary et al. 2011）。BLAST 分析发现其与嗜蝗虫管孢虫（*Tubulinosema acridophagus*）100% 相似，该物种通常感染北美蚱蜢；同时该微孢子虫又与黑腹果蝇管孢虫（*Tu. ratisbonensis*）和威氏果蝇管孢虫（*Tu. kingi*）存在 96% 的相似度，上述两种物种分别从黑腹果蝇（*Drosophila melanogaster*）和威氏果蝇（*D. willistoni*）中获得。作者鉴定该病原体为管孢虫属（*Tubulinosema*）。

人气管普孢虫首次在一个艾滋病患者的骨骼肌组织切片中被发现（Hollister et al. 1996）。将从几个细胞系中获得的细胞连续培养物以及从活体组织切片中获得的孢子接种至无胸腺小鼠中，感染了部分器官和骨骼肌。人气管普孢虫同样在一个患有持续了 3 个月之久的严重肌肉疼痛和头痛的艾滋病患者肌肉组织切片中被发现（Field et al. 1996）。人气管普孢虫作为感染人类潜在来源的实验室证据来自一个接触了疟蚊（*Anopheles quadrimaculatus*）和尖音库蚊（*Culex quinquefasciatus*）幼虫的患者，在他体内分离出了人气管普孢虫孢子（Weidner et al. 1999）。此外，人们在尸检时发现，一名患者的大脑以及另一名患有艾滋病患者的大脑、肾、胰腺、甲状腺、甲状旁腺、心脏、肝、脾和淋巴结中存在与人气管普孢虫类似的角膜气管普孢虫（*Trachipleistophora anthropophthera*）（Vávra et al. 1998）。动物实验研究也支持关于普孢虫属中微孢子虫能够在昆虫和哺乳动物之间传播的可能性。马岛猊气管普孢虫（*Trachipleistophora extenrec*）的孢子从马达加斯加食虫类动物肌肉中分离获得，并保存在联合免疫缺陷（SCID）鼠中（Vávra et al. 2011）。将孢子添食埃及棉树叶虫幼虫，能导致幼虫和蛹的大面积感染和死亡，其生命周期与在哺乳动物宿主中的大致相同。从昆虫分离获得的孢子通过肌肉注射能够感染联合免疫缺陷鼠。其与另外两种感染昆虫的微孢子虫的结构相似性和系统发育关系表明马岛猊气管普孢虫最初可能是一种昆虫微孢子虫。另一个暗示昆虫微孢子虫作为人类病原体的例子就是，在泰国，一个曾经健康的人，后来感染上微孢子虫病，此微孢子虫含有一个新的与内网虫属物种（*Endoreticulatus* spp.）密切相关的 SSU rRNA 序列，而此序列通常存在于鳞翅目一些属的昆虫中（Suankratay et al. 2012）。

3.6.2　可能的鱼类来源

具褶孢虫属起初是从感染鱼类肌肉的物种中报道的。有关罗氏匹里虫（*Pleistophora ronneafiei*）的感染报道于一个低 CD4 细胞的 HIV 阴性患者的肌肉切片中，此患者恢复之后 4 年都没有出现症状（Ledford et al. 1985；Cali & Takvorian 2003）。具褶孢虫属的物种也被认为能引起艾滋病患者的肌肉炎（Chupp et al. 1993）。感染这些生物的来源不明，但其与已知的能够感染鱼类的物种之间的关系提供了鉴定依据。感染是由食用带有具褶孢虫属物种的生鱼肉或者未煮熟的鱼肉导致的，还是由于处理感染的鱼类导致手部和餐具的污染导致？

3.6.3　鸟类

微孢子虫被确定在许多国家能感染多种鸟类宿主。除了人类，一则关于动物园中埃及果蝠中感染的报道（Childs-Sanford et al. 2006），一则欧洲棕野兔肾的感染报道（de Bosschere et al. 2007），一则西班牙家狗粪便的报道（Dado et al. 2012）和一则圣保罗州公园里南美浣熊感染报告外（Lallo et al. 2012a），海伦脑炎微孢子虫能广泛感染鸟类，这导致了人感染海伦脑炎微孢子虫是源自于接触鸟类的假说产生（Childs-Sanford et al. 2006）。

鸟类与食品生产感染微孢子虫相关的第一个迹象是一个来自于德国的蛋类产品单位的母鸡（Reetz 1993）。通过免疫组化的方式在老母鸡的嗉囊、肠道、骨骼肌中发现了微孢子虫，有些母鸡出现了多种症状，而另一些则没有临床表现。在随后对 100 个鸡胚的研究中发现，40% 感染了微孢子虫，证明了微孢子虫的垂直传播（Reetz 1994）。另一个研究表明 3～5 日龄的肉鸡鸡雏可以感染海伦脑炎微孢子虫（Fayer et al. 2003a），进一步研究表明 7 日龄的鸡雏和小火鸡可被来自于哺乳动物细胞培养物中的肠脑炎微孢子虫、兔脑炎微孢子虫和海伦脑炎微孢子虫的孢子所感染（Fayer et al. 2003b）。微孢子虫能感染作为人类食物的禽类和鸟蛋表明微孢子虫可能通过食物传播感染人类。

许多水禽都被微孢子虫感染。在波兰，经检测 570 只鸟中有 20 只是海伦脑炎微孢子虫阳性，一只是肠脑炎微孢子虫阳性（Slodkowicz-Kowalska et al. 2006）。11 种被感染鸟类中 8 种为常见水禽类（鸭子、鹅、天鹅、鹤），并且水禽粪便中含有的孢子显著比非水禽类粪便中多。研究者估计一个单群水禽可向地表水中排入 9.1×10^8 个的已知可感染人类的微孢子虫物种的孢子（Slodkowicz-Kowalska et al. 2006）。虽然有些水禽数量庞大并与包括用作饮用水的地表水接触，但在自然条件下进行推测定量计算时仍需谨慎。

许多宠物鸟类都被发现感染微孢子虫，在捷克共和国，从宠物市场、鸟类繁育场、鸟主人处收集了 287 份排泄物样品（Kasickova et al. 2009），其中超过 40% 的样品中检测到微孢子虫 DNA 的存在，包括毕氏肠微孢子虫、兔脑炎微孢子虫和海伦脑炎微孢子虫，所占比例分别为 12.5%、12.5% 和 6.3%；确定了它们的基因型，发现并描述了 44 种新的鸟类宿主。在巴西，研究者收集了许多各种不同的鸟类的 196 份粪便样本，超过 25% 被检测样是微孢子虫阳性，包括 18.8% 的外来鸟类（Lallo et al. 2012b）。在阳性样品中海伦脑炎微孢子虫、毕氏肠微孢子虫、肠脑炎微孢子虫和兔脑炎微孢子虫所占比例分别为 16.3%、5.6%、1.5% 和 1%。

在世界各地的城市和公园环境里，微孢子虫反复地在鸽子粪便中被发现，这提供了另外一种由微孢子虫孢子产生的环境污染影响人类健康的潜在来源的证据。在西班牙穆尔西亚 7 个公园的 124 只鸽子中，镜检发现 29% 是微孢子虫阳性（Haro et al. 2005）。从 26 个阳性标本的 DNA 中发现 12 只鸽子是毕氏肠微孢子虫阳性，5 只为肠脑炎微孢子虫阳性，一只为海伦脑炎微孢子虫阳性并伴有其他微孢子虫感染。一只海伦脑炎微孢子虫阳性鸽子被鉴定为 A1 的基因型，这个基因型曾经在西班牙一株源自人类的海伦脑炎微孢子虫株系中被描述过。在阿姆斯特丹，331 只鸽子中有 18 只排泄过毕氏肠微孢子虫，11 只排泄过海伦脑炎微孢子虫，6 只排泄过兔脑炎微孢子虫，一只排泄过肠脑炎微孢子虫（Bart et al. 2008）。在巴西，收集自许多种鸟类的 196 份排泄物样本中，鸽子被微孢子虫感染比率最高（31%）（Lallo et al. 2012b）。

3.6.4　伴侣动物

3.6.4.1　狗

在墨西哥中部的一条狗的排泄物中发现了肠脑炎微孢子虫的孢子（Bornay-Llinares et al. 1998）。在瑞士的 3 只狗中发现了毕氏肠微孢子虫（Mathis et al. 1999a）。随后，在哥伦比亚的 18 只狗中发现了毕氏肠微孢子虫（Santín et al. 2008），还有 7 只西班牙的狗（del Aguila et al. 1999；Lores et al. 2002），3 只葡萄牙的狗（Lobo et al. 2006b），2 只中国的狗（Zhang et al. 2011），2 只日本的狗（Abe et al. 2009）以及 1 只美国的狗中也发现了毕氏肠微孢子虫（Feng et al. 2011）。从西班牙公园中收集的 22 份可能为狗或者猫的排泄物样本中发现了微孢子虫的孢子（Dado et al. 2012）；在这些样品中鉴定出了毕氏肠微孢子虫和海伦脑炎微孢子虫。在伊朗，分别在 18 只、8 只、5 只狗的粪便标本中检测出兔脑炎微孢子虫、毕氏肠微孢子虫和肠脑炎微孢子虫（Jamshidi et al. 2012）。在佛罗里达州的一次对宠物狗血清学的 ELISA 检测中发现 125 份血清中 21.6% 为兔脑炎微孢子虫阳性（Cray & Rivas 2013）。利用分子生物学方法对 13 例小狗致命原虫病症的寄生虫分析确认病原体是兔脑炎微孢子虫 III 型株系（Snowden et al. 2009）。

毕氏肠微孢子虫狗类特有基因型 PtEbIX 是在狗体内鉴定出最多的一种基因型（表 3.6）。不过，人畜共患的基因型 D、IV 型、WL11 和 Peru6 同样也在一些国家的狗体内发现过（表 3.5）。

3.6.4.2　猫

在瑞士通过 PCR 的方法在猫类中鉴定出毕氏肠微孢子虫特有基因型（EbfelA）（Mathis et al. 1999a）。在德国，人畜共患基因型 IV 型和猫特有基因型 L 型在 60 只猫中的 3 只被发现（Dengjel et al. 2001）。在葡萄牙，4 只猫感染了人畜共患基因型 IV 型微孢子虫，另 2 只猫感染了 PtEbIV 和 PtEbVIII 基因型微孢子虫（Lobo et al. 2006b）。在哥伦比亚波哥大，研究者同样发现毕氏肠微孢子虫感染了 46 只从不到 6 个月至超过 2 岁的无主或流浪猫中的 8 只（Santín et al. 2006）。其中 4 只猫中的微孢子虫基因型（D、IV 型、WL11 和 Peru10）曾经在人类中发现过，此外其他 4 只猫，鉴定出一个新的基因型，类 D 型。在日本，7 只流浪猫中的 1 只发现了 IV 型基因型毕氏肠微孢子虫（Abe et al. 2009）。在伊朗 40 只猫中的 3 只也发现了毕氏肠微孢子虫（Jamshidi et al. 2012）。

通过 PCR，一只家猫被鉴定出感染肠脑炎微孢子虫（Velásquez et al. 2012）。猫的主人是一个艾滋病患者，患有慢性腹泻以及被肠脑炎微孢子虫感染。

从 11 只欧洲短毛猫的（19 只眼睛）中，通过 PCR 和测序，在 19 个晶状体标本中的 18 个和 19 个眼房水样本中的 10 个发现了兔脑炎微孢子虫（Benz et al. 2011）。兔脑炎微孢子虫被怀疑是导致这些猫出现焦前皮质性白内障和前色素层炎的元凶。兔脑炎微孢子虫同样在一个感染了普通原虫病的小猫中被鉴定出来（Rebel-Bauder et al. 2011）。

3.6.4.3　马

研究者从哥伦比亚 4 个地区的 195 匹马的粪便中，发现 21 匹为毕氏肠微孢子虫阳性，且小于 1 岁的马感染微孢子虫概率（23.7%）比大于 1 岁的马（2.5%）明显要高（Santín et al. 2010）。研究者将两个独特的仅出现于马体内的微孢子虫基因型命名为 Horse 1 和 Horse 2，而第 3 种基因型命名为基因型 D，在 4 匹马中被检测出来，曾经被报道过感染人类或其他许多种的动物，是毕氏肠微孢子虫最常见的人畜共患基因型（表 3.5）。捷克共和国 23 个农场的 377 匹马中，16 个农场的马匹中发现有微孢子虫，主要是毕氏肠微孢子虫和兔脑炎微孢子虫，分别占到 17.3% 和 6.9%（Wagnerová et al. 2012）。圈养的马匹感染毕氏肠微孢子虫和兔脑炎微孢子虫的概率明显比野外牧养的马匹高。一共发现了两种兔脑炎微孢子虫基因型（I 和 II）和 15 种毕氏肠微孢子虫基因型。51.5% 的阳性马匹中鉴定出了毕氏肠微孢子虫基因型 D。其他在马匹中鉴定出来的毕氏肠微孢子虫人畜共患基因型包括 EpbA、G 和 WL15。

3.6.4.4　其他宠物类动物

从秘鲁圣胡安彭巴斯草原的一个家庭中，从 7 只豚鼠和一个两岁的孩子中发现了一个特殊的豚鼠源性的毕氏肠微孢子虫基因型，这充分表明微孢子虫存在人畜共患的可能性（Cama et al. 2007）。

兔子是兔脑炎微孢子虫的主要宿主，感染后通常只会出现亚临床病症。宠物兔的血清阳性率通常很高，而野兔种群中寄生虫的感染则较少（Künzel & Joachim 2010）。研究者从一只有临床症状且血清检测阳性的兔子的尿液中发现了兔脑炎微孢子虫的孢子，其血清阳性的管理者也检测到了兔脑炎微孢子虫的孢子（Ozkan et al. 2011）。在其他的 6 只感染兔脑炎微孢子虫的兔子中分别从 2 只和 4 只中检测到了基因型 II 和 III（Valencakova et al. 2012）。

3.7　家畜

3.7.1　牛

在德国两例小牛流产的案例中，通过免疫组织化学方法证实了微孢子虫抗原的存在，这种微孢子虫可能是兔脑炎微孢子虫（Reetz 1995）。研究者通过免疫荧光显微镜法对斯洛伐克的 55 头奶牛进行检测，发现其中 20 头存在兔脑炎微孢子虫的抗体（Halánová et al. 1999）。

研究者在墨西哥中部的一头牛排泄物中检测到了肠脑炎微孢子虫的孢子（Bornay-Llinares et al. 1998）。

第一次在牛体内检测到肠脑炎微孢子虫孢子的基因型当时并未在人类中发现（Rinder et al. 2000）。之后不久，在德国 7 头牛体内发现了毕氏肠微孢子虫基因型 EbpA、I、J、M 和 N（Dengjel et al. 2001）。在美国，研究者调查了东部 7 个州 14 个奶牛场，在其中 5 个州的 413 头早期断奶小牛中的 13 头体内（Fayer et al. 2003c）、452 头 3~8 个月大的断奶后小牛中的 59 头内（Santín et al. 2004）、571 头 12~24 个月大小母牛中的 131 头内（Santín et al. 2005），以及 541 头成年奶牛中的 24 头内发现了毕氏肠微孢子虫（Fayer et al. 2007）。基因型鉴定发现大多数为牛特异性基因型（表 3.7），但是有些在人类中经常发现的基因型，如 IV 型和 D 型，同样也在牛体内鉴别出来（表 3.2）。此外，以前认为只在牛身上才有的微孢子虫基因型（I、J、BEB4）同样也被报道在人类中存在（表 3.6）。在马里兰一个奶牛场关于 30 头 1 周~24 个月大的牛的纵向研究中，毕氏肠微孢子虫 I 型基因型在所有的牛中均被检测出来，其中一些牛感染时间长达 17 个月；J 型基因型在 8 头牛中被检测出来，年龄分别为 16~24 个月（Santín & Fayer 2009a）。在美国的 49 个公司中，819 头断奶肉牛（6~18 个月大）中的 34.8% 体内检测出毕氏肠微孢子虫（Santín et al. 2012）。在中部州微孢子虫流行趋势最高（42.7%）。序列分析表明存在 6 种基因型，包括具有人畜共患可能的基因型 I、J 和 IV 型。在马里兰 47 个乳牛场的粪便样本中，36% 为微孢子虫阳性且为牛特异型毕氏肠微孢子虫基因型 I 型（Fayer et al. 2012）。在长春市一个医院中，研究者在一个腹泻孩子的样本中发现了毕氏肠微孢子虫，其中 I 基因型在 3 个孩子和 8 头奶牛的样本中被发现，J 基因型在 3 个孩子和 9 头奶牛的样本中被发现，同时在 5 个孩子和 10 头奶牛样本中发现了一个新的基因型 BEB4，CHN3 基因型在 4 个孩子和 14 头奶牛的样本中被发现，CHN4 基因型在 3 个孩子和一头奶牛的样本中被发现（Zhang et al. 2011）。

3.7.2　猪

在墨西哥中部，研究者从两头猪的粪便中检测到了肠脑炎微孢子虫的孢子（Bornay-Llinares et al. 1998），而斯洛伐克的 27 头中的 25 头母猪中也被检测出肠脑炎微孢子虫的孢子（Valencáková et al. 2006）。在德国，研究者从两个农场的 3 头猪的粪便样本中检测出兔脑炎微孢子虫 III 基因型（Reetz et al. 2009）。血清学检验证实从 51% 和 52% 的被检猪样品中分别检测出抗兔脑炎微孢子虫和肠脑炎微孢子虫抗体（Malčeková et al. 2010）。

表 3.7　从水中鉴别到的 *Enterocytozoon bieneusi* 基因型 [a]

基因型名（Genbank收录号）	水体地理起源	文献报道的宿主	参考文献
Peru6（AY371281）	中国、突尼斯	人、鸟类、牛、狗	Ben Ayed et al.（2012）；Li et al.（2012a）
Peru11（AY371286）	中国、突尼斯	人、狒狒、猕猴	Ben Ayed et al.（2012）；Li et al.（2012a）；Ye et al.（2012）
Peru8（AY371283）	中国、突尼斯	人、鸡、鼠	Ben Ayed et al.（2012）；Li et al.（2012a）
EbpA（AF076040）	中国	人、牛、马、鼠、猪	Li et al.（2012a）
EbpC（AF076042）	中国	人、海狸、狐狸、麝鼠、猕猴、水獭、猪、浣熊	Li et al.（2012a）；Ye et al.（2012）
EbpD（AF076043）	中国	人、猪	Li et al.（2012a）
IV 型（AF242478）	中国、爱尔兰、突尼斯	人、猫、牛、狗、猕猴、短尾猴	Graczyk et al.（2009）；Ben Ayed et al.（2012）；Li et al.（2012a）；Ye et al.（2012）
C（AF101199）	中国、西班牙	人、鼠	Li et al.（2012a）；Galván et al.（2013）
D（AF101200）	中国、西班牙、突尼斯	人、海狸、狒狒、牛、狗、猎鹰、狐狸、马、鼠、麝鼠、猪、浣熊、猕猴、短尾猴	Ben Ayed et al.（2012）；Li et al.（2012a）；Galván et al.（2013）
D-like（DQ836345）	西班牙	猫	Galván et al.（2013）
BEB3（AY331007）	突尼斯	牛	Ben Ayed et al.（2012）
BEB6（EU153584）	中国、突尼斯	牛、山羊	Ben Ayed et al.（2012）；Li et al.（2012a）
WL1（AY237209）	突尼斯	浣熊	Ben Ayed et al.（2012）
WL2（AY237210）	突尼斯	浣熊	Ben Ayed et al.（2012）
WL4（AY237212）	中国、突尼斯、美国	黑熊、花栗鼠、鹿鼠、东方白尾灰兔、貂、麝鼠、浣熊、水獭、松鼠、白尾鹿、土拨鼠	Ben Ayed et al.（2012）；Li et al.（2012a）；Guo et al.（2014）
WL6（AY237214）	美国	麝鼠、浣熊、松鼠、土拨鼠	Guo et al.（2014）
WL12（AY237220）	中国、突尼斯	人、海狸、水獭	Ben Ayed et al.（2012）；Li et al.（2012a）
WL14（AY237222）	中国	麝鼠	Li et al.（2012a）
WL15（AY237223）	中国	人、海狸、狐狸、马、麝鼠、猕猴、短尾猴、浣熊	Ye et al.（2012）
PtEb IV（DQ885580）	中国	猫	Li et al.（2012a）
PtEb IX（DQ885585）	中国	狗	Li et al.（2012a）
PigEBITS7（AF348475）	中国	人、猪	Li et al.（2012a）
PigEBITS8（AF348476）	中国	猪	Li et al.（2012a）
LW1（JX000571）	中国	人	Ye et al.（2012）；Wang et al.（2013b）
WW1（JQ863269）	中国	[b]	Li et al.（2012a）

续表

基因型名（Genbank收录号）	水体地理起源	文献报道的宿主	参考文献
WW2（JQ863270）	中国	[b]	Li et al.（2012a）
WW3（JQ863271）	中国	[b]	Li et al.（2012a）
WW4（JQ863272）	中国	[b]	Li et al.（2012a）
WW5（JQ863273）	中国	[b]	Li et al.（2012a）
WW6（JQ863274）	中国	[b]	Li et al.（2012a）
WW7（JQ863275）	中国	[b]	Li et al.（2012a）
WW8（JQ863276）	中国	[b]	Li et al.（2012a）
WW9（JQ863277）	中国	[b]	Li et al.（2012a）
SW1（KF591677）	美国	[b]	Guo et al.（2014）
SW2（KF591678）	美国	[b]	Guo et al.（2014）
SW3（KF591680）	美国	[b]	Guo et al.（2014）

[a] 人类和动物地理起源的细节，参见表 3.4、表 3.5、表 3.6
[b] 未知

　　相近的系统发育关系分析表明来自人类和猪、猫、牛之间的毕氏肠微孢子虫株系间不存在传播的屏障（Rinder et al. 2000；Dengjel et al. 2001）。从日本西部 6 个农场中采集的 30 头猪的粪便样本中，10 头猪的样本为毕氏肠微孢子虫阳性，包括人畜共患基因型 D、PigEBITS5、EbpA 和 EbpC，以及动物特有基因型 H（Abe & Kimata 2010）。在美国，研究者从一家屠宰场收集猪的粪便和胆汁并检测是否存在毕氏肠微孢子虫（Buckholt et al. 2002）。在 202 头猪中，64 头为阳性（31.6%），并且研究者通过感染无菌小猪证明了这些孢子具有感染活性。在中国长春市的腹泻儿童中，研究者从附近农村 5 个孩子和 4 只猪体内发现了毕氏肠微孢子虫基因型 BEB4（Zhang et al. 2011）。毕氏肠微孢子虫可以成功地从感染了艾滋病的人类和猕猴传播至免疫抑制及非免疫抑制的无菌猪，这表明猪很容易感染那些可以侵染人类和其他动物的同类微孢子虫（Kondova et al. 1998）。

3.7.3　其他农场动物

　　研究者在墨西哥中部的一只山羊和驴子粪便中发现了肠脑炎微孢子虫孢子（Bornay–Llinares et al. 1998）。在德国一只美洲驼体内发现了毕氏肠微孢子虫的 P 基因型（Dengjel et al. 2001）。

3.8　人际传播

　　在众多真核生物中，从水蚤到线虫、昆虫、甲壳类、鱼、啮齿动物和肉食动物，都观察到了微孢子虫的垂直传播（Boot et al. 1988；Didier et al. 1998；Baneux & Pognan 2003；Zbinden et al. 2005；Dunn et al. 2006；Goertz & Hoch 2008；Phelps & Goodwin 2008；Ardila–Garcia & Fast 2012；Steele & Bjørnson 2012）。研究者将来源于狗肾并通过细胞培养获得的兔脑炎微孢子虫通过喂食怀孕的母草原猴（*Cercopithecus pygerythrus*），诱导子宫中的 5 只草原猴感染上兔脑炎微孢子虫病（van Dellen et al. 1989）。对于在这些动物中观察到的垂直传播现象暗示相同的传播方式也可能会发生在人类身上，只是目前尚未观测到。

　　基于 Bryan 和 Schwartz（1999）综述中提到的多个案例，通过性行为传播微孢子虫在解剖学上是可能的。大多数案例均是关于前列腺和尿道的感染。男性性伴侣的并发感染，其中一人感染肠微孢子虫，另外一人患有尿道炎且直到其采取了具有保护措施的性行为并使用阿苯达唑治疗之后才得以痊愈，表明脑炎微孢子虫属（*Encephalitozoon*）可进行性传播。研究者对 4 对同居男性同性伴侣进行调查分析（Bryan & Schwartz 1999）。8 人中的 7 人感染艾滋病病毒，每对伴侣之间均感染了海伦脑炎微孢子虫、毕氏肠微孢子虫或者肠脑炎微孢子虫。其他研究证实同性恋伴侣相比较其他风险群体而言具有更高的感染微孢子虫的概率（Bryan & Schwartz 1999）。这些详尽的调查结果并不能证明微孢子虫的性传播，但可以很好地证明孢子能存在于各种体液和排泄物中，并与性传播模式一致。

微孢子虫人际传播的可能证据出现在泰国一个孤儿院的调查之中，因为毕氏肠微孢子虫基因型 A 是一个仅在人类中发现的基因型且在所有阳性标本中均被检测出来，表明这些感染源自相同的感染源（Leelayoova et al. 2005）。

3.9　年龄影响

儿童已被确定为存在感染微孢子虫病风险的一个群体（Lobo et al. 2012）。他们未成熟的免疫系统可能导致其更容易感染微孢子虫，并且缺乏好的卫生习惯也可能使得他们有更高概率暴露在微孢子虫感染之中。已有几例研究报道过儿童感染微孢子虫，他们中的多数是艾滋病阳性，这也是另一个潜在的风险因素。在尼日利亚，毕氏肠微孢子虫流行也被报道，0.8% 的被检儿童中存在毕氏肠微孢子虫感染（Bretagne et al. 1993），在西班牙这个数值为 2%（del Aguila et al. 1997），南非为 4.5%（Samie et al. 2007），泰国为 14.9%（Wanachiwanawin et al. 2002），乌干达为 32.9%（Tumwine et al. 2005），津巴布韦这个数值达到了 50%（Gumbo et al. 1999）。在葡萄牙，统计学数字表明 8 个月～16 岁的儿童的粪便样本中，微孢子虫的感染率要比成人的高，分别为 18.8% 和 10.2%（Lobo et al. 2012）。

3.10　免疫缺陷人群

在斯洛伐克，研究者使用 ELISA 对来自不同诊断妇女的 118 份血清样本进行弓形虫（*Toxoplasma gondii*）、兔脑炎微孢子虫和肠脑炎微孢子虫的特有 IgG 抗体进行研究，感染兔脑炎微孢子虫的患者通常患有神经系统的疾病，其中患有非特异性免疫系统失调的妇女感染兔脑炎微孢子虫的阳性血清率最高（Luptáková & Petrovová 2011）。接受了免疫抑制治疗的器官移植患者、感染艾滋病病毒患者、肿瘤患者和肾移植患者对微孢子虫高度易感。

3.10.1　器官移植患者

对于实体器官和骨髓移植患者的免疫抑制疗法致使其细胞免疫出现缺陷，导致他们成为感微孢子虫病的高危人群。器官移植患者感染微孢子虫的情况在移植后的数天和数年内都会发生（Champion et al. 2010）。直到 2011 年，只有 21 例艾滋病阴性的实体器官和骨髓移植者被报道感染微孢子虫病（Galván et al. 2011）。Galván 等又发现西班牙大加纳利群岛中的两例肾移植患者因基因型 D 的毕氏肠微孢子虫导致的肠道感染。在这些病例报道中，腹泻是最常见的临床表现，毕氏肠微孢子虫则是最常见的病原体。3 个回顾性研究同样报道了关于器官移植患者感染微孢子虫病情况。在法国，8 个器官移植患者（6 个肾移植、1 个肝移植、1 个心肺移植）的粪便样品中被检测出毕氏肠微孢子虫基因型阳性（Liguory et al. 2001）。8 个患者中的 7 个感染 C 型，另一个感染 D 型。在法国，23 例感染微孢子虫的器官移植患者中（14 例肾移植、5 例肝移植、4 例心脏或肺部移植），从 11 人中检测出毕氏肠微孢子虫（Rabodonirina et al. 2003）。在荷兰，5 例艾滋病阴性的肾移植者为毕氏肠微孢子虫基因型 C 阳性（ten Hove et al. 2009）。在伊朗设拉子内马奇医院，44 名肝移植儿童中的 6.81% 被发现感染了毕氏肠微孢子虫基因型 D，并导致腹泻（Agholi et al. 2013b）。在法国，研究者从一名肠道感染的肾移植患者体内检测出一个高变异的毕氏肠微孢子虫基因型

（Pomares et al. 2012）。

一名进行了肾移植的澳大利亚本土居民被报道感染了播散型的肠微孢子虫属（*Encephalitozoon*）（George et al. 2012）。在澳大利亚，一位因囊包性纤维症而进行肺部移植的患者被首次报道感染了微孢子虫肌炎（Field et al. 2012）。在尸检中发现了按蚊微孢子虫。

研究者从一名肾移植患者体内发现了播散型的基因型为 IV 型的兔脑炎微孢子虫感染，并从患者尿、痰、肾检标本中检测到孢子（Talabani et al. 2010）。同样，在一名肺移植患者的肾活检中发现了播散型的兔脑炎微孢子虫感染（Levine et al. 2013）。

3.10.2　艾滋病患者

当艾滋病成为流行性疾病的时候，微孢子虫作为一种重要的机会性感染病原体出现。艾滋病患者的文献资料中清晰记录了艾滋病患者感染微孢子虫与艾滋病毒血清阳性之间明显的相关性（Hutin et al. 1998；Lobo et al. 2012）。毕氏肠微孢子虫，已知最常见的造成人类疾病的微孢子虫种类，最初报道是一种感染艾滋病患者的机会性病原体（Desportes et al. 1985）。自从那时起，全世界有数百名罹患慢性腹泻的艾滋患者被报道是由毕氏肠微孢子虫导致的（Mathis et al. 2005；Matos et al. 2012）。Matos 等（2012）在综述中对毕氏肠微孢子虫在艾滋病患者中的分布和流行率进行了详尽的阐述。在艾滋病患者中，肠微孢子虫属（大部分是肠脑炎微孢子虫）的感染与肠道感染相关，但与毕氏肠微孢子虫不同，它们通常会扩散并感染身体其他部位，并造成各种临床症状，如鼻窦炎、脑炎、角膜结膜炎、肌炎（Didier et al. 1991；Cali et al. 1993）。一名艾滋病患者的上呼吸道和泌尿系统被发现同时感染了角膜条孢子虫和海伦脑炎微孢子虫（Deplazes et al. 1998）。研究者在一个多处脑部损伤的艾滋病患者的脑脊液、痰、尿液和粪便样本中发现兔脑炎微孢子虫（Weber et al. 1997）。在另一位艾滋病患者中，肠脑炎微孢子虫被认为是导致其角膜结膜炎的病原体（Lowder et al. 1996）。

在发达国家，艾滋病病毒血清阳性患者患微孢子虫病的水平在逐渐减少，可能是因为使用了高效的抗逆转率病毒疗法（HAART）（Weber et al. 1999；van Hal et al. 2007）。在澳大利亚，在 HAART 引入之后，艾滋病病毒感染者罹患肠微孢子虫病的患病率从 1995 年的 11% 降低至 2004 年的 0（van Hal et al. 2007）。然而，在艾滋病流行且缺乏 HAART 疗法的发展中国家，微孢子虫病患病率仍然很高。

3.10.3　肿瘤疾病

接受化疗的癌症患者其免疫力被认为是受到抑制的。微孢子虫作为一种机会性感染病原体，被报道在一些接受化疗的恶性疾病患者体内存在。与健康对照组人群相比（2.8%），癌症患者中微孢子虫患病率更高（21.9%）（Lono et al. 2008）。在一个患有多发性骨髓瘤并接受了异体干细胞移植且需要持续免疫抑制的患者体内发现的病原体，被鉴定为嗜蝗虫管孢虫（Meissner et al. 2012）。管孢虫属（*Tubulinosema*）被报道存在于一名患有慢性淋巴细胞性白血病患者体内（Choudhary et al. 2011）。在另一名患有慢性淋巴细胞性白血病患者的假声带中发现的微孢子虫感染，经鉴定为按蚊微孢子虫（Cali et al. 2010）。研究者从一名泌尿系统感染的患有前淋巴细胞型白血病患者的尿液和粪便中发现了微孢子虫孢子（Jamet et al. 2009）；脑炎微孢子虫属（*Encephalitozoon*）则被怀疑是造成感染的元凶。

3.11　分子流行病学

3.11.1　毕氏肠微孢子虫

目前对毕氏肠微孢子虫进行分类依赖于分子方法，因为毕氏肠微孢子虫的不同基因型无法经由形态学进行鉴别。目前绝大多数的基因型分型主要是基于 243 bp 的核糖体 ITS 区核苷酸序列的多态性。ITS 区域是基因组中快速进化区域，在不同分离株之间存在高度的变异性，目前已经成为鉴别毕氏肠微孢子虫基因型的标准方法（Santín & Fayer 2009b）。ITS 数据可以帮助鉴别宿主适应型微孢子虫和人畜共患基因型微孢子虫。至今，毕氏肠微孢子虫一共有 201 个基因型被鉴别，包括 54 个感染人类的基因型，33 个同时感染人类和动物的基因型以及 102 个在特殊动物种群中宿主适应型基因型（表 3.4，表 3.5，表 3.6）。另外，还有 12 个在水中鉴定出来的基因型，宿主尚不清楚（表 3.7）。

使用单一的遗传标记进行基因型的鉴别具有一定的局限性，因为可能存在不同的生物学特性（Santín & Fayer 2009b；Henriques-Gil et al. 2010；Widmer & Akiyoshi 2010）。近年来，一个用于毕氏肠微孢子虫的多位点序列分型（MLST）工具被开发出来，除了 ITS 标记外，还选择了 3 个微卫星序列（MS1、MS3 和 MS7），一个小卫星序列（MS4）标记（Feng et al. 2011）。以前通过 ITS 分析鉴别的人畜共患和宿主适应型基因型被重新进行分析。数据分析支持存在两个大的组群：一个为人畜共患基因型，另一个包括宿主适应型基因型。另一个研究使用相同的 MLST 工具，对从利马艾滋病患者那里获得的先前已经通过 ITS 序列进行过基因分型的 72 个样本进行了分析（Li et al. 2012b）。使用分子标记 MS1、MS3、MS4、MS7 和 ITS 序列分析，获得不同程度的序列多态性。该结果同样表明所有标记均处于完全连锁不平衡状态。将所有 5 个分子标记结合在一起的多位点分析鉴定出 72 个样本中存在 39 个多位点基因型（MLGs）。另外一个关于 MLST 的研究包括了来自秘鲁、尼日利亚、印度和肯尼亚的标本，结果表明毕氏肠微孢子虫种群之间缺乏地理隔离（Li et al. 2013）。分析揭示出毕氏肠微孢子虫存在着两个亚群，它们之间种群结构（感染系 vs. 克隆系）和传播途径（人类起源 vs. 人畜共患）均不相同。

3.11.2 兔脑炎微孢子虫

对于兔脑炎微孢子虫的多态性研究目前局限于少量基因，只鉴定了少数几个遗传上差异较大的菌株。基于在 ITS 序列区编码的 GTTT 重复序列，研究者鉴别出来 4 种基因型：I（兔子株系）、II（小鼠株系）、III（狗株系）和 IV（Didier et al. 1995；Talabani et al. 2010）。基因型 I、II、III 和 IV 分别包含 3、2、4 和 5 个重复序列。基因型 I、II、III 被发现存在于人类和动物之中，暗示感染人类的兔脑炎微孢子虫可能是人畜共患起源（Didier et al. 1996b；Kodjikian et al. 2005；Sokolova et al. 2011）。

对极管蛋白（PTP）和孢壁蛋白 1（SWP1）的核苷酸分析表明，基于这些序列的长度多态性和序列差异，它们均是研发基于 PCR 的分子诊断检测的好的候选靶标（Xiao et al. 2001a）。

在最近的研究中，对来自 3 个基因型的全基因组序列进行测序，并分析了单核苷酸多态性（SNPs）和全基因组插入/删除序列（Pombert et al. 2013）。分析表明兔脑炎微孢子虫（*E. cuniculi*）种内存在高度的遗传变异，含有大量的 SNPs，包括许多非同义替换。鉴定了 22 个潜在的可用于株系鉴定的高分辨率鉴定标记。在这些之中，真核翻译起始因子 2、翻译延长因子 EF-1α 和 U2 snRNP/pre-mRNA 联合因子由于没有涉及抗原选择，可能特别有用。

3.11.3 海伦脑炎微孢子虫

基于 ITS 序列，有 3 个基因型（基因型 1、基因型 2 和基因型 3）被鉴别出来（Mathis et al. 1999b）。使用 PTP 基因的序列分析，24 个海伦脑炎微孢子虫分离株被分为 4 个基因型，而利用 ITS 序列分析，则被分为两个基因型（Xiao et al. 2001b）。这 4 个基因型在 60 bp 中心重复序列的数量和点突变上存在差异。基因间隔区 IGS-TH 和 IGS-HZ 这两个新的标记被成功应用对 7 个海伦脑炎微孢子虫分离株进行分型（Haro et al. 2003）。

3.11.4 肠脑炎微孢子虫

研究中检测了从感染肠微孢子虫病的艾滋病患者体内获得的 15 个不同的肠脑炎微孢子虫株系的 ITS 序列，但并未发现变异（Didier et al. 1996a；Liguory et al. 2000）。

参考文献

 第 3 章参考文献

第 4 章 无脊椎动物微孢子虫病的动物流行病学

Leellen F. Solter

美国伊利诺斯大学草原研究所，伊利诺伊自然历史调查室

4.1 序言

研究无脊椎动物流行病学的目的在于了解病原体、寄生虫是如何影响宿主群体的，它们是否会减弱虫害的暴发，或者推动种群的发育周期（Ebert 2005），同时，也研究这些自然界的天敌是如何与它们的宿主和生存环境相互作用的。用于无脊椎动物流行病学研究的传统对象主要是昆虫，对这些昆虫的天敌进行评估，目的是用于对害虫的生物防控；但随着病原菌与寄生虫在宿主生态学中的重要性日渐凸显，它们也用于建立生态学理论的模型，同时，它们也成为调查有益昆虫死亡或数量下降的原因，这些昆虫包括饲养蜜蜂、养殖贝类以及包括大黄蜂在内的自然种群传粉者。无脊椎动物疾病动态的定性描述和数学模型建立有助于我们预测群体数量周期、评估宿主影响和解释实证的研究结果（Ebert 2005）。

本章主要针对目前所知的仅感染无脊椎动物和原生动物的微孢子虫，认识无脊椎动物微孢子虫病动力学的独特表现。众多昆虫的高等级分类阶元中包含了种类繁多的无脊椎动物宿主，而且这些宿主的病原体种类大多都具有相关性，加之它们复杂的生活史以及完全不同的栖息地，都使无脊椎动物流行病学研究的开展成为一项极富挑战性的任务。虽然所有的微孢子虫在外形和致病性上较为近似，但许多病原体和宿主的相互作用很复杂，且极难阐明，并且它们在宿主特异性、感染力、毒力、组织嗜性、传播机制、生理影响、宿主密度依赖以及环境耐受和可持续方面也是高度多样的。

虽然在系统发育关系上感染昆虫的微孢子虫和它们的宿主之间存在一些相关性（Vossbrinck & DeBrunner-Vossbrinck 2005），但是也有同类微孢子虫可以在不同宿主和环境中存在，并且有着明显不同的宿主——病原体相互作用的情况。例如，鳞翅目昆虫中最为常见微粒子属物种——家蚕微粒子虫（*Nosema bombycis*）是家蚕的一种典型病原体（Naegli 1857），而另一种微粒子属的物种颗粒病微粒子虫（*Nosema granulosis*）则出现在淡水片脚类动物中（Terry et al. 1999），并且这种微孢子虫可以导致后代雌性化（Dunn & Smith 2005）。此外，变形微孢子虫属的物种也分别出现在了北美夜蛾科昆虫以及澳大利亚的淡水螯虾中。而脑炎微粒子虫属的物种则出现在了包括人在内的许多脊椎动物物种中（Canning & Lom 1986）（见第15章和第19章），同时，在钝蝗（*Romalea microptera*）中也有发现（Johny et al. 2009；Lange et al. 2009）。变异微孢子虫属（*Vavraia*）和安卡尼亚孢虫属（*Anncaliia*）是两个不同的微孢子虫属，它们的共同宿主都是人和蚊子。然而，人畜共患病的问题和不同分离株或潜在亚种的宿主特异性问题还有待进一步研究确定（Vavra & Becnel 2007；Visvesvara & Xiao 2011）。

脊椎动物微孢子虫目前大约有150个种（Canning & Lom 1986；Didier 2005）（见第19章），相比而言，来自无脊椎动物和原生动物的微孢子虫已有1 100多种，其中超过700种仅在昆虫中存在（见第21章）。最近分子鉴定技术的新突破使得从更多无脊椎动物中鉴定出微孢子虫新种的报道快速增加。不过，很多报道没有包括详细的流行病学数据。要想合理充分地对某个特定宿主与微孢子虫互作体系进行全面理解，一般都需要在实验室和田间进行多年的研究。幸运的是，目前已有几种微孢子虫病在这方面开展了较为全面

的研究，并已阐明了它们之间相互作用潜在的变化，以及这些病原体对宿主的整体影响。本章将对包括具有水生阶段在内的几种昆虫微孢子虫病进行阐释。同时，第 22 章也对蜜蜂微粒子虫进行了阐述，第 23 章则介绍了感染甲壳纲和软体动物门的微孢子虫流行病学的信息，特别是那些在生态上具有重要地位的物种和有益的动物。

4.2　无脊椎动物宿主中微孢子虫的动物流行病学监测

微孢子虫流行病学研究的数据收集很困难，这主要是由于无脊椎动物宿主生物学的诸多的复杂因素以及微孢子虫感染和病理的特性造成的，也正是由于这些原因，目前仅有几种宿主微孢子虫相互作用得到了较好的确认。绝大多数昆虫宿主体型小并且经常是隐藏的。宿主在环境中零散地分布，即使在它们自己特定的栖息地也是如此，这给生物群体定位造成了很大的麻烦，同时，在自然界中，宿主也不需要建立高密度的群体，而高密度的群体恰恰可以给样品的收集带来诸多便利。病原体 – 宿主动力学在不同的宿主亚群中可能是不同的（Pilarska et al. 1998），原因是栖息地的差异以及与同域物种、病原体、捕食者和寄生虫之间相互作用。

绝大多数无脊椎动物宿主的微孢子虫病是典型的慢性病，特别是成虫和有毛或体色深的幼虫宿主，只有在疾病或死亡的最后阶段才表现出肉眼可见的病理学变化，当然微孢子虫感染经常会延缓幼虫的生长发育。评估感染的流行和程度或者鉴定微孢子虫新种一般都需要对宿主个体进行破坏性采样，并要结合显微镜检与分子生物学水平的分析来评估感染的状态，除了像蚊子幼虫这样的软体昆虫外，其感染微孢子虫后可见明显脂肪体组织感染（见第 21 章）。其他一些无脊椎动物流行病学研究存在的问题包括接受过专门训练的无脊椎动物病理学家数量相对较少，特别是有着生态学背景的无脊椎动物病理学家更少，同样的受过无脊椎动物病理学训练的生态学家也很少（Onstad & Carruthers 1990）。不过，最近几年，在有了数据收集工具之后，上述的情形有所好转。

4.3　分子生物学技术促进了微孢子虫病和流行病学研究

感染某一宿主的病原体如果为人们所熟知后，那么该宿主的微孢子虫一般都可以得到很好的鉴别，并可依据其孢子的形态学特征和组织嗜性，进而鉴定到种。例如，舞毒蛾（Lymantria dispar）是 3 种已鉴定微孢子虫的共同宿主。舞毒蛾微粒子虫（Nosema lymantriae）可能与葡萄牙微粒子虫（Nosema portugal）、塞尔维亚微粒子虫（Nosema serbica）是同种（Vavra et al. 2006）。它在宿主幼虫的丝腺和脂肪体组织中产生耦核孢子（Solter et al. 2002），约 5 μm 长。舞毒蛾变形微孢子虫（Vairimorpha disparis）是一种与舞毒蛾微粒子虫（N. lymantriae）亲缘关系很近的物种（虽然归类于不同的属），在脂肪体组织也产生耦核孢子，在形态上与舞毒蛾微粒子虫（N. lymantriae）一致，但其在丝腺中不能发育为成熟孢子，并且也会产生八孢型产孢体，即 8 个单核孢子（减数分裂孢子），外面由一层孢子囊泡（a sporophorous vesicle）包裹（Vavra et al. 2006）。内网虫属舒氏球虫亚种——舒氏球虫（Endoreticulatus schubergi subsp. schubergi）是一种感染中肠组织的病原体，它可以在纳虫空泡里产生多个（超过 8 个）2 μm 长的单核孢子（Cali & El Garhy 1991）。有经验的研究者可以很容易地区分和鉴别舞毒蛾幼虫体内的这几种微孢子虫。但是，如果仅利用光学显微镜去准确的鉴别这些感染同一宿主的微孢子虫也是不可能的。虽然有观点认为舞毒蛾微粒子虫、塞尔维亚微粒子虫、葡萄牙微粒子虫存在种水平上的差别，但采用分子鉴定技术并不能在这些密切相关的微孢子虫中找到差异，而透射电子显微镜也无法得出肯定的结论。囊孢虫属（Cystosporogenes）的物种在形态学上与舒氏内网虫（Endoreticulatus schubergi）非常相像，有时它们会感染同一宿主（van Frankenhuyzen et al. 2004；Solter et al. 2010），在光学显微镜下几乎不可能把它们区分开来。遗传分析表明东方蜜蜂微粒子虫（Nosema ceranae）与西方蜜蜂微粒子虫（Nosema apis）两者是明显不同的微孢子虫，但都能感染西方蜜蜂（Apis

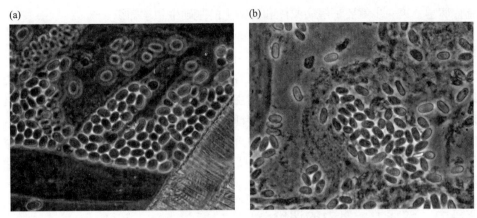

图 4.1　西方蜜蜂微粒子虫和东方蜜蜂微粒子虫的成熟孢子

（a）西方蜜蜂微粒子虫的成熟孢子；（b）东方蜜蜂微粒子虫的成熟孢子。通常可以区分开来，但它们的形态特征有相同的地方。混合感染必须通过分子方法来判断。（Wei-Fone Huang 和 Leellen F. Solter 供照）

mellifera）的中肠组织（Fries et al. 1996；Huang et al. 2008；Huang & Solter 2013），它们存在细小的形态差别，但也有一些共同的特征，很难通过显微镜镜检的方法来准确地鉴别它们（Fries et al. 1996；Klee et al. 2007）（图 4.1）。除非使用分子生物学手段才能将共同感染西方蜜蜂的这两种微孢子虫的鉴别开来。

想要确定感染不同宿主的微孢子虫间是否存在密切的关系，进而发现未知的分类单元时，分子技术的应用（见第 6 章和第 17 章）就必不可少了，它可以鉴定新种以及新的种间关系，理解感染不同宿主的微孢子虫间的系统发育关系，更好地在动物流行病学研究中确定田间感染的物种。

4.4　无脊椎动物群体中微孢子虫病的流行率和发病率

对于无脊椎动物的田间群体而言，微孢子虫病的流行率（prevalence）（某一特定时间点宿主群体感染的百分比）可以确定，然而，与人类和家养动物不同，无脊椎动物的发病率（incidence）（在某一特定时间段内新感染的个体所占的比率）几乎是不可能确定的。如果不杀死宿主，我们很难识别昆虫早期感染，而且昆虫死于微孢子虫的感染或其他原因后，都可能由于腐烂降解等自然界的清除作用而完全消失，因此无法纳入统计或者检查的范围（Fuxa & Tanada 1987）。也是因为这个原因，发病率在无脊椎动物病理学的文献中经常被误用。在远比疾病持续时间短得多的某一段时间内收集的流行率数据可能会提供足够的信息来粗略地计算一些无脊椎动物微孢子虫病的发病率。

4.5　无脊椎动物微孢子虫流行病学的构成

无脊椎动物流行病学的系统研究主要集中在 3 个主要的组成部分，三部分间的相互作用，共同决定了宿主体内疾病的动态过程。这 3 个组成部分包括病原体、宿主，以及两者相互作用发生的环境，由生物与非生物构成（Shapiro-Ilan et al. 2012）。一些病原体—宿主系统的相互作用似乎很简单，例如，当病原菌与宿主有着相对简单的生命周期，在这些系统中仅存在有限的生物和环境因子相互作用。然而，就算是行间种植的农作物系统具备相对单一的生态组成，也会受复杂的因素影响，包括多样的草食性生物和与它们有关的自然天敌；杀虫剂、除草剂、杀真菌剂的使用、耕作方式和庄稼轮作、每年气候条件的变化以及人为的或是天然引入的外源植物和动物物种，这些因素能够给单一的宿主—病原体互作带来复杂的动态变化。至于其他更多物种复杂系统如果园、牧场、森林、自然区域、水环境则更难以评估。分析评估一种特定的微孢子虫病的流行病学，第一步就要了解病原体和其宿主的基础生物学知识。

4.5.1 病原体群体

处于发育阶段并进行着活跃觅食的无脊椎动物最容易接触水平传播的感染性微孢子虫。宿主易感的生活阶段可能持续不长，感染微孢子虫的孢子必须与宿主接触并且快速地发挥感染作用，在宿主由于染病或者自然死亡之前产生足量的成熟孢子。其他必要的特征包括微孢子虫的感染力、毒力、在宿主群体中的持续性以及环境中的存活率等，可以确保病原体子代中至少有一小部分可以继续感染下一代宿主，保证微孢子虫种群的延续。图4.2阐释了一些主要的因子，这些因子可使微孢子虫在无脊椎动物宿主种群中成功繁殖，并持久存在。

4.5.2 感染力、致病力、毒力的评价

感染无脊椎动物的微孢子虫相互之间感染力差异很大。感染力可以通过在实验室测定半数感染剂量（ID_{50}），或半数感染浓度（IC_{50}）来评价，即足以造成宿主50%感染的成熟孢子的剂量或浓度。而致病力则是通过测定成熟孢子的半致死剂量或浓度（LD_{50} 或 LC_{50}）来评价，即在这样的剂量和浓度可以杀死一半的接种过微孢子虫的宿主。致病力测定还可以通过测定致死时间（LT_{50}），即用一定数量的孢子在接种后杀死半数宿主的时间。感染力和致病力是宿主——微孢子虫互作系统这一动物流行病结果中的主要因子，两者结合可以用于病原体分离株、物种以及主要病原体群体毒力的定量分析。

4.5.3 感染力

无脊椎动物感染微孢子虫有两条主要途径，其中一条是摄入具有感染性的孢子并且孢子经卵表传播或经卵巢传播给下一代，孢子存在于感染雌性所产的卵表面或卵内部。另外一种可能的感染途径则是被孢子感染的拟寄生物通过产卵管可以将孢子注射进入未感染的宿主中（见第21章）。在不同的宿主——病原体系统中，被宿主摄取的孢子在宿主肠腔中发芽的条件有不同程度的差别（Undeen 1990）。如果孢子被刺激发芽，就能通过极管将孢原质注入中肠上皮细胞（见第10章）。只需要有一小部分孢子成功地发芽就足以启动微孢子虫的感染（Maddox et al. 1981）。但是当只有非常少的孢子接种到宿主体内时，这些孢子如果要在宿主体内成功地繁殖则取决于时间。当宿主摄入的孢子较少时，孢子发育成熟所需要的时间更长（Maddox 1968），这可能是因为孢子成熟的起始需要一个生理信号（Cuomo et al. 2012）。如果感染发生后，宿主剩

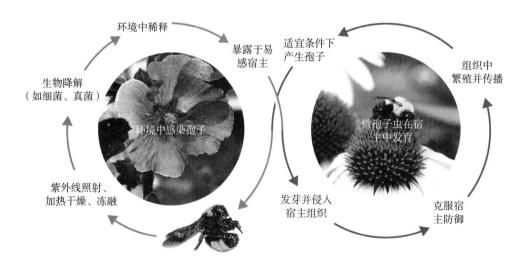

图4.2 微孢子虫在宿主群体中的持续存在依赖于其在环境中的存活和在宿主中成功繁殖

由 Kerry Helm 供图，Leellen F. Solter 供照

下的寿命很短的话，这种发生在宿主生活史晚期的感染可能不会给宿主带来很严重的影响，同时可能不会造成孢子大量增殖。然而对于能够进行卵巢传播的病原体，较低程度的感染可以保证母体的存活和繁殖能力，从而可以将病原体传递给子代（Dunn et al. 2001）。

在实验室中人们开展过很有限的实验测定了昆虫病原体微孢子虫的感染力，而且还没有测定发芽的孢子成功侵入细胞的准确数量，除此之外，关于无脊椎动物宿主对其自然条件下易发的微孢子虫病原体的天然抵抗力几乎一无所知，同时对一个既定的病原体与宿主互作系统中，需要多少数量成功发芽的孢子启动感染也不清楚。人们怀疑宿主的抗性在宿主与病原体间的互作中是存在的。在欧洲（Paxton 2008）和北美洲（Cordes et al. 2012）的一些大黄蜂种群中，一种常见的病原体——熊蜂微粒子虫（*Nosema bombi*）的流行率很高。不过目前所有的感染无脊椎动物微孢子虫的株系间差异还没有研究透彻，这些差异可能导致了其对宿主易感性的不同（Vizoso & Ebert 2005）。

无脊椎动物宿主被微孢子虫感染后几乎总是直接或者间接死于微孢子虫病。尽管无脊椎动物拥有细胞和体液免疫系统，也可以对入侵的微孢子虫表现出一定程度的免疫反应（Hoch et al. 2004；Vijendravarma et al. 2009；Duncan et al. 2012），却几乎不具有对先前感染过的病原体的"免疫记忆"，而且没有脊椎动物所具备的抗体系统。即使如此，这些微孢子虫入侵后宿主也会产生一定程度的免疫应答，但在自然宿主中，并未观察到这些应答对病原体发育表现出来任何显著的抑制。Troemel 等（2008）报道了自然感染了巴黎杀线虫微孢子虫（*Nematocida parisii*）的秀丽隐杆线虫（*Caenorhabditis elegans*），其体内一些重要的防御基因和通路并不会被诱导表达。也有研究表明，通过筛选的方法使得黑腹果蝇（*Drosophila melanogaster*）产生了可遗传的对金氏管孢虫（*Tubulinosema kingi*）感染的抗性。筛选出的品系中，成虫体内的微孢子虫感染程度更低，幼虫的血细胞数更多（Vijendravarma et al. 2009）。值得注意的是，筛选获得品系中，未被感染的雌性成熟个体繁殖能力变低了，暗示着遗传抗性的获得需要付出一定的代价。在另一项研究中，研究者与饲养的对照甲虫进行比较，发现自然状态下赤拟谷盗（*Tribolium castaneum*）对于它的病原体怀特类微粒子虫（*Paranosema whitei*）表现出更高的抗性，这种抗性可能与病原体与宿主长期的协同进化有关，但是这种抗性水平的高低在不同怀特微粒子虫分离株上也有不同（*P. whitei*），这也可能暗示着"抗性具有复杂的遗传结构"（Bérénos et al. 2009）。还有一研究表明，在黑腹果蝇中未发现针对不同寄生虫或病原体的交叉抗性（Kraaijeveld et al. 2012）。此外，社会性宿主由于其遗传多样性可能会具有一定的抗微孢子虫能力（Liersch & Schmid-Hempel 1998）。

4.5.4　毒力

微孢子虫通常被认为是慢性的、感染迟缓的病原体，因此毒力比其他病原体群体低。然而，微孢子虫不同种之间的毒力存在显著的差异，并且，基于初始感染的孢子剂量不同或是感染途径的不同（经口或跨卵巢），对于宿主的影响也会表现出明显的不同。目前，我们还不知道微孢子虫是否会产生毒素或有毒代谢物（Weiser 1969）；因此，除了因人工条件下高剂量的使用微孢子虫，过量孢子发芽导致的组织物理损伤和全身败血症之外，毒力主要与病原体的增殖率以及受感染的宿主组织有关。有些微孢子虫，如变形微孢子虫属（*Vairimorpha* spp.）能靶向感染在物质代谢上非常重要的脂肪体组织，其低剂量的初始感染造成的死亡率高于靶向感染中肠组织的微孢子虫，如内网虫属（*Endoreticulatus* spp.），也高于全身性感染的微孢子虫，如感染鳞翅目微粒子属（*Nosema* spp.）的微孢子虫。同物种无脊椎动物微孢子虫的不同分离株之间是否存在毒力上的差异还不是很清楚，但是我们能用不同实验室研究使用的不同方法混合起来比较来自不同地理区域微孢子虫分离株的毒力。

有趣的是，无论是高传染性，还是高致病性，或者是两者联合，都不足以预测微孢子虫病原体对宿主种群的影响水平。舞毒蛾病原体–舞毒蛾变形微孢子虫的 ID_{100}（感染全部宿主所需的剂量）少于 100 个孢子，并且与它具有相似毒力的同属物种纳卡变形微孢子虫（*Vairimorpha necatrix*），对于某些宿主种群，其 ID_{50} 可以低至仅需要 4~5 个孢子（Maddox 1968）。选取终龄期的舞毒蛾幼虫，即 5 龄雄虫或 6 龄雌虫，喂食 100 个舞毒蛾变形微孢子虫的孢子，这些舞毒蛾绝大多数不能成功完成化蛹。然而，目前已知舞毒蛾变形微孢子虫在舞毒蛾种群中的流行率均不高于 30%，通常保持在 2% ~ 5% 的发病水平（Pilarska et al. 1998）。相反，3 龄期的欧洲玉米螟（*Ostrinia nubilalis*）幼虫，被喂食 1 000 个玉米螟微粒子虫（*Nosema pyrausta*）的孢子后，几乎无感染症状，且感染率较高的雌蛾可以蛹化并交配，产出被感染的卵（Solter et al. 2005）。玉米螟微粒子虫在欧洲玉米螟种群中的流行率可能达到了 80% ~ 100%（Hill & Gary 1979；Andreadis 1981，1987），高于 30% 即可认为是地方性动物流行病（Andreadis 1984）。这种慢性微孢子虫感染所引发的大流行通常会促使玉米螟种群数量的下降，包括当季种群数量的减少（Andreadis 1984）。此外，经卵巢感染的早龄幼虫死亡率较高（Siegel et al. 1986）。云杉卷叶蛾微粒子虫（*Nosema fumiferanae*）感染云杉蚜虫（*Choristoneura fumiferana*）是微孢子虫同时具有低毒性和高地方流行率（≥30%）的另一个例子。这个物种引发地方流行后，在种群数量下降之前，可积累达到超过 80% 的极高流行率（Thomson 1960）。这两个物种之所以能实现很高的地方性流行水平，可能是因为微孢子虫低毒力这个主要的因素，同时也形成了这种周期性的地方流行（Shapiro–Ilan et al. 2012）。然而，对于宿主种群具有较大影响的致命微孢子虫也确实存在，葫芦孢虫属（*Cougourdella*）是感染石蛾（*Glossosoma nigrior*）的微孢子虫，能够将河床中的石蛾种群密度从高至 2 000 只 /m² 减少到 10 只 /m²，且这一过程只需不到几周的时间（Kohler & Wiley 1992）。

4.5.5　微孢子虫的存活能力和持久性

感染无脊椎动物的微孢子虫采取了多种变化的策略，进而让存活下来的微孢子虫能实现从宿主到宿主传播以及在宿主群体中长期存在。具有感染性的成熟孢子，有时被称为"具有环境适应性的孢子"，这些微孢子虫常被视为处于有环境抵抗力的阶段。对于某些物种，尤其是那些雌性个体感染后不会通过卵巢传播给后代的，它们需要直接从受感染的宿主中传播给易感宿主，此时，环境适应性孢子的环境耐受能力对于孢子的存活就显得至关重要。迄今为止所有研究过的微孢子虫，特定种对温度（Maddox 1974，Malone et al. 2001，Higes et al. 2007）、紫外线辐射（见第 21 章）、冻结或解冻条件（Maddox & Solter 1996）是敏感的。此外，微孢子虫的存活也受许多其他特定条件的影响。

4.5.6　陆地微孢子虫的存活

感染陆生宿主的微孢子虫成熟孢子通常都有一层厚厚的几丁质内壁，可以提供一定程度的保护而免受环境损害，除此之外，微孢子虫还会采取各种不同的策略来保护自身免受紫外线辐射和干燥的损伤。例如，舞毒蛾的病原体 – 舞毒蛾变形微孢子虫会在被感染死亡的幼虫或蛹的尸体内度过寒冷的冬天。当春天到来时，这些具有感染性的孢子会随着尸体降解而到处扩散，进而感染下一代的易感宿主（Goertz & Hoch 2008a）。Jeffords 等（1989）对两种舞毒蛾病原的越冬能力进行了评估，通过卵巢传播的舞毒蛾微粒子虫（*N. lymantriae*）（微粒子虫属，*Nosema* sp.）和水平传播的中肠病原体舒氏内网虫（*E. schubergi*）（*Vavraia* sp.）。舞毒蛾（*L. dispar*）通过大量排卵过冬，而只有舞毒蛾微粒子虫（*N. lymantriae*）可以在春季孵化的一龄幼虫中分离获得。尽管我们已知道舒氏内网虫（*E. schubergi*）具有卵表传播的能力（Goertz & Hoch 2008b），但暴露在阳光和冬季的条件下可能会降低该物种在卵中成功越冬的概率。脂肪体病原体蝗虫类微粒子虫（*Paranosema locustae*）也是在蝗虫宿主的尸体和粪便中得到了很好的保护；此外，这些死亡动物的尸体也会被吃掉，也对微孢子虫起到了很好的保护作用（Shi et al. 2009）。

在气候温和的冬天，毒力较低且全身性感染的玉米螟微粒子虫可以在被感染的滞育 5 龄欧洲玉米螟体内存活下来（这种昆虫耐寒，可以度过寒冷的冬天）（Andreadis et al. 2008）；除此之外，经口感染的孢子散布在第一代幼虫的粪便中，既可以被保护在粪便当中，也可以在玉米叶的叶轮和茎纹中，便于接触第二代幼虫（在夏季繁殖）（Lewis et al. 2009）。从感染昆虫消化道中排出的孢子散布在昆虫的粪便中，虽然暴露在外界环境中，对紫外线辐射和热具有一定的抵抗力（Solter & Becnel 2003）（见第 21 章），例如，微孢子虫在粪便或树叶、树皮上可以存活足够长的时间，更有助于感染下一代的宿主。

大多数来自温带陆地宿主的微孢子虫是耐冻的，因为其可以储存在实验室的液氮中（Maddox & Solter 1996），并且其中许多物种被冻在 –80 ~ –20℃的条件下仍具备存活能力。然而，不同物种微孢子虫耐冻的水平也存在着差异。西方蜜蜂微粒子虫比它的姐妹种东方蜜蜂微粒子虫（N. ceranae）具有更加明显的耐冷特性（Fries 2010），并且通过实地研究表明，在寒冷的气候下，东方蜜蜂微粒子虫在蜜蜂种群中的优势并没有那么显著（Gisder et al. 2010）。尚未见有报道研究对生活在热带和温带两种不同气候条件下的陆生宿主微孢子虫对环境抵抗能力的差异进行比较，进而确定源自热带物种的微孢子虫究竟是耐冻能力下降了还是对热和紫外线辐射的耐受力提升了。

微孢子虫物种的耐热性也各不相同，但大多数物种的微孢子虫能在 40 ~ 45℃存活数小时或几天才会死亡。然而，温度耐受性的比较是十分困难的，这是由于微孢子虫暴露的方式不同有待于进一步的解决方案。表 4.1 提供了一些高温下的孢子致死时间。

表 4.1　微孢子虫的耐热性

物种	宿主	耐热性	参考文献
Cystosporogenes sp.	云杉蚜虫	能在 41℃的受精卵中存活 20 min	van Frankenhuyzen et al.（2004）
Nosema apis	西方蜜蜂	风干的孢子能在 40 ~ 45℃的条件下存活 3 ~ 5 d	Malone et al.（2001）
Nosema disstriae	森林天幕毛虫	如果在 37℃条件下培养 1 周细胞内的感染会降低	Wilson & Sohi（1977）
Nosema muscidifuracis	盗捕金小蜂	卵在 45℃条件下暴露 5 h 不会被感染	Boohene et al.（2003）

来自于陆生宿主的绝大多数环境适应性孢子可以在水中存活一段时间，尤其当孢子是从无菌的昆虫组织和水中分离出来时，但是在野外细菌和真菌会降解清除掉环境中许多具有感染性的孢子（Solter et al. 2012b）。因为它们在宿主的消化道中发芽，目前尚没有证据证明，感染陆生宿主的微孢子虫是否与真正的昆虫病原体真菌一样以同样的方式应对潮湿环境条件，例如，球孢白僵菌（*Beauveria bassiana*）和金龟子绿僵菌（*Metarhizium anisopliae*）（Vega et al. 2012）.

4.5.7　水生微孢子虫的存活能力

感染水生无脊椎动物的微孢子虫往往具有比陆生微孢子虫更薄的内壁，并且很多之前描述过的物种都不能耐旱、耐寒（见第 21 章）（Solter et al. 2012a）。一种蚊子的致病性微孢子虫——伊蚊艾德氏微孢子虫（*Edhazardia aedis*），在 5℃的冰箱温度下存活时间不超过 1 ~ 2 d，在冰冻的条件下也不能存活（Undeen & Becnel 1992）。作者认为，虽然宿主在生态上不是严格局限于热带栖息地，但是病原体可能是如此。Nascimento 等（2007）注意到在水温和黑蝇（*Simulium pertinax*）幼虫中的一种微孢子虫钝孢子虫（*Amblyospora* sp.）流行率之间，存在较弱负相关，但与感染率并不相关。但是，有个例外值得我们注意，水蚤汉氏孢虫（*Hamiltosporidium tvaerminnensis*）一种淡水枝角水蚤的微孢子虫，对冷具有较为明显的抵抗力，其孢子既可以在宿主体内耐受较低的温度，又可以在冰冻和干旱的环境中存活（Vizoso et al. 2005）。在大范围的黑蝇寄生虫研究中发现，从阿拉斯加河流收集到的黑蝇幼虫中的微孢子虫其流行率高于更南面的地区，研究人员认为这些主要感染宿主脂肪体组织的病原体，它们不具备从宿主释放到外界环境的出口，只有当被感染的宿主死亡后，其尸体腐烂分解，未受保护的孢子随着雨水的冲刷进入到河流中（McCreadie et al. 2011）。因此，微孢子虫要能感染其他的处于水生阶段的陆生节肢动物，需要有在北极和温带地域生存的策略。

以水生阶段的昆虫作为宿主的微孢子虫，最有名的有 4 个属，分别是钝孢虫属（*Amblyospora*）、杜氏孢虫属（*Duboscqia*）、透明球孢虫属（*Hyalinocysta*）和类泰罗汉孢虫属（*Parathelohania*），它们除了感染蚊子外，还以一种桡足类动物作为中间宿主（Andreadis 2005）。察氏透明球孢虫（*Hyalinocysta chapmani*）能感染生活在缅因州北部和加拿大南部的黑尾脉毛蚊（*Culiseta melanura*），栖息在相对稳定的水源地，并在滞育的蚊子幼虫中越冬，当然也有可能是在桡足类的中间宿主体内过冬（Andreadis 2002）。早春时，当蚊子幼虫的栖息地是水和沉积物时，幼虫不会被微孢子虫感染，也就暗示着在这样的环境中，孢子过了冬天就不能保持活力（Andreadis 2005）。康州钝孢子虫（*Amblyospora connecticus*）是盐泽褐伊蚊（*Aedes cantator*）的一种微孢子虫病原体，盐泽褐伊蚊是一种以季节性水源作为栖息地的蚊子，所以这种病原体要以桡足类短尾棘剑水蚤（*Acanthocyclops vernalis*）作为越冬的中间宿主（Andreadis 2005）。然而，对于这些微孢子虫在极低的温度下其存活和传播效率并不清楚（Lucarotti & Andreadis 1995），不过在较低的温度下，感染片脚类动物——迪氏钩虾（*Gammarus duebeni*）的微孢子虫颗粒病微粒虫（*Nosema granulosis*）在宿主细胞内复制得非常慢（Dunn et al. 2006）。并且在5℃时颗粒病微粒虫在宿主体内传播的效率以及雌化宿主的能力都明显低于10℃。此外，在某些宿主群体中微孢子虫可能无法传播甚至不能存活（Kelly et al. 2002，2003）。

4.5.8　散布机制

微孢子虫孢子不能运动，因而在环境中的散布会受到宿主迁移行为的限制，另外，孢子的散布也可能会通过被感染宿主的拟寄生物和天敌，也可通过包括风和水环境因子播散。在特定的宿主—病原体互作关系中，感染性的孢子可以通过粪便、丝，以及宿主的口腔分泌物被释放到环境中（图4.3），这些携带孢子的物质可能是源于宿主在取食环境中移动时产生的，也可能是在被感染宿主的尸体分解时候产生的。

被感染宿主的流动性是将感染性孢子转移到易感宿主活动的路径上或天然宿主种群中最主要的方式。例如，大黄蜂物种 *Bombus vosnesenskii* 经常飞行2 km以上去觅食，因此，可能会和15~72 km^{2}的种群相互作用（Rao & Strange 2012）；蜜蜂可以在受污染的植物资源圃里面相互作用，因此，可能会导致熊蜂微粒子虫（*N. bombi*）在一个大区域中的多个种群中传播。在加州的一个植物资源比较集中的地方，熊蜂微粒子虫在 *B. vosnesenskii* 种群的流行率达到36%（Cordes et al. 2012），这也表明蜜蜂能够污染一个孤立采食区，使之成了一个感染的焦点。蜜蜂的病原体东方蜜蜂微粒子虫能够实现从亚洲蜜蜂（*Apis cerana*）向欧洲蜜蜂（*A. mellifera*）的宿主转换，所以，由于商业或是业余爱好的养蜂家出售感染了 *A. mellifera* 的蜜蜂，蜜蜂病原体很有可能会被装运并散布到全球各地（Klee et al. 2007）。通过卵巢传播的微孢子虫物种随着被感染的

(a)　　　　　　　　　　　(b)

图4.3　舞毒蛾微粒子虫（*Nosema lymantriae*）（见文后彩图）

一种造成舞毒蛾全身性感染的微孢子虫，可通过粪便（a）、蜕皮（b）、丝（a，b）等播散。（Leellen F. Solter 供照）

雌性移动到产卵地，有些产卵地与雌性被感染的地点之间的距离是相当远的（Lucarotti & Andreadis 1995）。

实验室内实验表明，一些拟寄生物能够从它们发育寄生的或是其排卵所在的感染宿主移动至未感染的宿主，并通过污染了孢子的排卵管机械性地传播孢子。尽管对于这种传播方式在流行病学上的重要性并不清楚，但是在拟寄生虫的确具有潜在的能力，将微孢子虫转移到天然的宿主种群中或导致地方性的动物流行病的能力（Brooks 1993）（见第 21 章）。脊椎动物和无脊椎动物捕食者也能够散布感染了无脊椎猎物的微孢子虫。刺激某个微孢子虫物种的发芽条件可能在捕食者的肠腔中并不存在，因此，在被食用的猎物中，感染性孢子可以穿越捕食者的消化道，并被散布到环境中（Down et al. 2004a）。Goertz 和 Hoch（2013a）调查了臭广肩步甲（*Calosoma sycophanta*）传播微孢子虫的能力。它是一种重要的捕食舞毒蛾的甲虫，能将舞毒蛾微粒子虫（*N. lymantriae*）和舞毒蛾变形微孢子虫的感染性孢子散布到环境中，并对舞毒蛾的幼虫有感染力。捕食性甲虫不会特意避开已被感染的猎物，也不会被微孢子虫病原体感染。但调查表明，处于甲虫捕食环境下的舞毒蛾，其中 45% ~ 69% 已被感染。因为舞毒蛾变形微孢子虫是一种感染脂肪体组织的病原体，在活的宿主中没有把孢子排出到外界环境的出口，作者推测这种捕食甲虫可能是一种向外界环境播散孢子的重要因子。然而，在一项类似的研究中发现，一种捕食蚁——木蚁（*Formica fusca*）在实验室实验中没有增加病原体的传播（Goertz & Hoch 2013b）。Higes 等（2008）在食蜂鸟—黄喉蜂虎（*Merops apiaster*）反刍的颗粒物中发现了东方蜜蜂微粒子虫的活性孢子。这种反刍的颗粒物在蜂房中也被发现，作者认为，这种食蜂鸟吐出物质可以作为一种提供感染的媒介物和促成病原体远距离传播的方式。

水对于许多无脊椎动物微孢子虫都是至关重要的营养物质。许多无脊椎动物都是水生的或者是存在水生阶段的。而且微孢子虫是这些动物的常见病原体。双翅目昆虫，如黑蝇、蚊子、蠓以及其他目的昆虫，包括石蛾（Trichoptera）、蜉蝣（Ephemeroptera）、石蝇（Plecoptera）、蜻蜓和豆娘（Odonata）等，它们均具有水生幼虫阶段和陆生成虫阶段。被感染的成虫正常羽化并且交配，在其他水域排出已被感染的卵（Lucarotti & Andreadis 1995）。

尽管微孢子虫有相对较高的质量密度，陆生种类的微孢子虫通常会在水中沉淀，但是一些水生的微孢子虫拥有"漂浮设备"，允许它们保持悬浮于水体当中并且能够被幼虫宿主摄入。例如，伊蚊艾德氏孢虫有一层厚厚的黏液层覆盖物（Undeen & Becnel 1992），大部分的尾孢虫属（*Caudospora* spp.）有尾状的附属物（Adler et al. 2000）。有环境适应能力的领孢虫属（*Parathelohania* spp.）其孢子有各种各样的深脊或者是龙骨状结构，而与卵巢传播相关的体内孢子（internal spore）孢壁薄而光滑（Hazard & Anthony 1974）。人们通常不认为微孢子虫是空气传播的病原体，但是最近的一项研究发现微孢子虫随着灰尘从乍得的波德利洼地（the Bodele Depression）吹到相距大约 4 300 km 远的佛得角群岛（Cape Verde Islands）（Favet et al. 2013）。

4.6　宿主群体

微孢子虫几乎可以感染无脊椎动物和原生动物任一分类群体（见第 23 章），并且已经适应了地球上的任一栖息地。通过分子分析发现，从差异很大宿主分类群及环境中分离到的微孢子虫可能有很近的分类学关系。对于每一对物种间的互作，病原体能否适应宿主的特点对其实现成功寄生至关重要。

4.6.1　宿主对微孢子虫感染的年龄和发育阶段的易感性

多数无脊椎动物微孢子虫的研究聚焦于病原体在未成熟宿主中的发育。这可能是因为微孢子虫作为微生物控制因子使用时，人们主要聚焦的宿主时期是其对人类和人类农业实践危害最为严重的时期，也就是宿主的未成熟时期。例如，植食性的鳞翅目、同翅目、鞘翅目等的幼虫；或者聚焦于宿主比较静止的时期，以易于开展研究，如蚊和黑蝇的幼虫。一般认为，无脊椎动物的早期阶段对微孢子虫更为易感（Wilson 1974，Down et al. 2004b）。但仅在几个物种中报道过宿主特异发育阶段的（stage-specific）易感性。有两个例子，其中之一是红色面包甲虫——赤拟谷盗（*T. castaneum*），只在幼虫阶段对类微粒子虫属 *Paranosema*（*Nosema*）*whitei* 易感（Blaser & Schmid-Hempel 2005），而蜜蜂（*A. mellifera*）则看起来像是只在成虫阶段对东方蜜蜂微粒子虫和西方蜜蜂微粒子虫易感（de Graaf & Jacobs 1991；Fries et al. 1996）。一些宿主晚期阶段表现出明显的抗性，这可能与其摄入大量的食物有关，它阻碍了孢子发芽进入宿主肠道上皮细胞，围食膜是大龄幼虫的一个抗性屏障（Blaser & Schmid-Hempel 2005）。再者，前面提到的金氏微孢子虫［*T.*（*Nosema*）*kingi*］感染黑腹果蝇的例子中，可能的原因是大龄幼虫在污染的人工饲料表面下进行挖洞和取食，它们没有接触到微孢子虫，这可能是一种行为抗性的形式（Vijendravarma et al. 2008）。

总之，微孢子虫感染早期阶段的宿主会导致更明显的病理表现和死亡率，两者均因为病原体会在宿主的关键时期（如蜕皮、化蛹），与宿主竞争营养物质，同时也是因为这一时期的感染可以为病原体提供充足的时间进行自我繁殖。一些宿主，如欧洲玉米螟，在其生活的所有阶段对微孢子虫都易感（Solter et al. 1991），但成虫由于取食习惯不常暴露于感染性的孢子的环境中（Andow 2001）。在羽化后（eclosing）感染的成虫不会存活太久，因此也不会成为孢子为下一代增殖准备的重要传染源。不过，蜜蜂主要在成虫的早期阶段（工蜂和管家蜂）最可能接触蜂房中的西方蜜蜂微粒子虫和东方蜜蜂微粒子虫（Bailey & Ball 1991），这些肠道病原体进而有充分的组织细胞和时间来完成发育并通过粪便污染环境。

4.6.2 自然界无脊椎动物的群体密度和波动

无脊椎动物的种群动态在物种间的差异很大。与微孢子虫相互作用的范围可以从大型的群居昆虫（蜜蜂、蚂蚁、白蚁）到独居物种，甚至是同类相残者，不一而足。一些物种的群体数量可以大量增加并引起高密度疾病暴发，而一些物种的群体密度显然不是特别高。因为微孢子虫是一个密度依赖性的病原体，它们在聚集或者有不同社会性水平的物种中常常表现出很高的流行率，同时，这种高的流行率也出现在一些非群居的但会发生群体密度强劲增长的昆虫中。目前在宿主之间有关微孢子虫感染的地方发病率和流行率的比较研究还很少，同样，在同一种宿主感染的微孢子虫物种数也很少报道，然而，后者可能与宿主的群体密度或者社会性水平无关。例如，大黄蜂是群居昆虫，建立的蜂群从 50～1 000 只不等，蜂群可以达到非常高的密度（Rao & Stephen 2010）。不过，感染 *Bombus* spp. 的多种微孢子虫中，仅有一种微孢子虫目前已经从该属原产地亚洲辐射扩散开来（Li et al. 2012）。蜜蜂是高度社会化的昆虫，一个蜂群由 50 000 只以上蜜蜂组成，西方蜜蜂微粒子虫和东方蜜蜂微粒子虫是已知的两种感染蜜蜂的微孢子虫。人们认为东方蜜蜂微粒子虫是由于人类行为的原因完成了宿主转换，感染到了西方蜜蜂体内（Klee et al. 2007）。可导致暴发性虫害的欧洲舞毒蛾和云杉卷叶蛾至少都寄生了 3 种或 3 种以上的微孢子虫，而欧洲玉米螟即便是经常出现高密度群体，也只会寄生一种玉米螟微粒子虫。不过，玉米螟虫害的暴发，可能是欧洲和西半球玉米栽种系统导致的一种人为现象（Babcock et al. 1929）。

4.6.3 环境和其他非环境因素

由于研究作用于田间无脊椎动物宿主种群的多重致死因子的复杂性，目前关于外界环境条件对感染了微孢子虫无脊椎动物宿主的直接影响的研究非常罕见。研究者普遍认为有压力的环境条件会增加宿主群体的易感性和死亡率（Anderson & May 1981），环境条件能影响宿主种群密度，当种群密度高时，对密度依赖性的病原体有利（Lafferty & Kuris 1999）。2009 年 Lewis 等发现玉米螟微粒子虫造成的欧洲玉米螟的田间死亡率确实比实验室控制条件下要高；然而，在研究感染片脚类动物杜氏钩虾（*G. duebeni*）的微孢子虫颗粒病微粒子虫时，研究者对之前提出的这种假说做出了质疑，发现有害的环境对感染没有太大的影响（Kelly et al. 2003）。作者认为由于颗粒病微粒子虫只能进行垂直传播，因此，它选择的是对宿主影响更低的增殖策略。2011 年 Szentgyorgyi 等也发现在冶炼厂附近积累的铅和镉对熊蜂微粒子虫感染大黄蜂没有太大的影响。不过，非生物环境可能通过限制食物资源来间接影响宿主对病原体的应答。有限的食物和有限搜寻活动（被感染的宿主由于体质虚弱，可能不再拥有足够能量支持大范围搜寻活动），都会对感染的结果造成重要影响（Steele & Bjørnson 2012）。

4.7　宿主—微孢子虫的相互作用

病原体和宿主相互作用与前面提到的其他因素共同决定了宿主群体数量的波动水平或稳定水平，也同时决定了病原体在宿主群体中持续存在的水平（Anderson 1979）。组织嗜性是一种物种特异性的相互作用，这种相互作用也与宿主间的病原体的传播有关。其他病原体和寄生虫常会涉及与宿主的相互作用，有几个微孢子虫属，包括相当数量的微孢子虫种，都需要一个中间宿主来构成一个复杂的相互作用，以确保病原体的生存和延续。

4.7.1　微孢子虫的组织嗜性

微孢子虫可以大量感染的组织和器官决定了病原体传播的类型（表 4.2）。水平传播的微孢子虫通过在肠腔中发芽进入宿主组织，因此感染很典型地起始于肠道上皮细胞，有时也会是肌肉细胞。不过，所谓的靶组织，也就是微孢子虫可以在其中发育成感染性孢子阶段的组织，代表了和宿主相互作用的物种特异性。消化道是感染性孢子增殖常见的靶组织，感染能被局限到肠道的某个部分或者包括几种组织类型。例如，蜜蜂的消化道是由 4 部分组成，但西方蜜蜂微粒子虫和东方蜜蜂微粒子虫仅能感染胃（中肠）组织（Fries et al. 1996；Huang & Solter 2013）。这种严格的组织嗜性在微粒子属（*Nosema*）的微孢子虫中并不常见，但所有已知感染鳞翅目和甲虫类的内网虫属微孢子虫会严格的寄生在昆虫的中肠组织中（Brooks et al. 1988；Wang et al. 2005）。肠组织感染、马氏管（节肢动物负责渗透压调控和外排的器官）感染，都可造成受感染的宿主经粪便排出微孢子虫。

通过摄入孢子造成全身性感染最先起始于肠道上皮细胞，随后孢子再入侵其他组织。绝大多数微粒子属的物种首先在肠道组织细胞中完成最初的孢子繁殖周期，这些孢子在宿主体内是有感染性的，可在细胞内发芽并侵染其他组织（Iwano & Ishihara 1989；Fries et al. 1992）。系统性的感染会造成全身或绝大多数组织感染，包括消化道、神经组织、脂肪体、丝腺和其他腺体、肌肉、表皮、性腺和血细胞等。系统性感染常见于鳞翅目微粒子属的微孢子虫，包括典型物种家蚕微粒子虫。另外，蝗虫类微孢子虫、纳卡变形微孢子虫、舞毒蛾微粒子虫以及舞毒蛾变形微孢子虫，这 4 种微孢子虫都是在中肠组织中启动感染，形成内部感染性的"初代孢子"，并且，这 4 种微孢子虫都能在脂肪体中形成成熟的感染性孢子，而在性腺中形成成熟孢子的只有蝗虫类微粒子虫、舞毒蛾微粒子虫和舞毒蛾变形微孢子虫 3 种，在丝腺中形成成熟感染性孢子的只有舞毒蛾微粒子虫。但是，这 4 种微孢子虫都不能在中肠上皮细胞中形成成熟孢子。此外，当感染强度很大且宿主的生理机能被破坏时，中肠细胞或其他组织可在一定程度上启动孢子增殖（见于 *V. disparis*、*N. lymantriae* 感染），但非靶组织的细胞极少会出现典型性感染（Vavra et al. 2006）。研究者还发现，感染非昆虫的微孢子虫表现出来的组织特异性与昆虫的同种微孢子虫相似。如捕食螨寡聚孢虫（*Oligosporidium occidentalis*），是一种肉食性螨的系统性病原体，可经卵巢垂直传播（Becnel et al. 2002），而线虫的病原体巴黎杀线虫微孢子虫（*N. parisii*）则严格寄生于肠道细胞（Troemel et al. 2008）。端足目动物的微孢子虫病原体具有组织嗜性，例如，*N. granulosis* 表现出性腺特异性，即使其他的幼虫组织包含有营养体形式的病原体，孢子也仅在雌性的性腺形成（Terry et al. 2004）。淡水枝角水蚤（*Daphnia pulex*）的一种病原体微孢子虫水蚤格里孢虫（*Gurleya daphniae*），已报道其仅在上皮细胞中存在（Friedrich et al. 1996）。

4.8　微孢子虫的传播

微孢子虫在无脊椎动物宿主中的传播途径与前面讨论过的病原体及其宿主的特性是密不可分的，且与组织特异性密切相关（表 4.2）。第 21 章会详细介绍，微孢子虫可感染无脊椎动物，通过直接或间接方式

表 4.2 微孢子虫的耐热性

宿主	微孢子虫	感染组织	传播机制	参考文献
苔藓动物门：被唇纲				
Cristatella mucedo	*Pseudonosema cristatellae*	体壁上皮细胞，主要的触手冠	未知，苔藓虫到苔藓虫的传播还没有观察到	Canning et al.（1997）
Plumatella fungosa	*Schroedera plumatellae*	精巢	个体到个体，机制不明	Morris & Adams（2002）
甲壳纲				
Gammarus duebeni	*Dictyocoela duebenum*	肌肉	口器、同类相食	MacNeil et al.（2003）
Gurleya daphniae	*Daphnia*	上皮	口器	Friedrich et al.（1996）
Gammarus duebeni	*Nosema granulosis*	雌性性腺	只有经卵传播（雌性化）	Terry et al.（1999）
Daphnia magna	*Octosporea bayeri*	脂肪细胞和卵巢，最终到全身感染	口器、死后传播、经卵传播	Vizoso et al.（2005）
十足目				
Cherax tenuimanus	*Vavraia parastacida*	肌肉组织	同类相食	Langdon & Thorne（1992）
昆虫纲：鞘翅目				
Ips typographus	*Unikaryon montanum*	全身性感染	口器—排泄物、经卵传播	Weiser et al.（1998）
Tribolium castaneum	*Paranosema whitei*	脂肪体	同类相食	Bérénos et al.（2009）
双翅目 [a]				
Culex tarsalis	*Amblyospora californica*	胃盲囊、绛色细胞、肌肉、卵巢	口器——来自桡脚类动物的中间宿主、在成蚊中经卵传播	Andreadis（2007）
家蝇（也包括其他蝇科和丽蝇科）	*Octosporea muscaedomesticae*	肠道组织、邻近的马氏管	口器——排泄物	Kramer（1972）
膜翅目				
Apis mellifera	*Nosema apis*	中肠	口器—排泄物	Webster et al.（2008）；Huang & Solter（2013）
	Nosema ceranae	中肠	口器—排泄物、交哺（污染的口器）	Smith（2012）；Huang & Solter（2013）
Bombus spp.	*Nosema bombi*	全身感染	口器——成虫传染给幼虫或排泄物传染给幼虫，也可能是经卵传播	Rutrecht & Brown（2008）
Muscidifurax raptor	*Nosema muscidifuracis*	全身感染	通过宿主中的重寄生物同类相食、经卵传播	Becnel & Geden（1994）
Solenopsis invicta	*Kneallhazia solenopsae*	脂肪体、卵巢、肌肉	受感染的蚁巢、经卵传播	Sokolova & Fuxa（2008）
	Vairimorpha invictae	脂肪体	口器——通过接触一起生活的幼虫、蛹和死亡的成虫	Oi et al.（2005）

续表

宿主	微孢子虫	感染组织	传播机制	参考文献
等翅目				
Reticulitermes flavipes	*Duboscqia legeri*	脂肪体囊	经口器接触死亡（或者同类相食）的成虫	Kudo（1942）
鳞翅目				
Bombyx mori	*Nosema bombycis*	全身感染	口器—排泄物、经卵传播	M-S. Han & Watanabe（1988）
Choristoneura fumiferana	*Cystosporogenes* sp.	全身感染	口器、经卵传播	van Frankenhuyzen et al.（2004）
Lymantriae dispar	*Endoreticulatus schubergi*	中肠	口器—排泄物、卵表传播[b]	Goertz & Hoch（2008a）
	Nosema lymantriae	丝腺、脂肪体、性腺	口器—蚕丝、排泄物、经卵传播	Goertz & Hoch（2008b）
	Vairimorpha disparis	脂肪体、性腺	受感染幼虫尸体的分解	Vavra et al.（2006）
Operophtera brumata	*Orthosomella operophterae*	丝腺、卵黄	口器；经卵传播——孵化的幼虫以自身卵黄为食	Canning et al.（1985）
Ostrinia nubilalis	*Nosema pyrausta*	全身感染	口器—排泄物、经卵传播	Zimmack & Brindley（1957）
直翅目				
Locusta migratoria	*Paranosema locustae*	脂肪体	同类相食、经卵传播	Henry（1972）; Raina et al.（1995）
Romalea microptera	*Encephalitozoon romaleae*	中肠、胃盲囊	口器—排泄物	Lange et al.（2009）
线虫纲				
Nematocida parisii	*Caenorhabditis elegans*	肠道	口器	Troemel et al.（2008）
寡毛纲				
Nais simplex	*Bacillidium vesiculoformis*	血细胞	经卵传播	Morris et al.（2005）

注：[a] 参见表 4.4；[b] 卵表

在单个宿主间水平传播，也可从雌性动物垂直传播至其后代，或者同时通过两种方式传播。

从生物学上来说，性传播、寄生虫叮咬等一些潜在的传播方式都可能发生，不过这些传播方式对于野外无脊椎物种来说是否重要尚未得到证实。性传播是从受感染的雄性到雌性，继而传播给其后代，目前仅有少数研究数据支持这一说法（见第 21 章）（Goertz & Hoch 2008b），且其是否可信很难得到确认（Solter et al. 1991）。微孢子虫病在昆虫间的传播详见第 21 章；在此，我们将病原体的传播方式与其宿主群体发生微孢子虫流行病的潜力关联在一起进行讨论。

4.8.1　水平传播

绝大多数种类的微孢子虫是通过水平传播的方式感染无脊椎动物的，它们要么直接在宿主间传播，要么通过空气传播给易感宿主（Shapiro-Ilan et al. 2012）。通常情况下，受感染的宿主消化道通过排泄的粪便污染用于喂食同种个体的食物，进而传播孢子，这种宿主间的直接传播方式已经为人们所熟知。东方蜜蜂微粒子虫和西方蜜蜂微粒子虫主要感染蜜蜂的中肠组织（具体详见第 22 章 *N. apis* 的生活史），并且产生的大量孢子能扩散到周围的环境中。蜜蜂的两种行为很可能参与了自身粪便中孢子的传播。第一种是卫生行为，至少在实验室里已观察到，蜜蜂在移除来自于蜂巢环境中的粪便时会导致其口器受到污染（Huang & Solter 2013）。另外一种行为是蜜蜂的交哺现象，即在卫生行为的基础上，蜜蜂进行交哺时很可能会使食物受到污染，进而受污染的食物又会直接在成蜂间进行传递（Smith 2012）。东方蜜蜂微粒子虫和西方蜜蜂微粒子虫仅能水平传播；蜂王被西方蜜蜂微粒子虫感染后产生的后代即刚出蛹的成蜂（emerging adults）不会受到感染（Webster et al. 2008），而在被东方蜜蜂微粒子虫感染的其他蜂巢中，幼虫或新羽化的成虫也没有观察到被感染的迹象（Huang & Solter 2013）。

传染源也可以是昆虫其他的分泌液，如昆虫丝（Jeffords et al. 1987），尽管 Goertz 和 Hoch（2008a）发现舞毒蛾病原体舞毒蛾微粒子虫、舒氏内网虫和变形微孢子虫产生的少数孢子可以利用丝进行小范围的传播，但仍被认为是一种次要的传播途径。蜜蜂体内反刍物也是感染性孢子的一个来源，不过在无脊椎动物中是否会反刍出微孢子虫目前尚未有这方面的报道。最后，这些微孢子虫是否利用消化道或马氏管作为靶组织进行感染取决于受感染的宿主尸体降解释放孢子进入周围环境的速度和同类相残的激烈程度。尽管蝗虫类微粒子虫也能通过卵巢传播孢子给易感宿主（Raina et al. 1995），但主要的传播方式还是取决于直接进食受感染死亡的蝗虫尸体（Henry 1972；Lockwood 1989），并且当变形微孢子虫从腐败的尸体中释放出来时，这些孢子很可能会被舞毒蛾幼虫摄入（Goertz & Hoch 2008a）。

当宿主的种群数量增加，水平传播的微孢子虫就可以在环境中积累起来。微孢子虫的水平传播是建立在环境中宿主种群增加的基础上。2009 年，Lewis 等详细综述了玉米螟微粒子虫在欧洲玉米螟中的传播，其中经垂直传播感染的第一代幼虫所排泄的充满孢子的粪便能污染玉米叶和秸秆茎。这些孢子会感染第二代幼虫。这些高密度的玉米螟种群会导致多个幼虫和代次（generations）出现在相同的玉米秸秆上，这样会增加其与孢子接触的机会，进而导致该病流行率的增加（Andreadis 1984）。

4.8.2 无脊椎动物微孢子虫的潜伏期

病原体的潜伏期是指病原体侵入宿主至最早出现感染症状的这段时间（Anderson & May 1992），恰恰这段时间可能会为病原体进行水平传播提供重要的动力（Onstad & Maddox 1989）。和其他病原体一样，微孢子虫感染无脊椎动物后，在孢子成熟之前需要经过一段时间的增殖，而且细胞里最先成熟的孢子一般要在细胞内停留一段时间，而不会马上释放出来。Goertz 等（2004）从受感染的舞毒蛾体内分离到两株微孢子虫，一株是未定种的微粒子属微孢子虫，另一株是舞毒蛾微粒子虫，并对它们在宿主体内的潜伏期进行了测定。他们认为，尽管舞毒蛾产生孢子的水平较低，但对其幼虫按大约 1×10^3 个孢子的剂量进行接种，经过 7~8 天后就会产生具有感染性的成熟微孢子虫，并被释放到幼虫粪便中。如果大量的易感幼虫和感染 12 天的舞毒蛾幼虫接触后，易感幼虫也会被感染上微孢子虫，并且以后这种微孢子虫感染靶组织的水平也会相应地增加（图 4.4）。作者还发现，当幼虫在化蛹前停止喂食后，孢子的释放也会终止。此外，感染西部云杉色卷蛾（*Choristoneura occidentalis*）的云杉卷叶蛾微粒子虫也和感染舞毒蛾幼虫的微粒子虫有相似的潜伏期，都是 11~15 天（Campbell et al. 2007）。

野外环境下，昆虫宿主的卵孵化到化蛹之间所需的时间周期可能远比在实验室条件下所需的时间长，这就意味着受感染的野生舞毒蛾种群，其舞毒蛾微粒子虫孢子释放时间也会更长（Goertz et al. 2004）。舞毒蛾幼虫在野外测试的时间必须大于 16 天，才能检测到通过水平传播途径感染的新宿主中的微孢子虫（图 4.5）（Hoch et al. 2008b）。作者认为微孢子虫如果在复杂的环境下其潜伏期也会延长，这就减少了舞毒蛾幼虫接触剂量足以引起明显感染的孢子概率。因此，微孢子虫在无脊椎动物宿主体内短暂的寄生生活中，其潜伏期可能会为其获取能量发挥重要作用。

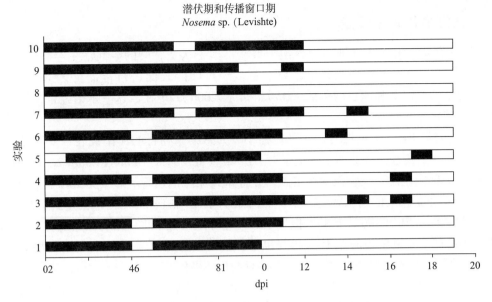

图 4.4　舞毒蛾微粒子虫（*Nosema lymantriae*）

在感染幼虫中的潜伏期。白色线条代表水平传播到易感幼虫出现的时间。黑色线条代表没有出现传播的时间。实验 5 显示了排除幼虫接触粪便摄入感染性孢子的可能性，而直接采用接种微孢子虫方式感染效果立竿见影。[经 Elsevier 许可引用 Goertz, D., D. Pilarska, M. Kereselidze, L. F. Solter, A. Linde。研究的材料取自保加利亚的舞毒蛾的两个微孢子虫分离株（*Lymantria dispar* L.）。*J. Invertebr. Pathol.*, 87（2-3）©2004，Elsevier]

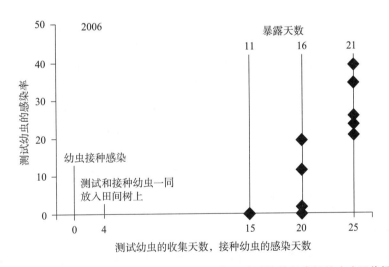

图 4.5　调查田间场笼（field cage）中受舞毒蛾微粒子虫感染的舞毒蛾幼虫水平传播的情况

幼虫的实验结果表明微孢子虫漫长的潜伏期能使其感染的水平降低，这是由于环境的复杂性减少了幼虫接触微孢子虫的概率。[图片引用自以下作者：Hoch, G., V. D. D'Amico, L.F.Solter, M. Zubrik, M. L. McManus. 2008. 为了能定量地分析舞毒蛾微粒子虫水平传播的情况，我们利用田间场笼内的舞毒蛾幼虫来完成本项研究。*J. Invertebr. Pathol.* 99（2）. © 2008]

4.8.3　垂直传播

许多微孢子虫物种是从受感染的雌性动物传给其后代的，微孢子虫病原体感染之所有能够在宿主种群中持久存在，其中关键的原因可能就是微孢子虫具有垂直传播与水平传播相结合的传播方式（Dunn et al. 2001）。看起来仅能进行垂直传播的微孢子虫种的报道十分有限。

4.8.4　卵表传播和卵巢传播

第 21 章会详细介绍，很多无脊椎动物微孢子虫能将孢子从受感染的雌性宿主经卵传给它们的后代，这些孢子要么在卵或胚胎内进行卵巢传播，要么直接经过卵的表面进行传播。"经卵传播"（transovum transmission）包含了卵内传播和卵表面传播（Onstad et al. 2006），现在，这一术语经常被用来描述卵表面污染微孢子虫后的传播方式。

尽管经过垂直传播的微孢子虫毒力比水平传播小，如感染鳞翅目的典型代表 – 变形微孢子虫属依靠水平传播扩散，进行水平传播需要的孢子数量很大（Dunn et al. 2001；Dunn & Smith 2001），但是经卵巢感染的早龄宿主死亡率仍明显比未经感染的宿主高，并且差异往往很显著。蝗虫类微粒子虫能在东亚飞蝗的胚胎中发育，与未受卵巢感染的幼虫相比，受卵巢感染的东亚飞蝗若虫死亡率会达到很高的水平（Raina et al. 1995）。此外，Bauer 和 Nordin（1989）报告了云杉卷叶蛾微粒子虫（*N. fumiferanae*）是经卵巢传播的效率为100%，并且在受卵巢感染的 F_1 代云杉蚜虫中，其幼虫的死亡率是未受感染的两倍。Kyei-Poku 等（2011）也发现了一株冬蛾孢虫属的微粒子虫，其在新羽化的桦桐窄吉丁（*Agrilus anxius*）幼虫中的感染流行率比在夏末处于排卵期的成虫要低很多，这就表明经卵巢感染后的幼虫死亡率会升高。虽然埃及伊蚊幼虫感染伊蚊艾德微孢子虫后能存活到其羽化为成虫，但这种经卵巢传播的病原体能导致蚊子幼虫的死亡，并且其产生的感染性孢子也会播散到空气中（Andreadis 2007）。同样，摄入钝孢子虫属孢子并被感染的蚊子幼虫能发育至成虫，但大多数经卵巢感染的幼虫会死亡，随后播散的孢子会感染桡脚类动物的中间宿主（Andreadis 2007）。然而，一个有趣的例外是围线虫诺塔孢虫（*Sporanauta perivermis*），它能够感染海洋线虫（*Odontophora rectangula*）的皮下肌肉组织。这种微孢子虫似乎是以裂殖体的方式经卵巢进入卵内，并使84%的成虫受到感染，但这种感染没有明显影响到成虫的行为、运动或者预期寿命（Ardilla-Garcia & Fast 2012）。

感染玉米螟微粒子虫（*N. pyrausta*）的雌性欧洲玉米螟在越冬后完成发育，进入初夏后开始交配排卵，最终通过受感染的胚胎将病原体传播给它们的后代。通过卵巢感染的幼虫死亡率明显高于未经卵巢感染的幼虫（Kramer 1959；Siegel et al. 1986），这就有效地减少了第一代晚龄幼虫的感染水平（Siegel et al. 1986）。第二代幼虫也会通过垂直传播被感染，除此之外，当第二代幼虫食用了被第一代幼虫所排泄的粪便（含有大量孢子）污染过的玉米叶和玉米秆时，其自身也会被这种水平传播的微孢子虫感染。水平传播和垂直传播两种方式相结合能导致玉米螟种群的感染率超过60%（Siegel et al. 1987；Lewis et al. 2009）。

微孢子虫的垂直传播也可能不是由于宿主的卵巢受到感染引起的，还有可能是由于它们所排的卵受到了微孢子虫污染，并随着卵的孵化被幼虫直接摄入体内。还有一种可能的情况是一些微孢子虫虽然仅限于感染宿主的中肠组织，但是仍然可以通过卵表传播进行的垂直传播，如舒氏内网虫等极少数的微孢子虫。

4.8.5　中间宿主

人们已知的在生活史中需要专性的中间宿主的微孢子虫分布在几个感染蚊子的微孢子虫属中，包括钝孢子属（*Amblyospora*）、杜氏孢虫属（*Duboscqia*）、透明球孢虫属（*Hyalinocysta*）和类泰罗汉孢虫属（*Parathelohania*），并且它们的中间宿主都是桡足类动物。代表性的物种已在表 4.4 中列出。第 21 章我们将对两个物种的微孢子虫进行详细介绍，它们分别是感染宿主蚊子 *Ochlerotatus* (*Aedes*) *cantator* 和中间宿主桡足类动物 *Acanthocyclops vernalis* 的微孢子虫康州钝孢子虫（*Amblyospora connecticus*）（见第 21 章）以及感染黑尾赛蚊（*Culiseta melanura*）和中间宿主桡足类动物（*Orthocyclops modestus*）的微孢子虫察氏透明球孢虫（*Hyalinocysta chapmani*）。

4.9　与其他微孢子虫或病原体的相互作用

目前的报道中，几乎很少有研究涉及过微孢子虫物种之间或微孢子虫和其他病原体之间的竞争关系，这些竞争关系要么在单个宿主中，要么是在一个宿主中的多个种群之间的竞争。尽管野外研究由于有诸多复杂因素的影响，使得我们很难去准确的评估这些微孢子虫之间竞争互作的关系，但实验室研究还是有可能为我们提供一些微孢子虫优势物种的线索。

4.9.1　微孢子虫物种间的竞争

研究人员发现一种很不常见的现象，即被感染的单个昆虫或昆虫种群中同时存在多个物种的微孢子虫，并且宿主中的这些微孢子虫物种存在天然的竞争关系。西方蜜蜂微粒子虫和东方蜜蜂微粒子之间竞争可能是一个很好的例子，尽管它们有时会出现在同一个蜂房中（Gisder et al. 2010），但特别值得注意的是，在同一群西方蜜蜂（ *A. mellifera* ）中，如果有东方蜜蜂微孢子（ *N. ceranae* ）存在，那么几乎就看不到西方蜜蜂微粒子虫（ *N. apis* ）的存在（Klee et al. 2007；Chen & Huang 2010；Chen et al. 2012）（见第 22 章）。

Pilarska 等（1998）对保加利亚的 3 个不同地点中舞毒蛾感染微孢子虫的情况进行了监测。他们发现感染舞毒蛾的这 3 种微孢子虫都是有规律的，即变形微孢子虫只出现在第一个监测点（监测 14 年），舞毒蛾微粒子虫只出现在第二个监测点（监测 3 年），而舒氏内网虫只出现在第 3 个监测点（监测 3 年）。在后续实验中（Solter et al. 2002），研究者将这 3 种微孢子两两混合在一起，并将它们同时或依次接种舞毒蛾。将感染后得到的舞毒蛾幼虫与单一微孢子虫感染和未感染的幼虫进行比较。在第一组实验室中，研究者发现将感染舞毒蛾中肠的病原体舒氏内网虫跟感染脂肪体和丝腺的舞毒蛾微粒子虫或者和感染脂肪体的变形微孢子虫一起添食舞毒蛾，都能使幼虫发育时间延长；此外，研究人员还发现先添食舞毒蛾微粒子虫能在脂肪体组织中取代变形微孢子虫；而先添食变形微孢子虫（ *V. disparis* ）则能在丝腺组织取代舞毒蛾微粒子虫，这就表明这些微孢子虫之间存在竞争关系。在第二组实验中，研究人员发现顺序接种的感染实验中，先接种的微孢子虫会被优先传播，但变形微孢子虫和舞毒蛾微粒子虫同时接种时，前者能抑制后者的传播。

类似的研究中，Vizoso 和 Ebert（2005）利用同种微孢子虫拜尔八孢虫（ *Octosporea bayeri* ）的不同分离株连续接种水蚤，接种方式要么是水平（口服）接种，要么垂直接种和水平接种相结合，他们发现当两个不同分离株的孢子通过水平接种后，它们的感染力增强，并且能产生大量的孢子。其孢子的产量比最具感染力的两个分离株都高，但当同一分离株连续接种两次或者将孢子喂食垂直感染的水蚤都没有这样增强的效果。作者认为孢子的致病性增加可能是遗传多样性造成的，而不是分离株之间竞争的结果。另外，Haine 等（2004）调查了在端足目动物（ *Gammarus roeseli* ）中 3 种经卵巢传播的微孢子虫传播流行情况，发现虽然微孢子虫能表现出性别特异性的毒力，但对宿主形成共感染的情况比较罕见，在当季，感染的雌性会更早地产生后代，与正常的后代相比，这明显是一个优势。

4.9.2　微孢子虫与其他病原菌、寄生虫以及环境污染物之间的相互作用

相比混合微孢子虫的感染，更常见的可能就是微孢子虫与其他的病原菌或寄生虫之间的相互作用。在有微孢子虫慢性感染的情况下，对宿主的致死原因往往被归功于更具毒力的病原体；但是，微孢子虫在一些宿主中的高发病率就能够与相关病原体发生增强、协同或拮抗作用从而对宿主产生相应的影响。在这里，我们列举了一些实验室和野外研究成果，目的是简要地说明微孢子虫与其他病原菌潜在的和实际的相互作用。

Bauer 等（1998）对舞毒蛾核型多角体病毒（ *Ld*MNPV）和感染舞毒蛾幼虫的葡萄牙微粒子虫（ *Nosema portugal* ）这两种天然的病原体间的相互作用进行了调查。他们发现，毒力较强的舞毒蛾核型多角体病毒（ *Ld*MNPV）单独口服接种舞毒蛾幼虫，与微粒子虫属同时感染或者 *Ld*MNPV 和微粒子虫属顺序感染，其对宿主的致死率都是相似的；而当微粒子虫属先于 *Ld*MNPV 感染时，其所需的病毒致死剂量 ID$_{50}$ 会明显降低。舞毒蛾幼虫被双重感染且首先接种葡萄牙微粒子虫后，幼虫明显会更早死亡，但是病毒和孢子产生的数量在共感染的昆虫中会变得更低。然而两种病原体都会被释放到受感染幼虫排泄的粪便中，这表明共

感染在野外环境下是可能发生的。病毒和微孢子虫感染的顺序决定了两者之间是否进行协同作用还是拮抗作用。

在端足类动物的研究中，Haine 等（2005）报道了垂直传播的微孢子虫（主要网腔孢虫属 *Dictyocoela*）和一个水平传播的多形棘头虫（*Polymorphus minutus*）之间的相互作用，多形棘头虫通过在行为上操纵它的中间宿主钩虾（*Gammarus roeseli*）改变其趋向性使之更容易被其终宿主鸟类捕食。由于端足类动物在与多形棘头虫（*P. minutus*）接触之前总是会受到微孢子虫的感染，此时，多形棘头虫必须与这种已经建立感染的病原体进行竞争。结果显示在共感染宿主中，钩虾的行为只发生了较弱改变，这就减少了多形棘头虫传播到终宿主的可能性，进而无形中使更多雌性钩虾（*G. roeseli*）能存活下来，并进行繁殖，最终实现微孢子虫的传播。

毒蛾绒茧蜂（*Glyptapanteles liparidis*）是舞毒蛾的一种寄生蜂，它能被一种互利共生的多聚 DNA 病毒（polydnavirus）感染，其产生的毒液会随着排卵一起进入到宿主幼虫的体内，进而降低了宿主的免疫应答，从而有利于这种寄生蜂寄生到宿主的卵和幼虫上。该病毒还可通过抑制保幼激素酯酶的活性使幼虫生长加速，并且延迟发育。Hoch 等（2000）发现，舞毒蛾幼虫同时受变形微孢子虫感染和毒蛾绒茧蜂（*G. liparidis*）寄生后，会死亡得更快，并且与未被寄生蜂寄生的幼虫相比，受寄生蜂寄生的幼虫会产生更多的孢子。作者推测，共生的病毒可能使宿主的免疫应答反应降低，并在后续实验（Hoch et al. 2008a）中，研究者利用辐照的方法对黄蜂所排的卵进行了消毒灭菌处理，目的是为了测试病毒和仅存在毒液的情况下（pseudoparasitization）对微孢子虫繁殖数量的影响。利用 5 种微孢子虫接种舞毒蛾幼虫，它们分别是天然存在于舞毒蛾体内的微粒子属微粒子虫和葡萄牙微粒子虫，从棉铃虫（*Helicoverpa zea*）中分离到的纳卡变形微孢子虫，从美国白蛾（*Hyphantria cunea*）中分离到的变形微孢子虫以及从东方天幕毛虫（*Malacosoma americanum*）分离到的微孢子虫。在假寄生的情况下，舞毒蛾的丝腺病原体 *Nosema* sp. 数量并未增加，相反的，能感染脂肪体的葡萄牙微粒子虫、纳卡变形微孢子虫，以及变形微孢子虫，都能在假寄生的幼虫中产生更多的孢子。感染天幕毛虫的微孢子虫能引起非靶标应答，并且时常会产生一些低数量的非典型孢子，但在假寄生发育的幼虫中有 70% 的能被微孢子虫感染，相比之下，被病毒寄生的宿主中只有 52% 的能被微孢子虫感染。

最近的研究表明，在蜜蜂蜂巢中使用农药和抗生素药品时，感染了东方蜜蜂微粒子虫的蜜蜂其患病率会增加，或者感染力会加强。Alaux 等（2010）发现感染东方蜜蜂微粒子虫的蜜蜂与吡虫啉（新烟碱类杀虫剂）接触后，其死亡率会增加，同时葡萄糖氧化酶的生成也会减少，该酶的减少会使工蜂清洁蜂巢的能力降低。Pettis 等（2012）也检测了东方蜜蜂微粒子虫对吡虫啉的反应，并发现其产孢子的数量增加。在后续的研究中检测了 14 种农药，其中包括蜂房用的除螨剂，发现有超过一半的农药若残留在花粉上时，均发现感染蜜蜂微粒子虫的患病率增加（Pettis et al. 2013）。Huang 等（2013）也发现在夏季蜂巢使用烟曲霉素（一种用于蜂巢中减少西方蜜蜂微粒子虫和东方蜜蜂微粒子虫感染的抗生素）的剂量下降的时候，东方蜜蜂微粒子虫的产孢子数量会增加。药物会改变蜜蜂的蛋白质表达谱，这就表明改变蜜蜂生理机能所需的抗生素剂量比抑制微孢子虫所需的剂量还要低。

尽管多个物种相互作用以及化学品和药物对发病机制的影响还很难评估，但是在微孢子虫病原体感染无脊椎动物的生态学和经济学的研究中，我们能更好地理解这些相互作用的重要性，并为将来的研究提供了一个重要的方向。

4.10 宿主专一性

我们在实验室中对许多种类微孢子虫的宿主范围进行了测试，这其中需要解决的问题是确定用于生物防治项目的病原体是否安全。大量备用宿主名单在斯普拉格（1977）进行了记录，根据这些记录，我们从野外收集的昆虫并让其在实验室中产生感染，之后分别对感染的昆虫进行微孢子虫鉴定。尽管研究的重要目的是试图研究将微孢子虫释放到环境中来控制害虫种类然而多数微孢子虫在实验室环境下的宿主范围很可能远远大于野外环境下的特异性宿主（见第 21 章）。尽管如此，通过 rDNA 测序证实了微孢子虫可以感染多个宿主。如已报道的微孢子虫家蝇八孢虫（*Octosporea muscaedomesticae*）在蝇科和丽蝇科家族的 7 种苍蝇成员中都有发现，这 7 种苍蝇成员同属于有翅藓蝇（Vossbrinck et al. 2010）。在冬蛾孢虫属（*Cystosporogenes* sp.）中，如冬蛾囊孢虫（*Cystosporogenes operophterae*）最先记述其来自于尺蠖科的冬尺蠖蛾（*Operophtera brumata*），后来的报道中，人们从斯洛伐克栎林中的 19 种鳞翅目昆虫种均发现了冬蛾孢虫的存在（Solter et al. 2010）。多个或替代的宿主可以作为这些微孢子虫的储存库，这与桡足类中间宿主钝孢子属类似（Andreadis 2005），这就意味着在微孢子虫的种群周期中，即使它们的宿主长期处于低密度的状态，也能在昆虫体内长期停留。

其他在野外的微孢子虫似乎只能出现在特定的宿主中。例如，玉米螟微粒子虫（*N. pyrausta*），目前唯一已知的宿主就是欧洲玉米螟（Sprague 1977）；变形微孢子虫（*V. disparis*）和舞毒蛾微粒子虫，这两种微孢子虫目前有记录的宿主只有舞毒蛾（Solter et al. 2000，2010）以及西方蜜蜂微粒子虫记录的宿主只有蜜蜂（Sprague 1977）。正如前面所提到的，来自不同宿主中微孢子虫的分离株相似度均在 99% 以上（SSU rDNA 序列），一定程度上证明了微孢子虫生态上宿主的专一性。例如，家蚕微粒子虫和报道的许多它的生物型（Nath et al. 2012）均来自于各种蚕蛾物种，天幕毛虫微粒子虫（*Nosema disstriae*）来自于森林天幕毛虫（*Malacosoma disstria*），云杉卷叶蛾微粒子虫从东部云杉蚜虫（*C. fumiferana*），以及粉纹夜蛾微孢子虫（*Nosema trichoplusiae*）从甘蓝夜蛾（*Trichoplusia ni*）中分离得到，但是否在其他昆虫中存在目前仍不清楚（Nordin & Maddox 1974；Pieniazek et al. 1996；Kyei–Poku et al. 2008）。

4.11　流行病学

通常对于无脊椎动物病原体与其宿主之间相互作用研究的描述，主要利用随时间推移的患病率数据及宿主和病原体的生物学特性 [感染率、死亡率、传播效率（Fuxa & Tanada 1987）] 来预测感染的持久性及对宿主种群的影响。此外，动物流行病学研究产生的数据包括：传播方式、孢子在环境中的持久性、孢子传播的位置及数量、宿主的种群密度、宿主及病原体的世代时间、宿主阶段的免疫力或抵抗力、宿主的代数、宿主和病原体的耐热性及与发育相关的温度、季节性、与其他天敌的相互作用、宿主储量、空间异质性和复杂性。与核型多角体病毒及许多昆虫病原体真菌这些会危及生命的急性感染不同，自然界中微孢子虫感染为典型的慢性感染，敏感性也会在特定的龄期 / 阶段有所不同，其传播方式可能是垂直传播和水平传播，感染的效果也可能是微弱的或是难以界定的，但不可否认的是其对宿主的种群会产生重大的影响。昆虫通常比较易于实验室的饲养及开展相关的实验，可以提供在田间几乎不能获得的必要数据（Fuxa & Tanada 1987）。2013 年，van Engelsdorp 等提出了改善蜜蜂健康状况的具体方法，明确规定了无脊椎动物流行病学研究必要数据的术语和工具。描述性模型可以提供一个合理的特定宿主 – 微孢子虫系统动态图及必要数据测试数学模型，数学模型不仅可以使一个复杂系统概念化，而且还可以对生态学理论以及动物流行病预测中显示出来的那些数据进行更好的理解。

4.11.1　节肢动物流行病学研究

可以感染重要的经济宿主的微孢子虫的生命周期与宿主间相互作用已经被进行了比较完整的研究，当然详细记录的生物学特性也可见于感染片脚类动物氏钩虾（*G. duebeni*）的颗粒病微粒子虫和寄生于其他水生节肢动物的一些微孢子虫（见第 23 章）。Solter 等（2012a）把研究的重点集中在几种用于生物防治和使自然害虫种群崩溃的微孢子虫上，对它们的生活周期和动物流行病学进行了评估，这几种微孢子虫包括：寄生于欧洲玉米螟的玉米螟微粒子虫、寄生在舞毒蛾中的舞毒蛾变形微孢子虫和舞毒蛾微粒子虫、寄生在红火蚁中的红火蚁内尔氏孢虫（*Kneallhazia solenopsae*）和红火蚁变形微孢子虫（*Vairimorpha invictae*）、蝗虫中的蝗虫类微粒子虫、云杉色卷蛾中的云杉卷叶蛾微粒子虫、埃及伊蚊的伊蚊艾德微孢子虫（*E. aedis*），以及寄生于蚊子 *Ae. cantator* 的康州钝孢子虫（Lewis et al. 2009）。包括蜜蜂微粒子虫（见第 22 章）在内的其他几种微孢子虫也受到了高度的重视。这里，我们简要介绍几种微孢子虫动物流行病学研究：它们分别是寄生于大黄蜂的熊蜂微粒子虫，寄生在蚊子（*C. melanura*）体内的微孢子虫察氏透明球孢虫以及源自蛛形纲节肢动物的一些有限数据。

4.11.2　感染大黄蜂（*Bombus* spp.）的熊蜂微粒子虫

据报道熊蜂微粒子虫至少可感染 47 种大黄蜂及与其近缘物种，该近缘物种主要是分布于欧洲、北美洲和亚洲的杜鹃蜜蜂（表 4.3）。该种微孢子虫的特殊之处在于它可自然感染该属不同种生物，但在其他无脊椎动物类群中包括具花粉筐的膜翅目昆虫中还未见报道。另外，除中国外世界上其他地区还未在熊蜂体内分离到其他的微孢子虫物种，而熊蜂体内分离出来的这几种微孢子虫与几种大黄蜂物种中分离到的微孢子虫在物种水平上是存在差异的（Li et al. 2012）（表 4.3）。

Shafer 等（2009）报道了熊蜂微粒子虫可能与蜜蜂病原体东方蜜蜂微粒子虫和西方蜜蜂微粒子虫（*N. apis*）有亲缘关系，据此推测熊蜂微粒子虫的任一个共同祖先可能从受感染的熊蜂中转移到了古老的亚洲蜜蜂体内，当然，也可能是东方蜜蜂或者东方蜜蜂微粒子虫的祖先从古老的东方蜜蜂中转移到了熊蜂身上。作者引证了组织嗜性作为支撑：认为熊蜂微粒子虫（*N. bombi*）和东方蜜蜂微粒子虫具有更近的亲缘关系，但熊蜂微粒子虫是一种全身性感染的病原体（Fries et al. 2001；Larsson 2007），它与鳞翅目病原体微孢子虫属的生命周期更接近，同时东方蜜蜂微粒子虫和西方蜜蜂微粒子虫更倾向于只感染中肠组织（Huang & Solter 2013）。研究者们认为包括中国中部东方蜜蜂微粒子虫（Li et al. 2012）在内的几种近缘微孢子虫均起源于熊蜂微粒子虫的进化，并且东方蜜蜂微粒子虫比西方蜜蜂微粒子虫更能抵抗抗生素 – 烟曲霉素（Huang et al. 2013）。而熊蜂微粒子虫则显然对烟曲霉素不敏感（Whittington & Winston 2003；Shafer et al. 2009），这些数据都支持了作者的上述观点。

虽然 Schmid-Hempel 和 Loosli（1998）没有找到三者生活史阶段易感性的差异，但后续研究中发现东方蜜蜂微粒子虫和西方蜜蜂微粒子虫在成年蜂之间的梳洗或交哺时传播（Huang & Solter 2013；Smith 2012），而熊蜂微粒子虫更偏向于经卵垂直传播（van der Eijnde & Vette 1993；van der Steen & Fries 2008）。在实验室用含孢子的糖水喂食蜜蜂，刚出房成蜂比老的成蜂更易被感染（Rutrecht et al. 2007），当领地范围内的其他个体被感染时，该范围内成年蜜蜂可能也会感染（van den Steen 2008），但蜜蜂领地范围内这种成年蜜蜂间的传播机制尚不清楚。雄蜂交配时会将微孢子虫传播给蜂王（Otti & Schmid-Hempel 2007），而蜂王经卵垂直传播给后代（Rutrecht & Brown 2008）。

熊蜂微粒子虫感染会对宿主产生有害的影响，如成年蜂个头偏下、蜂群规模偏小（Rutrecht & Brown 2009）、残疾雄蜂、蜂王腹部肿胀，影响冬眠期存活率、减少种群的建立、产生更少的有生殖能力的雌性个体（雌性生殖）、雄性生精量少甚至不能生精、卵无受精能力等（van der Steen 2008；Otti & Schmid-Hempel 2007，2008）。利用 PCR 扩增的方法在成功建立种群的越冬蜂王中检测到了轻微的感染，这个种群不仅更小而且后代无繁殖能力（Otti & Schmid-Hempel 2008）。当大黄蜂种群数量相同时，感染种群对媒介植物的授粉水平相比正常种群更弱（Gillespie & Adler 2013）。

熊蜂微粒子虫流行的数据表明：其中一些熊蜂物种比另外一些更易感染熊蜂微粒子虫这种病原体。调查发现美国 48 个州蜜蜂物种总体的感染流行率均较低（Cordes et al. 2012），不过相比其他蜜蜂物种，熊蜂微粒子虫在 *Bombus affinis*、*B. occidentalis*、*B. pensylvanicus* 以及 *B. vosnesenskii* 这 4 个品种中的感染强度、发病率均很高（Cameron et al. 2011；Cordes 2012）（图 4.6）；同时区域研究发现，*B. fervidus* 的感染患病率总体都很高，而在 *B. pensylvanicus* 种群中雄蜂比雌蜂的感染患病率高（Gillespie 2010）。此外，在阿拉斯加州的一项调查研究发现 *B. mixtus*、*B. jonellus* 和 *B. occidentalis* 具有更高的感染患病率（Koch & Strange 2012）。

与美国的研究类似，在西欧调查的 20 个熊蜂属中，微孢子虫流行程度都很低，但 *B. terrestris/lucorum*

表 4.3　熊蜂微粒子虫感染熊蜂物种的报道

熊蜂微粒子虫感染熊蜂物种	
北美地区 [a]	西欧地区 [b]
B. afinis	B. hortorum [c]
B. auricomus	B. hypnorum
B. bifarius	B. jonellus
B. bimaculatus	B. lapidarius
B. californicus	B. lapponicus
B. caliginosus [d]	B. lucorum
B. centralis	B. magnus
B. citrinus [d]	B. pascuorum
B. fernaldae	B. pratorum
B. fervidus	B. subterraneus
B. flavifrons	B. terrestris/lucorum
B. frigidus	B. （Psithyrus） vestalis [c]
B. griseocolus	
B. huntii	
B. impatiens	亚洲 [e]
B. insularis	B. friseanus
B. jonellus [f]	B. impetuosus
B. melanopygus	B. patagiatus
B. moderatus [f]	B. rufofasciatus
B. mixtus	B. waltoni
B. occidentalis	
B. pensylvanicus	
B. perplextus	
	中国：其他微粒子属微孢子虫感染熊蜂 [e]
B. rufocinctus	B. festivus
B. silvacola [f]	B. flavescens
B. sandersoni [g]	B. lepidus
B. sitkensis	B. lucorum
B. suckleyi	B. pyrosoma
B. ternarius [h]	B. remotus （N. ceranae）
B. terricola	B. sibiricus
B. vagans [d]	B. trifasciatus
B. vosnesenskii	
Bombus （Psithyrus） sp. [h]	

[a] Cordes et al.（2012）；其他字母代表一个地理区域内由不同的作者发现

[b] Tay et al.（2005）.

[c] Paxton（2008）.

[d] Kissinger et al.（2011）.

[e] Li et al.（2012）.

[f] Koch & Strange（2012）.

[g] Sokolova et al.（2010）.

[h] Bushmann et al.（2012）.

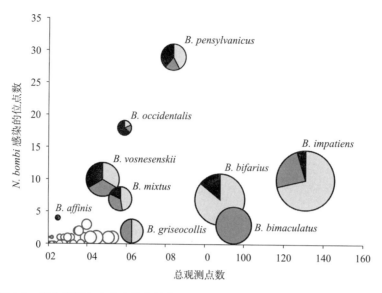

图 4.6 所有观测点宿主中收集的熊蜂微粒子虫（*Nosema bombi*）的患病率

　　圆圈大小代表每个物种收集到的个体相对总数。感染强度比例用饼图表示：浅灰色表示低强度的感染，中灰表示中强度感染，暗灰色表示高强度的感染。白色圆圈代表收集的大黄蜂种群小于 150 个个体。[本图经 Cordes, N., W.–F. Huang, J. P. Strange, S. A. Cameron, T. L. Griswold, J. D. Lozier, L. F. Solter. Interspecific geographic distribution and variation of the pathogens Nosema bombi and Crithidia species in United States bumble bee populations. J. Invertebr. Pathol. 109（2）. © 2012, Elsevier 授权转载]

和 *B. pascuorum* 这两个种类感染率最高（Paxton 2008）。熊蜂对熊蜂微粒子虫（*N. bombi*）敏感性的差异可能与不同熊蜂品种中分离出的病原体分离株有关，但是分子数据却显示来自不同熊蜂品种的微孢子虫分离株之间差异较小（Tay et al. 2005；Cordes et al. 2012）。*B. terrestris* 的患病率会随着蜂群年龄的增加而增加，同时年龄与城市环境之间可能存在一定的相互作用关系（Goulson et al. 2012）。研究还发现 *B. pascuorum* 的患病率会随着年龄的增加而减少，推测此种宿主有较高死亡率且 *B. terrestris* 对于侵染具有更强的耐受性。

　　熊蜂属中数量下降比较严重的种属，往往其熊蜂微粒子虫（*N. bombi*）的感染率和感染强度也最高，特别是美国的 *B. affinis*、*B. occidentalis*，*B. pensylvanicus* 和 *B. fervidu*。这也表明了熊蜂微粒子虫是 20 世纪 90 年代突现的这些物种数目急剧下降的一种重要因素。有推测认为欧洲品系的熊蜂微粒子虫传入北美，导致此种微孢子虫的易感性和有害性增强（Thorp & Shepherd 2005；Colla et al. 2006；Otterstatter & Thomson 2008）；然而，目前还没有数据去表明有新物种入侵的迹象，并且在国际化的商业物种贸易往来之前就已经发现北美大黄蜂中存在熊蜂微粒子虫（Fantham et al. 1941；Macfarlane 1974）。在美国西部可能已灭绝的 *B. franklini* 中并未检测到病原体或寄生虫存在。阿拉加斯州丰富的 *B. occidentalis* 种群具有较高患病率（Koch & Strange 2012），此外，欧洲最常见的大黄蜂品种 *B. terrestris*，其患病率也很高（Paxton 2008；Huth–Schwarz et al. 2012），这些都暗示了某些大黄蜂品种更易被熊蜂微粒子虫感染，而且该病原体在这些种群中都具有较高的动物流行水平。另外，熊蜂微粒子虫的高流行性可能与 *B. terrestris* 低遗传变异及宿主的高种群密度有关（Huth–Schwarz et al. 2012），而后者是密度依赖型病原体的典型动态特征。然而，熊蜂微粒子虫在某些宿主中的高种群密度使得宿主对其他病原体以及环境变化的抵抗力减弱，进而使得这类宿主濒临灭绝。

4.11.3　黑尾赛蚊和摩得斯图斯剑水蚤中的察氏透明球孢虫

　　这类微孢子虫可以感染原生宿主蚊子和中间宿主桡足类动物，并通过垂直传播策略在蚊子中存活且维持一定种群数量。钝微孢子虫属有 100 多个种，第 21 章详细描述了其中一个典型物种康州钝孢虫（*A.*

表 4.4　感染蚊子的微孢子虫典型物种的流行病学特征

微孢子虫	天然宿主	感染组织	传播给蚊子	传染给中间宿主	蚊子的田间流行	参考文献
Amblyospora connecticus	Ochlerotatus (Aedes) cantator	胃盲囊、绛色细胞、肌肉、卵巢、脂肪体	蚊子通过口器叮咬桡足动物 Acanthocyclops Vernalis；经卵传播给后代	经口感染蚊子宿主体内释放的减数分裂孢子	水平传播[a]：桡足动物：在雌性中有 36%~58% 的成熟孢子，32%~76% 的雄性（平均 55%），12%~44% 的雌性（平均 23%）	Andreadis（1988）；[a]Andreadis（1990）
Amblyospora albifasciati	Aedes albifasciatus	脂肪体、卵巢	经口感染桡足动物 Mesocyclops annulatus 中释放的单核孢子；经卵传播给后代	经口感染蚊子宿主体内释放的减数分裂孢子	[a]0.5%~20% 的个体中；在 8 个种群有 0.7% 的个体在超过 12 个月的感染；在桡足动物中有 5.8%~100% 的个体感染，平均感染率 50%	Garcia & Becnel（1994）；[a]Micieli et al.（2001）
Anncaliia Nosema、Brachiola algerae	Anopheles stephensi	通常是全身感染——根据宿主种类的不同	卵表传播	无中间宿主	在蚊子的田间种群中没有找到感染的记录[a]，人类有感染记录	Becnel et al.（2005）；[a]Cali et al.（2011）
Culicospora magna	Culex restuans	脂肪体、绛色细胞	经口感染死亡幼虫中释放的单核孢子；双核孢子经卵传播	无中间宿主	[a]1.5% 的感染率（连续 3 年）	Becnel et al.（1987）；[a]Fukuda et al.（1997）
Duboscqia denghilli	Anopheles hilli	脂肪体、绛色细胞	经口感染桡足动物 Apocyclops dengizicus 中释放的单核孢子；经卵垂直传播给后代	经口感染蚊子宿主中的减数分裂孢子	实验室条件下：有 23% 的成年雌性会因接触感染受感染的桡足动物成熟孢子而被感染，雄性和雌性幼虫产生减数分裂孢子后死亡	Sweeney et al.（1993）
Edhazardia aedis	Aedes aegypti	中肠/胃盲囊、绛色细胞、脂肪体	经口、经卵传播	无中间宿主	[a]泰国：大多数常见和普遍的病原体未自于埃及伊蚊（A. aegypti）	Becnel et al.（1989）；[a]Hembree（1979）
Hyalinocysta chapmani	Culiseta melanura	蚊子的脂肪体、桡足动物的卵巢	经口感染桡足动物 Orthocyclops modestus 释放的孢子	经口感染蚊子宿主释放的减数分裂孢子	[a]流行性：夏季流行率达 21%~26%；夏季流行最高峰达到 48%~60%；冬季流行率达 0~8%	Andreadis & Vossbrinck（2002）；[a]Andreadis（2002）
Parathelohania anophelis	Anopheles quadrimaculatus	雄性蚊子的脂肪体和绛色细胞，雌性蚊子的卵巢	经口感染桡足动物 Microcyclops varicans 释放的单核孢子；双核孢子经卵巢垂直传播给后代	经口感染蚊子宿主释放的减数分裂孢子（所有的雄性感染蚊子会死亡）	[a]估计：1% 的动物流行率中有 57 只雄性和 0 只雌性被感染，无总数记录	Hazard & Anthony（1974）；Avery & Undeen（1990）；[a]Chapman et al.（1966）
Vairaia culicis floridensis	Aedes albopictus	全身性感染	经口、卵表传播	无中间宿主	111 个点中有 3 个点的幼虫被感染。感染范围：0.3%~53.8%，3 年平均 9.7%	Becnel et al.（2005）；Andreadis（2007）；[a]Fukuda et al.（1997）

[a] 表示某个引用或或特定的数据.

connecticus）的整个生命周期。表 4.4 提供了蚊子微孢子虫典型代表的动物流行病学信息。而察氏透明球孢虫（*H. chapmani*）是唯——个在蚊子中垂直传播的病原体（Andreadis & Vossbrinck 2002）。

这里我们简要概括了 Andreadis 和 Vossbrinck（2002）、Andreadis（2002）以及 Andreadis（2005）关于察氏透明球孢虫（*H. chapmani*）的生命周期和动物流行病学的研究。察氏透明球孢虫主要感染广泛分布在美国东部的多化性蚊子黑尾赛蚊（*Culiseta melanura*）。黑尾赛蚊主要吸食鸟类血液，能将自己的卵产在沼泽内永久性地下水池和淡水湿地中，这些地方都是包括摩得斯图斯剑水蚤（*Orthocyclops modestus*）在内的其他桡足类动物共同的栖息地。当黑尾赛蚊的幼虫摄入了摩得斯图斯剑水蚤卵巢中产生的单核孢子以及桡足类动物死后释放的孢子时，此时，黑尾赛蚊会被察氏透明球孢虫（*H. chapmani*）感染。与其他的微孢子虫不同，当宿主摄入察氏透明球孢虫后不会立刻发芽，也不会在宿主的中肠组织中增殖，而是孢子直接在肠腔内发芽，之后穿过中肠上皮细胞直接感染脂肪体组织。孢子在脂肪体组织中通过减数分裂繁殖，宿主幼虫死亡后释放出孢子继续侵染易感性的摩得斯图斯剑水蚤。几种蚊子的病原微孢子虫（*Amblyospora*、*Edhazardia*、*Culicosporella*、*Culicospora*、*Parathelohania*）的垂直传播方式在察氏透明球孢虫中是丢失的，因为其不具有 *Amblyospora* spp. 垂直传播相关的耦核孢子。

Andreadis（2005）认为察氏透明球孢虫不能在宿主中垂直传播可能与蚊子和桡足类宿主的栖息地有关。因水源的永久性和固定性，使得桡足类动物的活跃期和黑尾赛蚊的各个生活阶段每年都至少会存在 7 个月以上。黑尾赛蚊生活阶段的连续重叠性和中间宿主的群居性为察氏透明球孢虫的持续水平传播提供了可能。钝孢子虫属（*Amblyospora* sp.）近缘物种由于进化选择增加了垂直传播所需的耦核孢子的量（Sweeney et al. 1989），这种进化也预示着微孢子虫为适应环境条件，其传播的方式也可能依据效率而进行改变。在雌蚊子的幼虫或雄蚊子中产生的可感染桡足类宿主的减数分裂孢子对于微孢子虫在这种宿主中存活是更有效的策略（Andreadis 2005）。

近 3 年关于察氏透明球孢虫感染原生宿主和中间宿主的研究发现，察氏透明球孢虫在黑尾赛蚊中有相对较高的地方流行患病率（Andreadis 2002），这与大多数钝孢子虫属（*Amblyospora*）物种发现的低患病率是完全不同的（图 4.7）。黑尾赛蚊的患病率在初春的时候能达到 8%～10%，而盛夏时可高达 48%～60%，

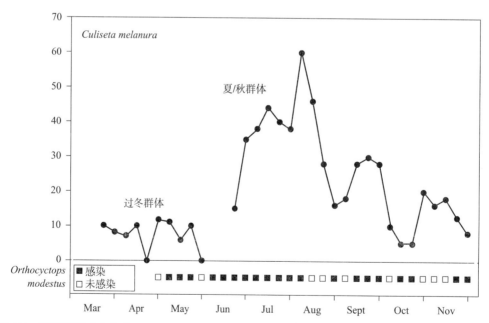

图 4.7 察氏透明球孢虫（*Hyalinocysta chapmani*）在第一宿主黑尾赛蚊（*Culiseta melanura*）和中间宿主摩得斯图斯剑水蚤（*Orthocyclops modestus*）中的年发病率

本图经 Andreadis, T. G. 2005. Evolutionary strategies and adaptations for survival between mosquito-parastitc microsporidia and their intermediate copepod hosts: a comparative examination of *Amblyospora connecticus* and *Hyalinocysta chapmani*（Microsporidia: Amblyosporidae）. *Folia Parasitol.* 52:23-35. 授权转载

且年年如此，这就预示着它是一个季节性流行病。摩得斯图斯剑水蚤中是否存在感染，对于早春初期感染的开始和整个夏季黑尾赛蚊出现的感染高峰密切相关。冬季滞育的黑尾赛蚊幼虫体内察氏透明球孢虫的繁殖速率显著下降了（Andreadis 2005）。这些流行病学的基本信息表明微孢子虫可以在宿主中建立有限但是稳定的感染。

4.11.4　蛛形纲类节肢动物中的微孢子虫

虽然有关感染蛛形纲生物的微孢子虫方面的研究还很少，我们依然能够从部分"森林地面"螨的生态学及大规模饲养型捕食螨的疾病学上获得了一些这类感染的相关信息。除经济上重要的捕食螨种群外，其他种群的数据相对匮乏。微孢子虫在蜱虫、蜘蛛以及它们亲缘种之间均鲜有报道，已报道的有：从吸食兔子血液的两个硬蜱物种体内分离到一种类脑炎（*Encephalitozoon*-like）微孢子虫属的微孢子虫（Ribeiro & Guimarães 1998），从网纹皮刺蜱（*Dermacentor reticulatus*）和篦子硬蜱中（*Ixodes ricinus*）分离到一种类微粒子属（*Nosema*-like）的微孢子虫，从篦子硬蜱（*I. ricinus*）分离到一种单核型微孢子虫（Weiser et al. 1999，Tokarev & Movilé 2004），圆网蜘蛛 *Araneus*（*Epeira*）*diadema* 的肌肉中也分离到一种微孢子虫（Leydig 1863），从盲蜘蛛 *Opilio parietinus* 中分离到 *Microsporidium*（*Stempellia*）sp.（Silhavy 1960），以及从蟹蛛（*Xysticus cambridgei*）的卵巢中分离到 *Oligosporidium* sp.（Codreanu-Balcescu et al. 1981）。尽管如此，种群调查和群落表述仍揭示，跟昆虫类似，在蛛形纲节肢动物的昆虫体内的寄生微孢子虫也是很常见且重要的。

van der Geest 等（2000）列举出寄生于 27 种螨类的 18 种微孢子虫，其中几个种类已有报道。在分子技术和系统进化树等技术尚未完善之前，已经对许多微孢子虫进行了简单的描述，但其中有几种微孢子虫还是得到了较为全面的阐释。德国科学家 Purrini 和 Bäumler（1976），对甲螨 *Rhysotritia ardua* 体内的寄生虫甲螨微粒子虫（*Nosema ptyctimae*）进行了研究，发现其可感染脂肪体组织和肾原细胞，这种细胞是一个有过滤器狭缝的足状突细胞，此外，该细胞可能是脊椎动物肾小球足细胞的进化前体（Weavers et al. 2009）。还有研究发现在某些采样点这类微孢子虫（依据照片它极有可能不是微粒子属的）对成年螨的感染率高达 26%。Purrini（1983）观察林地垃圾中的 5 500 个甲螨发现其中 10% 被微孢子虫感染（相似的研究，他发现有 9% 的弹尾目被感染，6% 的线蚓被感染，而正蚓未被感染）。寄生于螨类的微孢子虫比预期的多样性更高；从 12 种螨类中鉴别出 8 种微孢子虫，大量收集多种宿主发现患病率为 2% ~ 15%（Purrini & Weiser 1981）。以生物防控为目而饲养的捕食螨种群中微孢子虫的研究在第 25 章详细描述。

4.12　微孢子虫动物流行病学的数学模型

无脊椎动物流行病学建模的核心要求是收集必要的生物学数据以验证模型（Briggs & Godfray 1995）。由于前面提到的那些关于收集非饲养或经济学上不重要的天然种群数据的问题，有限的几个无脊椎微孢子虫病数学模型被应用在多种被研究得很透彻的节肢动物上。

Goertz 和 Hoch 在 2011 年建立了一个相对简单的仿真模型，预测舞毒蛾变形微孢子虫（*V. disparis*）、舞毒蛾微粒子虫和舒氏内网虫感染舞毒蛾的水平传播速率，根据舞毒蛾排泄物释放出的舞毒蛾微粒子虫和舒氏内网虫数量的数据，可以利用模型相对精确地预测出它们的传播速率，然而当感染尸体被视为孢子的源头时，这个模型的预测的数据就与实验数据不符，该个模型更不适用感染脂肪体的舞毒蛾变形微孢子虫，该微孢子虫只会有极少孢子通过排泄物释放到环境中。这个模型表明如果我们想更好地理解这些物种的传播，那么则需要结合几个过程的数据，这些过程包括：环境的空间结构、是否发生垂直传播、孢子生存时间、温度相关的发育时间以及从宿主幼虫中获取的营养。

1979 年，Watson 建立了一个简单的宿主微孢子虫种群动态模型，1990 年 Onstad 和 Maddox 在此基础上建立了更精细协调的分布延迟模型，预测出怀特类微孢子虫对面粉甲虫——拟谷盗（*Tribolium confusum*）

的影响。该模型包括了孢子在面粉基质中的浓度、甲虫的发育率、甲虫每天的产卵量、成虫和幼虫的同类相食、存活率以及感染率。在 60 天的测试中，此模型成功预测出感染宿主前 30 天孢子群体密度而未能预测出 30 天之后数据，并且预测的数据高于实际值，因此导致了 30 天后模型的偏差。此差异可能与甲虫向面粉中释放出化学物质并导致了其低产卵量有关。该模型的校准需要多次更换含有甲虫的新鲜面粉，但是同样的实验没有在 1979 年 Watson 建立的模型中得到验证。目前这个模型是在频繁更换面粉使得甲虫数量保持一致的基础上得到的，但 Watson 建立模型时并未更换面粉（Watson 1979）。

Régnière 和 Nealis（2008）对云杉蚜虫（*Choristoneura fumiferana*）种群动态做过一系列的长期的研究，包括经卵巢传播的云杉卷叶蛾微粒子虫对蚜虫母体的感染，发现其可作为影响宿主存活 6 个变量中的其中一个。微孢子虫的感染程度与其存活率呈负相关，该存活率是指能建立取食部位且能存活到三龄的二龄幼虫数量，这一结果也佐证了春季发生分散的幼虫的高死亡率的田间数据（van Frankenhuyzen et al. 2007）。

Mangin 等（1995）比较了两种微孢子虫在大型水蚤（*D. magna*）中的传播，一种是水平传播的肠匹里虫（*Pleistophora intestinalis*），另外一种是能垂直传播给单性生殖的雄性或雌性后代的麦格里水蚤扇孢虫（*Flabelliforma magnivora*）（*Tuzetia* sp.）。研究人员利用这个模型演示了水平传播和垂直传播组合在一起的叠加效应。虽然实验室的研究未发现麦格水蚤扇孢虫（*F. magnivora*）的水平传播而被麦格水蚤扇孢虫感染的宿主会从未受感染的种群中被淘汰，但是这个模型预测的水平传播可能在实验室条件下较弱而难以检测到，而通过水平传播可以使麦格水蚤扇孢虫在高密度的宿主田间种群内维持感染。Ebert（2005）同时在田间和实验室的环境条件下对寄生水蚤的微孢子虫动物流行病学进行了研究，发现微孢子虫可能对宿主种群动态和群落动态有潜在的影响，同时寄生虫群落还受竞争以及其他生态学因素的影响。此项研究将会填补这一领域的空白，以帮助我们更好地分析生态环境、宿主以及寄生虫之间的相互作用。

有 3 个数学模型都是基于欧洲玉米螟 - 玉米螟微粒子虫系统已发表的实验室和田间数据而建立的。之所以选择欧洲玉米螟 - 玉米螟微粒子虫这个特殊系统，是由于该系统已具备大量的田间观测及实验室研究数据，能够有效地用于开发和测试这些模型（Briggs & Godfray 1995）。1994 年，Cavalieri 和 Koçak 首次建立了一个简单的模型，这个模型与洛特卡 - 沃尔泰拉捕食者 - 捕食模型（Anderson & May 1981；Anderson 1982）相似。如果仅考虑玉米螟微粒子虫感染的影响，需要用 4 个方程进行一次迭代，如果研究玉米螟微粒子虫和插入了苏云金芽孢杆菌 δ- 内毒素基因的工程菌（*Clavibacter xyli* subsp. *cynodontis*）的共同影响，那么需要用含有 5 个方程的第 2 个模型。但如果未感染幼虫的出生率和感染幼虫的死亡率出现细微的变化，都会造成这个模型的错乱。作者认为降雨和温度变化会造成这一影响，而 Briggs 和 Godfray（1995）则认为该模型自身公式设计的缺陷导致了这个结果。

第 2 个模型（Onstad & Maddox 1989）高度复杂化，同时加入了更多的现实因素，因此可以更准确地预测流行率、玉米螟的种群密度。尽管这些预测不能与野外数据相匹配，但是作者用这个模型得出的数据准确地分析鉴别出如下 5 个影响玉米螟密度动态变化的因素：①在环境承载能力以下时玉米螟微粒子虫可调节玉米螟的种群；②成年飞蛾的空间分布决定了变化周期和稳态密度；③温度和纬度的重要性（欧洲玉米螟在一定的纬度下每年可以繁殖 1 ~ 3 代）；④玉米螟微粒子虫（*N. pyrausta*）散布在玉米秆内部和表面上都是很重要的；⑤时间进程（宿主的年龄结构）对毒力的敏感性尤为重要。这个模型后来更加复杂化，需要 160 000 个状态和速率方程以及 25 年的模拟（Onstad et al. 1990）才能完成。此外，该模型还包含了病原体和宿主的时空动力学，因此作者认为它对提高预测准确性和改进动物流行病学理论都是非常重要。

第 3 个模型由 Briggs 和 Godfray 于 1995 年建立的，这个复杂的模型需要相当多的计算能力来执行必要的计算，选择了比简单的模型更加真实和精确，但比复杂模型更加适合计算和分析的适量参数。最有效的参数记录了传播速率（垂直传播和水平传播），除了预测的第 2 代玉米螟密度到达峰值的时间比实际偏晚，该模型的预测合理的契合了实验数据。作者认为该模型甚至更复杂的模型均缺乏实证数据所需的传播效率及孢子持续性参数，否则将会更有价值。然而，关于动物流行病学模型的价值，Briggs 和 Godfray（1995）这样写道："昆虫和病原体相互作用的群体动态模型由两个重要因素构成。第一个是根据病原体感染的持久性和调控能力来选择适当的战略模型，由此才能满足生物学细节的通用性和可追溯性；第二个就是利用建立起的模型推断特定昆虫与病原体相互作用的动态关系"。而建立一个特殊相互作用的模型，同时将模型和真实数据进行对比，这无疑是一种帮助人们正确理解相互作用形成过程的有效手段。

参考文献

　第 4 章参考文献

第 5 章　微孢子虫在真核生物进化树中的地位

Patrick J. Keeling

加拿大不列颠哥伦比亚大学植物学系高级研究所

5.1　引言：为什么微孢子虫的系统进化地位是个问题？为何要关注该问题？

在许多方面，微孢子虫是一类非常奇怪的生物。一方面，它们已经进化出非常复杂并且成功的细胞系统，使其能够在对其不利的环境中繁殖，其中最具代表性的是微孢子虫进化出了构成其独特侵染装置的各种组分（Vávra 1976；Frixione et al. 1992；Keohane & Weiss 1998）；然而另一方面，微孢子虫也缺失了某些真核生物中普遍存在的系统，有的甚至是其他真核生物的基本细胞构成特征（Cavalier-Smith 1993；Keeling & Patrick 1998）。虽然这可能是以偏概全（仔细观察微生物的多样性就会发现微生物的一些特征是基本的、独特的，甚至是难以置信的），但微孢子虫在某些方面毫无疑问特别的"简单"，并且由于缺失了许多真核生物的基本特征而格外引人关注。

这些特点使微孢子虫成为一个有趣的生物谱系，同时也使得对其研究充满挑战。微孢子虫的这些独特特征，例如其侵染装置，由于缺少与其他生物同源的、非常独有的特征，限制了我们运用生物学研究中常用的比较法来研究微孢子虫。同时，细胞学特征的缺失，如线粒体的缺失，不但很难去证实（或经常发现是不对的），而且也很难从进化的层面去阐释，因为"不存在"这一个非常简单的特征状态是很难去排除的。以上这些特征使得微孢子虫过去一直被放在一个错误的系统发育地位上，说明仅基于细胞特征进行物种分类是何等的困难。

如果研究历史表明确定微孢子虫的分类地位很困难，那么我们能够从中得到什么启示呢？对微孢子虫而言，我认为理解其生物学时要谨记它的进化历史，因为微孢子虫是极端进化机制的产物，并且已经高度特化。例如，假设微孢子虫是早期分化的真核生物，它们的细胞简化，以致被认为是一种古老的、甚至代表了"原始"阶段的物种（Cavalier-Smith 1993；Keeling & Patrick 1998）。当我们意识到它们在进化树中位置发生了改变，被假定为真菌时，我们对其细胞简化的阐释也发生了变化：微孢子虫不是古老的或原始的，而应当被看做是一种简化进化机制下的产物（Peyretaillade et al. 1998；Vivarès & Méténier 2000；Katinka et al. 2001；Metenier & Vivares 2001；Keeling 2002）。微孢子虫进化地位的变更使我们在解释其复杂的生物特性时产生了更多不同的观点（Keeling et al. 2000；Keeling 2003；Lutzoni et al. 2004；Karpov et al. 2013；Letcher et al. 2013）。

因此，我们有一个重要的但却极难解答的问题（对微孢子虫来说则不足为奇）。在下文中，我将尝试总结我们是如何理解微孢子虫的进化起源以及微孢子虫与其他物种有怎样的关系。而且我想强调的是，本章对微孢子虫的研究还远未结束。对微孢子虫系统发生地位的研究为我们提供了一个非常好的启示——为什么我们不应满足于当前的假设，即使这个假设似乎获得了充分的证据支撑。因为我们总是倾向于认为"我们获得了正确认识"。虽然现在可能是正确的，但历史表明我们也许不得不重新审视我们的观点，甚至略微的修改都会影响我们阐释微孢子虫的进化地位。

5.2　早期研究历史：从微孢子虫的发现到源真核生物（Archezoa）起源假说

关于微孢子虫的早期研究历史，包括其中涉及的精彩的人物细节故事，在 Franzen 所撰写的文章中已进行了全面而详细的回顾（Franzen 2008），因此这里没有必要再介绍。我们仅对微孢子虫和其他真核生物之间的亲缘关系这一科学难题再次进行强调。正如 Franzen 所报道，首次被命名的微孢子虫是家蚕微粒子虫，最初将其认定为类似于酵母的生物，并归类于今天不再认可的包含有一些酵母的裂殖真菌（Naegeli 1857），但后来发现这些酵母其实是细菌。不久之后，Balbiani 发现微孢子虫和某些专性寄生生物之间存在相似之处，并根据它们之间的关系将微孢子虫归类于孢子虫纲（Balbiani 1882）。随后微孢子虫被一步归类到 Doflein 提出的丝孢子虫亚纲（包括微孢子虫、螺旋孢子虫、黏孢子虫），虽然常说微孢子虫是"传统上被认为的古老真核生物"（见下文），但事实上，大部分的科学历史记录都将微孢子虫认定为丝孢子虫亚纲（Keeling 2009）。

微孢子虫和其他丝孢子虫亚纲物种之间的关系，很大程度上是基于侵染机制在高度专性细胞内寄生虫之间的相似性。这已被证明是具有误导倾向的，因为我们现在认识到的这些生物学特征并非同源，而是为了解决相似问题的一种趋同进化的结果。实际上，丝孢子虫亚纲是一个趋同进化影响物种分类地位的典型例子。因为在丝孢子虫亚纲的 3 个主要谱系中，黏孢子虫与动物（Smothers & Dohlen 1994）、螺旋孢子虫与植物（Tartar et al. 2002）、微孢子虫与真菌分别具有亲缘关系。

在我们对微孢子虫进化理解的历史中，下一阶段的研究基于完全不同的思路。把微孢子虫归类于丝孢子虫亚纲是趋同进化所导致的错误，那么它们的分类地位真的如同其自身的单细胞形式那样简单吗？我们的观点是，真核生物特征的缺失使得解释微孢子虫之间的关系变得异常困难。在这些特征缺失之前，微孢子虫是否是其他真核生物发育而来的一个古老分支？尤其是线粒体的缺失，使得统称为源真核生物的 4 种"无线粒体"真核生物（微孢子虫、双滴虫、副基体虫、变形虫）被假设为是出现于线粒体内共生事件之前的生物（Cavalier-Smith 1993）。

源真核生物假说的核心观点是这些谱系始终无线粒体，进一步推论将得出它们应该位于真核生物进化树的底端。对于微孢子虫而言，支持该推论的证据很快得出，如微孢子虫核糖体的沉降特性与原核生物的而非真核生物的相似（Ishihara & Hayashi 1968）。更重要的是，第一个微孢子虫 rRNA 测序数据从两个方面支持了源真核生物假说。首先，在系统发育树中，微孢子虫正如假设预测的一样，位于真核生物的底端（Vossbrinck et al. 1987）。其次，微孢子虫也被发现有一个与原核生物相似的融合的 LSU–5.8S rRNA（Vossbrinck & Woese 1986）。随着更多的 rRNA 和蛋白编码基因序列被越来越多地用于系统发育分析，微孢子虫位于真核生物底端的进化地位仍然未变（Brown & Doolittle 1995；Kamaishi et al. 1997）。这些系统发育分析有力地支持了微孢子虫的源真核生物起源假说，由于微孢子虫比其他源真核生物缺乏更多关键的真核生物特征，因此微孢子虫被定位于真核生物的最底端得到了进一步的支持。然而，这并不是说源真核生物起源是不容置疑的，如该假说就无法解释专性细胞内寄生的微孢子虫在其宿主出现的几百万年之前就不依赖于其宿主而存在（Cavalier-Smith 1993）。

5.3　基于蛋白质序列的系统发生、基因组学及其与真菌的关系

早先对远古真核生物的系统发生推断基本上是利用核糖体 RNA 树，即核糖体 RNA 小亚基发育树（Sogin 1991），而蛋白质编码基因的广泛使用是逐渐被引入这个领域的。尽管 SSU rRNA 进化树与我们目前概念中的基于数个甚至数百个基因构建的系统进化树存在着不同（Philippe et al. 2004；Burki et al. 2007；Moustafa et al. 2008；Baurain et al. 2010；Capella-Gutiérrez et al. 2012），但也应该注意到两者之间存在的相同之处。实际上，SSU rRNA 进化树在许多情况下是正确的，而且可以说是最好的构建真核生物系统进化树的

单基因。但是，对微孢子虫来说，其 SSU rRNA 进化树在研究其进化方面则存在问题，它的多个蛋白质编码基因构建的系统进化树得出了另一个观点：微孢子虫与真菌具有亲缘关系。

第一个支持该观点的进化树是基于 α/β 微管蛋白构建的（Keeling & Doolittle 1996）。不久以后，其他蛋白构建的进化树也支持了该观点（Brown & Doolittle 1999；Fast et al. 1999）。而且，微孢子虫与真菌在生物学上的相似性也被发现（Flegel & Pasharawipas 1995；Keeling & Doolittle 1996；Brown & Doolittle 1999；Fast et al. 1999；Hirt et al. 1999；Keeling 2003）。同时，最初支持微孢子虫位于真核生物底端分支的进化树，在重新分析后被认为是长枝吸引假象造成的（Inagaki et al. 2004）。为此，Thomarat 等（2004）利用多个微孢子虫基因组中的所有蛋白质编码基因进行比较分析，结果发现微孢子虫的高度分化基因将其定位于真核生物底端，而其保守基因展现了与真菌间的亲缘关系，这再次强烈支持了微孢子虫与真菌之间的亲缘关系。

随着证据转而倾向于支持微孢子虫的真菌起源，同样，证据也倾向于支持微孢子虫的“无线粒体”特征。在线粒体的内共生起源事件中，许多基因从 α 变形菌转移到宿主细胞核上，而这些基因的产物通过一种保守的转移机制从细胞核中又返回到线粒体上。即使线粒体已经完全缺失了，细胞核中也会保留下这些基因，尤其是这些基因靶向线粒体的特征序列。因此，编码分子伴侣蛋白的线粒体起源基因在变形虫（Clark & Roger 1995）、副基体虫（Bui et al. 1996；Horner et al. 1996；Roger et al. 1996）和双滴虫（Roger et al. 1998）中被发现。线粒体热休克蛋白 70（HSP70）在微孢子虫中被发现，而且其系统进化树也表明了微孢子虫与真菌的亲缘关系（Germot et al. 1996；Hirt et al. 1997；Peyretaillade et al. 1998）。这些证据表明微孢子虫的祖先并非是无线粒体的，甚至微孢子虫可能在某些形式上还保留了线粒体。通过免疫荧光和免疫胶体金电镜技术在人气管普孢虫（*Trachipleistophora hominis*）（Williams et al. 2002）和兔脑炎微孢子虫（*Encephalitozoon cuniculi*）（Goldberg et al. 2008；Williams et al. 2008）中定位了线粒体 HSP70 蛋白，并发现了一种类似线粒体的更小的具有双层膜的细胞器，被命名为“纺锤剩体”，认为是微孢子虫线粒体缩减后保留下来的部分（Katinka et al. 2001）。

有人说，微孢子虫的分类进化研究是兜了一个圈。最初它们被描述为属于真菌，在 100 多年以后，它们又回到了这个位置。但实际上，与真菌具有亲缘关系是真的，但归属于裂殖真菌是错误的。因此，微孢子虫应该归属于真菌，还是仅仅是真菌的一个姐妹枝，下文着重讨论了这一问题。

5.4　微孢子虫是真菌还是真菌的姐妹枝

目前支持微孢子虫与真菌亲缘关系的证据相当丰富。但是，两者之间确切的关系仍然不太清楚。简单来说，即微孢子虫是真菌？还是真菌的姐妹枝？

最初，这个问题甚至没有被考虑过，即微孢子虫的分类地位突然从进化树的基部跳到了树冠上，这是一个如此大的修正，以至于大部分人都忽略了微孢子虫是真菌还真菌的姐妹枝这一问题（Edlind et al. 1996；Keeling & Doolittle 1996）。而且，支持微孢子虫与真菌亲缘关系的基因证据大多没有考虑到真菌物种的多样性而进行特别广泛的数据分析，仅是选取子囊菌和担子菌来分析，没有加入接合菌和壶菌的数据（Keeling & Doolittle 1996；Fast et al. 1999；Hirt et al. 1999）。

关于该问题的首次探讨是基于 α/β 微管蛋白的再次研究。该研究没有增加微孢子虫物种，而是增加了真菌物种。当加入壶菌、接合菌和芽枝霉菌的两个微管蛋白基因后，构建的系统进化树展现出微孢子虫的进化地位位于接合菌内部（Keeling et al. 2000；Keeling 2003）。此外，上述研究还发现微孢子虫与那些缺少鞭毛的真菌一样，它们的微管蛋白基因都是高度分化的。随后，利用微孢子虫与 4 个主要真菌的 6 个基因构建系统进化树，发现微孢子虫位于接合菌和子囊菌 / 担子菌分支之间，归属于真菌。但是，拓扑结构也没有否定微孢子虫是真菌姐妹枝的假设（Gill & Fast 2006）。

为了避免高度分化的基因对系统发生造成的问题，研究者们尝试了两种方法对这个问题进行了分析。首先，利用翻译延伸因子和 RNA 聚合酶蛋白序列进行了系统发生分析，并观察了这两个蛋白质在物种中的插入和缺失情况。正如所预期的，研究者发现这一系统发育分析是有问题的，但有意思的是，研究者发现子囊菌、担子菌、接合菌、壶菌等真菌中普遍存在 EF-1a 上的一个特异性缺失在微孢子虫中却不存在。该特异缺失也发生在其他大多数真核生物中，但并不是尽然如此——同一位置相同大小的删除零星存在于一些原生生物和动物中（Tanabe et al. 2002）。因此，尽管该位点的删除是独立发生的，但它仍然支持了微孢子虫的分类地位位于上述4类真菌谱系外的结论。

对此问题的另外一个研究是基于基因排列顺序的保守性。通过计算相邻基因在脑炎微孢子虫属基因组和真菌基因组中的存在情况，发现脑炎微孢子虫属基因组与接合菌中的根霉基因组间存在着比其他真菌基因组间更多的相邻基因对（Lee et al. 2008），这与微管蛋白的系统进化分析是一致的。然而，该分析可能被许多原因所误导，但其原因不能归咎于微孢子虫的特征，反而是和真菌有关。考虑到全基因组重复和高水平的旁系同源，微孢子虫与任何一种真菌在基因排列顺序上的保守性并不比其他真菌更高，而是具有相同的遗传距离（Lee et al. 2010；Koestler & Ebersberger 2011；Capella-Gutiérrez et al. 2012）。此研究不仅无法回答微孢子虫是真菌还是真菌的姐妹枝这一问题，反而削弱了基于基因排列顺序而得出微孢子虫起源于接合菌这一结论的可靠性（Koestler & Ebersberger 2011；Capella-Gutiérrez et al. 2012）。

在这一点上，证据转而更强烈和一致地支持微孢子虫处于系统发生的更底部，但与此同时，关于微孢子虫是真菌还是真菌姐妹枝的本质也发生了变化。对这些问题的首次探究是利用来自包括大量真菌的4个基因的系统发生分析（Lutzoni et al. 2004）。研究发现，微孢子虫深处于系统发生树的底部——也许是先前被认为是真菌姐妹枝的位置，但实际上是与一类单一特异性的真菌属——罗兹壶菌属（Rozella）形成一支，从而与其余真菌成为姐妹枝。异水霉罗兹壶菌（Rozella allomycis）是一种可以感染壶菌的寄生虫，生命周期中具有一个缺乏几丁质的阶段，但对其研究相对较少（James & Berbee 2012）。微孢子虫既不与真菌有很近的关系，也没有处于真菌分类中的祖先位置，这一结果强有力地支持了起初基于4个或更少基因的系统发生分析结果，并且不能否定微孢子虫位于系统发生树的其他位置（Lutzoni et al. 2004）。对这一问题的首次系统发生分析是在基因组水平上对真菌和微孢子虫的多样性进行更大量的数据分析。有了这些数据，对单个基因的系统发生树、超级树和上百个基因的串联系统发生树的分析结果再次表明微孢子虫位于系统发生树的基部分支（Capella-Gutiérrez et al. 2012）。单个基因的系统发生分析将微孢子虫放到了一个很宽泛的进化位置上，而基于最保守基因的系统发生分析则将微孢子虫摆到了真菌的姐妹枝位置上，这个结果也从超级系统发生树和串联基因树的分析中得到了充分的印证。然而，正如该研究的作者所指出的（Capella-Gutiérrez et al. 2012），由于没有罗兹壶菌属的基因组数据，虽然微孢子虫处于系统发生树基部分支的结果具有充分的证据，但依然很难判断微孢子虫是真菌还是真菌的姐妹枝。事实上，由于目前还不清楚真菌的定义是否包括了罗兹壶菌属的物种，现在这个问题似乎变得更加令人困惑了。

最近两项研究表明罗兹壶菌仅是生物多样性的冰山一角，这也非常清楚地表明了区分微孢子虫与真菌关系的重要性和复杂性。首先，通过对环境样品的深度测序和原位杂交研究了"单一"罗兹壶菌属谱系自然多态性（Jones et al. 2011）。深度测序分析发现罗兹壶菌属的序列形成了一个非常大的、多样的分支类群，这些序列来自各种环境的样品，而且这些序列总体上的多样性可以与所有其他真菌的相比。利用原位杂交对这些细胞进行鉴定发现其具有小鞭毛，但没有明显的几丁质，有些像水藻。这一新的生物类群被命名为隐真菌门（Jones et al. 2011），其发现引发了新环境中生物多样性的报道（Evans & Seviour 2012；Livermore & Mattes 2013；Manohar & Raghukumar 2013）。总之，这些研究将微孢子虫摆在了有着大量多样性的真菌或真菌相关物种的一种进化关系中，这些真菌相关物种还没有多少生物学描述，而仅有零星的报道。

第二个值得注意的发现是，该隐真菌类群中的部分序列与被称为藻类菌（apheliols）的一种藻类寄生虫相近。藻类菌最初在19世纪中叶由 Cienkowski（1865）进行了描述，但研究不是很深入，且没有可利用的分子数据，也不能从环境数据中看出其与隐真菌的关系。超微结构和生活史研究表明，藻类菌是藻类的细胞内寄生虫，并通过芽管的方式侵入宿主（Karpov et al. 2013）。虽然它们与真菌有一些相似之处，但它们仍与大部分真菌有较大差异，特别是它们通过吞噬作用来养活自己的能力（Karpov et al. 2013）。最近，第一个藻类菌的分子数据分别从俄罗斯和美国两个研究小组独立培养的菌株中得到，两个小组的研究发现支持了藻类菌是隐真菌的早期分支之一（Karpov et al. 2013；Letcher et al. 2013）。在利用 5 个基因构建的系统进化树中，微孢子虫、藻类菌和异水霉罗兹壶菌形成一个分支，且藻类菌是微孢子虫的姐妹枝（Karpov et al. 2013）。微孢子虫与藻类菌的亲缘关系显然需要通过更多基因构建系统进化树来验证，而目前利用藻类菌基因组中 100 多个基因的初步分析结果有力支持了该结论。

考虑到吞噬作用、几丁质和鞭毛这些特征在生物界中分布的情况（James & Berbee 2012；Karpov et al. 2013），我们认为微孢子虫起源有关的许多主要事件都需要重新进行分析。然而，在从微孢子虫和藻类菌之间相似性得出结论之前，需要注意的是，隐真菌是相当多样的，它不只是包括了罗兹壶菌和藻类菌。当前数据表明，微孢子虫归属于隐真菌，并且比罗兹壶菌更接近藻类菌。但完全可能的是，微孢子虫仅是与隐真菌类群中的某一物种相近，而且目前也缺乏藻类菌的分子数据，对其认知也不是十分清楚。不幸的是，大部分隐真菌仅有 SSU rRNA 序列，而微孢子虫的 SSU rRNA 序列却不适合用于系统进化研究。因此，只有等到利用全基因组数据弄清楚隐真菌类群的多样性后，才能解答微孢子虫究竟与隐真菌中的哪个物种具有亲缘关系的问题。尽管如此，我们正在向着该问题推进，而目前关于微孢子虫和真菌之间关系的结论可以如图 5.1 所示。

5.5　总结：我们已知的以及接下来的问题

某些真核生物谱系的进化起源问题难以下结论，但微孢子虫的情况却有所不同，这有几个原因。大多谱系是由于数据缺乏而难以得出其起源，但在过去 20 年里，微孢子虫既不神秘也不缺乏数据。实际上，

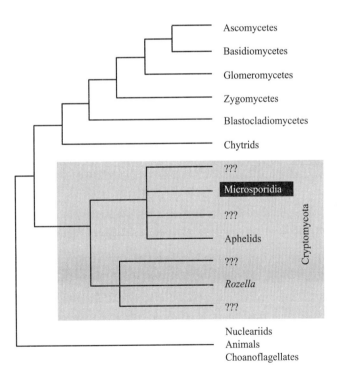

图 5.1　目前所得出的最佳的微孢子虫分类地位的系统进化示意图

该进化树基于近期的多个蛋白质编码基因的研究（Lutzoni et al. 2004；Jones et al. 2011；Capella-Gutiérrez et al. 2012；Karpov et al. 2013；Letcher et al. 2013）。图中隐真菌（Cryptomycota）的多样性由其 SSU rRNA 序列推导得出，其间穿插在罗兹壶菌（Rozella）、藻类菌（Aphelids）、微孢子虫（Microsporidia）之间的未知谱系以问号 ??? 表示

与其他真核微生物相比，微孢子虫已得到了很好的研究，并已处在分子系统发育分析的最前沿，用 SSU 序列和蛋白质编码基因来分析微孢子虫也是相对较早的。尽管微孢子虫用于确定系统进化地位的数据在种类和数量上都是合适的，但由于其分子数据的高度分化、众多基因以及细胞特征的缺失，使得其进化起源问题难以得到解答。微孢子虫实际上是一个基因组减缩和修饰极端结合体。

根据现有数据，我们似乎可以得出一个统一的答案，但是联系历史上类似的情况目前还不能下定论。尽管如此，我们仍然可以满怀信心地说微孢子虫与真菌是具有亲缘关系的。更具体来说，微孢子虫是一个多样性谱系的一部分，这个谱系包含微孢子虫、罗兹壶菌、藻类菌，以及其他隐真菌。我们的这个结论是新颖的，而且对隐真菌的生物学特性大多知之甚少。因此，如果归属于隐真菌是微孢子虫真实的分类地位，那微孢子虫的起源和进化还有待于进一步的深入研究。但即使是现在，我们可以说这些谱系确实出现了偏爱寄生生活的形式，甚至于它们侵入其宿主细胞的方式都存在着相似之处。另一方面，系统进化树的结果也表明微孢子虫某些特征的进化比简单地增加和缺失更为复杂。例如，微孢子虫保留了几丁质，但藻类菌和罗兹壶菌却丢失了它；微孢子虫缺失了鞭毛，但藻类菌和罗兹壶菌保留了鞭毛；关于减数分裂和有性生殖方面的特征就更为复杂。但如果目前归属于隐真菌的微孢子虫分类地位比以前的结论更经得住推敲，那我们将最终还原出微孢子虫系统进化的真相。

至于微孢子虫是真菌或是真菌的姐妹枝，这似乎取决于如何定义真菌。

致谢

感谢 V. Aleoshin 允许引用部分未发表数据，作者微孢子虫方面的工作得到加拿大健康研究所和图拉基金的支持，PJK 是加拿大高级研究所和古根海姆奖的合作伙伴。

参考文献

第 5 章参考文献

第 6 章　微孢子虫的系统发育

Charles R. Vossbrinck

美国康涅狄格州农业试验站环境科学实验室

Bettina A. Debrunner-Vossbrinck

美国捷威社区学院科学与数学系

Louis M. Weiss

美国艾伯特爱因斯坦医学院病理学系寄生虫和热带医学实验室
美国艾伯特爱因斯坦医学院医学系传染病实验室

6.1　引言

微孢子虫具有几个典型的特征，即：①孢子具有盘绕的极丝；②后极泡；③前部有极膜层；④双核（并非所有微孢子虫），这使其成为一个独立的分类单元。分子进化分析方法的发展极大改变了我们对微孢子虫的分类，引发了一场关于微孢子虫分类学的革命，重新命名并新建立了多个属。

现在对大多数微孢子虫的描述都是通过显微观察和超微结构得出的，近期还加入一些小亚基核糖体 DNA（ssrDNA）的序列分析。传统分类主要根据表型、发育、生态学上的特征进行分类，尽管这些特征为新发现孢子虫的分类提供了方便又重要的手段，但是基于这些特征进行分类的系统发育学意义尚不明确。

随着现代系统分类法，尤其是遗传分类分析方法（Henning 1966）的出现，研究者们对微孢子虫的系统发生进行了诸多尝试，但用于微孢子虫分类的重要性仍然难以捉摸。基于数字计算机和 DNA 测序技术的共同发展，研究者们可以利用数百个特征来分析微孢子虫的亲缘关系，利用分子数据进行系统发育分析给种群内和种群之间亲缘关系以及微孢子虫的系统进化研究提供了新的观点。

我们总是想用一种合理的方法将 DNA 序列数据和其他用于描述微孢子虫分类的特征统一起来，由此构建一个基于分子系统发育以及非分子数据支持的微孢子虫进化树（Baker et al. 1994）（图 6.1）。这对于全面分析的开展将会是非常有意义的尝试，结合非分子性状的系统发育可以帮助理解微孢子虫的演变，包括中间宿主的丢失和获得、宿主转换、有性重组的丢失和获得、泛成孢子细胞膜的利用。侵染不同组织时极丝圈数的变化、专性和泛性寄生策略的选择、基因组大小和结构的变化等。

当把这些非分子特征数据整合到微孢子虫的分子系统发育中时，我们可以看到许多平行演化现象（趋同、平行和逆转进化）。这很可能是由于微孢子虫基因组大小有限（Katinka et al. 2001）以及专性寄生的特性造成了这些趋同进化特征的出现，因为微孢子虫为了适应宿主和宿主生态的变化而进行有限的性状循环，那么这些性状状态就可能会快速反复地变化。

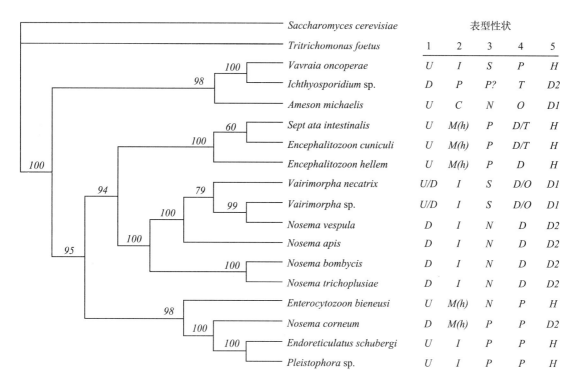

图 6.1　18 种微孢子虫 ssrDNA 的最大简约树（bootstrap 值为重复 400 次的结果）

树上的数字表明 bootstrap 值的百分数。选择的表型性状为：1）孢子核的情况（D 为耦核，U 为单核）；2）宿主（C 为甲壳动物，I 为昆虫，M 为哺乳动物，h 为人类，P 为鱼类）；3）包裹孢子的膜结构（N 为没有，P 为寄生泡，S 为产孢囊）；4）孢子增殖（D 为双孢子，O 为八孢子，P 为多孢子，T 为四分孢子）；5）染色体周期（D1 为具有减数分裂的双倍期或单倍期，D2 为具有核分裂的双倍期或单倍期，H 为仅有单倍期）。微粒子虫属（*Nosema*）的特性以其整个属为一体进行假定。[图片来源于（Baker et al. 1995）]

6.2　结构、超微结构、生态学特征

（这些特征详见本书的第 1 章和第 2 章）

6.2.1　裂殖体

微孢子虫通过无性裂殖增殖形成裂殖体。裂殖体的大小、细胞核数目、发育过程中是否与宿主细胞质直接接触，以及潴泡、粗面内质网、高尔基体、核糖体等细胞器的有无，不同的微孢子虫有所不同。这些细节特征经常会在进行物种介绍时涉及。

6.2.2　孢子形成

裂殖体开始分泌电子致密物标志着孢子形成的起始——形成母孢子。根据物种的不同，母孢子分裂产生的孢子数从 1 个（形成 2 个孢子母细胞）到多个（多孢子母细胞），部分微孢子虫的母孢子可形成八孢子。

6.2.3　孢子

无论微孢子虫的孢子是否被膜包裹或者是否与宿主胞质直接接触，也无论包裹孢子的膜来源于宿主还是微孢子虫，不同种微孢子虫的孢子具有不同的形状、大小、细胞核数目（单核或双核）、极丝圈数，以及不同厚度的孢壁。

6.2.4　极管（极丝）

不同种微孢子虫的极丝可能不同。有的微孢子虫的极丝很短且只有几圈，有的微孢子虫的极丝从头到尾厚度一样（同型极丝），有的则从头到尾逐渐变细（异型极丝）。

6.2.5　生活周期

大多数微孢子虫具有简单单一的宿主生活周期，但钝孢子虫属（*Amblyosporidae*）中的一些微孢子虫具有复杂的生活周期（Andreadis 1985）。系统进化分析发现钝孢子虫属微孢子虫的复杂生活周期是与生俱来的，而诸如埃及伊蚊微孢子虫在内的一些微孢子虫却失去了中间宿主。另外，从某一宿主中鉴定出来的某些微孢子虫不能再次感染该宿主，表明该微孢子虫存在一个专性的中间宿主。例如，日本甲虫微孢子虫不能直接地再次感染该宿主（Andreadis & Hanula 1987）。

6.2.6　宿主、宿主范围和宿主组织

许多微孢子虫，包括阿尔及尔微粒子虫，又名按蚊微孢子虫（*Anncaliia algerae*）（Undeen & Alger 1976）、微粒子属（*Nosema*）和变形微孢子虫属（*Vairimorpha*）的微孢子虫，似乎能够广泛寄生，可以在多种宿主中进行转宿主感染（Solter & Maddox 1998）。而诸如钝孢子虫属的一些微孢子虫却具有相对特异的宿主（Andreadis et al. 2012）。可惜的是一些微孢子虫宿主的分子数据没有列入 GenBank。这些数据的缺失是遗憾的，因为它是分子数据与该门的经典分类整合的关键。开展宿主域研究的工作量是巨大的（Solter & Maddox 1998），因为这需要大量的培养各种宿主以及观察其感染了微孢子虫后的宿主组织情况。然而这些研究将对解决微孢子虫的宿主特异性及其转宿主进化问题具有重要意义。

6.3　基于表型特征的微孢子虫分类史

6.3.1　早期分类史

最早的微孢子虫分类仅针对当时确认的 3 个微孢子虫谱系。Thelohan（1892）鉴定了泰罗汉孢虫属（*Thelohania*）微孢子虫，其孢子母细胞发育后可形成 8 个孢子。在孢子母细胞能够形成多个孢子的谱系中，研究者将孢子母细胞外覆盖一层不稳定膜的类群列为格留虫属（*Glugea*），以区分孢子母细胞外覆稳定膜结构而又未鉴定种属的类群（Kudo 1924）。Labbe（1899）根据孢子母细胞外有无囊膜包被将微孢子虫分为两大类，并进一步将孢子母细胞外有囊膜包裹的微孢子虫类群分为孢子具有可变数量的匹里虫属（*Pleistophora*）和具有 8 个孢子的泰罗汉孢虫属（*Thelohania* sp.）在详细研究泰罗汉虫、格留虫、微粒子虫之后，Stempell（1909）认为微孢子虫分类应该以无性繁殖方式定义为科，孢子形成过程定义为属，孢子形式定义为种。Kudo（1924）根据以上原则将 Stempell 的分类系统阐述如下。

Microsporidia

（1）Nosematidae 科：以细胞内单核裂殖体形式进行营养增殖。

       Nosema 属，每个裂殖体产生一个孢子；

       Thelohania 属，裂殖体分裂产生母孢子，每个母孢子产生 8 个孢子；

       Gurleya 属，每个母孢子产生 4 个孢子。

（2）Plistophoridae 科：以多核裂殖体进行营养增殖，可做变形运动。

       Plistophora 属，圆形的母孢子产生许多的孢子；

       Mariona n. gen. 属，以裂殖体进行营养增殖，孢原质通过内出芽的方式产生孢子；

       Myxocystis 属，以裂殖体进行营养增殖，孢原质通过内出芽的方式产生孢子，外层有固定的纤毛。

（3）Glugeidae 科：以多核裂殖体进行营养增殖，产生包囊，通过内出芽方式形成母孢子。

　　　　　　Glugea 属，每个母孢子产生不同数量的孢子；

　　　　　　Duboscqia 属，每个母孢子产生 16 个孢子。

6.3.2　超微结构的发展和生活周期分析

微孢子虫分类法的研究依赖于超微结构和生态学特征。传统描述（例如光学显微镜观察结果）主要基于孢子的形态特征，例如孢子尺寸、形状、细胞核数目、感染宿主等。Weiser（1982）列出了 70 个可通过光学显微镜识别的微孢子虫的特征。随着电子显微镜的出现，更多的形态特征被运用到微孢子虫的分类鉴定上，其中包括极质体（又称极膜层）结构、泛成孢子细胞膜结构、极丝的螺旋数量和形状、外壁结构（Larsson 1986）。此外，生活周期研究中获得的关于无性繁殖和宿主传播中的孢子发育等重要信息也能作为分类鉴定的依据（Andreadis 1983）。根据这些超微结构特征，可以建立一套新的、完善的分类系统，以此仔细评估原有的分类特征。因此，微孢子虫被分为下列 3 类：①原始类微孢子虫，如梅式孢子科（Metchnikovelidae），环节动物寄生虫——簇虫中的重寄生物，特征是具有原始的极丝（短而厚的柄状管）但没有极膜层；②中间类微孢子虫，如壶孢子科（Chytridiopsidae）、海斯孢子科（Hesseidae）和布雷孢子科（Burkeidae），特征为具有短极丝和内壁；③高等类微孢子虫，特征为具有完整发育的极丝、极膜层和后极泡。现代微孢子虫分类学的争议主要集中在这三个类群的排布上，而最主要的问题则在于用来将"高等类"的微孢子虫分成几个亚群的特征。现代分类系统中，微孢子虫对于高级分类群的分类方案是基于结构特征的。并且在大多数情况下，作者指出它们的分类是不确定的。尽管如此，这些分类为正在研究微孢子虫的分类、鉴定和生态学的微生物学家提供了基础。

基于包裹孢子母细胞被膜的有无，Tuzet 等（1971）将微孢子虫分成多个亚目，如下：

纲：Microsporidea（Corliss & Levine 1963）

　目：Microsporida（Balbiani 1882）

　　亚目：Apansporoblastina

　　　　科：Caudosporidae（Weiser 1958）

　　　　　　属：*Caudospora*

　　　　科：Nosematidae（Labbe 1899）

　　亚目：Pansporoblastina

　　　　科：Monosporidae

　　　　　　属：*Tuzetia*

　　　　科：Telomyxidae（Leger & Hess 1922）

　　　　　　属：*Telomyxa*

　　　　科：Polysporidae

　　　　　　属：*Glugea*、*Gurleya*、*Thelohania*、*Heterosporis*、*Duboscqia*、*Trichoduboscqia*、*Plistophora*、*Weiseria*、*Pyrotheca*

Sprague（1977）将微孢子虫分为两个纲：原始微孢子虫纲和微孢子虫纲。原始微孢子虫纲只包含一个目，即梅氏孢子目。该目具有一些明显不同于其他微孢子虫的特征，它们除了具有一些基本的细胞器外不具备大多数微孢子虫具有的细胞器。其极丝似乎非常短，末端为漏斗管，没有极质体和后极泡。Sprague 将微孢子纲分为两个目，即亚球形目和微孢子目。其中亚球形目被认为介于异型目和更高等的微孢子目之间，有一根短极丝和最小发育阶段的极质体和内生孢子。Sprague（1977）根据是否具有泛成孢子细胞膜将微孢子虫目分为孢囊亚目和无孢囊亚目。根据孢子生殖和细胞核的具体情况将这两个亚目又被分为科。这一具有重要历史意义的工作，建立了包括属在内的微孢子虫的分类单元，并列出了每个微孢子虫物种的宿主和增殖位点、裂殖增殖阶段、孢子形成阶段、孢子以及分布地区等信息。Sprague（1977）讨论了这些与系统发生相关的性状，并且一开始就宣称他的这些研究仅是"纯粹的猜测"。

根据 Sprague（1977）的方法的微孢子虫分类如下：

门：Microspora

　　纲：Rudimicrosporea

　　　　目：Metchnikovellida

　　　　　　科：Metchnikovellidae

　　　　　　　　属：*Metchnikovella*、*Amphiacantha*、*Ambliamblys*

　　纲：Microsporea

　　　　目：Chytridiopsida

　　　　　　科：Chytridiopsidae

　　　　　　　　属：*Chytridiopsis*、*Steinhausia*

　　　　　　科：Hessidae

　　　　　　　　属：*Hessea*

　　　　　　科：Burkeidae

　　　　　　　　属：*Burkea*

　　　　目：Microsporida

　　　　亚目：Pansporoblastina

　　　　　　科：Pleistophoridae

　　　　　　科：Pseudopleistophoridae

　　　　　　科：Duboscquiidae

　　　　　　科：Thelohaniidae

　　　　　　科：Gurleyidae

　　　　　　科：Telomyxidae

　　　　　　科：Tuzetiidae

　　　　亚目：Apansporoblastina

　　　　　　科：Glugeidae

　　　　　　科：Unikaryonidae

　　　　　　科：Caudosporidae

　　　　　　科：Nosematidae

　　　　　　科：Mrazekiidae

鉴于壶孢虫属（*Chytridiopsis*）和赫赛孢虫属（*Hessea*）具有原始的极丝，其球形孢子封闭在具有持续厚壁的泛孢子母细胞中，Weiser（1982）将它们归入梅氏孢子目。然后，他将微孢子纲中剩余的微孢子虫按细胞核为单核或耦核的情况分为多孢虫目（Pleistophoridida）和微粒子目（Nosematidida）。根据用光学和电子显微镜观察的 11 个特征，Issi（1986）将微孢子虫分为 4 个亚纲及 68 个属。4 个亚纲分别为梅氏孢子亚纲（Metchnikovellidea）、壶孢子亚纲（Chytridiopsidea）、筒孢虫亚纲（Cylindrosporids）和微粒子亚纲（Nosematidea）。随后，Issi 又将其提出的分类系统中包含大多较高等级微孢子虫的微粒子亚纲分为 3 个目。分类的依据是孢子形状、泛成孢子细胞膜的有无、极丝结构、细胞核、孢子数量以及孢子形成期细胞的形态等特征。在 Issi 对微孢子虫的系统进化分析中变形孢虫属（*Vairimirpha*）和微粒子属（*Nosema*）的进化关系很近，这与现代分子进化分析的结果相吻合。

Larsson（1988）进一步利用 11 个特征将微孢子虫分为 51 个属及 66 个种。他用于分类的形态特征包括孢子形状、每个母孢子产生的孢子母细胞数目和形状、细胞核的数目和位置、极质层的结构、寄生泡的结构（寄主起源）、产孢囊的结构（寄生虫起源）、极丝圈的形状和数量以及外壁的结构等。Larsson（1986）提出系统发生树时，也认为产孢囊和耦核这两个特征在系统分类中的重要性有限。

基于染色体周期，Sprague 等（1992）将微孢子虫分为双倍期纲（Diphaplophasea）和单倍期纲（Haplophasea）。其中双倍期纲在某些阶段会产生耦核，而单倍期纲在整个生命周期中的核都是不成对的。

门：Microspora
　纲 1：Diphaplophasea
　　　目 1：Meiodihaplophasida
　　　目 2：Dissociodihaplophasida
　纲 2：Haplophasea

6.4　分子进化研究

为了便于本节的综述，我们用"特征"这一术语来表示微孢子虫的一个可以变化的属性，用"特征状态"来表示一个特征可能的变化称谓。我们可以说孢子母细胞中孢子的数目是一种特征，而 2 个或 8 个孢子就是该特征的两种状态。同样地，对于 DNA 而言，核苷酸位点是一种特征，该位点可能的 4 个核苷酸残基（C、A、T、G）是该特征的 4 种状态。因此，对这一类型的分析来说，正确的序列比对是非常重要的。如果序列被错误比对，那么就无法比较分类群间的同源特征，从而得出错误的系统发生关系。

许多微孢子虫的小亚基核糖体 RNA（ssrRNA）序列已被鉴定，并收录于 GenBank 和 MicrosporidiaDB 两个数据库中。目前有超过 3 000 条的 rRNA 序列收录于 GenBank，Microsporidia DB 还提供了一些程序用于分析微孢子虫的基因组数据。此外，微孢子虫 rRNA 基因的克隆方法也有报道，详细内容在第 15 章有描述，也可参考 Weiss 和 Vossbrinck（1999）的文章。表 6.1 列出了 PCR 克隆微孢子虫 rRNA 基因的引物。

微孢子虫 ssrDNA（16S）与其他真核生物的 ssrRNA（16S）序列有很大的差异。以纳卡变形微孢子虫（*Vairimorpha necatrix*）为例，其 ssrRNA 序列（1 244 bp）远短于典型真核生物的 ssrRNA（约 1 850 bp），核苷酸也明显不同（Vossbrinck et al. 1987）。其他微孢子虫的 rRNA 基因也被发现显著的短于真核生物和原核生物的 ssrRNA（Vossbrinck et al. 1987）。而且，微孢子虫 rRNA 基因缺乏典型真核生物具有的小亚基序列。纳卡变形微孢子虫甚至缺乏真核生物和原核生物的 ssrRNA 典型序列片段，即 180~225 bp、590~650 bp 的序列区域。这种特征曾经被用于解释微孢子虫是真核生物的早期分支。然而，最近认为是专性细胞内寄生环境下的基因组压缩的结果。因此，微孢子虫现在被认为是起源于真菌或者是真菌的一类姐妹枝（见第 7 章）。

目前，研究者们已经测定了许多微孢子虫的 ssrRNA、ITS，以及比邻的大亚基的 rRNA 序列。鉴于微孢子虫保守的 rRNA 序列，表 6.1 提供的引物可用于克隆来源于各种环境样品中微孢子虫的 rRNA 基因，因此使用 rRNA 序列构建微孢子虫的分子系统发育树成为可能。所以，我们建议当发现新的微孢子虫时，应当对其 ssrDNA 基因进行研究，以鉴定其具体种属。如，家蚕微粒子虫和粉纹夜蛾微粒子虫（*Nosema trichoplusiae*）的区分（Pieniazek et al. 1996），海伦脑炎微孢子虫（*Encephalitozoon hellem*）和肠脑炎微孢子虫（*E. intestinalis*）的区分（Zhu et al. 1994）。rRNA 序列还可用于设计检测诊断微孢子虫病的 PCR 引物探针。这方面的技术也可用于确认同种微孢子虫在不同宿主环境中的不同表现形式（Vossbrinck et al. 1998）。

基于上述数据，利用 rRNA 基因构建微孢子虫系统进化树被认为是分析该物种进化分类地位的一套有效方法。也有研究者通过扩增 RNA 基因的限制酶切图谱也被用来分析微孢子虫物种之间的亲缘关系

表 6.1　微孢子虫 rDNA 基因鉴定及测序引物 [a]

rDNA基因	引物序列
ss[b]18f[c]	CACCAGGTTGATTCTGCC
ss18sf	GTTGATTCTGCCTGACGT
ss350f	CCAAGGA (T/C) GGCAGCAGGCGCGAAA
ss350r	TTTCGCGCCTGCTGCC (G/A) TCCTTG
ss530f	GTGCCAGC (C/A) GCCGCGG
ss530r	CCGCGG (T/G) GCTGGCAC
ss1047r	AACGGCCATGCACCAC
ss1061f	GGTGGTGCATGGCCG
ss1492r	GGTTACCTTGTTACGACTT
ss1537	TTATGATCCTGCTAATGGTTC
ls212r1	GTT (G/A) GTTTCTTTTCCTC
ls212r2	AATCC (G/A/T/C) (G/A) GTT (G/A) GTTTCTTTTCCTC
ls580r	GGTCCGTGTTTCAAGACGG

[a] 引物 18f 和 1492r 可以扩增微孢子虫中的大部分 ssrRNA；引物 530f 和 212r1 或 212r2 用来扩增 ssrRNA 和 ITS 序列；其余引物用来测序，设有重叠区，正反引物可以测通整个 ssrRNA 和 ITS 序列。ls580r 用来扩增多数微孢子虫（如 Nosema 和 Vairimorpha）大亚基 rRNA 基因 5′ 端的可变区域，但并不适用于所有的微孢子虫。ss1537 可以测序至多数微孢子虫的 ssrRNA 的 3′ 端，但也不适用于所有微孢子虫。如果 18f 和 530r 可以有足够的重叠区获得清晰的测序数据，ss350f 和 ss350r 则不需用于测序反应。f，正向引物（正义链）；ls，大亚基 rRNA 基因的指示引物；r，反向引物（反义链）

[b] ss，ssrRNA 基因的指示引物

[c] 与 V1 引物相似（Zhu et al. 1993；Weiss et al. 1994）

（Pomport–Castillon et al. 1997）。微孢子虫 rRNA 基因缺乏 ITS2 区域，且出现了类似于细菌的同源 5.8S RNA 和大亚基 rRNA 的融合现象（Vossbrinck & Woese 1986）。在多种微孢子虫的 rRNA 序列中，存在一条小发夹环类似序列，人们认为该序列具有功能且与细菌和质体的 LSU rRNA 序列具有同源性。在舞毒蛾微粒子虫（Vairimorpha lymantriae）、纳卡变形微孢子虫、兔脑炎微孢子虫（Encephalitozoon cuniculi）和海伦脑炎微孢子虫中，它们的 rRNA 序列存在一个小的发夹环的类似 9–9 的结构，被认定为 5.8S 大亚基的结合部位（Vossbrinck & Woese 1986）。这种发夹结构可能是具有功能作用的，因为在细菌和质粒的大亚基 rRNA 序列中也存在该保守结构。在众多原生生物中，氨基糖苷类巴龙霉素（aminoglycoside paromomycin）抑制蛋白质合成就是通过结合核糖体的 47–47 发夹环区域起作用的（de Stasio & Dahlberg 1990）。由于微孢子虫 rRNA 序列中巴龙霉素结合位点的缺失，导致微孢子虫对该种药物是不敏感的（Katiyar et al. 1995）。在体外实验中也已证实兔脑炎微孢子虫能抵抗巴龙霉素（Beauvais et al. 1994）。比较基因组研究发现兔脑炎微孢子虫每条染色体上都存在着 rRNA 基因，但家蚕微粒子虫 rRNA 基因却只存在于一条 760 kb 大小的染色体上（Kawakami et al. 1994）。

　　1993 年，Vossbrinck 等（1993）进行了微孢子虫 rRNA 序列的第一次比较分析，他们基于小核糖体亚基和大核糖体亚基的部分序列构建了一个 5 种微孢子虫的无根树，包括海伦脑炎微孢子虫、兔脑炎微孢子虫、纳卡变形微孢子虫、舞毒蛾微粒子虫、巨型鱼孢子虫（Ichthyosporidium giganteum）。分析认为海伦脑炎微孢子虫和兔脑炎微孢子虫是截然不同但关系密切的物种。通过免疫杂交和 SDS-PAGE 分析，在三个艾

滋病患者体内检测到海伦脑炎微孢子虫。该分析也展现了海伦脑炎微孢子虫与兔脑炎微孢子虫的差异，尽管两者的超微结构几乎完全相同（Didier et al. 1991）。该分析以叶虫微孢子虫作为外类群，选择纳卡变形微孢子虫和舞毒蛾变形微孢子虫是因为它们之间存在较大差异但具有一定的相关性。ssrRNA 序列分析也表明了肠脑炎微孢子虫和兔脑炎微孢子虫的差异（Vossbrinck et al. 1993；Zhu et al. 1993）。

基于 rRNA 的比较分析，以家蚕微粒子虫为代表的微粒子虫属与同样感染鳞翅目昆虫的变形孢虫属是姐妹属（Baker et al. 1994）。两个属的分支是基于是否具有八孢型孢子（octospores）的特征。但事实上，变形孢虫属某些种在其宿主以某一特定温度饲养时是不产生八孢型孢子的，这表明传统分类特征在一定程度上是不可信的。总之，Baker 等（1994）的研究通过生活周期将微粒子属的孢子定义为耦核型（diplokaryotic），但其仍与既能产生耦核单孢子又能产生泛成孢子细胞膜包裹的八孢型孢子的变形孢虫属近缘。

鉴于微粒子虫和变形孢虫在许多传统分类标准上的差异，两者被认为亲缘关系较远。Baker 等（1994）也展示了家蚕微粒子虫与微粒子虫属中的其他种，如金氏微粒子虫（*Nosema kingi*）、蝗虫类微粒子虫（*N. locustae*）、按蚊微孢子虫（*N. algerae*）之间的不同。因此，耦核型孢子和泛成孢子细胞膜包被特征都不能用于微孢子虫的分类鉴定。耦核贯穿整个生活史的微粒子属实际上是不相关分类群的多系组合，随后 *N. locustae* 被重新归类并命名为 *Antonospora locustae*（Slamovits et al. 2004），*N. kingi* 被命名为 *Tubulinosema kingi*（Franzen et al. 2005），*Nosema algerae* 被命名为 *Anncaliia algerae*（Franzen et al. 2006），*Nosema cristatellae*（Canning et al. 2002）被命名为 *Pseudonosema cristatellae*。

对分离自艾滋病患者的多种微孢子虫的 rRNA 序列的分析（Baker et al. 1995），凸显了微孢子虫复杂系统发生的特点。海伦脑炎微孢子虫和兔脑炎微孢子虫在超微结构上几乎无法辨别，但毕氏肠微孢子虫可以通过包裹在孢子母细胞和孢子外周的细胞外基质而加以区分（Cali et al. 1993）。核糖体 DNA（rDNA）的比较分析显示，肠脑炎微孢子虫、兔脑炎微孢子虫、海伦脑炎微孢子虫是 3 种不同但相近的物种，而且相对于兔脑炎微孢子虫、肠脑炎微孢子虫和海伦脑炎微孢子虫更相近。毕氏肠微孢子虫也许是一种最为普遍的感染人类的微孢子虫（Desportes et al. 1985；Weber et al. 1994）。rDNA 的比较分析表明，毕氏肠微孢子虫（*Enterocytozoon bieneusi*）和鲑鱼核孢虫（*Nucleospora salmonis*）具有很近的亲缘关系（Baker et al. 1995）。两者超微结构的相似性包括在多核原生质体分裂成为孢子母细胞之前极管的提早发育，以及泛成孢子细胞膜结构的缺失（此寄生虫的所有生长阶段都是与宿主细胞直接接触的）。两种微孢子虫的主要差异特征为鲑鱼微孢子虫是在宿主的细胞核中发育，而毕氏肠微孢子虫的发生是在宿主细胞质中。

1990 年，Shadduck 等报道了一例角膜条孢虫（*Vittaforma corneae*）感染的病例。此微孢子虫分离自一个非免疫缺陷患者的角膜基质（Shadduck et al. 1990）。rDNA 序列分析表明 *V. corneae* 与两种昆虫微孢子虫——舒氏内网虫（*Endoreticulatus schubergi*）和匹里虫属的一种微孢子虫（ATCC 50040）间具有相对较近的亲缘关系。

最近，大量研究集中在从各种各样宿主中鉴定出来的微孢子虫的系统进化分析上，这些宿主有鱼类（Bell et al. 2001；Lom & Nilsen 2003）、昆虫（Chen et al. 2009）、甲壳动物（Ebert 2008）。寄生于多种宿主的微孢子虫也是研究的热点，如感染蜜蜂（Shafer et al. 2009）、鳞翅目昆虫（Xu & Zhou 2010）、蚊子（Andreadis et al. 2012）的微粒子虫属微孢子虫。

分子进化研究可以为鉴定新发现的微孢子虫提供有效的帮助，脑炎微孢子虫属的微孢子虫可广泛感染许多动物，包括人类及其宠物。基于与鲑鱼核孢虫的亲缘关系，毕氏肠微孢子虫可能也是来源于诸如鱼类的水生动物。最初被鉴定来自于兔子的兔脑炎微孢子虫现在也在许多其他动物体内发现（Didier et al. 1995）。ITS 序列分析表明“GTTT”重复基序的数目在小鼠（2 个重复）、兔子（3 个重复）、狗（4 个重复）的兔脑炎微孢子虫分离株中存在明显差异（Didier et al. 1995，1996）。Deplazes 等的研究发现，从人体分离的 6 个 *E. cuniculi* 分离株的 ITS 序列中，“GTTT”重复基序的数目与兔分离株的数目一致。这些发现表明，在艾滋病患者中存在的兔脑炎微孢子虫可能不止一种来源。

大量研究发现，同一株微粒子虫属微孢子虫的 ITS 序列之间的差异比其不同株的 ITS 序列之间的差异还要大（Tay et al. 2005；O'Mahony et al. 2007；Ironside 2013；Liu et al. 2013）。表明每一个家蚕微粒子虫细胞包含着大量的 rDNA 拷贝（Liu 2008），而这已经通过单个孢子的分析得以证实（O'Mahony et al. 2007）。中国和日本家蚕微粒子虫的 ITS 序列的系统发育分析表明单一然系的 ITS 序列与其他 ITS 间的相似性比它与其同源 ITS 间的相似性更大，作者的结论是，分离株内 ITS 区域之间的差异大于分离株之间的差异是种群中有性重组的指征。更进一步说，分离株内 ITS 序列之间比其他分离株的 ITS 同系物具有更高的同源性表明株系间缺乏有性重组（Liu et al. 2013）（图 6.2）。

目前而言，基于传统特征和分子分析得出的微孢子虫系统进化之间的差异仍然未能解决，分子数据为物种的鉴定和系统发育分析提供了一种有效手段，如今，诸如 ssrDNA 序列等分子数据的使用使研究者们更容易确定微孢子虫属和种的进化分类地位（Fries et al. 1996；Andreadis & Vossbrinck 2002；Canning et al. 2002；Sokolova et al. 2003, 2007；Franzen et al. 2006；Lord et al. 2010）。对于系统进化研究来说，序列数据提供了大量特征，可用于构建理想的系统进化树。然而，对于生物学家来说，没有形态和生态数据的系统发育不能被用于描述一个物种。因此，结合"传统"的形态学和生态学特征而展现的分子系统发育可能是最合适的方法。对于微孢子虫而言，分子序列数据提供了一个更准确的系统进化关系图，而生态学和超微结构数据提供了这些寄生虫随时间变化的信息。简单来说，基于序列数据的系统发育分析将继续在微孢子虫系统分类学及其进化意义的研究中发挥关键作用。

6.5　基于 ssrDNA 分析的微孢子虫属的分子分类

图 6.3 所展示的系统发生分析包含了来自 71 个微孢子虫属的 ssrDNA 序列。表 6.2 罗列了用于系统发生分析的微孢子虫物种，及其宿主、栖息地、每条 ssrDNA 序列在 GenBank 中的收录号。系统发生树可能因为物种分类群的选择而有所偏差。例如，如果从单个属中选择了许多个物种，而其他属的数据却选择很少，该属的特征可能就会被拔高到整个分析数据中。鉴于此，我们尽可能多地选择属用于分析。Clustal W 软件用于序列比对，MEGA 软件用于系统进化分析。图 6.3a 是最大似然法构建的进化树，可以清晰地展现各物种间的亲缘关系，而枝长代表了遗传距离，但是图中各枝间的关系仍然不能完全解答。图 6.3b 是最大简约法构建的无根进化树。两棵树存在一些情况，如勃氏泰罗汉孢虫（Thelohania butleri）和帕氏泰罗汉孢虫（Thelohania parastaci）在两棵树中位于完全不同的分类群（Brown & Adamson 2006）。而有的微孢子虫属在两棵树中都在亲缘关系密切的分类群内，则这部分属的结果在图 6.3b 的进化树中就省掉了。两棵树都支持 5 个主要进化枝的进化模式，这一结果与早期报道一致（Vossbrinck & Debrunner-Vossbrinck 2005）。在 2005 年的研究中，Marinosporidia、Aquasporidia 以及 Terresporidia 这三个术语被用来强调宿主栖息地与主要微孢子虫分支之间的一般对应关系，其分类在图 6.3b 中被展示。

虽然微孢子虫分类群与宿主环境（海洋、陆地或海水）（见图 6.3b）有很大的相关性，但分支 1、3、4 和 5 均包含有例外情况。这可能是由于微孢子虫转到一个不同环境中的新宿主，或其宿主自身转到了一个新的环境。寄生虫从水生转到陆生环境可以存在许多的方式，其中最简单最快捷的是微孢子虫感染的宿主既能生活在水中又能生活在陆地，许多昆虫就存在这样的生活周期。当昆虫从水生转移到陆生时，其体内的微孢子虫也随之进行转移。从海洋到淡水的转移也是能进行的，包括诸如鲑鱼和鳗鱼在内的大量鱼类，可以在淡水和海洋中转移，其体内的微孢子虫也随之进行转移。微孢子虫随着其宿主进行环境转移时最可能的是采取一种短期转移的形式。我们推测微孢子虫在海洋和陆地间发生转移的频率比较小，是因为在其生活周期内能在海洋和陆地间直接进行转移的物种很少，以淡水为中间步骤的两步转移过程，可能是微孢子虫在海洋和陆地间转移的方式。

长期生态系统间的转移是可以随着微孢子虫与其宿主间的共进化而发生的。微孢子虫可以寄生在几乎所有动物类群（Sprague 1977），其中大部分类群在其进化过程中会在海洋、淡水、陆地生态系统间进行转移。

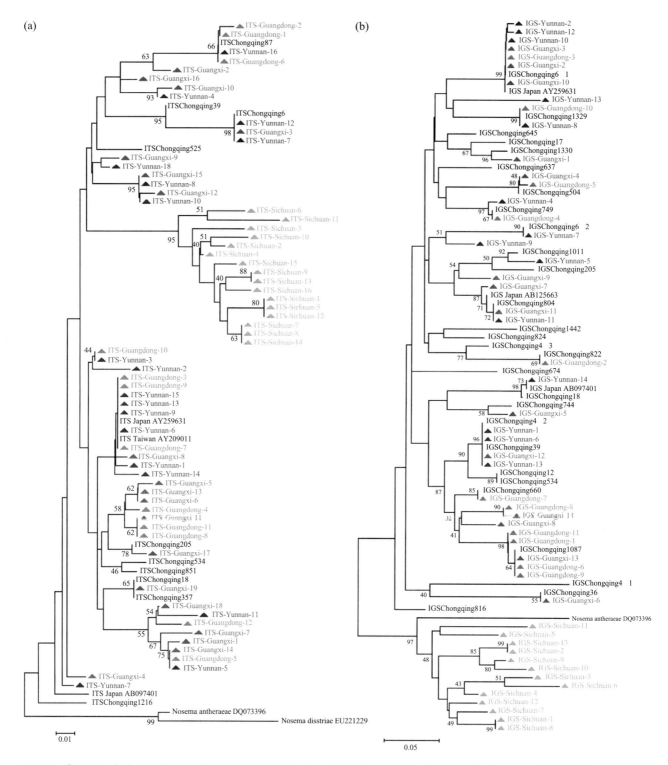

图 6.2 来源于 5 个地理区域家蚕微粒子虫的系统进化分析，分别基于 ITS rDNA 序列（a）和 IGS rDNA 序列（b）（见文后彩图）

不同地理区域的株系以不同颜色表示。［图片经许可来自 Liu, H, Pan, G, Luo, B, et al. (2013). Intraspecific polymorphism of rDNA among 5 *Nosema bombycis* isolates from different geographic regions in China. J Invertebr Pathol 113, 63-69.］

(a)

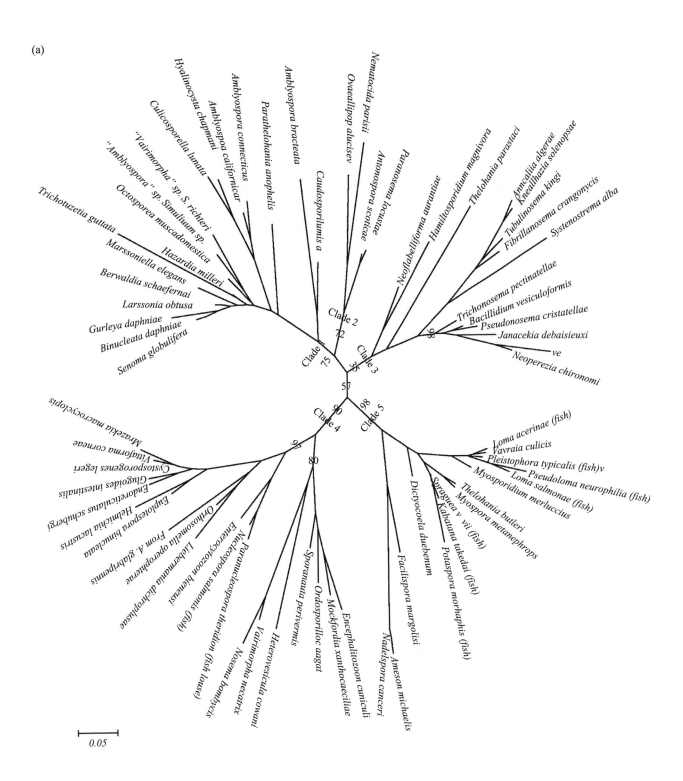

0.05

(b)

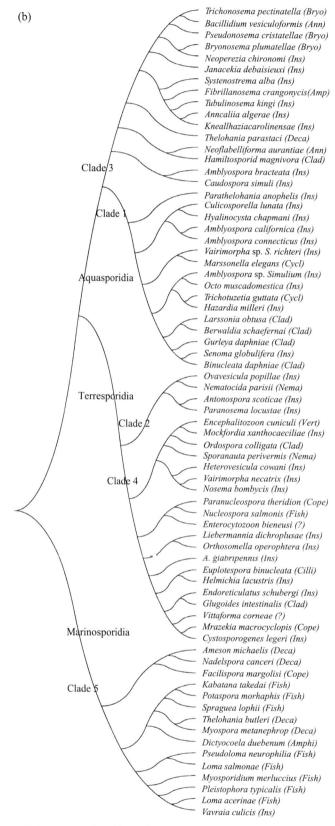

图6.3 基于ssrDNA序列的71个微孢子虫属的系统进化分析（见文后彩图）

分析采用MEGA 5.1软件进行，序列通过Clustal X软件进行排列。字体颜色代表了不同宿主环境：蓝色为淡水，棕色为陆生，绿色为海洋，蓝绿色为部分海洋和部分淡水生活周期的宿主。（a）图是最大似然法构建的进化树，枝上展示bootstrap值。（b）图是最大简约法构建的无根进化树，使用Subtree-Pruning-Regrafting算法（Tamura et al. 2011）

表 6.2　用于图 6.3 中系统发育分析的微孢子虫物种的 ssrDNA 序列数据，包括其宿主、习性和序列的 GenBank 序号

微孢子虫	宿主物种	习性	宿主所属门	宿主所属纲	宿主所属目	序号#
A. bracteata	Odagamia ornate	FW	Arthropoda	Insecta	Diptera	AY090068
Amblyospora californica	Culex tarsalis	FW	Arthropoda	Insecta	Diptera	U68473
Amblyospora connecticus	Aedes cantator	FW	Arthropoda	Insecta	Diptera	AF025685
Amblyospora sp.	Simulium sp.	FW	Arthropoda	Insecta	Diptera	AJ252949
Ameson michaelis	Callinectes sapidus	Mar	Arthropoda	Crustacea	Decapoda	L15741
A. algerae	Mosquitoes	FW	Arthropoda	Insecta	Diptera	AY230191
A. scoticae	A. scotica	Ter	Arthropoda	Insecta	Hymenoptera	AF024655
B. vesiculoformis	N. simplex	FW	Annelida	Oligochaeta	Haplotaxida	AJ581995
Berwaldia schaefernai	Daphnia galeata	FW	Arthropoda	Crustacea	Cladocera	AY090042
B. plumatellae	Plumatella nitens	FW	Bryozoa	Phylactolaemata	Plumatellida	AF484691
C. simulii	Prosimulium mixtum	FW	Arthropoda	Insecta	Diptera	AY973624
Culicosporella lunata	Culex pilosus	FW	Arthropoda	Insecta	Diptera	AF027683
C. legeri	Lobesia botrana	Ter	Arthropoda	Insecta	Lepidoptera	AY233131
Dictyocoela duebenum	Gammarus duebeni	Mar	Arthropoda	Crustacea	Amphipoda	AF397404
E. cuniculi	Oryctolagus cuniculus	Ter	Chordata	Mammalia	Rodentia	L39107
E. schubergi	Choristoneura fumiferana	Ter	Arthropoda	Insecta	Lepidoptera	L39109
E. bieneusi	Human	Ter	Chordata	Mammalia	Primate	L07123
Euplotespora binucleata	Euplotes woodruffi	FW	Chromista	Ciliophora	Euplotida	DQ675604
Facilispora margolisi	Lepeophtheirus parviventris	Mar	Crustacea	Copepoda	Siphonostomatoida	HM800850
Fibrillanosema crangonycis	Crangonyx pseudogracilis	FW	Arthropoda	Crustacea	Amphipoda	AY364089
From Anoplophora glabripennis	A. glabripennis	Ter	Arthropoda	Insect	Coleoptera	None
Glugea atherinae	Atherina boyeri	Mar	Chordata	Actinopterygii	Atheriniformes	U15987
Glugoides intestinalis	Daphnia magna	FW	Arthropoda	Crustacea	Cladocera	AF394525
Gurleya daphniae	Daphnia pulex	FW	Arthropoda	Crustacea	Cladocera	AF439320
Hamiltosporidium magnivora	Daphnia magna	FW	Arthropoda	Crustacea	Cladocera	AJ302319
Hazardia milleri	Culex quinquefasciatus	FW	Arthropoda	Insecta	Diptera	AY090067
Helmichia lacustris	Chironomus plumosus	FW	Arthropoda	Insecta	Diptera	GU130406
Heterosporis anguillarum	Anguilla japonica	Mar/FW	Chordata	Actinopterygii	Anguilliformes	AF387331
Heterovesicula cowani	Anabrus simplex	Ter	Arthropoda	Insecta	Orthoptera	EU275200
Hyalinocysta chapmani	Culiseta melanura	FW	Arthropoda	Insecta	Diptera	AF483837
Janacekia debaisieuxi	Odagamia ornata	FW	Arthropoda	Insecta	Diptera	AY090070
Kabatana takedai	Oncorhynchus masou	Mar/FW	Chordata	Actinopterygii	Salmoniformes	AF356222
Kneallhazia carolinensae	Solenopsis carolinensis	Ter	Arthropoda	Insecta	Hymenoptera	GU173849
Larssonia obtuse	D. pulex	FW	Arthropoda	Crustacea	Cladocera	AF394527
Liebermannia dichroplusae	Dichroplus elongatus	Ter	Arthropoda	Insecta	Orthoptera	EF016249

续表

微孢子虫	宿主物种	习性	宿主所属门	宿主所属纲	宿主所属目	序号#
L. acerinae	*Gymnocephalus cernuus*	FW/Brac	Chordata	Actinopterygii	Perciformes	AJ252951
L. salmonae	*Oncorhynchus tshawytscha*	Mar/FW	Chordata	Actinopterygii	Salmoniformes	U78736
Marssoniella elegans	*Cyclops vicinus*	FW	Arthropoda	Crustacea	Cyclopoida	AY090041
Mrazekia macrocyclopis	*Macrocyclops albidus*	FW	Arthropoda	Crustacea	Copepoda	FJ914315
Mockfordia xanthocaeciliae	*Xanthocaecilius sommermanae*	Ter	Arthropoda	Insecta	Psocodea	FJ865223
Myospora metanephrops	*Metanephrops challengeri*	Mar	Arthropoda	Crustacea	Decapoda	HM140499
Myosporidium merluccius	*Merluccius capensis*	Mar	Chordata	Actinopterygii	Gadiformes	AY530532
Neoflabelliforma aurantiae	*Tubifex tubifex*	FW	Annelida	Oligochaeta	Clitellata	GQ206147
Nadelspora canceri	*Cancer magister*	Mar	Arthropoda	Crustacea	Decapoda	AY958070
N. parisii	*C. elegans*	Ter	Nematoda	Chromadorea	Rhabditida	FJ005051
Neoperezia chironomi	*C. plumosus*	FW	Arthropoda	Insecta	Diptera	HQ396519
N. bombycis	*B. mori*	Ter	Arthropoda	Insecta	Lepidoptera	L39111
N. salmonis	*O. tshawytscha*	Mar/FW	Chordata	Actinopterygii	Salmoniformes	U78176
O. muscadomesticae	*P. regina*	Ter	Arthropoda	Insecta	Diptera	FN794114
Ordospora colligata	*Daphnia sp.*	FW	Arthropoda	Crustacea	Cladocera	AF394529
Orthosomella operophterae	*Operophtera brumata*	Ter	Arthropoda	Insecta	Lepidoptera	AJ302317
O. popilliae	*P. japonica*	Ter	Arthropoda	Insecta	Coleoptera	EF564602
P. locustae	*G. bimaculatus*	Ter	Arthropoda	Insecta	Orthoptera	AY305325
Paranucleospora theridion	*Lepeophtheirus salmonis*	Mar/FW	Arthropoda	Crustacea	Copepoda	FJ594987
Parathelohania anophelis	*Anopheles quadrimaculatus*	FW	Arthropoda	Insecta	Diptera	AF027682
Pleistophora typicalis	*Myoxocephalus scorpius*	Mar	Chordata	Actinopterygii	Scorpaeniformes	AF044387
Potaspora morhaphis	*Potamorrhaphis guianensis*	FW	Chordata	Actinopterygii	Beloniformes	EU534408
P. cristatellae	*Cristatella mucedo*	FW	Bryozoa	Phylactolaemata	Cristatellidae	AF484694
P. neurophilia	*Danio rerio*	FW	Chordata	Actinopterygii	Cypriniformes	AF322654
Senoma globulifera	*Anopheles messeae*	FW	Arthropoda	Insecta	Diptera	DQ641245
Spraguea lophii	*Lophius piscatorius*	Mar	Chordata	Actinopterygii	Lophiiformes	AF056013
S. perivermis	*O. rectangula*	Mar	Nematoda	Adenophorea	Araeolaimida	KC172651
Systenostrema alba	*Aeshna viridis*	FW	Arthropoda	Insecta	Odonata	AY953292
Thelohania contejeani	*Austropotamobius pallipes*	FW	Arthropoda	Crustacea	Decapoda	AF492593
T. butleri	*Pandalus jordani*	Mar	Arthropoda	Crustacea	Decapoda	DQ417114
T. pectinatellae	*Pectinatella magnifica*	FW	Bryozoa	Phylactolaemata	Plumatellida	AF484695
Trichotuzetia guttata	*C. vicinus*	FW	Arthropoda	Crustacea	Cyclopoida	AY326268
T. kingi	*Drosophila sp.*	Ter	Arthropoda	Insecta	Diptera	DQ019419
V. necatrix	*Pseudaletia unipunctata*	Ter	Arthropoda	Insecta	Lepidoptera	Y00266
Vairimorpha sp1	*S. richteri*	Ter	Arthropoda	Insecta	Hymenoptera	AF031539
V. culicis	*A. albopictus*	FW	Arthropoda	Insecta	Diptera	AJ252961
V. corneae	Human	Ter	Chordata	Mammalia	Primates	L39112

生活周期对栖息地转移的影响是另一个值得考虑的因素，虽然有些微孢子虫拥有多个宿主的复杂生活周期，但这些微孢子虫倾向于选择特定的宿主（Andreadis 1985；Andreadis et al. 2012）。

图 6.3 展示的淡水中微孢子虫分化枝 1 中，有两种微孢子虫是寄生于陆地宿主的。分离自一株来源于实验室的黑花蝇 *Phormia regina*（Kramer 1968）的微孢子虫，其宿主专一性不清楚。而另一种从黑火蚁（*Solenopsis richteri*）中分离到的微孢子虫，其孢子不能再次感染火蚁暗示它可能有中间宿主。基于这种微孢子虫具有产生 8 孢子型孢子的特征，它应属于变形孢虫属，但从分子角度来看，或许会被重新划分为一种新的属。此外，如图 6.3b 所示，陆生昆虫 *S. richteri* 和 *O. muscadomesticae* 中分离的变形孢虫属微孢子虫与寄生于水生蝇类昆虫的微孢子虫 *Simulium* sp. 是姐妹枝。

分化枝 1 还包括了钝孢子虫（*Amblyospore*）及其相关属（图 6.3）。这类微孢子虫都感染蚊子，在宿主转移方面有明确证据表明宿主转移只在种属内发生，如钝孢虫属的一个分化枝只感染库蚊，而另一个分化枝只感染疟蚊。根据 ssrDNA 分析，分化枝 3 中的苞状钝孢子虫（*Amblyospora bracteata*）并非真正的钝孢虫属中的一个种，它与蚋尾孢虫（*Caudospora simulii*）一样，都是从蚋科（Simuliidae）黑蝇中鉴定得到的。蚋科和蚊科一样，都可作为研究水生微孢子虫生态学的丰富资源（Tokarev et al. 2010）。据报道，ssrDNA 数据可用于确定钝孢虫属微孢子虫的中间替换宿主，进而用于区分只感染蚊子的钝孢虫属微孢子虫和感染其他水生动物的微孢子虫（Vossbrinck et al. 1998）。

淡水微孢子虫分化枝 3（图 6.3）包括了两种寄生在陆生生物体内的微孢子虫。来源于果蝇的金氏管孢虫（*T. Kingi*）（Kramer 1964；Franzen et al. 2005）和来源于火蚁的红火蚁内尔氏孢虫［*Kneallhazia*（*Thelohania*）*solenopsae*］（Oi & Williams 2003）。*K. solenopsae* 除了从火蚁中分离鉴定外，也有大量报道称其能从以火蚁为食的食肉蚤蝇中检测到。图 6.3 还显示了这两种微孢子虫与最初寄生于蚊子中的按蚊微孢子虫之间的密切关系。

分化枝 5 主要包括寄生于水生生物中的微孢子虫，这些水生生物包括生活于海洋的鱼类和甲壳纲动物、生命周期往返于海洋和淡水栖息地的鱼类以及海洋线虫。如分离自淡水斑马鱼的微孢子虫噬神经假洛玛孢虫（*Pseudoloma neurophilia*）（Matthews et al. 2001），寄生于大马哈鱼的微孢子虫鲑鱼洛玛孢虫（*Loma salmonae*）（Kent et al. 1989），从淡水生活的欧亚梅花鲈体内发现的微孢子虫粘鲈洛玛孢虫（*Loma acerinae*）。鲑鱼洛玛孢虫可以直接感染银大马哈鱼而不需要中间寄主（Kent et al. 1989），它的寄生会造成大马哈鱼和奇努克鲑毁灭性的病害（Kent et al. 1998）。粘鲈洛玛孢虫所寄生的欧亚梅花鲈（*Gymnocephalus cernua*）主要来自欧洲和北亚温暖的水域，现在它们已经入侵了北美的五大湖。分化枝 5 中的库蚊变异微孢子虫（*Vavraia culicis*）可寄生淡水宿主——白纹伊蚊（*Aedes albopictus*）。此外，伊蚊微孢子虫还能感染其他蚊类（Andreadis 2007），因此研究者们认为其可作为大多数宿主的生防因子（Kelly et al. 1981）。

分化枝 2 的微孢子虫主要侵染陆生宿主，并且这些宿主的整个或部分生活史是生活在地面下的（图 6.3）。蝗虫类微粒子虫是从在土里产卵的东亚飞蝗中鉴定出来的（Canning 1953）。它能感染 121 个不同种的直翅目昆虫，并且美国已将其作为生防物种来对付蝗虫（Lange 2005）。蟋蟀类微粒子虫（*Paranosema grylli*）分离自会挖地洞的黄斑黑蟋蟀（*Gryllus bimaculatus*）（Sokolova et al. 2003）。地花蜂安东尼微孢子虫（*Antonospora scoticae*）分离自一种自居住于地下的地花蜂 *Andrena scotica*（Fries et al. 1996）。日本金龟子卵囊孢虫（*Ovavesiculla popilliae*）是日本甲虫（*Popillia japonica*）的寄生虫，而日本甲虫的幼虫阶段是生活在地下的（Andreadis & Hanula 1987）。巴黎杀线虫微孢子虫（*Nematocida parisii*）寄生土壤中秀丽隐杆线虫（*Caenorhabditis elegans*）（Ausubel et al. 2008）。土壤生态系统很可能揭示出微孢子虫与大量地下动物，如螨、昆虫、蜘蛛、线虫、缓步类动物和脊椎动物之间尚未发现的生命周期关系。

分化枝 4 包括了大量的感染陆生宿主的微孢子虫（图 6.3）。这其中包括微粒子虫属和变形孢虫属微孢子虫，诸如感染家蚕的家蚕微粒子虫（*Nosema bombycis*），感染蜜蜂的东方蜜蜂微粒子虫（*Nosema ceranae*），感染兔子以及艾滋病患者的兔脑炎微孢子虫（*E. cuniculi*）。此外，内网虫属（*Endoreticulatus*）和 *Cystosporogenes* 属微孢子虫也是重要的感染昆虫的微孢子虫。本分化枝中唯一看似完全来源于海洋的寄生于海洋线虫（*Odontophora rectangula*）的围线虫诺塔孢虫（*Sporanauta perivermis*）。该分化枝还包括舒氏内网虫（*E. schubergi*）和莱热囊孢虫（*Cystosporogenes legeri*）以及其他感染水生昆虫或甲壳动物的微孢子虫。

6.6　总结

ssrDNA 测序的出现极大地改变了我们对微孢子虫之间亲缘关系的认识（Vossbrinck et al. 1993；Zhu et al. 1993；Baker et al. 1995；Baker et al. 1998）。大量的微孢子虫属被重新分类，现在对许多微孢子虫种的描述都包含了 ssrDNA 序列。图 6.3 中进化树 5 个主要分化枝的 bootstrap 值都很高，此 5 个分枝应当是微孢子虫的主要分类。但这些分化枝之间的亲缘关系问题至今未得到彻底解决。图 6.3b 中的海洋微孢子虫、淡水微孢子虫、陆地微孢子虫的三型分类是比早期基于表型性状分类更为简洁的一种分类方式。正如图 6.3 中进化树分化枝长度所表示的情况，传统表型性状的差异不一定代表进化上的差异。

现在是时候利用形态学、超微结构、生态学特征等信息开展微孢子虫分子系统进化研究了（Baker et al. 1998），这将为我们描述出微孢子虫的这些特征是如何演化的。由于微孢子虫是一类宿主范围如此广泛的寄生虫，因此它们是一个研究宿主环境转移过程中宿主范围、生活周期、基因组结构、宿主生态学等问题的理想系统。

致谢

该工作由 NIA AI31088（LMW）资助。

参考文献

第 6 章参考文献

第 7 章　微孢子虫基因组结构与功能

Patrick J. Keeling

加拿大高等研究所，英属哥伦比亚大学植物系

Naomi M. Fast

加拿大英属哥伦比亚大学植物系

Nicolas Corradi

加拿大高等研究所，渥太华大学

7.1　导论：微孢子虫基因组

教科书在概括原核生物与真核生物区别时通常会谈到两者基因组一些最基本的区别。细菌的基因组小而紧凑，由单一环状染色体构成，所编码基因通常为表达多个顺反子的操纵子。相反，真核生物基因组通常很大，由多条线性的含有着丝粒和端粒的染色体组成，并含有大量的非编码序列（内含子、基因间区、转座子等），其基因几乎毫无例外地表达成单顺反子的含有帽子结构的多聚腺苷酸化的mRNA。

这种概括对于具有类型多样性的原核生物和真核生物细胞来讲都非常有用，因为在很大程度上此概括的确能够代表两者的真实区别。然而，在某些谱系中两者的边界又有一些交叉，如有些细菌则含有多条较大的线性染色体。这就是非同源相似性，反映了基因组进化时产生极端基因组的有趣机制。

微孢子虫就是一类拥有异常且极端基因组的真核生物。在很多方面微孢子虫基因组都符合典型的真核基因组：它们由多条含有端粒的线性染色体（可能含有着丝粒，未被鉴定）组成。但在其他方面，微孢子虫基因组则更像细菌：如由于内含子和转座子缺乏导致的高基因密度、较短的基因间区以及很少的重复基因（Méténier & Vivarès 2001；Vivarès et al. 2002）。对于微孢子虫基因组的认识与我们对核基因组的常规认识冲突不大，还不至于无法理解，但从基因组功能的角度审视，这些特征还是对基因组的形式和内容产生了很大的影响。微孢子虫这些基因组组织形式上不同寻常的特点已经影响了其基因的编码和表达。

我们对于微孢子虫基因组的当前认识能否对整个类群进行恰当地概括也同样值得考虑。这些概括性的认识的确很好地描述了一些微孢子虫基因组，但微孢子虫不是单一谱系的完全相同的生物，而是一个存在大量变异性的很大的生物谱系。因此，下面我们将综述一些最熟悉的微孢子虫基因组，也是一些最极端的基因组，分析这些基因组的排列方式如何影响了基因组的功能，同时我们也会尽量强调微孢子虫基因组的多样性以及更多需要发现的东西。

7.2 最小的微孢子虫基因组

生活在寄主细胞内部会增加或减少生物体的选择压力，特别是宿主代谢产物（如核苷酸和氨基酸）的包围会使微孢子虫容易获得这些代谢产物而无须自己合成。结果，大多数专性细胞内寄生生物（寄生生物和共生生物）的遗传成分受到大幅缩减。显而易见，微孢子虫也不例外。测序结果发现每个微孢子虫基因组都发生了基因丢失现象（Akiyoshi et al. 2009；Campbell et al. 2013；Cornman et al. 2009；Corradi & Slamovits 2011；Corradi et al. 2009，2010；Cuomo et al. 2012；Heinz et al. 2012；Katinka et al. 2001；Méténier & Vivarès 2001；Pan et al. 2013；Pombert et al. 2012；Vivarès et al. 2002）。然而，整个类群中只有少数几个谱系表现出基因丢失导致基因组大小大量缩减的特征，后者中编码及非编码序列的丢失导致了已知最小基因组的出现。藻类细胞核外的微核曾被认为是细胞器，其包含了细胞核丢失的基因组（Douglas et al. 2001；Gilson et al. 2006）。

微孢子虫中基因组减缩最为严重的是脑炎微孢子虫属（*Encephalitozoon*）的一些物种。基因组减缩现象最初是通过染色体核型分析方法得到确认（Biderre et al. 1995，1999），而全基因组测序分析也证明了此方法相当精确。第一个全基因组测序的微孢子虫是兔脑炎微孢子虫（*Encephalitozoon cuniculi*），这使得对整个微孢子虫类群的研究进入基因组时代，并展示了基因丢失后基因组的整体形式和内容（Katinka et al. 2001）。现在已经获得这个属的 4 个种的全基因组，代表了被描述的大多数物种：兔脑炎微孢子虫是 2.9 Mbp（Katinka et al. 2001）；海伦脑炎微孢子虫（*Encephalitozoon hellem*）和蚱蜢脑炎微孢子虫（*Encephalitozoon romaleae*）都是 2.5 Mbp（Pombert et al. 2012）；最小的是肠脑炎微孢子虫（*Encephalitozoon intestinalis*），整个基因组只有 2.3 Mbp（Biderre et al. 1999；Corradi et al. 2010）。4 个物种间的比较表明他们存在几乎一致的基因组成，这也反映了这些生物高度适应的寄生生活方式。例如，兔脑炎微孢子虫、肠脑炎微孢子虫、海伦脑炎微孢子虫和蚱蜢脑炎微孢子虫的基因组都被发现缺乏合成多种核苷酸和氨基酸的能力，这表明他们必须依靠宿主的代谢系统去获得其生存必需的代谢产物（Corradi et al. 2010；Katinka et al. 2001；Pombert et al. 2012）。脑炎微孢子虫属中发生基因丢失或显著减少的代谢途径包括三羧酸循环和脂肪酸合成酶复合体，所以微孢子虫获取 ATP 的唯一途径是通过糖酵解途径或从外界摄取（见下文）。

在大多数发生了减缩的微孢子虫基因组（如脑炎微孢子虫属）中，减缩不但影响了蛋白编码基因的扩充，而且也影响了那些在大多数独立生存的真核生物中通常大而丰富的基因组区域，如基因间区、内含子以及可移动遗传元件。脑炎微孢子虫属的基因间区是已知微孢子虫属中最短的，平均每个基因被 135 个碱基所间隔（Corradi et al. 2010；Katinka et al. 2001；Pombert et al. 2012）。超短基因间区导致的结果就是编码区密度的极大提高。确实，兔脑炎微孢子虫、肠脑炎微孢子虫、海伦脑炎微孢子虫和蚱蜢脑炎微孢子虫基因组之间的比较结果不但揭示了这些物种间有着高度相似的生化代谢途径，同时也表明他们的基因组几乎完全一致（如基因顺序高度保守）。实际上，这 4 个物种中已鉴定的唯一主要结构差异是 11 条染色体中的第 9 号染色体上发生的一个大片段的倒位和基因组中基因顺序的变化，但基因顺序的变化只影响了很少的几对功能不相关的基因。

因此，脑炎微孢子虫属或整个微孢子虫的一少部分物种的基因组结构进化的停滞率来自哪里？一个可用于阐述这种基因重排明显放缓的解释是与它们的极大的基因密度直接有关。另外有人提出高度压缩基因组中的基因重排可能引入功能基因断裂，因为此断点属于重要基因的可能性更高（Slamovits et al. 2004）。另一个解释是与这些基因组通常缺乏的重复元件有关，因为重复元件在大的基因组中可以引起同源重组和基因重排，而目前所测序的脑炎微孢子虫属基因组几乎完全没有这些重复元件（Corradi et al. 2010；Katinka et al. 2001；Pombert et al. 2012，2013）。这些基因组中几乎所有的重复区域都在染色体末端的亚着丝粒区域。这些区域高度重复并编码大量的脑炎微孢子虫属特异的基因家族（如 DUF1609、DUF2463 或 DUF1686）（Brugere et al. 2001；Corradi et al. 2010；Pombert et al. 2012），因此发现这些物种中亚着丝粒区域在构架水平上是快速进化的唯一基因组区域也就一点都不奇怪了（Brugere et al. 2001）。

最小真核基因组之间的比较也会给我们一些有关选择压力的线索，至少在较低的频谱上这些选择压力保持着这些寄生虫中所剩无几的一部分遗传物质。在这种背景下，肠脑炎微孢子虫（基因组大小 2.3 Mbp）与其姐妹种兔脑炎微孢子虫（基因组大小 2.9 Mbp）之间的比较则可以揭示一些有趣的趋势。这两个物种的基因组大小只差 20%，但这种差异并不是在基因组内部随机分布的。实际上，确实所有的基因组成差异仅限于未知功能的基因，也没有与重要生化过程相关联（其中一些是基因家族的拷贝，另一些可能是假的开放阅读框（ORF）。另外，肠脑炎微孢子虫和兔脑炎微孢子虫的区别主要集中在亚着丝粒，这些区域通常是基因组中基因缺乏的区域，并趋向于编码多拷贝基因；而染色体则在密度、形式及组成上几乎完全一致。另外，在测量肠脑炎微孢子虫和兔脑炎微孢子虫基因组序列分歧度时发现，非编码区（如基因间区和内含子）进化相对较慢，并且比蛋白编码基因的沉默部位明显放慢。这表明小部分剩余基因间区空间减小到只保留功能上的本质核心，这可能面临着强大的选择压力（Corradi et al. 2010）。

7.3　最大的微孢子虫基因组

除了极其特殊及微小的特点之外，目前已测序的脑炎微孢子虫属物种的基因组都异常得完整：大多数物种已获得 11 条染色体的序列组装，大多数都代表了预测基因组的大小。较大微孢子虫基因组的组装要复杂得多，且不完整，因此基因组的结构、组成以及大小等细节还不是很清楚。这也意味着在很大程度上脑炎微孢子虫属基因组的本质特征已被整体性地影射到整个微孢子虫的基因组特征上，因此"极端的极致"这个特点也就被用来概括微孢子虫基因组。但这对微孢子虫的多样性来说有失公允，就像同类生物中的不同谱系有不同的细胞结构或生活周期一样，它们也有不同的基因组。确实，现在已知的微孢子虫基因组大小相差 10 倍，因此当提到微孢子虫基因组时，脑炎微孢子虫属就不是整个故事的全部。

基因组测序结果表明，分类学上不同的微孢子虫间差异很大，但有趣的是，并不是所有的特性已被讨论。在本书写作的时候（表 7.1），已有 16 个不同微孢子虫物种的 20 个基因组获得完整序列或深度测序结果（但这项工作开展迅速，当本书出版时，这个数字无疑会更大）。这些基因组代表着非常大的多样性，很难用一个标准进行定义分类。但关于这些基因组特点的讨论，可以综合性地概括为：一些基因组"大而稀疏"，而另外一些基因组则"中等稠密"。

中等大小的基因组一般是 5 ~ 7 Mbp，如毕氏肠微孢子虫（*Enterocytozoon bieneusi*）、蝗虫微孢子虫（*Antonospora locustae*）、巴黎杀线虫微孢子虫（*Nematocida parisii*）和鮟鱇思普雷格孢虫（*Spraguea lophii*）（Akiyoshi et al. 2009；Campbell et al. 2013；Cuomo et al. 2012；Slamovits et al. 2004；Streett 1994）（表 7.1）。虽然这些基因组比脑炎微孢子虫属的要大，但它们都拥有一套几乎相同的基因。在某些情况下，基因组大小的区别是由较低的基因密度引起的，而在其他情况下，它们则保持与脑炎微孢子虫属相似的基因密度（如 *Antonospora* 和 *Enterocytozoon*）。从表面上来看这毫无道理：两个基因组分享相同的基因，有着相同的基因密度，应该也有相同的大小；然而在这里，与脑炎微孢子虫属的相比它们的基因组大小居然相差两倍。这些基因组的组装还没有达到明确解决此问题的程度，但一个可能性就是发生了部分基因组重复，这也确实是微孢子虫基因组的一个常见特征（见下文）；基因组重复甚至可以发生在脑炎微孢子虫属的亚着丝粒区域（Brugere et al. 2001）。此发现最初来自于采用 CARD-PAGE 方法（Nassonova et al. 2005）的详细的核型分析，它揭示了一些物种中的确存在大段重复序列；即使组装序列数据不能够区分较大的重复区域，这也可以解释蝗虫微孢子虫和毕氏肠微孢子虫中已存在的序列数据（如果序列重复最近发生或序列读取长度比重复序列短的话，即使使用深度测序也很难检测这些大的重复区域）。

基因组大小色谱另一端的许多微孢子虫的基因组正好处于真菌和原生生物正常的大小范围内，例如，伊蚊艾德氏孢虫（*Edhazardia aedis*）、水蚤汉氏孢虫（*Hamiltosporidium tvaerminnensis*）、人气管普孢虫（*Trachipleistophora hominis*）和按蚊微孢子虫（*Anncaliia algerae*）的基因组都在 8 Mbp ~ 25 Mbp（Corradi

表 7.1 微孢子虫基因组（全基因组或草图）的大小和密度

物种	基因组大小（Mbp）	基因密度（基因/kbp）	参考文献
Encephalitozoon cuniculi（4 菌株）	2.9	0.83	Katinka et al.（2001）；Pombert et al.（2013）
Encephalitozoon romaleae	2.5	0.84	Pombert et al.（2012）
Encephalitozoon hellem	2.5	0.86	Pombert et al.（2012）
Encephalitozoon intestinalis	2.3	0.86	Corradi et al.（2010）
Antonospora locustae	5.5	?	Slamovits et al.（2004）
Enterocytozoon bieneusi	6	0.90	Akiyoshi et al.（2009）
Nematocita parisii（2 菌株）	4.1	0.65	Cuomo et al.（2012）
Nematocida sp.	4.7	0.59	Cuomo et al.（2012）
Anncalia（*Brachiola*）*algerae*	23	0.09	Peyretaillade et al.（2012）
Spraguea lophii	6.2 ~ 7.3	0.51	Campbell et al.（2013）
Trachipleistophora hominis	8.5 ~ 11.5	0.38	Heinz et al.（2012）
Edhazardia aedis	not determined	14%	Williams et al.（2008）
Hamiltosporidium tvaerminnensis	24	0.21	Corradi et al.（2009）；Haag et al.（2010）
Nosema bombycis	15.7	0.34	Pan et al.（2013）
Nosema antheraeae	6.6	0.53	Pan et al.（2013）
Nosema ceranae	7.9	0.33	Cornman et al.（2009）

et al. 2009；Haag et al. 2010；Heinz et al. 2012；Peyretaillade et al. 2012；Williams et al. 2008）（表 7.1）。目前其他微孢子虫的基因组数据还没有像小巧的脑炎微孢子虫（*Encephalitozoon*）那样完成基因组序列的组装，不过在多数情况下，基因组的整体效果和内容已经足够清晰了。尽管大小差异较大，这些基因组与其他微孢子虫的相比仍能一致表现出彼此相似的基因组成，即使不是实际上的基因相同，至少在功能类别的比例上相同（有少许变化，见下文）。即使在表面上发现了编码内容的一些变异，但基因本身不是基因组大小差异的主要原因。相反，几乎所有微孢子虫基因组大小的差异是由于基因密度的变化所引起。在已测序的较大的基因组中，这种差异很大一部分是由可移动遗传元件引起。

目前微粒子属（*Nosema*）是一个特殊情况，或许是由于它确实不同，也或许是由于其他 3 个亲缘关系较远的物种基因组已测序，这使得我们能够注意那些微孢子虫基因组短期进化的共同元素，而这些元素在稀疏分类采样时在其它属很难看到。在任一情况下，由于东方蜜蜂微粒子虫（*Nosema ceranae*）和柞蚕微粒子虫（*Nosema antheraeae*）两个种的完整基因组大小在 7 Mbp ~ 8 Mbp，微粒子属则变得十分有趣；而另一物种家蚕微粒子虫的基因组则是上述两物种的两倍（Cornman et al. 2009；Pan et al. 2013）。家蚕微粒子虫和柞蚕微粒子虫是亲缘关系很近的姐妹物种，分别侵染关系密切的宿主（分别是家蚕和野桑蚕），因此这种情况看起来像是全基因组重复。然而，家蚕微粒子虫基因组组装结果似乎表明事实并非如此；相反，它们似乎存在几处不同（Pan et al. 2013）。首先，家蚕微粒子虫的基因组含有涉及到一个或几个基因的大量的小重复，而不是一个大重复，并在不同时间发生。在这方面，家蚕微粒子虫的基因组是一个部分基因组重复的极端例子，这也是微孢子虫基因组的特征。另外，家蚕微粒子虫的基因组通过几个可移动遗传元件数量上的扩增而变大，其中一些很明显是从宿主中获得的（Pan et al. 2013）。此研究非同寻常，因为它提供了基因组近期大量扩增的直接证据，而不仅仅是一张关于微孢子虫基因组的图谱。

7.4　微孢子虫基因组编码内容的区别

如前文所述，尽管基因组大小不同，微孢子虫基因编码产物在不同物种中却有着惊人的相似性。但它们并不完全相同，很多不同是由未鉴定的 ORF 引起。问题是这些未鉴定的 ORF 有可能不是真正的基因，但也有可能是任何一种微孢子虫中的这些大量"特异"的 ORF 是进化速度快的真正基因，只是很难在其他物种中鉴定到同源物而已。这在基因进化速度快的基因组中的确是特别重要的问题，脑炎微孢子虫属中的共同或"特异"ORF 的数量也印证了这一点。其他的一些情况则明显是由于谱系特异性基因家族的扩展而引起。例如，人气管普孢虫中许多蛋白酶基因发生了扩增，而在按蚊微孢子虫中则是激酶基因发生扩增（Heinz et al. 2012；Peyretaillade et al. 2012）。我们所感兴趣的功能途径则在微孢子虫差异分布，而且其中很多具有潜在的有意思的功能。例如，近期在多个微孢子虫物种中发现了 RNA 干涉通路（RNAi），但在早前报道的微孢子虫基因组中缺失，这对发展微孢子虫遗传操作工具具有潜在的重要价值（Campbell et al. 2013；Cornman et al. 2009；Heinz et al. 2012；Pan et al. 2013）。另外两个生物学上不同寻常的例子来自于毕氏肠微孢子虫，它既没有内含子和相关的剪切机制，也没有几乎所有能量代谢相关基因。几乎所有的微孢子虫基因组都编码完整的糖酵解、磷酸戊糖途径和海藻糖代谢途径，但在少数基因组中，只有少量的上述基因被保留，这表明这些物种不能代谢糖类物质，需要直接从宿主摄入 ATP（Akiyoshi et al. 2009；Keeling et al. 2010）。交替氧化酶（alternative oxidase，AOX）是一个特殊保留的相关基因，它是在一些微孢子虫中发现的电子终端受体，但在其他物种中不存在；而它曾被认为是利用糖酵解途径从糖产生能量所必需的（Williams et al. 2010）。

7.5　水平基因转移对微孢子虫进化的影响

微孢子虫基因组的显著特征是发生了大量序列丢失，前述的模式是一些关于微孢子虫差异性丢失重要性的例子。然而微孢子虫也通过水平基因转移（horizontal gene transfer，HGT）从其他不相关谱系物种中获取特定基因，而这些基因中的很多在微孢子虫的进化中扮演重要作用（Selman & Corradi 2011）。这些基因包括 ATP 转运子和 H⁺ 核苷同向转运子（Richards et al. 2003；Cuomo et al. 2012）。微孢子虫基因组的标志性特点是其编码产物定位在寄生虫与其宿主的细胞交界处，并被用来获取繁殖所必需的 ATP 和核苷。这些基因只发现于微孢子虫和原核生物，而系统发生重建分析表明这些基因家族可能是从共存的病原体细菌（如 *Chlamydia*）中获得的（Richards et al. 2003）。有趣的是，这些基因在微孢子虫中普遍存在，表明这些基因水平转移特定事件发生在微孢子虫物种分化之前。

原始的 ATP 转运蛋白很可能在微孢子虫进化之前就被获得，而其他基因水平转移事件则之后在微孢子虫特定谱系内部发生。这些相对较近发生的水平基因转移事件则独立地影响了数个谱系的基因组，导致不同的物种获得不同的好处。例如，微孢子虫中微粒子属（*Nosema*）、水蚤汉氏孢虫属（*Hamiltosporidium*）和安东尼微孢子虫属（*Antonospora*）的物种都含有其他属物种所没有的来自于细菌的基因（Corradi et al. 2009；Fast et al. 2003；Slamovits & Keeling 2004；Xiang et al. 2010）。两个例子就是过氧化氢酶和锰超氧化物歧化酶，这两个蛋白质能保护微孢子虫免受活性氧的破坏（Fast et al. 2003；Xiang et al. 2010）。另一个例子是 II 型光解酶，被用于修复 UV 诱导的 DNA 损伤（Slamovits & Keeling 2004）。这些基因的潜在优势非常明显，因为这些蛋白质可以保护生物免受常规突变诱导物质的影响。

除了原核生物起源的水平转移基因，一些微孢子虫物种也含有动物起源的基因，表明这些寄生虫可以直接从宿主获取遗传物质。如最近在感染人类的微孢子虫人气管普孢虫（*Trachipleistophora hominis*）和昆虫病原体家蚕微粒子虫（*Nosema bombycis*）、柞蚕微粒子虫（*N. antheraeae*）中发现了明显是动物起源的

"piggyback" DNA 转座子（Pan et al. 2013）。这些可移动的遗传元件编码有功能性的转座酶，用于识别并切割特异的 TTAA 基序以完成自身序列的插入。其中人气管普孢虫的相应水平转移基因与昆虫，尤其是印度跳蚁（Harpegnathos saltator）中的同源基因具有较高的序列相似性。同样，微粒子属的 piggyback 转座子也与昆虫的同源序列相关，而且系统发生分析表明，至少有 3 个转座子水平转移自其宿主昆虫家蚕属（Pan et al. 2013）。同样，在脑炎微孢子虫属中也发现了可能来源于昆虫的基因，但这些水平基因转移基因并不是转座元件，而是在其他微孢子虫中没有发现的重要生化途径中的关键蛋白：嘌呤核苷磷酸酶（PNP）和叶酰聚谷氨酸合成酶（FPGS）。后者是细胞中嘌呤和叶酸前体合成所必需的，因而对微孢子虫细胞的代谢大有裨益（Pombert et al. 2012；Selman et al. 2011）。有趣的是，在蚱蜢肠微孢子虫和海伦脑炎微孢子虫的基因组中也发现了几个其他微孢子虫物种所不具有的功能基因，系统发生分析表明它们也是来自水平基因转移。这些基因全部编码功能上与动物起源的 PNP 和 FPGS 基因相关的酶类，虽然它们全都参与嘌呤和叶酸生物合成相关的生化途径，但它们的进化起源似乎完全不同：一些与动物的基因同源，其他则与细菌和真菌的基因更相似（Pombert et al. 2012）。

7.6 孢子的特殊转录本

第一个微孢子虫基因表达研究是其孢子阶段的转录本研究。蝗虫微孢子虫的早期研究结果有许多意外发现，并鉴定了"多基因"转录体（Corradi et al. 2008a）。虽然多基因转录体在细菌以外的物种中不常见，但蝗虫微孢子虫的转录产物不是操纵子。这些多聚腺苷酸化的转录产物含有不止一个 ORF；然而额外的编码序列经常被四分五裂（如上游或下游 ORF）甚至在相反的编码链上。基因组紧凑被认为是这些不寻常重叠转录产物的驱动力，重叠区域的基因间区缩小需要转录控制元件移动到毗邻的基因上（Corradi et al. 2008a）。一个更复杂的研究调查了兔脑炎微孢子虫和蝗虫微孢子虫的孢子转录产物并确定了重叠基因转录产物的存在，表明这个特点在微孢子虫是广泛存在的（Corradi et al. 2008b）。但不同物种存在差异：蝗虫微孢子虫的转录产物倾向于重叠下游基因而兔脑炎微孢子虫的转录产物倾向于与上游基因重叠。总之，短基因间区与重叠转录产物存在呈正相关，支持与此前预测的紧凑特点的关联（Corradi et al. 2008b）。早期的研究报告主要集中于对此现象的解释，指出孢子阶段的翻译是不活跃的，并对这些多基因或重叠转录产物功能的重要性提出质疑。

7.6.1 增殖时期功能转录产物和序列信号

值得注意的是，因为兔脑炎微孢子虫孢子阶段和细胞内增殖阶段转录产物的直接比较曾确定细胞内阶段（转录和翻译过程活跃）转录产物与典型真核生物转录产物更相似。兔脑炎微孢子虫孢子阶段的转录产物倾向于与上游基因重叠，其细胞内阶段的转录产物几乎不与上游基因重叠，但经常会含有 5' 非编码区（UTRs）（Gill et al. 2010）。

微孢子虫的转录控制元件也已被鉴定。其首先在东方蜜蜂微粒子虫（Cornman et al. 2009）中被预测，在兔脑炎微孢子虫（Peyretaillade et al. 2009）中被确认并被广泛研究，这些识别信号涉及保守的、短的且与翻译起始密码子非常接近的序列。简言之，起始密码子的上游会有一个 CCC 或 GGG 三联体（很少包括单个简并碱基）。兔脑炎微孢子虫中的核糖体蛋白编码基因和其他高表达基因也被发现在保守的三联体上游含有一个额外的 AAATTT 元件（Peyretaillade et al. 2009）。更多微孢子虫基因组的测序分析发现，CCC/GGG 信号似乎是保守的，在东方蜜蜂微粒子虫、兔脑炎微孢子虫、肠脑炎微孢子虫以及线虫微孢子虫属（含有轻微差异）的三个相关分离株中都被鉴定到（Cornman et al. 2009；Cuomo et al. 2012；Heinz et al. 2012；Peyretaillade et al. 2009，2012）。大量的基因含有与酵母 TATA-box 相似且富含 A/T 启动子的元件。研究也发现 TATA-box 相似元件和 CCC/GGG 三联体的位置在不同微孢子虫中具有保守性（Heinz et al. 2012）。

转录信号的保守水平提供了用其提高微孢子虫基因组注释准确性的机会。一旦确定保守的 CCC/GGG 序列，那么翻译起始位点就会被预测出来。这个策略通过重新注释大量的基因组得到测试，重新界定了以前预测的基因边界并鉴定到了大量遗漏基因（Peyretaillade et al. 2012）。此方法能提高注释效率已被验证，此方法也用于包括按蚊微孢子虫在内的新基因组的注释（Peyretaillade et al. 2012）。

如前文所提，微孢子虫胞内阶段的转录子 5′ 端非编码区要比孢子阶段的短得多，这与观察到的转录控制元件的位置相一致。微孢子虫转录子含有真核生物中最短的 5′ 端非编码区，甚至在某些情况下完全丧失 5′ 端非编码区（Cuomo et al. 2012；Grisdale & Fast 2011）。在其他真核生物中，短于 5′ 端非编码区平均值常常与基因高水平表达相关（Eisenberg & Levanon 2003；Li et al. 2007），因此兔脑炎微孢子虫中普遍较短的非编码区可能表明整个基因组表达的高水平。兔脑炎微孢子虫中两类基因含有极短的 5′ 端非编码区，即核糖体蛋白编码基因和负责处理剪切内含子的基因（Grisdale & Fast 2011）。也许核糖体蛋白编码基因高表达不值得惊讶，但这也表明内含子不管其功能如何其基因也可高表达。基于其他系统内含子介导的基因表达调节倾向（Dabeva & Warner 1993；Russo et al. 2010；Warner et al. 1985），微孢子虫转录和剪切关联的可能性也随之增加（Grisdale & Fast 2011）。

7.6.2　内含子及其剪切

关于转录子的结构，微孢子虫在孢子和细胞内阶段的剪切体（GT–AG 核）内含子剪切机制也大不相同。在兔脑炎微孢子虫的孢子中没有观察到剪切过的转录子（可剪切的内含子被去除）（Gill et al. 2010）。鉴于几乎所有的兔脑炎微孢子虫内含子会引起读码框移位，含有内含子的转录子则不能产生紧凑的蛋白产物。缺乏剪切以及孢子中转录子拥有额外的基因片段增加了有关这些非常规转录子功能的很多问题。由于它们的推测功能存疑，因此也有可能这些转录子可能起物理作用，也许与孢子中多核糖体结构的固定有关（Gill et al. 2010）。也可能此寄生虫在孢子形成时进行代谢性"关闭"，转录与剪切相分离或者其效率降低形成无功能的转录产物（Gill et al. 2010）。这些转录产物在孢子萌发时应被降解并恢复代谢活性。

当兔脑炎微孢子虫在细胞内阶段时，虽然剪切水平降低，但确实会发生剪切（Gill et al. 2010）。通常，真核生物中有效的剪切机制和活跃的降解机制能在较高水平上维持剪切转录产物的准确性（高达 85%）（Grisdale et al. 2013；Sorber et al. 2011）。相反，兔脑炎微孢子虫在胞内阶段时其剪切水平非常低下，大约 80% 的含内含子基因的转录子剪切水平低于 50%（Grisdale et al. 2013）。这可反映剪切控制过表达水平的调节水平，这在真菌系统中已被广泛研究和证明（Dabeva & Warner 1993；Engebrecht et al. 1991；Li et al. 1996；Pleiss et al. 2007）。另外一个合理的解释是剪切和降解机制都降低到一个即使与其他真核生物相比也效率显著降低的极点。确实，兔脑炎微孢子虫似乎只保留极少量的降解途径蛋白，而剪切体的减少也非常严重（Grisdale et al. 2013）。兔脑炎微孢子虫中目前只预测到了 30 个剪切体（人类含有数百个剪切体），是已知剪切体最少的物种之一。兔脑炎微孢子虫中的剪切体关键 RNA 组分也被鉴定，进一步证明剪切体内含子的去除可能是低效的并具有机制特异性（Katinka et al. 2001；Lee et al. 2010）。

微孢子虫内含子也具有与其他真核生物相区别的其他特征。整个种群的内含子密度非常低，毕氏肠微孢子虫和线虫微孢子虫属的 3 个分离株则完全没有内含子（以及剪切机制的证据）（Akiyoshi et al. 2009；Cuomo et al. 2012；Keeling et al. 2010）。含有内含子的基因组其内含子数量从 6 ～ 78 不等（Cornman et al. 2009；Corradi et al. 2009；Heinz et al. 2012；Katinka et al. 2001；Lee et al. 2010；Peyretaillade et al. 2012）。不仅仅内含子数量减少，它们的长度也减少了。虽然有些物种的内含子长达 70 个碱基，但大多数已鉴定的微孢子虫内含子大小是 22 ～ 30 个碱基（Heinz et al. 2012；Lee et al. 2010）。微孢子虫内含子具有典型的 5′ 和 3′ 端 GT–AG 边界 / 剪切位点。然而，微孢子虫内含子的端部区域含有延伸于其他内含子的特征序列（Lee et al. 2010）。另外，端部区域和 3′ 端剪切位点之间有一个特异的三核苷酸临界距离。这个临界值首先在兔脑炎微孢子虫中被鉴定（Lee et al. 2010），而其他含有内含子的微孢子虫也曾观察到此现象，这表明微孢子虫通过其他真核生物所没有的扫描机制来确定 3′ 端剪切位置。

7.7 未来考量

由于测序技术的进步，现在真核微生物的基因组测序正加速发展，其推进速度远远超过了我们组装和分析典型核基因组大量数据的能力，所以分析微孢子虫等较小的基因组就变得切实可行。然而在其他方面，由于其专性细胞内寄生的特点和其他研究工具的缺失，微孢子虫的研究仍面临巨大挑战。按大多数标准衡量，微孢子虫已进入后基因组时代，更多的功能信息用以诠释完整的基因组序列。这类数据已开始慢慢整合。一些物种生命周期各阶段表达鉴定分析已被报道，并且一些人体寄生虫的目的蛋白的系统定位正在进行（Ghosh et al. 2011，2012）。但挑战仍在，目前的研究以及那些将要进行的研究能完全改变我们对这些寄生虫生物学的理解，以及它们与宿主的互作，而所有的这一切都需要全基因组序列。

更直接的结果是，微孢子虫基因组学研究已经产生了大量难于分析的数据（和所有的基因组一样），因此产生了大量亟须解决的重要问题。特定通路［如 DNA 修复（Gill & Fast 2007）］相关基因的研究已被报道，而其他的许多通路还需要基于现有的基因组数据进行详细研究。

最后，从多样性的角度继续进行微孢子虫基因组测序还是大有裨益的。现如今主要采取两种方式，但两者都留下了许多并未触及的问题。第一，继续对微孢子虫系统发生树上的更多物种进行基因组测序可帮助解决基因组形式和内容多样性的问题，特别是对更多的非模式寄生虫或姐妹物种到成熟物种系统的研究。第二，脑炎微孢子虫属和线虫微孢子虫属（Cuomo et al. 2012；Pombert et al. 2013）中所使用的新的群体基因组研究方法是从描述微孢子虫基因组是什么样子到为什么是这个样子转变的关键。

参考文献

第 7 章参考文献

第 8 章　性和微孢子虫

Soo Chan Lee

美国杜克大学医学中心分子遗传学与微生物学系

Joseph Heitman

美国杜克大学医学中心药理学和肿瘤生物学系、分子遗传学和微生物学系

Joseph E. Ironside

英国亚伯大学生物、环境和农村科学研究所

8.1　引言

有性生殖被誉为"进化生物学问题的皇后"（Bell 1982）。作为一种生殖模式，有性生殖的效率似乎惊人的低下，然而它却普遍存在于真核生物中。微孢子虫似乎是真核生物中的一个例外。研究表明，大部分微孢子虫采用无性繁殖。由于微孢子虫形态较小，基因组又高度减缩，或许从效率的角度考虑，微孢子虫摒弃了有性生殖。如果微孢子虫像其他真核生物一样主要进行有性生殖，那么，这将在一定程度上证明"有性生殖是真核生物维持长期生存的关键"。如果微孢子虫也进行有性生殖，那有性生殖必定是至关重要的。在更多的应用层面，有性生殖对遗传多样性，抗药性的产生和表现都产生着重要的影响。微孢子虫是否能够进行有性生殖在一定程度上反映了人类能否充分应对这种机会性感染的能力（Heitman 2006）。因此，重要的并不仅仅是知道微孢子虫是否存在有性生殖，而是当有性生殖广泛存在于微孢子虫中时，有性生殖会对微孢子虫基因型及表现型的变异产生怎样的影响。

本章中，我们通过光镜和电镜对微孢子虫生活史的观察、基因重组的群体遗传学分析和对微孢子虫基因组中与性生殖相关基因的筛查等数据，列举了一些微孢子虫进行有性生殖和无性生殖的证据。我们发现，对于微孢子虫进化起源的发现改变了我们对微孢子虫有性生殖的预期。

8.2　微孢子虫起源与性征

大多数的真核生物都是有性的，并且有性生殖出现在真核生物进化的早期（Cavalier-Smith 2002；Eme et al. 2009；Ramesh et al. 2005）。基于现有的知识而言，真核生物最近的共同祖先很有可能是有性的。当然，这个观点也并非是人们的共识。不久之前，研究者们发现在现有物种中，有一部分物种在真核生物分化以前就形成的一个分支。这些生物最初是不具有线粒体的，并且部分物种也不能进行有性生殖。Cavalier-Smith（1983）将这些生物归为古真核生物。微孢子虫不具有线粒体，同时带有一些非典型的原核生物的特征如缩减的核糖体亚基和简化的高尔基体，因此，微孢子虫也被认为属于古真核生物（Keeling 1998）。然而，部分微孢子虫如钝孢子虫科（Amblyosporidae）的微孢子虫具有有性生殖证据（见 8.5 和 8.6），说明生殖周期在真核生物进化过程中反复出现（Cavalier-Smith 1995）。在这种情况下，如果微孢子

虫的生殖与其他真核生物的生殖相对独立地进化，那么，微孢子虫的生殖可能与其他真核生物具有很大的不同。

然而，微孢子虫超微结构和进化研究的进展推翻了微孢子虫是古真核生物的观点，因而也改变了我们对于微孢子虫生殖的猜测。微孢子虫纺锤剩体和线粒体起源基因如 Hsp70 等的发现，说明微孢子虫最初是有线粒体的（Embley & Hirt 1998；Germot et al. 1996；Roger et al. 1996）。

早期的系统发育分析研究认为微孢子虫处于真核生物之前较早的分支，这一观点也逐渐被推翻。深入的分析发现，微孢子虫与真菌的亲缘关系更近（James et al. 2006）。基于 α-tubulin 和 β-tubulin 基因序列的系统进化分析以及微孢子虫基因组的结构分析等结果显示微孢子虫与接合菌可能具有相同的祖先（Keeling 2003；Keeling et al. 2000；Lee et al. 2008）。2006 年，Gill 和 Fast 等采用 8 个基因的进化分析表明微孢子虫与子囊菌或担子菌的亲缘关系较近（Gill & Fast 2006）。此外，*RPL21–RPS9* 两个基因的共线性在真菌（除裂殖酵母 *Schizosaccharomyces* 和弧菌 *Spizellomyces punctatus*）和微孢子虫中是比较保守的，而这一现象在真菌之外的物种则比较少见（Lee et al. 2009，2010a）。基于现有的证据，人们普遍接受微孢子虫属于真菌的观点。

8.3 真菌有性生殖

如果微孢子虫是从真菌或与真菌类似的祖先进化而来，那么它可能与现有真菌具有相似的生殖发育。真菌的有性生殖具有与大多数多细胞生物相类似的 3 个关键步骤：两性生殖细胞相互识别和结合进行胞质融合（细胞融合），两个细胞核融合增加倍性（如单倍体变成二倍体，二倍体变为四倍体），基因重组并通过减数分裂形成单倍体细胞或半数倍性细胞（half-ploidy progeny）（Heitman et al. 2011；Lee et al. 2010b）。部分真菌进行单性生殖，但是其生殖过程与融合生殖相似。若微孢子虫具有有性生殖周期，那么其生殖发育过程中也应该遵从着这 3 个关键步骤。

微孢子虫是否具有生殖周期的核心问题就是其是否具有有性生殖相关的结构。真菌的有性生殖是通过其特殊的生殖结构确定的（Lee et al. 2010b）。如接合菌的两个不同交配型菌丝融合产生接合子，壶菌产生的游动孢子配合形成接合子或通过不动的雌配子囊与游动配子结合形成卵孢子，子囊菌产生含有子囊孢子的子囊果，担子菌形成担子通过有丝分裂产生担孢子等。尽管微孢子虫专性细胞内寄生的特点限制了其生殖结构的形成，但是在一些微孢子虫中仍然观察到了形成减数孢子和配子的生殖周期（见 8.6）。

真菌有性生殖的另一个关键特征就是产生交配信息素（图 8.1a）。真菌界的各个门都会产生不同的交配信息素。壶菌的雌配子产生非肽物质雌诱素（Carlile & Machlis 1965；Machlis 1958）。接合菌在生殖过程中通过一系列的酶反应将 β- 胡萝卜素转变为非肽类的性信息素，即三孢子素（Schimek & Wostemeyer 2009），并且不同交配型细胞之间要完成信息素的合成（Lee et al. 2012）。子囊菌和担子菌在有性生殖过程中都通过产生肽类的信息素进行交流。担子菌中，信息素基因甚至位于交配型位点（MAT）。不同交配型细胞中的 MAT 位点编码受体识别信息素并传递交配信息（Lee et al. 2010b）。部分真菌如白色念珠菌（*Candida albicans*）通过自体受精进行单性生殖，但是在其生殖过程中，仍然有信息素的参与（Alby et al. 2009）。

迄今为止，微孢子虫基因组中并未发现信息素基因。或许因为微孢子虫营专性细胞内寄生生活，信息素不大可能参与到它的生殖过程中。尽管研究者们发现了一个潜在的交配型位点（见 8.9），但是并没有证据显示微孢子虫含有两个或多个的不同交配型（Lee et al. 2010a）。如果微孢子虫具有有性生殖周期且不需要信息素，其有性生殖过程可能与人类的病原性原虫肠贾第虫（*Giardia intestinalis*）非常相似（图 8.1b 和 c）。2008 年，Poxleitner 等发现肠贾第虫在侵染宿主细胞过程中进行一种新型的有性生殖。这种简化的有性生殖方式仍然具有性发育过程中的关键步骤：核融合，减数分裂关键基因的表达，核与核之间遗传信息的交换和分离。不过，可以想象的是，交配过程中并未产生特异的生殖结构或性信息素。

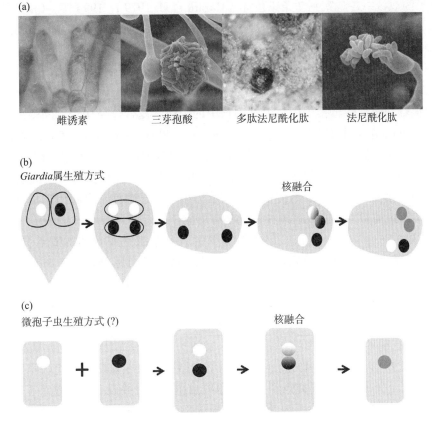

图 8.1　真菌生殖结构和信息素及微孢子虫生殖模式假说（见文后彩图）

（a）真菌界各个门典型菌种的生殖结构，大雌异水霉形成两种菌丝片段分别产生雌、雄游走孢子；人致病性接合菌 *Mucor circinelloides* 的不同交配型交配形成接合子；子囊菌属的曲霉菌 *Aspergillus nidulans* 产生子囊孢子包裹在子囊壳中；人致病性担子菌 *Cryptococcus neoformans* 形成担子，产生担孢子，真菌在交配过程中产生信息素被受体识别；（b）贾第虫生殖方式：滋养体含有两个独立遗传的细胞核，双核分别通过有丝分裂形成两对细胞核，进而核融合，并分裂产生重组核；（c）微孢子虫可能通过异性配子之间相互融合，核配后减数分裂形成重组的子代细胞核

8.4　生殖与微孢子虫生命周期

许多微孢子虫含有紧挨的耦核，它们形态一致，并且同时进行分裂各形成一个单核进入子代细胞中。双滴虫属的微生物如兰伯氏贾第虫（*Giardia lamblia*）等也具有类似的核现象。正是因为如此，Cavalier-Smith 等（1995）推测双滴虫可能是微孢子虫的祖先，不过该假说已被分子进化的证据推翻。

双滴虫属物种的生命周期中始终含有双核（Bernander et al. 2001），而许多微孢子虫则既具有双核期，又具有单核期（Sprague et al. 1992）。也有部分微孢子虫在整个生活史中仅具有单核期或双核期。对于生活史中双核期和单核期均发生的微孢子虫，其双核通过核分离向单核转化，有的情况下至少会先发生减数分裂，再进行核分离（Canning 1988）。单倍体核通过配子形成和原生质体融合等方式形成耦核。然而，部分微孢子虫如泰罗汉孢虫科（Thelohaniidae）的察氏明球孢虫（*Hyalinocysta chapmani*）仅进行减数分裂，没有观察到有性生殖（Andreadis & Vossbrinck 2002）。这部分微孢子虫可能与有些变形虫和放射虫类似，具有无性繁殖的倍性周期（asexual ploidy cycle）（Kondrashov 1994）。也就是说，有性生殖对微孢子虫是可能的，但并不是微孢子虫所必需的，有性繁殖大多发生在生命周期中含有双核期和单核期的微孢子虫中（Canning 1988）。

微孢子虫是否存在有性生殖最主要的不确定性来源于双核与倍性之间的关系。因为微孢子虫进行隐有丝分裂，在其分裂过程中，很难观察和计算染色体数（Amigo et al. 2002）。研究者们推测耦核由两个单倍体核融合而来，从而行使二倍体核相似的功能（Becnel et al. 1987）。1979 年，Hazard 等在钝微孢子虫属

Amblyospora sp. 孢子的双核中各观察到 7 条染色体（Hazard et al. 1979）。1995 年，Chen 和 Barr 在感染夜蛾的加州钝孢子虫（*Amblyospora californica*）的细胞核中各观察到 9 条染色体（Chen & Barr 1995）。这些观察结果都间接地支持了研究者们对耦核形成的推测。脉冲场凝胶电泳（pulsed-field gel electrophoresis，PFGE）与耦核的荧光定量分析所估算的蟋蟀类微粒子虫（*Paranosema grylli*）的基因组大小相一致，这些 DNA 含量测定结果也显示耦核的二倍性（Nassonova & Smirnov 2005）。

事实上，我们很难通过观察母孢子内每个细胞核中的类联会复合体结构来判断微孢子虫耦核中的每个单核是否是单倍体（Hazard et al. 1979；Nassonova & Smirnov 2005；Sokolova & Fuxa 2008）。兰伯氏贾第虫（*Giardia lamblia*）的染色体倍性研究表明其双核时期时每个细胞核都是二倍体或四倍体（Bernander et al. 2001）。这一研究结果对耦核是功能性的二倍体的观点提出了挑战。究竟微孢子虫的双核是像真菌一样是两个单倍体核还是像贾第虫一样是双二倍体核或双四倍体核？鉴于微孢子虫起源于真菌或类似真菌的祖先但是在形态上又与贾第虫类似，只能说这两种情况都有可能。

兔脑炎微孢子虫（*Encephalitozoon cuniculi*）等单核的微孢子虫是单倍体的观点同样受到各种研究发现的挑战。DNA 杂交实验显示兔脑炎微孢子虫的细胞核中含有同源染色体（Biderre et al. 1995，1999；Brugere et al. 2000）。Katinka 等报道了兔脑炎微孢子虫的 CTP 合成酶基因具有杂合性（Katinka et al. 2001）。4 株兔脑炎微孢子虫的重测序分析表明，基因组中多个基因位点存在杂合性（Pombert et al. 2013；Selman et al. 2013）。研究结果再一次加大了兔脑炎微孢子虫细胞核倍性的争议。巴黎杀线虫微孢子虫（*Nematocida parisii*）生命周期中没有观察到耦核期（Troemel et al. 2008），但是其基因组存在大量的杂合性说明它可能是二倍体（Cuomo et al. 2012）。实验室研究表明巴黎杀线虫微孢子虫在长期的继代培养中并没有很快地丢失其原本的杂合性，说明至少在实验室研究条件下巴黎杀线虫微孢子虫并没有发生重组（Cuomo et al. 2012）。

研究者们通过观察无细胞培养的，缺乏完整线粒体的其他胞内寄生虫（如 *G. lamblia*）的生命周期成功地了解了寄生虫染色体的倍性（Plutzer et al. 2010）。微孢子虫虽然不能在无细胞培养基中完成其细胞周期，但是许多微孢子虫可以在昆虫、哺乳动物和鱼的细胞系中培养和增殖（Monaghan et al. 2009；Visvesvara 2002）。大多数能够在哺乳动物细胞系中完成生命周期的微孢子虫既有单核的（如 *Encephalitozoon* spp.、*Trachipleistophora hominis*、*Vavraia culicis*、*Cystosporogenes operophterae*）也有双核的（如 *Nosema* spp.、*Tubulinosema ratisbonensis*、*Vittaforma corneae*、*Anncaliia algerae*、*Antonospora locustae*）。*Enterocytozoon bieneusi* 和 *Vairimorpha* spp. 两种微孢子虫的双核向单核转变则表现出类似钝孢子虫属的假定减数分裂方式。我们或许可以以这两种微孢子虫为模式进行微孢子虫染色体倍性的分析。

8.5　微孢子虫减数分裂

也许是因为早期观点认为微孢子虫是古真核生物，因此研究者们推测了一些不寻常的减数分裂过程。电子显微观察的结果与 DNA 倍性的分析结果都支持了微孢子虫存在减数分裂的观点。这些方法存在的问题在于，图片归于不同的时期可能导致不同的生物学事件，特别是多个不同的发育时期发生在同一个宿主细胞的情况。另一个问题在于 DNA 含量的加倍可能是二倍体也可能是细胞处于不同的周期（如 DNA 复制前后两个时期）。

1988 年，Canning 根据 Andreadis（1983）、Hazard 和 Brookbank（1984）、Hazard（1985）、Sweeney（1985）、Andreadis（1985）等在钝孢子虫属的研究基础上提出了微孢子虫特殊减数分裂的假说。假说认为，微孢子虫的减数分裂发生在孢子增殖期的早期：母孢子中的两个核发生融合形成一个二倍体核；该二倍体核发生有丝分裂产生具有两个二倍体核的耦核；新二倍体核产生联会复合体后再次发生融合形成一个四倍体核；该四倍体核通过减数分裂产生两个二倍体核；再次减数分裂产生 4 个单倍体核；有丝分裂产生 8 个单倍体核（图 8.2a）。有丝分裂是真核生物古老而保守的特征，如此异化的有丝分裂过程似乎与微孢子虫起源于古老的真核生物相矛盾。1995 年，Flegel 和 Pasharawipas 针对 Canning 的假说提出质疑，认为同样的数

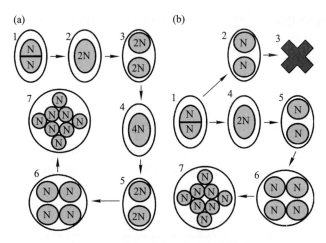

图 8.2　微孢子虫减数分裂假说模式图

（a）Canning 提出的异化的减数分裂过程，（1）含有两个单倍体核的耦核；（2）单倍体核融合形成一个二倍体细胞核；（3）细胞核产生联会复合体，通过有丝分裂形成两个二倍体核；（4）二倍体核融合形成一个四倍体细胞核；（5）四倍体细胞核减数分裂产生两个二倍体细胞核；（6）二倍体细胞核减数分裂产生四个单倍体细胞核；（7）有丝分裂产生八个单倍体核。（b）Flegel 和 Pasharawipas 提出的减数分裂过程，（1）含有两个单倍体核的耦核；（2~3）假有丝分裂；（4）单倍体核融合形成二倍体核；（5）二倍体核通过减数分裂产生两个单倍体核；（6）单倍体核有丝分裂产生四个单倍体核；（7）有丝分裂产生八个单倍体核

据也可以符合标准的减数分裂过程。他们提出了微孢子虫另一种减数分裂过程：母孢子的两个单倍体核融合形成一个二倍体核，然后通过一次减数分裂和两次有丝分裂最终产生 8 个单倍体核（图 8.2b）。2008 年，Sokolova 和 Fuxa 通过对红火蚁内尔氏孢虫（*Kneallhazia solenopsae*）的电子显微观察，也推测了类似的减数分裂过程。此研究中，微孢子虫的耦核经过核解离和原生质团分割后又通过胞质融合形成新的细胞核，该单核细胞经过三次核分裂形成八核产孢原生质团。

　　钝孢子属孢子减数分裂过程的描述中，最大的问题在于如何解释耦核的两个单核中存在类似联会复合体的丝状结构。一般情况下，单倍体细胞中只有同一条染色体的两条染色单体之间会发生联会，而染色单体之间几乎是一模一样的，根本无法通过观察区分开。Flegel 和 Pasharawipas 尝试以微孢子虫进行了一次失败的减数分裂来解释联会现象。他们猜测或许是微孢子虫通过减数分裂的信号反馈认识到现在不是一个合适的阶段，因而进行了一次不完全的减数分裂。同样的，这一猜测也用于解释其他微孢子虫观察到的一些异化现象。研究者们在钝孢子属中观察到简化的孢子减数分裂过程，但是并未产生减数孢子（Becnel & Fukuda 1991; Becnel et al. 1989）。这两种情况都忽略了微孢子虫在中间宿主桡足动物中的生命周期。1999 年，Canning 报道了 *Nosema* 或 *Vairimorpha* 属的缺陷变形微孢子虫（*V. imperfecta*）进行错误的减数分裂产生没有活性的子代孢子。尽管，钝孢子虫（*Amblyospora* spp.）核配后的二倍体细胞核中观察到了疑似的联会复合体（Andreadis 1983），但是这些结构似乎更多地出现在 Amblyosporidae（Hazard et al. 1979）和其他微孢子虫如红火蚁内尔氏孢虫（*K. solenopsae*）（Sokolova & Fuxa 2008）、蟋蟀类微粒子虫（*Paranosema grylli*）（Nassonova & Smirnov 2005）的双二倍体细胞中。亦是说错误的减数分裂似乎比正常的减数分裂出现的更频繁。通过观察含有联会复合体的细胞中，耦核的核膜之间的连接处或许能够为我们解开这个谜题（Nassonova & Smirnov 2005; Sokolova & Fuxa 2008）。核膜之间的连接使两个二倍体细胞核不用完成核融合过程即可以进行遗传物质的交换。

　　通过透射电子显微镜观察到的类联会复合体结构是否可以利用免疫标记等其他的技术进行确认？我们知道，免疫标记技术是可用于标记联会复合体各蛋白质组分的较为可靠的技术手段（Schild-Prufert et al. 2011），但是据我们所知，该技术目前还未应用到微孢子虫联会复合体的鉴定中。同时，我们应该了解联会复合体的存在并不代表染色体进行了交换。在不发生染色体交换的有丝分裂及原生动物可逆的内多倍性周期中的去多倍性时期同样会出现联会复合体（Cavalier–Smith 1995）。

8.6 配子生殖和胞质融合

研究证据显示配子形成和两性生殖只发生在少部分的微孢子虫中。钝孢子虫科（Amblyosporidae）就是人们关注的少数成员（Becnel 1992；Becnel et al. 1987；Hazard et al. 1985）。目前，我们仅在同时具有单核期和双核期的微孢子虫中观察到了疑似的配子，而且只具有单核期或双核期的微孢子虫中没有发现。当Amblyosporidae科的孢子感染蚊子后，通过不断地二分裂开始裂殖增殖的生活周期，产生配子母细胞发育成原生质团并最终释放配子（Becnel 1987）。由于这个过程比其他生物中配子发育（gametogenesis）的过程更加简化，研究者们将其称为配子生殖（gametogony）（Becnel et al. 1987；Kudo 1924）。当用透射电镜观察时，这些假定配子最大的特点是会在较窄的一端形成乳头状小突起结构，称为"nipple"（Becnel et al. 1987）或"papilla"（Becnel 1992）。Hazard认为，成对的配子经过胞质融合和核融合形成二倍体。

最近，研究者们在感染红火蚁内尔氏孢虫（*Kneallhazia solenopsae*）的蚂蚁成虫中，观察到类似于Amblyosporidae配子的单核细胞，并且这些单核细胞常常成对存在。光镜下观察，成对存在的两个单核细胞往往其中有一个细胞没有细胞核，而另一个细胞具有两个细胞核或者类似两个细胞核融合而成的一个大的细胞核（Sokolova & Fuxa 2008）。这些观察结果非常有趣。似乎细胞核可以在没有完成胞质融合或类似Amblyosporidae中观察到的双二倍体阶段的情况下转移到另一个细胞中。

通过观察，我们并不能确定钝孢子虫科或红火蚁内尔氏孢虫的类配子结构在形态和大小还有功能上是一致的。马格纳库蚊孢虫（*Culicospora magna*）或加州钝孢子虫（*A. californica*）的成对配子中并未发现其细胞有突出现象，说明他们可能是异配生殖，但是研究并未涉及配子的大小及活性。具有有性生殖周期的物种，其异配生殖的程度是非常重要的。因为异配生殖会消耗更多的能量，这就可能造成有性生殖在某个物种中消失。

8.7 假定无性生殖的微孢子虫系统进化分析

大多数真核生物进行有性生殖，但是在真核生物中也时常发生着生殖方式的转变。无性生殖的物种往往生命周期较短，且形成新物种的能力相对更弱些。通常情况下，进化树中处于一些小的分支的物种往往是进行无性生殖的。因此，如果像我们曾经假设的那样（Sprague et al. 1992），微孢子虫是一大类物种丰富而又进行无性生殖的生物，那么微孢子虫无疑是非常特殊的真核生物。

我们假设部分微孢子虫双二倍体产生的单核孢子是有性生殖的产物，而另一些双核或单核的微孢子虫是无性生殖的。那么我们构建的系统发育树必定包括有性生殖和无性生殖的物种。研究者们基于16S rDNA的多重序列比对结果构建了大量的进化树（Baker et al. 1995；Ironside 2007；Vossbrinck & Debrunner–Vossbrinck 2005）。结果显示，基本生命周期特征相似的几个属并没有聚集在一起。特别是整个生命周期中始终含有耦核的 *Nosema* 属微孢子虫，散在地分布在整个进化树的各个集群中（Baker et al. 1994）。其中部分微孢子虫随后被划分到安东尼孢虫属（*Antonospora*）、类微粒子虫属（*Paranosema*）、安娜莉亚孢虫属（*Annalia*）和布朗奇孢虫属（*Brachiola*）等几个新的属。而剩余的 *Nosema* 属微孢子虫在进化树上仍然是多源的，并且部分与 *Vairimorpha*（变形微孢子虫属）聚在一起。*Vairimorpha* 属的微孢子虫含有单核期和双核期，研究者们认为其可能进行有性生殖（图 8.3b）（Baker et al. 1994）。*Nosema* 属和 *Vairimorpha* 属的微孢子虫如舞毒蛾微粒子虫（*N. lymantriae*）和舞毒蛾变形微孢子虫（*V. disparis*）（Vavra et al. 2006）具有非常近的亲缘关系，并且它们具有相似的宿主域。我们推测，*Nosema* 属微孢子虫可能在最近的一次物种分化过程中丢失了单核期。因此，如果单核期的丢失与有性生殖确实有关，那么 *Nosema* 属分支内的微孢子虫可能经历了多次有性生殖的丢失事件（Ironside 2007）。捕食螨寡聚孢虫（*Oligosporidium occidentalis*）（Becnel et al. 2002）是一种只有单核期的微孢子虫，它位于 *Nosema* 分支内，可能代表着另一种有性生殖的丢失方式。泰罗汉孢虫属（*Thelohania*）微孢子虫含有单核期和双核期，它们在进化树上的分布同样也是散在分布在几个亲缘关系较远的集群中（Brown & Adamson 2006）。这些微孢子虫有的逐渐被划为新的属，有的仍然属于泰罗汉孢虫属。

钝孢虫科（Amblyosporidae）是微孢子虫中有性生殖描述得较多的进化分支，同样包含缺乏完整的减数分裂周期的物种：伊蚊艾德氏孢虫（*Edhazardia aedis*）和新月库蚊孢虫（*Culicosporella lunata*）缺乏功能性的减数分裂孢子（meiospores）（Becnel & Fukuda 1991；Becnel et al. 1989）；麦格纳库蚊孢虫（*C. magna*）不经过减数分裂而完成核分裂（Becnel et al. 1987）；察氏明球孢虫（*Hyalinocysta chapmani*）缺乏功能性的配子（Andreadis & Vossbrinck 2002）。如图 8.3a，这些可能进行无性生殖的物种来自单型属（monotypic genera），但是并没有在钝孢子虫科中形成一个独立的分支（Andreadis et al. 2011）。鉴于姐妹群 *Parathelohania* 属的微孢子虫具有完整地单核孢子周期（Hazard et al. 1979），说明钝孢子虫科在几次独立的

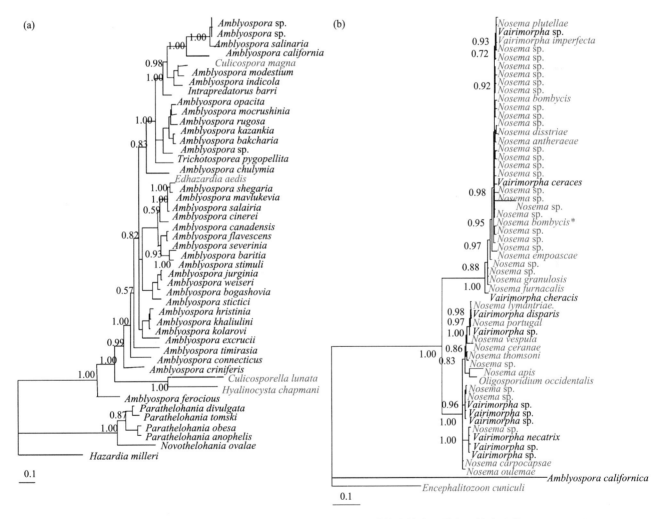

图 8.3 *Amblyospora* 属和 *Nosema* 属进化树，指示了可能的有性生殖种和无性生殖种（见文后彩图）

基于核糖体小亚基 rDNA 序列，采用贝叶斯法构建系统发生树。黑色加粗表示物种具有完整的假定减数分裂周期，灰色加粗表示物种具有失败的假定减数分裂周期，灰色表示物种不具有认可的减数分裂周期。（a）*Amblyospora* 属微孢子虫进化树，该进化树中的大部分物种具有完整的减数分裂周期，但至少在 3 次进化事件中部分物种出现了减数分裂的丢失；（b）*Nosema* 属微孢子虫进化树。*Nosema* 属的大部分种没有观察到减数分裂周期，但是这些种大多从害虫或驯养的鳞翅目昆虫中分离。*N. bombycis** 的建树序列与 *N. heliothidis*、*N. spodopterae*、*N. fumiferanae* 和 *N. trichoplusia* 的序列相同，这些类群可能从最近的具有有性生殖的共同祖先分化而来

进化事件中丢失了有性生殖。同样在 *Nosema* 或 *Vairimorpha* 中进行无性生殖的集群可能具有一个进行有性生殖的祖先。

系统进化分析的问题在于微孢子虫样品的稀少和偏好性。如研究较多的 *Nosema* 属微孢子虫，用于分析的 rDNA 序列很少且主要来自经济动物（蜜蜂、蚕、鱼等）和农业害虫。以无性生殖的物种构建系统发生树，其中的物种可能包括近期由有性生殖种分支而来的无性生殖种，但是肯定不会包括能够进行有性生殖的祖先本身。人们对于寄生真菌的生殖方式与宿主相关性的推测或许能更好地解释这一问题：农业环境中具有遗传均一性的宿主中其寄生菌往往以无性生殖为主，而野外环境中具有遗传多样性的宿主中其寄生真菌则多以进行有性生殖为主（Taylor et al. 1999）。

8.8 微孢子虫中遗传重组的证据

无性生殖中，整个基因组是一个遗传单元。无性生殖基因组中所有多态位点的等位基因应该是完全关联的，即完全连锁不平衡（complete linkage disequilibrium）。相反，有性重组的基因组中由于染色体自由组合和同源重组等事件打破了等位基因关联。研究者们认为通过分析 DNA 序列中多态性位点或多位点基因型的连锁不平衡状况可以间接地说明生殖方式。因此，他们采用了很多基于基因位点之间的遗传距离和进化树的长度及分辨率等分析方法，应用到生殖方式的研究中（Taylor et al. 1999）。

迄今为止，类似的分析方法还很少应用到微孢子虫的研究中。迪氏钩虾网腔孢虫（*Dictyocoela duebenum*）（Wilkinson et al. 2011）、东方蜜蜂微粒子虫（*Nosema ceranae*）（Sagastume et al. 2011）和家蚕微粒子虫（*Nosema bombycis*）（Ironside 2013）3 种微孢子虫的 16S rDNA 序列分析提供了一些重组的证据。我们必须要小心地应用 rDNA 序列来开展类似的研究工作，因为它们在微孢子虫基因组中具有多个异构体拷贝（Liu et al. 2008）。无性生殖系的基因组中，异构的 rDNA 之间可能出现重组，我们不能说它存在有性生殖。利用小卫星和微卫星分析发现毕氏肠微孢子虫同一分支的微孢子虫存在限制重组（Li et al. 2012），而其他分支的微孢子虫显示的仍然是无性生殖的结构特征。

等位基因关联分析的方法应该谨慎应用于无性生殖的分析，因为分析可能会受到物理连锁、群体结构、表观遗传效应和多个位点选择的影响（Taylor et al. 1999）。高可变区的高置换率可能被误认为发生了基因重组。尤其克隆在采用微孢子虫 rDNA 序列进行分析的时候更要注意，因为其部分序列具有较高的进化速率（Ironside 2013；Wilkinson et al. 2011）。尽管存在一些问题，但是这在推翻其他真菌无性繁殖假说中是非常行之有效的方法（Taylor et al. 1999）。如果我们想要分析微孢子虫有性生殖的情况，可以尝试多应用这一方法。

等位基因关联分析的方法没有广泛应用于微孢子虫的原因在于没有合适的多位点分子标记。DNA 测序技术的发展或许将帮助我们跨过这一障碍。兔脑炎微孢子虫基因组测序完成，可以帮助研究者们鉴定其中的串联重复序列，并以其作为标记分析兔脑炎微孢子虫的重组情况（Lee et al. 2009）。水蚤汉氏孢虫（*Hamiltosporidium tvaerminnensis*）基因组中的单核苷酸多态性标记可用于检测水蚤汉氏孢虫及其姐妹株麦格水蚤汉氏孢虫（*H. magnivora*）的无性繁殖（Haag et al. 2013）。通过该分析方法，研究者们发现所有地理分布范围内水蚤汉氏孢虫分离株具有遗传同质性且基因没有发生重组，从而拿到了水蚤汉氏孢虫无性生殖的确切证据。而麦格水蚤汉氏孢虫的等位基因表现出随机分配及高重组率，说明其可能进行有性生殖。

8.9 有性生殖的基因组证据

受专性细胞内寄生生活的影响，微孢子虫基因组出现极度的减缩和基因丢失，如引起人致病的兔脑炎微孢子虫的基因组大小为 2.9 Mb，编码 2 000 多个基因。兔脑炎微孢子虫的基因组特征表明其可能保留了有性生殖的能力。二代测序技术使研究者们可以对多种分离株进行基因组的比较分析。可能因为样本量较少的原因，还未见对兔脑炎微孢子虫分离株之间重组的报道。最近，Pombert 和他的同事们分析了兔脑炎微孢子虫 3 个分离株的 SNPs 和基因组的插入和缺失，结果发现分离株存在高水平的种内遗传多样性（Pombert et al. 2013）。此外，Selman 等分析了 EC1、EC2、EC3 和 GB–M1（参考基因组）4 个兔脑炎微孢子虫分离株的杂合性，结果显示兔脑炎微孢子虫的杂合性相对较低（Selman et al. 2013）。

巴黎杀线虫微孢子虫（*N. parisii*）的基因组也非常的有趣。ERTm2 分离株与另外两个分离株同样是二倍体，该二倍体基因组具有高度的杂合性，含有多达 40 000 个杂合型单核苷酸多态性位点（Cuomo et al. 2012）。同时，整个基因组中也存在杂合性缺失（loss of heterozygosity，LOH）的现象。如 scaffolds 1、2、4 比其他 scaffolds 含有更多的纯合子序列。这 3 条 scaffolds 占基因组序列的 21%，却只含有 0.5% 的 SNPs，说明它们发生了杂合性缺失现象。这些基因组特征暗示巴黎杀线虫微孢子虫可能具有有性生殖的生命周期。

微孢子虫基因组中减数分裂相关基因的保守性分析也表明微孢子虫具有有性生殖周期（表 8.1）。*Spo1*、*Rad50/Mre11*、*Dmc1*、*Msh4/5*、*Mlh1*、*Spo11* 和 *Dmc1* 是减数分裂过程中 DNA 双螺旋断裂和修复的关键

表 8.1　4 种微孢子虫基因组中减数分裂相关基因

基因	功能	*E. cuniculi*	*A. locustae*	*E. bieneusi*	*N. parisii*
Spo11	减数分裂特异性双链 DNA 断裂形成	+	+	−	+
Mre11	DNA 修复	+	+	+	+
Rad50	减数分裂过程中双链 DNA 断裂	+	+	+	+
Dmc1	DNA 修复	−	−	−	−
Rad51	重组 DNA 修复	+	+	+	+
Msh4	减数分裂的 DNA 交叉	−	+	−	+
Msh5	减数分裂的 DNA 交叉	−	−	−	+
Hop1	减数分裂特异性 DNA 结合蛋白	+	+	−	−
Hop2	减数分裂中双链 DNA 断裂修复				+
Mnd1	重组和减数分裂的核分离	+	+	+	+
Rad52/22	双链 DNA 断裂修复	+	+		+
Msh2	减数分裂期的错配修复	+	+	+	+
Msh6	有丝分裂和减数分裂期的错配修复	+	+	+	+
Mlh1	有丝分裂和减数分裂期的错配修复	+	+	+	+
Mlh2	减数分裂期的错配修复	−	+		+
Mlh3	减数分裂期的错配修复和交叉	−	−	−	+
Pms1	减数分裂期的错配修复	+	+	+	+
Smc1	染色体和双链 DNA 断裂修复	+	+	+	+
Smc2	姐妹染色单体联会	+	+	+	+
Smc3	姐妹染色单体联会和重组	+	+	+	+
Smc4	联会复合体亚单元	+	+	+	+
Smc5	DNA 修复	+	+	+	+
Rad18	复制后修复	+	+	+	+
Rec8	姐妹染色单体联会复合体亚单元	+	+	+	−
Pds5	姐妹染色单体凝聚和联会	−	−	−	−

编码基因（Schurko & Logsdon 2008）。兔脑炎微孢子虫基因组中含有编码 *Spo11*、*Rad50* 和 *Mlh1* 的同源基因。兔脑炎微孢子虫、蝗虫微孢子虫、毕氏肠微孢子虫和巴黎杀线虫微孢子虫基因组中均含有编码 *Spo11*、*Rad50*、*Mre11* 和 *Rad51* 的同源基因（*Spo11* 在 *E. bieneusi* 中缺失）。编码 *Msh4* 同源基因只在兔脑炎微孢子虫中缺失，*Msh5* 或 *Dmc1* 则只在巴黎杀线虫微孢子虫中发现有同源基因。果蝇和线虫基因组中均缺失了编码 *Dmc1* 同源基因，但是这两个物种仍然能够进行有性生殖。可能它们基因组中存在与 *Dmc1* 序列相似性较低的同系物取代了 *Dmc1* 的功能。微孢子虫也可能采取了类似的方式。减数分裂的关键基因在这 4 种微孢子虫基因组中的保守性说明这几种微孢子虫可能存在有性生殖周期。有趣的是，减数分裂的 5 个关键基因在巴黎杀线虫微孢子虫中有同源基因。微孢子虫丢失许多重要的基因却仍然保留了减数分裂相关的基因，说明微孢子虫是具有有性生殖周期的。

真菌和部分原生生物的有性生殖受 *MAT/sex* 交配型基因控制。真菌的 *MAT* 位点编码关键的转录因子如 HMG（high–mobility–group）、HD（homeodomain）和 alpha–domain transcription factors（Lee et al. 2010b）。Bürglin 表示，HD 蛋白基因可能是决定兔脑炎微孢子虫有性生殖的关键基因（Bürglin 2003）。*MAT* 基因座位具有不同的 *HD* 基因转录本（*HD1*、*HD2*）是担子菌纲的特征（James 2007）。但是在兔脑炎微孢子虫中，HD 似乎并不是生殖发育的关键转录因子（Lee et al. 2008）。兔脑炎微孢子虫基因组中的 3 对 *HD* 基因对，只有 1 对 *HD* 基因对与担子菌的 *MAT* 基因座位具有共线性，并且这个基因对的两个 *HD* 基因是相同的两个拷贝（Lee et al. 2010a）。因此，*HD* 基因可能并不是兔脑炎微孢子虫的交配型基因。

如图 8.4，接合菌中一个与生殖相关的基因簇也保守地存在于兔脑炎微孢子虫、肠脑炎微孢子虫、海伦脑炎微孢子虫、毕氏肠微孢子虫、蝗虫微孢子虫和东方蜜蜂微粒子虫等微孢子虫基因组中（Lee et al. 2008，2010a）。这是微孢子虫生殖发育研究中的重大发现。接合菌的生殖相关基因簇由 HMG 转录因子、TPT（triose phosphate transporter）基因和 RNA 解旋酶基因组成。来自不同交配型的 HMG 等位基因非常保守：（+）交配型编码 *SexP*，（–）交配型编码 *SexM*。*SexP/M* 在接合菌的交配中发挥了关键的作用。TPT/HMG/RNA helicase 基因簇在兔脑炎微孢子虫、肠脑炎微孢子虫、海伦脑炎微孢子虫和毕氏肠微孢子虫基因组中具有共线性，只是几种微孢子虫 TPT 基因的侧翼片段发生了倒位并在其中插入了一个 ORF。此外，蝗虫微孢子虫和东方蜜蜂微粒子虫的 RNA 解旋酶基因并不与性调控基因关联（Lee et al. 2010a，b）。尽管接合菌的性相关基因簇总体结构比较保守，但是各物种之间只仍然有一些小的差别如 HMG 基因转录本差异、TPT 基因转录方向不同或有 ORF 或重复元件插入等。因此，这几种已测序微孢子虫基因组中性相关基因簇与接合菌之间小而独特的差异或许可以代表微孢子虫性相关基因簇的遗传特征。接合菌的基因约 65 Mbp，编码 17 000 多个基因，而兔脑炎微孢子虫基因组为 2.9 Mbp，编码 2 000 多个基因，毕氏肠微孢子虫基因组为 6 Mbp，编码 3 800 多个基因（Akiyoshi et al. 2009；Katinka et al. 2001）。两种微孢子虫的基因组都出现了减缩。在这些高度减缩的基因组中仍然存在性相关的基因簇，进一步说明有性生殖在微孢子虫生命周期

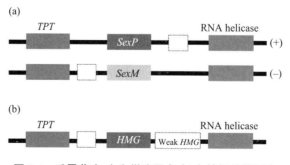

图 8.4 毛霉菌（a）和微孢子虫（b）性相关基因座

毛霉菌和微孢子虫性相关基因 TPT、HMG 和 RNA helicase 的基因座位具有共线性。稍有不同的是不同的毛霉菌中该基因簇具有不同的方向，并且重复元件位于 *RNA helicase* 和 *SexP* 之间（如 *Phycomyces blakesleeanus*）或者是 *TPT* 和 *SexM* 之间（如 *Rhizopus oryzae*）。微孢子虫中，*TPT* 和 *HMG* 基因之间也插入了一个 ORF。*Encephalitozoon* 的基因组中在 *HMG* 基因旁边还插入了一个表达较弱的 HMG 基因

中是非常重要的。

　　3 种脑炎微孢子虫属微孢子虫的 HMG 蛋白序列具有 90% 的相似性，弱的 HMG 蛋白序列相似性相对较低（*E. cuniculi* vs. *E. intestinalis* 约 45%；*E. intestinalis* vs. *E. hellem* 约 46%；*E. cuniculi* vs. *E. hellem* 约 51%）。微孢子虫 HMG 同源蛋白之间的序列相似性远远高于接合菌性调控基因不同转录本 *SexP* 和 *SexM* 之间的序列相似性。卷枝毛霉（*Mucor circinelloides*）中 *SexP* 和 *SexM* 的序列相似性只有 14%，布拉克须霉（*Phycomyces blakesleeanus*）的 *SexP* 和 *SexM* 的序列相似性只有 20%。因此，微孢子虫 *HMG* 基因之间的分化并不能说他们就是 *HMG* 等位基因，因为这可能是由于样本的原因造成的（11 株 *E. cuniculi*、3 株 *E. intestinalis* 和 1 株 *E. hellem* 个体），并且 sex-type 不同的等位基因在性相关基因簇的座位中出现的频率应该是不同的。

　　只有单一交配型的情况下，微孢子虫有可能进行有性生殖吗？人的致病性真菌新型隐球菌（*Cryptococcus neoformans*）的有性生殖周期在实验室中已经研究得非常清晰，但是临床和环境中的新型隐球菌总是偏好一种交配型。人们观察到的 α 交配型细胞比 a 交配型细胞要多许多（Lengeler et al. 2000）。同样的，微孢子虫也可能像新型隐球菌（Lin et al. 2005，2007，2009）或白色念珠菌（*C. albicans*）（Alby et al. 2009；Heitman 2009）样雌雄同体或者进行单性生殖。有趣的是，脑炎微孢子虫的 HMG 蛋白含有两个 HMG 结构域，而接合菌的 *SexP* 和 *SexM* 都只有一个 HMG 结构域。可能微孢子虫 HMG 蛋白的两个 HMG 结构域分别行使 *SexP* 和 *SexM* 的功能（Lee et al. 2008）。

　　研究发现部分微孢子虫基因组中含有大量的转座元件。理论上说，有害的转座元件不可能长期留存于无性生殖物种的基因组中，因为转座元件累积会降低无性生殖的基因组的适应性并最终导致其消亡（Hickey 1982）。也就是说，累积转座元件的无性生殖物种将快速灭亡或者是为了生存而丢失它所有的转座元件（Nuzhdin & Petrov 2003）。

　　研究者们在可能是无性繁殖的微孢子虫中发现了大量的转座元件。伊蚊艾德氏孢虫（*E. aedis*）是一种能够进行错误的减数分裂周期的微孢子虫。研究者通过 EST 搜索在伊蚊艾德氏孢虫基因组中发现了大量的转座元件（Gill et al. 2008）。具有两个细胞核的家蚕微粒子虫（*N. bombycis*）的基因组中含有来自宿主的转座元件（Pan et al. 2013），并且部分转座子仍有转座活性（Xu et al. 2010）。然而，伊蚊艾德氏孢虫和家蚕微粒子虫近期的祖先是具有有性生殖周期的（Ironside 2007）。这两个物种可能代表了微孢子虫无性繁殖类群中正在走向灭亡的分支。双核的按蚊微孢子虫（*Anncaliia algerae*）和角膜条孢虫（*Vittaforma corneae*）两种微孢子虫也具有转座元件，但是其转座元件是否具有活性目前还不得知（Mittleider et al. 2002；Williams et al. 2008）。鮟鱇思普雷格孢虫（*Spraguea lophii*）含有单核期和双核期，没有有性生殖周期报道，其基因组也是类似的情况（Hinkle et al. 1997）。相比之下，兔脑炎微孢子虫的基因组不含有转座元件（Katinka et al. 2001），这一情况也支持了该微孢子虫进行无性生殖的观点。

8.10　总结

　　微孢子虫从真菌或类真菌的祖先分化而来。基于大多数真菌具有有性生殖并且无性生殖的真菌其进化潜力可能降低，最简约的假设可能就是微孢子虫起源的祖先具有与现存有性型真菌相似的生殖方式。越来越多的证据也支持着这一假说。通过对微孢子虫生活周期的观察，人们在一些微孢子虫中发现了可能的有丝分裂结构（如联会复合体）和配子的产生。但是，面对大家的质疑，研究者们也没能提供强有力的证据证实这些结构的功能及确定配子体的存在。或许通过细胞培养、免疫标记技术和其他更为先进的技术，我们在不久的将来能够了解这些过程。开展微孢子虫基因组研究中，研究者们鉴定了一些减数分裂相关基因和假定的交配型基因簇。同样，我们需要进一步的研究来证明这些基因具有性相关的功能。基因组中转座元件的分布也可以作为微孢子虫生殖方式的解读依据。群体遗传学研究表明微孢子虫有的进行有性生殖，有的进行无性生殖。微孢子虫在这方面的研究还相对较少，但随着分子标记手段的发展应该逐渐加强这部分的研究。遗憾的是，目前发现存在推定的有性生殖结构的微孢子虫都没有开展基因组和群体遗传的相关工作。通过基因组学和群体遗传学鉴定了有性生殖的物种中，没有一种能够与微孢子虫进行比较分析。因此，我们应该致力于寻找一种具有复杂生命周期的模式微孢子虫来开展相关研究。

参考文献

 第 8 章参考文献

第 9 章　微孢子虫生物化学与生理学特征

Bryony A. P. Williams

英国埃克塞特大学生命与环境科学学院

Viacheslav V. Dolgikh

俄罗斯农业科学院全俄罗斯植物保护研究所

Yuliya Y. Sokolova

美国路易斯安那州立大学兽医学院、俄罗斯科学院细胞生物学研究所

9.1　简介

微孢子虫在环境中分布很广，是一类重要的人类寄生虫。它们能够感染几乎所有的动物以及阿米巴虫和簇虫等单细胞生物（Larsson 2000；Scheid 2007）。伴随着微孢子虫研究的进程，研究者们对该病原体的研究目的也随之发生着改变。起初，研究者为了弄清楚引起家蚕微粒子病的病原体（家蚕微粒子虫）而迫于无奈去研究微孢子虫（Pasteur 1870）。随着越来越多不同种类的微孢子虫被分离和鉴定，人们发现微孢子虫是可以感染免疫缺陷患者的病原体，同时也是影响蜜蜂产业发展的潜在病原体，为此，大量研究者投身于微孢子虫的研究（Didier 2005；Higes et al. 2008；Pasteur 1870）。

微孢子虫是编码蛋白最少的真核生物。因此，该病原体可作为重要的细胞模型来研究真核细胞的生理学机制（Corradi et al. 2010；Katinka et al. 2001）。微孢子虫的基因组非常小，与其极少的生化途径相一致（Biderre et al. 1994；Katinka et al. 2001）。这意味着与其他真核生物相比，该病原体能够被快速测序和进行相关研究。因此，在基因组时代，大量微孢子虫基因组已经得到测定。随着第二代测序技术的出现，我们可以进行多个微孢子虫的比较基因组分析（Akiyoshi et al. 2009；Cornman et al. 2009；Corradi et al. 2009，2010；Cuomo et al. 2012；Heinz et al. 2012；Katinka et al. 2001；Pan et al. 2013），这些分子数据有助于我们分析微孢子虫门中不同种属之间的生物化学特性，并与其亲缘关系最近的真菌进行比较，这有助于理解真核细胞如何能从真菌性祖细胞转变成生化代谢极度精简的寄生生物。另外，基因组测序作为描述微孢子虫基因功能的跳板，在缺乏遗传转化系统的情况下，可以通过蛋白质定位或在其他细胞中的异源表达的特征来对基因功能进行分析。本章将从微孢子虫的细胞内阶段、成熟孢子阶段和寄主—寄生虫系统等方面对微孢子虫最近研究进展进行综述，以助于我们进一步理解微孢子虫的生物化学与生理学特性。

9.2　孢子生物化学与发芽特性

9.2.1　孢子发芽

在细胞外，微孢子虫以抵抗性孢子游离于环境中，有些微孢子虫在合适的条件下可以存活几年（Vávra &

Larsson 1999）。虽然孢子处于休眠状态，但是在孢子弹出极管感染宿主的过程中，孢子的内部结构能够快速的进行重组（Kudo 1918；Lom & Vávra 1963），在此过程中，极管从位于孢壁顶端较薄的位置弹出。Weidner 等（1982）认为在孢子极管外翻和极管离开孢子的过程中，其极管通过蛋白聚合作用变长。极管前端被宿主细胞吞噬或刺入宿主细胞膜，随后孢原质被送入宿主细胞。微孢子虫进入宿主消化系统或邻近宿主细胞后，在 pH 或阳 / 阴离子浓度发生改变的条件下，孢子被活化并感染宿主（Frixione et al. 1994）。然而，导致孢子发芽的信号通路尚未完全阐明，生化角度证据显示激活孢子发芽的过程依赖离子信号通路和分子调节因子（Pleshinger & Weidner 1985；Southern et al. 2006）。在弹出孢子内容物的过程中，孢子内部需要有很大的压力从而突破厚厚的孢壁。该过程一方面需要水通道发挥作用使大量水进入孢子内部，此水通道蛋白已在爪蟾卵母细胞中进行了异源表达与功能特征研究（Frixione et al. 1997；Ghosh et al. 2006）。另一方面孢子通过糖分子浓度增加而使内部的渗透压升高，这一过程是利用长链大分子糖类分解为小分子糖来实现的。Undeen 和 Vander Meer 推断海藻糖通过海藻糖酶分解为葡萄糖分子，并发现在按蚊微孢子虫发芽过程中，海藻糖浓度下降，葡萄糖浓度上升，渗透压从 0.49 mol/L 上升至 1.7 mol/L（Undeen & Vander Meer 1999）。然而，他们并没有在所有微孢子虫中观察到这种变化，说明不同进化分支微孢子虫在激发孢子发芽和孢子发芽本身内部过程的生理学特征明显不同。尤其是，他们发现 6 种寄生于陆生生物的微孢子虫在发芽过程中孢子内部的糖类组分没有发生变化，这些微孢子虫包括：纳卡变形微孢子虫（*Vairimorpha necatrix*）、毒蛾变形微孢子虫（*V. lymantriae*）、天幕毛虫微粒子虫（*Nosema disstriae*）和西方蜜蜂微粒子虫（*N. apis*）（Undeen & Vander Meer 1999）。根据 SSU–rDNA 对 125 种微孢子虫进行进化分析发现，上述微孢子虫寄生于节肢动物，位于进化树第 IV 支。相比之下，寄生于水生生物的其他分支微孢子虫在发芽过程伴随着孢子内海藻糖浓度减少，而葡萄糖 / 果糖浓度增加，这些微孢子虫包括感染蚊子的伊蚊艾德氏孢虫（*Edhazardia aedis*）（分支 I，Aquasporidia）、库蚊变异微孢子虫（*Vavraia culicis*）（分支 III，Marinosporidia）和按蚊微孢子虫［*Anncaliia*（*Brachiola*，*Nosema*）*algerae*］（分支 V，Aquasporidia）。上述证据说明海藻糖水解不是微孢子虫发芽的充分条件。对于大部分寄生于陆生生物的微孢子虫而言，在孢子萌发时，孢子内已有的高浓度海藻糖可以维持足够的渗透压让外界大量水流入孢子内部，随后使极膜层和后极泡膨胀，引起孢子发芽。

另一种理论表明后极泡是由含过氧化氢酶的过氧化物酶体衍生而来的，在该结构中，长链脂肪酸分解产生 H_2O_2，而 H_2O_2 进一步转变为 H_2O 和 O_2，这一过程引起后极泡膨胀，并将孢原质挤入极管（Findley et al. 2005）。然而在已测序的微孢子虫基因组中都没有发现过氧化氢酶，因此目前有很多研究强烈反对这种假设。目前只在蝗虫微孢子虫基因组中发现一个过氧化氢酶基因，且预测其在过氧化物酶体中发挥功能（Fast et al. 2003）。

9.2.2 孢子的能量和碳代谢

孢子快速感染宿主细胞的过程似乎是需要大量能量，因而需要 ATP 的支持。例如，极管延伸过程中的聚合作用需要大量 ATP 来进行（Keohane & Weiss 1999；Weidner & Byrd 1982；Weidner et al. 1999）。在裂殖体阶段，微孢子虫从宿主细胞获得能量（Tsaousis et al. 2008），在孢子发育阶段，孢子所需能量来自海藻糖酶水解海藻糖及随后的糖酵解过程。在微孢子虫蛋白质组分析中发现编码糖酵解过程的酶，这一发现进一步验证了上述结果（Heinz et al. 2012；Weidner et al. 1999）。

随后实验分析显示，核心碳代谢特异地出现在孢子阶段而不是营养增殖阶段（图 9.1）。将蝗虫微孢子虫代谢酶类全长基因或基因片段在大肠杆菌中进行异源表达，随后利用重组蛋白进行抗体制备和 Western blot 实验，证明代谢酶类基因存在于孢子阶段，而不是在细胞内增殖阶段（图 9.2）。蝗虫微孢子虫核心碳代谢的 5 个酶包括磷酸果糖激酶、交替氧化酶（AOX）、线粒体甘油 –3– 磷酸脱氢酶（mtG–3–PDH）、丙酮酸脱氢酶 E1 α 和 E1 β（PDH E1 α+β）亚基，这类酶特异性积累于成熟孢子中，而 Percoll 分离的细胞内发育阶段的孢子中没有这些酶的存在（Dolgikh et al. 2009，2011）。重要的是，在细胞内收集到的微孢子虫分

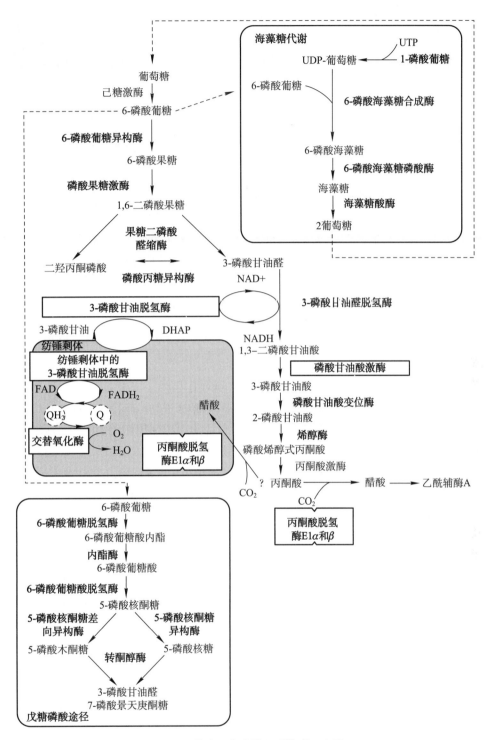

图 9.1　微孢子虫中核心碳代谢示意图

粗体字代表酶；方框中的酶代表通过 Western blot 在孢子提取物中检测到这些酶（Dolgikh et al. 2011；Heinz et al. 2012）

别采用 COPII 的 Sec13 亚基、线粒体 Hsp70 蛋白、两个非线粒体型 Hsp70 蛋白和 SHARE 蛋白的特异性抗体分别检测等量的孢子样品及裂殖子和早期母孢子时期的混合样品显示，在细胞内收集到的微孢子虫代谢酶含量较低并不是由于提取物的裂解、降解和提取方法的原因导致的（图 9.1）。最近，利用免疫印记分析发现人气管普孢虫（*Trachipleistophora hominis*）裂殖体和孢子发育阶段均存在糖酵解酶 – 磷酸甘油酸激酶（Heinz et al. 2012）。

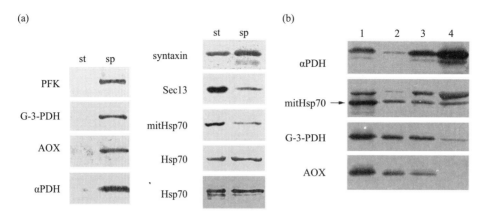

图 9.2　利用大肠杆菌表达的重组多肽制备多克隆抗体，并进行 Western blot 检测蝗虫微孢子虫中的相关蛋白质

（a）代谢酶类在孢子中的特异积累，孢子在含有 2.5 mm 玻璃珠的 TS 溶液（25 mmol/L Tris-HCl（pH 8.0），0.3 mmol/L 蔗糖）中进行破碎，孢子匀浆物（sp）在 100 g 离心 20 min，取上清制样，利用 Percoll 密度梯度离心分离细胞内发育阶段的微孢子虫（st）制样，利用核心代谢酶（左侧）和"管家蛋白"抗体（右侧）对相同浓度的蛋白质样品进行免疫印迹分析；（b）孢子匀浆中丙酮酸脱氢酶和纺锤剩体蛋白不同分布暗示酶的孢质定位，采用不同的超高速离心分离孢子匀浆物，沉淀利用 TS 调整上样量，进行免疫印迹分析。泳道 1：孢子匀浆在 14 000 g 下离心 20 min 后获得的沉淀；泳道 2 和 3：在 200 000 g 下超速离心 1 h 的下层和上层沉淀；泳道 4：超速离心后的上清。PFK：磷酸果糖激酶；G-3-PDH：线粒体型的 3-磷酸甘油脱氢酶；AOX：交替氧化酶；αPDH：丙酮酸脱氢酶 α 亚基；syntaxin：SNARE 蛋白；Sec13：COPII 亚基；mitHsp70：线粒体型 Hsp70 分子伴侣；Hsp70：两个非线粒体型 Hsp70 分子伴侣

　　尽管微孢子虫基因组中含有糖酵解的全部酶类，但是在微孢子虫中通过此通路产生 NADH 的机制目前还不清楚。微孢子虫基因组中含有与细胞质和线粒体磷酸甘油穿梭作用相关的组分，暗示在糖酵解中产生的电子能够被运入起源于线粒体的"纺锤剩体"中（图 9.1）。

　　微孢子虫的纺锤剩体首次在人气管普孢虫裂殖体中被描述（Williams et al. 2002）。随后，这种被双层膜包裹的微小细胞器也在兔脑炎微孢子虫裂殖体（Tsaousis et al. 2008；Williams et al. 2008a）和蝗虫微孢子虫的成熟孢子（Dolgikh et al. 2011）中被发现。

　　微孢子虫纺锤剩体在大小（50～200 nm）、形态和数量（10～30 个/细胞）上与溶组织内阿米巴（*Amoebozoa*）（Tovar et al. 1999）和肠贾第虫（*Metamonada*）（Regoes et al. 2005；Tovar et al. 2003）的类似。微孢子虫位于离动植物进化分支较远的进化枝上，并且在其内部发现了纺锤剩体，说明含有纺锤剩体是整个微孢子虫门的一个普遍特征，进一步加强了"无线粒体"原生生物中保留了线粒体起源但退化程度不一的细胞器的研究结论。进化历程中，"无线粒体细胞"保留了线粒体残留细胞器，如微孢子虫纺锤剩体，原因可能是这些生物体需要铁硫簇蛋白的生物合成（Dellibovi-Ragheb et al. 2013），在微孢子虫基因组中含有编码这个通路中关键成分的基因（Akiyoshi et al. 2009；Cornman et al. 2009；Corradi et al. 2009，2010；Cuomo et al. 2012；Heinz et al. 2012；Katinka et al. 2001；Pan et al. 2013），原位杂交显示这些基因存在于寄生虫纺锤剩体中（Goldberg et al. 2008）。基因组分析显示这些蛋白高度减少（从酵母线粒体中的 25 个蛋白减少到兔脑炎微孢子虫纺锤剩体中的 6 个蛋白），但是含有线粒体蛋白输入装置的关键功能蛋白组分：包括负责识别（Tom70）、通过外膜和内膜运输（Tom40、Tom50、Tom22）、插入外膜（Sam50）和将蛋白转移到基质中（Pam18、mtHsp70）（Heinz & Lithgow 2013）的关键蛋白。此外，融合 GFP 标签的家蚕微粒子虫 Tom40 蛋白能够定位到酵母中的线粒体上，暗示家蚕微粒子虫 Tom40 可能作为微孢子虫纺锤剩体的一个输入通道，促使蛋白质进入这一细胞器（Lin et al. 2012）。

　　最近在蝗虫微孢子虫和 3 个其他微孢子虫属中发现了编码 AOX 的基因（蝗虫微孢子虫基因组计划）（Williams et al. 2010），暗示氧气是电子通过磷酸甘油穿梭作用运入纺锤剩体的最终受体。酵母线粒体的蛋白质输入装置能够识别在其细胞中异源表达的 mtG-3-PDH 和 AOX（Burri et al. 2006；Williams et al. 2010），并且在蝗虫微孢子虫中的免疫定位支持了这一假设（Dolgikh et al. 2011）。另外，在大肠杆菌中过量表达微

孢子虫 AOX 证明其具有泛醌还原能力（Williams et al. 2010）。

　　活跃的交替呼吸链能够阐明微孢子虫中的能量代谢是如何产生 ATP 的，然而，在进化分支 IV 的微孢子虫基因组中不含有 AOX 基因（Williams et al. 2010）。与此同时，包括目前已经进行基因组测序的几种微孢子虫（兔脑炎微孢子虫、肠脑炎微孢子虫、毕氏肠微孢子虫、家蚕微粒子虫和东方蜜蜂微粒子虫）。其孢子发芽时所需能量不依赖糖类分解，意味着这些寄生虫进化群体存在另外的生理学特性。如果 AOX 基因丢失的话，电子可能从 NADH 转移到二羟基丙酮磷酸，同时形成糖酵解的最终产物：甘油三磷酸和丙酮酸。然而，在这种情况下，ATP 净生成量为零。另外，这一假设不能解释第 IV 进化分支微孢子虫为什么丢失 AOX 基因，而不丢失线粒体型的 G-3-PDH。

　　更为有趣的是，与蝗虫微孢子虫 mtG-3-PDH 酶相比，酵母线粒体中的蛋白输入装置不能识别兔脑炎微孢子虫的 mtG-3-PDH（Burri et al. 2006），并且通过免疫荧光定位分析发现其没有定位在线粒体上（Williams et al. 2008b）。我们推测在寄生于水生生物的孢子中含有交替呼吸链，暗示该类孢子需要与外界环境进行氧气和其他一些物质交换。随着寄生虫从寄生于水生生物转变为寄生陆生生物过程的演变，孢子在适应干燥环境时丢失替代呼吸系统、减慢孢子新陈代谢（海藻糖酶活力）和使泛醌在孢子中从缩减的纺锤剩体中转移到其他膜结构上。

　　由于微孢子虫除了含有 PDH 复合物两个 E1 亚基外，缺少丙酮酸转换酶，那么糖酵解过程中产生的丙酮酸的归宿如何（Fast & Keeling 2001；Katinka et al. 2001）？尽管微孢子虫 E1 PDH 不直接与 ATP 产生相关，但是其在微孢子虫生理学方面的作用是非常重要的。在所有研究的微孢子虫基因组中都保留有 PDH 亚基的编码基因，但 E2 和 E3 已经丢失。微孢子虫 PDH 功能类似于细菌硫胺素二磷酸依赖酶，该酶能够催化丙酮酸氧化脱羧作用而产生醋酸和二氧化碳。例如嗜热脂肪芽孢杆菌 PDH E1α 和 E1β 分别在大肠杆菌中表达后，将两者混合可促使活化的 a2b2 异源四聚体酶的装配（Lessard & Perham 1994）；其次，在大部分已经测序的微孢子虫基因组中含有乙酰辅酶 A 合酶（EC 6.2.1.1），该酶可催化醋酸形成乙酰辅酶 A（Akiyoshi et al. 2009；Cornman et al. 2009；Corradi et al. 2009，2010；Cuomo et al. 2012；Heinz et al. 2012；Katinka et al. 2001；Pan et al. 2013）。

　　由于在微孢子虫基因组中缺少三羧酸循环和脂肪酸合成酶复合物的相关组分（Fast & Keeling 2001；Katinka et al. 2001），乙酰辅酶 A 可能作为甲戊二羟酸途径中的基本成分而形成二甲基烯丙基焦磷酸酯和异戊烯焦磷酸，并且是蛋白质异戊烯化、类固醇生成和细胞膜维持等过程中的一个重要的中间产物。然而，在非活化的成熟孢子中特异积累了 PDH（Dolgikh et al. 2009，2011），关于这些 PDH 从线粒体到孢质中的位置变化暗示乙酰辅酶 A 可能发挥其他作用（图 9.1）（Burri et al. 2006；Dolgikh et al. 2009）。这些乙酰辅酶 A 可能参与孢子发芽时组蛋白的乙酰化而激活染色质转录的过程（Sterner & Berger 2000），或者是由于某些重要结构蛋白需要乙酰化后才能发挥作用（Maruta et al. 1986）。

9.2.3　糖酵解和其他代谢途径的退化

　　出乎意料的是，在对毕氏肠微孢子虫（E. bieneusi）这种特殊微孢子虫基因组进行研究时发现，糖酵解、海藻糖代谢和戊糖磷酸途径在毕氏肠微孢子虫中几乎全部丢失（Keeling et al. 2010）。虽然在毕氏肠微孢子虫基因组研究中发现了其他的生物化学过程（复制、转录、翻译、跨膜运输、信号、磷酸和氨基酸代谢等），但是仅含有 1/10 的糖分解核心酶并且没有海藻糖代谢相关蛋白的存在（Akiyoshi et al. 2009；Keeling et al. 2010）。这种现象引出了一个问题，是否有一些孢子发芽不依赖 ATP？毕氏肠微孢子虫缺少碳代谢核心基因，暗示糖分解仅能为有限的生理过程提供能量，而这些生理过程不是毕氏肠微孢子虫所必需的，这可能由于这类寄生虫所处的生态位比较特殊。因此，毕氏肠微孢子虫丢失了某些关键生理功能，从而允许其体内没有糖酵解和海藻糖代谢过程。毕氏肠微孢子虫感染肠道上皮细胞，是最普遍的引起人类肠道感染的微孢子虫（Desportes et al. 1985），毕氏肠微孢子虫进入宿主肠道细胞的机制还不清楚（Leitch et al. 2005b），但是已有研究证明其能够通过吞噬作用感染体外培养的肠道上皮细胞（Agaud et al. 1997；

Foucault & Drancourt 2000；Franzen et al. 2005）。因此，毕氏肠微孢子虫不利用发芽而通过吞噬作用感染肠道细胞解释了为什么该寄生虫不需要自身 ATP 产生系统。

9.3　细胞内发育阶段的代谢

微孢子虫基因组暗示其孢子内部组件已经极度精简，且在裂殖体和母孢子时期则表现得更为明显，很可能是由于微孢子虫在细胞内发育时关闭了自身能量代谢。我们在蝗虫微孢子虫中观察到两个 PDH 亚基（Dolgikh et al. 2009）、AOX、G-3-PDH（Dolgikh et al. 2011）和磷酸果糖激酶（Viacheslav，未发表数据）特异地在成熟孢子中积累，而没有在细胞内增殖阶段的微孢子虫细胞中积累。人气管普孢虫孢子蛋白质组中包含有中性海藻糖酶、糖酵解所需的大量蛋白质、AOX 和甘油三磷酸脱氢酶，这一发现也验证了上述结论（Heinz et al. 2012）。另外，通过免疫标记显示，糖酵解中催化 ATP 产生的磷酸甘油酸激酶（PGK-3）特异地积累于成熟人气管普孢虫孢子阶段，而并非细胞内增殖阶段（Heinz et al. 2012）。在微孢子虫细胞内发育阶段，自身代谢能力的缩减可能被两种因素补偿：一种是微孢子虫通过分泌调节因子使宿主细胞代谢上调；另一种是微孢子虫通过自身膜上的转运蛋白而吸收宿主的营养物质。巴黎杀线虫微孢子虫（*Nematocida parisii*）基因组中含有一个编码己糖激酶的基因，该酶含有分泌信号。基于上述研究推断微孢子虫将糖酵解酶类泵出并操纵宿主的代谢，这将有利于孢子从宿主中获得更多的能量和营养物质（Cuomo et al. 2012）。与酵母相比，尽管微孢子虫转运蛋白在数量和多样性方面都有所减少，但是不同的物种保留了相似的核心转运蛋白（Heinz et al. 2012），这些蛋白包括葡萄糖、聚胺转运蛋白和允许糖类、阳离子和烟酸通过的通透酶。离子转运体特异性地通透诸如 Ca^{2+}、Mg^{2+}、Zn^{2+}、Fe^{2+}、铜以及其他硫酸盐和胆碱底物分子（Heinz et al. 2012；Katinka et al. 2001）。此外，在微孢子虫基因组中仅存在有限的编码 ABC 转运蛋白的基因（Cornillot et al. 2002）。除了上述情况外，在已测序的每个微孢子虫基因组都能编码各自独特的具有跨膜结构域的 MFS（major facilitator superfamily）家族蛋白，这些蛋白具有从细胞中将物质运输到微孢子虫内的潜在功能。然而，一类转运蛋白存在于所有已测序微孢子虫基因组中，这种现象在所有已知的细胞内真核寄生虫中是非常独特的。

9.4　微孢子虫中质体 – 细菌型 ATP/ADP 转运体

在前一版的第 5 章内容中（Weidner et al. 1999），我们提出了一个假说，即微孢子虫利用唯一的 ADP/ATP 转运体将宿主 ATP 运入自身内部，这一转运体与普氏立克次氏体的转运体相似。上述结果是基于一些间接的超微结构和生物化学观察数据，并且随后在兔脑炎微孢子虫基因组中发现质体 – 细菌型 ADP/ATP 转位酶（Katinka et al. 2001）。这些非线粒体型腺苷酸转运蛋白（TLC）也支持了 ATP/ADP 交换是通过胞内增殖细菌（衣原体目和立克次氏体目）（Greub & Raoult 2003；Plano & Winkler 1991；Tjaden et al. 1999）和植物叶绿体内膜来完成的这一理论（Kampfenkel et al. 1995）。

质体 – 细菌型蛋白质属于溶质转运体蛋白家族，该家族蛋白含有 12 个跨膜域，并且与线粒体 ADP/ATP 转运体蛋白之间没有同源性，而线粒体 ADP/ATP 转运体蛋白能够形成二聚体，其序列中含有 6 个跨膜域。*tlc* 基因出现在细菌和植物这样比较遥远的进化分支上可能是由于水平基因转移所造成。衣原体与包括植物在内的相关真核生物之间有很长的寄生或共生关系（Koonin et al. 2001）。因此，有推论认为 *tlc* 基因可能是从植物中转移到衣原体，后来经过水平转移到立克次氏体。随后的研究发现类似植物中的 *tlc* 基因也存在于衣原体、蓝细菌和叶绿体中，这反映了这些群体中祖先之间的关系（Brinkman et al. 2003）。因此，*tlc* 基因可能是从衣原体转移到植物，而不是其他转移途径，目前在衣原体目的两个属中发现 *tlc* 基因也证实了这一可能（Greub & Raoult 2003）。在所有的情形中，*tlc* 基因是从原核生物细胞或原核生物起源的真核生物细胞器中获得。在兔脑炎微孢子虫基因组中发现了 4 个 *tlc* 基因，这是首次在非植物的真核生物中发现该基因的存在。进化分析发现微孢子虫与真菌亲缘关系最近，但是在真菌基因组中不含有 *tlc* 基因，很可能是通过细菌将 *tlc* 基因转移入微孢子虫中。后来研究发现在微孢子虫基因组中普遍存在类似 *tlc* 的基因。最近的研究发现沙眼衣原体和兔脑炎微孢子虫能共存于同一个宿主细胞，这一发现暗示这两种病原体间可能存在基因转移现象（Lee et al. 2009）。多个例子说明微孢子虫似乎通过基因水平转移从宿主或宿主体内的病原体获得新的生命特征。动物的嘌呤核苷酸磷酸化酶基因和不同供体的叶酸代谢途径相关基因水平转移到了兔脑炎微孢子虫属中（Pombert et al. 2012），而细菌过氧化氢酶也被发现转移到包括蝗虫微孢子虫在内的寄生虫基因组中（Fast et al. 2003）。事实上，微孢子虫获得水平转移基因后大大增加了能量寄生的能力，进而适应细胞内生活方式。兔脑炎微孢子虫中的 4 个转运体均能够转运 ATP，它们中的 3 个表达于细胞内生长阶段的微孢子虫的表面。第 4 个转运体与线粒体型 Hsp70 共定位于兔脑炎微孢子虫纺锤剩体，为这种线粒体来源的细胞器提供 ATP（Tsaousis et al. 2008）。

9.5　分泌转运

微孢子虫分泌系统在微孢子虫的细胞内发育阶段和三种类型致病蛋白的分选等生理过程中发挥了非常重要的作用。首先，微孢子虫将运输和分选那些被分泌到微孢子虫体外并影响宿主细胞内环境的蛋白质；其次，微孢子虫将获取宿主物质的跨膜蛋白分选到细胞膜上；最后，微孢子虫将构成发芽装置、极丝和孢壁的组分分泌到其最终存在的位置。在裂殖体和早期母孢子时期，利用常规的超微结构分析很难区分高尔基体。在母孢子早期，高尔基体呈现直径大约 30 nm 的膜聚合物（Vávra & Larsson 1999），并且在来源于核周腔的内质网扁平囊附近聚集（Sokolova et al. 2001）。孢子增殖后期，膜聚合物变得细长，形成"管簇"结构，移动到细胞远端而与细胞核脱离，最后在未成熟孢子阶段转变为转运高尔基体管状网络而与极丝蛋白（PFP）分泌通路相关联。利用锇浸渍技术发现不溶的锇特异地沉积在顺面高尔基体腔，暗示核周腔及附着在其上的细长内质网扁平囊、30 nm 膜结构的聚集和"管簇"结构组成了顺面高尔基体（Sokolova & Mironov 2008）。在孢子母细胞发育阶段，孢子内部结构形态开始变化，并且有发达的高尔基体，部分高尔基体中储存大量的极丝蛋白。利用特异标记高尔基体的硫胺素焦磷酸酶（Sokolova et al. 2001；Takvorian & Cali 1994）进行染色，证明孢子母细胞和成熟孢子时期的管状结构和包含 PFP 高尔基体类似于其他真核生物的转运高尔基体。上述结果暗示，成熟孢子中极丝存在于巨大的转运高尔基体扁平囊中，值得关注的是，在孢子发芽弹出孢原质后，包裹极丝的质膜轮廓仍在孢壳内清晰可见。孢子极管外翻的过程在某种程度上类似于胞吐作用和纤毛虫刺细胞的排放（Plattner 1993；Plattner et al. 1991）。更为相似的是 Ca^{2+} 在极管弹出中发挥重要作用，并且 Ca^{2+} 通道拮抗剂和钙调蛋白抑制剂能够抑制极管弹出（Keohane & Weiss 1999；Weidner & Byrd 1982）。

快速冷冻替换、化学固定以及后续的 3D X 射线断层摄影术证明，至少两种微孢子虫：蟋蟀类微粒子虫（*Paranosema grylli*）和蝗虫微孢子虫（*Antonospora locustae*）的高尔基体是 300 nm 厚的薄层网状结构分支（直径为 25 ~ 40 nm）或者曲张的管状结构组成的。更为有趣的是，即使膜融合被抑制后，微孢子虫类高尔基体结构也从未呈现囊状结构。这些管状网络结构与核周腔、内质网、质膜和正在形成的极管相连（Beznoussenko et al. 2007）。孢壁和极管蛋白从 ER 中被转运到这些管状网络结构中进行浓缩和糖基化，然后被运送到目标膜结构上。更为重要的是，细胞内微孢子虫分泌蛋白的运输过程并没有外壳蛋白 I 和 II 形成的小泡参与（Beznoussenko et al. 2007）（图 9.3）。

2013 年，Takvorian 等证明了核苷二磷酸酶和硫胺素焦磷酸酶定位于多层交错网络（MIN）细胞器上，而上述酶是顺面和转运高尔基体腔的标志，该结果明显的证明按蚊微孢子虫（*Anncaliia algerae*）的 MIN 类似于高尔基体的功能。作者推断在孢原质进入细胞内以后，MIN–Golgi 参与沉积在细胞表面组分的分泌。高压 TEM 结合 3D 断层层析图像重构直观地观察到 MIN 是有孔薄层，通过囊泡和管状结构与质膜结合。与 2007 年 Beznoussenko 等的研究相一致，MIN–Golgi 不包含任何囊泡或芽状结构。作者推断 MIN 是按蚊微孢

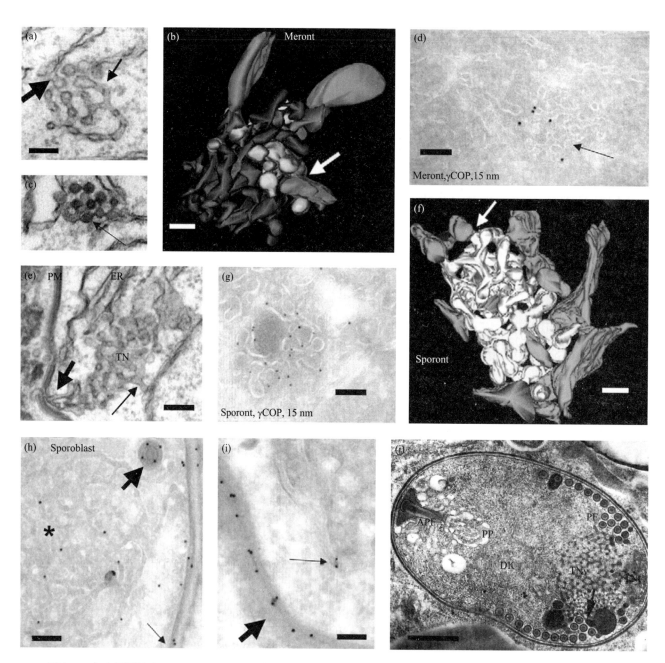

图 9.3 寄生于蟋蟀（*Gryllus bimaculatus*）脂肪体细胞中不同发育阶段蟋蟀类微粒子虫（*Paranosema grylli*）的高尔基体复合物观察（见文后彩图）

（a）裂殖体中直径为 300 nm～700 nm（细箭头）的细长管网状（TN）的圆簇结构，并与内质网（ER）相接合（细箭头）；（b）裂殖体中内质网（绿色）包裹的 TN 三维（3D）重构（基于电子显微镜 X 线断层摄影术、化学方法固定的 200 nm 感染宿主组织切片），TN 由管状（褐色）和曲张部分（黄色）组成，箭头表示 TN 和 ER 的相接处；（c 和 d）顺面高尔基体标记物在裂殖体 TN 中的定位情况，（c）在 1% OsO$_4$ 水溶液中孵育 24 h 后锇沉积于孢子内，（d）裂殖体中 γCop 的免疫电子显微镜定位（利用 anti-γCop 抗体进行 IEM 冷冻切片标记）；（e）在母孢子时期，TN 的大小有所增加，TN 常连接于质膜（PM）和 ER 之间；（f）母孢子中 TN 的 3D 重构，曲张的 TN 变大（黄色），管状 TN 仍旧与 ER 相连接（箭头）；（g）γCop 在母孢子中的 IEM 定位情况；（h）利用针对 PTP A 的抗体进行冷冻切片标记，显示了 PTP 在大 TN（星号）中的定位、卷曲的极丝（宽箭头）和正在形成的孢壁（细箭头）；（i）利用针对孢壁蛋白 p40 抗体进行冷冻切片标记，证明 p40 从孢子母细胞高尔基体开始被转运：p40 存在于正在形成的孢壁中（宽箭头）和扩大的 TN 周围部分（细箭头）；（j）在未成熟孢子中，高尔基体复合物非常明显：由管状和囊泡网状结构（TNt 和 TNv）组成，与极管成分相连接的膜装置以出芽的形式产生与 TNv 相接的电子密度体（箭头），卷曲的极丝（PF）和极丝顶端形成锚定盘（APF）。其他缩写：DK：双二倍体；PP：原始极膜层，可能起源于 ER。标尺：120 nm（a、b、d 和 g）；80 nm（c 和 i）；270 nm（e）；100 nm（f）；90 nm（h）；700 nm（j）。[（a～i），引自 Beznoussenko, G. V., Dolgikh, V. V., Seliverstova, E. V., et al. 2007. Analogs of the Golgi complex in microsporidia: structure and avesicular mechanisms of function. *J Cell Sci*, 120：1288–1298.；（j）Sokolova, Y., Snigirevskaya, E., Morzhina, E., et al. 2001. Visualization of early Golgi compartments at proliferate and sporogenic stages of a microsporidian *Nosema grylli*. *J Eukaryot Microbiol*, 48（Suppl 1）：86S–87S, 并进行了修改]

子虫高尔基体一个独特的适应性改变，这种独特的改变仅存在于该物种中，在孢子发芽后，裂殖体表面立即被高电子密度分泌物覆盖（Takvorian et al. 2013）。然而，在孢原质进入宿主细胞后，所有微孢子虫可能需要专门的装置来快速形成质膜，尤其考虑到质膜是由孢子内的极膜层发育而来，而极膜层可能缺少一些细胞膜典型的成分（Weidner et al. 1984）。例如，感染鱼类的鮟鱇思普雷格孢虫（*Spraguea lophii*）新生膜中缺少胆固醇和凝集素结合位点（Weidner 2000，2001；Weidner & Findley 1999）。发现一个能够修补膜的装置对于解决微孢子虫生理学方面的问题非常重要，但是不幸的是很难获得孢原质，因为对于大多数微孢子虫来说，激活孢子的刺激物目前还不是很清楚，并且孢原质在离开宿主细胞后很难存活，同时很难利用原位杂交技术从宿主细胞细胞质中区分出孢子孢原质。除了在按蚊微孢子虫的孢原质和早期细胞内发育阶段发现 MINs 外，在红火蚁内尔氏孢虫（*Kneallhazia solenopsae*）中也发现了 MIN（Sokolova & Fuxa 2008）。在这两个物种中，MINs 与极管顶端相连，在极管弹入宿主细胞内后，MINs 立即消失。同时，在以 SSU–rDNA 构建的进化树分析中，安卡尼亚孢虫属和红火蚁内尔氏孢虫聚为一簇，但是除了孢原质中含有 MIN 以外，两者在形态和生态学方面没有共同之处（Franzen et al. 2006）。孢子在细胞内发育阶段的相似分泌途径反映它们在遗传学方面的亲缘关系。

兔脑炎微孢子虫（Katinka et al. 2001）、蝗虫微孢子虫和人气管普孢虫（Heinz et al. 2012）的基因组分析显示协同翻译转运多肽链至内质网腔、细胞内运输和胞外分泌等所有重要的蛋白质装置都是保守的，尽管这些装置缺少类似酵母完整系统中的非必需成分。

兔脑炎微孢子虫编码了所有 Sec61 蛋白质转位通道的亚基（α、γ 和通过共线性分析鉴定的不保守的 β 亚基（Katinka et al. 2001；Slamovits et al. 2006），Sec61 与 Sec62、Sec63 和 Hsp70 蛋白一起负责将蛋白质运入 ER。同时，兔脑炎微孢子虫还编码信号识别颗粒物（SRP54 和 SRP19）及其受体，该受体能够识别定位于 ER 的蛋白（Katinka et al. 2001）。此外，该寄生虫还编码一个类似 SEC11 的信号肽酶，该酶能够催化内质网靶向蛋白 N 端信号序列的切割。在 ER 中蛋白的修饰作用方面，兔脑炎微孢子虫中存在能够通过形成二硫键而对蛋白进行折叠的二硫化物异构酶。相比之下，ER 中普遍存在的负责 N- 糖基化的组分则丢失了（Katinka et al. 2001）。

在六个可溶的 NSF 附着蛋白（SNAP）受体（SNAREs）中，有两个为 R-SNAREs（SNC2 和突触小体缔合性膜蛋白），4 个为 Q-SNAREs（syntaxin 5、VAMP、Bos1 和 Vti1）。更为重要的是，微孢子虫和酵母 SNAREs 非常相似，并且酵母 SNAREs 与哺乳动物 SNAREs 序列相似性很高。然而，相比在酵母中发现的 26 个 SNAREs 而言，在微孢子虫中的 SNAREs 蛋白较少（Burri & Lithgow 2004）。

微孢子虫中仅存在一个负责解聚 SNARE 复合物的蛋白质，即 Sec18（与哺乳动物 NSF 同源），但是没有与 SNAPs 具有同源关系的蛋白质（Katinka et al. 2001）。这意味着微孢子虫中 SNARE 作用效率可能比哺乳动物细胞中的低。在兔脑炎微孢子虫基因组中含有极少数量的 Rab 蛋白（Ypt1、Rab1b、Rab5、Ytp6 和 Rab10）和 Rab–GDP 分离抑制剂。

哺乳动物和植物细胞中典型的 COPI 复合物含有 7 个亚基，而微孢子虫中仅含有 6 个 COPI 亚基，不含有 COPI 蛋白 ε 亚基（Katinka et al. 2001）。在哺乳动物细胞中，COPI 蛋白 ε 亚基介导 COPI 囊泡的产生（Guo et al. 1994）。微孢子虫 ADP 核糖基化因子（ARF）装置包括 2 个 ARFs，类似于 ARF 蛋白的交换因子和 ARF-GAP 蛋白；另一方面，微孢子虫中也含有 Sec13、Sec23、Sec24 和 Sec31 这 4 个 COPII 亚基（Katinka et al. 2001）。在微孢子虫中，Sar1p 是 COPII 最初装配所必需的，但是令人好奇的是，微孢子虫中并不含有作为 Sar1p 鸟苷酸交换因子的 Sec12 蛋白。最后，Sokolova 和 Mironov（2008）认为微孢子虫缺乏溶酶体和内吞作用，所以微孢子虫不含有网格蛋白。RT-PCR 分析显示在蝗虫微孢子虫的细胞内发育阶段，编码 COPI 复合物的 β 和 β′ 亚基、Sec13 和 Sec31 亚基 COPII、SFT 家族成员 SNARE 小突触蛋白和突触融合蛋白的 mRNA 都有转录。上述基因的表达水平与微孢子虫编码核心代谢酶 AOX 蛋白基因的表达水平相当（Dolgikh et al. 2010）。针对重组蛋白 Sec13 亚基 COPII 制备的多克隆抗体进行免疫杂交发现，该蛋白质在成熟孢子和细胞内发育时期的孢子中都有积累。因此，推断微孢子虫 COP 复合物可能具有分选和聚集影响宿主环境的分泌蛋白功能（Beznoussenko & Mironov 2002）。

微孢子虫分泌装置另一个有趣的特征是寄生虫中糖蛋白和糖胺聚糖多样性较低。在兔脑炎微孢子虫和其他微孢子虫基因组中，仅发现三个与蛋白质 O- 甘露糖基化相关的基因，并没有发现 N 糖基化相关基因（Corradi et al. 2009；Heinz et al. 2012；Katinka et al. 2001），生化数据同样支持上述基因组数据（Dolgikh et al. 2007；Taupin et al. 2007；Xu et al. 2004）。

由上述结果可以得出结论，微孢子虫利用与哺乳动物和酵母细胞相似的基本装置对蛋白质进行运送和分泌，但是那些非必需的组分被显著缩减。另外，也为微孢子虫利用被膜小泡作为转运体时的功能提供了证据。

9.6 宿主 - 寄生虫生物化学特性

尽管目前发现微孢子虫能够改变宿主的生物化学环境，但是微孢子虫影响宿主生物化学过程的机制目前还不清楚。不同微孢子虫与宿主相互作用的特性存在差异，但是有证据证明微孢子虫与宿主相互作用是一个能量消耗过程，其中一个能量耗费过程是微孢子虫通过 ATP/ADP 转移酶吸收 ATP。早期生物化学实验证明外源的 ATP 对于微孢子虫的存活是非常重要的，并且在培养基中含有 ATP 时，米歇尔埃姆森孢虫（Amerson michaelis）和鮟鱇思普雷格孢虫（S. lophii）孢原质能够在细胞外存活一小段时间（Weidner et al. 1999）。与目前的所有证据相一致，微孢子虫从宿主体内吸收 ATP，宿主细胞线粒体经常围绕在微孢子虫周围，推断可能促进微孢子虫从宿主细胞中吸收 ATP。利用 MitoTracker 对肠炎微孢子虫感染的非洲绿猴肾细胞线粒体进行染色证明线粒体聚集在纳虫液泡表面（Scanlon et al. 2004）。

微孢子虫也可能从宿主中占用其他营养物质来补偿其自身缺乏的生物化学特性。所有已经测序的微孢子虫基因组都编码 3 个或更多的 MFS 家族转运蛋白，这些蛋白质可以专一的从宿主中摄取糖类（Heinz et al. 2012）。微孢子虫的能量吸收在宿主系统中是可以进行测量的。感染滨蟹的迈氏泰罗汉孢虫（Thelohania maenadis）和米歇尔埃姆森孢虫（Ameson michaelis）对于宿主葡萄糖水平有负调控作用（Findley et al. 1981；Vivares & Cuq 1981）。在培养基中培养的米歇尔埃姆森孢虫孢原质会吸收葡萄糖，并且糖酵解最终产物也增多了（Weidner et al. 1999），说明寄生虫能够吸收环境中（宿主）的葡萄糖而为自身代谢提供原料。与未感染寄生虫的对照相比，在东方蜜蜂微粒子虫和西方蜜蜂微粒子虫感染的蜜蜂中，饲养蜜蜂的糖浆或蔗糖使用率明显增加，推断蜜蜂的行为是为了补偿被微孢子虫吸收和占用的细胞内物质和能量（Martin-Hernandez et al. 2011；Mayack & Naug 2009），同时宿主体内的氨基酸水平也被破坏（Vivarés et al. 1980），另外，微孢子虫基因组中含有少数编码氨基酸合成通路的基因，但存在编码氨基酸转运体的核心基因，推测微孢子虫通过氨基酸转运和相互转化共同满足其自身氨基酸的需求（Heinz et al. 2012）。

在不同物种中，微孢子虫与宿主细胞相互关系的超微结构各不相同。根据微孢子虫物种的不同，有的在宿主的细胞质和核中游离存在，而有的则被纳虫空泡或产孢囊包被（Cali & Takvorian 1999）。微孢子虫与宿主细胞之间的关系势必会影响两者相互作用的方式，例如，兔脑炎微孢子虫在纳虫空泡中增殖，该结构上有通透小孔，限制了通过这些小孔分子的大小。然而，目前还不清楚这些孔如何形成以及这些孔是否源于宿主或者寄生虫（Ronnebaumer et al. 2008）。

由于大量微孢子虫的形成，被寄生的宿主细胞增大和膨胀。在昆虫中，肥大的脂肪体细胞和血细胞中充满了未成熟孢子和成熟孢子，因此叫包囊或孢子体囊，为成熟中的微孢子虫提供保护（Becnel & Andreadis 1999；Sokolova et al. 2000，2005）。另外，由于分解酶的缺失，感染大量孢子的肥大绛色细胞（昆虫红细胞）维持在蜕变形态，从而将微孢子虫的感染从幼虫期维持至成虫期（Issi 1986）。更为复杂和特殊的宿主 - 寄生虫相互作用是涉及整个生物体反应的"异物瘤"（xenoma）或 xenoparasitic 复合物，这包括：营养不良合胞体的形成、细胞核转变、血细胞来源的包膜结构使感染细胞与其他细胞隔离和对寄生细胞或邻近宿主组织细胞群体的修饰。上述过程使微孢子虫能够存在于这些避难场所继续成熟（Freeman et al.

2003；Weiser 1976）。"异物瘤"主要与鱼类微孢子虫病相关，很少在昆虫和甲壳动物中观察到类似异物瘤结构的形成（Becnel & Andreadis 1999；Lom & Dykova 2005）。在不同微孢子虫种中，产生的异物瘤也基本不同。例如，厚壁的"格留虫属"型异物瘤是由单细胞形成，在直径上能达到 1 cm，即为一个巨大细胞被包被在成纤维细胞、粒细胞、巨噬细胞和结缔组织层形成的"厚壁"，并被毛细血管网状结构包裹。另一方面，鱼孢子虫属感染会导致多个受感染的肥厚细胞（合胞体型异种瘤）合并成薄壁异物瘤，并限制在微绒毛状突起的结构中。鲅鱇思普雷格孢虫感染神经节细胞后，感染区域肿胀而形成异物瘤，此结构被单层膜覆盖，细胞中细胞核发生肿大并存在于神经元中的非感染区域。上述反应的细胞生物学特性目前还不清楚，将感染包裹起来的组织也不是微孢子虫感染的典型特征，因此我们目前还不知道是寄生虫作用还是宿主反应。自发肥厚性生长是鱼类部分肌肉发育的特征（Mommsen 2001），也许微孢子虫劫持了宿主细胞自身循环控制途径而产生肥厚细胞。事实上，微孢子虫诱导肥厚细胞产生的能力普遍存在于生物体中，并且增加了感染细胞的寿命，暗示微孢子虫在某种程度上可能调节宿主细胞周期。对感染哺乳动物微孢子虫而言，其可以在细胞系中进行培养，Scanlon 等（2000）证实兔脑炎微孢子虫和肠脑炎微孢子虫破坏了兔肾细胞（RK-13）的细胞周期，促使细胞停留在 S 期，进而在巨大的感染暴发后细胞又继续存活几天。宿主细胞的反应程度使人想到在感染哺乳动物微孢子虫角膜条孢虫（*Vittaforma corneae*）感染的绿猴肾细胞（E6）中观察到异物瘤的存在：微孢子虫抑制宿主细胞的分裂并且诱导产生一个直径达 200 μm 的细胞复合物（Leitch et al. 2005a）。研究者利用免疫印迹分析了凋亡相关蛋白（Bcl/parp），并证明感染 *Encephalitozoon* spp. 的猴肾细胞对凋亡的敏感度下降（Scanlon et al. 1999）。在脑炎微孢子虫属感染 12 h 后，caspase 3 表达下降，同时也抑制了 p53 转位到细胞核并激活该酶的过程（del Aguila et al. 2006）。在兔脑炎微孢子虫或角膜条孢虫感染细胞后同样抑制了十字孢碱诱导的人类单核细胞/巨噬细胞（THP-1）凋亡过程，与未感染的巨噬细胞相比，TUNEL 染色和 caspase 3 活力都较低，利用凋亡通路的芯片数据进一步证实了上述结果。在微孢子虫感染的巨噬细胞中，*BCL2* 和 *TP53* 等凋亡相关基因显著上调，然而在巨噬细胞与灭活病原体孵育后，发现促凋亡基因 *FADD*、*CASP3*、*CD40LG*、*LTA* 和 *TNF* 家族的几个基因呈现上调趋势（Sokolova et al. 2012）。因此，微孢子虫可能具有在感染的宿主细胞中抑制凋亡通路的能力，其他诸如小泰勒虫（*Theileria parva*）、弓形虫（*Toxoplasma*）、利什曼虫（*Leishmania*）和疟原虫（*Plasmodium*）寄生虫也具有此特点（Heussler et al. 1999；Leirião et al. 2004；Moore & Matlashewski 1994；Nash et al. 1998；Schaumburg et al. 2006）。然而，微孢子虫调节宿主凋亡的分子机制目前还不清楚。

9.7 微孢子虫生物化学特性比较

微孢子虫从后鞭毛生物祖先进化过来后，无疑经历了大量基因缺失和随之而来的生物化学途径精简过程，对已有基因组进行分析发现大量基因丢失发生在微孢子虫早期进化史中（Heinz et al. 2012）。与其他真核生物相比，微孢子虫祖先生物化学途径已经发生了精简，并且在进化为现有的多样性以前已经是寄生虫（Heinz et al. 2012；Katinka et al. 2001；Krylov et al. 2003）。然而，虽然微孢子虫基因组普遍比较小，2.3 Mbp ~ 24 Mbp，但是一个重要的问题是微孢子虫生物化学和生理学上的不同有多少是由于基因组方面的差异造成的。肠脑炎微孢子虫是微孢子虫中基因组最小的代表（Corradi et al. 2010），那么，与其他微孢子虫基因组拥相比，肠脑炎微孢子虫基因组中缺少了哪些基因？首先，在肠脑炎微孢子虫基因组中大量缺失的这类基因是复制和转座元件相关的基因，然而这些基因并没有造成生物化学和生理学方面的明显不同（Heinz et al. 2012；Williams et al. 2008a），并且这些生物化学过程在不同微孢子虫中也有所不同。例如，糖酵解、戊糖磷酸途径和海藻糖代谢中某些基因的缺失导致毕氏肠微孢子虫的产生（Keeling et al. 2010）。在微孢子虫门中，一些种保留或者丢失 RNA 干涉因子，在基因组中共存的 RNAi 因子主要是转座元件，RNAi 可能抑制转座元件的复制（Heinz et al. 2012）。先前提到的 AOX 在不同微孢子虫中分布也不同，而在"Terresporidia"中丢失了该基因（Williams et al. 2010）。另一个变化是毕氏肠微孢子虫、人气管普孢虫和巴黎杀线虫微孢子虫中脂肪酸合成途径的退化（Heinz et al. 2012；Keeling et al. 2010）；缺失了类异戊二烯生物合成途径相关组分（图 9.4）。人气管普孢虫基因组大小为 11.6 Mbp，在其基因组研究中发现有 3 266 个预测的开放阅读框（ORFs）。然而，在对人气管普孢虫与兔脑炎微孢子虫基因组进行系统性的研究相似性时仅鉴定到 1 264 个与后者不同的 ORFs，绝大部分为假定蛋白，这表明其存在或多或少类似于兔脑炎微孢子虫的精简以及不完的生物化学途径（Heinz et al. 2012；Katinka et al. 2001）。这一分析显示 88 个不同基因家族仅存在于人气管普孢虫中，而不存在其他微孢子虫和真核生物，在这些家族中含有一个编码富含亮氨酸蛋白的显性基因家族。事实上，这个基因家族同样出现在蝗虫微孢子虫和鲑鳟思普雷格孢虫中。这些包含富含亮氨酸重复单位（LRR）的蛋白在微孢子虫中构成一个较大的基因家族，最大的 LRR 家族是由人气管普孢虫基因组编码，包含 117 个 ORFs（Heinz et al. 2012）。在基因组中，有两个包含 LRR 基序的基因家族，分别为 25 个和 55 个 ORFs，而在鲑鳟思普雷格孢虫基因组中检测到 97 个编码 LRR 蛋白的 ORFs（Campbell et al. 2013）。LRRs 的主要功能是为蛋白质 – 蛋白质相互作用的形成提供通过框架结构（Kobe & Kajava 2001），进一步利用 SignalP、TargetP、SIG–Pred、PrediSi 和 Signal 3L 分析发现大部分微孢子虫 LRR 蛋白质含有 N 端信号肽，这些蛋白质可能在宿主 – 病原体之间的相互作用中发挥重要作用。富含亮氨酸蛋白家族的结构和特性让人想起发现于兔脑炎微孢子虫亚端着丝粒区域的 InterB 多基因家族，该家族也存在于其他感染人类的微孢子虫基因组之中（Dia et al. 2007）。这些蛋白质也包含分泌信号，可能被转运出微孢子虫并定位到宿主膜上（Dia et al. 2007）。其他已经测序的基因组中有一些扩展的功能未知的

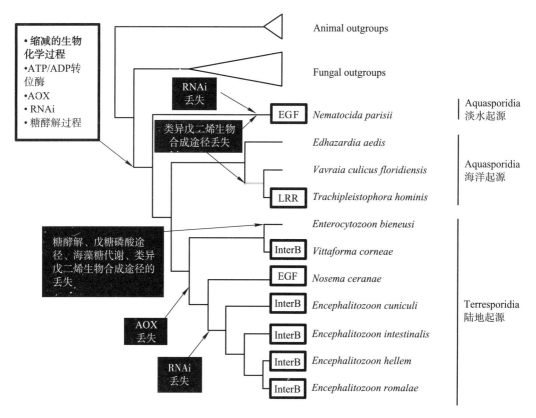

图 9.4　微孢子虫生物化学特征的演化过程

　　微孢子虫 7 个串联蛋白（α-tubulin、β-tubulin、DNA 复制许可因子 MCM2、蛋白酶体调节亚基 6、发育调节的 GTP 结合蛋白、γ-谷胺酰转肽酶、β- 内酰胺酶蛋白）的 RAxML 进化树分析。利用三角形表示真菌和动物外类群。图中所示的是微孢子虫进化过程中丢失的关键生化特征，图中也显示了扩展家族的基因，包括：LRR：富含亮氨酸的蛋白质（Heinz et al. 2012）；INTERB：Dia 等鉴定的 InterB 蛋白（2007）；EGF：其他非典型特征的扩展基因家族（Cornman et al. 2009；Cuomo et al. 2012）。涉及的物种由 Vossbrinck 和 Debrunner-Vossbrinck（2005）进行分类鉴定

InterB 多基因基因家族，巴黎杀线虫微孢子虫和东方蜜蜂微粒子虫中含有 3 个这样的家族（Cornman et al. 2009；Cuomo et al. 2012；Dia et al. 2007；Heinz et al. 2012）（图 9.4）。这些扩展的基因家族可能给予微孢子虫重要的功能，例如，宿主选择、发育变异和毒力。目前，典型真核生物蛋白的保守分化不能解释这种差异，因此，我们不得不将目光转移至这些没有种属特异性的蛋白质上，进而更好地理解不同微孢子虫生物学特征的分子基础。

　　总的说来，微孢子虫是理解真核细胞生物化学过程精简的重要模型。尽管已经获得好几个微孢子虫基因组信息，但是还不能深入理解生物化学途径在细胞内的定位和重要性。大部分对微孢子虫生物化学过程的理解还只是从生物信息学的预测获得，主要原因是较难在微孢子虫中进行功能研究。在增殖阶段，微孢子虫与宿主联系非常紧密，而孢子虽然较容易分离，但是对于生物化学途径的表达及其功能研究就比较困难。一旦孢子从休眠状态被激活后，孢子内的物质通过极管被直接运送到宿主细胞质中，这将很难对微孢子虫生理学方面进行研究。另外，目前还没有可靠的方法对微孢子虫基因进行遗传操作。有研究试图利用电穿孔将遗传物质穿过孢壁导入孢子，但是没有成功（Bohne et al. 2011），虽然其他真菌已有将孢壁剥离使遗传物质进入孢原质的方法，但是这会阻止孢子发芽，因为孢子需要孢壁增加其内部压力进而进行发芽。微孢子虫中有 RNAi 组分存在，似乎通过 RNAi 进行基因干涉的方法是可行的。有研究显示将微孢子虫 ATP/ADP 转运体的反义 RNA 饲喂蜜蜂后，能够降低蜜蜂的感染率（Paldi et al. 2010）。然而，这种方法还有待应用于微孢子虫组织培养系统的干涉。在其他模式生物体中，很容易在基因组中增加或删除某些基因，在细胞和宿主中能够进行荧光标记和生理学 / 生化效应观察，而在微孢子虫中这些都不能实现。因此，这些问题阻碍了微孢子虫基因的功能研究，目前只能对基因进行定位、在其他细胞中的异源表达研究其特征和进行生物信息学预测，而不能对基因功能进行直接分析。此外，比较基因组学和异源表达实验大大增加了我们对微孢子虫生理学和生物化学特征的理解，并且随着基因组测序的不断完成，将更加有助于我们对该寄生虫的深入研究。

9.8　总结

　　微孢子虫是一类普遍存在于自然界中的专性细胞内寄生的生物，几乎寄生于所有动物。目前已鉴定了 1 300 多个种，还有更多种属未被鉴定。它们是哺乳动物的重要病原体，目前是感染免疫缺陷患者的最普遍病原体。尽管与真菌亲缘关系最近，但是微孢子虫具有与真菌不同的特征，其基因组非常小，并且生化途径高度精简。环境中的孢子处于休眠状态，能够维持很多年的活力，感染宿主细胞的过程涉及休眠状态的孢子快速萌发和极管的弹出；极管刺穿宿主细胞膜，并将孢子内容物直接运入宿主细胞质中。寄生虫与宿主最初的联系似乎允许孢子直接与宿主细胞内环境接触，并获得物质和能量。大量的微孢子虫基因组测序显示微孢子虫有一个高度不寻常和精简的生物化学特征，其中许多真核生物的生化途径减少、很多成分发生了丢失以及其代谢方式也高度依赖宿主。

致谢

　　Viacheslav V. Dolgikh 的工作由俄罗斯基础研究基金会资助（RFBR No.12–04–01517–a）；Bryony A. P. Williams 的工作由英国皇家学会的大学研究团队资助。

参考文献

 第 9 章参考文献

第 10 章　微孢子虫极管以及孢壁

Louis M. Weiss

阿尔伯特·爱因斯坦医学院病理学系热带医学与病理学研究单元

阿尔伯特·爱因斯坦医学院医学系传染病学研究单元

Frédéric Delbac

克莱蒙特大学生物学系

J. Russell Hayman

美国东田纳西州立大学奎伦医学院生物医学科学系

Guoqing Pan

西南大学家蚕基因组生物学国家重点实验室

Xiaoqun Dang

西南大学家蚕基因组生物学国家重点实验室

重庆师范大学生命科学学院

Zeyang Zhou

西南大学家蚕基因组生物学国家重点实验室

重庆师范大学生命科学学院

10.1　简介

极管和孢壁是微孢子虫独特侵染方式的重要组成部分，本章将对它们的组成、结构及功能进行详述。100 多年以前，Thelohan 精确地描述了微孢子虫的极管及其弹出。在孢子内，极管与孢子前端连接，并缠绕在孢原质周围（Thelohan 1892，1894）。特定环境刺激下，极管从孢子内部迅速弹出并"刺"入宿主细胞膜，通过极管将孢原质输送到宿主细胞内，目前对于微孢子虫孢子的发芽机制仍不清楚，有待进一步的研究。开展极管前端锚定复合体、极管的外翻机制以及宿主细胞的黏附侵染机制等的研究将有助于进一步理解极管和孢壁结构的组成以及功能。目前借助免疫学、分子生物学等技术以及基因组测序数据，研究者已经鉴定了微孢子虫的多个极管蛋白和孢壁蛋白（SWPs），但这些蛋白质在极管和孢壁的形成以及行使功能过程中的相互作用机制仍有待于进一步确认。孢子内部的极管被一些物质填充，此阶段的极管被称为极丝（polar filament）。在本章中，我们将用极管（polar tube）来统称孢内以及孢外的极管。

微孢子虫是一种重要的畜牧业、农业与人类病原体。1857 年，微孢子虫作为家蚕的一种病原体首次被发现，随后在很长一段时间内，微孢子虫一直被认为是多种非人源宿主的病原（Franzen & Muller

2001；Franzen 2008）。微孢子虫在自然界中是无处不在的，据报道肠微孢子虫分布于世界各地（Deplazes et al. 2000），可以引起免疫缺陷患者或部分免疫系统正常人的多种临床疾病（Weber et al. 1994；Wittner & Weiss 1999；Deplazes et al. 2000；Didier & Weiss 2006）。20 世纪 80 年代的艾滋病流行期间，微孢子虫被鉴定为导致艾滋病患者严重腹泻的一种致病菌（Desportes et al. 1985）。临床研究发现，其他一些由于器官移植或者药物治疗导致的免疫缺陷患者，如风湿性关节炎患者也容易受到微孢子虫的影响（Coyle et al. 2004），而且微孢子虫的感染并不仅限于免疫缺陷患者（Sandfort et al. 1994；Sobottka et al. 1995；Wanke et al. 1996；Hautvast et al. 1997）。通过检测 HIV 阴性人群的血清发现，微孢子虫的检出率约为 11% （Kucerova-Pospisilova et al. 2003），感染人群中有 4% 的个体具有针对多种微孢子虫的抗体。目前世界上有超过 170 个属 1400 种微孢子虫，其中，*Nosema*、*Vittaforma*、*Pleistophora*、*Encephalitozoon*、*Enteroytozoon*、*Septata*（现为 *Encephalitozoon*）、*Trachipleistophora*、*Brachiola*（现为 *Anncaliia*）和 *Tubulinosema* 等微孢子虫可造成人类感染（Silveira & Canning 1995；Xu et al. 2003；Cali et al. 1996；Weber et al. 1997；Desportes et al. 1985；Cali et al. 1993；Hartskeerl et al. 1995；Field et al. 1996；Hollister et al. 1996；Yachnis et al. 1996；Cali et al. 1998；Franzen et al. 2006；Choudhary et al. 2011）。微孢子虫对人体的感染可能比现在已知的情况更为严重。除人类以外，微孢子虫也可以感染多种动物（Garcia 2002），据报道，美国东部地区约 23% 的牛感染了微孢子虫（Santin et al. 2005）。

　　曾经微孢子虫被认为是缺少线粒体的最原始的真核生物，而最近的研究表明，微孢子虫更接近于真菌，并且具有编码线粒体型 Hsp70 蛋白的同源基因和线粒体残存细胞器——纺锤剩体（mitosome）（Weiss et al. 1999，2002，2008a；Hirt et al. 1997；Arisue et al. 2002；Keeling 2003，2009；Thomarat et al. 2004）。目前，多种微孢子虫的基因组数据已经测定完成，其基因组大小从 2.3 Mb ～ 23 Mb 不等（Wittner & Weiss 1999）。其中兔脑炎微孢子虫（*Encephalitozoon cuniculi*）为 2.9 Mb（Katinka et al. 2001）；海伦脑炎微孢子虫（*Encephalitozoon hellem*）为 2.5 Mb（Pombert et al. 2012）；肠脑炎微孢子虫（*Ehcephalitozoon intestinalis*）为 2.3 Mb（Corradi et al. 2010），是已鉴定的最小的真核生物基因组。基因组数据表明这几种微孢子虫均为二倍体（Pombert et al. 2013）。目前已鉴定可以感染人类的微孢子虫的基因组数据都已经收录在 MicrosporidiaDB，如毕氏肠微孢子虫（*Enterocytozoon bieneusi*）、肠脑炎微孢子虫（*E. intestinalis*）、兔脑炎微孢子虫（*E. cuniculi*）（1、2、3 型）、海伦脑炎微孢子虫（*E. hellem*）以及按蚊微孢子虫［*Anncaliia*（*Brachiola/Nosema*）*algerae*］。此外，其他微孢子虫的基因组也会陆续收录到该网站中，如可以感染人类的病原菌角膜条孢虫（*Vittaforma corneae*）、昆虫病原体东方蜜蜂微粒子虫（*Nosema ceranae*）、水蚤微孢子虫（*Otosporea bayeri*）、蚊子的一种微孢子虫库蚊变异微孢子虫佛罗里达亚种（*Vavria culicis floridensis*）、感染果蝇的微孢子虫拉蒂森堡管孢虫（*Tubulinosema ratisbonensis*），以及家蚕微粒子虫（*Nosema bombycis*）、巴黎杀线虫微孢子虫（*Nematocida parisii*）（Keeling et al. 2005；Corradi et al. 2007，2008，2009；Cornman et al. 2009；Troemel 2011；Heinz et al. 2012）。随着这些基因组测序的完成，研究者们利用其中大量的基因开展了系统发育分析，结果显示微孢子虫与真菌聚集在一起，这进一步证实了微孢子虫与真菌之间的亲缘关系（Keeling & Fast 2002；Keeling 2009）。微孢子虫的真菌起源能够更好地解释其不同寻常的特征，他们不再表现祖先的特征，取而代之的是对胞内寄生环境的高度适应性。微孢子虫基因组的解析将极大地助推研究者们利用蛋白质组学等方法研究微孢子虫及其侵染器官的组成。

　　微孢子虫具有独特的侵染机制，可以通过高度特化的极管将微孢子虫孢原质转运到宿主细胞中。极管与孢子前端的锚定盘连接，盘旋在微孢子虫的孢原质周围。当微孢子虫受到适宜的外界环境刺激时，极管会很快弹出，形成 50 ～ 500 μm 长的中空管道，将孢原质输送到宿主细胞内。目前的假说认为，极管可以刺入宿主细胞膜，将孢子内容物转移到宿主细胞内。当然也极有可能在刺入细胞膜的过程中，极管与宿主细胞膜接触处存在孢原质与宿主细胞膜的相互作用。孢子内的极管称为极丝，其内填充了高电子密度的微粒状物质（Lom & Vavra 1963；Lom 1972；Weidner 1972，1976）。鉴于微孢子虫个体小（1 ～ 10 μm），极管直径小（0.1 ～ 0.2 μm），极管弹出和孢原质输送的时间短（< 2 s），因此对于极管弹出

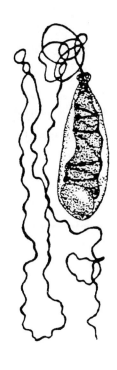

图 10.1　极管的弹出

　　微孢子虫麦格纳泰罗汉孢虫（*Thelohania magna*）孢子受到机械压力弹出极管的模式图（Kudo 1920）。［经许可引自 Wittner, M., Weiss, L. M.（1999）*The Microsporidia and Microsporidiosis*. Washington, DC: ASM Press］

过程的研究极为困难。

　　Thelohan 首次报道了借助硝酸观察到的极管以及极管弹出过程（Thelohan 1892, 1894）。1894 年，Thelohan 在其论文中写道："Enfin, dans un assez grand nombre de spores, on onstate la sortie d'un filament qui atteint trois ou quatre fois la longueur primitive de la spore, soit 12 à 14 μm. En rapport avec cette sortie du filament on trouve la capsule diminuée de volume et, surtout, beaucoup moins réfringente"（最后，在足够大量的孢子中，我们观察到了纤维的长度是原来孢子长度的 3 ~ 4 倍，为 12 ~ 14 μm。同时我们也发现弹出极丝后的孢子体积减小，并且折射率也极大地降低了）。Stempell（1909）、Korke（1916）和 Kudo（1918）也先后得到与 Thelohan 一致的观察结果。20 世纪初期，Schuberg（1910）、Leger 和 Hesse（1916），以及 Kudo（1916, 1920）等报道认为极管（丝）缠绕在孢子内部，并且 Kudo 在 1920 年绘制了孢子弹出长达 230 μm 的极管的模式图（图 10.1）。1916 年，Korke 提出孢原质通过极管进行运输的观点，其在文中提到孢子发芽过程中，锚定盘前端的极帽被打开，极管弹出，并且极管前端出现一个类似于微滴或者类变形虫的结构。Korke 认为该结构跟孢子的侵染有关，微孢子虫可能通过极管将孢原质传送到距离较远的宿主细胞，以保证孢子能够侵染新的组织。尽管许多研究者都在弹出的极管前端发现类似的液滴状结构，但是并不清楚这个结构是否为孢原质，以及它是如何到达极管顶端的。起初，学者们认为孢原质很难穿过如此细长的极管，然而后续的研究表明，微孢子虫感染宿主细胞过程中确实是通过极管输送孢原质和细胞核的。

　　现在有多个假说试图解释孢原质如何转移到孢子外，以及极管在这个过程中的作用。Ohshima（1927）早期的理论认为在极管末端的黏性液滴是用来将极管黏附到宿主组织上，这种假设认为，在极管弹出后，孢原质从极管和孢子连接处流出（Fantham & Porter 1914; Kudo 1916; Zwolfer 1926），或者在极管脱离孢子后，在孢壁前端留下的孔洞流出。另有的假说认为，极管从孢子中以"玩偶盒"方式弹出（Ohshima 1927, 1937），并将孢原质拖离孢子（Dissanaike 1955; Dissanaike & Canning 1957）。Stempell（1909）和 Strickland（1913）认为极管由富含几丁质的孢壁层衍生而来，孢原质通过极管的外翻被输送出来。1937 年之后，Ohshima 和其后的科学家认为极管弹出时发生外翻，形成中空的管状结构连接孢子与宿主细胞，输送孢原质（Ohshima 1937, 1966; Gibbs 1953; Bailey 1955; Walters 1958; Kramer 1960; West 1960; Lom & Vavra 1963），极管的外翻被形象地比喻为"翻手套"的方式（Lom & Vavra 1963; Lom 1972）。目前，科学家们都普遍接受孢原质和细胞核是通过极管输送到宿主细胞中的观点。极管的功能亦已明确，即将孢原质和细胞核运送到宿主细胞内。

1937 年，Ohshima 和 Trager 都观察到在孢子体外发芽后，细胞核位于弹出极管的末端。Ohshima（1937）坚定地认为细胞核是从极管内出来的，并且提出假说，即孢原质通过极管运输到宿主细胞可以避免孢原质被昆虫中肠内的消化液所降解。Gibbs（1953）对孢原质由弹出的极管内流出的描述，以及 West（1960）、Kramer（1960）、Lom 和 Vavra（1963）通过染色的方法在弹出极管中观察到细胞核的工作，为孢原质通过极管进行运输提供了更多的证据。通过电镜技术，Lom（1972）和 Weidner（1976）先后观察到弹出的极管

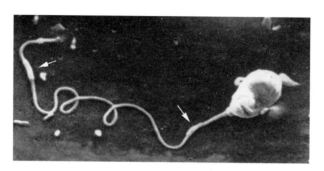

图 10.2　孢原质输送的扫描电镜观察

肠脑炎微孢子虫（*Encephalitozoon intestinalis*）孢子弹出极管的扫描电镜图。箭头所示为孢原质正通过极管。［经德国汉堡热带医学研究所 Kock, N.P., Schmetz, C., Schottelius, J., Bernhard Nocht 许可，引自 Kock, N.P.（1998）. Diagnosis of human pathogen microsporidia（dissertation）；经许可重印引自 Wittner, M., Weiss, L. M.（1999）*The Microsporidia and Microsporidiosis*. Washington, DC: ASM Press］

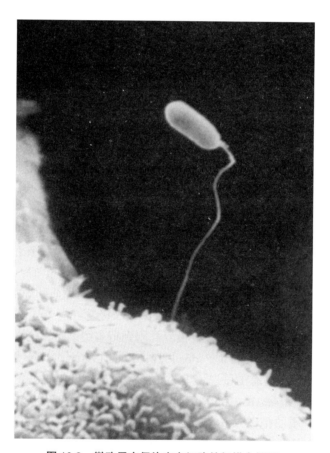

图 10.3　微孢子虫侵染宿主细胞的扫描电镜图

组织培养过程中肠脑炎微孢子虫 *E. intestinalis* 的孢子弹出极管刺入和侵染绿长尾猴肾细胞 Vero E6。［经德国汉堡热带医学研究所 Kock, N.P., Schmetz, C., Schottelius, J. Bernhard Nocht 许可，引自 Kock, N.P.（1998）. Diagnosis of human pathogen microsporidia（dissertation）；经许可重印引自 Wittner, M., Weiss, L. M.（1999）*The Microsporidia and Microsporidiosis*. Washington, DC: ASM Press］

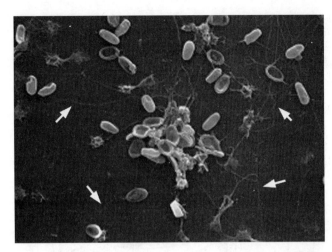

图 10.4　家蚕微粒子虫（*Nosema bombycis*）发芽孢子的扫描电镜图

扫描电镜分析感染的 BmE-SWU1 细胞（Yan-Hong et al. 2007），图片中可以清晰地观察到极管（箭头所示）。[图片由 Zhou, Pan & Dang 博士惠赠；引自 Li, Y., Wu, Z., Pan, G., et al.（2009）Identification of a novel spore wall protein（SWP26）from microsporidia *Nosema bombycis. Int J Parasitol*，39，391–398. Copyright. Elsevier]

在刺穿宿主细胞过程中，极管中存在拉伸的孢原质（图 10.2；图 10.3；图 10.4）。目前，微孢子虫孢原质以及细胞核可以通过弹出的极管由孢子转移到宿主细胞的现象已经被广泛地接受。然而，关于该过程的触发机制、极管的装配机制以及极管在侵染过程中的分子生物学、细胞生物学机制和极管的微观结构、三维结构等科学问题仍然有待于进一步的研究。

10.2　微孢子虫孢壁和极管的结构

微孢子虫的生活史包括裂殖增殖期、孢子形成期以及成熟孢子期或感染期（见第 2、3 章生活周期与微观结构）。微孢子虫的成熟孢子大小为 1 ~ 10 μm，具有 3 个主要结构特征：抗逆性强的孢壁、含有单核或者双核的孢原质、极管和锚定盘复合物组成的弹出装置（图 10.5；图 10.6），其形态结构是微孢子虫分类的重要指标（Vavra 1976；Cali & Owen 1988；Wittner & Weiss 1999）。利用透射电镜观察发现孢壁具有 3 层结构，包括高电子密度且富含蛋白质的外壁、低电子密度的内壁以及质膜（Vavra 1976；Canning & Lom 1986；Cali & Owen 1988）。部分微孢子虫孢子外壁因带有类背脊式突起、管状或者丝状的结构而呈波纹状，而感染水生动物的微孢子虫表面还存在一些附属结构（Vavra 1976；Cali & Owen 1988）。孢子内壁由几丁质以及（糖）蛋白组成（Kudo 1921；Dissanaike & Canning 1957；Vavra 1976），并且在孢子前端极管弹出的部位最薄。根据微孢子虫种类的不同，孢原质含有单核或者紧挨的耦核，在极管和极膜层周围存在大量的核糖体（Vavra 1976；Cali & Owen 1988；Chioralia et al. 1998）。透射电镜和相差显微镜观察结果显示，休眠期的孢子内的孢原质是呈现高电子密度特性，而孢子发芽后，其孢原质则变成低电子密度（Lom 1972；Chioralia et al. 1998）。这种电子密度的变化可能与孢子发芽后其折射率发生变化相关（Vavra 1976）。采用 0.2% 的台盼蓝染色进行观察，发芽后的孢子被染成蓝色，完整孢子则不能被染色（de Graaf et al. 1993）。

微孢子虫的侵染装置由与孢子前端锚定盘相连的极管、极膜层（又称极质体）和后极泡组成（Vavra 1976）（图 10.5；图 10.6）。极管分为两部分：前端垂直的柄状体部分（也称极柄），由极膜层包裹，并通过锚定盘与极帽相连；另外一部分为后部缠绕区，根据孢子的种类，呈 4 ~ 30 个螺旋盘绕在孢原质周围（Huger 1960；Vavra 1976；Cali & Owen 1988），且这些螺旋可以排列成一行或者多行（Vavra 1976）（图 10.5；图 10.6）。极管的柄状体以及靠近孢子顶端的极管螺旋的直径（0.16 ~ 0.18 μm）大于位于末梢的极管直径（0.11 ~ 0.12 μm）（Kudo & Daniels 1963；Sinden & Canning 1974；Takvorian & Cali 1986；Chioralia et

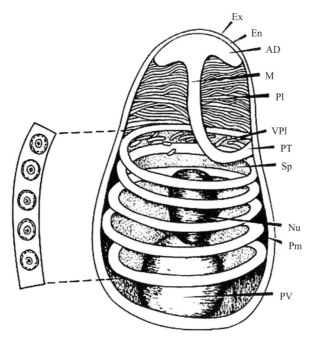

图 10.5　微孢子虫孢子结构模式图

　　孢子大小为 1~10 μm，孢壁由高电子密度的外壁（Ex）、低电子密度的内壁（En）和极膜层（Pm）组成。极帽处孢壁最薄，孢原质（Sp）含有一个单核（Nu）、一个后极泡（PV）和核糖体。极丝分成两个区域：极丝柄（M）通过锚定盘（AD）与极帽结合；后部螺旋区形成 5 个螺旋（PT）缠绕在孢原质周围。极丝柄区域被片状极膜层（Pl）和囊状极膜层（VPl）所包裹。极管的横切面显示极管由电子密度不同的同心圆膜状结构组成。[经许可引自 Wittner，M. & Weiss，L. M.（1999）*The Microsporidia and Microsporidiosis.* Washington，DC: ASM Press]

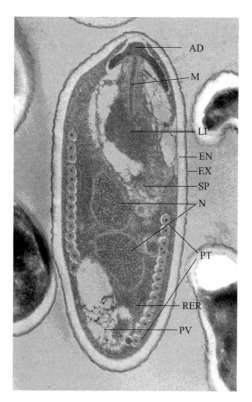

图 10.6　家蚕微粒子虫孢子纵切面精细结构图

　　极丝柄（M）通过锚定盘（AD）与孢子的前端相连，极管（PT）围绕孢原质（SP）形成 14 个螺旋。孢壁可观察到高电子密度的外壁（EX）和低电子密度的内壁（EN）。片状极膜层（LP）包裹在极丝柄附近，图中可见后极泡（PV）、双核（N）及内质网（RER）。（图片由 Zhou，Pan & Dang 博士惠赠）

1998）。一般来说，极管从柄状体部分延伸到孢子的中间区域后才开始发生卷曲，然而 Takvorian 和 Cali 发现在感染鱼的微孢子虫美洲鲅鳒鱼格留虫（*Glugea americanus*）中，极管从柄状体延伸到整个孢子区域后才开始发生卷曲。目前对于极管末端区域的微观结构还没有具体的研究，其末端区域为闭合式还是开放式目前仍不清楚（Erickson et al. 1968；Lom 1972；Vavra 1976；Chioralia et al. 1998）。

　　弹出的极管为中空的膜结构（Lom 1972），直径为 0.1 ~ 0.2 μm，长度为 50 ~ 150 μm（Kudo & Daniels 1963；Weidner 1976；Frixione et al. 1992），有的微孢子虫极管长达 300 ~ 500 μm（Lom & Corliss 1967；Hashimoto et al. 1976；Olsen et al. 1986）。极管具有相当大的弹性和韧度，在弹出过程中，其直径为 0.1 ~ 0.25 μm（Scarborough–Bull & Weidner 1985），在孢原质通过的过程中，其直径则能够达到 0.6 μm（Lom & Vavra 1963；Ishihara 1968；Weidner 1972，1976；Olsen et al. 1986），在完成孢原质的输送后，极管长度则会缩短 5% ~ 10%（Frixione et al. 1992）。

　　极管前端的极丝柄由薄状、管状或者囊泡状的极质体包围（Huger 1960；Vavra 1976；Takvorian & Cali 1986；Chioralia et al. 1998），膜状极质体（极膜层）比囊状极质体更靠近极管前端，囊状极质体位于孢子的中间区域，在形状上更加类似于管状结构，这些平整的膜状结构紧密地围绕在极丝柄周围（Takvorian & Cali 1986；Chioralia et al. 1998）。曾有假说认为极膜层与包裹极管的膜状结构相连接（Weidner 1972；Weidner et al. 1995）。孢原质内含有一个膜结构组成的后极泡，与极管的螺旋区毗邻，内部含有絮状、颗粒状的填充物（Lom & Corliss 1967；Weidner 1972；Cali & Owen 1988）。

　　孢子的纵切面电镜结果显示，极管周围包裹的膜结构由 3 层不同的电子密度区组成（Weidner 1972，1976；Vavra 1976；Lom 1972；Chioralia et al. 1998）。Sinden 和 Canning 认为该结构为双膜结构，其外膜与极膜层或者锚定盘外膜相连（Sinden & Canning 1974）。按蚊微孢子虫（*A. algerae*）中，极管的弹出与膜结构包裹住极管有关（Cali et al. 2002）。按蚊微孢子虫的超微结构研究既表明极管位于孢原质外（图 10.7），也为解释孢子在发芽过程中孢原质怎样保持完整提供了大量的证据。

　　孢子的横切面电镜结果显示，极管在弹出前由高电子密度层和低电子密度层组成的同心圆结构组成（图 10.5；图 10.6）（Huger 1960；Vavra 1976）。极管横截面的层数是不同的，少至 3 ~ 6 层（Vavra et al. 1966；Lom 1972；Chioralia et al. 1998），多至 11 ~ 20 层（Sinden & Canning 1974；Vavra 1976）。Chioralia 等（1998）发现在成熟孢子的螺旋区域有 6 层膜结构，而垂直区域（柄状体）只有 3 层膜结构。因此，在极管的不同区域，极管层的厚度存在差别，并且该厚度也跟孢子的成熟程度有关（Vavra 1976；Chioralia et al. 1998）。另有研究学者观察到，在极管弹出的前、中、后，极管的层次结构也不尽相同（Lom 1972；Weidner 1972；Chioralia et al. 1998）。

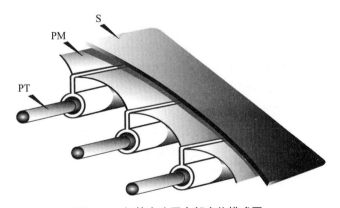

图 10.7　极管在孢子内部定位模式图

　　孢子结构的局部示意图表明极管（PT）位于孢子膜（M）系统外侧，孢壁（S）的内侧。极管由孢壁内侧一系列内折的膜所包裹，从而导致极管与孢原质分离。该模型与在被激活和发芽过程的按蚊微孢子虫 *A. algerae* 孢子中观察到的透射电镜图片相一致（Cali et al. 2002）。［此图经许可修改自 Cali, A., Weiss, L. M. & Takvorian, P. M.（2002）*Brachiola algerae* spore membrane systems, their activity during extrusion, and a new structural entity, the multilayered interlaced network, associated with the polar tube and the sporoplasm. *J Eukaryot Microbiol*, 49, 164–174］

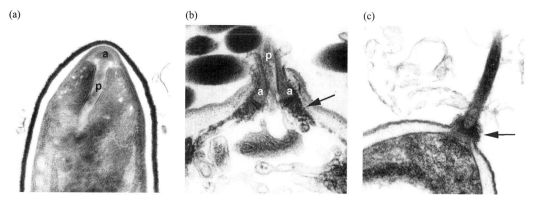

图 10.8　锚定盘（AD）形态学分析

（a）按蚊微孢子虫孢子的前端区域纵切图显示蘑菇状的锚定盘（a）与极丝柄（p）相连接，极管和锚定盘的连接处被孢子内壁的膜结构所包裹，图片由 Peter M. Takvorian 博士惠赠；（b）*Nosema* 属微孢子虫极管弹出时其孢子前端区域超微结构结果显示，在锚定盘和极管连接区形成了衣领状结构，极管弹出过程中，极管外翻，锚定盘以及极管与锚定盘连接区（AD 里黑线处）都发生 90° 反转，图片由捷克共和国科学院寄生虫研究所的 Jiri Lon 博士惠赠（Lom 1972）. 经许可引自 Wittner, M. & Weiss, L. M.（1999）The microsporidia and microsporidiosis. Washington, DC: ASM Press；（c）按蚊微孢子虫孢子的电子图片，展示了由锚定盘上弹出的极丝形成的类似领状的结构（箭头所示），图片由 Peter m. Takwrian 博士惠赠

　　完全弹出极管后，孢壳中只观察到变大的后极泡和褶皱的细胞膜（Lom 1972）。极管中心由一种高电子密度的颗粒状物质填充（Kudo & Daniels 1963；Lom & Vavra 1963；Vavra 1976），在极管外翻过程中，这种物质也会同时发生变化（Lom & Corliss 1967），Weidner（1972，1976）认为这种物质是未聚合的极管蛋白（PTP）。在孢子发芽过程中，随着极管外翻，锚定盘附近"衣领"状结构可以在极管弹出过程中起到固定极管的作用（Lom 1972）（图 10.8）。根据超微结构的观察，极管的外翻类似于一根管子从另一根管子里滑出（Weidner 1982；Weidner et al. 1995；Chioralia et al. 1998），而关于孢子的激活以及极管的弹出机制将在本章 10.5 部分进行详细介绍。

　　孢壁是微孢子虫的主要特征之一，孢壁可以抵抗外界环境的变化，并为极管的弹出提供静水压力（Frixione et al. 1997）。在孢子的前端，锚定盘的前面部分区域，孢子内壁较薄并且具有较高的电子密度。透射电镜、冷冻断层扫描、深刻蚀刻等方法研究脑炎微孢子虫属微孢子虫的超微结构发现，孢子的外壁比较复杂，可分为 3 层：刺突状外层、中间低电子密度层以及内层纤维层（Bigliardi et al. 1996）。孢子内壁是原生质膜与外壁连接的桥梁，内壁的主要成分几丁质被认为是组成外壁与原生质膜之间桥梁的重要组成部分，同时也是孢子外壁纤维系统的一部分（Erickson & Blanquet 1969；Vavra 1976；Bigliardi et al. 1996）。肠脑炎微孢子虫的免疫组化研究证实了这个假说（Prigneau et al. 2000）。研究发现，富含丝氨酸和甘氨酸，相对分子质量为 5.1×10^4 的孢壁蛋白 1（spore wall protein 1, SWP1）定位于兔脑炎微孢子虫（Bohne et al. 2000）、海伦脑炎微孢子虫（Peuvel-Fanget et al. 2006；Weiss，未发表数据），以及肠脑炎微孢子虫（Hayman et al. 2001）的外壁。SWP1 不存在于裂殖体内，当裂殖体从寄生泡的外围转移到内部过程中逐渐形成早期母孢子时，SWP1 开始表达（Bohne et al. 2000）。

　　孢壁除了为孢子提供机械性保护外，还与激活极管的弹出以及孢子发芽过程中孢壁的结构性修饰有关（Weidner 1992；Weidner & Halonen 1993）。电镜观察发现感染鱼的微孢子虫鮟鱇思普雷格孢虫（*Spraguea lophii*）和感染鱼虾的泰罗汉孢虫属微孢子虫的孢子外壁在孢子发芽过程中分解（Weidner & Halonen 1993）。利用角蛋白的抗体分析发现，泰罗汉孢虫属微孢子虫孢壁含有一些类角蛋白，可以在孢壁形成 10 nm 厚的中间纤维，在孢子发芽过程中这些类角蛋白发生磷酸化并最终全部解聚（Weidner & Halonen 1993）。利用微孢子虫蛋白制备的多克隆抗体可用于识别孢壁的不同区域。采用该方法，研究者们发现一个相对分子质量约为 3×10^4 的蛋白定位于孢子外壁，而另外一个相对分子质量为 3.3×10^4 的蛋白质则定位于靠近质膜的区域（Delbac et al. 1998a）。另有识别孢壁蛋白的多株单克隆抗体已见报道（Visvesvara et al. 1994；

Beckers et al. 1996；Lujan et al. 1998）（请参见 10.7 以获得更多关于孢壁成分的信息）。一些孢壁成分表现出与甘露糖基化相关的翻译后修饰，这些糖基化修饰可能在孢子侵染胃肠道细胞过程中参与到孢壁与黏蛋白或宿主细胞黏附的过程中。研究报道，添加外源黏多糖可以降低孢子对宿主细胞的黏附率（Hayman et al. 2005）。

10.3　极管的形态

大多数微孢子虫的极管形成于早期母孢子，起始形态为椭圆形膜与致密物质组成的卵圆形结合体（Takvorian & Cali 1996），随后这些结合体以内质网扁囊、小囊泡及小泡的形式形成类似高尔基体的结构（Sprague & Vernick 1968），这些囊泡状结构逐渐转变成中空的管状结构并最终形成极管。早已有报道认为微孢子虫中存在类高尔基体结构，后续的实验数据也证明了该结构的存在（Sokolova et al. 2001a，2001b）。极管前端结合的锚定盘结构来源于囊泡或极囊的膜结构（Takvorian & Cali 1986，1996），它从细胞核附近或高尔基体的膜结构开始形成膜泡，转运到孢子前端的锚定位置，并逐渐发展形成锚定盘结构。随着孢子母细胞的逐渐成熟，囊泡融合形成不均一的结构，这就是极管装配的前体（Takvorian & Cali 1996）。极管核心和表面的封闭结构首先出现，随后在极管内部逐渐形成多层结构（Vavra 1976），极管内的层数取决于孢子的成熟状态，因为未成熟孢子的极管层数比成熟孢子的要少（Vavra 1976；Chioralia et al. 1998）。

许多研究小组都认为极管来源于高尔基体的膜结构（Vavra & Undeen 1970；Vavra 1976）。Weidner（1970）认为极管中心区域来自于类高尔基体的囊泡，极管外膜则来源于内质网。Sprague 和 Vernick（1969）则认为极管外膜形成于类高尔基体膜结构，但是极管中心层则起源于纺锤体。Jensen 和 Wellings（1972）认为极管的物质基础来源于细胞核的衍生结构，极管前端部分起源于内质网膜，极管后端部分则来源于高尔基体。1994 年，Takvorian 和 Cali 报道了感染鱼的微孢子虫丝黛芬妮格留虫（*Glugea stephani*）的极管表面和内部高电子密度区域含有硫胺素焦磷酸酶，这为极管的形成与高尔基体有关提供了最直接的证据。据报道极管的核心区域，外膜部分以及形成初期的囊泡可以被内质网膜和高尔基体膜的标记物核苷二磷酸酶（NDPase）进行染色，极膜层、极囊和后极泡均采用同样的方法证明其发源于高尔基体（Sprague & Vernick 1969；Jensen & Wellings 1972）。然而，Lom 和 Corliss（1967）以及 Weidner（1970）提供的证据却证明极膜起源于内质网。

部分微孢子虫（如 Enterocytozoonidae），其极管的形成有别于其他种类的微孢子虫。毕氏肠脑炎微孢子虫极管的形成开始于产孢原质团时期，其首先产生一个大的、类似肺泡支气管的高电子密度体，然后形成高电子密度圆盘（Desportes-Livage et al. 1996），随后这些圆盘结构融合并逐渐形成极管螺旋（Cali & Owen 1990），锚定盘和极膜层也在这个时期开始形成。当孢子母细胞形成时，每一个细胞中的极管都含有 5～6 个螺旋的极管并由锚定盘固定于孢子前端。母孢子时期，极管弹出装置已装配完成。在肠微孢子虫科（Enterocytozoonidae）中，要证明极管的形成和高尔基体之间的联系并不容易（Desportes-Livage et al. 1996）。目前可知，囊状极膜层来源于粗面内质网派生的囊泡，片状极膜层则来源于核膜和内质网膜。感染水生生物的鲑鱼核孢虫（*Nucleospora salmonis*）（以前称为 *Enterocytozoon salmonis*）中，极管不是由高电子密度盘形成的，而是来源于连接核糖体与内质网的管状结构，这些管状结构首尾相连而形成了极管外层结构（Chilmonczyk et al. 1991；Desportes-Livage et al. 1996）。极膜层的前体是大量小囊泡的聚集体（Desportes-Livage et al. 1996）。研究表明，借助于酶组织化学或特异性抗体标记高尔基体的方法有助于在 Enterocytozoonidae 中分析极管形成过程中高尔基体与极管的关系。

10.4　孢子发芽：激活

目前已经有许多关于孢子活化从而导致极管弹出、孢原质的输送以及对宿主的侵染等过程的机制研

表 10.1 极管活化弹出的条件

生物体	体外极管弹出的方法	参考文献
Amblyospora sp.	1.6 mol/L 蔗糖缓冲液，0.2 mol/L KCl，pH 9	Undeen & Avery（1984）
Edhazardia aedis	0.1 mol/L KCl，pH 10.5	Undeen & Becnel（1992）
Encephalitozoon hellem	140 mmol/L NaCl、5 mmol/L KCl、1 mmol/L $CaCl_2$、1 mmol/L $MgCl_2$，pH 9.5 或 7.5，加或不加 5% H_2O_2	Leitch et al.（1993）；He et al.（1996）
E. intestinalis	140 mmol/L NaCl、5 mmol/L KCl、1 mmol/L $CaCl_2$、1 mmol/L $MgCl_2$，pH 9.5 或 7.5，加或不加 5% H_2O_2	He et al.（1996）
E. intestinalis	孢子来自磷酸盐缓冲液中用 0.025 mol/L NaOH 重悬的尿中	Beckers et al.（1996）
Encephalitozoonidae *E. cuniculi* *E. hellem* *E. intestinalis*	0.3% H_2O_2，37℃ 12 h	Weiss（未发表数据）
Glugea fumiferanae	碱金属离子氯化物，如 CsCl、RbCl、KCl、NaCl 或 LiCl，pH 10.8	Ishihara（1967）
G. hertwigi	钙离子载体 A-23187	Weidner（1982）
	在 150 mmol/L 磷酸缓冲溶液中，pH 由中性（7.0）变为碱性（9.5）	
	50 mmol/L 柠檬酸钠在 100 mmol/L 双甘氨肽缓冲溶液中，pH 9.5	
	150 mmol/L 磷酸缓冲液在 100 mmol/L 双甘氨肽缓冲溶液中，pH 9.5	
Gurleya sp.	脱水后再用生理盐水补充水分	Gibbs（1953）
Nosema sp.	3% 40 倍体积 H_2O_2	Walters（1958）
Nosema algerae	$KHCO_3$、K_2CO_3 缓冲液，pH 8.8	Vavra & Undeen（1970）
N. algerae	KCl、NaCl、RbCl、CsCl 或 NaF，pH 9.5；$KHCO_3$，pH 9.0（0.1 ~ 0.3 mol/L 溶液），需要用蒸馏水预处理	Undeen（1978）
N. algerae	0.05 mol/L 卤素原子 Br^-、Cl^- 或 I^- 在 pH 9.5 与 Na^+ 或 K^+ 结合，或 0.03 mol/L F^- 在 pH 5.5 与 Na^+ 或 K^+ 结合	Undeen & Avery（1988b）
N. algerae	0.1 mol/L NaCl 缓冲液（pH 9.5）+ 20 mmol/L 甘氨酸 –NaOH 或硼酸 –NaOH	Undeen & Avery（1988c）；Undeen & Frixione（1991）
N. algerae	0.1 mol/L NaCl 缓冲液（pH 9.5）+ 20 mmol/L Tris– 硼酸	Frixione et al.（1992）
N. algerae	碱金属阳离子在 0.1 mol/L NaCl 或 KCl 中，pH 9.5；或 0.1 mol/L $NaNO_2$，pH 9.5；或 Na^+ 载体莫能菌素在 0.04 mol/L NaCl 中，pH 9.5	Frixione et al.（1994）
N. apis	空气中脱水，用中性双蒸水补充水分	Kramer（1960）
N. apis	空气中脱水，用磷酸盐缓冲液补充水分，pH 7.1	Olsen et al.（1986）
N. apis	0.5 mol/L NaCl + 0.5 mol/L $NaHCO_3$，pH 6	de Graaf et al.（1993）
N. bombycis	30% H_2O_2 或 30% H_2O_2 + 1% $NaHCO_3$	Kudo（1918）
N. bombycis	煮熟的蚕消化液或 3% H_2O_2	Ohshima（1927）
N. bombycis	蚕的消化液或肝抽提液，pH > 8.0	Trager（1937）
N. bombycis	用 HCl 中和 pH 11 ~ 13 的 NaOH 至 pH 6.0 ~ 9.0	Ohshima（1937）
N. bombycis	用 HCl 中和 KOH 至 pH 6.5 ~ 8.0	Ohshima（1964a）
N. bombycis	0.375 mol/L KCl、0.05 mol/L 甘氨酸、0.05 mol/L KOH，pH 9.4 ~ 10.0	Ohshima（1964b）

续表

生物体	体外极管弹出的方法	参考文献
N. bombycis	1.5% ~ 3% H_2O_2	Ohshima（1966）
N. bombycis	蚕的血淋巴用 0.1 mol/L KOH 预处理	Ishihara（1968）
N. costelytrae	用 0.2 mol/L KCl（pH 12）和 0.2 mol/L KCl（pH 7）预处理	Malone（1990）
N. heliothidis	用 0.15 mol/L 阳离子（K、Na、Li、Rb 或 Cs）（pH 11）和 0.15 mol/L 阳离子（K）（pH 7）预处理	Undeen（1978）
N. helminthorum	机械压	Dissanaike（1955）
N. locustae	2.5 mol/L 蔗糖或 5% 聚乙二醇 + 0.1 mol/L Tris–HCl、0.1 mol/L NaCl 或 0.1 mol/L 甘氨酸 –NaOH、0.1 mol/L NaCl（pH 9 ~ 10）	Undeen & Epsky（1990）
N. locustae	空气中脱水，0.1 mol/L Tris–HCl（pH 9.2，37℃）复水	Whitlock & Johnson（1990）
N. michaelis	veronal acetate 缓冲液（pH 10）+ 组培培养基 199 预处理	Weidner（1972）
N. pulicis	弱乙酸或碘水	Korke（1916）
N. whitei	空气中脱水，再用中性双蒸水复水	Kramer（1960）
Perezia pyraustae	空气中脱水，再用中性双蒸水复水	Kramer（1960）
Plistophora anguillarum	0.1 mol/L 柠檬酸 –HCl 钾（pH 3 ~ 4）或 0.01 mol/L $KHCO_3$–K_2CO_3（pH 10）或 0.5% ~ 50% H_2O_2	Hashimoto et al.（1976）
P. hyphessobryconis	5% H_2O_2	Lom & Vavra（1963）
Spraguea lophii [a]	在 0.5 mol/L 双甘氨酸或含 2% 黏蛋白或 0.5 mol/L 的多聚谷氨酸的 0.5 mol/L 碳酸盐缓冲液条件下，pH 由酸性或中性变为碱性（pH 9.0）	Pleshinger & Weidner（1985）
S. lophii [a]	钙离子载体 A–23187	Pleshinger & Weidner（1985）
S. lophii [a]	磷酸盐缓冲液（pH 8.5 ~ 9.0），含 0.1% ~ 0.5% 胃黏膜素	Weidner et al.（1984）
S. lophii [a]	0.05 mol/L Hepes 储存，5 ~ 10 mol/L Ca^{2+}（pH 7）预处理，然后加含 2% 黏蛋白的 Hepes（pH 9.5）	Weidner et al.（1995）
Thelohania californica	机械压	Kudo & Daniels（1963）
T. magna	机械压	Kudo（1916，1920）
Vairimorpha necatrix	0.15 mol/L 阳离子（K、Li、Rb 或 Cs）（pH 10.5）预处理 + 0.15 mol/L 阳离子（Na 或 K）（pH 9.4）	Undeen（1978）
V. plodiae	0.1 或 1 mol/L KCl（pH 11）预处理 + 0.1 或 1 mol/L KCl（pH 8.0）	Malone（1984）
Vavraia culicis	0.2 mol/L KCl，pH 6.5（1 个个体）和 pH 7.0 ~ 9.0（另一个个体）	Undeen（1983）
V. oncoperae	3 mmol/L EDTA + 0.2 mol/L KCl 预处理，pH 11	Malone（1990）

[a] 另外的名字为 *Glugea americanus*

究（表 10.1）。早期的研究发现微孢子虫在极管弹出前体积增大（Thelohan 1894），后续研究发现利用不同浓度的 H_2O_2 和 NaCl 可以降低极丝的弹出率（Ohshima 1927，1937）。根据这个结果，研究者认为极丝的弹出是由渗透作用导致孢内压力增大造成的，此后许多年该假说被大量发表的研究结果所认可（Undeen 1990；Keohane & Weiss 1998）。因为不同宿主的体内环境差异较大，目前没有普遍适用于使极管弹出的胞外环境，一些方法如改变 pH（酸性或者碱性环境），孢子脱水后再复水的方法以及添加各种阴阳离子如钾、钠、钙、氯化物和碘化物等均可以用于触发微孢子虫的发芽（Undeen 1983；Undeen & Frixione 1990；Leitch et al. 1995）。Frixione 等（1994）认为阴阳离子可以自由出入孢子，而大分子物质可能会阻碍这种阴阳离子自由移动，这解释了为什么这类分子（阴阳离子）可能是孢子激发的因素。因为这些激发物可能与孢子表面互作或者能够穿透孢壁，因此细胞壁的组成成分与孢子激发密切相关。

Thelohan（1894）是第一位提出孢子膨胀发生在极管弹出之前的科学家。尽管 Stempell（1909）和 Kudo（1918）认为极管的弹出是因为渗透压的变化，但 Ohshima（1927，1937）是第一位用实验方法证明了渗透压与极管弹出之间的关系，他利用 H_2O_2 和不同浓度的 NaCl，在较高的盐浓度条件下降低了极管的弹出率。Lom 和 Vavra（1963）观察到极膜层和后极泡在极管弹出之前发生膨胀，West（1960）则观察到了极管的收缩并阐明这个现象对于孢原质的排出的重要性。极管从孢子前端弹出的时间少于 2 s（Ohshima 1937；Lom & Vavra 1963；Vavra et al. 1966；Weidner 1972；Frixione et al. 1992），并通过外翻形成一个中空的管，与反转手套类似（Ohshima 1937，1966；Gibbs 1953；Lom & Vavra 1963；Ishihara 1968；Lom 1972；Weidner 1982）。

目前普遍认为孢子的发芽包括以下几个阶段：①孢子活化；②内部渗透压增加；③极管的外翻；④孢原质通过极管的排出。整个过程的机制目前仍不清楚，也没有普适性的孢子活化剂，孢子活化的条件也是随物种不同而有差异，这也同时反映出孢子对于不同宿主和内部环境的适应性（Undeen & Epsky 1990）。微孢子虫在许多水生和陆生宿主内被发现，在不同的物种中微孢子虫都可能需要特异的活化环境，这种物种特异性可能可以阻止孢子在外环境中意外发芽（Undeen & Avery 1988b；Undeen & Epsky 1990），同时也可能与微孢子侵染宿主的特异性有关。

大量研究发现不同的 pH，如在碱性（Ishihara 1967；Undeen 1978；Undeen & Avery 1984）或者酸性（Korke 1916；Hashimoto et al. 1976；Undeen 1978，1983；de Graaf et al. 1993）pH，或者从酸性变为中性或碱性环境（Pleshinger & Weidner 1985；Weidner et al. 1995），再或者从碱性变为中性或酸性（Ohshima 1937，1964a；Weidner 1972；Undeen 1978；Malone 1984，1990）的环境下孵育孢子可以促进孢子的发芽。而许多种微孢子虫的发芽并不依赖 pH，并且在酸性和碱性环境中都可以发芽（Hashimoto et al. 1976；Undeen 1983；Undeen & Avery 1988b）。在一些微孢子虫物种中，脱水后再进行复水处理可以有效地促进孢子的发芽（Gibbs 1953；Kramer 1960；Olsen et al. 1986）。而在另外一些微孢子虫在碱性 pH 环境下进行脱水复水处理可以有效地促进孢子发芽（Undeen 1978；Undeen & Avery 1984；Undeen & Epsky 1990；Whitlock & Johnson 1990）。

阳离子同样也是孢子发芽所必需的，而且在一定程度上小分子的阳离子对孢子发芽的激发效果更加有效（Frixione et al. 1994）。研究表明，阳离子和阴离子都是被动的进入孢子，孢壁对于大分子来说就像一个滤网，碱金属阳离子可以随意地进入孢壁和质膜。许多种阳离子，包括钾、锂、钠、铯和铷可以通过孢壁和质膜（Ohshima 1964b；Ishihara 1967；Undeen 1978，1983；Malone 1984，1990；Undeen & Epsky 1990；Whitlock & Johnson 1990；de Graaf et al. 1993；Frixione et al. 1994），另外一些阴离子如溴化物、氯化物、碘化物以及氟化物同样可以促进极管弹出（Undeen & Avery 1988b）。据报道钠离子或者钾离子在碱性 pH 下可以刺激孢子发芽（Ohshima 1964b；Ishihara 1967；Undeen & Avery 1988c；Undeen & Frixione 1991；Frixione et al. 1994）。

黏蛋白或者多聚阴离子（Pleshinger & Weidner 1985；Weidner et al. 1995）、过氧化氢（Kudo 1918；Lom & Vavra 1963；Hashimoto et al. 1976；Leitch et al. 1993；He et al. 1996）、小剂量的紫外照射（Undeen & Epsky 1990）以及钠离子载体莫能菌素（Frixione et al. 1994）同样可以用来激活孢子的发芽。孢子发芽的抑制剂包括高浓度的乙醇（Kudo 1918）、0.01~0.1 mol/L 氯化镁（Malone 1984）、氯化铵（Undeen 1978；Undeen & Avery 1988a；Undeen & Epsky 1990）、低盐环境（10~50 mmol/L）（Undeen 1978）、氟化钠（Undeen & Avery 1988b）、1.8 mol/L 蔗糖（Undeen 1978）、银离子（Ishihara 1967）、伽马辐射（Undeen et al. 1984）、紫外照射（Undeen & van der Mer 1990；Whitlock & Johnson 1990）、温度高于 40 ℃（Whitlock & Johnson 1990）、细胞松弛素 D、秋水仙氨、伊曲康唑（Leitch et al. 1993）、甲硝唑（He et al. 1996）、一氧化

氮供体 S– 亚硝基 –N– 乙酰青霉胺以及亚硝基铁氰化钠（He et al. 1996）。

研究表明氯化钙（0.001～0.1 mol/L）可以抑制孢子的发芽（Ohshima 1964a，1964b；Ishihara 1967；Undeen 1978，1983；Weidner 1982；Malone 1984），而在 pH 9.0 的环境下，0.2 mol/L 的氯化钙（Pleshinger & Weidner 1985）和 1 mmol/L 的氯化钙（Leitch et al. 1993；He et al. 1996）以及钙离子载体 A23187（Weidner 1982；Pleshinger & Weidner 1985）却能促进极管弹出。一篇文章曾报道 EGTA 在有钙离子存在的情况下可以促进孢子的发芽（Malone 1984），而在其他报道中则抑制孢子发芽（Pleshinger & Weidner 1985）。钙离子通道抑制剂镧、戊脉安、硝苯地平以及钙调蛋白抑制剂氯丙嗪和三氟吡啦嗪也可以抑制孢子的发芽（Pleshinger & Weidner 1985；Leitch et al. 1993；He et al. 1996）。除去包裹鲑鳟思普雷格孢子的网格蛋白以及钙调蛋白会不可逆地导致孢子失去极管弹出能力（Weidner 1982）。钙离子被认为直接参与到孢子发芽过程中，其从极膜层的膜上释放后会激发收缩机制以及与极膜层基质结合导致极膜层的膨胀（Weidner 1982；Weidner & Byrd 1982）。研究者发现钙离子载体 A23187 可以被用来激发极膜层的膨胀和极管的弹出，而氯化钙则会抑制这个反应（Weidner 1982），从而印证上面的观点。以上研究表明钙离子可能在孢子发芽过程中起着非常重要的作用。

研究表明，尽管激发因素不同，但是微孢子虫被活化后所表现的状态却极为相似，即孢子内部渗透压升高（Kudo 1918；Ohshima 1937；Lom & Vavra 1963；Undeen 1990；Undeen & Frixione 1990；Frixione et al. 1992）。渗透压的增加则会导致水分子进入孢子，同时导致极膜层和后极泡在孢子发芽之前膨胀（Huger 1960；Lom & Vavra 1963；Weidner 1982；Frixione et al. 1992）。研究表明在高渗溶液的环境下极管的弹出过程会被抑制或者延缓（Ohshima 1937；Lom & Vavra 1963；Undeen & Frixione 1990；Frixione et al. 1992），并且孢原质也不能被排出（Weidner 1976；Frixione et al. 1992），这为渗透压理论提供了间接的理论依据。渗透压的增加可以导致极管的外翻以及随后孢原质的排出（Undeen 1990），孢壁可以为该过程提供结构阻力与弹力（Undeen 1990；Undeen & Frixione 1990，1991）。

水分子可以通过孢壁和质膜对于渗透压理论来说是非常重要的，最近利用 D_2O 研究表明，水分子借助一个对 $HgCl_2$ 和膜水合作用程度敏感的跨膜通路（如水通道蛋白）进入孢子，随着浓度的提高 D_2O 可以抑制孢子的弹出，D_2O 对于孢子发芽的抑制作用可以被水结构的降低（通过提升溶液温度或者离子强度）所抵消，这个发现支持了水通道蛋白参与孢子发芽的事实（Frixione et al. 1997）。另外一个关于质膜内存在水通道蛋白的证据源于冷冻电镜观察，发现了普遍存在于质膜内膜的大小 7～10 nm 的结构与水通道蛋白的区域是非常相似的（Liu & Davies 1973；Vavra et al. 1986；Undeen & Frixione 1991），该发现为证明在孢子质膜上存在水通道蛋白提供了更多的依据。研究者从兔脑炎微孢子虫中克隆得到一个具有功能的水通道蛋白，并在非洲爪蟾卵母细胞中进行了表达与研究。针对该水通道蛋白的抗体可以将其定位到质膜上，与该蛋白质在孢子内部起到平衡水势的功能相一致（Ghosh et al. 2006a，b）。在家蚕微粒子虫中也鉴定出一个水通道蛋白（NbAQP）（Zhou，未发表数据），NbAQP 是一个跨膜蛋白，相对于具有 6 个跨膜功能域的人水通道蛋白 1 而言，NbAQP 具有 7 个预测的跨膜区域，对于 NbAQP 的模拟 3D 结构分析发现该蛋白质拥有 2 个天冬酰胺 – 脯氨酸 – 丙氨酸（NPA）基序，该基序部分覆盖了细胞膜的磷脂双分子层表面并形成一个漏斗型的结构，在细胞膜表面形成水可以通过的孔洞。微孢子虫内类似于水通道蛋白的存在与已报道关于阴阳离子对孢子发芽影响的研究是相符合的，例如离子被水合的程度越强，其对于孢子的激发能力越小。

目前关于孢子内部渗透压升高机制的理论解释已经有很多，其中一个较早的解释是孢子的激发是通过简单地提高孢壁对于水的通透性实现的（Lom & Vavra 1963），然而后来的实验数据表明，孢壁具有分子筛的功能，水是可以自由通过孢壁的，而且水也同样可以自由通过水通道蛋白，因此孢壁对水的通透性并不是孢子激发的原因。Dall（1983）认为孢子的发芽是因为孢子周围的碱性环境造成了孢子内外的质子浓度梯度，他的假说认为在孢子发芽过程中，质子浓度梯度可以激发由羧酸离子载体组成的质子 – 阳离子交换机制，当孢原质内的质子被耗尽之后，孢子内不断升高的碱性环境又会在不同的细胞器膜特别是极膜层和后极泡膜上激发相同的交换机制，随后由于渗透压的失衡，孢子内部压力的升高导致水流进孢子内部。然而需要提及的是，并不是所有的微孢子虫弹出极管都需要在碱性环境下进行，并且阳离子的变化并不能完全解释孢子内部渗透压变化。

据报道微孢子虫含有海藻糖和海藻糖酶（Wood et al. 1970；Vandermeer & Gochnauer 1971），通过对按蚊微孢子虫的发芽孢子与未发芽孢子内海藻糖浓度变化的检测，学者们提出了另一个导致孢子发芽的理论（Undeen et al. 1987；Undeen & van der Mer 1994），在该理论中，孢子的活化导致孢子内部发生变化，孢子内部一些隔离被打破，使海藻糖和海藻糖酶可以相互接触，海藻糖被降解成大量的小分子，导致孢子内部渗透压的增加，接着水分子进入孢子导致孢子内部压力增加，进而导致极管弹出（Undeen 1990）。

超微结构数据表明，在极管弹出之前，孢子内部不同区域之间出现破裂，孢子的后部电子密度降低，质膜和多聚核糖体消失（Lom 1972；Chioralia et al. 1998）。然而，在西方蜜蜂微粒子虫中，de Graaf 等（1993）发现在孢子发芽前后海藻糖/葡萄糖的比例只有很小的变化，表明并不是所有的微孢子虫都存在该机制。目前认为这种激发机制可能仅仅存在于侵染水生生物的微孢子虫中，而在其他种类的微孢子虫中可能存在不同的激发机制，或者不同的成分可以导致孢子内部压力的变化，如 Findley 等（2005）曾经假设后极泡可能作为一个过氧化物酶体容器，含有过氧化氢酶和乙酰辅酶 A 氧化酶，这些酶可以氧化后极泡内的脂肪酸，从而为极管弹出提供动力。

孢子发芽是一个非常复杂的过程，在极管弹出并将孢原质转移到宿主细胞前需要多个步骤（Keohane & Weiss 1998），在这一系列过程中有许多因素最后导致了极管的弹出。Keohane 和 Weiss（1998）在综合了许多的研究后认为，极管弹出与孢子受到某种因素刺激后大量离子的涌入有关。其中最经常被提及的因素是合适的外部环境，适合孢子发芽的环境根据孢子种类和宿主种类的不同也是各异的，但是体外实验中发现普遍的诱导因素为 pH 的变化（Undeen 1983；Malone 1984；Undeen & Avery 1984；Pleshinger & Weidner 1985）。离子的大量涌入导致膜内钙离子被置换到膜外，钙离子的流动伴随着孢子内部区域化的消失（可能由于微丝的作用）。钙离子的流失也可以使酶在特定 pH 环境下被激活，例如海藻糖酶，其可以通过将大分子复合物（海藻糖）降解为小分子单体（葡萄糖和其他代谢物），从而为水分子进入孢子提供静水压力（Undeen & Frixione 1990）。这个过程可以促进水分子进入孢子，从而使孢子内部压力增加，而孢子的膨胀则被在孢子内壁所限制（Frixione et al. 1997）。水分子通过水通道蛋白进入后，导致后极泡和极质体的膨胀，孢原质密度降低，最后孢子前端破裂同时极管弹出体外，具有感染性的孢原质通过中空的极管被转移到宿主细胞质内或者进入细胞内的寄生泡。可以通过影响孢子发芽过程中的任何一个步骤来抑制孢子发芽，如通过氯化铵改变孢子的 pH 可以抑制离子流入或者抑制酶活性；另外利用小剂量的紫外或者过氧化氢进行刺激，可以破坏细胞内的区隔，从而导致孢子内酶和底物可以绕开钙激活机制相互作用，虽然这种孢子激活机制考虑了以前关于孢子激活的研究，但是关于导致极管弹出必需的环境条件目前仍然是未知的，这种激活机制可能会根据微孢子虫种类和宿主范围的变化而不同。

第二个关于孢子活化的假说是关于孢子的外环境，Hayman 等发现在体外细胞培养过程中，兔脑炎微孢子虫和肠脑炎微孢子虫的孢子可以黏附到宿主细胞表面（Hayman et al. 2005；Southern et al. 2006），而这种黏附不能被简单的清洗而去除。鉴于其他细胞内病原菌如疟原虫、弓形虫以及一些病毒可以利用宿主细胞表面的黏多糖 GAGs 作为一种非特异性结合的受体（Carruthers et al. 2000；Dechecchi et al. 2000；Fried et al. 2000），因此认为微孢子虫也可能具有同样的功能。GAGs 是一种包含线性二糖重复单元的蛋白聚糖，存在于所有的细胞中。外源添加 GAGs 可以竞争性地抑制微孢子虫对宿主细胞的黏附，孢子黏附到宿主细胞的比例与 GAGs 的剂量相关。利用缺少 GAGs 的细胞以及从表面去除了 GAGs 的细胞进行的实验确认了 GAG 介导的孢子黏附机制的存在。有趣的是，当孢子的黏附被抑制后，孢子对宿主细胞的侵染率也相应地降低了，该结果表明微孢子虫与宿主细胞的黏附与细胞表面的 GAGs 相关，GAGs 是活化孢子的必要因素之一，孢子与 GAGs 结合是孢子活化的重要步骤之一（Hayman et al. 2005）。孢子与细胞表面之间牢固地结合可以帮助极管与宿主细胞膜进行互作，而不是极管从远处通过外力刺破细胞膜。Southern 等（2006）的实验发现当增加一些二价阳离子如钙离子、镁离子以及锰离子的浓度时，孢子黏附能力增强，表明这些

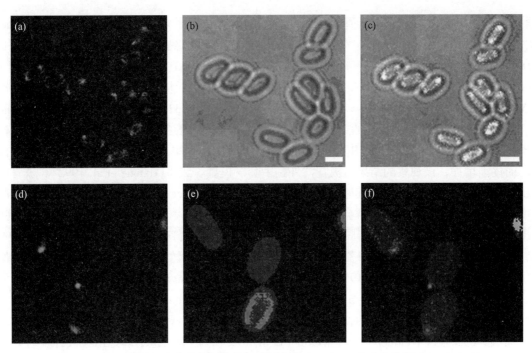

图 10.9　家蚕微粒子虫类枯草杆菌丝氨酸蛋白酶（NbSLP1）定位分析（见后文彩图）

NbSLP1 的抗体可以将该蛋白质定位于孢子的两极（Dang et al. 2013）。（a）NbSLP1 inhibitor _I9 功能域的抗体（红色）；（b）孢子微分干涉差显微镜（DIC）观察；（c）图（a）和图（b）的重叠，标尺为 3 μm，当用发芽液处理孢子后，成熟的蛋白酶仅仅可以在孢子的顶端被发现；（d～f）（d）成熟蛋白酶 NbSLP1 的免疫定位表明只有极端被标记；（e）孢子的 DAPI 染色；（f）图（d）和图（e）的合并，标尺为 3 μm。图片由 Zhou，Pan & Dang 博士惠赠；Xiaoqun Dang，Guoqing Pan，Tian Li，Lipeng Lin，Qiang Ma，Lina

离子对于孢子激活过程以及侵染过程都是很重要的。

研究表明枯草杆菌蛋白酶在病原菌生长和侵染过程中非常重要，如在弓形虫和其他顶复门病原中，枯草杆菌蛋白酶主要定位于病原顶端，并且可以与一些黏附相关的关键蛋白形成复合体，并在侵染过程中起着非常重要的作用。在家蚕微粒子虫中，3 种丝氨酸蛋白酶（NbSLP1、NbSLP2-1 和 NbSLP2-2）已经被鉴定，NbSLP2-1 和 NbSLP2-2 具有 94% 的序列相似性（Dang et al. 2013）。NbSLP1 具有一个 inhibitor-I9 以及肽酶 -S8 催化功能域。NbSLP2 拥有一个肽酶 -S8 催化功能域和 C 端跨膜域。NbSLP1 和 NbSLP2 之间的序列相似度为 34%，预测 NbSLP1 相对分子质量为 5.48×10^4，等电点为 5.67，NbSLP1 具有一个假定信号肽并在 S^{27} 和 D^{28} 之间有一个酶切位点，没有跨膜结构域和 GPI 锚定位点，表明 NbSLP1 可能是一个分泌蛋白，在其他微孢子虫中 NbSLP1 的同源蛋白的序列相似性从 33%～46%，催化位点 $D^{193}TG$、$H^{225}GT$ 和 GTS^{414} 以及氧阴离子穴残基 N^{352} 都是高度保守的，NbSLP1 的蛋白结构为三层的三明治结构，包括 6 个 α 螺旋和 13 个 β 折叠。间接免疫荧光实验表明 NbSLP1 主要定位于孢子的两端，使孢子看起来类似于"安全别针"的结构（图 10.9）。另外成熟的蛋白酶仅仅能在发芽后孢子的顶端被检测到。一种假说认为，在孢子发芽（由于离子或者 pH 的变化）过程中，NbSLP1 前体可以发生自我剪切，从而变成有活性的蛋白酶，鉴于其可以定位到孢子顶端，因此可能通过降解孢壁蛋白从而促进极管的弹出（Dang et al. 2013）。

10.5　孢子发芽：极管的弹出

在孢子内部，极管缠绕在孢子内容物周围，极管的前端被一系列的极膜所包裹。孢子被激发后，在萌发前这些膜结构会膨胀，而孢内的渗透压也会增加（Kudo & Daniels 1963）。孢子弹出极管前最先出现的标志是在孢子前端极帽区出现明显的突出物（Kudo & Daniels 1963；Lom & Vavra 1963；Frixione et al.

1992），紧接着孢子极帽区域破裂，极管很快以螺旋状的形式从孢子前端以直线方向弹出（Frixione et al. 1992）（图 10.10；图 10.12；图 10.13）。利用机械法同样也可以达到使孢子发芽的效果，如利用压力（Kudo 1918；Kudo & Daniels 1963；Weidner 1982；Dall 1983；Undeen 1990）或者玻璃珠破碎（Connor 1970；Langley et al. 1987；Keohane et al. 1996c）的方法可以导致极管从孢子的侧面被释放出来。极管的长度一般为 50 ~ 500 μm，直径一般为 0.1 ~ 0.2 μm（Kudo & Daniels 1963；Lom & Corliss 1967；Weidner 1976；Frixione et al. 1992），在孢子弹出极管的过程中，极管的结构从实心管状结构转变为中空的管状结构，极管的完全弹出仅仅需要不到 2 s 的时间，并且目前的报道认为其弹出速率达 10^5 μm/s，弹出速率随着极管达到其最大长度而逐渐增加，该观察的结果与极管"外翻手套"模型一致（Frixione et al. 1992）。极管在弹出前后甚至弹出到不同黏度的介质中时，其厚度都不会发生变化（Weidner 1976）。在孢子内的极管内部填充着高电子密度的物质，而当极管弹出后就会变成一个中空的圆柱体（Weidner 1976，1982），未完全弹出的极管末端会出现套筒状结构（或者说双层膜结构的筒状结构）（Weidner 1982；Weidner et al. 1994，1995）。

在极管弹出的过程中，极管已经外翻的区域会保持不动，而在极管前端则会不断伸长并且生长方向也可能会发生变化（Kramer 1960；West 1960；Weidner 1982；Frixione et al. 1992）（图 10.13）。完全弹出的极管长度是在孢子内部盘绕的极管的 2 ~ 3 倍（Lom & Corliss 1967；Weidner 1972），有观点认为极管依靠其自身的弹性在弹出过程中增加了极管的长度（Lom & Corliss 1967；Vavra 1976），另外一个假说则认为极膜层会帮助增加极管的长度（Weidner 1972；Weidner et al. 1995），然而，这个理论已经被许多研究者所否定（Sinden & Canning 1974；Vavra 1976；Toguebaye & Marchand 1987）。利用免疫胶体金电镜的研究发现极管和极膜层具有不同的抗原性（Keohane et al. 1994，1996a，1996b，1996c；Beckers et al. 1996；Delbac et al. 1996；Bouzahzah et al. 2010），如果极膜层协助了极管的延伸，一些极膜层膜结构上的抗原成分应该出现在弹出后的极管上面，但是这种现象并没有被发现。

Chioralia 等（1998）提出的关于极管弹出的假说中，认为在弹出前极管已经具有完整的结构。在孢子内的极管螺旋区域由六层同心膜结构组成，极丝柄则由三层同心膜结构组成，而弹出后的极管只剩下三层膜结构。该结果表明在极管螺旋区域内部可能还存在另外一个管状结构（这样该部分膜结构的量就会是极丝柄部位的两倍），内部的极管就会外翻时也会成为极管整体的一部分。该理论进一步指出，在孢子激发过程中，管状极膜层膨胀迫使片状极膜层进入极管，从而激发极丝柄开始外翻。随着极管的外翻，孢原质流入极管，迫使极管发生解旋，并在外翻区域形成类似螺丝刀样的旋转动作（Chioralia et al. 1998）。因此

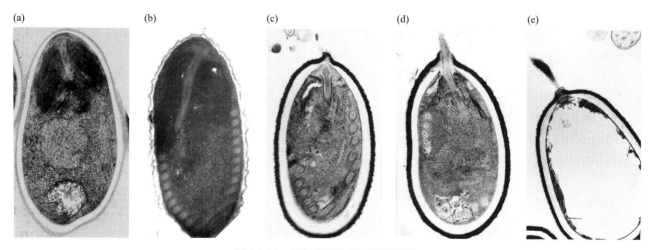

图 10.10 透射电镜分析极管的弹出

按蚊微孢子虫孢子发芽过程中孢子前端电镜分析。（a）发芽前的孢子；（b ~ e）描述了孢子前端的膨大、锚定盘的破裂和极管的外翻的过程。图片由 Peter M. Takvorian 博士惠赠

该理论模型认为极管外翻前其结构就已经完全形成，其长度的增加来源于极管的展开，即极管内部的管状部分也延伸出来。

　　导致极管长度增加的另外一种理论解释是极管蛋白（PTPs）在极管顶端的重新组合。该理论认为在极管内部存在许多游离的极管蛋白，这些极管蛋白会在极管外翻的过程中聚集到正在延伸的极管顶端（Weidner 1982；Toguebaye & Marchand 1987；Frixione et al. 1992；Weidner et al. 1994, 1995），通过胶体金定位（Weidner 1982）和干涉对比显微镜的观察证明了这个理论（Frixione et al. 1992；Weidner et al. 1994, 1995）。

　　Keohane 和 Weiss（1998）认为在锚定盘破裂后，极管膜结构从孢子前端开始外翻并形成极管（图 10.11；图 10.12），膨大的极膜层为极管在孢子前端的外翻提供压力，同时锚定盘的颈圈状结构也发生外翻，并将极管固定在孢子前端，图 10.8 和图 10.10 的超微结构可以发现极管的膜结构在锚定盘附近是折向孢外的（也就是说极管是外翻的）。同时，在极管内部的极管蛋白也因为暴露于孢外环境，其氧化还原状态的也发生了变化。这种孢内与孢外环境的变化可以促进极管蛋白二硫键的形成，从而有助于大分子发生多聚或者导致极管的解旋。在极管发生外翻时，外翻过程中极管蛋白的变化以及极管蛋白与极管膜结构发生的相互作用会导致极管在弹出过程中长度的增加（图 10.11；图 10.12）。图 10.8、图 10.9 和图 10.10 证明了一些物质从极管内部被释放出来（图 10.11；图 10.12），然后这些物质堆积到极管膜外的部分，极管会一直延伸直到游离的和未被修饰的极管蛋白以及极管膜被消耗殆尽为止。该理论进一步认为极管蛋白亲脂区域可以与膜结合而亲水区域可以朝向含水的外部环境。在美洲鮟鱇鱼格留虫、兔脑炎微孢子虫、海伦脑炎微孢子虫和肠脑炎微孢子虫中均已经鉴定出了主要极管蛋白（PTP1），该蛋白质同时具有亲水性和亲脂性的区域，而在 EuPathDB（www.microsporidiadB.org）中已收录的其他一些微孢子虫的基因库中也发现了该基因（见 10.6）（Keohane et al. 1996a，b，c，1998，1999b；Delbac et al. 1998b，2001；Keohane & Weiss 1998；Dolgikh & Semenov 2003；Polonais et al. 2005；Xu & Weiss 2005；Delbac & Polonais 2008；Bouzahzah et al. 2010；Hatjina et al. 2011）。

　　当极管完全弹出后，孢原质通过极管并在极管末端形成液滴状（图 10.13）（Ohshima 1937；Gibbs

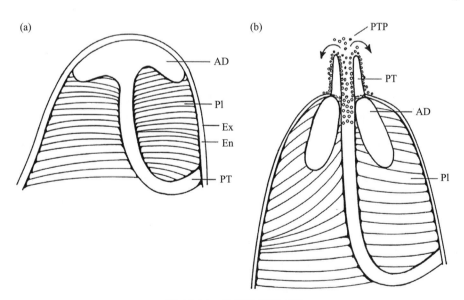

图 10.11　极管弹出模式图

　　（a）未发芽的孢子；（b）极管外翻早期。注，锚定盘也会发生外翻形成一个衣领并且极膜层会发生膨胀。极管蛋白在极管破裂后会被释放，这些蛋白质也会发生结构的变化（可能是因为暴露于外部环境而发生了氧化还原反应），导致外膜结构发生聚合。AD：锚定盘；Pl：极膜层；Ex：外壁；En：内壁；PT：极管；PTP：极管蛋白。[经许可引自 Wittner, M. & Weiss, L. M.（1999）*The microsporidia and microsporidiosis*. Washington, DC: ASM Press]

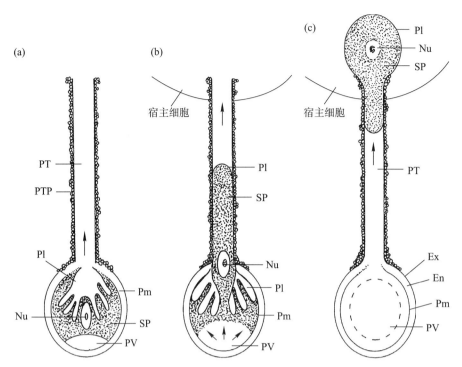

图 10.12 微孢子虫孢子弹出孢原质模式图

（a）当极管蛋白（PTP）仍继续形成极管（PT）的时候，极膜层开始进入中空的极管，后极泡（PV）开始膨胀；（b）孢原质（SP）和细胞核（Nu）在极膜层（Pl）的包裹下流入极管，将极膜留在（Pm）外面（仍然与孢壁结合），极管已经刺入宿主细胞，后极泡已经膨大并将孢原质腾出的空间塞满，后极泡的膨大导致渗透压的变化，从而导致孢子挤出内容物；（c）极管已经刺入宿主细胞膜，由孢原质膜包裹的孢原质和细胞核从极管顶端暴露出来并进入宿主细胞内。孢子包括极膜层（Pl）、后极泡（PV）和孢壁［外壁（Ex）和内壁（En）］，极膜则被留在外面，孢子在宿主细胞内的孢原质膜是由极膜层（Pl）形成的。［经许可引自 Wittner, M. & Weiss, L. M.（1999）*The microsporidia and microsporidiosis*. Washington, DC: ASM Press］

1953；Lom 1972；Weidner 1972；Frixione et al. 1992），而极管仍然被锚定盘的颈圈状结构固定在孢子的前端（Lom 1972）（图 10.8；图 10.10）。极管必须完全弹出以便让孢原质通过，目前还没有发现孢原质可以通过未完全弹出的极管的情况（Gibbs 1953；Weidner 1972；Frixione et al. 1992）。据报道在孢原质通过极管的过程中，极管的直径可以从 0.1 μm 增加到 0.6 μm（Lom & Vavra 1963；Ohshima 1966；Ishihara 1968；Weidner 1972, 1976；Olsen et al. 1986）。学者们借助视频反差增强显微术发现，从极管完全弹出到极管末端出现液滴状孢原质的过程之间存在 15～500 ms 的时间差（Frixione et al. 1992），目前认为这个时间差的出现可能是因为在孢原质被释放前，孢子需要利用一些未知的机制打开极管的前端所导致的（Frixione et al. 1992）。当与极管的前端接触后，孢原质液滴的体积会膨胀，大小甚至超过孢子原有的大小，这可能是由于渗透压导致水逐渐进入孢原质液滴的缘故（Frixione et al. 1992），如果极管在紧靠着细胞的位置弹出，那么它就会刺入细胞，并将孢原质输送到细胞内（Ohshima 1937；Weidner 1972；Frixione et al. 1992），如果其附近没有细胞，那么孢原质就会保持黏附在极管上一段时间然后脱落。

孢子的内容物以一种膜包被的形式从极管前端排出（Weidner 1972；Frixione et al. 1992），目前的研究认为这种用于释放孢原质的限制性膜结构是由片状极膜层组成的（Weidner et al. 1984）。鉴于孢原质膜在孢子发芽后仍然可以与空孢壳保持结合，因此研究认为极膜层在极管弹出后形成新的孢原质膜结构（Weidner 1976；Weidner et al. 1984, 1994, 1995；Undeen & Frixione 1991）。

极管为孢原质输送到宿主细胞提供了桥梁，同时也防止孢原质在输送的过程中被外界极端环境所破坏。如果极管紧靠细胞的时候弹出，则其可以刺入细胞，并将孢原质注入该细胞内（图 10.3；图 10.13）（Ohshima 1937, 1966；Gibbs 1953；Bailey 1955；Walters 1958；Lom & Vavra 1963；Ishihara 1968；Weidner

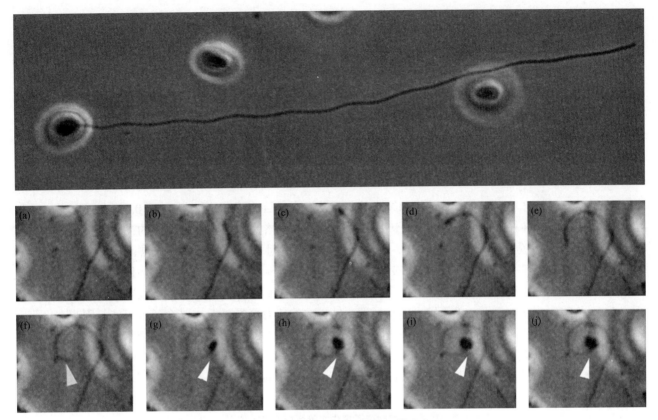

图 10.13　孢原质通过极管的显微观察

图示为按蚊微孢子虫 *Anncaliia algerae* 发芽的孢子相位对比图片，该图片是由连接到相位差显微镜的高速摄像机所拍摄。最上面的图示展现了弹出的极管。底部一系列的图（a~j）展现了孢原质出现（白色箭头）于弹出极管的末端。（图片在阿尔伯特·爱因斯坦医学院的图像中心实验获得，并由 Peter M. Takvorian 博士惠赠）

1972；Iwano & Ishihara 1989）。如果附近没有细胞，则孢原质液滴就会与极管保持黏附一段时间。目前关于极管刺入细胞的机制仍然不清楚，对于极管是不是会与一个细胞表面的特异性受体结合也仍然是未知的。

　　超微结构观察表明极管可以内陷入细胞膜，形成一个可以与孢原质和细胞膜互作的微环境，一般认为，极管首先刺入细胞膜，然后将孢子的孢原质注入宿主细胞的细胞质内。然而极管或孢原质是如何与宿主细胞的细胞膜相互作用的，尚属未知。也有一些数据表明，最后的刺入过程可能需要宿主细胞的蛋白如肌动蛋白的参与（Foucault & Drancourt 2000）。极管除了能将孢原质输入到宿主细胞内外，还可以帮助入侵的孢子逃避吞噬体的吞噬（Couzinet et al. 2000；Franzen 2004）。实际上，已经证明孢子在吞噬体内的发芽可以让孢原质逃离吞噬体的清除，发芽孢子的极管可穿透宿主细胞膜刺入相邻的宿主细胞（Franzen 2004）。这种通过巨噬细胞将吞噬泡中的孢子转移到其他组织的方式，可能是感染扩散的一种重要机制。然而，目前研究学者还未证明这种在吞噬体内的发芽机制是否是微孢子虫感染的重要途径（Orlik et al. 2010）。

　　利用荧光脂质探针对宿主细胞膜的研究表明，一些孢子的极管可以在非常短的时间（2 s 以内）内陷入宿主细胞的磷脂双分子层，在缺乏宿主细胞骨架的条件下形成一个宿主细胞衍生的寄生泡（Bohne et al. 2011），然后极管就会作为一个导管将孢原质从孢子转移到寄生泡内。然而，在另外一种微孢子虫中，孢子的孢原质是被直接注入宿主细胞质的，无须寄生泡的形成，在这种情况下可能不会发生膜内陷的情况。无论通过哪种方式，一旦孢子的孢原质进入宿主细胞，微孢子虫就会通过质裂、二分裂或者多分裂的形式进行细胞分裂，在微孢子虫进行细胞分裂的早期阶段，裂殖体生长，细胞核分裂，子细胞开始形成（Larsson 1986）。对于那些在寄生泡内进行复制的物种，裂殖体的生长与伸长都与寄生泡膜相关（Weidner

1970）。裂殖体形成一个可辨认的膜单元，在细胞核分裂之后，许多个单独拥有细胞核成分的裂殖体靠近质膜。由裂殖体到母孢子的转变伴随着母孢子质膜外面的高电子密度物质的形成（Vavra & Larsson 1999），拥有高电子密度成分的母孢子从寄生泡膜上脱离下来并游离在寄生泡内，并且可能会再次进行二分裂。母孢子继续形成高电子密度层并逐渐转变为孢子母细胞，高电子密度层则被认为形成了孢子外壁，与外界环境接触并可能参与到孢子和宿主之间的互作（Larsson 1986），完整的内壁形成之时也就标志着孢子的成熟（Vavra et al. 1986）。

10.6　极管蛋白的特点

　　鉴于极管的特殊功能，对于其结构和组成的鉴定及发现是目前研究的热点，表 10.2 总结了目前 5 个已经鉴定的极管蛋白（PTP）家族，Kudo（1921）发现极管在水溶液和唾液中是不溶的，然而极管可以被胰蛋白酶在 24 h 内完全消化（Zwolfer 1926；Weidner 1982），并且可以在弹出后很快被消化液消化分解或者在昆虫中肠内被降解（Ohshima 1927，1937；Undeen 1976；Undeen & Epsky 1990）。当用 Thiéry 高碘酸 – 氨基硫脲 – 蛋白银的方法以及高碘酸 – 雪夫反应对极管进行染色后，在光学显微镜下很容易观察到染色的极管（Vavra 1976）。在电镜下，极管则可以与标记了铁蛋白的伴刀豆凝集素 A 结合，这可能是因为在极管上有糖蛋白的存在，后续的研究也确实发现极管的主要蛋白成分（PTP1）是一种甘露糖氧糖基化的蛋白，并且其翻译后修饰可能参与到极管与宿主细胞表面的某些甘露糖受体的结合（Xu et al. 2004；Peek et al. 2005；Polonais et al. 2005；Dolgikh et al. 2007；Taupin et al. 2007；Bouzahzah & Weiss 2010）（图 10.14）。

表 10.2　不同微孢子虫中极管蛋白 PTP1–5 的比较

	PTP1	PTP2	PTP3	PTP4	PTP5
E. cuniculi	395 aa	277 aa	1 256 aa	276 aa	251 aa
	ECU06_0250	**ECU06_0240**	**ECU11_1440**	**ECU07_1090**	**ECU07_1080**
E. intestinalis	371 aa	275 aa	1 256 aa	279 aa	252 aa
	Eint_060150	**Eint_060140**	**Eint_111330**	**Eint_071050**	**Eint_071040**
E. hellem	453 aa	272 aa	1 284 aa	278 aa	251 aa
	413（EhATCC）				
	EHEL_060170	**EHEL_060160**	**EHEL_111330**	**EHEL_071080**	**EHEL_071070**
E. romalae	380 aa	274 aa	1 254 aa	280 aa	251 aa
	EROM_060160	**EROM_060150**	**EROM_111330**	**EROM_071050**	**EROM_071040**
A. locustae	355 aa	287 aa	不完整序列	381 aa	242 aa
	ORF1050a	**ORF1048**[a]		**ORF9697**	**ORF9688**
		568 aa（PTP2b）			
		ORF1712[a]			
		599 aa（PTP2c）			
		ORF1329[a]			
P. grylli	351 aa	287 aa	不完整序列	381 aa	不完整序列
E. bieneusi	nd	283 aa	1 219 aa	nd	nd
		EBI_26400	**EBI_22552**		

续表

	PTP1	PTP2	PTP3	PTP4	PTP5
T. hominis	nd	291 aa **THOM_1756**	1 518 aa **THOM_1479**	不完整序列 **THOM_1575**	259 aa **THOM_1161**
N. ceranae	456 aa **NCER_101591**	275 aa **NCER_101590**	1 414 aa **NCER_100083**	208 aa **NCER_100526**	268 aa **NCER_100527**
N. bombycis[b]	409 aa **NBO_7g0016**	277 aa **AEK69415**	1 370 aa **AEF33802**	222 aa **ACJZ01000169** （**3927 ~ 4595**）	271 aa **ACJZ01002324** （**213 ~ 1028**）
A. algerae	407 aa **KI0ABA33YN06FM1**	3 段不完整序列	1 203 aa **KI0APB23YG12FM1**	254 aa **KI0ANB26YM04FM1**	240 aa **KI0AGA10AA09FM1**
V. corneae	nd	293 aa **VICG_01748**	不完整序列 **VICG_01948**	254 aa **VICG_01195**	204 aa **VICG_01807**
V. culicis *floridensis*	nd	291 aa **VCUG_00650**	1 864 aa **VCUG_02017**	372 aa **VCUG_02471**	356 aa **VCUG_02366**
E. aedis	nd	307 aa **EDEG_00335**	1 447 aa **EDEG_03869** 1 284 aa **EDEG_03429**	465 aa **EDEG_03857**	252 aa **EDEG_03856**
N. parisii	nd	251 aa **NEQG_02488**	1 177 aa **NEQG_00122**	nd	nd
O. bayeri	nd	nd	不完整序列 **ACSZ01010190**	不完整序列 **ACSZ01005588**	212 aa **ACSZ01000826**

O. bayeri 来自布罗德研究所 http://www.broadinstitute.org/annotation/genome/microsporidia_comparative/GenomesIndex.ht ml）.

nd 代表序列未确定，可能是因为序列的变异或者基因组数据不完整。在 *E. cuniculi* 和 *E. hellem* 的不同菌株的 PTP1 在氨基酸数目等方面都存在一些差异（Peuvel et al. 2000）。

黑体字提供了这些蛋白质的基因识别号码（每一个都与相应基因组相对应），这些微孢子虫的基因组数据可以参考一下网站 http://microsporidiadb.org/micro/.

[a] *A. locustae* 数据库（http://forest.mbl.edu/cgi–bin/site/antonospora01）.

[b] *N. bombycis*（*N. bombycis* 和 *N. antheraeae* 注释的基因数据存储于 GenBank 中的以下编号中：ACJZ01000001 ~ ACJZ01003558）

　　极管不溶于 1% ~ 3% SDS、1% Triton X–100、1% ~ 10% H_2O_2、5 ~ 8 mol/L H_2SO_4、1 ~ 2 mol/L HCl、三氯甲烷、1% 盐酸胍、0.1 mol/L 蛋白酶 K、8 ~ 10 mol/L 尿素、50 mmol/L 氯化镁（Weidner 1972，1976，1982），然而却溶于不同浓度的 β- 巯基乙醇、DTT、6% 尿素和 0.1 mol/L 蛋白酶 K 溶液，以及 1% 盐酸胍和 0.1 mol/L 蛋白酶溶液（Weidner 1976，1982；Keohane et al. 1996a）。孢子内部的极管与弹出的极管对还原剂和去污剂具有相似的溶解特性（Weidner 1976，1982），正是这种特殊的溶解性使极管蛋白可以与孢子的其他蛋白分离开来。因为孢壁和极管不能溶解于可以溶解大部分其他蛋白的去污剂和酸溶液，所以利用这些试剂处理孢子就可以纯化极管蛋白。

　　一项关于感染青蟹的米歇尔埃姆森孢虫（*Ameson michaelis*）极管蛋白的装配特点的研究表明，在被酸化的条件下，其极管蛋白可以重新装配形成片层或者壳状结构，表现出了比弹出的极管蛋白更强的流动性

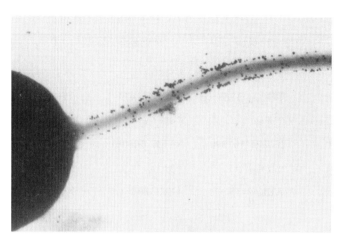

图 10.14 微孢子虫极管的糖基化修饰

免疫胶体金标记的 ConA 可以与按蚊微孢子虫 *A. algerae* 弹出的极管结合（Xu et al. 2004）。图片由 Peter M. Takvorian 惠赠

（Weidner 1976），但是当利用 2-ME 处理极管蛋白使之烷基化后，即使用 1% DTT 还原并完全透析除去 DTT 后，极管蛋白都不会发生上述的重组现象。DTT 溶解的极管蛋白 PTPs 在 DTT 被透析掉后会发生重聚，但是当用 4- 乙烯吡啶降低半胱氨酸的烷基化后，则可以防止这种聚合的发生（Keohane et al. 1996a；Weiss，未发表数据）。另有报道当极管被悬浮在 0.05 ~ 0.1 mol/L 的氯化钙溶液中时则会形成分支并合并为网状结构（Weidner 1982）。

10.6.1 极管蛋白 1

Weidner（1976）利用极管蛋白特殊的溶解特性从感染青蟹的微孢子虫中纯化出一个潜在的极管蛋白，当激发孢子弹出极管或者用 8 mol/L 浓度的硫酸破碎孢壁后，用 3% SDS 清洗孢子以去除孢原质和溶解的 SWPs，然后用 1% DTT 或者 50% 的 2-ME 选择性地溶解极管，则剩下完整的孢壁。因为 DTT 和 2-ME 都可以溶解极管，说明二硫键在维持极管结构的稳定性方面很重要。SDS-PAGE 检测溶解了的极管的 DTT 或者 2-ME 上清样品，从中发现一个相对分子质量为 2.3×10^4 的蛋白条带，该条带可能是一个极管蛋白（Weidner 1976）。对该蛋白质进行氨基酸分析发现该蛋白质含有多个半胱氨酸残基，与之前认为二硫键在极管蛋白中起重要作用的假说一致（Weidner 1976）。

通过类似的纯化方法，一个相对分子质量为 4.3×10^4 的极管蛋白从机械破碎的鱼微孢子虫美洲鮟鱇鱼格留虫提取出来（Keohane et al. 1994），依次用 1% SDS 和 9 mol/L 尿素提取被玻璃珠破碎的孢子，然后利用 2% DTT 溶解剩余的极管（Keohane et al. 1996c）（图 10.15），DTT 溶解的物质包含 4 个蛋白条带，相对分子质量分别为 2.3×10^4、2.7×10^4、3.4×10^4 和 4.3×10^4，这些潜在的极管蛋白都不能被现有商业性抗肌动蛋白抗体以及抗 α 或者 β 微管蛋白抗体识别。单克隆抗体 3C8.23.1 是一种针对所有这些极管蛋白的单克隆抗体，该单抗可以在免疫印迹反应中与相对分子质量为 4.3×10^4 的蛋白发生反应，在免疫胶体金电镜分析中可以定位到美洲鮟鱇鱼格留虫孢子的极管上（图 10.16；图 10.17），这表明该蛋白是来源于极管的，随后，通过反相高效液相色谱（HPLC）的方法将该极管蛋白（PTP1）从 DTT 溶解物里纯化出来，通过 SDS-PAGE 检测该蛋白质的迁移，并可以通过免疫印迹的方法与极管单抗 3C8.23.1 发生反应（Keohane et al. 1996a），通过免疫胶体金电镜证明，该纯化的相对分子质量为 4.3×10^4 的 PTP1 蛋白制备的鼠多克隆抗体可以与美洲鮟鱇鱼格留虫孢内以及弹出的极管发生反应，氨基酸分析表明这个极管蛋白富含脯氨酸。

利用同样的方法，一些类 PTP1 的蛋白从脑炎微孢子虫属的几种不同的微孢子虫中被纯化出来（Keohane et al. 1996b），研究发现 *Encephalitozoon* 属的微孢子虫（肠脑炎微孢子虫、海伦脑炎微孢子虫和

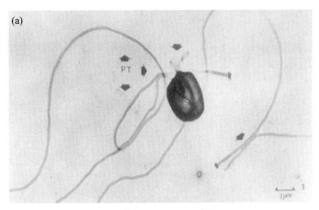

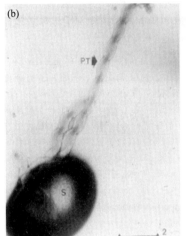

图 10.15　极管的溶解性分析

　　负染色法 –TEM 分析玻璃珠破碎的美洲鲹鱇鱼格留虫孢子。(a) 和 (b) 为破碎后经 1% SDS 提取 5 次和 9 mol/L 尿素提取 1 次的孢子。尤应注意破碎的孢子 (S) 以及直线状和扭曲的极管 (PT，实心箭头)；(c) 为破碎后依次经 1% SDS 和 9 mol/L 尿洗涤一次后再与 2% DTT 孵育 2 h 的孢子，(S) 为孢子，空心箭头所指为缺失内容物以及极管的孢子。[引自 Keohane，E. M.，Orr，G. A.，Takvorian，P. M.，et al. (1996b) Purification and characterization of human microsporidian polar tube proteins. *J Eukaryot Microbiol*，43，100S]

图 10.16　美洲鲹鱇鱼格留虫极管蛋白的 HPLC 纯化分析

　　反相 HPLC 纯化 DTT– 溶解的美洲鲹鱇鱼格留虫极管蛋白，美洲鲹鱇鱼格留虫孢子通过玻璃珠破碎，然后利用之前报道的方法进行提取 (Keohane et al. 1994, 1996a)。蛋白质首先用 4– 乙烯基吡啶进行还原烷基化然后通过反向 HPLC 进行纯化 (Keohane et al. 1996c)。泳道 A: 主要的紫外吸收峰蛋白质的 SDS-PAGE (10% 聚丙烯酰胺) 检测，银染结果表明该蛋白质相对分子质量大小为 4×10^4。与 DTT 溶解物里面相对应的相对分子质量为 2.3×10^4 和 3.4×10^4 的蛋白质也同样被鉴定；泳道 B: 纯化的相对分子质量为 4.3×10^4 的蛋白质与极管特异性抗体 mAb 3C8.23.1 具有较强的免疫反应；泳道 C: 相对分子质量为 4.3×10^4 的蛋白质的鼠多抗可以与美洲鲹鱇鱼格留虫孢子裂解液中相对分子质量为 4.3×10^4 的条带反应。抗 Ga PTP43 也同样可以和美洲鲹鱇鱼格留虫孢子内部的极管以及弹出的极管发生互作。[引自 Keohane，E. M.，Takvorian，P. M.，Cali，A.，Tanowitz，H. B.，Wittner，M. & Weiss，L. M. (1996c) Identification of a microsporidian polar tube protein reactive monoclonal antibody. *J Eukaryot Microbiol*，43，26–31]

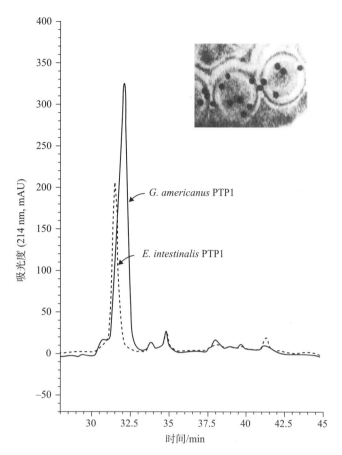

图 10.17　美洲鮟鱇鱼格留虫和肠脑炎微孢子虫极管蛋白纯化效果对比

DTT 溶解极管蛋白样品中美洲鮟鱇鱼格留虫（GaPTP1）和肠脑炎微孢子虫（EiPTP1）的反向 HPLC 分析。这两种微孢子虫 PTP1 的保留时间不同（GaPTP1 31.3～32.8 和 EiPTP1 31.2～32.1）。海伦脑炎微孢子虫 PTP1（30.4～31.6）和兔脑炎微孢子虫 PTP1（30.6～31.4）的保留时间相似。纯化样品的方法与图 10.16 相同。插图：3C8.23.1（GaPTP1）抗体在美洲鮟鱇鱼格留虫孢子上的免疫胶体金定位（Keohane et al. 1994, 1996b）。胶体金定位在极管上。［引自 Keohane, E. M., Takvorian, P. M., Cali, A., Tanowitz, H. B., Wittner, M. & Weiss, L. M.（1994）The identification and characterization of a polar tube reactive monoclonal antibody. *J Eukaryot Microbiol*, 41, 48S］

兔脑炎微孢子虫）的极管与美洲鮟鱇鱼格留虫的极管具有类似的溶解特性，即不溶于 1% SDS 和 9 mol/L 尿素，可溶于 2% DTT。在 HPLC 纯化过程中，所有这 3 种 *Encephalitozoon* 属的微孢子虫的 PTP1 都与美洲鮟鱇鱼格留虫的 PTP1 具有同样的紫外吸收峰以及反应时间，表明其具有相似的疏水性（图 10.17）。通过 SDS-PAGE 和银染对 HPLC 纯化的海伦脑炎微孢子虫 PTP1 进行检测发现其相对分子质量大小为 5.5×10^4，而兔脑炎微孢子虫和肠脑炎微孢子虫 PTP1 的相对分子质量为 4.5×10^4。通过免疫胶体金电镜测定发现 HPLC 纯化的海伦脑炎微孢子虫 PTP1 兔多克隆抗血清可以将该蛋白定位于孢子发芽前后的极管上，并且该抗血清还可以与纯化的海伦脑炎微孢子虫、兔脑炎微孢子虫、肠脑炎微孢子虫和美洲鮟鱇鱼格留虫的 PTP1 相互反应。如此，通过纯化的方法鉴定出的 PTP1 表现出相似的溶解特性、疏水性、分子大小、脯氨酸含量以及抗原表位（图 10.18；图 10.19）。

对于 *Encephalitozoon* 属的微孢子虫极管蛋白 PTP1 以及美洲鮟鱇鱼格留虫极管蛋白 PTP1 的氨基酸分析表明，脯氨酸是 PTP1 重要的组成成分（Keohane et al. 1996a, 1996b），海伦脑炎微孢子虫 PTP1（Keohane et al. 1998）、兔脑炎微孢子虫 PTP1（Delbac et al. 1997, 1998b）以及肠脑炎微孢子虫 PTP1（Peuvel et al. 2000；Delbac et al. 2001）都已经被克隆，根据氨基酸分析可知这些蛋白质都具有类似的脯氨酸组成，脯氨酸是一种疏水性氨基酸，因为其环状结构可以在多肽链中形成一个刚性节扣，因此具有大量的脯氨酸是一些结构蛋白，如胶原蛋白和弹性蛋白的主要特点，这两种蛋白质都是因其高强度张力的特点而被熟知，弹性蛋白也拥有高弹性以及可以卷曲的能力。同样的，一种微丝鞘蛋白也被发现含有一定量的脯氨酸（Bardehle et al. 1992；Zahner et al. 1995），并且这种微丝鞘也具有柔性的袋状结构。高强度的张力以及弹性对于极管的弹出以及孢原质的输送尤为重要，而 PTP1 较高的脯氨酸含量与该特性相一致。

所有的 *Encephalitozoon* 属克隆的 PTP1 中间区域都含有一个显著亲水的氨基酸重复区域，然而这种重

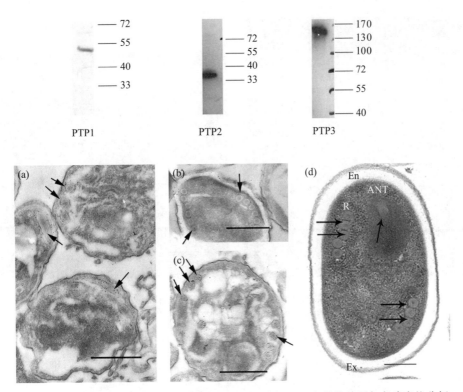

图 10.18 重组蛋白 PTP1-3（rPTP1、rPTPT2 和 rPTP3）抗体检测与免疫定位分析

顶部图片为免疫印迹分析：兔脑炎微孢子虫蛋白质样品经 10% SDS-PAGE 后转移到硝酸纤维素膜上，然后分别用 rEcPTP1（1∶5 000）、rEcPTP2（1∶5 000）和 rEcPTP3（1∶1 000）抗血清进行检测。EcPTP1、EcPTP2 和 EcPTP3 相关的条带都出现在相应免疫印迹结果中，阴性血清中没有出现条带（数据未显示）。底部图片为兔脑炎微孢子虫孢子免疫电镜分析：（a）rEcPTP1 抗血清（兔脑炎微孢子虫 PTP1 重组蛋白，1∶100 进行稀释）；（b）rEcPTP2 抗血清（1∶100 进行稀释）（插图为放大的图片）；（c）rECPTP3 抗血清（1∶100 进行稀释），所有的这些抗体都可以与极管反应（箭头），标尺长度 600 nm，金颗粒大小 6 nm；（d）阴性对照（阴性血清 1∶1 000 稀释）中没有金颗粒被发现。En，内壁；Ex，外壁；ANT，极管前端；R，核糖体；箭头表示极管标尺长度 500 nm。［引自 Bouzahzah, B. & Weiss, L. M.（2010）Glycosylation of the major polar tube protein of *Encephalitozoon cuniculi. Parasitol Res*，107，761–764］

复域在位置和数量上有所不同，该区域可能在极管功能方面并不重要，而是起着免疫表位的作用。在进化过程中，类似的中间序列也在疟原虫和其他原生动物基因中被发现，该机制也可能被运用在了微孢子虫 *ptp1* 基因上。对于从海伦脑炎微孢子虫以及兔脑炎微孢子虫获得的 *ptp1* 基因的分析也证明了该假说，在该蛋白质中间区域的氨基酸重复区是可变的（Peuvel et al. 2000；Weiss 2001；Xiao et al. 2001；Haro et al. 2003）。

通过 SignalP V1.1 预测，*Encephalitozoon* 属 PTP1 几乎都含有相同的 N 端 22 个氨基酸的信号肽，被剪切后形成成熟的蛋白质，该结果被海伦脑炎微孢子虫、兔脑炎微孢子虫以及肠脑炎微孢子虫（Keohane & Weiss，未发表数据）的 N 端测序结果所证实（Keohane et al. 1998；Delbac et al. 1998b），因此这些 PTP1 蛋白可能拥有相似的细胞内定位以及加工通路。通过 PSORT 预测发现该信号肽可以导向 PTP1 进入内质网和高尔基复合体进行加工，这与观察到的极管发育的过程一致。该蛋白质的 N 端和 C 端序列相对保守，表明这些区域可能具有重要的结构和功能域，在 *Encephalitozoon* 属中，除蚱蜢脑炎微孢子虫（*E. romalae*）外的所有 PTP1 蛋白的 C 端富含半胱氨酸残基，且最后一个氨基酸都是半胱氨酸，可能在蛋白质互作方面起着重要的作用（表 10.2）。

海伦脑炎微孢子虫 PTP1 预测含有 9 个 N- 糖基化位点，其中 6 个位于序列中间区域，32 个潜在的 *O-* 糖基化位点，其中 19 个位于序列中间区域（必须要说明的是预测的数目根据算法的不同可能有所差异），多数糖基化位点在其他 *Encephalitozoon* 属 PTP1 蛋白中也是保守的。糖基化位点对于极管的结构来说具有

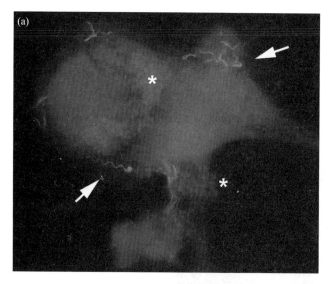
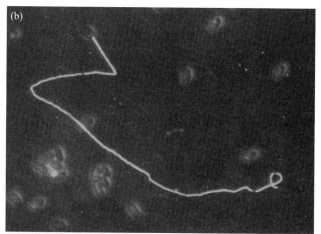
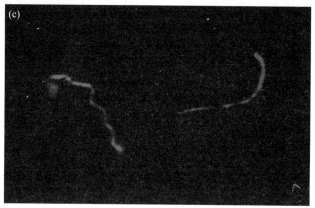

图 10.19 极管蛋白 1、2、3 的免疫定位分析（见文后彩图）

（a）利用重组 EhPTP1 制备的兔抗标记感染 RK–13 细胞的海伦脑炎微孢子虫，极管用 Alexa Fluor 594（箭头）标记，孢子（＊）用 Calcofluor White M2R 标记，图片来自 Louis M. Weiss；（b）蝗虫微孢子虫（*Antonospora locustae*）用 AlPTP2 抗血清标记，图片来自 Frédéric Delbac；（c）兔脑炎微孢子虫极管用 EcPTP3 鼠多抗进行标记，并用 Alexa Fluor 594 进行二抗标记，图片来自 Peter M. Takvorian

非常重要的功能，对极管上糖链的研究证明了这种理论（Vavra 1972；Wittner & Weiss 1999；Delbac et al. 2001；Xu et al. 2004；Bouzahzah & Weiss 2010），例如，伴刀豆凝集素 A（ConA）可以与 PTP1 以及许多种微孢子虫的极管发生结合（Xu et al. 2004）。对海伦脑炎微孢子虫 PTP1 糖基化位点的分析表明该蛋白质具有 *O*– 糖基化修饰，并且 ConA 可以与该蛋白质的 *O*– 甘露糖结合（Xu et al. 2004）。*E. hellem* 基因组包含所有 *O*– 甘露糖基化所需的所有基因，然而却缺少进行 N 糖基化的基因（Katinka et al. 2001）。甘露糖处理宿主细胞后可以降低海伦脑炎微孢子虫的侵染率，可能与甘露糖基化修饰的 PTP1 与宿主细胞表面甘露糖结合分子的互作相关（Xu et al. 2004）（图 10.14）。

无论是在实验条件下还是在自然感染条件下，极管蛋白都表现出较强的免疫原性。一次大规模的血清学调查发现，在 5% 的已孕法国女性以及 8% 的荷兰献血者中检测到了可以与兔脑炎微孢子虫发生反应的抗体，通过免疫荧光实验发现这些呈阳性的人类血清可以与极管发生反应（van Gool et al. 1997）。在极管外翻的过程中，其特有的抗原表位可能会暴露出来，单克隆抗体 Si91 是通过免疫荧光实验以及免疫胶体金电镜检测证实可以与极管发生反应的抗体，该抗体可以在免疫印迹反应中识别相对分子质量为 6×10^4 和 12×10^4 的条带（Beckers et al. 1996）。该抗体不与孢子内的极管发生反应，进一步关于极管蛋白具有特异性抗原表位的证据是该单克隆抗体 Si91 不能与海伦脑炎微孢子虫弹出的极管发生交叉反应（Beckers et al. 1996）。针对整个孢子裂解液的多克隆抗体一般都可以与极管反应（Schwartz et al. 1993；Zierdt et al. 1993；Weiss，未发表数据）。在研究银汉鱼微孢子虫和兔脑炎微孢子虫孢子的抗原免疫反应过程中，多个潜在的极管蛋白被鉴定出来（Delbac et al. 1996，1997），银汉鱼微孢子虫中相对分子质量为 3.4×10^4、7.5×10^4 和 17×10^4 的蛋白以及和兔脑炎微孢子虫中相对分子质量为 3.5×10^4、$5.2\times10^4/5.5\times10^4$ 和 15×10^4 的蛋白都可以通过免疫荧光实验以及免疫胶体金电镜定位到极管上。其中相对分子质量为 $5.2\times10^4/5.5\times10^4$ 的蛋白可能与 Keohane 等（1996b）在兔脑炎微孢子虫中鉴定的相对分子质量为 4.5×10^4 的极管蛋白是相同的。通过免疫胶体金电镜发现兔脑炎微孢子虫中相对分子质量为 3.5×10^4 的蛋白的抗体可以与银汉鱼微孢子虫的极管发生交叉反应（Delbac et al. 1996），另外 E. cuniculi 的抗体可以在免疫荧光实验中与感染鱼的微孢子虫的极管反应，这些发现表明极管蛋白也同时存在共有的抗原表位。极管蛋白 1 的全氨基酸序列也同样在蝗虫微孢子虫以及蟋蟀类微粒子虫（Paranosema grylli）中被测定（Polonais et al. 2005）（表 10.3），这些蛋白大小相近（A. locustae，355 aa；P. grylli，351 aa），虽然在序列上与兔脑炎微孢子虫 PTP1 有较大差异（大约 20% 的相似度），但是表现出相似的特点，包括等电点、高脯氨酸含量（A. locustae，19.9%；P. grylli，21.6%）以及较多的潜在 O- 糖基化位点。PTP1 的基因全长序列也同样在东方蜜蜂微粒子虫、家蚕微粒子虫和按蚊微孢子虫的基因组序列中被鉴定出来（Cornman et al. 2009；Pan et al. 2013；Peyretaillade et al. 2012）。按蚊微孢子虫的 PTP1 的脯氨酸含量高达 31.8%，在家蚕微粒子虫基因组中 PTP1 和 PTP2 各有两个拷贝（Pan et al. 2013），利用脉冲电场凝胶电泳分离和 Southern 杂交进行分析可在不同的染色体上发现 4 个信号，表明这种片段的复制导致了 PTP1 和 PTP2 的两个拷贝的出现，糖蛋白染色法和质谱分析结果表明家蚕微粒子虫 PTP1 是一个糖蛋白（Zhou et al.，未发表数据）。

　　在最近测定的嗜人气管普孢虫（Trachipleistophora hominis）（Heinz et al. 2012）、毕氏肠微孢子虫（Akiyoshi et al. 2009；Keeling et al. 2010）、线虫微孢子虫、水蚤微孢子虫、角膜条孢虫或伊蚊艾德孢虫（表 10.2 和表 10.3）基因组中未发现 PTP1 的同源蛋白出现，这可能是因为这些微孢子虫的基因组测序不完整或者因为 PTP1 同源蛋白相似度太低而不易被发现。微孢子虫基因组具有非常高的进化率，导致在不同属的基因组之间鉴定诸如 PTP1 这样的同源蛋白非常困难，如蝗虫微孢子虫、蟋蟀类微粒子虫，以及东方蜜蜂微粒子虫可能的 PTP1 同源蛋白，就是综合考虑包括是否存在信号肽、相似的长度、保守的 pI 以及预测的氨基酸组成等特点进行鉴定，其毗邻的另外一个 PTP 被定义为 PTP2（见后文）。

表 10.3　微孢子虫 PTP1 和 PTP2 对比

蛋白	长度（aa数）		pI	Pro	半胱氨酸残基数	C端残基	O- 糖基化潜在的位点数
	前体	成熟蛋白					
Ec–PTP1	395	373	4.5	13.4	17	C	37
Ei–PTP1	371	349	4.3	13.8	17	C	56
Eh–PTP1	453	431	4.2	14.6	21	C	32
Er–PTP1	380	358	4.4	14.0	15	S	25
Al–PTP1	355	337	5.0	19.9	12	C	19
Pg–PTP1	351	333	5.0	21.6	12	C	19
Nc–PTP1	456	437	4.5	19.5	14	Q	32
Aa–PTP1	407	390	4.7	31.8	13	C	42

续表

| 蛋白 | 长度（aa数） | | pI | Pro | 半胱氨酸残基数 | C端残基 | O-糖基化潜在的位点数 |
	前体	成熟蛋白					
Ec-PTP2	277	264	8.6	12.1	8	E	3
Ei-PTP2	275	262	8.6	11.8	8	E	4
Eh-PTP2	272	259	8.8	10.8	8	E	5
Er-PTP2	274	260	8.8	10.8	8	E	5
Al-PTP2	287	268	9.1	12.3	8	G	1
Al-PTP2b	568	549	8.4	6.7[a]	8	S	43
Al-PTP2c	599	580	8.7	5[a]	9	R	42
Pg-PTP2	287	268	8.9	12.3	8	K	2
Nc-PTP2	275	252	9.4	11.1	9	K	0

微孢子虫 *Encephalitozoon cuniculi*（Ec）、*E. hellem*（Eh）、*E. intestinalis*（Ei）、*E. romalae*（Er）、*Antonospora locustae*（Al）、*Paranosema grylli*（Pg）、*Nosema ceranae*（Nc）以及 *Anncaliia algerae*（Aa）的极管蛋白 PTP1 和 PTP2 的主要特性。PTP1 和 PTP2 中最丰富的氨基酸分别为脯氨酸和赖氨酸。成熟蛋白为除去 N 端信号肽的蛋白，蛋白的 pI、氨基酸组成以及潜在 O-糖基化位点的数目是依据成熟的蛋白质进行预测的。*A. algerae* PTP2 没有在该表内是因为只发现了该蛋白质序列的一部分，在其他微孢子虫如 *N. bombycis*、*E. bieneusi*、*Vittaforma corneae*、*Nematocida parisii*、*E. aedis* 以及 *T. hominis* 中也发现了 PTP2 蛋白的部分序列或者完整序列。

[a] 在 Al-PTP2b 和 Al-PTP2c 中赖氨酸不是其主要的氨基酸，因为这两个蛋白质在 N 端各有一个富含丝氨酸和甘氨酸残基的延长区。

10.6.2　极管蛋白 2

为了增加对于极管结构和组成的了解，对于极管新成分的研究仍在继续。目前利用极管单克隆抗体 Ec102 从兔脑炎微孢子虫中鉴定出 3 个条带：相对分子质量为 5.5×10^4 的 PTP1，以及另外两个相对分子质量分别为 3.5×10^4 和 2.8×10^4 的条带。兔脑炎微孢子虫极管蛋白中编码相对分子质量为 3.5×10^4 的蛋白质（PTP2）被首先克隆出来，兔脑炎微孢子虫的 PTP2 是含有 277 个氨基酸，预测相对分子质量约为 3.0×10^4，并且与 GenBank 中其他蛋白质没有明显的同源性（Delbac et al. 2001），PTP2 的 N 端序列具有一个信号肽（与 PTP1 类似），其中间区域则包含一个富含赖氨酸的重复序列（KPKKKKSK）（Delbac et al. 2001）。C 端区域的 27 个残基不含有任何碱性氨基酸残基，4 个天冬氨酸以及 5 个谷氨酸残基形成一个酸性尾端（Delbac et al. 2001）。一个假定 N-糖基化位点和一个 RGD 基序可能参与到一些蛋白质之间的互作（Delbac et al. 2001）。和 *ptp1* 基因类似，兔脑炎微孢子虫 *ptp2* 在每个单倍体基因组中都有一个拷贝，在蝗虫微孢子虫中含有许多个类似 *ptp2* 的基因，表明其他种类的微孢子虫可能也同样含有不止一个该基因的拷贝（Polonais et al. 2013）。兔脑炎微孢子虫 *ptp1* 和 *ptp2* 的 mRNA 是多聚腺苷酸化的，含有简化的 5′ 和 3′ UTR（Delbac et al. 2001）。兔脑炎微孢子虫的 *ptp1* 和 *ptp2* 基因都位于 6 号染色体上（ECU06_0250 和 ECU06_0240），并在肠脑炎微孢子虫、海伦脑炎微孢子虫和蚱蜢脑炎微孢子虫中具有保守的定位和间隔。（Delbac et al. 2001；Pombert et al. 2012）（图 10.20）。基因顺序的保留在微孢子虫基因组的研究中曾被提及过，可能是由于这种小型真核基因组进化过程中的限制性所导致的（Slamovits et al. 2004）。所有的 *Encephalitozoon* 属的 PTP2 蛋白都具有相同的相对分子质量（约 3.0×10^4），差异最大的也仅有 5 个残基（兔脑炎微孢子虫 PTP2 vs. 海伦脑炎微孢子虫 PTP2）（Delbac et al. 2001），其主要的氨基酸为赖氨酸，在 PTP2 的蛋白 C 端有一个谷氨酸，并且 PTP2 有 3 个潜在的 O-糖基化位点。

兔脑炎微孢子虫（*E. cuniculi*）和蝗虫微孢子虫的基因组对比表现出了明显的基因顺序的保守性，这种

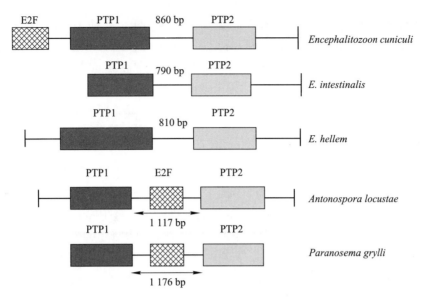

图 10.20　*ptp1* 和 *ptp2* 基因的保守性分析

ptp1 由黑灰框表示，*ptp2* 由青灰色框表示，白框表示 *e2f* 基因。*e2f* 基因在兔脑炎微孢子虫位于 *ptp1* 上游而在两种昆虫微孢子虫蝗虫微孢子虫和蟋蟀类微粒子虫中则位于 *ptp1* 和 *ptp2* 之间。*ptp1-ptp2* 之间的大小用碱基数进行定义，一个相似的 *ptp1* 和 *ptp2* 基因共线性在蚱蜢脑炎微孢子虫和东方蜜蜂微粒子虫中也被发现。〔引自 Polonais, V., Prensier, G., Metenier, G., Vivares, C. P. & Delbac, F.（2005）Microsporidian polar tube proteins: highly divergent but closely linked genes encode PTP1 and PTP2 in members of the evolutionarily distant *Antonospora* and *Encephalitozoon* groups. *Fungal Genet Biol*, 42, 791-803.. 2005, Elsevier〕

共线性关系促进了对蝗虫微孢子虫 PTP2 的鉴定，尽管该蛋白质与兔脑炎微孢子虫 PTP2 有较大的序列差异。在另外两个物种蟋蟀类微粒子虫（Polonais et al. 2005）和东方蜜蜂微粒子虫（Cornman et al. 2009）中，*ptp1* 和 *ptp2* 的共线性关系也促进了 PTP2 蛋白的鉴定。基因组数据同样也证明了类 PTP2 蛋白在其他微孢子虫中的存在（表 10.3），包括人气管普孢虫、家蚕微粒子虫、毕氏肠微孢子虫、线虫微孢子虫、角膜条孢虫以及感染埃及伊蚊的微孢子虫。然而在这些物种中却不能鉴定出 PTP1 的同源蛋白，同源极管蛋白之间序列较低的保守性也表明它们可能为了适应不同的宿主而发生了快速的进化。

在分子大小方面，PTP2 同源蛋白比 PTP1 同源蛋白具有更高的保守性，尽管 PTP2 同源蛋白之间序列有较大差异，但是他们具有相同的特点，如他们都表现出碱性的等电点，较高的赖氨酸含量以及半胱氨酸残基的高保守性，该特点极有可能参与到蛋白质自身或者与其他蛋白质之间形成二硫键（Delbac et al. 2001；Polonais et al. 2005），在 SDS-PAGE 分析的过程中，在 3.5×10^4 处检测到 PTP2 蛋白条带。

有趣的是，*A. locustae* PTP2（AlPTP2）的抗体除了与 3.5×10^4 的条带反应外，还可以与 7×10^4 的条带反应，而针对该相对分子质量为 7×10^4 蛋白的抗体也同样可以定位到极管上（Polonais et al. 2005），搜索 *A. locustae* 的基因组数据可以鉴定到另外两个基因（*Alptp2b* 和 *Alptp2c*）与 AlPTP2 具有同源性（Polonais et al. 2013）。*Alptp2b* 和 *Alptp2c* 基因分别编码 568 和 599 个氨基酸，这些蛋白质具有高度的保守性，碱性等电点以及其他所有 PTP2 蛋白已知的特点（表 10.3）。AlPTP2 含有一个信号肽，对 AlPTP2b 和 AlPTP2c 的全长氨基酸进行分析发现，这两个蛋白质都有一个富含丝氨酸和甘氨酸的具有一个弹性结构的 N 端延伸区，且与 AlPTP2 具有相似的 C 端结构（后 250 个氨基酸中序列相似度达 88%），这两个类 PTP2 蛋白的 N 端延伸区包含较多的长度为 12 氨基酸的丝氨酸和甘氨酸串联重复序列。AlPTP2b 和 AlPTP2c 之间最大的不同在于 AlPTP2c 存在一个 60 氨基酸的插入序列，并导致了 AlPTP2c 多出 5 个丝氨酸甘氨酸重复区域。与其他 PTP2 蛋白相反，赖氨酸并不是 AlPTP2 主要的氨基酸，另外还在 AlPTP2 中预测到了大量的 O- 糖基化位点（AlPTP2b 43 个，AlPTP2c 42 个）（表 10.3）。在所有已经鉴定的 PTP2 蛋白中，AlPTP2b 和 AlPTP2c 含有 8~9 个保守的半胱氨酸残基，表明他们潜在的功能是形成二硫键桥。通过 MALDI-TOF 质谱分析确证了

7×10^4 的条带为 PTP2 蛋白（Polonais et al. 2013）。正如预期的一样，针对 AlPTP2b N 端延伸序列的抗体可以与 7×10^4 的条带反应，并且通过 IFA 验证可以标记弹出的极管，确认该蛋白是一个新的与 PTP2 相关的极管蛋白，并且 *A. locustae* 基因组可以编码不止一个 PTP2 蛋白。PTP2b 或者 PTP2c 蛋白也同样存在于其他系统发育学上关系相近的昆虫微孢子虫中，包括蝗虫微孢子虫、蟋蟀类微粒子虫（Polonais et al. 2013）和黑腹果蝇病原体微孢子虫拉蒂森堡管孢虫（*Tubulinosema ratisbonensis*）（Delbac，未发表数据）。

10.6.3　极管蛋白 3

极管蛋白的抗体证明了微孢子虫中存在其他类型的极管蛋白，该抗体可以与兔脑炎微孢子虫中一个相对分子质量为 1.5×10^5 的蛋白质条带发生反应。利用已有的极管蛋白抗体对兔脑炎微孢子虫的 cDNA 文库进行免疫学筛选后发现了另一个极管蛋白 PTP3，并且对其进行了克隆（Peuvel et al. 2002）。信息预测该蛋白质是由一个位于兔脑炎微孢子虫第六号染色体上的单独的转录单位（3 990 bp）编码的一个含 1 256 个氨基酸的蛋白前体（相对分子质量为 13.6×10^4），具有一个可以剪切的信号肽（Peuvel et al. 2002）。与 PTP1 和 PTP2 不同，PTP3 可以溶解在只有 SDS 存在而没有还原性试剂 DTT 的溶剂中（Delbac et al. 2001），并且在 PTP3 中只有一个半胱氨酸存在于 N 端信号肽上，带正电荷的氨基酸（171 个酸性残基和 144 个碱性残基）分散排布在该蛋白质中（Peuvel et al. 2002）。在预测的蛋白质序列中可以清楚地发现酸性 N 端和 C 端结构域，天冬氨酸和谷氨酸是该蛋白质中心区域的主要氨基酸（Peuvel et al. 2002）。免疫定位实验结果表明 PTP3 参与从孢原质到极管的生物合成过程中，在感染后期宿主细胞内 *E. cuniculi* 极管蛋白 mRNA 水平的大幅度增加，表明在孢子形成时期极管蛋白基因转录水平上调表达（Peuvel et al. 2002）。在其他三种微孢子虫如 *Encephalitozoon* 属：肠脑炎微孢子虫（1 256 aa）、海伦脑炎微孢子虫（1 284 aa）和蚱蜢脑炎微孢子虫（1 254 aa）中同样鉴定出了相似大小的 PTP3 同源蛋白，对于基因组数据的分析也表明在许多微孢子虫如东方蜜蜂微粒子虫、家蚕微粒子虫、蝗虫微孢子虫、蟋蟀类微粒子虫、人气管普孢虫、毕氏肠微孢子虫、按蚊微孢子虫、线虫微孢子虫、拜尔八孢虫、感染果蝇的拉蒂森堡管孢虫和库蚊变异微孢子虫中都含有 PTP3 同源蛋白，比较基因序列分析表明 PTP3 比 PTP1 和 PTP2 具有更高的序列保守性。

10.6.4　其他极管蛋白（PTP4 和 PTP5）

最近又鉴定出 2 个新的极管蛋白——PTP4 和 PTP5（结果待发表）。研究人员借助蛋白质组学的手段，在兔脑炎微孢子虫中通过双向电泳的方法从 350 个主要的蛋白质点中鉴定出 177 个蛋白质，其中包括 25% 的未知蛋白质（Brosson et al. 2006），这些蛋白质包括之前已经鉴定的极管蛋白（PTP1、PTP2 和 PTP3）以及主要的孢壁蛋白 SWP1，在其他未知功能的蛋白质中，CDS 07_1090 为一个预测具有信号肽且与数据库中其他蛋白质没有同源性，利用针对该原核表达蛋白的鼠多克隆抗体进行免疫荧光实验表明该蛋白质为新的极管蛋白（PTP4）（图 10.21）。这个源自兔脑炎微孢子虫的 PTP4 含有 276 个氨基酸，预测相对分子质量 3×10^4，在 SDS-PAGE 上的迁移率约为 4×10^4，通过分析预测该极管蛋白存在一个靶定到内质网上的 16 个氨基酸的信号肽序列，具有一个 40 个氨基酸残基的酸性 N 端功能域（p*I* 4.81）和碱性的 C 端尾巴（后 80 个氨基酸 p*I* 为 10.6），带电的氨基酸残基占所有氨基酸的 25%，谷氨酸含量最为丰富。在兔脑炎微孢子虫基因组序列中进行序列筛选发现存在另外一个基因与 CDS 07_1090 相近，且位于同一个染色体上形成一个基因簇（ECU07_1080）。针对该原核表达蛋白的抗体表明该 CDS 编码另外一个极管蛋白（PTP5）。兔脑炎微孢子虫 PTP5 全长含有 251 个氨基酸（预测相对分子质量为 2.76×10^4，在 SDS-PAGE 中迁移率为 3×10^4），含有一个由 12 个氨基酸组成的信号肽，与 PTP4 具有 20% 的序列相似性。该蛋白质为碱性蛋白（p*I* 9.6），赖氨酸为其主要的氨基酸（12.5%），在其他三种 *Encephalitozoon* 微孢子虫中也同样鉴定到了类似包含 *ptp4* 和 *ptp5* 的基因簇。

在蝗虫微孢子虫基因组数据中同样发现两个相互衔接的基因，与 PTP4 和 PTP5 具有同源性。利用蝗虫微孢子虫的这两个极管蛋白的抗体确定了这两个极管蛋白的定位信息，PTP5 抗体能够标记蝗虫微孢子虫

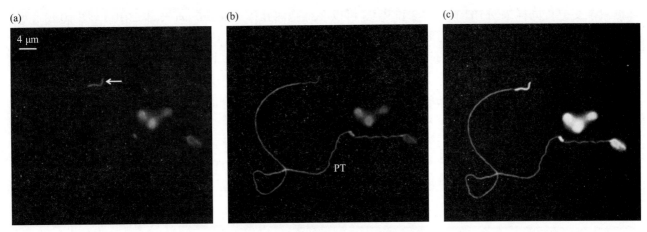

图 10.21　PTP4 免疫定位分析（见文后彩图）

（a）蝗虫微孢子虫 PTP4 抗体可以特异性的定位到弹出极管的末端（箭头）；（b）利用抗 PTP2 的抗体标记同一个极管；（c）图（a）和图（b）的叠加，利用 PTP4 的抗体标记弹出极管的末端，该标记与细胞核或者孢原质是否通过极管无关，因为 DAPI 仍然可以标记孢子表明细胞核仍在孢子内部（结果未显示）

的整个弹出的极管，令人惊奇的是蝗虫微孢子虫的 PTP4 远比其在兔脑炎微孢子虫中的同源蛋白大（388 aa vs. 276 aa），并表现出特殊的定位特点。抗体仅仅标记了弹出极管的末端区域（图 10.21），表明该极管蛋白可能与宿主细胞进行互作。PTP4 和 PTP5 的同源蛋白同样在其他微孢子虫基因组中被鉴定出来，包括蟋蟀类微粒子虫、东方蜜蜂微粒子虫、家蚕微粒子虫、按蚊微孢子虫、拜尔八孢虫、伊蚊艾德氏孢虫、角膜条孢虫以及感染果蝇的拉蒂森堡管孢虫（见 10.2）。

微孢子虫极管不同层次之间需要通过蛋白质之间的互作进行协调（图 10.22），目前的报道表明二硫键在起着重要的作用。PTP1 和 PTP2 都富含半胱氨酸，并且在三种 *Encephalitozoon* 微孢子虫中其半胱氨酸的位置相对保守（Delbac et al. 2001），然而 PTP3 蛋白则缺少半胱氨酸残基（Peuvel et al. 2002）。为了探明极管组成相关蛋白质的相互作用，利用含有 SDS 和 DTT 的溶液对孢子蛋白进行了提取，然后与化学交联剂（DSP 或者磺基–EGS）进行孵育，最后形成了许多多聚体，并且含有 PTP1、PTP2 和 PTP3 以及其他一些蛋白质（Peuvel et al. 2002），利用兔脑炎微孢子虫 PTP1 抗血清进行的免疫共沉淀也得到同样的结果，另外

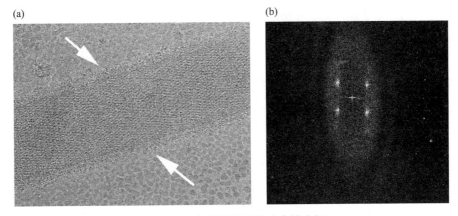

图 10.22　极管结构的冷冻电镜分析

（a）冷冻电镜分析 *Anncaliia algerae* 弹出的极管（白色箭头）表明极管蛋白充满了该结构，注：极管内蛋白有规律的排列；（b）冷冻电镜快速傅里叶变换（FFT）分析，这种变换在 24A 时表现出清晰的衍射颗粒，说明蛋白质在极管的排列是有规律的。出现的是斑点而不是层线表明极管是由折叠的片状结构组成的。图片来自纽约结构协会，由 Drs. Louis M. Weiss and Peter M. Takvorian 提供

酵母双杂交分析同样表明 PTP1、PTP2 和 PTP3 可以在细胞内互作（Bouzahzah et al. 2010）（图 10.18），兔脑炎微孢子虫 PTP1 的 N 端和 C 端都参与到该互作过程中，但是该蛋白质包含一个重复区域的中心区并不参与到该互作过程，考虑到 PTP3 是通过不含硫醇 – 还原性试剂的条件下从兔脑炎微孢子虫孢子中提取的，且 PTP3 缺少半胱氨酸但是富含阳性残基，所以认为 PTP3 可以通过离子键与 PTP1 和 PTP2 进行互作，可能起到控制 PTP1–PTP2 多聚体形成的作用，如当极管在孢子内以螺旋的状态存在时，PTP1–PTP2 多聚体与 PTP3 的互作可能帮助极管保持一个压缩的状态（Peuvel et al. 2002）。最近的研究发现，在家蚕微粒子虫中 PTP2 和 PTP3 可以与孢壁蛋白 5（SWP5）进行互作。DTT 提取的极管提取物也同样被用来进行了蛋白质组学分析（Weiss，未发表数据），该研究表明除了 PTP1、PTP2 和 PTP3 外，其他蛋白质也可能存在于极管上，并且这些蛋白质也可能促进极管行使功能和促进其稳定（Weiss，未发表数据），这也可能是最近鉴定的 PTP4 和 PTP5 的功能之一。

10.7 孢壁蛋白

表 10.4 总结了到目前为止已经鉴定的孢壁蛋白。孢壁是微孢子虫侵染系统的重要组成部分，因为其能够提供抵抗外界环境对孢子的影响，并且可以提高孢子内部液体静压力而促进极管的弹出。像其他病原体的孢壁一样，微孢子虫的孢壁是由原生质膜（plasm membrane）、孢子内壁（endospore）和孢子外壁（exospore）组成。主要的作用是保护孢子以及与环境和宿主进行互作。一方面，细胞壁是由蛋白质、糖蛋白和糖类组成的防止细胞器受到伤害的屏障，可以提高孢子存活率（Vavra et al. 1986）；另一方面，细胞器需要细胞壁与外界进行养分的交换或者进行孢子增殖。对于微孢子虫而言，孢壁的功能是由原生质膜、孢子内壁、孢子外壁共同完成的，单独的每一组分都能实现部分的功能。微孢子虫的细胞壁需要保持结构的完整性，特别是在孢子发芽期间对于提高孢子内部压力尤为重要（Undeen & Frixione 1990；Bigliardi et al. 1996）。利用 TEM、冷冻切片等方法对 *Encephalitozoon* 属微孢子虫的超微结构研究显示，孢子外壁是由 3 层结构组成：不平整的外层，中间低电子密度层以及纤维状内层（Keohane et al. 1999a）。孢子内壁是连接孢子外壁和原生质膜的区域，几丁质是孢子内壁的主要组分（Erickson & Blanquet 1969），也可能是横穿孢子内壁的纤维状纽带的组成部分，同时也是孢子外壁纤维状系统的组成成分，鉴于此，一种几丁质脱乙酰酶被报道为一种孢壁蛋白（Brosson et al. 2005；Urch et al. 2009）。孢壁除了提供机械保护以外，同时也参与极管的弹出以及激活该弹出过程中孢子壁结构的修饰。可以利用多克隆和单克隆抗血清区分孢子壁的亚结构（Wittner & Weiss 1999；Xu et al. 2006；Bouzahzah et al. 2010）。研究发现一个相对分子质量为 3×10^4 的蛋白位于孢子外壁，而一个相对分子质量为 3.3×10^4 的蛋白位于靠近原生质膜的位置（Delbac et al. 1998a）。另外，有研究报道许多单克隆抗体可以识别孢壁上的抗原（Visvesvara et al. 1994；Beckers et al. 1996；Lujan et al. 1998）。

孢子内壁作为微孢子虫的形态学特征之一，在成熟的孢子中是一层位于原生质膜外围的电子透明薄层，在电子显微镜下很容易进行识别（Visvesvara et al. 1991）。除了包裹锚定盘／极囊复合体的厚度较薄以便于极管激活和发芽以外，孢子内壁其他部位厚度较为均一（Larsson 1986）。利用冷冻切片对超微结构进行研究发现纤维桥联发生在孢子内壁区域，被认为具有连接孢子外壁和原生质膜的作用（Bigliardi et al. 1996）。几丁质是孢子内壁的一种主要组成成分，但是孢子内壁在装配过程中如何利用几丁质成分目前还不清楚。成熟孢子的外壁是高电子密度区并且含有蛋白质（Larsson 1986），冷冻切片显微技术分析表明孢子外壁这一层其实包括 3 层复杂的结构：不平整的外层、电子透明的中间层和纤维内层（Bigliardi et al. 1996）。由于孢子外壁是与环境直接接触的，因此这一层所含有的蛋白质可能在一些如信号传递、黏附以及酶促反应等过程中非常重要的效应蛋白（Hayman et al. 2005；Southern et al. 2007）。

微孢子虫孢壁的精细结构目前尚不确定，只有位于孢子内壁或者孢子外壁的少数蛋白质通过显微研究被确定（图 10.23；图 10.24）。但是，微孢子虫基因组数据库包含许多未经注释或结构未确定的蛋白质，

表 10.4　微孢子虫孢壁蛋白[a]

名称（别名）	物种	MW预测（aa数；MW×10³）	数据库检索号	位置	参考文献
EcSWP1	Encephalitozoon	450；51	CAB39735；CAD25887；Q9XZV1；ECU10_1660	孢外	Bohne et al.（2000）
EcSWP3/EcEnP2	E. cuniculi	221；20～22	Q8SWI4；ECU01_1270	孢内	Peuvel-Fanget et al.（2006）；Xu & Weiss（2005）
EcEnP1/EcSWP4（孢内蛋白）	E. cuniculi	357；40	Q8SWL3；ECU01_0820	孢内	Peuvel-Fanget et al.（2006）
EcCDA（几丁质脱乙酰酶）	E. cuniculi	254；33 和 55	2VYO_A；ECU11_0510	质膜、孢内	Brosson et al.（2005）；Urch et al.（2009）
ECU02_0150	E. cuniculi	220；25	CAD25046；Q8SWG8；ECU02_0150	孢内	Brosson et al.（2006）
ECU10_1070/EcSWP5	E. cuniculi	101；11	CAD25826.1；Q8SUD4；ECU10_1070	孢子壁（IFA）	Ghosh et al.（2011）
EiSWP1	E. intestinalis	388；50	AAL27283；ADM12488；Eint_101630	孢外	Hayman et al.（2001）
EiSWP2[b]	E. intestinalis	1 002；150	AAL27282；Eint_101630	孢外	Hayman et al.（2001）
EiEnP1	E. intestinalis	348；40	ABU24317；A7TZU4；ADM10934；Eint_010720	孢内或孢外	Southern et al.（2007）
EhSWP1a	E. hellem	509；55	ACP39960；EHEL_101700	孢外	Polonais et al.（2010）
EhSWP1b[b]	E. hellem	533；60	ACP39961；XP_00388824；EHEL_101700	孢外	Polonais et al.（2001）
NbSWP30（NbHSWP1）	Nosema bombycis	278；30	EF683101；ABV48889；B3STN5	孢内	Wu et al.（2008）
NbSWP26	N. bombycis	223；26	ACG56269；B9UJ97；EU677842	孢内	Li et al.（2009）
NbSWP25（NbHSWP2）	N. bombycis	223；25	EF683102；ABV48890	孢内	Wu et al.（2008, 2009）
NbSWP32（NbHSWP3）	N. bombycis	316；30	EF683103；ABV48891；B3STN7	孢外	Wu et al.（2008）
NbSWP5（NbHSWP5）	N. bombycis	186；20	AEK69414	孢内或孢外，或极管区域	Cai et al.（2011）；Li et al.（2012）

[a] 该表中的孢壁蛋白都经过的免疫电镜的验证；

[b] 该孢壁蛋白的基因拷贝的存在已经被实验证实，但是没有在基因组数据中找到

其中一些含有预测的跨膜结构域或其他结构域，但是尚未确定为孢壁组分。这些蛋白质在孢壁组成中的作用尚在预测阶段，或者是依据其他来源的同源性蛋白进行推测而获得。孢壁蛋白的鉴定在极大程度上集中于两组微孢子虫，通常感染高等脊椎动物的 *Encephalitozoon* 家族以及感染无脊椎动物的家蚕微粒子虫。其他微孢子虫的孢壁蛋白仅仅是根据数据库中的同源性进行鉴定，通常没有被实验验证。许多分子和生化技术被应用于孢壁蛋白的鉴定，但最为常用的手段是利用专一性的多克隆抗体和单克隆抗体。通过与胶体金颗粒进行结合（直接或间接使用二抗）的电子显微技术已经是进行定位研究的标准方法。为了对所涉及蛋白质进行定位以及鉴定，常常使用抗体从基因表达文库中进行筛选。为了确认蛋白质的特异性，相应抗体也常被用于免疫学分析。近来，质谱分析被用于从富集到的表面蛋白质样品中鉴定孢壁蛋白。虽然这些技术方法在孢壁蛋白的鉴定中比较有效，但是在确定这些蛋白质在孢壁形成中的作用、与环境的相互作用或者宿主细胞的信号传导等方面的效果并不理想。因为不能通过遗传操作来改变微孢子虫蛋白和功能域的表达，目前微孢子虫蛋白功能的研究很受局限。

对于微孢子虫孢壁蛋白的研究具有十分重要的医疗和经济价值。*Encephalitozoon* 属微孢子虫可以感染人类和多种动物（Akerstedt 2002；van Gool et al. 2004；Santaniello et al. 2009）。毕氏肠微孢子虫作为最常见的人类微孢子虫病原体在实验室条件下不易培养（Visvesvara et al. 1995），而且除了同源比对分析和超微结构显微分析以外，关于孢壁蛋白及其组成目前尚不清楚。因此，关于孢壁蛋白的初步研究主要集中于能够感染大量可饲养动物、野生动物以及免疫力低下人类的兔脑炎微孢子虫。到目前为止，已有 5 种独特的 *E. cuniculi* 孢壁蛋白被鉴定（表 10.4），另外，许多在肠脑炎微孢子虫和海伦脑炎微孢子虫中 EcSWPs 的同源蛋白也已经有报道。众所周知，家蚕微粒子虫的感染对家蚕和天然丝绸产业具有毁灭性的作用（Didier et al. 2004）。家蚕微粒子虫的孢壁蛋白是通过蛋白质组学的方法进行研究的，研究手段包括 MALDI–TOF–MS 和 LC–MS/MS，随后共获得了 14 个假定的孢壁蛋白（HSWPs），其中的 8 个用 LC–MS/MS 结合 MALDI–

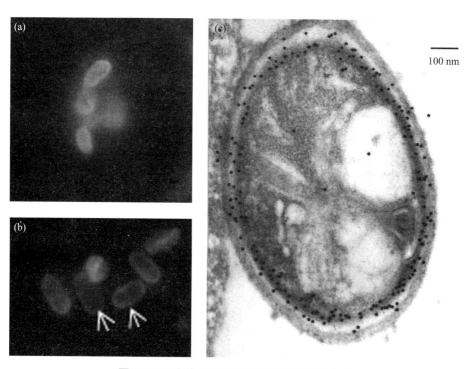

图 10.23　孢壁蛋白免疫定位分析（见文后彩图）

（a）兔脑炎微孢子虫孢子被重组蛋白 SWP3/EnP2 的多克隆抗体标记（Xu et al. 2006），图片来自 Louis Weiss；（b）兔脑炎微孢子虫孢子被重组蛋白 SWP1 的多克隆抗体标记，图片来自 Kaya Ghosh；（c）在兔脑炎微孢子虫感染的 RK-13 细胞中利用免疫电镜分析 SWP3/EnP2 发现大量的金颗粒位于原生质膜和孢壁内壁交界处（Xu et al. 2006），图片来自 Peter Takvorian

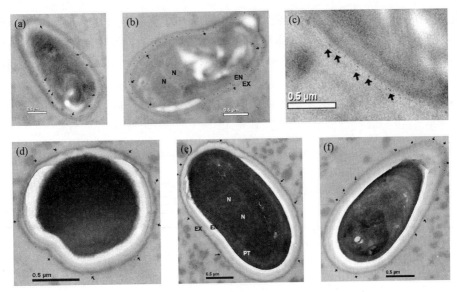

图 10.24　家蚕微粒子虫孢壁蛋白 1 和 3 免疫定位分析

（a～c）胶体金标记 SWP1，表明 SWP1 定位在 *N. bombycis* 孢子内壁；（d～f）胶体金标记 SWP3，表明 SWP1 定位在 *N. bombycis* 孢子外壁。抗 SWP1 和抗 SWP3 的二抗由 10 nm 的胶体金标记，胶体金颗粒由箭头标记。EN，外壁；EX，内壁；N，细胞核。标尺，500 nm（Wu et al. 2008）。图片来自 Drs. Zhou，Pan，and Dang

TOF-MS 进行了分析，4 个用 LC-MS/MS 进行了分析，2 个用 MALDI-TOF-MS 进行了分析（表 10.5）（Wu et al. 2008）。有趣的是，Encephlitozoonidae 科和 *Nosema* 属的孢壁蛋白的同源性非常有限。借助于基因组序列和公众数据库，这些基因和蛋白质的同源性基因或蛋白也可以在其他种属的微孢子虫中被发现。

10.7.1　孢壁蛋白 1 和 2

Delbac 等（1998a）通过免疫细胞化学分析首次检测到了孢壁蛋白。由于研究的目的是确定在微孢子虫中较为保守的结构蛋白，因此选择了两种区别较大的微孢子虫兔脑炎微孢子虫和银汉鱼格留虫（一种鱼的微孢子虫）进行研究，两种微孢子虫的孢子被机械破坏后，不溶性提取物在用还原剂进行处理后进行 SDS-PAGE，通过 SDS-PAGE 分离的微孢子虫蛋白被切胶回收后用于免疫小鼠从而获得多克隆抗体。这些抗体可以识别的主要组分为相对分子质量 $3.0 \times 10^4 \sim 3.3 \times 10^4$ 的蛋白，免疫荧光和电子显微技术显示相对分子质量 3.0×10^4 和 3.3×10^4 的蛋白分别位于孢子外壁和孢子内壁区域。虽然本研究以及其他的一些研究对于确定蛋白（或者其他蛋白，如极管蛋白）的定位非常有帮助，但是编码这些蛋白的基因目前还未被确定。第一个被明确确定的孢壁蛋白是兔脑炎微孢子虫孢壁蛋白 1（EcSWP1）（Bohne et al. 2000）。研究者制备了针对兔脑炎微孢子虫的单克隆抗体，其中的一个抗体（11A1）可以标记兔脑炎微孢子虫的孢壁。在免疫印迹分析中，11A1 抗体识别一个相对分子质量为 5.1×10^4 的蛋白，并且通过透射电镜 TEM 将此蛋白定位于孢壁的孢子外壁区域。在孢子生成过程中对 EcSWP1 进行分析显示随着孢子的成熟，孢子外壁区域中的 EcSWP1 的含量增加。cDNA 表达分析显示 *swp1* 基因编码相对分子质量 5.1×10^4 的带有信号肽的蛋白，说明这个蛋白是分泌蛋白，可能会发展成孢壁。蛋白质序列分析显示该蛋白包含一个识别跨膜结构域（氨基酸数目为 230～253），但是考虑到该蛋白定位于孢子外壁，Bohne 等怀疑该结构域不可能横跨从原生质膜到孢子外壁这么远的距离。有趣的是，EcSWP1 包含一个富含甘氨酸-丝氨酸的基序，该基序在蛋白质的羧基端重复了 5 次，该基序与已知的其他基序没有明显的相似性，但是它的一部分（如 SGXG）可以装配成 GAG 结合位点。然而，在免疫印迹分析中，用酶对 *E. cuniculi* 孢子进行处理去除结合的 GAGs 并没有降低蛋白质分子的大小。基序的重复可能说明了独特二级结构的形成，但是到目前为止功能仍然未知。

由于 EcSWP1 蛋白是兔脑炎微孢子虫孢子的表面蛋白，因此对单克隆抗体 11A1 阻断宿主细胞受感染的效果进行了检测，在 3 h 的孵育以后，随着抗体剂量的增加，其对于微孢子虫对宿主细胞的感染过程没有影响。对基因组 DNA 进行 Southern 杂交分析说明肠脑炎微孢子虫和海伦脑炎微孢子虫具有同源的 SWP1（图 10.23）。利用多个微孢子虫种属的基因组序列数据分析可知，位于 *E. cuniculi* 的 10 号染色体上的 *swp1* 基因，在 *Encephalitozoon* 属（肠脑炎微孢子虫、海伦脑炎微孢子虫和蚱蜢脑炎微孢子虫）之间具有较高的序

表 10.5 *Nosema bombycis* 孢壁蛋白的质谱分析

HSWP	GenBank 检索号	免疫定位	aa长度	MS-pep LC/MT	信号肽（大小）	N-糖基化预测位点
NbSWP1（SWP30）	EF683101	孢内	278	22/12	Yes（19）	Yes
NbSWP2（SWP25）	EF683102	孢内	268	20/7	Yes（20）	Yes
NbSWP3（SWP32）	EF683103	孢外	316	14/9	Yes（18）	Yes
NbSWP4	EF683104	孢壁	451	11/6	Yes（20）	Yes
NbSWP5	EF683105	孢外	186	7/–	Yes（22）	No
NbSWP6	EF683106	NA	352	4/12	Yes（17）	Yes
NbSWP7	EF683107	孢壁	291	3/10	Yes（19）	No
NbSWP8	EF683108	NA	162	4/–	No	Yes
NbSWP9	EF683109	孢壁	331	4/4	No	No
NbSWP10	EF683110	孢壁	236	3/–	No	Yes
NbSWP11	EF683111	孢壁	446	3/13	No	No
NbSWP12	EF683112	孢内和孢外	228	2/–	No	Yes
NbSWP13	EU179719	NA	833	–/13	Yes（17）	Yes
NbSWP14	EU179720	孢壁	423	–/11	Yes（20）	Yes
SWP26	EU677842	孢内和孢外	223	NA	Yes（16）	Yes
孢壁和锚定盘复合体	NBO_4g0029/ NBO_10 g0052	孢内、孢外和锚定盘	383	NA	Yes（25）	Yes

已经发表的 *N. bombycis* 孢壁蛋白的数据 Wu et al. 2008；Li et al. 2009，2012；Pan et al. 2013。

NA——在数据库中没有发现相应信息。

[a] 同源蛋白通过基因注释以及 GenBank 检索号进行标注

列保守性，同源性为 59%~65%，SWP1 与其他的真核生物蛋白没有同源性，但是在其他的微孢子虫（如蟋蟀微孢子虫）中则发现一个相似的蛋白（Bohne et al. 2000；Dolgikh & Semenov 2003）。SWP1 不存在于裂殖体时期，该蛋白最早出现于母孢子早期，此时孢子正由侵染泡的外围向中间区域移动（Bohne et al. 2000）。

研究者通过 EcSWP1 研究中类似的方法也对肠脑炎微孢子虫的 SWP1 同源蛋白进行了鉴定（Hayman

续表

磷酸化预测位点	pI/MM (×10³)	HBM数	同源物种ᵃ			
			Enc. cuniculi	Enc. hellem	Nosema ceranae	Ent. bieneusi
Yes	7.93/32.	1 0	NA	NA	NA	NA
			NA	NA	NA	NA
Yes	8.35/30.7	1	ECU05_1040	EHEL_051140	NCER_100064	NA
			AGE95442.1	AFM99383.1	EEQ82062.1	NA
Yes	7.25/37.4	1	NA	NA	NCER_100566	NA
			NA	NA	EEQ82678.1	NA
Yes	4.77/50.0	1	NA	NA	NCER_100828	NA
			NA	NA	EEQ82454.1	NA
Yes	4.36/20.3	0	NA	NA	NA	NA
			NA	NA	NA	NA
Yes	6.52/57.5	1	NA	NA	NA	NA
			NA	NA	NA	NA
Yes	4.80/32.8	1	ECU11_1210	EHEL_111090	NCER_101296	NA
			AGE94929.1	AFM99383.1	EEQ82062.1	EED44486.1
Yes	4.61/18.5	1	NA	NA	NcBRL01	NA
			NA	NA	XP_002996733.1	NA
Yes	6.55/38.7	0	ECU07_0530	EHEL_041610	NCER_100517	NA
			AGE96659.1	AFM98209.1	EEEQ82723.1	NA
Yes	5.28/26	5	NA	NA	NA	NA
			NA	NA	NA	NA
Yes	10.1/52.3	6	ECU04_0120	EHEL_040030	NCER_100231	EBI_27468
			AGE95224.1	AFM98057.1	EEQ82003.1	EED44649.1
Yes	6.97/26.6	1	ECU01_0420	EHEL_010280	NCER_100231	EBI_25395
			AGE96066.1	AFM97652.1	EEQ82967.1	EED44522.1
Yes	6.90/94.3	2	NA	NA	NA	NA
			NA	NA	NA	NA
Yes	9.72/50.	1 0	NA	NA	NA	NA
			NA	NA	NA	NA
Yes	5.04/25.7	NA	ECU05_0590	EHEL_050660	NcBRL01	NA
			AGE95439.1	XP_003887258.1	XP_002996598.1	NA
Yes	8.96/44	NA	NA	NA	NA	NA
			XP965817.1	XP003886673	XP002995904.1	NA

et al. 2001）。研究者构建了一个 cDNA 文库，该文库消除了能同时在肠脑炎微孢子虫感染和非感染的宿主细胞中的转录的基因，仅扩增和克隆只存在于肠脑炎微孢子虫感染的细胞中转录的基因（Hayman & Nash 1999；Hayman et al. 2001）。其中有两个克隆可以被两个之前制备的针对肠脑炎微孢子虫和海伦脑炎微孢子虫孢子的单克隆抗体所识别（Lujan et al. 1998）。在免疫印迹分析中，一个抗体识别相对分子质量约 5.1×10^4 的蛋白，称为 EiSWP1；另一个抗体识别相对分子质量 1.5×10^4 的蛋白，称作 EiSWP2。从基因组 DNA 扩增和克隆的结果表明，EiSWP1 和 EiSWP2 的基因是非常相似的，与以前鉴定过的 EcSWP1 的 N 端区域（氨基酸数目为 1 ~ 354）也很相似。免疫电镜分析显示 EiSWP1 存在于孢子从裂殖体到母孢子转变过程中变厚的孢子表面。标记于孢子表面的这种蛋白可能会随着孢子的成熟，其含量逐渐降低并最终消失。相反，EiSWP2 并没有在母孢子形成过程中被发现，但是随着孢子的继续发展至孢子母细胞以及成熟孢子时，EiSWP2 定位于孢子表面并且含量变得丰富，在兔脑炎微孢子虫或者海伦脑炎微孢子虫中并没有发现孢壁蛋白 2（SWP2）的存在（Heyman et al. 2001）。兔脑炎微孢子虫 SWP1 含有 11 个半胱氨酸残基，肠脑炎微孢子虫 SWP1 和 SWP2 含有 10 个半胱氨酸残基以及保守的间隔区域，说明这些蛋白可能具有相似的二级结构和功能（Bohne et al. 2000；Hayman et al. 2001），另外，在 SWP1 和 SWP2 蛋白之间 N 端的信号肽序列是保守的。虽然在孢子发育的过程中具有不同的表达情况，但 EiSWP1 和 EiSWP2 只定位于孢子内壁区域，这与 EcSWP1 很相似。因为这些蛋白都是肠脑炎微孢子虫孢壁的主要成分，学者对这些蛋白的鼠多抗进行了检测，野生型以及 IFNrR null 小鼠被经口感染肠脑炎微孢子虫孢子，在感染后的第 15、29、45 和 60 天，分别收集血清并作为抗体与体外纯化的肠脑炎微孢子虫孢子总蛋白进行 Western blot 分析。在两组小鼠中，相应大小的蛋白条带（5.1×10^4 和 15×10^4）都可以在感染 29 天后收集的血清中检测出来。相较于野生型小鼠，IFNrR null 小鼠显示了更加显著的免疫反应。尽管如此，这些结果显示 EiSWP1 和 EiSWP2 都具有免疫原性，并且是被感染小鼠的免疫系统重点清除的对象。

为了鉴定海伦脑炎微孢子虫中 EcSWP1 和 EiSWP1 的同源蛋白，能够与兔脑炎微孢虫和肠脑炎微孢子虫 SWP1 蛋白反应的单克隆抗体（1E4 和 11B2）被用来在海伦脑炎微孢子虫孢子上进行免疫荧光检测分析（Polonais et al. 2010）。海伦脑炎微孢子虫孢子外壁与抗体 1E4 反应，说明这个单克隆抗体可以与海伦脑炎微孢子虫 SWP 发生交叉反应。为了确定海伦脑炎微孢子虫 SWP1 的同源蛋白，根据 *Ecswp1* 和 *Eiswp1* 序列设计 *swp1* 简并引物并进行反转录 PCR（RT–PCR），预期扩增的片段长度为 400 bp。然而，在继续进行 PCR 扩增转录的 5′ 和 3′ 端时，3′ 端反应扩增得到 0.9 kb 和 1 kb 的片段。测序结果说明存在两种不同的转录产物，分别具有不同的非转录区，即存在两个不同的 *swp1* 基因。利用基因特定的引物和基因序列在海伦脑炎微孢子虫的基因组 DNA 中进行 PCR 扩增，最终确证了两个基因是不同的。两个基因分别被命名为 *Ehswp1a* 和 *Ehswp1b*，它们的序列长度分别为 1 530 bp 和 1 602 bp，N 端蛋白质序列有 382 个氨基酸完全相同。实际上 *Encephalitozoon* 家族成员中的 SWP 蛋白在 N 端区域都具有很高的序列同源性，其分化发生在 C 端区域，在该区域内存在带电荷的氨基酸残基和短重复序列。两种 EhSWPs 的 C 端仅仅具有 54.7% 的序列同源性。为了确定这些 SWPs 定位于 *E. hellem* 的孢子中，研究者分别制备了针对海伦脑炎微孢子虫 SWPs 的 334 个 N 端氨基酸和 EhWP1a 和 EhSWP1b 特异的 C 端区域重组蛋白的多克隆抗体。在免疫印迹分析中，这些抗体分别识别相对分子质量为 5.5×10^4 的 EhSWP1a 和 6.0×10^4 的 EhSWP1b。利用这些抗体，并结合电镜分析可以发现 EhSWP1a 和 EhSWP1b 定位于海伦脑炎微孢子虫成熟孢子的孢子外壁区域。

多个微孢子虫全基因组的测序成功使得分析这些物种中感兴趣的基因变得更加方便快捷（Aurrecoechea et al. 2011）。分析 Encephalitozoonidae 的基因显示了在这个家族中不同种属间基因具有不同的拷贝数。如前所述，*swp* 基因和蛋白质最初是由转录表达分析、抗体识别、基因组 DNA 的 PCR 扩增确定的（Bohne et al. 2000；Hayman et al. 2001；Polonais et al. 2010）。在兔脑炎微孢子虫中有一个 *swp* 基因被鉴定，在肠脑炎微孢子虫中有两个 *swp* 基因被鉴定（Eiswp1 和 2），在海伦脑炎微孢子虫中有两个 *swp* 基因被鉴定（Ehswp1a 和 1b）。有趣的是，对基因组序列数据库 Microsporidia DB 的分析显示肠脑炎微孢子虫菌株 ATCC 50506 的 *swp* 只有单拷贝，同样的，在 Microsporidia DB 数据库中海伦脑炎微孢子虫两种序列的菌株（ATCC

50504 和 Swiss）*swp* 也分别只有单拷贝。海伦脑炎微孢子虫的 ATCC 菌株 50504 中唯一的 SWP1 蛋白质预期序列与 Polonais 等（2010）报道的 EhSWP1a 预期序列有 91% 的相似度，与 EhSWP1b 的预期序列有 95% 的相似度。另外，海伦脑炎微孢子虫瑞士菌株中唯一的 SWP1 与这些预测的蛋白质序列分别具有 85% 和 89% 的相似度。与预期一致，在这些不同的菌株中，源自不同菌株的 SWP1 基因和蛋白质序列的区别都位于 C 端结构域。所有预测蛋白的 N 端区域（氨基酸数目为 1～354）的序列同源性为 61%～99%，C 端区域的同源性为 35%～42%。在研究中鉴定了 *Eiswp* 和 *Ehswp* 基因和蛋白，这些基因首先通过转录分析随后进行 PCR 扩增及基因组 DNA 测序确定。这些确定的 *swp* 基因两侧的非转录区域具有独特的序列。在这些菌株中 *swp* 基因的拷贝数变化暂时还无法解释。肠脑炎微孢子虫基因组比兔脑炎微孢子虫基因组更紧凑是由于它丢失了端粒近端区域的重要部分（Corradi et al. 2010），因而在肠脑炎微孢子虫中可以推测会有较少的基因重复序列。*Nosema* 属的基因组研究表明，尽管微孢子虫总的来说基因组较为减缩，但是小规模的或者大规模的扩张也有可能发生（Pan et al. 2013）。在 Encephalitozoonidae 家族中，需要得到更多的种间不同菌株的基因复制信息以帮助建立 *swp* 基因拷贝数的变化规律。

10.7.2　孢壁蛋白 3

通过蛋白质组学的方法，第三种 SWP［孢壁蛋白 3（SWP3）/EnP2］得到了鉴定（Peuvel-Fanget et al. 2006；Xu et al. 2006）（图 10.23）。孢壁蛋白的制备包括首先将蛋白质溶解于 2% 的 DTT 溶液，随后利用含有 SDS 的缓冲液进行多步萃取（Xu et al. 2006），进行二维 SDS-PAGE 蛋白质电泳以后，切下主要的点进行多肽质谱分析。许多已知蛋白被鉴定与已知蛋白结果相符，一个先前未被研究的蛋白质 ECU01-1270 被选取并用于后续研究。该蛋白的基因定位于 1 号染色体，蛋白由 221 个氨基酸组成，其成熟形式的预测相对分子质量为 20.5×10^3。ECU01_1270 含有 24 个可能的 O- 糖基化位点，并且在蛋白的 C 端可能含有一个 GPI 锚定位点，在 193 位置处有一个 omega 切除位点。利用重组表达的 ECU01_1270 制备多克隆抗体，免疫印迹分析发现抗体识别的蛋白质相对分子质量为 2.0×10^4。利用抗体进行兔脑炎微孢子虫孢子的免疫电镜研究发现，该蛋白质定位于靠近质膜的孢子内壁区域。将前述的未确定蛋白命名为 EcSWP3。Peuvel-Fanget 等（2006）同时也发现了该蛋白，兔脑炎微孢子虫孢壁蛋白的制备方法与前述的 Xu 等的方法相似，在 SDS 缓冲液中将孢子进行煮沸，不溶物质进一步使用高剂量的还原剂处理 72 h，将得到的蛋白质溶解物进行 SDS-PAGE 分析发现了一条相对分子质量为 2.2×10^4 的蛋白条带，通过多肽质谱分析将其确定为 ECU01_1270。该蛋白只含有一个多肽；一个 GPI 锚定位点，以及 24 个 O- 连接的糖基结合位点。对 ECU01-1270 基因进行了异源表达，获得的重组蛋白免疫小鼠的制备了多克隆抗体。免疫电镜结果显示，该蛋白质在母孢子阶段均存在，也定位于兔脑炎微孢子虫成熟孢子的孢子内壁，这个蛋白被命名为内壁蛋白 2（EnP2），因此，两个单独的课题组分别在兔脑炎微孢子虫中确定了一个由相同基因编码的蛋白（EcEnP2 和 EcSWP3）。与兔脑炎微孢子虫中其他的 SWP 蛋白相比，EcEnP2 和 EcSWP3 与 Encephalitozoonidae 家族其他成员具有同源性，但是与其他种的微孢子虫、酵母和丝状真菌的蛋白质没有明显的同源性。

10.7.3　其他孢壁蛋白（SWP4 和其他的 SWPs）

第 4 种 SWP 位于孢子外壁（SWP4/EnP1），似乎参与孢子与各种糖类的黏附过程（Hayman et al. 2005；Peuvel-Fanget et al. 2006；Southern et al. 2007）。在描述 EnP2 的研究中，Peuvel-Fanget 等（2006）发现并鉴定了一个新的兔脑炎微孢子虫的 SWP。从 SDS-PAGE 中切胶回收了包含 PTP1 蛋白的相对分子质量为 5.5×10^4 大小的蛋白质样品，利用该样品制备的单克隆抗体 Ec102，能够与兔脑炎微孢子虫中的 3 种蛋白发生反应（蛋白质的相对分子质量大小分别为 5.5×10^4、3.5×10^4 和 2.8×10^4）（Delbac et al. 1998a），5.5×10^4 和 3.5×10^4 条带的质谱结果显示它们分别为 PTP1 和 PTP2。为了鉴定相对分子质量 2.8×10^4 的蛋白，用单克隆抗体 Ec102 进行 cDNA 表达文库的筛选，最终 cDNA 克隆被鉴定出与 ECU01_0820 基因相关，

ECU01_0820 基因被克隆以后进行异源表达获得一个重组蛋白，但是 Ec102 单克隆抗体并不与这个重组蛋白发生反应，因此，针对这个重组蛋白制备了新的小鼠多克隆抗体，在 Western 杂交分析中，该抗体与一个相对分子质量 4×10^4 的蛋白发生反应，这与 ECU01_0820 的预测相对分子质量相同，进行免疫电镜分析表明，标记物定位于孢子内壁区域。ECU01_0820 被称为孢子内壁蛋白 1（EnP1），EcEnP1 蛋白不具备在 EcEnP2 中发现的 GPI 锚定位点和跨膜基序。然而，EcEnP1 蛋白富含半胱氨酸（在 357 个氨基酸中含有 23 个半胱氨酸），并且有可能通过链内或链间的二硫键固定在孢子内壁区域。在以前的研究中，Hayman 等（2005）已经发现宿主细胞的 GAGs 在肠脑炎微孢子虫和兔脑炎微孢子虫黏附到宿主细胞表面的过程中具有重要作用，为了证明是否有孢壁蛋白在这个互作过程中作为配体发挥功能，研究者从纯化的孢子中提纯蛋白质并进行生物素标记，并与宿主细胞进行孵育（Southern et al. 2007），通过洗脱将未结合的蛋白去除，随后裂解宿主细胞，结合的蛋白质用链霉亲和素进行 Western blot 分析检测，一个被生物素标记的相对分子质量 4×10^4 的蛋白结合在宿主细胞表面。为了鉴定该蛋白，研究者对考马斯染色凝胶上相对分子质量 4×10^4 的蛋白条带进行了质谱分析，鉴定为 ECU01_0820，该基因已经被 Peuvel-Fanget 等（2006）进行了研究并命名为 EcEnP1。肠脑炎微孢子虫中的同源基因被 Hayman 课题组通过 cDNA 文库筛选确定（Hayman & Nash 1999），EiEnP1 与 EcEnP1 具有 61.5% 的同源性。EiEnP1 同样也是富含半胱氨酸的蛋白质，在 348 个氨基酸序列中含有 25 个半胱氨酸。与抗 -EiEnP1 的多克隆抗体进行免疫电镜发现 EcEnP1 和 EiEnP1 分别定位于成熟的兔脑炎微孢子虫和肠脑炎微孢子虫孢子的孢子外壁区域，并且在孢子内壁区域也有所发现。有趣的是，EcEnP1 重组蛋白的多克隆抗体在兔脑炎微孢子虫和肠脑炎微孢子虫的锚定盘复合体上都有定位。定位于锚定盘复合体的蛋白质之所以非常重要，是因为该区域在孢子发芽的过程中可能起着重要的作用，包括该区域孢子内壁破裂以及极管的释放等（Larsson 1986）。一个模型描述锚定盘在孢子壁破裂过程中会形成"衣领"状结构（Bigliardi & Sacchi 2001），随着孢子破裂的过程，衣领结构逐渐暴露并作为外翻极管的支撑结构，在这个阶段，有可能在 AD 中的这些蛋白质也会暴露出来。如果 EnP1 在发芽过程中暴露出来，它有可能与宿主细胞的蛋白质发生反应，参与一些感染过程。这个假设得到了 Hayman 等支持，他们选择 EnP1 是由于其重组蛋白可以与宿主细胞结合（Southern et al. 2007）。

Ghosh 等（2011）在兔脑炎微孢子虫中利用蛋白质组学技术制备了针对 ECU10_1070 的一个新的 SWP（SWP5；ECU10_1070）抗体，该抗体可以将寄生泡边缘处于裂殖体时期的孢子染色，但是对于成熟的孢子则不能染色。在海伦脑炎微孢子虫和兔脑炎微孢子虫的基因组、以及 MicrosporidiaDB 数据库其他的微孢子虫基因组中也存在 SWP5 的同源蛋白，SWP5 似乎是一个在发育中被调控的 SWP。利用刚刚完成的海伦脑炎微孢子虫基因组，对于 PTP 和 SWP 的初步蛋白质组学分析鉴定了两种新的 SWPs（SWP6 和 SWP7），在其他的微孢子虫基因组中也发现了同源蛋白（Weiss，未发表数据）。在家蚕微粒子虫中，对于其他假设的 SWPs 也已经被鉴定（Wang et al. 2007；Wu et al. 2008，2009；Cai et al. 2001），但是其同源蛋白尚未在其他微孢子虫中被发现（见 7.1）。

10.7.4　孢壁蛋白的功能

许多被确定的 SWPs 都经过了翻译后糖基化修饰，包括甘露糖基化（Xu et al. 2004；Dolgikh et al. 2007；Bouzahzah & Weiss 2010）。孢子在胃肠道进行侵染的过程中，这些翻译后修饰对于孢壁黏附于黏蛋白或者宿主细胞具有重要作用，可以促进孢子的侵染，例如外源的 GAGs 可以降低孢子对于宿主细胞黏附率（Hayman et al. 2005；Peuvel-Fanget et al. 2006；Southern et al. 2007）。经过对蛋白质序列的仔细检查，Southern 等（2007）发现在 EcEnP1 和 EiEnP1 中都存在与细胞结合相关的关键基序 HBMs。肝素结合基序（HBMs）对于蛋白质 – 肝素相互作用是必需的（Cardin & Weintraub 1989），其包含有被中性氨基酸（"X"）有规律分隔开带有正电荷的氨基酸（"B"），这种基序的氨基酸序列为"XBBXBX"或者"XBBBXXBX"。EcEnP1 包含有两个潜在的 HBMs，而 EiEnP1 含有 3 个潜在的 HBMs。早期对 SWPs 的功能研究发现，体外实验时 EiEnP1 可以在与宿主细胞表面结合（Southern et al. 2007），另外，外源的重组 EcEnP1 蛋白可以防止孢子结合到宿主细胞表面，该过程被认为是感染宿主细胞过程中至关重要的一个过程。当微孢子虫孢子在体外被阻止结合到宿主细胞表面时，宿主细胞的感染率降低了。在这些研究中，EnP1 中的 HBM 基序被认为可能在黏附过程中起到重要的作用，因此，通过定点突变将重组 EcEnP1 中的 HBMs 去除，得到不含有 HBM1（氨基酸数目为 150～158）的重组 EnP1 并不能够降低兔脑炎微孢子虫和肠脑炎微孢子虫与宿主细胞表面的黏附作用，宿主细胞的感染速率与对照组速率相似。含有 HBMs 的重组蛋白降低孢子与宿主细胞的黏附过程的能力是随着蛋白质含量的增加而增强的，这就说明 EcEnP1 中的 HBM1 有可能在微孢子虫的黏附和感染过程中具有重要作用。

微孢子虫孢壁的一个重要特征是孢子内壁的硬度，几丁质是孢子内壁的主要成分（Bigliardi et al. 1996），并且对于维持孢壁的硬度具有重要作用。为了鉴定 SWPs，Brosson 等（2005）利用兔脑炎微孢子虫的 SDS-PAGE 电泳胶中多个蛋白条带制备了多克隆抗体，双向 SDS-PAGE 和免疫印迹分析发现这些抗体能够同时识别相对分子质量 3.3×10^4 的蛋白和 5.5×10^4 的蛋白，多肽质谱分析结果显示这两个蛋白是同一个基因的翻译产物，基因组分析结果显示，这个蛋白具有一个可能的信号肽和一个末端跨膜结构域，另外，它含有一个包括木聚糖内切酶和氨基葡糖脱乙酰酶的多糖脱乙酰酶家族的保守结构域，该蛋白被命名为兔脑炎微孢子虫几丁质脱乙酰酶（EcCDA），并且该酶被认为是将几丁质脱乙酰化成为壳聚糖的关键酶，而壳聚糖是微孢子虫孢壁的重要组成成分。然而，通过酶学分析并没有确定该酶的作用。实际上，高分辨率的晶体结构分析显示该酶可能并不结合壳寡糖或者 β- 几丁质（Urch et al. 2009）。通过电镜进行定位研究发现在裂殖体时期该蛋白并不多，但在母孢子时期标记增多。在成熟的孢子中，EcCDA 在质膜/内壁界面被发现，这与提出的它在孢壁组成中的作用是一致的。与 Encephalitozoonidae 家族中独特的 SWPs 不同，EcCDA 的同源基因可以在微孢子虫的不同属中都有发现，包括那些可以感染无脊椎动物的属。对于所有已知微孢子虫同源蛋白的预测可知这些同源蛋白大小相似，并且都含有多糖脱乙酰酶家族这种重要酶的保守结构域。Brosson 等（2005）也表示在微孢子虫中几丁质脱乙酰酶的存在支持了微孢子虫属于真菌的观点，这类酶在真菌的糖类代谢中是非常普遍的。然而，目前仍然需要继续深入地研究来确定微孢子虫中的 EcCDA 的作用。

10.7.5　家蚕微粒子虫的孢壁蛋白

许多研究已经确定和鉴定了脑炎微孢子虫属微孢子虫中的 SWPs，但是，通过 BLAST 比对只能在其他微孢子虫和真核生物中找到有限的甚至找不到脑炎微孢子虫属微孢子虫 SWPs 的同源蛋白。研究引起家蚕微粒子病的家蚕微粒子虫中 SWPs 的目的是了解该物种孢壁的形成和作用。到目前为止，已经通过电镜在家蚕微粒子虫孢壁的孢子内壁区域和孢子外壁区域定位了 5 种 SWPs（表 10.5；图 10.24）另外有 10 种或者更多的蛋白质通过特定的蛋白质提取技术以及质谱分析或者抗体筛选被暂定为 SWPs，但是尚未进行定位实验进行最终的确定（Wu et al. 2008）。家蚕微粒子虫中 SWPs 的命名使用两个系统；他们被按照通过孢壁的蛋白质组学研究中作为 HSWPs 发现的顺序命名，即 SWP1、SWP2 等（Wu et al. 2008），另外一种按照发现的相对分子质量进行命名，即家蚕微粒子虫孢壁蛋白 25（NbSWP25）是一个相对分子质量为 2.5×10^4 的家蚕微粒子虫孢壁蛋白，同时也被命名为 NbSWP2。

Wu 等（2008）通过改良分离方法从家蚕微粒子虫孢壁中提取鉴定了 SWPs。在蛋白提取缓存液中低温提取孢子蛋白并进行 SDS-PAGE 分析后，可以得到 3 种主要的蛋白质条带（相对分子质量分别为 2.5×10^4、3.0×10^4、3.2×10^4）。这些蛋白质条带经过多肽质谱分析以及对家蚕微粒子虫基因组数据库的检索确定相关的基因，预测的蛋白质被命名为 NbSWP25（NbSWP2）、NbSWP30（NbSWP1）和 NbSWP32（NbSWP3）。利用 MicrosporidiaDB 数据库中的数据进行 BLAST 分析并没有在其他的微孢子虫中发现同源基因。但是，一个未鉴定的 HSWP 蛋白 NbHSWP10 被发现与 EiSWP2 的 C 端区域之间有较低的氨基酸同源性（24% 的同源性）。所有的脑炎微孢子虫属 SWPs 预测蛋白质序列的 C 端都是低保守的，并且经常包含带电荷氨基酸的重复单元，另外，在肠脑炎微孢子虫的一些菌株中并不存在 EiSWP2，因此，这两个蛋白质之间的 24% 的同源性的重要性也就减弱了。

将 NbSWP30 和 NbSWP32 的基因分别克隆到一个表达载体上，表达重组融合蛋白后进行纯化，免疫小鼠获得特定的抗体（Wu et al. 2008），利用这些抗体进行免疫印迹分析，得到了预期的相对分子质量分别为 3.0×10^4 的蛋白和 3.2×10^4 的蛋白条带信号。免疫电镜显示 NbSWP30 定位在家蚕微粒子虫成熟孢子的孢子内壁区域，并且发现 NbSWP32 定位于外壁区域。Wu 等（2009）对 NbSWP25 也进行了表征，通过多肽质谱分析对这个编码了 268 个氨基酸的蛋白质的基因进行了鉴定，在小鼠体内通过利用融合了标签的重组 NbSWP25 蛋白免疫获得抗血清，利用该抗血清和家蚕微粒子虫成熟的孢子进行免疫荧光检测，发现 NbSWP25 定位于孢壁，免疫电镜结果显示 NbSWP25 定位于孢子内壁。为了确定 NbSWP25 是否参与到孢子在宿主细胞表面的黏附过程，研究人员进行了宿主细胞侵染分析，即利用重组 NbSWP25 或者抗 -NbSWP25 血清处理后，研究家蚕微粒子虫孢子黏附到 BmE 细胞表面的平均数量。另外，也测定了由相同的抑制剂处理后宿主细胞的感染率，结果表明 NbSWP25 对于黏附或者感染没有影响。NbSWP26 和 NbSWP5 的鉴定是通过与 NbSWP25、30 和 32 相似的实验策略进行的（Li et al. 2009；Cai et al. 2011），NbSWP26 首先被免疫印迹分析中的一个单克隆抗体识别，在后续的研究过程中，Li 等（2009）通过多肽质谱分析确定了 NbSWP26 并且发现其含有 223 个氨基酸，实验测得相对分子质量为 2.6×10^4，定位于家蚕微粒子虫的孢子内壁区域。NbSWP5 最初是根据 SWP 提取物的质谱分析数据被确定为假定的 NbSWP5(Wu et al. 2008)，后来通过双向电泳发现其是在成熟的孢子中表达的，而不是在非成熟的孢子母细胞中表达（Cai et al. 2011），预测含有 186 个氨基酸的 NbSWP5 蛋白（相对分子质量约 2.0×10^4）定位于家蚕微粒子虫的孢子内壁区域；在进行细胞吞噬分析时，宿主 BmN 细胞更倾向吞噬未成熟的家蚕微粒子虫孢子，然而，当外源重组 NbSWP5 蛋白被加入到该实验中后，孢子母细胞的被吞噬率降低了，学者认为 NbSWP5 有可能作为一种保护蛋白，保护成熟的孢子防止免疫细胞与其发生反应。在 NbSWP5 的其他研究中，针对重组 NbSWP5 的小鼠抗血清被用来进行免疫电镜实验，Li 等（2012）发现 NbSWP5 定位于孢子外壁以及极管区域而不是在孢子内壁区域，为了确定 NbSWP5 是否与其他的孢子蛋白发生反应，利用家蚕微粒子虫溶解产物和 SWP5 抗血清进行免疫共沉淀（图 10.25），最终确定了两个条带，相对分子质量分别为 3.1×10^4 和 15×10^4，这两个条带在对照组中是不存在的，对这两个条带切胶进行质谱分析，分别被确定鉴定为 PTP2 和 PTP3。为了确定 NbSWP5 与 PTP2 和 PTP3 之间的相互作用，将家蚕微粒子虫的孢子诱导发芽弹出极管，将释放的极管与 SWP5 抗血清以及荧光二抗进行孵育，结果得到了阳性的荧光信号，说明抗血清与 PTPs 可以相互作用，并且作者表明 NbSWP5 可能是通过孢壁在孢子发芽和极管弹出的过程中被释放的，SWP5 抗血清也对孢子发芽过程具有一定的影响，在诱导发芽前用抗血清或对照血清与家蚕微粒子虫的孢子进行了预孵育，结果显示 SWP5 抗血清处理过的样品与对照组样品相比孢子发芽率低了 30%。从这些实验中作者推测，NbSWP5 是一种家蚕微粒子虫孢子上的表面蛋白，并且有可能是发芽过程中负责接受刺激信号的受体。

与脑炎微孢子虫属家族成员中的 SWPs 相比，家蚕微粒子虫孢壁形成过程中 SWPs 所起的作用所知甚少。但是，保守结构域的检索发现在脑炎微孢子虫科家族的 SWPs 和微粒子虫属的 SWPs 中具有一些相同的元素。在 NbSWPs 中鉴定了许多个 HBMs，并且其在 NbSWPs 中的重要性已经通过定点突变进行了证明（Li et al. 2009）。微孢子虫黏附到宿主细胞是其侵染过程组成部分的假说也在家蚕微粒子虫的侵染过程中被证实，就像 NbSWP26 HBMs 在侵染过程中所扮演的角色一样。为了验证 NbSWP26 重组蛋白可以与 BmN-SWU1 细胞系结合，分别将含有完整 HBM 基序和去除该基序的 NbSWP26 重组蛋白与 BmN-SWU1 进行孵育。与包含 HBM 基序的 rNbSWP26 相比，缺少 HBM 的 rNbSWP26 与宿主细胞的结合能力降低。另外，含有完整 HBM 的 rNbSWP26 可以抑制家蚕微粒子虫孢子与宿主细胞之间的黏附。不含有 HBM 的 rNbSWP26 则对孢子的黏附没有影响。正如脑炎微孢子虫属的微孢子虫一样，降低家蚕微粒子虫的黏附则可以降低对宿主细胞的侵染。这些数据表明 NbSWP26 和其 HBM 可能在孢子黏附和侵染过程中起着重要的作用。

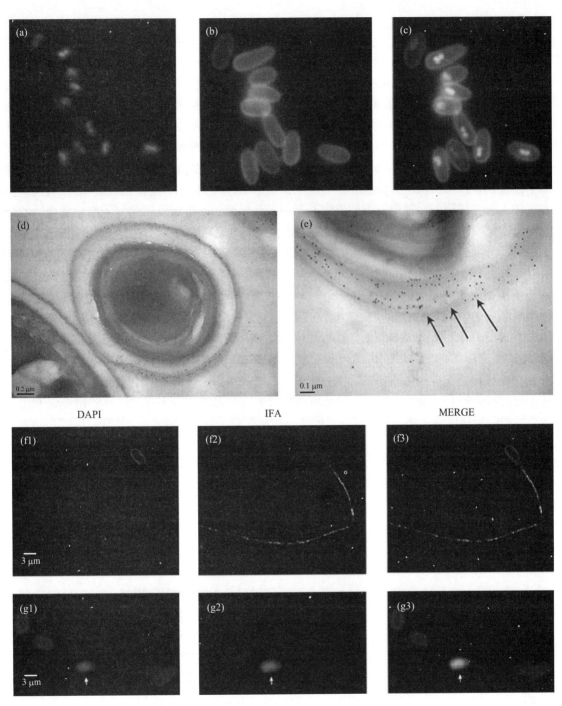

图 10.25 家蚕微粒子虫孢壁蛋白 5 定位分析（见文后彩图）

孢子与 NbSWP5 抗血清和 DAPI 孵育。（a）蓝色荧光表示 DAPI 染色；（b）绿色荧光表示 NbSWP5 定位于孢壁；（c）叠加图片表征核的位置和被 NbSWP5 标记的孢壁，标尺为 3 um；（d）和（e）利用 NbSWP5 抗血清在家蚕微粒子虫孢子上的免疫定位表明该蛋白定位于外壁，箭头显示大量胶体金颗粒定位在孢壁的较厚的区域（Cai et al. 2011），引自 Wu, Z., Li, Y., Pan, G., et al.（2008）Proteomic analysis of spore wall proteins and identification of two spore wall proteins from *Nosema bombycis*（Microsporidia）. *Proteomics*，8，2447–2461；（f）和（g）免疫荧光实验表明 SWP5 定位于弹出的极管上。孢子利用 K₂CO₃ 进行发芽（Li et al. 2012）。弹出的极管与 SWP5 鼠多抗和 DAPI 孵育（f1、g1）。DAPI 染色，箭头标记了未发芽的孢子，其中 g2 含有亮绿色荧光，而（g1）和（g3）中没有绿色荧光。（f3）和（g3）为叠加的图片。（Li et al. 2012）。[图片来自 Drs. Zhou, Pan, and Dang. Li, Z., Pan, G., Li, T., et al.（2012）SWP5, a spore wall protein, interacts with polar tube proteins in the parasitic microsporidian *Nosema bombycis. Eukaryot Cell*，11，229–237.. American Society for Microbiology]

10.8　总结

尽管早在 100 多年以前，就有描述认为极管是微孢子虫特有的结构，但是其生化组成以及发芽机制等仍亟待阐明。现代技术的应用（包括免疫学和分子生物学）已经鉴定出了许多个极管蛋白，而对于已鉴定的极管蛋白之间的互作和各自的功能仍需要进一步研究。实验证据表明渗透压诱发的极管外翻是孢子萌发的重要原因，而对于渗透压导致孢子发芽的机制以及阳离子、阴离子和钙离子在该过程发挥重要作用的原因仍有待于进一步的研究。对于按蚊微孢子虫的研究证明海藻糖可能是孢子发芽过程中的重要成分（Undeen 1990），对于该机制的研究需要延伸到其他以非昆虫为宿主的微孢子虫中，以确定以上发现是否在微孢子虫中是普遍存在的。微孢子虫极管作为侵染宿主细胞过程中一个特有的装置，通过刺入宿主细胞将孢原质直接注入宿主细胞内，就像一个皮下注射器。发芽早期的一系列事件如孢子前端复合体的分裂、极管的外翻以及宿主细胞的黏附和刺入等机制都需要进一步进行鉴定。

近 15 年来，研究学者们已经开始研究关于微孢子虫孢壁的结构和功能的研究，然而许多仍然没有被解决。目前，我们仅仅鉴定了一些存在于孢子内壁和外壁的蛋白，目前来看仍有许多蛋白未被发现。对于我们来说，了解孢壁蛋白之间如何互作，或者如何与内壁糖链或者糖蛋白结合以形成孢壁，仍然是个挑战。因为有些蛋白可以定位到孢子外壁上，那么推断它们可能参与到与宿主细胞的受体或者配体互作过程，在最近研究中，在外壁蛋白中已经找到的特殊的蛋白基序如 HBMs 可能会帮助我们第一次探究孢子外壁蛋白与宿主细胞之间的互作关系。目前来看孢子与宿主细胞之间的互作可能会影响双方的信号通路并对通路下游造成影响。

微孢子虫的侵染器官（孢壁、极管、孢原质和极膜）成功地使这种多样性较高的物种成了几乎可以侵染所有种类细胞的细胞内寄生菌，对该病原体的进一步研究对于研究微孢子虫的防控具有重要的意义。

致谢

该工作由 NIH AI31788（LMW）和 NSFC 30930067（XD）资助。

感谢 Elaine Keohone 博士在 Weiss 教授实验室所做的工作以及她在 *The Microsporidia and Microsporidiosis*（Wittner & Weiss 1999）"极管的结构和功能"一章中的构思和创作，她的工作是本章内容的基础。感谢 Ann Cali 博士以及 Peter M. Takvorian 博士在免疫胶体金电镜方面给予的建议和帮助。感谢 Jiri Lom 博士、Peter M. Takvorian 博士、Earl Weidner 博士以及 Nico Paul Kock 博士在图片处理方面的帮助。非常感谢 Jiri Lom 博士在极管弹出机制方面的建议和讨论。

参考文献

第 10 章参考文献

第 11 章　哺乳动物微孢子虫病的免疫学

Elizabeth S. Didier

美国杜兰大学国家灵长目研究中心微生物学部
美国杜兰大学公共卫生与热带医学学院热带医学系

Imtiaz A. Khan

美国乔治·华盛顿大学医学中心微生物学、免疫学和热带医学系

11.1　引言

　　微孢子虫是一类专性细胞内寄生的单细胞真菌，可以广泛感染无脊椎动物与脊椎动物。微孢子虫的成熟孢子具有感染性，通过弹出其侵染装置——极管，将孢原质注入宿主细胞中。微孢子虫的最早描述见于 19 世纪中叶，被认定是家蚕微粒子病的病原体。进入 20 世纪以后，兽医学研究发现微孢子虫能使很多伴侣动物、实验动物与肉用动物致病，也可以感染鱼、蜜蜂与家蚕等重要农业经济动物。从 20 世纪 80 年代中期开始，随着艾滋病的暴发，机会性病原体微孢子虫感染引起的腹泻以及系统性疾病在人类医学领域开始突显。自此，更多新的微孢子虫物种得到了分离与鉴定，并对其遗传学与生理学开展了充分的研究。随着关注度的提高以及诊断技术的进步，包括儿童、器官移植者、旅行者、老人以及暴露于被感染动物或污染水体与土壤的人在内的更广泛的人群都被发现能被微孢子虫感染。一些微孢子虫被认为可能引起新发和再现的传染病，因此 NIAID 和 CDC 已将微孢子虫列为 B 级具有潜在危险的致病微生物。关于微孢子虫研究历史的全面总结已经由 Franzen（2008）发表，而 Rodriguez-Tovar 等（2011）也对微孢子虫在鱼类感染中的免疫反应做了精彩的综述。本章主要总结了目前对哺乳动物宿主针对微孢子虫的免疫反应，以及微孢子虫感染哺乳动物宿主免疫系统所致效应的认识。

11.2　感染人类的微孢子虫种类

　　在微孢子虫门近 1 300 个种中，有 15 个种被报道可以导致人类感染性疾病（表 11.1），其命名也发生过变化。这些种的微孢子虫大部分可以自然地或者在实验条件下感染动物，因此可提供相应动物模型，使我们可以更好地研究人类微孢子虫病以及宿主针对微孢子虫的免疫应答。已鉴定的最常见的感染人类的微孢子虫属为肠微孢子虫属（*Enterocytozoon*）与脑炎微孢子虫属（*Encephalitozoon*），通常是通过食下感染，但也有经由其他方式传染的报道。安卡尼亚孢虫属（*Anncaliia*）和管孢虫属（*Tubulinosema*）等微孢子虫感染人类的报道较少，同时它们也可以感染昆虫，提示我们微孢子虫也可能由媒介携带传染。而越来越多的报道表明，接触微孢子虫污染的水、土壤和食物是条纹微孢子虫属（*Vittaforma*）的重要传播方式。

表 11.1 可以感染人类的微孢子虫种类

种名	同义名（曾用名）	常见感染部位（人类）	其他哺乳动物宿主	非哺乳动物宿主
Anncaliia algerae	*Brachiola algerae*（*Nosema algerae*）	眼部、肌肉		蚊子
A. connori	*B. connori*（*N. connori*）	系统性感染		
A. vesicularum	*B. vesicularum*	肌肉		
Encephalitozoon cuniculi	*N. cuniculi*	系统性感染	广泛宿主源	鸟类
E. hellem		眼部、系统性感染	蝙蝠	鸟类
E. intestinalis	*Septata intestinalis*	小肠、系统性感染	广泛宿主源	鹅
Enterocytozoon bieneusi		小肠、胆管	广泛宿主源	鸟类
Microsporidium africanum		眼部		
M. ceylonensis		眼部		
M. CU（*Endoreticulatus-like*）		肌肉		
Nosema ocularum		眼部		
Pleistophora ronneafiei		肌肉		鱼类 [a]
Trachipleistophora anthropopthera		眼部、系统性感染		昆虫 [a]
T. hominis		眼部、肌肉		蚊子 [a]
Tubulinosema acridophagus		肌肉、系统性感染		果蝇 [a]
Vittaforma corneae	*N. corneum*	眼部、尿路		

[a]：该宿主为推测的，主要依据为系统发生学研究以及宿主与其他种属的亲缘关系

11.2.1 脑炎微孢子虫属（*Encephalitozoon*）

本属中兔脑炎微孢子虫（*Encephalitozoon cuniculi*）、海伦脑炎微孢子虫（*Encephalitozoon hellem*）和肠脑炎微孢子虫（*Encephalitozoon intestinalis*）这三个种被证实可感染人类，第 4 个种蚱蜢脑炎微孢子虫（*Encephalitozoon romaleae*）则可以感染蚱蜢。兔脑炎微孢子虫最早被发现能导致家兔瘫痪（Wright & Craighead 1922），随后被发现可以感染多种哺乳动物包括啮齿目、兔形目、肉食动物、反刍动物、非人灵长类与人类（Didier & Weiss 2011；Pakes et al. 1975；Shadduck & Greeley 1989）。1969 年，人们第一次从哺乳动物组织培养中分离得到兔脑炎微孢子虫，并可在体外培养中长期增殖（Shadduck 1969）。由于该种在自然条件下即可感染实验动物（如兔子和其他啮齿类动物），所以兔脑炎微孢子虫或许是迄今为止研究得最为透彻的感染哺乳动物的微孢子虫（Didier & Weiss 2011）。随着 AIDS 的暴发性流行，兔脑炎微孢子虫能感染人的报道也越来越多，其引发的机会性感染可导致宿主全身或诸如眼和肠道等部位的局部感染（Franzen et al. 1995；Lacey et al. 1992；Shadduck 1989；Zender et al. 1989）。海伦脑炎微孢子虫最早是在美国（纽约州和德克萨斯州）的 3 位 AIDS 患者的角膜与结膜样本中分离、鉴定并进行培养的，海伦脑炎微孢子虫也可以引发人体系统性感染（Didier et al. 1991a；Hollister et al. 1993；Scaglia et al. 1997；Schwartz et al. 1993b，1994；Weber et al. 1993）。早期关于兔脑炎微孢子虫感染鸟类的报道可能是由海伦脑炎微孢子虫所导致的，因为海伦脑炎微孢子虫的外形与兔脑炎微孢子虫相近，但是在 40℃ 的条件下生长速率更快，该条件与鸟类体温更接近（Phalen et al. 2006；Slodkowicz-Kowalska et al. 2006）。海伦脑炎微孢子虫被报道

在自然条件下可以感染果蝠，在实验室条件下可以感染啮齿类动物（Childs-Sanford et al. 2006；Didier et al. 1994）。肠脑炎微孢子虫最早从患有腹泻的 AIDS 患者中鉴定得到，与该属其他种相似，也会在宿主体内造成播散性感染（Cali et al. 1993；Orenstein et al. 1992a）。与兔脑炎微孢子虫相似，肠脑炎微孢子虫可以感染多种哺乳动物，同时也在鹅中被分离到（Bornay-Llinares et al. 1998；Slodkowicz-Kowalska et al. 2006）。肠脑炎微孢子虫是第二常见的感染人类的微孢子虫，而该属中三种能感染人的微孢子虫均可以在组织培养细胞中长期生长。

11.2.2　肠微孢子虫属（Enterocytozoon）

毕氏肠微孢子虫（Enterocytozoon bieneusi）是最常见的感染人的微孢子虫，最早在海地的患有慢性腹泻的 AIDS 患者体内被发现（Desportes et al. 1985；Orenstein et al. 1990）。脑炎微孢子虫属的微孢子虫会扩散导致全身感染，而毕氏肠微孢子虫与之不同，倾向于局部侵染小肠与胆道（Kotler & Orenstein 1998；Weber & Bryan 1994），近年来关于毕氏肠微孢子虫感染非 HIV 患者的报道逐渐增多，并且最近在瑞典出现了食源性暴发（Decraene et al. 2012；Didier & Weiss 2011）。与脑炎微孢子虫属相同，毕氏肠微孢子虫也可以感染多种哺乳动物与鸟类（Santin & Fayer 2009）。有意思的是，毕氏肠微孢子虫并不能在自然条件下感染啮齿类动物，而在实验条件下能够在一些免疫缺陷的大鼠或者小鼠身上引起短期或者自限性感染（Feng et al. 2006）。毕氏肠微孢子虫不能在长期组织培养物（如细胞系）中传代，这一点限制了组织培养的应用以及通过动物模型研究其免疫应答（Visvesvara 2002；Visvesvara et al. 1995）。

11.2.3　条纹微孢子虫属（Vittaforma）

角膜条孢虫（Vittaforma corneae）首次被发现于一个非 HIV 患者的角膜基质中（Davis et al. 1990；Sharma et al. 2011），随后关于该微孢子虫的报道主要见于角膜炎患者中，其感染 AIDS 患者的情况比较少见（Deplazes et al. 1998）。在自然条件下角膜条孢虫不能感染其他动物，但是可以在实验条件下感染小鼠（Didier et al. 1994，2005，2006；Silveira & Canning 1995）。最近在英式橄榄球运动员中暴发了角膜条孢虫感染，主要是由于接触了孢子污染的土壤以及与角膜炎患者共用温泉，这表明这类微孢子虫可能存在非人类的传染源（Fan et al. 2012；Kwok et al. 2013）。角膜条孢虫可以在组织培养细胞中生长（Shadduck et al. 1990；Visvesvara 2002）。

11.2.4　安卡尼亚孢虫属（Anncaliia）

按蚊微孢子虫（Anncaliia algerae）是一种可能由蚊子进行媒介传播的微孢子虫，主要感染免疫缺陷者并导致肌炎（Cali et al. 2010；Field et al. 2012；Franzen et al. 2006）。该种微孢子虫可以培养，并感染严重联合免疫缺陷小鼠（SCID 小鼠）（Koudela et al. 2001；Moura et al. 1999；Visvesvara 2002）。康纳安卡尼亚孢虫（Anncaliia connori）和水泡安卡尼亚孢虫（Anncaliia vesicularum）可分别导致 SCID 幼童的播散性感染与 AIDS 患者发生肌炎（Cali et al. 1998；Franzen et al. 2006；Margileth et al. 1973）。现在认为哺乳动物不是安卡尼亚孢虫属的自然宿主，而人类也只可能是其偶然的宿主。

11.2.5　气管普孢虫属（Trachipleistophora）

人气管普孢虫（Trachipleistophora hominis）（Field et al. 1996）和嗜人气管普孢虫（Trachipleistophora anthropophthera）（Vavra et al. 1998）最早被报道能引起 AIDS 患者肌炎，后者也能导致角膜炎（Pariyakanok & Jongwutiwes 2005）。这两个物种均可以在培养的组织中生长（Hollister et al. 1996；Juarez et al. 2005）且人气管普孢虫可以在实验条件下感染小鼠（Koudela et al. 2004）和蚊子（Weidner et al. 1999）。某些以前认为由匹里虫属（Pleistophora）引发的肌炎后来发现是由气管普孢虫属导致的（Chupp et al. 1993；Grau et al. 1996）。对这些人源分离株进行进一步鉴定，并与来源于昆虫的且在实验室条件下可感染 SCID 小鼠的马岛猥气管普孢虫（*Trachipleistophora extenrec*）相比，气管普孢虫属的自然宿主有可能是昆虫。

11.2.6 其他被报道能够感染人类的种属

罗氏匹里虫（*Pleistophora ronneafiei*）在感染一名 AIDS 患者后导致了肌炎（Cali & Takvorian 2003；Ledford et al. 1985），而其他以前被认为由其引发的病例后来重新鉴定为由气管普孢虫属所致。该种不能被培养也不能在实验室条件下感染其他动物，而人类也只是其偶然宿主。该属其他物种可以感染鱼类（Cali et al. 2005）。嗜蝗虫普孢虫（*Tubulinosema acridophagus*）最早发现于果蝇之中（Choudhary et al. 2011；Meissner et al. 2012），但是最近研究发现其可以导致免疫低下者的全身性感染和肌炎。微粒子虫属主要感染昆虫，也有研究表明一种尚未鉴定的微粒子虫属微孢子虫感染了一位在孟加拉国农村池塘洗浴的非 HIV 感染患者，引发了角膜炎（Curry et al. 2007）。微孢子虫属的非洲微孢子虫（*Microsporidium africanum*）和锡兰微孢子虫（*Microsporidium ceylonensis*）引起了非 HIV 感染者角膜溃疡（Canning et al. 1986）。最近对泰国一位 HIV 阴性的播散性肌炎患者的研究表明，一种被命名为 *M. CU* 的物种是其病原体。它与内网虫属（*Endoreticulatus*）在系统发生学上具有最近的亲缘关系（Suankratay et al. 2012），微孢子虫属（*Microsporidium*）主要包括了一些尚未完全鉴定的微孢子虫（Canning et al. 1986）。

11.3 宿主与病原体的相互关系

微孢子虫是进化最为成功的寄生物之一，在哺乳动物中微孢子虫感染后一般会建立宿主 – 寄生物之间平衡的相互关系，在具有健全免疫系统的自然宿主体内只会造成最轻微的临床症状（Didier et al. 2000；Shadduck & Orenstein 1993；Vavra & Lukes 2013）。由于免疫系统的缺陷或者超敏引起的平衡破坏往往会带来明显的临床症状。目前我们关于微孢子虫病的理解主要来源于对兔脑炎微孢子虫在实验动物中感染效应的研究，这有助于预测微孢子虫感染在人体中的效应（Shadduck et al. 1996）。新发现的微孢子虫属有助于发展新的动物模型用于微孢子虫病研究，可以更好地鉴定某些难以或者不能直接在人体上进行的实验的微孢子虫病。

11.3.1 免疫健全宿主中的感染

兔脑炎微孢子虫在家兔与啮齿类动物中会造成持续性的感染，通常很少产生临床症状（Shadduck & Orenstein 1993；Shadduck & Pakes 1971）。由于使用在未知情况下使用感染微孢子虫的实验动物会混淆研究数据，血清学检测方法被用来建立无微孢子虫的动物株系（Bywater & Kellett 1978b；Cox et al. 1977；Fukui et al. 2013）。脑炎微孢子虫属感染野生动物、驯养动物与肉用动物之后也很少出现明显的临床症状（Santin & Fayer 2011）。通过免疫组化、PCR 和血清学方法发现，脑炎微孢子虫属与肠微孢子虫属在感染免疫健全的人后仅引发不明显的或者亚临床症状（van Gool et al. 1997；Palmieri et al. 2010；Saigal et al. 2013；Sak et al. 2010，2011；Yakoob et al. 2012）。

在偶然的情况下，免疫功能正常的家兔或者啮齿类动物感染微孢子虫后也会出现脑功能紊乱，具体表现为运动障碍、斜颈与无法保持平衡（Didier et al. 2000；Harcourt–Brown & Holloway 2003；Kunstyr & Naumann 1985；Mathis et al. 2005）。在实验条件下，急性兔脑炎微孢子虫感染的小鼠可能会产生腹水并在随后一两周内消退（Canning et al. 1986；Nelson 1967）。同样，旅行者与幼童也有可能由于微孢子虫感染导致腹泻并在治疗之后自愈（Anane & Attouchi 2010；Lopez–Velez et al. 1999；Muller et al. 2001；Okhuysen 2001；Raynaud et al. 1998；Thielman & Guerrant 1998；Wichro et al. 2005；Ayinmode et al. 2011；Calik et al. 2011；Chokephaibulkit et al. 2001；Nkinin et al. 2007；Samie et al. 2007；Tumwine et al. 2005）。但是在热带地区感染了其他肠道寄生虫的儿童在患上微孢子虫病后，症状则可能会恶化。脑炎微孢子虫属也与一场胃肠道疾病的暴发有关，主要原因是食入的三明治或沙拉中的黄瓜被微孢子虫污染（Decraene et al. 2012）。

11.3.2　免疫功能正常宿主中的慢性感染

新生的肉食动物由于免疫系统不健全可能会死于微孢子虫感染（Shadduck & Orenstein 1993；Shadduck et al. 1978）。犬、狐或者貂等肉食动物在幼年时期感染微孢子虫并存活下来或者在成年阶段被感染后，会发展为高丙种球蛋白血症，这会导致免疫复合物病例如肾病与系统性血管炎（Berg et al. 2007；Botha et al. 1979，1986b；Cole et al. 1982；Shadduck & Orenstein 1993；Snowden et al. 2009；Stewart et al. 1988；van Heerden et al. 1989）。目前还不清楚为什么肉食动物在感染兔脑炎微孢子虫后会由于免疫应答而产生高丙种球蛋白血症，而其他哺乳动物则不会出现这种情况。

11.3.3　免疫缺陷宿主中的微孢子虫病

在 AIDS 暴发之前，有研究表明在实验室条件下用兔脑炎微孢子虫感染无胸腺裸鼠可以引起致命疾病，证明微孢子虫具有潜在的致病能力（Gannon 1980；Schmidt & Shadduck 1983）。在一些免疫缺陷的儿童中也发现了全身性的微孢子虫感染（Cali et al. 1998；Margileth et al. 1973；Matsubayashi et al. 1959）。在 AIDS 开始暴发性流行的 20 世纪 80 年代，由兔脑炎微孢子虫以及其他新的种属微孢子虫引发的疾病开始出现。10 年后联合抗逆转录病毒疗法（cART）的成功应用，使得 HIV 感染者中机会性感染微孢子虫病的发病率大幅下降（Carr et al. 1998；Foudraine et al. 1998；Goguel et al. 1997；Martins et al. 2001）。然而，微孢子虫也可以感染其他免疫力低下人群，如器官移植者（Audemard et al. 2012；Champion et al. 2010；Field et al. 2012；Galvan et al. 2011；George et al. 2012；Lanternier et al. 2009；Meissner et al. 2012；Talabani et al. 2010）、癌症患者（Cali et al. 2010；Lono et al. 2008；Orenstein et al. 2005；Yazar et al. 2003）和老年人（Lores et al. 2002）。同样，免疫力低下的无胸腺小鼠和 SCID 小鼠在实验条件下对脑炎微孢子虫属、安卡尼亚孢虫属、气管普孢虫属和条纹微孢子虫属微孢子虫易感（Koudela et al. 2001，2004；Salat et al. 2001，2004，2006；Silveira et al. 1993）。而对于 12 个月以上的小鼠来说，感染了兔脑炎微孢子虫也是致命的（Moretto et al. 2008）。

与预期相符，免疫系统未成熟的宿主例如幼犬或者非人类灵长类对于兔脑炎微孢子虫易感并会因此患上严重的或者致命的疾病（Baneux & Pognan 2003；Davis et al. 2008；Juan-Salles et al. 2006；Shadduck et al. 1978；Szabo & Shadduck 1987）。最近也有报道表明肠脑炎微孢子虫感染在幼年考拉中引发了致命的微孢子虫病（Nimmo et al. 2007）。而马（Patterson-Kane et al. 2003；van Rensburg et al. 1991；Szeredi et al. 2007）、家兔（Baneux & Pognan 2003）、蓝狐（Mohn & Nordstoga 1982）、非人类灵长类（Zeman & Baskin 1985）和羊驼（Webster et al. 2008）等动物由于兔脑炎微孢子虫经胎盘传染免疫低下的胚胎而引发了自发性流产与死产。经胎盘传染的微孢子虫病在人类中尚未见相关报道。

11.3.4　在免疫豁免部位的感染

眼部一般被认为是免疫豁免部位，但是关于在免疫健全与免疫低下宿主的角膜基质与结膜部位感染微孢子虫的报道在逐渐增多。在蓝狐（Arnesen & Nordstoga 1977）、猫（Benz et al. 2011）与兔（Giordano et al. 2005；Pilny 2012）中均鉴定到了兔脑炎微孢子虫。海伦脑炎微孢子虫也在 HIV 患者中被分离到，其引发了角膜结膜炎（Cali et al. 1991；Didier et al. 1991a；Friedberg et al. 1990；Rosberger et al. 1993；Schwartz et al. 1993a）。角膜条孢虫最早被报道感染非 HIV 患者并引发了基质性角膜炎与虹膜炎（Davis et al. 1990；Shadduck et al. 1990）。随后一些病例表明微孢子虫源的角膜炎主要由脑炎微孢子虫属 3 个种引发，在越来越多的非 HIV 感染者中发现了条纹微孢子虫属、微粒子虫属与气管普孢虫属的微孢子虫，主要是由于接触了孢子污染的土壤与水所导致（Bharathi et al. 2013；Chan et al. 2003；Curry et al. 2007；Fan et al. 2012；Joseph et al. 2006；Kwok et al. 2013；Loh et al. 2009；Pariyakanok & Jongwutiwes 2005；Sengupta et al. 2011；Theng et al. 2001）。

11.4 抵抗感染的非免疫性屏障

能够感染人类的微孢子虫数量已有 16 种而且还会继续上升，但是与微孢子虫门 1 300 多个已经命名的种相比只占了很小的比例。这表明还有一些因素限制了微孢子虫感染人类。当今有关人体抵抗微孢子虫疾病的非免疫性屏障的研究是有限的，部分相关研究表明体温、宿主受体、遗传背景、感染途径、体质与环境等可能是影响感染的要素。

毕氏肠微孢子虫是最常见的感染人的微孢子虫，有至少 81 个基因型（Santin & Fayer 2009），其中一些只感染人类，另外一些只感染动物，剩余的则是动物与人类均能被感染。通过联系毕氏肠微孢子虫的 ITS 序列与宿主范围进行系统发生学研究发现，虽然毕氏肠微孢子虫有广泛的宿主范围，但是对于特定基因型来说它们的传染对象相对比较严格，仅在偶然的情况下会感染其他类型的宿主，主要由地理因素决定（Henriques-Gil et al. 2010）。有意思的是，毕氏肠微孢子虫在自然条件下不会感染小鼠，在实验条件下感染免疫抑制或者免疫缺陷的小鼠或者大鼠表现出的症状是自限性的（Accoceberry et al. 1997；Feng et al. 2006），而在免疫缺陷的人身上则会发展为致命的感染，这表明哺乳动物在感染毕氏肠微孢子虫时，不同的宿主之间的反应存在一定程度的特异性。与之相对的是脑炎微孢子虫属可以感染很多种哺乳动物包括小鼠，而感染人的脑炎微孢子虫属微孢子虫在感染其他动物时并没有表现出宿主限制性。

脑炎微孢子虫属优先定位于小肠与胆管并很容易扩散，属内不同种之间存在一定程度的感染组织的特异性。兔脑炎微孢子虫与海伦脑炎微孢子虫一般会由于扩散而导致系统性感染或引起结膜炎，而肠脑炎微孢子虫则感染小肠导致腹泻，随后才开始扩散。安卡尼亚孢虫属被认为是通过蚊子进行媒介传播的微孢子虫，似乎偏好侵染人类肌肉组织（Cali et al. 1998，2010；Field et al. 2012）。在一项离体实验中，Leitch 和 Ceballos（2008）发现，虽然按蚊微孢子虫、肠脑炎微孢子虫和海伦脑炎微孢子虫对人类 Caco2 肠细胞的黏附率相近，但是 37℃孵育 3～5 天后，按蚊微孢子虫的感染率与增殖率相比于肠脑炎微孢子虫和海伦脑炎微孢子虫来说要低很多。而将培养温度降低至 33℃后（与昆虫的温度相似）可增强按蚊微孢子虫的感染力。作者还证明了在孵育时添加肠道内因子例如胃蛋白酶、胰酶、胆汁等对肠脑炎微孢子虫和海伦脑炎微孢子虫孢子萌发率的影响并没有差异。综合起来，这些结果表明体温影响了组织（或者宿主）的易感性，而其他因子则导致了肠脑炎微孢子虫和海伦脑炎微孢子虫对不同组织的偏好性。温度因素也可以解释为何只有少数媒介传播的微孢子虫被报道可以感染人类，但是上述结果也表明如果微孢子虫具有了适应性且宿主的免疫力很弱的情况下，微孢子虫同样可以造成感染。

宿主细胞受体与微孢子虫配体的结合有助于孢子黏附，这也会影响宿主和组织的感染性。Hayman 等（2007）证明肠脑炎微孢子虫可以黏附于葡萄糖胺聚糖（GAGs）方便其感染宿主细胞，而 GAGs 存在于几乎所有类型的细胞表面。相反地，如果采用缺乏 GAGs 的细胞或者用硫酸化多糖竞争黏附作用，肠脑炎微孢子虫的黏附与感染则被抑制了。最近，这些研究者鉴定到了一个孢壁蛋白 EnP1 可以使孢子黏附到宿主细胞的 GAGs 上。O- 甘露聚糖在脑炎微孢子虫属孢子的极帽（polar cap）附近较为丰富，它可能是与黏附和感染相关的配体（Taupin et al. 2007）。这些结果有助于解释肠脑炎微孢子虫以及脑炎微孢子虫属其他种可以在体内扩散以及感染各种类型细胞的机制。通过类似的方法研究毕氏肠微孢子虫的组织嗜性是否为宿主的受体或寄生虫的配体不同则比较困难，因为这个物种不能进行组织或细胞培养。在其他感染人的微孢子虫中并没有开展此类研究。

一直以来，遗传背景被认为是影响小鼠宿主易感性的因素之一。Niederkorn 和他的同事向多个同系交配株小鼠腹腔内注射了兔脑炎微孢子虫，结果腹膜巨噬细胞数随时间变化，且与 MHC 单倍型无关（Niederkorn et al. 1981）。具有抗性的株系（Balb/c）与敏感的株系（C57/Bl）相比，抗 sRBC 抗体的水平更高，细胞分裂素诱导淋巴细胞增殖的水平也更高（Liu et al. 1989；Niederkorn et al. 1981）。从对不同宿主中分离到的兔脑炎微孢子虫的描述来看，微孢子虫的某些宿主特异性应该是由宿主基因型决定的，但是随后的研究表明所有迄今为止感染哺乳动物的兔脑炎微孢子虫基因型均可以轻易感染人类，而在实验条件下利用这些基因型交叉感染实验动物也很容易实现（Didier et al. 1995，1996；Mathis et al. 1997；Snowden et al. 1999；Sokolova et al. 2011；Tosoni et al. 2002）。

11.5　先天性免疫应答

先天性免疫应答能够在病原体感染后立刻反应并构筑第一道防线，这个过程是非特异的且经常会引起炎症。巨噬细胞、树突状细胞和自然杀伤细胞在微孢子虫感染的早期即被诱导，协助先天性免疫应答向特异性免疫应答转变。

11.5.1　干扰素 γ（IFNγ）

IFNγ 在对抗微孢子虫感染方面是必需的，在先天性免疫应答与特异性免疫应答过程中均发挥作用。缺乏 IFNγ 的动物在实验条件下比较容易感染脑炎微孢子虫属微孢子虫（Achbarou et al. 1996；El Fakhry et al. 2001；Salat et al. 2004），将敲除了 IFNγ 基因的小鼠的脾细胞转入 SCID 小鼠后不能使其抵抗致命的肠脑炎微孢子虫感染（Salat et al. 2004）。另外，被感染后 SCID 小鼠的存活时间要比 IFNγ 基因敲除小鼠长，这表明在 SCID 小鼠中由自然杀伤细胞合成的 IFNγ 在感染早期发挥了抵抗作用。这也与在实验条件下用兔脑炎微孢子虫感染小鼠后其自然杀伤细胞的活性提高的结果相一致（Niederkorn 1985；Niederkorn et al. 1983）。

11.5.2　肠内抗菌因子与肠细胞

肠道内的抗菌肽例如防御素、乳铁蛋白、溶菌酶等可以抑制按蚊微孢子虫萌发与感染离体人类肠细胞 Caco2，也能抑制肠脑炎微孢子虫和海伦脑炎微孢子虫的感染（Leitch & Ceballos 2009）。向多种人体肠上皮细胞系中添加 IFNγ 可以降低兔脑炎微孢子虫的感染，该途径需要色氨酸代谢中的吲哚胺 2，3- 双加氧酶（Choudhry et al. 2009）。

11.5.3　细胞模式识别受体

如前所述，脑炎微孢子虫属孢子表面有两种配体：葡萄糖胺聚糖和 O- 甘露聚糖（Southern et al. 2007；Taupin et al. 2007）。在先天性免疫过程中发挥作用的细胞表面模式识别受体中，仅有 TLR-2 和 TLR-4 在微孢子虫侵染的状态下会被激活。Hale-Donze 和他的同事通过 TLR 转染模型发现，在微孢子虫侵染之后，表达了 TLR-2 的人 HEK 细胞中 NFkB 的表达以及 IL-8 和 TNFα 的分泌均有提升，而转染了编码 TLR-4 质粒的细胞应答则没有那么强烈（Fischer et al. 2008a）。在接种了兔脑炎微孢子虫或肠脑炎微孢子虫之后，通过 siRNA 降低 TLR-2 的表达可以使细胞应答不再被激活，而 TLR-4 表达下调的细胞则仍然维持趋化因子的分泌。人单核源性巨噬细胞与脑炎微孢子虫属微孢子虫孵育之后，招募炎性细胞的多种趋化因子、细胞因子以及对应受体的编码基因转录都大幅上升（Fischer et al. 2007）。在小鼠微孢子虫感染过程中，由 TLR-4 激活的 DCs 则主要负责启动特异性免疫过程中 CD8+ T 细胞的细胞溶解作用。

11.5.4　巨噬细胞

由分泌的趋化因子招募的细胞包括单核细胞与巨噬细胞。与在上皮细胞之中相同，脑炎微孢子虫属微孢子虫可以在组织定居或者游走的巨噬细胞中增殖并发育为成熟孢子，这表明可诱发固有免疫炎症的趋化因子可能也会促进宿主细胞的募集从而导致持续性感染与扩散（Fischer et al. 2008b；Niederkorn & Shadduck 1980；Weidner 1975）。人类单核细胞源巨噬细胞在离体条件下与兔脑炎微孢子虫、海伦脑炎微孢子虫、肠脑炎微孢子虫或角膜条孢虫孵育时，会诱导提高 TNFα、IFNγ 和 IL-10 的产量，而氮氧化物的浓度则不会上升，说明这些因子的浓度与微孢子虫增殖并无关联（Franzen et al. 2005）。

体外研究表明，离体巨噬细胞在合适的条件下会开始杀伤胞内微孢子虫，例如在 IFNγ、内毒素和 TNFα 的诱导下（Didier 1995；Didier & Shadduck 1994；Jelinek et al. 2007）。巨噬细胞杀伤胞内微孢子虫的方式包括螯合铁离子、产生活性氮氧化合物等（Didier 1995；Didier et al. 1994，2010）。在体外用内毒素和 IFNγ 激活巨噬细胞不能彻底根除微孢子虫（Didier et al. 2010），而缺乏 iNOS 的小鼠则能够抵抗兔脑炎微孢子虫的感染（Khan & Moretto 1999），这表明有多种效应因子机制参与了先天性免疫系统巨噬细胞介导的微孢子虫杀伤。

11.5.5 树突状细胞与自然杀伤细胞

树突状细胞与自然杀伤细胞可以影响针对微孢子虫的先天性免疫。小鼠感染兔脑炎微孢子虫后，自然杀伤细胞会被激活并提高肿瘤杀伤能力，可能会合成 IFNγ 以影响微孢子虫的抗性（Niederkorn 1985；Niederkorn et al. 1983）。与 *IFNγ* 基因敲除小鼠相比，SCID 小鼠在感染微孢子虫能存活更久（Salat et al. 2004），这一点与前述现象相符。树突状细胞一方面可以呈递抗原使先天性免疫向获得性免疫转变，而另一方面通过诱导 TLR4 表达影响 CD8+ T 细胞活性（Lawlor et al. 2010）。从 *IFNγ* 基因敲除小鼠体内提取细胞或者将野生型小鼠细胞以抗 IFNγ 抗体处理过之后，这些离体的肠上皮内淋巴球细胞不再能够产生细胞毒性 T 细胞应答（Moretto et al. 2007）。另外，有研究表明 IL-12 缺陷小鼠在实验条件下易受到微孢子虫的致命感染，为 IL-12 重要来源的树突细胞可能在应对早期感染过程中发挥重要作用（Khan & Moretto 1999；Moretto et al. 2010a；Salat et al. 2004）。

11.6 获得性免疫应答

微孢子虫感染同样会引发体液免疫与细胞免疫等获得性免疫应答。从具有显著临床症状的感染微孢子虫的 AIDS 患者那里得到的证据表明，对抗致命的微孢子虫病需要 T 细胞介导的免疫过程。抗体一方面有助于抵抗疾病，但是另一方面也可能引发复合物介导的超敏反应导致脉管炎或者肾病。

11.6.1 体液免疫反应

在 AIDS 暴发之前，关于抗体反应方面的研究主要基于实验条件下以脑炎微孢子虫属微孢子虫感染实验动物，以及在诊断学上用于鉴别与剔除感染疾病的动物。这些研究中被应用的方法包括：墨汁染色、补体结合反应、凝集反应、间接免疫荧光检测、ELISA 与免疫印迹检测（Didier 2005；Garcia 2002；van Gool et al. 1997；Pakes et al. 1984；Weber et al. 2000）。最近也有关于多重免疫磁珠分析（multiplex bead immunoassays）应用的报道。

在免疫健全的啮齿类动物、兔与灵长类动物感染微孢子虫时，血清中的抗体水平与病原体的接种途径与剂量相关。在感染的过程中，IgM 水平首先上升，然后由 IgG 替代，并在之后一直维持着比较高的水平。经由静脉、腹膜与脑内感染途径会最先导致 IgG 水平上升，最早约在感染一周后可被检测到。在小鼠中皮下或口服接种兔脑炎微孢子虫则会在 2~3 周后才会引起类似现象（Didier 2000；Didier et al. 1998）。接种灭活病原菌可以产生特异抗体反应，而在缺乏持续的抗原基础的情况下抗体水平则会回落（El Fakhry et al. 1998；Liu & Shadduck 1988；Sobottka et al. 2001）。家兔直肠感染或者小鼠口服感染微孢子虫后可检测到血清中抗原特异性的 IgA（El Fakhry et al. 1998；Wicher et al. 1991），但是此现象在大部分血清学研究中并没有观察到。

对人体感染过程中血清抗体水平持续性检测不多，其中一个长期的血清学检测是针对一名眼部偶然感染兔脑炎微孢子虫的实验室工作者（van Gool et al. 2004）。IFA 与免疫印迹等免疫分析方法应用于检测感染后 1、20、32 与 38 个月的血清样品，结果表明首先出现的是识别孢壁蛋白的 IgG，随后是识别极管蛋白的 IgG（Omura et al. 2007）。一项在日本展开的针对 HIV 阴性人群的研究表明，通过酶联免疫染色发现 36%

（138/380）的人体内表达了识别兔脑炎微孢子虫极管蛋白的 IgM，而只有 1%（4 人）的人体内表达了对应的 IgG，但是血清学上有表现的人体内并没有观察到孢子。为了解答这个问题，Sak 和他的同事对 15 位来自捷克的 HIV 阴性健康成人进行了研究，他们的职业需要长期接触动物。首先通过 IFA 检测了血清中抗兔脑炎微孢子虫、海伦脑炎微孢子虫、肠脑炎微孢子虫和毕氏肠微孢子虫抗体的水平，随后进行了一项长期实验，检测尿液与粪便中是否存在孢子（Sak et al. 2010，2011）。在随后的 12 周中，每个人体内至少表达了针对其中一种微孢子虫的抗体并在不同的时期检出了孢子，但不是每一个人在每个时期都会有这种情况。这些结果与实验室免疫健全动物的研究结果相一致，这表明检测免疫健全实验动物的血清抗体水平相对于检测样品（尿液、粪便）中的孢子来说是一种更为有效的确定感染的方法，因为孢子从体内排出的过程是间歇性的。

免疫缺陷宿主，例如无胸腺的或者 SCID 小鼠，不能产生针对微孢子虫的 IgG，除非从同系的免疫健全供体处移植淋巴细胞（Gannon 1980；Hermanek et al. 1993；Schmidt & Shadduck 1983，1984）。因感染 SIV 而免疫缺陷的恒河猴（*Macaca mulatta*）体内检测不到特异性抗体，但是感染 SIV 且免疫力尚未全部消失的恒河猴却可以在感染微孢子虫的情况下表达特异性抗体，虽然在速率与浓度方面都要逊于免疫健全的未感染 SIV 个体（Didier et al. 1994，1998）。在 HIV 感染者中也检测到针对微孢子虫不同程度的免疫应答。在一些病例中，通过 ELISA 检测发现没有微孢子虫病史的个体样品中抗微孢子虫抗体具有相对较高的滴度（1∶800），而那些具有明显微孢子虫病症状甚至能够在培养基中分离到微孢子虫的个体身上则不能检测到特异性抗体（Didier & Weiss 2006；Didier et al. 1991b；Khan & Didier 2004；Kucerova–Pospisilova & Ditrich 1998；Omalu et al. 2007；Omura et al. 2007；Sak et al. 2010）。这表明在 HIV 患者体内抗微孢子虫抗体的表达水平取决于感染发生时的免疫状态，当然这也存在另外一种可能性，即早已存在的微孢子虫由于 AIDS 病情的进展，免疫系统功能低下的情况下而被重新激活了（Didier & Weiss 2011）。

肉食动物如蓝狐或者家犬的抗体反应特别有趣，会在感染微孢子虫后由于免疫低下或者超免疫反应诱发疾病。经胎盘感染微孢子虫的免疫系统未成熟的幼年肉食动物会患上致命的急性肾炎（Mohn 1982；Mohn & Nordstoga 1982；Mohn & Odegaard 1977；Mohn et al. 1974，1982a, b；Nordstoga 1976；Nordstoga & Westbye 1976）。而存活下来的动物在 3 周龄的时候会因为被动摄入母源的特异性 IgG，表现出被感染的症状，随后发展为伴随高丙种球蛋白血病的肾炎与脉管炎。在实验条件下用兔脑炎微孢子虫感染出生 2 天的肉食动物会引起 IgM 与 IgG 的产生，血清中 IgG 的含量比未被感染的个体高 3 倍，同时也会患上高丙种球蛋白血症（Mohn 1982；Mohn et al. 1982a；Shadduck et al. 1978；Stewart et al. 1986，1988；Szabo & Shadduck 1987，1988）。成年家犬经口、静脉或者腹腔感染兔脑炎微孢子虫后 6~12 周会出现 IgM 的免疫反应，而 IgG 的免疫反应则在感染 6 周之后出现，并一直持续到实验结束（Botha et al. 1986a, b；Hollister et al. 1989；Stewart et al. 1979，1986，1988；Szabo & Shadduck 1988）。相似的，兔脑炎微孢子虫经口感染蓝狐之后，通过 ELISA 检测发现 IgG 的表达在第 6 周出现并在第 4 个月至第 5 个月时达到顶峰，随后的一年内其含量也远高于未被感染的对照组（Akerstedt 2003）。

11.6.2 特异性抗体在抗性中发挥的功能

将超免疫的血清转入无胸腺的 BALB/c 小鼠并不能使其抵抗兔脑炎微孢子虫的感染（Schmidt & Shadduck 1983），某些感染微孢子虫并表现出相应临床症状的 AIDS 患者血清中也存在抗体表达（Didier 2000）。体液内针对微孢子虫的抗体对抵抗感染具有一定作用，而强化调理素作用、中和作用和补体结合会促进巨噬细胞杀伤微孢子虫并抑制感染。兔脑炎微孢子虫可以在不能进行吞噬体 – 溶酶体融合的巨噬细胞内的纳虫空泡中繁殖（Weidner 1975）。部分研究利用收集到的巨噬细胞进行实验发现（Niederkorn & Shadduck 1980；Schmidt & Shadduck 1984；Weidner 1975），在接种孢子时添加抗血清可以促进吞噬体 – 溶酶体融合并降低残余微孢子虫的侵染力，但是在另一个以鼠巨噬细胞进行的实验中未观察到类似现象（Jelinek et al. 2007）。微孢子虫特异性的补体结合抗体可应用于兔微孢子虫病的诊断（Wosu et al. 1977），离体实验也被证明其可以降低微孢子虫对体外腹膜巨噬细胞的侵染力（Schmidt & Shadduck 1984）。补体结合并不能影响孢壁或者透过孢壁，但是会影响未成熟阶段的微孢子虫（Niederkorn & Shadduck 1980；Schmidt & Shadduck 1984）。离体实验表明利用抗体中和也可以抑制微孢子虫侵染非巨噬细胞（Enriquez et al. 1998）。注入了 CD8$^+$ T 细胞以及抗兔脑炎微孢子虫孢壁蛋白单克隆抗体的 SCID 小鼠可以比仅注入了 CD8$^+$ T 细胞的小鼠存活更长时间，这个结果证明在体内状态下抗体也对抵抗微孢子虫发挥了作用（Sak et al. 2006）。

11.6.3 抗体与致病机制

兔脑炎微孢子虫感染肉食动物引起损伤，尤其是犬与狐，表明其体内抗体应答与微孢子虫病的致病机制是相关的。在肾小球基底膜血管周围的肉芽肿与颗粒沉积中均发现了 IgM 与 IgG，同时也发现了肾炎症损伤与心、唾液腺、脑和前列腺的血管病变（Akerstedt 2002；Akerstedt et al. 2002；Bjerkas 1987；Shadduck & Orenstein 1993；Shadduck et al. 1978）。在有微孢子虫病临床症状的蓝狐与貂中均发现了特异性的抗血清，而蓝狐在微孢子虫特异性抗体水平下降之后临床症状也缓解了（Arnesen & Nordstoga 1977；Bjerkas 1990；Mohn & Nordstoga 1975a，b；Nordstoga 1976；Nordstoga & Westbye 1976；Zhou & Nordstoga 1993）。

11.6.4 血清学诊断

免疫健全的实验动物在感染微孢子虫后会持续高表达特异性抗体，而这成为血清学诊断的基础（Bywater & Kellett 1978a，b，1979；Bywater et al. 1980；Cray & Rivas 2013；Dipineto et al. 2008；Fukui et al. 2013；Lonardi et al. 2013；Lyngset 1980；Shadduck & Baskin 1989）。血清学的方法也被用于检测野生啮齿类动物、狐狸（Akerstedt 2002，2003；Meredith et al. 2013）、实验兔与宠物兔（Csokai et al. 2009；Igarashi et al. 2008；Jeklova et al. 2010；Keeble & Shaw 2006；Ozkan et al. 2011；Valencakova et al. 2008）以及犬（Lindsay et al. 2009）等是否感染微孢子虫。通过剔除血清学反应阳性的动物也可以避免微孢子虫病的进一步传播（Bywater & Kellett 1978b；Cox & Pye 1975；Cox et al. 1977；Fukui et al. 2013）。向小鼠内接种灭活的兔脑炎微孢子虫后可以短暂地促进特异性抗体的瞬时表达，随着时间的推移滴度逐渐下降（Liu & Shadduck 1988），这表明如果血清中持续存在特异性抗体时往往意味着感染仍在继续。免疫力低下的实验室动物感染微孢虫病往往不能持续、大量地产生特异性抗体。

早期对人类微孢子虫感染率的研究中，许多人都被检测出兔脑炎微孢子虫特异性抗体阳性，但是并没有对这些人进行微孢子虫的检测，偶发性的寄生虫感染也导致了非特异性抗体表达（Bergquist et al. 1984a，b；Canning & Hollister 1991；Canning et al. 1986；van Gool et al. 1997；Hollister & Canning 1987）。在这些早期的研究中，利用血清学方法进行物种鉴定是十分困难的（Aldras et al. 1994；Didier et al. 1991a，b；Hartskeerl et al. 1995；Niederkorn et al. 1980；Ombrouck et al. 1995）。最近更精细的实验和更多的抗原被应用于物种特异性血清学研究，证明血清反应呈阳性的人很可能感染了微孢子虫，并在随后的重复检测中鉴定到了微孢子虫（van Gool et al. 1997；Peek et al. 2005；Sak et al. 2010，2011）。血清学研究的结果表明健康人携带微孢子虫的可能性比以前认为的要高出许多（van Gool et al. 1997；Jordan et al. 2006；Kucerova-Pospisilova & Ditrich 1998；Omura et al. 2007）。

11.6.5 细胞介导的免疫反应

AIDS 患者以及其他免疫低下的人群对于机会性的微孢子虫感染有更强的易感性，这表明 T 细胞介导的细胞免疫在对微孢子虫的抗性方面发挥了重要作用（Didier & Weiss 2006，2011；Orenstein 1991；Orenstein et al. 1990；Weber et al. 2000）。在免疫低下的小鼠体内进行的过继转移实验也表明 T 细胞对于抵抗致命感染中的重要作用（Braunfuchsova et al. 2001，2002；Khan et al. 1999，2001；Moretto et al. 2000；Salat et al. 2002；Schmidt & Shadduck 1983，1984）。接受联合抗反转录病毒（cART）疗法的 HIV 感染者的

T 细胞数与免疫水平得到了回复，机会性的微孢子虫病的发病率也出现了下降（Carr et al. 1998；Conteas et al. 2000；Didier & Weiss 2011；Foudraine et al. 1998；Goguel et al. 1997；Maggi et al. 2000；Martins et al. 2001）。T 细胞抵抗微孢子虫的机制主要包括表达细胞因子激活效应细胞（如巨噬细胞），以及 CD8$^+$ T 细胞对受感染细胞的杀伤作用。

11.6.6　细胞因子与细胞介导的免疫反应

对抗胞内病原菌如微孢子虫等一般需要 Th1 细胞因子例如 IL-12 和 IFN-γ。IFN-γ 无论是在先天性免疫还是 T 细胞介导的免疫方面对抗兔脑炎微孢子虫时都特别重要（Braunfuchsova et al. 1999；Didier 2000；Khan & Moretto 1999；Salat et al. 2004）。缺乏 IFN-γ 或者被注入了抗 IFN-γ 抗体的小鼠均无法清除兔脑炎微孢子虫或肠脑炎微孢子虫感染（Achbarou et al. 1996；Khan & Moretto 1999）。P40$^{-/-}$ 小鼠没有产生 IL-12 的能力，易受到兔脑炎微孢子虫的感染；利用这个基因敲除小鼠进行的实验再次证明了 Th1 细胞因子在对抗兔脑炎微孢子虫免疫反应中的重要性（Salat et al. 2004）。IL-12 除了可以激活先天免疫系统应答中的自然杀伤细胞，还增加了效应 CD8$^+$ T 细胞的数量，而在不能产生 IL-21 的小鼠中 CD8$^+$ T 细胞的免疫活性则较低（Moretto et al. 2010a）。SCID 小鼠（缺乏 T 细胞和 B 细胞）对于兔脑炎微孢子虫来说是易感的，但是导入免疫健全个体的 CD8$^+$ T 细胞之后则具有了抵抗能力（Braunfuchsova et al. 2001；Koudela et al. 1993；Salat et al. 2001，2006）。相对的，从缺乏 IL-12 的小鼠中提取的 CD8$^+$ T 细胞则不能保护这种高度免疫缺陷的动物，强调了细胞因子在加强效应 T 细胞免疫应答中的重要性。缺乏 IL-21 的小鼠清除兔脑炎微孢子虫感染的能力大幅下降，这表明除了 IL-12 与 IFN-γ 之外，由 CD4 和 γδ T 细胞产生的 IL-21 也在免疫过程中扮演了重要的角色（Gigley & Khan 2011；Moretto et al. 2007，2010a）。IL-21 在微孢子虫感染和发挥作用的机制需要进一步研究。

微孢子虫感染过程中，对经典的 Th2 细胞因子发挥的作用了解相对不足。在受兔脑炎微孢子虫感染的动物中检测不到 IL-4 的基因表达（Khan et al. 1999）。在受兔脑炎微孢子虫感染动物的脾细胞中则检测到了 IL-10 合成基因表达量上升，也诱导了单核源巨噬细胞的分泌相应细胞因子，表明 IL-10 可能调控 Th1 型免疫应答（Franzen et al. 2005）。

11.6.7　T 细胞类群

在感染脑炎微孢子虫属小鼠的保护性免疫反应中，CD8$^+$ T 细胞发挥了显著的作用，而 CD4$^+$ T 细胞则扮演了次要的角色（Ghosh & Weiss 2012；Khan et al. 1999；Moretto et al. 2000；Salat et al. 2002）。例如，CD8$^{-/-}$ 小鼠对于腹腔注射兔脑炎微孢子虫是易感的，而将具有免疫活性的 CD8$^+$ T 细胞过继转移之后则能够起到保护作用（Moretto et al. 2001）。另外，不能合成穿孔素（perforin）的小鼠也对兔脑炎微孢子虫易感，穿孔素主要发挥细胞杀伤活性作用。这些结果表明，T 淋巴细胞介导的细胞毒效应与激活巨噬细胞的细胞因子在对抗兔脑炎微孢子虫方面的重要性。

CD4$^{-/-}$ 小鼠虽然不能产生 CD4$^+$ T 细胞，但是仍然不会被脑炎微孢子虫属感染，因为其体内存在正常浓度的特异性 CD8$^+$ T 细胞（Moretto et al. 2000）。缺乏 CD4$^+$ T 细胞同样也不会影响特异性的细胞毒效应的强度。CD4$^{-/-}$ 小鼠可以从微孢子虫感染中恢复，但是 γδ T 细胞缺陷小鼠则在接受大剂量微孢子虫感染时变得易感（Moretto et al. 2001）。与 CD8$^{-/-}$ 或者 γδ T 细胞缺陷小鼠不同，γδ T$^{-/-}$ 小鼠在接受相对低剂量感染时能够存活下来（Moretto et al. 2001）。γδ T$^{-/-}$ 小鼠的易感性主要是由于 CD8$^+$ T 细胞活性下调所导致的，在这些动物体内的特异性 CD8$^+$ T 细胞的免疫活性出现了大幅下降。这些证据表明在微孢子虫侵染过程中，γδ T 细胞在启动 CD8$^+$ T 细胞方面发挥了重要的作用。γδ T 细胞对 CD8$^+$ T 细胞免疫的诱导可能是通过其分泌的细胞因子启动 CD8$^+$ T 细胞来实现的。我们实验室的研究表明，CD8$^+$ T 细胞的免疫活性需要树突状细胞内 TLR4 的大幅上调，因为体内与体外实验均表明抗 TLR4 抗体处理之后均影响了 CD8$^+$ T 细胞的激活（Lawlor et al. 2010）。所以树突状细胞与 γδ T 细胞两者在激活 CD8$^+$ T 细胞对抗微孢子虫方面都发挥了重要作用。

11.6.8　胃肠道对抗微孢子虫的免疫

虽然 CD8⁺ T 细胞在对抗兔脑炎微孢子虫感染方面发挥了关键作用，但是病原菌在经口感染时免疫应答是不同的。缺乏 CD4⁺ T 细胞与 CD8⁺ T 细胞亚群均会导致无法控制的感染从而使死亡率上升，然而添加针对 CD4⁺ T 细胞或 CD8⁺ T 细胞的中和抗体之后的小鼠则存活了下来。鉴于微孢子虫主要经口感染，了解肠道黏膜针对病原体侵染的免疫应答是很有必要的，也有助于开发相应的免疫疗法。此方面相关研究表明上皮内淋巴细胞（IEL）在兔脑炎微孢子虫感染的早期即表现出强的诱导效应。IEL 是一类定位于胃肠管上皮细胞周围的淋巴细胞，在对抗肠道内致病菌的免疫反应中发挥了重要作用。由于分离 IEL 细胞需要较长时间且复苏率较差，有关 IEL 的研究相对较少。这些细胞被认为是对抗感染的第一道防线，由独特而复杂的 CD8⁺ T 细胞组成，包括了 CD8αβ TCRαβ、CD8ααTCRαβ 和 TCRγβ CD8αα 等表型。在经口感染的兔脑炎微孢子虫感染时，CD8αβ 型产生了 IFNγ 并表现出对已感染微孢子虫靶细胞的杀伤性。将 CD8αβ 亚型细胞过继转移至免疫低下的动物中可以使之抵抗致命的兔脑炎微孢子虫感染。虽然 IEL 的激活机制还不是很清楚，但是有研究表明经口传染兔脑炎微孢子虫后，源于树突状细胞的干扰素对 CD8αβ 型 IEL 的产生很重要（Gigley & Khan 2011；Moretto et al. 2007）。还需要进一步研究来阐明 IEL 应答的激活以及转移至感染部位的机制。

11.6.9　记忆 T 细胞

CD8⁺ T 细胞在控制微孢子虫感染方面很重要，而关于它们作为记忆 T 细胞在控制慢性或者复发性感染方面发挥作用则需要进一步研究。近期有研究报道极管蛋白可以诱导很强的特异性 CD8⁺ T 细胞应答，而且也鉴定了可能的抗原表位（Moretto et al. 2010b）。目前正在尝试用各种免疫学方法构建相应的四聚体技术，以便用于确定感染后生成的抗原特异性记忆 CD8⁺ T 淋巴细胞。下一步研究的一个重点就是确定在经口传播之后，是否由 CD8αβ IEL 生成了记忆 T 细胞，这比较复杂，因为不同 IEL 记忆细胞的标志物与全身性的 CD8⁺ T 细胞不同（Isakov et al. 2009）。

11.7　微孢子虫对宿主免疫系统的效应

成熟微孢子虫的孢子会在与宿主细胞接触或者被吞噬之后弹出孢原质进入宿主细胞内（Bohne et al. 2011；Couzinet et al. 2000；Fasshauer et al. 2005；Foucault & Drancourt 2000；Franzen 2005；Leitch et al. 2005b；Orlik et al. 2010；Ronnebaumer et al. 2008；Takvorian et al. 2005）。在第 2 章中 Cali 等（2011）描述了 4 种发育中的微孢子虫与宿主细胞质间的相互作用。在感染人的多种微孢子虫中存在这 4 种相互作用，而相互作用的不同往往会对后续免疫应答与宿主反应带来影响。

早期一项研究表明，通过抑制巨噬细胞吞噬体酸化和不与溶酶体的融合，能够促使兔脑炎微孢子虫在巨噬细胞中定殖（Weidner 1975；Weidner & Sibley 1985）。微孢子虫需要宿主产生的 ATP，因此可以观察到宿主细胞质内线粒体聚集在脑炎微孢子虫属的纳虫空泡或者毕氏肠微孢子虫和角膜条孢虫个体周围（Orenstein et al. 1992b；Scanlon et al. 2004；Shadduck et al. 1990）。Scanlon 和他的同事进一步证明脑炎微孢子虫属可以在不同阶段扰乱宿主的细胞周期，而被角膜条孢虫感染的细胞则会因为胞质分裂受抑制而多核化（Leitch et al. 2005a；Scanlon et al. 2000）。另外，脑炎微孢子虫属和条纹微孢子虫属还可以抑制上皮细胞（del Aguila et al. 2006；Scanlon et al. 1999）和巨噬细胞（Didier et al. 2009）的凋亡。

微孢子虫感染同样影响了其宿主的免疫应答。微孢子虫感染会调控免疫应答，如有研究发现在不知情情况下感染了兔脑炎微孢子虫的小鼠被发现对转移的肿瘤细胞具有抵抗作用，而含有微孢子虫的兔肾细胞则对病毒侵染具有抗性（Armstrong et al. 1973；Petri 1965，1966）。Niederkorn 和他的同事随后的实验证明感染了兔脑炎微孢子虫的小鼠体内的自然杀伤细胞对肿瘤细胞具有更强的攻击性（Niederkorn 1985；

Niederkorn et al. 1983）。在被肠脑炎微孢子虫感染的兔和啮齿类动物中，针对其他病原体的抗体表达以及细胞分裂素引发的淋巴细胞增殖则被抑制了（Cox 1977；Didier & Shadduck 1988；Niederkorn et al. 1981）。人体内微孢子虫感染对免疫应答的影响还没有相关研究报道。

11.8　总结

微孢子虫是一类高度进化的寄生生物，它可以与其自然宿主建立相对平衡的寄生虫－宿主关系。对实验动物在感染微孢子虫后免疫应答的研究大大促进了人们理解与预测人类感染微孢子虫时的免疫应答。虽然采用 cART 疗法可以降低 HIV 患者机会性感染微孢子虫的概率，但微孢子虫感染的临床意义在其他一些人群中受到重视，如器官移植者、幼童、眼部感染者、旅行者、老年人以及其他人等。相信还有更多的微孢子虫新种将陆续被发现，这就需要进一步研究免疫健全与免疫低下人群的微孢子虫病以开发预防和治疗的新策略。

参考文献

第 11 章参考文献

第 12 章　人类微孢子虫病的哺乳动物模型

Elizabeth S. Didier

美国杜兰大学杜兰国家灵长类动物研究中心微生物室

美国杜兰大学公共卫生与热带医学学院热带医学系

12.1　引言

人们建立并使用动物模型的原因主要是在于某些研究存在复杂性，或基于伦理学方面考虑可能对人带来危害。为了达到这一目的，动物模型必须能够模拟与人有关的难题或人们正极力解决的问题（Wall & Shani 2008）。为了研究结果的可重复性，所使用的动物模型也应是其他研究者可以获得的。例如，传染病动物模型的一个潜在的好处就是可以预知人类发病结果并以此开发和应用相应的干涉措施。因此，通过这些工作可达到的首要目的就是能够运用动物模型获得的知识去改善人类和动物的健康状态。

微孢子虫可以感染脊椎动物和无脊椎动物的所有类群，在当前已知的超过 1 200 种的微孢子虫中，有17 种已被报道可以感染人类并引起相关疾病（见第 15 章和 16 章）。事实上，人类微孢子虫病是近期才被人类认识的一种疾病，而以前这一疾病在动物中研究较多（Shadduck et al. 1996）。本章的目的是对微孢子虫病的哺乳动物模型进行综述，以帮助人们预测和更好地理解微孢子虫对人类的感染和致病情况。在人体内检测到的很多种微孢子虫也可以在其他哺乳动物体内引起自然或自发的感染，对这些现象的观察为我们在微孢子虫传播和致病机制方面的研究提供了启示。在实验动物模型上进行微孢子虫的感染能够证实并拓展我们对于微孢子虫病的理解，特别是其传播模式、对免疫正常和免疫缺陷宿主的致病机制、治疗、诊断，以及宿主免疫反应为自身带来的益处或害处等方面。

12.2　自然发生的微孢子虫感染

目前公认能感染人类的微孢子虫中，有两个属的四种微孢子虫占据主要地位。其中脑炎微孢子虫属（*Encephalitozoon*）有兔脑炎微孢子虫（*E. cuniculi*）、海伦脑炎微孢子虫（*E. hellem*）和肠脑炎微孢子虫（*E. intestinalis*）能够感染人类。兔脑炎微孢子虫（*E. cuniculi*）是第一例报道的可以感染哺乳动物的微孢子虫，其他两种则最早是在艾滋病患者体内发现（Didier & Weiss 2011）。脑炎微孢子虫属的微孢子虫能够进行长期的细胞培养，并且能够感染小鼠，因此与其他微孢子虫种相比其生物学特征和免疫应答等方面的研究相对透彻。毕氏肠微孢子虫（*Enterocytozoon bieneusi*）是人群中感染最多的微孢子虫，但因其尚无较好的细胞培养方法来增殖孢子，并且也尚未建立模拟人感染的小型实验动物模型，所以研究进展缓慢。第三类群主要是一些发病情况较少但随着临床鉴别和诊断水平的提高而不断在不同人群中鉴定到的微孢子虫。下面将介绍能感染人类的微孢子虫对哺乳动物的自发感染情况。

12.2.1　脑炎微孢子虫属

20 世纪 80 年代艾滋病流行的早期，在微孢子虫被认为是一种机会感染性病原体之前，兔脑炎微孢子虫的感染就经常在动物中被鉴定到（Didier et al. 2000；Snowden et al. 1998）。兔脑炎微孢子虫是当前研究最深入的哺乳动物微孢子，它最早是在发生运动障碍的兔脑、脊髓和肾中鉴定到的（Levaditi et al. 1923；Wright & Craighead 1922）。此后，在许多哺乳动物包括啮齿动物、肉食动物、反刍动物和其他灵长类动物中都鉴定到兔脑炎微孢子虫（Canning et al. 1986；Didier et al. 2000）。随后，研究者们逐渐认识到其流行病学的特征。研究者们将兔子中分离的脑炎微孢子虫命名为株系 I；将最初分离自鼠，后来又在蓝狐中得到鉴定的脑炎微孢子虫命名为株系 II（Akerstedt et al. 2002；Mathis et al. 1996）；将最初从狗中分离，随后在人和其他灵长类动物中发现的脑炎的孢子虫命名为株系 III（Didier et al. 1995，1996；Guscetti et al. 2003；Juan-Salles et al. 2006；Reetz et al. 2004）；将在一名肾移植患者体内鉴定到的脑炎微孢子虫命名为株系 IV（Talabani et al. 2010）。早期研究发现兔脑炎微孢子虫的基因型表现出宿主和地理区域的偏好性，但随着在人和动物中基因型诊断的数量增加和范围的不断扩大，这种偏好性的差异也越来越不明显了。在人和动物中均鉴定到了兔脑炎微孢子虫的三种基因型，这也支持了这类微孢子虫在人和动物间传播的可能性（Didier et al. 2000；Mathis et al. 1996，2005；Sokolova et al. 2011）。海伦脑炎微孢子虫可感染鸟类，在艾滋病大流行和特异性的分子和免疫诊断工具应用之前，人们可能会将其与兔脑炎微孢子虫的感染相混淆（Black et al. 1997；Pulparampil et al. 1998；Snowden et al. 2000，2001）。在哺乳动物中，人们从一只死亡的埃及果蝠中鉴定到海伦脑炎微孢子虫的感染，这只蝙蝠死于与微孢子虫相关的肾和肝疾病，其死亡之前曾与动物园中的鸟有过接触（Childs-Sanford et al. 2006）；研究者对一只欧洲褐兔进行尸体剖检后，发现海伦脑炎微孢子虫感染引起了褐兔的消瘦、脱水和肾与肝的损伤（de Bosschere et al. 2007）。同兔脑炎微孢子虫一样，有关肠脑炎微孢子虫感染哺乳动物的报道也越来越多，它能感染肉食动物（宠物猫和野生红狐）、产肉哺乳动物（牛和猪）、考拉和其他灵长类动物（自由生活的大猩猩和捕获的狐猴）等；但与兔脑炎微孢子虫不同的是，很少有肠脑炎微孢子虫感染啮齿类动物和兔子的报道（Bornay-Llinares et al. 1998；de Bosschere et al. 2007；Graczyk et al. 2002；Hartskeerl et al. 1995；Murphy et al. 2007；Nimmo et al. 2007；Slodkowicz-Kowalska et al. 2012；Velasquez et al. 2012）。

脑炎微孢子虫属感染动物后通常会在动物体内扩散而累及所有的器官。起初，人们认为肠脑炎微孢子虫只会引起艾滋病患者的肠道感染从而致腹泻。后来则发现这种微孢子虫也会感染多个组织器官（Cali et al. 1993；Field et al. 1993；Kotler & Orenstein 1999）。免疫力正常的成年家兔、小鼠和其他灵长类动物感染微孢子虫后通常无临床症状，但会伴随多病灶肉芽肿和坏死，并且在其肾、肝、脾和脑组织中通常能够检测到病原体（van Dellen et al. 1989；Shadduck & Orenstein 1993；Shadduck & Pakes 1971；Shadduck et al. 1979）。感染的家兔和啮齿类动物偶尔会表现出因肉芽肿脑炎引起的运动失调、斜颈和角弓反张等症状。此外，在家兔、猫和蓝狐中也有眼部感染情况的报道（Arnesen & Nordstoga 1977；Benz et al. 2011；Giordano et al. 2005；Harcourt-Brown & Holloway 2003；Kunzel et al. 2008）。

与免疫力正常的宿主相比，免疫系统未成熟的幼年肉食动物如狗和蓝狐在感染兔脑炎微孢子虫后表现出严重的临床症状，而这些感染通常是致命的（Reetz et al. 2004；Shadduck et al. 1978；Zeman & Baskin 1985）。这些动物在感染后会表现出脑膜炎、肾炎和动脉炎，并能在其脑、肾、脾和肝中检测到病原体（Shadduck & Greeley 1989；Shadduck & Pakes 1971；Snowden et al. 1998）。然而，早期感染兔脑炎微孢子虫或成年感染后存活下来的狗、蓝狐和水貂等动物中，通常会发展成肾衰竭、血管炎或结节性多动脉炎，推测可能是由免疫复合体疾病所导致（Arnesen & Nordstoga 1977；Bjerkas 1990；Botha et al. 1979，1986；van Dellen et al. 1978；Nordstoga 1976；Nordstoga & Westbye 1976；Snowden et al. 2009）。新生灵长类动物感染后也会发展成严重的疾病，导致致死性的脑炎、肝炎、肾炎和动脉炎等（Juan-Salles et al. 2006；Zeman & Baskin 1985）。有研究者发现了一例肠脑炎微孢子虫感染幼年考拉并致死的案例，这好像是第一例有袋类动物感染微孢子虫病的病例（Nimmo et al. 2007）。

兔脑炎微孢子虫感染的主要方式是通过食下和吸入等方式进行的水平传播，移除群体中血清学检测为阳性的啮齿类动物或家兔等个体可以减少病原体在动物间的扩散传播（Didier et al. 1998b）。性传播、眼睛的直接接触和创伤也会造成微孢子虫的感染（Birthistle et al. 1996；Canning et al. 1986）。据报道，非人类灵长类动物、马、家兔、豚鼠、骆马、狗和蓝狐等动物中微孢子虫的垂直传播可以导致感染动物的死产、胎盘炎、早产、流产和新生个体死亡等（Baneux & Pognan 2003；Boot et al. 1988；Hunt et al. 1972；Juan-Salles et al. 2006；Mohn & Nordstoga 1982；Patterson-Kane et al. 2003；van Rensburg et al. 1991；Shadduck et al. 1978；Szeredi et al. 2007；Webster et al. 2008；Zeman & Baskin 1985）。

对动物中兔脑炎微孢子虫自发感染的观察结果可以用来预测其对人感染以及致病后所产生的后果（Shadduck et al. 1996）。除肉食动物（狗、蓝狐和水貂）外，免疫力正常的成年动物，感染兔脑炎微孢子虫后会发展成持续性感染，但只有极少数会表现出临床症状（Didier et al. 1998b，2000；Mathis et al. 2005）。同样，如第 15 章所详细描述的那样，感染脑炎微孢子虫属微孢子虫的免疫力正常的人会表现出临床急性腹泻症状，如无治疗，这些患者会持续表达特异的抗体并间歇性地排出微孢子虫孢子（van Gool et al. 1997；Raynaud et al. 1998；Weber & Bryan 1994；Yakoob et al. 2012）。然而，动物感染微孢子虫后引起自发流产、死产和新出生个体死亡的报道越来越多，表明微孢子虫可能也会导致免疫力低下的人患病。这就意味着微孢子虫感染的艾滋病患者、经历免疫抑制治疗的器官移植接受者和营养不良的儿童会出现脑炎、肾病、眼部感染、肠道炎症，以及其他与感染免疫缺陷动物后出现的相似综合征（Aarons et al. 1994；Boldorini et al. 1998；Fournier et al. 2000；Friedberg et al. 1993；Galvan et al. 2011；Joseph et al. 2005；Levine et al. 2013；Mertens et al. 1997；Talabani et al. 2010；Teachey et al. 2004；Tremoulet et al. 2004；Yachnis et al. 1996）。自然发生的动物感染相关的研究结果表明，微孢子虫的水平传播可能是在人群传播的主要方式。然而，在包括非人类灵长类动物在内的动物中，微孢子虫垂直传播的相关报道也引起了人们的关注。人们认为微孢子虫的垂直或经胎盘传播可能也会在人类中发生，但至今尚未见相关报道。

12.2.2 毕氏肠微孢子虫（*Enterocytozoon bieneusi*）

毕氏肠微孢子虫（*Enterocytozoon bieneusi*）是在人群中感染流行最多的一种微孢子虫。与脑炎微孢子虫感染首先在动物中发现不同，毕氏肠微孢子虫首先在艾滋病患者体内被检测到（Desportes et al. 1985；Dobbins & Weinstein 1985；Modigliani et al. 1985）。十多年后，研究者在猪中也鉴定到了毕氏肠微孢子虫（Deplazes et al. 1996），后来又在包括非人类灵长类动物、牛、狗、猫、马、浣熊、河狸和鸟等野生和家养动物中检测到毕氏肠微孢子虫的存在（Santin & Fayer 2011）。目前已鉴定出毕氏肠微孢子虫的许多基因型，它们有的是特异性感染人的基因型，有的是既可以感染人又可以感染动物的基因型，或者特异性感染动物的基因型，这些结果表明毕氏肠微孢子虫存在着人畜共患、动物间传播、人与人之间传播等多种方式。同肠脑炎微孢子虫和海伦脑炎微孢子虫感染一样，毕氏肠微孢子虫的自发感染在啮齿类动物和家兔中非常少见。在免疫力正常的成年哺乳动物中，毕氏肠微孢子虫的感染通常不会表现临床症状（Mathis et al. 2005；Snowden et al. 1998）。尽管有报道称感染微孢子虫的旅行者会出现腹泻，有时也会在粪便中连续检测到零星的微孢子虫孢子，但有关毕氏肠微孢子虫感染免疫力正常成年人的相关信息还是非常少（Didier & Weiss 2011；Goodgame 2003；Raynaud et al. 1998；Wichro et al. 2005）。感染 SIV 引起免疫缺陷的猕猴感染毕氏肠微孢子虫后表现出体重减轻、消瘦和腹泻，跟感染毕氏肠微孢子虫的艾滋病患者有相似的临床症状（Green et al. 2004；Mansfield et al. 1997，1998；Schwartz et al. 1998）。

毕氏肠微孢子虫自发感染动物的生物学和发病机制的研究较少，因此难以用来预测人类感染后的结果，这可能与毕氏肠微孢子虫不能自发感染实验室啮齿动物或家兔有关。野生和肉用动物等高等脊椎动物感染毕氏肠微孢子虫后，通常表现出亚临床症状，因此通常只有在专门进行微孢子虫感染调查时才会发现。成年动物和人的感染者中微孢子虫是持续存在的（尽管有些感染者已经进行治疗并消除了症状），年幼动物中感染后尚没有更明显的临床病症，并且毕氏肠微孢子虫的垂直传播尚未见报道。脑炎微孢子虫在尿液中存在，表明它们造成了肾和全身性的感染，毕氏肠微孢子虫通常在粪便中检测到，表明其感染主要发生在肠道。毕氏肠微孢子虫也在奶牛所产的奶中检测到，表明了其另外一种可能的来源和传播模式（Lee 2008）。

12.2.3   流行度较低的感染人的微孢子虫

与常见感染人的微孢子虫（如脑炎微孢子虫或毕氏肠微孢子虫）不同，那些感染人概率较低的微孢子虫与自然感染昆虫和鱼类的微孢子虫亲缘关系更近，这表明人类只是这些微孢子虫种的偶然宿主（Didier et al. 2000；Mathis et al. 2005）。安卡尼亚孢虫属（*Anncaliia*）（曾被认为是 *Brachiola* 属或 *Nosema* 属）微孢子虫可引起免疫缺陷个体肌炎（Cali et al. 1998，2010；Coyle et al. 2004；Field et al. 2012；Franzen et al. 2006），同时也能感染蚊子。匹里虫属（*Pleistophora*）和气管普孢虫属（*Trachipleistophora*）微孢子虫能够感染鱼类肌肉组织，也能引起艾滋病患者的肌炎（Cali & Takvorian 2003；Chupp et al. 1993；Field et al. 1996）。气管普孢虫属的一些微孢子虫能引起人类角膜炎并能播散性感染（Pariyakanok & Jongwutiwes 2005；Vavra et al. 1998；Yachnis et al. 1996）。微孢子虫属的部分物种、引起角膜炎的角膜条孢虫（*Vittaforma corneae*，又名 *Nosema corneum*）和微粒子属（*Nosema*）的一些物种均可引起非 HIV 感染患者角膜炎（Bharathi et al. 2013；Curry et al. 2007；Fan et al. 2012a，b；Kwok et al. 2013；Shadduck et al. 1990；Silveira & Canning 1995；Suankratay et al. 2012；Visvesvara et al. 1999），尽管对于这些微孢子虫的自然宿主尚不明确，但系统发育分析表明它们同感染昆虫的内网虫属（*Endoreticulatus*）和微粒子属的微孢子虫相关。管孢虫属（*Tubulinosema*）的微孢子虫是昆虫的病原体，但是最近人们分别在非霍杰金淋巴瘤和多发性骨髓瘤类免疫缺陷患者中检测到其存在，并且这些微孢子虫可以引起人的肌炎和播散性感染（Choudhary et al. 2011；Mcissncr ct al. 2012）。

12.3   微孢子虫病的哺乳动物实验模型

微孢子虫感染的哺乳动物模型可用来解释自然感染的问题以及回答难以直接在人体中研究的问题。感染人的微孢子虫种同样也会对家畜和宠物产生感染，因此，实验动物模型研究中获得的信息对于兽医学和畜牧业也是大有裨益。小鼠是生物医学研究中最常用的动物，还有其他啮齿类动物（如豚鼠、仓鼠和大鼠）、家兔、肉食动物（狗和猫）和非人灵长类动物，利用这些动物模型的研究为我们提供了关于可能的传播机制、正常和免疫缺陷宿主中的发病机制，以及产生抵抗和疾病的免疫应答等方面的知识。这些模型在检测药效和毒性、检测生活周期各阶段的超微结构细节和为进一步研究而扩繁病原体方面也是非常有价值的。

12.3.1   传播

对于微孢子虫流行病学、自然发生史、储存宿主和自然发生感染的组织部位等方面的研究表明，微孢子虫的水平传播可以通过接触的各个环节发生（Didier et al. 2004）。尽管不同的微孢子虫间传播方式不尽相同，但食下和吸入感染是较直接接触（如眼睛）、创伤或性传播等方式更主要的传播方式。根据自然和实验动物感染传播方式和途径的特点，为减少微孢子虫对高危人群（例如艾滋病患者、器官移植接受者）感染的可能播散，我们应采取的公共卫生措施包括洗手、饮用煮沸过的水或瓶装水、对肉和鱼彻底烹调、对可能暴露于污染的灌溉水的水果蔬菜清洗干净，以及控制感染动物的暴露时间和提高公共卫生条件等。

12.3.2   脑炎微孢子虫

未感染的实验室小鼠、家兔和狗与感染兔脑炎微孢子虫的群体在一起居住一段时间后就会被感染，这表明感染动物尿液中的孢子经食下或吸入等水平传播方式感染了健康者（Gannon 1980b；Liu et al. 1988）。对免疫力正常的小鼠、大鼠、豚鼠、仓鼠和家兔通过静脉、腹膜内、皮下、大脑内和口服接种兔脑炎微孢子虫，结果发现接种后的动物出现了与自发感染相似的感染和损伤症状（Meiser et al. 1971；Nelson 1967；

Shadduck & Pakes 1971；Shadduck et al. 1979；Waller et al. 1978）。经静脉、腹膜内和口腔接种兔脑炎微孢子虫可以感染狗（Pang & Shadduck 1985；Stewart et al. 1979；Szabo & Shadduck 1987，1988）。经腹膜内、大脑内和口腔接种可以感染猫和绵羊，但不能感染猪（Pang & Shadduck 1985）。经口服兔脑炎微孢子虫和海伦脑炎微孢子虫（Didier et al. 1994）和大脑内接种（Shadduck et al. 1979）均可成功感染猕猴。兔脑炎微孢子虫眼部接种也可以感染家兔（Jeklova et al. 2010）。蓝狐在人工授精或自然交配后进行子宫内接种兔脑炎微孢子虫后可导致感染（Nordstoga & Mohn 1978），家兔在直肠接种孢子后也会发生感染（Fuentealba et al. 1992），这支持了微孢子虫病性传播的可能。分别对感染兔脑炎微孢子虫的雌兔和雌狐经剖腹产后产下的幼兔和幼狐诊断出微孢子虫感染，这证明了微孢子虫在动物中可垂直传播（Hunt et al. 1972；Mohn et al. 1982）。怀孕期的长尾猴在食下兔脑炎微孢子虫孢子后也会引起后代的感染（van Dellen et al. 1989），但有一个研究报道感染兔脑炎微孢子虫的成年小鼠不会造成幼崽感染（Liu et al. 1988）。

12.3.3　毕氏肠微孢子虫

毕氏肠微孢子虫可以经口感染被 SIV 感染后的有免疫缺陷的猕猴（Green et al. 2004；Kondova et al. 1998；Tzipori et al. 1997）和无菌猪（Kondova et al. 1998）。此外，重度联合免疫缺陷小鼠和经抗干扰素抗体治疗的无胸腺大鼠（Feng et al. 2006）以及皮质醇抑制大鼠（Accoceberry et al. 1997）经口接种后会出现短暂的毕氏肠微孢子虫感染症状。到目前为止，尚未发现有关于毕氏肠微孢子虫其他传播途径的报道。

12.3.4　较少见的感染人的微孢子虫

阿尔及尔微粒子虫，现称按蚊微孢子虫（*Anncaliia algerae*）是从斯氏按蚊（*Anopheles stephensi*）中分离出来的。将其经尾部和足底肉垫皮下接种无胸腺小鼠后可引起小鼠感染并进一步发展成肌炎，但经静脉注射接种和鼻内接种后没有检测到微孢子虫的感染（Trammer et al. 1997）。重度联合免疫缺陷小鼠经滴眼剂接种按蚊微孢子虫后，会引起小鼠严重的肝感染，但眼睛并未发现感染（Koudela et al. 2001），在其研究中经口、腹膜内、肌内和皮下接种后均不会导致感染。这些结果表明，这些昆虫微孢子虫可能驯化出了在较暴露的组织、温度稍低的环境下适应性的感染，然后在免疫缺陷的哺乳动物宿主中传播。人气管普孢虫（*Trachipleistophora hominis*）经眼睛（利用滴眼剂）、皮下、大脑内、腹膜内和肌内接种可成功感染重度联合免疫缺陷和无胸腺小鼠，但经口接种后却不一定（Cheney et al. 2000；Hollister et al. 1996；Koudela et al. 2004）。角膜条孢虫经大脑内接种可感染无胸腺小鼠（Silveira et al. 1993）。分离于牛首杜父鱼（*Taurulus bubalis*）的具褶微孢子虫经肌内接种后不能引起无胸腺小鼠的感染（Cheney et al. 2000），目前关于微孢子虫属或管孢虫属在实验室哺乳动物中的传播尚未见报道。

12.4　发病机制

微孢子虫感染相关的疾病因感染途径、宿主免疫状态和微孢子虫的种类不同而有所不同。实验室动物的微孢子虫感染实验能够为该疾病引起的损伤部位、临床症状和宿主易感情况的控制和时间评估提供帮助。微孢子虫传播能力和感染部位的认知也有助于合适样本的收集，以利于诊断的可靠性和确定传播的机制和储存宿主。大多数健康的成年哺乳动物在度过急性感染期后很少再表现临床感染症状，但宿主的感染却是长期存在的。然而，部分肉食动物感染后表现出进行性加重的肾疾病，主要是因为高丙球蛋白血症和免疫复合物病。相反，幼年的和免疫缺陷的动物因微孢子虫的失控生长，存在出现典型临床症状和危及生命疾病的风险。

12.4.1　脑炎微孢子虫

由兔脑炎微孢子虫感染啮齿类动物和家兔引起的脑炎微孢子虫病主要是一种长期的潜伏性疾病，很少观察到临床症状，只是偶见运动麻痹和斜颈等大脑机能障碍（Mathis et al. 2005; Shadduck & Pakes 1971）。免疫力正常的小鼠在急性感染期也会观察到腹水，但 1~2 周后就会缓解（Nelson 1967）。事实上，经非肠道接种和自发感染后所有的器官都会感染脑炎微孢子虫，但受损的部位主要包括大脑、肝、肾和脾（Didier et al. 1998b; Shadduck & Greeley 1989; Shadduck & Orenstein 1993; Shadduck & Pakes 1971; Snowden & Shadduck 1999）。肉芽肿和非化脓性炎症是感染的典型症状，还有由上皮细胞和淋巴细胞环绕的中央区域坏死损伤，常见弥散间质性肾炎引起的肾损伤和局灶的非化脓性肝炎。病原体有的在肉芽肿的中央可见，有的分散在细胞外间质，有的在内皮细胞或上皮细胞内。孢子可以随尿液间歇性的排出，也有报道在粪便和血液中存在。

实验室啮齿动物和家兔的兔脑炎微孢子虫亚临床感染，以及原代细胞和肿瘤细胞系的污染都会使宿主的免疫应答改变，由此往往导致微孢子虫感染和疾病进程的实验研究和数据分析发生混淆（Arison et al. 1966; Armstrong et al. 1973; Cox 1977; Didier et al. 1998b; Shadduck 1969; Shadduck & Pakes 1971）。由于病原体只是偶尔在尿液中排出，所以人们常用血清学检查的方法检测可能的感染动物，但是血清反应为阳性的动物是否已经接触、被感染或者具有明确的早期感染是不清楚的。实验感染动物感染微孢子虫死亡前后的分析帮我们找到了血清阳性和感染的相关性，并且为剔除感染动物提供了依据（Bywater & Kellett 1978; Cox et al. 1977）。应用更灵敏和特异的 PCR 分析技术有助于建立和维持无微孢子虫感染的动物模型，这也增加了实验动物在其他研究中的价值（Franzen & Muller 1999）。

幼年狗、猫和各年龄段的狐狸在感染兔脑炎微孢子虫后，通常会表现出消瘦、脑炎和肾病等明显的临床症状（Nordstoga & Westbye 1976; Rebel-Bauder et al. 2011; Shadduck & Orenstein 1993; Shadduck et al. 1978; Szabo & Shadduck 1987）。也有报道指出，感染微孢子虫后出现的具有多动脉炎节结特征的严重纤维蛋白样血管炎与肝、肺和眼睛的循环免疫复合体和炎症性浸润相关，并且在所有感染组织的细胞外和上皮细胞内都可以检测到病原体。

实验室兔脑炎微孢子虫可以感染并导致免疫缺陷无胸腺小鼠死亡，这也是微孢子虫作为一种机会性病原体对艾滋病患者具有致病性的早期证据（Gannon 1980a; Schmidt & Shadduck 1983）。最近研究指出，无胸腺和重度联合免疫缺陷小鼠、抗干扰素 γ 受体治疗小鼠、IL-12 基因敲除小鼠和环磷酰胺处理家兔也会被海伦脑炎微孢子虫、肠脑炎微孢子虫或兔脑炎微孢子虫感染（Braunfuchsova et al. 2001; Didier et al. 1994; Horvath et al. 1999; Koudela et al. 1993; Salat et al. 2004）。兔脑炎微孢子虫感染免疫缺陷小鼠后会引起脾肿大、多腹水和腹膜炎等症状，免疫抑制兔子会表现出尿失禁、共济失调、震颤、局部麻痹和后肢瘫痪等症状。艾滋病患者肠道和全身性感染肠脑炎微孢子虫病例报道后，人们通过在无胸腺小鼠皮下植入兔小肠建立了一个兔肠的异种嫁接模型，利用这一模型进行植入肠道接种兔脑炎微孢子虫、海伦脑炎微孢子虫和肠脑炎微孢子虫，证实了肠道感染微孢子虫可以散布到其他器官（Wasson et al. 1999）。猴免疫缺陷病毒感染的猕猴静脉内接种海伦脑炎微孢子虫或兔脑炎微孢子虫，可表现出腹泻、食欲减退、恶病质和快速感染（Didier et al. 1994）。病原体随尿液和粪便排出，也容易在急性坏死和炎症部位的细胞外检测到病原体，尤其是在肝和肾中，并且在炎症部位周围正常组织细胞的胞内也能检测到。

12.4.2 毕氏肠微孢子虫

毕氏肠微孢子虫能感染具有免疫能力的人，如旅行者，感染后只是表现出短暂的疾病症状，然而，对于免疫缺陷患者如艾滋病患者和器官移植受体患者，毕氏肠微孢子虫感染却能导致危胁生命的疾病。然而，在较小的实验动物上模拟人的疾病，建立毕氏肠微孢子虫感染模型的尝试却一直没有成功。免疫力正常的啮齿动物经多种途径接种后都不能确认感染，而严重的免疫缺陷和免疫抑制的啮齿动物会出现无临床症状的自限性感染（Accoceberry et al. 1997; Feng et al. 2006）。无菌猪经口接种毕氏肠微孢子虫后可被感染并在一个月长的调查期间不断排出病原体。尽管接种微孢子虫后的无菌猪没有表现出临床症状，经环孢霉素 A 处理的无菌猪较未处理者排出的孢子数量多（Kondova et al. 1998）。实验性感染的猕猴似乎更能够模拟人感染后的疾病症状，SIV 感染的猕猴经口接种毕氏肠微孢子虫孢子会出现持续性腹泻和消瘦，在粪便中持续排出孢子，并最终死于艾滋病（Green et al. 2004），毕氏肠微孢子虫也可在胆囊和空肠上皮细胞中检测到（Green et al. 2004；Tzipori et al. 1997）。然而，这种模型的一个局限之处就是与艾滋病相关的其他机会性感染也是存在的。所以，要想描述单纯由微孢子虫感染而导致的发病率和死亡率是非常困难的。尽管在俘获的猕猴中不断地有自然发生毕氏肠微孢子虫感染的报道（Mansfield et al. 1998），但对一个非 SIV 感染的免疫力正常的猕猴经口添食毕氏肠微孢子虫，经 21 天后在粪便中没有检测到微孢子虫（Tzipori et al. 1997）。猕猴看起来是模拟人的最好的模型，利用它可以研究毕氏肠微孢子虫的发生史、发病机制、免疫反应和药效，但限于其获得、专业知识和资金等方面的因素阻碍了基于这种动物模型的研究进展，因此，需要更小型、更适宜的动物模型来更好的研究这种微孢子虫的致病机制。

12.4.3　较少见的感染人的微孢子虫

这些不常感染人类的微孢子虫似乎总是优先感染昆虫或鱼类，并且对人的感染主要造成肌炎和眼部的感染。在免疫力正常的小鼠尾部和脚底肉垫接种按蚊微孢子虫后会造成接种部位暂时性的感染（Undeen & Alger 1976）。用环孢霉素 A 或乙酸可的松处理的免疫抑制小鼠经足底肉垫和尾部皮下接种微孢子虫后，在局部结缔组织和神经组织中可见包含有细胞外病原体的肉芽肿病变。这些小鼠也会发展成肌炎，并且在所有感染的肌纤维细胞内都可检测到病原体（Trammer et al. 1997）。有意思的是，重度联合免疫缺陷小鼠经滴眼液感染按蚊微孢子虫后没有引起眼部的感染却导致肌肉组织感染（Koudela et al. 2001）。这些小鼠也会产生腹水以及在未发炎部位含分散的细胞外赘生组织和感染细胞的肉芽肿病变及导致的肝大。这些实验结果与按蚊微孢子虫对人的感染是一致的，并且进一步支持了该病在人群中虫媒传播的可能性。对于具褶孢虫属而言，尚未建立哺乳动物实验室感染模型（Cheney et al. 2000）。但对于人气管普孢虫，人们通过不同的接种方式确定了其对无胸腺和重度联合免疫缺陷小鼠的感染，事实上它可以感染包括眼睛在内的几乎所有的组织器官，但不会引起脑组织感染。重度联合免疫缺陷小鼠感染后会表现出消瘦、嗜睡、多腹水和脱毛等症状。不论是无胸腺小鼠还是重度联合免疫缺陷小鼠，其感染后最显著的病变位于骨骼肌，特别是接种部位附近呈现中央区域纤维化并由变性的肌原纤维围绕且整个感染组织区域都含有产孢囊（Cheney et al. 2000；Hollister et al. 1996；Koudela et al. 2004），实验室条件下人气管普孢虫对有胸腺小鼠的感染尚未见报道，因此，是否可以确定免疫力正常动物会表现出临床上无症状感染的特征尚不清楚。与脑炎微孢子虫属和肠脑炎微孢子虫属不同，气管普孢虫对免疫缺陷宿主感染似乎表现出对骨骼肌具有选择性，并且这已在实验性小鼠模型上得以证实。角膜条孢虫对无胸腺小鼠的感染是全身性的，与接种方式无关，并且没有明显的组织位点特异性（Silveira et al. 1993）。角膜条孢虫最初并且主要分离于非 HIV 感染的微孢子虫间质角膜炎患者（Davis et al. 1990；Fan et al. 2012b；Kwok et al. 2013；Shadduck et al. 1990），但也发现了角膜条孢虫对人的全身性的和肠道的感染（Deplazes et al. 1998；Sulaiman et al. 2003）。

12.5　免疫应答

这一主题在第 11 章有详细深入的论述，此处主要对于微孢子虫病脊椎动物模型相关的免疫应答进行概述。

毕氏肠微孢子虫是在人群中最常见的微孢子虫，但当前模拟人的唯一动物模型是非人类灵长类动物，用其远亲杂交后代开展免疫应答的广泛研究是被禁止的，并且毕氏肠微孢子虫又不容易感染免疫缺陷小鼠。因此，关于免疫反应的大多数研究都是利用小鼠近亲繁殖系接种脑炎微孢子虫来开展的（Didier 2000；Didier et al. 1998b；Khan & Didier 2004）。

利用有胸腺小鼠模型研究表明自然杀伤（NK）细胞、巨噬细胞和树突状细胞（DC）对微孢子虫的先天免疫反应有助于抵抗兔脑炎微孢子虫的侵染（Didier et al. 2010；Fischer et al. 2007；Mathews et al. 2009；Moretto et al. 2007；Niederkorn et al. 1983）。在关于毕氏肠微孢子虫免疫学的研究中，研究者利用基因敲除小鼠感染微孢子虫后粪便中孢子排放水平的差异，证明了髓样分化因子 88（MyD88）和树突状细胞（DC）对微孢子虫感染的抵抗作用（Zhang et al. 2011）。

无胸腺和重度联合免疫缺陷小鼠是最早一批免疫缺陷动物模型，它们主要用于揭示 T 淋巴细胞和细胞介导的获得性免疫在抵抗脑炎微孢子虫、角膜条孢虫和气管普孢虫中的重要作用（Gannon 1980a；Hermanek et al. 1993；Koudela et al. 1993，2004；Schmidt & Shadduck 1983；Silveira & Canning 1995）。在同系的免疫正常小鼠和免疫缺陷小鼠之间进行的移植实验研究帮我们解释了具体的 T 细胞群体在免疫防护中所起的作用（Braunfuchsova et al. 2002；Salat et al. 2002）。为了进一步阐明细胞介导的获得性免疫应答机制，研究者使用特异 T 细胞群体缺陷小鼠、干扰素 γ 受体、白细胞介素 12、氧化亚氮，以及一些其他因子缺失的小鼠模型也都被应用于该研究（Achbarou et al. 1996；El Fakhry et al. 2001；Moretto et al. 2001，2010；Salat et al. 2004）。

血清和体液免疫应答已在许多实验动物模型如小鼠、家兔、肉食动物和非人类灵长类动物上进行了评估。超免疫血清被动转移不足以保护无胸腺小鼠，但小鼠和家兔的离体研究表明通过补体结合、调理作用和中和作用可以协助抗原抗体反应参与对病原体的抵抗（El Fakhry et al. 1998；Niederkorn & Shadduck 1980；Sak & Ditrich 2005；Schmidt & Shadduck 1984）。脑炎微孢子虫特异性抗体的表达是确认侵染的标志，其抗体也是作为确立无微孢子虫感染的实验室小型动物模型的检测基础（Bywater & Kellett 1978；Cox et al. 1977）。啮齿动物、家兔和猴子中的抗原抗体反应似乎促进了抵抗作用；在肉食动物中，抗体的过表达，或高丙球蛋白血症和免疫复合体疾病也可能促进了肾病和其他组织病变的发生（Szabo & Shadduck 1987，1988）。目前还没有微孢子虫特异抗体与人免疫系统疾病关联性的报道，因此小鼠模型能比其他肉食动物模型更能反映人体的体液免疫反应。

12.6 药物研发

人们应用许多方法来治疗人和动物自发性的微孢子虫感染（Didier et al. 2005b）。阿苯达唑对治疗脑炎微孢子虫感染有效，但对肠微孢子虫治疗效果不明显（Blanshard et al. 1992；Conteas et al. 2000；Dieterich et al. 1994；Molina et al. 1998）。烟曲霉素对艾滋病患者和肾移植患者的肠微孢子虫感染有效，但其会产生副作用（Champion et al. 2010；Molina et al. 2000，2002）。艾滋病患者经抗反转录病毒治疗后免疫能力得到恢复，同时也消除了微孢子虫病相关的症状，但是仍然存在亚临床感染的问题（Carr et al. 1998；Foudraine et al. 1998；Maggi et al. 2000；Pozio 2004）。体外培养和小鼠模型的体内实验对于进一步鉴定和确认当前用于治疗微孢子虫病药物的作用机制，以及鉴别更有效的新型药物都是非常重要的（Costa & Weiss 2000；Didier et al. 1998a，2005a，b，2006）。然而，感染毕氏肠微孢子虫的鼠科动物模型难以构建，这主要是因为感染的动物不能表现出易于确定的特征如临床体征或死亡，并且寄生虫的排出是没有规律的，这使得药效的测定非常困难（Coyle et al. 1998；Didier et al. 2005a，b，2006）。因此，脑炎微孢子虫、角膜条孢虫和气管普孢虫感染的无胸腺和重度联合免疫缺陷小鼠常用于药效的检测，主要利用存活时间或腹水发生情况作为可测定的结果；角膜条孢虫因为具有同毕氏肠微孢子虫对苯并咪唑（如阿苯达唑）相似的抵抗性，所以有时作为毕氏肠微孢子虫的替代物用于相应的检测（Didier et al. 2006；Franzen & Salzberger 2008）。其他应用于动物模型的药物，如多胺和氟喹诺酮类药物，也应当展开其在人类中使用的相关研究（Bacchi et al. 2002；Didier et al. 2005a）。

最近，鼠科动物模型的结果引出了关于微孢子虫感染再激活可能性的问题，因为阿苯达唑的治疗虽然可以延长小鼠的存活时间，但不能完全清除动物体内感染的脑炎微孢子虫（Kotkova et al. 2013）。这一发现暗示了用阿苯达唑治疗脑炎微孢子虫感染者需要随访监测，以确定他们是否会继续永久携带或表现潜伏性感染。

12.7 病原体的繁殖

感染人的脑炎微孢子虫同角膜条孢虫、人气管普孢虫和按蚊微孢子虫一样能够经组织培养以进一步研究和寻找诊断方法（Didier & Weiss 2011）。毕氏肠微孢子虫的长期培养尚未建立，但利用来源于人和猕猴的病原体接种到无菌猪、猕猴和经抗干扰素 γ 治疗的重度联合免疫缺陷小鼠，可以获得更多的病原体用来进行连续研究（Feng et al. 2006；Kondova et al. 1998；Tzipori et al. 1997）。

12.8 总结

哺乳动物宿主自发性的和实验性的微孢子虫感染极大地丰富了我们对人类微孢子虫病认识。微孢子虫代表着一类在免疫力正常的自然宿主中建立了相当平衡的宿主－寄生虫相互关系的寄生生物，宿主可以继续存活并且几乎不会表现出临床疾病症状，微孢子虫已经进化出了可以延续宿主生命的方法。人类散发的微孢子虫感染在艾滋病大流行之前就已出现（Kotler & Orenstein 1999）。来源于免疫缺陷小鼠的实验研究结果证明了微孢子虫对 T 细胞缺陷艾滋病患者的条件致病性的能力。尽管鼠科动物模型的方便易用促进了脑炎微孢子虫感染研究不断深入，但仍需不断努力发展和运用更可行的毕氏肠微孢子虫的动物模型，以支持在其发病机制、免疫学和药物研发方面的研究。值得期待的是，随着新微孢子虫种被认定为人类感染的病原体，动物模型的使用也将继续帮助人们更好地了解这些病原体的生物学特性，然后发现新的治疗方法，并阻止其进一步传播。

参考文献

 第 12 章参考文献

第 13 章 秀丽隐杆线虫和其他线虫中的微孢子虫感染

Malina A. Bakowski

美国加州大学细胞和发育生物学部生物科学学院

Robert J. Luallen

美国加州大学细胞和发育生物学部生物科学学院

Emily R. Troemel

美国加州大学细胞和发育生物学部生物科学学院

13.1 简介

关于感染昆虫、鱼和哺乳动物的微孢子虫现已有大量报道，但关于感染线虫的微孢子虫近来才有少量报道。然而，越来越多的调查研究发现，野外微孢子虫感染线虫是一种普遍的现象（图 13.1；表 13.1）。本章中我们将以巴黎杀线虫微孢子虫（*Nematocida parsii*）为例介绍线虫微孢子虫的研究情况。*N. parsii* 是遗传模式生物秀丽隐杆线虫（*Caenorhabditis elegans*）的自然病原体。由于秀丽隐杆线虫是一个可用多种研究工具开展研究的模式生物，所以近期我们开展了野外捕获线虫肠道感染的微孢子虫研究并建立了微孢子虫 – 秀丽隐杆线虫感染模型，从而进一步推进我们对微孢子虫与其宿主相互作用的认知。此外，肠道是众多微孢子虫都会感染的一个共同的器官，秀丽隐杆线虫透明的虫体使得我们可以动态地观察微孢子虫对其肠道的感染。

微孢子虫感染线虫似乎是一种普遍的现象，这方面的报道可以追溯到 19 世纪 80 年代。很多报道都受困于当时缺乏超微结构和分子证据，因此不能鉴定微孢子虫感染（Poinar & Hess 1988）。尽管如此，我们在这里先介绍一些较古老的并且有文献记载的微孢子虫感染线虫的案例，然后我们将把注意力转向线虫的感染研究，为线虫这个模式系统和线虫中其他病原体的研究提供一个背景；最后我们将介绍一些关于 *N. parsii* 的生活周期、致病策略及其与宿主间的相互作用等研究中的发现。

13.2 微孢子虫对线虫的感染：过去与现在

线虫，也称圆虫，是地球上为数最多、分布最广的一类后生动物。有人估计有 4/5 的动物为线虫（Holterman et al. 2006；Lambshead & Boucher 2003；Murfin et al. 2012）。线虫分布于各种环境中，如淡水、海水和陆地，甚至一些极端环境，如地表下 1 km（Borgonie et al. 2011）。有统计表明，如果把地球上其他物质全部移除掉，那么将会剩下一个由线虫构成的球面。目前已鉴定的线虫物种有 25 000 个，包括营自由

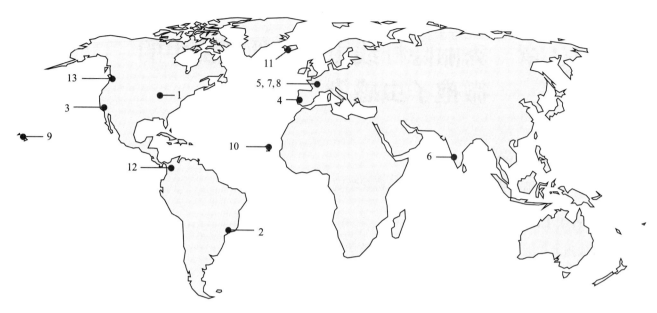

图 13.1　微孢子虫感染的线虫分离株的地理分布

　　数字表示表 13.1 中的分离株 （1）*T. reniformis* 感染的 *P. muris*；（2）未命名的感染 *N. glaseri* 的微孢子虫；（3）*M. rhabdophilum* 感染的 *O. myriophila*；（4）未命名的感染 *C. elegans* 的微孢子虫；（5）*N. parisii* ERTm1 感染的 *C. elegans*；（6）*Nematocida* sp1 ERTm2 感染的 *C. briggsae*；（7）*N. parisii* ERTm3 感染的 *C. elegans*；（8）*N. parisii* ERTm4 感染的 *C. elegans*；（9）*N. parisii* ERTm5 感染的 *C. briggsae*；（10）*Nematocida* sp1 ERTm6；（11）未命名的感染 *Oscheius* sp. 3 JU408 的微孢子虫；（12）未命名的感染 *C. brenneri* JU1396 的微孢子虫；（13）*S. perivermis* 感染的 *O. rectangula*

生活和寄生生活的线虫物种。感染人的线虫可引起一系列的疾病，如河盲症和象皮病（Bethony et al. 2006；Sommer & Streit 2011；Taylor et al. 2010）。有些线虫能够感染植物，大多寄生于植物的根部，引起结节（knots）或包囊（cysts）（Haegeman et al. 2012）。还有许多昆虫致病性的线虫，能够感染昆虫，这些线虫可通过其体内的细菌杀死昆虫宿主（Dillman & Sternberg 2012；Haegeman et al. 2012）。因此，线虫具有重要的农业和医学价值，并由于其在野外庞大的数量而具有巨大的生态学影响。

表 13.1　已报道的可感染线虫的微孢子虫（数字表示图 13.1 中的分离株）

编号	微孢子 虫种类	感染线虫 分离地点	线虫宿主	感染部位	孢子形 态学	参考 文献
1	*Thelohania reniformis*	伊利诺斯大学，乌尔班纳，伊利诺伊州，马厩和挤奶场的家鼠体内	*Protospirura muris*（常见家鼠中的一种寄生线虫）	肠	（3~4）μm（平均 3.4 μm）×（1.5~1.8）μm；弹出极丝（PF）44~55 μm	Kudo & Hetherington（1922）
2	—	圣保罗，巴西，*Migdolus fryanus* 天牛体内	*Neoaplectana glaseri*（昆虫致病型线虫）	皮下、肠、生殖系统	（1.92~4.48）μm（平均 2.36 μm）×（0.96~1.28）μm（平均 1.16 μm）；弹出极丝 16.52~22.42 μm	Poinar（1988）
3	*Microsporidium rhabdophilum*	阿祖瑟，加利福尼亚，*Oxidis gracilis* 千足虫肠腔和体腔内	*Oscheius*（*Rhabditis*）*myriophila*	咽腺、皮下、生殖系统，有时在肠细胞可见	（1.28~2.56）μm×（0.6~1.0）μm；每个泛孢子母细胞有 1~25 个孢子；3~4 个极管圈	Poinar & Hess（1988）
4	*Deceased*	里斯本，葡萄牙：植物园中的蔬果（38.72°N，9.15°W）	*C. elegans*（已死）	肠	—	Troemel et al.（2008）

续表

编号	微孢子虫种类	感染线虫分离地点	线虫宿主	感染部位	孢子形态学	参考文献
5	*Nematocida parisii* ERTm1	弗朗孔维尔，法国：堆肥（48.98N，2.23E）	*C. elegans* CPA24	肠	两种尺寸：约 2 μm × 0.8 μm 和 3 μm × 1.3 μm；1 个小极管环和不超过 5 个大极管环	Troemel et al.（2008）
6	*Nematocida* sp1 ERTm2	贝利亚尔老虎保护区，喀拉拉邦，印度：腐烂的树叶、花和果实（9.55N，77.2E）	*C. briggsae* JU1348	肠	两种尺寸：约 2 μm × 0.8 μm 和 3 μm × 1.3 μm	Troemel et al.（2008）
7	*N. parisii* ERTm3	桑特伊，法国：公园中腐烂苹果（49.12618N，1.96152E）	*C. elegans* JU1247、JU1248、JU1256	肠	两种尺寸：约 2 μm × 0.8 μm 和 3 μm × 1.3 μm	Troemel et al.（2008）
8	*N. parisii* ERTm4	蒙特索罗，法国：蘑菇堆肥（47.21990N，0.04619E）	*C. elegans* JU1395	肠	两种尺寸：约 2 μm × 0.8 μm 和 3 μm × 1.3 μm	Troemel et al.（2008）
9	*N. parisii* ERTm5	利马互利花园，哈纳莱伊，考艾岛，夏威夷：腐烂的面包果（22.219N，159.5763W）	*C. briggsae* JU2055	肠	两种尺寸：约 2 μm × 0.8 μm 和 3 μm × 1.3 μm	Troemel et al.（2008）未发表
10	*Nematocida* sp1 ERTm6	佛得角群岛：山药、芋头等植物附近的土壤（17.13768N，25.06689W）	—	肠	—	未发表
11	—	雷克雅维克，冰岛	*Oscheius* sp. *3* JU408	肠	细长棒状	未发表
12	—	麦德林，哥伦比亚（5.9N，75.9W）	*C. brenneri* JU1396	皮下、肌肉	细长棒状	未发表
13	*Sporanauta perivermis*	边界湾海滩，瓦森，不列颠哥伦比亚，加拿大：表层沙和沉积物样本（49.013N，123.036W）	*Odontophora rectangula*（海洋线虫）	皮下、肌肉、成虫卵、幼虫生殖系统	（2.0~2.5）μm ×（1.1~1.5）μm；3~4 个极丝环	Ardila–Garcia & Fast（2012）
n/a	*Nosema mesnili*	实验室实验：添入感染了微孢子虫的 *P. brassicae* 毛虫中的线虫	*Neoaplectana carpocapsae*（Agriotos 虫株）（昆虫致病型线虫）	咽细胞、肠、神经环、处于无核卵和孢子发育阶段的皮下；体腔内观察到的孢子	—	Veremtchuk & Issi（1970）
n/a	*Plistophora schubergi*	实验室实验：被允许添入感染了微孢子虫 *Agrotis segetum* 毛虫中的线虫	*Neoaplectana carpocapsae*（Agriotos 虫株）（昆虫致病型线虫）	肠细胞（仅限于两种线虫）	—	Veremtchuk & Issi（1970）

来源：Estes, K. A., Szumowski, S. C. & Troemel, E. R. 2011. Non–lytic, actin–based exit of intracellular parasites from *C. elegans* intestinal cells. *PLoS Pathogens*，7，e1002227

13.2.1 早期对线虫感染微孢子虫的观察

1922 年，Kudo 和 Hetherington 首次在线虫中观察到微孢子虫感染。他们在一种能够寄生小鼠的线虫（*Protospirura muris*）的肠道细胞中发现有微孢子虫的感染（图 13.1；图 13.2a；表 13.1），并基于其发育特征（通常为 8 孢子，在泛成孢子细胞膜中发育）将这种微孢子虫命名为肾形泰罗汉孢虫（*Thelohania reniformis*），归类于泰罗汉孢虫属（*Thelohania*）。然而，*Thelohania* 属是一个多源的分类群，而且这一类群的定位也不确定（Hazard & Oldacre 1976）。有趣的是，相对于其他当时已知的微孢子虫感染，*T. reniformis* 的感染不是急性的，作者也推测 *P. muris* 能够在某种程度上限制这种微孢子虫的感染。然而不清楚的是当时的被检样品究竟是能够抵御感染还是仅仅处于感染的初期阶段。

多年以后，在昆虫致病性的线虫（*Neoaplectana carpocapsae*，Agriotos 虫株）中发现有微孢子虫感染（Veremtchuk & Issi 1970），随后 Poinar 和 Hess（1988）对其进行了详细描述（表 13.1）。农业上昆虫致病性线虫可被用作生物杀虫剂。同时，由于感染昆虫的微孢子虫也可能会感染处于同一宿主中的线虫，这会降低线虫对农业害虫的防控作用，因此这一问题也受到关注。为了测试这一可能性，研究者对感染了迈氏微粒子虫（*Nosema mesnili*）6~8 d 的菜粉蝶（*Pieris brassicae*）幼虫和感染修氏匹里虫（*Plistophora schubergi*）6~8 d 的冬尺蠖蛾（*Agrotis segetum*）幼虫进行了线虫 *N. carpocapsae* 的感染实验，结果一段时间后在线虫体内发现了微孢子虫感染的迹象。实际上，大菜粉蝶幼虫中的线虫可被 *N. mesnili* 感染，且全身各个组织均受到严重感染。而被 *P. schubergi* 感染的黄地老虎幼虫中的线虫也会被感染，但 *P. schubergi* 仅感染该线虫的中肠。有意思的是，*N. mesnili* 和 *P. schubergi* 对昆虫和线虫的组织嗜性都非常相似，也就是说，*N. mesnili* 能够感染昆虫和线虫的多个组织，而 *P. schubergi* 只感染昆虫和线虫的中肠。这些实验表明，昆虫感染性微孢子虫对线虫的交叉感染是可能的，尽管这种感染在线虫群体中的持续性尚未被研究。

1988 年 Poinar 在另外一种线虫戈氏新无小纹虫（*Neoaplectana glaseri*）中发现了自然感染的微孢子虫。*N. glaseri* 是一种昆虫致病性线虫，最先分离自巴西圣保罗附近的松斑天牛（*Migdolus fryanus*）（Pizano et al. 1985）（图 13.1；表 13.1）。这种微孢子虫能够显著影响线虫的生长繁殖，可感染线虫的皮下组织、肠道和生殖系统。目前还不清楚此线虫是否分离自被感染的昆虫以及此微孢子虫是否只感染此种线虫。然而，Poinar 关注到如果将此微孢子虫从野外线虫引入到线虫培养系统将会影响昆虫致病性线虫的繁殖。

1986 年，Poinar 和 Hess 用小杆线虫微孢子虫（*Microsporidium rhabdophilum*）对非寄生性的迈氏小杆线虫［*Oscheius*（*Rhabditis*）*myriophila* Poinar］进行了感染实验（图 13.1；表 13.1）。这种被微孢子虫感染的线虫 *O. myriophila* 分离自加利福尼亚州阿苏萨地区的纤细千足虫（*Oxidis gracilis*）的肠腔和体腔。在千足虫体内，*O. myriophila* 是一种内共生的帚体（internal phoront）。这种帚体能够在宿主间传播，但似乎不会对宿主产生有害或有益的影响。在这种情况下，这种线虫帚体在千足虫消化道中可进入对环境有抗性的休眠期，直至宿主死亡，届时线虫会恢复生长发育并以千足虫尸体中的细菌为食。对于小杆线虫微孢子虫而言，并没有证据表明它能够感染千足虫，因此这种微孢子虫被认为是此线虫的主要寄生虫。小杆线虫微孢子虫可以感染线虫的多种组织，包括咽腺和皮下组织（图 13.2b）、生殖系统，有时会感染肠道细胞，其中皮下组织和卵睾体是最常被感染的部位。有意思的是，有时会在休眠幼虫折叠的基底部的咽管球任意一侧的一对食物袋中发现微孢子虫的孢子，据推测这有助于感染的扩散，因为含有孢子的休眠幼虫最终会离开消耗殆尽的千足虫尸体去感染其他的宿主。观察小杆线虫微孢子虫的超级结构可发现其具有 3~4 圈极管，还可观察到泛成孢子细胞膜内微孢子虫的发育（含有 1~25 个孢子，多数含有 8~16 个孢子）。这个研究的特别之处在于首次在以细菌为食的线虫内发现了微孢子虫的感染。而且这也是首次借助电镜来观察线虫中微孢子虫的感染（图 13.2d 和 e）。

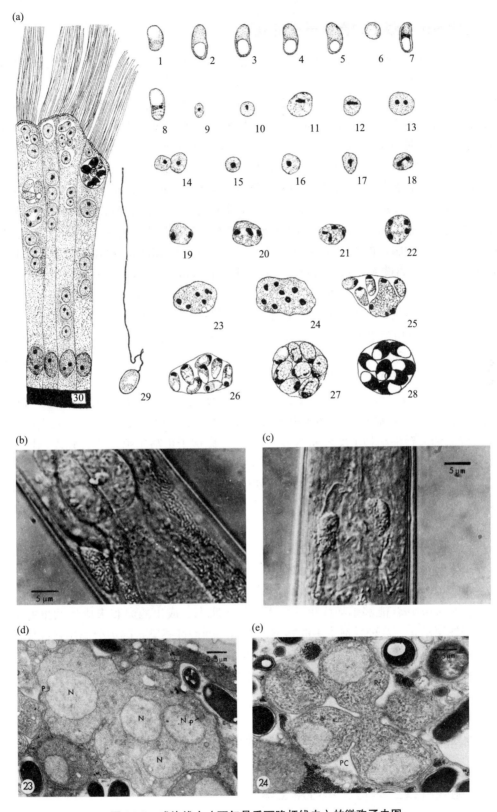

图 13.2　感染线虫（不仅是秀丽隐杆线虫）的微孢子虫图

（a）感染 *P. muris* 肠道细胞的 *T. reniformis* 及其发育阶段的素描图（Kudo & Hetheringto 1922），1~6，新鲜孢子；7~8，染色后的孢子（涂片）；9~14，裂殖体阶段（切片）；15~28，孢子增殖阶段（切片）；29，被机械性挤压和丰塔纳染色的孢子；30，4 个被感染的线虫上皮细胞（切片），1~29，放大 2 200 倍；30，放大 1 560 倍；（b）感染 *O. myriophila* 咽部食道球结合皮下组织的 *M. rhabdophilum* 孢子；（c）*M. rhabdophilum* 孢子填充的 *O. myriophila* 休眠幼虫的咽鳃囊；（d）*M. rhabdophilum* 的原生质体与宿主细胞质紧密关联，N，细胞核；p，纺锤体斑；（e）*M. rhabdophilum* 孢子生殖原质团具有一个具膜的泛成孢子腔（PC），该时期（b~e）可见粗面内质网（R）（Poinar & Hess 1988）

13.2.2　当代对感染线虫的微孢子虫的观察

近年来，在世界各地分离鉴定了几种被微孢子虫感染的线虫（图 13.1；表 13.1）。这些发现得益于人们对模式线虫——秀丽隐杆线虫自然生态的更广泛关注。微孢子虫感染的秀丽隐杆线虫首次发现于法国巴黎附近的弗朗康维尔（Franconville）的一个堆肥坑。分析发现这是一种新的微孢子虫属，并将其命名为巴黎杀线虫微孢子虫（*Nematocida parisii*），意思是来自巴黎的线虫杀手（见 13.4）。除了此 *N. parisii*（ERTm1），还从法国的其他地方分离的线虫中鉴定了另外两株 *N. parisii*，包括从桑特伊的腐烂苹果中分离的 ERTm3 和蒙索罗的蘑菇培养料中分离的 ERTm4。另外还从印度倍里亚尔公园中分离的双桅隐杆线虫（*Caenorhabditis briggsae*）中鉴定到一株巴黎杀线虫微孢子虫（*Nematocida parisii*）的微孢子虫，被命名为 *Nematocida* sp1（ERTm2）。*Nematocida* sp1 的形态和生活史均与 *N. parisii* 相似，但两者的核糖体 DNA 序列存在明显不同，因此将其命名为一个新种。对来自野外的 *C. briggsae* 进行更深入的采样后，又鉴定两种微孢子虫（在夏威夷考爱岛的腐烂的面包果中分离的 *N. parisii* 分离株 ERTm5 和在维德群岛一颗甘薯或芋头旁分离的 *Nematocida* sp1 分离株 ERTm6）（Felix et al.，未发表数据）。此外，还从葡萄牙获得一株感染线虫类似于 *N. parisii* 的微生物，尽管在分型前这株线虫已经死亡了（Troemel et al. 2008）。经过在法国对野外隐杆线虫属（*Caenorhabditis*）线虫 4 年多的研究发现，微孢子虫感染的线虫可以从奥赛的一个苹果园腐烂的苹果中和普卢加斯努腐烂植物茎中重复分离得到（Felix & Duveau 2012）。

在微孢子虫的系统发生树上 *N. parisii* 和 *Nematocida* sp1 位于第 II 分类群（Troemel et al. 2008）。值得注意的是，*Nematocida* 属微孢子虫似乎与分离自日本弧丽金龟（*Popillia japonica*）的微孢子虫日本金龟子卵囊孢虫（*Ovavesicula popilliae*）最近缘。由于 *Caenorhabditis* 属线虫与无脊椎动物存在关联（Barriere & Felix 2005），并且许多微孢子虫可以感染昆虫和线虫（Veremtchuk & Issi 1970），因此这让人不由地想象到微孢子虫可以从线虫传播到无脊椎动物（反之亦然），这可能是微孢子虫宿主范围扩大和多态性增大的机制之一。大多数微孢子虫对线虫的感染仅局限于 *Caenorhabditis* 属线虫的肠道，且不能垂直传播。然而，有一株分离自哥伦比亚麦德林的尚未鉴定的微孢子虫分离株还能够感染双桅隐杆线虫的肌肉和皮下组织（Felix，个人交流）。以上这些发现给我一个启示，隐杆线虫属（*Caenorhabditis*）及相关线虫中微孢子虫的感染与环境之间存在着密切的关联。

最后，一篇近期的报道介绍了一种营自由生活的海洋线虫 *Odontophora rectangula*，其感染了一种被命名为线虫诺塔孢虫（*Sporanauta perivermis*）的微孢子虫（本意是圆虫的海洋孢子），此微孢子虫位于系统发生树的第 IV 分类群（Ardila-Garcia & Fast 2012）（图 13.1；表 13.1）。该株线虫分离自加拿大不列颠哥伦比亚。分析发现，*S. perivermis* 能够感染线虫的皮下组织、肌肉、成虫的卵和未成年幼虫的生殖系统，并能垂直传播。值得注意的是，这种微孢子虫的感染似乎是一种慢性感染，因为分离出病原体的线虫和感染 *O. rectangula* 的线虫均未观察到明显的发病症状。这感染特征恰好与秀丽隐杆线虫中 *N. parisii* 的感染相反。无论是对实验室线虫 N2 株还是野外的秀丽隐杆线虫来说，被感染线虫的肠道最终会充满孢子，而且寿命会大大缩短（Troemel et al. 2008，以及未发表数据）。

13.3　秀丽隐杆线虫——遗传与细胞生物学研究的一个模式物种

13.3.1　秀丽隐杆线虫的特征和可用工具

如前文所描述，在多种线虫中发现了微孢子虫感染，包括营自然生活的秀丽隐杆线虫。秀丽隐杆线虫是研究最清楚的线虫，常被用来开展分子生物学和遗传学研究。Sydeny Brenner 之所以选择秀丽隐杆线虫作为遗传系统的模式是因为它在生物学研究上具有几大优势（Brenner 1974；Girard et al. 2007）。在实验室条件下，线虫容易培养，方便进行遗传分析，体壁透明，结构清楚（图 13.3a）。此外，线虫虫株可以长期冻

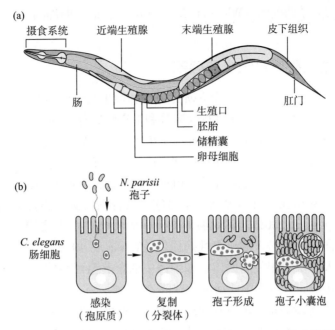

图 13.3　秀丽隐杆线虫的横剖面结构图及其肠道上皮细胞内 *N. parisii* 的生活周期（见文后彩图）

（a）秀丽隐杆线虫具有一个简单的不分节的虫体结构，其摄食系统包括一个用于泵入和研磨微生物的咽和一个由 20 个上皮细胞构成的管状肠道，图中标注了雌雄同体生殖系统的两个生殖腺臂、储精囊和生殖口，皮下组织与表皮、肌肉、神经及排泄系统一起构成了体壁，包裹着内部器官；（b）*N. parisii* 增殖周期的简单图示，为了完成感染，*N. parisii* 可能通过一根外翻的极管将其原生质体注射入秀丽隐杆线虫的肠道细胞。一旦进入宿主细胞，*N. parisii* 即以多核裂殖体的形式开始增殖，裂殖体最终发育成成孢子原生质团，进而发育成许多孢子。感染的后期，在产孢子的肠道细胞中观察到了含有孢子的小囊泡

存，并且在需要时可以恢复（Stiernagle 2006）。近年来，几项基于秀丽隐杆线虫开展的系统研究获得了诺贝尔奖，展示了此系统在科学研究中的强大功能（Marx 2002；Zamore 2006；Zimmer 2009）。

线虫 *C. elegans* 的研究拥有丰富的遗传工具。利用化学突变的经典正向遗传研究已成为扫描生物学重要发现的基础。利用此方法研究者鉴定了 RNA 干涉（RNAi）、microRNA 和细胞凋亡通路（Fire et al. 1998；Jorgensen & Mango 2002；Lee et al. 1993）。最近，RNAi 被用来在单基因水平和全基因组水平进行基因干涉研究（Boutros & Ahringer 2008）。RNAi 可以通过线虫的食物与重组的大肠杆菌运输到线虫体内，而这些重组的大肠杆菌中含有表达用于干涉目的基因的 dsRNA 质粒。

线虫主要以雌雄同体进行繁殖，无须遗传杂交从而简化了实验室中线虫的繁殖。线虫也可以产生雄性个体，从而可以开展遗传杂交和其他研究。线虫可以在 3 天内从卵发育到幼虫，单个雌雄同体可以产生数百颗受精卵，这大大便利了遗传分析。20 世纪 80 年代研究者利用多拷贝阵列发展了线虫的转基因技术（Mello & Fire 1995）。近年来，研究者建立了一种稳定的单拷贝基因插入方法，以更加可控的方式分析基因功能（Frokjaer-Jensen et al. 2008）。明尼苏达大学线虫遗传中心的线虫资源库拥有 10 000 多份线虫分离株，并以象征性收费的方式分发共享这些线虫资源（Stiernagle 2006）。因此，线虫为科学研究提供了强大的遗传工具和丰富的遗传材料。

秀丽隐杆线虫的发育非常稳定，雌雄同体成年线虫有 959 个细胞，并且从胚胎到成虫期每个细胞的发育都有详细的研究（Sulston et al. 1983）。和其他线虫相似，秀丽隐杆线虫具有一个非节段性的虫体结构，基本上是管中管结构，即真皮中含有一个肠道，真皮层能够产生角质层以形成坚硬的外壳（Hall & Altun 2008）（图 13.3a）。线虫通过咽部吞食微生物进食。咽部能够对食物进行研磨并将食物输送到肠道进行消化吸收。产生的废物最终通过肛门排出。线虫的肠道由 20 个与人类肠道细胞相似的上皮细胞构成。雌雄同体线虫具有一个简单的神经系统，含有 302 个神经元，包括感觉神经元、中间神经元和运动神经元，从而

形成了一个连接这些细胞的完整路线图（White et al. 1986）。这种简洁明确的身体结构有利于开展包括致病机制在内的整体性研究。

13.3.2 细菌、真菌和病毒对线虫的感染

秀丽隐杆线虫具有前述的诸多优点，已成为研究免疫和微生物致病机制的通用宿主。值得注意的是，秀丽隐杆线虫缺乏专业的免疫系统，而是通过行为应答和上皮细胞免疫的结合来产生稳定的病原体特异性防御（Irazoqui et al. 2010；Pukkila– Worley & Ausubel 2012）。在野外，秀丽隐杆线虫通常发现于腐烂的蔬菜中，这种环境中线虫可以摄食多种微生物（Felix & Braendle 2010）。在实验室里通常在基础培养基上繁殖大肠杆菌来喂食线虫。这是因为大肠杆菌对线虫相对无致病性并且能够维持线虫的稳定生长。然而，许多微生物可以对线虫致病，甚至在丰富培养基上培养的大肠杆菌或肠致病性大肠杆菌都可以对线虫致病（Anyanful et al. 2009；Garsin et al. 2001）。铜绿假单胞菌（*P. aeruginosa*）是第一种被发现的可以感染并杀死线虫的细菌性病原体，同时它也是人的机会性病原体（Tan et al. 1999）。自此，发现许多病原体都可以感染并杀死线虫，其中有人类疾病相关病原体，如细菌中的金黄色葡萄球菌（*Staphylococcus aureus*）和肠道沙门氏菌（*Salmonella enterica*），真菌中的新型隐球菌（*Cryptococcus neoformans*）和白色念珠菌（*Candida albicans*）（Sifri et al. 2005）。铜绿假单胞菌像其他病原体一样都可以通过食下感染线虫，并导致线虫过早地死亡。铜绿假单胞菌及其他病原体的感染实验表明，致死是由于活跃的病原体引起线虫肠道感染，这种有效感染需要活菌和对杀死哺乳动物宿主同样重要的毒力因子（Tan et al. 1999）。虽然有理由推测野外线虫会遇到这些临床相关的病原体，如铜绿假单胞菌，但我们并不知道它们是否是线虫的自然感染性病原体。

除了微孢子虫，仅有少数自然感染性病原体被报道，包括细菌、真菌和病毒。细菌性病原体 *Microbacterium nematophilum* 发现于实验室培养的秀丽隐杆线虫，能够黏附于直肠引起肛门肿胀（Hodgkin et al. 2000）。真菌性病原体圆锥偏氏梅里霉（*Drechmeria coniospora*）是一种穿透性真菌，能够穿透线虫的体壁引起皮下感染（Couillault et al. 2004）。此外，通过对野外秀丽隐杆线虫和其他线虫的采样研究还发现了病毒的自然性感染（Felix et al. 2011）。总体上，已发现许多病原体都可以感染并杀死线虫，这为比较研究线虫的微孢子虫感染提供了坚实的基础。

13.4 巴黎杀线虫微孢子虫对秀丽隐杆线虫的感染

发现微孢子虫对秀丽隐杆线虫肠道的自然感染纯属偶然。如前所述，秀丽隐杆线虫成为一个模式物种已有 60 多年了。研究者们已创造了大量的遗传工具，并发展成为了一个大的研究群体。微孢子虫对秀丽隐杆线虫肠道的感染具有广泛的参考意义，因为肠道是其他临床和农业相关微孢子虫感染的共同靶位，而且线虫的肠道具有许多研究上的优势。对线虫微孢子虫的感染研究正处于起步阶段，5 年来，我们在其生活史、微孢子虫逃逸所需的宿主细胞重构，以及基因组保守的方面的研究均取得了新进展。

13.4.1 生活史

巴黎杀线虫微孢子虫（*N. parisii*）最初发现于野外秀丽隐杆线虫的肠道。该分离株能够感染实验室用作遗传模式线虫（N2 Bristol）的野生型虫株。因此，在实验室中 N2 线虫株通常被用来研究微孢子虫的感染和微孢子虫的繁殖。微孢子虫孢子可以从感染的线虫中分离获得，其孢子水溶液可以直接冻存于 –80℃，溶解后仍然具有很好的活力（Troemel et al. 2008，以及未发表数据）。线虫的微孢子虫传播是通过粪口途径，因为仅在线虫肠道中观察到感染，而在绝食的休眠线虫并未发现感染。实验室中可以通过在线虫食物大肠杆菌中添加 *N. parisii* 孢子实现感染。除了休眠期线虫外，所有发育阶段的线虫都易感微孢子虫，包括雌雄同体和雄性线虫。

对同步感染 *N. parisii* 的秀丽隐杆线虫群体进行荧光显微镜、普通显微镜和透射电镜（TEM）观察发

现，感染可分为几个明显的阶段，这与其他微孢子虫类似（Cuomo et al. 2012；Estes et al. 2011；Troemel et al. 2008）（图 13.3b）。*N. parisii* 孢子被吞食后进入线虫肠道，然后可能弹出极管感染肠道细胞。感染可以起始于线虫 20 个肠道上皮细胞中的任意一个。利用针对 *N. parisii* 核糖体 RNA 的探针进行原位荧光分析，在舔食感染后 8 h（Cuomo et al. 2012）甚至更早的 1～2 h（未发表数据）后即可在肠道细胞中观察到孢原质和小裂殖体。一旦裂殖体进一步发育，就很容易在光学显微镜下观察到感染。正常情况下，线虫的肠道细胞会充满特化的细胞器——肠道颗粒（gut granules）（Troemel et al. 2008）（图 13.4a）。由于存在这种

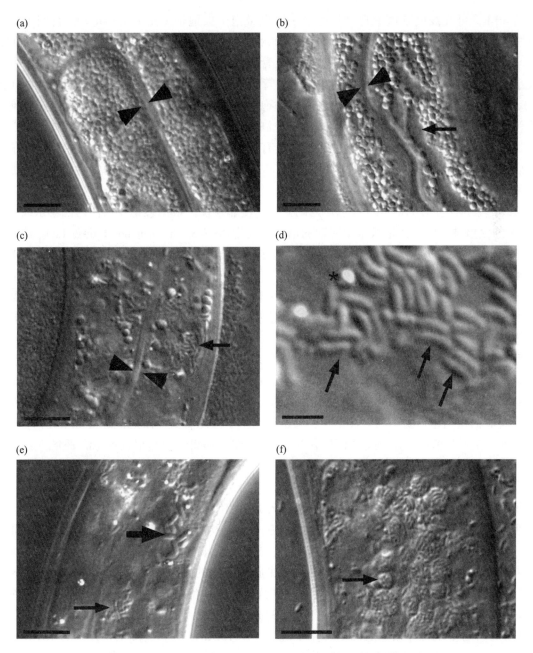

图 13.4　秀丽隐杆线虫中 *N. parisii* 感染阶段的光学显微镜观察

（a）未感染的野生型秀丽隐杆线虫的肠道，箭头表示肠腔；（b）感染早期，沟槽状的裂殖体取代了线虫肠道细胞中的颗粒结构（箭头）；（c）感染后期，肠道细胞中可见杆状孢子（箭头）；（d）高分辨率下的孢子（箭头），其旁边为颗粒结构（星号）标尺为 2 μm；（e）肠道中可见两种大小的 *N. parisii* 孢子，大小如箭头所示；（f）感染后期，肠道细胞中可见孢子和含有孢子的小囊泡（箭头）。除（e）外标尺均为 10 μm。（印刷版权获自 Troemel, E. R., Felix, M. A., Whiteman, N. K., Barriere, A. & Ausubel, F. M. 2008. Microsporidia are natural intracellular parasites of the nematode *Caenorhabditis elegans. PLoS Biology*, 6, 2736–52）

特殊的形态结构，裂殖体的生长看上去像是一些沟槽（grooves），在感染的肠道细胞中存在这些沟槽结构，却完全没有肠道颗粒，这种现象通常可在感染后 15 h 观察到（图 13.4b）。这些沟槽结构并未在正常线虫中发现，而在感染的线虫中这些沟槽会随着感染的进行而变长一直存在。通过透射电子显微镜（TEM）观察发现到两种不同的裂殖体形式，一种是含有多个未配对细胞核的不规则裂殖体（图 13.5b 和 c），另一种是具有两个紧邻细胞核的形状规则的大裂殖体（Troemel et al. 2008）（图 13.5d）。介于孢子和裂殖体之间的中间感染形式如产孢原质团（sporogonial plasmodia）和孢子母细胞（sporoblasts）可在感染后期观察到（图 13.5e 和 f）。

感染后 40 h，可在线虫肠道中观察到巴黎杀线虫微孢子虫孢子（图 13.4c 和 d），它们可在沿着肠道的任何位置发育（Estes et al. 2011；Troemel et al. 2008）。这些孢子有两种大小，最早且最常见的为较小的孢子，大小约为 2 μm × 0.8 μm，可见 1 圈盘绕的极管（Troemel et al. 2008）（图 13.5j），随后可见较大的孢子，大小约为 3 μm × 1.3 μm，可见 5 圈盘绕的极管（Estes et al. 2011；Troemel et al. 2008）（图 13.4e；图 13.5k）。除了其总体形态，我们还不知道这两种孢子有何差异。最终，线虫的肠道会充满孢子，肠道颗粒基本消失。此时线虫肠道细胞内的大囊泡会充满孢子，像所谓的泛成孢子细胞（图 13.4f）。值得注意的是，达到此状态之前的线虫即对邻近的线虫具有传染性，表明这些细胞内囊泡并不是孢子逃出细胞和传播疾病所必需的（Estes et al. 2011；Troemel et al. 2008）。*Nematocida* sp1 的生活周期与前面描述的巴黎杀线虫微孢子虫大致相同。

巴黎杀线虫微孢子虫在秀丽隐杆线虫体内的繁殖速度非常快。根据感染线虫体内巴黎杀线虫微孢子虫特异的 RNA 的含量推测线虫在最快繁殖时期的倍增时间为 2.9 ~ 3.3 h（Cuomo et al. 2012）。这一繁殖速率相当于裂殖酵母（*Schizosaccharomyces pombe*）在体外丰富培养基上生长时的增殖速率（Fantes 1977）。当在 25℃ 感染 4 d 后，大量线虫开始过早地死亡，但仍有许多线虫能够承受肠道内的大量孢子感染而继续存活（Troemel et al. 2008）。实际上，单个感染的线虫（活体）每小时可播散几千个孢子，并可持续数小时，同时对邻近线虫具有高度感染性（Estes et al. 2011）。这些研究表明巴黎杀线虫微孢子虫对秀丽隐杆线虫肠道具有高度适应性。

有意思的是，秀丽隐杆线虫的主要免疫通路，如调控抗微生物肽分泌的 PMK-1 p38 激酶通路，似乎对线虫的感染没有抵抗作用（Troemel et al. 2008）。也许这一结果并不令人惊讶，因为也就是最近研究者们才对细胞外感染（extracellular infection）情况下线虫的天然免疫有所研究。实际上，最近研究表明线虫利用泛素介导的反应，包括蛋白酶体和自噬系统，来抵御微孢子虫的感染（Bakowski et al. 2014）。今后，利用微孢子虫感染系统作为模型来分析线虫对严格的细胞内感染的防御将会是很有意思的研究。

13.4.2　孢子释放时宿主细胞的重构

线虫肠道上皮细胞具有许多与后生动物（包括人类）相似的重要特征，如顶端的基底极性，微绒毛位于顶端以吸收营养，来锚定微绒毛的这一特化的细胞骨架结构称为基底网（termial web）（McGhee 2007）。肠道细胞顶端的基底网是由肌动蛋白和中间丝构成的网状组织，很可能在细胞内病原体出逃细胞进入肠腔过程中具有屏障作用（图 13.6a）。*N. parisii* 对线虫肠道细胞的感染会导致基底网的重构（Troemel et al. 2008）。在感染的初期，即裂殖体发育阶段，基底网特异的肌动蛋白异构体——ACT-5 从宿主细胞的顶端被重新定位至细胞的基底端而形成异位网络（图 13.6b），在未感染的线虫中并未发现此现象（Estes et al. 2011）。肌动蛋白的重定位导致基底网上产生了缝隙（图 13.7a 和 b）。实际上，仅通过 RNAi 降低 ACT-5 的表达量即可导致基底网产生缝隙，这表明 *N. parisii* 只需降低线虫肌动蛋白的量即可在细胞顶端产生缝隙。利用位于正常基底网上的中间丝蛋白 IFB-2 的抗体进行标记观察，或构建 IFB-2：CFP 转基因线虫进行观察都可看到这些缝隙（图 13.7c 和 d）。感染细胞内形成孢子后即可产生基底网缝隙，而且所有感染性线虫均具有这些缝隙。因此，基底网上缝隙的产生可能是孢子逃出线虫肠道细胞时排除障碍所必需的。

除了肠道细胞的基底网，巴黎杀线虫微孢子虫还需要穿过上皮细胞顶端的细胞膜才能进入肠腔并逃

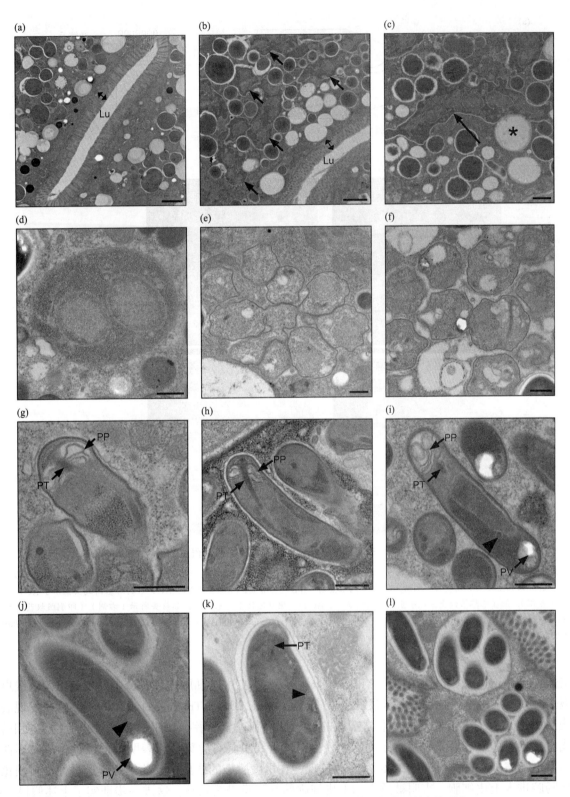

图 13.5　秀丽隐杆线虫中巴黎杀线虫微孢子虫感染阶段的透射电镜观察

（a）未感染的成虫肠道；（b）感染 30 hpi 的成年线虫肠道（显微镜下观察到沟槽状裂殖体的阶段），巴黎杀线虫微孢子虫裂殖体如箭头所示，在 a 和 b 中双箭头表示微绒毛，Lu 表示肠腔，标尺为 2 μm；（c）高分辨率下的具多核的裂殖体（箭头）和邻近的宿主小囊泡（星号），标尺为 1 μm；（d）发育后期的裂殖体具有两个细胞核和更规则的细胞膜，44 hpi；（e 和 f）感染 44 h 后成年线虫肠道中的介于孢子和裂殖体中间状态的微孢子虫；（g~i）感染 44 h 后成年线虫肠道中含有正在形成的孢子；（j）成熟孢子；（k）大孢子（相较于图 13.4e 中的大孢子），g~k 中 PT 表示极管，PP 代表极膜层的膜结构，PV 表示后极泡，箭头表示极管螺旋的切片；（l）囊泡包裹的孢子（相较于图 13.4f 中的囊泡）。d~l 中标尺为 500 nm。（印刷版权获自 Troemel, E. R., Felix, M. A., Whiteman, N. K., Barriere, A. & Ausubel, F. M. 2008. Microsporidia are natural intracellular parasites of the nematode *Caenorhabditis elegans*. *PLoS Biology*, 6, 2736–52）

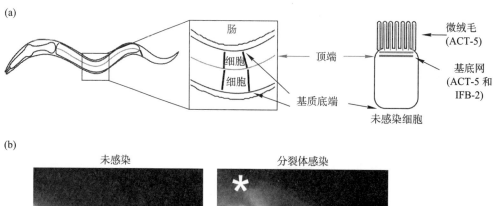

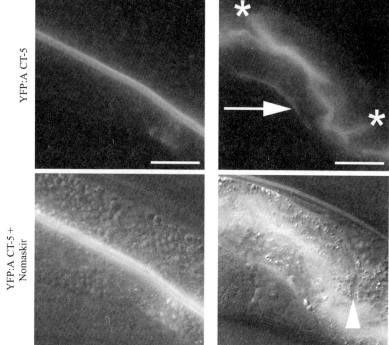

图 13.6 *N. parisii* 感染时秀丽隐杆线虫肠道细胞顶端肌动蛋白的破坏（见文后彩图）

（a）秀丽隐杆线虫肠道细胞的示意图，肠道由极化的上皮细胞构成，细胞顶端具有指形的微绒毛，这些微绒毛锚定在一种被称为基底网的结构上，这种结构主要由肌动蛋白（ACT-5）和中间丝蛋白（IFB-2）形成；（b）表达 YFP:ACT-5 的转基因线虫显示了 ACT-5 的细胞顶端定位（左侧），但在巴黎杀线虫微孢子虫感染的细胞中，ACT-5 被重定位于质基底端，如箭头所示（右侧）。（印刷版权获自 Estes, K. A., Szumowski, S. C. & Troemel, E. R. 2011. Non-lytic, actin-based exit of intracellular parasites from *C. elegans* intestinal cells. *PLoS Pathogens*, 7, e1002227. ）

至宿主体外（Szumowski et al. 2012）。有意思的是，仅在线虫中肠细胞内和肠道中发现有巴黎杀线虫微孢子虫孢子，而在线虫的其他部位并未发现感染（Estes et al. 2011；Troemel et al. 2008）。这些发现表明巴黎杀线虫微孢子虫孢子借助于一个非常精确的方向性机制逃至肠腔，以进一步通过排泄物 – 食下感染。单个线虫感染实验发现感染少量孢子的活体线虫对临近线虫具有感染性，表明孢子以一种非破坏性的方式逃出宿主细胞（Troemel et al. 2008）。分析发现，在重度感染的线虫中，非细胞膜透过性染料碘化丙锭不能从肠腔进入上皮细胞，表明被感染的上皮细胞的细胞膜仍然完整，这进一步证实了上述假设（Estes et al. 2011）（图 13.8）。对细胞膜上的标志蛋白融合 GFP 标签并构建转基因线虫，分析发现进入线虫肠腔的孢子，其表面不含宿主细胞膜，表明孢子不是通过出芽机制逃出宿主细胞（Estes et al. 2011）（图 13.9）。总之，这些结果表明巴黎杀线虫微孢子虫通过一种非裂解和非出芽的方式逃出宿主细胞。而且，我们过去的研究表明巴黎杀线虫微孢子虫通过劫持宿主的循环内吞体通路（recycling endosome pathway）以利于宿主的胞吐从而逃出宿主细胞（Szumowski et al. 2014）。

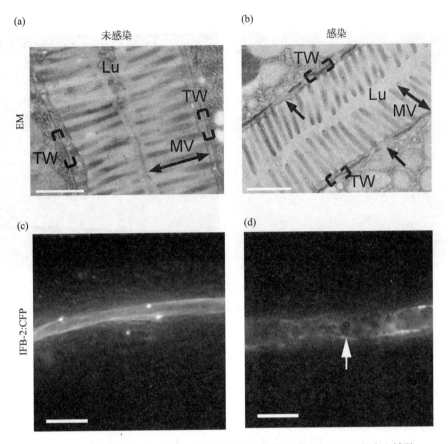

图 13.7　巴黎杀线虫微孢子虫感染导致肠道细胞的基底网（TW）产生缝隙

　　电镜切片图展示了一个未感染（a）和感染（b）的肠道细胞的剖面，TW 上的缝隙如箭头所示，TW 如方括号所示，微绒毛（MV）如双箭头所示，Lu 表示肠腔。标尺为 1μm。在未感染的转 IFB-2:CFP 线虫的肠道细胞顶端亦可见 TW（c）和感染诱导产生的缝隙（d）。（a 和 b 的印刷版权获自 Troemel, E. R., Felix, M. A., Whiteman, N. K., Barriere, A. & Ausubel, F. M. 2008. Microsporidia are natural intracellular parasites of the nematode *Caenorhabditis elegans. PLoS Biology*，6，2736-52.）

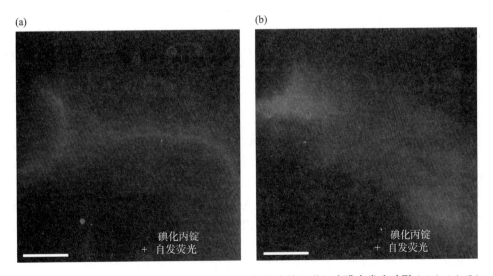

图 13.8　巴黎杀线虫微孢子虫感染期间秀丽隐杆线虫的肠道细胞膜未发生破裂（见文后彩图）

　　非细胞膜透过性染料碘化丙锭（红色）不能从肠腔进入感染的上皮细胞（a），但能够透过喂食了穿孔毒素 Cry5B 的未感染的肠道细胞膜（b）。蓝色标示了肠道自发荧光展示了肠道细胞的轮廓。（印刷版权获自 C&D – Estes, K. A., Szumowski, S. C. & Troemel, E. R. 2011. Non-lytic，actin-based exit of intracellular parasites from *C. elegans* intestinal cells. *PLoS Pathogens*，7，e1002227）

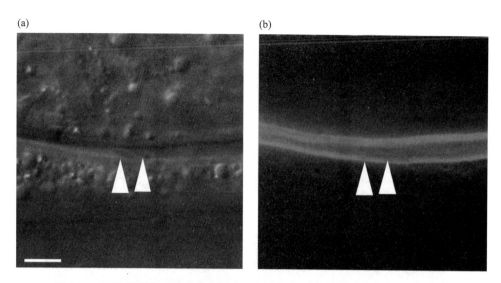

图 13.9 进入肠腔的巴黎杀线虫微孢子虫孢子不含有宿主细胞膜（见文后彩图）

在感染的转基因秀丽隐杆线虫中，外逃至肠腔的孢子（相差显微镜图 a）不含有宿主细胞膜的标志蛋白 PGP-1:GFP（b）。（印刷版权获自 Estes, K. A., Szumowski, S. C. & Troemel, E. R. 2011. Non-lytic, actin-based exit of intracellular parasites from *C. elegans* intestinal cells. *PLoS Pathogens*, 7, e1002227）

13.4.3 *Nematocida* 基因组分析

两种线虫微孢子虫和多株分离株的鉴定，让我们可以通过比较基因组分析来研究微孢子虫的生物学和进化。作为微孢子虫基因组联盟的一部分，我们完成了 3 株 *Nematocida* 属微孢子虫的全基因组测序，包括 2 株分离自野外捕捉的秀丽隐杆线虫的巴黎杀线虫微孢子虫（ERTm1 和 ERTm3）和一株分离自野外捕捉的秀丽隐杆线虫的 *Nematocida* sp1（ERTm2）（Cuomo et al. 2012）。此外，我们最近测序了第 2 株 *Nematocida* sp1（分离自 *C. briggsae* 的 ERTm6）（未发表数据）。*N. parisii* ERTm1 和 ERTm3 的基因组很小，仅有 4.1Mb，两个基因组间的相似性为 99.8%。*Nematocida* sp1 ERTm2 的基因组为 4.7Mb，比 ERTm1 的略大，且序列差异较大。两个基因组序列的平均相似性为 68%，同源蛋白质序列间的平均相似性为 80%，这支持了之前通过核糖体 RNA 序列将这 2 个分离株鉴定为 2 个种的结果（Troemel et al. 2008）。3 株线虫微孢子虫的基因组都只含有 2 700~2 800 个蛋白质编码基因（Cuomo et al. 2012），这与其他基因组精简的微孢子虫如兔脑炎微孢子虫（*Encephalitozoon cuniculi*）和东方蜜蜂微粒子虫（*Nosema ceranae*）相比，虽然稍微多一点却也差别不大（Cornman et al. 2009；Katinka et al. 2001）。除了基因组测序，我们还提取了不同感染阶段的 *N. parisii* 的 mRNA 进行了转录组测序，分析发现 2 661 个预测基因中 2 546 个可至少在一个侵染阶段检测到表达。

基因组分析发现 *Nematocida* 属微孢子虫均为双核，可能可以进行有性生殖或准性生殖。之前其他微孢子虫的研究表明微孢子虫可能进行有性生殖并因此具有双核（Becnel et al. 2005），而 *Nematocida* 基因组测序为这一观点提供了第一个分子证据（Cuomo et al. 2012）。根据 SNP 分析发现，*N. parisii* 和 *Nematocida* sp1 的基因组都是双核且杂合的。有意思的是，3 个 *Nematocida* 的染色体臂区域都在丢失这种杂合性，这与近期的或罕见的重组事件相吻合（Cuomo et al. 2012）。*Nematocida* sp1（ERTm2）基因组的杂合度最高，被用来在实验室中检测是否存在有性生殖。但是对 ERTm2 进行 3 个月的重复继代后再对基因组重测序分析并没有发现有性生殖的证据。在其他致病性真菌中发现了非常少的有性和准性生殖，这一特征不仅增加了病原体的遗传多样性，而且对真菌的毒力有调控作用（Bougnoux et al. 2008；James et al. 2009；Ni et al. 2011；Schoustra et al. 2007；Wu et al. 2007）。同样，微孢子虫的杂交也会增加病原体的多样性，并可能对其毒力也有重要作用。真菌中的 29 个减数分裂的核心基因，其中 20 个在 *Nematocida* 基因组中有同源基因，这进一步表明该微孢子虫可能具有有性生殖。我们还不清楚 *Nematocida* 在什么条件下可能进行有性生殖。然而正如早前提到的，我们利用透射电镜偶尔观察到巴黎杀线虫微孢子虫的裂殖子具有双核，也许这些双核可以进行典型的有性生殖或准性生殖过程中的核融合，只是需要不同于一般实验室繁殖的条件。

杀线虫微孢子虫基因组与其他 7 种微孢子虫基因组的比较分析表明，微孢子虫通过获得、丢失和修饰单个基因而具有了在宿主细胞内快速增殖的潜在策略（Cuomo et al. 2012）。首先，除了之前介绍的微孢子虫具有可能从宿主细胞转运核苷的核苷磷酸转运体（Katinka et al. 2011；Tsaousis et al. 2008），我们还发现多种微孢子虫基因组都编码有一个与大肠杆菌 NupG 同源的蛋白质，注释为假定的核苷酸 –H$^+$ 共转运体（nucleotide H$^+$ symporter）。大肠杆菌中 NupG 蛋白是一个嘌呤和嘧啶核苷酸的转运体，是通过水平基因转移获得的一个蛋白。其次，微孢子虫似乎特异性地丢掉了肿瘤抑制基因——视网膜神经胶质瘤基因（retinoblastoma，Rb）。Rb 能够通过抑制细胞周期激活因子 E2F 和 DP 而调控细胞周期，而微孢子虫基因组中存在 E2F 和 DP 的编码基因。已知 Rb 的丢失会导致细胞生长加快，而且大多数癌细胞都丢失了 Rb 的编码基因。最后，微孢子虫还对己糖激酶基因进行了修饰，这个酶是糖酵解通路中的第一个酶。微孢子虫中己糖激酶获得了信号肽，很可能将其分泌至宿主细胞中以改变宿主的代谢来加速自身的生长。转录组测序分析表明，杀线虫微孢子虫中己糖激酶在感染后 8 h 是表达量最高的糖酵解酶，这一结果支持了感染早期微孢子虫己糖激酶能够调控宿主代谢的假说。

13.5　综述与展望

新近发现的微孢子虫新种——*Nematocida parisii*，再次激发了我们对研究线虫微孢子虫感染的兴趣。巴黎杀线虫微孢子虫是模式生物秀丽隐杆线虫的自然感染病原体。巴黎杀线虫微孢子虫及其近缘的 *Nematocida* sp1 已从世界各地的野外线虫中分离获得。当前的这些发现及早期关于其他线虫物种中微孢子虫感染的报道表明，野外线虫被微孢子虫感染的现象是非常普遍的。线虫 – 微孢子虫这一宿主 – 病原体对具有多样性和范围广的特点，宿主类型既有寄生性的又有自由生活的，既有陆地上的也有水中的，而且世界各地均有分布。将来，研究微孢子虫成功寄生线虫的机制和驱动微孢子虫在这些无所不在又极其多样的宿主中进化的环境压力，将是非常有趣的工作。另外值得研究的还有微孢子虫在寄生性或携插性（phoretic）线虫及这些线虫的宿主（包括脊椎动物和无脊椎动物）间的传播程度。由于线虫与微孢子虫间存在广泛的相互作用，因此利用微孢子虫防控农作物的线虫感染，甚至治疗人和农业相关动物的线虫病的探索也存在积极的可能性。

秀丽隐杆线虫是得到深入研究的强大模式生物，而巴黎杀线虫微孢子虫是线虫的自然感染性病原体，因此巴黎杀线虫微孢子虫是一个研究微孢子虫感染的得力系统。由于秀丽隐杆线虫体壁透明，因此得以在活体中观察到微孢子虫对其中肠细胞结构的修饰，此研究揭示了微孢子虫具有一种与其排泄物 – 口感染途径协同的逃出宿主细胞的机制。深入研究巴黎杀线虫微孢子虫 – 秀丽隐杆线虫系统，将可能为理解宿主对细胞内感染的免疫应答提供新的视点，同时也将有助于在细胞和生物化学水平乃至动物宿主整体水平上理解微孢子虫的致病机制。

参考文献

第 13 章参考文献

第 14 章 微孢子虫病研究的模式生物——斑马鱼

Justin L. Sanders

美国俄勒冈州立大学微生物系

Michael L. Kent

美国俄勒冈州立大学微生物系、生物医学系

14.1 引言

斑马鱼是生物医学研究领域中最重要的脊椎动物模式物种之一，自然情况下它可以被两种微孢子虫感染。斑马鱼为脊椎动物微孢子虫病的基础和应用研究提供了优越的平台。本章中，我们回顾和讨论了斑马鱼作为一种模式物种在微孢子虫研究中的潜在应用价值。斑马鱼在毒理学、发育生物学、肿瘤研究以及传染性疾病研究中都是一种重要的实验模型。其免疫系统研究得非常透彻，基因组测序也已完成，并且遗传图谱分析显示其基因组与人类的基因组具有高度共线性（Postlethwait et al. 1998；Catchen et al. 2011；Howe et al. 2013）。斑马鱼通常被用作发育遗传学研究的模式物种。近年来，幼年和成年斑马鱼被广泛用于多种细菌、病毒与宿主互作的体内研究。研究表明，斑马鱼具有众多同人类和其他哺乳动物相似的免疫通路。噬神经假洛玛孢虫（*Pseudoloma neurophilia*）感染斑马鱼能够引起典型的微孢子虫病，这为更好地开展脊椎动物微孢子虫病的研究提供了机会。除此之外，近期报道的另外一种鲥脂鲤匹里虫（*Pleistophora hyphessobryconis*）也能感染斑马鱼。两种微孢子虫在感染斑马鱼后具有明显不同的组织偏好性：鲥脂鲤匹里虫主要感染骨骼肌细胞，而噬神经假洛玛孢虫主要感染有髓神经组织。这为我们研究不同微孢子虫感染斑马鱼后的比较病原体学研究提供了素材。

14.2 斑马鱼的研究进程

斑马鱼是属于鲤科的一种热带鱼（Hamilton–Buchanan 1822，1823），通常栖息于印度东北部的恒河和雅鲁藏布江周围的河滩，在过去的一个多世纪以来，它们也是水族爱好者的饲养对象。斑马鱼喜好生活于水流缓慢、水温变化范围较广（6～38℃）的水域（Spence et al. 2008）。斑马鱼能适应不同水质及不同温度的特点体现了它的耐受性和适应能力，这也正是它们为什么用作水族饲养和实验研究的原因所在。

自从 20 世纪 30 年代以来，研究人员对斑马鱼的胚胎发育进行了持续地研究（Laale 1977）。20 世纪 50 年代中期，斑马鱼开始被用作监测水体中水质毒性和致畸物质含量的生物样本（Jones & Huffman 1957）。20 世纪 60 年代末期俄勒冈大学 George Streisinger 博士开始致力于斑马鱼发育的研究，在此研究工作的基础上，斑马鱼开始作为探究脊椎动物胚胎发育进程的遗传模型被得到广泛应用（Grunwald & Eisen 2002）。George Streisinger 博士之所以选择斑马鱼作为胚胎发育研究的模式物种，原因有以下三点：其一，斑马鱼具有较强的繁殖能力，一条雌性斑马鱼能繁育成百上千条后代；其二，斑马鱼胚胎是体外受精的，便于研究人员在体外获得配子；其三，胚胎在体外发育并且是透明的，便于研究人员观察胚胎发育的整个过程。斑马鱼的这些特点使之成为一种优良的模式物种,可以用来研究脊椎动物的胚胎发育及其他一些领域,如传染性疾病的研究。

过去,研究人员通常从宠物商店里面购买斑马鱼用于科研,在当时的情况下能满足研究人员的需要,而斑马鱼种群的扩大和维系极大地推进了相关领域研究的发展。1997 年,为了响应斑马鱼研究学者的倡议,同时也为了促进和推广将斑马鱼作为疾病遗传研究和胚胎发育研究的模式生物(Henken 1998),Trans-NIH 斑马鱼行动开始了。2000 年,美国在俄勒冈大学成立了斑马鱼国际资源中心——ZIRC,作为斑马鱼突变系保存资源库,同时也更好地促进斑马鱼信息网络(ZFIN)的构建。该网站可以提供斑马鱼相关的综合性信息,如实验过程中应该遵守的基本协议(Sprague et al. 2001)。另外,该网站还可以通过诊断和筛查服务为研究人员提供对应的实验样本。通过该网站,人们还可以获取到与斑马鱼相关的书籍和文章,并提供在研究过程中与斑马鱼饲养、种群管理、应遵守的规则等几乎所有相关信息(Westerfield 2007;Harper & Lawrence 2010)。

近年来,斑马鱼被广泛应用于感染性疾病的研究(Meijer & Spaink 2011)。研究人员将斑马鱼作为模式物种,用人类相关病原体进行感染,为探究病原体与宿主互作提供了丰富的信息。目前,斑马鱼已大量应用到细菌、病毒和真菌病原体甚至感染人类病原体的研究中。这其中就包括鼠伤寒沙门氏菌(van der Sar et al. 2003,2006;Stockhammer 2009)、亚利桑那沙门氏菌(Davis et al. 2002)、鳗弧菌(O'Toole et al. 2004)、弗氏柠檬酸杆菌(Lü et al. 2011,2012)、枯草芽孢杆菌(Herbomel et al. 2001)、单核细胞增多性李斯特菌(Levraud et al. 2009)、链球菌(Neely et al. 2002)、化脓性链球菌(Neely et al. 2002)、无乳链球菌(Patterson et al. 2012)、猪链球菌(Wu et al. 2010)、海洋分枝杆菌(Davis et al. 2002;Meijer et al. 2005;Clay et al. 2007;Hegedus et al. 2009;Tobin et al. 2010)、鲤春病毒血症病毒(Sanders et al. 2003)、传染性造血坏死病毒(La Patra et al. 2000;Ludwig et al. 2011)、出血性败血症病毒(Novoa et al. 2006;Encinas et al. 2010)、白色念珠菌(Chao et al. 2010;Brothers et al. 2011)等,还有更多病原体的研究也正在利用斑马鱼平台。

目前已发现两种微孢子虫噬神经假洛玛孢虫和鲩脂鲤匹里虫可以感染斑马鱼,这为研究人员探究微孢子虫感染脊椎动物后引发的微孢子虫病提供了良好的机会。

14.3　斑马鱼作为模式物种的优势

斑马鱼最初是作为发育生物学研究的模式物种(Streisinger et al. 1981),并且现在研究人员对它的利用范围越来越广,包括毒理学(Spitsbergen & Kent 2003)、药物开发(Zon & Peterson 2005)、肿瘤发生(Amatruda et al. 2002)、造血功能(Davidson & Zon 2004;Paik & Zon 2010)、免疫学(Traver et al. 2003;Trede et al. 2004;Balla et al. 2010)和传染病等相关领域(van der Sar et al. 2004;Meeker & Trede 2008;Sullivan & Kim 2008;Meijer & Spaink 2011)。由于斑马鱼具有容易饲养、繁殖率高、体积小、拥有众多突变系、体外受精发育而且具有透明的胚胎等特点,使得研究人员在探究胚胎发育及其他领域时越来越依赖斑马鱼。随着斑马鱼成为主要的脊椎动物模式物种,人们对于斑马鱼的了解也逐渐清晰。斑马鱼的基因组测序于 2001 年启动,最新版本拼接数据与人类的基因组数据比对发现 70% 的人类基因在斑马鱼中至少可以找到一个对应的同源基因(Howe et al. 2013)。随着二代测序技术的发展,促进了广泛的转录测序分析(RNA-seq),转录组数据的获得显著提高了斑马鱼的基因组注释水平(Collins et al. 2012),为在分子生物学水平上利用斑马鱼进行相关研究奠定了基础。因此,斑马鱼模型的存在为更好地开展相关传染性疾病的研究提供了大量机会。近期的研究正是利用转录组测序技术来探究病原体感染斑马鱼后宿主基因的表达变化(Hegedus et al. 2009;Stockhammer & Rauwerda 2010;Ordas et al. 2011)。

14.3.1　容易饲养

斑马鱼是一种适应能力极强的物种,它能适应不同类型的外界环境。传统水族馆饲养的斑马鱼可以满足小规模的实验需要，研究人员也可以从商家那里定做模块并装配成水族箱用于饲养斑马鱼。饲养斑马鱼的水族箱大都采用循环水系统，新鲜水持续性或间歇性地流入水箱中，而污水经过净化后再次流入水箱。当利用斑马鱼进行传染性疾病的研究时，研究人员通常希望采用静态的或者溢流式的水箱，因为这种水箱的流出水被直接废弃从而避免了不同处理组之间的交叉污染。斑马鱼的胚胎和仔鱼可以饲养在静水系统中，当实验周期较短时可以选用 96 孔细胞培养板或者其他大小的多孔板进行实验（Zon & Peterson 2005；Mandrell et al. 2012）。

人们可以从各种各样的渠道获得关于饲养斑马鱼的信息，包括书籍（Westerfield 2007；Harper & Lawrence 2010）和 ZFIN 网站等。ZIRC 也在线提供斑马鱼饲养过程中遇到疾病时的应对指南。现在甚至还有专业组织，如斑马鱼饲养协会，该组织可以在实验室斑马鱼饲养相关的培训方面起到促进作用，同时还可以提供教育资源。

14.3.2　繁殖能力

斑马鱼具有较强的繁殖能力，每次产卵可达数百粒，根据外界环境和营养物质的情况，需要 3 ~ 6 个月即可完成发育到达性成熟阶段（Spence et al. 2008）。现在有很多方法和设备用于孵化鱼卵，对于几百粒鱼卵来说有一个小的设备就足够了，实验室饲养的斑马鱼平均每 1.9 天产卵一次（Eaton & Farley 1974）。

14.3.3　体积小：适合进行高通量的分析

斑马鱼除了具有较强的繁殖能力可以短时间获得足够的实验样本外，其体积小的特点（成年斑马鱼 3 ~ 5 cm）也极大地方便了学者们的研究，采用组织病理学的手段，研究人员可以方便地在完整组织的背景下观察寄生虫感染斑马鱼后的病理情况变化。仔鱼的存在也使得在同一张片子中观察大量的标本成为可能（图 14.1）。2006 年，Sabaliauskas 等介绍了一种对斑马鱼仔鱼进行大量组织学观察的方法。采用这种方法研究人员可以在每个切片下观察 50 个仔鱼受精 7 d 后的组织学变化。在同一切片下观察不同样本，使得组织病理学家更容易发现微孢子虫感染斑马鱼后的细微变化，促使研究变得更加精确。

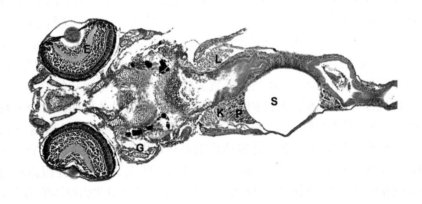

图 14.1　受精后第 7 天斑马鱼仔鱼的组织切片

在该单个切面视野内可以观察到不同的组织，包括肝（L）、肾（K）、鱼鳔（S）、胰腺（P）、眼（E）和鳃（G）。苏木精伊红染色观察，标尺 =0.5 mm

由于斑马鱼仔鱼具有体积小的特点，研究人员可以利用电子显微镜对其进行观察。例如，2012 年 Cali 等通过电子显微镜观察了噬神经假洛玛孢虫感染宿主后在整个宿主中不同时期的发育情况，使人们对宿主—寄生虫之间的相互作用有更为详细的了解。因此，斑马鱼仔鱼噬神经假洛玛孢虫这一对模式生物为我们更深入地调查初始感染及脊椎动物微孢子虫的早期发育提供了很好的范本。

14.3.4 透光率

斑马鱼的仔鱼具有很好的透光率，这为直接观察宿主与微孢子虫的相互作用提供了极大的便利。仔鱼整体、组织切片的原位杂交已经被发育生物学家广泛应用，研究人员利用特异的 DNA 探针在仔鱼的组织中检测孢子增殖前期的微孢子虫（Yokoyama et al. 2000；Sánchez et al. 2001；Grésoviac et al. 2007）。实际上，目前我们已经在实验室中利用原位探针来检测和跟踪噬神经假洛玛孢虫孢子增殖前期和随后的发育阶段。通过在斑马鱼中转入荧光报告基因，研究人员可以实时观察仔鱼中特定宿主细胞的聚集情况。

斑马鱼的胚胎是透明的，然而仔鱼在发育几周以后就会产生色素类的物质，这使得仔鱼变得不再透明。因此，研究人员培育出了几个斑马鱼品系，该类斑马鱼缺少载黑色素细胞和银色素细胞，随着发育成熟阶段仍然保持透明，使得成熟斑马鱼的内脏器官也能够可视化。Casper（White et al. 2008）就是其中深受研究人员喜爱的品系。该品系已经被用于研究活体斑马鱼中移植造血干细胞和肿瘤细胞后的特征观察（White et al. 2008；Taylor & Zon 2009）。

斑马鱼的一些突变品系和荧光标记物，为研究微孢子虫提供了无可比拟的优势，其透明的特点决定了可以被用来进行微孢子虫体内发育的研究。例如，利用仔鱼可以实时观测荧光蛋白标记的转基因菌株，为细菌病理学基础机制的研究提供了重要帮助，海鱼分枝杆菌肉芽形成机制的解析就是基于此类技术的运用（Swaim et al. 2006）。荧光标记微孢子虫技术的发展使得通过活体成像技术追踪斑马鱼体内的寄生虫成为可能。

14.3.5 具有较多可应用的品系

目前已有许多斑马鱼的转基因品系，一些品系可通过荧光标记特定蛋白实现可视化及体内特定细胞的定位。尤其让人感兴趣的是通过标记先天免疫系统特定类型的细胞可以促进对微孢子虫侵染相关的研究，例如，通过绿色荧光蛋白（GFP）标记的髓过氧化物酶（MPO）能够指示中性粒细胞的位置（Renshaw et al. 2006）。另外，各种各样免疫系统突变的斑马鱼品系也有助于微孢子虫的研究，如免疫系统完全失活或者部分特定免疫细胞突变的品系。该类型品系斑马鱼应用于微孢子虫的研究可以阐明特定类型免疫细胞对于微孢子虫在体内传播的作用以及其病理学特征。目前已建立了缺失了免疫系统特定组分的斑马鱼突变系，例如，rag1 基因的突变系，rag1 的表达产物是 T 细胞和 B 细胞发挥功能所必需的（Wienholds & Schulte-Merker 2002），这些突变系为研究人员分析宿主获得性免疫在微孢子虫侵染中发挥的作用提供了方便。

当动物遭受到潜在慢性疾病的侵袭时往往会导致实验结果发生不可预知的差异，这就会使研究变得复杂起来，尤其是当研究涉及病原体侵染宿主时。在饲养斑马鱼的设备里面经常会发现噬神经假洛玛孢虫（Murray et al. 2011），当研究人员利用已经感染了噬神经假洛玛孢虫或者其他微孢子虫的鱼进行研究时，会给研究带来很多麻烦。随着研究人员越来越多地采用斑马鱼进行各种类型的研究，人们逐渐意识到前期的慢性感染会给研究带来不良影响，因此，Kent 等（2011）建立了无噬神经假洛玛孢虫感染的 SPF 级斑马鱼。由于实验室饲养斑马鱼感染鲇脂鲤匹里虫的概率很低，因此对此病原体的筛查不需要很严格；然而，研究人员应该考虑到斑马鱼供应商在饲养斑马鱼时由于和其他鱼一起混养从而导致其他微孢子虫的污染。可参考 Kent 和他的同事在 2009 年制定的控制鱼类疾病饲养方法。

14.3.6 透明胚胎的体外发育

由于斑马鱼的胚胎是透明的，发育生物学家对其体外的发育特征进行了广泛的研究和利用。斑马鱼的这一特点可以很好地应用于微孢子虫传播的研究。例如，在发育胚胎的卵黄内可以观察到微孢子虫噬神经假洛玛孢虫（图 14.2），这就为该微孢子虫经卵细胞传播提供了可视化的证据（Sanders et al. 2013）。另外，在胚胎发育的不同阶段显微注射微孢子虫可以使得微孢子虫与宿主特定细胞的互作更容易被观察到。

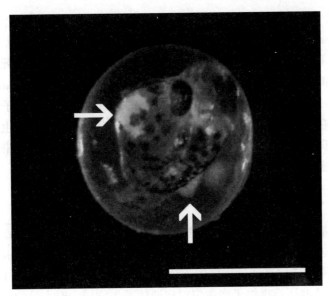

图 14.2　受精后 48 h 正在发育的斑马鱼胚胎

箭头所指的是嗜神经假洛玛孢虫感染聚集形成的两块不透明斑块。标尺 =1 mm

14.4　斑马鱼作为生物医学研究模型的特征

14.4.1　免疫学特性

研究人员对斑马鱼的个体发育特征以及其免疫系统各组成部分的功能进行了深入的研究（Traver et al. 2003；Meeker & Trede 2008）。斑马鱼，作为一种硬骨鱼，已经具备了完善的先天免疫和获得性免疫系统，在免疫细胞和标记方面，斑马鱼同人类具有一致性（Traver et al. 2003；Meeker & Trede 2008）。研究发现斑马鱼具有细胞免疫，并发现与哺乳动物的细胞类型在功能上具有高度保守性，包括巨噬细胞（Herbomel et al. 2001）、嗜中性粒细胞（Mathias et al. 2009；Balla et al. 2010）、T 细胞（Danilova et al. 2004）、B 细胞（Danilova & Steiner 2002）和树突状抗原呈递细胞（Lugo-Villarino et al. 2010）。虽然斑马鱼不具有离散的淋巴结，但是它们具有类似于其他脊椎动物的淋巴系统（Yaniv et al. 2006）。如前所述，目前拥有众多可表达报告基因的转基因斑马鱼品系，以及敲除掉特定类型细胞的品系，这就可以应用于特定细胞类型的分布以及微孢子虫入侵斑马鱼后特定免疫细胞应答过程的可视化研究。

斑马鱼免疫系统中一个重要的可利用因素在于其发育过程中先天免疫和获得性免疫系统是不同步的。早在斑马鱼受精后 1 d 的胚胎就已经具备了功能性巨噬细胞（Herbomel et al. 2001），这时斑马鱼并没有形成完善的获得性免疫系统，直至受精后的 4 ~ 6 周（Lam et al. 2004）。这种先天免疫与获得性免疫暂时分开的特点适用于研究病原微生物，如分枝杆菌在侵染斑马鱼后先天免疫及获得性免疫不同的转录应答特点（van der Sar et al. 2009）。这一特点同样使斑马鱼更好地应用于研究微孢子虫侵染后先天免疫及获得性免疫各自发挥的作用。

微孢子虫感染后对宿主造成的病理性损害与宿主本身的免疫水平息息相关。当微孢子虫感染免疫系统完善的宿主时，宿主往往会启动急性的免疫反应并随后弱化反应，结果是造成长期的慢性疾病。而当侵染免疫缺陷的宿主时，往往会引发急性与致死性的感染（Didier 2000）。目前已经建立了一套方案，利用全身性 γ 射线照射建立免疫缺陷的宿主来研究微孢子虫感染后引起的宿主亚致死性以及致死性病理变化（Traver et al. 2004；Taylor & Zon 2009）。

实际上，正是全身性 γ 射线照射的应用使得研究人员在一个斑马鱼饲养箱内发现了一种新的微孢子虫——鲢脂鲤匹里虫（Sanders et al. 2010）。关于这种微孢子虫我们将在随后的章节中进行更为详细的讨论。然而这种微孢子虫基本上不感染野生型的斑马鱼或者是基本不引起慢性、亚致死性的感染。当通过全身射线处理后，宿主免疫受到抑制，从而导致急性感染以及斑马鱼死亡率的上升（Sanders et al. 2010）。有趣的是，斑马鱼同源系（CGL-1）对鲢脂鲤匹里虫是高度易感的。目前，关于微孢子虫感染后的宿主与病原体的互作研究大部分都集中在病原体的快速侵染方面，很少有研究致力于微孢子虫在宿主中是如何维持生存的。感染鲢脂鲤匹里虫的斑马鱼这一模型可以很好地应用于研究急性、慢性感染以及宿主免疫受到抑制后慢性感染到急性感染的转变。

14.4.2　基因组学 / 转录组学

斑马鱼可以作为研究基因表达的良好模式生物，许多研究正是利用它来调查病原体侵染后宿主基因表达的变化。早期的基因表达分析是基于斑马鱼的全基因组表达芯片进行的（Pichler et al. 2004），随着技术的发展，近期的研究开始采用二代高通量测序的方法进行 RNA-seq 分析（Hegedus et al. 2009；Aanes et al. 2011；Ordas et al. 2011）。这些研究提供了宿主应对病原体微生物侵染时大量的转录组数据。目前使用的斑马鱼基因组是第 9 个版本，而且随着许多研究的进行又融入了更准确的转录本数据，这就为通过 RNA-seq 鉴定病原体诱导的转录本数据提供了强大的数据支持。随着技术的成熟，RNA-seq 也被用于探究宿主—病原体相互作用时宿主的转录组变化。最近的研究正是利用该手段获得了巴黎杀线虫微孢子虫（*Nematocida parisii*）侵染秀丽隐杆线虫（*Caenorhabditis elegans*）后宿主和病原体的转录组数据（Cuomo & Desjardins 2012）。相似的研究正是利用斑马鱼噬神经假洛玛孢虫这一模型进行转录组测序，探究脊椎动物宿主和病原体在感染发生时的转录组变化。

14.5　微孢子虫对斑马鱼的侵染

目前已知的在自然情况下能感染斑马鱼的微孢子虫有两种，它们是噬神经假洛玛孢虫和鲢脂鲤匹里虫（Matthews et al. 2001；Sanders et al. 2010，2012）。这两种微孢子虫具有较远的亲缘关系，它们侵染宿主后会引发明显不同的病理变化。噬神经假洛玛孢虫会导致斑马鱼的慢性感染，在实验室斑马鱼群体中有较高的感染率。而鲢脂鲤匹里虫则较少感染实验鱼群。它引起斑马鱼慢性感染并且几乎没有病理性症状，但是当斑马鱼受到免疫抑制时则引起迅速死亡，一些特定品系斑马鱼较易感染该微孢子虫。

14.5.1　噬神经假洛玛孢虫

第一例关于斑马鱼被微孢子虫感染的报道是至今 30 多年前，研究者 de Kinkelin（1980）从宠物店购买斑马鱼用于毒理学研究时发现的。值得注意的是，该微孢子虫感染斑马鱼后能够引起脊椎畸形，如脊柱前弯、脊柱侧凸和游动异常，Kinkelin 通过组织切片的形式进行了详尽的检测，在切片中发现了大量成簇存在的椭圆形小孢子，这与微孢子虫增殖产生的孢子形态一致，这些孢子主要存在于腹部脊髓。随后，Matthews 等（2001）对在 ZIRC 中饲养的感染噬神经假洛玛孢虫的斑马鱼进行了阐述，它们在腹部、脊髓、后脑均有微孢子虫存在，感染后的斑马鱼有些看似健康，有些则体形消瘦。从这以后，人们对噬神经假洛玛孢虫感染斑马鱼的关注度逐渐提高。2011 年，ZIRC 检测中心对斑马鱼饲养箱中的鱼群进行了检测，结果发现 74% 的斑马鱼被噬神经假洛玛孢虫感染（Murray et al. 2011）。研究人员担心在利用斑马鱼进行实验的过程中由于慢性感染微孢子虫而导致实验结果没有规律性的差异，由此开发出了 SPF 级的斑马鱼专门为研究噬神经假洛玛孢虫微孢子虫所用（Kent et al. 2011）。SPF 级斑马鱼除了为微孢子虫感染后的毒理学研究提供便利之外，还为研究该微孢子虫的传播创造了条件，因为这些斑马鱼是确定没有感染的。

正如其种名所表明的那样，噬神经假洛玛孢虫能够侵染斑马鱼的神经组织引发慢性感染，主要在其后脑、脊髓、运动神经节和脊神经根中聚集并在其中发育成为成熟的孢子（图 14.3）。感染了噬神经假洛玛孢虫微孢子虫的斑马鱼往往没有明显的病症，然而会出现体形消瘦、脊髓畸形的特点（图 14.4）。研究发现，在感染的早期阶段，该微孢子虫通过中肠进入宿主体内，感染中肠上皮细胞后进而侵染肠外的骨骼肌细胞。然而，宿主似乎能够控制感染肌细胞的微孢子虫，因为发育阶段的噬神经假洛玛孢虫主要分布在免疫豁免的区域，如脊髓和神经。在感染的最后阶段，往往在骨骼肌中较难发现孢原质时期的微孢子虫以及成熟孢子，除非这种侵染比较突然和迅速，这个时候在组织切片中能够发现少许孢子，并能观察到明显的肌炎（图 14.5；图 14.6）。然而，在仔鱼体壁肌肉细胞的肌质内，可以通过超薄切片的方法观察到发育早期的噬神经假洛玛孢虫（Cali et al. 2012）。在其他一些器官，包括肾、卵巢间质以及发育中的卵母细胞内也能发现微孢子虫。虽然在其他组织中也可以发现该微孢子虫，但是考虑到它具有明显的组织偏好性，主要侵染免疫豁免区域，如中枢神经系统和卵细胞，这一现象应该是由于宿主免疫系统应答给微孢子虫带来的进化压力所致。

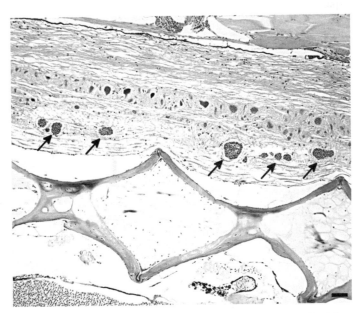

图 14.3　成熟斑马鱼感染噬神经假洛玛孢虫后的组织切片观察

在脊髓处有微孢子虫的聚集（箭头所示），苏木精 – 伊红染色，标尺 =50 μm

图 14.4　被微孢子虫噬神经假洛玛孢虫感染的成熟斑马鱼（*Danio rerio*）

微孢子虫慢性感染不会造成斑马鱼明显的病症，但是仍然可以观察到体形消瘦，偶尔可见脊髓畸形，标尺 =0.5 cm

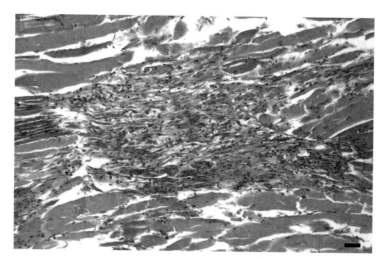

图 14.5 由噬神经假洛玛孢虫感染导致的慢性炎症以及肌肉组织变形的成熟斑马鱼组织切片观察

苏木精 – 伊红染色，标尺 =40 μm

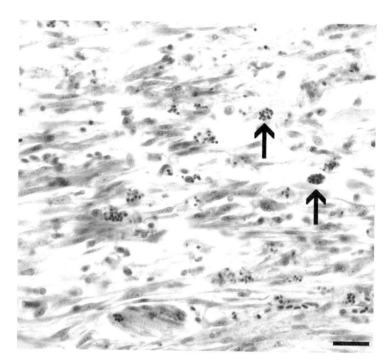

图 14.6 由噬神经假洛玛孢虫感染斑马鱼引起的慢性肌炎部位组织切片的放大观察

箭头所指部位是数目众多的单个孢子以及孢子的聚集处，Luna 染色，标尺 =40 μm

14.5.1.1 噬神经假洛玛孢虫的超微结构及其发育

噬神经假洛玛孢虫的发育起始于具有感染性的孢子被斑马鱼摄入后。噬神经假洛玛孢虫的成熟孢子是单核、梨形的，其平均长度为 5.4 μm，宽为 2.7 μm，内含一个较大的后极泡，在孢子内部排列有 14 ~ 17 圈的极管（Cali et al. 2012）。与大多数其他孢子相同的是，它也具有坚实的结构以抵抗外界长期不良环境，如坚硬的孢外壁、富含几丁质的内壁，只能用特殊的方法才能破坏它们（Sanders & Kent 2011）。Cali 等在实验室内用噬神经假洛玛孢虫感染斑马鱼，并借助电子显微镜探究了该微孢子虫的发育过程。该微孢子虫一旦被斑马鱼摄入就会向中肠的绒毛相靠近并建立联系。研究人员推测，在这样的环境下会促使孢子发芽、弹出极管将孢原质注入中肠上皮细胞的胞质中。孢原质增殖的发生与宿主的细胞质直接相关，它开始于几次有丝分裂并形成多核的产孢原质团细胞。随后逐步进行细胞分裂，产生多个单核的细胞并最终进行孢子增殖，该阶段微孢子虫的孢原质膜衍生物形成产孢囊（SPOV），在这里又开始另一个循环的有丝分裂，产生更多的多核产孢原质团，随后细胞分裂形成单核的孢子母细胞，并最终变形成为孢子。产孢囊具有较强的弹性，可以在宿主组织和细胞外维持完整性，通过湿片法可以在视野中观察到每个泡含有 8～16 个孢子（图 14.7）。伴随着孢子增殖，我们可以观察到噬神经假洛玛孢虫相对较快的发育进程，4～5 天可以观察到母孢子，8 天的时间可以观察到所有的发育阶段，包括成熟孢子。

　　最近研究人员针对 rDNA 的小亚基设计了原位杂交所用的探针，通过该探针的使用可以更方便地观察到在早期感染过程中处于不同发育时期孢子的分布情况。针对感染后斑马鱼进行的组织切片观察显示，早期微孢子虫可以感染各种不同的组织，包括中肠、肾、胰腺和肝（图 14.8）。

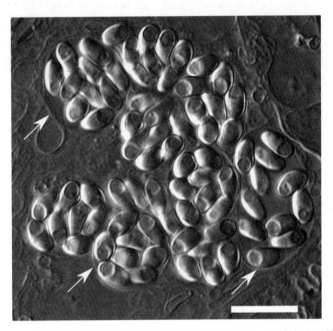

图 14.7　湿片法观察感染噬神经假洛玛孢虫在成熟斑马鱼后脑中孢子的聚集

可以在产孢囊（SPOV）中观察到孢子的聚集，标尺 =10 μm

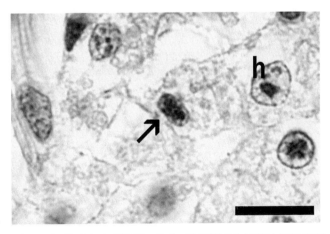

图 14.8　斑马鱼仔鱼的组织切片观察（受精后 7 天），采用地高辛标记的单链 DNA 探针进行原位杂交

该探针可以结合到噬神经假洛玛孢虫小亚基糖体 RNA 的核酸序列上，结合上的地高辛探针可以被连接了碱性磷酸酶的抗地高辛抗体识别，此时加入底物四唑氮蓝（NBT）和 5- 溴 -4- 氯 -3- 吲哚磷酸盐（BCIP）就会产生颜色反应，被结合的部位染成深蓝色。切片最后又用快速染核的红色染料（Vector Laboratories Inc，Burlingame，CA）复染。h，肝细胞核，标尺 =10 μm

14.5.1.2 噬神经假洛玛孢虫的传播

相比于其他微孢子虫，噬神经假洛玛孢虫的传播方式远比我们最初想象的要复杂（图 14.9）。阐明噬神经假洛玛孢虫的传播机制是非常重要的，不仅可以帮助我们去控制实验室斑马鱼的感染，还可以使我们了解微孢子虫基本的生物学问题。前期研究表明噬神经假洛玛孢虫可以发生水平传播，将健康成熟的斑马鱼置于被微孢子虫感染的斑马鱼饲养环境中，健康的斑马鱼也会被感染（Kent & Bishop-Stewart 2003）。研究结果表明，斑马鱼吞食死亡同类的行为也是造成水平传播的原因之一。随后的研究表明感染性的孢子也会伴随斑马鱼产卵的过程排出体外（Sanders & Kent 2011），与感染后的斑马鱼同处一片水域时，其他健康鱼群也会有较高的患病比率（Sanders et al. 2012）。

研究表明，噬神经假洛玛孢虫可以完成水平传播，它们借助斑马鱼产卵的过程释放进入水域，卵巢组织和发育的卵母细胞中（图 14.10）存在孢子的现象也表明了该孢子可能存在垂直传播（Kent & Bishop-Stewart 2003；Sanders et al. 2012）。事实上最新的研究证实了该微孢子虫可以经卵细胞内和卵细胞外完成垂直传播（Sanders et al. 2013）。该研究指出，通过卵细胞完成微孢子虫垂直传播的概率较低（约 1%），这

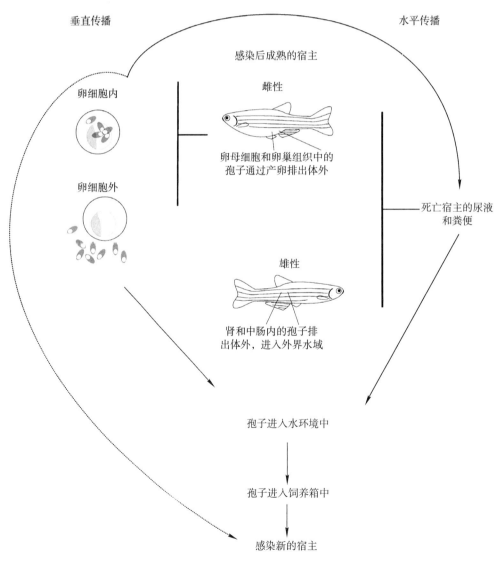

图 14.9　噬神经假洛玛孢虫感染斑马鱼 *Danio rerio* 后所观察到的传播示意图

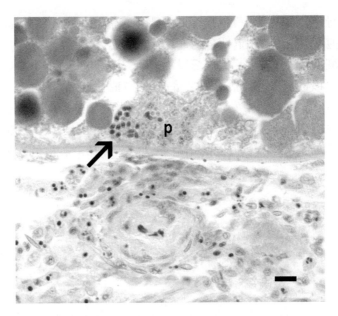

图 14.10　成熟雌性斑马鱼感染噬神经假洛玛孢虫晚期卵细胞卵黄形成时的组织切片观察

成熟孢子（箭头所示）、孢原质时期（p），Luna 染色，标尺 =10 μm

也表明垂直传播对微孢子虫在斑马鱼中维系感染所起的作用较小。需要指出的是微孢子虫经卵细胞感染后垂直传播的概率较低，但是斑马鱼可持续不断地产卵，由此累积的影响能够造成微孢子虫广泛传播，尤其是那些在水平传播受到限制的鱼群中。举例来说，实验室所用的斑马鱼都需要经过严格的检测，一经发现有微孢子虫病症的斑马鱼就被剔除，大部分饲养箱中的斑马鱼仔鱼是经表面消毒的鱼卵孵化而来的子一代（Lawrence 2007；Kent et al. 2009；Harper & Lawrence 2010）。除此之外，微孢子虫可经卵细胞外传播（如随着排卵进入水域），再加上斑马鱼仔鱼的易感性，这为研究该微孢子虫传染至新宿主提供了更好的条件。

　　病原体在鱼类中的垂直传播对于水产业病原体生物的防治具有重要的意义，但是噬神经假洛玛孢虫在斑马鱼中的垂直传播为研究与传播相关的毒力因子的进化提供了很好的脊椎动物模型。由于噬神经假洛玛孢虫已被证实既可以水平传播（通过共栖和体内废物的排出等方式）也可以垂直传播（包括卵细胞内外两种方式）。因此，对其在实验室条件下传播模式的研究有助于阐明微孢子虫传播时重要的毒力因子以及其在脊椎动物中的传播模式。

　　病原体在体外的增殖对于它本身的研究至关重要，许多可侵染昆虫及哺乳动物的微孢子虫都能长期在体外进行培养。遗憾的是，很多感染鱼类的微孢子虫在体外培养时仍然面临挑战。噬神经假洛玛孢虫已经可以在几种体外分离的鱼类细胞系中培养，但其增殖是非常有限的（Monaghan et al. 2009），繁殖产生的孢子相对较少，对于噬神经假洛玛孢虫在体外的培养增殖仍然有许多工作需要做。

14.5.2　鲀脂鲤匹里虫微孢子虫

　　与噬神经假洛玛孢虫在斑马鱼中较高的感染率所不同的是，鲀脂鲤匹里虫很少在斑马鱼中被检出（Sanders et al. 2010）。通常情况下，霓虹鱼被感染了霓虹脂鲤属微孢子虫（*Paracheirodon innesi*）后所患病称为"霓虹鱼病"，该微孢子虫在水产品交易过程中广泛存在，它可以感染鱼类的肌细胞。鲀脂鲤匹里虫微孢子虫可以感染不同科的鱼类，这里面就包括水族馆中饲养的多种鱼，如斑马鱼 *Danio rerio*（Steffens 1962；Sanders et al. 2010）。斑马鱼感染鲀脂鲤匹里虫微孢子虫会较低概率地引起潜在的亚临床症状。该微孢子虫可以感染肌细胞，在骨骼肌的肌纤维处与慢性炎症的焦点区域可观察到微孢子虫的不同发育阶段（图 14.11）。当用 γ 射线处理后免疫系统受到抑制的斑马鱼或者是易受感染的 *CG1* 基因系，随后进行感染实验时往往会导致急性感染，引发明显的症状和较高的死亡率（Sanders et al. 2010）。斑马鱼急性感染鲂脂鲤匹里虫微孢子虫后能够引起明显的症状，包括嗜睡以及局部脱色，尤其是背鳍周围，进而引起死亡，肉眼观察肌肉组织可以发现大片区域变得不透明，不透明处为充满孢子的坏死的肌纤维（图 14.12）。

鲂脂鲤匹里虫可以进行水平传播，但是目前没有证据表明它们可以经卵细胞传播。然而，在感染了微孢子虫的孵化后 8 d 的霓虹鱼中发现了母源感染的霓虹脂鲤属微孢子虫（Schäperclaus 1991）。关于感染微孢子虫后斑马鱼的病理学变化之前已有报道（Sanders et al. 2010），但是关于鲂脂鲤匹里虫和噬神经假洛玛孢虫两种微孢子虫感染宿主时的组织嗜性有何差异却鲜有报道，关于这方面的研究将会是很有趣的科学问题。

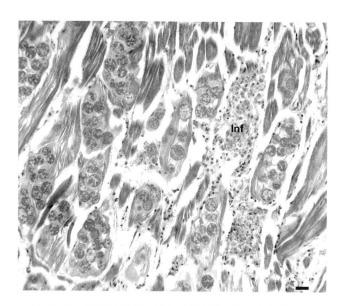

图 14.11　感染鲂脂鲤匹里虫成熟斑马鱼的组织切片观察

可见有伴发的炎症反应（Inf），苏木精－伊红染色，标尺 =20 μm

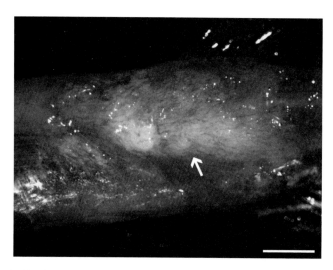

图 14.12　感染鲂脂鲤匹里虫的成熟斑马鱼（*Danio rerio*）去除表皮后，可见大量孢子

感染后造成的不透明斑块和引发的炎症反应（箭头所示），标尺 =0.5 cm

14.5.3　其他微孢子虫

可以感染鱼类的微孢子虫有很多（Kent et al. 1998）（见第 20 章），它们本身也具有广泛的宿主域。因此，应该还有其他的微孢子虫也可以感染斑马鱼，这就为研究其他微孢子虫相关的疾病提供了很好的脊椎动物模型。例如，近期研究表明，按蚊微孢子虫（*Anncaliia algerae*）这种能感染昆虫和人，具有极广泛宿主的微孢子虫可以感染斑马鱼细胞系（Monaghan et al. 2011）。斑马鱼在较广的温度范围内保持免疫能力并维持自身生存的能力（Novoa et al. 2006；Dios et al. 2010）表明它可以作为一种模式物种用于研究感染人类和其他哺乳动物的微孢子虫。

14.6　总结

尽管许多微孢子虫能感染哺乳动物，但有更多的微孢子虫是在被感染的鱼类中发现和报道的。近年来，研究人员也越来越多地采用斑马鱼作为实验室研究发育、毒理、肿瘤和传染性疾病的模式物种，这也激发了人们对鱼类相关病原体的研究兴趣。斑马鱼最常见的传染性疾病就是感染噬神经假洛玛孢虫后引起的微孢子虫病，该疾病是实验室斑马鱼的一种慢性病，并可在鱼群中传播。

实验室哺乳动物感染导致的慢性疾病可以引发不规律的实验结果差异，斑马鱼同样也是如此。利用脊椎动物模型探究的宿主对微孢子虫感染的应答将有助于微孢子虫感染宿主后病原体与宿主相互作用的研究，这也可以为微孢子虫感染其他脊椎动物的研究提供借鉴。

微孢子虫不仅是感染斑马鱼的重要病原体，其对斑马鱼的感染还为该病原体在模式脊椎动物中的研究提供了极佳平台。例如，斑马鱼可以应用到以下 4 个方面：①具有较小的体积和较好的透光率，可利用活体成像技术探究初始感染；②体内高通量筛选抗微孢子虫药物；③由于其具有较高的繁殖率和较快的生长速度，故可以应用于研究传播（垂直传播和水平传播）相关的毒力因子的进化；④利用现有的研究手段，从组学上比较两种不同类型的微孢子虫感染斑马鱼时宿主易感性差异的遗传学原因。研究人员利用斑马鱼作为研究微孢子虫病的模式生物还处于早期阶段，随着研究手段的不断丰富，利用这种脊椎动物模式来研究微孢子虫病的优势正在慢慢体现，斑马鱼／微孢子虫这一模式系统在用于微孢子虫各方面的研究时会展现出更多让人兴奋的价值。

参考文献

 第 14 章参考文献

第 15 章　微孢子虫病临床综合征

Louis M. Weiss

美国阿尔伯特爱因斯坦医学院寄生虫学与热带医学学部病理科
美国阿尔伯特爱因斯坦医学院感染性疾病学部医学系

15.1　引言

　　微孢子虫是一类普遍存在的细胞内寄生虫，既可以感染无脊椎动物又可以感染脊椎动物。1977 年 Sprague 将微孢子虫的分类或分级提高到微孢子虫门（Frazen 1998）。1998 年，Sprague 和 Becnel 共同提议微孢子虫目应该用微孢子虫门来代替。尽管历史上曾将微孢子虫认为是一种"古老的"原生动物，但分子系统发育研究认为这类病原物并不是原始的而是一类退化的生物，并且它们与真菌关系较近，要么是真菌基部的一个分支，要么是真菌的一个姐妹群（Capella-Gutierrez et al. 2012；Lee et al. 2008）。150 年前人类鉴定到第一种微孢子虫——家蚕微粒子虫（*Nosema bombycis*），能够感染家蚕从而引起家蚕微粒子病（Franzen 1998；Sprague 1977；Sprague & Becnel 1998；Wittner & Weiss 1999），Franzen 曾综述了这类病原体的研究史。由于这类病原生物的宿主范围广泛，几乎可以感染所有的动物门类，也包括其他的原生生物，因此它们作为人的病原体被鉴定出来就很自然了。它们是重要的农业寄生虫，可以感染昆虫、鱼类、实验室啮齿动物、家兔、被毛动物和灵长类动物（Wittner & Weiss 1999）。在它们的宿主中，大多数微孢子虫感染其消化道，但许多研究报道微孢子虫几乎可以感染所有的器官系统（Weber & Bryan 1994；Weber et al. 1994a）。90 多年前微孢子虫首先在哺乳动物的组织样本中检测到（Levaditi et al. 1923），在 1959 年，人们在一个患脑炎儿童的体内检测到微孢子虫，证明了其对人类的感染性（Matsubayashi et al. 1959）。数据分析表明许多引起人类疾病的微孢子虫感染要么是由动物传播的，要么是随水流传播导致的感染。

　　直到 20 世纪 80 年代后期，在因人类免疫缺陷病毒的大流行而导致出现大量的免疫抑制人群之前，微孢子虫在人类中只是零星地出现。1985 年出现了人免疫缺陷病毒感染伴随微孢子虫引起腹泻和慢性消瘦症状的病例（Desportes et al. 1985），1990 年后，描述人微孢子虫病的文章数量和与该病相关的病例迅速增多。大量数据证实了微孢子虫同腹泻综合征的发生原因具有较强的关联性、结合性和再现性。这种病原体与腹泻相关性的另一个证据由阿苯达唑和烟曲霉素作为微孢子虫病治疗药物的药效研究提供。用阿苯达唑可以治愈肠脑炎微孢子虫引起的腹泻，并且感染患者粪便中不再检测到微孢子虫孢子（Molina et al. 1995），对毕氏肠微孢子虫（*Enterocytozoon bieneusi*）感染患者利用烟曲霉素治疗可以获得相似的效果（Molina et al. 2000，2002）。除了胃肠道感染者外，脑炎患者、眼部感染者、鼻窦炎、肌炎和播散感染者都有相关的研究描述（Weber & Bryan 1994；Weber et al. 1994a；Weiss 1995；Weiss & Keohane 1999；Wittner & Weiss 1999）。来源于各种原因的免疫抑制，如抗肿瘤坏死因子 α 治疗（Coyle et al. 2004）、化疗、免疫调节药物治疗和移植手术等，都是微孢子虫病发生的重要危险因素。因此，联合抗反转录病毒治疗（cART）的出现和相关的免疫修复技术的出现致使艾滋病患者中微孢子虫病发病率不断下降。然而，微孢子虫病并非仅限于缺乏免疫能力的患者，这种病原体同样可以感染具有免疫能力的个体。

　　微孢子虫门包含 1 200 个种，它们分属于至少 197 个属（见附录 A），下面列出了与人类疾病相关的微孢子虫（表 15.1）（Sprague 1977；Sprague et al. 1992；Wittner & Weiss 1999）；*Nosema corneum*，现变更为角膜条孢子虫（*Vittaforma corneae*）（Silveira & Canning 1995）；按蚊微孢子虫（*Nosema algerae*）最初命名为 *Brachiola algerae*（Cali et al. 1998），现在命名为 *Anncaliia algerae*（Franzen et al. 2006）；匹里虫属（*Pleistophora*）、脑

表 15.1　已鉴定感染人类的微孢子虫

属和种	涉及的器官	宿主动物[a]
脑炎微孢子虫属		
兔脑炎微孢子虫[b]	肝、腹膜、大脑[c]、尿道、前列腺、肾、窦道、眼、膀胱、胃肠道[c]、皮肤、播散感染	哺乳动物（家兔、啮齿类动物、肉食动物、灵长类动物）
海伦脑炎微孢子虫[b]	眼[c]、窦道、肺、肾、前列腺、尿道、膀胱、胃肠道、播散感染	鹦鹉目鸟类（鹦鹉、相思鸟、长尾鹦鹉）、鸟类（鸵鸟、蜂鸟、雀类）
肠脑炎微孢子虫[b]	胃肠道[c]、胆道和胆囊、肾、眼	哺乳动物（驴、狗、猪、牛、山羊、灵长类动物）
肠微孢子虫属		
毕氏肠微孢子虫	胃肠道[c]、胆道和胆囊、鼻子、肺	哺乳动物（猪、灵长类动物、牛、狗、猫）、鸟类（鸡）
气管普孢虫属		
人气管普孢虫[b]	肌肉、眼、鼻窦	未知
嗜人气管普孢虫[b]	脑、眼、播散感染	未知
匹里虫属		
罗氏匹里虫	肌肉	未知
Pleistophora sp.	肌肉[c]	鱼类
安卡尼亚孢虫属		
水泡安卡尼亚孢虫	肌肉	未知
按蚊微孢子虫[b, d]	眼、肌肉、皮肤	蚊子
康纳安卡尼亚孢虫	播散病害	未知
微粒子虫属		
眼微粒子虫	眼[c]	未知
条孢虫属		
角膜条孢虫[b]	眼[c]、膀胱	未知
管孢虫属		
嗜蝗虫管孢虫（以及 *Tubulinosema* sp.）	肌肉、播散病害（皮肤、肝、腹膜、肺和视网膜相关组织）	昆虫（果蝇和蝗虫）
内网虫属		
Endoreticulatus sp.	肌肉[c]	鳞翅目昆虫
微孢子虫属		
非洲微孢子虫	眼[c]	未知
锡兰微孢子虫	眼[c]	未知

源自 Weiss L. M.（2010）第 271 章，微孢子虫病。In: Mandell, G.L., Douglas, Bennett, J.E.（Eds），《传染性疾病原理与实践》，7 版，丘吉港利文斯敦出版社（爱思唯尔）。已获爱思唯尔许可。

[a] 能够组织培养的生物体；
[b] 在具有免疫能力宿主中报道的病例；
[c] 在动物而非人类中发现的病原体；
[d] 以前称为 *Brachiola* 和 *Nosema*

炎微孢子虫属（*Encephalitozoon*）（图 15.1）（Levaditi et al. 1923）、肠微孢子虫属（*Enterocytozooa*）（图 15.2）（Desportes et al. 1985）、具隔孢虫属（*Septata*）（Cali et al. 1993）重新分类为脑炎微孢子虫属（*Encephalitozoon*）（Hartskeerl et al. 1995）（图 15.3；图 15.4）、气管普孢虫属（*Trachipleistophora*）（图 15.5）（Field et al. 1996；Yachnis et al. 1996）、*Brachiola*（Cali et al. 1998）、安卡尼亚孢虫属（*Anncaliia*）（图 15.6）（Franzen et al. 2006）、管孢虫属（*Tubulinosema*）（Choudhary et al. 2011；Meissner et al. 2012）、内网虫属（*Endoreticulatus*）（Suankratay et al. 2012）和微孢子虫属（*Microsporidium*）（Ashton & Wirasinha 1973；Pinnolis et al. 1981；Sprague et al. 1992）。海伦脑炎微孢子虫（*Encephalitozoon hellem*）感染会伴随浅表角膜结膜炎（图 15.1）、鼻窦炎、呼吸系统疾病、前列腺脓肿，以及播散性感染等症状（Rastrelli et al. 1994；Weber & Bryan 1994；Weber et al. 1994a；Wittner & Weiss 1999）。兔脑炎微孢子虫（*Encephalitozoon cuniculi*）感染会伴随肝炎、脑炎和播撒性感染疾病等（Orenstein et al. 1997；Sheth et al. 1997；Weber et al. 1997）。肠脑炎微孢子虫与腹泻（图 15.3；图 15.4）、播散性感染和浅表角膜结膜炎（Cali et al. 1993；Sheikh et al. 2000；Visvesvara et al. 1995b）有关。微粒子虫属、条孢虫属（*Vittaforma*）和气管普孢虫属微孢子虫与具免疫能力宿主的创伤性间质角膜炎有关（Rastrelli et al. 1994；Shadduck et al. 1990）。匹里虫属（*Pleistophora*）、安卡尼亚孢虫属（*Anncaliia*）、管孢虫属（*Tubulinosema*）、内网虫属（*Endoreticulatus*）和气管孢虫属（*Trachipleistophora*）与肌炎（图 15.6）有关，有时会引起播散性感染疾病（Cali & Takvorian 2003；Cali et al. 1996；Choudhary et al. 2011；Chupp et al. 1993；Field et al. 1996）。气管普孢虫属与脑炎（图 15.5）、角膜炎和播散性疾病相关（Vavra et al. 1998；Yachnis et al. 1996）。最初在人体内发现的毕氏肠微孢子虫（Desportes et al. 1985）与吸收不良、腹泻（图 15.2）和胆管炎（Pol et al. 1993）等症状有关。

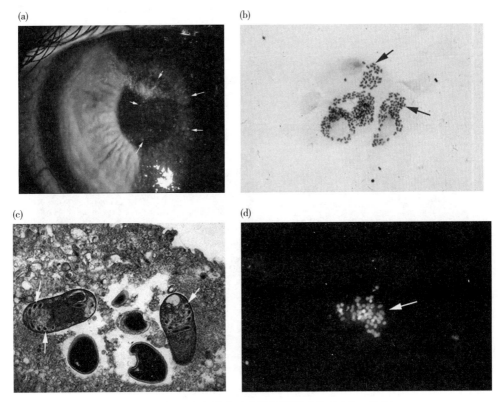

图 15.1 海伦脑炎微孢子虫引起眼部感染（见文后彩图）

（a）用荧光素显示的微孢子虫角膜结膜炎，指明小斑点角膜病变（箭头所示）；（b）结膜刮除物的革兰染色，可见细胞内寄生的微孢子虫，形态似安全别针；（c）结膜活组织检查得到海伦脑炎微孢子虫的透射电镜照片，箭头指示孢子内盘旋的极管，横切面可见极管呈单排排布；（d）结膜刮除物荧光增白剂染色，染色后可见宿主细胞内的荧光孢子（箭头所示）

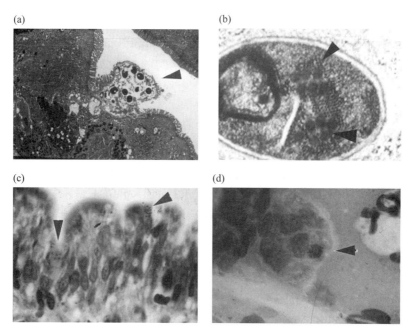

图 15.2　毕氏肠微孢子虫的肠道感染（见文后彩图）

（a）肠道活检组织透射电镜图片表明由于上皮细胞的腐败（凋亡）脱落孢子进入肠腔，图片使用获得 Jan Orenstein 和 Donald Kotler 博士许可；（b）毕氏肠微孢子虫孢子透射电镜图片显示孢子横切面有两排盘旋的极管，每排有 3 个切面（箭头所示）；（c）甲基蓝 – 天青Ⅱ – 品红染色的小肠绒毛生检组织（塑料包埋切片）光学显微照片，箭头指出的是细胞内微孢子虫，这些孢子仅位于顶端上皮细胞表面，在基部表面或黏膜固有层没有孢子；（d）接触制备的小肠绒毛生检组织经甲基蓝 – 天青Ⅱ – 品红染色的光学显微照片，箭头指示一个上皮细胞内的微孢子虫。（a）和（c）获得了 Wittner, M. & Weiss, L.M. 的翻印许可，（1999）The Microsporidia and Microsporidiosis, Washington, DC：ASM Press；图片使用获得 Jan Orenstein 和 Donald Kotler 博士的许可；（b）图使用获得 Ann Cali 和 Peter Takvorian 博士许可

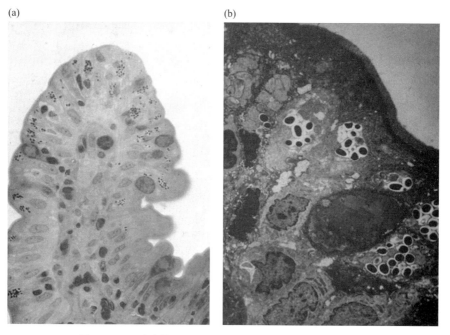

图 15.3　肠脑炎微孢子虫引起的胃肠道感染（见文后彩图）

（a）甲基蓝 – 天青Ⅱ – 品红染色的小肠绒毛生检组织（塑料包埋切片）光学显微照片，显示在上皮细胞顶端和基部与鼓膜中层存在孢子；（b）肠道生检组织（空肠生检组织）透射电镜照片显示大量肠脑炎微孢子虫感染的具隔膜寄生泡。图片获得了 Wittner, M. & Weiss, L.M.（1999）的翻印许可，The Microsporidia and Microsporidiosis, Washington, DC：ASM Press；图片使用获得 Jan Orenstein 和 Donald Kotler 博士的许可

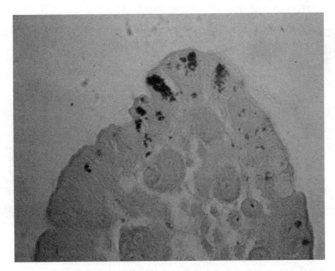

图 15.4 组织革兰氏染色图（见文后彩图）

肠脑炎微孢子虫感染患者的空肠革兰氏染色显示革兰氏染色阳性孢子。图片获得了 Wittner, M. & Weiss, L.M.（1999）的翻印许可，The Microsporidia and Microsporidiosis, Washington, DC: ASM Press；图片使用获得 Jan Orenstein 和 Donald Kotler 博士的许可

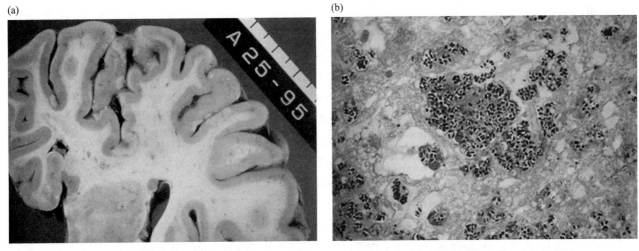

图 15.5 嗜人气管普孢虫（*Trachipleistophora anthropopthera*）致中枢神经系统感染（见文后彩图）

（a）被嗜人气管普孢虫感染脑炎患者的尸检照片显示在灰质和白质区的多个坏死斑；（b）六胺银染色的光镜照片显示大脑星形胶质细胞和其他细胞中的微孢子虫孢子。图片获得了 Wittner, M. & Weiss, L.M.（1999）的翻印许可，The Microsporidia and Microsporidiosis, Washington, DC: ASM Press；图片使用获得 Jan Orenstein 和 Donald Kotler 博士的许可

　　本章的目的是描述人类感染微孢子虫的临床和致病特征，因为本书中有单独的章节分别介绍微孢子虫眼部感染、免疫学、流行病学和实验室诊断，所以本章主要对胃肠道感染（人类最常见的感染性疾病）和非眼部感染的表现进行阐述，并将对其与人类感染相关的流行病学（见第 3 章）、免疫学（见第 11 章）和实验室诊断（见第 17 章）进行简短的概述。

15.2 流行病学

　　绝大多数微孢子虫的感染是由食入微孢子虫孢子引起的，最初感染的部位是胃肠道。许多微孢子

(a)
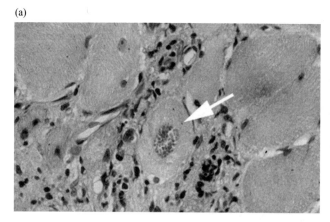

(b)
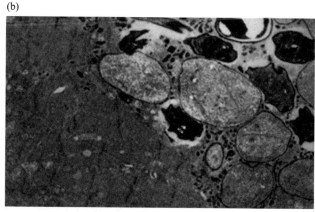

图 15.6 按蚊微孢子虫引起的肌肉感染（见文后彩图）

（a）苏木精伊红染色的肌肉活组织检查的光镜图片显示肌肉组织中的微孢子虫孢子（箭头所示），指出了感染肌纤维周围的炎症细胞和微孢子虫孢子区的细胞溶解；（b）骨骼肌生检组织中按蚊微孢子虫孢子的透射电镜图，图中显示了孢子发育的多个阶段和一个双核孢子。图片使用获得 Cali 和 Takvorian 博士许可

虫可能会引起人群中动物传播的感染（表 15.2）（Mathis et al. 2005），目前已在许多哺乳动物和鸟类中发现了脑炎微孢子虫病，并且人在感染该病的初期都有与家畜、家禽和宠物的接触史（Deplazes et al. 1996；Santin & Fayer 2011；Santin et al. 2012）。在一个饲养感染了海伦脑炎微孢子虫的相思鸟的患者体内，也发现了海伦脑炎微孢子虫的感染（Yee et al. 1991）。毕氏肠微孢子虫广泛感染哺乳动物和鸟类（Li et al. 2012；Matos et al. 2012；Santin & Fayer 2011；Santin et al. 2012）、猪（Deplazes et al. 1996）、狗（del Aguila et al. 1999）、小鸡（Reetz et al. 2002）、鸽子（Graczyk et al. 2007）、猎鹰（Muller et al. 2008）和猴免疫缺陷病毒（SIV）感染的猕猴（Mansfield et al. 1997）。曾有一个毕氏肠微孢子虫在一名儿童和豚鼠之间传播的病例（Cama et al. 2007；Deplazes et al. 1998）。微粒子属和条孢虫属（*Vittaforma*）的感染可能是由于昆虫病原体代谢在环境中的孢子通过创伤接触感染进入角膜（Rastrelli et al. 1994；Shadduck et al. 1990；Weber & Bryan 1994）。管孢虫属和安卡尼亚孢虫属微孢子虫均是昆虫病原体，并且已有报道表明安卡尼亚属微孢子虫是通过虫媒传播的（Coyle et al. 2004）。

在联合抗反转录病毒治疗（cART）广泛应用（1989—1998 年）之前，对于艾滋病患者感染微孢子虫的研究表明：70% 久泻不止患者的粪便中含有微孢子虫（Coyle et al. 1996b；Dengjel et al. 2001；Drobniewski et al. 1995；Eeftinck Schattenkerk & van Gool 1992；van Gool et al. 1995；Kotler & Orenstein 1994；Lono et al. 2010；Voglino et al. 1996；Weber et al. 1994a；Weiss 1995），而关于该病的起源国家或其他人口统计学特征的流行调查没有发现其流行趋势。当联合抗反转录病毒治疗应用后，在 2 400 位久泻不止患者中检测到 375 位毕氏肠微孢子虫感染者，这一群体的患病率为 15%。随着有效的联合抗反转录病毒治疗和免疫重建技术的应用，艾滋病患者腹泻的患病率和微孢子虫病的发病率均有所下降。在不能广泛应用联合抗反转录病毒治疗的地区，该疾病的流行病学状况没有出现变化，并且同样存在较高的患病率（Matos et al. 2012）。对国家和群体研究（如儿童和成人、城市和乡村等）结果表明，发展中国家 HIV 阴性个体中毕氏肠微孢子虫病的患病率同样具有高达 70% 的患病率（Matos et al. 2012）。

群体血清学调查表明：在人群中有较高比例的群体存在着兔脑炎微孢子虫和海伦脑炎微孢子虫抗体（Bergquist et al. 1984b；van Gool et al. 1997）。有研究发现：英国健康成年人中血清学阳性率达 9%，尼日利亚结核病患者中阳性率达 43%，马来西亚丝虫病患者中达 19%，加纳疟疾患者中达 36%（Singh et al. 1982）。另一项研究报道：12% 从热带归来的旅游者呈血清学阳性，而非旅游者却为 0（WHO 1983）。1997 年的一项对于 HIV 阳性男性患者的研究表明，其中 1/3 患者呈血清学阳性，并且他们均曾到热带旅游（Bergquist et al. 1984b）。在 5% 的法国妊娠期妇女中和 8% 的荷兰献血者中检测到存在肠脑炎微孢子虫的抗体（van

表 15.2　微孢子虫病的治疗

病原物	药物	剂量和持续时间[a]
所有微孢子虫感染	伴随免疫修复（CD4$^+$计数增加至 > 100 细胞 /µm）的联合抗反转录病毒治疗可以消除肠微孢子虫病的相关症状。所有患者在感染初期均应该进行联合抗反转录病毒治疗。严重脱水、营养不良和消瘦患者应通过流质进食和营养补充进行照料。如有必要用抗蠕动类药物治疗腹泻。	
毕氏肠微孢子虫	尚无有效商品化治疗方法。烟曲霉素（口服）曾在一次临床实验中有效。供选方案：一些研究中发现阿苯达唑 a 可使 50% 患者临床症状得以改善，但在其他一些研究中却没有效果。硝噻醋柳胺，每次 1 000 mg 每日两次随食服用 60 d，对于低 CD4 计数患者疗效甚微。	每次 20 mg，每日 3 次（如：60 mg/d）
脑炎微孢子虫病感染（如全身性感染、鼻窦炎、脑炎、肝炎）		
兔脑炎微孢子虫	阿苯达唑	每次 400 mg，每天两次 [b]
海伦脑炎微孢子虫	阿苯达唑	每次 400 mg，每天两次
肠脑炎微孢子虫	阿苯达唑	每次 400 mg，每天两次
脑炎微孢子虫病角膜结膜炎	烟曲霉素液[c]（70 µg/mL）；如果存在全身性感染，患者也需要阿苯达唑 a 治疗	每 2 h 2 滴，连续 4 d；然后一天四次，每次 2 滴 [d]
人气管普孢虫	阿苯达唑	每天两次，每次 400 mg
水泡安卡尼亚孢虫	阿苯达唑	每天两次，每次 400 mg
	依曲康唑	每天两次，每次 400 mg
管孢虫（*T. acridophagus* 和 *Tubulinosema* sp.）	发表病例中表明其对阿苯达唑（400 mg/d）无反应。口服烟曲霉素每日 3 次每次 20 mg 可能是一个合理的选择	
Endoreticulatus sp.	阿苯达唑	每天两次，每次 400 mg

摘自 Costa，S.F. & Weiss，L.M.（2000）Drug treatment of microsporidiosis. *Drug Resist Updat* 3，384−399.

cART：联合抗反转录病毒治疗

[a] 阿苯达唑，每天两次，每次 400 mg；

[b] 微孢子虫病的治疗持续时间尚未确定，停止治疗后会出现感染复发，患者应该持续治疗至少 4 周，多数患者应该在最初联合抗反转录病毒治疗后持续治疗至少 6 个月直到它们的 CD4 计数高于 200 细胞 /µL；

[c] 烟曲霉素 B（烟曲霉素双环己胺；Mid−Continent Agrimarketing，Overland Park，KS，USA）溶于盐水达 3 mg/mL（烟曲霉素终浓度：70 µg/mL）；

[d] 滴眼液应持续使用，尚不确定具体持续时间，停止治疗后常会复发

Gool et al. 1997）。在 HIV 阳性的捷克患者中，有 5.3% 的患者对兔脑炎微孢子虫呈血清学阳性，1.3% 对海伦脑炎微孢子虫呈血清学阳性（Pospisilova et al. 1997）。在斯洛伐克，有 5.1% 的屠宰场工人呈脑炎微孢子虫血清学阳性（Cislakova et al. 1997）。在美国的一项献血者调查中发现，有 5% 的献血者具有海伦脑炎微孢子虫极管蛋白 1（PTP1）抗原的抗体（Weiss，未发表数据）。

尽管最初微孢子虫被认为是一种罕见的病原体，但现在人们认识到它们是引起正常宿主自限性或无症状感染的常见肠道病原体（Dengjel et al. 2001）。现已在除南极洲以外的其他所有大洲鉴定到微孢子虫病病例（Aoun et al. 1997b；Brasil et al. 2000；Drobniewski et al. 1995；van Gool et al. 1995；Hautvast et al. 1997；Morakote et al. 1995；Weitz et al. 1995；Wittner et al. 1993）。在非洲、亚洲、南美洲和中美洲，通过

对粪便中病原体的调查已鉴定到微孢子虫，发现在具有免疫能力的宿主中，微孢子虫病通常造成自限性腹泻。目前已报道病例包括毕氏肠微孢子虫感染（Albrecht & Sobottka 1997；Cotte et al. 1999；Gainzarain et al. 1998；Hautvast et al. 1997；Matos et al. 2012；Sandfort et al. 1994；Sobottka et al. 1995b；Wanke et al. 1996；Wichro et al. 2005）和肠脑炎微孢子虫（Raynaud et al. 1998）在去热带国家旅游者和居住者中的感染。此外，有几个来自印度和新加坡的关于微孢子虫引起眼部感染的报道，特别是角膜条孢虫（*V. corneae*），可引起具有免疫能力宿主的角膜结膜炎（Das et al. 2012；Fan et al. 2012b；Loh et al. 2009；Sharma et al. 2011；Tham & Sanjay 2012）。在免疫缺陷宿主（如那些艾滋病患者或器官移植者）中，大多数微孢子虫病患者会出现腹泻，并伴有衰竭综合征和常见多处播散性感染。有报道指出毕氏肠微孢子虫病多见于肾、肝或心肺移植患者中；脑炎微孢子虫感染见于肾、胰腺、肝或骨髓移植患者中；嗜人气管普孢虫感染见于一位骨髓移植患者；按蚊微孢子虫感染见于一位肺移植患者（Champion et al. 2010；Field et al. 2012；Galvan et al. 2011；George et al. 2012；Gumbo et al. 1999；Kelkar et al. 1997；Lanternier et al. 2009；Mahmood et al. 2003；Meissner et al. 2012；Metge et al. 2000；Mohindra et al. 2002；Rabodonirina et al. 1996；Sax et al. 1995；Sing et al. 2001）。

人致病性微孢子虫孢子已在市政供水、三级污水处理流出物、地表水和地下水中检测到（Avery & Undeen 1987；Cotte et al. 1999；Dado et al. 2012；Dowd et al. 1998；Galvan et al. 2013；Izquierdo et al. 2011；Sparfel et al. 1997）。兔脑炎微孢子虫孢子在水中可以存活 6 d、在 22℃干燥的情况下可存活 4 周，家蚕微粒子虫孢子可在蒸馏水中存活 10 年（Waller 1979）。部分研究发现与水直接接触是微孢子虫病的单一危险因素（Enriquez et al. 1998a；Fan et al. 2012b；Hutin et al. 1998），但在另外一些研究中并不是这样（Conteas et al. 1998a；Wuhib et al. 1994）。接触温泉与角膜条孢虫引起的眼部感染有关（Fan et al. 2012b）；并且微孢子虫病可以因食下污染的食物或水而发生（Decraene et al. 2012）。

人们在体液（如粪便、尿液、呼吸器官分泌物）中检测到具有活力和感染性的微孢子虫孢子，这表明微孢子虫病会引起人与人之间的传播（Schwartz et al. 1993a），这种传播方式已在同居的男同性恋者出现的合并感染中有报道（Wittner & Weiss 1999）。在患者的呼吸道黏膜、前列腺和生殖泌尿道检测到海伦脑炎微孢子虫，这表明可能存在呼吸器官或性途径的传播方式（Schwartz et al. 1992，1994）。在许多哺乳动物包括灵长类动物中存在兔脑炎微孢子虫的先天性传播，但至今尚未发现人类关于这种先天性传播的报道（Hunt et al. 1972）。

15.3 免疫学

对于大多数细胞内感染，感染的清除主要依靠有效的 T 细胞反应并且需要干扰素 γ 的参与。在重度联合免疫缺陷症小鼠（SCID）或无胸腺小鼠中，兔脑炎微孢子虫的感染可导致病原体播散性感染和动物死亡（Koudela et al. 1993）。致敏性 T 细胞的继承性转移可以保护这些被感染的免疫缺陷小鼠免于死亡（Hermanek et al. 1993；Schmidt & Shadduck 1984）。细胞因子活化的小鼠腹膜巨噬细胞能够抑制其中的兔脑炎微孢子虫增殖（Didier & Shadduck 1994），这主要是通过包括活性氮、氧类，以及铁隔绝了在这些细胞中的所有有助于兔脑炎微孢子虫复制的物质这一机制实现的（Didier 1995；Didier et al. 2010）。兔脑炎微孢子虫的慢性感染发生在具有免疫能力的动物中，并且伴随持久的抗体存在和进行性炎症。给以皮质激素治疗的具免疫能力的小鼠会出现复发性感染，而重度联合免疫缺陷小鼠经阿苯达唑药物治疗仍旧会产生持久性的感染（Didier et al. 1994；Ghosh & Weiss 2012）。总之，这些数据表明：在许多情况下，这些宿主反应并不足以完全消除这些病原体。

干扰素 γ 和白细胞介素 12 是对于细胞内病毒、细菌和寄生性感染的重要的保护性免疫因子（Shtrichman & Samuel 2001）。对于肠脑炎微孢子虫和兔脑炎微孢子虫的研究表明，抗体介导的干扰素 γ 的中和作用（Khan & Moretto 1999）、抗体介导的白介素 12 的中和作用（Khan & Moretto 1999），或干扰素 γ

敲除小鼠的感染（Achbarou et al. 1996）导致了微孢子虫病死亡率的升高。在 *p40* 基因敲除的小鼠中也会见到致死性的感染，这种小鼠不能产生白介素 12 并且拥有对该病原体受损的 CD8⁺ T 细胞功能（Khan et al. 1999；Moretto et al. 2010）。由树突状细胞产生的干扰素 γ 对于启动兔脑炎微孢子虫经口感染后的肠道上皮内淋巴细胞反应具有重要作用（Moretto et al. 2007）。兔脑炎微孢子虫感染期各个 T 细胞亚型的作用已在鼠类模型中进行评估，主要是利用腹膜内感染引起播散性感染来完成（Khan et al. 1999）。CD8⁺ T 细胞缺陷小鼠被微孢子虫感染后会导致死亡，而 CD4⁺ T 细胞缺陷小鼠也具有相同的死亡率。CD8⁺ T 细胞的保护作用是通过产生的细胞因子，以及通过穿孔蛋白在宿主组织中杀掉感染的细胞以减少寄生虫来介导的（Khan et al. 1999；Moretto et al. 2010，2012）。当小鼠经口而非腹膜注射感染微孢子虫后，CD4⁺ 和 CD8⁺ T 细胞都会参与胃肠道产生的保护性免疫反应（Moretto et al. 2004，2012），并且，CD8⁺ αβ 群体是提供保护性免疫的最重要细胞亚型（Moretto et al. 2007）。总之，这些源于实验性感染的数据与人类已报道的相关情况是一致的，也就是说，那种感染在 T 细胞缺陷患者中是非常常见和严重的（如那些患有艾滋病且 CD4⁺ T 细胞低于 100/mm³ 者或器官移植后靠药物抑制 T 细胞反应的患者），并且经联合抗反转录病毒治疗的艾滋病患者在免疫改造后可以有利于微孢子虫病的治疗（Conteas et al. 1998b；Foudraine et al. 1998；Goguel et al. 1997）。

　　显然，无论人还是实验动物模型，在微孢子虫病期间会出现强烈的体液反应，其中包括与孢壁和极管反应的抗体可以和引起感染的病原体外的多个微孢子虫的交叉反应。源于母体的抗体可以保护新生兔子在生命的前两周免于兔脑炎微孢子虫的感染（Bywater & Kellett 1979）。经免疫血清和补体（Schmidt & Shadduck 1984）、针对孢壁蛋白的单克隆抗体（mAb）（3B）（Enriquez et al. 1998b）、极管蛋白 1（PTP1）的多克隆抗体（Weiss，未发表数据）处理后，微孢子虫的体外侵染力会降低。通过继承性转移免疫 B 淋巴细胞进入被感染的无胸腺 BALB/c（nu/nu）或重度联合免疫缺陷小鼠，或者被动转移超免疫血清进入被感染的无胸腺小鼠不能保护这些动物免于感染后死亡。有研究表明人血清蛋白中抗 PTP1 的免疫球蛋白 M 抗体可能具有阻止兔脑炎微孢子虫感染的作用（Furuya et al. 2008）。总的来说，抗体很可能在宿主限制感染中起作用，但细胞介导的免疫在有效的免疫反应中是极为关键的。

15.4　临床表现

微孢子虫病的临床表现见表 15.1。

Levaditi 等于 1923 年最早提出微孢子虫是人类疾病的病原体，但直到 50 年以后才确定了人类感染的证据。在 1973 年，对于一个死于严重腹泻和吸收不良的 4 个月大男婴的尸检发现播散感染的微孢子虫病，这是由于按蚊微孢子虫感染引起，在这名婴儿的肺、胃、小肠、大肠、肾、肾上腺、心肌、肝和隔膜的病理切片中均发现了这种病原体（Margileth et al. 1973）。以后不断有微孢子虫感染的零星报道，直到 1985 年，微孢子虫被认为是引起艾滋病患者腹泻和消瘦的一种条件致病性病原体（Desportes et al. 1985）。自那以后，描述微孢子虫引起的人类疾病和相关病例的文章数量迅速增加。尽管多数报告病例仍旧与腹泻有关，但由这些病原体引起的疾病范围已经扩展到角膜结膜炎、播散感染疾病、肝炎、肌炎、鼻窦炎、肾和泌尿生殖道感染、腹水和胆管炎，以及无症状感染（Franzen & Muller 2001；Weber & Bryan 1994；Weber et al. 1994a；Wittner & Weiss 1999）。在所有患者中，无论有没有人免疫缺陷病毒感染，微孢子虫感染最常见的症状是腹泻（Aoun et al. 1997a，b；Desportes–Livage et al. 1998；Enriquez et al. 1998a；Franzen & Muller 2001；Gainzarain et al. 1998；Hautvast et al. 1997；Maiga et al. 1997；Rabodonirina et al. 1996；Raynaud et al. 1998；Sax et al. 1995；Weber & Bryan 1994；Weber et al. 1994a；Wittner & Weiss 1999）。例如，在一项对 98 位抗肿瘤坏死因子 α 或其他疾病缓解药物治疗的风湿性疾病患者的研究中发现，肠道内的微孢子虫病发生率呈现增高的趋势（Aikawa et al. 2011）。

15.4.1 胃肠道感染

微孢子虫病最常见的感染方式是通过摄入含有孢子的食物或水，很可能大多数人类致病性微孢子虫种最先感染胃肠道，并且多数情况下呈现为一种无症状的胃肠感染。胃肠道上皮组织（小肠和胆囊上皮组织）感染是微孢子虫病最常见的感染症状，目前已知至少 90% 这种胃肠感染是由毕氏肠微孢子虫引起的，剩下的主要由肠脑炎微孢子虫造成（Deplazes et al. 2000；Franzen & Muller 2001；Weber et al. 2000；Wittner & Weiss 1999）。HIV 感染者患微孢子虫病的最主要症状是长期腹泻和消瘦，其他肠道病原体可能会与这种或其他微孢子虫同时发生或连续发生（Hewan-Lowe et al. 1997）。

兔脑炎微孢子虫造成的肉芽肿性肝炎在哺乳动物感染中非常常见，艾滋病患者因脑炎微孢子虫感染引起的肉芽肿性肝炎也有报道（Terada et al. 1987）。毕氏肠微孢子虫会造成感染猴免疫缺陷病毒的猕猴胆道系统（包括肝门三联征和胆囊上皮）感染性肝炎（Schwartz et al. 1998），此外，在猪中也发现了毕氏肠微孢子虫的长期胆囊感染。胆管的毕氏肠微孢子虫和肠脑炎微孢子虫的感染会导致艾滋病患者的硬化性胆管炎（Orenstein et al. 1992a；Pol et al. 1993）。这些研究结果表明胆囊上皮组织可能是毕氏肠微孢子虫和其他微孢子虫复发感染的贮藏库。

15.4.1.1 肠微孢子虫科
15.4.1.1.1 毕氏肠微孢子虫

毕氏肠微孢子虫引起的微孢子虫病已被确定为旅行者腹泻的主要病因（Cama et al. 2007；Lopez-Velez et al. 1999；Muller et al. 2001；Raynaud et al. 1998；Sandfort et al. 1994；Wichro et al. 2005），对于低收入国家腹泻儿童（Drobniewski et al. 1995；Li et al. 2012；Matos et al. 2012；Orenstein et al. 1990a；Santin et al. 2012；Tumwine et al. 2002）、艾滋病患者和进行过肾、肺、肝和骨髓移植患者（Champion et al. 2010；Field et al. 2012；Galvan et al. 2011；George et al. 2012；Goetz et al. 2001；Guerard et al. 1999；Gumbo et al. 1999；Kelkar et al. 1997；Lanternier et al. 2009；Latib et al. 2001；Mahmood et al. 2003；Metge et al. 2000；Mohindra et al. 2002；Rabodonirina et al. 1996；Sax et al. 1995；Sing et al. 2001）的流行病学调查发现存在 1% ~ 10% 的患病率，临床表现包括水样、无血腹泻、恶心、弥漫性腹痛和发烧。在具有免疫能力的患者中，腹泻综合征通常是自限性的，然而，在免疫抑制的患者中，腹泻可以持续并导致消瘦综合征。

毕氏肠微孢子虫的感染不会导致直接的肠炎或溃疡，但却会导致肠绒毛钝化和腺窝增生。研究表明：沿着小肠内部存在着一个寄生虫负载量的梯度，在远端十二指肠和近端空肠具有较近端十二指肠更高的寄生虫负载量（Orenstein et al. 1992b）。毕氏肠微孢子虫存在于回肠，但很少存在于结肠。内镜检查表明被感染的环状瓣呈扇贝状，并可见绒毛融合（图 15.7）（Orenstein 2003）。毕氏肠微孢子虫感染的典型临床表现包括慢性腹泻（可持续几年）（Weber et al. 1992c）、厌食、体重减轻，以及没有发烧症状的腹胀，通常每天会出现 3 ~ 10 次排便，主要为无血或含白细胞的稀便和水样便（Molina et al. 1993；Rijpstra et al. 1988；Weber & Bryan 1994；Weber et al. 1994a，2000）。因感染局限于肠黏膜，所以并不会出现发热症状。在艾滋病患者中随着 CD4[+] T 细胞计数的降低毕氏肠微孢子虫感染的频率逐渐增加，当 CD4[+] T 细胞计数等于或低于每微升 50 个细胞时诊断出的频率极高。相关的腹泻症状通常与由饮食而加重的吸收不良有关，严重的吸收不良会导致体重减轻和消瘦综合征。据报道，带有较重艾滋病并伴随慢性腹泻患者的死亡率已超过 50%（Pol et al. 1993）。

肠微孢子虫科（Enterocytozoonidae）的发育生活史同其他微孢子虫相比有几个独有的特征（见第 2 章），毕氏肠微孢子虫的一个显著特征就是存在与核膜、内质网，或两者同时密切相关的具有层状结构的低电子密度内含物。寄生虫早期在上皮细胞内的阶段呈现为圆形增殖细胞，其生物膜与宿主细胞质直接接触。这些细胞在核分裂后并不会立即进行细胞质分裂，这导致了多核的增生性原质团的产生。多个核产生之后，寄生虫形成高电子密度的 3 ~ 6 个圆盘堆叠成簇的圆盘状结构，最终形成极管环绕的部分。当这些

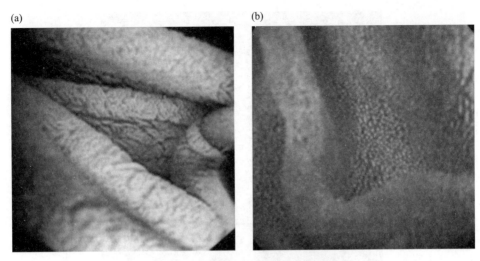

图 15.7 胃肠微孢子虫病的内镜检查

（a）毕氏肠微孢子虫感染患者空肠黏膜的内镜图片显示肠绒毛融合；（b）未感染者空肠黏膜的内镜图片显示肠绒毛的正常外观。肠道内腔经盐水冲洗后获取的这些图片。图片获得了 Wittner, M. & Weiss, L.M.（1999）的翻印许可，The Microsporidia and Microsporidiosis, Washington, DC: ASM Press, 图片使用获得 Jan Orenstein 和 Donald Kotler 博士的许可

产孢原质团被内陷的质膜分开后，就形成了多个孢子。在成熟孢子中，通过透射电镜切片可见极管共 5 ~ 7 圈，分两行排在孢子内。毕氏肠微孢子虫孢子（1.0 μm × 1.5 μm）较脑炎微孢子虫（1.2 μm × 2.2 μm）小，并且在组织切片和粪便中难以发现。

微孢子虫常见于小肠黏膜细胞和胆道与胰腺的上皮细胞中。在胃肠道的上皮细胞中，毕氏肠微孢子虫孢子和裂殖体位于顶端表面，如它们既不出现在这些有极性细胞的细胞核下的基部表面，也不出现在黏膜固有层（Schwartz et al. 1995, 1996）。在肠绒毛的顶端，细胞脱落过程中可见泪珠状细胞是毕氏肠微孢子虫感染的典型特征。毕氏肠微孢子虫的传播实际上是看不到的，但其他微孢子虫如脑炎微孢子虫传播到内脏器官并且在黏膜固有层是非常容易看到的。毕氏肠微孢子虫感染通常伴随上皮淋巴细胞增多和上皮细胞混乱。感染经常伴随吸收不良，这可能是由于肠绒毛钝化导致肠黏膜表面积减少和因细胞翻转增加导致的绒毛上皮细胞的功能不成熟而产生的后果。这种感染引起的白细胞计数变化在实验室实验条件下很难被检出，重度营养不良可以通过低人血清蛋白或总蛋白的水平和低血清胆固醇水平进行判定。

尽管人们最初认为毕氏肠微孢子虫只侵染肠道黏膜细胞，但后来的研究表明它可以侵染胃肠道的大多数上皮细胞，也包括胆管上皮细胞（Pol et al. 1992, 1993）。有趣的是，在猴免疫缺陷病毒感染的猕猴中鉴定到一种像毕氏肠微孢子虫的病原体，该病原体是胆管炎和肝炎的诱发因素（Mansfield et al. 1997）。当毕氏肠微孢子虫侵入胆管上皮组织后，就会出现硬化性胆管炎（图 15.8）、艾滋病相关胆管病变和胆囊炎（Beaugerie et al. 1992；Pol et al. 1992, 1993），这在临床上会导致腹痛、恶心、呕吐和发热等症状。也可见显性黄疸，但这并不是这种病原体侵染胆管上皮组织的常见症状，然而，碱性磷酸酶的升高是普遍存在的。尽管大多数患者具有肝功能指标升高（如碱性磷酸酶、γ- 谷氨酰转移酶、天冬氨酸转氨酶、丙氨酸转氨酶），但血清胆红素通常是正常的。如果出现发热，则很可能伴随细菌性胆道感染，会产生胆管炎的典型临床表现。影像学研究显示胆管膨大、胆管壁不规则和胆囊畸形：如增厚、膨胀或存在沉淀物。这些变化可以利用腹部超声波检查、计算机断层扫描（CT）、超声内镜和内镜逆行胰胆管造影术（ERCP）进行可视化。通过内镜检查或影像学检查，也可看到乳头状胆管狭窄。

毕氏肠微孢子虫的感染通常不是全身性的感染，曾有一个病例描述在鼻黏膜中存在该病原体的感染，可能这是由于胃肠分泌物中孢子的直接接触引发的（Hartskeerl et al. 1993）。另有两个病例报告了涉及微孢子虫的呼吸道疾病，伴有慢性腹泻、持续咳嗽、呼吸困难、哮喘和胸片显示的间质性浸润（del Aguila et al.

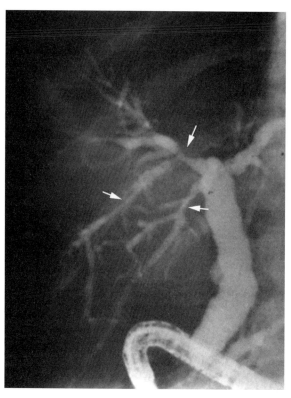

图 15.8　胃肠微孢子虫病的内镜逆行胰胆管造影术

　　一位毕氏肠微孢子虫感染患者的内镜逆行胰胆管造影术显示具有不规则壁胆总管的扩展性膨胀，外加面积变窄和肝内胆管膨胀（箭头所示），符合微孢子虫病继发性硬化胆管炎。图片获得了 Wittner, M. & Weiss, L.M.（1999）的翻印许可，The Microsporidia and Microsporidiosis，Washington，DC: ASM Press；图片使用获得 Jan Orenstein 和 Donald Kotler 博士的许可

1997；Weber et al. 1992c）。在这些患者的粪便、支气管肺泡灌洗液和经支气管活组织检查样本中检测到毕氏肠微孢子虫孢子，这表明由于胃肠道分泌物的进入导致了呼吸道上皮细胞的感染。在猴免疫缺陷病毒感染的猕猴中，毕氏肠微孢子虫可导致胆管炎和肝炎，而肝炎的产生很可能是胆管上皮组织的直接扩散引起的（Mansfield et al. 1997）。迄今为止，这种病原体尚未在人的非上皮组织中发现（如骨髓和结缔组织），因此，很难证明它们发生了播散性感染。然而，人们发现毕氏肠微孢子虫是引起猕猴（普通猕猴）增生性浆膜炎（腹膜炎）的病因。虽然有可能来自于胃肠道感染区的直接扩散感染，但这些细胞和这一部位与胃肠道上皮细胞并没有解剖学上的关联，这表明播散性感染是可能存在的。肠微孢子虫的其他成员，如鲑鱼核孢虫（*Nucleospora salmonis*），在淋巴细胞中可以检测到，并且已知其在其他宿主种内可以产生播散性感染（Higgins et al. 1998）。当前，毕氏肠微孢子虫尚不能进行体外连续培养，并且也没有可靠的小型动物（鼠科动物）感染模型。

15.4.1.2　脑炎微孢子虫科

　　脑炎微孢子虫可以引起许多哺乳动物产生疾病，最近在昆虫中也发现了该微孢子虫的感染（Didier et al. 2000；Pombert et al. 2012）。脑炎微孢子虫科中的三个与人的致病感染相关的成员分别是：兔脑炎微孢子虫、海伦脑炎微孢子虫和肠脑炎微孢子虫（最初命名为 *Septata intestinalis*）。脑炎微孢子虫可以造成它们宿主的播散性感染疾病，几乎可涉及所有的器官系统（Franzen & Muller 2001；Weber et al. 2000；Wittner & Weiss 1999；Yachnis et al. 1996）。正如根据它们具有在多种组织器官生长的能力所预期的那样，这些病原体可在体外多种细胞中生长，并且这些病原体的小型动物（鼠科动物）模型也已经建立。这些病原体在肾中比较常见，因此通过尿样检测可以帮助诊断，甚至对于主要症状是腹泻的患者也利用此法进行诊断。脑炎微孢子虫病伴随大量的临床综合征，包括胃肠炎、角膜炎、鼻窦炎、细支气管炎、肾炎、膀胱炎－输尿管炎、尿道炎、前列腺炎、肝炎、暴发性肝衰竭、腹膜炎、脑炎、皮肤小结和播散感染（Kester et al. 1998，2000；Mertens et al. 1997；Orenstein et al. 1997；Schwartz et al. 1993b，1996；Sheth et al. 1997；Visvesvara et al. 1995b；Zender et al. 1989）。

15.4.1.2.1　肠道上皮细胞微孢子虫

在墨西哥的一项腹泻病因的调查中，发现大概有 8% 的患者粪便存在肠脑炎微孢子虫（Enriquez et al. 1998a），并且在腹泻的旅行者和艾滋病患者中也检测到了肠脑炎微孢子虫的感染。除毕氏肠微孢子虫外，肠脑炎微孢子虫是微孢子虫引起腹泻的最常见因素。在一些区域，它们比毕氏肠微孢子虫更常见。肠脑炎微孢子虫是侵入性的，这种病原体感染后通常会导致播散性疾病。与毕氏肠微孢子虫不同，肠脑炎微孢子虫孢子和增殖体可在感染肠道上皮细胞的顶端和基部检测到，也发现在黏膜固有层细胞，包括成纤维细胞、内皮细胞和巨噬细胞中存在（Orenstein et al. 1992a）。尽管胆管上皮组织感染也有发生，但很少见到。肝炎通常是由于播散性感染而不是由胆管上皮细胞局部扩散引起。这种方式的感染也在其他的脑炎微孢子虫病中存在，反映出这种感染在胃肠感染发生后散布到内脏器官的能力。胃肠道感染具有局部的破坏性，会导致肠的区域性坏死和穿孔而呈现出急腹症（Orenstein et al. 1997；Soule et al. 1997）。临床表现取决于所涉及的器官系统，胃肠道感染表现出腹泻，这种腹泻可能是慢性的，并且伴随厌食、体重减轻和胃气胀。粪便中通常不会有血或白细胞；会出现发热，特别是散布传播到其他器官时会发生。其他症状依感染靶器官不同而异，如呼吸相关器官感染会出现咳嗽症状。已有报道肠脑炎微孢子虫可以引起胆管炎（Cali et al. 1993；Willson et al. 1995）、下颌骨骨髓炎（Belcher et al. 1997）、上呼吸道感染、肾衰竭、角膜结膜炎和艾滋病患者的播散性感染（Dore et al. 1995；Molina et al. 1995；Orenstein et al. 1992a）。利用阿苯达唑治疗来消除这种寄生虫可以去除腹泻和播散性感染症状（Weber et al. 1994b）。

胃肠道组织病理学通常可见坏死区并伴有黏膜糜烂，还可见特征性具隔膜寄生泡环绕着发育中的孢子。孢子增殖是四分孢子型的，管状的附属物起源于孢子体表面、终止于一个增大的环状结构（见第 3 章对生活周期的详述）。感染的细胞具有一种独特的寄生虫分泌的纤维状网格结构，这一结构环绕着发育中的病原体和孢子形成一个类似于寄生泡的隔膜。一般而言，肠脑炎微孢子虫孢子较毕氏肠微孢子虫孢子容易检测，主要是因为它们个体较大、具有较强的双折射性和经苏木精伊红染色后具有淡蓝色色彩。肠炎微孢子虫孢子在组织中数量较多，成熟孢子横切面具有单排排列的 4～7 圈极管。

15.4.1.2.2　兔脑炎微孢子虫

兔脑炎微孢子虫没有被认为是腹泻的病因，但被认为是肝炎（Terada et al. 1987）、肝衰竭（Sheth et al. 1997）和腹膜炎（Zender et al. 1989）的病因。由兔脑炎微孢子虫引起的肉芽肿性肝炎在哺乳动物感染中是常见的，并且在艾滋病患者中也报道了脑炎微孢子虫引起的肉芽肿性肝炎（Terada et al. 1987）。在兔脑炎微孢子虫引起腹膜炎的病例中，大多数网膜显示出局灶性坏死、非肉芽肿炎症和可见微孢子虫孢子（Zender et al. 1989）。兔脑炎微孢子虫也存在伴随因发热（Mertens et al. 1997）、肾机能不全和顽固性咳嗽（de Groote et al. 1995）引起的播散性感染。海伦脑炎微孢子虫和兔脑炎微孢子虫具有相似的生活史（见第 3 章）（Desportes-Livage 2000），都拥有一个类似于吞噬体的寄生泡，发育过程就在寄生泡中完成。没有类似于肠脑炎微孢子虫发育过程中的管状附属物或纤维状网格结构，其所有阶段的细胞核都是不成对的，分裂体以二分裂的方式反复分裂，母孢子分裂成两个孢子母细胞，孢子母细胞逐渐成熟为孢子。在切片中，成熟孢子拥有 5～7 圈单排排列的管状结构。研究表明这些感染对阿苯达唑可以产生应答反应（de Groote et al. 1995；Orenstein et al. 1997）。

15.4.1.2.3　海伦脑炎微孢子虫

在腹泻病例中没有关于海伦脑炎微孢子虫的报道，像兔脑炎微孢子虫一样，这种病原体可以造成播散性感染，并且可以导致作为系统性感染一部分的肝炎疾病。有文献报道存在与肾衰竭、肾炎、肺炎、支气管炎和角膜结膜炎相关的播散性疾病的病例（Schwartz et al. 1992；Visvesvara et al. 1994；Weber et al. 1993）。当前，点状角膜结膜炎是最常见的海伦脑炎微孢子虫感染的临床表现，这种微孢子虫也可以感染鼻子和窦道上皮细胞而导致鼻窦炎，并且在医学相关的文献中存在几例在免疫妥协患者中出现的这种病例（Franzen et al. 1996）。

15.4.1.2.4 其他微孢子虫

嗜蝗虫微粒子虫（*Tubulinosema acridophagus*），只在一位经异体骨髓移植患者中描述了因嗜蝗虫微粒子虫感染所致的腹膜炎合并肝炎的病例（Meissner et al. 2012）。

15.4.2 中枢神经系统感染

15.4.2.1 兔脑炎微孢子虫

1923 年第一次在兔子中描述的肉芽肿性脑炎是兔脑炎微孢子虫在哺乳动物感染中的一种典型的表现（Levaditi et al. 1923）。脑部微孢子虫病已有相关报道，但在具有免疫能力的人中却非常少见。利用阳性免疫球蛋白 G 和免疫球蛋白 M 间接免疫荧光实验（用兔脑炎微孢子虫作为抗原）证明了在一个患有癫痫和肝肿大的 3 岁男孩体内的脑炎微孢子虫的感染（Bergquist et al. 1984a）。在一个患有头痛、呕吐和痉挛性抽搐的 9 岁日本男孩身上出现了脑炎微孢子属（*Encephalitozoon* sp.）感染所致的周期性发热（Matsubayashi et al. 1959）。在一位患有糖尿病患者的脑脓肿中分离到兔脑炎微孢子虫和中心链球菌（Ditrich et al. 2011）。在免疫缺陷患者中，脑炎微孢子虫病表现出大量的与癫痫和局灶性神经系统并发症（取决于脑部感染的部位）相关的机能障碍（Mertens et al. 1997；Weber et al. 1997）。这种表现与艾滋病合并刚地弓形虫感染的脑炎患者中所看到的现象是相似的，并且脑部微孢子虫病现在已作为免疫妥协患者局灶性脑炎临床综合征差别诊断的一部分（Mertens et al. 1997；Weber et al. 1997）。在另外的一个病例中，兔脑炎微孢子虫（Ⅲ型或感染狗的株系）的感染除了涉及中枢神经系统，还在几乎所有的器官中检测到（Mertens et al. 1997）。组织病理学表明微孢子虫孢子于脑实质、血管周隙和巨噬细胞中，但在少突胶质细胞、神经细胞、星形胶质细胞或脑膜细胞中不存在孢子。兔脑炎微孢子虫脑炎也会由Ⅱ型感染兔子的株系孢子引发。

15.4.2.2 嗜人气管普孢虫

有报道指出嗜人气管普孢虫会引起脑部微孢子虫病（Vavra et al. 1998；Yachnis et al. 1996），与兔脑炎微孢子虫感染一样，通过电脑断层扫描发现这些患者具有环形加强的脑损伤，使人联想到中枢神经系统弓形虫病。组织病理学显示伴有组织坏死的脑灰质中存在大小 2.0 μm × 2.8 μm 的双折射孢子。此类感染具有播散性，在一个尸检病例报告中发现除了感染脑组织外，还涉及心脏、肾、胰腺、甲状腺、副甲状腺、肝、骨髓、淋巴结和脾，感染最严重的细胞是上皮细胞、心肌细胞和星形胶质细胞。

15.4.3 眼部感染

眼部感染的详细阐述见第 16 章。兔脑炎微孢子虫、海伦脑炎微孢子虫或肠脑炎微孢子虫感染可以引起具有小斑点的角膜病和伴有点状角膜溃疡的结膜炎等特征的角膜结膜炎（如表面上皮结膜炎）。这些眼部感染与播散性感染有关，事实上，眼部感染可能是当任何一种脑炎微孢子虫播散性感染后的一种可视的表现（Cali et al. 1991；Didier et al. 1991a，b；Terada et al. 1987；Yee et al. 1991）。大多数因脑炎微孢子虫引起的微孢子虫病病例是因为海伦脑炎微孢子虫的感染，其中包括 3 个最初归为兔脑炎微孢子虫感染的病例（Lowder et al. 1996；Rastrelli et al. 1994）。其余的病例是因脑炎微孢子虫属或肠脑炎微孢子虫感染引起的（Mertens et al. 1997）。在一位服用泼尼松（20 mg/d）的患者身上发现一例由脑炎微孢子虫属感染所致的长期双侧角膜结膜炎病例（Silverstein et al. 1997）。嗜人气管普孢虫也有报道指出会引起相似的角膜结膜炎（Pariyakanok & Jongwutiwes 2005），在一例基质角膜炎病例中报道了人气管普孢虫的感染（Rauz et al.

2004），并且也存在关于按蚊微孢子虫感染角膜的报道（Visvesvara et al. 1999）。角膜刮片或活检材料显示微孢子虫孢子位于角膜和结膜的上皮组织，没有发现这些病原体侵入角膜基质，而是仍然位于上皮组织，很少有炎症细胞出现。尽管有一些因脑炎微孢子虫属感染所致的表面上皮角膜炎病例是在具有免疫能力患者中发现的，但这类感染最常见于 HIV 或其他免疫紊乱患者。多数这种具有免疫能力者的脑炎微孢子虫眼部感染病例发生于戴隐形眼镜的个体。

眼部微孢子虫病患者在体检中会发现具有粗糙点状上皮的角膜病变和结膜炎症，从而导致结膜发红、异物感、畏光、多泪、视力模糊和视力改变，不会累及视网膜。在艾滋病患者中，眼部微孢子虫病限于表面角膜上皮，很少发展成为角膜溃疡。裂隙灯检查通常显示点状上皮浊斑、存在不规则荧光吸收的粒状上皮细胞、结膜充血、表面角膜浸润和非发炎性前房。感染可能发生于双侧也可能是单侧（de Groote et al. 1995；Metcalfe et al. 1992）。因为许多微孢子虫可以引发播散性感染，所以通过检查角膜结膜炎患者的尿液通常可以发现微孢子虫的孢子（Schwartz et al. 1992）。

其他的微孢子虫角膜炎病例已经在具有免疫能力的宿主中鉴定到（Wittner & Weiss 1999），其中的一个病原体 N. corneum（Shadduck et al. 1990）能在体外进行有效增殖，后来被重新归类为角膜条孢虫（*Vittaforma corneae*）（Silveira & Canning 1995）。现在有许多的报道，涉及超过 300 名患者，从印度到新加坡，在具有免疫能力的宿主中出现角膜条孢虫感染所致的角膜结膜炎（Das et al. 2011，2012；Fan et al. 2012b；Loh et al. 2009；Sharma et al. 2011；Tham & Sanjay 2012）。这种微孢子虫相关的疾病呈现出具有季节性角膜结膜炎症状，可能较以前所认识到的情况更普遍。角膜条孢虫也有报道指出其可能造成其他具有免疫能力患者的深处基质感染、角膜炎和葡萄膜炎（Joseph et al. 2006a，b）。来自于多个国家儿童参与的体育赛事中发生了涉及土壤污染暴露的眼部微孢子虫病大暴发，这些感染运用多种外用药物进行治疗，主要包括 1% 伏立康唑（Khandelwal et al. 2011）、0.02% 聚亚己基双胍（Sanjay 2011）、阿苯达唑（Das et al. 2012；Sharma et al. 2011）、环丙沙星（Das et al. 2012；Sharma et al. 2011）、烟曲霉素（Sharma et al. 2011）和反复冲洗（Fan et al. 2012a）。在一项涉及 145 位患者的随机试验中发现，用 0.02% 聚亚己基双胍治疗较不治疗没有表现出明显有效性（Sanjay 2011）。大多数这种季节性角膜炎病例如果 5 d 内不经特定的治疗就会转化为自限性疾病。

因微孢子虫感染所致的溃疡性眼部感染或伴有眼痛的深层角膜基质感染也已在具有免疫能力患者中发现。在 1973 年和 1981 年，报道的两例角膜微孢子虫病病例分别是由发生在波扎那的非洲气管普孢虫属引起的（Pinnolis et al. 1981）和发生在斯里兰卡的锡兰气管普孢虫引起的（Ashton & Wirasinha 1973）（微孢子虫属常用在未知分类第五的微孢子虫属水平上的分类）。眼微粒子虫（*Nosema ocularum*）（Davis et al. 1990）和 N. corneum（Shadduck et al. 1990）[现在命名为角膜条孢虫（*V. corneae*）]（Silveira & Canning 1995）引起的深层间质感染也已有报道。在这些免疫力正常的角膜感染患者中，最终结果包括角膜摘除、不成功的全层角膜移植、成功角膜移植治疗（Cali et al. 1991）和外用制剂治疗直至角膜成形（Davis et al. 1990）。

15.4.4　骨骼肌感染

下颌骨感染可能多数是因脑炎微孢子虫属感染引起，有研究曾在一名艾滋病晚期患者中描述了这一感染病例（Belcher et al. 1997）。在人类中也多次描述了因微孢子虫病产生炎症而发生的肌炎。在这些病例报告中的病原体包括罗氏匹里虫（*Pleistophora ronneafiei*）、匹里虫属（*Pleistophora* sp.）、人气管普孢虫（*Trachipleistophora hominis*）、管孢虫属（*Tubulinosema* spp.）、内网虫属（*Endoreticulatus* spp.）、兔脑炎微孢子虫（*E. cuniculi*）、水泡安卡尼亚孢虫（*Anncaliia vesicularum*）和按蚊微孢子虫（*A. algerae*）（Cali & Takvorian 2003；Cali et al. 1998，2004，2005；Choudhary et al. 2011；Chupp et al. 1993；Coyle et al. 2004；Field et al. 1996；Suankratay et al. 2012）。这些微孢子虫的肌炎表现包括肌痛、肌无力、血清肌酸激酶和醛缩酶水平升高（CPK），以及与炎性肌病相符的肌电图异常。此外，兔脑炎微孢子虫也会引起心内膜炎（Filho et al. 2009）。

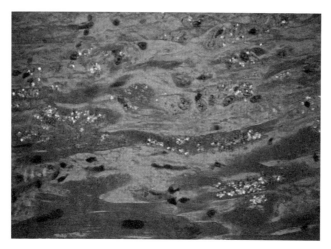

图 15.9　偏振光下心脏组织中的微孢子虫（见文后彩图）

　　气管普孢虫感染患者的心肌经 HE 染色后的偏振光显微照片，图中显示出心肌细胞的萎缩和纤维化。微孢子虫孢子在偏振光下是双折射的，这是因为它具有几丁质的孢壁。图片获得了 Wittner, M. & Weiss, L.M.（1999）的翻印许可，The Microsporidia and Microsporidiosis, Washington, DC: ASM Press；图片使用获得 Jan Orenstein 和 Donald Kotler 博士的许可

　　在肌酸磷酸激酶水平正常的肌炎患者中，HIV 阴性患者和 HIV 阳性患者的骨骼肌中均鉴定到匹里虫属微孢子虫（Cali & Takvorian 2003；Chupp et al. 1993；Grau et al. 1996；Ledford et al. 1985；Macher et al. 1988）。匹里虫属微孢子虫感染病例的活组织检查表明造成的萎缩和退化性肌纤维浸润中存在最长可达 3.4 μm 的孢子局部聚集。其炎症反应较复杂，涉及浆细胞、淋巴细胞、嗜酸性粒细胞和巨噬细胞，曾有两个病例显示在艾滋病患者中炎症反应较轻，但在 HIV 血清阴性者中炎症反应严重（Chupp et al. 1993；Grau et al. 1996；Ledford et al. 1985）。人气管普孢虫（*Trachipleistophora hominis*）是一种泛成孢子细胞微孢子虫，这种微孢子虫曾在几例艾滋病患者中发现存在播散性感染（Field et al. 1996），目前已有关于其引起肌炎、鼻窦炎和角膜结膜炎的报道。嗜人气管普孢虫感染人类出现脑炎、肌炎和角膜结膜炎等症状（Pariyakanok & Jongwutiwes 2005；Vavra et al. 1998；Yachnis et al. 1996）。人气管普孢虫感染伴随肌肉组织变性、萎缩、瘢痕化和强烈的炎症反应（图 15.9）（Field et al. 1996）。此外，在一名艾滋病患者中发现了水泡微孢子虫的感染，并伴有在肌纤维中孢子周围的细胞溶解，但未见细胞免疫反应（Cali et al. 1998）。按蚊微孢子虫感染发生于一名经类固醇和肿瘤坏死因子 α 单抗（TNF-α）治疗的类风湿性关节炎患者（Coyle et al. 2004）。肌纤维中存在的大量孢子可引起极微小的细胞反应。另外，在一名肺移植患者中也发现了按蚊微孢子虫感染引起的肌炎（Field et al. 2012），并且该微孢子虫还会导致慢性淋巴细胞性白血病患者的声带损伤（Cali et al. 2010）。管孢虫属感染发生于一名慢性淋巴细胞性白血病和 Richter's 转化的患者，肌肉组织检查显示有大量的较小、卵形的嗜碱性病原体簇集，这些病原体可经 Warthin–Starry 银染染色（Choudhary et al. 2011）。内网虫属物种感染发生于一名除吞咽困难和肌肉痛外其他都健康的男性（Suankratay et al. 2012），肌肉活组织检查显示存在坏死性肉芽肿性炎症，骨髓活组织检查显示其浆细胞和巨噬细胞增加且微孢子虫孢子的病灶部位聚集；尿液检查显示了相似的微孢子虫孢子。有报道指出在一名舌头溃疡患者的溃疡部位含有兔脑炎微孢子虫孢子，正是由这种病原体的播散性感染导致溃疡（de Groote et al. 1995）。曾有几位微孢子虫肌炎患者临床使用阿苯达唑有效，艾滋病患者感染水泡安卡尼亚孢虫引发肌炎临床应用阿苯达唑和伊曲康唑混合疗法具有一定的疗效（Cali et al. 1998）。

15.4.5　心脏感染

　　有报道表明一位具有免疫能力的男性在兔脑炎微孢子虫感染后，造成了一个大赘生物的形成并附着于右心房近起搏器导线的位置（Filho et al. 2009）。

15.4.6　窦道和呼吸道感染

呼吸道和窦道相关的微孢子虫病主要是因脑炎微孢子虫感染引起的（Schwartz et al. 1993b；Wittner & Weiss 1999），这些病例包括鼻炎、鼻窦炎和鼻息肉（Didier et al. 1996；Dunand et al. 1997；Franzen et al. 1996；Gritz et al. 1997；Josephson et al. 1996；Moss et al. 1997；Pedro-de-Lelis et al. 1995）。与眼部感染一样，呼吸道和窦道感染随播散性感染而发生。在海伦脑炎微孢子虫引起的角膜结膜炎患者中，许多没有呼吸道症状患者的痰液样本中含有微孢子虫孢子（Schwartz et al. 1992）。尸检发现，海伦脑炎微孢子虫感染存在于包括终末细支气管在内的整个呼吸道，并伴有糜烂性气管炎、支气管炎和细支气管炎；并可以看到孢子存在于上皮细胞、细支气管壁中中性粒细胞、沿肺泡排列的细胞和肺泡腔细胞外区域。病例报告证实了兔脑炎微孢子虫、海伦脑炎微孢子虫和肠脑炎微孢子虫可以导致有或无肺炎的细支气管炎。患有慢性窦炎和微孢子虫病的艾滋病患者的窦道活组织检查表明孢子存在于上皮细胞及支承结构中（Franzen et al. 1996）。其炎症应答反应多变，伴有淋巴细胞、中性粒细胞、巨噬细胞和偶见肉芽肿形成。在一名播散性兔脑炎微孢子虫感染患者体内发现存在兔脑炎微孢子虫孢子所致的舌头溃疡（de Groote et al. 1995）。由毕氏肠微孢子虫引起的呼吸道感染已有两次报道，在粪便、支气管肺泡灌洗液和经支气管活组织检查样本中检测到微孢子虫孢子（del Aguila et al. 1997；Weber et al. 1992b）；也存在一例毕氏肠微孢子虫导致鼻炎鼻窦炎的病例报道（Hartskeerl et al. 1993）。这些毕氏肠微孢子虫感染病例反映了该病原体经呕吐对呼吸道的污染和定居繁殖，而不是源于胃肠道的该病原体的散布传播。在一例呼吸衰竭和肺组织浸润的播散性嗜蝗虫微粒子虫感染病例中，在其支气管肺泡灌洗液中检测到微孢子虫孢子（Meissner et al. 2012）。

15.4.7　皮肤感染

微孢子虫对皮肤的感染已有报道，在一个白细胞过多症男孩中发现存在按蚊微孢子虫的感染；经病理学检查，发现存在孢子感染真皮细胞的情况（Visvesvara et al. 1999）。脑炎微孢子虫属感染可造成结节性皮肤损伤（Kester et al. 1998，2000）。在一名异体骨髓移植患者感染嗜蝗虫微粒子虫后出现红斑和丘疹症状（Meissner et al. 2012），经活组织检查发现存在微孢子虫孢子的囊肿，并伴有轻微的炎症细胞浸润。

15.4.8　生殖泌尿道感染

脑炎微孢子虫属通常感染哺乳动物的生殖泌尿系统，孢子通过尿液传递是这种病原体在连续宿主间的常见的传播机制。人类生殖泌尿道的感染通常没有症状，并且比较常见，这是因为当这些病原体在任何的器官系统中被鉴定到时通常都会存在播散性感染进而累及其他组织（Cama et al. 2007；Gunnarsson et al. 1995；Molina et al. 1995；Schwartz et al. 1993b）。为此，每当脑炎微孢子虫属造成人类感染时常用尿样微孢子虫孢子检查加以指示。微孢子虫会造成坏死性输尿管炎和膀胱炎，并且通过膀胱镜检查可见炎症性膀胱炎（Schwartz et al. 1993b）。病理学检查发现，微孢子虫可见于泌尿生殖器官的上皮细胞、巨噬细胞、肌肉，以及黏膜相关的成纤维细胞。脑炎微孢子虫的生殖道感染伴随孢子随尿液排出情况的出现，包括伴随脓肿形成的前列腺炎（Schwartz et al. 1994）。微孢子虫前列腺炎的发生频率尚不清楚，也不知道是否存在性传播。此外，在一名艾滋病患者身上也发现了一例角膜条孢虫感染所致的泌尿道感染和慢性前列腺炎（Weber & Bryan 1994）。

在人泌尿生殖器微孢子虫病中最常见的病理学现象是存在浆细胞和淋巴细胞的间质性肾炎肉芽肿。利用兔子感染兔脑炎微孢子虫的兔子模型产生了相同的情况，可见感染伴随肾小管坏死，肾小管内腔中含有无定形颗粒材料。有时在坏死肾小管周围会有微脓肿和肉芽肿形成，孢子位于坏死的肾小管和脱落的肾小管上皮细胞。因为孢子和感染的肾小管细胞会脱落下来进入膀胱，它们就可以感染生殖泌尿道的其他上皮细胞。并且在间质中也发现存在病原体，肾小球相关部位很少见到病原体。这种间质性肾炎已经在艾滋病患者中发现，并且在肾移植合并微孢子虫病感染者中见到（Champion et al. 2010；Galvan et al. 2011；George et al. 2012；Gumbo et al. 1999；Latib et al. 2001；Mohindra et al. 2002 ）。

15.5　诊断

　　微孢子虫病的诊断检测在第 17 章有详尽的论述。光学显微镜检查是微孢子虫鉴别的标准技术，这主要通过染色的方法来实现，通过染色可以在微孢子虫和临床样本中的细胞和碎片间产生不同的对比度。利用 60 倍或 100 倍的物镜进行充分的放大是必需的，因为人类感染的微孢子虫孢子大小仅有 1~5 μm。最常用的染色剂有铬变素 2R（Weber et al. 1992a）、钙荧光白（荧光增亮剂 28）（Vavra et al. 1993）和荧光增白剂 Uvitex 2B（van Gool et al. 1993）。这样的选择性染色对于粪便样本和其他体液样本是有效的（图 15.10）。针对海伦脑炎微孢子虫（Croppo et al. 1998）、肠脑炎微孢子虫（Beckers et al. 1996）和毕氏肠微孢子虫（Accoceberry et al. 1999；Sheoran et al. 2005；Singh et al. 2005；Zhang et al. 2005b）的单克隆抗体检测已经发展起来，并且已经成功应用于临床样本检测。因为肾部感染后，尿液中存在脱落孢子是播散性微孢子虫病的常见现象，所以每当考虑进行微孢子虫病诊断时都应获取尿液样本。治疗学上的特点表明，播散性传播的微孢子虫（如 *Encephalitozoon* spp.）通常对阿苯达唑敏感，而那些非播散性传播的微孢子虫（如毕氏肠微孢子虫）对阿苯达唑具有抗性。如果长期腹泻（持续时间超过 2 个月）者经粪便检查呈阴性，则应进行内镜检查。尽管有报道指出食物中的微孢子虫孢子可能产生假阳性的结果，尽管微孢子虫在环境中普遍存在，但当用粪便样本对这种感染进行诊断时却发现这些问题的影响并不大。诊断微孢子虫病的血清学检查已经发展起来，并已用于流行病学研究。但大多数情况下，这种血清学检查在诊断微孢了虫病上效果并不明显。

　　体液（如尿液、脑脊液、胆汁、十二指肠吸出物、支气管肺泡灌洗液和痰液）而非粪便中的微孢子虫通过铬变素 2R、钙荧光白（荧光增亮剂 28）（Vavra et al. 1993）、荧光增白剂 Uvitex 2B、吉姆萨染色剂、Brown-Hopps 革兰染色剂、抗酸染色剂或 Warthin-Starry 银染（Field 2002；Field et al. 1993；Weber et al. 2000）进行染色后可见孢子。通常，在体液而非粪便中可以较为容易的鉴定微孢子虫孢子，因为体液中没有细菌和碎片等杂物，而正是这些物质可能会与微孢子虫孢子混淆。因为微孢子虫感染通常涉及黏膜或上皮组织，细胞学的样本制备在诊断上尤其有用（Weber et al. 2000）。在组织样本中，利用改进的组织铬变素 2R、组织革兰染色（Brown-Hopps 或 Brown-Brenn）、糖原染色、Steiner 银染或 Luna 染色（Peterson et al. 2011）（图 15.1；图 15.3；图 15.4；图 15.5；图 15.6），以及通过常规 HE 染色的切片进行仔细检查也能发

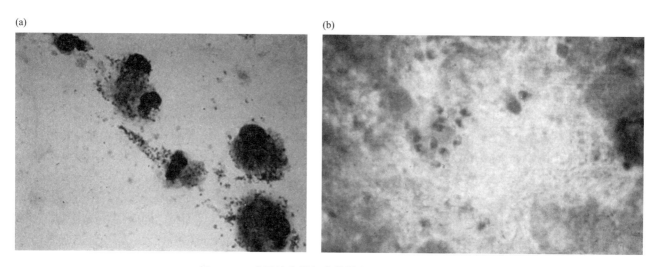

图 15.10　在尿液和粪便中的微孢子虫（见文后彩图）

（a）经 Diff-Quik 染色的尿沉淀（快速 Giemsa 染色）显示感染的上皮细胞中的肠脑炎微孢子虫孢子；（b）采用改良的铬变素 2R 染色法（Weber）进行粪便染色显示染成红色的微孢子虫孢子。孢子经透射电子显微镜鉴定为毕氏肠微孢子虫。[引自于 Wittner, M. & Weiss, L.M.（1999）The Microsporidia and Microsporidiosis, Washington, DC: ASM Press]

现微孢子虫。因孢子具有折光性并且通常具有双折射（图 15.9），所以在新鲜组织中利用相差显微镜也能够显示出孢子。

引起感染的微孢子虫种的确定性鉴别可以通过超微结构检查（如电子显微镜）和分子生物学技术（如 PCR）完成。许多分子诊断检测技术已经发展起来用于微孢子虫病的诊断，见本书第 17 章、Weiss 和 Vossbrinck 的综述（1998），以及 Ghosh 和 Weiss 的综述（2009）。运用针对小亚基核糖体 RNA 基因的引物进行 PCR 可以在没有超微结构检查情况下对微孢子虫在种的水平上有效鉴定。这些 PCR 技术已经应用于活组织检查样本、尿液、培养物和最近的粪便样本，并且极大地促进了诊断学和流行病学的研究（Fedorko et al. 1995；Franzen & Muller 1999；Ghosh & Weiss 2009；Joseph et al. 2006a；Katzwinkel-Wladarsch et al. 1996，1997；Ombrouck et al. 1997；Talal et al. 1998）。这些检测在标准实验室中是非常有效的，如疾病预防和控制中心。

从临床样本中分离微孢子虫不是一个简单的操作，只有在一些专门的研究型实验室才是可行的。角膜条孢虫（Shadduck et al. 1990）、兔脑炎微孢子虫、海伦脑炎微孢子虫（Didier et al. 1991a）、*T. hominis*（Field et al. 1996）、嗜人气管普孢虫（Pariyakanok & Jongwutiwes 2005）和肠脑炎微孢子虫（Visvesvara et al. 1995b）已经可以在体外通过组织培养进行培养（Visvesvara 2002）。目前毕氏肠微孢子虫尚不能在体外进行连续培养，但有限的体外培养已有报道（Dr. S. Tzipori，个人交流）（Visvesvara et al. 1995a）。

15.6　治疗

微孢子虫病的治疗和用药在表 15.2 和表 15.3 中进行了要点描述。

表 15.3　微孢子虫感染使用的药物 [a]

药物	病原体	疾病[b]
阿苯达唑	兔脑炎微孢子虫	GI、CNS、HEP、EYE、GU
	海伦脑炎微孢子虫	EYE、GI、SYS、ENT
	肠脑炎微孢子虫	GI、EYE、SYS、GU、ENT
	毕氏肠微孢子虫	GI[c]、BIL[c]
	人气管普孢虫	MYO
	家蚕微粒子虫	SYS（昆虫宿主）
烟曲霉素	海伦脑炎微孢子虫	EYE
	兔脑炎微孢子虫	EYE、SYS（鼠类宿主）
	肠脑炎微孢子虫	EYE
	毕氏肠微孢子虫	GI
	西方蜜蜂微粒子虫	SYS（昆虫宿主）
	金氏微粒子虫	SYS（昆虫宿主）
	家蝎八孢虫	SYS（昆虫宿主）
	日本鳗匹里虫	Beko（鱼类宿主）
	鲑鱼洛玛孢虫	鳃感染（鱼类宿主）
	鲑鱼核孢虫	SYS（鱼类宿主）
甲硝唑	毕氏肠微孢子虫	GI[c]
	肠脑炎微孢子虫	GI[d]

续表

药物	病原体	疾病[b]
依曲康唑	兔脑炎微孢子虫	EYE[c]
	水泡安卡尼亚孢虫	MYO[c]
甲氧苄啶 – 磺胺甲噁唑	毕氏肠微孢子虫	GI[d]
呋喃唑酮	毕氏肠微孢子虫	GI[c]
硝唑尼特	毕氏肠微孢子虫	GI[c]
苯菌灵	*Nosema* sp.	SYS（昆虫宿主）
托曲珠利	鲑鱼核孢虫	SYS[d]
	异状格留虫	SYS（鱼类宿主）

引自 Costa，S.F. & Weiss，L.M.（2000）Drug treatment of micosporidiosis. *Drug Resist Updat* 3，384–399.

[a] 指在人类宿主中的感染，除非在括号中注明其他（例如：昆虫、鱼类或鼠类宿主）。

[b] BIL：胆管炎；CNS：脑炎；ENT：鼻窦感染；EYE：眼部感染；GI：胃肠疾病（腹泻）；GU：生殖泌尿系统感染；HEP：肝炎；MYO：肌炎；SYS：全身性感染。

[c] 有限的功效。

[d] 无效。

微孢子虫病常见于免疫缺陷患者，如 HIV 感染者。大多数患有长期腹泻的胃肠微孢子虫病病例已在患有艾滋病并且 CD4[+] T 细胞计数低于 100/μL 的患者中进行了相关描述。研究表明提高免疫功能可以导致胃肠微孢子虫病患者的临床症状改善，可以最终消除微孢子虫病原体，并且使肠道结构正常化（Foudraine et al. 1998；Goguel et al. 1997；Maggi et al. 2000；Martins et al. 2001；Miao et al. 2000）。因此，感染艾滋病患者的微孢子虫病的治疗就包括启动联合抗反转录病毒治疗，免疫重建炎症综合征（IRIS）已经不是微孢子虫病治疗上的主要问题（Sriaroon et al. 2008）。

几种感染人的微孢子虫能在体外宿主细胞内生长，但这并不包含最常见的人类致病性微孢子虫——毕氏肠微孢子虫。当前，已经用脑炎微孢子虫属和角膜条孢虫进行了抗微孢子虫药物的体外实验（Beauvais et al. 1994；Coyle et al. 1996a，1998；Didier et al. 2006；Franssen et al. 1995；Silveira & Canning 1995）。若干种药物也已在脑炎微孢子虫属导致微孢子虫病的鼠类动物模型中进行了评估，同样的评估发现在毕氏肠微孢子虫感染的啮齿动物模型中仅有很小的反应（Feng et al. 2006），见 Costa 和 Weiss（2000）关于人类和动物患微孢子虫病后药物使用的综述。通过微孢子虫病治疗的体内和体外复合性的检测，烟曲霉素和阿苯达唑表现出了最为一致的效用，并且在人类的多种微孢子虫感染的治疗上具有临床功效（Aarons et al. 1994；Blanshard et al. 1992；Corcoran et al. 1996；Didier 1997；Diesenhouse et al. 1993；Dieterich et al. 1994；Dore et al. 1995；Dunand et al. 1997；Garvey et al. 1995；Gritz et al. 1997；Molina et al. 1995，1997，2000，2002）。

15.6.1　阿苯达唑

在低于 0.1 mg/mL 的浓度下，阿苯达唑对于体外的所有脑炎微孢子虫（海伦脑炎微孢子虫、兔脑炎微孢子虫、肠脑炎微孢子虫）都是高度有效的。在微孢子虫病的动物模型中也是有效的，并且已经表明在临床病例中也是有效的（Didier 1997）。阿苯达唑通过与 β 微管蛋白结合发挥作用，与此相符，脑炎微孢子虫 β 微管蛋白具有对苯并咪唑敏感的氨基酸序列（Li et al. 1996）。然而，肠微孢子虫属（*Enterocytozoon*）（Akiyoshi et al. 2007）和条孢虫属（*Vittaforma*）（Franzen & Salzberger 2008）β 微管蛋白显示存在阿苯达唑抵抗的氨基酸序列。这与观察到的临床感染肠微孢子虫和动物模型、体外实验和临床感染条孢虫后对阿苯达唑产生的较弱的临床反应是相吻合的。Didier（1997）用阿苯达唑、TNP–470 和烟曲霉素在 RK–13 细胞感染肠微孢子虫和角膜条孢虫（*V. cornea*）后进行了检测。TNP–470 和烟曲霉素对每一种微孢子虫具有相似的半数抑菌浓度，而阿苯达唑对肠微孢子虫的半数抑菌浓度显著低于对角膜条孢虫（*V. cornea*）的这一数据。

阿苯达唑具有 70% 的蛋白结合，它们分布于血液、胆汁和脑脊液，并最终在肾中降解。口服 2 h 后达到血清水平峰值 0.20 ~ 0.94 μg/mL，如果阿苯达唑与包含高浓度脂肪的食物一起服用可以引起药物吸收增加。经口给药后，肝代谢将阿苯达唑转化为可在体循环中检测的阿苯达唑亚砜。尽管在鼠和兔子中用药剂量达 30 mg/kg 时会引起胚胎中毒和产生畸形，但阿苯达唑本身不具有致癌性和致诱变性。因此，建议孕妇最好不服用阿苯达唑。阿苯达唑副作用较少，有报道的目前主要包括下面几种：超敏反应（皮疹、瘙痒、发热），中性白细胞减少症（可逆的），中枢神经系统症状（眩晕、头痛），胃肠道紊乱（腹痛、腹泻、恶心、呕吐），头发脱落（可逆的）和肝酶水平升高（可逆的）。还有一个阿苯达唑治疗后引起假膜性结肠炎的报道（Shah et al. 1996）。

大量的病例报道表明，对于由脑炎微孢子虫属引起的微孢子虫病服用阿苯达唑 400 mg 每天两次、持续 2 ~ 4 周是有效的。在一个双盲、安慰剂作为对照的实验中，8 位肠脑炎微孢子虫感染的腹泻和艾滋病患者，用阿苯达唑（400 mg，每天两次，3 周）治疗后，发现 8 位患者的腹泻症状减轻和体内病原体消除，这一结果与几个临床病例报道的情况一致（Dore et al. 1995；Gritz et al. 1997；Gunnarsson et al. 1995；Molina et al. 1995，1998；Sobottka et al. 1995a；Weber et al. 1994b）。在海伦脑炎微孢子虫感染引起的慢性鼻窦炎、呼吸道感染和播散感染的病例中，用阿苯达唑 400 mg 一天两次治疗可使症状缓解和清除病原体（Lecuit et al. 1994；Visvesvara et al. 1994）。一名兔脑炎微孢子虫感染波及中枢神经系统、结膜、窦道、肾和肺的患者经阿苯达唑治疗后临床症状得到改善（Weber et al. 1997）。同时，在多种其他病例报道中也证明是有效的，如尿道炎（Corcoran et al. 1996）、肾衰竭（Aarons et al. 1994）和播散性感染（de Groote et al. 1995）。除了对脑炎微孢子虫属感染有效外，也存在其他微孢子虫的播散感染后经阿苯达唑治疗有效的报道。

正如体外和动物模型感染所预期的那样，严重的免疫妥协患者在治疗完成后会出现复发，这已在伴随临床症状再现患者的粪便和尿液中检测到孢子而得以证实。基于此，如果免疫抑制持续存在，在阿苯达唑治疗过程结束后建议进行维持性治疗。在艾滋病患者中，那些进行维持性治疗者没有复发，而那些使用安慰剂、没有服用蛋白酶抑制剂的患者，遭受了寄生虫病的复发（Molina et al. 1998）。有两例复发的无症状患者，在其尿液中存在微孢子虫孢子脱落。因此，尽管阿苯达唑在治疗免疫妥协宿主微孢子虫病中是有效的，但如果没有做到完全的清除就会有再发的风险。微孢子虫病最佳的给药方案、治疗持续时间和维持性治疗仍需要更好的界定。

阿苯达唑在治疗气管普孢虫属和安卡尼亚孢虫属（*Anncaliia*）感染中也是有效的。在人气管普孢虫播散性感染并伴随肌炎的患者和水泡微孢子虫感染的肌炎患者中，阿苯达唑治疗（400 mg，一天两次）后均会有明显临床改善（Cali et al. 1998；Field et al. 1996）。

对于毕氏肠微孢子虫的感染，阿苯达唑的疗效非常有限。在两项研究中检查了 66 名在联合抗反转录病毒治疗出现前的毕氏肠微孢子虫感染腹泻患者，用阿苯达唑治疗后大约 50% 的患者症状缓解，但在所有的患者中治疗期间毕氏肠微孢子虫持续存在，并且通过 D- 木糖吸收检测没有患者出现症状改善的情况（Blanshard et al. 1992；Dieterich et al. 1994）。在已经报道经不连续的阿苯达唑治疗出现症状缓解的患者中，停药后这些临床症状又会很快出现。目前大多数的研究发现阿苯达唑对毕氏肠微孢子虫的感染是没有疗效的（Leder et al. 1998）。

15.6.2 烟曲霉素

烟曲霉素于 1949 年第一次从烟曲霉中鉴定到，它可以有效地体外抑制溶组织内阿米巴，并于 20 世纪 50 年代用于治疗阿米巴病。它对于治疗哺乳动物、昆虫和鱼类的微孢子虫病有效（Higgins et al. 1998；Kano & Fukui 1982）。烟曲霉素、卵假散囊菌素和它们的类似物（如 TNP-470）以一种选择性的、共价的方式与金属蛋白酶甲硫氨酸氨基肽酶 2（MetAP2）结合。甲硫氨酸氨基肽酶活性是真核细胞存活的基础，因为蛋白质末端甲硫氨酸的去除通常是蛋白质功能和翻译后修饰的基本要素。同源性 PCR 实验已用于几种微孢子虫 MetAP2 的基因存在情况的检测（Zhang et al. 2005a），兔脑炎微孢子虫 MetAP2 的晶体结构已经确定（MMDB ID，63862；PDB ID，3CMK）（Alvarado et al. 2009）。来自于兔脑炎微孢子虫基因组项目（Katinka et al. 2001）和其他微孢子虫基因组的数据（Corradi et al. 2009；Keeling et al. 2010；Pombert et al. 2012）（可在以下网站获得：www.EuPathdB.org 和 www.MicrosporidiadB.org）表明，微孢子虫没有甲硫氨酸氨基肽酶 1（MetAP1）的基因，不同于哺乳动物细胞同时拥有 MetAP1 和 MetAP2 的基因，因此，MetAP2 是微孢子虫中一种基本的酶类。

烟曲霉素已经应用于蜜蜂感染微孢子虫病的治疗，可以减少蜜蜂的感染（Katznelson & Jamieson 1952）。烟曲霉素双环己胺盐（Fumidil B）是一种商业制备型的烟曲霉素，已经应用于一种果蝇病原体全氏微粒子虫（*Nosema kingi*）的治疗（Armstrong 1975）。Jaronski（1972）曾用烟曲霉素治疗一种绿头苍蝇黑花蝇病原体家蝇八孢虫（*Octosporea muscaedomesticae*）造成的感染。而且，烟曲霉素已被应用于微孢子虫和黏孢子虫联合感染的各种鱼类的治疗（Kano & Fukui 1982；Kano et al. 1982；Kent & Dawe 1994；Lauren et al. 1989；Molnar et al. 1987；Yokoyama et al. 1990）。在一种由日本鳗匹里虫（*Pleistophora anguillarum*）引起的鳗鱼的名为"Beko"的疾病中，当鳗鱼接种具褶微孢子虫后立即对其施药，发现烟曲霉素对该微孢子虫的感染具有预防作用（Kano & Fukui 1982，Kano et al. 1982）。在这些鳗鱼中，感染仍旧是潜在的，因为开始于接种后六天或六天以上的服药治疗不能阻止疾病在停药后的再次出现（Kano & Fukui 1982；Kano et al. 1982）。烟曲霉素在阻止肾球孢虫（*Sphaerospora renicola*）感染鲤鱼引起的肾球孢虫病的发展中有一定效果（Yokoyama et al. 1990）。此外，烟曲霉素也已经成功的用于鲑鱼（*Chinook salmon*）试验性感染鲑鱼洛玛孢虫（*Loma salmonae*）微孢子虫的治疗（Kent & Dawe 1994）。TNP-470—— 一种烟曲霉素的衍生物，已用于鲑鱼治疗，以评估它抵抗鲑鱼核孢虫［*Nucleospora*（*Enterocytozoon*）*salmonis*］微孢子虫的有效性，这种微孢子虫可以感染单核白细胞并造成类浆细胞白细胞过多症（Higgins et al. 1998）。经过烟曲霉素 0.1 mg/kg 或 1.0 mg/kg 经口 4 周的治疗，两组均看到寄生虫显著减少。烟曲霉素在鱼类中应用的毒性情况也已有描述，在食物中添加 0.25 g/kg 和 1.0 g/kg 对虹鳟鱼持续给药 60 d，结果发现治疗鱼的肾和脾造血组织减少和红细胞压积减小（Lauren et al. 1989），高剂量的烟曲霉素也会造成食欲减退、发育不全、体重减轻和行为异常等症状。

烟曲霉素和它的类似物，如 TNP-470，在体内和体外都具有抵抗兔脑炎微孢子虫、海伦脑炎微孢子虫、肠脑炎微孢子虫、角膜条孢虫和毕氏肠微孢子虫的能力（Coyle et al. 1998；Didier 1997；Didier et al. 2006；Diesenhouse et al. 1993；Molina et al. 1997，2000，2002）。TNP-470 对于体外 RK-13 细胞抵抗兔脑炎微孢子虫、海伦脑炎微孢子虫和肠脑炎微孢子虫感染用 0.001 μg/mL 的半数感染剂量非常有效（Coyle et al. 1998），并且在一个感染兔脑炎微孢子虫的裸鼠模型上也是有效的（Coyle et al. 1998）。在毕氏肠微孢子虫感染的艾滋病患者中开展了烟曲霉素的剂量增加实验，运用剂量分别是：10 mg/d 持续 14 d、20 mg/d 持续 14 d、40 mg/d 持续 14 d、60 mg/d 持续 14 d（Molina et al. 2000）。整体来说，29 位患者中有 21 位表现出寄生虫从粪便中暂时消失的现象，所有的这种患者均存在于前 3 个剂量组内。在 60 mg/d 组内，11 位患者中的 8 位粪便中 6 周没有检测到微孢子虫孢子，并且持续到平均 11 个月内没有在粪便样本中检测到孢子。利用光镜和电镜对这 8 位患者的十二指肠活组织检查也没有发现微孢子虫孢子。后来一个基于 12 名患者（包括艾滋病患者和器官移植者）的随机试验证实了 60 mg/d（一天 3 次，每次 20 mg）的用药量对于毕氏肠微孢子虫肠道感染的治疗是有效的（Molina et al. 2002）。这种治疗方法的主要限制性毒性为血小板减少，当停止烟曲霉素治疗后情况可以逆转。烟曲霉素也已经成功地用于治疗毕氏肠微孢子虫导致肠道感染的肾移植患者（Champion et al. 2010）。治疗与腹泻减轻、孢子清除、卡氏评分提高和 D- 木糖吸收检测改善有关。在一个肾移植患者中也报道了一例因烟曲霉素治疗而导致的无菌性脑膜炎的病例（Audemard et al. 2012）。

15.6.3 其他疗法

几种其他的抗细菌的、抗真菌的和抗原生动物的药物已被应用尝试消除微孢子虫病，这些药物已经产生了下文所讨论的各种不同的结果。

尽管有些病例报告表明甲硝唑对于毕氏肠微孢子虫引起的肠道感染治疗有效，但大多数的研究表明，这种药物对这种感染是没有效果的（Eeftinck Schattenkerk & van Gool 1992；Gunnarsson et al. 1995；Molina et al. 1997）。体外研究也表明甲硝唑对微孢子虫没有效果（如兔脑炎微孢子虫）（Beauvais et al. 1994）。在 Eeftinck 和 van Gool（1992）的一项研究中，13 位伴有毕氏肠微孢子虫感染腹泻的 HIV 患者，经甲硝唑治疗后腹泻症状得到改善，但经十二指肠活检发现仍有这种寄生虫存在。Pol 等（1993）用甲硝唑治疗了三名毕氏肠微孢子虫患者，发现其对腹泻、胆汁淤积或胆汁中的微孢子虫没有作用。Gunnarsson 等（1995）报道了一名间歇性腹泄并且厌食的患者，在他的粪便中检测到哈氏内阿米巴、溶组织内阿米巴（*Entamoeta histolytica*）和肠脑炎微孢子虫。用甲硝唑治疗 10 d 后，腹泻症状改善，但 2 个月后，检测发现粪便和尿液中仍有微孢子虫存在，并且患者具有右上腹部疼痛症状。在 Asmuth 等（1994）的一项研究中，20 位艾滋病患者经活检和粪便电镜检查确认患微孢子虫感染导致的腹泻，其中 18 位是毕氏肠微孢子虫感染、4 位是肠脑炎微孢子虫感染。6 位患者经甲硝唑治疗，其中一半排便次数减少。在这 3 位排便次数减少的患者中，有 2 位是肠脑炎微孢子虫感染。Molina 等（1997）在研究中用甲硝唑治疗毕氏肠微孢子虫感染患者发现没有疗效。考虑到腹泻的艾滋病患者感染多种病原体的情况，那些已有报道如在一些患者中甲硝唑治疗有效果的原因可能是甲硝唑对于共感染的病原体（如 *Clostridium difficile* 和 *E. histolytica*）的治疗。

其他用于治疗胃肠微孢子虫病但没有成功的药物主要有阿奇霉素、巴龙霉素（微孢子虫缺乏该药的 rRNA 结合位点）和阿的平。阿托伐醌曾有像轶事一样的报道其对微孢子虫病患者具有一定的疗效（Anwar-Bruni et al. 1996；Molina et al. 1997），但其在体外没有活性（Beauvais et al. 1994）。8 名伴有肠微孢子虫病（经活检证实 4 名是毕氏肠微孢子虫感染）的 HIV 患者给以阿托伐醌以 750 mg 剂量每日 3 次治疗，持续最少一个月（Anwar-Bruni et al. 1996），可见患者排便次数减少，但治疗后经粪便检查发现在所有的病例中都仍然存在微孢子虫孢子。Molina 等（1997）也曾将阿托伐醌（750 mg 剂量，每日 4 次，治疗 3 周）用于毕氏肠微孢子虫感染的 HIV 患者的应用多种药物检测抗肠微孢子虫病的研究，结果也发现其不能从患者体内清除微孢子虫。

有报道指出呋喃唑酮或硝唑尼特（1 000 mg 剂量，每天两次）用于微孢子虫病的治疗可出现短暂的临床症状缓解（Bicart-See et al. 2000；Schwartz et al. 1995）。呋喃唑酮是一种合成的硝基呋喃，对许多革兰阳性和革兰阴性菌有抑制活性，对细胞内和细胞外原生动物也一样有活性。它的作用机制是可以抑制三羧酸循环中的几种酶，主要涉及来自于丙酮酸盐的乙酰辅酶 A 合成。对伴有毕氏肠微孢子虫引起腹泻的艾滋病患者给以呋喃唑酮每天 4～5 次、持续 18～20 d 给药治疗（Dionisio et al. 1997, 1998），腹泻症状减轻，但粪便中仍可见微孢子虫孢子，经透射电镜观察可见治疗后的寄生虫出现超微结构损伤。在 1997 年的一项研究表明（Dionisio et al. 1997），在经呋喃唑酮治疗后死亡的患者中，没有一个在死亡时表现出微孢子虫病症状，但在他们的粪便中仍然有微孢子虫孢子存在。在一项发表于 1998 年的跟踪研究（Dionisio et al. 1998）中，患者经治疗后可以持续平均 13 个月不会有临床上的和寄生虫学上的复发。Molina 等（1997）的研究表明呋喃唑酮对于毕氏肠微孢子虫感染患者没有任何疗效。硝唑尼特具有广谱的体内和体外抵抗球虫和鞭毛虫类原生动物、阿米巴、线虫、绦虫和吸虫的作用（Romero Cabello et al. 1997）。硝唑尼特以 1 000 mg 剂量一天两次持续治疗 60 d 的治疗方式用以治疗艾滋病患者的毕氏肠微孢子虫腹泻（Bicart-See et al. 2000），结果发现这一患者在治疗期间腹泻消除并且粪便样本中没有了微孢子虫孢子。

司帕沙星和氯喹已经表现出体外抗微孢子虫的活性，但尚未应用于临床。用甲氧苄啶－磺胺甲噁唑进行治疗，结果发现对微孢子虫病并没有效果，并且这种药物也没有体内或体外抵抗这类病原体的功效（Albrecht et al. 1995）。一个关于艾滋病患者预防肺囊虫的综述表明，表明在那些用甲氧苄啶－磺胺甲噁唑的患者中与那些用喷他脒的患者或不进行预防的患者中具有相同的微孢子虫病发病率（Albrecht et al. 1995）。

沙利度胺和奥曲肽均被报道有 50% 的微孢子虫病患者在用药后可以减少腹泻，这可能是继发于这些药物对肠道上皮细胞生理学的影响（Sharpstone et al. 1995，1997）。沙利度胺是一种镇定类药物，后来发现它具有免疫抑制活性和抗肿瘤坏死因子 α 的活性，沙利度胺已经用于对阿苯达唑无反应的微孢子虫病引起久泻不止的 HIV 患者的治疗。在这样一项研究（Sharpstone et al. 1997）中，有 18 名毕氏肠微孢子虫患者和一名肠炎微孢子虫患者，其中有 10 名患者表现出应答反应（经排便频次、体重增加和绒毛高度 / 隐窝深度的比值评估发现 7 名完全应答和 3 名部分应答），并且全部是感染毕氏肠微孢子虫的患者。用沙利度胺治疗（每天 100 mg，持续一个月）的患者的活组织检查表明寄生虫是持久存在的。在体外应用沙利度胺治疗脑炎微孢子虫没有效果。奥曲肽是一种生长激素抑制素的类似物，用于治疗类癌综合征和分泌肠道血管活性肽的肿瘤。奥曲肽不具有抗原虫特性。腹泻和营养不良的减少会提高机体免疫功能，进而患者就可以消除感染（Cello et al. 1991；Simon et al. 1991）。关于奥曲肽的大量对照研究表明，奥曲肽充其量对于艾滋病合并腹泻综合征患者的腹泻有较弱的效果（Cello et al. 1991）。这对于伴有微孢子虫导致的久泻不止并且对其他的治疗方法没有效果的患者来说，可以作为一种辅助性治疗的选择。

伊曲康唑是一种具有抗真菌活性的三唑，它可以抑制麦角固醇的合成，已经用于治疗微孢子虫病，尤其是脑炎微孢子虫引起的角膜结膜炎，这种情况下的有效性已在独立的病例报告中见到。Rossi 等（1999）应用伊曲康唑治疗一名兔脑炎微孢子虫感染眼睛、鼻子和鼻窦的艾滋病患者，对其进行 8 周的伊曲康唑治疗后，感染症状完全消失。停药 10 个月后，鼻液中仍旧没有发现存在微孢子虫。在 Gritz 等（1997）报道的另一例眼睛和鼻窦微孢子虫感染的病例中，没有发现内吸性的伊曲康唑对该病有疗效。咪唑在体外治疗微孢子虫病方面也有一定的疗效。在一例水泡安卡尼亚孢虫引起的肌炎病例中，阿苯达唑和伊曲康唑曾被一起使用（Cali et al. 1998）。此外，体外经咪唑处理的孢子会出现发芽率和钙通量的变化（Leitch et al. 1997）。两性霉素 B 对体外抵抗微孢子虫没有作用。

苯菌灵是一种内吸杀真菌药，常用于大田作物多种真菌性疾病的控制。它是一种苯并咪唑的药物前体，因此与阿苯达唑类似可以抑制微管聚合。苜蓿象鼻虫（Hypera postica）给以包含 250×10^{-6} 的苯菌灵添食，则可以完全清除微粒子虫（Nosema sp.）感染（Hsiao 1973）。Armstrong（1975）应用苯菌灵治疗金氏微粒子虫（Nosema kingi）感染的果蝇（Drosophila willistoni）。Brooks 等（1977）证明苯特灵能治疗玉米害虫棉铃虫（Heliothis zea）的棉铃虫微粒子虫（Nosema heliothidis）。在 RK-13 细胞的兔脑炎微孢子虫的体外感染中，在低于对哺乳动物宿主细胞产生毒性的浓度下苯菌灵对感染没有明显的作用（Weiss，未发表数据）。目前苯菌灵尚未用于哺乳动物微孢子虫病的治疗。

托曲珠利是一种家禽中的抗球虫药物，并被报道对抵抗各种鱼类寄生虫有效。Schmahl 等（1990）证明了托曲珠利对三刺棘鱼（Gastrosteus aculeatus）寄生的异状格留虫（Glugea anomala）有效。托曲珠利对在鲑鱼中感染的鲑鱼核孢虫没有作用。托曲珠利尚未用于治疗哺乳动物微孢子虫病。

多胺是细胞分裂所普遍需要的低相对分子质量脂肪族胺，临床上一个显著的成就就是开发具有活性的制剂以减少多胺的含量和 / 或功能。有研究利用一个体外的检测系统，对几种在多胺代谢通路中具有靶点的化合物进行了抗微孢子虫活性的检测。$N'-N''-$bis（ethyl）norspermine（BE-3-3-3）具有显著的抗微孢子虫活性，可以清除宿主单层细胞中的感染。在兔脑炎微孢子虫的无细胞抽提液中，精胺 / 亚精胺 $N'-$ 乙酰转移酶（SSAT）的活性是存在的。在细胞溶菌产物中的 BE-3-3-3 的活性和 SSAT 活性的展示证实了微孢子虫能够在周围精胺和亚精胺的互换中获取多胺（Bacchi et al. 2001，2002，2004；Coyle et al. 1996a；Zou et al. 2001）。研究发现许多多胺类似物已经显示了体外抗微孢子虫的活性（Bacchi et al. 2001，2002，2004；Coyle et al. 1996a；Zou et al. 2001）。几个此类化合物已经在微孢子虫病的鼠类模型中证明了存在活性，尚未见这类化合物应用于人类微孢子虫病的报道。

15.7　眼疾病的治疗

这部分内容在第 16 章有详细的论述。磺胺类药物、多黏菌素 B、0.1% 的羟乙磺酸丙氧苯脒（羟乙磺酸双溴丙脒）、短杆菌肽、硫酸新霉素和四环素似乎对于微孢子虫感染的治疗具有有限的疗效，它们除了治疗继发性细菌感染外不应该用于微孢子虫病的治疗。在一个 145 名角膜条孢虫感染患者的 0.02% 聚六亚甲基双胍的随机试验中，治疗者与未治疗者相比并没有表现出药物的有效性（Sanjay 2011）。角膜条孢虫已被多种外用药物治疗，包括 1% 的伏立康唑（Khandelwal et al. 2011）、0.02% 聚六亚甲基双胍（Sanjay 2011）、阿苯达唑（Das et al. 2012；Sharma et al. 2011）、环丙沙星（Das et al. 2012；Sharma et al. 2011）和烟曲霉素（Sharma et al. 2011）。在一个海伦脑炎微孢子虫导致的角膜炎病例中，用一种苯并咪唑——噻苯达唑（0.4% 混悬液）治疗后没有效果。另外，Diesenhouse 发现一名海伦脑炎微孢子虫患者经伊曲康唑（100 mg 剂量，每天 3 次）治疗后症状没有改善（Diesenhouse et al. 1993）。而两名类脑炎微孢子虫病原体感染患者对咪唑（氟康唑和伊曲康唑）给药产生了应答（Friedberg et al. 1990；Orenstein et al. 1990b）。Yee 和他的同伴描述了一名角膜切除超过 6 周后感染海伦脑炎微孢子虫的患者，在经口服伊曲康唑（200 mg 剂量，每天两次）后症状完全改善（Yee et al. 1991）。

可溶性烟曲霉素双环己胺盐（Fumidil B；Mid-Continent Agrimarketing，Overland Park，KS）外用液已被证明对角膜没有毒性。眼部微孢子虫病的治疗能够通过使用 3 mg/mL 的烟曲霉素环己胺盐护眼液（烟曲霉素，70 μg/mL）来实现（Diesenhouse et al. 1993；Garvey et al. 1995；Lowder et al. 1996；Rosberger et al. 1993），这种治疗应该持续使用，尚不明确停止时间，因为已有停止使用这种滴剂后复发的报道。尽管能够证明微孢子虫从眼睛中被清除，但这种病原体仍常常会在全身存在，常在尿液或鼻涂片中检测到。在这样的病例中，作为全身性药物阿苯达唑的使用是合理有效的。角膜移植术在一些病例中似乎提供了短期的改善，对那些内科治疗没有反应的患者角膜切除可能是有效的，类固醇对减少伴随的炎症反应是有用的。

15.8　预防措施

对于微孢子虫病的有效预防策略目前仅有有限的数据，当前，对这些病原体尚没有鉴定出预防的药物。有患者虽然用甲氧苄啶 - 磺胺甲噁唑进行预防但仍发生了微孢子虫病（Albrecht et al. 1995），对于接受氨苯砜、乙胺嘧啶、伊曲康唑、阿奇霉素和阿托伐醌预防的患者也出现了微孢子虫病（Conteas et al. 1998b）。没有评估阿苯达唑用于预防的研究，但根据其对毕氏肠微孢子虫感染缺乏疗效，可以推断其不可能有效的预防肠微孢子虫病的大多数病例。最有效的预防是免疫缺陷宿主的免疫功能修复，在艾滋病患者中的若干个研究已经表明联合抗反转录病毒疗法可以减轻肠微孢子虫病的症状（Foudraine et al. 1998；Goguel et al. 1997；Maggi et al. 2000；Martins et al. 2001；Miao et al. 2000）。而且，在联合抗反转录病毒治疗期间微孢子虫病和其他机会性感染发病率的下降表明该疗法也可以阻止症状性感染。

微孢子虫孢子在环境中可以存活并保持传染性很长时间。如兔脑炎微孢子虫的实验表明它们可以在适当的温湿度环境中存活多年（Waller 1979）。在典型的医院环境中，兔脑炎微孢子虫孢子可以存活并保持感染力至少一个月的时间。然而，杀死孢子可以采用 70% 乙醇、1% 甲醛或 2% 甲酚浸泡 30 min，或在 120 ℃下高压灭菌 10 min（Li & Fayer 2006）。孢子暴露于常见的消毒剂 30 min 后，会丧失传染性，因此，这些用于清洁多数医院房间的措施足以限制其感染。同样，这些常用于灭菌的方法也可以用来杀灭微孢子虫孢子。

尽管微孢子虫感染人类的流行病学尚没有完全阐明，但它们可能是经食物或经水传播的病原体，常规的防止食物和水被动物尿和粪便污染的卫生措施可以减少感染发生的机会。洗手和普通的卫生习惯可能会减少微孢子虫孢子污染角膜和结膜的机会。目前尚不清楚该病原体是否可以通过人与人之间的呼吸传播而发生。如果在播散性微孢子虫病的患者呼吸道分泌物中存在微孢子虫孢子，那么，考虑这些患者在感染治疗之前禁止同其他免疫抑制患者接触将会是有益的。当前防止机会性感染发生的指导方针主要涉及食物、水源和动物接触等方面，这对于防止微孢子虫病的发生是非常有用的。这些病原体在泌尿生殖器分泌物中的存在增加了这种感染性传播的可能性。因为这些病原体的存在，根据微孢子虫病的索引病例屏蔽患者的密切接触者是合理的。在我们的供水系统中它们的重要性和普遍性是一个待研究的问题，但当前对于严重的免疫妥协患者，可以考虑使用瓶装水或某些装置中的过滤水。

致谢

本部分工作获得了美国国立卫生研究院项目的资助，项目编号：AI31788（LMW）、AI093315（LMW）和 AI093220（LMW）。作者感谢 Donald Kotler 博士和 Jan Orenstein 博士参与内容讨论和提供的显微照片，感谢他们完成的由 Murray Wittner 和 Louis M. Weiss 编辑的《微孢子虫与微孢子虫病》一书中的"微孢子虫相关临床症状"章节内容，基于此，本书得以更新完善。

参考文献

第 15 章参考文献

第 16 章　眼微孢子虫病

SAVITRI SHARMA

印度安得拉邦海德巴拉眼科研究基金会、贾哈维利微生物学中心、海德巴拉市 LV prasad 眼科研究所

PRAVEEN K. BALNE

印度安得拉邦海德巴拉眼科研究基金会、贾哈维利微生物学中心、安得拉邦海德巴拉市 LV prasad 眼科研究所

SUJATA DAS

印度布巴内斯瓦尔市角膜和眼前段服务中心，LV prasad 眼科研究所

16.1　简介和发展史

眼微孢子虫病是由 Ashton 和 Wirasinha 于 1973 年最先确认报道，该病是从斯里兰卡一位 11 岁有外伤病史的男孩右眼（被一只山羊顶伤）中发现的。尽管对患者的临床描述简洁，但还是记录了其血管化角膜具有伤痕，伦敦眼科研究所进一步通过组织学特征确认是眼微孢子虫病。这些胞内结构最初被认为是利什曼原虫（黑热病原虫）小体，后来研究发现这些寄生虫是微孢子虫的孢子，有可能是兔脑炎微孢子虫（*Encephalitozoon cuniculi*）。文献中记载的第二例眼微孢子虫病是一个急性坏死性角膜炎病例（Pinnolis et al. 1981），超微结构研究鉴定此病原体是属于微粒子属的一个物种，其他有关深层坏死性角膜基质炎的病例于 20 世纪 90 年代被报道。在此前报道了一些获得性免疫缺陷综合征患者中感染浅表性角膜炎的病例，而这些病例与之前在免疫缺陷个体患者中的眼微孢子虫病例不同（Didier et al. 1991a；Diesenhouse et al. 1993；McCluskey et al. 1993）。患有艾滋病和眼微孢子虫病的患者还患有角膜结膜炎，在其角膜和结膜上分离的病原体被鉴定为海伦脑炎微孢子虫（*Encephalitozoon hellem*）。由微孢子虫病引起的上皮膜角膜结膜炎在 20 世纪 90 年代晚期的免疫缺陷患者中也有报道（Silverstein et al. 1997）。熟知这类疾病的眼科专家和科研工作者日益增多，因此世界各地涌现出有关眼微孢子虫病（尤其是浅表性结膜角膜炎），特别是来自免疫功能正常个体的眼微孢子虫病的报道。值得关注的是，来自印第安和新加坡报道的眼孢子虫病涉及大量免疫功能正常人群的病例和微孢子虫病的流行（Das et al. 2012；Loh et al. 2009；Sridhar & Sharma 2003）。除了此疾病相关临床报道增加以外，另外一个变化是对于这种病原体感染疾病的实验室分子诊断方法也变得更加普及（见第 17 章）。尽管此病在临床描述和诊断测试方面已经取得进展，但关于眼睛感染的环境流行病学研究仍然困难重重。

世界各地都报道过微孢子虫病，其流行率与所研究人群所处的地理区域、使用的诊断方法以及被研究人群的人口学特征有关（Didieret al. 2004）。微孢子虫病一直与免疫抑制尤其是 HIV 病毒感染和低 CD4+ 的细胞数量密切相关（Cali et al. 1998；Schwartz et al. 1992），文献记载的其他危险因素还包括恶劣的卫生条件和与动物接触等（Bern et al. 2005；Chacin-Bonilla et al. 2006；Mak 2004；Sarfati et al. 2006）。除了艾滋病患者外，越来越多的微孢子虫病在旅行者、儿童、老人和器官移植患者中出现（Abreu-Acosta et al. 2005；

Carlson et al. 2004；Leelayoova et al. 2005；Mungthin et al. 2005；Tumwine et al. 2005；Wichro et al. 2005）。虽然大部分微孢子虫的感染源不确定，但是目前已有足够证据证明微孢子虫病是人畜共患病（Mathis et al. 2005），并已证明微孢子虫可通过食物和水进行传播（Calvo et al. 2004；Lee 2008）。

目前据估计约有 1 500 种微孢子虫，其中有好几个属的微孢子虫能够感染人类，包括肠微孢子虫属（*Enterocytozoon*）、脑炎微孢子虫属（*Encephalitozoon*）、微粒子属（*Nosema*）、条孢虫属（*Vittaforma*）、匹里虫属（*Pleistophora*）、气管普孢虫属（*Trachipleistophora*）、管孢虫属（*Tubulinosema*）、内网虫属（*Endoreticulatus*）、安卡尼亚孢虫属（*Anncaliia/Brachiola*）和微孢子虫属（*Microsporidia*，代表没有分类的微孢子虫）。Stenhaus 是首先报道微孢子虫在电子显微镜下特征的人之一（Franzen 2008）。过去，感染人类的微孢子虫主要依据电子显微镜所获取的特征来分类，但是目前微孢子虫分类还要同时整合其分子序列特征。毕氏肠微孢子虫（*Enterocytozoon bieneusi*）、兔脑炎微孢子虫（*Encephalitozoon cuniculi*）、海伦脑炎微孢子虫（*Encephalitozoon hellem*）和肠脑炎微孢子虫（*Encephalitozoon intestinalis*）是引起人类微孢子虫病的最常见病原体。微孢子虫 rRNA 基因转录间隔区（ITS）分析表明人和其他动物来源的微孢子虫分离株存在较大的遗传变异，例如，在毕氏肠微孢子虫中，由于 ITS 这段 243 bp 序列细微差异，目前已鉴定了 50 多个基因型（Mathis et al. 2005），进一步通过 ITS 区域差异分析鉴定了 3 个不同动物来源的兔脑炎微孢子虫基因型。但对于由角膜条孢虫（*Vittaforma corneae*）引起的眼微孢子虫病来说，其 ITS 序列分析相关研究还较少（Balne et al. 2011）。

微孢子虫不同发育阶段都缺少很多真核生物典型的细胞器，如线粒体、过氧化物酶体和中心粒等。微孢子虫拥有类似原核生物的特征，如有 70S 核糖体、较小的基因组、融合的 5.8S 和 28S rRNA 等。这导致人们认为微孢子虫应该是原始真核生物，应归在原始动物界（Cavalier-Smith 1991）。随后，诸如 α-tubulin 和 β-tubulin 系统进化等分子分析发现微孢子虫不是原始生物，而是高度特化的与真菌亲缘关系较近的真核生物（Edlind et al. 1996；Keeling & Doolittle 1996；Keeling et al. 2000）。后续分子进化方面的研究支持了上述观点，其中包括线粒体 Hsp70（Germot et al. 1997；Hirt et al. 1997；Peyretaillade et al. 1998）、TATA 盒结合蛋白（Fast et al. 1999）、最大的 RNA 聚合酶 II 亚基（RPB1）（Hirt et al. 1999）以及丙酮酸脱氢酶亚基 E1α 和 β（Fast & Keeling 2001）等分析。2003 年，Keeling 的研究结果显示微孢子虫起源于接合菌进化枝。2002 年，Tanabe 等基于 EF-1α 的分析发现，微孢子虫和真菌处于姐妹分支（见第 6 章和第 7 章关于微孢子虫分类的详细讨论）。

眼微孢子虫病的流行是多变的，并且似乎具有区域特异性。在印度中南部，Joseph 等（2006d）通过跟踪 19 名微孢子虫感染性角膜结膜炎患者的治疗及愈后情况，描述了该病症的临床特征，并指出在医院感染性角膜炎患者中，0.4% 患者由于感染微孢子虫所致。相比之下，印度东部的流行程度更高，Das 及其同事曾报道在微生物性角膜炎病例中，19.7% 的病例是微孢子虫感染性角膜结膜炎（Das et al. 2012）。

16.2 流行病学：危险因素

微孢子虫广泛分布于自然界中，能够感染各种无脊椎和脊椎动物。不同的微孢子虫病，其感染途径也存在差异。在肠脑炎微孢子虫病中，微孢子虫是通过排泄物、感染微孢子虫的动物生肉或未完全熟的肉而进入肠道。相比之下，目前对感染眼的微孢子虫的来源还不清楚。人们推测，这种感染很可能是通过粪－口途径的直接感染或是通过水和食物的间接方式感染。但是，感染人类眼睛的微孢子虫的来源和传播模式目前还不清楚。微孢子虫孢子直接进入人的伤口部位似乎是一个普遍的感染途径。

有关眼微孢子虫病的最早报道来自于艾滋病患者，这表明免疫抑制是一个危险因素，尤其对于微孢子虫角膜结膜炎这种疾病（Silverstein et al. 1997）。目前人们普遍认为，在免疫功能正常的患者中，眼微孢子虫病通常表现为伴随角膜结膜炎的深部角膜基质感染；而在艾滋病患者以及免疫抑制患者中，其表现为慢性角膜结膜炎（Friedberg et al. 1990；Lowder et al. 1996；McCluskey et al. 1993；Metcalfe et al.1992；Weber et al. 1994；Yee et al. 1991）。然而，最近的研究数据显示，慢性微孢子虫角膜结膜炎也存在于健康个体中（Chan et al. 2003；Davis et al. 1990；Joseph et al. 2006b；Lewis et al. 2003；Moon et al. 2003；Silverstein et al. 1997；Sridhar & Sharma 2003；Theng et al. 2001）。

局部或全身性的免疫抑制剂的使用与眼微孢子虫病形成有关。Silverstein 等（1997）报道了一个口服泼尼松肺病患者患有微孢子虫角膜结膜炎的病例。一个局部免疫抑制剂皮质类固醇目前已被报道，其能使患者容易重复感染微孢子虫（Lewis et al. 2003）。角膜移植的微孢子虫角膜结膜炎患者的患病原因可能与局部使用皮质类固醇免疫抑制相关（Kakrania et al. 2006）。有报道描述了一个健康的隐形眼镜佩戴者患有微孢子虫角膜结膜炎的病例，微孢子虫使隐形眼镜佩戴者患有感染综合征，是由于眼角膜创伤或是隐形眼镜护理液中的污染物（Theng et al. 2001）所致。灰尘和昆虫叮咬所引起的眼创伤也是引发微孢子虫病的一个危险因素（Joseph et al. 2006b）。过去 3 年半时间里，在印度布巴内斯瓦尔市 LV prasad 眼科研究所的 277 例患者中，其中 59 例（21.2%）以前有过创伤（Das et al. 2012）。研究者们发现其他大规模系列的危险因素主要是局部类固醇治疗（11.9%）和外用抗生素治疗（41.4%）。

关于微孢子虫能引起角膜结膜炎和鼻窦炎共存的病例已有相关文献报道（Lewis et al. 2003；Weber et al. 1994），其可能的原因是最初由上呼吸道感染，随后蔓延到眼睛（Rossi et al. 1999）。同时，与动物和鸟类接触的人可能具有更大患眼微孢子虫病的风险，因此这些微孢子虫被认为是人畜共患的病原体（Didier et al. 1991a；McCluskey et al. 1993）。

微孢子虫能够在水和食物中存活，并且目前也已在饮用水中检测到微孢子虫的存在；因此，微孢子虫被认为可通过接触或水源进行传播（Mota et al. 2000）。在流行病区，感染也与暴露在泥土和浑水的微孢子虫以及微小伤口有关，并且在雨季具有较高的发生率（Sharma et al. 2011）。2008 年，印第安报道雨季引起了微孢子虫角膜结膜炎的暴发，此病临床特征类似于腺病毒引起的角膜结膜炎（Das et al. 2008）。随后，新加坡报道了许多患者（46%～70%）在暴露于浑水中后患了微孢子虫角膜结膜炎（Loh et al. 2009；Tung-Lien Quek et al. 2011）。在这些浑水中，昆虫群体繁多，这也可能是导致微孢子虫角膜结膜炎季节性暴发的一个原因。

虽然眼微孢子虫病的患病机制目前还不明确，但患有弥散性微孢子虫病的艾滋患者，其眼部感染可能是由于通过连接呼吸道的泪腺泪小管和鼻泪管反向获得微孢子虫所致，上述管道可将眼中的分泌物排放到鼻窦中（Curry & Canning 1993）。同样，在这些患者中，感染也可以从眼睛到呼吸道，微孢子虫也能引起潜伏感染。Sak 等（2011）在 3 个月的时间段内从健康人的血液、尿液和粪便中都检测到了微孢子虫孢子，他们也陆续在血清学反应阳性的患者中检测到微孢子虫感染。

16.3　病症谱

眼微孢子虫病一般通过两种方式影响角膜和结膜，即引起深层基质角膜炎和表面点状的上皮角膜结膜炎，有时也会影响巩膜和眼色素层。最初，眼微孢子虫病出现在患有艾滋病的患者中，目前在免疫功能正常的个体中也有眼微孢子虫病出现。表 16.1 列出了具有正常免疫功能个体患有眼微孢子虫病的患者，表16.2 列出了免疫功能低下的患者病例。

16.3.1　上皮型角膜结膜炎

第一个微孢子虫角膜结膜炎病例报道于 1990 年（Lowder et al. 1990），此患者表现出 HIV 阳性，并且患有 3 个月的红眼病，同时厚而硬的眼睑对外用抗生素不敏感。该患者的结膜具有混合乳突炎性反应，角膜上有明显粗糙的点状角膜上皮缺损。透射电子显微镜观察结果显示结膜上有微孢子虫存在，随后被进一步证明是兔脑炎微孢子虫。同年，另外 3 个来自纽约的患有艾滋病和微孢子虫角膜结膜炎的病例也被报道（Friedberg et al. 1990）。

　　1993 年，Diesenhouse 等报道了两个角膜结膜炎的病例，这两个患者是年轻的男同性恋者，并且都患有艾滋病。病例 1 患者在持续的几个月中有畏光、异物感和红眼症状。有两个患者在眼部双侧可见弥漫、粗糙、白色角膜浸润物及上皮缺损。首先利用甲氧苄氨嘧啶和硫酸多黏菌素 B 对患者进行治疗，随后利用局部环丙沙星和口服伊曲康唑继续对患者进行治疗，患者症状并没有好转；利用烟曲霉素治疗角膜损伤，结果在停药后，又出现角膜损伤；再利用烟曲霉素进行治疗时，患者没有表现出病症症状，但是在角膜损伤的部位还有浊斑残留。病例 2，首先利用妥布霉素 – 地塞米松、甲硝唑、口服伊曲康唑和羟乙碘酸丙氧苯脒对患者进行治疗，但没有任何治疗效果，后来局部烟曲霉素对该患者有治疗作用。如表 16.2 所示，在 20 世纪 90 年代报道了几个相似的病例，这些患者都感染 HIV。在接下来的 10 年时间内报道了一个未感染 HIV 的健康隐形眼镜佩戴者患有微孢子虫角膜结膜炎病例（Theng et al. 2001）。此后，很多研究也报道了免疫功能正常的个体患有角膜结膜炎的病例（表 16.1）。Moon 等（2003）报道了一个做过激光视力矫正手术的 HIV 阴性男性患者，在感染微孢子虫前曾服用过类固醇药物。Lewis 等（2003）报道了一个免疫功能正常的患者左眼疼痛，眼睛结膜上跗骨状毛囊，说明该患者患有病毒性结膜炎。基于角膜刮屑呈革兰阴性染色，其角膜上含有微孢子虫孢子事实，该患者被诊断患有眼微孢子虫病。2003 年，一组包含来自新加坡的 6 位 HIV 阴性病例研究被报道（Chan et al. 2003）。这组病例研究表明正常人患微孢子虫角膜结膜炎的概率比预期更为普遍。印度第一位微孢子虫角膜结膜炎患者也是免疫功能正常的患者（Sridhar & Sharma 2003）。随后印度的很多报告也证明微孢子虫角膜结膜炎能够发生于免疫功能正常的个体中，最近又有 277 例微孢子虫角膜结膜炎患者病例被报道（Das et al. 2012）。

表 16.1　眼微孢子虫感染免疫功能正常患者病例

首次报道参考文献	病原体	病例个数	眼部异常	治疗方式
Wolf & Cowan（1937）	*E. cuniculi*（未证实）	1	脉络膜视网膜炎和脑炎	未治疗（患者死亡）
Ashton & Wirasinha（1973）	*Nosema*、*Microsporidium celonensis*	1	基质性角膜炎	眼球摘除术
Pinnolis et al.（1981）	*Nosema*、*Microsporidium africanum*	1	基质性角膜炎	角膜移植术
Davis et al.（1990）	*Nosema* sp.	1	基质性角膜炎	全层角膜移植术
Cali et al.（1991）	*Nosema ocularum*	1	基质性角膜炎	角膜活组织检查法
Silverstein et al.（1997）	NM	1	角膜结膜炎	阿苯达唑
Font et al.（2000）	*Nosema* sp.	1	基质性角膜炎	全层角膜移植术
Theng et al.（2001）	NM	1	角膜结膜炎	阿苯达唑和烟曲霉素
Moon et al.（2003）	NM	1	角膜结膜炎	阿苯达唑和烟曲霉素
Lewis et al.（2003）	NM	1	角膜结膜炎	阿苯达唑、普罗帕脒、羟乙磺酸和烟曲霉素
Font et al.（2003）	*V. corneae*	1	基质性角膜炎	全层角膜移植术
Chan et al.（2003）	NM	6	角膜结膜炎	阿苯达唑 / 烟曲霉素 / 诺氟沙星 / 氯霉素
Sridhar & Sharma（2003）	NM	1	角膜结膜炎	清创术和伊曲康唑
Rauz et al.（2004）	*V. corneae & Trachipleistophora hominis*	2	基质性角膜炎	全层角膜移植术 / 阿苯达唑和烟曲霉素

续表

首次报道参考文献	病原体	病例个数	眼部异常	治疗方式
Fogla et al.（2005）	NM	1	基质性角膜炎	全层角膜移植术、阿苯达唑和普罗帕脒羟乙磺酸
Vemuganti et al.（2005）	*Nosema* sp.	5	基质性角膜炎	全层角膜移植术 / 伊曲康唑
Joseph et al.（2006c）	*V. corneae*、*E. cuniculi*、*E. hellem*、*E. intestinalis*	31	角膜结膜炎和基质性角膜炎	伊曲康唑、阿苯达唑 / 普罗帕脒羟乙磺酸 / 环丙沙星 / 氧氟沙星 /0.02% 聚六亚甲基双胍盐酸盐和 0.02% 氯已定
Sagoo et al.（2007）	NM	1	基质性角膜炎	阿苯达唑和烟曲霉素
Curry et al.（2007）	*Nosema* sp.	1	角膜结膜炎	局部类固醇和抗生素药
Chan & Koh（2008）	*V. corneae*	13	角膜结膜炎	NM
Das et al.（2008）	NM	40	角膜结膜炎	0.02% 聚六亚甲基双胍盐酸盐
Ang et al.（2009）	NM	1	基质性角膜炎	深板层角膜移植术
Loh et al.（2009）	NM	124	角膜结膜炎	氟喹诺酮 / 阿苯达唑 / 烟曲霉素
Tung–Lien Quek et al.（2011）	NM	22	角膜结膜炎	上皮清创术、氟喹诺酮和已脒定二盐 / 阿苯达唑 / 类固醇
Thomas et al.（2011）	*E. hellem*	1	基质性角膜炎	全层角膜移植术
Khandelwal et al.（2011）	NM	2	角膜结膜炎	伏立康唑
Das et al.（2011）	NM	1	基质性角膜炎	全层角膜移植术
Badenoch et al.（2011）	*V. corneae*	1	基质性角膜炎附带基质感染	全层角膜移植术
Reddy et al.（2011）	*V. corneae*	30	角膜结膜炎	NM
Sangit et al.（2011）	NM	1	基质性角膜炎	阿苯达唑和氯已定
Sengupta et al.（2011）	NM	11	角膜结膜炎	阿苯达唑和氯已定
Bommala et al.（2011）	NM	1	角膜结膜炎	阿苯达唑
Fan et al.（2012a）	*V. corneae*	9	角膜结膜炎	清创术
Fan et al.（2012b）	*V. corneae*	8	角膜结膜炎	浸润处理、诺氟沙星 / 氯霉素
Das et al.（2012）	NM	277	角膜结膜炎	聚六亚甲基双胍盐酸盐或润眼液
Jayahar Bharathi et al.（2013）	*V. corneae*	12	角膜炎	NM
Murthy et al.（2013）	NM	1	基质性角膜炎	全层角膜移植术
Hsiao et al.（2013）	NM	3	基质性角膜炎和角膜结膜炎	清创术 / 环丙沙星 / 莫西沙星

NM 表示未提及，在此表格中，除了 Wolf 和 Cowan（1937）描述的第一个没有确定是否为微孢子虫感染的患者外，其他人身体都没有任何疾病

16.3.2 基质角膜炎

微孢子虫表皮角膜结膜炎比基质角膜炎更为普遍，基质角膜炎这种疾病常见于免疫功能正常的患者中（表 16.2；表 16.3），表 16.2 报道中只有一位免疫功能低下患者患有基质角膜炎。患者患病条件千差万别。在已有报道的病例中，创伤也被认为是一个危险因素（Ashton & Wirasinha 1973；Vemuganti et al. 2005）。自从 1973 年第一例眼微孢子虫病病例报道后，直到 1991 年才有几例微孢子虫基质角膜结膜炎病例报道（Ashton & Wirasinha 1973；Cali et al. 1991；Davis et al. 1990；Pinnolis et al. 1981）。自从 1990 年开始，这种病已被普遍发现和报道。表 16.3 显示的是 2000 年后发生的一系列微孢子虫基质角膜结膜炎的报道。印度的 Vemuganti 等（2005）报道了 5 个基质角膜炎的病例。这些报道证明微孢子虫基质角膜结膜炎是一种慢性疾病，能影响任何年龄段的个体。这种症状的持续时间从几个月到几年不等，表明这种疾病是慢性感染病（Vemuganti et al. 2005）。临床证据显示微孢子虫基质角膜炎类似于由真菌或细菌引起的化脓性或非化脓性炎症，其可能表现为疱疹椭圆状角膜炎，伴随有基质渗透和眼色素层炎症（Fogla

表 16.2 眼微孢子虫感染免疫功能低下患者的病例（NM 表示未提及）

首次报道参考文献	病原体	病例个数	浅表层角膜炎	全身感染（有记录文件）	治疗方式
Lowder et al.（1990）	*E. cuniculi*–like	1	+	–	局部抗生素药
Friedberg et al.（1990）; Didier et al.（1991a）	*E. hellem*	3	+	–	润滑滴液和磺胺类眼药滴眼液
Yee et al.（1991）	*E. hellem*	1	+	–	刮擦 / 伊曲康唑
Metcalfe et al.（1992）	*E. hellem*	1	+	+	羟乙磺酸双溴丙脒 / 阿苯达唑
Schwartz et al.（1993）	*E. hellem*	7	+（5/7）	+（4/7）	烟曲霉素
McCluskey et al.（1993）	*Encephalitozoon*	1	+	–	羟乙磺酸双溴丙脒
Lecuit et al.（1994）	*E. hellem/E. intestinalis*	1	+	+	阿苯达唑
Wilkins et al.（1994）	NM	1	+	–	烟曲霉素
Garvey et al.（1995）	NM	1	+	–	烟曲霉素
Didier et al.（1996）	*E. hellem*	1	+	+	阿苯达唑 / 烟曲霉素
Shah et al.（1996）	NM	1	+	–	烟曲霉素
Lowder et al.（1996）	*E. intestinalis*	1	+	+	烟曲霉素
Gritz et al.（1997）	NM	1	+	+	阿苯达唑 / 烟曲霉素
Kersten et al.（1998）	NM	1	+	+	阿苯达唑 / 烟曲霉素
Rossi et al.（1999）	*E. cuniculi*	1	+	+	伊曲康唑
Martins et al.（2001）	NM	1	+	–	反转录病毒治疗
Gajdatsy & Tay-Kearney（2001）	NM	1	+	–	阿苯达唑
Conners et al.（2004）	*E. hellem*	1	+	–	克霉唑和伊曲康唑
Pariyakanok & Jongwutiwes（2005）	*Trachipleistophora anthropopthera*	1	基质内角膜炎	–	全层角膜移植术
Kakrania et al.（2006）	NM	1	+	–	清创术

表 16.3 2000 年后报道的微孢子虫基质角膜炎病例

首次报道参考文献	病原体	病例个数	治疗方式
Font et al.（2000）	*Nosema sp.*	1	全层角膜移植术
Font et al.（2003）	*V. corneae*	1	全层角膜移植术
Rauz et al.（2004）	*V. corneae* 和 *Trachipleistophora hominis*	2	全层角膜移植术 / 烟曲霉素和阿苯达唑
Fogla et al.（2005）	NM	1	全层角膜移植术、阿苯达唑和羟乙磺酸苯氧丙脒
Vemuganti et al.（2005）	*Nosema sp.*	5	全层角膜移植术 / 伊曲康唑
Pariyakanok & Jongwutiwes（2005）	*Trachipleistophora anthropopthera*	1	全层角膜移植术
Joseph et al.（2006c）	*V. corneae*	4 个病例中的其中 3 个	伊曲康唑、阿苯达唑 / 羟乙磺酸苯氧丙脒 / 环丙沙星 / 氧氟沙星 / 0.02% 聚六亚甲基双胍盐酸盐和 0.02% 氯己定
Sagoo et al.（2007）	NM	1	烟曲霉素和阿苯达唑
Ang et al.（2009）	NM	1	深板层角膜移植
Thomas et al.（2011）	*E. hellem*	1	全层角膜移植术
Das et al.（2011）	NM	1	全层角膜移植术
Badenoch et al.（2011）	*V. corneae*	1	全层角膜移植术
Sangit et al.（2011）	NM	1	阿苯达唑和氯己定
Murthy et al.（2013）	NM	1	全层角膜移植术
Hsiao et al.（2013）	NM	2	清创术 / 环丙沙星 / 莫西沙星

NM 表示未提及，除了 Badenoch 等（2011）描述了一个患有基质性角膜炎，随后进一步病变为角膜结膜炎的病例外，其他人身体都没有被病原体感染

et al. 2005；Font et al. 2000，2003；Rauz et al. 2004；Vemuganti et al. 2005）。最近的研究报道表明，在基质角膜炎病例中，微孢子虫孢子可能能够刺入角膜后弹力层（Das et al. 2011）。在微孢子虫基质角膜炎阴性的情况下，并且该角膜炎对传统疗法不敏感，应考虑不同的方法对微孢子虫鉴别诊断。眼前房感染微孢子虫是经常发生的现象，而眼后段感染微孢子虫的现象非常少见。曾报道过一个视网膜脱离的巩膜色素层炎病例（Mietz et al. 2002）。

16.3.3 眼内感染

微孢子虫的眼内感染比较少见。目前已经报道了在急性骨髓性白血病患者和先天性 CD4[+] T 淋巴细胞减少症患者患有眼内炎疾病的病例（Kodjikian et al. 2005；Yoken et al. 2002）。

16.4 发病机制和病理学

引起眼微孢子虫病以及诊断的核心问题便是高度分化的孢子。不同种属微孢子虫，其孢子大小为 1 ~ 40 μm（Vavra & Larsson 1999）。孢子最外面有一层致密的孢壁，里面是包裹着孢原质的质膜；孢子内部有单核或二倍核形式的双核（依据不同种属微孢子虫而定）和富含核糖体、高尔基体的细胞质以及

极质体（前极泡）（Keeling & Fast 2002）；微孢子虫没有典型的线粒体，但含有一个纺锤剩体；极质体是一个较大的膜结构，占据孢子的前段部分；孢子的独有特征是其含有一个直径为 0.1 ~ 0.2 μm 的极管，其与孢子感染性有关；在孢子内部时，极管也叫极丝，其通过一个叫锚定盘的伞状结构而锚定于孢子顶端，从孢子顶端延伸到孢子的后部。极管的螺旋圈数、排列方式和螺旋倾斜角度都比较保守，是微孢子虫种属鉴定的依据（Font et al. 2000；Rauz et al. 2004；Sprague et al. 1992）（请见第 1 章和第 2 章孢子超微结构部分；第 10 章极管、极管组成和在侵染中的作用部分）。极管终止于后极泡，在宿主体内适合条件下，极管弹出，并将孢原质通过此管道输送到宿主细胞内部。极管刺入宿主细胞的机制目前还不清楚，极管是像注射针头一样将孢原质注射入宿主细胞内部还是通过宿主细胞吞噬作用而进入细胞内，目前还未被证实，同样也没有证据证明是否存在受体介导的胞吞作用。在细胞培养过程中，的确观察到孢子在没有弹出极管情况下内吞的过程。在宿主细胞内，孢子有两个不同的发育阶段：裂殖增殖期（裂殖体时期）和孢子增殖期（形成孢子）（Cali & Takvorian 1999）（请见第 2 章针对不同种微孢子虫此过程的详细描述）。

大部分微孢子虫基质角膜结膜炎病例是单侧眼睛患病，患病的主要特征包括光线弥散、多焦点聚焦、眼睛粗糙、有小点，以及伴有轻度到中度的结膜充血的凸起的上皮轻病变（Das et al. 2012），上皮通常松散地附着在基底层结构上。在 Das 等（2012）描述的大量病例中，20.1% 的患者其角膜沉积物是新鲜的、没有色素，并在感染后（6.9 ± 2.7）d 出现，有表浅性瘢痕的患者比例占 39.2%。除了上述临床特征外，Loh 等（2009）报道了角膜水肿的弥漫型内膜炎和异位性角膜结膜炎（limbitis）这两个新发现的微孢子虫角膜结膜炎临床特征。

显微镜观察微孢子虫角膜结膜炎患者的角膜碎屑显示，呈卵圆形的微孢子虫孢子分布于细胞内和细胞外，上皮细胞的胞质内含物中也含有孢子。标本涂片显示很少或没有嗜中性的渗透物存在。微孢子虫呈现革兰染色阳性，能够被吉姆萨和 Kinyoun 改进的萋 – 尼染色液染色（见第 17 章诊断技术部分）。引起眼微孢子虫病的孢子形态看上去似细长的卵圆形至圆形（Joseph et al. 2006a）。

微孢子虫基质角膜炎是一个慢性病变过程，严重的角膜炎可影响任何年龄段个体。一般疗法对该病没有效果，该病患者常需要角膜移植（全层角膜移植术）。到目前为止，没有手术后复发的病例被报道。Vemuganti 等（2005）报道了 5 例微孢子虫基质角膜炎患者，并对角膜活组织切片检查和全层角膜移植术后的组织样本进行了观察。在该研究小组的另一项研究中，利用免疫组化对 4 个角膜病例进行观察，其中 3 个切片来自诊断为基质角膜炎的患者，另外一个来自于眼后弹性层突出的角膜瘢痕的患者（Joseph et al. 2006b）。虽然两个病例中的上皮都是完整的，但是其中一个呈现水肿，另一个呈现溃烂现象（图 16.1）。4 个病例中，有 3 个患者的角膜前弹力层被破坏。在微小脓肿形成的位置出现轻微甚至较严重的基质炎症。基质炎症由多形核白细胞组成，大部分细胞位于角膜后弹力层区域的前端，并延伸到表皮层，同时也包括少量的巨噬细胞。组织切片显示孢子呈卵圆形，宽为 2 ~ 3 μm、长为 3 ~ 5 μm，并深陷于基质内部；其中两个病例中孢子延伸到前端（Joseph et al. 2006b）。孢子一端包含一个厚环状的细胞核，并且该核能被萋 – 尼染色液染色（图 16.2），六二胺银染法和修改的三色染色法不稳定染色。染色浅的或者未染色的孢子呈厚壁囊结构，在偏振光下呈现双折射现象（Joseph et al. 2006b）。有角膜瘢痕和角膜后弹性层突出的患者，其角膜瘢痕处的中心基质变薄。这个瘢痕处没有炎症渗透物，但是卵圆形的孢子充满整个切片。这种现象常见于深层基质，并延伸到中间和基质表皮位置。大量活的、成熟的、未成熟的、退化的和胞内孢子也在这些组织切片中观察到（Joseph et al. 2006b）。虽然在基质角膜炎中孢子一般只感染基质层，但是在坏死、急性炎症细胞以及巨大细胞中，微孢子虫能够感染更深层的角膜基质层。也有孢子侵入眼睛前房的病例，但是这种情况较少见（Das et al. 2011）。

16.4.1　眼微孢子虫病的动物模型

在动物实验中，眼部症状和免疫学反应实验是剂量依赖性的。Jeklova 与其同事通过结膜囊分别接种

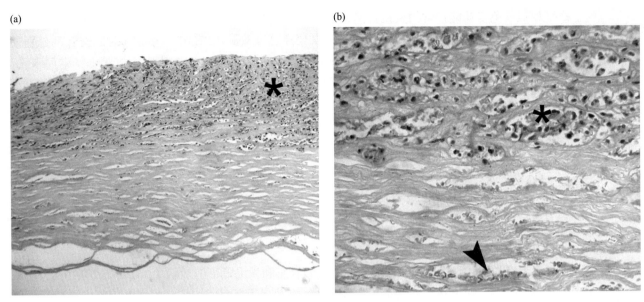

图 16.1　角膜组织切片显示

（a）表皮溃烂以及炎症渗出物渗入角膜前端的 2/3 处（苏木精和伊红，×1 100）；（b）更高放大倍数的多形核白细胞（星号所示），在角膜片层之间染色较浅不确定的卵圆形点状结构（箭头所示）（苏木精和伊红，×400）。［再版得到许可 Joseph, J., Vemuganti, G. K., Garg, P., & Sharma, S.（2006b）Histopathological evaluation of ocular microsporidiosis by different stains. *BMC Clin Pathol*，6，6］

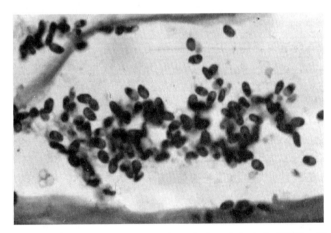

图 16.2　角膜组织学切片显示抗酸的微孢子虫呈红色，顶端有深染的区域（改进过的萋 – 尼染色，×1 000）（见文后彩图）

再版得到许可 Vemuganti, G. K., Garg, P., Sharma, S., Joseph, J., Gopinathan, U., & Singh, S.（2005）Is microsporidian keratitis an emerging cause of stromal keratitis? A case seriesstudy. *BMC Ophthalmol*，5，19

4×10^7 和 4×10^3 兔脑炎微孢子虫到兔子中并观察到了兔子的临床特征和免疫学反应。4×10^7 的兔脑炎微孢子虫感染 3 d 后，兔子的一只眼睛结膜充血，在持续感染 7 d 后，变为轻度结膜炎。在持续感染 21 d 后，除了两只兔子的轻微囊泡结膜炎持续到 49 d，其余兔子结膜炎均消失。4×10^3 兔脑炎微孢子虫感染兔子则无明显症状。用 4×10^7 个兔脑炎微孢子虫孢子感染兔子后，在淋巴细胞中观察到孢子的大量增殖。在更低剂量感染的兔子中没有观察到明显增加的增殖活性。在 4×10^7 个兔脑炎微孢子虫孢子感染免疫缺陷的兔子后，随后利用 2 mg/kg 的地塞米松磷酸钠持续处理 2 周后，发现孢子在淋巴细胞内的增殖能力下降。用 4×10^7 个兔脑炎微孢子虫孢子感染兔子后在兔子体内检测到强烈的 IgM 和 IgG 抗体免疫反应。更高剂量的孢子感染兔子 1 周后，能够检测特异性的 IgM 抗体，感染 2 周后，能够检测到 IgG 抗体（Jeklova et al. 2010）。

与兔子模型相似，免疫功能正常的人在自然条件下患有微孢子虫角膜结膜炎后，其自身免疫系统可抑制该病的进一步恶化。在随机对照试验中，通过0.02%聚亚己基双胍（PHMB）和无效对照安慰剂分别处理微孢子虫角膜结膜炎患者，患者分别在（13.5±6.6）d和（9.4±5.1）d才能痊愈。相对于安慰剂来说，PHMB在治疗微孢子虫角膜结膜炎患者方面没有显著效果，这一结果揭示免疫功能正常的宿主能够通过自我调节抑制微孢子虫感染（Das et al. 2010）。

16.5 临床特征和鉴别诊断

16.5.1 角膜结膜炎

16.5.1.1 临床特征

角膜结膜炎患者经常有红眼、畏光、疼痛、流泪、异物感和视力低下的症状（Das et al. 2012）。患者就诊之前病症的持续时间一般是7 d。而基质角膜炎患者往往没有任何症状，尤其是那些因其他适应症而服用类固醇药物治疗的患者。与首诊相比，视力模糊的症状常常是随访仔细检查后发现的。由于微孢子虫病多发生于雨季，因此，眼角膜结膜炎发病也有季节性倾向（Das et al. 2008）。

患者典型的临床特征包括：光线弥散、多焦点聚焦、眼睛粗糙、有小点，以及伴有轻度到中度的结膜充血和凸起的上皮轻病变或者分布于角膜中间和周围区域以及遍布整个角膜（图16.3），在荧光素钠染色和钴蓝滤片下可以清晰地看到病变。结膜充血程度一般是轻微到中等，上皮松散地附着在底层基质，但没有相关基质的感染。眼前房一般不会患病，1/3的病例中有角膜沉积物，沉积物一般出现在开始恢复的病变表面。目前报道的异位性角膜结膜炎症状是角膜结膜炎并发症（Loh et al. 2009）。有些病例的患者在首诊几天后发现其角膜中部水肿和轻度前色素层炎的情况加重。疾病治愈后患者眼睛会出现表皮圆形伤痕，但这对视力没有影响。

16.5.1.2 鉴别诊断

腺病毒角膜结膜炎：这是微孢子虫角膜结膜炎最常见的鉴别诊断结果。有80%的角膜病例是腺病毒角膜结膜炎，严重的患者中可能出现假膜性结膜炎，同时大多数病例中的患者伴有上呼吸道感染。病变的角

(a)   (b)

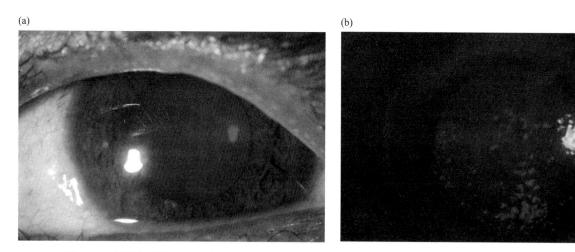

图16.3　裂隙灯照片显示光线弥散、多发性病灶、眼睛粗糙、有小点，以及凸起的上皮病变（见文后彩图）

（a）利用弥散光线照明法；（b）钴蓝滤片荧光染色

膜具有白色的表皮下或前端基质渗出物的特征，该病变可进一步演变成褐色的表皮病变。PCR 技术能够区分腺病毒角膜结膜炎和微孢子虫角膜结膜炎。

衣原体角膜结膜炎：患者单眼或双眼呈现红眼，临床症状表现为结膜下穹的大淋巴结、耳前淋巴结肿大，不管患者有无性活动，患者可能患有衣原体角膜结膜炎。眼睑软骨刮片的微生物学检查有助于诊断这种情况。

眼干燥病：眼干燥病是由于泪液量不足或功能障碍而导致泪膜稳定性下降以及眼表疾病的总称。点状上皮糜烂主要涉及睑间角膜和下角膜。除了糜烂的点状表皮外，严重的病例还会出现丝状和黏液状斑块。像泪膜破裂时间、泪液分泌测试和角膜表面染色这些特别检查将有助于诊断这种疾病。

16.5.2　基质角膜炎

16.5.2.1　临床特征

基质角膜炎的发病进程缓慢，其症状在就诊前可以持续从几个月到几年不等。基质角膜炎没有典型的临床特征，能够影响任何年龄段的患者。在多数情况下，其病症表现为周期性角膜基质发炎，也可表现为化脓性和非化脓性的角膜炎（图 16.4）。任何伴有周期性盈亏的培养阴性的感染性角膜炎则应怀疑是微孢子虫基质性角膜炎。在第一个眼微孢子虫病病例中，微孢子虫孢子被意外地发现于角膜移植的组织样本中，患者曾被临床诊断为角膜瘢痕（Ashton & Wirasinha 1973）。在化脓炎症患者中，微孢子虫基质角膜炎可表现为结膜充血、具有全层基质渗透物，有时会有角膜变薄及眼前房积脓等症状。

16.5.2.2　鉴别诊断

HSV 基质角膜炎：大部分报道的基质角膜炎病例最初是作为单纯孢疹病毒（HSV）引起的基质角膜炎进行治疗（Das et al. 2011；Vemuganti et al. 2005）。这种混淆是由延长的周期性盈亏持续时间和基质渗透物的本质决定的。

细菌或真菌角膜炎：化脓性微孢子虫基质角膜炎类似于由细菌和真菌引起的角膜炎。直接的角膜刮片（10% KOH+CFW，Gram，改良的耐酸性染色）将有助于上述情况的辨别。

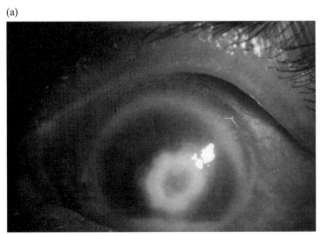
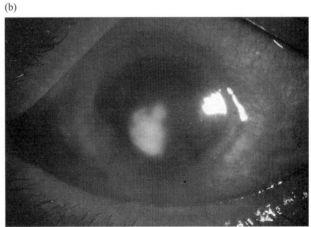

(a)　　　　　　　　　　　　　　　　　　　　(b)

图 16.4　裂隙灯照片展示了基质角膜炎病例（见文后彩图）

（a）变薄中央角膜的渗透物和眼前房积脓；（b）未变薄中央角膜的渗透物

16.6 实验室诊断

表 16.4 列出目前利用显微镜观察临床样品中微孢子虫孢子的方法。利用激光共聚焦显微镜可在眼角膜中观察到孢子，作为一种安全无创的技术已用于临床诊断（Hsiao et al. 2013；Sagoo et al. 2007；Shah et al. 1996）。利用该技术能够观察到角膜表面上皮细胞中的高对比度的内部浊斑（Shah et al. 1996）。在 1996 年，Shah 等利用铬变素 –Weber 染色证实了此诊断方法的有效性。共聚焦显微镜有助于诊断深层角膜基质的孢子感染情况。

表 16.4 用于诊断临床样品中微孢子虫的染色技术（Sharma et al. 2011）

检验技术	Comments
光学显微镜	
改进的三色染色法	可靠的染色法，很难识别轻度感染
吉姆萨染色法	不推荐日常使用，很难解释染色结果
化学荧光法	如利用 calcofluor、fungifluor 和 uvitex2B 染料进行染色，染色较灵敏，但是特异性较差
革兰染色	推荐使用碎片少的样品，如角膜刮屑样本
改进的萋 – 尼抗酸染色法（1% 硫酸）	灵敏的染色方法，推荐角膜刮屑和粪便样品使用
传统组织病理学染色	
苏木精 – 伊红染色	用于检测低寄生数量样品，灵敏度不确定
改进的萋 – 尼抗酸染色法（1% 硫酸）	灵敏度高，一般推荐角膜组织样品使用
希氏高碘酸染色	其作用效果存在争议
改进的革兰染色（Brown–Brenn、Brown–Hopps、铬变素）	灵敏度高，推荐使用
吉姆萨染色法	用于检测低寄生数量样品，灵敏度不确定
Warthin–Starry 染色法	没有标准化的染色步骤，但是经常被用来染色
改进的三色染色法	可靠性和灵敏度高
免疫荧光技术	受商品化荧光产品的限制，在研究中用来鉴定微孢子虫物种
塑料包埋切片	
甲苯胺蓝	推荐使用的灵敏方法
亚甲蓝 – 碱性品红染色	推荐作为甲苯胺蓝的替代物

16.6.1 临床样品的显微镜观察

取自结膜碎屑、角膜刮片和活检标本的样品可直接进行微孢子虫的观察（Wittner & Weiss 1999）。据报道，一台高敏感性和特异性的荧光显微镜可通过观察荧光增白剂染色的角膜刮片来检测微孢子虫孢子（Das et al. 2012；Joseph et al. 2006a）。直接镜检方法可以观察到上皮细胞内和胞外空隙区域存在微小的卵圆形或椭圆形孢子。这些孢子不进行出芽生殖，这一特征有助于区分微孢子虫和酵母。革兰染色对孢子染色很深，吉姆萨染色法也成功用于微孢子虫孢子的染色（Friedberg & Ritterband 1999）。在所有识别角膜刮片微孢子虫孢子的染色技术中，根据我们的经验发现荧光增白剂染色（图 16.5a）和改进的萋 – 尼染色方法

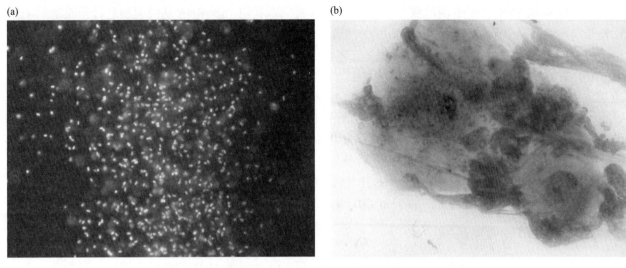

图 16.5 识别角膜刮片微孢子虫孢子的染色技术（见文后彩图）

（a）利用荧光显微镜观察患有角膜结膜炎患者的角膜刮片，发现大量 <3 µm 的圆形或卵圆形孢子（KOH+ 荧光增白剂，×400）；（b）一位角膜结膜炎患者的角膜刮片显示细胞内和细胞外微孢子虫 ［改进的姜－尼（1% H_2SO_4，预冷）染色，×1 000 ］

（图 16.5b）是最有用的方法（Joseph et al. 2006a）。尽管透射电子显微镜诊断技术已经被迅速发展的分子诊断技术所替代，但其仍可用来证实微孢子虫的感染和物种的鉴定（Levine et al. 1980）。虽然大部分物种能够利用透射电子显微镜进行区分，但是一些感染眼睛的微孢子虫物种单纯通过超微结构区分还比较困难，如兔脑炎微孢子虫和海伦脑炎微孢子虫。透射电子显微镜存在一些弊端，例如：样品制备耗时、仪器价格昂贵和需要专业知识人员进行观察和分析（Franzen & Muller 1999）。

16.6.2 体外细胞培养

微孢子虫是一种专性细胞内寄生的病原体，没有宿主细胞则无法生长。海伦脑炎微孢子虫首次分离于犬肾上皮细胞，随后在艾滋病患者角膜组织和结膜刮片碎屑分离到 3 株此微孢子虫（Didier et al. 1991a；Hollister et al. 1993）。其他能够培养微孢子虫的细胞系包括 E6、HLF、MRC-5、RK-13、HeLa、Vero、SIRC 和胎牛肺成纤维细胞。在观察 HeLa、Vero 和 SIRC 细胞系培养 4 种微孢子虫的实验中发现，Vero 细胞系最适合体外培养微孢子虫（Joseph & Sharma 2009）。由于细胞培养微孢子虫耗时费力，因此，该方法还未被证实适合在临床上进行诊断分析（见第 18 章利用细胞培养微孢子虫部分）。

16.6.3 以抗原为基础的物种鉴定和血清学检测

利用免疫荧光技术（IFA）鉴定眼微孢子虫种的研究已有报道（Schwartz et al. 1993），但鉴定各种微孢子虫的抗血清不是现成的。亚特兰大疾病防控中心制备了针对海伦脑炎微孢子虫的抗血清（CDC：029：V213），该抗体从兔体内制得，并利用间接免疫荧光技术检测了来自 7 个患者的角膜活检标本和结膜刮屑标本。在所有患者中，微孢子虫与非吸附和海伦脑炎微孢子虫吸附的抗血清都有强烈反应，证明这些患者感染海伦脑炎微孢子虫，此结果随后被电子显微镜检测结果所证实。其他血清学检测的方法，诸如酶联免疫吸附实验（ELISA）和蛋白免疫印迹，则不能用来检测微孢子虫病，尤其在艾滋病患者中（Didier et al. 1991b）。

16.6.4 分子诊断方法

显微镜镜检临床样品是目前标准的眼微孢子虫病的诊断方法。然而，针对微孢子虫的引物已获得并可以用于 PCR，因此利用分子检测技术对眼微孢子虫的感染进行诊断已具有可行性（Balne et al. 2011；Joseph et al. 2006c)（见第 17 章分子诊断检测部分）。Joseph 与其同事利用 16S rRNA 基因引物进行角膜刮屑（显微镜镜检含有微孢子虫）检测，发现该基因引物敏感性达到 83%，特异性达到 98%。同时，针对引起眼微孢子虫病的不同微孢子虫特异引物也被报道（Visvesvara et al. 1994）。Conners 等（2004）报道了利用特异 rRNA 引物的 PCR 诊断方法，随后通过测序鉴定了角膜刮屑中的微孢子虫。他们利用能够扩增 7 个微孢子虫种（*Enterocytozoon* 和 *Encephalitozoon*）的方法扩增得到大小为 270 bp 的片段。当利用 PCR 检测眼微孢子虫（感染 HIV 的角膜结膜炎患者）时，序列分析证实感染是由海伦脑炎微孢子虫引起（Conners et al. 2004）。印度的一个研究中心利用最近研制的双重 PCR 技术诊断眼微孢子虫病，其中他们同时利用了 16S rRNA 引物和角膜条孢虫（*Vittaforma corneae*）种特异性的引物（Jayahar Bharathi et al. 2013）。目前没有现成的眼微孢子虫病分子诊断试剂盒；然而，16S rRNA PCR 扩增后进行 DNA 测序和 BLAST 比对是目前包括我们在内的许多实验室常用的方法（Balne et al. 2011）。

16.6.5　组织病理学检测

在组织切片中检测微孢子虫需要经验丰富的病理学家（Franzen & Muller 1999）。利用不同的染色方法对经甲醛固定、石蜡包埋的组织切片进行染色，如表 16.4 所示。由于微孢子虫感染不伴随炎症反应，因此，组织切片中的孢子可能会被漏掉。在常规 HE 染色中，孢子呈着色较浅、轮廓不清晰的卵圆形结构，并有一个清晰的光环，原因是孢壁不能被染色，形似酵母细胞。缺乏出芽生殖和一个围绕孢子的内环是区分酵母和微孢子虫的明显特征。通过比较几种微孢子虫染色效果后发现，改进的姜–尼染色（图 16.2）和革兰铬变素染色（图 16.6）是最好的鉴别眼组织样品中微孢子虫孢子的染色方法（Joseph et al. 2005, 2006b；Vemuganti et al. 2005）。六胺银染色和改良三色染色法也是识别组织中孢子的有效染色法。荧光增白剂是一种检测角膜刮屑很有用的染色方法，可用来进行组织切片染色。该染色方法的优点是整个过程无须人工操作，因此，角膜组织印记涂片对于微孢子虫病的诊断是非常有用（Conteas et al. 1996）。孢子大小各异，主要由引起感染微孢子虫的物种决定。表皮角膜结膜炎患者的角膜刮屑中的孢子（1~3 μm）相比基质角膜炎患者组织样品的孢子（3~8 μm）要小。这些微孢子虫物种之间的差异与分离获得的微孢子虫感染类型一致。

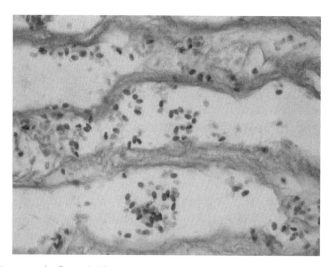

图 16.6　角膜组织切片显示卵圆形蓝紫色微孢子虫孢子（见文后彩图）

改进的革兰铬变素染色，×1 000。［再版得到许可 vemuganti, G. K., Garg, P., Sharma, S., Joseph, J., Gopinathan, U., & Singh, S.（2005）Is microsporidian keratitis an emerging cause of stromal keratitis? A case series study. *BMC Ophthalmol*，5，19］

16.7　治疗

16.7.1　角膜结膜炎

近来报道了关于角膜结膜炎的局部和全身治疗方法，对于治疗表皮角膜结膜炎的药物目前还不能确定。该病的治疗方法也取决于感染微孢子虫的种类（如 *Encephalitozoon* spp. 或 *Vittaforma* spp.）以及宿主类型（如是否是免疫功能低下患者）。目前报道了利用药物对该病进行治疗，这些药物包括阿苯达唑（Chan et al. 2003；Gritz et al. 1997）、广谱抗生素（Chan et al. 2003；Joseph et al. 2006d）、伊曲康唑（Sridhar & Sharma 2003；Yee et al. 1991）、羟乙磺酸丙氧苯脒（McCluskey et al. 1993；Metcalfe et al. 1992）、烟曲霉素（Diesenhouse et al. 1993；Lowder et al. 1996；Rosberger et al. 1993）、氯己定（Joseph et al. 2006d）、PHMB（Joseph et al. 2006d）和润滑剂（Lowder et al. 1996）。尽管利用不同药物进行了尝试，但是烟曲霉素和阿苯达唑的治疗效果最好。阿苯达唑能够结合到微管蛋白上，在治疗脑炎微孢子虫属引起的全身性感染中有明显的效果（见第 15 章治疗部分）。烟曲霉素是甲硫氨酸氨酰肽酶 2 的抑制剂，在治疗免疫功能低下患者中由海伦脑炎微孢子虫和其他脑炎微孢子虫属物种感染引起的角膜结膜炎非常有效。在这些患者中，感染自然发生并蔓延且没有得到抑制。在免疫功能正常的个体感染角膜条孢虫后，随机对照临床实验证明患者能够自我抑制这种感染进程（Das et al. 2010）。在这项双盲随机的安慰剂对照临床试验中，安慰剂和 0.02% PHMB 处理组在治疗时间方面没有明显不同。

目前报道了清创术对于治疗表皮角膜结膜炎患者有较好的效果（Sridhar & Sharma 2003）。清创术可减少上皮中微孢子虫的数量，但也可能增加这些生物体进入基质中。然而，似乎大部分角膜结膜炎患者不需要手术治疗。

16.7.2　基质角膜炎

目前，基质角膜炎的治疗还是一个难题，还没有有效的治疗方式。一般来说，单纯利用药物治疗基质角膜炎是行不通的。有些研究报道介绍了烟曲霉素（Font et al. 2000）和 PHMB（Das et al. 2011）可以作为局部治疗药物，而阿苯达唑（Font et al. 2000）和伊曲康唑（Vemuganti et al. 2005）可作为全身治疗药物。迄今为止，只有一例基质角膜炎患者使用全身治疗药物阿苯达唑和局部治疗药物氯己定被成功治愈的病例报道（Sangit et al. 2011）。总之，研究显示同时利用药物和手术对基质角膜炎患者治疗是一种较为有效的途径。利用手术治疗早期基质角膜炎患者也是一种行之有效的方法。板层角膜手术有复发的风险，与板层角膜移植手术相比，全层角膜移植术是治疗基质角膜炎的一种首选方法。2000 年，Font 等描述了一位进行过板层角膜移植术的基质角膜炎病例，该病最初利用口服药物阿苯达唑和烟曲霉素进行治疗，但没有明显效果，后来进行了片层移植手术。手术 1 周内，患者伤口处再次复发基质角膜炎，患者需要全层角膜移植术进行治疗（Font et al. 2000）。基于上述病例，作者们建议手术后利用药物烟曲霉素进行局部治疗。

16.8　总结

微孢子虫与真菌亲缘关系较近，包括能够引起人类眼睛感染的几个种，这些病原体在自然界分布广泛。最初认为眼微孢子虫病仅发生于艾滋病患者中，后来发现该病也发生于健康个体中，该病原体的流行具有季节性。微孢子虫感染可引起两种不同的临床症状：即角膜结膜炎和基质角膜炎。这两种疾病有不同的临床症状、病原学特征和治疗方法。眼微孢子虫病病原体形态特征诊断包括体内的激光共聚焦显微镜检测和体外的微生物组织病理学检测，而电子显微镜诊断技术已经逐渐被分子诊断技术所取代。已在世界各地发现表皮微孢子虫角膜结膜炎的普遍存在和季节性流行特性，但是对于如何阻止微孢子虫的感染还知之甚少。基质角膜炎的药物治疗是另一个需要努力的方面，但是手术治疗可能是一个不可避免的方法。自然界中，调控宿主特异性和与其他病原体相互作用的调节因子也是今后治疗微孢子虫病的研究方向。近来微孢子虫基因组信息的获得将有助于我们理解这种感染眼睛的神秘病原体。

参考文献

 第 16 章参考文献

第 17 章　微孢子虫的实验诊断

KAYA GHOSH

美国阿尔伯特爱因斯坦医学院病理学系

DAVID SCHWARTZ

美国范德堡大学和埃默里大学病理学系

Louis M.Weiss

美国阿尔伯特爱因斯坦医学院病理学系寄生虫与热带医学研究单元
美国阿尔伯特爱因斯坦医学院医学系传染病学研究单元

17.1　简介

微孢子虫门含有 1 200 余种（Weiss 2001；Garcia 2002）。20 世纪 80 年代中期以来，在 HIV 患者（Cali 1991；Cali et al. 1991；Weiss 2001）或其他免疫抑制的个体中，如接受器官移植或化疗的患者（Franzen & Muller 2001），研究人员发现了多种微孢子虫并将其鉴定为可引起人类疾病的病原体。截止到 2005 年，已确定 8 个属中的 14 种微孢子虫可以感染人类（Didier 2005）。在 HIV 阳性患者中，由微孢子虫感染肠道引起患者的慢性腹泻和消瘦是最常见的临床症状，这种病原体也能广泛地引发其他疾病，如肝炎、腹膜炎、角结膜炎、鼻窦炎、支气管炎、肺炎、膀胱炎、肾炎、肌炎、脑炎或其他的大脑感染病症（Franzen & Muller 2001）。除此之外，在一些个别的病例报告中，微孢子虫也被鉴定为病原体，如尿道炎、前列腺囊肿、口腔溃疡、骨感染和皮肤感染（Franzen & Muller 2001）。越来越多的证据表明，微孢子虫可以感染免疫功能正常个体的胃肠道和眼（Bryan et al. 1997）。血清学调查显示，微孢子虫病普遍存在于正常人群中，通常表现出自限性和无症状的特征。虽然在流行病学的研究中，微孢子虫病的传播途径还没有明确记录，但是已有证据表明，微孢子虫的侵染可由多种途径引发（Weiss 2001），包括水、呼吸道（Schwartz et al. 1992）、性传播、先天感染和已感染动物的传播，此外眼角膜的创伤性移植，也能引起眼部的感染。

使用光学显微镜对微孢子虫进行形态学鉴定是最实用、应用最广泛，且最简单的微孢子虫病诊断技术。孢子期是微孢子虫最易被鉴定的时期，孢子很小，在人类体内发现的多种孢子大小均为 1~3 μm，但是在寄生虫学和病理学实验室中诊断其他原生动物所用常规染色技术不能对微孢子虫进行充分的染色。因此，使用光学显微镜形象地观察微孢子虫需要特别的染色方法以及合适的显微技术，包括足够的光照和放大倍数（Weber & Bryan 1994；Weber et al. 1994a）。所有的微孢子虫都可以形成具有环境抗逆性的孢子，孢子具有挤压并射出内部盘绕的极管的能力，进而将自身物质注入附近的宿主细胞内。因为微孢子虫具有独特的结构和功能，所以对极丝的鉴定可作为微孢子虫门诊断的依据。由于微孢子虫尺寸很小，几种感染人类的微孢子虫大小为 1~2 μm（Franzen & Muller 2001），微孢子虫属、种超微结构特异性诊断的传统方法需要依靠透射电镜（transmission electron microscope，TEM）对极丝进行鉴定来完成。使用 TEM 对微孢子虫进行鉴定是现行微孢子虫诊断的金标准，但是 TEM 鉴定耗费大量的人力和时间，要求昂贵的仪器设备，较多的专业知识，并且需要专业人员进行操作。与此同时，因为可检测组织的量较小并且缺乏信号的放大，所以 TEM 鉴定相对而言灵敏度较低。

依赖光学显微镜的检测方法经过发展、优化，已经可以快速地检测微孢子虫，并且检测灵敏度要高于 TEM，但还是要求有经验的病理学家进行鉴定。上述方法包括常规的组织学染色，例如单独使用改进的三色染色法或将三色染色法同革兰染色或 Warthin–Starry 银染结合（Garcia 2002）。虽然这些方法在检测体液和组织中微孢子虫比 TEM 更加实用，但是无法检测微孢子虫内部极丝。当然，微孢子虫的诊断主要以检测较厚的孢子壁为基础，孢壁具有折光性并且可被改进的三色染色法选择性染色。已有研究人员使用化学荧光增白剂（如 calcofluor white、Uvitex 2B、Fungi–Fluor）对孢壁的几丁质进行标记。虽然上述方法检测灵敏度较高，但是可能与真菌和人造物质存在着潜在的交叉反应，特别是粪便样品。研究人员建议将荧光增白剂与传统的组织学染色的方法结合，以期在检测粪便样品时有更高的灵敏度与特异性。然而，即使将样品的准备与染色做到最好，也使用光学显微镜对其进行物种特异性诊断，这是使用光学显微镜观察传统染色样品不可避免的缺点。而微孢子虫的物种鉴定对治疗不同种属的微孢子虫引起的疾病具有十分重要的意义（Didier & Weiss 2006）。

虽然基于极丝或者其他微孢子虫门特有的超微结构透射电镜可以作为微孢子虫病诊断的有力证据，但是仅基于形态学，难以实现对微孢子虫病更为特异的诊断。仅依靠形态学特征不能充分地展现出所有可侵染人类的病原体微孢子虫的特征，如脑炎微孢子虫属的微孢子虫，它们具有相似的形态学特征，但是使用免疫学或分子生物学分析就可以揭示出它们亚种的差异。此外，对于非常相近的物种，我们只能在微孢子虫特定的发育时期才能区分出它们的差异，而在特定的临床样品中，上述的发育特征可能就难以展现出来。虽然体外培养的方法有助于对几种感染人类的微孢子虫的诊断，但是培养的方法较烦琐，且容易污染，所以有些不现实；并且，在人类体内发现的最常见的微孢子虫——毕氏肠微孢子虫（*Enterocytozoon bieneusi*）并不能在体外培养（Visvesvara 2002）。

在过去的 10 年间，基于分子生物学的方法越来越多地应用于临床中病原体微生物的诊断与鉴定。分子生物学方法主要针对病原体核酸序列或者特异抗原进行检测，和传统的显微镜检测或者体外培养的方法相比，分子生物学方法具有更多潜在的优势：如通过信号的放大提高灵敏度；使用合适的检测探针增加特异性；更快的得到结果以及更易于被非专业人员理解（Procop 2007）。虽然临床型实验室主要依靠显微镜的方法诊断微孢子虫，但是在过去的 15 年里，分子生物学的诊断方法在研究型实验室里得到了长足的应用与发展。

17.2　人类微孢子虫诊断的常规评价

最初诊断可疑性肠微孢子虫的方法是通过检查粪便样品（van Gool et al. 1993；Weber et al. 1993a，b，1994a；Weber & Bryan 1994；Didier et al. 1995a）。在一些研究中，粪便的检测显示出和内镜活组织检查相似的灵敏度（Verre et al. 1993；Didier et al. 1995a）。与此同时，在通过内镜的管道、肝穿刺导管或者在外科胆囊切除术时获得十二指肠抽出物、胆汁或者胆汁抽出物的沉淀中也可以检测到孢子的存在。微孢子虫引起的系统性感染可以在尿液沉积物、呼吸道样品（包括支气管肺泡灌洗液、痰液、鼻涕、鼻咽液、鼻窦抽取物）、脑脊液和结膜表面物等临床表现中检测出来。如果多种器官被感染，并且由于任何器官系统都可以表现出侵染症状，所以几乎在任何组织或体液中检测到微孢子虫都可以确定其他组织或体液已被感染。两种微孢子虫的混合侵染已有报道，并且很有可能在同一宿主的一个组织中检测到一种微孢子虫，而在其他组织中检测到另一种的微孢子虫。

和大多数的肠道病原体一样，研究人员认为多份粪便样品的检测可以提高诊断的灵敏度；然而，就像其他肠道病原体如兰伯氏贾第虫（*Giardia lamblia*）一样，我们并不知道分泌物中的微孢子虫在人体内的分泌是否是随时间的变化而变化，亦或是一种间断分泌的模式。每克粪便样品能检测到孢子的临界值不仅依赖于检测技术，如聚合酶链式反应（PCR）和引物的使用，以及用于检测的光学显微镜和染色方法等，还依赖于微孢子虫的种类。已有学者进行了稀释实验，将组织培养获得的肠脑炎微孢子虫（*Encephalitozoon intestinalis*）接种于粪便样品中，使用光学显微镜检测粪便中微孢子虫的最低检测限大约是 5×10^4 孢子 /mL（Didier et al. 1995a），使用显微镜检的方法检测脑炎微孢子虫属孢子的检测限为（$10^4 \sim 10^6$）孢子 /mL，而使用 PCR 的方法可以达到 10^2 孢子 /mL（Rinder et al. 1998）。

目前的研究还不能为患有慢性腹泻的 HIV 患者提供一个合适的诊断方法，因为对他们的粪便样品进行全面检测后，呈现阴性结果。虽然微孢子虫大多存在于空肠，但是在十二指肠和回肠中也能检测到（Weber et al. 1992b）。微孢子虫却很少能在结肠组织切片中检测得到。结肠镜检查术可以检测由巨细胞病毒引起的结肠炎，这种病症可以在携带有 HIV 的患者中治愈，但是并不能通过粪便样品的检测进行诊断。充分利用这种技术可以提供一个可靠的检测回肠末端肠微孢子虫的方法，以减少患者做内镜检查时额外的痛苦。如果对免疫缺陷且患有慢性腹泻（超过 2 个月）患者的粪便样品进行检测的结果呈现阴性，此时就应使用内镜检查。值得注意的是，伴有腹泻症状的儿童或者成年人，微孢子虫或其他导致腹泻的病原体会形成肠道多寄生现象（Hewan-Lowe et al. 1997；Sobottka et al. 1995；Weber et al. 1993b）。

最常见的眼部微孢子病是角膜结膜炎。在眼底检查中，如若发现许多微小的角膜溃疡，则很可能发生了点状上皮角膜病变。使用光学显微镜可以观察到角膜和眼结膜上皮细胞中的微孢子虫（Schwartz et al. 1993a；Shah et al. 1996）。细胞学相关的样品准备中包括从角膜或结膜上刮削下的碎屑、涂片和非创伤性拭子标本样品都可以用来进行微孢子虫诊断。如果在尿液和呼吸道分泌物中检测到孢子，基本可以确定已经发生了微孢子虫全身感染。物种的鉴定可以使用分子检测方法和针对物种特异的抗体以及某些情况下的超微结构的形态学区分（脑炎微孢子虫属微孢子虫不能单独依靠形态学特征）来完成。在拥有正常免疫力的患者中，使用病理学或者电子显微镜观察角膜切片可以诊断角膜局部感染（没有系统性感染）（Weber et al. 1994b）。

17.3　动物微孢子虫诊断的常规评价

目前，研究发现微孢子虫存在于大量的哺乳动物中。受到脑炎微孢子虫属感染的动物，已经可以使用特异性的检测抗体完成包括碳素凝集法（CIA）、免疫荧光抗体实验（IFAT）、酶联免疫吸附法（ELISA）和蛋白印迹（WB）等方法进行诊断，但是血清学的方法不能区分潜伏性感染和活性感染。和上述人类微孢子虫病检测一样，基于显微镜或者 PCR 的方法检测动物样品中的微孢子虫有助于对这些病原体的诊断和进化分析。组织学检测在动物死后诊断中发挥着主要的作用。

已有报道显示，兔脑炎微孢子虫（*Encephalitozoon cuniculi*）可以侵染宿主子宫和新生幼体，这些宿主包括人工养殖的蓝狐（北极狐属）（Mohn et al. 1974；Botha et al. 1979，1986a，b），在南非和美国地区驯养的犬类（Shadduck et al. 1978；Botha et al. 1979，1986a，b；Stewart et al. 1979），以及圈养的非人类灵长类（Shadduck et al. 1979；Canning & Lom 1986）。处于亚感染状态的动物（如经子宫内感染或经口感染）感染可能持续数年，它们在各自的种群就像充满病原体的水池一样，人类也有可能发生这种情况。通过分子生物学手段比较从人类和动物个体中分离获得的微孢子虫，可以用来研究可能的感染来源以及携带宿主（见第 3 章）。兔脑炎微孢子虫可引起严重的、可传染的、致死性的侵染（Botha et al. 1986b），例如可感染人类的犬类分离株（Didier et al. 1995b）、鼠类分离株（Didier et al. 1995b），以及可感染人工养殖的蓝狐的鼠类分离株（Mathis et al. 1996）。分子鉴定验证了兔和犬的兔脑炎微孢子虫分离株是人畜共患寄生虫（Deplazes et al. 1996a，b；Didier et al. 1996c；Hollister et al. 1996a；Mathis et al. 1997；Mertens et al. 1997）。在许多哺乳动物和鸟类中发现了毕氏肠微孢子虫（Deplazes et al. 1996a）。与此同时，在多种鸟类包括虎皮鹦鹉中发现海伦脑炎微孢子虫的感染（Black et al. 1997）。在美国和澳大利亚的鸟类饲养场的鹦鹉中，已经诊断出微孢子虫病（Canning & Lom 1986）。总体而言，流行病学的数据揭示许多感染人类的微孢子虫属于人畜共患病原微生物。

在感染兔脑炎微孢子虫的兔类中最常见的症状就是在其大脑、肾等器官出现肉芽肿。研究人员利用制备的抗脑炎微孢子虫属的多克隆抗体，通过免疫组化的方法展现了组织切片中的微孢子虫，有些组织甚至没有严重的细胞反应。血清学的方法在诊断有症状或无症状的感染方面非常有价值，如受到兔脑炎微孢子虫侵染的家兔，并且血清学方法对监测动物种群的环境卫生以及阻断微孢子虫水平和垂直传播起着重要的作用（Cox & Gallichio 1978）。最先发展运用的碳素凝集法已经被将孢子或者孢子可溶的提取物作为抗原的IFAT、ELISA 和 WB 所取代（Cox et al. 1979；Weiss et al. 1992）。在实验研究中，经口感染的家兔，其特异抗体的出现要比在家兔的尿液中发现孢子早 3~4 周（Cox & Gallichio 1978；Cox et al. 1979）。家兔经口腔感染微孢子虫后，使用 IFAT 可以在 3~6 周内检测到特异的 IgG 抗体，使用 ELISA 的方法可以在 2 周后检测到（Cox et al. 1979）。此后，高滴度的特异性抗体反应可以在受慢性感染的无症状的动物体内存在数年。血清学的方法对检测受到兔脑炎微孢子虫侵染的家兔种群具有很高的特异性，并且与因为其他病原体侵染而产生的抗体没有交叉反应，如弓形虫（Toxoplasma）或者艾美球虫（Eimeria）。在 19~20 只血清反应阳性的家兔中，血清学检测阳性结果与从宿主大脑组织分离病原体并体外培养的结果相一致（Deplazes et al. 1996b）。因为孢子分泌物的不规律性，甚至在具有严重症状如神经症状和肾炎的家兔中也存在孢子分泌物的不稳定性，所以对孢子分泌物的检测不是很可靠（Cox & Walden 1972）。在家兔群落中，食入（较少可能为吸入）是主要的微孢子虫水平传播途径，但是也有报道称，微孢子虫可侵染家兔子宫（Cox et al. 1979）。

在猪类的排泄物中，也发现了类似于肠微孢子虫属的孢子（Deplazes et al. 1996b）。另外，对几个饲养场检测的数据显示，PCR 检测的方法要比光学显微镜灵敏（铬变素染色）。孢子分泌物与宿主动物的年龄和临床症状没有相关性，并且间断性脱落的孢子有时候低于检测的临界值（Breitenmoser et al. 1999）。已经证明毕氏肠微孢子虫（Enterocytozoon bieneusi）可以自然侵染非人灵长类动物（如恒河猴）。依靠超微结构鉴定这些灵长类动物肠道感染的微孢子虫，揭示了微孢子虫不规律的发育周期（Schwartz et al. 1998）。

17.4　样品的收集、运输与储存

微孢子虫产生的孢子具有环境抗逆性，如果不进行干燥处理，孢子可以在数年内保持稳定并具有感染能力。孢子在 4℃环境中可以保存很多年。在混有 10% 福尔马林或者乙酸钠 – 乙酸 – 福尔马林（SAF）的粪便样品或者十二指肠抽取物、新鲜样品或活组织样品中，均能将微孢子虫进行染色并检测。在人类中，微孢子虫引起的感染可以在新鲜的或者固定的尿液沉积物或者其他体液中检测到孢子，这些临床样品包括唾液、支气管肺泡灌洗液、鼻腔分泌物、脑脊液、结膜涂片、角膜刮取物或者其他组织。可以使用病理学方法检测混有福尔马林的组织样品或者使用电镜检测戊二醛固定的样品来鉴定微孢子虫。新鲜的样品（未固定）可以在含生理盐水或者抗生素的培养基中 4℃保存。新鲜的材料可以用于微孢子虫的分离，方法如下：将材料研磨并接种于细胞中（如 RK–13、人类成纤维细胞等），在合适的温度和 CO_2（如人类微孢子虫 37℃，5% CO_2；鱼类、昆虫微孢子虫、室温）浓度下孵育。已固定或者新鲜的材料都能用于分子生物学研究；但是，新鲜的材料能提出高质量的核酸。微孢子虫具有对环境的抗逆性，因而可以在室温下运输临床样品。

17.5　电子显微镜

微孢子虫的鉴定和分类主要依靠超微结构特征（图 17.1），在第 1 章和第 2 章有详细的讨论。戊二醛固定和电镜包埋技术有利于对微孢子虫的研究。用福尔马林固定，石蜡包埋样品，不是电子显微镜观察最佳的方法。通过去除组织中的石蜡，使用四氧化锇再固定，就可以通过超微结构进行微孢子虫的物种水平鉴定了（Joste et al. 1996）。不同属的微孢子虫超微结构具有唯一性和特殊特征，对各种属的分类也有一定的作用（Canning & Lom 1986；Canning et al. 1998）。然而，所有的分类都要求观察到微孢子虫完整的生活史，对于大多数种来说，孢子的形态学特征不足以确定最后的分类（Didier et al. 1995b）。微孢子虫种水平鉴定最主要的超微结构特征是孢子的发育周期、宿主与病原体的相互作用、细胞核构型和形态学，这些特征只能在组织样品中观察到，在粪便样品或其他体液中观察不到。尽管如此，电子显微镜依然是诊断和种水平鉴定的金标，也是描述一种新物种侵染新宿主的必然要求。电子显微镜已经用于确定和鉴定排泄物或其他体液中的微孢子虫，但是因为只能检测少量的样品，所以这种方法灵敏度不高（Weber et al. 1994b）。电子显微镜作为一种诊断组织样品的技术可能会导致较大的误差。

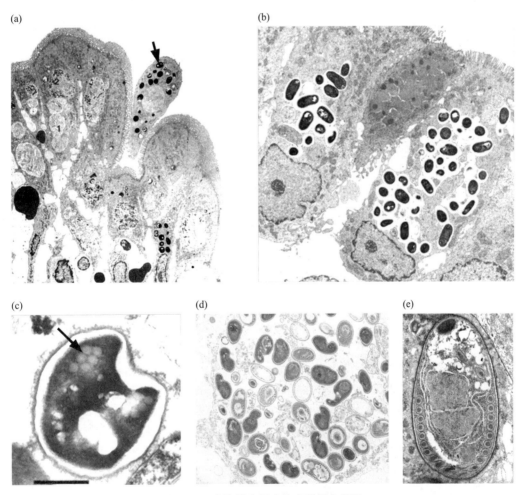

图 17.1　感染微孢子虫患者样品电镜图

（a）感染毕氏肠微孢子虫的艾滋病患者十二指肠上皮细胞中，处于增殖期的孢子（1）、晚期孢原质（2）、成熟孢子（3），箭头指向包含成熟孢子的退化肠上皮细胞。图片来源于 Drs. Rainer Weber 和 M.A. Spycher, University Hospital, Zurich, Switzerland.（b）感染肠脑炎微孢子虫的艾滋病患者小肠上皮细胞，孢子位于纤维基质的液泡中。图片来源于 Drs. Rainer Weber 和 M.A. Spycher, University Hospital, Zurich, Switzerland.（c）毕氏肠微孢子虫孢子极管结构特征，极管横截面由两行组成，且每行含有 3 个截面。标尺 0.5 μm。图片来源于 David Schwartz; Drs. Rainer Weber 和 M.A. Spycher, University Hospital, Zurich, Switzerland.（d）感染的肾小管上皮细胞寄生泡中的海伦脑炎微孢子虫孢子（成熟和未成熟）。图片来源于 Dr. David Schwartz.（e）成熟 *Nosema* spp. 孢子，典型耦核超微结构。图片来源于 Dr. David Schwartz

17.6 粪便样品诊断

最常见的粪便样品染色方法有铬变素 2R 基础染色（Weber et al. 1992a）（图 17.2a 和 b）、化学荧光增白剂（图 17.2c）[（包括卡尔科弗卢尔荧光增白剂（荧光增白剂 28）（Vavra et al. 1993a，b）和荧光增白剂 Uvitex 2B（van Gool et al. 1993）]。常规收集卵细胞和病原体的方法几乎不能用于收集粪便样品中的微孢子虫。但是，将福尔马林—乙酸乙酯浓缩和各种悬浮方法结合起来，可以去除大量的排泄物残渣，进而可以使用光学显微镜简单的观察病原体。不过这种浓缩的方法会损失大量的孢子，很有可能导致错误的阴性结果（Weber et al. 1992a）。合理的离心时间和转速可以提高检测结果的准确性（van Gool et al. 1994a）。有研究报道，在 5 min 离心前，使用 10% 氢氧化钾溶液预处理 SAF 固定的粪便样品，可以提高检测微孢子虫的灵敏度（Carter et al. 1996）。这种方法具有一定的合理性，因为在检测粪便样品时，微孢子虫经常聚集于类似黏稠状的结构中。一般来讲，在体液中检测微孢子虫要比在粪便中检测容易一些，因为没有类似于微孢子虫的细菌或者杂质的干扰。

因为微孢子虫尺寸较小（1~5 μm），所以不管使用何种染色技术对微孢子虫进行诊断都必须使用阳性对照作为参考，并且要有足够的亮度和放大倍数。两种主要的肠微孢子虫，肠微孢子虫属（*Enterocytozoon*）（1~2 μm）和脑炎微孢子虫属（*Encephalitozoon*）（3~5 μm）不同的尺寸差异可以作为属的分类依据

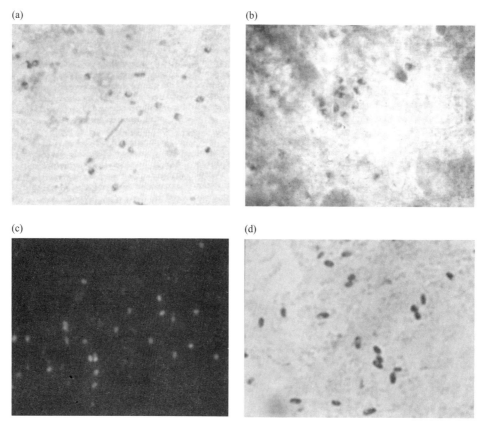

图 17.2 粪便样品中的微孢子虫（见文后彩图）

（a 和 b）将患有腹泻的艾滋病患者粪便样品进行铬变素染色，毕氏肠微孢子虫孢子大小为（0.7~1.0）μm×（1.1~1.6）μm，孢子颜色为粉红至微红，染色的孢子具有稳定的形状；图片来源于 Drs. David Schwartz 和 Louis M. Weiss；（c）将患有慢性腹泻的艾滋病患者粪便样品进行化学荧光染色（真菌-荧光素钠、多聚甲醛），图片来源于 Dr. David Schwartz；（d）感染肠脑炎微孢子虫的艾滋病患者粪便样品快速加热革兰—铬变素染色展示，孢子大小（1.0~1.2）μm×（2.0~2.5）μm，孢子呈现紫色，图片来源于 Dr. David Schwartz

（Weber & Deplazes 1995）；然而，这就要求一位有经验的观察者在比较某一样品时知道是哪种生物体的样品。电子显微镜已经成功应用于检测排泄物中的孢子，并且可以用来区分肠微孢子虫属和脑炎微孢子虫属（Weber & Bryan 1994；Weber et al. 1994a）。研究人员将制备的分别针对海伦脑炎微孢子虫（Croppo et al. 1998b）、肠脑炎微孢子虫（Beckers et al. 1996）和毕氏肠微孢子虫（Accoceberry et al. 1999；Sheoran et al. 2005a，b）的多克隆抗体结合免疫荧光技术检测粪便样品组织切片中的微孢子虫。抗体检测试剂盒不能检测粪便或者环境中的肠微孢子虫科（Encephalitozoonidae）和毕氏肠微孢子虫（E. bieneusi）。

通过流行病学的比较，铬变素染色技术和化学荧光增白剂可以进行常规应用。在检测 AIDS 并患有腹泄患者的临床样品时，这两种方法的灵敏度不相上下（de Girolami et al. 1995；Didier et al. 1995a；Ignatius et al. 1997a）。一些实验室将两种染色结合起来使用，因为铬变素染色具有较高的特异性，而化学荧光试剂则过于灵敏很有可能导致错误的阳性结果（Didier et al. 1995a）。在一项研究中，研究人员用电子显微镜证明 50 份含有微孢子虫的粪便样品，然后分别使用铬变素 2R 和化学荧光增白剂进行 50 个 100 倍视野的观察，所有视野均能检测到微孢子虫（Didier et al. 1995a）。在两项不同的研究中，其中一项的研究人员将 186 份来自 19 位已通过活组织检查确定微孢子虫感染的患者的粪便样品，通过 Uvitex 2B 的方法均检测到毕氏肠微孢子虫的感染，而 55 份来自 16 位通过活组织检查确定未被微孢子虫感染的患者的样品，通过 Uvitex 2B 的方法也均未检测到毕氏肠微孢子虫的侵染。在另一项研究中，最初的检测结果是使用 Uvitex 2B 法可以检测出所有铬变素 2R 鉴定的阳性结果，并且额外检测出 7 份铬变素 2R 未鉴定到的阳性样品（de Girolami et al. 1995）。在复检中，这 7 份样品在铬变素 2R 检测下结果呈阳性。此外，将已用内镜活组织检查确定被微孢子虫感染的患者粪便样品用于铬变素和化学荧光的方法检测，它们的结果也相一致。使用染色的方法检测限大约为 5×10^4 孢子 /mL。化学荧光增白剂染色要比铬变素染色稍微灵敏一些（特别是含有较低量微孢子虫的样品）。但是，化学荧光染色的特异性更低（90% vs. 100%）。尽管在食物或者环境中可以发现微孢子虫可能会导致错误的阳性结果（McDougall et al. 1993），但是这并不影响对有症状患者粪便样品检测的精确度。

17.7　细胞学和组织学

微孢子虫的侵染经常发生在黏膜或者上皮中，细胞学的应用对其诊断具有十分巨大的帮助（图 17.3）。已证明一些样品对微孢子虫的诊断具有很大的帮助，这些样品包括肠道和胆的上皮、角膜和结膜的上皮、鼻窦和支气管区域的上皮、肾小管上皮和尿道上皮。细胞学诊断可以通过检测活组织材料或者轻微研磨组织黏膜收集的材料来完成（例如轻微研磨角膜和结膜获得的样品中，视野下的微孢子虫表现为革兰阳性特征，且呈椭圆形存在于上皮细胞中）。微孢子虫也能在尿液或者其他体液中检测到。对于尿液或者十二指肠抽取物来说，收集沉积物中的微孢子虫需经过高速离心（至少 1 500 g 离心 10 min）。应用细胞学检测体液时，样品中不会含有较多的背景杂质、细菌或者真菌，所以可以使用革兰染色（微孢子虫的革兰染色不固定，可能是革兰阳性，也可能是深红色）、吉姆萨染色、铬变素 2R 或者化学荧光试剂进行染色观察。免疫荧光技术和分子生物学技术均可以提供物种信息。

利用组织学的方法观察常规程序（Kotler & Orenstein 1994；Schwartz et al. 1994a）固定的组织切片可以方便地辨别微孢子虫，这些组织切片需要进行特别的修饰，如铬变素 2R 染色、革兰染色（Brown-Hopps 或 Brown-Brenn）或者 Luna 染色（Peterson et al. 2011）。不管是使用 Brown-Hopps 还是 Brown-Brenn 革兰染色（Luna 1968；Weber et al. 1992a，b），均对所有种的微孢子虫有效（图 17.4）。成熟的孢子一般为革兰阳性（蓝紫色或者紫色），应该注意到染色强度变化会影响最后的结果。而未成熟的孢子很可能被染成红色。在某些情况下，孢子可能会被染成深黑色，但是通过仔细地观察孢壁的特征和孢子中纬线附近出现的带状细节，可以帮助我们鉴定微孢子虫。有研究学者将改进的革兰染色与 Weber 铬变素染色结合起来进行粪便样品的观察。这种快速加热的革兰—铬变素的方法在活组织检查和尸检中取得了很好的结果。其他较为有

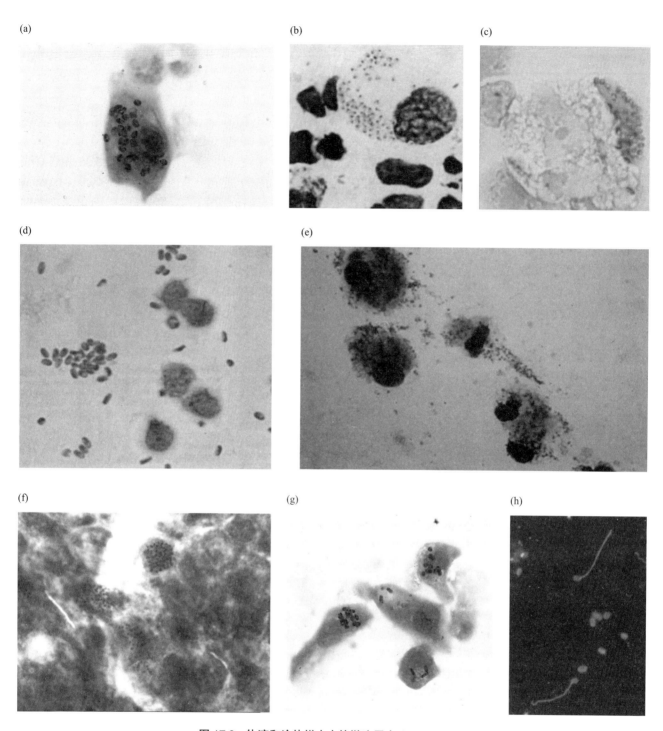

图 17.3　体液和涂片样本中的微孢子虫（见文后彩图）

（a）感染海伦脑炎微孢子虫的 AIDS 患者支气管肺泡灌洗液革兰染色，细胞内孢子呈革兰阳性特征，图片来源于 Dr. David Schwartz；（b）感染海伦脑炎微孢子虫的 AIDS 患者支气管肺泡灌洗液吉姆萨染色，细胞内孢子的结构，图片来源于 Dr. David Schwartz；（c）感染 *Encephalitozoon* spp. 的患者脑脊液铬变素染色，细胞内显现粉红色孢子成簇现象，图片来源于 Dr. David Schwartz；（d）感染兔脑炎微孢子虫的艾滋病患者尿液沉积物铬变素染色，（1.0～1.5）μm×（2.0～3.0）μm 由粉到红的孢子，图片来源于 Dr. Elizabeth Didier, Tulan University, USA；（e）感染脑炎微孢子虫属（*Encephalitozoon* spp.）的艾滋病患者尿液革兰染色，细胞内孢子的革兰阳性结构，图片来源于 Dr. David Schwartz；（f）感染毕氏肠微孢子虫的患者小肠活组织切片（通过内镜收集）吉姆萨染色，细胞内孢子的结构，图片来源于 Dr. Louis Weiss；（g）感染海伦脑炎微孢子虫的患者结膜涂片 Brown-Hopps 染色，表面上皮细胞包含革兰阳性孢子的结构，图片来源于 Dr. David Schwartz；（h）感染的患者痰液使用针对兔脑炎微孢子虫多克隆兔抗免疫荧光染色展示了痰液中的孢子以及被挤压出的极管，图片来源于 Dr. David Schwartz

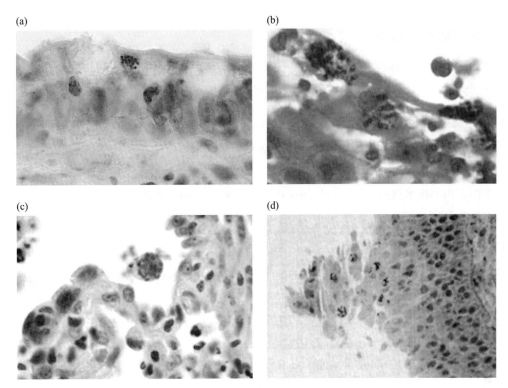

图 17.4　感染微孢子虫的患者组织样品（见文后彩图）

（a）小肠活组织切片 Brown-Brenn 染色，肠上皮细胞顶端毕氏肠微孢子虫孢子（革兰阳性），图片来源于 Dr. David Schwartz；（b）结膜活组织切片 Brown-Hopps 染色，细胞中海伦脑炎微孢子虫（革兰阳性），部分细胞坏死并从上皮脱落，图片来源于 Dr. David Schwartz；（c）肺组织 Brown-Hopps 染色，肺泡巨噬细胞中兔脑炎微孢子虫孢子，图片来源于 Dr. David Schwartz；（d）鼻黏膜活组织半薄塑料切片甲苯胺蓝染色，细胞中的海伦脑炎微孢子虫孢子，图片来源 Dr. David Schwartz

效的染色方法有银染（如改进的 Warthin-Starry 染色）（Field et al. 1993a，b）、铬变素基本染色（Giang et al. 1993）、化学荧光试剂染色（Vavra et al. 1993a，b；Conteas et al. 1996）。改进的 Warthin-Starry 染色可以观察到肠道组织中的成熟孢子甚至整个孢子的生长阶段（Field et al. 1993a，1993b）。染色可能会导致孢子变大。然而，我们必须注意的是在使用革兰染色观察孢子的特异结构时，会比使用基于银染的 Warthin-Starry 染色要困难一些，但是可以鉴定溶酶体、胞质内分泌颗粒、核碎裂残片和黏液中的微孢子虫。微孢子虫也可以被苏木精和伊红染色，但是这种方法很难对其进行鉴定（Orenstein et al. 1990；Orenstein 1991）。将半薄塑料切片进行亚甲基蓝—洋红染色（Orenstein et al. 1990）或者甲苯胺蓝染色都有助于光学显微镜检测微孢子虫。其他染色方法也具有一定的帮助，包括定期 Schiff 酸染、吉姆萨和 Steiner 银染。有几种微孢子虫可以进行快速的酸染。因为孢壁具有翠绿色和一定的折光性，所以可以通过相差显微镜检测新鲜的未染色组织。另外，一些专业实验室通过一系列特异性的抗体对已用福尔马林固定，石蜡包埋的微孢子虫进行属和种的鉴定，这些样品都经过了组织化学染色（Schwartz et al. 1992；Visvesvara et al. 1994；Croppo et al. 1998a）。

17.7.1　尿液

因为排泄物中孢子的含量很低，所以需进行 1 500 g 高速离心 10 min 收集孢子。尿液中一般不含有较深的背景杂质，细菌或者真菌，并且可以使用革兰染色、吉姆萨染色和化学荧光试剂。铬变素染色或者免疫荧光检测可以灵敏、特异地诊断微孢子虫病（Visvesvara et al. 1991；Weber et al. 1993a，b）。因为孢子间歇性脱落，所以复检或者 24 h 收集样品可以提高检测的灵敏度。

17.7.2　十二指肠抽取物

通过内镜获得十二指肠抽取物，并将其离心，涂片，染色后，使用显微镜可以很灵敏的诊断由毕氏肠微孢子虫或肠脑炎微孢子虫引起的肠微孢子虫病（Weber et al. 1992a，b，1994a，b；Weber & Bryan 1994）。

17.7.3　呼吸系统样品和其他体液

呼吸系统样品（包括鼻窦清洗液、痰液和支气管肺泡灌洗液）、腹水、脑脊液和其他体液可通过标准的细胞学技术进行革兰染色（图 17.3a）、吉姆萨染色（图 17.3b）、铬变素染色（图 17.3c）、化学荧光或者免疫荧光（图 17.3h）技术进行检测（Schwartz et al. 1994b；Weber & Bryan 1994；Weber et al. 1994a，b，1997；Sobottka et al. 1995）。

17.7.4　结膜涂片和角膜刮屑

对由微孢子虫引起的角膜炎和结膜炎的诊断，可以通过以下两种方法进行，第一种是将拭子擦取的非创伤结膜样品涂抹在载玻片上并进行染色（图 17.4b），另一种是检测结膜、膜的刮屑或者活组织样品。可用染色的方法有铬变素染色、革兰染色、吉姆萨染色和荧光素标记的抗血清特异结合（Schwartz et al. 1993a，b；Weber & Bryan 1994；Weber et al. 1994a，b；Shah et al. 1996）。对患有微孢子虫病的患者，应该检测其尿液和呼吸系统分泌物，以证明微孢子虫的存在。

17.8　微孢子虫的染色技术

详细的特异性染色操作见本章节附录 A.17。

17.8.1　铬变素染色

Weber 和他的同事们最早使用铬变素染色技术对粪便样品、十二指肠抽取物和其他体液进行光学显微镜检测，（Weber et al. 1992a，b，1994a，b；Weber & Bryan 1994），染色步骤和 Wheatley（1951）的三色染色法相似，三色染色法已被许多实验室应用在粪便的寄生虫学常规检测。改进的染色液中铬变素的浓度要提高 10 倍，并且涂片在染色液中浸泡的时间也有所延长。在准备涂片的时候，需要将 10 ~ 20 μL 未离心的粪便样品轻轻且均匀地压在载玻片上，针对其他体液样品，需通过离心获得的其沉淀后方可进行涂片。微孢子虫卵圆形，并且在经过铬变素染色后，呈现出特异的表型。进行铬变素 2R 染色后，孢子呈现出卵圆形，且对角线有浅粉色条带，而平面背景则为绿色［Weber 铬变素染色（Weber et al. 1992a）］或者蓝色，或是 Ryan 改进的铬变素染色（Ryan et al. 1993）。一些孢壁是透明的。毕氏肠微孢子虫的孢子大小约是 0.9 μm × 1.5 μm；脑炎微孢子属（*Encephalitozoon* spp.）的孢子要大一些，（1.0 ~ 1.5）μm ×（2.0 ~ 3.0）μm，但是它们具有相似的染色模式（Weber et al. 1994a）。经过复染，大部分的背景杂质都会有微弱的绿色（染色技术的不同可能会导致蓝色）。酵母和某些细菌也能染成微红色，但是通过比较微孢子虫的大小、形状和染色区域，就能将它们分别开来。为了统一染色步骤，每种诊断的染色步骤都需选用固定的对照样品。研究人员在最初的铬变素染色的基础上进行了一些改进，包括 Ryan 和他的同事们进行的复染色（1993）、Kokoskinhe 等（1994）和 Didier 等（1995a）在染色液温度和染色时间上做出的优化。根据实际情况可以选择复染，复染不会影响微孢子虫的粉红染色。50℃染色 10 min（Kokoskin et al. 1994）或者 37℃染色 30 min（Didier et al. 1995a）都有助于对微孢子虫的检测，并且背景清晰，孢子的染色效果更强烈。

对样品进行抗酸染色（Ignatius et al. 1997b）后，可以在同一张载玻片观察到隐孢子虫卵囊和微孢子虫的孢子，快速加热革兰 – 铬变素染色技术可以在 5 min 内完成，并且将孢子染成较深的蓝紫色，背景为淡绿色（图 17.2d）（Moura et al. 1997）。

17.8.2　化学荧光试剂

使用紫外（UV）显微镜可以观察到经过荧光增白剂染色处理的微孢子虫，这些试剂包括卡尔科弗卢尔荧光增白剂 M2R（荧光增白剂 28；真菌荧光）、Uvitex 2B（真菌 A；医药诊断学，Kandern，德国），主要对孢壁中的几丁质（孢子内壁）染色（Vavra & Chalupsky 1982；van Gool et al. 1993；Vavra et al. 1993a，b）。在正确的波长下（见本章附录 A.17），微孢子虫孢子的几丁质壁可发出荧光，有助于对孢子的检测（图 17.2c）。荧光增白剂也可以将真菌或者其他排泄物染色，但是研究人员可以通过孢子统一的卵圆形和不出芽的特征和真菌区分开来，所以鉴定微孢子虫需要有一定的工作经验。

17.8.3　吉姆萨染色

吉姆萨染色可以将粪便样品或者其他体液中的微孢子虫染成浅蓝色，有时也可以将孢子的核染成较深的颜色（van Gool et al. 1990）。我们很难将涂片中被染成蓝色的微孢子虫同粪便样品中其他的被染成蓝色的排泄物区分开来。吉姆萨染色有助于在光学显微镜下检测肠道活组织的涂片标本（Rijpstra et al. 1988）或者使用细胞学方法准备的体液（图 17.3b 和 f）。

17.8.4　Luna 染色

最初，Luna 染色应用于检测酸性粒细胞（eosinophils）中的胞质粒（cytoplasmic granules）、内格里氏小体（Negri bodies）、红细胞和吞噬细胞（Luna 1968）。最近，有研究人员发现，Luna 染色可以将微孢子虫（8 种感染鱼类和无脊椎动物）染色，包括从肠道活组织分离出来的多种脑孢虫属的微孢子虫，甚至含有毕氏肠微孢子虫（M. Kent，未发表数据）（图 17.5）。不同种属的孢子，组织切片中的孢子都可以被染成砖红色，并且和组织的背景色形成鲜明的对比。

17.8.5　免疫荧光

荧光标记的多抗或者单抗已经用于人类或者动物临床样品中微孢子虫的检测（Weber et al. 1994a，b；Weiss & Vossbrinck 1998）。与只能对孢壁进行染色的免疫组化方法相比，IFAT 通过使用特异的多抗，可以形象地观察孢子。光学显微镜能观察到的特征，如细胞内发育周期、弹出的极管、孢子的生存能力以及其代表微孢子虫物种特征的细胞学表现（图 17.3h），均能通过 IFAT 观察得到。从感染了不同微孢子虫的患者身上获得的临床样品中，已经发现孢子弹出极管这一现象，这些微孢子虫包括兔脑炎微孢子虫 [痰

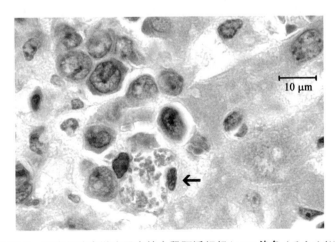

图 17.5　感染兔脑炎微孢子虫的小鼠肝活组织 Luna 染色（见文后彩图）

孢子（箭头）Luna 染色为红色。图片来自 Michael Kent，Oregon State University，OR

液、脑脊髓液、尿液、肠道活组织样品（Weber et al. 1997）]、肠脑炎微孢子虫［痰液和尿液（Beckers et al. 1996）]、毕氏肠微孢子虫［活组织材料和十二指肠流液（Zierdt et al. 1993；Sheoran et al. 2005a，2005b）]。

研究人员利用具有较低交叉反应的多克隆抗体来区分兔脑炎微孢子虫和海伦脑炎微孢子虫这两个形态学相似的物种（Visvesvara et al. 1991；Schwartz et al. 1996）。已有研究报道，多克隆抗体在脑炎微孢子虫属微孢子虫和其他微孢子虫种存在交叉反应（Zierdt et al. 1993；Aldras et al. 1994；Didier et al. 1995a），且能用于粪便样品中肠微孢子虫属孢子的检测。但是多克隆抗体在诊断上的应用面临较大的阻碍，特别是在检测粪便样品时，存在较高的背景以及和酵母、细菌的交叉反应（Zierdt et al. 1993；Garcia et al. 1994）。在一项研究中，研究人员将 IFAT 与荧光增白剂或铬变素染色进行了对比，使用抗肠脑炎微孢子虫的鼠多抗检测 55 份已确诊感染肠脑炎微孢子虫或毕氏肠微孢子虫的临床样品，结果表明，IFAT 的检测孢子的灵敏度和检测限都较低（Didier et al. 1995a）。一种抗兔脑炎微孢子虫的多抗可以和无脊椎动物来源的海伦脑炎微孢子虫、肠脑炎微孢子虫、变形孢虫属和 *Nosema* spp. 的孢子发生交叉反应，而不能和毕氏肠微孢子虫、角膜条孢虫、真菌和细菌发生交叉反应（Enriquez et al. 1997）。这种抗体对检测粪便和活组织样品中的肠脑炎微孢子虫具有很高的诊断价值。分别抗海伦脑炎微孢子虫（Croppo et al. 1998a，b）、肠脑炎微孢子虫（Beckers et al. 1996）和毕氏肠微孢子虫（Accoceberry et al. 1999；Sheoran et al. 2005a，b）的多克隆抗体已被应用于免疫荧光技术，以达到对组织切片和粪便样品中的微孢子虫进行检测的目的。商业化的基于抗体的检测试剂盒已经可以应用于检测粪便和环境样品中的微孢子虫（Waterborne，New Orleans）。

17.9 基于核酸的检测方法

基于核酸的检测方法主要利用合成的可与病原体 DNA 特异互补的 DNA 分子。最早的方法是将标记的探针与病原体 DNA 杂交，然后发出可见的信号（如荧光）。这种 DNA 技术一直沿用至今，主要是扩增目的序列，最常用的方法就是 PCR（作为一个里程碑式工作，参照 Yang & Rothman 2004）。在 PCR 的过程中，病原体的目的 DNA 被一对特异的引物结合，在充足的脱氧核糖核苷酸和高保真聚合酶的作用下多次复制。病原体的目的 DNA（扩增产物）的扩增有两个优点：提高基于探针的检测方法的灵敏度，并且简化下游操作时对扩增产物的分析（例如限制性酶切分析、测序）。

Weiss 和 Vossbrinck 已对用于分子诊断微孢子虫的样品准备技术做了详细的评估（Weiss et al. 1999）。DNA 的纯化技术会影响到 PCR 诊断技术的灵敏度。临床样品如组织切片、角膜刮屑、十二指肠抽取物、尿液样品或者体外培养样品的核酸提取可以使用商业化的 DNA 提取试剂盒（如 Qiagen、Santa Clara、CA、Promega、Madison、WI），也可以按照常规方法如蛋白酶 K 消化后，使用苯酚 – 氯仿抽提，乙醇沉淀获得 DNA（Ausubel et al. 1997）。也可以按照标准的方法（Innis et al. 1990）或者商业化试剂盒 DexPAT（Takara Biochemical，Berkeley，CA）来分离被石蜡包埋的材料中的 DNA。DNA 可以从改进的三色染色法（Chan & Koh 2008）和数十年之久的吉姆萨染色（Hylis et al. 2005）的玻片样品材料中扩增出来，首先将样品材料从载玻片上轻轻刮下，使用玻璃珠机械破碎微孢子虫，最后使用标准的方法提取 DNA。

分离纯化粪便样品中的 DNA 面临巨大的挑战，普遍需要机械破碎或者严格的提纯条件。成功提取的方法包含使用 0.5% 次氯酸钠（Fedorko et al. 1995）、几丁质酶（Fedorko et al. 1995）、溶细胞酶（Raynaud et al. 1998）、硫氰酸胍（Boom et al.1990；Kock et al. 1997；Talal et al. 1998）、10% 福尔马林或者 1 mol/L KOH（Fedorko et al. 1995；Katzwinkel–Wladarsch et al. 1996）、二 硫 苏 糖 醇（Katzwinkel–Wladarsch et al. 1996）、溴化十六烷基三甲铵（Carville et al. 1997），或者将样品煮沸（Ombrouck et al. 1996a，b，1997）。粪便样品中经常含有聚合酶的抑制剂（Monteiro et al. 1997）。如果不将这些抑制剂通过上述方法去除，也可以考虑使用稀释（Ombrouck et al. 1997）或者硫氰酸胍（Boom et al. 1990）处理样品的方法。另外，研究人员发明了一种不需要提前抽提粪便样品模板的方法，具体来说就是使用 FTA 滤片，首先将 FTA 滤片浸入变性剂、螯合剂和富含自由基的溶液中，细胞接触这样的环境后会发生溶解，DNA 结合在滤片上，而细胞碎片和其他抑制因子则会被洗刷下来。在一项研究中，研究人员将 FTA 滤片的方法与 PCR 技术相结合，可以达到每毫升粪便样品 800 个孢子的检测限（Subrungruang et al. 2004）。

将 PCR 技术较好地应用于病原体诊断的前提是要提前掌握其基因序列信息。感染人类的多种微孢子虫是一类新兴的病原体，并且其遗传信息也越来越清楚。大多数微孢子虫只有其 rRNA 可以在基因库序列数据中下载得到。基因库中存储的微孢子虫基因数量从以前小于 200 个（Weiss et al. 1999）到现在已超过 20 000 个。这种变化是由于几种微孢子虫基因组测序的完成，包括一些感染人类的微孢子虫。例如，2001 年 Katinka 等完成了感染人类的兔脑炎微孢子虫的基因组测序，注释了大约 2 000 个基因，具有里程碑意义。最近研究人员也对海伦脑炎微孢子虫和肠脑炎微孢子虫完成了测序工作（Corradi et al. 2010），它们也分别拥有约 2 000 个基因。也有研究人员对基本上不可体外培养的病原体毕氏肠微孢子虫进行了基因组研究，鉴定了约 3 000 个基因，但是里面有部分基因与兔脑炎微孢子虫同源（Akiyoshi et al. 2009）。

由于基因组信息的公布以及 rRNA 存在保守区和可变区，基于 PCR 的方法可以通过对特异基因设计特异引物，来鉴定微孢子虫。最先报道的研究是利用纳卡变形微孢子虫（*Vairimorpha necatrix*）rRNA 保守区引物克隆了其小亚基 rDNA，纳卡变形微孢子虫是一种农业害虫的病原体微生物（Vossbrinck et al. 1987）。研究人员通过设计一些保守序列特异的互补引物，扩增并获得一些感染人类的微孢子虫 rRNA 的序列信息，包括兔脑炎微孢子虫、海伦脑炎微孢子虫、肠脑炎微孢子虫、毕氏肠微孢子虫和角膜条孢虫（Franzen & Muller 1999；Weiss & Vossbrinck 1999；Weiss et al. 1999）。2001 年，Katinka 等发现在兔脑炎微孢子虫基因组中一些 rRNA 基因超过 20 个拷贝，和一些单拷贝基因相比，这些 rRNA 可以提高 PCR 检测技术的灵敏度。

Weiss 和 Vossbrinck（1999）、Franzen 和 Muller（1999）已经对使用针对多种 rRNA 基因的引物诊断微孢子虫的研究做出评估。用于各种微孢子虫扩增的引物对序列以及 PCR 的退火温度，扩增产物的大小的详细信息见表 17.1（Weiss & Vossbrinck 1999）。这些引物一部分是特异引物，也有一部分是通用引物，可以扩增所有的兔脑炎微孢子虫科（Encephalitozoonidae）的微孢子虫。有些引物的扩增产物受下游分析的限制，需要将其中的产物用特异的限制性内切酶消化成小片段，然后进行种属特异的诊断。

PCR 对先前未知的微孢子虫的鉴定起着重要作用，包括感染人类或兽类的微孢子虫。研究人员通过使用系统发生的保守引物去扩增 SSU、LSU 和基因间隔区，尽可能克隆并获得部分 rRNA 基因，而这些 rRNA 基因可以获得活组织切片样品不能获得的信息（图 17.6 和表 17.2）（Weiss & Vossbrinck 1999）。这些 rRNA 序列数据可以用 BLAST 进行系统进化分析，并且能像计算机一样，在基因库中比对各种微孢子虫的未知序列。表 17.2 中的引物是依据"分子工具箱"设计，这个工具箱可以克隆微孢子虫的新物种的 rRNA 基因。引物 V1（18f）::1492r 和 530f::580r 被认定为一对通用引物，它们可以扩增出微孢子虫新物种的未知 rRNA 基因（Vossbrinck & Debrunner–Vossbrinck 2005；Weiss & Vossbrinck 1999）。

随着越来越多的微孢子虫全基因组测序完成，依赖 PCR 诊断的微孢子虫的方法也越来越多样化。例如，毕氏肠微孢子虫全基因组中的微卫星和小卫星序列已经筛选出 7 个靶标序列，进而对其宿主适应性差异及动物传染株进行了分析研究（Feng et al. 2011）。最近，研究人员通过对兔脑炎微孢子虫全基因组分析，使用有限的基因确认了其 3 个传统的公认基因型（ECI、ECII 和 ECIII），并揭示了不同株之间大量的单核苷酸多态性和基因的插入与缺失（Pombert et al. 2013）。这种方法并不能证明系统发生的存在，但是可以提供不同菌株间的差异特征。

此外，研究人员使用实时定量 PCR 诊断微孢子虫的方法也已见报道（Hester et al. 2002a，b；Wolk et al. 2002；Menotti et al. 2003b；Verweij et al. 2007）。实时定量 PCR 可以通过荧光染料或者荧光标记探针检测扩增产物的累积，具有在广泛动态范围内进行定量的优势。除此之外，实时定量 PCR 具有代表性的使用多孔形式并且对样品进行快速扩增，这样可以提高效率并降低 PCR 污染（Monis & Giglio 2006）。Hester 等（2002a，b）使用对脑炎微孢子虫属特异的针对 SSU rRNA 的探针和对兔脑炎微孢子虫、海伦脑炎微孢子虫和肠脑炎微孢子虫种特异的引物进行了探究。但是他们的方法只对纯化过的微孢子虫 DNA 有效，而检测

表 17.1 用于微孢子虫诊断的引物

扩增的物种	序列 (5'-3')	引物/探针[a] 名称	PCR 退火/熔解 温度[b] (℃)	扩增片段 大小 (bp)	参考文献
PCR 使用的引物					
Anncaliia (Brachiola) algerae	ACTCCGGTAACCTGTGATGTG	NALGf2	55	180	Visvesvara et al. (1999)
	TACAAAGCATGATCCCAGTCT	NALGR1			
Anncaliia (Brachiola) algerae	GCCGTTTCCGAAGTTGG	NAGf	50	192	Cali et al. (1998)
	ATATCGACGGACTCTCACC	NAG178r			
Encephalitozoonidae 和 Ent. bieneusi	CACCAGGTTGATTCTGCCTGAC	PMP1 (V1)	60	Eb 250	Fedorko et al. (1995)
	CCTCTCCGAACCAAACCTG	PMP2		Ec 268	
				Ei 270	
				Eh 279[c]	
Encephalitozoonidae 和 Ent. bieneusi	TGAATG (G/T) GTCCCTGT	MSP1	58	Eb 508	Katzwinkel–Wladarsch et al. (1996)
	TCACTCGCCGCTACT	MSP2A		Ec 289	
	GTTCATCGCCACTACT	MSP2B		Ei 305	
	GGAATTCACACGCCCCGTC (A/G) (C/T) TAT	MSP3			
	CCAAGCTTATGCTTAAGT (C/T) (A/C) AA (A/G) GGGT	MSP4A			
	CCAAGCTTATGCTTAAGTCCAGCGAG	MSP4B			
Encephalitozoonidae 和 Ent. bieneusi	CCAGGUTGATUCTGCCUGACG	Mic3U	65/62	Eb 132	Kock et al. (1997)
	TUACCGCGGCUGCAC	Mic421U		Ec 113	
	AAGGAGCCTGAGAGATGGCT	Mic266		Eh 134	
	CAATTGCTTCACCCTAAGGTC	Eb379		Ei 128	
	GACCCCTTTGCACTCGCACAC	Ec378			
	TGCCCTCCAGTAAATCACAAC	Eh410			
	CCTCCAATCAATCTCGACTC	Ei395			
Encephalitozoonidae 和 Ent. bieneusi	CACCAGGTTGATTCTGCC	C1 (V1)	56	Eb 1 170	Raynaud et al. (1998)
	GTGACGGGCGGTGTCTAC	C2		Ec 1 190	

续表

扩增的物种	序列（5'-3'）	引物/探针[a] 名称	PCR 退火/熔解 温度[b]（℃）	扩增片段 大小（bp）	参考文献
Encephalitozoonidae	TGCACGTTAAAATGTCCGTAGT TTTCACTCGCCGCTACTCAG	int530f int580r	40	Eh 1 205 Ei 1 186[d]	Didier et al. (1996[d])
Enc. intestinalis	CACCAGGTTGATTCTGCCTGAC CTCGCTCCTTTACACTCGAA	V1 Si500	58	1 000	Weiss et al. (1994)
Enc. intestinalis	GGGGGTAGGAGTGTTTTTG CAGCAGGCTCCCCTCGCCATC	3 3	65	375 930	Hartskeerl et al. (1993), David et al. (1996)
Enc. intestinalis	TTTCGAGTGTAAGGAGTCGA CCGTCCTCGTTCTCCTGCCCG	SINTF1 SINTR	55	520	da Silva et al. (1997b), Visvesvara et al. (1995b)
Enc. cuniculi	ATGAGAAGTGATGTGTGTCGG TGCCATGCACTCACAGGCATC	ECUNF ECUNR	55	549	Visvesvara et al. (1994), de Groote et al. (1995)
Enc. hellem	TGAGAAGTAAGATGTTTAGCA GTAAAAAGACTCTCACACTCA	EHELF EHELR	55	547	Visvesvara et al. (1994)
Ent. bieneusi	GAAACTTGTCCACTCCTTACG CCATGCACCACTCCTGCCATT	EBIEF1 EBIER1	55	607	da Silva et al. (1997a)
Ent. bieneusi	CACCAGGTTGATTCTGCCTGAC ACTCAGGTGTTATACTCACGTC	V1 EB450	48	353	Zhu et al. (1993), Coyle et al. (1996)
Ent. bieneusi	CACCAGGTTGATTCTGCCTGAC CAGCATCCACCATAGACAC	V1 Mic3	54	446	Mansfield et al. (1997), Carville et al. (1997)
Ent. bieneusi	TCAGTTTTGGGTGTGGTATCGG GCTACCCATACACACATCATTC	Eb.gc Eb.gt	49	210	Velasquez et al. (1996)
Ent. bieneusi	GCCTGACGTAGATGCTAGTC	2	55	1 265	David et al. (1996)

续表

扩增的物种	序列 (5'-3')	引物/探针[a] 名称	PCR 退火/熔解[b] 温度 (℃)	扩增片段大小 (bp)	参考文献
	ATGGTTCTCCAACTGAAACC	2			
Vittaforma corneae	TGAGACGTGAAGATGAGTATC	NCORF1	55	375	Pieniazek & Visvesvara, 个人交流
	TCCCTGCCCACTGTCTCCAAT	NCORR1			
杂交使用的引物和探针					
Encephalitozoon spp.	CAGGTTGATTCTGCCTGACG	FP	63		Notermans et al.（2005）
	ATCTCTCAGGCTCCCCTCTCC	RP			
	3'-GACGTR（A/G）GATGCTAE（G/T）TCTCTG-5'	Probe	55		
Ent. bieneusi	TGTGGCTAAAAGCGGGAGAAT	Probe	(杂交)		
Ent. intestinalis	GGGGGCTAGGAGTGTTTTG	Probe			
Enc. cuniculi	ATAGTGGTCTCGCCCCTGTGG	Probe			
Enc. hellem	TCTGGGGGTGGTAGTTTGTA	Probe			
Enc. Hellem	ACT CTCACA CTC ACT TCA G	HEL878F	54		Hester et al.（2000）
Ent. bieneusi	CGGTGGTGTGTGTCTAGGCGTGAGAGTGTATC	Probe	55 (杂交)		Velasquez et al.（1999）
RT-PCR 或荧光 PCR 使用的引物和探针					
	CCC TGT CCT TTG TAC ACA CCG CCC	EncephP1	68		Hester et al.（2002b）, Hester et al.（2002a）
	TCC TAG TAA TAG CGG CTG ACG AA	EcunF1	59		
	ACT CAG GAC TCA GAC CTT CCЭ A	EcunR2	59		
	GAA TGA TTG AAC AAG TTA TTT TGA ATG TG	EhelF1	59		
	AAC ACG AAA GAC TCA GAC CTC TCA	EhelR2	58		
	AAT TCC TAG TAA TAA CGA TTG AAC AAG TTG	EintF1	59		
	ACG AAG GAC TCA GAC CTT CCA A	EintR2	59		
Ent. bieneusi	CGGCTGTAGTTCCTGCAGTAAAACTATGCC	FEB1	65	102	Menotti et al.（2003）
	CTTGCGAGCGTACTATCCCCAGAG	REB1			
	ACGTGGGCGGGGAGAAATCTTTAGTGTTCGGG	Probe			

扩增的物种	序列（5'-3'）	引物/探针[a]名称	PCR 退火/熔解温度[b]（℃）	扩增片段大小（bp）	参考文献
Enc. intestinalis	GCAAGGGCAGGAATGGAACAGAACAG	FEI1	65	127	Menotti et al.（2003a，2003b）
	TTCAGAAGCCCATTACACAGC	REI1			
	CGGGCGGCCACGCGCCACTACGATA	*Probe*			
Ent. bieneusi	TGTGTAGGCGGCTGAGAGTGTATCTG	EbITS-89F	60	103	Verweij et al.（2007）
	CATCCAACCATCACGTACCAATC	EbITS-191R			
	CACTGCCACCCACCATGCCTCCACCCTT	EbITS-114revT			
Encephalitozoon spp.	CACCAGGTTGATTCTGCCTGAC	MSP1F	60		Wolk et al.（2002）
	CTAGTTAGGGCCATTACCCTAACTACCA	Eint227R			
	CTATCACTGAGCCGTCC	*Eint82Trev*			
Encephalitozoon	GTCCGT TAT GCC CTG AGA T ACA GCA GCC ATG TTA CGACT	*Probe 1*	60	268	
	GCC CGT CGC TATCTA AGA TGA CGC A TGG ACG AAG ATT GGA AGGTCT GAG TC	*Probe 2*			
芯片使用的引物和探针					
Microsporidia-generic	GATTCTCCCTGACCTGGATGCTATT	*Msp1*	58		Wang et al.（2005）
	ATTCCGGAGAGGGCAGCCTGAGAGAT	*Msp2*	61		
	ATTGACGGAAGGACACTACCAGGA	*Msp3*	57		
	GTGCGGCTTAATTTGACTCAACGCC	*Msp4*	58		
Ent. bieneusi	ACGGCTCAGTAATGTTGCGGTAATT	*Eb1*	56		
	CCTATCAGCTTGTTGGTAGTGTAAA	*Eb2*	54		
	TCAATGAGACGTGAGTATAAGACCTG	*Eb3*	56		
	ATCGAATACGTGAGAATGGCAGGAGT	*Eb4*	58		
	CTAAAAGGCGGAGAATAAGGGCCAAC	*Eb5*	58		
	CGTTGTTCAATAGCCGATGAGTTTGC	*Eb6*	56		
	GGTGAAACTTAAAGCGAAATTGACGG	*Eb7*	56		
	AGCCCTGTCTGCTGAGAATACGTGG	*Eb8*	56		

续表

扩增的物种	序列（5′-3′）	引物 / 探针 [a] 名称	PCR 退火 / 熔解温度 [b]（℃）	扩增片段大小（bp）	参考文献
Encephalitozoon	ACGGCTCAGTGATAGTACGAT⊇ATT	*Ence1*	56		
	TATCAGCTGCTAGTTAGGGTAATGG	*Ence2*	56		
	GAGTGAAACTTGAAAGAGATTGACGG	*Ence3*	56		
Enc. cuniculi	TGTTGGGGTTGGCAAGTAAGTT⊇TGG	*Ec1*	59		
	ATGAGAAGTGATGTGTGTCGCCAGTG	*Ec2*	58		
	GCCTCTGCAGTGCATGGCATGA⊇	*Ec3*	59		
	GGGAAACTGCACGATAGTCGCTCGC	*Ec4*	59		
	GGATCTAGTGCATGTCTGTGGCAGAG	*Ec5*	59		
	CTGGACGGGCACACGTCTGTCTT⊇T	*Ec6*	59		
Enc. hellem	TAAGTTCTCGGGGGTTGGCTAGTT⊇CTA	*Eh1*	56		
	GCGGTTATGAGAAGTAAAGATGTTTAGCA	*Eh2*	57		
	CTGAAGTGAGCTGCTGAGAGTGTTTTTAC	*Eh3*	57		
	ATTGGGGAGCCTGGGATGTAAACT⊇TGG	*Eh4*	59		
	GGATGTAGTTTTTATTGTAGCAGAGG	*Eh5*	54		
	TGGACGGGGACTGTTTTTAGGTGT⊇GTC	*Eh6*	58		
Enc. intestinalis	TTGACACGACGAGCCAAGTAAGTT⊇TAG	*Ei1*	56		
	TTTCGAGTGTAAAGGGAGTCGA⊇ATTGA	*Ei2*	57		
	GGCAGGAGAAGCGAGGACGGGAT	*Ei3*	60		
	CAGGTAGGCGGCCTAGGAGTCTTTTT	*Ei4*	59		
	TATGTCCTCGATGTGCATGTCTAAGAGG	*Ei5*	56		
	TGGACGGGGACTATATAGTGTTGTG	*Ei6*	56		
Microsporidia-generic	TTTMMAACGGCCATGCACCAC	MspR3	52	Var.	用于标记最初的 PCR 产物

a 斜体指杂交探针；

b 斜体指熔解温度；

c 这些扩增片段经 *Pst* I 和 *Hae* III 酶切分析；

d 这些扩增片段经 *Hind* III 和 *Hinf* I 酶切分析

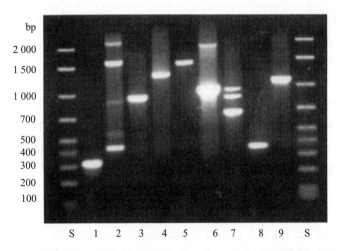

图 17.6　以兔脑炎微孢子虫基因组为模板进行 PCR，所有引物对应的 DNA 扩增产物

有些情况下出现多条带，正确扩增产物与相关的 rRNA 序列相一致，多余条带可能由于引物与样本中不相关基因非特异扩增。泳道 S：100 bp 标准梯度；泳道 1：18f:350r；泳道 3：18f:1047r；泳道 4：18f:1492r；泳道 5：18f:212r；泳道 6：350f:1492r；泳道 7：530f:1492r；泳道 8：1016f:1492r；泳道 9：530f:212rl.〔图片来源于 Drs. Louis M. Weiss 和 Charles Vossbrinck. 重印许可来自 Wittner, M. 和 Weiss, L. M.（1999）The Microsporidia and Microsporidiosis.Washington，DC，American Society for Microbiology〕

表 17.2　用于微孢子虫 rRNA[a] 基因鉴定测序的引物

ss[b]18f[c]	CACCAGGTTGATTCTGCC
ss18sf	GTTGATTCTGCCTGACGT
ss350f	CCAAGGA(T/C)GGCAGCAGGCGCGAAA
ss350r	TTTCGCGCCTGCTGCC(G/A)TCCTTG
ss530f	GTGCCAGC(C/A)GCCGCGG
ss530r	CCGCGG(T/G)GCTGGCAC
ss1047r	AACGGCCATGCACCAC
ss1061f	GGTGGTGCATGGCCG
ss1492r	GGTTACCTTGTTACGACTT（通用引物）
ss1537	TTATGATCCTGCTAATGGTTC
ls212r1	GTT(G/A)GTTTCTTTTCCTC
ls212r2	AATCC(G/A/T/C)(G/A)GTT(G/A)GTTTCTTTTCCTC
ls580r	GGTCCGTGTTTCAAGACGG

来源于 Weiss & Vossbrinck（1999）。[a] 引物 18f 和 1492r 扩增微孢子虫 SSU rRNA. 引物 530f 和 212r1 或 212r2 扩增 SSU rRNA 和 ITS 区。剩下的引物扩增序列有重叠，正向引物和反向引物可扩增出所有的 SSU rRNA 和 ITS 区，ls580r 扩增一些微孢子虫的 LSU rRNA 基因 5′ 端可变区（例如 Nosema 和 Vairimorpha），但不能扩增出所有的微孢子虫 LSU rRNA 基因。ss1537 可扩增出部分微孢子虫 SSU rRNA 序列，但不能扩增出所有的微孢子虫 SSU rRNA 基因。如果 18f 和 530r 可以获得清晰的序列数据，则 ss350f 和 ss350r 可舍弃。

[b] ss，针对 SSU rRNA 基因的引物符号；ls，针对 LSU rRNA 基因的引物符号；f，正向引物（正链）；r，反向引物（负链）。

[c] 与 V1 引物相似

更应该要逐渐适应临床样本。在一项研究中，研究人员利用特异针对脑炎微孢子虫 SSU rRNA 的引物，结合硫氰酸胍纯化系统，设计了一个可以检测粪便样品中兔脑炎微孢子虫、海伦脑炎微孢子虫和肠脑炎微孢子虫的自动化工作站（Wolk et al. 2002）。这种方法非常灵敏（检测限为 $10^2 \sim 10^3$ 个孢子 /mL，并且能反映出感染强度（线性范围在 $10^3 \sim 10^7$ 个孢子 /mL）。除此之外，通过扩增产物溶解曲线分析，可以区分 3 种脑炎微孢子虫属（*Encephalitozoon* spp.），也可用于多种感染或未知感染。2003 年，研究人员设计了针对肠脑炎微孢子虫 SSU rRNA 的引物，通过实时 PCR 检测已知临床样本中的病原体，样本包括粪便、尿液、组织切片、支气管样品和血液（Menotti et al. 2003a）。与对照样品相比，这种方法的检测限大约在 20 个孢子 /mL，对检测传播性低度感染血液具有重要意义（Menotti et al. 2003a）。有研究报道，通过设计多通道实时 PCR，同时检测新鲜或者福尔马林固定样品中的毕氏肠微孢子虫、兔脑炎微孢子虫、海伦脑炎微孢子虫和肠脑炎微孢子虫，所用引物分别为毕氏肠微孢子虫和脑炎微孢子虫属微孢子虫的基因间隔区和 SSU rRNA（Verweij et al. 2007）。在 33 个已呈微孢子虫阳性的样品中，检测到 30 个样品含有毕氏肠微孢子虫。这个实验包含一系列的阴性和阳性对照，用来验证这种方法的特异性和监测因粪便中潜在的抑制剂或外源 DNA 引起的假阴性。最后，有研究人员直接比较实时 PCR 和传统的显微镜检测方法的灵敏度（Polley et al. 2011）；就检出至少三种微孢子虫的概率而言，前者比后者高出三倍。

有些研究利用基于荧光原位杂交（FISH）的方法检测微孢子虫。本质上讲，FISH 技术即使用荧光标记的探针结合在样品中互补的核酸上（DNA 或 RNA）（Procop 2007）。与 PCR 相比，探针结合在样品上记录的常规形态学和空间信息可以很好地保留下来，因为核酸的杂交一直保持在原位。FISH 所用的探针也可以针对微孢子虫 rRNA 的 SSU 或者基因间隔区，可以用来检测毕氏肠微孢子虫和海伦脑炎微孢子虫（Carville et al. 1997；Velasquez et al. 1999；Hester et al. 2000）。这些方法成功应用于已归档的 FFPE（formalin-fixed, paraffin-embedded）临床样品中，甚至检测出比传统组化染色方法更多的阳性样品或感染细胞。至于毕氏肠微孢子虫，典型空肠上皮活组织细胞的细胞核（图 17.7）染色（Carville et al. 1997）和改进的染色方法（Velasquez et al. 1999）都有助于诊断的完成。虽然 FISH 可提供多重信息而具有相当的吸引力，但是有两个关键的因素阻碍其在临床诊断中的应用。首先，FISH 操作烦琐且具有一定的技术挑战，它要求脱蜡、脱水、再水化（FFPE 样品），进而蛋白酶消化使探针与核酸接触，标记探针并且杂交过夜，封闭、复染、观察前多步清洗，且需一台荧光显微镜。其次，因为 FISH 没有原始信号的扩增，所以其灵敏度要比 PCR 低几个数量级。尽管如此，通过设计 RNA 探针，FISH 可以为区分环境样品中活体和死亡组织提供特殊的帮助（Hester et al. 2000）。此外，在基于扩增的方法确诊前，FISH 在快速检测小量样品中具有实用性。例如，

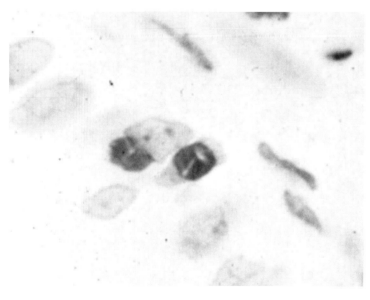

图 17.7　原位杂交检测小肠组织中的毕氏肠微孢子虫（见文后彩图）

原位诊断探针是基于毕氏肠微孢子虫 rRNA 序列（Carville et al. 1997）。［图片来源于 Saul Tzipori Tufts University，USA. 重印许可来自 Wittner，M. 和 Weiss，L. M.（1999）The Microsporidia and Microsporidiosis. Washington，DC，American Society for Microbiology］

有研究人员利用 FISH 检测线虫（Ardila-Garcia & Fast 2012）和端足目动物（Dubuffet et al. 2013）中的微孢子虫，并且这些动物的卵或者生殖系统中的荧光信号可以快速显示病原体垂直传播的可能性。

另外有一个很有趣的报道，研究人员通过寡核苷酸微阵列同时检测临床样品中的毕氏肠微孢子虫、兔脑炎微孢子虫、海伦脑炎微孢子虫和肠脑炎微孢子虫（Wang et al. 2005）。这种微阵列芯片最初由全基因组表达分析芯片发展而来，最近已应用在分子诊断方面（Loy & Bodrossy 2006；Procop 2007）。微阵列技术通常将靶基因互补的寡核苷酸标记在"芯片"上，然后和样品中被荧光标记的核酸杂交；最后测定样品 DNA 相关的荧光强度。因为这种阵列的形式和自然荧光的强度，这种技术原则上可以进行高通量和定量检测。2005 年，Wang 等充分利用寡核苷酸微阵列的优势并结合更加灵敏的 PCR 技术，使用保守的家族特异性引物从未提取的、经 FTA 过滤的临床粪便样品中扩增了 1.3 kb 的微孢子虫 rRNA 片段，然后再与微孢子虫微阵列杂交。研究人员通过设计多种特异探针，利用阵列鉴定种属差异，并且通过减小扩增片段的长度来提高灵敏度（大多数使用内嵌模式）。这种阵列的方法可以同时检测 4 种微孢子虫，其检测灵敏度可达到 100 个孢子 /100 μL 排泄物样品。在一项未知病理学原因的腹泻 AIDS 患者 20 份排泄物样品的研究中，12 份样品呈现微孢子虫阳性，但是只有一份为多种微孢子虫同时感染。同时对多种微孢子虫检测并不会出现遮蔽效果，并且根据探针与各种微孢子虫的杂交结果，研究人员可以提供一份临时感染程度的评价。每个载片同时含有 4 个独立的微阵列可以提高这项技术的检测量。

分子诊断的潜能，特别是依靠核酸的诊断技术，已在灵敏度、特异性、速率和重复性上超越传统方法，并且已实现了对其他病原体的诊断（Yang & Rothman 2004；Procop 2007）。事实上，在分子检测研究中，使用微阵列的方法检测微孢子虫与显微镜检的结果基本一致（Carville et al. 1997；Hester et al. 2000）。从 1998 年开始，微孢子虫的检测方法经历了多元化、多通道的发展后（Rinder et al. 1998），只有 PCR 的灵敏度（89%）超过了光学显微镜（80%），并且不同实验室的结果也具有较大的差异。尽管如此，分子诊断的完美表现以及临床诊断技术逐渐地向其偏向，使得分子诊断的优势会更加明显。虽然这项技术耗费较大且需要培训专业的人员，但是对患者和医疗保健体系来讲，延期、非特异以及错误的诊断也会产生更多的花费（Yang & Rothman 2004）。

总之，使用分子检测方法诊断微孢子虫比传统的依赖显微镜的方法更加灵敏、特异性更强且更少的依赖观察者的主观性。此外，基于复杂核酸的方法，如类似于实时 PCR 和寡核苷酸微阵列本质上具有高通量且可定量的特性，可以同时分析样品中的多种病原体，并提供不同时间的感染程度评价。我们不仅需要节省时间、重复性好的临床诊断设备，还需要考虑到自然界中新兴病原体的出现（Dong et al. 2008）。最近基因组测序工作的完成，允许我们更深一步去了解这些病原体的生理学特性，上述的技术将继续适用于基因型分析和药物敏感性分析。

17.10　基于抗原的检测方法

基于病原体的检测方法有 IFA、ELISA 和 WB，使用病原体免疫实验动物，可获得上述方法适用的针对病原体的特异抗体。IFA 可以通过荧光显微镜原位观察固定的样品。WB 和 ELISA 可以检测匀质的样品。抗体可以是多克隆抗体（从动物血清中纯化，直接针对多种蛋白质的表位，可能含有其他非特异抗体，增加背景信号），也可以是单克隆抗体（从细胞培养上清中纯化）。

已有多种针对感染人类的微孢子虫的多克隆抗体和单克隆抗体，包括毕氏肠微孢子虫、兔脑炎微孢子虫、海伦脑炎微孢子虫和肠脑炎微孢子虫（Croppo et al. 1998a，b；Lujan et al. 1998；Mo & Drancourt 2004；Sheoran et al. 2005a，b；Singh et al. 2005；Zhang et al. 2005；Furuya et al. 2008）。通常这些抗体可以直接识别微孢子虫的孢壁或者极管。但是也有一些抗体在 IFA 和免疫印迹中与多种微孢子虫存在交叉反应。同时，有研究人员认为 IFA 拥有与 PCR 相同的灵敏度（Singh et al. 2005），但是大多数研究人员认为 IFA 没有基于 PCR 的方法灵敏。无论如何，上述方法的特异性和灵敏度主要依据抗体自身质量和每步的实验操作

（如固定、封闭和清洗）。基于抗体的检测方法可以很好地补充传统的组织学技术，在很困难的情况下，基于核酸的检测方法也应该得到很好的利用。

17.11 基于抗体的检测方法

血清学的方法已经可以有效地检测多种动物中由兔脑炎微孢子虫侵染产生的抗体；然而，一些血清学方法例如 ELISA、免疫印迹和凝集实验（Jordan et al. 2006；Abou El Naga et al. 2008）只能检测分泌的抗体，这些方法不推荐作为诊断依据，因为在免疫缺陷的患者中可能存在表达异变的抗体；无法区分急性感染和已发感染（Kucerová-Pospísilová & Ditrich 1998）；在免疫力正常的人群中，抗微孢子虫的抗体对健康很重要（Singh et al. 1982；Bergquist et al. 1984a，b；Hollister & Canning 1987；Hollister et al. 1991；van Gool et al. 1997）；并且针对不同种微孢子虫的抗体具有交叉反应。尽管如此，血清学分析在某些诊断领域仍然具有重要作用，例如可能临床感染的器官捐赠者或者免疫力低下的患者（Didier & Weiss 2006）。迄今为止，只有一个人类病例：一个居住在瑞典的 2 岁哥伦比亚男孩，在尿液确诊呈阳性前检测到其血液中含有针对兔脑炎微孢子虫的抗体（Bergquist et al. 1984a，b）。

在一些具有热带疾病病史的患者中，其阳性率达到 42%，这些患者可能在热带地区生活或者旅游，或者他们患有肾疾病或精神病或神经障碍（Singh et al. 1982；Hollister et al. 1991）。免疫印迹的方法也展示出了较好的效果，ELISA 检测患者体内兔脑炎微孢子虫呈阳性结果，与小鼠实验组结果相一致，暗示前者的结果具有一定的可靠性。有一项关于 ELISA、CIA 和 IFAT 的研究表明，300 份荷兰血液捐赠者中有 8% 呈现肠脑炎微孢子虫抗体阳性，276 份法国孕妇中有 5% 呈阳性（van Gool et al. 1997）。针对极管、兔脑炎微孢子虫、海伦脑炎微孢子虫、肠脑炎微孢子虫、毕氏肠微孢子虫和无脊椎动物微孢子虫的单克隆抗体（Aldras et al. 1994；Enriquez et al. 1997；Croppo et al. 1998a，b）和多克隆抗体（Weiss et al. 1992；Zierdt et al. 1993；Didier et al. 1995a）存在交叉反应。此外，对于免疫缺陷患者而言，采用血清方法检测病原体感染后产生的抗体，其可行性和说服力面临着巨大的挑战。有研究表明，在 ELISA 和 WB 中，对于微孢子虫抗原的特异性抗体应答具有高度的可变性，因此，特别是在 AIDS 患者中，这些方法在诊断微孢子虫时不具有可行性（Didier et al. 1991b）。暂时还没有血清学的方法可以对人类常见的微孢子虫进行血清诊断，毕氏肠微孢子虫不能在培养基中连续培养，因此不能制备大量的抗原。

17.12 微孢子虫体外培养

微孢子虫的体外培养将会在第 18 章进行具体描述。从临床样本中分离微孢子虫没有标准的步骤，并且只能在少数专业的实验室中进行。一些感染人类和哺乳类的微孢子虫已经可以在培养的细胞中传代（Didier 1998；Visvesvara 2002）。角膜条孢虫（*V. corneae*，原名 *Nosema corneum*）是第一种从免疫缺陷患者角膜分离得到并体外培养的微孢子虫（Shadduck et al. 1990）。海伦脑炎微孢子虫可以在结膜、角膜、刮削（Didier et al. 1991b）、尿液、唾液、鼻窦抽取物和支气管清洗液中生长。肠脑炎微孢子虫从粪便样品、唾液、尿液中分离得到（van Gool et al. 1994b；Didier et al. 1996b）。兔脑炎微孢子虫从尿液，呼吸道分泌物和脑脊液分离得到（de Groote et al. 1995；Didier et al. 1996c；Weber et al. 1997，Visvesvara et al. 1999b）。人气管普孢虫（*Trachipleistophora hominis*）（Hollister et al. 1996b）和按蚊微孢子虫（*Anncaliia algerae*）（Coyle et al. 2004）从肌肉组织中分离得到。这些微孢子虫中有部分可以感染小鼠（包括免疫缺陷小鼠），但是这些动物模型不能用来作为诊断分离人类病原体微孢子虫的组织样品的依据。毕氏肠微孢子虫还不能进行持续的组织培养；但是短时间繁殖已有报道（Visvesvara et al. 1995a）。结果显示，使用从人类组织中分离的毕氏肠微孢子虫可以成功感染已被 SIV 感染的恒河猴（Tzipori et al. 1997），也有报道在免疫功能不全的啮齿类动物中微孢子虫可以持续繁殖（Feng et al. 2006）。

体外分离微孢子虫没有相对应的诊断程序。然而，这是一种很重要的研究工具并且在鉴定新的微孢子虫感染时具有重要作用，如按蚊微孢子虫（Coyle et al. 2004）。3 种可感染人类的微孢子虫包括脑炎微孢子虫属微孢子虫、人气管普孢虫和角膜条孢虫已经可以在不同的细胞培养系中分离纯化。但是完成短期繁殖的只有毕氏肠微孢子虫（Visvesvara et al. 1995a）。微孢子虫的分离与诊断目前没有太多的相关性，但是对进一步研究其表型和基因组特征以及抗原的制备具有重要的意义。特别是目前已可以单独分离的微孢子虫，如 Nosema 属的微孢子虫，分离和体外繁殖具有很重要的意义。因为微孢子虫细胞内寄生的特性，其不能进行菌体培养。然而，它们可以感染较多类型的细胞，多种细胞系被成功用于病原体扩繁，包括 RK-13（家兔肾）、MDCK（Madin-Darby 犬类肾）、MRC-5（人胚肺成纤维细胞）细胞（Canning & Lom 1986；Shadduck et al. 1990；Didier et al. 1991b；Visvesvara et al. 1991；Silveira & Canning 1995；Deplazes et al. 1996a；Hollister et al. 1996b；Visvesvara 2002）。最初对新分离的微孢子虫进行体外繁殖面临一个很重要的问题，就是样本中细菌、真菌和病毒污染以及血液、体液和组织中潜在的细胞病变效应。所有的样品需要在无菌的容器和培养基中收集并且 4℃运输，避免微生物二次污染，通常这些微生物在培养基中对抗菌药物具有一定的耐受性。在匀浆前须进行筛选并且进行 Percoll（30%~50%）离心，将微孢子虫孢子与碎片和真菌孢子分离。使用 5 mmol/L HCl 或者 0.02% SDS 纯化孢子，减少细菌污染。抗生素和两性霉素 B 可以抑制细菌和真菌的生长。细胞培养中病毒的感染（如腺病毒、BK 病毒）会模拟微孢子虫造成的细胞病变效果并对规模培养造成危害（Deplazes et al. 1996a；Visvesvara et al. 1996）。

17.13　环境样品中微孢子虫的检测

多种微孢子虫是人类或者动物的肠道病原体，其孢子对环境具有一定的抵抗性（Wittner & Weiss 1999），这些病原体很可能发生水平传播。已经在地表水、地下水以及高等农业废水中（Avery & Undeen 1987；Sparfel et al. 1997；Dowd et al. 1998，2003；Fournier et al. 2000；Thurston-Enriquez et al. 2002；Coupe et al. 2006）检测到人类致病的微孢子虫，很可能污染人类饮用水以及农业用水。甚至，在 1999 年，发生了微孢子虫水源性暴发，对免疫缺陷和免疫正常的个体均产生了影响（Cotte et al. 1999）。这些研究结果导致美国环境保护机构分别于 1998 和 2005 年将微孢子虫列入潜在污染名单（CCL-1 和 CCL-2）。CCL-2 目前包括 8 种另外的微生物和 42 种化学物质，这些物质已知或可能存在公共饮用水系统中，所以须遵守安全饮用水法案的管理。

通过对大体积水样品进行过滤或浓缩，然后对收集的材料进行纯化并通过分子鉴定或者显微镜检，经常可以检测到水生原生动物（Zarlenga & Trout 2004）。当前，浓缩收集水样品中的微孢子虫的方法没有统一的标准，但是相对方便的孢子富集方法已经建立，如连续流动离心（CFC）（Hoffman et al. 2007）和连续分离通道离心（Borchardt & Spencer 2002）。在水样品检测中，在超纯水中加入孢子，使用病原体特异抗体包被的磁珠分离纯化微孢子虫，然后进行实时 PCR 检测，检出灵敏度为 78%~90%（Hoffman et al. 2007），但是缺乏商业可用的抗微孢子虫抗体限制了这种方法的发展。在有些情况下，检测类似排泄物样品或浑浊的环境水样等这类浑浊样品时，人类致病的微孢子虫较小的尺寸会影响检测的灵敏度，因为使用较小孔径的滤器，导致膜污染的增加，并且会显著的降低可过滤水样的体积（Hoffman et al. 2007）。在残渣或者含较多残渣的废水中，也出现了同样的问题，小量的过滤或者未过滤的样品可以方便检测并减少样品中含有的 PCR 抑制因素（Monteiro et al. 1997），但是少量体积的样品不能代表所有的样品，并且也不适用于低浓度的污染物的检测（Kahler & Thurston-Enriquez 2007）。尽管如此，将残渣和废水进行蔗糖密度离心纯化，使用商业化试剂盒提取 DNA，最后进行 PCR 检测（Kahler & Thurston-Enriquez 2007），检测限能达到 10^2~10^3 个孢子/mL 样品，与前面已报道的方法相比，这种方法具有显著的改善（Dowd et al. 1999；Li et al. 2003）。

水生微孢子虫可能是最大的环境威胁，非水生的微孢子虫的传播也是公共健康关注的焦点。在波兰，新鲜的浆果和其他水果、芽菜和绿色叶子蔬菜（Jedrzejewski et al. 2007）中均含有微孢子虫，可能是农业灌溉用水被微孢子虫污染（Thurston-Enriquez et al. 2002）或肥料被污染（Graczyk et al. 2007a）。使用 FISH 的方法检测出 3 种脑炎微孢子虫科（Encephalitozoonidae）的微孢子虫，可能会感染人类。在欧洲和北美的城市中，已在鸽子的粪便中检测到感染人类的微孢子虫（Haro et al. 2005；Graczyk et al. 2007b；Bart et al. 2008）。有一株的基因型与先前已报道的感染人类的微孢子虫相匹配（Haro et al. 2005），在一项研究中，11% 的鸽子粪便样品中毕氏肠微孢子虫检测呈阳性结果（Bart et al. 2008）。Graczyk 等（2007b）预计个体可摄入 10^3 个有活力的孢子，漂浮的孢子占据或者暴露在鸽子粪便污染物的表面。此外，Mathis 等（1999）发现了农场饲养的狗和猫排泄物中的毕氏肠微孢子虫；PCR 诊断结果显示这种微孢子虫与从人类分离的微孢子虫相近。这些发现支持了人微孢子虫病是动物传染性疾病的想法（Weiss 1995），并且突出地展示了在鉴定威胁人类健康的新病原体方面，分子方法具有良好的实用性。

17.14 人类微孢子虫诊断的总体评价

17.14.1 人类微孢子病理学

人类微孢子虫详细的组织病理学研究主要是在免疫缺陷的患者中进行的。在这些患者中，感染部位的炎症反应很低甚至不存在。在实验感染的动物模型中，微孢子虫导致强烈的炎症反应，产生围绕一个坏死中心的单核细胞浸润（淋巴球、浆细胞、巨噬细胞）的肉芽肿病。在除去这种病原体后，这种病灶依然存在（Canning & Lom 1986）。

17.14.2 胃肠道

已报道毕氏肠微孢子虫（Desportes et al. 1985；Orenstein et al. 1990；Orenstein 1991）、肠脑炎微孢子虫（Orenstein et al. 1992a，c；Cali et al. 1993）、兔脑炎微孢子虫（Franzen et al. 1995；Weber et al. 1997）和一种类似角膜条孢虫属（Vittaforma）的微孢子虫（O. Matos，个人观点）造成的肠道感染，在报道的胃肠道感染的案例中，因毕氏肠微孢子虫引起至少占 90%。艾滋病患者因微孢子虫病引起的腹泻可能导致吸收不良（Kotler et al. 1990；Kotler et al. 1993；Lambl et al. 1996；Schmidt et al. 1997）。原位测定十二指肠刷状缘酶发现患者缺乏乳糖酶，绒毛高度和绒毛表面积也显著降低，这些异常可能与肠道微孢子活检标本中观察到顶肠上皮细胞脱落有关（图 17.8）。已经有报道称两种微孢子虫能同时感染肠道，而包括微孢子虫、隐孢子虫、兰氏贾第虫，巨细胞病毒及其他肠道病原体形成的共感染也有报道（Weber et al. 1993b；Kotler et al. 1994；Hewan-Lowe et al. 1997；Sobottka et al. 1998）。

感染毕氏肠微孢子虫后可在整个小肠中发现微孢子虫，处于增殖阶段的孢子和成熟孢子虫几乎都位于表层肠细胞（Orenstein et al. 1992c）。极少数情况下，在固有层的纤维血管组织中观察到微孢子虫，但没有播散性疾病的临床证据（Schwartz et al. 1995）。受感染的组织通常会表现为不规律的异常、无活动性肠炎，且无溃疡（Schwartz et al. 1992）。从正常绒毛到上皮细胞的衰退，都有详细的组织学研究（Kotler et al. 1990；Orenstein et al. 1990；Orenstein 1991）。观察到的变化包括绒毛萎缩和融合，隐窝伸长，杯状细胞耗竭，上皮内淋巴细胞入侵显著，肠上皮细胞形成囊泡、肿胀或脱落。在某些情况下，绒毛结构的保存会结合很少（或没有）固有层单核细胞浸润物。含有成熟微孢子虫的上皮细胞经常完整地从基底膜脱离，进入肠腔，这一观察结果为微孢子虫的存在提供了证据。苏木精和伊红染色可以识别这些上皮细胞，研究人员对这部分组织染色来寻找微孢子虫。革兰染色后，成熟的毕氏肠微孢子虫呈圆形或椭圆形，比 Encephalitozoon spp. 小一些，革兰阳性或革兰可变菌，并且通常定位于肠细胞微绒毛边到细胞核一侧的细胞质中（图 17.8）。酸染后组织变色，可以看到围绕微孢子虫的带状条纹。

位于肠上皮细胞细胞核和基底层之间的肠内分泌细胞颗粒与肠微孢子虫属的微孢子虫形态相似，但这两者一定能区分开。滤泡腺里的潘氏细胞不会被误认为微孢子虫，因为后者不会存在于滤泡腺中（Cali &

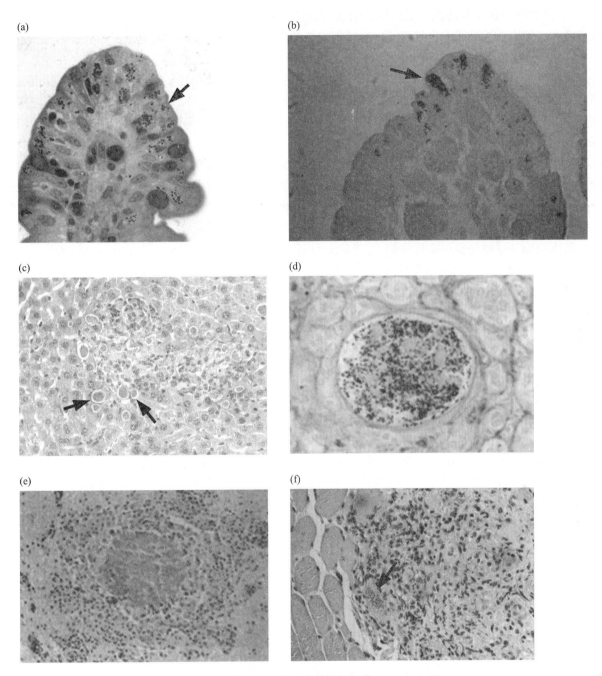

图 17.8　感染微孢子虫患者的组织切片（见文后彩图）

（a）感染肠脑炎微孢子虫患者小肠活组织切片，亚甲基蓝－天青 II－碱性品红染色（箭头）。图片来源于 Drs. Donald Kotler 和 Jan Orenstein. 重印许可来自 Wittner, M. 和 Weiss, L. M.（1999）The Microsporidia and Microsporidiosis. Washington, DC, American Society for Microbiology.（b）感染肠脑炎微孢子虫患者小肠活组织切片，Warthin–Starry 染色（箭头）。重印许可来自 Wittner, M. 和 Weiss, L. M.（1999）The Microsporidia and Microsporidiosis. Washington, DC, American Society for Microbiology.（c）感染脑炎微孢子虫的免疫缺陷小鼠肝活组织切片，铬变素染色（箭头）。图片来源于 Drs. Louis M. Weiss 和 Imtiaz Khan.（d）肾小管内腔活组织切片，Steiner 染色，海伦脑炎微孢子虫（黑色孢子）。图片来源于 Dr. David Schwartz.（e）斜颈家兔脑组织，苏木精和曙红染色，兔脑炎微孢子虫感染引起的肉芽肿坏死，图片中无孢子。图片来源于 Drs. Rainer Weber University Hospital, Zurich, Switzerland. 重印许可来自 Wittner, M. 和 Weiss, L. M.（1999）The Microsporidia and Microsporidiosis. Washington, DC, American Society for Microbiology.（f）免疫缺陷患者肌肉组织、苏木精和曙红染色、*Anncaliia algerae*（箭头）肌炎。图片来源于 Dr. Louis M. Weiss

Owen 1990；Weber et al. 1994a）。疟原虫染色后要比周围宿主细胞质亮，并且可以存在一个裂口（电子透明区域），这种现象在毕氏肠微孢了虫所有的发育阶段都会出现。即使在未观察到的情况下，非孢子阶段可以被推测，如它们缩到肠上皮细胞的细胞核朝向微绒毛边缘的背侧。肠道细胞位于绒毛顶端，这里可能含有成熟的孢子。有研究报道毕氏肠微孢子虫已可以在绒毛顶端的肠道细胞内检测到，并且在样本固定前进行肠道活组织定位将有助于显微镜检的诊断。内镜活组织样本是折叠的，需要使用活体取样钳的反复切割。样本被分为两部分，一部分直接用探针孵育，另一部分的切面可以粘连在纸张上面。当把样本从纸张上拿开，就可以将其按照固定的方向进行包埋，这样截面就可以垂直显示绒毛的由下向上的切割面（Weber et al. 1994a）。

肠脑炎微孢子虫可感染小肠上皮细胞（图 17.8）并且没有特定的内镜检测其异常。在组织切片中，我们经常看到分裂中的孢子围绕着寄生泡，并且可以在宿主细胞的细胞质内分离它们。在肠上皮细胞内的液泡中发现了巨大（最大至 2.5 μm）的孢子，同样在巨噬细胞薄固定层和内皮细胞也发现了孢子，这些发现可以提供一个暂时的显微镜检诊断结果，证明肠道已被脑炎微孢子虫属微孢子虫感染。肠脑炎微孢子虫不仅感染肠道细胞，也感染薄固定层包括内皮细胞、成纤维细胞和巨噬细胞（Orenstein et al. 1992a，b；Cali et al. 1993）（图 17.8）。这也与脑炎微孢子虫属微孢子虫引起播散性感染，肠脑炎微孢子虫感染大肠黏膜的观察结果相一致（Dore et al. 1995）。虽然这些感染只能引起较小的炎症反应，有限的甚至没有肠道细胞损伤，但是也有报道称肠脑炎微孢子虫的感染可引起小肠穿孔（Soule et al. 1997）。

17.14.3 肝胆管道

毕氏肠微孢子虫和部分肠脑炎微孢子虫能够通过肝胆途径感染（Mcwhinney et al. 1991；Beaugerie et al. 1992；Dol et al. 1993），这些感染大多数都会涉及肠道。这些感染能够造成肝硬化、胆管炎、胆管扩张、乳头管狭窄和无结石胆囊炎（Schwartz et al. 1996）。胆囊上皮细胞感染也时有发生。在猿猴免疫缺陷病毒感染的猕猴中毕氏肠微孢子虫感染也会涉及相似的肝胆途径（Mansfield et al. 1997；Schwartz et al. 1998）。在这些动物中，胆囊是最常见的感染器官，与胰、小肠、大肠和肝相比它是一个极易被寄生虫感染的器官。受感染的胆囊通常表现出上皮增生、急性和慢性胆囊炎以及血窦的显著扩张等这些非正常症状的不同组合。胆囊脱落的上皮细胞中含有毕氏肠微孢子虫孢子，这和毕氏肠微孢子虫通过肠道途径感染人类的描述很相似。

1987 年，Terada 等报道了一例艾滋病患者由于感染兔脑炎微孢子虫引起的内芽肿和化脓性肝炎。1997 年，Sheth 等报道了一例引起艾滋病患者死亡的微孢子虫病，微孢子虫遍布该患者的肝、胆囊、纵隔淋巴结并引起广泛的肝细胞坏死。1996 年，Yachnis 等报道了嗜人气管普孢虫（Trachipleistophera anthropophthera）感染肝细胞引起播散性微孢子虫病。

17.14.4 视觉系统

眼部微孢子虫病要么发生在基质细胞，要么发生在上皮细胞。在免疫力比较强的患者中，有几个案例报告眼部微孢子虫病引起的角膜炎和角膜溃疡，这些疾病经常会影响到角膜基质深处。这些感染由角膜条孢虫 Vittaforma corneae（前命名 Nosema corneum），以及接近微粒子虫属且未分组和未被定义的微孢子目引起。已报道的案例表明，在免疫力比较强的宿主中这些感染局限于眼睛并且未进行系统性传播。微孢子虫的孢子在具有吞噬作用的细胞以及非赖氨酸依赖性的角膜晶状体的纤维层中被发现。显著的炎症反应在单核细胞、中性粒细胞以及上皮渗透中出现。有研究表明，在免疫损伤的患者中（HIV 和其他感染中），脑炎微孢子虫属（Encephalitozoon spp.）造成眼部微孢子虫病，而大部分感染则是由于海伦脑炎微孢子虫造成并且感染限制在结膜或者角膜上皮细胞，伴有少量的由中性粒炎症细胞引起的炎症浸润。

17.14.5　呼吸道

由于微孢子虫造成的上下呼吸道感染大部分和脑炎微孢子虫属（*Encephalitozoon*）中 3 种亚型造成的播散性疾病相关。在免疫力较弱的患者中，由于微孢子虫造成的上呼吸道感染未能得到应有的重视，上呼吸道感染经常会进一步导致全身性（系统性）微孢子虫病。鼻腔微孢子虫病的临床和病原学特征是非特异性的，包括鼻炎、窦炎和鼻息肉。不管是否有症状，支气管和肺都会受到影响，这是微孢子虫病的常见病状。一个关于海伦脑炎微孢子虫角膜结膜炎感染的研究证明了许多患者即便没有肺部症状，也会在痰中发现微孢子虫的孢子。兔脑炎微孢子虫科微孢子虫会引起没有症状的呼吸道途径定植或者微孢子虫亚临床肺部感染，同时发现没有呼吸道症状的艾滋病患者其痰和支气管肺泡灌洗液中含有海伦脑炎微孢子虫或者兔脑炎微孢子虫的孢子。

由于脑炎微孢子虫属（*Encephalitozoon* spp.）造成的有肺部症状的疾病也发生在免疫力弱的患者中。一个死于艾滋病且被海伦脑炎微孢子虫（*E. hellem*）感染的患者尸体解剖发现，其整个气管支气管枝中，包括终末支气管中均有大量呈现革兰阳性特征的微孢子虫孢子，并且伴发局部区域的侵蚀性气管炎（erosive tracheitis）、支气管炎以及毛细支气管炎。这个涉及表面支气管黏膜的支流模式，一直延伸到终末细支气管，表明这个微孢子虫病例是源于呼吸道途径感染。该病例的肺部检查结果已被来自于其他海伦脑炎微孢子虫感染肺部的患者的活组织检查证实，海伦脑炎微孢子虫造成的肺部感染可造成支气管炎，有的会造成肺炎，有的则不会（Schwartz et al. 1993b）。在这个病例中，孢子在支气管或者细支气管内衬上皮细胞、细支气管壁的中性粒细胞、肺泡内衬细胞、中性粒细胞和肺泡腔出现。据报道，患有毛细支气管炎和肺炎的艾滋病患者其肺部被兔脑炎微孢子虫（*E. cuniculi*）感染（de Groote et al. 1995；Deplazes et al. 1996a）。也有报道称，肠脑炎微孢子虫（*E. intestinalis*）可感染呼吸道，和海伦脑炎微孢子虫（*E. hellem*）及兔脑炎微孢子虫（*E. cuniculi*）中看到的相似（Molina et al. 1995），并且肠脑炎微孢子虫（*E. intestinalis*）孢子已经在来自艾滋病及肠微孢子虫的患者的支气管上皮细胞中发现，其中一个患者有肺部症状（Weidner1992；del Aguila et al. 1997）。然而，因毕氏肠微孢子虫（*E. bieneusi*）感染的患者一般不会影响到肺部，偶见的肺部影响可能是因为吸入了消化道内容物。

17.14.6　泌尿生殖道

脑炎微孢子虫属（*Encephalitozoon* spp.）的感染会影响到尿道（Gunnarsson et al. 1995；Molina et al. 1995），也有报道称可感染嗜人气管普孢虫（Yachnis et al. 1996）和角膜条孢虫（*V. cornea*）。但是受感染的尿道大多数无症状，但却与微孢子病的传播相关。在感染脑炎微孢子虫属微孢子虫的 AIDS 患者中，眼部、尿道和支气管分支经常发生同时感染（Schwartz et al. 1992, 1993b；Weber & Bryan 1994；Weber et al. 1994a）。肾表现为慢性感染和肉芽肿间质性肾炎的地理分布样式，炎性细胞由不同数量的浆细胞、淋巴胞、组织细胞（histiocytes）和中性粒细胞组成（Schwartz et al. 1992）。随着病情的发展，会出现大量坏死的管状结构，并且这些坏死的管腔中填充着无定型的颗粒状物质。炎症细胞在坏死管状结构周围形成微小脓肿进而形成肉芽肿。使用特异的染色如 Steiner 染色（图 17.8d）或者组织革兰染色，可以在坏死肾小管中发现大量微孢子虫，在间隙处也有少量微孢子虫。肾小球也无法幸免。脑炎微孢子虫属可以感染肾小管上皮，产生的孢子随着尿液从肾进入尿道和膀胱，最后导致尿道炎（Corcoran et al. 1996），输尿管坏死和膀胱炎（Schwartz et al. 1992）。微孢子虫的孢子可以在巨噬细胞和尿道上皮细胞甚至在膀胱和输尿管黏膜中检测到。在大多数的患者当中，可以通过尿液细胞学检查的方法诊断泌尿道是否被感染；并且膀胱和肾活组织检查也可以用来完成诊断。有报道称海伦脑炎微孢子虫可感染前列腺，这类患者通常具有与泌尿道相似的前列腺脓肿（Schwartz et al. 1994b），同样会感染前列腺尿道黏膜。孢子经常出现在坏死的脓肿结构中，相邻的肉芽肿组织中，以及发炎的前列腺中。有研究表明人气管普孢虫感染患者的肾小管，肾小球上皮细胞，内皮细胞和巨噬细胞最终引起肾萎缩病变，间质水肿和纤维变性（Yachnis et al. 1996）。

17.14.7 中枢神经系统

两个患有脑膜炎和癫痫的儿童被诊断出有兔脑炎微孢子虫感染，但是在这种情况下没有可用的组织去做病理学研究（Matsubayashi et al. 1959；Bergquist et al. 1984a）。和脑炎微孢子虫属的微孢子虫一样，一个在儿童脑脊液和尿液中发现孢子（Matsubayashi et al. 1959），在其他儿童中只有尿液中含有孢子（Bergquist et al. 1984a）。因兔脑炎微孢子虫和 *T. anthropophthera* 引起的免疫缺陷患者的大脑微粒子病已见报道。在这种情况下，兔脑炎微孢子虫感染了几乎所有的器官系统，脑组织切片的荧光染色揭示了软组织和血管周围空隙的孢子以及巨噬细胞内的孢子（Mertens et al. 1997）。但是在星形胶质细胞、寡树突胶质细胞、神经细胞和脑膜细胞中未发现微孢子虫。使用计算机体层扫描（CT）和磁共振成像检测另外一个患者，揭示了海马体，中脑和皮质区域多个环型造影和小结节型病变（Weber et al. 1997）。有研究人员在脑脊液或其他体液中发现了兔脑炎微孢子虫的孢子，但是脑组织还不能用于研究。两个患有 AIDS 的患者中枢神经系统混乱并死于人气管普孢虫的感染（Yachnis et al. 1996），在 CT 检测中观察到多种环状病变。大脑的组织切片观察显示这些病变坏死中心区域充满了被感染的星形胶质细胞包围的游离孢子和带有孢子的巨噬细胞。

17.14.8 肌肉系统

已有报道表明微孢子虫可引起肌炎。已报道的病原体微生物包括罗氏匹里虫（*Pleistophora ronneafiei*）、具褶孢虫属（*Pleistophora* sp.）、气管普孢虫属微孢子虫（*Tublinosema* spp.）、内网虫属（*Endoreticulatus* spp.）（图 17.8f）（Chupp et al. 1993；Field et al. 1996；Cali et al. 1998，2004；Cali & Takvorian 2003；Choudhary et al. 2011；Suankratay et al. 2012）。3 个因感染具褶孢虫属 *Pleistophora* 而患有肌炎的患者肌肉组织样本表明，萎缩的肌肉和退化的肌肉纤维周围有大量成团的病原体。两个患有 AIDS 的免疫缺陷患者的炎症反应较温和（Chupp et al. 1993；Grau et al. 1996），而在 HIV 阴性患者（患有严重的未知原因的细胞免疫缺陷患者）中，包括浆细胞、淋巴细胞和组织细胞在内炎症反应剧烈（Ledford et al. 1985；Macher et al. 1988）。另外一个患有 AIDS 和肌炎的患者，被人气管普孢虫（Field et al. 1996）感染，病理学揭示了其病变包括中心区域纤维变细，骨骼肌纤维退化，被大小正常但是包含多种相邻多边形孢子囊泡的肌纤维包裹。这些囊泡具有嗜酸性胞壁且可包含多达 32 个孢子或者孢子前体。在这个患者的角膜切片和鼻咽清洗液中同样发现了人气管普孢虫，但是在其尿液和粪便样本中未发现这种病原体。气管普孢虫属微孢子虫可引起患者慢性淋巴球性白血病，并且其组织中含有大量成簇且较小的，卵形的嗜碱性有机体，这种有机体可以被 Warthin-Starry 银染的方法着色（Choudhary et al. 2011）。内网虫属 *Endoreticulatus* spp. 感染免疫力正常的患者后，会引起肉芽肿坏死炎症（Suankratay et al. 2012）。

17.14.9 心血管系统

患有 AIDS 和兔脑炎微孢子虫扩散感染的患者尸检表明了充满了微孢子虫的组织细胞或 / 和肌细胞的病灶散在分布，有时这些细胞往往已经坏死，并伴随着有炎症反应（Mertens et al. 1997）。在另外一个患有 AIDS 的患者样本中发现嗜人气管普孢虫感染的肌细胞围绕着中心坏死区域（Yachnis et al. 1996）。在一个无胸腺儿童的动脉平滑肌细胞和肌细胞中发现了康纳微粒子虫（*Nosema connori*）（Margileth et al. 1973）。

17.14.10 脾、淋巴结、骨髓、皮肤和其他组织

几乎每个器官系统中均能发现微孢子虫的存在。在一个 AIDS 患者体内，研究人员在其脾、淋巴结、骨髓、胰腺内外分泌细胞、甲状腺卵泡上皮细胞和甲状旁腺上皮细胞、脂肪细胞中发现了嗜人气管普孢虫（Yachnis et al. 1996）。在一个无胸腺儿童的尸检中发现几乎所有的组织均被康纳微粒子虫感染（Margileth et al. 1973）。在一个被巨细胞病毒感染引发肾上腺炎的患者体内，肾上腺上皮细胞和内皮细胞

均发现兔脑炎微孢子虫孢子（Mertens et al. 1997）。一个患有 AIDS 的患者尸检发现了一个四分体型、20 cm 大小、分成小叶的炎性网膜块，呈现局灶性坏死、非肉芽肿性炎症和存在类脑炎微孢子虫属孢子（Zender et al. 1989）。在一个患有 AIDS 且存在兔脑炎微孢子虫扩散感染患者的舌溃烂灶下面的软组织中，发现了极其少量的孢子（de Groote et al. 1995）。在一个患有 AIDS 的患者下颚中发现有肠脑炎微孢子虫感染（Belcher et al. 1997）。已有报道表明按蚊微孢子虫可以侵染皮肤，脑炎微孢子虫属的孢子可侵染真皮的细胞（Visvesvara et al. 1999a），可引起结节状皮肤病变（Kester et al. 1998，2000），嗜蝗虫管孢虫（*Tubulinosema acridophagus*）（Meissner et al. 2012）感染的活组织切片显示，囊肿中含有微孢子虫孢子，同时伴有轻微的炎症细胞浸润。

致谢

感谢 Dr. Rainer Weber 和 Dr. Peter Deplazes 在本书（Wittner M，Weiss LM，eds. *The Microsporidia and Microsporidiosis*）早期编纂中提供的卓越工作，作为本章节的修订基础。我们也要感谢向本书分享研究进展的所有研究人员，这项工作由 NIH AI31788（Weiss）支持。

附录 A.17：实验步骤

A.17.1　铬变素染色

铬变素染色液：将 6.0 g 铬变素 2R、0.15 g 固绿、0.7 g 磷钨酸溶于 3 mL 冰醋酸溶液（940 mL 96% 乙醇，62 mL 蒸馏水，4.5 mL 乙酸）。静置 30 min，然后与 100 mL 蒸馏水混合。

染色步骤：用甲醇制成涂片，自然晾干 5 min，然后室温下铬变素染色 90 min。酸性乙醇（4.5 mL 乙酸，995.5 mL 90% 乙醇）漂洗 10 s，然后 95% 乙醇短暂漂洗。用 95% 乙醇连续脱水 5 min，100% 乙醇脱水 10 min。在 640~1 000 倍光学显微镜下观察涂片。

改进的铬变素蓝色染液（Ryan et al. 1993）：0.5 g 苯胺蓝代替固绿并且磷钨酸减少到 0.25 g。铬变素染剂浓度和染色步骤如上所述。

改进的铬变素染色温度（Kokoskin et al. 1994；Didier et al. 1995a）：50℃下 10 min 或者 37℃下 30 min。

A.17.2　快速加热革兰—铬变素染色（Moura et al. 1997）

染色步骤：准备少量涂片材料然后晾干。加热处理涂片 3 次，每次在较弱火焰下 1 s 或者 60℃切片加热器下 5 min。冷却至室温然后染色。对革兰染色步骤稍加改进：将玻片放入龙胆紫溶液广口瓶中静置 30 s。用脱色剂去除碘。沿着一个角度向玻片逐滴加脱色剂直到无色。用冷水清洗去掉过量的脱色剂。完成铬变素染色。将玻片置于 50~55℃下铬变素染色（3.0 g 铬变素 2R，0.15 g 固绿，0.25 g 磷钨酸，3 mL 乙酸，100 mL 蒸馏水）至少 1 min。90% 乙酸乙醇（4.5 mL 乙酸，995.5 mL 90% 乙醇）漂洗 1~3 s。95% 乙醇漂洗 30 s。在两个不同的容器中用 100% 乙醇漂洗两次，每次 30 s，然后干燥。

A.17.3　抗酸三色染色（Ignatius et al. 1997b）

样品准备：通过福尔马林-乙酸乙酯沉降离心 650 g 10 min 得到浓缩的隐孢子虫卵囊。取 0.01 mL 样品于玻片上晾干，用甲醇处理玻片 5 min。

染色步骤：用石炭酸品红液（25.0 g 苯酚，500 mL 蒸馏水，2.0 g 碱性品红溶于 25 mL 96% 乙醇得到的 25 mL 饱和的品红溶液）常温处理 10 min；用自来水简单清洗，0.5% 盐酸-乙醇脱色，再用自来水漂洗。在 37℃下立即用 Didier 三色染剂染色 30 min。在室温下，将 6.0 g 铬变素 2R、0.5 g 苯胺蓝和 0.7 g 磷钨酸溶解在 3 mL 乙酸中 30 min，添加 100 mL 蒸馏水，再调节 pH 至 2.5。用乙酸乙醇（4.5 mL 乙酸溶于 995.5 mL 的 90% 乙醇中）漂洗 10 s，95% 乙醇漂洗 30 s，晾干后在 1 000 倍放大镜下观察。

A.17.4 卡尔科弗卢尔荧光增白剂染色

由 Vavra 和 Chalupsky 建立的化学荧光染色已有多种方法报道，下面描述的方法是 Didier 等使用的。

制备溶于 pH 7.2 的 Tris 缓冲液盐水的 0.5% 的增白剂 M2R，室温下贮藏，15 000 g 下离心 2 min 去除沉淀以备用。甲醇处理涂片然后晾干。室温下滴一到两滴荧光增白剂染色 2 ~ 3 min。用水漂洗，然后在室温下用溶于 pH 7.2 缓冲液的 0.1% 伊文思蓝复染 1 min。用水漂洗、晾干，455 nm 波长下用紫外显微镜观察，出现青白色椭圆形圈。

A.17.5 适用于组织染色的 Brown—Brenn 革兰染色

染色步骤：石蜡包埋截面脱蜡（4 ~ 5 μm）并使用蒸馏水水化截面。将载玻片置于染色台，使用结晶紫溶液浸泡 1 min。除去结晶紫溶液并使用蒸馏水冲洗。革兰氏碘液媒染 5 min。蒸馏水冲洗。滤纸吸干截面多余水分。脱色处理［70% 异丙醇（75%）和丙酮（25%），优先选择无水乙醇或者丙酮］10 s 或直至颜色不再变化。蒸馏水冲洗。碱性品红染色 1 min（番红 O 溶解染色结果较红，故使用碱性品红替代）（Luna 1968）。浸入丙酮并开始出现变化。立即将载玻片置于 1% 苦味酸丙酮中直至截面呈肉红色。使用丙酮快速冲洗后再用丙酮 – 二甲苯快速冲洗。除去二甲苯并且准备观察。

A.17.6 适用于组织染色的改进 Warthin-Starry 染色（适用 1993a，b，1996）

改进（适用 1993a，b，1996）的染色步骤（来源于 *Manual of Histologic Staining Methods of the Armed Forces Institute of Pathology*）（Luna 1968）：将从石蜡块切取的切面置于蒸馏水中，同时设置阳性对照螺旋菌。使用蒸馏水由后向前彻底冲洗载玻片。将切面置于新配制的 1% 硝酸银（将 10% 硝酸银原液使用酸化水 pH 4.0 稀释 10 倍）溶液中 37℃，40 min。蒸馏水冲洗 3 遍。将切面置于含有 5% 明胶（混匀，60℃ 水浴预热）的显影液（15 mL pH 4.0）中，1.5 mL 10% 硝酸银，1 mL 1.5% 对苯二酚（在显影液前添加），60℃ 水浴直至截面呈浅金黄色（约 2 ~ 3 min）。使用显微镜观察正确结果。蒸馏水冲洗干净，然后置于热流水中，最后置于蒸馏水中。5% 硫代硫酸钠固定 3 min。水洗 2 min。脱水，二甲苯清洗，封固优凯特胶防止褪色。

使用这种方法可以预防一些常见问题的发生（适用 1993a，b，1996）：①阻止产生较脏的背景：（a）不使用黏合剂（如多聚赖氨酸、明胶、清蛋白），这些物质会与硝酸银结合，产生沉淀；（b）保证在每一步骤中使用的所有玻璃器皿特别是载玻片干净无污染；（c）使用蒸馏水配制溶液并冲洗器皿；（d）使用高品质的试剂；（e）注意观察玻片末端颜色的变化，由黄色变为棕色的过程十分迅速（2 ~ 3 min），很容易错失。②为了得到较亮的金黄色：（a）使用酸化水（pH 4.0）（使用柠檬酸调节 pH，不能使用乙酸）；（b）使用新鲜的工作溶液，对苯二酚（1.5% 羟基醌）应新鲜配制或最多不能超过 1 周，这点非常重要；如果产生茶黄色，说明背景被氧化，此时应丢弃现有的对苯二酚。③防止褪色：（a）5% 硫代硫酸钠处理切面；（b）使用二甲苯作为清洗剂；（c）使用可靠的封固剂（推荐优凯特胶）；（d）染色结束后立即观察。

A.17.7 Luna 染色（Luna 1968；Peterson et al. 2011）

用于染色的溶液：Hematoxylin–Biebrich 溶液，由 45 mL Weigert's 铁苏木素（Sigma）、5 mL 1% Biebrich 溶液（1 g Biebrich 溶于 100 mL 蒸馏水）、10 g/L 酸醇溶液（70% 乙醇 1 000 mL 混合 10 mL 浓盐酸）、0.5% 碳酸锂溶液（0.5 g 碳酸锂溶于 100 mL 蒸馏水）组成。

染色步骤（鱼和昆虫中的微孢子虫）：用 10% 福尔马林和石蜡处理切片。用于染色的样品大约在 4 ~ 6 μm。①准备蒸馏水；②在 Hematoxylin–Biebrich 溶液中染色 5 min；③在 1% 的酸醇中浸蘸 8 次；④用自来水漂洗去除酸醇；⑤在碳酸锂溶液中浸蘸 5 次使切面变蓝，红细胞变鲜红；⑥用水清洗 2 min；⑦在纯乙醇中脱水，用二甲苯清洗；（viii）收集玻片。微孢子虫孢子染成红色，组织呈蓝色。

　　针对哺乳动物微孢子虫的改进：Luna 染色法对鱼类微孢子虫是很有效果，但是这种方法用在哺乳动物微孢子虫上效果却不明显。因此，对传统 Luna 染色法做出改进，在 Hematoxylin–Biebrich 中的时间由 5 min 改成 10 min，脱色过程中用 0.5% 的酸醇代替 1% 的酸醇。用改进的方法，哺乳动物微孢子虫染色呈红色。血红细胞虽然也呈红色，但是微孢子虫孢子很容易与血红细胞区别开。

参考文献

 第 17 章参考文献

第 18 章　微孢子虫的培养与增殖

Robert Molestina

美国种质保藏中心原生生物学部

James J. Becnel

美国农业部农业研究中心医疗、农业、兽医昆虫学中心

Louis M. Weiss

美国阿尔伯特·爱因斯坦医学院，寄生虫学和热带医学部，病理学系
美国阿尔伯特·爱因斯坦医学院，感染学部，医学系

18.1　前言

　　历年来，微孢子虫的体外培养在研究其生活史、新陈代谢及发病机制中发挥了关键的作用。培养、分离微孢子虫不仅有利于人类微孢子虫病的诊断，在建立菌株库以开展微孢子虫抗原性、分子生物学、生物化学和流行病学的研究中也扮演了重要的角色。20 世纪 30 年代，Trager 将家蚕微粒子虫（*Nosema bombycis*）接种于家蚕卵巢管壁细胞系，开始了体外培养微孢子虫的第一次尝试（Trager 1937）。观察发现，建立感染微孢子虫细胞系的最佳孢子数与细胞数比例为大于或等于 10（Trager 1937；Jaronski 1984）。尽管科学家取得了如此重大的突破，但是直到 20 世纪 50 年代以后，研究者们才开始广泛应用细胞培养微孢子虫。

18.2　昆虫微孢子虫的体外培养

　　随着 Trager 的成功，研究者们在 1964 年之后报道了一系列利用菜青虫肠道和脂肪体感染组织体外培养梅氏微粒子虫（*Nosema mesnili*）的研究。目前，研究者们已利用卵巢、中肠、胚胎、脂肪体、生殖腺、心脏、丝腺及蛹的生殖腺等感染组织实现了多种昆虫微孢子虫的体外培养。1964 年，Ishihara 通过家蚕（*Bombyx mori*）细胞的组织培养描述了家蚕微粒子虫的生活史（Ishihara 1969）。事实上，昆虫微孢子虫的细胞培养进展比较缓慢。直到 20 世纪 80 年代，只有 8 种微孢子虫在昆虫细胞系中得以培养和增殖，它们分别是：阿尔及尔微粒子虫［现称按蚊微孢子虫，*Anncaliia*（*Brachiola//Nosema*）*algerae*］、西方蜜蜂微粒子虫（*Nosema apis*）、家蚕微粒子虫（*Nosema bombycis*）、天幕毛虫微粒子虫（*Nosema disstriae*）、棉铃虫微粒子虫（*Nosema heliothidis*）、梅氏微粒子虫（*Nosema mesnili*）、纳卡变形微孢子虫（*Vairimorpha necatrix*）和库蚊变异微孢子虫（*Vavraia culicis*）（Jaronski 1984；Brooks 1988）。随后，少数物种如冬尺蛾微孢子虫（*Cystosporogenes operophterae*）、亚洲玉米螟微粒子虫（*N. furnacalis*）和裳卷蛾变形孢虫（*Vairimorpha* sp.）（见第 21 章）等得以利用细胞培养。所有可培养的微孢子虫中，按蚊微孢子虫（*A. algerae*）具有最广泛的宿主域，其在无脊椎动物和脊椎动物中均能增殖。它既能在昆虫细胞系（Brooks 1988）中增殖，又能在猪

肾细胞系（Undeen 1975）、兔肾细胞系（Lowman et al. 2000）、热带鱼细胞系（Monaghan et al. 2011）、人肌肉成纤维细胞系（Trammer et al. 1999）中增殖。按蚊微孢子虫还能在高于昆虫最适温度的高温环境（37℃）中增殖。果蝇（*Drosophila melanogaster*）的病原体微孢子虫拉蒂森堡管孢虫（*Tubulinosema ratisbonensis*）是另一种具有广泛宿主域的微孢子虫。它能在人的肺成纤维细胞中增殖，但是不能在肾细胞和昆虫细胞中生长（Franzen et al. 2005）。

昆虫微孢子虫的细胞培养除了利于微孢子虫生活史的研究，也为害虫的生物防治提供了很好的原料生产方式（Jaronski 1984）。蝗虫微孢子虫［*Antonospora*（*Nosema*）*locustae*］是目前唯一在美国作为商业化应用的生防杀虫剂（Canning 1953；Henry & Onsager 1982）。人们常利用夜蛾（*Mythimna convecta*）的脂肪细胞系对蝗虫微孢子虫进行连续的增殖培育（Khurad et al. 1991）。

西方蜜蜂微粒子虫和东方蜜蜂微粒子虫（*Nosema ceranae*）是造成世界范围内蜜蜂种群衰退的重要病原体（Martin-Hernandez et al. 2007；Higes et al. 2008；Gensersch 2010）（见第 22 章）。然而，细胞体外培养体系的缺乏阻碍了西方蜜蜂微粒子虫、东方蜜蜂微粒子虫和蜜蜂之间细胞生物学和分子生物学的相互作用研究。2011 年，Gisder 等利用鳞翅目昆虫舞毒蛾的卵巢细胞系成功地建立了蜜蜂微粒子虫的细胞培养体系。

18.3　鱼微孢子虫的体外培养

19 世纪晚期，人们发现微孢子虫会感染鱼类（Moniez 1887）。鱼微孢子虫病能够引起鱼的大量死亡，给渔业造成重大的经济损失（Monaghan et al. 2009）。目前，已发现 160 多种微孢子虫能够感染鱼类，详见第 20 章（Lom 2002）。部分微孢子虫感染鱼后，会引起局部组织膨大，形成异物瘤。这种特异结构通常长 400 ~ 500 μm，更有甚者达到 13 mm（见第 20 章）。能够导致异物瘤形成的微孢子虫通常具有宿主特异性，因而也对其体外培养体系的建立造成一定的影响。相较于感染哺乳动物和昆虫的微孢子虫而言，鱼微孢子虫的细胞培养只能称为在一定范围内取得了成功。尽管研究者们采用鱼的各种组织和器官的原代培养和细胞系进行了多次的尝试，鱼微孢子虫的体外培养仍然局限在 48 h 以内。但是，这仍为鱼微孢子虫与宿主巨噬细胞、中性粒细胞之间的相互作用以及对宿主先天性免疫的影响提供了重要的研究平台。例如，香鱼格留虫（*Glugea plecoglossi*）与鱼巨噬细胞的相互作用研究（Kim et al. 1998，1999）、感染大菱鲆微孢子虫（*Tetramicra brevifilum*）的大比目鱼腹腔渗出液黏附细胞的活性氧分析（Leiro et al. 2001）等研究均利用了短期的体外培养平台。最成功的鱼微孢子虫体外培养体系是通过利用感染微孢子虫的鲑鱼白细胞进行原代培养而建立的相对长期的体外培养体系。研究者们采用感染微孢子虫的奇努克鲑鱼白细胞以及正常鲑鱼的白细胞进行共培养的方式，使鲑鱼核孢虫［*Nucleospora*（*Enterocytozoon*）*salmonis*］得以在体外培养和增殖（Wongtavatchai et al. 1994，1995；Desportes-Livage et al. 1996）。有趣的是，哺乳动物微孢子虫毕氏肠微孢子虫（*Enterocytozoon bieneusi*）也可以在这些细胞中进行培养和增殖（Desportes-Livage et al. 1996）。2003 年，Lores 等将大沙鳗鱼（*Hyperoplus lanceolatus*）肝组织分离的格留虫属（*Glugea* sp.）微孢子虫添加至奇努克鲑鱼胚胎细胞系 CHSE-214。观察发现，格留虫属微孢子虫可以感染该细胞系，但是不能在细胞中增殖。意外的是，格留虫属微孢子虫可以在蚊子幼虫细胞系 ECACC90100401 中有效地繁殖（Lores et al. 2003）。2009 年，Monaghan 等报道了斑马鱼微孢子虫噬神经假洛玛虫（*Pseudoloma neurophilia*）可以感染鲶鱼卵巢、斑马鱼、鲤鱼和鲦鱼等的细胞系。值得注意的是，它们中的部分细胞系也能被按蚊微孢子虫感染（Monaghan et al. 2011）。这种最初被认为是昆虫微孢子虫的寄生虫，逐渐被发现有着广泛的宿主域，除了无脊椎动物外，还能够感染大量的脊椎动物，包括人类。

Monaghan 等（2008，2009）发现了一个有趣的感染现象。他们从日本鳗鱼（*Anguilla japonica*）组织中获得了一株上皮样细胞系（EP-1），这个细胞系似乎能够"长生不老"，在经过了 200 代以后，依然保有异倍体核型（heteroploid karyotype）。研究者们用鳗鲡异孢虫［*Heterosporis*（*Pleistophora*）*anguillarum*］去侵染 EP-1 细胞系，结果显示，鳗鲡异孢虫在细胞中始终处于裂殖子阶段。而将这些被感染的细胞注入鳗鱼体内以后，则会引起肌肉病变并在其中形成孢子。这个独特的细胞系似乎将微孢子虫的增殖"卡"在了裂殖增殖期，使裂殖子在细胞中不断增殖，并通过细胞分裂进入子代细胞中。

18.4　哺乳动物微孢子虫的体外培养

20 世纪 50 年代，Morris 等首次建立了哺乳动物微孢子虫的体外培养。他们将鼠的淋巴瘤细胞系 MB III 与感染微孢子虫的小鼠腹水共培养后建立了兔脑炎微孢子虫（*Encephalitozoon cuniculi*）的体外培养体系（Morris et al. 1956）。1969 年，Shadduck 采用兔的脉络丛细胞系成功培养了兔脑炎微孢子虫，并使其在细胞中传代培养达 4 个月（Shadduck 1969）。接下来的 20 多年，兔脑炎微孢子虫仍然是已报道的唯一通过各种细胞系进行体外培养的哺乳动物微孢子虫（Jaronski 1984；Visvesvara et al. 1999b，2002）。目前，多种哺乳动物微孢子虫已经能够稳定地在细胞中进行体外培养（Visvesvara 2002；Juarez et al. 2005）。如机会性感染人类的病原体微孢子虫海伦脑炎微孢子虫（*Encephalitozoon hellem*）、肠脑炎微孢子虫（*Encephalitozoon intestinalis*）、角膜条孢虫（*Vittaforma corneae*）、人气管普孢虫（*Trachipleistophora hominis*）、嗜人气管普孢虫（*Trachipleistophora anthropopthera*）和按蚊微孢子虫等。兔、小鼠、猴子、人类的上皮细胞和成纤维细胞已普遍用于哺乳动物微孢子虫的体外培养。但是引起艾滋病患者腹泻的毕氏肠微孢子虫目前仍未能成功建立体外培养体系（van Gool et al. 1994；Visvesvara et al. 1995a，1996）。

18.4.1　兔脑炎微孢子虫（*Encephalitozoon cuniculi*）

截至 2002 年，英国、意大利、美国、西班牙、瑞士等国的研究机构共报道了 13 种兔脑炎微孢子虫分离株（de Groote et al. 1995；Hollister et al. 1995；Deplazes et al. 1996；Visvesvara et al. 1996；Mathis et al. 1997；Weber et al. 1997；Deplazes et al. 1998；Rossi et al. 1998；del Aguila et al. 2001）。通过 rRNA ITS 序列将这些主要的分离株划分为鼠源分离株（I 型）、狗源分离株（II 型）和兔源分离株（III 型）3 种类型（Didier et al. 1995，1996c）。3 种类型的典型分离株已完成测序工作，数据已共享到 MicrosporidiaDB.org 数据库，并且这些典型的分离株已保藏于美国种质保藏中心（ATCC）（表 18.2）。将感染的组织或包含孢子的溶液接种多种细胞系可以比较容易地建立起这些微孢子虫的体外培养体系（表 18.1）。

表 18.1　微孢子虫体外培养细胞系

细胞系	来源	ATCC No.[a]	E. cuniculi	E. hellem	E. intestinalis	A. algerae	T. hominis	V. corneae
E6	Monkey kidney, Vero clone E6	CRL–1586	X	X	X	X		X
HLF（WI–38）	Human lung fibroblast	CCL–75	X	X	X	X		X
MDCK	MDCK	CCL–34	X	X	X		X	X
MRC–5	Human lung fibroblast	CCL–171	X	X				X
RK–13	Rabbit kidney	CCL–37		X	X		X	
HT–29	Human colorectal adenocarcinoma	HTB–38			X			
Caco–2	Human colorectal adenocarcinoma	HTB–37			X			
SIRC	Rabbit cornea	CCL–60						X
COS–1	Monkey kidney, SV40 transformed	CRL–1650					X	

改编自 Visvesvara, G.S. 2002. 微孢子虫体外培养对临床具有重要意义（*Clin Microbiol Rev* 15，401–13）

[a] ATCC 编号

表 18.2 ATCC 保藏的微孢子虫 [a]

ATCC No.[b]	物种	分离株	来源	分离地点	年份	保藏者	参考文献
PRA-109[c]	A. algerae	Human muscle isolate	Muscle, human, diabetes, rheumatoid arthritis	Pennsylvania	2003	L. M. Weiss, C. M. Coyle	Coyle et al. (2004)
PRA-167	A. algerae	CDC:V404	Corneal scraping, human immunocompetent	Mexico	1997	G. S. Visvesvara	Visvesvara et al. (1999); Visvesvara et al. (2005)
PRA-168	A. algerae	CDC:V422	Skin biopsy, human, acute lymphocytic leukemia in remission	United States	1999	G. S. Visvesvara	Visvesvara et al. (2005)
PRA-169	A. algerae	CDC:V521	Muscle biopsy, human, immunosuppressed	United States	2002	G. S. Visvesvara	Visvesvara et al. (2005)
PRA-170	A. algerae	CDC:V395	Mosquito, Anopheles stephensi	United States	1997	G. S. Visvesvara	Moura et al. (1999)
PRA-339[c]	A. algerae	Undeen	Mosquito, Anopheles stephensi		1970	L. M. Weiss	Vavra & Undeen (1970)
50502[c]	E. cuniculi	Canine subtype, type III	Beagle puppy	Texas	1978	E. S. Didier	Shadduck et al. (1978); Didier et al. (1996c)
50503[c]	E. cuniculi	Lagomorph subtype, type I	Rabbit	Ohio	1978	E. S. Didier	Didier et al. (1995)
50602[d]	E. cuniculi	CDC:V282	Urine, human, AIDS	Colorado	1993	G. S. Visvesvara	de Groote et al. (1995); Didier et al. (1996c)
50612	E. cuniculi	Cali/Weiss	Rabbit		1978	L. M. Weiss	
50789	E. cuniculi	CDC:V283	Sputum, human, AIDS	Colorado	1993	G. S. Visvesvara	de Groote et al. (1995)
PRA-336[c,d]	E. cuniculi	Mouse subtype, type II	Laboratory mouse		1972	L. M. Weiss	Vavra et al. (1972); Didier et al. (1995)
50451[d]	E. hellem	CDC:0291:V213	Urine, human, AIDS	Georgia	1991	G. S. Visvesvara	Visvesvara et al. (1991); Leitch et al. (1993); Visvesvara et al. (1995b)
50504[c]	E. hellem		Corneal scrapings, human, AIDS	New York	1990	E. S. Didier	Didier et al. (1991a); Didier et al. (1991b)
50604	E. hellem	CDC:V257	Urine, human, AIDS	New York	1992	G. S. Visvesvara	Croppo et al. (1998a); Visvesvara et al. (1994); Xiao et al. (2001)
50650	E. hellem	CDC:V242	Urine, human, AIDS	Georgia	1992	G. S. Visvesvara	Croppo et al. (1998a); Xiao et al. (2001)

续表

ATCC No.[b]	物种	分离株	来源	分离地点	年份	保藏者	参考文献
50506[c,d]	E. intestinalis	Alveolar isolate	Nasal material, human, HIV positive	New York	1994	E. S. Didier	Doultree et al. (1995); Didier et al. (1996b)
50507	E. intestinalis	Nasal isolate	Alveolar material, human, HIV positive	New York	1994	E. S. Didier	Doultree et al. (1995)
50603	E. intestinalis	CDC:V307	Duodenal biopsy, human, AIDS	Georgia	1994	G. S. Visvesvara	Croppo et al. (1998a)
50651	E. intestinalis	CDC:297	Human, AIDS	California	1993	G. S. Visvesvara	Croppo et al. (1997); Gatti et al. (1997); Croppo et al. (1998a)
50790	E. intestinalis	CDC:V308	Urine, human, AIDS	Colorado	1994	G. S. Visvesvara	Croppo et al. (1998a)
50505[c]	V. corneae		Corneal biopsy, human, HIV negative	United States	1989	E. S. Didier	Shadduck et al. (1990); Mittleider et al. (2002)
PRA-404	Trachipleistophora hominis	N/A	Human, AIDS	Australia	1995	L. M. Weiss	Hollister et al. (1996)

[a] 表格信息来自 ATCC 的储存信息及与研究者的交流;

[b] ATCC 保藏号;

[c] 已测序菌株;

[d] ATCC 及 BEI 资源库均保藏。

18.4.2 海伦脑炎微孢子虫（*Encephalitozoon hellem*）

据文献报道，目前已从英国、西班牙、瑞士、意大利和美国等国家和地区鉴定了 30 多种海伦脑炎微孢子虫分离株（Didier et al. 1991b，1996a；Visvesvara et al. 1991；Hollister et al. 1993a，b；Croppo et al. 1994；Scaglia et al. 1994，1997，1998；Visvesvara et al. 1994，1995a，1996；Deplazes et al. 1996，1998；Gatti et al. 1997；Peman et al. 1997）。这些微孢子虫主要从患者角膜刮片、结膜活检组织、尿液、痰液、支气管肺泡冲洗液、鼻腔黏膜活检组织中分离。通过将感染的组织或含有孢子的悬液接种各种类型的细胞实现了这些微孢子虫分离株的体外培养（表 18.1）。

18.4.3 肠脑炎微孢子虫（*Encephalitozoon intestinalis*）

目前，美国和欧洲已报道了约 30 种肠脑炎微孢子虫分离株（van Gool et al. 1994；Doultree et al. 1995；Molina et al. 1995；Visvesvara et al. 1995b；Didier et al. 1996b；Croppo et al. 1998a；b，Deplazes et al. 1998）。这些分离株主要从尿液、粪便、唾液、十二指肠活检组织、支气管肺泡冲洗液、鼻腔活检组织中分离获得。从粪便中分离微孢子虫的方法如下（van Gool et al. 1994）：水 – 乙醚沉淀法获得孢子沉淀；采用含有 50 μg/mL 氟胞嘧啶、100 μg/mL 阿莫西林、万古霉素、庆大霉素的抗生素混合液重悬后，37 ℃培养 18 h；离心，采用 PBS 清洗 2 次；将孢子接种兔肾细胞 RK–13 细胞系，应用含有 2.5 μg/mL 红霉素的培养基培养，每两天进行换液处理。

18.4.4 毕氏肠微孢子虫（*Enterocytozoon bieneusi*）

毕氏肠微孢子虫暂未建立起长期的体外培养体系。采用哺乳动物细胞系可以对该微孢子虫进行短期的培养，但是只能收获少量的孢子（Visvesvara et al. 1995a，1996；Tziporri，私下交流）。1996 年，Visvesvara 等报道了腺病毒的共感染摧毁了一个这样的短期体外培养体系。有研究报道，毕氏肠微孢子虫可以在虹鳟鱼肾细胞中进行短期的培养（Desportes–Livage et al. 1996）。虹鳟鱼肾细胞系可用于核孢虫属（*Nucleospora*）或肠微孢子虫属（*Enterocytozoon*）鲑鱼微孢子虫的培养（Desportes–Livage et al. 1996）。

18.4.5 角膜条孢虫（*Vittaforma corneae*）

角膜条孢虫是第一种从培养细胞中分离的人致病性微孢子虫（Shadduck et al. 1990）。研究显示，角膜活检组织碎片经 0.1% 胰蛋白酶和 0.25% 胶原酶消化后与兔角膜细胞（SIRC）及犬肾细胞（MDCK）共培养，30 天后即观察到感染的微孢子虫，这与观察到的其他大部分微孢子虫感染的时间范围相一致。1998 年，Deplazes 等在经过离心的尿液样品中分离得到角膜条孢虫的第二个分离株。另有研究报道，来自葡萄牙的一个粪便样本中分离到一种类似角膜条孢虫的微生物，但是在感染角膜条孢虫患者的粪便样品中却并未分离到孢子（Sulaiman et al. 2003）。

18.4.6 气管普孢虫（*Trachipleistophora* sp.）

1996 年，Hollister 等从角膜刮片和肌肉活检组织中分离获得人气管普孢虫（*Trachipleistophora hominis*）。肌肉组织称量后，采用 0.25% 胰蛋白酶消化使孢子释放出来，接种宿主细胞系。人气管普孢虫可在多种细胞系中增殖，但在非洲绿猴肾细胞 COS–1 和兔肾细胞 RK–13 中生长最好。嗜人气管普孢虫从角膜活检组织中分离，采用成年小鼠大脑的成纤维细胞进行培养可达到最好的增殖效果（Juarez et al. 2005）。Juarez 等（2005）报道该微孢子虫也可以在结肠腺癌细胞中增殖。

18.4.7 按蚊微孢子虫 [*Anncaliia*（*Brachiola/Nosema*）*algerae*]

按蚊微孢子虫是一类比较特殊的微孢子虫，在感染的昆虫和人类中均有其分离株报道（Undeen 1975；

Visvesvara et al. 1999a；Lowman et al. 2000；Visvesvara 2002；Coyle et al. 2004）。按蚊微孢子虫的最适生长温度为 26～35℃。虽然其也能在 37℃生长，但是生长速度会比较缓慢，且前期需要逐渐适应高温。37℃条件下，如果按蚊微孢子虫缺乏温度适应的过程，将会停止生长，并在侵染后很快死亡。

18.5　微孢子虫体外培养细胞系的建立、维护及保存：以机会性感染人的微孢子虫为例

研究者们从各种临床样本中建立起了多种微孢子虫分离株的体外培养体系，如结膜刮片、角膜活检组织、尿液、唾液、支气管肺泡清洗液、排泄物、十二指肠抽取液、脑脊液、肌肉活检组织、大脑组织等（Visvesvara 1999，2002）。在培养过程中，培养基中添加抗生素及两性霉素 B 可以抑制细菌和真菌的生长，但是不会对微孢子虫的生长造成影响。从唾液和其他黏性样本中分离微孢子虫，可先用二硫苏糖醇（Calbiochem，La Jolla，CA）或类似的溶黏蛋白剂处理后离心，沉淀用去离子水清洗，然后与细胞共培养。从尿液或其他非黏性液体中分离微孢子虫时，只需离心后用去离子水清洗沉淀，然后与细胞共培养即可。从组织中分离微孢子虫，可采用标准方法将组织浸渍或采用酶将组织消化后与细胞进行共培养。第一周应每天更换培养基：离心取含有孢子和细胞的沉淀，使用新鲜的培养基重悬后接种回原培养体系。后续培养过程中，每周更换培养基两次（Visvesvara 1999）。常用培养基为 EMEM、DMEM 和 RPMI 1640，培养基中添加 2 mmol/L 谷氨酸盐和 5%～10% 胎牛血清。注意，一定要添加青霉素、链霉素和两性霉素 B 以抑制细菌和真菌的污染（Visvesvara 2002）。表 18.1 列举了可用于培养感染人的微孢子虫的细胞系。微孢子虫的细胞培养体系建立起来以后，细胞的传代培养及冻存就是比较简单的程序了。ATCC 保存的微孢子虫体外培养常规方法如下。

18.5.1　微孢子虫细胞培养体系的日常维护

（1）倒置相差显微镜观察细胞培养微孢子虫情况；
（2）当单层细胞感染率低于 10%，每周更换生长培养基 2 次，换液时取旧培养基进行离心，收集孢子沉淀，新鲜培养基重悬后再次接种细胞；
（3）细胞感染率较低时，根据细胞培养情况采用胰酶消化法进行传代培养；
（4）当细胞感染率大于或等于 80%，将感染细胞制成悬液按照一定比例接种正常细胞进行扩大培养。

18.5.2　冻存

（1）加入 1 mL 培养基，用细胞刮分离贴壁细胞，将细胞悬液加入 15 mL 离心管，用带有 27 号针头的注射器吸取细胞悬液再注射回离心管中，使细胞破碎释放出孢子；
（2）1 300 g 离心 10 min；
（3）取沉淀用 Hank 平衡液或 PBS 缓冲液重悬，利用血球计数板计数并将孢子浓度调整到（2.0～4.0）×10^7 个；
（4）取等体积的冷冻保护剂（含有 20% DMSO 的 Hank 平衡液或 PBS 缓冲液）与孢子悬液混合，静置 15～30 min；
（5）以 0.5 mL/ 管分装到冻存管中；
（6）将冻存管放置在程序降温盒中，使其以 –1℃/min 的速度从室温降到 –40℃，然后将冻存管转移到液氮中；
（7）如果没有程序降温盒，可将冻存管置于 Nalgene 的梯度冻存盒，并将其放置于 –80℃至少 2 h，然后将冻存管转移到液氮中。

18.5.3　复苏

（1）从液氮中取出冻存管，置于 35℃～37℃水浴中孵育，注意管盖应置于水平面之上以减少污染，融

解时间控制在 2 ~ 3 min，融解过程中请不要搅动冻存管；

（2）立即将融解的孢子悬液加入培养细胞中。ATCC 常用的细胞系包括非洲绿猴肾细胞（ATCC® CCL-26™）、马丁达比犬肾细胞（ATCC CCL-34™）、兔肾细胞（ATCC CCL-37™）、人肺成纤维细胞（ATCC CCL-75™）；

（3）采用含有 3% FBS 的 EMEM 培养基在 37℃，5% CO_2 条件下进行培养；

（4）倒置显微镜定期观察细胞及微孢子虫培养情况。

18.6 生物资源中心的角色

资源保藏机构保存的菌株类似于"生物标准品"，它们是比较研究的物质基础。而参照性研究中，获取参考培养方法具有重要的作用。资源保藏机构如生物资源中心（BRC）等为研究者提供资源保存及其相关培养规程，在生命科学研究发展中发挥了重要作用。因此，经过全基因组测序的微孢子虫建议保存到 BRC 以便于各研究机构的采用。基因组数据的公布对于微孢子虫研究的深入至关重要。数年来，寄生虫学家们收集了各种微孢子虫分离株，并将其保藏于 ATCC。建议研究者们同时也将其保藏于 BRC，这样菌种资源就不会因为研究者的退休或研究机构仪器毁灭性损坏等原因造成丢失。

目前，ATCC 原生生物保藏部收集了 22 种来自不同地理位置和临床来源的微孢子虫（表 18.2）。列表中包括用于生物多样性分析的标准菌株，特别是已经完成全基因组测序的微孢子虫（有文献报道但未保存于 ATCC 的分离株见表 18.3）。建立可信赖的活体菌株保存和发放体系，可以保证研究者获得的菌株与初始保藏者提供的菌株保持一致。

表 18.3 经文献报道但未贮藏于生物保藏机构的微孢子虫分离株

物种	分离株数目	命名	来源	分离地区	参考文献
Anncaliia					
A. algerae	1	CDC:V396	*A. stephensi*，larvae and pupae	United States	Moura et al.（1999）
	1	CDC:V427	Colony of *A. stephensi*；later carried in a moth，*Heliothis zea*	Illinois，USA	Vavra & Undeen（1970）；Kucerova et al.（2004）
Encephalitozoon					
E. cuniculi	1	N/A	Urine，human，AIDS	United Kingdom	Hollister et al.（1995）
	9	CH–R2169；8 others	Rabbits	Switzerland	deplazes et al.（1996）
	3	CH–H4BJ	Human，AIDS	Switzerland	deplazes et al.（1996）
		CH–H5RB	Human，AIDS		
		CH–H6FN	Human，AIDS		
	4	N/A	Farmed blue foxes	Norway	Mathis et al.（1996）
	1	N/A	Human，AIDS	Switzerland	Weber et al.（1997）
	2	USP-A1	Urine，human，AIDS	Spain	del Aguila et al.（2001）
		USP-A2	Sputum，human，AIDS		
	1	N/A	Renal transplant patient，HIV negative	United States	Mohindra et al.（2002）

续表

物种	分离株数目	命名	来源	分离地区	参考文献
E. hellem	1	N/A	Human，AIDS	United Kingdom	Hollister et al.（1993b）
	8	N/A	Human，AIDS	Italy	Gatti et al.（1997）
	2	CH–H25F	Human，AIDS	Switzerland	deplazes et al.（1996）
		CH–H3WR	Human，AIDS		
	1	EHSV–96	Human，AIDS	Spain	del Aguila et al.（2001）；Haro et al.（2003）
	2	MIPV–4‑94	Human，AIDS	Italy	Scaglia et al.（1998）；del Aguila et al.（2001）；Haro et al.（2003）
		PV–5‑95	Human，AIDS		
	3	MIPV–6‑95	Human，AIDS	Italy	del Aguila et al.（2001）；Haro et al.（2003）
		PV–7‑95	Human，AIDS		
		PV–8‑95	Human，AIDS		
	2	PV–6‑96	Human，AIDS	Italy	Haro et al.（2006）
		PV–7‑96	Human，AIDS		
		CH–H3WR	Human，AIDS		
E. intestinalis	1	CH–H70R	Human，AIDS	Switzerland	deplazes et al.（1996）
	7	N/A	Human，AIDS	The Netherlands	van Gool et al.（1994）
	3	N/A	Human，AIDS	France	Molina et al.（1995）
	5	CDC:V309	Sputum，human，AIDS	Colorado，USA	Croppo et al.（1998a）
		CDC:V314	Urine，human，AIDS	California，USA	
		CDC:V315	Sputum，human，AIDS	California，USA	
		CDC:V324	Urine，human，AIDS	Colorado，USA	
		CDC:V325	Sputum，human，AIDS	Colorado，USA	
Vittaforma					
V. cornea	1	N/A	Urine，human AIDS	Switzerland	Deplazes et al.（1998）
Trachipleistophora					
T. anthropopthera	1	N/A	Human，AIDS	Thailand	Juarez et al.（2005）；Pariyakanok & Jongwutiwes（2005）

18.6.1 BEI 研究资源存储库

ATCC 运行着一个国立变态反应与传染病研究所（NIAID）的生防与新兴传染病研究资源库（BEI 资源库）。BEI 资源库致力于收集和鉴定其注册会员的各类研究材料，包括过去 20 年新鉴定的又再度流行的病原体及 NIAID 的 A、B、C 类生物资源。表 18.2 列举了保藏于 BEI 的微孢子虫分离株。此外，BEI 资源库还作为美国国立卫生院在西雅图的传染病结构基因组研究中心（SSGCID）的分发中心。SSGCID 的首要任务是解析来自 NIAID 的 A、B、C 类病原体及新兴的传染性病原体的 75～100 个蛋白靶标的结构。所有解析的结构均上传到 PDB 蛋白质数据库，而所有的研究材料包括构建的克隆及表达的蛋白等均保存于 BEI 资源库进行公开发放。SSGCID 制备的微孢子虫蛋白表达载体可通过 BEI 资源库获取。

微孢子虫研究者们应该考虑将 BEI 资源库作为临床分离株、抗血清、单克隆抗体、纯化蛋白及重组质粒等生物材料的资源保藏中心。通过资源的集约化，使查询及使用这些研究材料受到监管，从而保证材料的可信性。通过安全保藏、统一管理和配送研究材料，也保护了研究者的知识产权。

参考文献

 第 18 章参考文献

第 19 章　高等脊椎动物中的微孢子虫

Karen F. Snowden

美国德州农工大学，兽医与生物医学学院，兽医病理学系

19.1　引言

微孢子虫引起的感染病例在多种野生及驯养哺乳动物中已有报道，但是在鸟类、两栖类和爬行类动物中的报道则较少。早在 19 世纪 20 年代，人们就在哺乳动物（兔和实验室啮齿动物）中鉴定到了第一类微孢子虫——兔脑炎微孢子虫（*Encephalitozoon cuniculi*），它也是在非人类脊椎动物中被鉴定到频率最高的一类微孢子虫。其他一些微孢子虫也在不同的物种中被鉴定到，包括最初在鸟类中发现的海伦脑炎微孢子虫（*Encephalitozoon hellem*），以及人类肠道中发现的病原体——肠脑炎微孢子虫（*Encephalitozoon intestinalis*）和毕氏肠微孢子虫（*Enterocytozoon bieneusi*）。

19.2　啮齿类动物中的微孢子虫

随着实验室动物饲养水平和管理水平的提高，家兔及啮齿类动物在研究中自发感染脑炎微孢子虫病的情况非常少见。然而，随着 19 世纪六七十年代实验室大量使用实验动物，微孢子虫也就成了最为普遍的干扰实验结果的寄生虫之一（Canning 1967；Canning & Lom 1986；Innes et al. 1962；Shadduck & Pakes 1971）。实验室小鼠经常被微孢子虫感染但却没有表现出临床症状或者损伤，人们只能通过检测局灶性肉芽肿结节（focal granulomas）和不同组织中的寄生虫情况才能发现它们（Kyo 1958；Lainson et al. 1964；Morris et al. 1956；Nelson 1962）。有报道称实验大鼠（Attwood & Sutton 1965；Majeed & Zubaidy 1982）、豚鼠（Illanes et al. 1993；Moffatt & Schiefer 1973），以及仓鼠（Meiser et al. 1971）中也出现了低频率的自发性脑炎微孢子虫病。19 世纪 70 年代，当血清检测得到推广时，有研究发现仓鼠中流行患病率高达 80%，大鼠为 30%，豚鼠为 85%（Chalupsky et al. 1979；Gannon 1980）。随着先进的实验室动物管理技术，包括无菌操作及血清监测流程在啮齿动物研究中的应用，微孢子虫病在研究动物体内很少出现。然而，兽医及调查人员仍应该保持警惕，尤其是微孢子虫在实验动物间连续传播，或者在野生的以及保护不善的母本动物（poorly maintained founder animals）中发现微孢子虫感染的情况下。基于兔子和啮齿动物等模型来介绍微孢子虫的内容将在本书的其他章节进行阐释，本章中有关啮齿动物脑炎微孢子虫的其他信息将聚焦于实验室动物以外的那些自然发生感染的案例。

19.2.1　啮齿类动物中的脑炎微孢子虫

关于野生啮齿类动物微孢子虫病的报道比较少。目前已有相关病例描述或血清学检测感染的物种主要是旅鼠、麝香鼠、田鼠、小鼠和大鼠等。据报道，在临床检测中发现当北极旅鼠（*Dicrostonyx torquatus*）体内存在类似脑炎微孢子虫（*Encephalitozoon*）的生物体时，北极旅鼠会出现包括绕圈爬行和瘫痪等中枢神经系统失调症状，并伴有扩散性的肉芽肿性脑炎（Cutlip & Beall 1989）。在对圈养的旅鼠群体进行的回顾

性研究中发现，病原体存在于许多组织的血管内皮细胞中，只引起很小或不引起炎症反应（Cutlip & Denis 1993），同时在脾、肾、心脏、肺及肝中都观察到了病变。

在麝香鼠（Ondatra zibethicus）的研究中，有一个关于脑肉芽肿的报告，但是并没有检测到临床症状（Wobeser & Schuh 1979），基于组织病理学的结果，推断该病是由于兔脑炎微孢子虫感染所导致。该研究中，29 只圈养的麝香鼠中有 5 只组织发生了病变，但是放养的 36 只麝香鼠中则没有检测到病变现象。

澳大利亚学者利用不同的分子调查手段研究发现，264 只普通田鼠中有 16 只脑组织中检测到兔脑炎微孢子虫的存在，占 6%；而对 86 只水鼠的脑组织检测发现有 6 只存在兔脑炎微孢子虫，占 7%（Fuehrer et al. 2010）。类似地，通过分子技术检测家鼠的粪便，279 只野生家鼠中有 42 只检测到了兔脑炎微孢子虫（Sak et al. 2011a），而且这种寄生虫的两种基因型都在这些来自欧洲德国和捷克边境的小鼠中鉴定到。

一些流行病的调查已经开始利用血清学检验方法。最近，研究学者在德国 6 家不同的宠物店购买家鼠（Mus musculus）进行血清调查，发现一个地区的 6 只小鼠中有 3 只对兔脑炎微孢子虫的血清反应呈阳性（Dammann et al. 2011）。血清检测也用于野生的或自由放养的啮齿动物的调查中。在冰岛的啮齿动物感染率调查中，研究人员利用碳粒免疫实验（carbon immunoassay，CIA）分别对 147 只木鼠（Apodemus sylvaticus）和 47 只家鼠进行针对于兔脑炎微孢子虫的血清检测，其中有 6 只木鼠（4%）和 4 只家鼠（8.5%）检测呈阳性（Hersteinsson et al. 1993）。最近一次针对拉丁美洲大型啮齿动物的血清调查显示，在巴西捕获的 63 头水豚（Hydrochoerus hydrochaeris）中并没有能与针对兔脑炎微孢子虫孢子的血清检测呈阳性的个体（Valadas et al. 2010）。

结合血清学和分子方法进行调查，结果发现 23 只自由放养的大鼠（Rattus norvegicus）中有 3 只的血清检测呈阳性，取其中一只大鼠体内的脑炎微孢子虫进行体外培养，并基于 rDNA 转录间隔区序列（ITS）特征将其命名为“鼠株”（"mouse" strain）脑炎微孢子虫（Muller-Doblies et al. 2002）。利用间接免疫荧光分析（IFA）和 PCR 的方法对河狸（Castor canadensis）的排泄物进行微孢子虫调查，结果发现 62 只中无一个体样本对微孢子虫呈阳性（Fayer et al. 2006）。

19.2.2　其他自然感染微孢子虫的啮齿动物

研究人员在欧洲对野生家鼠进行分子检测，在其排泄物中发现除了兔脑炎微孢子虫（见 19.2.1）以外，同时还存在海伦脑炎微孢子虫和毕氏肠微孢子虫（Sak et al. 2011a）。在 279 只家鼠中有 23 只在进行海伦脑炎微孢子虫 DNA 检测时呈阳性，有 25 只对毕氏肠微孢子虫 DNA 检测呈阳性。研究发现有 3 只小鼠同时感染了兔脑炎微孢子虫和毕氏肠微孢子虫，另外 3 只小鼠同时感染了海伦脑炎微孢子虫和毕氏肠微孢子虫。自海伦脑炎微孢子虫被报道以来，其主要寄主是鸟类和人类，而毕氏肠微孢子虫也是一种重要的人类病原体，因此检测这些寄生虫的 DNA 具有重要的意义。作为一个人畜共患污染的可能来源，啮齿类动物的排泄物应该被进一步研究，这有助于了解这些病原体如何自然感染啮齿动物肠道。

在对一个养有宠物豚鼠的家庭进行调查研究时，从宠物和孩子们身上鉴定到了同一基因型的毕氏肠微孢子虫。利用分子检测方法对其他的宠物豚鼠进行研究发现，20 个家庭的 59 只豚鼠是微孢子虫阳性，但这些微孢子虫的基因型是不相同的。这些数据表明在这些家庭中可能存在人畜传播的可能（Cama et al. 2007）。

法国曾报道了木鼠被泛成孢子微孢子虫感染造成损伤的例子，这种微孢子虫被命名为姬鼠泰罗汉孢虫（Thelohania apodemi）（Doby et al. 1963）。对木鼠进行脑组织涂片后检测到了微孢子虫，它们呈周围没有组织反应的球形或卵圆形，有时是散落的子囊孢子，被肉芽肿包裹，但却没有临床症状。在法国的另外一则报道中，研究者在捷克斯洛伐克捕获的一只家鼠的大脑里检测到了姬鼠泰罗汉孢虫（Sebek & Weiser 1989），但直到最近也一直没有关于这种微孢子虫的其他相关报道。

19.3 兔子中的微孢子虫

19 世纪 20 年代早期有研究描述了家兔脑炎综合征，并在损伤组织中检测到了微孢子虫（Doerr & Zdansky 1923；Goodpasture 1924；Wright & Craighead 1922），而引发这种神经疾病的生物体被 Levaditi 等（1923）命名为兔脑炎微孢子虫。这个学名被沿用很多年，用于命名家兔和其他啮齿动物中鉴定到的寄生虫。1964 年，由于该寄生虫与节肢动物中鉴定到的病原物很相似，研究人员建议更改其属名为微粒子虫属（*Nosema*），在很长一段时间，*Nosema cuniculi* 的学名被广泛地使用（Lainson et al. 1964）。1971 年，Shadduck 和 Pakes 建议还原其最初的命名，*E. cuniculi* 随后被用于命名兔类和啮齿类动物中的寄生虫。除了出现脑炎症状外，研究也发现兔脑炎微孢子虫会引起兔类的慢性肾病（Flatt & Jackson 1970；Testoni 1974）。目前兔脑炎微孢子虫作为家兔自然感染的寄生虫已被广泛接受。通常，它以一种长期潜伏性的感染形式存在动物体中，而这些动物中只有很少一部分会表现出临床症状。

19.3.1 家兔兔脑炎微孢子虫的流行病学研究

关于兔脑炎微孢子虫感染兔类后患病率的报道差别较大。在早期的一些报道中，Goodpasture（1924）利用病理学方法对 30 只兔子进行组织检查，其中有 10 只脑部发生病变，然而 Perrin（1943）调查的 50 只兔子中却无一发现病变。另外一个研究显示，2 338 只兔子中有 100 只（4.3%）的肾发生了病变（Flatt & Jackson 1970）。对新西兰的一个研究群体的 100 只新西兰大白兔进行调查发现，72% 的兔子发生了肾损伤，并在 9% 的兔子中鉴定到了寄生虫的存在（Testoni 1974）。兔脑炎微孢子虫的感染从无症状感染到大暴发都有可能发生。有报告显示，一个大型养殖农场中 450 只新西兰大白兔有 15% 患有神经疾病（Pattison et al. 1971）。

在这些被调查的啮齿动物群体中，感染了兔脑炎微孢子虫的个体大部分都被清除，与此不同的是，那些临床症状不明显的商业用兔和宠物兔仍四处播散寄生虫，而研究用兔也没有被视为无特定病原体动物并进行监管（Bywater et al. 1980）。在过去的 5 年里，全球有超过十多个关于商业农场和宠物兔的临床血清研究已经完成（表 19.1）。通常来说，虽然在血清检测方法和研究种群上存在差异，但是血清出现阳性率还是相当高的，临床异常的动物通常比临床正常的动物具有更高的血清阳性率。

19.3.1.1 诊断

目前已经有许多种兔脑炎微孢子虫感染的诊断方法，其中使用频率最高的方法是抗体检测法。有研究描述了利用墨汁免疫反应分析（India-ink immunoreaction assay，最近更多的称之为 CIA）进行微孢子虫病的检测，该方法简单，不需要其他特殊设备（Waller 1977）。在 20 世纪 70 年代后期，这种方法被广泛应用于监测兔群微孢子虫的自然感染和实验中的人工感染（Bywater & Kellett 1978a, b, 1979；Kellett & Bywater 1980；Lyngset 1980；Waller et al. 1978）。此外一种补体结合实验的诊断方法（complement fixation method）也被报道（Wosu et al. 1977）。但在这期间，使用更普遍的检测兔群微孢子虫的诊断方法还是间接免疫荧光检测实验（IFA），还有一些基于 IFA 的方法也被描述并运用于血清检测（表 19.1）（Cox & Gallichio 1977；Cox et al. 1972；Csokai et al. 2009b；Jackson et al. 1974；Kunzel et al. 2008；Okewole 2008；Ozkan et al. 2011；Valencakova et al. 2008；Waller et al. 1979）。同样，用于检测 IgG 或 IgM（少数研究中）的间接酶联免疫吸附测定（ELISA）方法在最近几年也被广泛应用于微孢子虫检测（表 19.1）（Ashmawy et al. 2011；Cray et al. 2009；Dipineto et al. 2008；Harcourt-Brown & Holloway 2003；Igarashi et al. 2008；Jeklova et al. 2010；Keeble & Shaw 2006；Santaniello et al. 2009；Tee et al. 2011）。比较不同的检测方法发现，它们在检测兔类对寄生虫侵染后的体液免疫应答方面有着相似的灵敏度（Dipineto et al. 2008；Kellett & Bywater 1980；Pakes et al. 1984；Santaniello et al. 2009；Tee et al. 2011）。除了血清检测方法外，有研究人员也使用了皮肤过敏检测的方法检测兔脑炎微孢子虫病，但该方法并没有被广泛应用（Pakes et al. 1972）。活性寄生虫的感染也可通

表 19.1　近期宠物兔和家兔中兔脑炎微孢子虫（*Encephalitozoon cuniculi*）的血清学调查结果

检测方法	检测总数	正常兔子数量	血清阳性兔子数量	非正常兔子数量	非正常血清阳性兔子数量	总血清阳性率/%	兔子来源	地理位置	文献
IFA	52	50	2	2	2	7.7	繁殖聚居地	土耳其	Ozkan et al.（2011）
ELISA	500	349	216	151	103	63.8	宠物	捷克	Jeklova et al.（2010）
ELISA	203	100		103			宠物	美国	Cray et al.（2009）
IFA	71	38	19	33	23	59.2	宠物	瑞士	Csokai et al.（2009a）
IFA	224	40	14	184	144	70.5	宠物	瑞士	Kunzel et al.（2008）
ELISA/CIA	125	47		78		67.2	宠物	意大利	Dipineto et al.（2008
ELISA/CIA	1600		505			31.6	40 个商业农场	意大利	Santaniello et al.（2009）
ELISA	337	232	129	105	85	63.5	宠物	日本	Igarashi et al.（2008）
IFA	237		39			16.5	商业	尼日利亚	Okewole（2008）
IFA	32	7	5	25	25	93.5	宠物	斯洛伐克	Valencakova et al.（2008）
ELISA	97	97	50			52	宠物	英国	Keeble & Shaw（2006）
ELISA	125	38	14	87	35	39.2	宠物	英国	Harcourt–Brown & Holloway（2003）
ELISA/CIA	171	157	103	14	13	67.8	宠物	台湾	Tee et al.（2011）
ELISA	240		36			15	10 个商业农场	埃及	Ashmawy et al.（2011）

过检测兔类的粪便或尿液中孢子的形式来进行诊断。孢子可以通过显微镜直接观察到，尤其是经过革兰染色，抗酸性染色，或优化后的尿液沉渣三色染色，或间接地通过尿液沉渣感染组织培养单层细胞的方法进行检测（Goodman & Garner 1972；Pye & Cox 1977）。在一项研究结果显示，大约 25% 的血清呈阳性的动物中的微孢子虫经尿液排泄（Cox & Pye 1975），然而另外的两项研究中，在 52 只兔子和 32 只兔子中分别都只检测到 1 只的尿液中含孢子（Ozkan et al. 2011；Valencakova et al. 2008）。通过人工感染兔子，研究人员发现感染 31～63 天能检测到大量孢子流出，并且孢子流出持续，直到感染第 98 天仍能检测到（Cox et al. 1979）。

19.3.1.2　传播

利用培养的寄生虫人工感染兔子的方法已经建立起来，主要是通过静脉注射、经口添食、气管接种、腹腔注射或者脑内感染等方式（Cox et al. 1979；Pakes et al. 1972；Perrin 1943；Wosu et al. 1977）。通常广为接受的传播方式是通过经口感染，因为感染的兔子可通过尿液大量传播孢子（Cox et al. 1972；Owen & Gannon 1980）。虽然早期的研究结果与感染是经过胎盘传播的观点相冲突，但现在已认识到寄生虫的宫内传播已在兔子和其他宿主中发生（Baneux & Pognan 2003；Hunt et al. 1972；Owen & Gannon 1980；Wilson 1986）。然而，我们并不确定这样的传播方式在兔子的自然感染中到底有多重要。

19.3.1.3　人畜共患病

兔脑炎微孢子虫从兔类传播给人类是很有可能的，且一些流行病学和分子数据也都支持了这一观点。

在一项调查中，一个养兔场的管理员的血清检测呈阳性，研究发现其尿液中含有孢子（Ozkan et al. 2011）。通过分子技术—限制性片段长度多态性（RFLP）分析了小亚核糖体 RNA 基因（SSU rRNA），发现 6 个人类片段中的 3 个和 9 个兔类片段是相同的（Deplazes et al. 1996a）。另外几例感染人类的兔脑炎微孢子虫基因型 I 已经被记录（Mathis et al. 2005）。兔脑炎微孢子虫在人类和兔类之间传播的可能性需要进一步研究。

19.3.1.4　常见疾病

大多数血清阳性的兔子其临床表现正常，但是随着对寄生虫的广泛认识以及诊断测试手段日益提高，兽医可观察到 3 个临床症状、即脑炎、肾功能不全、眼部病变。据报道，患有神经系统疾病的动物通常迟钝，不活泼，进一步恶化后的症状表现为斜颈、运动失调、绕圈转、轻度瘫痪、或后躯麻痹，通常以死亡结束（Goodpasture 1924；Harcourt-Brown & Holloway 2003；Kunzel & Joachim 2010；Kunzel et al. 2008；Pattison et al. 1971；Shadduck & Pakes 1971）。在少数的兔类中也有慢性间质性肾炎发展到肾功能衰竭的研究记录（Kunzel & Joachim 2010；Kunzel et al. 2008）。最近的研究中发现，兔脑炎微孢子虫的感染也与白内障发生相关，有时也与葡萄膜炎的发生联系起来（Felchle & Sigler 2002；Giordano et al. 2005；Harcourt-Brown & Holloway 2003；Kunzel & Joachim 2010；Kunzel et al. 2008；Valencakova et al. 2008）。

19.3.1.5　病理学

在无症状或有临床症状的兔子中很少有明显病变的描述。偶尔会有肉眼可见的变化被报道，这包括肾皮层表面凹陷的白色区域和肾被膜的粘连（Flatt & Jackson 1970；Harcourt-Brown & Holloway 2003；Shadduck & Pakes 1971；Testoni 1974）。

在自发感染情况下，最常报道的组织学病变是肉芽肿、非化脓性脑炎和肾炎。大脑及脑膜，有时也包括脊髓在内的部位的病灶特点是中心性坏死区域被上皮细胞包裹以及具有单核细胞浸润（Goodpasture 1924；Shadduck & Pakes 1971；Wright & Craighead 1922）。最近的一项病理组织学报告检查了具有潜伏感染和临床症状的兔子后发现，端脑是大脑最经常受影响的区域，但在端脑和前庭核却很少发现损伤（Csokai et al. 2009a）。在这个研究中，脑炎的严重程度与神经系统的病变并没有对应关系。寄生虫作为集群的细胞内生物，或作为少量的单个寄生个体可能，也可能不会在病变位置。在严重的情况下，大脑和脑膜也会有明显的单核细胞浸润的围管现象存在。

肾病变包括在肾小管及其相邻区域的单核细胞浸润和坏死（Csokai et al. 2009a；Flatt & Jackson 1970；Testoni 1974）。在严重情况下，当退化的肾小管被病变区域的结缔组织替换后，肾的结构也会发生改变。在肾小管上皮细胞里，寄生虫可以成群也可以以单独的孢子存在，在肾小球和血管周围区域也偶尔能发现寄生虫或肉芽肿病灶。少数情况下，自发感染的动物的脾、肝和心肌层也会发生病变（Wright & Craighead 1922）。在人工感染的急性期，通过组织学观察，可以在动物的肺、肾和肝中鉴定到寄生虫和非化脓性病变，而在慢性感染的动物体内，病变的部位仅局限在大脑、肾，偶尔也会在心脏中（Cox et al. 1979）。

19.3.1.6　治疗

有限的兔脑炎微孢子虫病的治疗性实验是在兔子中进行的。最常使用的药物是苯并咪唑芬苯达唑。然而，治疗不一定成功（Harcourt-Brown & Holloway 2003；Sieg et al. 2012；Suter et al. 2001）。在兔类中使用阿苯达唑的相关药物已经有报道，并且被广泛应用人类感染兔脑炎微孢子虫的治疗（Harcourt-Brown & Holloway 2003）。而抗生素和胆固醇类药物的使用并没有显示出明显的效果。

19.3.2　野兔中的微孢子虫

鉴于家兔是兔脑炎微孢子虫常见的宿主，一些研究也开始调查微孢子虫是否也存在于野兔中。一个发表在科学文献中的组织学病例证实野生棉尾兔体内有微孢子虫（Jungherr 1955）。利用血清筛选，3 只在苏格兰捕获的野兔（*Oryctolagus cuniculus*）使用墨汁免疫反应测试结果呈阳性（Wilson 1979）。随后，175 只野兔的血清通过间接免疫荧光实验检测后，并没有发现阳性个体（Cox & Ross 1980）。在另一个类似的研究中，823 只在澳大利亚捕获的野兔和 57 只在新西兰捕获的野兔中也都没有鉴定到阳性个体（Cox et al. 1980）。与此相反，在澳大利亚捕获的 81 只野兔中有 20 只的血清是兔脑炎微孢子虫阳性；在最近的研究中，已从这些血清阳性的兔子中的 5 只兔子中分离到了寄生虫（Thomas et al. 1997）。

曾有报道描述了一只野生的欧洲棕色野兔（*Lepus europaeus*）感染微孢子虫的情况（de Bosschere et al. 2007）。据报道这只野兔患有慢性间质性肾炎，利用实时 PCR 和芯片技术分析发现，在这只野兔的肾中同时含有肠脑炎微孢子虫和海伦脑炎微孢子虫。目前动物肾中双重感染这两种微孢子虫的研究还从未被报道过，如果这一结果是准确的话，那将是一个非常令人吃惊的发现。

19.4　犬类中的微孢子虫

早期研究并没有把引起狗类神经疾病和病理组织中的寄生虫特异的鉴定为微孢子虫，认为其可能是犬瘟热病毒或弓形体的病原体（Kantorowicz & Lewy 1923；Perdrau & Pugh 1930）。首例基于寄生虫形态确认微孢子虫感染狗的病例发现于非洲的东部和南部。1952 年，Plowright 报道了两窝小狗患有脑炎 – 肾炎综合征，并根据组织学研究结果鉴定其病原体为兔脑炎微孢子虫（*E. cuniculi*）（Plowright 1952；Plowright & Yeoman 1952）。1966 年在来自南非共和国的一项报告中，Basson 等在一窝小狗中发现了相似的临床和组织病理学特征，但把其病原体命名为 *Nosema cuniculi*。随后犬类微孢子虫病在南非被频繁报道（Botha et al. 1979；Stewart & Botha 1989），同时此类病例在其他地方也被报道，包括英格兰、德国、美国、津巴布韦和坦桑尼亚（Botha et al. 1979；Snowden et al. 2009；van Dellen et al. 1989）。第一例肠脑炎微孢子虫自然感染犬类的病例是 1978 年从美国的一窝比格猎犬幼崽中发现的，其中几只小狗的分离物可通过组织培养传播扩散（Shadduck et al. 1978；Stewart et al. 1979b）。据报道，在 19 个病例中有一例还发生了死亡（Snowden et al. 2009）。

在以前的研究中，犬类中的微孢子虫的鉴定主要是基于形态学特征和超微结构特征。现在分子工具也被用来鉴定犬类中微孢子虫的物种和株系特征（Didier et al. 1995，1996a）。到目前为止，所有的犬类分离株都是基因型 III，这个基因型的株系曾在一些人类感染兔脑炎微孢子虫（*E. cuniculi*）的病例中被报道过（Didier et al. 1996a；Snowden et al. 1999，2009）。已有报道记录孢子能从无症状的犬类中排出，进一步表明兔脑炎微孢子虫有在犬类和人类之间人畜共患传播的可能（Snowden et al. 2009）。此外，1/3 的儿童（无临床疾病证据）与明显感染微孢子虫但是没有临床疾病特征的小狗有接触，这表明寄生虫有可能是从犬类传播到人类，但此命题需进一步研究确认（McInnes & Stewart 1991）。

19.4.1　流行病学

一些免疫诊断检测方法已被开发并运用于许多犬类的流行病调查中（表 19.2）。1979 年，免疫荧光血清检测犬类微孢子虫第一次被报道（Stewart et al. 1979a），随后衍生出 ELISA 和直接凝集实验（DAT）等检测方法（Akerstedt 2003a；Hollister et al. 1989；Jordan et al. 2006；Sasaki et al. 2011）。通过人工感染实验，犬类能在 7 天内产生抗体，并且在实验期间（370 天）其血清持续呈阳性（Stewart et al. 1986a）。之所以产生比较大范围的血清阳性现象（0 ~ 70%），可能的一个原因是狗的品种差异性及地域差异性造成的；然而，这些血清型呈阳性的犬类的健康情况是怎样，在很大程度上还是未知的。

表 19.2　近期家犬中兔脑炎微孢子虫流行病学调查总结

检测方法	检测动物数量	阳性数量	血清阳性率（%）	来源	地理位置	参考文献
IFA	50	35	70	狗舍	南非	Stewart et al.（1979a）
IFA	205	37	18	随机	南非	Stewart et al.（1979a）
IFA	178	53	29.8	未知	斯洛伐克	Stefkovic et al.（2001）
IFA	193	73	37.8	未知	斯洛伐克	Halanova et al.（2003）
ELISA	237	0	0	诊断实验室	挪威	Akerstedt（2003a）
ELISA	248	51	20.5	流浪狗	英国	Hollister et al.（1989）
ELISA	472	103	21.8	未知	日本	Sasaki et al.（2011）
DAT	113	31	27.4	流浪狗	巴西	Lindsay et al.（2009）
IFA	63	9	14.3	流浪狗	巴西	Lindsay et al.（2009）
DAT	254	47	18.5	流浪狗	哥伦比亚	Lindsay et al.（2009）
IFA	51	18	35.3	流浪狗	哥伦比亚	Lindsay et al.（2009）
粪便 PCR	100	18	18	兽医诊所	伊朗	Jamshidi et al.（2012）

19.4.2　诊断

在犬类微孢子虫感染的诊断中，研究人员同时运用了血清学和寄生虫学的方法。在免疫缺陷的人群中，通常是通过检测他们的粪便和尿液中是否含有寄生虫，这种技术可能对于当前犬类感染微孢子虫的检测也是非常有用的。两份研究报告中报道具有临床疾病的小狗通常会持续地通过粪便或者尿液排出寄生虫的孢子（Snowden et al. 2009；Stewart et al. 1986b），而在另一项研究中，研究人员通过反复的尿检却没能在小狗尿液中检测到寄生虫（Botha et al. 1986）。在无症状的成年狗（通常是被感染小狗的母亲）的肾中，研究人员通过组织学方法鉴定到了寄生虫的存在，所以在前两个研究所报道的无症状动物也可能排泄出孢子是合乎逻辑的（McInnes & Stewart 1991；Snowden et al. 2009）。

19.4.3　传播

有研究已经报道微孢子虫可经口或通过胎盘途径进行传播。报道称饲喂的孢子（Szabo & Shadduck 1987，1988）能通过寄生虫脱落和 / 或血清转化的方式引起感染，自然感染的狗的感染组织感染实验狗（Botha et al. 1979）也能通过上述方式引起实验狗感染。在实验室中已经确认了无症状的母狗能通过胎盘将寄生虫传递给下一代小狗，这很可能是自然感染中孢子传播给小狗的常规传播途径（McInnes & Stewart 1991；Plowright 1952；Snowden et al. 2009；Stewart & Botha 1989）。

19.4.4　常见疾病

感染微孢子虫的犬类最普遍的临床表现是脑炎 – 肾炎综合征，通常是在 4 ~ 10 周龄的小狗中发病，这常常会导致小狗的死亡（Basson et al. 1966；Botha et al. 1979；Plowright 1952；Plowright & Yeoman 1952；Shadduck et al. 1978；Snowden et al. 2009；Stewart & Botha 1989；Stewart et al. 1979b）。神经系统疾病症状通常包括行为异常、厌食和体重下降，犬吠不止，对周围环境丧失警觉，从体弱和不协调衍变为后肢体运动失调、颤抖、抽搐或间歇性失明，有时候还发现会出现脱水、眼睛分泌脓性黏液和结膜炎等症状（Botha et al. 1979）。其所导致的临床疾病经常与神经系统相关疾病如犬瘟热病毒引起的疾病症状混淆，类似的还有狂犬病和系统性弓形体病。大多数小狗在感染几天后就将趋于死亡，但是也有一些小狗能够慢慢地恢复过来。整窝的小狗可能会出现临床疾病，或者一只或多只小狗出现不同严重程度的临床表现，而其他小狗则没有临床症状（Snowden et al. 2009）。产下这些患病小狗的母亲通常没有症状（McInnes & Stewart 1991；Snowden et al. 2009）。

感染的小狗中神经疾病是一种最常见的临床病症，而慢性肾炎最终导致的肾衰竭偶尔会在成年狗中被报道（Botha et al. 1979；Snowden et al. 2009；Stewart & Botha 1989）。这些动物通常比较憔悴，而且肾明显增大，或者纤维化并萎缩。

19.4.5　病理学

有关狗自然感染微孢子虫的病例报告中已经收录了有限的血液学实验和临床化学实验数据。在一项研究中，对一只自然感染微孢子虫的小狗进行了血液分析，尿液分析或血尿素检测，报告显示该小狗并没有异常状况（Shadduck et al. 1978）。在其他研究报告中却显示患病小狗的血球蛋白和血细胞比容值较低，而白细胞数目一直在变动（Botha et al. 1979；Szabo & Shadduck 1987）。另一项研究显示血清碱性磷酸酶的量在不断增高（Botha et al. 1979）。分别分析患病小狗和无症状母狗的血尿素值和血肌酐值，该数值都出现不同程度升高，这暗示小狗及母狗的肾功能可能已经受损（Botha et al. 1979；McInnes & Stewart 1991）。在Szabo 和 Shadduck 的研究报告中，研究人员对人工感染微孢子虫的年轻成年狗持续观察 18 个月，在这期间这些狗偶尔会表现出低水平的 PCV 及适度的淋巴球增多，但是最重要的实验结果是这些狗的抗体应答寄生虫孢子的反应持续升高（Szabo & Shadduck 1988）。

绝大多数患病小狗的尸体都是瘦骨嶙峋的，但是腹部常常膨大（Botha et al. 1979；Snowden et al. 2009）。小狗大脑和肾明显异常，偶尔在其他组织中也会出现病变。对患有脑炎 – 肾炎综合征的小狗进行研究发现其大脑和脑膜并没有表现出肉眼可见的组织病变（Botha et al. 1979；Plowright 1952）。而在其他的研究报道中，小狗有大脑充血或脑回肿胀等现象，其脑膜也会出现水肿性膨胀或脑膜出血（Basson et al. 1966；Snowden et al. 2009；Szabo & Shadduck 1987）。通常来说，肾呈两侧增大且颜色暗淡，并常常通过肾皮质径向延伸。关于肾的研究中，已报道的症状包括肾被膜黏附、肾表面不规则、点状出血和扩散或局灶性白斑（Botha et al. 1979；McInnes & Stewart 1991；Plowright 1952；Snowden et al. 2009；Szabo & Shadduck 1987）。慢性感染的老年狗，其肾的不规则皮质表面和附着囊膜出现萎缩，这是慢性肾疾病的征兆（Botha et al. 1979；Snowden et al. 2009）。还有研究报道，在肝组织中还有淋巴结病、脾肿大、肾黏膜瘀血、传染性的点状包体白斑病变等特征（Basson et al. 1966；Plowright 1952；Szabo & Shadduck 1987）。

描述最为一致的组织学病变是小狗的脑血管和肾小管异常。病变多样且随着患病动物的年龄和患病时间及其严重程度地增加而加重。在出现神经疾病临床症状的小狗中，它们大脑的不同区域会或多或少持续出现神经胶质过多症，这主要表现在浆细胞、淋巴细胞和巨噬细胞出现血管炎和血管周围非化脓性炎症病变（Botha et al. 1979；McCully et al. 1978；Plowright & Yeoman 1952；Shadduck et al. 1978；Snowden et al. 2009；Szabo & Shadduck 1987；van Dellen et al. 1978）。在发炎和血管炎的位置能够看到寄生虫的存在，尤其是在血管内皮细胞内层小血管，有时也在没有发生炎症的区域。患病的小狗也会出现单核细胞浸润和脑膜的增厚现象。

患病小狗的肾组织病变常被描述为间质性淋巴细胞性肾炎和肉芽肿性肾炎，这种疾病常始于皮髓质节点，而后延伸到大脑皮层（Basson et al. 1966；Botha et al. 1979；McCully et al. 1978；Plowright 1952；Plowright & Yeoman 1952；Shadduck et al. 1978；Snowden et al. 2009；Szabo & Shadduck 1987）。通常，在肾小管中能发现炎症和坏死现象，而寄生虫常存在于管状上皮细胞和管腔内，有时是在肾小球内皮中。在患慢性病的老年狗群中，也有描述肾小管的纤维素增生的症状，有时还会出现浆细胞的渗入和肾小球萎缩引起膨胀或阻塞的症状（Botha et al. 1979）。

在一些临床患病的狗群中，已报道的病症还包括多病灶的肉芽肿性肝炎、多病灶的心肌炎、眼部病变等（Botha et al. 1979；McCully et al. 1978；Plowright & Yeoman 1952）。

19.5　蓝狐中的微孢子虫病

在 20 世纪 70—80 年代早期，北欧一些国家中有一系列研究报道了在养殖蓝狐（*Alopex lagopus*）体内发现了特征明显的微孢子虫（Arnesen & Nordstoga 1977；Mohn et al. 1974，1981；Nordstoga & Westbye 1976）。北欧国家的毛皮动物养殖场有时会遭受大量的动物损失，这对产业造成了重大经济损失。兔脑炎微孢子虫（*E. cuniculi*，早期一些报道中也称为 *N. cuniculi*）是一种能导致疾病的寄生虫，这一点已通过形态学特征和超微病变特征进行了鉴定。动物幼崽生长中患有结节性多动脉炎，这是一种全身性疾病，主要特征是在许多组织的小型和中型动脉中有严重的弥散性血管炎（Nordstoga & Westbye 1976）。这个疾病时常伴随着眼部血管炎和白内障的发生，最终导致视力下降（Arnesen & Nordstoga 1977）。在一项报道中，通过使用分子生物学手段在蓝狐中得到的微孢子虫分离株，为兔脑炎微孢子虫（*E. cuniculi*）II 型，与大多数啮齿动物分离株相似（Didier et al. 1995；Mathis et al. 1996）。

19.5.1　诊断

基于特异抗体应答的血清学检测手段已经在狐狸中用于许多研究分析，包括墨汁免疫反应分析（CIA）、间接免疫荧光分析（IFAT）以及间接酶联免疫分析（indirect ELISA）（Akerstedt 2002；Mohn 1982b；Mohn & Odegaard 1977）。研究报告显示在人工感染和自然感染的动物中获取的血清都有相似的灵敏度。

19.5.2　传播

研究人员通过经口感染和子宫内注射两种途径对蓝狐开展了人工感染微孢子虫的研究（Akerstedt 2003b；Mohn 1982a；Mohn & Nordstoga 1982；Nordstoga et al. 1978）。雌狐很少显现出临床疾病，但是它们常处于亚临床感染，一旦感染微孢子虫一年以上，寄生虫可能会经胎盘传递给下一代（Mohn et al. 1974；Nordstoga et al. 1978）。这种能感染年幼动物最终发展成为临床疾病的病原体似乎主要是通过胎盘传递给下一代的。通常在一窝中，绝大多数的幼崽都会因此而患病，最终夭折，而雌狐却仍然没有患病的症状（Arnesen & Nordstoga 1977）。在自发感染中，如果这具有临床症状的幼狐能够存活足够长时间，它们就会发生血清转化，而那些没有症状的幼狐血清学检测也可能呈阳性（Mohn & Nordstoga 1982）。有研究证实了微孢子虫可以在一些（并不是所有的）幼狐中能发生水平传播，通过人工感染幼狐后将其与健康幼狐一起饲养，健康的幼狐发生了血清转化，研究人员推测可能是由于感染的幼狐排泄的寄生虫孢子导致的健康幼狐患病（Mohn & Nordstoga 1982）。

19.5.3　常见疾病

大多数关于患病幼狐的描述主要在幼狐 4 周 ~ 5 个月这段时间。人工感染和自然感染微孢子虫的蓝狐通常表现出厌食、发育不良、反应呆滞，有时还表现出异常口渴（Mohn 1982a；Nordstoga & Westbye 1976），同时还表现出多种神经系统症状，如运动失调、爱转圈、头部倾斜、跛行、后肢麻痹性瘫痪及抽搐等症状（Mohn 1982a；Mohn & Nordstoga 1982；Nordstoga & Westbye 1976），此外也有研究报道了视力减退和甚至失明等症状。

19.5.4　病理学

在感染微孢子虫但没有临床症状的蓝狐幼崽中时常能检测到几项血液异常，包括白细胞增多及轻微的正常红细胞低色指数性贫血（Mohn 1982a）。血清电泳结果显示总蛋白量有少量增高，清蛋白的量有少量下调，并且有明显的高丙种球蛋白血症（Mohn 1982a；Mohn & Nordstoga 1975）。患病严重的幼狐脲氮值、肌酐值常偏高，并伴有高镁血症，表现为肾功能紊乱（Mohn 1982a）。连续 3 个月对人工感染的雌狐和健康雌狐分别进行多种血液学和临床化学检测，结果显示两者间只有非常微弱的差异（Mohn et al. 1982）。

在斯堪的纳维亚皮毛农场，存在着大量自然感染微孢子虫的幼狐，它们的表面特征和组织病理特征被研究人员记录并报道（Akerstedt et al. 2002；Nordstoga & Westbye 1976）。在年幼的蓝狐中，肉眼可见的病变包括心脏表面冠状动脉明显扭曲，并伴随着结节性病灶增厚，有时，围心腔中还出现了血液或纤维素性渗出物。通常，脾和淋巴结肿大；肾发白并且肿大，有时在其表面局部出现淡斑；脑脊膜充血或多灶性出血。在人工感染的幼狐中也有类似动脉病灶和肾肿大的描述，但是并没有鉴定到肉眼可见的病变特征（Mohn & Nordstoga 1982）。

组织学病变主要集中在血管病变上，最常出现在心脏动脉、大脑、肾和眼睛等部位（Arnesen & Nordstoga 1977；Mohn & Nordstoga 1982；Nordstoga 1972；Nordstoga & Westbye 1976）。如果患病动物存活时间足够长，心肌层的表面冠状血管和其他肌肉和组织的动脉将表现出明显的纤维细胞增厚并伴随动脉周围肉芽肿形成，同时伴有结节性多动脉炎疾病的特征（Nordstoga 1972）。在脑部最突出的病变是多灶性神经胶质过多症和血管单核成套。通常，在血管内皮细胞中可以鉴定到寄生虫，相关的脑脊膜增厚，并伴有炎症性单核细胞渗入。在肾中，单核细胞间质性肾炎随着患病时间的延长逐渐纤维化。在眼部，研究报道了动脉病变能影响睫状动脉后部——即虹膜、巩膜、视网膜小动脉（Arnesen & Nordstoga 1977）。在慢性感染的动物中，晶状体异常同样也会导致白内障，从而使实力下降，最终失明。

19.6 野生动物中的微孢子虫病

一些研究表明，微孢子虫能选择性地感染野生肉食动物，使肉食动物作为它们的俘虏或者是孢子携带者。研究人员捕获了几类野生肉食动物用于进行额外的血清学，组织病理学以及分子学的相关研究。

一些文献曾描述了野生狐狸体内存在脑炎微孢子虫。在英格兰有一个人工饲养的赤狐（Vulpes vulpes）的病例，研究人员利用组织学的方法在这只赤狐的脑部和部分小肠肌中鉴定到了细胞内革兰阳性生物体（Wilson 1979）。据推测这个被鉴定的寄生虫可能是兔脑炎微孢子虫。来自爱尔兰的一项研究评估了几种寄生虫的流行情况，148 只赤狐的大脑组织病理研究和分子水平研究显示一只赤狐是兔脑炎微孢子虫呈阳性，另外一只是肠脑炎微孢子虫呈阳性（Murphy et al. 2007）。

一些关于兔脑炎微孢子虫的血清学调查结果显示其感染的流行率存在着一定的差异性。在瑞士，宿主血清学调查结果显示，86 只野生赤狐都对兔脑炎微孢子虫抗体呈阴性反应（Deplazes et al. 1996b）。同样，来自格陵兰的 230 野生北极狐（Alopex lagopus）对兔脑炎微孢子虫抗体全都成阴性反应（Akerstedt & Kapel 2003）。相反，来自冰岛的关于北极狐的血清调查发现 372 只北极狐中有 12% 对兔脑炎微孢子虫抗体呈阳性，不同区域疾病流行程度约为 2% ~ 27%（Hersteinsson et al. 1993）。在同一研究中，对野生貂（Mustela vison）进行血清学调查，结果显示在 311 只貂中有 26 只（约 8%）呈阳性，不同区域疾病流行程度为 2% ~ 16%。通过组织病理学分析发现貂中的肾病变是由于微孢子虫寄生引起的（Zhou & Nordstoga 1993；Zhou et al. 1992）。

在捷克共和国，研究人员利用分子诊断技术对野生肉食动物的脑组织进行分析发现，152 只赤狐（V. vulpes）中没有一只对兔脑炎微孢子虫的 DNA 呈阳性，但是，61 只石貂（Martes sp.）中却有 2 只（3.28%）呈阳性，另外调查的一只欧洲水獭（Lutra lutra）也是呈阳性的（Hurkova & Modry 2006）。

南非一个动物园中圈养的两个野生狗群中，研究人员在它们的幼崽中诊断出脑炎微孢子虫（van Heerden et al. 1989）。这两个狗群 8 ~ 11 周龄的幼崽在接种犬瘟热病毒疫苗后两周就出现临床神经系统类疾病症状。这些幼崽在患病死前或安乐死前主要表现的症状是运动失调、轻度瘫痪、癫痫，并过度嘶叫。临床病理检测结果异常，主要包括脑脊液中蛋白量升高、血液中脲氮水平升高、轻度的血丙种球蛋白过多和白细胞增多。最引人注目的组织病理学研究发现是在脑干、大脑、小脑和肾中类似脑炎微孢子虫的有机体引起了多病灶单核细胞炎症。虽没有确定此微孢子虫的具体物种，但是，这种微孢子虫引起宿主的形态学表现和临床脑炎肾炎特征与兔脑炎微孢子虫在狗类中引起的患病特征极其相似。

据研究报道，这种形态上与兔脑炎微孢子虫相似的生物可以使布拉格动物园中 3 种不同属的肉食动物患有微孢子虫病（Vavra & Blazek 1971）。据报道，在过去很长一段时间，一个狐獴（Suricata suricatta，肉食目，灵猫科）种群都患有神经系统疾病，并具有较高的死亡率。主要组织病变为脑膜脑炎，并鉴定到大量寄生虫，即兔脑炎微孢子虫。基于组织学技术，有研究报道两只云豹（Neofelis nebulosa，肉食目，猫科）也出现了脑炎和肾炎的症状。

有研究也报道了在西伯利亚的一小窝艾鼬（Mustela eversmanii satunini，肉食目，鼬科）中发现了微孢子虫病，目前这窝艾鼬已经从西伯利亚带回来在一个实验室中饲养（Novilla et al. 1980）。艾鼬产下的 11 个幼崽，几天后开始发病，约在两周龄左右死了 7 只，剩下的 4 只幼崽，有两只死于其他原因，另外两只没有表现出症状。利用组织学方法在这些幼崽的大脑，肝和肺中都鉴定到了微孢子虫的存在，机体的超微结构结果显示其与脑炎微孢子虫是极其相似的。

对南美长鼻浣熊（Nasua nasua）的粪便样品进行调查，利用 PCR、粪便染色及显微观察发现长鼻浣熊中同时存在脑炎微孢子虫和肠微孢子虫的孢子（Lallo et al. 2012）。60 个样品中有 19 个样品对寄生虫抗体呈阳性，其中 11.7% 对兔脑炎微孢子虫呈阳性，6.7% 对海伦脑炎微孢子虫呈阳性，6.7% 对肠脑炎微孢子虫呈阳性，6.7% 对毕氏肠微孢子虫（E. bieneusi）呈阳性。

埃及一个动物园中果蝠（Rousettus aegyptiacus）离奇死去，诊断后发现果蝠患有弥散性微孢子虫病（Childes-Sanford et al. 2006）。通过分子生物学方法鉴定该微孢子虫为海伦脑炎微孢子虫，此发现不同寻常，因为海伦脑炎微孢子虫通常都是在鸟类中发现，偶尔也能引起人类眼睛和呼吸系统类的疾病。

从澳大利亚动物公园的两只树袋熊中诊断出了致命的微孢子虫病（Nimmo et al. 2007）。这两只树袋熊患有肠道疾病，尸检时发现了肉眼可见的生命体，利用电镜和 PCR 技术进行分析，该寄生虫被鉴定为肠脑炎微孢子虫。在人类与树袋熊的接触过程中肠微孢子虫由人类传染给了树袋熊，此例作为人畜共患病反向传播的例子也符合逻辑。

19.7　非人类灵长类动物中的微孢子虫病

据报道，自然条件下非人类灵长类动物发生微孢子虫病的病例越来越多，主要由兔脑炎微孢子虫和毕氏肠微孢子虫引起的。基于上述发现以及这些寄生虫能引起人畜共患病的可能性，研究人员已经开展了一些流行病学的相关研究。此外，研究人员利用来自两个属的 3 种微孢子虫成功地人工感染了 3 种猴类。

19.7.1　灵长类动物中微孢子虫的自然感染

从越来越多收集到的病例报告来看，小型灵长类动物感染微孢子虫的病例并不罕见（表 19.3）。根据临床和尸检结果来看，微孢子虫病感染后轻则为无症状感染，重则为致命性传染感染。寄生虫能够在新生动物，青年及成年动物中被鉴定到，覆盖了所有年龄段，诊断手段包括各种显微技术及分子生物学手段。目前已有报道，兔脑炎微孢子虫有两种不同的基因型，而毕氏肠微孢子虫的病例也有研究进行了描述。

由于人类对和自己亲缘关系很近的灵长类动物感染微孢子虫比较敏感，同时，微孢子虫也有极大可能会引起人畜共患病，因此，研究人员开展了大量的调查，以便更好地了解患微孢子虫病的灵长动物的地理分布及流行病的侵染模式（表 19.4）。

在不止一项的流行病学调查研究中，研究人员在人体中普遍发现的微孢子虫共有 4 种，即毕氏肠微孢子虫、肠脑炎微孢子虫、海伦脑炎微孢子虫和兔脑炎微孢子虫。在这一系列的研究中，患病率为 1.9%～28.2%，这说明微孢子虫感染灵长类动物是很常见的。灵长类宿主动物从狐猴到绢毛猴到猴子到类人猿都能感染微孢子虫，这有力地提出了一种可能性即在自然条件下这些寄生虫能人畜共患传染。一项研

表 19.3 非人类灵长类动物中临床微孢子虫病病例情况

寄生虫	宿主学名	宿主常用名	特征	部位	诊断方法	地理位置	文献
假定的 E. cuniculi	Callicebus moloch cupreus	南美伶猴	成年	肠部	组织学、电镜		Seibold & Fussell（1973）
假定的 E. cuniculi	Saimiri sciureus	松鼠猴	青少年	神经部位	组织学		Brown et al.（1973）
假定的 E. cuniculi	Saimiri sciureus	松鼠猴	死胎	神经部位	组织学、电镜		Anver et al.（1972）
E. cuniculi	Saimiri sciureus	松鼠猴	青少年＋成年（22只）	无症状到神经部位	组织学		Zeman & Baskin（1985）
E. cuniculi 基因型 III	Saimiri sciureus	松鼠猴	两只成年	未知	PCR	日本	Asakura et al.（2006）
E. cuniculi 基因型 II	Callimico goeldii	葛氏猴	成年	呼吸窘迫、心力衰竭	组织学、PCR	美国	Davis et al.（2008）
E. cuniculi 基因型 III	Oedipomidas（Saguinus）oedipus	棉顶绢毛猴	两兄弟姐妹	扩散	组织学、电镜、PCR	德国	Reetz et al.（2004）
E. cuniculi 基因型 III	Saguinus oedipus	棉顶绢毛猴	青少年／两兄弟姐妹	扩散	组织学、电镜、PCR	美国	Juan–Salles et al.（2006）
E. cuniculi 基因型 III	Saguinus imperator	皇帝绢毛猴	婴儿／三兄弟姐妹	扩散	组织学、电镜、PCR	美国	Juan–Salles et al.（2006）
E. cuniculi	Saguinus imperator	皇帝绢毛猴	两窝	无症状到扩散	组织学、免疫化学、PCR	瑞士	Guiscetti et al.（2003）
E. bieneusi	Macaca mulatta	恒河猴	两只成年	未知	电镜、PCR	美国	Schwartz et al.（1998）

表 19.4　非人类灵长类动物中微孢子虫感染的流行病学研究与调查

寄生虫	宿主	常用名	检测方法	样品类型	样品数	阳性数	阳性率（%）	地理位置	文献
E. intestinalis	Varecia rubra	红色环状羽毛狐狸	染色和显微镜镜检、FISH	粪便	17	1	5.8	波兰	Slodkowicz-Kowalska et al.（2012）
E. intestinalis	Lemur catta	环尾狐狸	染色和显微镜镜检、FISH	粪便	14	2	14.3	波兰	Slodkowicz-Kowalska et al.（2012）
E. intestinalis	Gorilla	山地大狐狸	染色和显微镜镜检、PCR	粪便	43 只动物 100 份样品	3	3	乌干达	Graczyk et al.（2002）
E. cuniculi	Lemur catta	环尾狐狸	血清学	血清	52	1	1.9	美国佐治亚	Yabsley et al.（2007）
E. cuniculi	Chlorocebus pygerythrus	长尾黑颚猴	血清学	血清	127	3	2	肯尼亚	Stewart et al.（1981）
E. cuniculi	Pan troglodytes	黑猩猩	PCR	粪便	217	78 Ec I		欧洲动物园和非洲动物庇护所	Sak et al.（2011b）
E. intestinalis	Pan paniscus	倭黑猩猩				5 Ec II			
E. hellem	Gorilla gorilla	西方大猩猩				2 Eh 1A			
E. bieneusi						4 Eb			
E. bieneusi	Macaca mulatta	恒河猴			411	116	28.2	中国公园	Ye et al.（2012）
E. bieneusi	Macaca mulatta	恒河猴	尸体样本组织学检测	组织	225 个灵长类聚居地	7	12.9	美国	Chalifoux et al.（2000）
E. bieneusi	Macaca mulatta, M. nemestrina, M. cyclopis	正常和 SIV 感染的猕猴	组织学、电镜、PCR	组织	177	6 个正常，8 个 SIV+	8	美国	Mansfield et al.（1997）
E. bieneusi	Macaca mulatta	恒河猴	PCR	组织	131 个正常 53 个 SIV+	7 个正常 18 个 SIV+	5 34	美国	Mansfield et al.（1998）
E. bieneusi	Papio sp.	狒狒	PCR	粪便	235	29	12.3	肯尼亚	Li et al.（2011）

究结果也支持微孢子虫具有人畜共患病的可能，该研究在与人类生活习惯类似的黑猩猩中和当地生活工作的人中都鉴定到了相同基因型的肠脑炎微孢子虫（Graczyk et al. 2002）。在另外两个研究中，在中国猕猴中发现的毕氏肠微孢子虫的基因型和肯尼亚狒狒中鉴定到的基因型都与人体中鉴定到的一致，这暗示着这种寄生虫进行跨物种的传染是有可能的（Li et al. 2011）。

19.7.2 灵长类动物中微孢子虫的人工感染

研究人员多次尝试用多种微孢子虫对灵长类动物进行人工感染，利用兔脑炎微孢子虫人工感染长尾黑颚猴（*Cercopithecus pygerythrus*）导致宿主亚临床感染（van Dellen et al. 1989）。非遗传变异的和处于怀孕后期的成年猴子以及幼崽都能通过口食或静脉注射手段感染微孢子虫，所使用的微孢子虫是从一条自然感染并致命的狗体内分离出来的。基于组织病变的结果证实了所有猴子都处于微孢子虫亚临床感染状态。不同强度的肉芽肿病变经常在肝、肾和脑部被鉴定到，这与感染的狗症状类似，同时病原体水平传播和垂直传播的侵染方式也都已经被报道。

兔脑炎微孢子虫和海伦脑炎微孢子虫的人工感染也在猕猴（*Macaca mulatta*）的身上建立起来（Didier et al. 1994，1996b）。为了在人体中激活与 HIV 相关的免疫抑制，猕猴被人工感染了猿猴免疫缺损病毒（SIV）。健康猕猴和 SIV 处理组的猕猴都分别采用静脉注射和口食的方式添加微孢子虫。健康猕猴对某些寄生虫物种出现了血清免疫反应，但是没有表现出临床症状，而且只有很少的孢子存在其粪便和尿液中；SIV 处理组的猕猴同样也发生了血清转化，但是随着 T 细胞水平下降，寄生虫的流出的量增多，最终死于这种消瘦病。

研究证实 SIV 免疫力低下的猕猴在自然条件下能够感染毕氏肠微孢子虫（Mansfield et al. 1997），同时人工感染的方法也已经成功建立（Sestak et al. 2003；Tzipori et al. 1997）。感染的动物体内 T 细胞数量较低，患有慢性肝胆感染，并伴有增生性胆囊炎。利用革兰染色组织切片、免疫组化及原位杂交技术，研究人员在患病猴子的胆囊、胆总管，有时是小肠的上段发现寄生虫。所有电镜和分子生物学方法对多种组织分析结果表明那些免疫力低下猴子的慢性感染与人类感染的情况很多地方都很相似。

19.8 在其他家养哺乳动物宿主中微孢子虫病

其他一些哺乳动物中也有微孢子虫感染的病例报道，通常是临床报道。

19.8.1 马

关于马的 3 个研究报道了兔脑炎微孢子虫感染能导致马的死亡和流产现象（Patterson-Kane et al. 2003；Szeredi et al. 2007；van Rensburg et al. 1991）。分别是美国的夸特马、匈牙利的利比扎马和南非的克莱兹代尔马。在两份病例中，马流产的主要原因是胎盘炎，组织学研究证实了胎盘周围广泛存在炎症，并且胞内有寄生虫存在（Patterson-Kane et al. 2003；Szeredi et al. 2007）。但在胚胎组织中却没有检测到寄生虫的存在。而在其他的病例中，胎盘的组织结构正常，但胎儿有明显的肾损伤。寄生虫的来源暂时不能确定，关于母马的后续信息也无进展。

两项流行病研究对马中微孢子虫病进行了前瞻性的评估。通过 IFA 和 DAT 方法对巴西的 559 匹马进行了血清免疫反应研究，其中 79 个样品在 IFA 方法中呈阳性（14.1%），70 个样品在 DAT 方法中呈阳性（12.5%）（Goodwin et al. 2006）。这些血清免疫呈阳性的结果表明马曾接触过兔脑炎微孢子虫，但其意义未知。在另外一项研究中通过 PCR 的方式对哥伦比亚的 195 匹马进行了分子研究，发现 21 个动物排泄物样品（10.8%）中检测到了毕氏肠微孢子虫（Santin et al. 2010）。通过 ITS 区域的 SSU rRNA 基因序列分析鉴定出了 3 种不同的基因型，其中的 2 个是独特的，而第 3 个，基因型 D，则是先前就已经在人类和其他动物中被鉴定了，目前还不是很清楚上述发现是否有重要意义。

19.8.2　牛

目前还没有微孢子虫能导致牛患有临床疾病的报道。然而，近些年的一些流行病调查主要是通过 PCR 技术检测牛粪中的毕氏肠微孢子虫（要注意的是表格中 9 项研究中的 7 项都是来自于同一个团队）（表 19.5）。这些寄生虫可以在所有年龄段的奶牛和肉牛中不同程度地被检测到，但是，数据显示这是一种很普通的寄生虫，它们在牛体内没有致病性。在一些研究中指出，在牛体内检测出的毕氏肠微孢子虫有多个基因型，而其中一些基因型已经在其他包括人类在内的宿主中发现。这些发现与人畜共患病的相关性还不是很明确。

表 19.5　牛中微孢子虫感染的流行病学研究与调查

寄生虫	检测方法	样品	动物数量	阳性数量	阳性率（%）	动物年龄	地理位置	文献
E. cuniculi	IFA	血清	55	20	36	成年	斯洛伐克	Halanova et al.（1999）
E. bieneusi	PCR	粪便	47	17	36	青少年、奶牛	美国	Fayer et al.（2012）
E. bieneusi	PCR	粪便	452	59	13	青少年、奶牛	美国东部	Santin et al.（2004）
E. bieneusi	PCR	粪便	819	285	34.8	青少年、肉牛	美国	Santin et al.（2012）
E. bieneusi	PCR	粪便	30 只动物990 个样品	239	24	一周到两岁、奶牛	美国	Santin & Fayer（2009）
E. bieneusi	PCR	粪便	541	24	4.4	成年奶牛	美国东部	Fayer et al.（2007）
E. bieneusi	PCR	粪便	538	80	15	未知	韩国	Lee（2007）
E. bieneusi	PCR	粪便	338	32	9.5	未知	美国	Sulaiman et al.（2004）
E. bieneusi	PCR	粪便	413	13	3	青少年、奶牛	美国	Fayer et al.（2003）

19.8.3　小型反刍动物

在一项病例报告中描述了从印度常规屠宰的山羊中采集的 122 个肾中发现其中一个感染了微孢子虫（Khanna & Iyer 1971）。患病山羊肾的皮层表面有多个 1～2 mm 的淡点，在切断面有泛白的径向条纹，这类似于其他宿主中严重肾损伤的描述（Botha et al. 1979；Plowright & Yeoman 1952）。通过组织学检测到了焦点间质性肾炎（focal interstitial nephritis）并伴有适当大小的革兰阳性的有机体。该有机体被鉴定为兔脑炎微孢子虫。

利用 IFA 技术，研究人员对东欧的安哥拉山羊进行了血清免疫调查，在 48 个样品中有 6 个样品对兔脑炎微孢子虫血清呈阳性（Cislakova et al. 2001）。在英格兰的一项调查中，40 份绵羊血清样品用于兔脑炎微孢子虫血清免疫应答实验（Singh et al. 1982），38 份样品（95%）在低滴度情况下即呈阳性。上述血清免疫研究发现的相关性还没有进行进一步的评估。

在一项研究中报道了一只流产的羊驼（*Lama pacos*）。胎盘炎、早产儿、产期死亡都与脑炎微孢子虫的侵染有着相关性，这类似于一些马中流产的报道（Webster et al. 2008）。通过显微镜尸检小羊驼并没有检测到寄生虫。

19.8.4　猪

虽然在一项研究中报道在正常的猪和其他动物的腹泻排泄物中存在毕氏肠微孢子虫，患病率都比较相似，分别为 14%～16%，但还没有研究报道微孢子虫能导致猪患有临床疾病（Jeong et al. 2007）。在一系统流行病研究和调查中（主要是运用分子生物学手段），检测出 3 种不同种的微孢子虫，分别是兔脑炎微孢

表 19.6 猪微孢子虫感染的流行病学研究与调查

寄生虫	检测方法	样品	动物数量	阳性数量	阳性率（%）	动物年龄	地理位置	文献
E. cuniculi 基因型 III	染色和显微镜镜检	小肠内容物、粪便	34	3	9	未知	德国	Reetz et al.（2009）
E. intestinalis	血清学、显微镜镜检、PCR	血清、粪便	27	25	92.6	未知	斯洛伐克	Valencakova et al.（2006）
E. bieneusi	染色、显微镜镜检、PCR	小肠内容物、粪便	34	14	41.2	未知	德国	Reetz et al.（2009）
E. bieneusi 5 个基因型		粪便	79	65	82	未知	捷克	Sak et al.（2008）
E. bieneusi 3 个基因型	PCR	粪便	472	67	14	不同年龄	韩国	Jeong et al.（2007）
E. bieneusi 5 个基因型	PCR	粪便	176	56	32	屠宰的	美国	Buckholt et al.（2002）
E. bieneusi 11 个基因型		粪便	109	38	35	未知	瑞士	Breitenmoser et al.（1999）
E. bieneusi 4 个基因型	染色、显微镜镜检、PCR	粪便	268	42	15.7	不同年龄	泰国	Leelayoova et al.（2009）

子虫、肠脑炎微孢子虫和毕氏肠微孢子虫（*E. bieneusi*）（表 19.6）。在猪的各个年龄段都不同程度地检测到寄生虫，然而根据以上数据推测，这些微孢子虫，尤其是毕氏肠微孢子虫，并不是猪的致病原。一些研究指出，在猪体内检测出的毕氏肠微孢子虫有多个基因型，而其中一些基因型已经在其他宿主中（包括人类）被发现。这些发现与人畜共患病的相关性还不是很明确。

19.8.5 家猫

一些研究也报道了微孢子虫能够侵染家猫（*Felis catus*）。van Rensburg 和 du Plessis（1971）的研究结果显示，非洲南部同窝出生的 3 只暹罗猫患有神经系统疾病，表现为肌痉挛症和抑郁症，并且出现肌肉抽搐现象。通过组织病理学检查了其中一只小猫发现其感染了兔脑炎微孢子虫。这种脑炎肾炎综合症与在幼狗中所报道的病例相似（Plowright 1952）。在最近的一项研究报道中，一只幼猫被诊断患有小脑发育不全，并检测出大量脑原虫。诊断基于组织病理学技术，随后通过分子生物学技术证实该病原体为兔脑炎微孢子虫（Rebel–Bauder et al. 2011）。

另外两项研究报道描述了猫眼部的病变。较早的一份研究报道猫患病症状为角膜混浊，眼角膜、结膜及葡萄膜的前部患有炎症（Buyukmihci et al. 1977），病原体被鉴定为兔脑炎微孢子虫。然而，报道中的形态学（1 m × 4 m）和超微结构（15 ~ 16 圈盘旋的极丝）数据与这种微孢子虫不符。在一篇综述文章中，Canning 和 Lom 简要讨论了那篇文章中形态学和命名法上的差异，并基于形态学特征建议命名为布氏微孢子虫（*Microsporidium buyukmihcii*）（Benz et al. 2011）。最近的一项研究报道称，11 只猫（19 只眼睛）都患有兔脑炎微孢子虫引起的白内障和葡萄膜炎，而且上述所有猫都对兔脑炎微孢子虫的血清免疫反应呈阳性。通过手术移除了 19 个晶状体，利用 PCR 技术扩增，在其中的 18 个晶状体中都检测到了寄生虫的 DNA，并且其中的 15 个晶状体中能检测到寄生虫的孢子存在。这些发现和感染兔脑炎微孢子虫的家兔所表现的眼部病变症状十分的相似（Kunzel & Joachim 2010）。

　　根据有限数量的流行病学调查结果发现感染微孢子虫的猫的数量（基于血清免疫实验）比预期的数量（基于少数的临床病例）要多。在瑞士的一项血清免疫学调查中，45 只猫中有一只眼部发生病变，并且其血液能与兔脑炎微孢子虫的抗体发生特异反应（Deplazes et al. 1996b）。同时该研究调查了 45 份猫粪样品，发现它们不含有寄生虫孢子。另有一项在美国弗吉尼亚州的研究报告中，232 只猫中有 15 只对兔脑炎微孢子虫血清反应呈阳性，并且在 36 只猫中有 4 只患有慢性肾疾病（Hsu et al. 2011）。同样，在斯洛伐克一项类似的血清学调查中，72 只猫中有 17 只（23.6%）对兔脑炎微孢子虫血清反应呈阳性（Halanova et al. 2003）。在另外的两项调查中，研究人员采用了两种完全不同的检测方法及不同靶标寄生虫进行实验，PCR 检测粪便样品的结果显示猫感染了微孢子虫。在哥伦比亚波哥大收集的样品里，检测的 46 只猫中有 8 只被 4 种不同基因型的毕氏肠微孢子虫感染（Santin et al. 2006）；另一项是对伊朗的宠物猫进行的调查，利用 PCR 技术对 40 份粪便样品进行检测，其中有 3 份（7.5%）对毕氏肠微孢子虫呈阳性（Jamshidi et al. 2012）。然而，由于兔脑炎微孢子虫与家猫有较高的临床相关性，其血清反应呈阳性率值得关注，至于兔脑炎微孢子虫（*E. cuniculi*）在家猫中检测的重要性以及其在其他无症状家养动物中的情况仍是未知的。

19.9　禽类宿主中的微孢子虫病

　　科学文献中关于自然条件下鸟类感染微孢子虫的病例正在增多（Snowden & Phalen 2004）。这些报道中，有的描述的是单个动物的感染，有的是单个鸟群集中暴发，大多数病例都是发生在鹦鹉中。桃脸情侣鹦鹉（*Agapornis roseicollis*）是被报道得最频繁的一种宿主（Branstetter & Knipe 1982；Lowenstine & Petrak 1980；Norton & Prior 1994；Novilla & Kwapien 1978），其次是黑面情侣鹦鹉（*Agapornis personata*）和费氏情侣鹦鹉（*Agapornis fischeri*）（Kemp & Kluge 1975；Powell et al. 1989；Randall et al. 1986）。其他感染微孢子虫的鹦鹉还有虎皮鹦鹉（*Melopsittacus undulatus*）（Black et al. 1997；Sak et al. 2010）、双黄冠亚马逊鹦鹉（Poonacha et al. 1985）、折衷鹦鹉（*Eclectus roratus*）（Pulparampil et al. 1998）、鸡尾鹦鹉（*Nymphicus hollandicus*）（Kasickova et al. 2007）、黄纹绿吸蜜鹦鹉（*Chalcopsitta scintillata*）（Suter et al. 1998）及白凤头鹦鹉（*Cacatua alba*）（Phalen et al. 2006）。

　　在许多早期的报道中并没有在鸟类中鉴定到微孢子虫（Norton & Prior 1994；Novilla & Kwapien 1978；Randall et al. 1986）。而在一些报道中，对寄生虫的形态学和超微结构的描述推测这些寄生虫是脑炎微孢子虫（*Encephalitozoon*）或者是类似于脑炎微孢子虫的有机体（Kemp & Kluge 1975；Lowenstine & Petrak 1980；Poonacha et al. 1985；Powell et al. 1989）。1991 年，研究人员从人类眼部病变处分离出 3 个微孢子虫分离株，根据其特征被鉴定为是一种新种，即海伦脑炎微孢子虫（Didier et al. 1991）。随后，分子生物学方法被运用于鉴定鹦鹉宿主的病变部位是否存在海伦脑炎微孢子虫，这些宿主包括虎皮鹦鹉幼鸟（*Melopsittacus undulatus*）（Black et al. 1997）、折衷鹦鹉（*Eclectus roratus*）（Pulparampil et al. 1998）、桃脸情侣鹦鹉（*Agapornis* spp.）（Snowden et al. 2000）和凤头鹦鹉（*Cacatua alba*）（Phalen et al. 2006）。

　　微孢子虫病也在少量的非鹦鹉宿主中被报道。海伦脑炎微孢子虫在多种雀类（Carslile et al. 2002；Gelis & Raidal 2006）、蜂鸟（Snowden et al. 2001）和鸵鸟（Snowden & Logan 1999）的研究中被鉴定到。运用分子生物学方法，在矛隼（Malcekova et al. 2011）和鸡尾鹦鹉（*Nymphicus hollandicus*）（Kasickova et al. 2007）中鉴定到了基因 II 型的兔脑炎微孢子虫（Malcekova et al. 2011）。同样，137 只私人收藏的猎鹰中有 4 只存在毕氏肠微孢子虫（Muller et al. 2008），8 只肉鸡中有 2 只存在毕氏肠微孢子虫（Reetz et al. 2002），并都引起疾病的暴发。

19.9.1　流行病学

　　由于对微孢子虫可能引起的人畜共患病的兴趣逐渐地增加，加之鸟类能够自由的迁移，所以研究人员开展了大量关于鸟类宿主中微孢子虫的调查（表 19.7）。有趣的是，被认为是人类重要致病原的 4 种微孢

表 19.7 鸟类宿主微孢子虫感染的流行病学研究与调查

寄生虫	宿主	动物数量	阳性数	阳性率/%	地理位置	文献
无	野生鸟类	39	0	0	瑞士	Deplazes et al.（1996b）
E. hellem	情侣鹦鹉	198	49	25	美国	Barton et al.（2004）
E. hellem	宠物鹦鹉	51	8	15.7	韩国	Lee et al.（2011）
E. hellem	外来鸟类	287	18	6.3	捷克	Kasickova et al.（2009）
E. cuniculi	外来鸟类	287	36	12.5	捷克	Kasickova et al.（2009）
E. bieneusi	外来鸟类	287	36	12.5	捷克	Kasickova et al.（2009）
E. hellem	鸽子	331	11	3	荷兰	Bart et al.（2008）
E. cuniculi	鸽子	331	6	1.8	荷兰	Bart et al.（2008）
E. intestinalis	鸽子	331	1	0.3	荷兰	Bart et al.（2008）
E. bieneusi	鸽子	331	18	5.4	荷兰	Bart et al.（2008）
E. hellem	鸽子	124	1	0.8	西班牙	Haro et al.（2005）
E. intestinalis	鸽子	124	5	4	西班牙	Haro et al.（2005）
E. bieneusi	鸽子	124	12	9.7	西班牙	Haro et al.（2005）
E. bieneusi	多种鸟类	83	24	29	葡萄牙	Lobo et al.（2006）
E. hellem	多种鸟类	570	20	3.5	波兰	Slodkowicz–Kowalska et al.（2006）
E. intestinalis	多种鸟类	570	1	0.2	波兰	Slodkowicz–Kowalska et al.（2006）

子虫，包括兔脑炎微孢子虫、海伦脑炎微孢子虫、肠脑炎微孢子虫和毕氏肠微孢子虫都在鸟的排泄物中不同程度的鉴定到。在许多这些研究中，常用的诊断方法是抽提鸟类排泄物中的 DNA 进行 PCR 扩增检测，因此，鸟类排出孢子的密度并不是决定性的。目前还是不清楚这些 PCR 阳性结果是否真实地反映了鸟类被寄生虫感染了，或者说它们只是从环境中摄取了这些寄生虫，但没有被侵染，也没有在鸟体内繁殖。在一些研究中提到，毕氏肠微孢子虫有多个基因型，其中两个基因型序列是唯一的，这些结果先前在人类的研究中报道过。很明显的，毕氏肠微孢子虫复杂的病原体传染病学特别需要进一步的研究。有意思的是，在两个纵向研究中，感染了微孢子虫的虎皮鹦鹉（Sak et al. 2010）和桃脸情侣鹦鹉是间歇性的排出孢子（Snowden et al. 2000）。

19.9.2 常见疾病

文献中关于鸟类感染微孢子虫整个过程的描述是非常有限的。具有代表性的是桃脸情侣鹦鹉，据报道鹦鹉在因感染微孢子虫病死前几天表现出厌食和体重下降等特征（Norton & Prior 1994；Novilla & Kwapien 1978；Randall et al. 1986）。感染微孢子虫的虎皮鹦鹉幼鸟表现为精神萎靡、脱水及腹泻，随后不久即死亡（Black et al. 1997）。在亚马逊鹦鹉的病例中，患病鹦鹉会有 2 周左右食欲下降、体重下降、腹泻、呼吸困难等症状，并且抗生素治疗无效（Poonacha et al. 1985）。与人类患病报道类似，患病鸟类也会出现眼部病变的症状（Phalen et al. 2006）。

19.9.3 病理学

对于患病的桃脸情侣鹦鹉来说，肉眼可见的病变描述比较有限，肝、肾肿大，有时伴有小白斑（Novilla & Kwapien 1978；Powell et al. 1989；Randall et al. 1986）。在亚马逊鹦鹉中，肝肿大充血，而且增厚的气囊包裹着黄白色分泌物（Poonacha et al. 1985）。在鸟类中，肾、肝、小肠是报道最常见的组织病变部位，也是最常发现寄生虫的部位。还有其他比较罕见的病变部位，如脾、胆管、肺等。在肾中，肾小管膨大，内部常有寄生虫寄生，肾小管上皮细胞大面积损坏，内部常有寄生虫寄生（Black et al. 1997；Kemp & Kluge 1975；Norton & Prior 1994；Novilla & Kwapien 1978；Poonacha et al. 1985；Powell et al. 1989；Randall et al. 1986）。在被感染的肾中并没有太多关于炎性细胞的描述。在肝中，出现多病灶的肝坏死或不同程度的门静脉周肝细胞损坏，并伴有炎症（Novilla & Kwapien 1978；Powell et al. 1989；Randall et al. 1986）。在更为罕见的病例中，发现寄生虫和病变的部位主要在小肠。在虎皮鹦鹉幼鸟和桃脸情侣鹦鹉中，寄生虫寄生在肠上皮细胞的十二指肠黏膜（Black et al. 1997；Norton & Prior 1994），然而在折衷鹦鹉的病例中，寄生虫主要寄生在小肠的固有层（Pulparampil et al. 1998）。

在所有禽类病例中所鉴定的微孢子虫超微结构特征都是相似的（Black et al. 1997；Branstetter & Knipe 1982；Kemp & Kluge 1975；Norton & Prior 1994；Powell et al. 1989）。每个 1~3 μm 的椭圆形孢子包含一个细胞核，并由典型的致密的外电子层和内电子层包裹组成，而脑炎微孢子虫属的特征是薄片状极核体，盘绕 5~7 圈的极丝。

19.10　两栖动物和爬行动物中的微孢子虫

在两栖动物和爬行动物中，只有少数几例自然感染几种不同属微孢子虫的报道。相关简要的总结参见表 19.8。

表 19.8　两栖动物和爬行动物中自发感染微孢子虫病病例情况

宿主	寄生虫	文献	注释
Bufo bufo，癩蛤蟆	*Pleistophora myotrophica*	Canning & Elkan（1963）；Canning et al.（1964）；Elkan（1963）	
Bufo vulgaris（*B. bufo*）	*Pleistophora bufonis*	Guyenot & Ponse（1926）；Canning et al.（1964）	
Bufo marinus，海蟾蜍	*Alloglugea bufonis*	Paperna & Lainson（1995）	
Rana pipiens，林蛙	无法鉴定的微孢子虫	Schuetz et al.（1978）	寄生虫影响青蛙卵母细胞的生长
Rana temporaria，蛙	*Glugea*（*Pleistophora*?）*danilewski*	Guyenot & Naville（1920）；Canning et al.（1964）	
蝾螈	*Nosema tritoni*	Weiser（1960）；Canning et al.（1964）	
Sphenodon punctatus，大蜥蜴	*Pleistophora* sp.	Liu & King（1971）	
Tropidonotus natrix，青草蛇	*Glugea*（*Pleistophora*?）*danilewski*	Debaisieux（1919）；Canning et al.（1964）	Canning 讨论了这项研究的历史
Eurycea nana，圣马科斯蝾螈	类 *Pleistophora*，可能是新物种	Gamble et al.（2005）	在轴向肌肉的有机体引起肌炎和脊柱后凸
Mabuya perrotetii，非洲小蜥蜴	*E. lacertae* 重新描述为 *Encephalitozoon* sp.	Koudela et al.（1998）	
Pogona vitticeps，松狮晰	未鉴定的微孢子虫	Jacobson et al.（1998）	

参考文献

 第 19 章参考文献

第20章　鱼类微孢子虫

Michael L. Kent

美国俄勒冈州立大学微生物学与生物医学科学系

Ross W. Shaw

加拿大麦科文大学生物科学系

Justin L. Sanders

美国俄勒冈州立大学微生物学系

20.1　前言

微孢子虫门（Microsporidia Balbiani，1882）中大约有16个属的120种微孢子虫能感染鱼类，其中一些微孢子虫甚至能引发严重的疾病。鱼类微孢子虫因宿主种类的广泛性和地理区域性而分布广泛。即便如此，许多鱼类微孢子虫至少在属的水平上仍具有宿主特异性，而部分微孢子虫则具有广泛的宿主特异性，如丝黛芬妮格留虫（*Glugea stephani*）（Hagenmuller 1899）、鲵脂鲤匹里虫（*Pleistophora hyphessobryconis*）（Schaperclaus 1941；Canning & Lom 1986）。本章中，我们将着重讨论能够感染重要经济价值的野生鱼类及养殖鱼类的病原性微孢子虫，而对于实验研究鱼类尤其是斑马鱼微孢子虫的内容已经在第14章提及。详细的鱼类微孢子虫和宿主鱼类型的统计请查阅相关文献（Canning & Lom 1986；Lom & Dykova 1992；Lom 2002；Dykova 2006）。本章将首要综述最重要的感染鱼类的微孢子虫属，其次概述鱼类微孢子虫的经济重要性、免疫学、传播、培养和治疗。个别种微孢子虫的病理特征包含在相应属的描述中。

众所周知，微孢子虫感染会对鱼类健康造成危害，一些野生鱼类如虹鳟（*Osmerus mordax* cf.）（Haley 1952；Nepszy et al. 1978）、肫鲥鱼（*Dorosoma cepedianum* cf.）（Putz 1969；Price 1982）和淡水鲑鱼（Putz et al. 1965；Urawa 1989）等感染微孢子虫后导致死亡率上升。微孢子虫病对整个水产渔业的危害十分严重（Mann 1954；Sindermann 1966；Ralphs & Matthews 1986）。例如，微孢子虫美洲大绵鳚匹里虫（*Pleistophora macrozoarcides*）（Nigrelli 1946）就对北美海洋美洲大绵鳚（*Macrozoarces americanus*）渔业造成了巨大的损失（Fischthal 1944；Sandholzer et al. 1945；Sheehy et al. 1974）。新罕布什尔州的彩虹胡瓜鱼渔业的衰退也是由于感染了赫氏格留虫（*Glugea hertwigi*）（Weissenberg 1911；Haley 1954）。感染微孢子虫形成的大囊肿或肌肉溶解引起鱼的外形改变导致捕捞价值的下降（Nigrelli 1946；Grabda 1978；Egusa 1982；Egidius & Soleim 1986；Pulsford & Matthews 1991）。微孢子虫病也能通过使鱼类饥饿和降低鱼类的生长率，从而间接导致鱼类死亡（Matthews & Matthews 1980；Figueras et al. 1992）。Badil等（2011）发现感染了鲑鱼核孢虫（*Nucleospora salmonis*）（Hedrick et al. 1991b）的虹鳟鱼（*Oncorhynchus mykiss*）更易被食鱼的鸟类所捕食。Sprengel和Lüchtenberg（1991）发现欧洲胡瓜鱼（*Osmerus eperlanus*）感染拉多加湖匹里虫（*Pleistophora ladogensis*）后（Voronin 1978）其游泳能力下降，导致被捕食率上升。Wiklund等（1996）报道了米兰达匹里虫（*Pleistophora mirandellae*）（Vaney & Conte 1901）能感染罗奇拟鲤（*Rutilus*

rutilus）的性腺，导致其繁殖能力下降。此外，微孢子虫感染导致幼年种群的机会性死亡进一步降低鱼类的繁殖能力。例如，肝微吉马孢虫（*Microgemma hepaticus*）（Ralphs & Matthews 1986）主要感染乌鱼（*Chelon labrosus*）幼鱼的肝，导致其死亡（Ralphs & Matthews 1986）。

微孢子虫在养殖鱼类中的重要性伴随着水产养殖的急剧增加而越来越明显。此外，据 2011 年 PubMed 的数据，利用斑马鱼（*Danio rerio*）作为模式生物的研究论文呈指数上升，超过了以果蝇为模型的研究报道。噬神经假洛玛孢虫（*Pseudoloma neurophilia*）是斑马鱼最为常见的感染病原体之一（见第 14 章）。由于很多鱼类微孢子虫的传播不需要中间宿主，因此相比于野生鱼类，养殖鱼类由于放养密度高更容易被微孢子虫感染。由于格留虫属微孢子虫的感染，在观赏鱼类中发生了极高的死亡率（Lom et al. 1995）。鲃脂鲤匹里虫（*Pleistophora hyphessobryconis*）（Schäperclaus 1941）（图 20.1）是人们熟知的霓虹灯鱼（*Paracheirodon innesi*）的重要病原体，是最常见的观赏鱼类的寄生虫之一，它能感染几个科的鱼类（Canning & Lom 1986；Lom et al. 1989）。微孢子虫对斑马鱼的感染早已记录报道（Sanders et al. 2010；Sanders & Kent in press），具体内容见第 14 章。

异孢虫属的微孢子虫（*Heterosporis* spp.）能够感染杂色褶唇丽鱼（*Pseudocrenilabrus multicolor* cf.）（Lom et al. 1989）、观赏性五彩搏鱼（*Betta splendens* cf.）（Lom et al. 1993）、神仙鱼（*Pterophyllum scalare* cf.）（Michel et al. 1989），导致鱼类消瘦或者在肌肉组织发生严重的病理变化（Hoyle & Stewart 2001）。曾经就有报道 *Heterosporis* sp. 寄生感染黄鲈（*Perca flavescens*）导致明显的肌肉病变（Hoyle & Stewart 2001）。

养殖食用鱼类被微孢子虫感染病致病的例子亦有多次报道。为增加野生种群数量或者以盈利为目的的淡水孵化场饲养的鲑鱼就曾经遭受微孢子虫的流行感染（Putz 1969；Hauck 1984；Urawa & Awakura 1994）。在过去的 20 年，海水类鲑鱼养殖规模急剧增加，至今，已发现有 4 种微孢子虫与鲑鱼致病死亡有关，包括感染奇努克鲑鱼（*Oncorhynchus tshawytscha*）和银大麻哈鱼（*Oncorhynchus kisutch*）的鲑鱼洛玛孢虫（*Loma salmonae*，异名 *Pleistophora salmonae*）（Putz et al. 1965；Kent et al. 1989；Speare et al. 1989），感染奇努克和大西洋鲑鱼（*Salmo salar*）的鲑鱼核孢虫（*Nucleospora salmonis*）（Elston et al. 1987；Bravo 1996），感染大西洋鲑鱼的球蛛类核孢虫（*Paranucleospora theridion*）（Nylund et al. 2010），以及一些导致大西洋鲑鱼脑炎的未鉴定微孢子虫（Brocklebank et al. 1995）。微孢子虫 *Pleistophora* sp. 能感染金头鲷（*Sparus aurata*）肌肉组织，导致其慢性低水平致死（Abela et al. 1996）。日本鳗鲡（*Anguilla japonica*）和香鱼（*Plecoglossus altivelis*）分别在养殖过程中经常遭受鳗鲡异孢虫（*Heterosporis anguillarum*，异名 *Pleistophora anguillarum*）（Hoshina 1951）和香鱼格留虫（*Glugea plecoglossi*）（Takahashi & Egusa 1977；Awakura 1974；Kano & Fukui 1982；Kim et al. 1996）感染的困扰。有些鲦鱼或饵料鱼也经常因感染了金鳊卵巢卵匹里虫（*Ovipleistophora*

图 20.1　异状格留虫（*Glugea anomala*）感染棘鱼（*Gasterosteus aculeatus*）后形成的异物瘤（箭头所示）

ovariae）而影响其产量（Summerfelt 1964），*O. ovariae* 的感染使鱼的卵巢受损，从而导致繁殖能力下降（Nagel & Hoffman 1977）。

　　早期对鱼类微孢子虫的调查涉及一些对宿主反应的观察（Drew 1910；Debaisieux 1920；Nigrelli 1946）。这一时期的研究者偶尔会将宿主损伤修复事件（如吞噬）和早期寄生发育阶段混淆（Canning & Lom 1986）。目前，宿主（鱼类）–寄生虫（微孢子虫）的相互作用关系可以大致分成两种类型：能形成异物瘤（xenoma）的微孢子虫类型，如格留虫属（*Glugea*）、鱼孢子虫属（*Ichthyosporidium*）、杰氏孢虫属（*Jirovecia*）、洛玛孢虫属（*Loma*）、微丝孢虫属（*Microfilum*）、微吉马孢虫属（*Microgemma*）、微粒样孢虫属（*Nosemoides*）、思普雷格孢虫属（*Spraguea*）、四鞭虫属（*Tetramicra*）（图 20.2；图 20.3）和不形成异物瘤的微孢子虫类型，如核孢虫属（*Nucleospora*）、异孢虫属（*Heterosporis*）、匹里虫属（*Pleistophora*）、卡氏孢虫属（*Kabatana*）、泰罗汉孢虫属（*Thelohania*）（图 20.1；图 20.4）。异物瘤（xenoma）这一术语最早源于 Chatton（1920）早期的研究工作。Chatton 在他的工作中将由甲藻（*Sphaeripara catenata*）感染而形成的肥大而多核的宿主细胞描述为异常寄生虫复合物（xenoparasitic complex）。Weissenberg（1922）最初用 "xenon" 这个词来描述异状格留虫（*Glugea anomala*）感染刺鱼后形成的异常寄生虫复合物。后来，Weissenberg（1949）将 "xenon" 改为 "xenom"，并沿用至今。感染了某些微孢子虫的细胞其形状改变并变得肥大，从而形成了独特的宿主细胞–寄生虫复合体（Lom & Dyková 2005）。这些宿主细胞改变其结构和大小，与寄生虫生理整合。细胞质内容物被寄生虫所替代，为了增强吸收能力，细胞或异物瘤的表面通过修饰发生改变。如感染了柯蒂微孢子虫（*Microsporidium cotti*）（Chatton & Courier 1923）、鱼孢子虫属和四鞭虫属微孢子虫的细胞会形成微绒毛样结构，而感染了格留虫属和洛玛孢虫属微孢子虫的细胞则产生大量的胞饮小泡（Canning & Lom 1986）。肥大的细胞其尺寸可以达到 400～500 μm 甚至更大，呈肉眼可见的白色包囊状（Matthews & Matthews 1980；Ralphs & Matthews 1986）（图 20.4）。最终，这些细胞完全被寄生虫所破坏。在涂片或组织切片中，从组织中释放出来的孢子由于有大的后极泡而很容易被识别鉴定（图 20.5）。

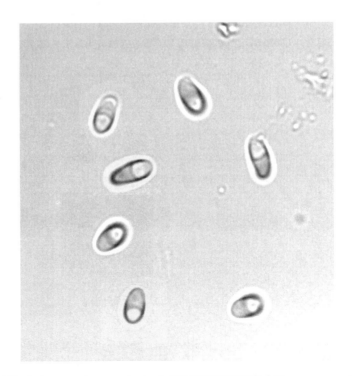

图 20.2　刺鱼（*Gasterosteus aculeatus*）体内的异状格留虫（*Glugea anomala*）（涂片）

图 20.3 泥鲽（*Limanda limanda*）体内的丝黛芬妮格留虫（*Glugea stephani*）

重度感染微孢子虫的肠道组织内形成的异物瘤清晰可见。图片所示为比利时大陆架（北海南部）Vlakte van de Raan 海域捕获的泥鲽。来自 ©Hans Hillewaert/CC–BY–SA–3.0. Wikipedia

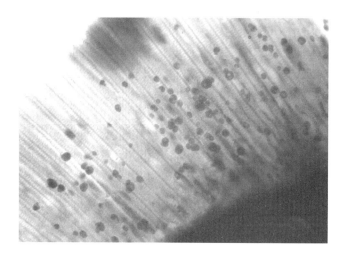

图 20.4 野生银大马哈鱼（*Oncorhynchus kisutch*）鳃部的鲑鱼洛玛孢虫（*Loma salmonae*）异物瘤

涂片由俄勒冈鱼类和野生动物系的 Craig Banner 制作

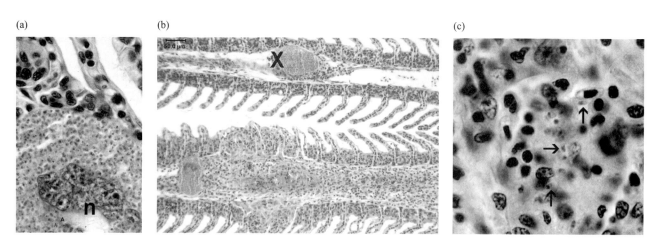

图 20.5 奇努克鲑鱼（*Oncorhynchus tshawytscha*）鳃部组织寄生鲑鱼洛玛孢虫的组织切片

（a）无组织反应的完整异物瘤，n，宿主细胞核；（b）主血管组织中完整的异物瘤（X 所示），底部的鳃丝显示为因异物瘤破裂而引发的严重弥漫性慢性炎症；（c）炎症放大区单个微孢子虫孢子（箭头所示），苏木精伊红染色

20.2　免疫学

Kaattari 和 Piganelli（1996）、Secombes（1996）和 Dalmo 等（1997）曾经就鱼类的特异性和非特异性防御系统进行了很好的总结。最近，《比较免疫学》杂志的一个专刊专门报道了有关硬骨鱼类免疫学的研究，其中有 18 篇论文就鱼类免疫学这一领域的最新研究情况进行了综述（详情参阅 Volume 35，Issue 12，Pages 1193–1400，December 2011）。关于抗二次感染、疫苗以及宿主对微孢子虫感染反应等其他方面的研究主要由爱德华王子岛大学的 Speare 实验室领衔，以鲑鱼洛玛孢虫 / 鲑鱼开展研究。他们的许多重要研究成果被纳入 Rodriguez-Tovar 等（2011）关于鱼类免疫学研究的综述中。

巨噬细胞吞噬孢子的现象在几个微孢子虫种类中都有发现（Dyková & Lom 1980；Canning & Lom 1986；Pulsford & Matthews 1991；Kim et al. 1996）。巨噬细胞摄入并分解孢子（图 20.6），在宿主防御机制中发挥着至关重要的作用。微孢子虫的孢壁包括富含蛋白质的外层和富含几丁质的内层。孢子似乎是由内而外被消化，说明鱼类的巨噬细胞拥有一个广泛的几丁质酶库（Dyková & Lom 1980；Canning & Lom 1986）。微孢子虫也不具备自身的防御系统，因为孢子可以阻止吞噬体 – 溶酶体融合。Weidner 和 Sibley（1985）发现赫氏格留虫（*Glugea hertwigi*）孢子的阴离子组分可以与吞噬体膜形成离子键，增加刚性并阻止其与溶酶体的融合。一些微孢子虫在进化过程中形成了这种保护机制并不足为奇，这与其他胞内寄生虫所具备的保护机制类似，如鹦鹉热衣原体（*Chlamydia psittaci* cf.）（Wyrick & Brownridge 1978）和刚地弓形虫（*Toxoplasma gondii*）（Nicolle & Manceaux 1908；Jones & Hirsch 1972）。

微孢子虫抑制宿主的炎症反应早已有所记载（Dyková & Lom 1978，1980）。Laudan 等（1986a，b，1987，1989）发现丝黛芬妮格留虫（*Glugea stephani*）孢子在被吞噬时通过刺激巨噬细胞释放前列腺素和 / 或白三烯来抑制冬牙鲆鲽（*Pleuronectes americanus*）的免疫球蛋白（Ig）水平。后来通过将感染的鱼血清注射进健康鱼后导致健康鱼出现免疫抑制现象证实了这一结论。在比目鱼中，即使在孢子感染后施用吲哚美辛（indomethacin）也未能产生免疫抑制效应。*G. stephani* 破坏了宿主针对其他感染因子的体液免疫反应，也干扰了起始以及其他水平的免疫反应。当 *G. stephani* 在宿主细胞中稳定寄生后，宿主的免疫系统能够重新恢复。

一般认为大菱鲆微孢子虫（*Tetramicra brevifilum*）（Matthews 1980）可能通过利用类似于在 *G. stephani*

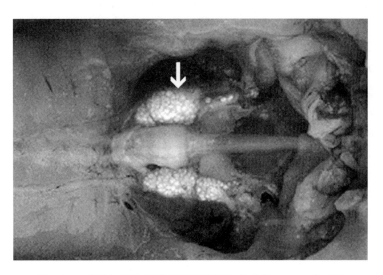

图 20.6　感染鮟鱇鱼的鮟鱇思普雷格孢虫（*Spraguea lophii*）

箭头所示为头盖骨中大量的异物瘤。图片由 Stephen Feist 惠赠 ©Stephen Feist

研究中所发现的机制（Leiro et al. 1994）来免疫抑制大菱鲆（*Scophthalmus maximus*）。Figueras等（1992）发现自然感染状态下鱼的血清凝集素滴度低，即便如此这也并没有增加鱼类对弧菌（*Vibrio anguillarum*）的易感性。该团队同时也从感染的鱼中分离到了一种血清因子。他们认为，有必要用更多的研究确定这个血清因子是一种免疫调节剂，还是只是因为孢子寄生而产生的一种副产物。Leiro等（1993）通过腹腔内注射的方式将纯化的大菱鲆微孢子虫孢子或者孢子粗提物注射进鱼体内。在注射后第30天，他们再次注射了纯化的孢子。他们发现在感染的早期，纯化的孢子能导致鱼体产生高量的抗体，但在感染30天后，注射孢子粗提物则更容易产生抗体。他们在对感染鱼进行ELISA检测时发现低水平的血清阳性反应，认为这可以作为免疫抑制的间接证据。

鱼类的体液免疫或细胞免疫也会因感染了鲑鱼核孢虫（*Nucleospora salmonis*）（Hedrick et al. 1991a；Wongtavatchai et al. 1995b）或鳗鲡异孢虫（*H. anguillarum* cf.）（Hung et al. 1997）而受到破坏。这些寄生虫的感染会刺激宿主的T细胞和B细胞分泌一些血清免疫因子，或者刺激巨噬细胞释放某些介质。Leiro等（1996a）发现卡氏格留虫与大菱鲆微孢子虫孢子的表面抗原具有很高的同源性。然而，卡氏格留虫的感染并没有抑制大菱鲆的体液免疫反应，而是在初次感染及后续感染期间刺激宿主免疫反应。总的来说，研究者在提出淋巴细胞减少是由于微孢子虫感染所致的假说时一定要谨慎，因为通常这种情况也可因多种胁迫应激引起（Barton & Iwama 1991；Figueras et al. 1992）。

相对应的，已经有文献报道了致使鱼体皮质醇升高和免疫抑制的应激反应将会加重微孢子虫感染对鱼类的危害程度。Ramsay等（2009）在斑马鱼被噬神经假洛玛孢虫感染的初期前后，增加了斑马鱼的密度导致斑马鱼皮质醇升高。受到胁迫后，鱼的中枢神经系统会寄生更多的微孢子虫，也由于身体肌肉中寄生了大量的微孢子虫而产生更严重的肌炎。与对照组比较而言，饲喂了含地塞米松（Lovy et al. 2008）或皮质醇（Marie 2003）饲料的奇努克鲑鱼会产生更多的微孢子虫（*Loma salmonae*）异物瘤。

Kurtz等（2004）报道低MHC多样性的棘鱼更易感染异状格留虫（*Glugea anomala*）。

20.2.1 抗性

通常情况下，当微孢子虫逃避了宿主的免疫识别后，鱼的免疫反应就会减弱或不存在（例如，通过形成异物瘤或躲避在宿主细胞内）。然而，在微孢子虫感染初期，尤其是异物瘤破裂过程中（见*Glugea*属微孢子虫病理学部分），或者假性囊肿情况下（如*Pleistophora*型感染），微孢子虫容易受到鱼类免疫系统的攻击。即使鱼类产生抗体以应对微孢子虫的感染（Buchmann et al. 1992；Leiro et al. 1993；Hung et al. 1996，1997），这种适应性免疫所起的作用也并不大（Kim et al. 1996；Sánchez et al. 2001）。但是，当微孢子虫感染鱼类时，细胞免疫确实会发生，并在恢复过程中起到了关键的作用（Rodriguez-Tovar et al. 2011）。感染后恢复的鱼类能抵抗鲑鱼洛玛孢虫（*Loma salmonae*）的再次感染（Speare et al. 1998b；Kent et al. 1999）。如虹鳟鱼（*Oncorhynchus mykiss*）能够对鲑鱼洛玛孢虫产生免疫。Speare等（1998b）发现鱼类在人工感染微孢子虫10周后能够完全恢复，并能够抵抗微孢子虫的再次感染。我们在对奇努克鲑鱼的研究中也观察到了类似的结果（Kent et al. 1999）。而相较于虹鳟而言，奇努克鲑鱼表现出更长的感染期，当它们感染后得以恢复，它们也能抵抗微孢子虫的再次感染。对奇努克鲑鱼的研究发现（Kent et al. 1999），因微孢子虫感染形成的异物瘤消失数月后仍然检测到一些完整的孢子，表明鱼类对微孢子虫二次感染的抗性可能与传染免疫（premunition）有关。虹鳟鱼被动免疫抗鲑鱼洛玛孢虫的鱼血清后，在鱼心脏中的微孢子虫发育仅在其生活史的早期阶段表现出一定程度的延迟，这说明在虹鳟鱼对微孢子虫感染的最初免疫应答中，其体液免疫因子所起到的作用是有限的（Sánchez et al. 2001）。由于体液免疫应答在鱼类适应性免疫中所起的作用似乎不大，对微孢子虫的免疫应答有可能主要由免疫系统中的细胞免疫来负责（Rodríguez-Tovar et al. 2011）。

有研究发现，大西洋鲑鱼每个巨噬细胞吞噬*L. salmonae*孢子的数量比大马哈鱼的更多（Shaw et al. 2001a，b）。我们也发现*L. salmonae*孢子的补充调节作用增强了体外吞噬作用，说明孢子通过凝集素吞噬或与巨噬细胞的非特异性结合被吞噬。

鲑鱼洛玛孢虫（*L. salmonae*）感染的鱼类恢复后具有惊人的抗二次感染的能力，说明开发某种疫苗可以用来防治这种病原微孢子虫。在之前的研究中，研究者将鲑鱼洛玛孢虫分离株 *Loma* sp.（又称为 *L. salmonae* SV 分离株）先感染溪红点鲑（*Salvelinus fontinalis*）后再感染强毒株 *L. salmonae*，结果感染强度大幅减弱（Sánchez et al. 2001）。虹鳟鱼在接种灭活的孢子 6 周后表现出很好的免疫抗性（Rodríguez-Tovar et al. 2006）。

鱼类的免疫应激能力也受温度的影响，鱼类巨噬细胞的吞噬能力具有温度依赖性（Finn & Nielson 1971；Leiro et al. 1995）。感染鱼类的微孢子虫的发育也受环境温度的影响（Awakura 1974；Olson 1981；Speare et al. 1998a）。例如，Speare 等（1998a）在 10℃养殖条件下未能检测到 *L. salmonae* 感染虹鳟鱼 *O. mykiss*，但在 14.5℃条件下饲养的鱼中明显可观察到孢子虫的感染。

鱼的健康状况通常作为环境条件好坏的一项生物学指标（Kent & Fournie 1993）。寄生负担对野生鱼类死亡有显著的影响，在某些情况下可能与环境条件有关（Overstreet 1993）。目前仅有少量研究涉及人类污染对鱼类微孢子虫感染的影响。例如，Barker 等（1994）研究发现，在沉积物中积累了大量污染物的纸浆厂废水排放区域，比目鱼体内寄生有 *G. stephani* 的数量很高。通常肠道为正常感染部位，而生活在污染水体的鱼比生活在正常水体的鱼，在其除肠道以外的其他内脏器官会形成更大且更多样化的囊肿。长期生活在纸浆厂污水中的比目鱼可能存在更强的免疫抑制特性，这使得微孢子虫 *G. stephani* 更易增殖。生活在含苯并芘（benzo[a]pyrene）水体的奇努克鲑鱼比对照组表现出更严重的感染（Marie 2003）。

20.3　治疗

目前已经有几种药物可以治疗微孢子虫对鱼类的感染，其中大多是建立在实验研究的基础上。据报道有许多使用烟曲霉素成功治疗微孢子虫感染的例子。这种药物实际上是在蜜蜂养殖中用于治疗西方蜜蜂微粒子虫（*Nosema apis*）（Zander 1902）感染的抗菌剂，也被广泛地用于对鱼类微孢子虫病的治疗。这种药物的作用原理主要是抑制 RNA 的合成（Jaronski 1972）。Kano 等（1982）报道了烟曲霉素能有效地抑制寄生日本鳗鲡（*Anguilla japonica*）体内的鳗鲡异孢虫（*H. anguillarum*）。自从首次报道用烟曲霉素治疗鱼类微孢子虫病以来，这种药物已经成功的用于治疗鲑鱼核孢虫（*Nucleospora salmonis*）对奇努克鲑鱼（Hedrick et al. 1991b）及 *L. salmonae* 对奇努克鲑鱼（Kent & Dawe 1994）的感染。烟曲霉素也成功用于治疗鱼的许多黏孢子虫病（例如，眩转病、增生性肾病、球虫病）（Molnár et al. 1987；Hedrick et al. 1988；Székely et al. 1988；Laurén et al. 1989；Wishkovsky et al. 1990；Yokoyama et al. 1990；El-Matbouli & Hoffmann 1991；Sitjà-Bobadilla & Alvarez-Pellitero 1992；Higgins & Kent 1996）。在这些研究中，药物浓度是重要关注点。基于这些报道，烟曲霉素 3 ~ 10 mg/kg/d 被作为治疗鲑鱼的推荐使用剂量。更高浓度的烟曲霉素或长期治疗（如 30 ~ 60 天）可能会引起鲑鱼厌食、生长不良、贫血、肾小管变性及造血组织萎缩（Laurén et al. 1989；Wishkovsky et al. 1990）。较低剂量对于一些鱼类微孢子虫感染的控制可能是有效的。例如，Hedrick 等（1991b）对鱼实施持续 4 周口服烟曲霉素 1 mg/kg/d，成功控制了 *N. salmonis* 的感染。我们报道了治疗 *L. salmonae* 感染的有效方案即持续 4 周，剂量为 10 mg/kg/d（Kent & Dawe 1994）。我们的药物实验表明，可以用低剂量（2 mg/kg/d 或 4 mg/kg/d）治疗微孢子虫的感染。

烟曲霉素不具备热稳定性。因此，建议将这种药物涂敷在饲料表面，而不是在配制饲料过程中与饲料混合。烟曲霉素不易溶于水，但易溶于乙醇。在许多研究中，都是将烟曲霉素与乙醇混合并喷于饲料表面，然后再用油涂敷饲料。

TNP-470（武田药业有限公司）是一种烟曲霉素类似物，是一种有效的抗血管生成剂（Kusaka et al. 1994）。在实验研究中发现 TNP-470 能有效防治哺乳动物病原微孢子虫如肠脑炎微孢子虫（*Encephalitozoon intestinalis*）、角膜条孢虫（*Vittaforma corneae*）、兔脑炎微孢子虫（*Encephalitozoon cuniculi*）

和海伦脑炎微孢子虫（*Encephalitozoon hellem*）的感染。因此，我们在实验室环境下检测了这种药物在防控微孢了虫鲑鱼洛玛孢虫（*L. salmonae*）和鲑鱼核孢虫（*N. salmonis*）对三文鱼感染方面的效率。三文鱼在连续 6 周每天摄食 TNP-470（1.0 或 0.1 mg/kg）的情况下，受 *L. salmonae* 和 *N. salmonis* 感染的程度显著的下降，甚至在摄入低剂量的 TNP-470 的情况下也是如此（Higgins et al. 1998）。TNP-470 没有毒副作用。我们也发现当鱼暴露于 PKX 黏孢子虫（*Tetracapsuloides bryosalmonae*）中，低剂量的 TNP-470 也能阻止黏孢子虫的感染。

研究者通过超微结构观察分析了三嗪酮和妥曲珠利（Bayer AG）防治异状格留虫（*Glugea anomala*）对刺鱼（*Gasterosteus aculeatus*）感染的效果（Schmahl & Mehlhorn 1989；Schmahl et al. 1990）。研究者们发现这些药物对寄生虫的所有发育阶段都造成了破坏，但药物在降低鱼类患病率或微孢子虫对鱼的感染强度方面的整体效果还未见报道。

Awakura 和 Kurashashi（1967）报道了氨丙啉能抑制武田微孢子虫（*Microsporidium takedai*）的裂殖增殖，施药情况为 0.06% 体重/天，持续 48 天。不过，这种治疗有毒副作用。也有一些药物治疗鱼类微孢子虫的其他报道。例如，Andodi 和 Frank（1969）（引自 Canning & Lom 1986）宣称他们通过调整 pH 为 7.5~8.0，并引入 1 mg/h/100 L 的臭氧，治愈了鲀脂鲤匹里虫（*Pleistophora hyphessobryconis*）感染的观赏鱼类。Nagel 和 Summerfelt（1977）报道了摄食 2.2~3.3 g/kg 饲料的呋喃西林能减弱金鳊卵巢卵匹里虫（*Ovipleistophora ovariae*）对金鳊（*Notemigonus crysoleucas*）的感染。

莫能菌素是一种较为常见的用于治疗家畜球虫病的药物。将这种药物以各种剂量（最佳剂量为 1 000 mg/kg）配制在饲料中，能显著地减少虹鳟体内 *L. salmonae* 异物瘤的数量（Becker et al. 2002）。

20.4 重要的微孢子虫病

20.4.1 形成异物瘤的属

20.4.1.1 格留虫属（*Glugea*）

鱼类微孢子虫中研究得最为深入的是格留虫属（*Glugea*）的成员。*Glugea* 属微孢子虫能感染多种野生鱼和养殖鱼类的肠黏膜下层细胞，使许多重要经济鱼类致病，包括可分别被银汉鱼格留虫（*G. atherinae*）（Berrebi 1978）、梭鲈鱼格留虫（*G. luciopercae*）（Dogiel & Bykhowsky 1939）和斯匹德格留虫（*G. cepedianae*）（Putz et al. 1965）感染的沙胡瓜鱼（*Atherina boyeri*）、梭子鲈鱼（*Stizostedion lucioperca*）和肶鲥鱼（*Dorosoma cepedianum*）（Price 1982；Canning & Lom 1986）。目前，大量研究主要集中于 *G. anomala* 对棘鱼（*Gasterosteus* 和 *Pungitius* spp.）、*G. hertwigi* 对胡瓜鱼、*G. plecoglossi* 对香鱼，以及 *G. stephani* 对比目鱼（*Pleuronectes* spp.）的感染。*G. anomala* 是研究微孢子虫的发育和病理学特征的典型代表（Weissenberg 1967，1968；Dyková & Lom 1980），而有关鱼的致死情况则在其他微孢子虫中有所研究（Olson 1976；Nepszy et al. 1978；Cali et al. 1986；Kim et al. 1996）。

鱼类微孢子虫 *G. anomala* 和 *G. plecoglossi* 在宿主的几乎所有器官中增殖发育并形成大小 2~3 mm 的白色异物瘤，导致器官严重受损（图 20.1；图 20.2）。赫氏格留虫（*Glugea hertwigi*）和丝黛芬妮格留虫（*Glugea stephani*）（图 20.3）主要感染肠道上皮下结缔组织，但在重度感染情况下，*G. hertwigi* 能够传播转移到其他所有器官，甚至是骨骼肌和鳃（Canning & Lom 1986）。

病理学特征

Glugea spp.、*Loma* 属和 *Tetramicra* 属微孢子虫形成的异物瘤能根据不同发育时期而分成不同类型（Dyková & Lom 1980）。有关异物瘤的发育已经在 *Glugea* 属和 *Loma* spp. 中广泛研究，本部分内容中，我们将对此做详细的介绍。早期的异物瘤内部各发育阶段的微孢子虫均匀的散布在细胞质中。随着异物瘤的继

续生长，各个发育阶段的孢子占据了宿主细胞质包围的异物瘤的中心。就 Glugea 属而言，成熟的异物瘤具有折光性的壁，孢子位于宿主细胞中被宿主的细胞质包围。发育成熟的异物瘤则被微孢子虫填满，几乎没有宿主细胞成分（图 20.10b）。异物瘤形成时宿主的各种反应主要依赖于异物瘤的发育阶段、感染的组织、宿主年龄和种类而有所不同，但总体上是有规律可循的。有关宿主对异物瘤反应各阶段的描述详见下文，资料主要来源于 Dyková 和 Lom（1978）对异状格留虫（G. anomala）、刺状格留虫（G. aculeatus）、赫氏格留虫（G. hertwigi）、香鱼格留虫（G. plecoglossi）和丝黛芬妮格留虫（G. stephani）的调查。更多的研究和分类则主要来自 Dyková 和 Lom（1980）以及 Canning 和 Lom（1986）。

弱反应阶段

当早期或很小的异物瘤增大时会对周围组织造成压迫性萎缩。此阶段宿主结缔组织和胶原纤维会局部增殖，在异物瘤周围形成结缔组织的同心圆。弱反应阶段同时也出现在完全成熟的异物瘤中。

炎症反应阶段

成熟异物瘤引起明显的炎症反应，包括成纤维细胞和巨噬细胞的大量涌入。增生性炎症伴随异物瘤壁的改变而变化，虽然目前还不清楚这两者是否存在因果关系（Dyková et al. 1980；Canning & Lom 1986）。异物瘤的壁膨胀，成纤维细胞出现在其内部，然后壁破裂并开始消失。除了成纤维细胞，Reimschuessel 等（1987）报道了由围绕异物瘤的嗜酸性粒细胞构成的异物瘤囊的形成。鱼孢子虫属（Ichthyosporidium spp.）微孢子虫对上皮样细胞和组织细胞存在略有不同的炎症反应。包围异物瘤的上皮样细胞的长轴垂直于异物瘤壁进行排列。异物瘤壁破坏或破裂伴随着营养不良的变化，这种变化表现为在孢子内部出现 PAS 阳性物质和 Ca^{2+}。随后异物瘤被肉芽肿组织（granulomatous tissue）取代。

肉芽肿消退阶段

异物瘤破裂后，孢子释放并被吞噬细胞摄入。肉芽组织成熟，肉芽肿逐渐消退。在炎症反应阶段产生的纤维状结缔组织发生玻璃样变，病灶缓慢消失。虽然异物瘤可以完全消除，但严重感染器官的功能将无法恢复（Dyková et al. 1980）。

Glugea spp. 能够削弱鱼的运动感能力，破坏鱼的外形，使鱼衰弱并杀死鱼类（Sindermann 1990；Dyková 2006）。这类微孢子虫也能削弱鱼的繁殖力和延缓鱼的生长（Chen & Power 1972；McVicar 1975）。G. anomala 感染严重的刺鱼即使能存活，但其形成的大囊肿由于压力萎缩而造成刺鱼严重的组织损伤（Canning & Lom 1986）。宿主病理反应各阶段如前面所描述。虽然 G. plecoglossi 发育及宿主组织反应与 G. anomala 相似，但其器官特异性低（Dyková et al. 1980）。在某些湖泊，G. hertwigi 致使胡瓜鱼的患病率达到100%，平均每条鱼有 250 个异物瘤（Anenkova-Khlopina 1920；Haley 1952，1954；Petrushevski & Shulman 1958；Delisle 1965；Nepszy & Dechtiar 1972；Canning & Lom 1986）。据 Delisle（1972）估算每年仅伊利湖中由于 G. hertwigi 的感染就造成 1 千万尾鱼的死亡。病鱼的肠上皮往往严重受损，一般导致败血症、中毒及宿主的死亡（Canning & Lom 1986）。微孢子虫感染后胡瓜鱼的繁殖力也会受到严重的影响（Sindermann 1963）。G. stephani 感染后会阻塞宿主的肠腔，破坏其完整性，并导致宿主消瘦甚至死亡（Cali et al. 1986）。异物瘤取代肠壁，形成一个达 4 mm 厚的刚性层，灰白色鹅卵石状（图 20.3）。哪怕只受低水平感染，只要异物瘤形成于黏膜并破坏上皮细胞系，鱼就会死。与此相反，Cali 等（1986）也报道了受感染严重的鱼其体内异物瘤形成于肠道的质膜一侧，但仍能存活。Olson（1976）报道了俄勒冈亚库伊纳湾的星形比目鱼（Platichthys stellatus）由于感染 G. stephani 而体型瘦小。Cali 等（1986）也观察到新泽西州桑迪胡克湾垂死的比目鱼受 G. stephani 感染的情况。McVicar（1975）提出养鱼场中 G. stephani 可能具有高度传染性，而重度感染该微孢子虫对水族箱或在养鱼场的高眼鲽（Pleuronectes platessa）可能是致命的。

传播

跟许多鱼类微孢子虫类似，Glugea spp. 直接通过鱼类摄食进行传播。Glugea spp. 能够通过腹腔注射或者借助甲壳类动物转宿主（如水蚤属、盐水虾、端足目动物）进行传播（Weissenberg 1921，1968；McVicar 1975；Olson 1976；Kim et al. 1996）。捕食可散布传播 G. hertwigi 的孢子，或者同类相食可导致其他胡瓜鱼被感染（Haley 1954；Delisle 1972）。Olson（1976，1981）发现，*G. stephani* 孢子直接通过转宿主甲壳动物的消化道感染，这种方式的感染比腹腔注射感染更为严重。他认为端足目动物可以当作 *G. stephani* 自然传播的典型。

Glugea spp. 的靶宿主细胞可以变化。*G. anomala* 可以靶向迁移性的间充质细胞，例如巨噬细胞（Weissenberg 1968），而 *G. stephani* 可能感染中性粒细胞（Canning & Lom 1986）。腹腔注射后在体内任何地方可以形成异物瘤，表明 *G. stephani* 感染了巨噬细胞（McVicar 1975）。

G. stephani 的流行感染与季节性和地理位置的变化及水温的变化有关（Olson 1976，1981；Takvorian & Cali 1981，1984）。Olson（1981）发现微孢子虫的发育在 10℃时受抑制，如果水温提高到 15℃以上，微孢子虫的发育将恢复。

20.4.1.2 洛玛孢虫属（*Loma*）

Loma 属是另外一种能形成异物瘤的重要微孢子虫属。*Loma* spp. 的异物瘤，不像 *Glugea* 属，异物瘤的形成是不同步的。大约有 17 种已鉴定的 *Loma* 属微孢子虫，包括感染重要经济鱼类的一些种（如鳕鱼和鲑鱼）。鳃裂洛玛孢虫（*Loma branchialis*）（Nemeczek 1911）（异名 *Nosema branchialis*）（Nemeczek 1911）（异名 *Glugea branchialis*）（Nemeczek 1911）（异名 *Loma morhua*）（Morrison & Sprague 1981），可以感染鳕科（Gadidae）的多个成员，包括黑线鳕（*Gadus aeglefinus*、*Melanogrammus aeglefinus*）、卡氏鳕鱼（*Gadus callarias*）、马氏大西洋鳕鱼（*Gadus morhua marisalbi*）、赤道鳕（*Gadus morhua kildinensis*）和海鳕鱼（*Enchelyopus cimbrius* cf.）（Dogiel 1936；Fantham et al. 1941；Shulman & Shulman–Albova 1953；Morrison & Sprague 1981a，b；Morrison & Marryatt 1986）。喀麦隆洛玛孢虫（*Loma camerounensis*）（Fomena et al. 1992）感染西非广泛养殖的罗非鱼（*Oreochromis niloticus*）（Fomena et al. 1992）。Morrison 和 Sprague（1981c，1983）从加拿大小溪鳟鱼中鉴定了美洲红点鲑洛玛孢虫（*Loma fontinalis*）（Morrison & Sprague 1983）。

许多 *Loma* 属微孢子虫种的发育和孢子形态非常相似，因此如果属中包含许多形态相似的物种或几个具有相对广泛的宿主特异性的种时就很难进行区分。分子系统学和传播实验数据支持这种结论。传播实验结果表明，*Loma salmonae* 只感染太平洋鲑属（*Oncorhynchus*）的鲑鱼以及小溪鳟鱼（*Salvelinus fontinalis*），不会感染其他鲑鱼和非鲑鱼家族的鱼（Kent et al. 1995a；Shaw et al. 2000）。Brown 等（2010a）在海洋鱼类中基于核糖体 DNA（rDNA）序列的差异鉴定了 5 个新的 *Loma* 属微孢子虫种。对来自世界各地的鲑鱼中 *Loma* 属微孢子虫 rDNA 和延伸因子（EF–1α）序列进行分析，结果表明感染于 *Oncorhynchus* 属的物种（如 *L. salmonae*）形成了一个独立的分支，小溪鳟鱼中的某些具感染性微孢子虫代表了一类单独的种（Brown et al. 2010b）。

众所周知 *L. salmonae* 是太平洋西北部养殖类鲑鱼（*Oncorhynchus* spp.）的一种重要病原体（Kent et al. 1989；Shaw et al. 1997），这种微孢子虫及其相关疾病在 Speare 和 Lovy（2012）的综述中进行了详细描述。该病原体微孢子虫可能已经随着虹鳟和银鲑鱼（*Oncorhynchus kisutch*）从美国加州输入欧洲（Poynton 1986）。奇努克鲑、银鲑、虹鳟中的 *Loma* sp. 微孢子虫（Awakura et al. 1982；Hauck 1984；Magor 1987；Mora 1988；Speare et al. 1989；Gandhi et al. 1995）在宿主、寄生形态、感染位点方面与 *L. salmonae* 类似。

Loma 属的微孢子虫除了喀麦隆洛玛孢虫（*Loma camerounensis*）都感染内皮细胞，导致整个血管器官（如心脏、肾、脾、肝）形成异物瘤，但主要在鳃部（图 20.4；图 20.5）。*L. camerounensis* 形成的异物瘤位于肠黏膜下层的结缔组织。

Wales 和 Wolf（1955）发现加州有 75% 的野生 1 龄虹鳟被 *L. salmonae* 感染。我们已发现 *L. salmonae* 广泛寄生分布在加拿大不列颠哥伦比亚省的淡水和海洋野生太平洋鲑鱼种群中（R.W. Shaw，数据未发表）。*L. salmonae* 流行病已经在日本、太平洋西北部、美国东部、欧洲均有报道（Wales & Wolf 1955；Hauck 1984；Bekhti & Bouix 1985；Canning & Lom 1986；Kent et al. 1989；Bruno et al. 1995）。我们还注意到，由于 *L. salmonae* 感染严重，不列颠哥伦比亚省巴比泥湖系野生产卵的红鲑死亡率很高。

病理学

感染了 *L. branchialis* 的大西洋鳕鱼并不表现出明显的临床症状（Morrison & Sprague 1981a）。然而，鳃部的异物瘤直径仍可达 1.2 mm，导致鳃部组织和血管的变形和位移（Kabata 1959；Morrison & Sprague 1981a）。除了 Morrison（1983）发现孢子留在肉芽肿中心并与吞噬细胞和成纤维细胞一道发生凝固性坏死之外，这类微孢子虫感染的病变与 *G. anomala* 所致的病变类似。虽然微孢子虫的感染可以通过削弱鱼类呼吸频率从而影响代谢，但对宿主鱼类的致死作用还不甚明了（Morrison & Sprague 1981a）。

L. salmonae 感染所致的临床症状包括尾巴或身体变黑，嗜睡，鳃由于贫血而苍白，鳃、皮肤和鳍出现点状出血，腹腔积液，出血性幽门盲囊，鳃生白色囊肿（异物瘤）（图 20.3）（Hauck 1984；Markey et al. 1994；Bruno et al. 1995）。另外也有文献记录了奇努克鲑鱼感染此类微孢子虫后生长减缓，游泳效率降低，奇努克鲑幼鱼死亡率增加（Hauck 1984）。虹鳟在异物瘤形成过程中生长率下降（Speare et al. 1998c）。Hauck（1984）对 *L. salmonae* 系统性感染所致的病理学特征进行了详细的描述，包括软骨和肌肉组织坏死、动脉阻塞、动脉的心包炎、心脏、鳃组织增生。异物瘤穿过动脉中膜和外膜过程中，可见闭塞的影响。异物瘤和 / 或游离孢子到达心脏可导致附壁血栓，心室和心房组织增生，以及红细胞减少的情况。鳃异物瘤可引起亚急慢性血管炎、血管周炎、血管血栓的形成，以及鳃组织增生（图 20.4）（Kent et al. 1989；Speare et al. 1989；Kent & Speare 2005）。与其他能形成异物瘤的微孢子虫相比，异物瘤破裂后的炎症反应和相关的组织损伤更严重（Kent et al. 1989）。

裂殖体最初发现于鳃部底层的内皮细胞或血管内柱细胞（Rodríguez–Tovar et al. 2002）。白细胞吞噬微孢子虫而被感染，柱细胞通过白细胞而被二次感染。孢子增殖和异物瘤发育在内皮细胞内进行，大约感染一个月后就能检测到孢子（Rodríguez–Tovar et al. 2003），且孢子位于异物瘤的边缘。异物瘤通常包含多个宿主细胞的细胞核（图 20.5）。偶尔在其他完好的血管器官中也可观察到异物瘤，包括心脏、脾、肾和伪鳃（Kent et al. 1989）。研究发现，在首次观察到异物瘤后几周才会出现相关炎症，许多异物瘤最终破裂，随后出现急性、局灶性、慢性血管周炎，而大量孢子存在于吞噬细胞内（Speare et al. 1998a；Kent & Speare 2005）。

除了注意到高患病率（94%）和大的异物瘤可以伸入肠腔之外，Fomena 等（1992）并没有描述由 *L. camerounensis* 感染所致的病变。Morrison 和 Sprague（1981c，1983）也没有描述 *L. fontinalis* 对鱼类健康的负面影响。很可能由 *L. fontinalis* 感染所致的病理变化与 *L. salmonae* 的类似。

传播

Kent 和 Speare（2005）对 *L. salmonae* 从最初感染开始的整个发育过程进行了综述，Becker 和 Speare（2007）总结了此寄生虫的传播情况。正如大多数其他微孢子虫，感染起始于摄入孢子，并最先出现在肠上皮细胞中。孢子可直接从从活鱼的鳃和尿液中释放到外部环境中（Hauck 1984）。孢子从破裂的异物瘤运送到其他组织，从而发生鱼的自体感染（Shaw et al. 1998）。Morrison（1983）提出 *L. branchialis* 的感染也符合这一假说。Shaw 等（1998）通过注射纯化的 *L. salmonae* 孢子诱发感染，从而证实了这一假说。Hauck（1984）的研究结果表明感染可能会发生在直接吞噬并摄入孢子的鳃部。然而，将感染性孢子直接放置在奇努克鲑鱼的鳃部并没有引起感染（Shaw et al. 1998）。微孢子虫可以通过各种实验方法来感染鲑鱼，如肛门填喂法、经口摄入、血管和肌肉注射或腹腔注射（Shaw et al. 1998）。Poynton（1986）和 Kent 等（1995）的研究结果表明，*L. salmonae* 可以在淡水或海洋网笼中的鱼群之间传播。

同一栖息地的鱼能被携带孢子的鱼感染，暗示在网笼中微孢子虫能直接在鱼个体间进行传播（Shaw et al. 1998）。摄入感染鱼的组织，或与感染的鱼生活在一起都有可能引发感染（Shaw et al. 1998；Ramsay et al. 2003）。事实上，同一栖息地的鱼中只要有一只鱼感染，就会导致感染发生传播（Becker et al. 2005）。感染常见于海洋捕捞到的野生鲑鱼（Kent et al. 1998；Shaw et al. 2000），这或许就是海洋鱼类养殖场的一个传染源。然而，一些渔场将没有感染微孢子虫的小鲑鱼和老龄病鱼混在一起喂养，这些渔场中微孢子虫可能造成持续感染。奇努克鲑鱼能维持较长时间的感染（例如，>80 天，10℃）（Kent et al. 1999）。纯化的

L. salmonae 孢子在淡水和海水中能存活 52～100 天（Shaw et al. 2000）。*L. salmonae* 的疫病出现在淡水孵化场（Hauck 1984；Magor 1987），这说明小鲑鱼在被转移到海水养殖场之前就可能被感染。

关于 *L. salmonae* 形成的异物瘤的结构和发育研究已经十分广泛，Kent 和 Speare（2005）对此进行了综述。孢子发芽释放的孢原质很可能是注入消化道的上皮细胞。Shaw 等（1998）观察到微孢子虫的胞内增殖阶段，可能是孢子增殖前期的细胞结构穿过肠上皮细胞进入固有层。Markey 等（1994）表示所有受感染组织中的异物瘤形成之前，胞内不明结构就已出现。这些不明结构可能是早期阶段的微孢子虫。Sánchez 等（2001）利用 *Loma* 属特异性的 DNA 探针进行原位杂交进一步证实了这一观察结果，在感染 12 h 之后的上皮细胞和肠黏膜固有层发现了寄生的微孢子虫。微孢子虫在白细胞中从肠道开始转移（Rodríguez-Tovar et al. 2002），感染数天后，即可用显微镜或 PCR 技术检测到裂殖增殖阶段的微孢子虫（Sanchez et al. 2001）。*L. salmonae* 可以在感染后 2～3 周的鳃部被首先检测到，在这里大部分异物瘤形成并最终产生新生孢子（Sánchez et al. 1999，2001；Rodríguez-Tovar et al. 2002）。

Docker 等（1997a）在卵巢的血管系统中观察到 *L. salmonae* 形成的异物瘤，但在卵内没有观察到。这一结果表明，微孢子虫在鱼类产卵时由母代传染给子代是有可能的（经卵垂直传播）。在智利养殖的太平洋鲑鱼中已经发现有 *L. salmonae* 感染，基于 DNA 序列比较分析，结果表明它们与北美的微孢子虫很相似（Brown et al. 2010b）。太平洋鲑鱼（*Oncorhynchus* spp.）并不是原产于南美洲，其养殖业主要依靠大量来自北美的受精卵。因此，智利太平洋鲑鱼的感染很可能是通过卵传播的。

20.4.1.3　四鞭虫属（*Tetramicra*）

另外一种能形成异物瘤的微孢子虫大菱鲆微孢子虫（*Tetramicra brevifilum*），对养殖和野生鱼类可以造成严重的病害。大菱鲆（*Scophthalmus maximus*）在西班牙等国家养殖越来越广泛，这类微孢子虫是大菱鲆养殖业的一个重大威胁（Figueras et al. 1992）。*T. brevifilum* 感染骨骼肌的结缔组织（图 20.11）。在严重感染的情况下，可在肠、肾、肝和脾中检测到异物瘤（Estévez et al. 1992；Figueras et al. 1992）。这种微孢子虫寄生于英国康沃尔郡北部海岸的野生大菱鲆中，Matthews 和 Matthews（1980）第一次对它进行了描述。之后从西班牙加利西亚养殖的大菱鲆中分离了这种微孢子虫（Figueras et al. 1992）。*Glugea* 属微孢子虫的异物瘤缺乏多复合层的特征，然而 *T. brevifilum* 的异物瘤直径可以达到 1.5 mm，异物瘤彼此之间相互粘连形成复合囊肿（Matthews & Matthews 1980；Dyková & Figueras 1994）。*T. brevifilum* 孢子的孢原质和后极泡中含有明显的内含物，这是鱼类微孢子虫所特有的特征（Lom & Dyková 1992）。

病理

T. brevifilum 严重感染的大菱鲆表现出不稳定的游泳行为、全身组织肿胀、背部发黑，产生过量黏液、肌肉液化、有可见囊肿及慢性低死亡率的症状。被感染的鱼生长率降低 50%，并且肌肉呈果冻状，这将降低该鱼在市场上的销路（Figueras et al. 1992）。游泳能力障碍可能会影响养殖鱼的摄食率，增加野生鱼被捕食和饥饿的概率（Matthews & Matthews 1980）。

大异物瘤会造成压破性萎缩及肌束膜损伤，导致肌纤维位移和纤维附着肌隔的丧失（Matthews & Matthews 1980）。微孢子虫感染后宿主脊柱的结缔组织发生渠化，感染组织发生局部出血、纤维化及坏死（Matthews & Matthews 1980；Estévez et al. 1992）。异物瘤破裂导致细胞浸润和胶原沉积，孢子被巨噬细胞吞噬而消灭。肌质液泡变性和肌原纤维的分离可以造成肌肉液化。这与具褶孢虫属（*Pleistophora*）微孢子虫感染一样，是寄生虫分泌物质导致的结果（Dyková & Lom 1980）。Estévez 等（1992）描述了黏膜肌层发生变性，但比骨骼肌变性的程度小。存活下来的感染鱼可以完全恢复（Estévez et al. 1992）。Figueras 等（1992）和 Leiro 等（1993）研究了 *T. brevifilum* 对鱼免疫的影响（见免疫学部分的讨论）。

传播

Matthews 和 Matthews（1980）通过肌肉注射，而不是经口摄食的方式研究 *T. brevifilum* 的传播。研究人员在 15℃条件下观察鱼 7 周，微孢子虫没有与对照组发生交叉传染。他们认为吞噬细胞可能作为宿主内的

输送机构参与 *T. brevifilum* 的生命周期，吞噬细胞可以通过内皮细胞运输寄生虫，或作为孢子虫发育的场所。吞噬细胞可能在吞噬孢原质或在肠道固有层中裂殖体的吞噬过程中直接感染。Estévez 等（1992）在肠道的固有层观察到了游离的孢子。

Figueras 等（1992）研究表明无法通过腹腔注射或水体接触的方式感染鱼。在饲喂大菱鲆的饵料中没有发现微孢子虫，根据这一结果他们认为鱼通过摄食水生甲壳类食物而感染，如桡足类、虾蟹幼体或糠虾。在他们的研究中，感染程度与温度呈正相关，这可能体现了鱼的应激反应。宿主死亡并释放孢子进入海水，以及摄食垂死鱼可能是 *T. brevifilum* 重要的传播途径。幼鱼频繁死亡可以确保微孢子虫被传染给其他的鱼（Matthews & Matthews 1980）。

20.4.1.4　思普雷格孢虫属（*Spraguea*）

目前为止，*Spraguea* 属仅有两个种：鮟鱇思普雷格孢虫（*Spraguea lophii*）（Vávra & Sprague 1976）和腹刺鲀思普雷格孢虫（*Spraguea gastrophysus*）（Casal et al. 2012）。这个属的微孢子虫能在鮟鱇鱼钓鮟鱇（*Lophius piscatorius*）、蕾鮟鱇（*L. budegassa*）、美洲鮟鱇（*L. americanus*）和长鳍鮟鱇（*L. gastrophysus*）的后脑神经节形成大量的异物瘤（图 20.6）。孢子可能具二型性，在两个发育阶段中具有两种类型的孢子。一种是形成单核孢子，而另一种发育过程中细胞呈双核并进行双孢子母细胞形式的孢子增殖。所有发育阶段微孢子虫都是在宿主细胞内直接接触宿主细胞质，并不形成产孢囊（Lom 2002；Lom & Dyková 2005；Casal et al. 2012）。异物瘤具有一层很薄的壁，其中的宿主细胞还没有完全地转化，且有一个肥大的细胞核（Casal et al. 2012）。

Freeman 等（2004）基于微孢子虫超微结构形态学和 SSU rDNA 序列分析，提出美洲鮟鱇鱼格留虫（*Glugea americanus*）与 *S. lophii* 属于同一个种。因此按这一说法，基于命名规则 *Spraguea lophii* 的名称将被改为 *S. americana*。

病理

由于 *Spraguea* 属微孢子虫的感染只发生在野生鱼类中，因此感染相关的病理症状尚未被记录在案。但是，考虑到感染情况及脑周围相关慢性炎症病变的严重程度，可以想象这种微孢子虫的感染会对宿主产生某些慢性影响。Freeman 等（2011）对日本琵琶鱼（*L. litulon*）的微孢子虫 *S. lophii* 进行了进一步的研究。正如其他研究所报道，*S. lophii* 感染后发病率高，他们还报道后脑的前髓细胞是感染的原发部位，感染可能始发于皮肤的黏液腺，在黏液腺中的前髓细胞通常会延长其周边的轴突。他们的研究结果表明，*Spraguea* 属微孢子虫感染率非常高，感染较严重，但并没有观察到相关的病理变化（如体型变小）。

传播

虽然有关这类微孢子虫如何传播的研究虽然还没有报道，但 Freeman 等（2011）认为自相残食可能是该微孢子虫传播给大鱼的一条途径。

20.4.1.5　鱼孢虫属（*Ichthyosporidium*）

鱼孢虫属（*Ichthyosporidium*）包括一些在海洋鱼类中能形成大量异物瘤并具有多型性孢子的微孢子虫（图 20.7）。Thélohan（1895）首次鉴定了 *Ichthyosporidium* 属的一个种，他在 *Crenilabrus melops* 体内发现了大的寄生团块，占据了大部分腹腔，这类物质似乎起源于肾的结缔组织。他将这个寄生虫命名为巨型格留虫（*Glugea gigantea*）。*Ichthyosporidium* 属是后来由 Caullery 和 Mesnil（1905）建立，他们描述了两个命名的物种：胃蝇鱼孢子虫（*Ichthyosporidium gasterophilum*）和费默金鱼孢子虫（*Ichthyosporidium phymogenes*），两者都寄生在海洋鱼类隆头鱼（隆头鱼科）中。*I. gasterophilum* 后来被 Sprague（1965）重新归入 *Ichthyophonus* 属。他们注意到 *I. phymogenes* 与 Thélohan 鉴定的 *G. gigantea* 之间具有非常高的相似性，并且可以在同一种宿主鱼（*C. melops*）体内观察到。后来由 Sanders 等（2012a）对 *Ichthyosporidium* 属的情况做了进一步的总结，目前该属有三个种：①巨型鱼孢子虫（*Ichthyosporidium giganteum*），感染

(a)

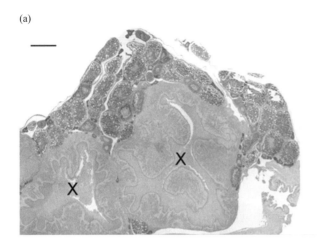

(b)

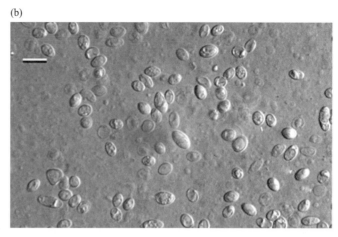

图 20.7　寄生于箭头虾虎鱼（*Clevelandia ios*）的维斯鱼孢子虫（*Ichthyosporidium weissii*）

（a）被异物瘤（X 所示）占位的性腺，苏木精伊红染色，标尺 =500 μm；（b）多形性孢子，标尺 =10 μm

法国大西洋沿岸的软木塞隆头鱼（*Crenilabrus melops*）、黑海红鱼（*C. ocellatus*）、葡萄牙大西洋海岸的梳隆头鱼（*Ctenolabrus rupestris*）（Casal & Azevedo 1995）和美国沿大西洋海岸黄尾平口石首鱼（*Leiostomus xanthurus*）；②赫氏鱼孢子虫（*Ichthyosporidium hertwigi*），寄生在黑海克里米亚海岸隆头鱼（*Crenilabrus tinca*）鳃部（Swarczewsky 1914）；③维斯鱼孢子虫（*Ichthyosporidium weissii*），感染加利福尼亚中部箭鰕虎魚，该微孢子虫具有高患病率，而且会大规模感染整个卵巢。

Ichthyosporidium 属微孢子虫感染的特征是在宿主鱼的组织中形成大而多叶的异物瘤（图 20.7）。这些异物瘤有别于 *Glugea* 属形成的细胞肥大型异物瘤，它们似乎是由多个受感染的肥大细胞聚结而成，形成的一个合胞型异物瘤。这种类型的异物瘤的周边不含有宿主细胞核，缺乏宿主细胞器，并含有没有明显的内部边界的"纤维 – 颗粒状层"。*Ichthyosporidium* 属的孢子形态在鱼类微孢子中是独特的，具有多形性的孢子（图 20.7b）。超薄切片结果表明孢子内极管的圈数有很大差异（Casal & Azevedo 1995；Sanders et al. 2012）。

病理

这类微孢子虫感染引起的原发性组织损伤是由于大量感染引起的压迫性萎缩和器官替换。箭头虾虎鱼的卵巢几乎完全被 *I. weissii* 感染产生的异物瘤取代（图 20.7a），这无疑会影响其繁殖能力（Sanders et al. 2012a）。箭头虾虎鱼的肿瘤样块状病灶会令人首先想到卵巢癌。

20.4.2　非异物瘤 – 形成属

20.4.2.1　匹里虫属（*Pleistophora*）

匹里虫属与格留虫属一样能在各种鱼类中感染致病。*Pleistophora* spp. 通常感染骨骼肌，取代肌质并破坏细胞（图 20.8，图 20.9）。一般情况下，*Pleistophora* spp. 感染与鱼的肌肉破坏或液化、畸形、肿瘤类似物的产生有关（Pulsford & Matthews 1991）。*Pleistophora* spp. 有扩散感染的特征，只有一个物种塞内加尔匹里虫（*Pleistophora senegalensis*）被报道能形成异物瘤（Faye et al. 1990）。*Pleistophora* 属 30 余种微孢子虫，其中有 8 个种可以感染重要的经济食用鱼：感染狼鱼（*Anarhichas* spp.）的厄氏匹里虫（*Pleistophora ehrenbaumi*）（Reichenow 1929）；感染蓝鳕鱼（*Micromesistius poutassou*）的菲尼斯特雷匹里虫（*Pleistophora finisterrensis*）（Leiro et al. 1996）；感染鲽鱼（*Hippoglossoides platessoides*）的拟庸鲽匹里虫（*Pleistophora hippoglossideos*）；感染观赏鱼的�脂鲤匹里虫（*P. hyphessobryconis*）；感染美洲大绵鳚的绵鳚匹里虫（*P. macrozoarcides*）；感染欧洲鲤科鱼类的米兰达匹里虫（*P. mirandellae*）；感染鲷鱼的塞内加尔匹里虫（*P.*

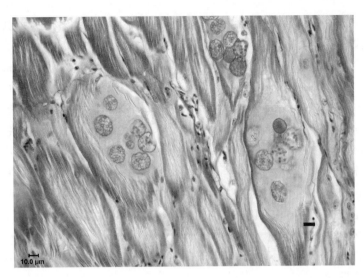

图 20.8 寄生在霓虹脂鲤（*Paracheirodon innesi*）的骨骼肌中的鱿脂鲤匹里虫（*Pleistophora hyphessobryconis*）

标尺 =10 μm

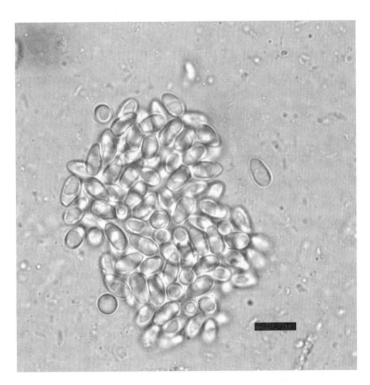

图 20.9 霓虹脂鲤病原体微孢子虫鱿脂鲤匹里虫

标尺 =10 μm

senegalensis）。之前命名为 *P. anguillarum* 的鳗鲡异孢虫（*Heterosporis anguillarum*）会与其他 *Heterosporis* 属物种一同讨论。

厄氏匹里虫（*P. ehrenbaumi*）能够感染狼鱼（*A. lupus* 和 *A. minor*）的肌纤维。在冰岛海域高达 10% 的狼鱼可能被感染（Meyer 1952）。微孢子虫寄生后产生的瘤样肿块可达 8 cm×15 cm×4 cm，使渔获物不宜食用（Egidius & Soleim 1986）。狼鱼是水产养殖中前景很好的品种（Wiseman & Brown 1996），因此厄氏匹里虫感染最终可能会成为这种鱼饲养中的一个难题。

P. finisterrensis 感染西班牙西北部的蓝鳕鱼。Leiro 等（1996b）发现 5% 的鱼的轴下肌被感染，感染病灶达 3 ~ 6 mm。但他们没有将显著的发病情况与微孢子虫感染联系在一起。

P. hippoglossoideos 的典型宿主是鲽鱼（*H. platessoides*，也命名为 *H. limandoides*、*Drepanopsetta hippoglossoides*）（Bosanquet 1910；Kabata 1959；Canning & Lom 1986）。Canning 和 Lom（1986） 及 Lom 和 Dyková（1992）也发现鳎目鱼（*Solea solea*）是 *P. hippoglossoideos* 的宿主。鳍的肌肉、内脏腔壁及鱼体肌肉组织均可被感染（图 20.4）。外部可见囊肿样结构，其大小可达 2.5 mm × 10 mm。在某些情况下，这种鱼无法食用（Canning & Lom 1986；Dyková 1995）。Morrison 等（1984）再次对这个物种进行了描述。

感染了 *P. macrozoarcides* 的美洲大绵鳚的骨骼肌可以形成 8 cm 大小的瘤样肿块，该肿块切除时有脓样液流出（Canning & Lom 1986）。这些瘤样肿块随着鱼年龄和大小的增长而长大，是 20 世纪 40 年代美洲大绵鳚渔业萧条的罪魁祸首（Fischthal 1944；Sandholzer et al. 1945）。在市场上感染了 *P. macrozoarcides* 的美洲大绵鳚很难销售（Sheehy et al. 1974）。

真鲷是塞内加尔鱼市的一个重要品种。Faye 等（1990）描述了宿主肠壁肌层中的 *P. senegalensis*，但没发现与感染相关的明显病理变化。

来自亚马逊河上游野生鱼类的微孢子虫 *P. hyphessobryconis* 现如今已遍布在全球许多科的淡水鱼类中，超过 16 个种能被 *P. hyphessobryconis* 感染（Lom & Dyková 1992；Dyková 1995）。它能侵入骨骼肌（图 20.8；图 20.9），重度感染卵巢结缔组织、肠上皮、皮肤、肾小管。可以形成大的囊肿（2 mm），且孢子可以集中在皮肤及皮下组织（Canning & Lom 1986）。养殖池塘中的观赏鱼类感染了 *P. hyphessobryconis* 损失会很大，很少有有效的治疗方法（见治疗部分）。这种微孢子虫感染现在已蔓延到在研究设施里养殖的斑马鱼中（Sanders et al. 2010）。这在第 14 章有详细讨论（Sanders & Kent，出版中）。

病理

在非异物瘤形成属，如 *Pleistophora* 属，感染细胞的内容物被替换并不引起细胞肥大。这些微孢子虫通常感染肌肉细胞或卵母细胞，并且组织反应往往很小，宿主细胞仍是完整的。随着寄生虫的发育，轻微炎症细胞浸润到肌膈。在某些微孢子虫的感染中，受感染的肌纤维融合也会发生（如 *P. ehrenbaumi* 和 *P. macrozoarcides*）。最终，所有的肌细胞内含物被更换，细胞被破坏，释放出成熟的孢子。随后伴随着宿主反应涌入大量的巨噬细胞，将孢子吞噬及消化，但组织再生受限（Dyková & Lom 1980；Pulsford & Matthews 1991）。被感染的肌纤维往往不会像形成异物瘤的物种那样通过形成肉芽肿的方式进行隔离。不过，某些微孢子虫严重感染后也能够形成肉芽肿（例如，*P. macrozoarcides* 和 *P. hyphessobryconis*）。*P. hyphessobryconis* 的独特之处在于它在直接与肌原纤维相连的肌肉中分泌物质形成离散的、退化的肌质岛（Dyková & Lom 1980）。

有关 *P. ehrenbaumi* 感染的病理变化至今还没有报道。然而，感染后鱼变得非常消瘦，这表明这种感染可能是致命的（Egidius & Soleim 1986；Lom & Dyková 1992）。*P. hippoglossoideos* 感染较小个体可能会导致其死亡，但没有被证实（Morrison et al. 1984）。*P. hippoglossoideos* 形成的大囊肿可引起组织的压缩变形，但不会有大的损伤（Kabata 1959；Canning & Lom 1986）。Morrison 等（1984）观察到了吞噬细胞的大量涌入并吞噬感染肌肉组织中的孢子，一些结节也被纤维组织所包裹。

感染 *P. hyphessobryconis* 的鱼表现出异常的行为和动作，体色消退，肌肉出现灰白色斑块。消瘦、脊柱侧弯、脊柱后凸和毛鳞也是感染的特征（Canning & Lom 1986）。肉芽肿可以在肠系膜或内脏中形成结缔组织细胞的包膜。Canning 和 Lom（1986）发现在微孢子虫有限的传播中结缔组织包囊比被巨噬细胞吞噬要更好。严重感染可在 14 天内引起高死亡率（Thieme 1954；Canning & Lom 1986）。宿主肌肉组织的破坏，起始于寄生虫周围独特的晕的形成，它由破坏的滑面内质网、游离核糖体和肌原纤维组成（Canning & Lom 1986；Dyková 1995）。感染可导致睾丸（寄生阉割）和肝萎缩，即使这些器官的感染可能并不严重（Lom & Dyková 1992）。

Canning 和 Lom（1986）描述了 *P. macrozoarcides* 感染的病理变化。*P. macrozoarcides* 在感染早期的肌纤

维中可形成白色小圆柱，但当宿主将几个感染纤维和同心排列的结缔组织包覆时就会出现大的瘤样肿块。这些"假性囊肿"中心含有游离孢子。肌肉变成褐色，肌纤维透明变性并被破坏。宿主反应遵循前面所述非异物瘤形成的物种。

传播

Pleistophora spp. 与许多微孢子虫相似，宿主死亡可以释放游离孢子而感染下一个宿主。魮脂鲤匹里虫（*P. hyphessobryconis*）的孢子也可以随感染鱼的尿液或直接从皮肤被释放出来（Canning & Lom 1986）。脂鲤、斑马鱼、金鱼都可经口感染，在实验室用肌肉注射的方法来扩繁孢子以维持实验室长期研究需要（Lom 1969；Canning & Lom 1986；Sanders et al. 2012b）。*P. hyphessobryconis* 被认为可以进行自体感染。Nigrelli（1946）提出，宿主大面积被 *P. macrozoarcides* 感染的现象可能是通过自体感染。很可能自体感染发生在 *Pleistophora* 属的一些种，但这还没有得到证实。发育 8 天的霓虹脂鲤中可以观察到 *P. hyphessobryconis*，表明 *P. hyphessobryconis* 可能存在垂直传播（Schäperclaus 1991）。

有趣的是，Leiro 等（1994）发现蓝鳕鱼微孢子虫 *P. finisterrensis* 能够通过饵料感染大菱鲆，表明这一物种也具有广泛的宿主噬性。由于蓝鳕鱼经常用作饲料源，因此，在大菱鲆养殖场也可能发生 *P. finisterrensis* 的暴发。

20.4.2.2　卵匹里虫属（*Ovipleistophora*）

Perkkarinenen 等（2002）为两种感染卵母细胞和成熟卵的类匹里虫属微孢子虫建立了 *Ovipleistophora* 属。他们将金鳊卵巢卵匹里虫（*Pleistophora ovariae*）划入 *Ovipleistophora* 这个新属。*P. ovariae* 感染金色鳊鱼（*Notemigonus crysoleucas*）和黑头呆鱼（*Pimephales promelas*）的卵母细胞和卵。米兰达卵匹里虫（*Ovipleistophora mirandellae*）（异名 *Pleistophora longifilis*）（Schuberg 1910）（异名 *Pleistophora oolytica*）（Weiser 1949）感染欧洲常见的鲤科鱼类如黯淡翘嘴鲌（*Alburnus alburnus*）、触须鲃（*Barbus barbus*）、拟鲤（*Rutilus rutilus*）（Dyková 1995）的卵母细胞。在常见的白斑狗鱼（*Esox lucius*）中也有发现（Maurand et al. 1988）。肉眼可见卵巢出现白色病变，且 10%～20% 的滤泡细胞感染可显著降低鱼类繁殖力（Lom & Dyková 1992）。Wiklund 等（1996）报道，芬兰斜齿鳊感染 *O. mirandellae* 后卵巢退化并破坏，进一步使繁殖力下降。

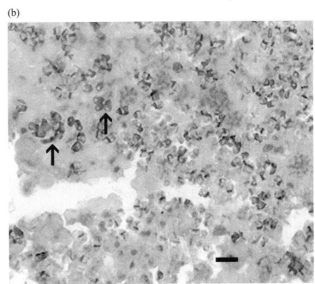

图 20.10　重度感染金鳊卵巢卵匹里虫的金体美鱼

（a）为膨大的卵巢，内含不透明卵图片由 Nicholas Phelps 赠送。© Nicholas Phelps；（b）卵内充满大量的孢子（箭头所示）Luna 染色。标尺为 10 μm。图片由 Trace Peterson 赠送

金体美鱼（*N. crysoleucas*）是卵巢卵匹里虫的主要宿主（图 20.10）；卵巢卵匹里虫也在黑头呆鱼（*Pimephales promelas*）中被观察到。黑头呆鱼和金体美鱼是两种养殖非常广泛的鱼类。Summerfelt 和 Warner（1970）调查发现在美国饵鱼孵化场的金体美鱼患病率达 48%。幼鱼患病率最低，老龄鱼感染率可以上升到 79%。随后患病率下降，其原因可能是由于选择性死亡。虽然微孢子虫广泛寄生于金体美鱼，孵化场还是能够从没有被 *O. ovariae* 感染的幼龄鱼获得鱼卵（Nagel & Hoffman 1977）。

病理

O. ovariae 可以导致生育力下降 40%（Summerfelt 1964）。*O. mirandellae* 和 *O. ovariae* 都感染鱼的卵母细胞，但他们感染的发病机制有所不同；*O. mirandellae* 在透明辐射带形成之前感染，在卵黄中发育并最终被孢子取代。随着感染的卵母细胞和孢子的破坏，会出现一个明显的增生性肉芽肿炎症反应（Canning & Lom 1986；Dyková 1995）。生精小管结缔组织的感染也可引起局部上皮细胞增生，导致繁殖力下降（Schuberg 1910）。相反，感染卵母细胞的包覆和炎症反应与 *O. ovariae* 的感染不相关。虽然 Summerfelt 和 Warner（1970）对 *O. ovariae* 发病机制做了简要说明，但这个物种感染所致的炎症反应还没有被很好地描述。受感染的卵变得斑驳，有白色斑点和条纹，每一个都有大量的卵巢间质和孢子。卵细胞严重感染会发生闭锁现象，紧接着孢子聚集在透明带的基质和卵黄中。滤泡上皮增生，随后透明带崩溃，吞噬细胞大量涌入破坏卵母细胞。成纤维细胞的入侵使得卵巢卵泡闭锁，同时发生纤维化。受感染的卵子形成结缔组织的基质，并且尺寸增大，反映在产卵后的鱼比正常的鱼有较重的卵巢。寄生去势效果可能会很明显，降低繁殖力可达 37% 或更多（Canning & Lom 1986）。奇怪的是，产卵的鱼中，受感染的鱼往往比未感染的鱼更大，这可能是由于用于产卵的营养物质减少所致（Summerfelt & Warner 1970）。

传播

在微孢子虫感染昆虫的过程中，垂直传播时有发生（Becnel & Andreadis 1999）。对 *O. ovariae* 的研究强有力地证明了鱼类微孢子虫也具有这种传播模式。Summerfelt（1972）通过饲喂 *O. ovariae* 感染金黄色鳊鱼，成功地将 *O. ovariae* 传播给 1 个月龄的幼鱼，其中通过经口摄食传播的成功率比插管喂食或喂食一岁鱼的方式更好。他从感染雌鱼的平均 1.9 个囊胚中发现了微孢子虫，证实了垂直传播的发生。然而，他并没有在其他胚胎期或鱼苗中找到微孢子虫。在后续的研究中，Phelps 和 Goodwin（2008）通过 qPCR 在产出的卵中发现了大量的 *O. ovariae*，卵表面的 *O. ovariae* 已预先被清除，这一结果表明微孢子虫可进行垂直传播。虽然他们在这批卵的鱼苗孵化池中发现了 *O. ovariae* 的 DNA，却无法直接在鱼苗组织中观察到微孢子虫。这些观察结果表明，含有 *O. ovariae* 的卵母细胞不能正常发育，也不能直接将感染传播给胚胎，这些受感染的卵母细胞在产卵过程中提供了大量的孢子储库，提供孢子去感染孵化的鱼苗。大量受感染的卵母细胞闭锁，释放孢子到卵巢间质，因此，感染降低了繁殖力。

金黄色鳊鱼主要受感染的部位是卵巢，可能偶尔会在受感染的雌鱼肝和肾中观察到孢子（Summerfelt 1964）。在金黄色鳊鱼雄鱼的任何组织中都没有观察到孢子的存在，然而，Phelps 和 Goodwin（2007）报道了用 qPCR 方法从精巢中检测到少量的 *O. ovariae* DNA，表明微孢子虫可以感染鱼的精巢等组织，但在这些组织中不能进一步充分的发育增殖。

20.4.2.3 异孢虫属（*Heterosporis*）

Heterosporis 属目前有 5 个种：芬克异孢虫（*Heterosporis finki*）（Schubert 1969）、舒伯特异孢虫（*Heterosporis schuberti*）（Lom et al. 1989）、丽鱼异孢虫（*H. cichlidarum*）（Coste & Bouix 1998）、日本鳗匹里虫（*H. anguillarum*）（Hoshina 1951）和蛇鲻异孢虫（*Heterosporis saurida*）（Al-Quraishi et al. 2012）。前 3 种感染观赏鱼，*H. anguillarum* 是鳗鱼养殖的一种重要病原体，*H. saurida* 最近从蜥蜴鱼（*Saurida undosquamis*）中发现。芬克异孢虫（*Heterosporis finki*）感染神仙鱼（*Pterophyllum scalare*）的肌肉（Schubert 1969；Michel et al. 1989）。神仙鱼是一种慈鲷科中受欢迎的观赏鱼。此外，*H. schuberti* 还能感染杂色褶唇丽鱼（*Pseudocrenilabrus multicolor*）、须钩鲶（*Ancistrus cirrhosus*）（Lom et al. 1989）、五彩搏鱼（*Betta splendens*）

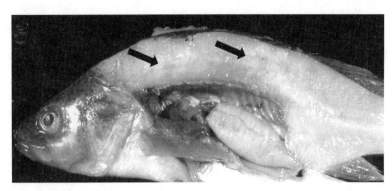

图 20.11　黄金鲈（*Perca flavescens*）的骨骼肌被异孢虫感染

箭头所示为受感染的骨骼肌，图片由 Nicholas Phelps 赠送 ©Nicholas Phelps

的肌肉。这两种微孢子虫的特点是在宿主肌质内部形成产孢囊（sporophorocyst），产孢囊是一层微孢子虫来源的厚致密被膜（图 20.13）（Lom et al. 1993）。产孢囊只存在于寄生阶段，与异物瘤的不同之处在于异物瘤可以包裹宿主细胞质和细胞核。除了孢子的二型性外，*H. anguillarum* 的发育与 *Pleistophora* spp. 相似。

在美国中西部，微孢子虫 *Heterosporis* sp. 感染大量黄金鲈（*Perca flavescens*）（Hoyle & Stewart 2001）（图 20.11）。这个属的微孢子虫寄生于躯体肌肉，引起大量的感染，有时高达 90% 的组织被感染（图 20.13）。

病理

Michel 等（1989）记载了法国的一个神仙鱼养殖场暴发微孢子虫 *H. finki* 期间，只有少数的鱼表现出临床症状。有些鱼瘦弱且病变直径达 5 mm。虽然内部器官正常，但仍可见受感染的横纹肌液化病症。Lom 等（1989）描述了感染了 *H. schuberti* 的鱼呈现痛苦、消瘦、高达 95% 的死亡率的特征。产孢囊引起中度细胞浸润。然而，产孢囊的破裂导致那些吞噬有孢子的巨噬细胞聚集在肠系膜、肠、肾等器官。Lom 等（1993）描述了 *Heterosporis* sp. 感染五彩搏鱼导致的更为严重的反应。在这些受感染鱼中，肉芽肿性肌炎表现为病变中心区域含有很多孢子，肌肉功能基本不可能恢复。

日本鳗鱼如果被 *H. anguillarum* 感染，其生长受抑制，相应的市场价值也下降。当囊肿破裂，鳗鱼就会出现广泛的炎症反应和纤维组织增生，还会导致畸形和肌肉液化（T'sui & Wang 1988）。

传播

有关 *Heterosporis* spp. 微孢子虫传播的信息很少。Michel 等（1989）推测临床症状正常的成年神仙鱼将 *H. finki* 传播给幼鱼，也或者可能是通过食物来传播。鳗鱼被感染有可能是由于摄入了 *H. anguillarum* 孢子（Kano & Fukui 1982），或者水体传染的缘故（T'sui et al. 1988）。

20.4.2.4　卡氏孢虫属（*Kabatana*，异名 *Kabataia*）

Kabatana 属（Lom et al. 1999）包括感染鱼类肌肉的 4 种微孢子虫，其中有些最先被列入集合属 *Microsporidium*。应该指出的是，该属最初描述为 *Kabataia* 属，但在这之后不久作者将其较名为 *Kabatana*，这是因为属名 *Kabataia* 已经先用于寄生性的桡足类动物（Lom et al. 2000）。

鰤鱼卡氏孢虫（*Kabatana seriolae*）（Egusa 1982）（异名 *Microsporidium seriolae*）（Egusa 1982）（异名 *Pleistophora* sp.）（Ghittino 1974）感染养殖类黄尾鰤（*Seriola quinqueradiata*）和真鲷（*Pagrus major*），会引发 Beko 病，导致躯干肌肉大规模被感染（图 20.12）（Egusa 1982；Lom & Dyková 1992）。武田卡氏孢虫（*Kabatana takedai*）（Awakura 1974）（异名 *Microsporidium takedai*）（Awakura 1974）感染淡水鱼引起类似的病症。在日本，它能感染淡水鲑鱼的肌肉，还能感染一些重要的经济鱼类（Awakura 1974；Egusa 1982）。

武田卡氏孢虫（*Kabatana takedai*）寄生于很多种鲑鱼以及一些仅存在于日本的鱼中（Takeda 1933；Awakura et al. 1966；Funahashi et al. 1973；Awakura 1974，1978；Vyalova 1984；Vyalova & Voronin 1987）。

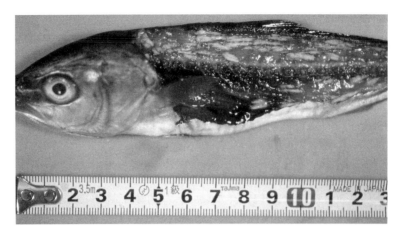

图20.12　鰤鱼卡氏孢虫（*Kabatana seriolae*）

幼年黄尾鱼的肌肉中寄生了大量的 *Kabatana seriolae*。图片由 Hiroshi Yokoyama 赠送

K. takedai 的寄生宿主包括奇努克大马哈鱼、大麻哈鱼（*Oncorhynchus keta*）、细鳞大麻哈鱼（*O. gorbuscha*），红大马哈鱼（*O. nerka*）、樱花钩吻鲑（*O. masuo*）、白点鲑（*Salvelinus leucomaenis*）、褐鳟鱼（*Salmo trutta*）、花羔红点鲑（*S. malma*）和虹鳟鱼。鲑鱼和虹鳟鱼特别容易被感染（Urawa & Awakura 1994）。Urawa（1989）发现释放到河流孵化饲养的樱花钩吻鲑鱼很容易被 *K. takedai* 感染。感染的敏感性与年龄有关，尤其是幼鱼具有高度敏感性（Awakura 1974）。*K. takedai* 致病也呈季节性，高峰期通常是在最高水温月。Urawa（1989）发现在 1982—1984 年，野生鲑鱼和孵化饲养鲑鱼的患病率为 80%～100%。

在泰国，亚瑟卡氏孢虫（*Kabatana arthuri*）（Lom & Dykova 1992）（异名 *Microsporidium arthuri*）感染蓝鲨鲶（*Pangasius sutchi*）（Lom & Dykova 1992）。在加州，潮汐虾虎鱼卡氏孢虫（*K. newberryi*）（McGourty et al. 2007）感染潮汐虾虎鱼（*Eucyclogobius newberryi*）的肌肉细胞质。

病理

Beko 病的特点是在黄尾鱼的肌肉中形成囊肿。在侧表面凹陷处能看到囊肿的存在（Canning & Lom 1986）。纤维状膜包裹的囊肿中可见鰤鱼卡氏孢虫的孢子（Egusa 1982）。这类微孢子虫导致鱼类肌肉液化，这无疑会降低受感染黄尾鱼的市场价值。

武田卡氏孢虫（*Kabatana takedai*）也形成囊肿，分别位于慢性感染的心脏以及急性感染中的躯干、鳍、颚、眼睛、喉咙和食道的肌肉（图20.15）（Awakura 1974）。*K. takedai* 囊肿呈纺锤形（2～3 mm 宽，3～6 mm 长）且缺乏像异物瘤样的壁（Awakura 1974；Urawa & Awakura 1994）。在野生和养殖孵化渔场，急、慢性感染鱼的死亡情况已有记载。慢性感染的特点是形成囊肿，引起严重的肥厚、结缔组织增生、液泡化，以及心脏变形（图20.15a）（Urawa 1989；Urawa & Awakura 1994）。急性感染的特点包括在骨骼肌肉中形成囊肿，能导致大规模组织坏死。在孵化场饲养的鱼类中，急性感染也有非常高的死亡率（Awakura 1965；Urawa & Awakura 1994）。Urawa（1989）观察到鱼的健康状况与受 *K. takedai* 感染的强度之间存在着显著的相关性。宿主表现出典型的受寄生虫感染的炎性反应，并形成肉芽肿（Awakura 1974）。

传播

有关 *K. seriolae* 微孢子虫传播的资料很少。Awakura（1974）通过经口饲喂和水体感染方式将 *K. takedai* 感染鱼，发现微孢子虫在须足轮虫（*Euchlanis* spp.）和蚌（*Margaritifera* spp.）的钩介幼虫中转宿主的过程可能在传播中起重要的作用。然而，Canning 和 Lom（1986）却指出那些潜在的媒介宿主体内并不存在微孢子虫。温度对 *K. takedai* 的传播和增殖发育起着很重要的作用，8℃时生长停止，11～15℃时生长迟缓（Awakura 1974）。有效的防控策略是在 15℃以下饲养鲑鱼（Urawa & Awakura 1994），感染后恢复的鱼能产生对微孢子虫长达 1 年的免疫力（Awakura & Kurashashi 1967）。*K. arthuri* 孢子能被宿主的巨噬细胞所吞噬。

这显然有助于将孢子由肌肉传播到体表，在体表孢子进一步被释放到水体中去。在宿主仍然还活着时，这是一个有效的传播感染的方式（Dyková & Lom 2000）。

20.4.2.5 魟孢虫属（*Dasyatispora*）

这是一个单型属，只有一个种黎凡特魟孢虫（*Dasyatispora levantinae*）。*D. levantinae* 感染地中海东部黄鲷鱼（*Dasyatis pastinaca*）的肌肉组织（Diamant et al. 2010）。*D. levantinae* 是最早从软骨鱼类中鉴定的微孢子虫。还有另一项报道是：公共水族馆中的豹鲨（*Triakis semifasciata*）的肌肉组织被一种未鉴定的微孢子虫所感染（Garner et al. 1998）。系统进化分析结果显示它与 *Pleistophora* 聚为一支。从形态上看，它不同于 *Heterosporis*（rDNA 序列比较为最近缘属），没有发现孢子二型性或者形成产孢囊的相关证据（图 20.13）。

病理

感染发病率相对较高，重度感染表现为正常的肌肉组织被大块的白色物质所替代（图 20.14）（Diamant et al. 2010）。

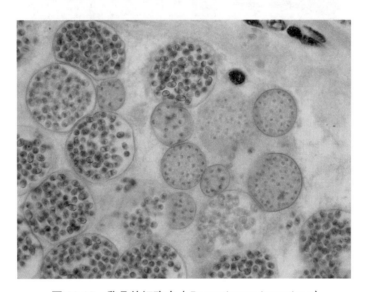

图 20.13　黎凡特魟孢虫（*Dasyatispora levantinae*）

组织切片中显示为成孢子泡内的裂殖生殖和孢子生殖阶段，苏木精 - 伊红染色，图片由 Arik Diamant 赠送 © Arik Diamant

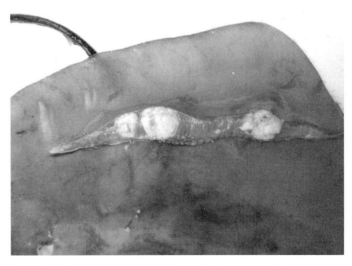

图 20.14　寄生在黄鲷鱼（*Dasyatis pastinaca*）的鳍中的黎凡特魟孢虫（*Dasyatispora levantinae*）

图片由 Arik Diamant 赠送 ©Arik Diamant

传播

目前还没有关于这个新物种传播感染的资料。

20.4.2.6 核孢虫属 (*Nucleospora*)

鲑鱼核孢虫 (*Nucleospora salmonis*) 是感染鲑鱼的一种典型微孢子虫 (图 20.15;图 20.16;图 20.17)。它感染成血细胞的核,尤其是淋巴母细胞或浆母细胞。被感染的细胞表现出大量的增殖,细胞未成熟,似乎呈肿瘤前兆。人们在华盛顿州饲养的奇努克鱼中首次观察到这种微孢子虫,它与贫血症有关 (Elston et al. 1987)。这种微孢子虫侵染淡水饲养的奇努克、红鲑和虹鳟 (Morrison et al. 1990;Hedrick et al. 1990,1991b;Badil et al. 2011),以及湖红点鲑 (*Salvelinus namaycush*) 和溪红点鲑 (Gresoviac et al. 2000)。它们的感染常见于英属哥伦比亚网箱养殖的大马哈鱼 (Elston et al. 1987;Kent & Poppe 1998) 和智利的大

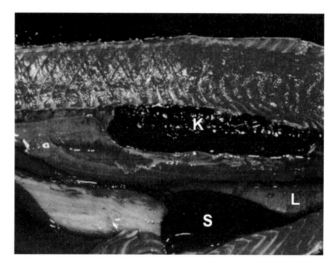

图 20.15 大鳞大马哈鱼感染了鲑鱼核孢虫 (*Nucleospora salmonis*) 后出现的肾脾肿大

K,肾;S,脾;L,下肠

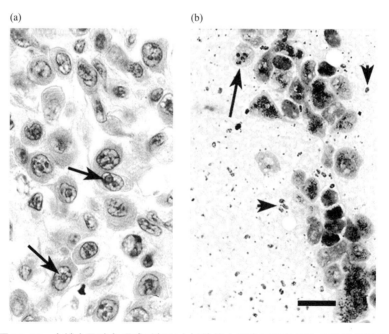

图 20.16 大鳞大马哈鱼眼球后部血小板的核中感染了鲑鱼核孢虫的组织切片

(a) 标尺为 5 μm,革兰氏染色;(b) 同组织中核残留物内的 4 个孢子 (有尾箭头所示) 和其他游离孢子 (无尾箭头所示),标尺为 5 μm

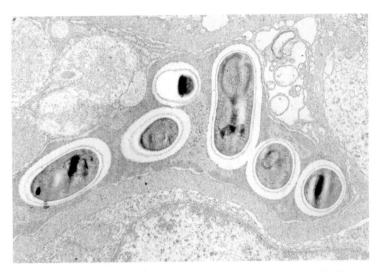

图 20.17　电镜图片显示未成熟淋巴样细胞核内寄生的鲑鱼核孢虫

西洋鲑鱼（Bravo 1996；Gresoviac et al. 2000）。另外有一种与 *N. salmonis* 很相似的且寄生在大西洋鲂鱼（*Cyclopterus lumpus* cf.）（Mullins et al. 1994）、大西洋左口鱼（*Hippoglossus hippoglossus* cf.）（Nilsen et al. 1995）和红粉佳人鳉（*Nothobranchius rubripinnis*）上皮细胞核内的塞昆达核孢虫（*Nucleospora secunda*）（Lom & Dyková 2002）。2013 年，Freeman 等将来自圆鳍鱼的微孢子虫描述为圆鳍鱼核孢虫（*Nucleospora cyclopteri*）。

鲑鱼核孢虫（*Nucleospora salmonis*）由 Hedrick 等（1991a）首先命名，但不久又被 Chilmonczyk 等（1991）命名为 *Enterocytozoon salmonis*。*N. salmonis* 和 *E. bieneusi* 的 rDNA 序列比较分析的结果显示其为 *Nucleospora* 属。虽然微孢子虫间 ITS 序列比较是有限的，但 *N. salmonis* 和 *E. bieneusi*（16S 和 28S 基因存在 20.1% 的遗传差异）比同类物种表现出有更大的差异（Docker et al. 1997b）。

宿主的不同和感染部位的差异也倾向于将核孢虫属（*Nucleospora*）与肠孢虫属（*Enterocytozoon*）分开。*Nucleospora* 属微孢子虫在鱼类细胞核中发育，而 *Enterocytozoon* 属微孢子虫却在人肠上皮细胞的细胞质中发育。寄生在鱼类的 *Nucleospora* spp. 微孢子虫不同于感染人的毕氏肠微孢子虫（*E. bieneusi*）。*Nucleospora* spp. 拥有 8~12 圈极丝（图 20.17），而 *E. bieneusi* 只有 5 或 6 圈。Desportes-Livage 等（1996）经过进一步的详细比较，认为这些微孢子虫属的形态和发育缺乏紧密的关联。在过去的十年中，更多类似 *Nucleospora* 属的鱼类微孢子虫序列的系统进化分析结果进一步支持了这些鱼类微孢子虫与 *Enterocytozoon* 属截然不同（Nylund et al. 2010）。基于这些序列和形态特征的差异，在大西洋鲂鱼和大西洋左口鱼中发现的核内微孢子虫也应归类于 *Nucleospora* 属。

尽管 *Nucleospora* 属和 *Enterocytozoon* 属被重新分为独立的属，但他们彼此亲缘关系更近，与类核孢虫（*Paranucleospora*）共同聚为一支。因此，Docker 等（1997b）认为 *Nucleospora* 属应当被保留在肠微孢子虫科（Enterocytozoonidae）。*Nucleospora salmonis* 体现了 Enterocytozoonidae 科的许多鲜明特征（Cali & Owen 1990；Desportes-Livage et al. 1996）。在其他微孢子虫中，极管在母孢子分裂、质膜增厚时才形成，而 *Nucleospora* 属和 *Enterocytozoon* 属在合胞体分裂和质膜增厚之前就形成极管的前体（即电子致密盘）（见第 14 章 Sanders 和 Kent 的讨论）。此外，*Nucleospora* 属和 *Enterocytozoon* 属为多孢子型，整个生长过程中不形成产孢囊和泛孢子母细胞膜（pansporoblastic membranes），也没有双核。

在不列颠哥伦比亚省的大鳞大马哈鱼中，*Nucleospora* 属微孢子虫的感染通常与涉及大量淋巴增生的并发性肿瘤病症相关，称为浆细胞样白血病（plasmacytoid leukemia，PL）（Kent et al. 1990）。PL 的形成原因存在争议。实验室传染研究的结果表明，在所有病例中 *N. salmonis* 不是 PL 形成的主要原因，PL 可以在无微孢子虫的组织匀浆或滤液中发生（Kent & Dawe 1990；Newbound & Kent 1991；Kent & Dawe 1993）。此外，

Eaton 和 Kent（1992）对 PL 鱼中分离的反转录病毒进行了研究。

80 年代末 90 年代初，在对饲养鲑鱼的研究中，最有说服力的检查结果表明 PL 鲑鱼组织中无 *N. salmonis* 感染迹象。然而，在以后的几年中我们研究的所有案例和来自其他国家的报道，发现 *N. salmonis* 存在于增殖性浆母细胞或淋巴母细胞中。用烟曲霉素（Hedrick et al. 1991b）及其类似物 TNP–470（Higgins et al. 1998）进行防控的研究，支持了微孢子虫的假说。在这些研究中，无论是寄生虫还是病毒都能被这些抗微孢子虫化合物所预防治疗，这与我们先前用烟曲霉素治疗 PL 的实验结果恰恰相反（Kent & Dawe 1993）。微孢子虫一直存在于淋巴细胞培养物中，这些培养物的可溶性组分刺激未感染细胞的增殖（Wongtavatchai et al. 1995a）。因此，有可能这些形态病症相似的淋巴组织增生性疾病实际上是由两种不同病原体引起的不同疾病。

基于 rDNA 序列的灵敏、特异的 PCR 检测技术已经被用于对 *N. salmonis* 的检测（Barlough et al. 1995；Docker et al. 1997b；Badil et al. 2011）. Sakai 等（2009）研发了一种环介导等温扩增（LAMP）技术用于对微孢子虫的检测。Khattra 等（2000）对患有 X 细胞瘤的比目鱼进行 PCR 检测，并检索了 *Nucleospora* 属的 SSU rDNA 相似序列。结果发现，这些皮肤病变与微孢子虫无关，而是由一种特殊的原生动物所引起的（Freeman 2009）。

病理

感染严重的鱼表现出贫血，血细胞容积仅为 5%。在鱼类中，重度贫血的典型例子表现为鲑鱼的鳃变苍白。受感染鱼的组织学检查发现，基本上每个器官的淋巴母细胞 / 浆母细胞出现激增现象，包括肾、脾、肝、肠、胰腺与肠系膜脂肪、脑膜、心脏、骨骼肌肉、皮肤和眼睛（Hedrick et al. 1990；Morrison et al. 1990）。在组织切片中，增生细胞含有分裂的大细胞核，核仁很明显。这些细胞具有适量的细颗粒，胞质酸性或两性，许多细胞还具有有丝分裂能力。眼睛、脾和肾是受影响的主要器官（图 20.16）。

在眼部，未成熟淋巴细胞大量浸润进入眶周结缔组织和眼部肌肉。由于浆母细胞的增生，肾表现出明显的间质细胞增殖。通常还能观察到肾小球毛细血管基底膜增厚。严重感染的鱼表现出肝内浆母细胞血管周围浸润，血窦内细胞经常增殖。

心室的心包、心房和心脏延髓动脉可以渗透淋巴母细胞 / 浆母细胞，形成心脏周围厚厚的胞囊。这些细胞还可以渗透到心内膜，尤其是在延髓动脉，也出现在整个心脏的血管窦。当肠道被感染，固有层和黏膜下层的细胞大量增殖，导致小肠绒毛膨胀。

微孢子虫很小，通过组织切片（图 20.17a）、革兰染色印迹（图 20.16）、电子显微镜（图 20.17）对成血细胞核仔细检查来进行鉴定。在 HE 染色的组织切片中，在宿主细胞核内的微孢子虫呈嗜酸性球状（2~4 μm），被嗜碱性的宿主细胞染色质所包围。组织切片中，Warthin–Starry 染色并结合 HE 能增强对微孢子虫的检测（Kent et al. 1995b）。在整个过程中，染色的孢子前增殖阶段呈棕色或黑色，染色的孢子呈黑色。用 Luna 染色鱼类微孢子虫，包括 *N. salmonis*，孢子呈红色（Peterson et al. 2011）。在海水饲养的大西洋鲑鱼微孢子虫病暴发期间，我们在鱼的头部观察到多个局灶性病变。组织学上，病变的特点是大量的纤维组织增生，增生的成纤维细胞的核被寄生虫感染。

传播

在淡水鱼中，*N. salmonis* 借助于鱼类摄食受感染的组织或共同生活在一起而在鱼群中传播（Baxa-Antonio et al. 1992）。我们已经在实验室多次重复了这些研究发现，但始终无法通过在海水中共栖进行传播。

20.4.2.7　类核孢虫属（*Paranucleospora*）

疮痂鱼虱嗜成纤维孢虫（*Desmozoon lepeophtherii*）（Freeman & Sommerville 2009）是在受感染的养殖鲑鱼体内寄生的鲑鱼虱（*Lepeophtheirus salmonis*）（Krøyer 1837）中发现的微孢子虫（Freeman & Sommerville 2009）。此后不久，Nylund 等（2010）发现了能感染鲑鱼和桡足类的微孢子虫球蛛类核孢虫（*Paranucleospora theridion*）。对 *P. theridion* 和 *D. lepeophtherii* 的 SSU rDNA 序列比较分析发现他们基本上是

同一个种。因此，Freeman 和 Sommerville（2011）提出，*P. theridion* 是 *D. lepeophtherii* 的同种异名。然而，Nylund 等（2009）在论文中实际上比 Freeman 和 Sommerville（2009）更早在论文中命名了 *P. theridion*。虽然 Nylund 等的论文没有出版在同行评审期刊上，但根据动物学国际编码标准（第 8 条），仍然被视为对这一寄生虫的首次描述。因此，由于优先权规则，这种不寻常微孢子虫的名称应为 *P. theridion*[1]。

除了命名的问题外，这是一个非常有趣的寄生虫，是在鱼类中发现的第一种交替发育且孢子生殖发生在无脊椎动物宿主内的微孢子虫（Nylund et al. 2010）。此外，这种微孢子虫在宿主大西洋鲑鱼体内还表现出两种类型的孢子增殖。具有短极管、壁薄的小孢子，形成于巨噬细胞和上皮细胞的胞质中。拥有厚孢内壁和长极管的大孢子生长在皮肤上皮细胞的细胞核中，被认为是鲑疮痂鱼虱（*Lepeophtheirus salmonis*）的感染期，*L. salmonis* 以鲑鱼的皮肤和血液为食。在桡足类动物体内的微孢子虫，微孢子虫的孢子导致大规模的感染，这种孢子与寄生在鱼类细胞核内的孢子很相似。Freeman 和 Sommerville（2009）提出在桡足类中的这些大规模感染体实际上是异物瘤。

病理

在鲑鱼中，微孢子虫感染与鳃上皮细胞增生和炎症有关（Nylund et al. 2010，2011）。皮肤呈现出血和损失鳞片的症状。在挪威圈养的鲑鱼中，这种感染通常出现在几个重要和常见的疾病中，包括心肌病综合征和胰腺疾病。此病似乎与所谓的"增殖性鳃病"紧密相关（Nylund et al. 2011）。

传播

球蛛类核孢虫用球腹鲑鱼虱作为中间宿主，并且 Nylund 等（2010）认为 *P. theridion* 能够在这个桡足类中垂直传播。目前还不知道这种寄生虫是否可以在鱼之间传播，或是否可以在桡足类之间传播。

20.4.2.8　假洛玛孢虫属（*Pseudoloma*）

噬神经假洛玛孢虫（*Pseudoloma neurophilia*）是 *Pseudoloma* 属中唯一的物种，是一种很常见的寄生虫，能感染斑马鱼（*Danio rerio*）的中枢神经系统（Matthews et al. 2001；Sanders et al. 2012）。这种寄生虫作为微孢子虫病研究的实验模型，其发病机制、传播和生长发育等在本书的第 14 章有深入的讨论。总之，微孢子虫在斑马鱼中广泛的传播，它偶尔会导致鱼消瘦和骨骼畸形。对在研究群体中寄生虫分布较广的一种解释是，这种微孢子虫可以通过多种途径传播，包括活鱼共栖，取食有孢子的尸体，以及母体传播。

20.5　总结

近年来，随着微孢子虫在鱼类养殖经济中的重要性与日俱增，人们对鱼类微孢子虫的研究兴趣也相应增加。这促进了对鱼类微孢子虫的发病机制以及鱼类对微孢子虫的免疫应答机制的更深入了解。此外，治疗微孢子虫的有效药物的研发正在取得进展。在过去，主要基于形态特征，鱼微孢子虫被划定为特定类群。不幸的是，鱼类微孢子虫仅有少量有用的形态特征。利用分子系统学（见第 14 章），连同中间宿主传播实验，有助于我们更好地了解鱼类微孢子虫的分类学关系。我们认为，如果可能，这些工具可以被用于新的分类。

备注

1. Nylund 等发表于 2009 年的文章只是一次非正式描述，缺乏鉴别或对材料类型的标示。虽然提到了 *Paranucleospora theridion*，但它表明该描述将会在以后的文章中出现。这是由 Nyland 等 2010 年发表的，他们的研究结果发表在 Freeman 和 Sommerville（2009）对 *Desmozoon* 的描述之后。因此，*Paranucleospora* 被看成是对 *Desmozoon* 的更名（见附录 A）

参考文献

 第 20 章参考文献

第 21 章　昆虫微孢子虫

James J. Becnel

美国农业部 / 农业科学研究院，医学、农业和兽医昆虫学研究中心

Theodore G. Andreadis

美国康涅狄格农业实验站，媒介生物与人畜共患疾病研究中心

21.1　引言

　　有关微孢子虫类寄生虫的最早记录可以追溯至 Gluge（1838），其首次在鱼类宿主中报道了异状格留虫（*Glugea anomala*）（Moniez 1887）。尽管如此，第一个被正式命名的是于 1857 年由 Nageli 从家蚕（*Bombyx mori*）中分离获得的家蚕微粒子虫（*Nosema bombycis*）。巴斯德在他的里程碑式的研究中提出，一种原生生物［后来被 Balbiani（1882）和 Stempell（1909）确定为 *N. bombycis*］是"微粒子病"的病原体。他的细心调查证明，这种寄生虫通过幼虫食下感染宿主，从幼虫经由卵（卵巢传播）传递给子代。基于这些信息，他提出的预防蚕病方法拯救了世界各地的养蚕业（Bhat et al. 2009；Hukuhara 2011）。巴斯德的调查为寄生昆虫的微孢子虫所有后续的研究提供了基础。这些调查研究许多是关于利用微孢子虫作为生物防治剂或如何治愈患病的经济昆虫的。这两个领域获得了相当的重视，了解微孢子虫的生物学以及它和宿主之间的关系已成为大势所趋。也许没有比寄生昆虫的微孢子虫研究更为仔细的微孢子虫物种了，对寄生昆虫的微孢子虫的研究，提供了很多关于微孢子虫的基本知识。

　　目前，微孢子虫的 200 个属中有 93 个属是以昆虫作为宿主的。在孢子传播和分子水平数据有限或缺乏的前提下，这些属中的大多数是基于孢子形成的方式和孢子类型的描述而被区分的。Hazard 和 Weiser 对"一个孢子，一个物种"提出了质疑（1968）。他们研究了五斑按蚊类泰罗汉孢虫（*Parathelohania anophelis*）在蚊子中的传播，发现两种功能和形态独特的孢子类型是这种微孢子虫同一生活周期的一部分。这是首次报道一个微孢子虫的物种可产生两种类型的孢子，这对微孢子虫分类学具有重要意义（Sprague 1976）。还有两个分类学上的发现，其一是 *Amblyospora* 属的一些种需要桡足类中间宿主以完成生活周期（Andreadis 1985a；Sweeney et al. 1985）；另一个是某些物种的微孢子虫，如微粒子属（*Nosema*）、变形孢虫属（*Vairimorpha*）、内尔氏孢虫属（*Kneallhazia*）和艾德氏孢虫属（*Edhazardia*）在感染早期产生一种以前未见过的双核孢子，在感染过程中传播到其他宿主组织（Iwano & Ishihara 1989；de Graaf et al. 1994a, b；Johnson et al. 1997；Solter et al. 1997；Solter & Maddox 1998；Oi et al. 2001）。对于那些寄生于昆虫的还不清楚其孢子形成方式的微孢子虫属的研究，无疑将会对整个微孢子虫的分类和生物学研究产生深远的影响。

　　本章主要关注虫生微孢子虫的生物学和生命周期特征，并提供关于其分类分布的一些基本信息。由于虫生微孢子虫的信息量很大，我们选择了有代表性的物种在本章进行相关讨论。寄生于蜜蜂的微孢子虫将在第 22 章介绍。有关其他信息，请查阅以下文献：Kudo（1924），Weiser（1961，1977），Bulla & Cheng（1976，1977），Canning & Lom（1986），Larsson（1986a，1988），Brooks（1988），Sprague et al.（1992），Tanada & Kaya（1993），Undeen & Vávra（1997）。有关较新的综述查阅：Franzen（2008），Solter & Becnel

（ 2003， 2007）， Solter et al. （ 2012a， b ）， Vávra & Lukeš （ 2013 ）。

21.2　致病性

被微孢子虫感染后的昆虫，其病理学特征具有多样性。一般来说，微孢子虫病可以分为慢性（缓慢致病，病情逐渐加重）和很罕见的急性（快速致病，持续时间短）。昆虫微孢子虫病的症状和体征范围较广，从明显的组织表现异常到发育和行为的变化都有涉及。

21.3　个体水平感染

微孢子虫可以感染宿主各个阶段几乎所有组织。由于微孢子虫感染的程度不同，被感染昆虫常常表现出外部及内部的病理变化。与健康的个体相比，外部特征主要的变化表现在颜色、尺寸、体型或行为方面。

对于已报道的微孢子虫来说，昆虫的脂肪体和肠上皮细胞是其最常见感染的组织。许多水生昆虫具有透明角质层，感染了微孢子虫的中肠细胞或脂肪体后会在胸部和腹节呈现出瓷白色外观，这些部位由于大量孢子的积累可能会导致组织变形（图 21.1a 和 b）。中肠感染一般限于盲肠（图 21.1c）和 / 或马氏管。在那些表皮硬化程度很严重的昆虫中，脂肪体感染的迹象不太明显，宿主必须通过解剖才能检测到微孢子虫。在这些情况下，相对于健康组织，脂肪体组织往往呈叶形和瓷白色外观（图 21.1d 和 e；图 21.2a 和 b）。

幼虫被感染的明显迹象包括在表皮形成黑点或黑斑，这可能是由于宿主防御反应造成的；相比健康个体往往出现浮肿（图 21.2c）。幼虫和蛹的感染通常表现为发育迟缓，与同龄健康个体相比大小差异巨大（图 21.3a 和 b）。感染的成虫通常较小，可能具有畸形的翅或呈现昏睡无生机的现象。被感染后成虫的健康会受到微弱的影响，往往表现出寿命缩短和 / 或生育能力降低（繁殖力以及出生率降低）的特点。

一些微孢子虫也可引起全身性感染，特别是在感染的后期阶段。在这样的感染中，几乎所有的组织都最终被入侵直至宿主死亡。另一种情况可能发生于某些多态性微孢子虫中，随着寄生虫发育过程完成对不同组织的连续感染。如随着宿主幼虫蜕皮或幼虫到蛹到成虫的成熟（见 21.10），*Amblyospora* 属微孢子虫感染可从宿主的胃盲囊（肠）到绛色细胞或脂肪体。

21.4　细胞水平感染

多数情况下，寄生于昆虫的微孢子虫的所有发育阶段被限制在宿主细胞质中。在昆虫细胞核中的感染是罕见的，被认为是偶然的。但寄生于鱼的核孢虫属（ *Nucleospora* ）（ Docker et al. 1996 ）和寄生于蟹的肠孢虫属（ *Enterospora* ）（ Stentiford et al. 2007 ）的孢子可以入侵细胞核。由于微孢子虫在细胞内发育，感染宿主的防御反应通常局限于当细胞完整性被破坏的时候。最典型的防御反应是孢子被释放到血淋巴后血液的黑化（图 21.4a 和 b）。细胞和核的肥大是被感染的常见特征。前者可能是微孢子虫快速增殖的结果，完全填充肠上皮细胞（图 21.5a ~ d）和绛色细胞（图 21.6a ）。

在细胞水平上微孢子虫和宿主之间的特化关系称为异物瘤（ xenomas ）（ Canning & Lom 1986 ）。Weiser（ 1976 ）区分了在昆虫中两种异物瘤的主要类型：合胞体状异物瘤和肿瘤状异物瘤。合胞体状异物瘤是由感染的宿主细胞融合形成的一个大的多核原生质团。这些原生质团中的细胞核数没有增加，但一般都肥大。苞状钝孢子虫（ *Amblyospora bracteata* ）感染后的黑蝇（ *Odagmia ornate* ）脂肪体中的异物瘤就属于这种类型。肿瘤状异物瘤的特征在于微孢子虫在感染的宿主细胞中的数量不断增加（增生）。一种类型是受感染的细胞分裂，从而每个子细胞包含微孢子虫，被称为"异物瘤细胞"（xenocyte）。这些细胞在感染组织中的数量可以增加 10 ~ 30 倍，如德贝西厄亚氏孢虫（ *Janacekia debaisieuxi* ）感染黑蝇的脂肪体（Weiser 1976）。另一种肿瘤状异物瘤的类型是在鱼类中通常有报道的格留微孢子虫型囊肿（ Canning & Lom 1986 ）。

在这种情况下，宿主细胞核肥厚且形成分支或碎裂成多个核。受感染的细胞表面变化很大，并且异物瘤会变得非常大，达 13 mm。这后一种类型的异物瘤在昆虫中比较少见，但从飞蝗（*Locusta migratoria capito*）分离的微孢子虫感染昆虫后会形成格留虫属（*Glugea*）型异物瘤（Lange et al. 1996）。蝗虫约翰孢虫（*Johenrea locustae*）的异物瘤（图 21.6b 和 c）主要由被基底膜限定的脂肪细胞组成，基底膜底部是胶原纤维（图 21.6d）。这两种类型的异物瘤显然对寄生虫和宿主都有利。这种适宜的环境有利于保护微孢子虫免受宿主的防御反应。宿主也将寄生虫限制在一定区域，防止蔓延到其他更重要的组织。然而，目前关于异物瘤的形成、功能及其生理和免疫学方面的研究非常薄弱。

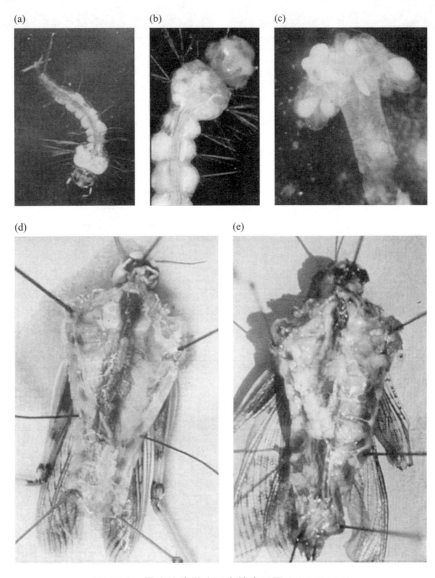

图 21.1　昆虫感染微孢子虫的病理图（见文后彩图）

（a）展示盐水库蚊（*Culex salinarius*）幼虫感染盐水库蚊钝孢子虫（*Amblyospora salinaria*）后的脂肪体，×7；（b）展示伊蚊（*Aedes aegypti*）幼虫感染 *Edhazardia aedis* 后的脂肪体，×10；（c）*Culiseta inornata* 幼虫感染盲囊囊泡多孢虫（*Polydispyrenia caecorum*）后的胃盲囊，白色囊肿是细胞充满了孢子，×20；（d）解剖健康的东亚飞蝗 *L. migratoria capito*，黄色显示为脂肪体，×2；（e）解剖感染蝗虫微孢子虫（*Johenrea locustae*）的东亚飞蝗（*L. migratoria capito*），结果显示感染了微孢子虫的脂肪体表现为白色囊肿，×2.2。经作者和出版社许可引自 Lange, C. E., J. J. Becnel, E. Raza-ndratiana, J. Przybyszewski, and H. Raza-ndrafara. 1996. *Johenrea locustae n.g.*, *n.*sp. (Microspora: Glugeidae)：a pathogen of migratory locusts（Orthoptera: Acrididae: Oedipodinae）from Madagascar. *J. Invertebr. Pathol.* 68: 28−40

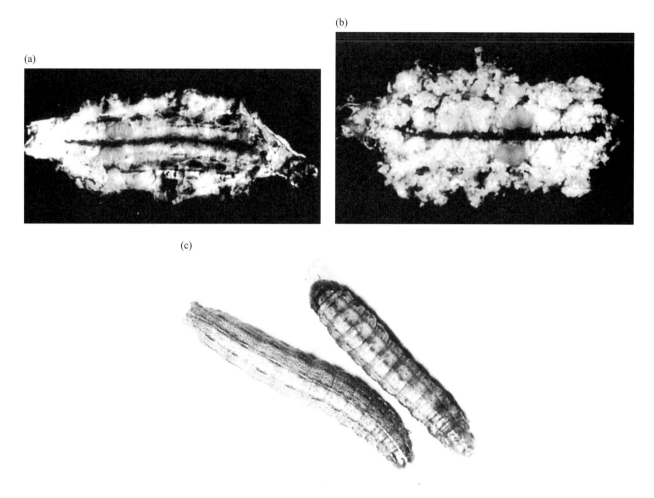

图21.2 健康的和感染微孢子的黏虫（*Pseudaletia unipuncta*）病理图

（a）健康黏虫的脂肪体组织，×2.5；（b）感染纳卡变形微孢子虫（*Vairimorpha necatrix*）的黏虫脂肪体组织，×2.5；（c）黏虫幼虫，左下是健康的黏虫，右上是感染*V. necatrix*的黏虫（注意后腹部膨胀和发黑的外观），×2

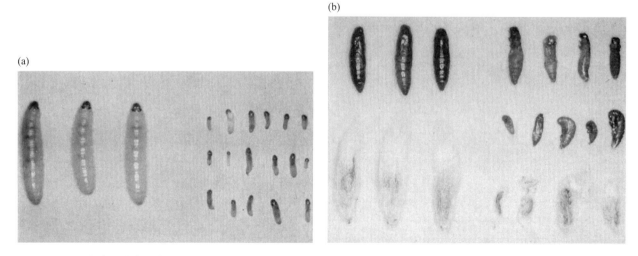

图21.3 感染异孢变形微孢子虫（*Vairimorpha heterosporium*）的脐橙螟蛾（*Amyelois transitella*）（见文后彩图）

（a）大图左边是正常幼虫作为对照，右边是感染微孢子4周后的发育不良幼虫；（b）感染*V. heterosporium*的*Amyelois transitella*的蛹，左边是大的健康的正常蛹作为对照，右边是发育不良且变形的感染微孢子的蛹

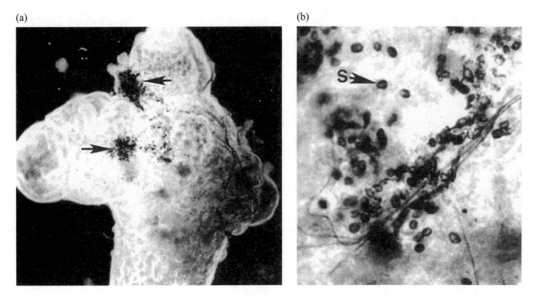

图 21.4　伊蚊艾德氏孢虫感染白纹伊蚊的胃盲囊引起的免疫反应

（a）整个胃盲囊显示 *E. aedis* 初级双核孢子黑化（箭头所示），×50；（b）孢子感染区域的高放大倍数时显示黑化的孢子，×300，S 表示孢子

21.5　对宿主的影响

大多数寄生昆虫的微孢子虫对宿主昆虫具有亚致死效应，可导致宿主生育能力下降、寿命缩短以及活力丧失（Brooks 1988；Solter et al. 2012a）。由于许多虫生微孢子虫的感染都是慢性感染，通常通过测量个体的健康程度评估微孢子虫对宿主的影响。可以用低生存率、短寿命和生育率这些指标来衡量个体的健康程度。许多微孢子虫感染昆虫后，对昆虫的蛹体重量、繁殖力和成虫寿命下降都已有研究，如玉米螟微粒子虫（*Nosema pyrausta*）（Windels et al. 1976）、棉铃虫微粒子虫（*N. heliothidis*）（Gaugler & Brooks 1975）、云杉卷叶蛾微粒子虫（*N. fumiferanae*）（Wilson 1977）和舒氏内网虫（*Endoreticulatus schubergi*）（Wilson 1984）。盗捕金小蜂微粒子虫是一种寄生于盗捕金小蜂（*Muscidifurax raptor*）的微孢子虫，盗捕金小蜂是商业化生产的家蝇生物控制剂，而盗捕金小蜂微粒子虫的寄生导致其防控效果明显降低（Becnel & Geden 1994；Boohene et al. 2003a）。盗捕金小蜂成虫感染盗捕金小蜂微粒子虫后，与未感染寄生蜂相比，其寿命减半，只产生约 10% 的后代（Geden et al. 1995）。另外，如果雌性被感染，子代 100% 被感染。在对埃及伊蚊（*Aedes aegypti*）的病原体伊蚊艾德氏孢虫（*Edhazardia aedis*）研究中发现，与未感染的个体相比，雌性蚊子的繁殖能力降低 98.2%（Becnel et al. 1995）。在感染的昆虫中繁殖力和卵的孵化率降低的原因并不清楚，但可能与寄生虫对卵巢的破坏或营养掠夺有关（Gaugler & Brooks 1975；Brooks 1988）。

21.6　微孢子虫病的防控

对所有类型的益虫，从蜜蜂到用于生物防控的寄生蜂，由微孢子虫引起的慢性感染是个很严重的问题。必须不断监测和筛查微孢子虫病，一旦检测到，补救措施必须立即执行。简单地说，这往往取决于通过创造良好的饲养环境来选择未感染的后代（巴斯德方法）（Undeen & Vávra 1997）。最成功的药物治疗是在蜜蜂群落上采用烟曲霉素来控制西方蜜蜂微粒子虫感染（Goetze & Zeutzschel 1959；Gochnauer et al. 1975；Furgala & Mussen 1978；Brooks 1988）。最近的一项研究评估了用烟曲霉素来控制蜜蜂中的东方蜜蜂微粒子虫，发现随着烟曲霉素浓度的下降，孢子数量会提高（Huang et al. 2013）。这项研究证实，虽然烟曲霉素对 *N. apis* 和一些其他物种的微孢子虫有效，但对其他的虫生微孢子虫可能是无效的，或者只能暂时抑制（Brooks 1988；Huang et al. 2013）。用 3% 阿苯达唑和 / 或利福平治疗成年盗捕金小蜂导致盗捕金小蜂微粒子虫经卵传播降低，但并没有完全清除感染（Boohene et al. 2003b）。在蝗虫中通过血腔注射的方法，研究者评估了 4 种抗菌药物（噻菌灵、奎宁、阿苯达唑和烟曲霉素）对脑炎微孢子虫的防控效果。所有这些药物都能使微孢子虫显著减少，但并没有消除感染（Johny et al. 2009）。以家蚕微粒子虫为研究对象的体外和体内实验表明，阿苯达唑具有抗微孢子虫活性，可有效地控制感染而对宿主无不良影响（Haque et al. 1993）。至少有两个成功的例子证明用热疗法可以减少患微孢子虫病的概率（Boohene et al. 2003a，b；Geden et al. 1995）。这种方法利用了宿主比寄生虫具有更高的耐热性。虽然这可能是一种有效的方法，但在能消灭微孢子虫的温度（47℃，30～45 min）条件下，宿主的存活率很低（Geden et al. 1995）。

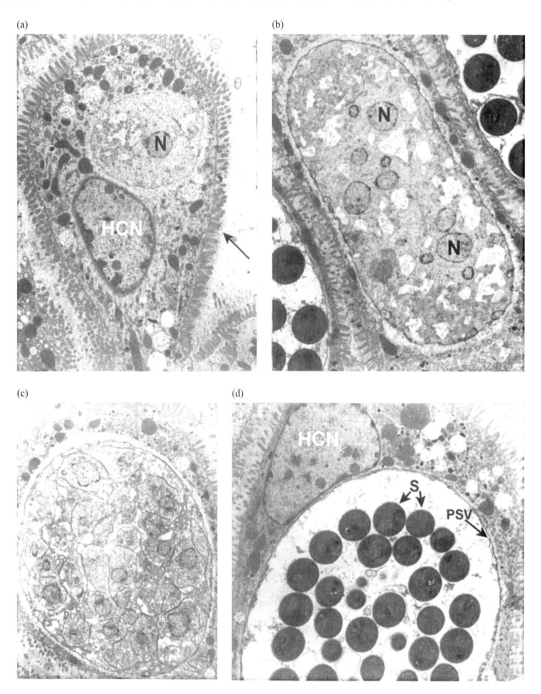

图 21.5　普利茨诺勒孢虫（*Nolleria pulicis*）的电镜图片展示它在猫蚤（*Ctenocephalides felis*）中肠上皮细胞中的发育周期

（a）在核分裂开始的早期原质团，微绒毛（箭头所示），×6 600；（b）多核原质团，×7 500；（c）空泡化分裂早期多核产孢原质团（sporogonial plasmodia），×5 000；（d）在产孢囊中的成熟孢子，×6 900。HCN：宿主的细胞核，N：细胞核，PSV：产孢囊，S：孢子

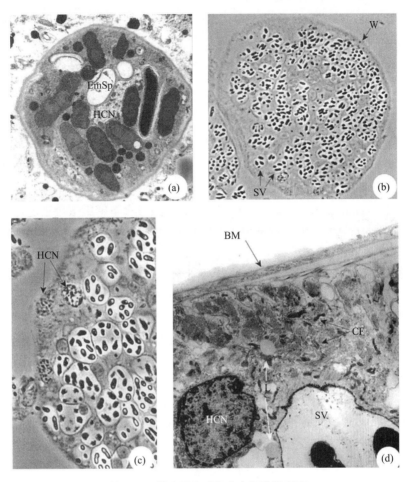

图 21.6　微孢子虫感染宿主细胞的观察

（a）三列伊蚊（*Aedes triseriatus*）成虫感染察氏毛孢虫（*Pilosporella chapmani*）后的绛色细胞，×5 100；（b）*Johenrea locustae* 的异物瘤，×300；（c）高倍镜图片展示 *J. locustae* 异物瘤中的多个宿主细胞核，×400；（d）高倍镜图片展示 *J. locustae* 异物瘤的被膜，×7 500。BM：基底膜，CF：胶原纤维，EmSp：空孢子，HCN：宿主细胞核，SV：产孢囊（又称成孢子泡），W：囊壁。［经作者和出版者同意引自（a）Becnel, J. J., E.I. Hazard, and T. Fukuda. 1986. Fine structure and development of Pilosporella chapmani（Microspora: Thelohaniidae）in the mosquito, Aedes triseriatus（Say）. J. Protozool. 33:60–66；（b）~（d）Lange, C.E., J.J. Becnel, E. Raza-ndratiana, J. Przybyszewski, and H. Raza-ndrafara. 1996. *Johenrea locustae n.g., n.sp.*（Microspora: Glugeidae）: a pathogen of migratory locusts（Orthoptera: Acrididae: Oedipodinae）from Madagascar. *J. Invertebr. Pathol.* 68:28–40］

　　关于经济昆虫中微孢子虫的治疗方面，基于基因沉默的一种新型的方法已经证明对控制蜜蜂中的以色列急性麻痹病毒（Israeli acute paralysis virus，IAPV）比较有效（Maori et al. 2009），已得到野外试验证实（Hunter et al. 2010）。在这种方法中，设计的双链 RNA（dsRNA）针对 IAPV 的关键基因，并将 dsRNA 混在饲喂蜜蜂的蔗糖溶液中供蜜蜂取食，沉默信号扩增并在全身扩散，致使蜜蜂中病毒滴度保持在较低的水平。RNA 沉默的机制已在东方蜜蜂微粒子虫基因组中确定（Corman et al. 2009），表明利用 RNA 干扰对微孢子虫进行调控是可行的。Paldi 等（2010）证实，dsRNA 靶向微孢子虫特异性基因 ADP / ATP 转运蛋白时，可导致特异性基因沉默，降低微孢子虫的数量，还可改变因微孢子虫感染引起的蜜蜂的行为，基因干涉后对蜜蜂行为的影响与微粒子病减轻相一致。除了蜜蜂中 RNA 干扰机制的参与，这样的特定内源性基因沉默还需要蜜蜂微粒子虫自身基因沉默通路的参与。

　　基因沉默的应用是一个快速发展的领域，在昆虫学方面主要用于害虫和媒介昆虫的控制（Gu & Knipple 2012）。这项技术的成功案例是基于 RNAi 技术减少或限制微孢子虫对昆虫的感染（Paldi et al. 2010）。在经济昆虫中利用 RNAi 技术对微孢子虫病进行有效和特异的控制将有重要的经济价值。此项技术确实适用于重要的经济昆虫，如蜜蜂、家蚕以及许多大规模生产的进行生物控制的昆虫（如拟寄生物、肉食动物），这些昆虫经常受到微孢了虫慢性感染的困扰。

21.7 传播

21.7.1 水平传播

昆虫微孢子虫初级和次级传播路径如图21.7所示。最常见的传播方式是昆虫周围环境中（土壤、水、植物）存在于食物或液体中的具有感染能力的孢子直接被昆虫经口摄入（Canning 1971；Andreadis 1987；Campbell et al. 2007；Hoch et al. 2008；Goertz & Hoch 2011）。通过食下感染依赖于足量的孢子以及宿主的消化道内具有合适的条件（pH、酶），便于促进孢子萌发并成功进入易感宿主组织（Tanada 1976）。感染的详细过程见第2章。

当一个受感染的宿主死亡或宿主排泄的粪便物暴露于环境中时，便会造成孢子污染（Goertz et al. 2007；Goertz & Hoch 2008a）。一般而言，肠微孢子虫（如感染消化道的微孢子虫）的孢子几乎总是随粪便排泄而扩散的（Weiser 1961），而且这种排泄扩散可能贯穿于被感染宿主的一生。然而对于感染脂肪体组织或可引发全身性感染的微孢子虫，孢子释放到环境中主要发生在宿主死亡后感染组织的解离。这在大多数水生双翅目宿主，特别是蚊子中比较常见（Becnel 1994；Lucarotti & Andreadis 1995）。

病原体播散和随后的经口感染可能是由反刍回流的孢子和丝腺严重感染的昆虫幼虫吐出的丝中存在的孢子造成的。前者已经在云杉卷叶蛾微粒子虫感染的云杉卷叶蛾（*Choristoneura fumiferana*）中有报道（Thomson 1958；Wilson 1982），后一种情况在一种未鉴定的微粒子虫属微孢子虫感染舞毒蛾（*Lymantria dispar*）时被报道（Jeffords et al. 1987；Goertz et al. 2007）。这两个宿主都是鳞翅目昆虫。

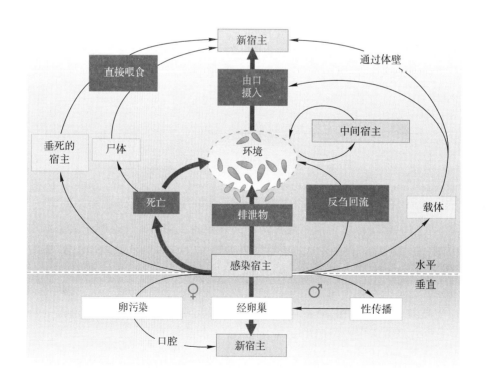

图21.7 昆虫微孢子虫传播途径模式图

　　在昆虫与昆虫之间的直接传播主要是通过食下受微孢子虫感染的虚弱或垂死的昆虫个体或被感染的尸体（Brooks 1988）。据 Kramer（1976）报道，蚕食同类通常可能发生在群居的昆虫中。据悉，蝗虫微孢子虫在蝗虫中水平传播的主要方式是通过蚕食感染微孢子虫的同类（Henry 1972），在印度谷螟变形微孢子虫（*Vairimorpha plodiae*）感染印度谷螟幼虫（*Plodia interpunctella*）时也观察到这一现象（Kellen & Lindegren 1971），在怀特微粒子虫感染面粉甲虫拟谷盗（*Tribolium confusum*）和赤拟谷盗（*T. castaneum*）时也有报道（Watson 1979）。

　　微孢子虫也可以通过膜翅目的寄生蜂的产卵活动进行传播。Brooks（1973，1993）对这一问题进行了调查研究。在大多数情况下，微孢子虫进入宿主昆虫的途径是经寄生蜂受感染的产卵器通过表皮经血腔内接种而实现的。这种媒介昆虫介导的传播方式一般认为是机械式的（在寄生蜂体内微孢子虫既不发育，也不增殖），寄生蜂成虫的感染通常发生在未感染的雌性个体在感染的宿主上产卵时。根据 Brooks（1973，1993）的研究，在自然界中经寄生蜂传播微孢子虫的机械式传播的证据都是推测的，主要基于微孢子虫感染的流行与宿主昆虫中寄生的流行之间的密切关联。然而，这种传播方式在实验室研究中也有相关记录，微孢子虫－寄生蜂－宿主三者之间比较复杂，寄生蜂在接触未感染微孢子虫的宿主之前，首先要在感染微孢子虫的宿主中产卵：①微粒子虫属通过缘腹绒茧蜂（*Cotesia marginiventris*）寄生草地夜蛾（*Spodoptera mauritia acronytoides*）（Laigo & Tamashiro 1967）；②变形微孢子虫属通过红足侧沟茧蜂（*Microplitis croceipes*）传播到玉米棉铃虫（*Helicoverpa zea*）（Hamm et al. 1983）；③食植瓢虫微粒子虫经由瓢虫柄腹姬小蜂（*Pediobius foveolatus*）传播到墨西哥豆甲虫（*Epilachna varivestis*）（Own & Brooks 1986）。

　　在一些情况下，雌蜂在感染的宿主中发育也可能被感染上微孢子虫，随后在未受感染的宿主中产卵时充当传播媒介。这种现象在玉米螟微粒子虫传播中有详尽地记录，玉米螟微粒子虫是通过小茧蜂（*Macrocentrus grandii*）感染欧洲玉米螟幼虫的（*Ostrinia nubilalis*）（鳞翅目）（Andreadis 1980；Siegel et al. 1986a，b）。然而，目前还不清楚在产卵过程中的传播是生物性的（通过孢子直接接种）还是机械式的（通过污染的产卵器）。

　　某些寄生蜂对宿主的微孢子虫易感，可能感染并经卵进一步传递给它们的后代，使它们存活至成虫阶段（Brooks 1993）。在自然界这种传播模式发展到何种程度还不清楚；但在实验室条件下，至少有 5 种微孢子虫在几代间都能经卵传递给后代：寄生巨颅金小蜂（*Catolaccus aeneoviridis*）的齿唇姬蜂微粒子虫（*N. campoletidis*）（Brooks 1973；McNeil & Brooks 1974）、寄生黑唇姬蜂（*Campoletis sonorensis*）的棉铃虫微粒子虫（*Nosema heliothidis*）（Brooks & Cranford 1972；Brooks 1973）、寄生粉蝶盘绒茧蜂（*Cotesia glomerata*）的迈式微粒子虫（*Nosema mesnili*）（Blunck 1954；Issi & Maslennikova 1966）、寄生 *M. grandii* 的玉米螟微粒子虫（*N. pyrausta*）（Siegel et al. 1986b）和寄生于墨西哥豆瓢虫的变囊盖微粒子虫（*Pediobius foveolatus*）（Own & Brooks 1986）。

　　用感染了红火蚁内尔氏孢虫（*Kneallhazia solenopsae*）或红火蚁变形微孢子虫（*Vairimorpha invictae*）的红火蚁（*Solenopsis invicta*）工蚁进行饲养蚤蝇（*Pseudacteon* 属）来确定它们是否可以作为宿主和潜在的载体（Oi et al. 2009）。红火蚁内尔氏孢虫可以感染 3 种蝇类，但红火蚁变形微孢子虫不能感染蝇类。研究表明 *Pseudacteon* 属的蚤蝇可以作为红火蚁内尔氏孢虫在红火蚁间传播的载体，其不能传播红火蚁变形微孢子虫，但从蝇至蚂蚁的传播还未得到验证（Oi et al. 2009）。

　　通过给幼虫喂养感染性孢子，社会性膜翅类昆虫也可以作为微孢子虫传播的载体。这发生在双形布伦孢虫（*Burenella dimorpha*）中，双形布伦孢虫是热带火蚁（*Solenopsis geminata*）的寄生虫（Jouvenaz et al. 1981）。成年蚂蚁蚕食破裂感染的蛹，但不摄入孢子。相反，孢子和颗粒状食物被转移到口囊空腔，在那里它们被形成沉淀。该沉淀随后被喂食给四龄幼虫；因为低龄的幼虫和成虫只吃流质食物，这是唯一容易受到感染的宿主阶段。

　　某些昆虫微孢子虫寄生过程中涉及中间宿主（Sweeney et al. 1985；Nylund et al. 2010）。蚊子的钝孢虫属（*Amblyospora*）、类泰罗汉孢虫属（*Parathelohania* spp.）和透明球孢虫属（*Hyalinocysta*）中微孢子虫的

水平传播，主要依赖于中间宿主桡足类（甲壳纲：桡足类）（Andreadis 1985a，2007；Sweeney et al. 1985，1990；Avery & Undeen 1990；Becnel 1992；White et al. 1994；Becnel & Andreadis 1998；Micieli et al. 1998，2000a，b，2003，2009）。在此途径中，桡足类动物通过经口摄取患病蚊子的幼虫或生活在有孢子的水生环境中被感染，在桡足类动物中形成形态不同的孢子。该类孢子随着桡足类宿主的死亡同样释放到水中再次感染蚊子幼虫。这种独特的发育周期将在 21.10 中描述。

21.7.2　垂直传播

垂直传播定义为从亲代传递到子代（Fine 1975），是昆虫微孢子虫主要的传播途径。对于感染蚊子的钝孢虫属的物种来说，微孢子虫从一个宿主保持直到下一代（Kellen et al. 1965；Chapman et al. 1966；Andreadis & Hall 1979a；Becnel 1994），这代表了微孢子虫在进化中为了生存而产生的一个最重要的适应性演变。（Lucarotti & Andreadis 1995）。在其他宿主昆虫中，垂直传播途径的存在增加了病原体水平传播的可能，促进了当宿主密度低或不易感时微孢子虫感染的持久性。

大多数昆虫宿主，垂直传播主要由母体介导，即它完全是通过雌性传播（Fine 1975；Goertz & Hoch 2008b）。这种形式的传播，微孢子虫是经卵从一代传递到下一代。这种传播主要有两种不同的方式，取决于微孢子虫的传递发生在卵巢（经卵巢）还是卵的表面。

经卵传播时，微孢子虫主要通过感染雌性宿主中卵巢和相关生殖结构获得进入卵的机会。这似乎是最常见的昆虫微孢子虫垂直传播方式，但微孢子虫进入卵的确切机制还不清楚。寄生于双翅目宿主的多型性微孢子虫如钝孢虫属、库蚊孢虫属和艾德氏孢虫属，感染通常被认为由特异性生成的孢子孢原质直接进入卵母细胞而引起的（Andreadis & Hall 1979a；Andreadis 1983；Becnel et al. 1987，1989；Becnel 1994）。这些孢子与宿主的卵母细胞密切相关，其产生的孢原质已在卵的滋养细胞内被观察到（Andreadis & Hall 1979a；Andreadis 1983）。单型性微孢子虫如微粒子虫属，其宿主为鞘翅目、鳞翅目和膜翅目昆虫，卵巢感染微孢子虫似乎是在卵细胞形成时由增殖期或孢子阶段的微孢子虫进入卵细胞引发的。在后期胚胎和卵中也观察到了成熟孢子及发育期孢子的存在（Kramer 1959a；Brooks 1968；Kellen & Lindegren 1971，1973；Bauer & Pankratz 1993；Becnel & Geden 1994）。在这种情况下，没有特殊形态的孢子产生，经卵传播的孢子的形态与食下传播的孢子相同。Weiser 对象鼻虫微粒子虫在象鼻虫中的传播进行了研究（1958），裂殖体穿透卵母细胞的内部，形成次级感染中心。Kellen 和 Lindegren（1973）指出，印度谷螟微粒子虫的裂殖休在传播到印度谷螟的卵母细胞前，先侵入印度谷螟的滋养细胞并进行增殖。

经卵传播的另一种截然不同的形式是被感染的雌性幼虫的后代在孵化前、孵化时以及孵化后不久可能通过食下卵黄内的孢子而感染。这已在鳞翅目昆虫冬季蛾（*Operophtera brumata*）感染冬尺蠖天牛孢虫（*Orthosomella operophterae*）（Canning 1982）和卷叶蛾（*C. fumiferana*）感染云杉卷叶蛾微粒子虫中被观察到（Thomson 1958）。根据 Canning（1982）报道，该机制代表了微孢子虫对宿主的适应性，保证了宿主不会因严重感染而死亡，微孢子虫则仍然在卵内存活，为了达到上述目的微孢子虫进化出上述垂直传播的方式。

粪便、刚毛中的孢子或卵巢结缔组织污染卵壳外表面的孢子在幼虫孵化时被摄入也可能导致经卵传播的发生。通常可以通过对卵的表面灭菌而使其后代免受感染（Undeen & Vávra 1997；Solter et al. 2012b）。通过卵表面污染的孢子发生垂直传播的概率远低于经卵传播，但也有相关报道，如按蚊微孢子虫（*Anncaliia algerae*）（Alger & Undeen 1970；Canning & Hulls 1970；Vávra & Undeen 1970）和玉米螟微粒子虫（Kramer 1959b）。

昆虫中微孢子虫也存在雄性介导的垂直传播，但很罕见。据报道，云杉卷叶蛾微粒子虫（Thomson 1958）和印度谷螟微粒子虫（Kellen & Lindegren 1971）两个物种的垂直传播就是雄性介导的。在这两个物种中，垂直传播被认为是感染微孢子虫的雄性个体在交配过程中，将微孢子虫转移到雌性个体，随后转移到卵。相比之下，感染家蚕微粒子虫的雄蚕与未感染的雌蚕交配并不发生经卵传播（Patil et al. 2002）。

21.8 宿主特异性

21.8.1 体外研究

昆虫微孢子虫细胞培养的研究始于已建立的细胞系或体外的组织培养系统。由于很难以整个宿主对微孢子虫进行研究，许多研究建立在天然宿主的组织培养体系来调查微孢子虫的基本发育周期。还有些研究主要集中在探讨建立和开发不同来源的宿主细胞来培养微孢子虫以解决由此可能出现的安全隐患。Jaronski（1984）和 Brooks（1988）对所有用体外系统已经研究过的昆虫微孢子虫进行了系统的评论。在这期间，8 种昆虫微孢子已成功在培养细胞中生长。这些微孢子虫包括 *A. algerae*、*N. apis*、*N. bombycis*、*N. disstriae*、*N. heliothidis*、*N. mesnili*、*Vairimorpha necatrix* 和 *Vavraia culicis*。从那时起，对许多其他微孢子虫陆续在细胞中进行了研究。感染冬尺蠖蛾（*Operophtera brumata*）的微孢子虫冬蛾囊孢虫（*Cystosporogenes operophterae*）是在草地贪夜蛾（*Spodoptera frugiperda*）细胞系培养的（Xie 1988）。从芝草切根虫（*S. depravata*）中分离的微粒子虫属微孢子虫可培养于桉大蚕蛾（*Antheraea eucalypti*）细胞系（Iwano & Ishihara 1989）。亚洲玉米螟微粒子虫（*Nosema furnacalis*）在棉铃虫（*Helicoverpa zea*）细胞系连续培养（Kurtti et al. 1994），变形微孢子虫（即 NIS M12）成功地在 4 个不同的昆虫细胞系进行培养（Inoue et al. 1995）。

许多微孢子虫已经可以在不是其天然宿主的组织细胞中培养（Gisder et al. 2011）。如天幕毛虫微粒子虫可在 3 个不同的昆虫组织培养细胞中生长（Brooks 1988）。Inoue 等（1995）发现，变形微孢子虫在 4 个不同的鳞翅目昆虫细胞系中增殖，然而它们在不同细胞系的生长速度不同，只在草地贪夜蛾（*S. frugiperda*）细胞系中能够保持持续感染。家蚕微粒子虫可以在来源于白菜粉蝶（*Pieris rapae crucivora*）的 3 种细胞系中培养（Mitsuhashi et al. 2003）。

毫无疑问，按蚊微孢子虫已被证明可以在多种细胞系增殖，包括无脊椎动物细胞和脊椎动物细胞。这个物种最初是从蚊子中分离得到的，随后在人类中也分离出来（Cali et al. 2005），可以在许多不同的双翅目和鳞翅目昆虫的细胞系中进行培养（Brooks 1988）。*A. algerae* 也可在猪肾细胞（Undeen 1975）、兔肾细胞（Lowman et al. 2000）、人肌肉成纤维细胞（Trammer et al. 1999）以及温水鱼细胞系培养（Monaghan et al. 2011）。*A. algerae* 是唯一一种在 37℃培养的昆虫微孢子虫（Lowman et al. 2000）。

昆虫微孢子虫在非天然宿主的细胞系中的增殖暗示其在体外具有较低的宿主特异性（Brooks 1988）。然而，微孢子虫对体外细胞系的敏感性或感染性似乎并不能反映其宿主特异性。当一种微孢子虫在不是天然宿主的细胞系正常生长和具有持久感染性时可能会出现非典型的发育阶段（Kurtti et al. 1994；Inoue et al. 1995）。

组织培养是研究微孢子虫发育周期的一个重要手段。1989 年，Iwano 和 Ishihara 研究了微粒子虫属（*Nosema* sp.）的早期发育过程。他们的研究显示，在培养细胞中孢子接种 35 h 后，双核孢子形成，孢子自发萌发。超微结构特征的观察验证了两种孢子形式的存在，一种在 36 h 出现，另一种在 72 h 出现。第一种形式的孢子和第二种形式的孢子在形态上的不同之处在于孢子壁和极丝的形态。这种孢子的二型性，在细胞培养家蚕微粒子虫时可观察到（Iwano & Ishihara 1991a），并在其天然宿主家蚕的肠上皮细胞也观察到（Iwano & Ishihara 1991b）。随后，陆续报道了西方蜜蜂微粒子虫（de Graaf et al. 1994a，b）、伊蚊艾德氏孢虫（Johnson et al. 1997）、一些舞毒蛾微粒子虫（Solter et al. 1997）和纳卡变形微孢子虫（Solter & Maddox 1998）在宿主组织中早期孢子的自发发芽。这一重要发现为在组织培养系统中和昆虫宿主体内的微孢子虫传播提供了一种可能的解释。

21.8.2 体内研究

为了确定微孢子虫的潜在靶标害虫宿主范围和对非靶标生物的安全性，对许多昆虫微孢子虫的宿主专一性进行研究。Brooks（1988）对此进行了综述，他讨论了一些昆虫微孢子虫可以作为潜在的微生物控制剂。基于对宿主的系统发育分析，按蚊微孢子虫和蝗虫微孢子虫具有广泛的宿主特异性。

蝗虫微孢子虫是 EPA 注册的作为微生物杀虫剂的唯一的微孢子虫，并已经用于蝗虫控制。它可感染约 90 种不同的蝗虫，但不会传染给蜜蜂（*Apis mellifera*）及夜蛾（*Helicoverpa zea*）和地老虎（*Agrotis ipsilon*）这两种鳞翅目昆虫（Brooks 1988）。针对哺乳动物、鸟类和鱼类也进行了广泛测试，没有任何显著影响（Brooks 1988；Lange 2005；Lange & Azzaro 2008）。这种病原体的特异性似乎仅限于直翅目。相反，按蚊微孢子虫已经经食下传播到 4 种不同科的昆虫和吸虫的两个物种（Brooks 1988）。还可通过注射传播到昆虫的 6 个目，1 种甲壳类（Undeen & Maddox 1973）和鼠（Undeen & Alger 1976）。另外，通过将按蚊微孢子虫注射到裸鼠中的研究显示，按蚊微孢子虫在裸鼠尾部最多发育 96 d（Alger et al. 1980），在尾巴和脚最多存活 49 d（Trammer et al. 1997）。Alger 等（1980）得出的结论是按蚊微孢子虫的发育第一受温度限制，第二受免疫系统限制。此外，被严重感染按蚊微孢子虫的成年蚊子叮咬的小鼠并未被按蚊微孢子虫感染（Alger et al. 1980）。人不小心注射了按蚊微孢微孢子虫孢子，用针对按蚊微孢子虫的抗体检测呈阳性，但利用感染按蚊微孢子虫的蚊子叮咬志愿者却未发现感染（Alger et al. 1980）。因此，推断按蚊微孢子虫对温血动物不构成威胁。但自按蚊微孢子虫从免疫功能正常的人的角膜病变中分离出来时就改变了这一看法（Visvesvara et al. 1999）。最近，有 3 例有关来自于人的微孢子虫被报道，一个来自患急性淋巴性贫血症儿童的皮肤（Kucerova et al. 2004），一个来自服用免疫抑制药物女士的深层肌肉（Coyle et al. 2004），一个来自患者的声带（Cali et al. 2010）。Coyle 等（2004）认为该患者的感染是由于感染微孢子虫的蚊子叮咬时被患者拍死而导致微孢子虫进入叮咬的皮肤伤口，进而引发感染。在对从患者身上分离的按蚊微孢子虫的研究中，静脉注射、口服或鼻内接种都未能建立裸鼠感染微孢子虫体系，但将孢子在眼部进行接种，60 d 后肝被严重感染（Koudela et al. 2001）。一般认为按蚊微孢子虫适应了结膜和角膜的生理条件，所以可感染到恒温小鼠。

研究者对陆地和水生系统的几个微孢子虫的生理宿主特异性（实验室）与生态宿主特异性（田间）进行了比较研究。另外还开展了关于外来的微孢子虫对北美鳞翅目昆虫潜在风险的研究。研究者对 49 种北美鳞翅目昆虫饲喂从欧洲舞毒蛾（*Lymantria dispar*）分离的 5 种微孢子虫（Solter et al. 1997）。发现 3 类主要应答反应：不感染、非典型的感染以及重度感染。在测试中内网虫属（*Endoreticulatus* sp.）可以感染 2/3 的试虫，被视为高风险的病原体。其他 4 种微孢子虫在 2%～19% 的非目标宿主中产生重度感染。其余非靶标昆虫表现为非典型感染。如果用微孢子虫作为生物防治剂消灭北美舞毒蛾，这个信息可被用来评价不同种类的微孢子虫的安全性。进一步在野外条件下研究两种来自舞毒蛾的微孢子虫对非靶标鳞翅目昆虫的感染情况，结果发现 *N. lymantriae* 和 *V. disparis* 似乎有非常狭窄的宿主范围（Solter et al. 2010）。

康州钝孢子虫（*Amblyospora connecticus*）是伊蚊（*Aedes cantator*）的病原体，其中间宿主是矮小刺剑水蚤（*Acanthocyclops vernalis*）（Andreadis 1988b）（见 21.10）。用康州钝孢子虫感染 5 个属的 20 种蚊子，来确定蚊子的易感性和经卵传播以完成微孢子虫生活周期的能力（Andreadis 1989）。其中，4 种伊蚊均对康州钝孢子虫易感，康州钝孢子虫能在这 4 种伊蚊中正常发育，但只有在 *Aedes epactius* 产生双核孢子。然而，康州钝孢子虫在任何中间宿主中都不能进行垂直传播，在这方面显示了高度的宿主特异性，即康州钝孢子虫仅能在 *A. cantator* 进行垂直传播。

伊蚊艾德氏孢虫是埃及伊蚊的病原体（Becnel et al. 1989），Becnel 和 Johnson（1993）及 Andreadis（1994a）研究了伊蚊艾德氏孢虫对蚊子的敏感性和特异性。用伊蚊艾德氏孢虫感染 8 个属的 20 种蚊子，有 8 种蚊子发生感染并在成蚊中产生双核孢子，伊蚊艾德氏孢虫在这 20 种蚊子中均不能进行经卵传播。这些研究证实，虽然伊蚊艾德氏孢虫能感染多种蚊子，但它特异地在埃及伊蚊（*A. aegypti*）中进行垂直传播。

21.9　孢子的环境耐受性

目前关于昆虫微孢子虫孢子在外部环境中的自然耐受性所知甚少。除了少数外，绝大多数研究集中在温度、湿度和太阳辐射对孢子存活率的影响，并且主要局限于在实验室条件下对侵染重要陆生经济昆虫的微孢子虫进行的调查。关于这方面研究的详尽介绍可以参见 Kramer（1970，1976）、Maddox（1973，1977）、Brooks（1980，1988）以及 Solter 和 Becnel（2003，2007）等的著作。基于现有的数据，我们可以得出如下的结论：①不同种的孢子存活存在显著差异；②大多数种的微孢子虫孢子在一般环境中存活不会超过 1 年；③当孢子存在于排泄物、干燥的尸体及贮存稍高于冰点（0～6℃）的水介质中时具有更高的存活率；④干燥对孢子是不利的，大多数的孢子在室温中至多存活 2～3 个月；⑤干燥对寄生于水生生物的孢子是致命的；⑥超过 35℃的温度可以极大地降低孢子的活性；⑦裸露的孢子难以承受几天的阳光直射，在强烈的阳光下几分钟或几小时即完全失活；⑧任何能够为孢子应对阳光直射提供保护及保持孢子处于潮湿环境中的物质可以延长孢子的寿命；⑨其他微生物的滋生通常是有害的。Kramer（1976）的研究结果表明对孢子存活率产生主要影响的原因是由于缓慢脱水，高温所造成的低湿度及冷冻状态下水分通过孢子外壁较薄一端散失都可以造成缓慢脱水。

21.10　生活史

昆虫微孢子虫的生活史类型可以说是涵盖了从相对简单到极度复杂的各种程度。说微孢子虫拥有一个简单的生活史通常是根据其只涉及一个宿主的单个孢子形成事件的特点来界定的。孢子在原始感染宿主中形成，并且直接通过食下感染同种的宿主个体，开始再次的循环。这一观点在部分物种（过去认为只有一个孢子形成事件）中将需要修改，现在在一些物种中已经发现在发育早期就已鉴定到了孢子形成事件的发生。这种早期孢子的功能是将病原体传播至其他宿主细胞（自动侵染）。菲德利斯内网虫、西方蜜蜂微粒子虫和纳卡变形微孢子虫被认为是在一个宿主内完成生活史的昆虫微孢子虫的代表。复杂的微孢子虫生活史通常涉及多个孢子形成事件、超过一代或者是经历中间宿主的过程。水生双翅目昆虫的微孢子虫就是此种情况，下面将对两种比较重要的微孢子虫物种康州钝孢子虫和伊蚊艾德氏孢子虫进行阐述。

21.10.1　菲德利斯内网虫（*Endoreticulatus fidelis*）

作为微孢子虫的代表 *E. fidelis* 在它的发育过程中是单核的，只具有一个孢子形成事件并且只需要单个宿主个体来完成它的生活周期（Hostounsky & Weiser 1975）。这种微孢子虫的宿主是马铃薯甲虫，Hostounsky 和 Weiser（1975）的报道中是 *Leptinotarsa undeci mlineata*，Brooks 等（1988）的报道中是 *Leptinotarsa dece mlineata* 和 *Leptinotarsa juncta*。关于菲德利斯内网虫生活史的信息主要是依据 Brooks 等（1988）的报道，并在图 21.8、图 21.9a～j 和图 21.10a～d 中做了详细展示。当幼虫进食受污染的马铃薯叶片时将单核孢子一同吞下这就开启了对其的侵染。单核孢原质直接注入中肠上皮细胞开始其发育。裂殖增殖和孢子形成（孢子增殖和孢子发生）阶段都发生在宿主细胞内质网来源的寄生泡（parasitophorus vacuole）膜内（图 21.10a 和 b）。裂殖增殖指单核裂殖体多次发生二分裂或者是球形或念珠状原质团发生多次分裂（图 21.9a～g）。这是微孢子虫的主要倍增阶段。从某些角度来讲裂殖体逐渐发育为产孢原质团（sporogonial plasmodia）的产生提供细胞基础（图 21.9h 和 i），以寄生泡中母孢子的原生质膜消失作为标志。孢子增殖是由产孢原质团多次分裂形成孢子母细胞。在寄生泡中形成数量不等的单核孢子（约 40 个）（图 21.9j；图 21.10c）。侵染中肠上皮细胞（图 21.10d）后导致的细胞破裂会将孢子释放到肠腔内并随粪便排出对环境造成污染。菲德利斯内网虫（*E. fidelis*）在马铃薯甲虫的幼虫及成虫期均可感染。这种寄生虫的危害主要表现在幼虫和成虫的过早死亡及对成虫生殖能力的显著影响。

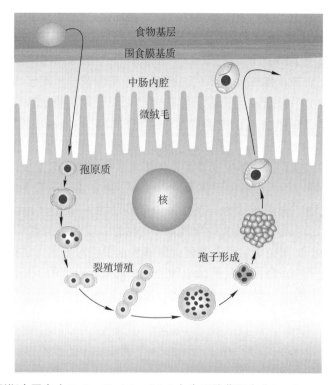

图 21.8　菲德利斯内网虫（*Endoreticulatus fidelis*）在马铃薯甲虫（*Leptinotarsa dece mlineata*）
幼虫中肠上皮细胞中生活史示意图

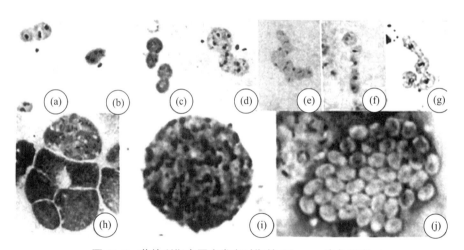

图 21.9　菲德利斯内网虫发育时期的 Giemsa 染色观察

（a）和（b）单核裂殖体；（c）正在进行二分裂的裂殖体，（d）～（g）带状裂殖体，正在出芽或多分裂；（h）产孢原质团进行原质团分割；（i）产孢原质团发育后期通过多分裂；（j）孢子团。放大倍数均为 ×1 900。［引自 Brooks，W.M.，J.J. Becnel，and G.G. Kennedy. 1988. Establishment of *Endoreticulatus* n. g. for *Pleistophora fidelis*（Hostounsky & Weiser，1975）（Microsporida: Pleistophoridae）based on the ultrastructure of a microsporidium in the Colorado potato beetle，*Leptinotarsa dece mlineata*（Say）（Coleoptera: Chrysomelidae）. *J. Protozool.*，35: 481–488. © 2007，John Wiley & Sons. ］

21.10.2　西方蜜蜂微粒子虫（*Nosema apis*）

　　西方蜜蜂微粒子虫是重要经济昆虫蜜蜂的寄生虫，它是在一个独立宿主中完成它们整个完整的发育和生活史的典型代表（图 21.11；图 21.12a 和 b）。以下关于西方蜜蜂微粒子虫生活史的信息主要基于

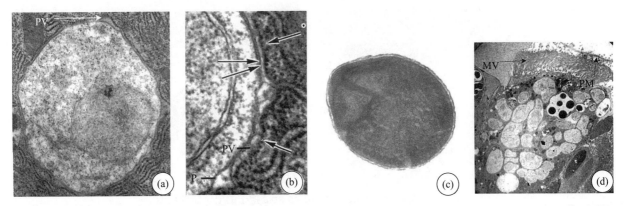

图 21.10　马铃薯甲虫（*Ptinotarsa dece mlineat*）中肠上皮细胞内菲德利斯内网虫（*Endoreticulatus fidelis*）的电子显微镜图

（a）处于宿主细胞糙面内质网衍生的寄生泡内的裂殖体，×47 500；（b）高放大倍率的裂殖体质膜和寄生泡界面，双箭头所示为邻近没有核糖体的原生质体内膜，单箭头所示为布满核糖体的寄生泡，×122 000；（c）单核孢子，×58 000；（d）感染 *E. fidelis* 的中肠上皮细胞，×3 500，MV：微绒毛；PM：围食膜；PV：寄生泡；P：原生质膜。［（a～c）经作者和出版社许可引自 Brooks, W.M., J.J. Becnel, and G.G. Kennedy. 1988. Establishment of *Endoreticulatus* n. g. for *Pleistophora fidelis*（Hostounsky & Weiser, 1975）（Microsporida: Pleistophoridae）based on the ultrastructure of a microsporidium in the Colorado potato beetle, *Leptinotarsa dece mlineata*（Say）（Coleoptera: Chrysomelidae）. *J. Protozool.*, 35: 481–488. © 2007, John Wiley & Sons ］

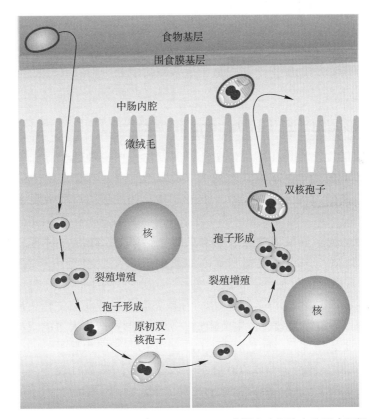

图 21.11　*Nosema apis* 在 *Apis mellifera* 中肠上皮细胞内生活史图解

Fries（1993）和 de Graaf 等（1994a，b）的研究结果。因蜂房不洁净而导致成蜂食入耦核的孢子，耦核孢子在外界条件刺激下在肠腔液内发芽并将孢原质注入中肠上皮细胞。耦核孢子增大并成熟而成为初级裂殖体。大约在感染 24 h 后细胞核进行第一次分裂，随后细胞质二分裂起始裂殖生殖周期。双核细胞通过典型的二分裂进行增殖，当然也有寡核原质团多分裂的情况存在。大约在感染 48 h 后，母孢子经过一

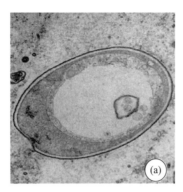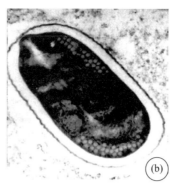

图 21.12　*Apis mellifera* 内 *Nosema apis* 孢子的电子显微镜图

（a）已发芽的 *N. apis* 的早期耦核孢子，具有较薄的壁和较大的囊泡，×24 200；（b）*N. apis* 的耦核孢子（环境里的孢子），具有较厚的壁和较长的极管 ×23 800。[经编者同意引自 The Journal of Apicultural Research, from Fries, I., R. Martin, A. Meana, P. Garcia-Palencia, and M. Higes 2006. Natural infections of *Nosema ceranae* in European honey bees. *J. Apic. Res.* 45: 230-233]

次二分裂形成两个孢子母细胞（de Graaf et al. 1994a）。这样所形成的是一个早期的耦核孢子，具有较薄的孢壁和短的极丝以及可以在上皮细胞细胞质中自发发芽的特点（图 21.12a）。一般认为正是这种机制（自动侵染）导致了对相邻中肠细胞的侵染。其他裂殖体在细胞内继续增殖，经过多次分裂后进入第二个孢子形成过程。双核的母孢子经一次分裂产生两个孢子母细胞，孢子母细胞发育成熟形成孢子，形成的双核孢子具有厚的孢壁以及长的极丝（图 21.12b），产生的孢子数量较多。很快上皮细胞内将充满孢子并最终破裂，将双核孢子释放到肠腔中。这些孢子混杂在排泄物中污染蜜蜂的生存环境直至被新的宿主摄入。

21.10.3　纳卡变形微孢子虫（*Vairimorpha necatrix*）

另外，还有微孢子虫的生活史是在同一宿主个体内发生不止一种孢子形成事件。该类型在进行繁殖时母孢子将会进行两种不同的孢子生成方式。纳卡变形微孢子虫是该类型生活史的典型代表，其只需要一个宿主来进行它的整个繁殖过程（图 21.13）。此外，在早期的侵染过程中观察到了第 3 种孢子形成过程（Solter & Maddox 1998）。下面是关于 Maddox 等（1981）以及 Solter 和 Maddox（1998）研究的概述。

草地贪夜蛾（*S. frugiperda*）是纳卡变形微孢子虫的易感宿主，在取食时通过摄入孢子而被感染。孢子萌发导致孢原质进入到宿主中肠上皮细胞。孢原质的成熟至少要经历一次二分裂增殖。在感染后 30 ~ 72 h，这些细胞发育成双核的母孢子，母孢子发生一次分裂产生两个孢子母细胞。最初形成的双核孢子壁很薄，有一个大的后极泡（图 21.13）。这些孢子在成熟时能自然萌发并释放出孢原质，然后这些孢原质感染幼虫的脂肪体。第二种裂殖生殖过程主要通过二分裂的形式产生大量的双核裂殖体。双核的母孢子随后进入两种孢子形成方式的一种。一种是双孢子的，产生似微粒子虫属类型的双核孢子，这种方式总是发生在早期（图 21.14a）。另一种孢子形成方式在后期发生，通过减数分裂产生单核孢子（图 21.14b），8 个一组被包裹在寄生泡中（图 21.13）。脂肪体完全变成一个充满孢子的囊，大多数被感染的个体在幼虫期就死掉。孢子污染了环境，为感染新的宿主个体提供病原物。

21.10.4　多种形态的水生双翅目昆虫微孢子虫

具有多形态或异形孢子的微孢子虫感染水生的双翅目昆虫，特别是蚊子，其拥有最为复杂的生活周期。它的生活周期包括无性生殖（裂殖增殖和孢子增殖），有性生殖（核融合、配子发生和胞质融合），产生多种类型孢子（每一种都有一种特殊的功能），垂直（经过卵巢）传播和水平传播。大多数微孢子虫需要两个连续的宿主世代来完成它们的生活周期，其中至少有三个属的微孢子虫必须在中间宿主里发育，如钝孢虫属、透明球孢虫属和类泰罗汉孢虫属。对这些微孢子虫详细的研究表明其在不同物种的宿主中生活周期有较多的变化（Hazard & Oldacre 1975；Andreadis 1990a，b，2002，2005；Sweeney & Becnel 1991；Becnel 1994；Micieli et al. 1998，2000a，b，2007，2009；Andreadis & Vossbrinck 2002；Becnel et al. 2005）。在这一章不详细的描述所有物种的生活周期。但是，两个最为广泛研究的微孢子虫属钝孢虫属和艾德氏孢虫属的生活周期将会在这里描述，因为它们代表了一些复杂的已经完全了解其生活周期的微孢子虫。其他值得注意的多形态微孢子虫属的生活周期细节和超微结构参阅以下的文献：*Culicospora*（Hazard et al. 1985；Becnel et al. 1987；Becnel 1994）、*Culicosporella*（Hazard et al. 1984；Becnel & Fukuda 1991）、*Hazardia*（Hazard & Fukuda 1974；Hazard et al. 1985）、*Parathelohania*（Hazard & Weiser 1968；Avery & Undeen 1990），以及 *Hyalinocysta*（Andreadis & Vossbrinck 2002；Andreadis 2005）。

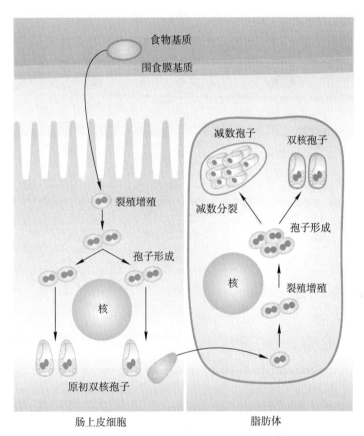

图 21.13　纳卡变形微孢子虫在草地贪夜蛾中肠上皮细胞和脂肪体中生活史示意图

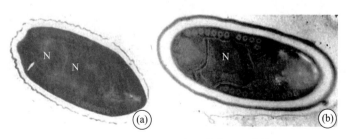

图 21.14　*V. necatrix* 孢子的电子显微镜图

（a）具有厚孢壁和长极管的 *V. necatrix* 双核孢子（环境中的孢子），×11 700；（b）*V. necatrix* 的减数孢子，×26 500。N 表示细胞核。［引自 Moore，C.B. and W.M. Brooks. 1992. An ultrastructural study of *Vairimorpha necatrix*（Microspora，Microsporida）with particular reference to episporontal inclusions during octosporogony. *J. Protozool.* 39:392-398 with permission from the authors and publisher］

21.10.4.1 康州钝孢子虫（*Amblyospora connecticus*）

钝孢子虫属（*Amblyospora*）代表了一大类感染自然蚊群的微孢子虫。至今，全世界有来自 10 个属的 100 多个物种或分离株被鉴定（Andreadis 1994b，2007）。据我们所知，钝孢子虫属的所有种都是通过蚊子的雌性成虫经卵传播，并且必须在桡足类中间宿主中发育，作为水平传播的先决条件（Andreadis 1985a；Sweeney et al. 1985，1990；Becnel 1992；White et al. 1994；Becnel & Andreadis 1998；Micieli et al. 1998，2000a，b，2003，2007）。康州钝孢虫的生活周期具有代表性，它的生活周期是在蚊子 *Aedes cantator* 和桡足类中间宿主 *Acanthocyclops vernalis*（Andreadis 1983，1985a，1988a，b，1990b）中进行的，图 21.15、图 21.16a ~ c、图 21.17a ~ r、图 21.18a ~ f 和图 21.19a ~ d 对其进行了描述。

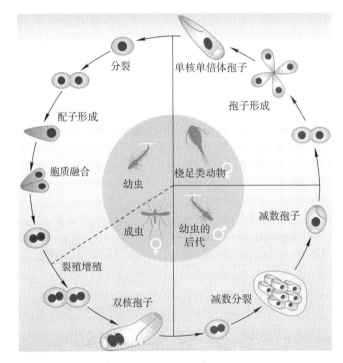

图 21.15 *Acanthocyclops vernalis* 和 *Aedes cantator* 中 *Amblyospora connecticus* 的生活史模式图

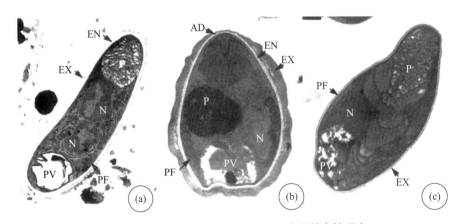

图 21.16 *Amblyospora connecticus* 孢子的电镜观察

（a）来源于 *Aedes cantator* 雌蚊内的双核孢子，×9 600；（b）*A. cantator* 4 龄幼虫体内的减数分裂单核孢子，×14 400；（c）桡足类动物 *Acanthocyclops vernalis* 体内的单倍体孢子，×13 600。AD：锚定盘；EN：孢内壁；EX：孢外壁；N：细胞核；P：极质体；PF：极丝；PV：后极泡

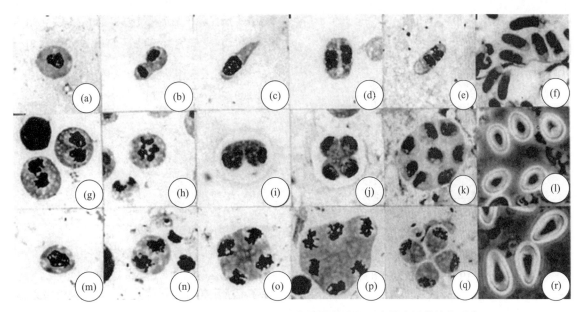

图 21.17　*Amblyospora connecticus* 生活史各阶段形态的吉姆萨染色观察

幼虫（a）～（d）、成虫（e）以及 *Aedes cantator* 经口食下桡足类动物中孢子后体内的各阶段孢子。（a）单核的裂殖体；（b）分裂中的裂殖体；（c）配子；（d）进行原生质融合的配子；（e）孢子母细胞；（f）双核孢子。经卵垂直传播的 *A. cantator* 幼虫中的各阶段（g）～（j）；（g）耦核母孢子；（h）减数分裂中的母孢子；（i）双核母孢子；（j）四核母孢子；（k）产孢囊中的八孢子；（l）减数孢子（相差观察）。*Acanthocyclops vernalis* 摄入减数孢子后其体内微孢子虫的各发育阶段（m）～（r），（m）早期母孢子；（n）双核母孢子。（o）和（p）产孢原质团；（q）孢子母细胞；（r）孢子（相差观察），×1 100

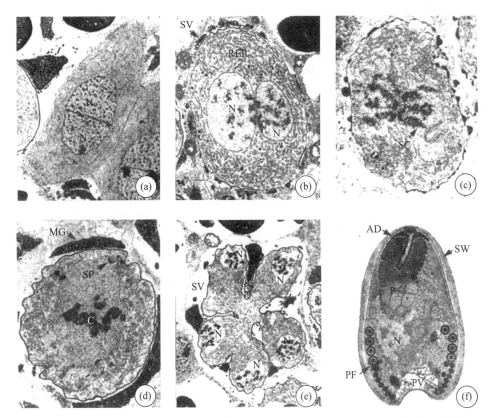

图 21.18　*Aedes cantator* 幼虫脂肪体组织中 *Amblyospora connecticus* 的发育阶段

（a）耦核裂殖体，×6 400。（b）双核母孢子，×6 800。（c）减数分裂前期的双核母孢子，×7 900。（d）细胞分裂中期的母孢子，×7 000。（e）产孢囊中的多核母孢子，×4 800。（f）孢子母细胞，×12 500。AD：锚定盘；C：染色体；MG：代谢颗粒；N：细胞核；P：极膜层；PF：极丝；PV：后极泡；RER：糙面内质网；SC：联会丝复合体；SP：纺锤体板；SV：产孢囊；SW：孢壁

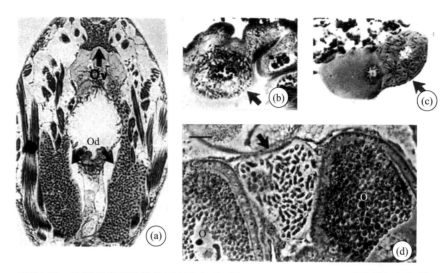

图21.19 在桡足类动物和蚊子宿主中 *Amblyospora connecticus* 感染的组织切片。

（a）雌性桡足动物 *Acanthocyclops vernalis* 的卵巢（Ov）和两侧输卵管（Od）出现感染后的矢状切面图，×190；（b）*Aedes cantator* 4龄幼虫的胃盲囊中感染的上皮细胞（箭头所示），×330；（c）*A. cantator* 中被感染的绛色细胞（箭头所示），×440；（d）*A. cantator* 雌性成虫卵巢中被感染的绛色细胞内含双核孢子（箭头所示），O 表示宿主卵母细胞，×1 200

　　微孢子虫通过经口摄入单倍体孢子被水平传播到蚊子幼虫（图21.16c；图21.17r），这些孢子会伴随着被感染的中间宿主桡足类动物的死亡而释放到水中。微孢子虫在幼虫肠道内萌芽并通过弹出的极管注射孢原质到中肠和盲肠的上皮细胞（图21.17a；图21.19b）。经过短期的二分裂增殖，微孢子虫扩展到肌肉组织和绛色细胞（图21.19c），在这里微孢子虫会经历单核配子的有性生殖期，包括配子发生（图21.17c）和单核配子的胞质融合（图21.17d），因此，又恢复到双核的状态（图21.17e）。被感染的绛色细胞变得肥大（图21.19c），但是随着感染并没有明显的病理特征。被感染的幼虫正常发育并羽化出表型上似乎健康的成虫。微孢子虫在雌性成虫中经历有限的繁殖，当蚊子的雌性成虫食血后生成孢子。孢子的形成与蚊子卵巢的成熟一致，受宿主分泌的生殖激素调控，尤其是20-羟基蜕皮激素（Lord & Hall 1983）。这样形成的双核孢子（图21.16a；图21.17f）主要是在卵巢管和在卵巢管鞘里的卵母细胞中发现的（图21.19d）。孢子在1~2天萌芽，通过营养细胞感染卵巢，微孢子虫经卵巢传播到 F_1 后代。

　　微孢子虫在后代幼虫中的发育是双态型的，并且在一定程度依赖于宿主的性别。在某些雌性中，微孢子虫将会感染绛色细胞，并且经历一个简单的发育过程，在这个过程中微孢子虫通过二分裂和多分裂（裂殖增殖）方式维持有限的增殖。这些感染的宿主幼虫没有表现出不良影响并且正常发育到成虫期。当它们与健康的雄性进行交配并且食血后，这些病原体就经过卵巢进行传播。对于康州钝孢虫来说，这种经卵传播并通过雌性后代传染的途径能够维持几代。但是，一定程度的水平传播是必需的，由于这些微孢子虫并不是100%有效地进行垂直传播，并且没有雄性宿主的辅助（如父本介导的传播）。这种情况适用于钝孢子虫属的所有物种（Andreadis & Hall 1979b；Andreadis 1985b；Sweeney et al. 1988，1989）。

　　在被感染微孢子的卵孵化的雌性和所有的雄性个体中，微孢子虫侵入脂肪体组织，并且表现出完全不同的发育过程。在微孢子虫感染蔓延整个幼虫宿主的脂肪体时，微孢子虫最初经历增生性的裂殖增殖（图21.17g；图21.18a）。由于这个时期没有孢子形成，推测双核裂殖体负责了细胞到细胞的传播，这可能是由于细胞融合的结果。接下来形成耦核母孢子（图21.17h；图21.18b），并且它们经历减数分裂和持续很久的孢子形成事件（图21.17i~k；图21.18c~e），最后导致产生成千上万的8个为一组的单倍体孢子，它们通常被认为是减数孢子（图21.16b；图21.17l；图21.18f）。感染通常会在第4龄通过破坏脂肪体正常功能和减少幼虫必需营养储备来杀死幼虫宿主。在这些蚊子幼虫中产生的减数孢子经口感染 *A. vernalis* 的雌性个体。摄食后，孢子发芽，微孢子虫感染中间宿主桡足类动物的卵巢组织（图21.19a），并重复进行裂

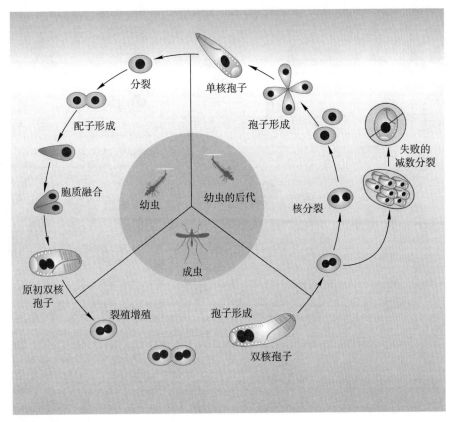

图21.20　埃及伊蚊（*Aedes aegypti*）中伊蚊艾德氏孢虫（*Edhazardia aedis*）的生活史模式图

殖增殖，接下来进行多孢子母细胞方式的孢子增殖（polysporoblastic sporogony）（图21.17m～q），形成许多的单核孢子（图21.16c；图21.17r）。最终，微孢子虫杀死中间宿主桡足虫，释放孢子到水中，孢子被蚊子幼虫摄入进而完成它们的生活周期。因此，康州钝孢虫在它的两个宿主中的一个宿主内进行寄生，完成它的生活周期的大部分。

　　已经报道的钝孢虫属其他种的生活周期有较大的变化，包括①在没有食血的蚊子雌成虫体内形成双核孢子（Sweeney et al. 1989）；②F₁后代中的减数孢子能够经卵传播（Lord et al. 1981；Sweeney et al. 1990）；③在F₁后代雌性中绛色细胞感染能够经卵传播（Kellen & Wills 1962；Andreadis & Hall 1979b）；④中间宿主桡足虫的雌和雄性都易感染（Sweeney et al. 1990）。与组织特异性和感染宿主性别相关的宿主与寄生虫之间特殊关系参阅文献 Kellen et al.（1965，1966）、Chapman et al.（1966）、Anderson（1968）、Hazard 和 Oldacre（1975），以及 Micieli et al.（2009）的报道。

21.10.4.2　伊蚊艾德氏孢虫（*Edhazardia aedis*）

　　艾德氏孢虫属（*Edhazardia*）是一种单型属，其典型代表是伊蚊艾德氏孢虫（*Edhazardia aedis*），这种微孢子虫对于黄热病蚊子埃及伊蚊（*Aedes aegypti*）具有高的感染性和致命性（Hembree 1982；Hembree & Ryan 1982）。这种微孢子虫是一种具有异形孢子的物种，它有4种不同的孢子形成方式，就像钝孢子虫属一样具有垂直和水平的传播方式。但是它又与钝孢子虫属不同，它的生活周期不需要中间宿主。接下来对它的生活周期细节进行描述，图21.20、图21.21a～r、图21.22a～d、图21.23a～f 和图21.24a～d 对其生活周期进行展示（Becnel et al. 1989；Johnson et al. 1997）。

　　Edhazardia aedis 在蚊子幼虫中的水平传播是通过蚊子经口摄食单核尖状形（uninucleate-lanceolate）孢子而被感染（图21.21m；图21.24c），经水平传播而被感染的幼虫死亡时会在水生环境中释放这些孢子。

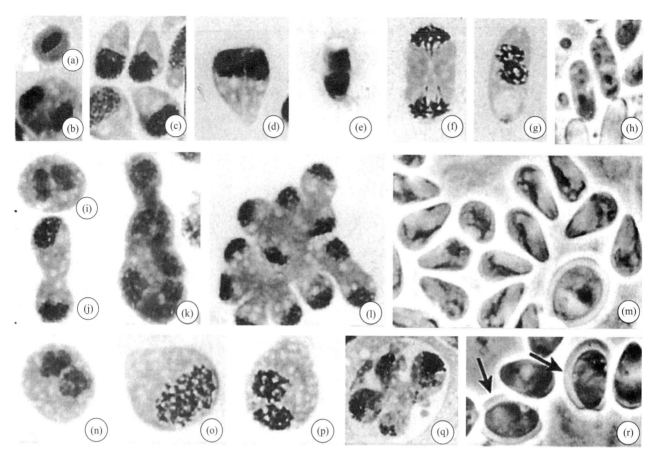

图 21.21 利用吉姆萨染色方法观察 *E.aedis* 的生活史各阶段

经水平传播在 *Aedes aegypti* 中产生初级感染的双核孢子后 *E. aedis* 的孢子形成过程（a）～（e），（a）胃盲囊中的单核孢原质；（b）裂殖体分裂；（c）配子；（d）进行胞质融合的成对配子；（e）初生双核孢子。*Aedes aegypti* 中经水平传播产生双核（经卵巢的）孢子后 *E. aedis* 的孢子形成过程（f）～（h），（f）经历二分裂的耦核母孢子；（g）双核的孢子母细胞；（h）双核的（经卵巢的）孢子（相差观察）。*E. aedis* 在杂交后代中核分裂产生的单核梨形孢子的孢子发生事件（i）～（m），（i）耦核裂殖体；（j）核分裂后的经历胞质分裂的母孢子；（k）产孢原质团；（l）产孢原质团分裂为单核孢子母细胞；（m）来自杂交宿主幼虫的单核薄壁梨形孢子（相差观察）。在杂交后代中 *E. aedis* 进行减数分裂产生减数孢子的孢子发生事件（n）～（r），（n）耦核裂殖体；（o）来源于耦核裂殖体的受精卵或早期母孢子；（p）母孢子；（q）四核的产孢原质团；（r）减数孢子（箭头所示，相差观察）。所有图片 ×2 000。［Becnel, J. J., V. Sprague, T. Fukuda, and E. I. Hazard. 1989. Development of *Edhazardia aedis*（Kudo, 1930）n. g., n. comb.（Microsporida: Amblyosporidae）in the mosquito *Aedes aegypti*（L.）（Diptera: Culicidae）. *J. Protozool.* 36:119–130］

孢子很容易在中肠腔中萌芽并且开始感染胃盲囊（gastric caeca）上皮细胞。在这时，微孢子虫经历有限的无性繁殖期（裂殖生殖，图 21.21a 和 b），紧接着是配子发育（图 21.21c）。在这个过程中形成了单核梨形配子，这些配子的细胞膜上有明显的双层膜的乳突或者类似乳突结构（图 21.22a）。接下来配子进行胞质融合进入四倍体时期（图 21.22c），然后发育形成小的双核孢子（图 21.21e；图 21.24a）。这些最初形成的孢子很快就萌芽并且传播微孢子虫 *E. aedis* 到其他宿主的组织，大多数到宿主的绛色细胞中。在摄入尖状孢子后的 120 h 内完成了这一部分生活周期。尽管有些变化可能会发生，但是大多数轻度到中度感染的幼虫都能发育到成虫期，在这过程中 *E. aedis* 又进行了第二轮无性增殖阶段的发育（裂殖生殖）。裂殖增殖过程发生在宿主绛色细胞中，绛色细胞在血腔中循环，可运动到雌性宿主卵巢附近。雌性宿主吸血后就紧接着进行孢子的形成，会导致双核孢子的产生（图 21.21h；图 21.24b）。这些孢子通常被称作经卵传播的孢子（transovarial spore），它们负责感染卵巢并且最终传播到宿主后代中。除了在功能上的不同，经卵传播的孢子比之前的孢子更大、更长，并且拥有更长的极丝和较小的后极泡（图 21.24a 和 b）。跟钝孢子虫属一样，

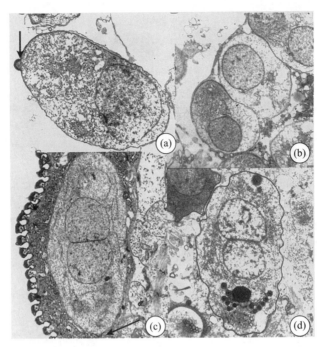

图 21.22　埃及伊蚊中伊蚊艾德氏孢虫水平传播后的电子显微观察

（a）有乳突的配子（箭头），×14 700；（b）开始进行胞质融合的一对配子，×8 350；（c）耦核裂殖体，箭头指示细胞顶端的乳突，×10 000；（d）耦核孢子母细胞，×13 000。[Becnel, J. J., V. Sprague, T. Fukuda, and E. I. Hazard. 1989. Development of *Edhazardia aedis* (Kudo, 1930) n. g., n. comb. (Microsporida: Amblyosporidae) in the mosquito *Aedes aegypti* (L.) (Diptera: Culicidae). *J. Protozool.* 36:119−130]

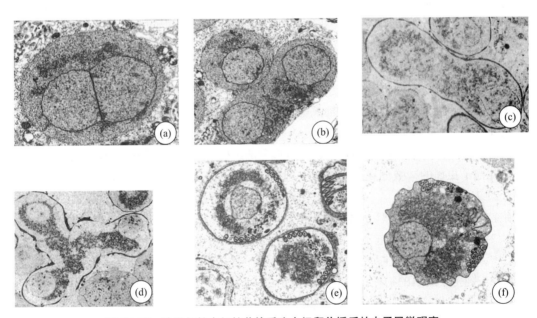

图 21.23　埃及伊蚊中伊蚊艾德氏孢虫经卵传播后的电子显微观察

（a）耦核裂殖体，×9 750；（b）耦核分离，×9 000；（c）裂殖体分离，×6 200；（d）多分裂过程中的产孢原质团，×4 350；（e）早期孢子母细胞，×6 800；（f）产孢囊中单个的孢子母细胞，×9 000。[Becnel, J. J., V. Sprague, T. Fukuda, and E. I. Hazard. 1989. Development of *Edhazardia aedis* (Kudo, 1930) n. g., n. comb. (Microsporida: Amblyosporidae) in the mosquito *Aedes aegypti* (L.) (Diptera: Culicidae). *J. Protozool.* 36:119−130]

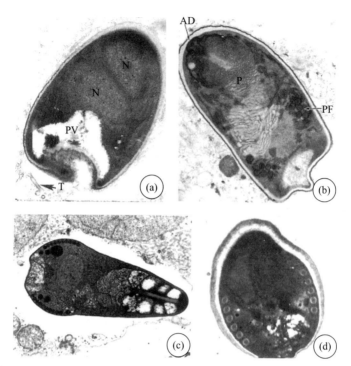

图21.24 埃及伊蚊中伊蚊艾德氏孢虫的四个不同类型孢子的电子显微观察

（a）初生双核孢子。N：细胞核；PV：后极泡；T：管状物（tubules）；×24 000。（b）双核（经卵巢的）孢子。AD：锚定盘；PF：极丝；P：极膜层；×23 000。（c）单核的单倍体孢子（环境中）；×11 500。（d）减数孢子；×19 000。［经作者和出版社同意引自（a）Johnson, M. A., J. J. Becnel, and A. H. Undeen. 1997. A new sporulation sequence in *Edhazardia aedis*（Microsporidia: Culicosporidae）, a parasite of the mosquito *Aedes aegypti*（Diptera: Culicidae）. *J. Invertebr. Pathol.* 70:69–75；（b ~ d）Becnel, J. J., V. Sprague, T. Fukuda, and E. I. Hazard. 1989. Development of *Edhazardia aedis*（Kudo, 1930）n. g., n. comb.（Microsporida: Amblyosporidae）in the mosquito *Aedes aegypti*（L.）（Diptera: Culicidae）. *J. Protozool.* 36:119–130］

生活周期的这部分发育阶段不会导致明显的病理特征。但是，被感染微孢子虫的雌性宿主的繁殖力、寿命（Becnel et al. 1995）和吸血成功率（blood-feeding success）（Koella & Agnew 1997）都将下降。

在后代幼虫中，微孢子虫 *E. aedis* 侵入脂肪体组织中，并且经历第三次裂殖增殖（图21.21i；图21.23a），接下来经历两个不同的过程，即减数分裂和核分离过程结束生活周期的双核期。其减数分裂事件（图21.21n ~ q）与钝孢子虫属的减数分裂过程相似，但是微孢子虫 *E. aedis* 的孢子通常发育不全并且很少形成减数孢子（图21.21r；图21.24d）。在核分离过程中，双核进行分离（图21.21j；图21.23b），经历胞质分裂形成两个独立的单倍体细胞。然后它们经历孢子形成过程（图21.21k和l；图21.23c ~ f）形成大量的单核孢子（图21.21m；图21.24c）。这个过程导致被感染的宿主幼虫死亡，随后释放有传染性的单核孢子进入到水生环境中，这些孢子在水生环境里可能被其他易感性蚊子幼虫摄入进而完成微孢子虫的生活周期。因此，这些孢子与钝孢子虫属的物种在中间宿主桡足虫中产生的孢子类似。

在伊蚊艾德氏孢虫和其他相近的物种如马格纳库蚊孢虫（*Culicospora magna*）中，其通过核分离而非减数分裂的方式形成经口有传染性孢子的单倍化机制可能代表了退行演化的一个例子，这些微孢子虫进化可能远离了两个宿主系统，而是进化出一个更加简单、更加有效的单宿主系统（Becnel 1994）。这个假说得到了这些微孢子虫 rDNA 序列进化分析的支撑（Baker et al. 1998；Vossbrinck et al. 1998，2004；Andreadis 2005，2007），该结果表明蚊子和它的寄生虫共同进化。基于蚊子–微孢子虫的整个分支与宿主蚊子分子进化关联的系统进化重建和比较分析进一步显示在属的水平上（generic level）寄生虫和宿主有高度的一致性。寄生伊蚊属和库蚊属蚊子（*Amblyospora*、*Culicospora*、*Edhazardia*、*Intrapredatorus*、*Trichotosporea*）的微孢子虫物种单独形成一个进化枝，这也是与其宿主进化相对应的，感染按蚊（*Parathelohania*、*Senoma*）

的微孢子虫物种作为姐妹分支靠近蚊子 – 寄生虫微孢子的整个分支，这是由于它们的按蚊宿主分支作为姐妹枝与整个库蚊属的关系很近（Andreadis et al. 2012）。这在属的水平上为宿主 – 寄生虫共同进化提供强有力的证据，并且限制了宿主谱系转移到不相关的分类群上。

21.11　寄生昆虫的微孢子虫属

　　Kudo（1924）报道了 14 个属，总计 178 个微孢子虫物种，包括一些未命名和不确定的种。在那个时候，大约有 75 个已命名的微孢子虫来自昆虫。Weiser（1963a）记录了有 200 多种以昆虫作为宿主的微孢子虫。Sprague（1977）确认了 44 个属，总计近 750 种微孢子虫，其中大约有 150 种未被命名。大概 380 个物种感染昆虫，而这其中约有 90 种未命名。现在，有 200 个微孢子虫属（见附录 A），其中有 93 个属的微孢子感染昆虫。目前被命名的微孢子虫中有一半多是在昆虫中被报道的（被描述的微孢子虫物种的准确数量很难被确定，大概估计有 1 400 多种）。

　　微孢子虫已经在所有的昆虫中被描述。感染昆虫的微孢子虫属在表 21.1 中以昆虫目分类的方式进行了展示。令人惊奇的是，93 个感染昆虫的微孢子虫属中有 57 个微孢子虫属感染双翅目昆虫；如果宿主是水生的昆虫（*Diptera*、*Ephemeroptera*、*Trichoptera* 和 *Odonata*），那么就有 70 个感染水生昆虫的微孢子虫属。对于这种在水生昆虫中具有明显的属多样性的解释有几个。一种可能是由于通过透明的水生昆虫的表皮相

表 21.1　分布在不同昆虫目中的以昆虫为模式宿主的微孢子虫

昆虫分类		微孢子虫属
Diptera	57	*Aedispora*、*Andreanna*、*Amblyospora*、*Anisofilariata*、*Bohuslavia*、*Campanulospora*、*Caudospora*、*Chapmanium*、*Coccospora*、*Crepidulospora*、*Crispospora*、*Cristulospora*、*Culicospora*、*Culicosporella*、*Cylindrospora*、*Dimeiospora*、*Edhazardia*、*Evlachovaia*、*Flabelliforma*、*Golbergia*、*Hazardia*、*Helmichia*、*Hessea*、*Hirsutusporos*、*Hyalinocysta*、*Janacekia*、*Krishtalia*、*Merocinta*、*Multilamina*、*Napamichum*、*Neoperezia*、*Novothelohania*、*Octosporea*、*Parapleistophora*、*Parastempellia*、*Parathelohania*、*Pegmatheca*、*Pernicivesicula*、*Pilosporella*、*Polydispyrenia*、*Ringueletium*、*Scipionospora*、*Semenovaia*、*Senoma*、*Simuliospora*、*Spherospora*、*Spiroglugea*、*Striatospora*、*Systenostrema*、*Takaokaspora*、*Toxoglugea*、*Toxospora*、*Trichoctosporea*、*Tricornia*、*Tubulinosema*、*Vavraia*、*Weiseria*
Coleoptera	5	*Anncaliia*、*Canningia*、*Chytridiopsis*、*Endoreticulatus*、*Ovavesicula*
Ephemeroptera	6	*Geusia*、*Mitoplistophora*、*Pankovaia*、*Stempellia*、*Telomyxa*、*Trichoduboscqia*
Lepidoptera	4	*Cystosporogenes*、*Nosema*、*Orthosomella*、*Vairimorpha*
Trichoptera	5	*Episeptum*、*Issia*、*Paraepiseptum*、*Tardivesicula*、*Zelenkaia*
Orthoptera	4	*Heterovesicula*、*Johenrea*、*Liebermannia*、*Paranosema*
Odonata	2	*Nudispora*、*Resiomeria*
Siphonaptera	2	*Nolleria*、*Pulcispora*
Collembola	1	*Auraspora*
Thysanura	1	*Buxtehudea*
Hymenoptera	3	*Antonospora*、*Burenella*、*Kneallhazia*
Isoptera	1	*Duboscqia*
Heteroptera	1	*Becnelia*
Psocoptera	1	*Mockfordia*
总计	93	

对容易检测到微孢子虫的感染。另一种可能是许多已经被鉴定的微粒子虫属和变形微孢子虫属的微孢子虫物种（大多数感染陆地上的昆虫）代表了很多用分子研究手段鉴定的微孢子虫属的集合（Baker et al. 1994；Vossbrinck & Debrunner Vossbrinck 2005）。另外，感染水生昆虫微孢子虫属的标准可能不能正确的反映出系统发育多样性，却适合于特殊的生境和宿主系统。希望能有其他的分子研究方法来帮助解决这些这种基础的分类学问题。

下文列出了以昆虫为宿主的微孢子虫属。诊断信息是根据孢子形成特点，如果可能的话还根据孢子不同的生活史特征来确定。下文列出了各类宿主和微孢子虫物种，并对其分布和其他重要事项进行了注释。空白表示未能给出这些属的综合性信息，但是这些信息能够在其他文献中获得（Sprague 1977；Weiser 1977；Canning & Lom 1986；Larsson 1986a，1988，1999；Sprague et al. 1992；Becnel & Andreadis 1999；Sprague & Becnel 1999；Solter et al. 2012a）。一些不以昆虫为模式宿主的属也被列出，这主要是因为很多种微孢子虫已经被报道能够寄生在昆虫中（例如 *Thelohania*、*Pleistophora*），或者昆虫 – 微孢子虫间有某些联系（例如 *Trichotuzetia*）。

Aedispora（**Kilochitskii 1997**）

诊断：已知的感染只发生在幼虫阶段，会大量感染脂肪体。目前只报道了一种孢子发育过程。成熟孢子呈单核，长梨形，且形成八孢子。传播的机制和途径不清楚。

模式种：*Aedispora dorsalis*（Kilochitskii 1997）

模式宿主：*Aedes*（*Ochlerotatus*）*caspius dorsalis*（Meigen）（Diptera，Culicidae）

附注：单型。*Aedispora* 属具有和 *Amblyospora* 属类似的孢子形成过程，能在蚊子幼虫中产生减数孢子。

Amblyospora（**Hazard & Oldacre 1975**）

诊断：在这个属中，有 3 种不同的孢子形成过程，其导致产生三类形态学和功能具有差异的孢子类型。具有双核的孢子可以在雌性成虫的绛色细胞中发生，并且进一步感染发育的卵母细胞。在子代中，减数孢子发生在脂肪体中的八孢子期。这些孢子对中间宿主具有强的感染性，至目前为止，这些中间宿主主要为桡足类动物。第二类单核孢子在桡足类动物的卵巢中形成。大的、披针形的孢子负责感染新一代的蚊子并在成蚊中形成双核孢子进而完成整个生活史。

模式种：*Amblyospora californica*（Kellen & Lipa 1960；Hazard & Oldacre 1975）

模式宿主：*Culex tarsalis*（Diptera，Culicidae）

附注：这是一类非常大的属，其中大多数被报道的种来自双翅目昆虫（>100，大多数为蚊子），大约 5 个种来自毛翅目。已经证实的中间宿主约有 13 种。大多数种被报道来自于宿主的幼虫阶段，主要基于包括减数分裂和产生 8 孢子的孢子形成过程。这是第一个记录有中间宿主的微孢子虫属。

Ameson（**Sprague 1977**）

诊断：孢子形成前期阶段呈双核。已知只有一种孢子形成过程，多孢子母细胞形式的孢子形成。最终形成小而椭圆的双核孢子。肌肉是最主要的感染部位。螃蟹在接触到感染组织后也能被感染，这暗示了其可以通过摄食或鳃进行传播。

模式种：*Ameson michaelis*（Sprague 1970）

模式宿主：*Callinectes sapidus*（Decapoda，Portunidae）

附注：只有一个种在昆虫（Diptera，Tabanidae）内被描述。这个物种的模式种是来自海洋的虾类，将昆虫微孢子虫归类在这个属中是有问题的。

Andreanna（**Simakova et al. 2008**）

诊断：在蚊子幼虫脂肪体中只有一种孢子形成过程被报道。双核的裂殖生殖以二分裂方式进行。双核的母孢子经减数分裂在寄生泡中产生 8 个单核的减数孢子。减数孢子呈椭圆、厚壁，具有薄片状的极膜层和同型极丝。传播路径还不清楚。

模式种：*Andreanna caspii*（Simakova et al. 2008）

模式宿主：*Aedes*（*Ochlerotatus*）*caspius*（Pallas）（Diptera，Culicidae）

附注：单型属，在蚊子幼虫中发生与 *Amblyospora* 类似的孢子形成过程。系统发生分析提供了有力的证据表明 *Andreanna* 代表 1 个独立的属，是 *Amblyospora* 属的另一个姐妹支。

Anisofilariata（**Tokarev et al. 2010**）

诊断：*Anisofilariata* 属是单态型，有双核和单核的发育阶段，这暗示着其孢子形成过程中进行了减数分裂。双核母孢子产生多细胞核的产孢原质团。产孢囊内的单核孢子数为偶数（2 个、4 个、8 个或 16 个单核孢子）及孢子外有管状物。孢子以两种形态的极膜层和同型极丝为主要特征。所有的发育阶段都可以在幼虫的脂肪组织中被观察到。

模式种：*Anisofilariata chironomi*（Tokarev et al. 2010）

模式宿主：*Chironomus plumosus* L.（Diptera，Chironomidae）

附注：单型属。摇蚊科昆虫的寄生虫。没有分子特征描述。

Anncaliia（**Issi et al. 1993**）

诊断：孢子形成前期阶段是双核。仅有一种 *Nosema* 属类型的孢子形成过程。孢子形成期是双孢子母细胞型的孢子增殖，产生椭圆形、双核孢子。该属可在其发育过程中形成管状分泌物。可能经食下传播，脂肪体是其主要感染部位。

模式种：*Anncaliia meligethi*（Issi et al. 1993）

模式宿主：*Meligethes aeneus*（Coleoptera，Nitidulidae）

附注：模式宿主的主要类型是甲虫，根据管状分泌物的存在，Brooks 等将一种墨西哥豆瓢虫的寄生虫 *Nosema varivestis*（Brooks et al. 1985）归入此属。Franzen 等（2006）将 *Brachiola algerae*、*B. connori*、*B. gambiae* 和 *B. vesicularum* 归类到这个属。

Antonospora（**Fries et al. 1999**）

诊断：裂殖增殖期为耦核，且整个发育时期与宿主细胞质直接接触。双核孢子是卵圆柱形，它具有四层孢外壁、层状极膜层和同型极丝。其系统发育分析与形态学数据不一致，异于其他已知研究的物种。无传播相关的数据。

模式种：*Antonospora scoticae*（Fries et al. 1999）

模式宿主：*Andrena scotica*（Perkins 1916）（Hymenoptera，Andrenidae）

附注：基于形态学和分子生物学证据，从飞蝗体内分离到的蝗虫微孢子虫（*Nosema locustae*）划转到了 *Antonospora* 属（Slamovits et al. 2004）。

Auraspora（**Weiser & Purrini 1980**）

诊断：孢子形成前期阶段是耦核，该种群具有两种不同的孢子形成过程，其中一种像 *Nosema* 属那样产生薄壁、双核的梨形孢子。在另外一种异常的孢子形成过程中，在产孢囊中产生厚壁、单核的孢子。感染部位是雄性的生殖腺。

模式种：*Auraspora canningae*（Weiser & Purrini 1980）

模式宿主：*Lepidocyrtus lignorum*（Collembola，Entomobryidae）

附注：单型，模式宿主是跳虫。

Bacillidium（Janda 1928）

诊断：孢子形成前期阶段是耦核。已经获悉只有一种以耦核母孢子开始的孢子形成过程。孢子生殖是双孢子母细胞型的孢子增殖，可产生棒状的、双核大型孢子。经食下传播，主要感染部位是淋巴细胞和肾管。

模式种：*Bacillidium criodrili*（Janda 1928）

模式宿主：*Criodrilus lacuum*（Annelida，Oligochaeta）

附注：已经有两个物种在昆虫中进行报道，一种是来自摇蚊，一种来自缨尾目（蠹虫），但是模式宿主不是昆虫。

Becnelia（Tonka & Weiser 2000）

诊断：单核细胞通过二分裂进行早期增殖。形成的耦核母孢子通过减数分裂在产孢囊内产生八个单核孢子。有两种类型的单核孢子，一种是细长的、椭圆形孢子，具同型极丝及极膜层，其层状部分的中心是由封闭的的小室组成。另一种孢子则更加圆润且具有较短的同型极丝。无传播相关的数据。

模式种：*Becnelia sigarae*（Tonka & Weiser 2000）

模式宿主：*Sigara lateralis*（Leach 1817）（Heteroptera，Corixidae）

附注：微孢子虫是单型的，感染淡水节肢动物，无分子特征的描述。

Bohuslavia（Larsson 1985）

诊断：孢子形成前期阶段呈耦核。仅有一种孢子形成过程被报道。耦核母孢子经过减数分裂产生 8 个或 16 个孢子母细胞，最终在产孢囊中形成 8 个或 16 个孢子。感染部位是幼虫的脂肪体。

模式种：*Bohuslavia asterias*（Weiser 1963b；Larsson 1985）

模式宿主：*Endochironomus* sp.（Diptera，Chironomidae）

附注：单型，是已知的许多属中唯一具有似 *Thelohania* 属孢子形成过程的属。

Burenella（Jouvenaz & Hazard 1978）

诊断：耦核时期有两种不同的孢子形成过程。一种是似 *Nosema* 属那样的，在皮下组织中形成孢子。另外一种发生于脂肪体，孢子形成过程类似 *Thelohania* 属，可能通过减数分裂产生八个单核孢子。可通过耦核孢子进行经口传播。单核孢子的作用尚未知晓。

模式种：*Burenella dimorpha*（Jouvenaz & Hazard 1978）

模式宿主：*Solenopsis geminata*（Hymenoptera，Formicidae）

附注：单型，在火蚁中有所描述。

Buxtehudea（Larsson 1980）

诊断：不存在孢子形成前期阶段。仅有一种孢子形成过程被报道。其发育过程中具单核，多孢子母细胞型的孢子增殖，每个母孢子可产生 50~100 个孢子母细胞。寄生泡内的单核孢子呈球形。仅感染中肠上皮细胞，经食下传播。

模式种：*Buxtehudea scaniae*（Larsson 1980）

模式宿主：*Petrobius brevistylus*（Thysanura，Machilidae）

附注：单型，可能存在两种类型的孢子。一种具有短极丝，几乎没有孢子内壁，另一种是具有较长的极丝和厚的孢内壁（Sprague et al. 1992）。

Campanulospora（Issi et al. 1983）

诊断：仅有一种孢子形成过程被报道。母孢子呈耦核，以典型的双孢子母细胞型孢子增殖，产生双核、长卵圆形孢子。据报道其感染组织为中肠上皮细胞，但未经证实尚存疑惑。

模式种：*Campanulospora denticulata*（Issi et al. 1983）

模式宿主：*Delia floralis*（Diptera，Muscidae）

附注：单型，在 muscoid fly 中鉴定的。文献以俄语发表，无其他详细信息。

Canningia Weiser（Wegensteiner & Zizka 1995）

诊断：仅有一种孢子形成过程被报道。所有阶段都是单核的，并且发生在宿主细胞的细胞质中。产生小的、单核的孢子，孢子呈长椭圆形或管状。可以经口水平传播和经卵巢垂直传播。感染部位主要是脂肪体和马氏管，但感染也可能变成全身性的。

模式种：*Canningia spinidentis*（Wegensteiner & zizka 1995）

模式宿主：*Pityokteines spinidens*（Coleoptera，Scolytidae）

附注：鉴定于小蠹虫中，另外一个种（*Canningia tomici*）在松芽甲虫中被鉴定（Kohlmayer et al. 2003），在黑藤象鼻虫中发现了一个临时种（Bruck et al. 2008）。

Caudospora（Weiser 1946）

诊断：仅有一种孢子形成过程被报道。所有阶段都是耦核。八孢子母细胞孢子增殖方式产生耦核孢子，孢子形成过程中无产孢囊的出现。孢子外壁的一个像尾巴样的附属物是其外壁的一部分。传播途径不明。感染部位是幼虫的脂肪体。

模式种：*Caudospora simulii*（Weiser 1946）

模式宿主：*Simulium hirtipes*（Diptera，Simuliidae）

附注：还有将近五种来自墨蚊的物种被报道。

Chapmanium（Hazard & Oldacre 1975）

诊断：孢子形成前期阶段是耦核。仅有一种孢子形成过程被报道。耦核母孢子经过八孢子母细胞形式的孢子增殖（可能涉及减数分裂）在梭形的产孢囊中产生 8 个孢子。感染部位是幼虫的脂肪体。

模式种：*Chapmanium cirritus*（Hazard & Oldacre 1975）

模式宿主：*Corethrella brakeleyi*（Diptera，Chaoboridae）

附注：来自昆虫的三个种已被报道，两种来自双翅目昆虫，一种来自半翅目昆虫。

Chytridiopsis（Schneider 1884）

诊断：可能不存在孢子形成前期阶段。仅有一种孢子形成过程被报道，且发生在厚壁囊或膜包裹的囊泡中。单核的孢子小且呈球形，细胞器少，几乎没有孢子内壁。无极膜层，取而代之的是表面呈蜂窝状的结构。感染位点是成虫的肠上皮细胞。

模式种：*Chytridiopsis socius*（Schneider 1884）

模式宿主：*Blaps mortisaga*（Coleoptera，Tenebrionidae）

附注：五个来自甲虫的物种和一个毛翅蝇的物种。因其缩减的孢子细胞器发育阶段和无孢子形成前期，所以称它们是原始的微孢子虫。

Coccospora（**Kudo 1925**）

诊断：孢子形成前期阶段是耦核。仅有一种孢子形成过程被报道。母孢子呈耦核，八孢子母细胞型的孢子增殖，可能在非持久性存在的产孢囊中通过减数分裂产生 8 个孢子。孢子呈球形，比较小。感染部位是幼虫的脂肪组织，传播途径不明。

模式种：*Coccospora micrococcus*（Léger & Hesse 1921；Kudo 1925）

模式宿主：*Tanypus setiger*（Diptera，Chironomidae）

附注：三个种，均来自摇蚊。

Cougourdella（**Hesse 1935**）

诊断：仅有一种孢子形成过程被报道。孢子大，单核，呈葫芦形。感染部位是脂肪组织、肌肉和生殖腺。

模式种：*Cougourdella magna*（Hesse 1935）

模式宿主：*Megacyclops viridis*（Copepoda，Cyclopoida）

附注：模式宿主不是昆虫。最初的鉴定工作在一些方面不充分。基于孢子呈葫芦形的特性从毛翅目昆虫中鉴定了 3 个种，之后又将其归属到 *Paraepiseptum* 属（Hyliš et al. 2007）。

Crepidulospora（**Simakova et al. 2004**）

诊断：囊括 8 个孢子的非持久性的产孢囊由微原纤结构结合在一起。所有发育阶段均发生在蚊子幼虫的脂肪体内。孢子呈明显的椭圆状，后部具瓶颈状缢痕，类似于拟泰罗汉孢虫属 *Parathelohania*。传播途径不明。

模式种：*Crepidulospora beklemishevi*（Simakova et al. 2004）

模式宿主：*Anopheles beklemishevi*（Diptera，Culicidae）

附注：单型，分子特征未有描述。

Crisposppra（**Tokarev et al. 2010**）

诊断：耦核裂殖体能产生多核产孢原质团，产孢原质团经过多分裂增殖过程产生更多的耦核裂殖体。在中肠细胞中同时存在两种孢子形成过程，一种能够形成多核的产孢原质团以及在厚壁囊中形成多个（10～100 个）单核孢子。圆形孢子在厚孢壁上有管状突起物并且有两种形态的极膜层，同型极丝。在另外一种孢子形成过程中，双孢子母细胞型孢子增殖，形成椭圆形的耦核孢子，孢子与宿主细胞质直接接触。孢壁薄，同型极丝，极膜层由两部分组成。该物种的 DNA 系统发生研究表明这种物种与陆生微孢子虫的一个分支聚在一起，与 Vossbrinck 和 Debrunner Vossbrinck（2005）的研究结果一致。

模式种：*Crispospora chironomi*（Tokarev et al. 2010）

模式宿主：*Chironomus plumosus* L.（Diptera，Chironomidae）

附注：单型属

Cristulospora（**Khodzhaeva & Issi 1989**）

诊断：孢子形成前期是耦核的。目前已知有两种孢子形成过程。其中一种是雌蚊成虫产生的耦核孢子，另一个是八孢子母细胞孢子生殖（可能与减数分裂有关），并在产孢囊中形成 8 个孢子。感染多发于幼虫脂肪体中，同时也有可能发生于成虫的绛色细胞中。主要是通过减数孢子两极的羽毛状附属物来进行区分该属的物种。

模式种：*Cristulospora sherbani*（Khodzhaeva & Issi 1989）

模式宿主：*Culex modestus*（Diptera，Culicidae）

附注：单型属，笔者认为这一新的属与 *Amblyospora* 属极其相似。

Culicospora（Weiser 1977）

诊断：孢子形成前期同时具有单核和双核。在生活史中有两种孢子形成过程。其中一种在雌蚊成虫的绛色细胞中产生卵圆柱形的双核孢子，这类孢子能够侵染发育中的卵母细胞。第二种孢子形成过程发生在后代的脂肪体中，双核的母孢子核分离后形成单核的孢子母细胞。孢子大且呈矛尖状，孢子均处于产孢囊内。

模式种：*Culicospora magna*（Kudo 1920；Weiser 1977）

模式宿主：*Culex pipiens*（Diptera，Culicidae）

附注：这一类物种来源于蚊子，但有证据表明其模式宿主有可能被误判，实际上应该是 *Culex restuans*（Sprague et al. 1992）。另外的一个种是从黑蝇中鉴定的。这种在昆虫幼虫中的单核孢子与 *Amblyospora californica* 在中间宿主桡足类动物中形成的孢子非常相似。

Culicosporella（Weiser 1977）

诊断：在生活史中有 3 种孢子形成过程，每种孢子形成过程都以双核母孢子起始。一种小的长椭圆形双核孢子在雌蚊成虫中形成，被认为与经卵传播有关。在后代的脂肪体中，发生两种不同的孢子形成过程。大的耦核产孢原质团通过多次分裂在产孢囊中形成大的矛尖状的双核孢子。这些孢子经口食下感染蚊子幼虫。另外一种孢子形成过程与减数分裂有关，极少能形成减数孢子。

模式种：*Culicosporella lunata*（Hazard & Savage 1970；Weiser 1977）

模式宿主：*Culex pilosus*（Diptera，Culicidae）

附注：单型属。除了成核现象外，矛尖状的双核孢子与 *Amblyospora californica* 在中间宿主桡足类动物中形成的单核孢子非常相似。

Cylindrospora（Issi & Voronin 1986）

诊断：孢子形成前期是耦核的。目前已知只有一种孢子形成过程。母孢子是耦核细胞，八孢子母细胞孢子增殖，可能涉及减数分裂。单核孢子是杆状的，具有短的漏斗状的极丝和很薄的内壁。感染多发于幼虫脂肪体。

模式种：*Cylindrospora chironomi*（Issi & Voronin 1986）

模式宿主：*Chironomus plumosus*（Diptera，Chironomidae）

附注：只有两个已知的物种，都来源于摇蚊。

Cystosporogenes（Canning et al. 1985）

诊断：只有一种孢子形成过程。在发育的整个时期均为单核状态。产孢原质团在未知来源的囊泡中通过出芽生殖方式形成 8、12 或 16 个孢子。所形成的孢子小，具有皱纹薄的孢子外壁及薄孢子内壁。感染主要在丝腺但能转移到许多其他组织中。

模式种：*Cystosporogenes operophterae*（Canning 1960；Canning et al. 1985）

模式宿主：*Operophtera brumata*（Lepidoptera，Geometridae）

附注：其余种类均来源于双翅目昆虫及膜翅目昆虫。

Dimeiospora（Sima Kova et al. 2003）

诊断：具二型性，发生在幼虫的孢子形成会产生两种不同类型的孢子，产孢囊内有 8 个孢子。传播机制及途径目前未知。

模式种：*Dimeiospora palustris*（Sima Kova et al. 2003）

模式宿主：*Aedes*（*Ochlerotatus*）*punctor* Kirby（Diptera，Culicidae）

附注：单型属，无分子特性研究结果。

Duboscqia（Perez 1908）

诊断：在孢子形成前期是单核与耦核并存的。其中一种孢子形成过程可导致在产孢囊中形成 16 个孢子。耦核细胞的发育与减数分裂有关但是又有不同。感染多发于脂肪体中。微孢子虫与其宿主形成一种明显的异物瘤。

模式种：*Duboscqia legeri*（Perez 1908）

模式宿主：*Reticulitermes lucifugus*（Isoptera，Rhinotermitidae）

附注：两个种均来源于白蚁。另外一种物种有报道来源于蚊子，是由于其在产孢囊中形成了 16 个孢子（Sweeney et al. 1993）。当用现代技术对此种的情况进行检测时，应该重新斟酌其归类。

Edhazardia（Becnel et al. 1989）

诊断：已经证实其有四种孢子形成过程。其中一种在蚊子幼虫的胃盲囊中形成一种小的、薄壁的双核孢子，这种双核孢子与自体感染有关。第二种在雌性成虫的绛色细胞中形成较大的双核孢子，与发育中的卵母细胞的感染有关。在感染后代的脂肪体中，还会发生两种孢子形成过程。其中一种起始于双核细胞的核分离，能产生单核的母孢子，母孢子在产孢囊内多次分裂形成单核的梨形孢子。另外一种孢子形成过程与双核母孢子的减数分裂有关，通常在减数孢子形成之前中止。

模式种：*Edhazardia aedis*（Kudo 1930；Becnel et al. 1989）

模式宿主：*Aedes aegypti*（Diptera，Culicidae）

附注：单型属。有类似于 *Amblyospora* 属垂直传播及水平传播的生活史特点，但是并无与之类似的中间宿主。

Encephalitozoon（Levaditi et al. 1923）

诊断：在整个发育过程中均为单核状态，所有发育阶段都处于宿主细胞来源的膜状囊泡中。裂殖体以二分裂方式进行分裂，双孢子母细胞形式的孢子增殖。主要是脊椎动物的病原体。

模式种：*Encephalitozoon cuniculi*（Levaditi et al. 1923）

模式宿主：兔（Lagomorpha，Leporidae）

附注：在此处提及这个属的物种是因为其中一个种（*E. romaleae*）来源于一种蝗虫（Lange et al. 2009）。

Endoreticulatus（Brooks et al. 1988）

诊断：目前只有一种孢子形成过程已知。在其发育的整个阶段均为单核。念珠状或无规律的产孢原质团经多分裂方式分裂，产生最多 50 个孢子母细胞。生成的孢子处于宿主内质网衍生的寄生泡中，孢子小呈卵圆柱形。感染仅存在于中肠表皮细胞中，经口传播。

模式种：*Endoreticulatus fidelis*（Hostounsky & Weiser 1975；Brooks et al. 1988）

模式宿主：*Leptinotarsa undece mlineata*（Coleoptera，Chrysomelidae）

附注：模式宿主是马铃薯甲虫，某些种来源于鳞翅目昆虫，并有一个种来自于螃蟹。

Episeptum（Larsson 1986b）

诊断：已知只有一种孢子形成方式。整个发育过程所有阶段都是单核的。四孢子母细胞型的孢子增殖，产生小的卵圆形单核孢子。感染局限于幼虫脂肪体。

　　模式种：*Episeptum inversum*（Larsson 1986b）

　　模式宿主：*Holocentropus picicornis*（Trichoptera，Polycentropodidae）

　　附注：在这个属中有三个种，全部来自毛翅蝇。Hyliš 等（2007）重新定义了该属。

Evlachovaia（Voronin & Issi 1986）

　　诊断：两种孢子形成过程，一种产生椭圆形双核孢子，另一种在产孢囊内产生短的椭圆形单核孢子。

　　模式种：*Evlachovaia chironomi*（Issi 1986；Voronin & Issi 1986）

　　模式宿主：*Chironomus plumosus*（Diptera，Chironomidae）

　　附注：最初的描述（Issi 1986）很简洁，可能不满足目前可用的分类标准。

Flabelliforma（Canning & Killick-Kendrick 1991a）

　　诊断：只有一个孢子形成过程已知。整个发育过程的所有阶段都是单核的。产孢原质团在寄生泡中通过多分裂方式产生多达 32 个卵圆形、单核孢子。感染局限于中肠细胞，经口食下传播。

　　模式种：*Flabelliforma montana*（Canning & Killick–Kendrick 1991a）

　　模式宿主：*Phlebotomus ariasi*（Diptera，Psychodidae）

　　附注：两个被描述种来自飞蛾，一个种来自水蚤。

Geusia（Rühl & Korn 1979）

　　诊断：信息匮乏。只有一个孢子形成过程，产生的孢子椭圆形，可能是单核孢子。

　　模式种：*Geusia gamocysti*（Rühl & Korn 1979）

　　模式宿主：*Gamocystis ephemerae*（Gregarinida，Gregarinidae）in *Ephemera danica*（Ephemeroptera，Ephemeridae）

　　附注：单型属。这里提到这个属只是因为它被报道是蜉蝣的簇虫寄生虫。

Golbergia（Weiser 1977）

　　诊断：孢子形成前期阶段呈耦核。两个孢子形成过程发生在幼虫脂肪体中。一个孢子形成方式开始于耦核产孢原质团通过多分裂方式产生的厚壁双核的孢子。双核孢子的狭窄末端呈扁平状，孢子外壁在较宽的末端区域有褶皱和指甲状突出物。另一种孢子形成方式包括单核母孢子通过多分裂方式在产孢囊中产生 4、8、12 或 16 个单核孢子。此时形成的孢子呈梨形，具有薄的孢壁。经口食下传播。

　　模式种：*Golbergia spinosa*（Golberg 1971；Weiser 1977）

　　模式宿主：*Culex pipiens*（Diptera，Culicidae）

　　附注：单型属。具有与 *Hazardia* 属非常相似的形态学特征，难以和 *Hazardia* 属区分开。

Gurleya（Doflein 1898）

　　诊断：已知只有一种孢子形成过程。四孢子母细胞型的孢子增殖，在产孢囊中产生四个单核的梨形孢子。感染发生在在皮下组织。

　　模式种：*Gurleya tetraspora*（Doflein 1898）

　　模式宿主：*Daphnia maxima*（Cladocera，Daphniidae）

　　附注：模式宿主是小型甲壳动物，但是在双翅目、蜉蝣目、等翅目、鳞翅目、蜻蜓目、毛翅目昆虫中发现了大约 11 个种。这些种归类于这个属主要是基于在产孢囊中有 4 个孢子的特征。最近的分子系统发生研究发现来自水蚤的 *G. Vavrai* 与 *Amblyospora* 属种群的关系比较近（Refardt et al. 2002；Vossbrinck et al. 2004）。

Hazardia（Weiser 1977）

诊断：这个属的特点是主要在蚊子幼虫脂肪体中发生 3 个孢子形成方式。第一个孢子形成过程产生小的椭圆形双核孢子。第二种孢子形成方式中双核的母孢子通过二分裂方式产生披针形、厚壁双核孢子，孢子外壁带有缩皱。第三个孢子形成方式（最常见的）包括形成产孢原质团的单核母孢子，通过多分裂方式分裂产生 2～16 个孢子（通常 8 个）。这些单核孢子呈梨形，具有薄壁。经口食下传播。

模式种：*Hazardia milleri*（Hazard & Fukuda 1974；Weiser 1977）

模式宿主：*Culex pipiens quinquefasciatus*（Diptera, Culicidae）.

附注：单型属。需要解决这个属和 *Golbergia* 属的区别。

Helmichia（Larsson 1982）

诊断：孢子增殖前期是耦核。已知一种孢子形成过程。耦核母孢子进行减数分裂，通过 8 个孢子母细胞形式进行孢子增殖，在产孢囊中形成 8 个孢子。单核孢子呈杆状，极丝短，没有极丝圈。感染局限在幼虫脂肪体。

模式种：*Helmichia aggregata*（Larsson 1982）

模式宿主：*Endochironomus* sp.（Diptera, Chironomidae）

附注：几个种来自摇蚊，一个来自黑蝇。

Hessea（Ormières & Sprague 1973）

诊断：孢子增殖前期阶段是耦核。两个孢子形成过程是已知的。寄生虫包裹在宿主和寄生虫来源的厚壁囊泡中。耦核母孢子多分裂形成耦核或单核孢子。孢子通常异常，多数细胞器减少。感染局限于幼虫肠道上皮。

模式种：*Hessea squamosa*（Ormières & Sprague 1973）

模式宿主：*Sciara* sp.（Diptera, Lycoriidae）

附注：单型。模式宿主是蕈蚊。

Heterovesicula（Lange et al. 1995）

诊断：孢子增殖前期阶段是耦核。两个并发的孢子形成过程出现在成虫的脂肪体和马氏管中。在一个孢子形成过程中会形成大的、耦核原生质团，形成一串母孢子。通过双孢子母细胞型的孢子增殖，在产孢囊中形成数目不等的耦核孢子。耦核孢子是卵圆柱形，具有有褶皱和分层的孢子外壁。另一个过程中包含单核的母孢子，是二倍体核分离的结果。孢子增殖是八孢子母细胞型的，在产孢囊中产生 8 个纤细的梨形单核孢子。经口传播。

模式种：*Heterovesicula cowani*（Lange et al. 1995）

模式宿主：*Anabrus simplex*（Orthoptera, Tettigoniidae）

附注：单型属。这个属跟几种微孢子虫相似（如变形孢虫属和 *Burenella* 属），两个并发孢子形成过程产生耦核和单核孢子。其独特之处在于每种类型的孢子都是在产孢囊中形成的。

Hirsutusporos（Batson 1983）

诊断：孢子形成前期阶段是耦核。仅有一个孢子形成过程被报道。所有阶段发生在宿主细胞的细胞质中。耦核母孢子通过二分裂产生两个孢子母细胞。耦核孢子呈椭圆形，孢子外壁具有由大大小小的丝状附属物组成后簇，且其向前部延伸形成密集结节。感染部位局限于幼虫的脂肪体。

模式种：*Hirsutusporos austrosimulii*（Batson 1983）

模式宿主：*Austrosimulium* sp.（Diptera，Simuliidae）

附注：单型属。

Hyalinocysta（Hazard & Oldacre 1975）

诊断：在蚊子幼虫中孢子增殖前期是耦核。耦核母孢子发生减数分裂后，进行 8 孢子母细胞型的孢子增殖。单核孢子（减数孢子）呈卵圆形，被产孢囊包裹。感染局限在幼虫脂肪体。减数孢子感染中间宿主桡足类动物（*Orthocyclops modestus*），在中间宿主雌性卵巢和输卵管中形成卵圆形单核孢子。孢子传染给蚊子幼虫。

模式种：*Hyalinocysta chapmani*（Hazard & Oldacre 1975）

模式宿主：*Culiseta melanura*（Diptera，Culicidae）

附注：另外一个种在黑蝇中被发现。Andreadis 和 Vossbrinck（2002）已经证实中间宿主桡足类动物参与到 *H. Chapmani* 生活史中。

Issia（Weiser 1977）

诊断：孢子形成前期阶段是耦核。只有一个孢子形成过程被认知。母孢子是耦核且孢子增殖为二孢子母细胞形式。一个具有耦核的椭圆形孢子和两个孢子紧挨在产孢囊（sporophorous vesicle）内。感染幼虫的脂肪体。

模式种：*Issia trichopterae*（Weiser 1946，1977）

模式宿主：*Plectrocnemia geniculata*（Trichoptera，Polycentropidae）

附注：数据不完全。除了这个种外，在蚊子中发现另外 1 个种。

Janacekia（Larsson 1983）

诊断：孢子形成前期阶段是耦核。只有一个孢子形成过程已知。母孢子是耦核细胞，经历减数分裂和八孢子母细胞型孢子增殖。产孢囊内有 8 个孢子。孢子单核，呈椭圆形，且孢子外壁被短而厚的管状物覆盖。感染仅发生在幼虫脂肪体内。

模式种：*Janacekia debaisieuxi*（Jírovec 1943；Larsson 1983）

模式宿主：*Simulium maculatum*（Diptera，Simuliidae）

附注：一个种来自于大蚊 crane fly（Ptychopteridae），另一个种来自甲壳虫。

Johenrea（Lange et al. 1996）

诊断：只有一个孢子形成过程被认知。所有发育阶段均为单核，并且伴随着一个明显的肿瘤状异物瘤的形成。具有 16 个核的产孢原质团（sporogonial plasmodia）通过质裂形成四核的原生质团。紧跟着的两次分裂在产孢囊中产生 16 个孢子。有时，在产孢囊内有 8 个或 32 个孢子。单核的孢子为长椭圆形，且通过经口食下感染。感染主要发生在脂肪体内。

模式种：*Johenrea locustae*（Lange et al. 1996）

模式宿主：*Locusta migratoria capito*（Orthoptera，Acrididae）

附注：单型。此种是属于少数几个来自节肢动物能形成 *Glugea* 属型肿瘤状异物瘤的微孢子虫物种之一，这种肿瘤状异物瘤在来自于鱼类的微孢子虫中很常见。

Kneallhazia（Sokolova & Fuxa 2008）

诊断：已经报道了 4 类孢子：①梨形孢子（octotets of pyriform），处于产孢囊内的单核减数孢子，在成虫中能大量产生；②直接和宿主细胞质接触的耦核卵圆形的孢子（主要存在于成虫中，但数量并不大）；

③具有巨大后极泡的卵圆形耦核孢子，只在四龄幼虫和蛹中被发现，并且没有存在于产孢囊内；④长椭圆形耦核大孢子，不存在于产孢囊内。主要在繁殖蚁（reproductive caste）中被发现。各类型孢子的功能还知之甚少。

模式种：*Kneallhazia solenopsae*（Knell，Allen & Hazard 1977；Sokolova & Fuxa 2008）

模式宿主：*Solenopsis invicta* Buren（Hymenoptera，Formicidae）

附注：两个种已经被鉴定，都来自于蚂蚁中。

Krishtalia（Kilochitskii 1997）

诊断：具二型性，在幼虫、蛹和成虫中存在两种不同类型的孢子。单核薄壁的梨形孢子和双核厚壁的卵圆形孢子，它们被后端突起上的黏膜链（mucosa strands on spurs）连接在一起。实验室研究表明其可以进行水平传播，但是具体为哪一类孢子引起还不清楚。研究者推测其可以进行经卵巢的垂直传播，但是还没有被证实。感染发生在幼虫的脂肪体中和成虫的全身。

模式种：*Krishtalia pipiens*（Kilochitskii 1997）

模式宿主：*Culex pipiens pipiens* L.（Diptera，Culicidae）

附注：单型的；没有分子特性的研究。

Larssoniella（Weiser & David 1997）

诊断：只有一个孢子形成过程被揭示。所有的阶段都是单核的，并且发生在宿主细胞的细胞质中。母孢子中存在由原生质膜形成丛生的管状物，以此可以识别母孢子。丛生的管状物始终附着在新生孢子的外壁末端。成熟的单核孢子为长椭圆形，没有丛生的管状物。感染发生在丝腺、马氏管和生殖腺。

模式种：*Larssoniella resinellae*（Weiser & David 1997）

模式宿主：*Petrova resinella*（Lepidoptera，Tortricidae）

附注：单型属。

Liebermannia（Sokolova et al. 2006）

诊断：所有的阶段都是耦核，且直接和宿主细胞质相接触。过渡阶段和母孢子被宿主的粗面内质网包围。母孢子产生多个孢子母细胞，每个孢子母细胞形成一个孢子，孢子具有短极丝，有典型的孢子极管弹出装置，只是其后极泡不是很大。主要感染上皮细胞。ssrDNA 序列的系统发生分析显示这个种和 *Orthosomella* 聚为同一枝。其传播机制还不清楚。

模式种：*Liebermannia patagonica*（Sokolova et al. 2006）

模式宿主：*Tristira magellanica*（Bruner 1900）（Orthoptera，Tristiridae）

附注：两个种，都来自于直翅目昆虫。

Merocinta（Pell & Canning 1993）

诊断：孢子发生前阶段是耦核。两个孢子形成过程被报道。一个过程在成虫中形成耦核孢子，其引起经卵的垂直传播。另外的过程发生在幼虫的中肠组织中。耦核细胞经历核分离形成单核细胞。这些细胞反复的分裂，在寄生泡内形成 40~60 个单核孢子。单核孢子为小的卵圆形，具短极丝。

模式种：*Merocinta davidii*（Pell & Canning 1993）

模式宿主：*Mansonia africana*（Diptera，Culicidae）

附注：单型属。

Microsporidium（Balbiani 1884）

附注：这是一个由 Sprague（1977）使用的集合群，"当物种（以前命名的和新命名的）不能被轻易的划分为某个属时的一个临时的分类"。大约有来自于 7 个昆虫目中的 45 个微孢子虫种属于这个属。

Mitoplistophora（Codreanu 1966）

诊断：已知一个孢子形成过程。孢子形成结束后在三角形的产孢囊中形成 2、8、16、32 或 64 个孢子。孢子呈梨形，但其他信息未知。感染若虫（nymph）的脂肪体。

模式种：*Mitoplistophora angularis*（Codreanu 1966）

模式宿主：*Ephemera danica*（Ephemeroptera，Ephemeridae）

附注：单型属。

Mockfordia（Sokolova et al. 2010）

诊断：在孢子形成过程中为单核。小的卵圆柱形单核孢子具有典型的孢子结构。产孢囊不明显。寄生于陆生昆虫的肌肉组织中。系统发生分析暗示它和除了 *Encephalitozoon* spp. 以外的任何已知微孢子虫具有较低的序列相似性。传播方式还不清楚。

模式种：*Mockfordia xanthocaeciliae*（Sokolova et al. 2010）

模式宿主：*Xanthocaecilius sommermanae*（Mockford 1955）（Psocoptera，Caeciliusidae）

附注：单型属。

Multilamina（Becnel et al. 2013）

诊断：卵圆形单核的孢子具有长的、同型极丝。每个孢子都单独存在于一个稳定、多层的成孢子泡中。产孢囊的壁包含不规则的隔开的小泡和 / 或短管。孢外壁是多层的且具有小球状或短管状物质。传播机制还不清楚。

模式种：*Multilamina teevani*（Becnel et al. 2013）

模式宿主：*Uncitermes teevani*（Isoptera，Termitidae，Syntermitinae）

附注：单型属。

Napamichum（Larsson 1990a）

诊断：孢子发生的前期阶段是耦核。一个孢子形成过程被发现。母孢子是耦核细胞，其经历减数分裂和八孢子母细胞型孢子增殖后在一个产孢囊中产生 8 个孢子。孢子呈单核、梨形，且在幼虫脂肪体中形成。

模式种：*Napamichum dispersus*（Larsson 1984，1990a）

模式宿主：*Endochironomus* sp.（Diptera，Chironomidae）

附注：基本上是 *Thelohania* 类似的孢子形成过程的另一个例子。两个另外的种也被描述，一个来自于摇蚊，另一个来自于水生螨。

Neoperezia（Issi & Voronin 1979）

诊断：孢子发生前期阶段是耦核。只有一个孢子形成过程是已知的。母孢子是一个耦核细胞，经过典型的八孢子母细胞型孢子增殖产生 8 个孢子，很可能是存在于产孢囊中。孢子是单核、长椭圆形，两个核紧挨在一起。感染发生在幼虫的脂肪体中。

模式种：*Neoperezia chironomi*（Issi & Voronin 1979）

模式宿主：*Chironomus plumosus*（Diptera，Chironomidae）

附注：*Semenovaia chironomi* 被归类于这个属中（Issi et al. 2012）。

Nolleria（**Beard et al. 1990**）

诊断：推测不具有孢子发生前期阶段。只有一个孢子形成过程是已知的。母孢子是一个单核细胞。孢子增殖是通过一个大而多核的原生质块在一个由宿主和寄生虫组成的封闭的空泡中，分裂产生 150～200 个孢子。孢子为单核，球形，比较小且细胞器发生缩减。感染成年跳蚤的中肠上皮细胞。

模式种：*Nolleria pulicis*（Beard et al. 1990）

模式宿主：*Ctenocephalides felis*（Siphonaptera，Pulicidae）

附注：单型属。另外一个被称为原始微孢子虫的例子，是因为其孢子细胞器发育减缩且明显的缺乏孢子发生前期阶段。

Nosema（**Naegeli 1857**）

诊断：孢子发生前期阶段为耦核，一些报道表明有单核阶段出现（Sprague et al. 1992）。已知两个孢子形成过程，两者都伴有耦核母孢子，双孢子母细胞孢子增殖（disporoblastic sporogony）。最初的（早期）孢子形成过程中会产生一个薄壁耦核的孢子，其具有短极丝和较大的后极泡。在宿主中，这类孢子能够自发的发芽并使寄生虫得以扩散传播（自体感染）（Iwano & Ishihara 1991a，b）。第二类孢子形成过程中产生一类具有较厚孢壁、较长极丝的耦核孢子，其对新的宿主能够进行感染。感染是全身性的，且能够经卵垂直传播或通过经口食下传播。

模式种：*Nosema bombycis*（Naegeli 1857）

模式宿主：*Bombyx mori*（Lepidoptera，Bombycidae）

附注：目前这个属中包含 150 多个种，其来自于至少 12 个种的昆虫。该物种是导致家蚕微粒子病的病原，它是 Pasture 的主要工作对象，他的发现表明这类疾病是由一类微生物病原引起。疾病感染是通过产生孢子来传播的，这一早期孢子形成过程也同样被发现发生在 *N. apis* 中（de Graaf et al. 1994a，1994b）、*Vairimorpha necatrix*（Solter & Maddox 1998）和 *Edhazardia aedis* 中（Johnson et al. 1997）。

Novothelohania（**Andreadis et al. 2012**）

诊断：在产孢囊中形成 8 个椭圆形单核孢子。厚且具有波状的孢壁具有一个巨大的伞形锚定盘连接一个大的薄片状极膜层。异型极丝。孢子形成过程发生在幼虫脂肪体中，没有传播信息。系统发生分析表明其与 *Parathelohania* 具有亲缘关系。

模式种：*Novothelohania ovalae*（Andreadis et al. 2012）

模式宿主：*Aedes*（*Ochlerotatus*）*caspius*（Pallas）（Diptera，Culicidae）.

附注：单型属。

Nudispora（**Larsson 1990b**）

诊断：孢子发生前期阶段是耦核。只有一个孢子形成过程是已知的。母孢子是耦核细胞，其经历减数分裂和八孢子母细胞型孢子增殖。8 个单核椭圆形的孢子在幼虫脂肪体中产生，不形成产孢囊。

模式种：*Nudispora biformis*（Larsson 1990b）

模式宿主：*Coenagrion hastulatum*（Odonata，Coenagrionidae）

附注：单型属。孢子形成过程类似 *Thelohania* 型，但没有产孢囊的形成。

Octosporea（Flu 1911）

诊断：孢子形成前阶段是耦核。已知只有一个孢子形成过程。母孢子是耦核细胞且孢子增殖通常是八孢子母细胞型的。耦核的产孢原质团在产孢囊中经多分裂形成 8 个耦核孢子。耦核的孢子呈卵圆柱形，可经口感染。感染发生在幼虫和成虫的中肠上皮细胞中。

模式种：*Octosporea muscaedomesticae*（Flu 1911）

模式宿主：*Musca domestica*（Diptera，Muscidae）

附注：模式宿主是家蝇，但是大约 13 个物种已经被报道来自双翅目、蜉蝣目、半翅目、鳞翅目和弹尾目昆虫。

Orthosomella（Canning et al. 1991b）

诊断：只有一个孢子形成过程是已知的。所有发育阶段均为单核且与宿主细胞质直接接触。孢子增殖期间含有 2、4、8 或 12 个细胞核的念珠状产孢原质团，其分裂产生单核孢子。单核孢子呈长椭圆形，在幼虫的丝腺、肠道及其他组织和成虫中形成。其传播被认为是通过卵巢传播。

模式种：*Orthosomella operophterae*（Canning 1960；Canning et al. 1991b）

模式宿主：*Operophtera brumata*（Lepidoptera，Geometridae）

附注：3 个被描述的种来自于鳞翅目（尺蛾科）和鞘翅目（象鼻虫科）。

Ovavesicula（Andreadis & Hanula 1987）

诊断：孢子形成前阶段是耦核。只有一个孢子形成过程是已知的。双核细胞核分离后进行 4 次核分裂，但不进行细胞质分裂，从而形成一个含 32 个核的产孢原质团。产孢原质团分裂，最终，在一个厚壁的多孢子产孢囊（polysporophorous vesicle）中产生 32 个单核孢子。单核孢子小，呈球形或卵圆形，在幼虫的马氏管中形成。

模式种：*Ovavesicula popilliae*（Andreadis & Hanula 1987）

模式宿主：*Popillia japonica*（Coleoptera，Scarabaeidae）

附注：单型属。

Pankovaia（Simakova et al. 2009）

诊断：在发育过程中均为单型的和单核。孢子形成前阶段和宿主细胞质直接接触。裂殖增殖和孢子增殖阶段的产孢原质团经多重分裂后产生 2～4 个裂殖体和 4～8 个母孢子。孢子母细胞表面的电子致密分泌物形成的产孢囊将单个的孢子包裹起来。单核的孢子具有两种形态的极膜层和同型极丝。感染幼虫的脂肪组织。传播情况未知。

模式种：*Pankovaia semitubulata*（Simakova et al. 2009）

模式宿主：*Cloeon dipterum*（Ephemeroptera，Baetidae）

附注：单型属。

Paraepiseptum（Hyliš et al. 2007）

诊断：在整个发育过程中均为单核。原质团的多重分裂产生 8 个裂殖体。孢子发生是四孢子母细胞型的。单核孢子是梨形或烧瓶形，且存在于一个非持久型产孢囊中。极膜层呈三角形状，异型极丝。其可以寄生于石蛾的脂肪组织和绛色细胞中。系统发生分析表明其在水生动物微孢子虫物种内聚为独特的一支，且与 *Episeptum* 关系最近。传播机制还不清楚。

模式种：*Paraepiseptum polycentropi*（Weiser 1965；Hyliš et al. 2007）

模式宿主：*Polycentropus flavomaculatus*（Trichoptera，Polycentropodidae）

附注：4 个种，均来自于毛翅目。

Paranosema（Sokolova et al. 2003）

诊断：除了在"第二次裂殖增殖"阶段为单核外，其他发育阶段均为耦核。所有阶段都与宿主细胞质直接接触。双孢子母细胞型的孢子增殖产生具有同型极丝的卵圆柱形孢子。系统发生分析发现其与 *Paranosema*（*Nosema*）*locustae* 和 *Nosema whitei* 有 3% ~ 5% 的不同。可以经口传播。

模式种：*Paranosema grylli*（Sokolova et al. 1994，2003）

模式宿主：*Gryllus bimaculatus* Deg.（Orthoptera，Gryllidae）

附注：两个种，均来自于直翅目。

Parapleistophora（Issi et al. 1990）

诊断：没有信息。

模式种：*Parapleistophora ectospora*（Issi et al. 1990）

模式宿主：*Tetisimulium desertorum*（Diptera，Simuliidae）

附注：俄语，没有见到相关文献。

Parastempellia（Issi et al. 1990）

诊断：没有信息。

模式种：*Parastempellia odagmiae*（Issi et al. 1990）

模式宿主：*Odagmia ferganica*（Diptera，Simuliidae）

附注：俄语，没有见到相关文献。

Parathelohania（Codreanu 1966）

诊断：孢子发生前期阶段为耦核。在生活史中包含三个孢子形成过程。一个是在雌性成年蚊子的绛色细胞中产生耦核孢子，以继续感染发育中的卵母细胞。第二个过程发生在雌蚊后代的脂肪体中，包括耦核母孢子经历减数分裂和八孢子母细胞型孢子增殖进而在一个产孢囊中产生 8 个单核孢子。减数分裂孢子是椭圆形，具有一个被称为"瓶颈"的后孢子壁延伸结构。*P. anophelis* 的第 3 个孢子形成过程已被证实，其能够在一个桡足类中间宿主中产生单核孢子（Avery & Undeen 1990）。这暗示了这个属中物种的生活史与 *Amblyospora* 类似。

模式种：*Parathelohania legeri*（Hesse 1904；Codreanu 1966）

模式宿主：*Anopheles maculipennis*（Diptera，Culicidae）

附注：几乎都是按蚊的寄生虫，有超过 14 个被描述的物种。

Pegmatheca（Hazard & Oldacre 1975）

诊断：孢子形成前期阶段为耦核。只有一个孢子形成过程是已知的。母孢子是耦核细胞，要经历减数分裂。孢子增殖是八孢子母细胞型，并在一个产孢囊中形成 8 个单核孢子。在孢子形成结束后，这些囊泡能够捆缚在一起。单核孢子是椭圆形，且在幼虫的脂肪体中形成。

模式种：*Pegmatheca simulii*（Hazard & Oldacre 1975）

模式宿主：*Simulium tuberosum*（Diptera，Simulidae）

附注：另外一个种在毛翅目中被描述。是具有与 *Thelohania* 类似孢子形成过程的另一个例子。

Perezia（Léger & Duboscq 1909）

诊断：一个孢子发生过程为已知。在发育早期，耦核细胞如何成为单核还不清楚。念珠状产孢原质团分裂后最终形成椭圆形的单核孢子。

模式种：*Perezia lankesteriae*（Léger & Duboscq 1909）

模式宿主：*Lankesteria ascidiae*（Gregarinida）

附注：模式宿主是海生的被囊类动物的簇虫（gregarine）。大约 8 个种已经在昆虫中被描述：5 个来自于鳞翅目，鞘翅目、膜翅目和直翅目各有 1 个。来自于昆虫的这些物种是否能够被归为这个属现在还值得质疑。

Pernicivesicula（Bylén & Larsson 1994）

诊断：孢子形成前期阶段是耦核。只有一个孢子发生过程为已知。母孢子是耦核且会经历减数分裂。孢子增殖是八孢子母细胞型，并产生 8 个单核的孢子母细胞。在一个由宿主和寄生虫起源的膜构成的多孢子产孢囊中形成不同倍数的 8 孢子。单核孢子呈现为细长、棒状的孢子，极丝不形成极圈。感染被发现于幼虫的脂肪体中。

模式种：*Pernicivesicula gracilis*（Bylén & Larsson 1994）

模式宿主：*Pentaneurella* sp.（Diptera，Chironomidae）

附注：单型。

Pilosporella（Hazard & Oldacre 1975）

诊断：孢子形成前期阶段是耦核。有两个孢子形成过程被报道，一个是在幼虫中，另一个在成虫中。在幼虫中，母孢子是耦核细胞，其要经历减数分裂。产孢原质团是念珠状的，且孢子增殖是八孢子母细胞型。8 个近球形的单核孢子存在于一个产孢囊中。感染被发现在脂肪体内。在成虫中，耦核孢子在绛色细胞中产生并导致经卵的垂直传播。

模式种：*Pilosporella fishi*（Hazard & Oldacre 1975）

模式宿主：*Wyeomyia vanduzeei*（Diptera，Culicidae）

附注：这个属的许多信息都基于由 Becnel et al.（1986）报道的 *P. chapmani*（这个属中唯一的其他种）。

Pleistophora（Gurley 1893）

诊断：仅有一个孢子形成过程为已知。所有发育阶段都是单核的。通过多次的细胞分裂，产孢原质团内包含多达 200 个细胞核。在来源于宿主和寄生虫的物质共同构成被膜的产孢囊内包含椭圆形的孢子。典型的感染被发现于条纹肌肉组织中。一些种已经表明是经口感染的。

模式种：*Pleistophora typicalis*（Gurley 1893）

模式宿主：*Cottus scorpius*（*Myoxocephalus scorpius*）（Perciformes，Cottidae）

附注：模式宿主是鱼。这是一类包罗万象的属，其下的种始终为单核且在一个多孢子产孢囊中能产生大量的孢子。许多的种（>50）主要是从等翅目、鞘翅目、双翅目、鳞翅目和直翅目等昆虫中被发现。*Vavraia* 和 *Polydispyrenia*（Canning & Hazard 1982）、*Cystosporogenes*（Canning et al. 1985）、*Endoreticulatus*（Brooks et al. 1988）等新属已经在一些昆虫物种中被鉴定到。但是大多数都是有待重新分配。研究者将面临许多被分配到 *Plistophora* 属的物种。Labbe（1899）修订 *Pleistophora* 为 *Plistophora*，违反了命名规则。Sprague（1977）将许多 *Plistophora* spp. 转移到 *Pleistophora*，其中可以找到有关此物种的更多详细信息。

Polydispyrenia（**Canning & Hazard 1982**）

诊断：孢子形成前期阶段是耦核。只有一个孢子形成过程为已知。产孢原质团在产孢囊中分裂为耦核母孢子。母孢子经历减数分裂和八孢子母细胞型孢子增殖，其在产孢囊中产生 8 的倍数个单核孢子。感染发生在幼虫的脂肪体中。

模式种：*Polydispyrenia simulii*（Lutz & Splendore 1908；Canning & Hazard 1982）

模式宿主：*Simulium venustum*（*Simulium pertinax*）（Diptera，Simuliidae）

附注：许多报道表明 *P. simulii* 来自于不同的黑蝇宿主，但是这些是否是同种的或代表了一类物种的集合还不清楚。来自于蚊科的种也已经被认知。

Pulcispora（**Vedmed et al. 1991**）

诊断：孢子形成前期阶段是耦核。只有一个孢子形成过程为已知。母孢子是耦核的细胞，且经历减数分裂和八孢子母细胞型孢子增殖。单核的、卵圆柱形的孢子（8~32）是在产孢囊内形成的，在孢子增殖阶段起始前产孢囊已经形成。

模式种：*Pulicispora xenopsyllae*（Vedmed et al. 1991）

模式宿主：*Xenopsylla hirtipes*（Siphonaptera，Pulicidae）

附注：单型。描述是源于俄语且详细信息来自于简单的英文总结。

Pyrotheca（**Hesse 1935**）

诊断：只有一个孢子形成过程为已知。孢子增殖是四孢子母细胞型且产生四个为一组的单核孢子（假定存在产孢囊）。孢子较大且呈角状。感染被发现于脂肪体组织中。

模式种：*Pyrotheca cyclopis*（Leblanc 1930；Poisson 1953）

模式宿主：*Cyclops albidus*（Copepoda，Cyclopidae）

附注：已有一个种在一类毛翅目昆虫（石蛾）中被鉴定，但是 Hyliš 等（2007）建议将其移除。

Resiomeria（**Larsson 1986c**）

诊断：孢子形成前期阶段是耦核。只有一个孢子形成过程为已知。母孢子是耦核的细胞，且经历减数分裂和八孢子母细胞型孢子增殖。在一个产孢囊中包含 8 个杆状单核孢子。感染被发现于幼虫的脂肪体中。

模式种：*Resiomeria odonatae*（Larsson 1986c）

模式宿主：*Aeshna grandis*（Odonata，Aeshnidae）

附注：单型。是又一个与 *Thelohania* 类似的孢子形成过程。

Ringueletium（**Garcia 1990**）

诊断：孢子形成前期阶段是耦核。只有一个孢子形成过程为已知且其整个阶段均在宿主细胞的细胞质中进行。耦核的产孢原质团经多次分裂形成 8 个耦核孢子。孢子呈椭圆形且以一致分布的丝状附着物附着在孢子外壁为特征。感染被发现于幼虫的脂肪体中。

模式种：*Ringueletium pillosa*（Garcia 1990）

模式宿主：*Gigantodax rufidulum*（Diptera，Simulidae）

附注：单型的。

Scipionospora（**Bylén & Larsson 1996**）

诊断：孢子形成前期阶段是耦核。只有一个孢子形成过程为已知。母孢子是耦核细胞且其经历两次连续的核分裂，未进行胞质分裂而形成一个四核的产孢原质团。产孢原质团通过出芽生殖形成 4 个耦核孢子母细胞，耦核的孢子母细胞在一个产孢囊中能形成四个孢子。耦核的孢子为杆状且具有散乱的极丝。感染被发现于幼虫的脂肪体中。

模式种：*Scipionospora tetraspora*（Léger & Hesse 1922；Bylén & Larsson 1996）

模式宿主：*Tanytarsus* sp.（Diptera，Chironomidae）

附注：单型的。

Semenovaia（Voronin & Issi 1986）

诊断：两个孢子发生过程被报道。一个过程产生 16 个单核孢子。另一个过程产生两个椭圆形双核孢子。

模式种：*Semenovaia chironomi*（Issi 1986；Voronin & Issi 1986）

模式宿主：*Chironomus plumosus*（Diptera，Chironomidae）

附注：单型的。描述较为简单（Issi 1986）。

Senoma（Simakova et al. 2005）

诊断：单态型，所有阶段均为耦核。多核的原生质团如带状，产生 4~5 个母孢子。孢子形成是双孢子母细胞型的。均质电子致密物质在孢子的后极处沉积并在此将两个孢子连接在一起。卵形的耦核孢子具有薄片状的极膜层，轻度异型极丝。属于肠道上皮寄生虫。传播机制还不清楚。系统发生分析表明其与 *Hazardia* 亲缘关系较近。

模式种：*Senoma globulifera*（Issi & Pankova 1983；Simakova et al. 2005）

模式宿主：*Anopheles messeae* Fall（Diptera，Culicidae）

附注：单型的。

Simuliospora（Khodzhaeva et al. 1990）

诊断：披针形的单核孢子在幼虫的脂肪体中存在。

模式种：*Simuliospora uzbekistanica*（Issi et al. 1990；Khodzhaeva et al. 1990）

模式宿主：*Tetisimulium alajense*（Diptera，Simuliidae）

附注：俄语（Issi et al. 1990）。

Spherospora（Garcia 1991）

诊断：孢子形成前期阶段是耦核。已知只有一个孢子形成过程。母孢子是耦核的细胞，且经历减数分裂和八孢子母细胞型孢子增殖。八个单核的球形孢子存在于一个易破的产孢囊中。

模式种：*Spherospora andinae*（Garcia 1991）

模式宿主：*Gigantodox chilense*（Diptera，Simuliidae）

附注：单型的。是与 *Thelohania* 孢子形成过程类似的另一个例子。

Spiroglugea（Léger & Hesse 1924）

诊断：已知只有一个孢子形成过程。孢子增殖是八孢子母细胞型且每组含有 8 个螺旋形（spiriform）孢子（假定存在产孢囊）。感染被发现于幼虫的脂肪体中。

模式种：*Spiroglugea octospora*（Léger & Hesse 1922，1924）

模式宿主：*Ceratopogon* sp.（Diptera，Ceratopogonidae）

附注：单型的。

Stempellia（**Léger & Hesse 1910**）

诊断：孢子形成前期阶段是耦核。两个孢子形成过程被报道。母孢子是耦核细胞。一个过程为四核的母孢子在产孢囊内产生 4 个梨形的单核孢子。另一个过程为八核的母孢子在产孢囊内产生 8 个单核卵圆形的孢子。感染被发现在幼虫的脂肪体中。

模式种：*Stempellia mutabilis*（Léger & Hesse 1910）

模式宿主：*Ephemera vulgata*（Ephemeroptera，Ephemeridae）

附注：从双翅目、鞘翅目和等翅目中发现另外的种。

Striatospora（**Issi & Voronin 1986**）

诊断：孢子形成前期阶段是耦核。只有一个孢子形成过程被报道。母孢子是耦核细胞。孢子增殖是八孢子母细胞型且推测要进行减数分裂。单核的孢子呈短的圆柱状，且其外壁镶嵌有纵向的电子致密物质。

模式种：*Striatospora chironomi*（Issi 1986；Issi & Voronin 1986）

模式宿主：*Chironomus plumosus*（Diptera，Chironomidae）

附注：单型的。对该类型的描述比较简单，但是属于一个与 *Thelohania* 孢子形成过程类似的另一个例子（Issi 1986）。

Systenostrema（**Hazard & Oldacre 1975**）

诊断：已知只有一个孢子形成过程。母孢子是耦核细胞。孢子增殖是八孢子母细胞型且推测要进行减数分裂。8 个单核梨形孢子存在于一个产孢囊中。感染被发现在幼虫的脂肪体中。

模式种：*Systenostrema tabani*（Hazard & Oldacre 1975）

模式宿主：*Tabanus lineola*（Diptera，Tabanidae）

附注：模式宿主是鹿虻且一个种已经在蚊子幼虫中被发现。两个其他种在蜻蜓目中被描述。

Takaokaspora（**Andreadis et al. 2013**）

诊断：二态的发育使之在耦核和单核状态的阶段交替，其产生两类形态学上具有差异的孢子。在垂直感染的幼虫宿主中的发育是单倍型的，其在整个过程中都具有不成对的核，在薄壁非持久产孢囊内产生玫瑰形的产孢原质团，最终形成无膜、单核、圆锥形的孢子。在水平感染的宿主中孢子的发育是耦核的，且其随后核分裂形成单核裂殖体，通过二分裂产生无膜的耦核孢子。

模式种：*Takaokaspora nipponicus*（Andreadis et al. 2013）

模式宿主：*Ochlerotatus japonicus*（Theobald）（Diptera，Culicidae）

附注：单型的。

Tardivesicula（**Larsson & Bylén 1992**）

诊断：已知只有一个孢子形成过程。在发育的所有阶段都是单核的。产孢原质团经历多次的分裂形成 16～32 个孢子母细胞。单核孢子是粗棒形，且存在于产孢囊中。感染发生在幼虫的脂肪体中。

模式种：*Tardivesicula duplicata*（Larsson & Bylén 1992）

模式宿主：*Limnephilus centralis*（Trichoptera，Limnephilidae）

附注：单型的。

Telomyxa（**Léger & Hesse 1910**）

诊断：只有一个孢子形成过程是已知的。在发育过程的所有阶段均为单核的。单核母孢子的孢子增殖是双孢子母细胞型。单核孢子成对出现并伴有外壁，且其存在于产孢囊中。感染发生在幼虫脂肪体中。

模式种：*Telomyxa glugeiformis*（Léger & Hesse 1910）

模式宿主：*Ephemera vulgata*（Ephemeroptera，Ephemeridae）

附注：另外两个被报道的种，一个来自于双翅目，另一个来自于毛翅蝇。还有一个种已经在一个半水生的甲虫中被描述，尽管它被归为此类还受到质疑（Larsson 1988）。

Thelohania（Henneguy 1892）

诊断：孢子形成前期是耦核的，只有一种孢子形成过程为人所知。母孢子呈耦核要经过减数分裂，进行八孢子母细胞型的孢子增殖。单核孢子是梨形的，产孢囊包裹着 8 个孢子。主要侵染肌肉组织。

模式物种：*Thelohania giardi*（Henneguy & Thélohan 1892）

模式宿主：*Crangon vulgaris*（Decapoda，Crangonidae）

附注：模式宿主是一种海虾，但多数关于这个物种的描述主要来源于昆虫，因为孢子形成过程中每个产孢囊中包含 8 个孢子。在双翅目、弹尾目、蜉蝣目、半翅目、鳞翅目、膜翅目、蜻蜓目和毛翅目等昆虫中已有超过 60 余种被描述（Henneguy & Thélohan 1892）。

Toxoglugea（Léger & Hesse 1924）

诊断：只有一种孢子形成过程被描述，前孢子阶段可能是耦核的。孢子增殖是八孢子母细胞型，并且可能涉及减数分裂。单核孢子较小，以 U 形杆状的形式存在。产孢囊内含 8 个孢子，主要侵染幼虫的脂肪体。

模式种：*Toxoglugea vibrio*（Léger & Hesse 1922，1924）

模式宿主：*Ceratopogon* sp.（Diptera，Ceratopogonidae）

附注：主要在双翅目的昆虫中有所描述，但在卷裙夜蛾属、蜻蜓目、半翅目、同翅目等物种中也已有所发现。

Toxospora（Voronin 1993）

诊断：已知只有一种孢子形成过程，前孢子时期可能包含耦核阶段，母孢子是耦核细胞。孢子增殖是八孢子母细胞型，在产孢囊中含有 8 个单核的孢子母细胞。单核孢子呈 U 形杆状，主要侵染幼虫的脂肪体。

模式物种：*Toxospora volgae*（Voronin 1993）

模式宿主：*Corynoneura* sp.（Diptera，Chironomidae）

附注：单型。此属和 *Toxoglugea* 之间的区别尚不清楚。

Trichoctosporea（Larsson 1994）

诊断：孢子形成前期为耦核，只有一种孢子形成过程。母孢子具耦核，经过减数分裂及八孢子母细胞型的孢子增殖，在产孢囊内产生 8 个孢子母细胞。单核孢子是卵圆形的，在外壁上有多达 5 个纤维状突出物。主要侵染幼虫的脂肪体。

模式物种：*Trichoctosporea pygopellita*（Larsson 1994）

模式宿主：*Aedes vexans*（Diptera，Culicidae）

附注：两个被描述的种来自蚊子中，这类物种在蚊子幼虫中具有典型的 *Amblyospora* 类型的孢子形成过程并产生减数分裂孢子。主要通过不同的纹饰将两者进行甄别。

Trichoduboscqia（Léger 1926）

诊断：孢子形成前期可能具耦核，只有一种孢子形成过程被知道。孢子增殖通常涉及产孢原质团的多次分裂，典型的是16核，也经常有32核，但8、12、20和24核的产孢原质团比较少见。单核孢子呈长梨形，被包裹在产孢囊中。产孢囊具有2~6个附属物。主要侵染幼虫的脂肪体。

模式物种：*Trichoduboscqia epeori*（Léger 1926）

模式宿主：*Epeorus torrentium*（Ephemeroptera，Heptageniidae）

附注：单型。

Trichotuzetia（Vávra et al. 1997）

诊断：所有阶段均为单核，只有一个孢子形成过程被了解。孢原质以二分裂的方式产生单核孢子母细胞。单核孢子是梨形的，并被单独包裹在产孢囊中。生殖腺最先被感染，除肌肉和肠道外，最终会形成系统性的感染。

模式物种：*Trichotuzetia guttata*（Vávra et al. 1997）

模式宿主：*Cyclops vicinus*（Copepoda，Cyclopidae）

附注：单型。在这里提及这个种是因为分子水平的分析显示 *T. guttata* 与包括 *Amblyospora californica* 在内的一类微孢子虫极为相似。

Tricornia（Pell & Canning 1992）

诊断：孢子形成前期为耦核，只有一个孢子形成过程。母孢子呈耦核，经过减数分裂和八孢子母细胞型的孢子增殖产生8个孢子母细胞。孢子是单核、卵圆形并被包裹于产孢囊内。孢子壁前端和后端各有一个典型的角状突起。主要侵染幼虫的脂肪体。

模式物种：*Tricornia muhezae*（Pell & Canning 1992）

模式宿主：*Mansonia africana*（Diptera，Culicidae）

附注：单型。与 *Amblyospora* 和 *Parathelohania* 属中孢子的形成过程相类似。

Tubulinosema（Franzen et al. 2005）

诊断：在与宿主细胞接触的整个发育阶段均为耦核。裂殖体以二分裂方式进行增殖，晚期裂殖体表面有小管。孢子增殖是双孢子母细胞型的。椭圆形或梨形的双核孢子具有较厚的内壁和一到两排的极丝排布。侵染是系统性的，经口传播。系统发育分析该属与 *Tubulinosema*（*Nosema*）*acridophagus*、*Brachiola* 和 *Kneallhazia* 都具有较为密切的关系。

模式物种：*Tubulinosema ratisbonensis*（Franzen et al. 2005）

模式宿主：*Drosophila melanogaster*（Diptera，Drosophilidae）

附注：三个种，其中两个来自于果蝇，一个来自于蝗虫。

Tuzetia（Mavrand et al. 1971）

诊断：所有阶段均为单核，只有一个孢子形成过程。产孢原质团通过多重分裂形成孢子母细胞。单核孢子为梨形，单独包裹于产孢囊中。主要侵染脂肪体、生殖器官和肌肉组织。

模式物种：*Tuzetia infirma*（Kudo 1921；Mavrand et al. 1971）

模式宿主：*Cyclops albidus*（Copepoda，Cyclopidae）

附注：主要宿主为小型甲壳动物。在蜉蝣目昆虫中有3个物种被发现。

Unikaryon（Canning et al. 1974）

诊断：只有一种孢子形成过程。所有阶段均为单核且在宿主细胞质中完成。孢子增殖以双孢子母细胞形式进行。单核孢子较小为梨形。

模式物种：*Unikaryon piriformis*（Canning et al. 1974）

模式宿主：*Echinostoma audyi*（Digenea，Echinostomatidae）

附注：主要在花卉和树皮甲虫中被发现。

Vairimorpha（Pilley 1976）

诊断：具有 3 种孢子形成过程。第一种发生在侵染中肠细胞不久后产生耦核孢子。孢子自发的发芽将双核孢原质注入脂肪体细胞，在脂肪体细胞中将发生两种不同的孢子形成过程。其一为耦核母孢子以二分裂的形式形成两个耦核孢子母细胞，耦核孢子为长圆形，且直接与细胞质接触。另外一种是起始于耦核母孢子经过减数分裂和八孢子母细胞型的孢子增殖产生包裹于产孢囊内的 8 个孢子母细胞。单核孢子卵圆形。耦核孢子经口感染新的宿主个体。关于减数孢子的功能尚不明确。

模式物种：*Vairimorpha necatrix*（Kramer 1965；Pilley 1976）

模式宿主：*Pseudaletia unipunctata*（Lepidoptera，Noctuidae）

附注：主要是鳞翅目昆虫的病原，但在膜翅目和双翅目有也有发现。

Vavraia（Weiser 1977）

诊断：所有阶段均为单核，只有一种孢子形成过程。产孢原质团经过多重分裂产生通常包含 8 个、16 个或 32 个孢子母细胞的产孢囊，少数包含 64 个。单核孢子呈卵形，锚定盘偏离中心位置。产孢囊被膜厚，有宿主与微孢子虫共同形成。主要侵染马氏管和其他器官，根据宿主不同将会有所不同。

模式物种：*Vavraia culicis*（Weiser 1947，1977）

模式宿主：*Culex pipiens*（Diptera，Culicidae）

附注：已在蚊子宿主中大量报道（Vávra & Becnel 2007）。此外在石蛾和鞘翅目和鳞翅目等几个物种中也有所报道。

Weiseria（Doby & Saguez 1964）

诊断：孢子形成前期可能为耦核，只有一种孢子形成过程。产孢原质团有 16~22 个耦核，经过多重分裂最后形成 16 个孢子母细胞。耦核孢子是梨形的，外壁后部有脊。主要侵染幼虫的脂肪体。

模式物种：*Weiseria laurenti*（Doby & Saguez 1964）

模式宿主：*Prosimulium inflatum*（Diptera，Simuliidae）

附注：单型。与 *Caudospora* 较为相似，主要区别在于外壁的纹饰不同。

Zelenkaia（Hyliš et al. 2013）

诊断：单核孢子成对存在于非持久性的薄壁的产孢囊之中。在孢子增殖阶段，产孢原质团与产孢囊一起进行分裂，形成两个产孢囊，每个含两个挨在一起的细胞。在产孢囊中形成两个平行排列的孢子。感染脂肪组织，但传播机制尚不明确。

模式物种：*Zelenkaia trichopterae*（Hyliš et al. 2013）

模式宿主：*Halesus digitatus*（Shrank 1781）（Trichoptera，Limnephilidae）

附注：单型。

致谢

感谢 Neil Sanscrainte 和 Kelly Anderson 在书稿撰写、Jane Medley（University of Florida）在图表绘制过程中所给予的协助。

参考文献

 第 21 章参考文献

第 22 章　微孢子虫、蜜蜂和蜂群崩溃失调症

INGEMAR FRIES

瑞典农业科学大学生态学部

22.1　蜜蜂

蜜蜂（Apidae：Apini）属于蜂属（*Apis*），目前包括 11 个种（Cao et al. 2012）。它们营群居生活并形成一个超个体单元，并以此形式应对自然选择的压力（Moritz & Southwich 1992）。每个蜂群都有一个负责繁殖的雌性蜜蜂，即蜂王，群落中所有的成员都是它的后代。工蜂是二倍体的雌蜂。雄峰是单倍体，其遗传信息来自蜂王，雄蜂唯一任务就是远离蜂巢在空中与未受精的蜂王进行交配。因此，从遗传学角度来说，蜂王可以被看成是雌雄同体，其中产生的未受精卵雄蜂是其婚飞的交配对象。蜂王的多次交配确保种群内遗传多样性，这对于群体的抗病性具有重要意义（Seeley & Tarpy 2007）。蜜蜂疾病的流行病学研究可能相当复杂（Fries & Camazine 2001），这是由于群居昆虫固有的特性，能够在群落内或群落之间水平或垂直传播病原体。在个体水平具有高度致病性的病原体在群体水平不一定有致病性。其实，这种相反的关系也在一种细菌性疾病（幼虫类芽孢杆菌 *Paenibacillus larvae*，造成美国蜂群的污仔病）的研究中得到证实，这个细菌在个体上的致病性很弱，但在群体水平上具有强的致病性（Genersch 2010）。这是因为快速死亡的幼虫很容易被成虫识别并移除，然而当这些死亡速度很慢的幼虫发育到蛹期时，被蜡盖封顶，很难检测和移除。

所有的蜜蜂都可以收集花蜜生产蜂蜜，并储存在由蜡腺分泌的蜂蜡构筑的蜂巢中，并且蜜蜂可以用这些贮存的产物作为糖类的原料。蜜蜂蛋白质的原料是从花中收集的花粉，储存的花粉发酵成所谓的蜂粮。从进化的观点来看，蜜蜂起源于捕食性的黄蜂，抛弃了黄蜂的捕食习性转而喜欢收集花蜜和花粉作为食物来源（Michener 1974）。

在蜜蜂的 11 个种中，矮小蜜蜂 [小蜜蜂（*Apis florea*）和黑小蜜蜂（*A. andreniformis*）] 和大型蜜蜂 [大蜜蜂（*A. dorsata*）、黑大蜜蜂（*A. laboriosa*）、苏威拉西蜜蜂（*A. nigrocincta*）、*A. breviligula* 和 *A. binghami*]，用单一巢脾筑建一个开放的蜂巢，巢脾是贮存蜂蜜和产卵的地方。更多的中型品种，西方蜜蜂（*A. mellifera*）、东方蜜蜂（*A. cerana*）、沙巴蜂（*A. koschevnikovi*）和绿努蜂（*A. nuluensis*）是筑巢蜜蜂，它们建造的多个平行的巢脾在一个洞中，并有一个或多个入口。除了欧洲蜜蜂，当前所有的蜜蜂主要分布在亚洲。西方蜜蜂很有可能代表早期从其他洞巢蜂分离的蜜蜂，最终从非洲进入欧洲（Han et al. 2012）。虽然所有的蜜蜂都能制造蜂蜜，并且可能被人类从它们存贮的地方取走，但是只有两种蜜蜂被人类商业化管理生产蜂蜜，它们就是东方蜜蜂和西方蜜蜂。欧洲蜜蜂是目前最为重要的生产蜂蜜的蜜蜂，在亚洲也是如此。西方蜜蜂被带到了所有大洲（南极洲除外）饲养，生产了世界上绝大多数的蜂蜜。

22.2　蜜蜂的价值

蜜蜂的价值是很难被评估的，与蜂蜜产品相关的仅是其价值的一部分。蜜蜂在野生植物群体和农作物

间扮演传粉者的角色，这也证明了蜜蜂在生态学方面和对农业的商业价值方面都起着重要的作用。传粉依赖于家养的和野生的传粉群体，虽然大黄蜂和一些独居蜂品种被商业化饲养来完成特殊的传粉任务，但是规模化饲养的蜜蜂是唯一能够为大规模农田作物提供大量的传粉昆虫的方法（Garibaldi et al. 2011）。在全球范围内，35% 的耕地作物依赖于动物介导的授粉（Nicholls & Altieri 2013），其中蜜蜂是目前最为重要的传粉者（Potts et al. 2010）。此外，正在加剧的农作物授粉需求与可用蜜蜂之间的差距（Aizen & Harder 2009）凸显了蜜蜂在确保食品安全方面的重要性以及蜜蜂健康的重要性。此外，不明原因的蜜蜂群体减少已造成某些局部地区传粉服务的严重短缺，对农业造成了巨大的经济损失（如杏仁生产）（Ward et al. 2010）。由于规模化饲养蜜蜂的这种至关重要的作用，一般蜂群的损失，尤其是蜂群崩溃失调症（colony collapse disorder，CCD）引起的蜂群损失，都备受关注，也促进了诸多的研究活动（Cornman et al. 2012）。

22.3　微孢子虫感染蜜蜂

22.3.1　亚洲蜜蜂

目前，感染蜜蜂的微孢子虫只有 2 种被鉴定到，即西方蜜蜂微粒子虫（*Nosema apis*）（Zander 1909）和东方蜜蜂微粒子虫（*N. ceranae*）（Fries et al. 1996）。

中国农业科学院蜜蜂研究所的研究者首次描述了东方蜜蜂微粒子虫（*N. ceranae*），它是从 *A. cerana* 蜜蜂样本中分离的（Fries et al. 1996）。早期关于 *A. cerana* 内微粒子虫感染的研究认为是由西方蜜蜂微粒子虫引起的（Lian 1980），尽管这两种微粒子虫的大小不同，但是也很难通过光学显微镜区别它们（图 22.1）。因此，观察到的西方蜜蜂微粒子虫可能事实上就是东方蜜蜂微粒子虫，这两个物种可以交叉感染，并且在 *A. cerana* 和 *A. melifera* 群落中均发现了自然感染（Chen et al. 2009）。东方蜜蜂微粒子虫感染对中华蜜蜂的影响还没有被很好的研究。东方蜜蜂微粒子虫的生命周期与西方蜜蜂微粒子虫相似，其感染对蜜蜂中肠细胞具有损伤性，表明感染是有害的，并且可能对养蜂业带来风险（Fries et al. 1996）。如果能够意识到早先地报道微孢子感染 *A. cerana* 蜜蜂后的破坏性效应甚至引起群落损失（Lian 1980）确实是由东方蜜蜂微粒子虫感染造成的，那么，就有必要在一定的条件下控制这种中华蜜蜂中的寄生虫。

最近在泰国，从小蜜蜂中分离了东方蜜蜂微粒子虫，感染实验表明东方蜜蜂微粒子虫感染会影响蜜蜂咽下腺蛋白的生产以及缩短蜜蜂的寿命。此外，从小蜜蜂中分离的东方蜜蜂微粒子虫也可以感染东方蜜

(a)
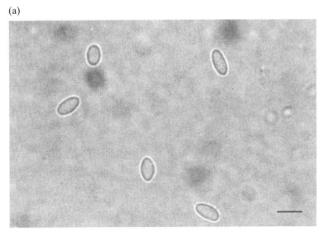

(b)
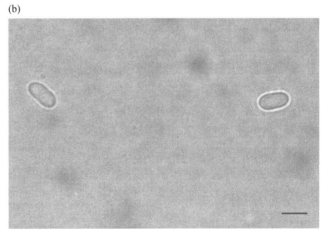

图 22.1　光学显微镜下东方蜜蜂微粒子虫和西方蜜蜂微粒子虫的孢子

（a）东方蜜蜂微粒子虫的孢子；（b）西方蜜蜂微粒子虫的孢子。标尺为 5 μm。[引自 Fries, I., Martin, R., Meana, A., Garcia-Palencia, P., & Higes, M.（2006）Natural infections of *Nosema ceranae* in European honey bees. *J Apic Res*, 45, 230–233. © International Bee Research Association, 2006]

蜂（Suwannapong et al. 2010）。基于东方蜜蜂微粒子虫的 *PTP* 基因的序列变异进行系统发育分析，结果显示从西方蜜蜂和东方蜜蜂分离的东方蜜蜂微粒子虫具有差异，但是它们聚为同一个进化枝。相反，从 *A. dorsata* 和 *A. florea* 蜜蜂分离的东方蜜蜂微粒子虫被聚类到另外两个不同的分支。现在的数据表明东方蜜蜂微粒子虫的 PTP 蛋白能够被用来揭示物种内的遗传关系（Chaimanee et al. 2011）。在另外的调查中，对 46 个亚洲蜜蜂野生群落（*A. cerana*、*A. florea* 和 *A. dorsata*）开展蜜蜂微粒子虫属（*Nosema* spp.）感染情况调查，这 3 种蜜蜂都被感染，但是只有东方蜜蜂微粒子虫被检测到（Chaimanee et al. 2010），这一工作拓展了东方蜜蜂微粒子虫被记录的宿主范围。随后证实了东方蜜蜂微粒子虫能够感染来自婆罗州（Borneo）的沙巴蜂（Botias et al. 2012）。因此，东方蜜蜂微粒子虫可能也可以感染其他的亚洲蜜蜂，比西方蜜蜂微粒子虫具有更广的宿主范围，更为特别的是东方蜜蜂微粒子虫也可以感染几种熊蜂（Li et al. 2012；Plischuk et al. 2009）。Showers 等（1967）用从感染的蜜蜂中收集的西方蜜蜂微粒子虫的孢子感染了熊蜂（*Bombus fervidus*），但是随后试图用西方蜜蜂微粒子虫感染熊蜂却并没有成功（Eijnde & Vette 1993）。

除了东方蜜蜂微粒子虫感染小蜜蜂工蜂后使蜜蜂寿命缩短及使咽下腺萎缩的报道外，微孢子虫感染对亚洲蜜蜂群落健康的影响仍然知之甚少（Suwannapong et al. 2010）。

22.3.2　欧洲蜜蜂

关于西方蜜蜂微粒子虫感染欧洲蜜蜂的研究已经有 100 多年历史了，并且积累了大量的关于宿主与寄生虫关系的信息（Fries 1993）。在温带气候区域西方蜜蜂微粒子虫感染欧洲蜜蜂具有典型的季节感染模式，在夏季患病率较低，或者在夏天比较低但在秋期稍有升高。在冬季时感染率会稍微升高，在新生蜜蜂替代冬季蜜蜂的春季时，感染率大幅上升（Bailey 1955）。只有极少数的资料报道了在热带或亚热带环境条件下西方蜜蜂微粒子虫的季节感染性。目前只有唯一一篇发表的论文报道，在可以全年飞行的蜜蜂样本中可检测到西方蜜蜂微粒子虫的感染，感染不具有季节性（Fries et al. 2003）。由此，感染的季节性可能依赖气候条件。

相对于西方蜜蜂微粒子虫，对东方蜜蜂微粒子虫感染欧洲蜜蜂的研究只进行了不到 10 年（Fries 2010）。2005 年在西班牙发现了欧洲第一例东方蜜蜂微粒子虫感染（Higes et al. 2006），从那以后，这种寄生虫被发现在全球范围内广泛分布（Klee et al. 2007）。已有的报道表明这种寄生虫的感染也缺乏季节性（Higes et al. 2008），但其季节变化规律与西方蜜蜂微粒子虫相似（Traver et al. 2012）。西方蜜蜂微粒子虫感染通常伴随着痢疾（Bailey 1955），但东方蜜蜂微粒子虫感染却不具有这种症状（Higes et al. 2008）。这种差异可能反映了这两种寄生虫在传播途径上的差异（Smith 2012）。对于西方蜜蜂微粒子虫感染，粪便 - 经口传播途径被认为是蜜蜂间传播的主要途径（Bailey 1955），而口 - 口传播可能对于东方蜜蜂微粒子虫感染更为重要（Smith 2012）。实验证实，东方蜜蜂微粒子虫具有比西方蜜蜂微粒子虫更高的致病性，在西方蜜蜂中造成极高的死亡率（Higes et al. 2007；Paxton et al. 2007）。

有趣的是，虽然目前还没有病原体能在腹部细胞外生长的组织学证据，研究却发现东方蜜蜂微粒子虫的 DNA 可以通过 PCR 的方法在非腹部上皮细胞的组织中检测到（Chen et al. 2009）。如果确实是这样，这一现象可以加入东方蜜蜂微粒子虫和西方蜜蜂微粒子虫比较病理学中，因为后者的感染目前被认为是组织特异的（Fries 1993）。

东方蜜蜂微粒子虫是目前在世界很多地方感染蜜蜂群体的最主要微孢子虫，而西方蜜蜂微粒子虫感染则很少见（Fries 2010）。然而，在较冷的气候条件下，尽管东方蜜蜂微粒子虫在斯堪的纳维亚存在了多年，这种寄生虫的感染优势却消失了（Forsgren & Fries 2013）。气候因素或许能够部分解释东方蜜蜂微粒子虫和西方蜜蜂微粒子虫分布的差异性，有研究发现在较广的温度范围下东方蜜蜂微粒子虫生长比西方蜜蜂微粒子虫要好，但是其孢子却对低温敏感（Fenoy et al. 2009）。在蜜蜂个体中，若这两种微粒子虫同时感染蜜蜂，这两种寄生虫之间似乎也不存在相对竞争优势（Forsgren & Fries 2010）。

22.4　鉴别诊断

　　蜜蜂感染微粒子虫后没有明显的病理表征。传统上，西方蜜蜂微粒子虫是通过光学显微镜进行诊断，其感染程度是通过血球计数器对孢子进行计数来确定（Cantwell 1970）。东方蜜蜂微粒子虫（4.7 μm ×2.7 μm）（Fries et al. 1996）较西方蜜蜂微粒子虫（6.0 μm × 3.0 μm）（Zan der & Böttcher 1984）小，但是在光学显微镜下这两个物种很难分辨（图22.1），特别是两者混合感染的情况很常见（Chen et al. 2009）。这两物种可以通过透射电镜对极丝圈进行计数来分辨，这是因为相比于西方蜜蜂微粒子虫，东方蜜蜂微粒子虫具有较少的极丝圈（Fries et al. 1996）（图22.2）。基于PCR的分子水平检测方法也被用于检测和鉴定西方蜜蜂微粒子虫和东方蜜蜂微粒子虫。然而将目前报道的9种PCR检测方法进行比较后发现其具有很多缺陷，尤其是在东方蜜蜂微粒子虫特异性方面（Erler et al. 2012）。目前，一种快速廉价的针对 *Nosema* 物种的特异的多重PCR检测方法已经建立（Fries et al. 2013）。这种方法使用基于16S核糖体rRNA基因的多种引物，只需要一个反应就可以同时区分蜜蜂中的西方蜜蜂微粒子虫、熊蜂微粒子虫和东方蜜蜂微粒子虫（Fries et al. 2013）。

22.5　微孢子虫感染与蜂群崩溃失调症

　　2006/2007年冬季美国蜂农饲养蜂群（*A. mellifera*）遭受了大规模损失（vanEngelsdorp et al. 2007）。这一年度的蜜蜂种群大规模损失不仅对养蜂业，同时也对农业生产造成了巨大影响，特别是在接下来的2007/2008冬季持续的大规模损失（vanEngelsdorp et al. 2008）。没有单一原因或病原体能引起如此巨大的损失，这一现象称为群体崩溃失调症（colony collapse disorder，CCD）。蜜蜂种群在冬季通常死于多种原因，包括饥饿、害虫及病原体。目前有一系列特异的症状可以区分CCD和其他导致种群损失的原因

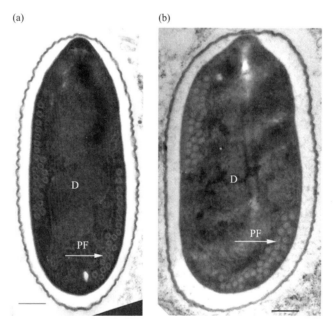

图22.2　*Nosema ceranae* 和 *Nosema apis* 的孢子结构

（a）东方蜜蜂微粒子虫孢子结构；（b）西方蜜蜂微粒子虫孢子结构。D，双核；PF，极丝圈（箭头所示）。标尺为 0.5 μm。［图片使用得到了原作者的允许。Fries, I., Martin, R., Meana, A., Garcia-Palencia, P., & Higes, M.（2006）Natural infections of Nosema ceranae in European honey bees. *J Apic Res*，45, 230-233. © International Bee Research Association，2006］

（vanEngelsdorp et al. 2009），如下所述：

（1）感染的种群中成年工蜂快速死亡，线索为弱群或死亡的种群中幼虫个体数超过成年的蜜蜂个体数。

（2）在感染蜂窝内及其周围死亡的工蜂明显少。

（3）蜂巢害虫（如小蜂巢甲虫和大蜡螟）入侵和周围蜂群偷窃寄生现象延迟发生。

为了找到引起 CCD 的可能线索，以美国的具有 CCD 症状的蜂群样本和不具有 CCD 症状蜜蜂种群样本，以及从澳大利亚进口的健康蜜蜂样本，利用焦磷酸测序的方法进行宏基因组学研究（Cox-Foster et al. 2007）。在具有 CCD 症状的所有 4 个样本中，利用 PCR 的方法可以检测到东方蜜蜂微粒子虫，但是在来自澳大利亚的一个样本以及不具有 CCD 症状的美国样本中也能检测到东方蜜蜂微粒子虫（Cox-Foster et al. 2007）。因此，这项研究并没有证实东方蜜蜂微粒子虫感染和 CCD 之间的联系。另一项广泛研究美国 CCD 群落的报道指出，与对照相比，CCD 群落中病原体的水平稍高，也指出 CCD 症状与东方蜜蜂微粒子虫的感染没有联系（Cornman et al. 2012）。

一项在美国的流行病学研究使用了 61 种不同的参数，包括群体大小的估计（幼虫和蜜蜂成虫）、成年蜜蜂数、蜂蜡以及蜜蜂寄生虫（如体外的螨虫 *Varroa destructor* 和蜜蜂的气管螨虫 *Acarapis woodi*）、病原体（如蜜蜂病毒和微孢子虫）、杀虫剂残留、蛋白质含量、遗传谱系和形态学测量，发现没有任何一个单独的因素是导致 CCD 的原因（vanEngelsdorp et al. 2009）。与对照相比在共感染的 CCD 群落中病原体滴度较高，但是这并不能确定这就是导致 CCD 的原因或是 CCD 感染群落中防御降低的后果。在一半的测试样本中存在 *N. ceranae* 的感染，CCD 和对照样本都有。尽管发现一些感染水平可能与群体死亡有关，但这似乎并不是大多数感染都具有的现象（vanEngelsdorp et al. 2009）。

一些作物如玉米、油菜或向日葵的种衣剂会使蜜蜂遭受到亚致死剂量的新烟碱的影响（Maini et al. 2010）。实验已经证实亚致死剂量的新烟碱种衣剂可以产生与 CCD 相似的症状（Lu et al. 2012）。然而，其他长期的田间试验却没有发现这种联系（Faucon et al. 2005），另外，在 vanEngelsdorp 等（2009）的描述性

图 22.3　**蜂群崩溃失调症（CCD）的一个典型的症状是蜂群成年蜜蜂的迅速丢失**（见文后彩图）

这表明正在崩溃或崩溃的蜂群中不存在或存在非常少的成年蜂来维持蜂群数量。［图片复制使用得到了原作者的允许。Fries, I., Martin, R., Meana, A., Garcia-Palencia, P., & Higes, M.（2006）Natural infections of *Nosema ceranae* in European honey bees. *J Apic Res*, 45, 230–233. © International Bee Research Association，2006］

的研究中也没有发现新烟碱可能导致 CCD。有报道指出蜜蜂接触亚致死剂量的新烟碱和微孢子虫感染可能有协同作用，但这一现象也不能与 CCD 联系在一起（Pettis et al. 2012）。

与美国的研究不同，在西班牙东方蜜蜂微粒子虫感染却与种群损失联系在一起（Higes et al. 2008）。尽管存在明确的 CCD 诊断标准（vanEngelsdorp et al. 2009），还不确定西班牙报道的由于东方蜜蜂微粒子虫感染引起的种群损失是否与 CCD 症状吻合。在欧洲，目前只有 1 例关于 CCD 症状的报道（Dainat et al. 2012），但是欧洲大规模的种群死亡都与东方蜜蜂微粒子虫感染相关（Higes et al. 2008，2009）。然而，即使已经发现东方蜜蜂微粒子虫感染会在没有烟曲霉素控制的情况下在 15 个月内使种群瓦解（Higes et al. 2008），大部分发表的数据只是指出了种群死亡与东方蜜蜂微粒子虫感染的相互关系，却没有提供原因和结果的证据（Fries 2010）。在这一方面值得注意的是尽管烟曲霉素似乎对于感染可以给予一些初始的控制（Williams et al. 2008），但随着时间推移，其浓度被稀释后可能反而增加东方蜜蜂微粒子虫的孢子增殖（Huang et al. 2013）。积累的证据表明报道于西班牙的与微孢子感染相关的大规模种群死亡更可能是例外而不是常态。西班牙的其他调查研究表明 *Nosema* spp. 微孢子虫感染与大规模种群死亡无法联系在一起（Fernandez et al. 2012），同样的情况也发生在乌拉圭（Invernizzia et al. 2009）。在德国进行的长期和大规模监控蜜蜂疾病的研究中也没有发现 *Nosema* spp. 微孢子虫感染与种群死亡的联系（Genersch et al. 2010）。来自瑞典的数据表明微孢子虫在蜜蜂中的扩散和感染导致的蜂群损失有相关性，也没发现西方蜜蜂微粒子虫的存在会增加东方蜜蜂微粒子虫的发病率（Forsgren & Fries 2013）。

22.6　总结

西方蜜蜂微粒子虫和东方蜜蜂微粒子虫感染可以造成蜜蜂种群的损失（Fries 1993；Fries et al. 1996）。然而，在美国（vanEngelsdorp et al. 2009）和欧洲（Dainat et al. 2012）这两种寄生虫都不与 CCD 症状相联系。关于东方蜜蜂微粒子虫感染的种群水平毒力的数据之间存在明显矛盾（Higes et al. 2013）。这样的偏差可能是由于气候或其他一些未知的因素引起的。也有可能是不同株系的寄生虫毒力不一所致，虽然已经有不少东方蜜蜂微粒子虫株系的报道（Williams et al. 2008），但目前直接比较不同株系的东方蜜蜂微粒子虫却没有检测到这种差异（Dussaubat et al. 2012）。考虑到地区或气候差异可能较为重要，目前还急需对微孢子虫传播及全球影响开展长期研究。我们对 CCD 现象，或其他不能解释的种群死亡现象，仍缺乏全面的认识。*Varroa destructor* 螨虫感染及与之相关的病毒感染可以很大程度上解释这一死亡现象（Guzman-Novoa et al. 2010）。如果在 *Varroa* 螨虫及其相关的病毒感染不是种群死亡罪魁祸首的情况下，其他的各种因素如害虫及病原体（包括蜜蜂微粒子虫）和环境因素的相互作用被认为是导致这种现象出现的原因（Cornman et al. 2012）。揭示这些相互作用的各种细节将会是相当困难的工作。

参考文献

第 22 章参考文献

第 23 章　水生无脊椎动物微孢子虫

Grant D. Stentiford

欧盟甲壳动物病害参考实验室
英国环境、渔业与水产科学中心（Cefas），
英国韦茅斯实验室

Alison M. Dunn

英国利兹大学生命科学学院

23.1　简史

19 世纪上半叶，无脊椎动物感染微孢子虫的病例常见报道，在这一时期由微孢子虫造成的传染病正在欧洲蚕业中流行（Nägeli 1857；Pasteur 1870）。然而，在微孢子虫学领域启蒙之前（Franzen 2008），研究者就曾报道过一种可以感染鱼类的病原体，后来证实这种病原体就是微孢子虫（如棘鱼中的格留虫属微孢子虫；Gluge 1838），初步的证据显示在水生动物中这种病原体群体也可以是重要的致病介质。Henneguy、Thélohan 和 Pérez 几位法国科学家的研究提供了微孢子虫是一种重要的水生无脊椎动物病原体的初步证据。这些研究描述了泰罗汉孢虫属（*Thelohonia*）（Henneguy 1892）及该属中的八孢泰罗汉孢虫（*Thelohania octospora*）（感染长臂虾科的直额长臂虾和锯齿长臂虾）、贾氏泰罗汉孢虫（*Thelohania graroli*）（感染海洋褐虾）和康氏泰罗汉孢虫（*Thelohania contejeani*）（感染淡水小龙虾和奥斯塔欧洲螯虾）等微孢子虫（Henneguy & Thélohan 1892）。Pérez（1905）早在 100 年前就记载了此病原体微孢子虫对海蟹中美娜斯滨蟹肌肉组织的感染并命名为 *Nosema pulvis* [后来的粉尘埃姆森孢虫（*Ameson pulvis*）]（Vivarès & Sprague 1979），其根据是与感染昆虫的 *Nosema* 属微孢子虫具有相似同源物。虽然这个早期的工作将微孢子虫学领域建立在无脊椎水生动物病原体的工作上，但是在接下来的一个世纪中研究的进度并没有像昆虫病原体那样迅速，究其原因可能是在超出河流或海岸范围的地方获得样品相对困难，而且在昆虫（和哺乳动物）病原体领域的工作对水生病理学的研究又是相对独立的（Franzen 2008）。

Franzen（2008）对微孢子虫学领域重要工作者的研究历史进行了综述，借此描述了微孢子虫研究从早期观察发展成为首个分类学框架的事件顺序。Weiser（1947）提供了一个重要的分类系统，此后又提议了一个更新的分类系统，在这个新的分类中的种被归入到 38 个属中（Wiser 1977）。这一工作又被更全面的微孢子虫系统分类学综述扩充，该综述由 Vávra 和 Sprague 于 1976 年发表，其中公布了涵盖 46 个属的 700 个种。这是 1977 年 Sprague 建立的微孢子虫门的一部分。最终，这个门被命名为 Microsporidia Balbiani（Sprague & Becnel 1998）。微孢子虫门的形成以及通过汇总不同文献（和研究者）分类框架，再通过与陆生动物中平行学科的直接结合有力地推动了水生动物微孢子虫学的发展。Issi 等（1986）更新了 Weiser 和 Sprague 的分类框架，最后 Canning 和 Vávra 又进行了再次更新。后来的这些框架列出了这个门中的 139 个属，每个属用线图和生活史参数表示。Sprague 和 Becnel（1999）绘制了一个带有注释的种属清单，列出了 143 个属。这些就是这个门最终的主要分类学综述。但 2013 年 Várra 和 Lnkeś 在其综述中指出，以上 100

年开始各类报道至少阐述了 43 个属，将现存属的总数增加至 187 个（截至 2012 年 7 月）。

在过去的 10 年中（并按照上述文献），很多关于微孢子虫门在分类学上的主要研究热点（有时存在争议）集中于微孢子虫在广义的真核生物系统中的地位，和利用分子分类学方法改变这个门现有的分类框架，以及综合利用的一些手段（如组织学、细胞超微结构和分子诊断学）去发现或描述一些新的分类单元。在水生宿主和其栖息地中，随着人们深入认识到微孢子虫在调节宿主数量上的重要作用，最后一种方法的应用已经显得相当活跃，在这些宿主的开发利用过程（如渔场和水产养殖的环境）中发现了一些新的病理学现象，或者更广义地说，这种方法是一种极好的模型，这种模型可以突出展示这个门中重要的形态上的、系统发育学的多样性以及可能的宿主相互作用等方面的多样性。本章将阐述目前水生无脊椎动物微孢子虫学的进展以及这个重要的病原体家族今后可能的研究方向。

23.2　水生无脊椎动物的病原体

水生无脊椎动物微孢子虫学领域的早期工作（Henneguy & Thélohan 1892）主要是通过标准的田间操作（如河边的诱捕或者沿海岸线的收集）研究相对容易获得的宿主物种。此外，这些先驱的工作中所描述的寄生虫感染表现出的病症通过外部观察已经显而易见（图 23.1，小龙虾感染 *Thelohania* 属微孢子虫所导致的病症）。康氏泰罗汉孢虫感染宿主后（以及其他早期研究感染海虾的例子中），其在肌肉组织中的定植导致了肌纤维的肌质被大量微孢子虫所代替，骨骼和心肌纤维的逐渐不透明化以及引起宿主的嗜睡现象。随后研究者们在大量水生甲壳类宿主中发现了相似的病理学特征，这证明了微孢子虫对于宿主肌肉组织的偏好（Stentiford et al. 2010）。随着系统的病理学研究方法的发展以及越来越多的研究者从更广阔的水域中获得的样品（如近海中），研究人员在水生无脊椎动物中发现了越来越多的微孢子虫种群，这些微孢子虫可以感染多种器官和组织系统。迄今为止，研究的重点要么集中于生态上重要的宿主种类，这些种类对于研究者来说相对容易获得（如淡水甲壳类），要么集中于全球水产养殖或渔业中的相关物种（海洋甲壳动物十足目，如螃蟹、龙虾、虾）。虽然这些类群的一些物种是本章接下来关注的重点，但是思考那些已经报道过的可以被微孢子虫感染的其他水生无脊椎动物宿主种属也是很重要的，这包括

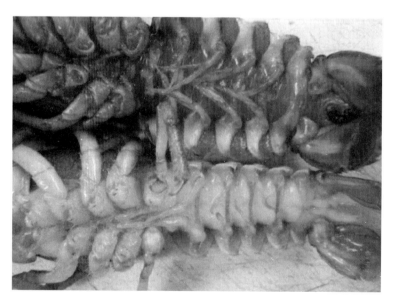

图 23.1　源自英国的由于深海螯虾肌孢虫（*Myospora metanephrops*）感染在白爪龙虾（*Austropotamobius pallipes*）中导致的"瓷化病"（见文后彩图）

感染会导致骨骼肌出现不透明的病变（图中下方的个体）

大量报道的水生动物寄生虫被微孢子虫感染的重寄生学案例。除了广泛感染节肢动物门的宿主外，其他整个无脊椎动物门的范围中这种寄生状态的出现也是常见的。微孢子虫寄生虫病的例子存在于软体动物（Sagrista et al. 1998；Lohrmann et al. 2000；Carballal et al. 2001；Comtet et al. 2003；Rayyan et al. 2003；Moss et al. 2008）、刺细胞动物（Clausen 2000）、线虫（Ardila-Garcia & Fast 2011）、轮虫（Gorbunov & Kosova 2001）、动吻动物门（Adrianov & Rybakov 1991）、棘头动物门（Deburon et al. 1990）、苔藓虫门（Canning et al. 2002；Morris & Adams 2003；Desser et al. 2004）、环节动物门（Lom & Dykova 1990；Larsson 1992；Oumouna et al. 2000）、扁形动物门（Cable & Tinsley 1992；Sene et al. 1997；Levron et al. 2004，2005；Ba et al. 2007）以及中生动物门（Czaker 1997）。此外，已知它们还能感染顶复亚门（Larsson 2000；Larsson & Koie 2006；Mc Dermott 2006）、变形虫门（Scheid 2007）和纤毛亚门（Fokin et al. 2008）的原生动物。由于微孢子虫能感染如此大范围的无脊椎宿主，但很少有相应的关注投入到水生无脊椎动物病原体的研究中，因此很明显在这个栖息环境中有数千个微孢子虫种群尚未被描述。此外，微孢子虫感染能力贯穿无脊椎动物门（实际上是在水生无脊椎动物门的宿主中）几乎所有的食物链阶层，这一显著现象暗示微孢子虫在水生环境中进行营养传递而这仍是一个很大的未解之谜。这样一些具体的例子将在本章的后面进行说明。

23.2.1 水生节肢动物中的微孢子虫

迄今为止提到的 187 个微孢子虫属中（Vávra & Lukeš 2013），已知超过 80 个属可以感染水生生物。排除那些感染昆虫水生阶段的属，至少 50 个属能感染水生节肢动物。这些属列举在表 23.1 中。所有的 50 个属均是甲壳类动物宿主的病原体，由 4 个主要的代表性纲构成（软甲纲、颚足纲、介形亚纲和鳃足纲）。在软甲纲中，20 个属微孢子虫可以感染软甲纲中的龙虾、片足类动物和等足类动物宿主。13 个属的多数能感染鳃足纲水蚤类宿主（如 *Daphnia* spp.）。对于这 15 个属的研究大多来源于感染微孢子虫的颚足纲，主要来源于独立生活的桡足类动物，部分来源于寄生的桡足类（Nylund et al. 2011）。两个属的微孢子虫可感染介形亚纲动物。

正如之前的描述，微孢子虫能够感染淡水、半咸水以及海洋环境中的水生动物。其感染宿主的栖息地范围非常广泛，从临时水体［如丰年虾（*Artemia salina*）中的丰年虾微粒子虫（*Nosema artemiae*）］（Codreanu 1957）到岩石海岸［如滨岸蟹（*Carcinus maenas*）中的梭子蟹阿贝尔孢虫（*Abelspora portucalensis*）］（Azevedo 1987）再到窄盐性的深海层［如南极深海螯虾（*Metanephrops challengeri*）中深海螯虾肌孢虫（*Myospora metanephrops*）］（Stentiford et al. 2010）。此外，研究者还发现被感染的宿主涵盖了很广的生态位（如浮游的桡足类和深海底栖的十足类），并存在于已知的食物链中的不同位置（如肉食性动物、寄生鱼类、甲壳寄生虫）。尽管微孢子虫感染的（水生的）节肢动物是多种多样的，并且很大程度上体现了微孢子虫门的多样性，但是目前的报道可能只代表了感染该宿主群体的一小部分。Zhi-Qiang（2011）估计现在有将近 70 000 种甲壳类物种栖息于地球上。从种群方面来看，Martain 和 Davis 指出多样性与物种丰度相一致［例如，任何一个时候水下 500 m 处的南极磷虾（*Euphausia superba*）存量都远远超过其他的后生动物］。此外，他们指出甲壳类动物的无节幼虫可能是地球上种类最丰富的多细胞有机体。鉴于这样的丰度和多样性以及微孢子虫感染甲壳纲动物至少 4 个主要类群的事实，我们可以想象在这些宿主群体中微孢子虫分类的高度多样性，而这种多样性在目前文献中可能是大大地被低估了。综合微孢子虫感染的多样性及其造成的病理学结果（见下文），可以说微孢子虫是影响水生节肢动物的最重要、最常见的病原体群体之一。

23.3 作为病原体的微孢子虫

微孢子虫的增殖主要在宿主细胞质中，少数发生在宿主细胞核中。至少在水生无脊椎动物中，细胞内的嗜性是病原体逃避宿主免疫识别的能力的基础，同样的，也是隐性感染逐渐导致临床症状的能力的基础。对微孢子虫敏感的宿主类群很广泛，与之相应的是微孢子虫对这些物种的感染策略也是多种多样的。

在水生节肢动物中，大部分组织和器官系统已经被证明容易受到微孢子虫的感染（表 23.1）。在某种情况下，感染会局限于某个器官、组织或者甚至是特定细胞［如黄道蟹肠孢虫（*Enterospora canceri*）感染十足类动物普通黄道蟹（*Cancer pagurus*）的肝上皮细胞；Stentiford et al. 2007］。在另一些情况下，微孢子虫会感染宿主多个组织和器官［如滴状毛突氏孢虫（*Trichotuzetia guttata*）感染桡足动物近邻剑水蚤（*Cyclops vicinus*）］（Vávra et al. 1997），这将导致"全身性"感染的出现（因为微孢子虫是专性细胞内寄生，所以感染也都是发生在宿主细胞内）。还有一些情况下，微孢子虫可能特异的感染生殖细胞（卵母细胞、精子）以及可能因此垂直传播给下一代。这类生活史在几个可以感染淡水叶足动物并调节其种群密度的微孢子虫中得到了很好阐释，我们将在章节 23.4 中进一步讨论。本部分我们总结了在微孢子虫感染肌肉组织、内脏、结缔组织和水生节肢动物性腺后的致病过程。

表 23.1　50 种可以感染水生节肢动物的微孢子虫属，宿主包括来自节肢动物门甲壳亚门的软甲亚纲（20 个）、鳃足亚纲（13 个）、颚足纲（15 个）和介形亚纲（2 个）

属	宿主分类	代表宿主	感染组织	参考文献
Abelspora	Malacostraca	*Carcinus maenas*	肝胰腺	Azevedo（1987）
Agglomerata	Branchiopoda	*Sida crystallina*	未知	Jirovec（1942）
Agmasoma[a]	Malacostraca	*Penaeus setiferus*	肌肉组织	Sprague（1950）
Alfvenia	Maxillopoda	*Acanthocyclops vernalis*	脂肪组织	Larsson（1983）
Ambylospora[a]	Maxillopoda	*Mesocyclops albicans*	未知	Hazard & Oldacre（1975）
Ameson[a]	Malacostraca	*Callinectes sapidus*	肌肉组织	Sprague（1970）
Baculea	Branchiopoda	*Daphnia pulex*	未知	Loubès & Akbarieh（1978）
Berwaldia[a]	Branchiopoda	*Daphnia pulex*	脂肪组织	Larsson（1981）
Binucleata[a]	Branchiopoda	*Daphnia magna*	上皮细胞	Refardt et al.（2008）
Binucleospora	Ostracoda	*Candona* spp.	脂肪组织	Bronvall & Larsson（1995）
Cougourdella[a]	Maxillopoda	*Megacyclops viridis*	脂肪组织	Hesse（1935）
Cucumispora[a]	Malacostraca	*Dikerogammarus villosus*	肌肉组织	Ovcharenko et al.（2010）
Desmozoon[a]	Maxillopoda	*Lepeophtheirus salmonis*	上皮细胞	Freeman et al.（2003）
Dictyocoela[a]	Malacostraca	*Gammarus* spp.	性腺组织	Terry et al.（2004）
Encephalitozoon[a]	Maxillopoda	*Macrocyclops distinctus*	未知	Voronin（1991）
Enterocytozoon[a]	Malacostraca	*Penaeus monodon*	肝胰腺	Tourtip et al.（2009）
Enterospora[a]	Malacostraca	*Cancer pagurus*	肝胰腺	Stentiford et al.（2007）
Facilispora[a]	Maxillopoda	*Lepeophtheirus* spp.	未知	Jones et al.（2012）
Fibrillanosema[a]	Malacostraca	*Crangonyx pseudogracilis*	性腺组织	Galbreath et al.（2004）
Flabelliforma[a]	Ostracoda	*Candona* spp.	未知	Bronvall & Larsson（1994）
Glugoides[a]	Branchiopoda	*Daphnia magna/pulex*	肠上皮细胞	Larsson（1995）
Gurleya[a]	Branchiopoda	*Daphnia maxima*	皮下组织	Dofflein（1898）
Gurleyides	Branchiopoda	*Ceriodaphnia reticulata*	脂肪组织	Voronin（1986）
Hamiltosporidium[a]	Branchiopoda	*Daphnia magna*	脂肪组织	Haag et al.（2011）
Hepatospora[a]	Malacostraca	*Eriocheir sinensis*	肝胰腺	Stentiford et al.（2011）

续表

属	宿主分类	代表宿主	感染组织	参考文献
Holobispora	Maxillopoda	*Thermocyclops oithonoides*	未知	Voronin（1986）
Inodosporus	Malacostraca	*Palaemonetes* spp.	肌肉组织	Overstreet & Weidner（1974）
Lanatospora	Maxillopoda	*Macrocyclops albidus*	脂肪组织	Voronin（1986）
Larssonia[a]	Branchiopoda	*Daphnia pulex*	脂肪组织	Vidtmann & Sokolava（1994）
Marssoniella[a]	Maxillopoda	*Cyclops strenuus*	未知	Lemmermann（1900）
Mrazekia[a]	Malacostraca	*Asellus aquaticus*	脂肪组织	Léger & Hesse（1916）
Myospora[a]	Malacostraca	*Metanephrops challengeri*	肌肉组织	Stentiford et al.（2010）
Nadelspora[a]	Malacostraca	*Cancer magister*	肌肉组织	Olson et al.（1994）
Nelliemelba	Maxillopoda	*Boeckella triarticulata*	肌肉组织	Milner & Mayer（1982）
Norlevinea	Branchiopoda	*Daphnia longispina*	未知	Vávra（1984）
Nosema[a]	Branchiopoda	*Artemia salina*	肌肉组织	Codreanu（1957）
Octosporea[a]	Branchiopoda	*Daphnia magna*	肌肉组织	Vizoso & Ebert（2004）
Ordospora[a]	Branchiopoda	*Daphnia magna*	肠上皮细胞	Larsson et al.（1997）
Ormieresia	Malacostraca	*Carcinus mediterraneus*	肌肉组织	Vivarès et al.（1977）
Parathelohania	Maxillopoda	*Microcyclops varicans*	全身的	Avery & Undeen（1990）
Paranucleospora[a]	Maxillopoda	*Lepeophtheirus salmonis*	上皮细胞	Nylund et al.（2011）
Perezia[a]	Malacostraca	*Litopenaeus setiferus*	肌肉组织	Canning et al.（2002）
Pleistophora[a]	Malacostraca	*Crangon* spp.	肌肉组织	Baxter et al.（1970）
Pyrotheca[a]	Maxillopoda	*Cyclops albidus*	未知	Hesse（1935）
Thelohania[a]	Malacostraca	*Crangon vulgaris*	肌肉组织	Henneguy & Thélohan（1892）
Trichotuzetia[a]	Maxillopoda	*Cyclops vicinus*	全身的	Vávra et al.（1997）
Triwangia	Malacostraca	*Caridina formosae*	结缔组织	Wang et al.（2013）
Tuzetia	Maxillopoda	*Macrocyclops albidus*	脂肪组织	Maurand et al.（1971）
Vairimorpha[a]	Malacostraca	*Cherax destructor*	肌肉组织	Moodie et al.（2003）
Vavraia[a]	Malacostraca	*Crangon crangon*	肌肉组织	Azevedo（2001）

[a] 核酸序列可在 NCBI 中检索（2013 年 3 月 28 日登录）

23.3.1　感染肌肉组织的微孢子虫

水生节肢动物中微孢子虫早期观察感染常见于骨骼肌组织（Henneguy & Thélohan 1892）。如图 23.1 所示，微孢子虫在甲壳类十足动物的骨骼肌组织的肌纤维中的增殖会逐渐出现个别肌肉纤维和大块肌肉的不透明化，从而产生肉眼可见的病征。由于十足类物种（如龙虾、螃蟹、对虾等）的肌肉具有直接经济价值，因此，微孢子虫对肌肉组织的感染已经引起了水生无脊椎动物病理学家的关注。近几年的关注热点主要集中于埃姆森孢虫属（*Ameson*）、针状孢虫属（*Nadelspora*）、泰罗汉孢虫属（*Thelohania*）和肌孢虫属（*Myospora*）微孢子虫的感染及其导致的疾病。

深海螯虾肌孢虫（*Myospora metanephrops*）是一个适合于研究肌肉感染的发病机制的模型。作为在深海虾中发现的寄生虫，它具有对于骨骼肌和心脏肌细胞偏好，这些环状肌围绕着肝胰腺管和中后肠。在重度感染的虾中，微孢子虫的寄生囊完全取代了虾的肌肉纤维和肌原纤维。通常微孢子虫感染肌肉组织的晚期可以观察到肌纤维断裂，这一现象的发生是微孢子虫感染宿主血淋巴的催化剂。基于此观点，该寄生虫对于宿主的循环系统内的免疫细胞不敏感。除了对骨骼肌的损害，感染最严重的器官还包括含有肌纤维的心脏。包含大量寄生虫的肌质占据心肌层使其变得肥厚。心肌层中被感染的肌纤维扩张导致血管空间闭塞（血栓）而肌纤维破裂会造成明显的宿主血淋巴细胞渗透和肉芽肿病变（图23.2）。感染康氏泰罗汉孢虫（*Thelohania contejeani*）的淡水小龙虾中也观察到类似的情况。在这种情况下，骨骼肌和心肌的肌纤维以及围绕着肝胰腺管和肠道的肌肉纤维被增殖的寄生虫占据，导致在肌肉组织特别是血管窦中肌质膜最终破裂以及大量肉芽病变的出现。这种情况下微孢子虫也会引起小龙虾的短期致死性感染。

鉴定感染水生节肢动物肌肉的微孢子虫对这个门的分类学框架的发展起了重要作用。经典分类学涉及的类群很大程度上是基于微孢子虫裂殖体和孢子体阶段超微结构特征。最近结合超微结构和分子生物学方法（将在章节23.5进行更详细的讨论）的微孢子虫分类学研究发现，不仅微孢子虫用于传统分类的形态特征存在可塑性，宿主的组织类型（如这种情况下的肌肉组织）也会影响孢子的形态变化（Brown & Adamson

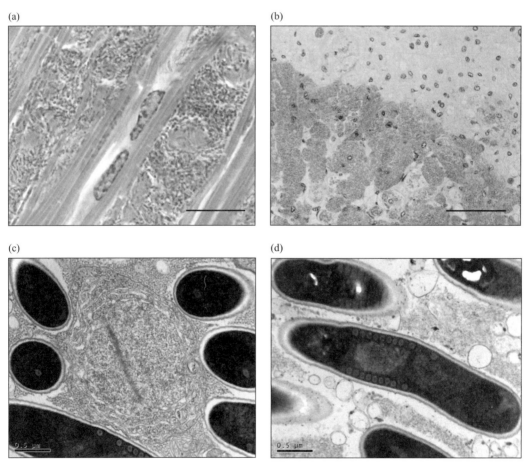

图23.2 深海螯虾肌孢虫感染 *Metanephrops challengeri* 的肌肉组织（见文后彩图）

包含孢子以及早期增殖阶段的微孢子虫的寄生囊逐渐取代了大量骨骼肌组织（a，标尺 =25 μm）和心肌组织（b，标尺 =100 μm），感染晚期大部分肌肉组织均被破坏，通过透射电镜观察可见裂殖体（c）与成熟孢子（d），微孢子虫为耦核且与肌质直接接触。[来源于 Stentiford, G.D., Bateman, K.S., Small, H.J., et al.（2010）*Myospora metanephrops*（n. g., n. sp.）from marine lobsters and a proposal for erection of a new order and family（Crustaceacida；Myosporidae）in the Class Marinosporidia（Phylum Microsporidia）. *Int J Parasitol*, 40（12），1433-1446 © 2010, Elsevier]

2006；Stentiford et al. 2010）。最显著的例子就是 20 世纪报道的粉尘埃姆森孢虫（*Ameson pulvis*）对欧洲岸蟹（*Carcinus maenas*）肌肉组织的感染（Pérez 1905）。随着人们鉴定了一种感染美国蓝蟹（*Callinectes sapidus*）肌肉组织的类似病原体，*Nosema michaelis* 的命名被作废。并且随后建立了埃姆森孢虫属（*Ameson*）及相应的种型。*C. maenas* 中分离到的病原体被重新分类到 *Ameson* 属（*Ameson pulvis*；Sprague 1977）。对 *A. pulvis*

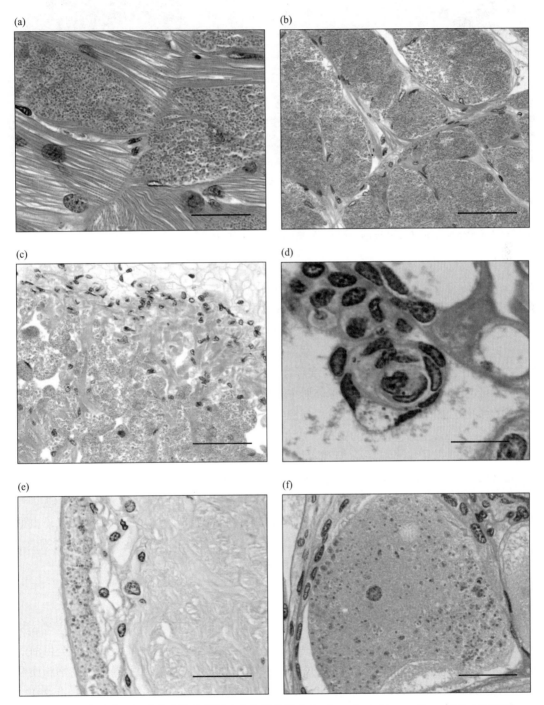

图 23.3　康氏泰罗汉孢虫感染的英国本土白爪龙虾（*Austropotamobius pallipes*）（见文后彩图）

　　包含孢子以及增殖阶段的微孢子虫的寄生囊逐渐取代了大量骨骼肌组织（a），最终所有肌纤维均被取代（b），心肌纤维中的持续性感染（c）。在病程进展时，可以在开管式循环系统中发现孢子，孢子随后被结缔组织、鳃和肝胰腺窦中的固定巨噬细胞吞噬（d）。在这个阶段，处于生活史不同阶段的微孢子虫可以在神经鞘（e）和卵母细胞（f）中被发现。标尺 a，d=25 μm；b，c，e，f=100 μm。所有组化实验均为苏木精和伊红染色

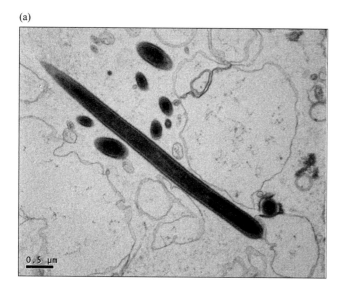
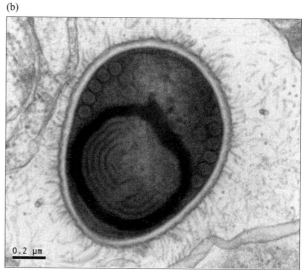

图 23.4 粉尘埃姆森孢虫（*Ameson pulvis*）感染欧洲岸蟹（*Carcinus maenas*）后在骨骼肌与心肌中呈现的极端二型性

（a）感染早期骨骼肌与心肌的肌质内主要为梭型针状孢子；（b）感染晚期主要为卵形孢子，外壁表面可见猪鬃状突起。［引自 Stentiford, G. D., Bateman, K. S., Feist, S. W., Chambers, E., & Stone, D. M.（2013）Plastic parasites: extreme dimorphism creates a taxonomic conundrum in the phylum Microsporidia. *Int J Parasitol*，43（5），339–352.. 2013，Elsevier］

（Vivarès & Sprague 1979）裂殖增殖和孢子增殖的描述促使其他一些感染海洋十足类动物肌肉的微孢子虫被划分到这个属中（Loubès et al. 1977；Owens & Glazebrook 1988；Vivarès & Azevedo 1988；Sumpton 1994；Kiryu et al. 2009；Ryazanova & Eliseikina 2010）。然而，在所有情况下，这些分类是完全基于在宿主骨骼肌组织内微孢子虫的形态学观察。Stentiford 等从欧洲岸蟹的多个组织和器官进行取样时发现，大约 7% 的螃蟹出现嗜睡、白色不透明骨骼肌以及心肌纤维等症状。然而组织病理学和超微结构观察揭示了一种病原体，其病理学特征与 Vivarès 和 Sprague 在骨骼肌中观察到的 *A. pulvis* 感染一致，螃蟹的心肌纤维渐渐地被一种形状奇怪的微孢子虫所取代，结构上明显与源自美国的螃蟹针状孢虫（*Nadelspora canceri*），一种感染邓杰内斯螃蟹（*Cancer magister*）肌肉的微孢子虫相一致（Olson et al. 1994）。通过对这一类群进行详细的分析发现这两个属的微孢子虫（*Ameson* 型和 *Nadelspora* 型）始终在同一种动物中存在（两种始终不单独发生感染）。此外，分子生物学分析表明，感染的组织中只有一种病原体存在。而感染欧洲岸蟹肌肉的微孢子虫（*A. pulvis*）相较于它同属的米歇尔埃姆森孢虫（*A. michaelis*）实际上与螃蟹针状孢虫（*Nadelspora canceri*）更相似（SSU rRNA 序列相似度 > 99%）。Stentiford 等的数据（2013）揭示了微孢子虫形态上的高度可塑性。此外，利用 Stentiford 等提供的系统发育学信息，系统发生学上亲缘关系较近的感染水生节肢动物肌肉的微孢子虫可能在形态结构上存在显著的多样性。

23.3.2 感染肠道的微孢子虫

节肢动物的肠道分为 3 个明显的区段：前肠（或胃）、中肠和后肠。前肠和后肠的上皮细胞来源于外胚层，而中肠及其憩室（包括肝胰腺管）来源于中胚层（Johnson 1980）。据我们所知，截至目前的描述感染水生节肢动物肠道的微孢子虫仅侵染中肠特别是肝胰腺管的上皮细胞。在肝胰腺细胞的细胞质和细胞核中均可见微孢子虫感染（Azevedo 1987；Anderson et al. 1989；Tourtip et al. 2009；Stentiford et al. 2011）。

细胞质寄生方面，感染中国毛蟹的微孢子虫绒螯蟹肝孢虫（*Hepatospora eriocheir*）是最典型的例子（Stentiford et al. 2011）。其发病机制包括单个上皮细胞的细胞质定殖多个酸性颗粒状或碱性小颗粒状的离散包涵体。这些包涵体中分别包含 *H. eriocheir* 的成熟孢子（酸性）或增殖期细胞（碱性），并最终感染小管内的几乎所有上皮细胞。多达 70% 的螃蟹样品都是如此。正如微孢子虫感染肌肉组织所观察到的（见之前的讨论），个别肝胰腺小管的紊乱也会引发明显的溶血性渗透大概是因为微孢子虫浸润于螃蟹的血淋巴及其细胞成分。至于 *H. eriocheir*，尽管可能会在肝胰腺中造成病情的恶化（切开后可见的白色斑块），但是感染也仅限于肝胰腺的上皮细胞，没有涉及其他器官。感染细胞的透射电镜观察显示大量单核 *H. eriocheir* 包裹在产孢囊（sporophorous vesicles, SVs）中。这些产孢囊将增殖阶段的寄生虫与宿主细胞质分隔开。相比而言，许多微孢子虫的裂殖体和孢子阶段都处于直接与宿主细胞质接触的状态（见之前深海螯虾肌孢虫的例子）。虽然宿主细胞中多数产孢囊的发育并不同步，但是产孢囊中绒螯蟹肝孢虫的成熟是同时发生的。异常的孢子母细胞中会出现多核，极丝不盘旋及锚定盘异位等现象。当描述微孢子虫生活史时，必须注意不能将这样的异常状态作为正常的生理阶段来进行阐述。成熟的 *H. eriocheir* 孢子很小（1.8 μm × 0.9 μm）并且包含有 7~8 圈盘旋的极丝，极丝的顶端是一个柄状结构，这一柄状结构穿过极质体到达锚定盘末端。虽然 *H. eriocheir* 的传播途径还没有确定，但是有一个广泛流传的假设，即被感染的螃蟹粪便中含有大量的孢子并可以直接经口感染其他同类。

　　在核质寄生方面，感染黄道蟹孢虫（*Cancer pagurus*）的黄道蟹肠虫（*Enterospora canceri*）和一种与之相似的感染寄居蟹（*Pagurus bernhardus*）的微孢子虫，是目前为止在无脊椎水生动物感染中仅有的例子。两者在肝胰腺中都可以感染上皮细胞（Stentiford & Bateman 2007; Stentiford et al. 2007）。与 *H. eriocheir* 相比，*C. pagurus* 感染了 *E. canceri* 后的患病率相对较低（< 5%）。这种感染是在组织学水平上通过观察不同的肝胰腺上皮细胞类型中膨大的酸性的细胞核的观察所证明的。由于大量寄生虫的存在，被感染的细胞核内出现其正常的结构（染色质和核仁）错位到了细胞核边缘的现象。在接下来的疾病发展过程中，细胞核膜破裂，微孢子虫在恶化的细胞质中被观察到。肝胰腺细胞的坏死致使 *E. canceri* 被释放到肠腔中（可能也存在于排泄物中），被感染的腺管的基底膜的逐渐剥露，最终大量血淋巴渗漏出肝胰腺。宿主的血淋巴细胞逐渐包裹受感染的肝胰腺管。坏死的小管经由宿主的黑化作用为黑色素所包被。同样的，虽然从病理学的角度来看肝胰腺被感染可能是严重的，但是其他的组织和器官并没有受到黄道蟹肠孢虫感染的显著影响。图 23.5 中展示了细胞质和细胞核被感染后的病理学比较。超微结构显示，目前为止黄道蟹肠孢虫的特征只在肠微孢子虫成员中提到过。这个家族包括人类病原体毕氏肠微孢子虫以及感染鱼类的核孢虫属和嗜成纤维孢虫/类肝孢虫属微孢子虫。该家族的特征为发芽相关的装置（如锚定盘、极丝、后极泡）的形成是在母孢子或孢子母细胞前体从产孢原质团中分离之前。而在其他微孢子虫中，孢子发芽装置前体的形成是在母孢子或孢子母细胞前体从原生质团中分离之后。这个典型的特征可以作为肠微孢子虫科的分类标准，而且也是被系统发育的数据所支持的，系统发育分析表明毕氏肠微孢子虫与食用蟹病原体黄道蟹肠孢虫具有非常亲密的亲缘关系，这将会在章节 23.5 中充分讨论。

　　黄道蟹肠孢虫的细胞核嗜性是值得关注的，微孢子虫缺乏线粒体（Keeling 2009），但是该微孢子虫这种核内感染形式（包括那些之前已经讨论过的例子）又会与宿主线粒体相隔离。在黄道蟹肠孢虫的例子中，Stentiford 等（2007）明确地指出裂殖增殖与孢子增殖发生在宿主细胞核基质中。在这种情况下，即感染性的孢原质是如何到达核基质的？虽然微孢子虫的原生质体通过孢子的极管注入宿主细胞质中的说法被广泛接受，但是对一种未分类的微孢子虫感染的变形虫细胞核（*Vanella* sp.）的观察为我们提供了微孢子虫进入细胞核的模型。2007 年，Scheid 报道的研究中变形虫是通过吞噬作用摄入微孢子虫然后微孢子虫通过吞噬泡向细胞核膜迁移。在宿主细胞质中（即使是在吞噬泡中）成熟孢子（而不是孢原质）可能会弹出极管刺破细胞核膜。看起来 *C. pagurus* 肝胰腺上皮细胞中的黄道蟹肠孢虫感染可能也是这种机制。

23.3.3　感染结缔组织的微孢子虫

　　甲壳类动物的结缔组织起源于中胚层的间质组织。Johnson 在 1980 年提出两种存在的类型：纤维结缔组织，在该组织中成纤维细胞形成格栅状纤维，这些格栅状纤维包裹着组织，器官以及血淋巴管；海绵结缔组织由大液泡细胞组成，这些大液泡细胞含有糖原和细胞内含物（可能含有血蓝蛋白）。固定的吞噬细胞组成的环状结构散布于结缔组织中，参与微动脉壁的形成（Johnson 1980）。虽然已经有几个对微孢子虫的

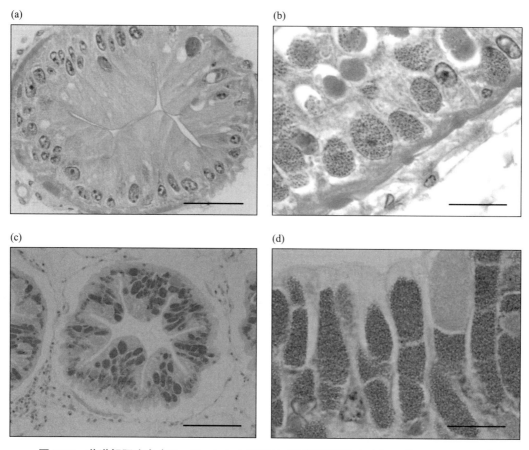

图23.5　黄道蟹肝孢虫（Stentiford et al. 2007）与绒螯蟹肝孢虫（Stentiford et al. 2011）
分别感染肝胰腺上皮细胞的细胞核与细胞质后的组织病理学图（见文后彩图）

　　E. canceri 感染，早期可以在部分细胞核中看到孢子（a），随着感染的继续可在管中大部分细胞的细胞质和细胞核中观察到孢子（b），在 *H. eriocheir* 感染细胞后，微孢子虫被局限在细胞质内多个小泡中。小泡不同的染色特征表明其中的微孢子虫处于不同发育阶段（同时发生的）。组织学图为苏木精和伊红染色。［来源于 Stentiford, G.D., Bateman, K.S., Longshaw, M., & Feist, S.W.（2007）*Enterospora canceri* n. gen., n. sp., intranuclear within the hepatopancreatocytes of the European edible crab *Cancer pagurus. Dis Aquat Org*, 75, 61–72.（a and b）and Stentiford, G.D., Bateman, K.S., Dubuffet, A., Chambers, E., & Stone, D.M.（2011）*Hepatospora eriocheir*（Wang and Chen, 2007）gen. et comb. nov. infecting invasive Chinese mitten crabs（Eriocheir sinensis）in Europe. *J Invertebr Pathol*, 108（3）, 156–166.. Elsevier, 2011（c and d）]

　　研究中提到结缔组织的感染与特定的器官相关（Wang et al. 2013），但研究这些感染的混合细胞群体中特定的细胞类型是有意义的。最近，我们实验室发现了一种新的微孢子虫能感染南极帝王蟹（*Lithodes santolla*）。这种帝王蟹被萝茵娜间孢虫（*Areospora rohanae*）微孢子虫感染的症状特别明显，会在皮下组织形成明显的大块白色寄生囊。感染组织的组织病理学确证微孢子虫不会感染表皮角质层，但是会感染这一层的结缔组织，对于感染结缔组织的进一步检测表明微孢子虫会特异性地感染固定巨噬细胞，*A. rohanae* 感染结缔组织中的巨噬细胞后不会形成寄生囊（单核的巨型细胞），而是使宿主细胞融合形成合胞体（多核的巨型细胞），紧接着合胞体的不断分裂和融合，微孢子虫开始大面积地感染其他固定巨噬细胞。最终，大多数皮下结缔组织会被巨大的含有裂殖期和孢子期微孢子虫的合胞体所占据。微孢子虫感染（吞噬细胞）同样可以发生在肝胰腺血管窦和鳃部（足细胞）。组织学水平上观察到的融合合胞体与白色寄生囊的形态是一致的。

　　萝茵娜间孢虫在感染南极帝王蟹固定巨噬细胞后通过裂殖增殖及孢子增殖最终产生异形孢子，该过程能在产孢囊中产生8个异形孢子，且该孢子外壁层有特征性的刚毛状结构修饰。这些刚毛结构的生长一开始发生在多核裂殖体膜和产孢囊壁之间的区域。在孢子增殖早期可见产孢囊中包裹着花瓣状结构，伴随着发芽装置（如极丝）的形成和膜状刚毛转移到早期孢子母细胞外壁，花瓣状的母孢子向早期孢子母细胞转

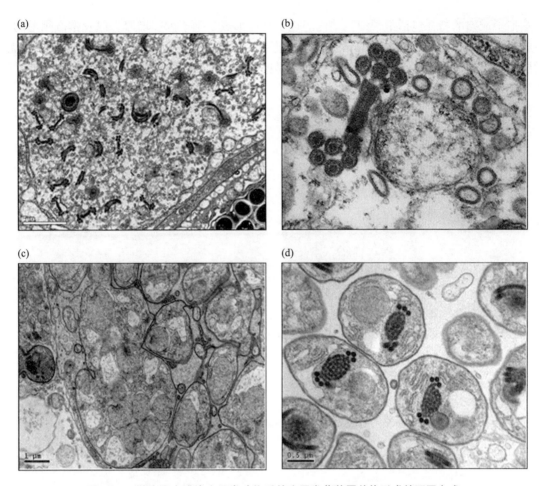

图 23.6　微孢子虫感染十足类动物后其孢子发芽装置前体形成的不同方式

（a, b）对于 *Enterospora canceri* 以及 Enterocytozoonidae 科其他分类群的微孢子虫而言，孢子发芽装置前体如极丝的形成是在产孢原质团分裂产生孢子母细胞之前；（c, d）*Hepatospora eriocheir* 以及其他微孢子虫，孢子发芽装置前体的形成是在母孢子分裂形成孢子母细胞的过程中或者生成孢子母细胞之后。所有图片均为透射电镜拍摄. ［引自 Stentiford, G.D., Bateman, K.S., Longshaw, M., & Feist, S.W.（2007）*Enterospora canceri* n.gen., n. sp., intranuclear within the hepatopancreatocytes of the European edible crab *Cancer pagurus. Dis Aquat Org*, 75, 61–72.（a and b）andStentiford, G.D., Bateman, K.S., Dubuffet, A., Chambers, E., & Stone, D.M.（2011）Hepatospora eriocheir（Wang and Chen, 2007）gen. et comb.nov. infecting invasive Chinese mitten crabs（Eriocheir sinensis）in Europe. J Invertebr Pathol, 108（3）, 156–166.. Elsevier, 2011］

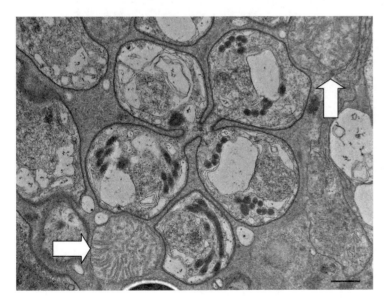

图 23.7　珍宝蟹（*Cancer magister*）受微孢子虫感染后，宿主线粒体（白色箭头）及感染骨骼肌纤维的微孢子虫精细图

感染肌肉的微孢子在入侵的早期比较容易在肌肉纤维的外侧发现，因为该区域线粒体密度较高。透射电镜拍摄。标尺 =500 nm

变。未成熟孢子成熟的特征包括孢子细胞结构的逐步有序形成，孢子内壁增厚，以及镶嵌刚毛的孢外壁形成。单核成熟孢子大小为 2.8 μm × 2.2 μm 并且在产孢囊中以 8 个为一组存在。极丝在孢内卷曲盘绕 10~11 圈，穿过层状的极质体后固定于锚定盘。孢子外壁是镶嵌有致密刚毛的多层结构，这些刚毛似乎固定于孢子内壁或外壁中（图 23.8）。

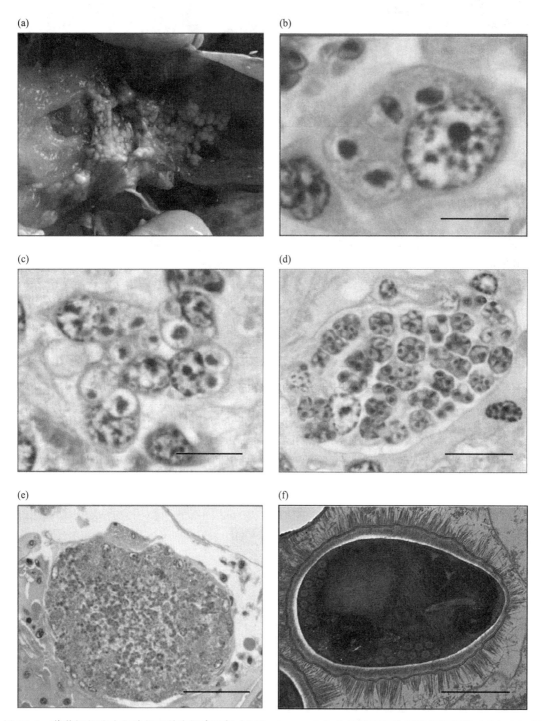

图 23.8　萝菌娜间孢虫侵染智利的南极帝王蟹（*Lithodes centolla*）结缔组织的固定吞噬细胞（见文后彩图）

（a）被感染蟹的皮下组织含有白色瘤状结构，尤其是在行走肢这个部位；（b）微孢子虫感染的早期固定吞噬细胞正在引发与邻近的细胞融合；（c）正在形成的含有发育阶段微孢子虫的多核宿主细胞；（d）进一步的融合形成了更大的合胞体，最终大片的结缔组织会被充满孢子的合胞体所取代；（e）透射电镜下展示的大量处于不同发育阶段的奇特形状的孢子；（f）每个产孢囊中含有 8 个孢子，孢子外壁有大量猪鬃状突起。标尺 b=10 μm；c, d=25 μm；e=100 μm；f=1 μm

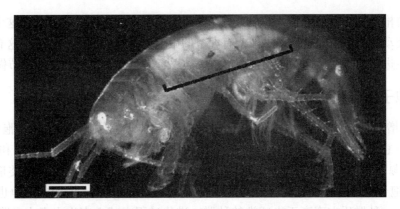

图 23.9　由于垂直传播而感染褐虾纤维微孢子虫的雌性 *Crangonyx pseudogracilis*

可以看到卵巢由于感染而变得不透明（黑色线条）标尺 =1 mm。［图片源于 Galbreath, J.G.M.S., Smith, J.E., Terry, R.S., Becnel, J.J., & Dunn, A.M.（2004）Invasion success of *Fibrillanosema crangonycis*, n.sp., n.g.: a novel vertically transmitted microsporidian parasite from the invasive amphipod host *Crangonyx pseudogracilis*. *Int J Parasitol*，34（2），235–244. 2004, Elsevier］

23.3.4　感染生殖腺的微孢子虫

一些微孢子虫具有感染水生节肢动物的性腺细胞系的能力，这是他们能垂直传播感染宿主后代能力的核心。在 23.4 中详细讨论了水生节肢动物的垂直传播对生态的影响。褐虾纤维微孢子虫（*Fibrilanosema crangonycis*）在片脚类动物 *Crangonyx pseudogracilis* 卵巢感染提供了极好的性腺感染案例（Galbreath et al. 2004）。雌性的感染可以直接观察到，因为多达 60% 群体的卵巢出现不透明化（图 23.9）。不透明是由卵原细胞和卵母细胞中大量裂殖体和孢子的存在所导致的；没有其他的组织或器官被感染。由于感染的严重程度存在两侧不对称的情况，可以观察到一定比例的感染卵有一定存活率。这种寄生虫的名称就是依据孢子增殖过程形成的独特的纤维状基质而来。成熟孢子很大（长度>5 μm）且为四倍体，拥有一根很长的单排（19～25 圈）的极丝。

颗粒病微粒子虫（*Nosema granulosis*）也会感染性腺，垂直传播是该微孢子虫的主要传播途径。在成年宿主中，这种寄生虫的量很少，并且定植于成年宿主的卵泡细胞中（Dubuffet et al. 2013）。在成卵的过程中孢子萌发感染卵母细胞，在此过程中孢子的形成由宿主内分泌因素触发（Terry et al. 1997）。在垂直感染的胚胎形成过程中，寄生虫利用宿主微管在细胞中隔离出一个亚单位（Terry et al. 1999；Weedall et al. 2006）。垂直传播的寄生虫依赖于宿主的存活和繁殖以侵染给下一代的宿主。根据对颗粒病微粒子虫的观察，寄生虫的定植和分布遵循垂直传播效率最大化而对宿主毒力最小化（见 23.4.1）。

虽然在端足目动物中微孢子虫靶向感染卵巢是相对普遍的特征，但是在其他甲壳类动物的微孢子虫病恶化的过程中卵巢及其他的器官和组织也会被感染。在一些病例中，感染的细胞类型实际上可能是用于支撑卵巢的结缔组织细胞，但某些情况下，在卵母细胞的细胞质中也可以观察到裂殖体和孢子体时期的微孢子虫。这样的例子在感染的小龙虾中经常出现，骨骼肌和心肌似乎是感染的主要部位（图 23.1），而在病情进一步恶化的过程中其他的组织器官可能只是机会性感染（图 23.3）。在这种情况下由于宿主病情严重，该微孢子虫是否可以在小龙虾中垂直传播不可得知。

23.4　生态与进化的影响

微孢子虫对于生态学及其宿主的进化有多元化和深远的影响。23.4.1 节展示了宿主与寄生虫之间的对抗是如何致使宿主和寄生虫生活史的协同进化并思考了微孢子虫侵染策略的进化。23.4.2 节展示了微孢子虫是如何影响宿主生存、生活史和行为，从而影响宿主种群动态和生态平衡。微孢子虫进化和生态学的研究热点主要集中于淡水无脊椎动物的微孢子虫，而很少有海洋生态系统中的案例，这点会在这个章节的例子中反映出来。除了以甲壳类动物为宿主的微孢子虫外，有大量的微孢子虫感染蚊子的幼虫，这有助于我们了解淡水系统中寄生虫与宿主进化的研究。这些问题会在本章中被思考但是会在本书的其他章节做更充分的讨论。

23.4.1 微孢子虫与宿主关系的演变

微孢子虫胞内增殖阶段有高度适应性；它们没有线粒体但是可以从宿主细胞获得 ATP（Tsaousis et al. 2008）。因此，它们在宿主上施加的是一个变化的代谢需求，有证据表明宿主和寄生虫的生活史和生存都受到代谢资源竞争的影响。例如，Pulkkinen 和 Ebert 在 2004 年时发现肠道类格留孢虫（*Glugoides intestinalis*）会减少孢子产量以应对饥饿的宿主大型蚤（*Daphnia magna*）。资源的竞争也会影响寄生虫的毒力；受感染的 *Daphnia* 种群死亡率高于未感染的种群。进化过程中减少寄生虫毒力和降低受感染宿主的消耗在自然选择中更受青睐。微孢子虫介导的对 *D. magna* 宿主的适应性是在拜尔八孢虫（*Octosporea bayeri*）微孢子虫的实验中观察到的（Zbinden et al. 2008）；仅在宿主繁殖 15 代之后，与对照品系相比，该系中与其他微孢子虫共同进化的个体就表现为感染后的死亡率较低。

微孢子虫在宿主中经历了增殖和孢子形成的阶段，因此，感染对宿主健康的影响随着时间的推移而越来越大，最终会导致宿主死亡。宿主已经被证明通过在生活史中进行改变来对微孢子虫的感染做出反应。库蚊变异微孢子虫（*Vavraia culicis*）可以感染包括尖音库蚊（*Culex pipiens*）在内的几种蚊子，在此过程中，中肠上皮细胞的感染导致微孢子虫通过排泄物释放。这种寄生虫不会导致感染宿主的幼虫死亡率升高，但是会降低成虫的寿命和繁殖率。与未感染的雌性相比，感染后的雌性幼虫会通过加快成熟速度来对感染做出反应，因此是以牺牲成虫个体大小（和繁殖能力）来换取提早的成熟从而减少感染带来的损失（Agnew et al. 2000）。感染的雄虫不会提早化蛹，这可能反映了感染对于雄虫生殖系统影响相对较小，因为雌性会反复产卵，而雄性将它们主要的生殖能力都投入到了一次交配中。

类似地，微孢子虫也会针对宿主环境、生活史和紧接着的传染机会在形态和进化上做出反应。库虾变异微孢子虫感染埃及伊蚊（*Aedes aegypti*）的主要途径是在宿主幼虫死后孢子释放到水中的时候，这些孢子被宿主摄入（Michalakis et al. 2008）。然而，一些感染的宿主可以存活到成熟期，这使得感染的正在产卵期的雌性死亡时有可能将病原体传染到新的蚊子繁殖区。在这个系统中，对资源的竞争导致感染宿主能量储备减少了 20%（Rivero et al. 2007），并且孢子的数量取决于宿主环境（Bedhomme et al. 2004）。食物丰富时宿主幸存概率未受影响但食物水平处于中等水平时存活概率则会下降，当被感染的宿主在水中死亡时，微孢子虫就获得机会去感染其他宿主。通过增加水生环境中宿主死亡的概率，寄生虫可以从中获得更多的感染新宿主的机会。感染也导致幼虫发育时间延长和成虫寿命的减少。这些在宿主生活史中的变化增加了宿主在水生环境中的生活时间并且也提高了寄生虫传染的可能性（Bedhomme et al. 2004）。

23.4.1.1 共感染与毒力

在自然条件下，动物可能携带了一系列的病原体和寄生虫。寄生虫间可能争夺宿主资源和传播机会，共感染往往是与增强的毒力相联系的。例如，在受感染的埃及伊蚊中，库虾变异微孢子虫的孢子产量与簇虫 *Ascogregarina culici* 感染存在负相关，暗示着在宿主中存在争夺资源的现象（Fellous & Koella 2009）。寄生虫之间的竞争也会导致毒力的增加，在食物缺乏的情形下被共感染的宿主承受着巨大的能量消耗（延迟化蛹）（Fellous & Koella 2010）。相类似的，拜尔八孢虫和分支巴斯德氏菌（*Pasteuria ramosa*）对于大型蚤的共感染相对于单独感染时也出现毒力升高的情况（Ben-Ami et al. 2011）。

共感染寄生虫由于传播途径不同可能会产生相互冲突的选择压力。网腔孢虫属微孢子虫和小多形棘头虫（*Polymorphus minutus*）都会感染钩虾（*Gammarus roeseli*）。网腔孢虫属微孢子虫需要宿主繁殖以便进行垂直传播，但是棘头虫则通过食物链传播，可以控制宿主包括离地性在内的行为，这增加了被鸟类宿主捕食的风险。棘头虫对被共感染的宿主的行为操控减少，这说明这种操控已被竞争的微孢子虫破坏。

23.4.1.2　传染策略：水平和垂直传染

在微孢子虫中，水平传染是主要传染途径。虽然有一些微孢子虫用垂直传染作为主要传染途径，但是很多微孢子虫同时利用了水平和垂直传染两种途径（Dunn et al. 2001；Smith 2009）。某些时期只有少量宿主可以侵染时，垂直传播在这种情况下更为有效（Lucarotti & Andreadis 1995），对于水生无脊椎动物寄生虫这可能显得尤其重要。例如，水蚤栖息于临时的水池中，在干旱和其他严酷条件时会发生滞育。微孢子虫 *O. bayeri* 感染 *D. magna* 并且利用垂直传播的策略在滞育的宿主中生存（Zbinden et al. 2008）。垂直传播为病原体在新栖息地的播散提供了一种新的机制。例如，蚊子在水体中产卵，随后被钝孢子虫或伊蚊艾德氏孢虫感染，微孢子虫借助性成熟的蚊子分散到新的繁殖水体中并且进行垂直感染。寄生虫在被垂直感染的幼虫中繁殖然后通过死亡的宿主释放到新的水生栖息地（Becnel et al. 1995；Lucarotti & Andreadis 1995）。

寄生虫的毒力取决于传染的模式。水平传播的成功取决于寄生虫的载量以及与之相应的新宿主摄入孢子（Ebert & Herre 1996）。这对于那些将孢子释放到水环境中的微孢子虫更是如此。此外，对于很多水生无脊椎动物的微孢子虫来说，孢子的播散发生在死亡的宿主中。因此，增殖能力和毒力较强的寄生虫更倾向于选择水平传播。例如，感染到美洲短石蛾（*Brachycentrus americanus*）的微孢子虫具有导致幼虫死亡的高毒力并且随之释放孢子（Kohler & Hoiland 2001）。与此相反地，垂直传播需要宿主成虫生长和繁殖，因此选择降低毒力（Ebert & Herre 1996；Bandi et al. 2001；Dunn & Smith 2001）。例如，颗粒病微粒子虫（*Nosema granulosis*）的感染策略就是使迪氏钩虾雌性化从而垂直传播。这种寄生虫以低载量低繁殖速度存在于成熟宿主中（见 23.3），对宿主的发育和生存造成极小的影响（Terry et al. 1998；Ironside et al. 2003）。在其他的片脚类动物宿主中（*G. roeseli*），微孢子虫导致幼虫提早的繁殖及被感染后代存活率上升，这将进一步提高寄生虫在宿主种群中的传播率。

对于同时利用水平和垂直传播两种感染方式的微孢子虫，寄生虫载量和对宿主健康的影响也反映了传染的途径。艾德氏孢虫感染埃及伊蚊时同时利用水平和垂直传播两种感染方式。蚊子幼虫在从环境中摄取单核孢子时被感染。传染的过程则由宿主的环境和生长决定。在资源良好的宿主中，寄生虫产生双核孢子并进行温和的感染导致垂直传播（如果宿主为雌性）。然而，在发育缓慢的宿主中，就会发生水平传播；双核孢子产生后在宿主中发芽继而产生致死（绕过垂直传播）的单核孢子然后进行水平传播。因此，毒力取决于传播的途径，寄生虫会基于宿主的健康和生活史做出可塑性的反应。

由于宿主配子大小不同的原因，垂直传播通常只发生在雌性宿主中，这种情况下可对宿主进行生殖操控（Bandi et al. 2001）。生殖操控可由不同的细菌内共生引起，包括细胞质不亲和性和性别比例失调（Engelsteadter & Hurst 2009；Cordaux et al. 2011）。然而，微孢子虫是唯一能引起宿主性别比例失调的真核寄生虫。微孢子虫造成的宿主性别比例失调的途径包括雄性致死或雌性化的方式（Hurst 1991；Dunn & Smith 2001）。微孢子虫作为雄性杀手具有宿主性别特异的繁殖和毒力。例如，加州钝孢子虫在雌性蚊子幼虫中造成温和感染，这使得寄生虫能传播至其下一代；但是高水平的寄生虫繁殖会杀死雄性宿主，并将孢子释放到水中（Kellen et al. 1965）。因此，寄生虫会尽可能地在雌性宿主中垂直传播而在雄性宿主中水平传播。

微孢子虫诱导水生节肢动物宿主雌性化是其垂直传播的主要传播途径，这类微孢子虫通过转换雄性宿主的基因使其具有雌性表型，从而确保传染给下一代（Hatcher & Dunn 1995；Hatcher et al. 2005）。例如，颗粒病微粒子虫能扰乱宿主迪氏钩虾控制雄性性别差异的产雄腺的发育，从而使宿主雌性化（Rodgers-Gray et al. 2004；Jahnke et al. 2013）。针对 16 种端足目动物进行调查发现性别比例失调与 5 种微孢子虫有关，系统进化树构建的结果显示导致性别比例失调的微孢子位于系统进化树的不同分支，这暗示着控制宿主性别比例失调的能力可能在微孢子虫中已经出现多次（Terry et al. 2004）。微孢子虫在甲壳类中诱导雌性化，而在蚊子中发现雄性致死的现象是很有趣的；这可能反映了这些宿主不同的性别决定机制以及微孢子虫具有操控宿主性别的可能性（Rodgers-Gray et al. 2004）。

23.4.2 种群动态

微孢子虫可以影响宿主种群数量动态以及宿主的生态互作。疾病的暴发可能导致宿主密度下降，甚至能够驱动宿主种群的循环周期。微孢子虫也可以对宿主造成非致命性的影响，造成宿主生活史和行为的变化（性状调节的效应）。本章节将讲述微孢子虫对宿主密度和性状调节效应是如何影响宿主及其病原体之间的互作，展示寄生效应如何通过一个群落进行级联传递的。

微孢子虫可以在单个宿主上造成严重的影响，尤其是其依赖宿主死亡来进行水平传播。如果达到高度流行，这种致命的寄生虫就可能减少宿主种群密度。虽然海洋甲壳类动物中发现了许多种类的微孢子虫，但是大多数研究报告显示其在野生宿主种群中的发病率较低（Olson & Lannan 1984；Stentiford et al. 2010；Bateman et al. 2011）。然而，这些研究更像是"快照"。野生环境中，寄生虫的流行可能会出现波动并且可能随着宿主龄期而变化（Bateman et al. 2011）。因此，我们想要确定微孢子虫感染模式及其对种群动态产生的影响就必须进行长期的季节性研究。水产养殖中高密度养殖会增加宿主传染的可能性并因此暴发微孢子虫感染。尽管在野外水生动物中微孢子虫是重要的致病介质，但在养殖品种的报道中目前只有几个感染的例子。2001年，日本一个对虾（*Penaeus japonicus*）孵育场因暴发微孢子虫病而导致对虾死亡（Hudson et al. 2001）。2009年，研究报道微孢子虫影响 *P. japonicus* 的生长（Tourtip et al. 2009）。而深海螯虾肌孢虫（*Myospora metanephrops*）在新西兰的小龙虾养殖场中患病率则很低。

这里举几个微孢子调节淡水宿主种群数量的例子。理论上，当宿主种群是密度依赖型并且寄生虫可以在宿主种群密度较低的时期生存的时候，寄生虫可以调节宿主的种群大小和造成周期性的宿主——寄生虫种群动态变化（Anderson & May 1981；Briggs & Godfray 1996；Bonsall et al. 1999）。微孢子虫是调节种群的优质候选对象，因为微孢子虫的孢子能长时间存在，并且很多微孢子虫可以利用垂直传播确保其在宿主世代中的感染（Dunn et al. 2001）。在北美流域，美洲短石蛾（*Brachycentrus americanus*）具有4年一轮的种群周期，该周期似乎由一种未被描述过的微孢子虫所驱使（Kohler & Hoiland 2001）。微孢子虫必定可以持续存在于宿主各代之间的机制。微孢子虫是有致病力的，可以导致感染幼虫的死亡，并且寄生虫的流行也呈现出周期性变化，这种周期变化伴随着石蛾密度的改变而变化。微孢子虫 *Larsonnia* sp. 的感染率与两种水蚤的丰度相关，暗示了这种寄生虫会驱动种群动态和局部宿主的灭绝（Bengtsson & Ebert 1998）。

23.4.3 群落效应

寄生虫除了宿主个体或群体的直接影响，还会间接影响到与宿主相互作用的非宿主生物（Hatcher & Dunn 2011；Hatcher et al. 2012；Ohgushi et al. 2012）（图23.10）。微孢子虫是一种常见的可以产生大量间接效应的寄生虫，这些效应包括寄生虫引起的死亡率(密度介导效应)以及寄生虫介导的宿主表型、生活史和行为的变化（Werner & Peacor 2003）。野外和实验室研究获得的证据均表明，微孢子虫在群体中从相同或不同的营养水平间接地影响（正面或负面）了群落中的其他物种（Hatcher & Dunn 2011；Dunn et al. 2012）。

对于受资源限制的宿主种群来说，微孢子虫可以在相反的方向上潜在地影响宿主和非宿主物种。例如，通过下调宿主种群密度，为宿主的竞争物种空出资源。正如23.4.2中所述石蛾 *B. americanus* 群体循环主要是由它的微孢子虫所驱动的。然而，Kohler 和 Hoiland（2001）也报道了微孢子虫（*Courgourdella*）感染石蛾的同时发生了种群数量的增加。*Glossosoma nigrior* 是该流域中的主要草食动物并且也是石蛾的主要竞争对手。*Courgourdella* 的周期性暴发导致了 *G. nigrior* 密度的大量下降（25倍），间接的帮助了石蛾，以及其他与之竞争的草食动物和滤食性动物。*G. nigrior* 中微孢子虫导致的种群崩溃的效应也在群落中发生级联（Kohler & Wiley 1997；Kohler 2008）。草食动物密度的减少导致了固着生物数量的提升，丰富的猎物的增加促进了高密度的捕食石蛾石蝇的出现。因此，微孢子虫导致的主要草食动物死亡已经间接影响并贯穿了整个群落的营养级。

在之前的例子中，微孢子虫所造成的广泛的群体影响是由于寄生虫导致了宿主密度的下降。寄生虫也

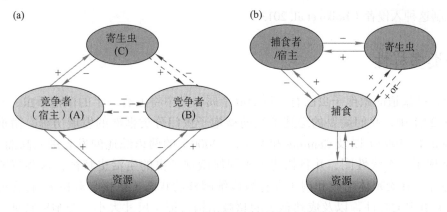

图 23.10　寄生虫引起的间接效应示意图

实线表示种间存在直接相互作用，虚线表示种间存在间接作用；符号（+/−）表示这种相互作用会导致适应性上升或者下降。（a）寄生虫对相互竞争中的影响，寄生虫对非宿主的竞争者有正向的间接效应 A，主要是由于减少了宿主的种群密度（密度介导的非直接效应）或者其竞争力（例如生长或者摄食率、性状介导的非直接效应）所致；（b）寄生虫在捕食者–猎物相互作用中的间接效应。寄生虫也有可能通过降低捕食者的种群密度来减小对其猎物的影响（密度介导的效应）。寄生虫也有可能通过降低或者提升宿主的捕食能力（性状介导的效应），来影响其对猎物种群的影响。[引自 Dunn，A.M.，Torchin，M.E.，Hatcher，M.J.，et al.（2012）Indirect effects of parasites in invasions. *Funct Ecol*，26，1262–1274]

可通过介导宿主性状的效应影响非寄生物种（图 23.10）。例如，寄生虫参与了濒临灭绝的欧洲白爪小龙虾（*Austropotamobius pallipes*）与入侵的北美淡水大虾（*Pacifastacus leniusculus*）之间的竞争。这两个物种直接竞争资源，而寄生虫参与到两者的竞争中，特别是能够导致宿主死亡的寄生真菌（Holdich 2002；Holdich & Poeckl 2007）。一种名为康氏泰罗汉孢虫的微孢子虫会影响宿主，造成慢性疾病（软骨病）并最终死亡（Oidtmann et al. 1997；Imhoff et al. 2011）。白爪小龙虾的捕食能力因为软骨病减弱了 30%，同时也减弱了它们捕食无脊椎动物的能力以及与侵略性更强的北美淡水大虾（*P. leniusculus*）的竞争力。

生物入侵为了解寄生虫对群落结构造成的影响提供了天然的"实验"例子。在英国的北爱尔兰的河流中，当地的迪氏钩虾被入侵的蚤状钩虾（*Gammarus pulex*）所取代，对于当地的物种来说后者是更强的捕食者。更小的片脚类动物上也会发生类似的情况。这些本地和入侵的物种会竞争猎物，也互相捕食（团体内捕食）。微孢子虫穆勒氏匹里虫（*Pleistophora mulleri*）会特异感染当地片脚类动物从而介入片脚类动物之间的竞争与捕食（图 23.10）。该寄生虫感染会影响宿主的腹部肌肉，降低其运动能力，但对宿主的生存无直接影响。寄生虫会导致同类相食（亦会导致寄生虫传播）（Mac Neil et al. 2003a）时抵抗力变弱，减少对等足类动物（Fielding et al. 2005）和入侵的端足类动物的掠食性。在野外围隔实验中，*G. d. celticus* 的寄生虫病影响其捕食比它小的入侵物种，促进了它们的共存，但是也导致其弱点增多并更易被较大的入侵物种 *G. pulex* 捕食（Mac Neil et al. 2003b）。因此，微孢子虫感染可能会影响生物入侵的结果。

23.4.4　微孢子虫作为甲壳类入侵动物的生防制剂

生物入侵是全球生物多样性和生态系统变化的主要驱动力之一（Simberloff et al. 2013），并且对其缓解和控制的花费是很有意义的。例如，就在英国这一个地方，淡水入侵物种的控制费用约为每年二千六百万英镑（Oreska & Aldridge 2011）。利用微孢子虫对陆生昆虫害虫进行控制的方法是得到确立的。水生入侵物种的控制对环境管理提出了挑战；化学治疗的方法并不恰当，因为化学试剂会被稀释并影响饮用水以及非靶标动物。因此，寻找一个合适的特异性生物防护介质对于水生入侵者的防治是非常有价值的。有人提出利用天敌可能是防治入侵物种的成功的基础（Mitchell & Power 2003；Torchin et al. 2003）。而如寄生虫这些被忽略的天敌，往往具有宿主特异性，可用于生物防治。例如，英国最近针对入侵物种 *Dikerogammarus villosus*（虾的杀手）的调查显示在欧洲大陆范围内缺少几种能特异感染这个宿主的微孢子虫。这些微孢子虫有可能用于控制这种入侵者（Bojko et al. 2013）。

23.5 分类多样性

到目前为止，已报道的微孢子虫已有将近 200 个属，其中将近有一半的微孢子虫，其宿主来自水生栖息的环境。在 23.1 中，我们简要的综述了当前微孢子虫门分类框架的发展历程。微孢子虫的分类随着 Sprague 和 Bencel（1999）以及 Canning 和 Vávra（2000）的两篇综述的发表进入高潮。在 Canning 的综述中，作者呈现了一个线性图，并且描述了不同属微孢子虫的生活史特征，这些特征包括潜在的形态单一性和多态性、在裂殖体增殖和孢子发育阶段细胞核的状态（单核与双核）、存在或是缺失寄生囊（SVs）、寄生宿主组织的噬性，以及成熟孢子的超微结构特征（尺寸大小、细胞壁特征、极管圈数、极质体的类型）。Canning 等认为针对这些特征的描述是目前大多数微孢子虫的主要分类依据。在这点上，新分类的描述是遵循国际动物命名委员会（ICZN 1999）的准则的。基于微孢子虫门起源于真菌的共识，研究者们也讨论了关于该分类的有效性，并且指出是否应该根据国际植物命名规则 (ICBN) 来考虑，因为真菌的分类包括在该规则内（Redhead et al. 2009）。然而，尽管分子证据指向微孢子虫起源于真菌，但是最新的 ICBN 版本的描述仍然为："这个命名的规定适用于传统上被视为藻类、真菌、植物的所有生物，是否为化石还是非化石，包括蓝绿藻（蓝细菌）、弧菌类、卵菌类、黏菌类，以及光合性原生生物和与之分类学相关的非光合作用的归类（但不包含微孢子虫）"（ICBN 2012）。因此，ICZN 将继续覆盖到微孢子虫的命名，其原因是这一类生物在传统上被认为是原生生物（而不是真菌），并且开展这类工作的人们更熟悉 ICZN 的分类方法。

尽管对微孢子虫的分类地位具有不断的争论，但对该门当前的分类框架的准确性进行思考是很有必要的。如前所述，大多数现存的分类单元是建立在对不同的生命周期阶段的形态进行描述的基础上的（裂殖体、母孢子、孢子母细胞以及成熟孢子）。最近的描述更多的是利用形态学和系统发生的数据两者的组合去对一个新的单元进行分类（Brown & Adamson 2006）。混合使用系统发生数据和宿主栖息地类型相关的信息在某些情况下对这种关联性提供了更多的证据（Vossbrinck & Debrunner-Vossbrinck 2005）。在后来的研究中，根据系统进化和感染宿主的栖息地类型，微孢子虫门中的三种分类架构被提出来：*Terresporidia*、*Aquasporidia* 和 *Marinosporidia*，分别包含了微孢子虫感染的陆生（哺乳动物）、淡水生活（水生阶段的昆虫和淡水龙虾）以及海生宿主（鱼类和蟹类）。在本章中，主要是介绍那些感染水生无脊椎动物宿主的微孢子虫的分类表是怎样的，以及这些只依赖于形态学特征描述的分类是否准确有效，尤其是与新的系统发育证据相关联的时候。

23.5.1 感染海洋节肢动物的微孢子虫

23.5.1.1 感染肌肉的分类群

Vossbrinck 和 Debrunner-Vossbrinck 在 2005 年利用系统发生的信息（SSU DNA 和 ssrDNA）提出，根据微孢子虫的可塑性，传统的形态学特征在微孢子虫门更高水平的分类上是不可靠的。同样，使用它们来描述一个新的分类单元也是站不住脚的，因此，仅仅将形态学特征作为那些分类单元的构架在相关的系统发生数据出现后也受到了挑战。在水生无脊椎动物中，研究者通过多次研究，运用综合的方法（形态学、生态学和系统学）对这些微孢子虫进行分类，证实了这种观念。

仅靠形态学进行分类是不可靠的观点在包含感染陆生、淡水生和海生宿主病原体的狄鲁汉科中得到证实。Henneguy 和 Thélohan（1892）描述了感染褐虾 *Crangon crangon*（一种海生虾）的微孢子虫贾氏泰罗汉孢虫（*Thelohania giardi*），其为 *Thelohania* 属的模式种。由于新物种与该类型物种之间缺乏比较（无论是分子数据还是形态学数据）（自从最初的描述之后就没有被重新发现），导致许多分类单元被错误的归于这个属中。近来，Brown 等利用与 *T. giardi* 非常近缘的微孢子虫勃氏泰罗汉孢虫的系统发生数据证明了在 *Thelohania* spp. 中那些感染海生虾的微孢子虫与感染淡水虾的微孢子虫在进化上具有一定的距离，尽管它们具有相似的特征。因此，他们认为 *Thelohania* 属需要修正，即利用典型种的超微结构和分子系统发生进行重新描述。

类似的不规范分类发生在感染深水小龙虾的深海螯虾肌孢虫（*Myospora metanephrops*）中（Stentiford et al. 2010）。单独基于形态学特征，它被归于微粒子虫属中（本身就被认为一个包含无数错误的分类单元）。然而，考虑到它存在于龙虾宿主中，与深海栖息相关，并且综合形态学和系统发生分析表明深海螯虾肌孢虫不仅与微粒子虫属（以及 Vossbrinck 和 Debrunner–Vossbrinck Terresporidia 报道的其他昆虫感染类群）具有较远的形态相似性，而且与其他海洋甲壳类和海洋鱼类中感染肌肉的分类群在系统发生上具有相似性。它与来自海洋对虾的微孢子虫勃氏泰罗汉孢虫具有最近的亲缘关系。有趣的是，勃氏泰罗汉孢虫在虾的肌肉纤维内的产孢囊中增殖，而深海螯虾肌孢虫直接在肌肉组织的肌质中增殖。从生态方面看，两者的宿主都是海生的甲壳类，并且早期和晚期增殖阶段的寄生虫逐渐替代宿主的肌肉组织。根据 Brown 在分子进化方面的研究，海虾微孢子虫勃氏泰罗汉孢虫与一种感染端足类动物的未被鉴定的微孢子虫具有最高的序列一致性，且与来自海生虾类以及蟹类中肌肉感染的微孢子虫位于姐妹枝上，2010 年，Stentiford 等对感染龙虾的微孢子虫进行分类描述时提出，在感染海生甲壳类肌肉的微孢子虫中，那些系统发生数据相似但形态分化较大的微孢子虫与 2005 年 Vossbrinck 报道的微孢子虫聚为同一枝上。Brown 以及 Stentiford 等的发现证明那些感染水生节肢动物肌肉组织的微孢子虫的形态多样性并未受到限制，另外，这些形态学多样性的品系却有着很近的亲缘关系。

最近，Stentiford 等（2013）在描述海洋蟹类肌肉组织中发现的一个有百年历史的微孢子虫分类群的二态生命周期时，提供了一个关于微孢子虫形态可塑性潜力的显著例子。粉尘埃姆森孢虫（*Ameson pulvis*）（Pérez 1905；Sprague 1977）的原始描述显示其交替出现奇特的针状孢子形态，让人想到感染蟹肌肉组织的微孢子虫螃蟹针状孢虫（*Nadelspora canceri*）。研究描述了同一微孢子虫在单一宿主中感染同样的细胞类型时，能够根据感染的严重性，呈现出极端的形态变化。从病程发展来看，类 *Nadelspora* 分类群微孢子虫感染致病性明显快于类 *Ameson* 分类群的微孢子虫，并且两者都与肌质细胞直接接触（见章节 23.3.1）。值得注意的是，以前的研究表明埃姆森孢虫属和针状孢虫属在基于 ssrDNA 的系统发生学分析时亲缘关系很近，对这两个品系共感染单个蟹类宿主进行连续观察时，才提出它们是一个物种的观点。这个发现更加值得关注，因为埃姆森孢虫和针状孢虫与那些形态上具有差异的感染海生甲壳类动物的微孢子虫相比，也表现为系统进化上的相似性。2013 年，Stentiford 等利用这些资料强调了一个观点，聚在同一进化枝上可感染来源广泛的地理和生态类型的海生甲壳类动物肌肉的微孢子虫在形态学上具有可塑性。此外，他们还阐述了因为大多数群的分类要早于基于核酸的系统发生学方法，人们普遍接受当前微孢子虫门分类中一些错误，至少那些感染水生宿主的分类单元是如此的，因此，对 Vossbrinck 和 Debrunner-Vossbrinck 提出的 *Marinosporidia* 和 *Aquasporidia* 分类单元在 ICZN（1999）的指导下进行进一步细分十分迫切。

23.5.1.2　肠道感染的分类群

尽管作为病原体，微孢子虫可能遍布于海生甲壳类动物的肠道及相关结构中，但人们还是很少能对感染这类器官系统的微孢子虫分类单元做出较好的描述。另外，系统发生学数据仅被用于三个已有的分类单元：脑炎微孢子虫、肠孢虫和绒螯蟹肝孢虫。感染斑节对虾的微孢子虫虾肝肠胞虫（*Enterocytozoon hepatopenaei*）是第一个用超微结构和系统发生数据进行描述的海生甲壳类中肠道感染的微孢子虫。这引起了人们的极大关注，因为超微结构和系统发生分析的结果显示其与肠微孢子虫科（Enterocytozoonidae）已有成员的分类结果是一致的，该科包括人类病原体毕氏肠微孢子虫（*Enterocytozoon bieneusi*）。类似的还有，Tourtip 等把对虾中的微孢子虫归置于 *Enterocytozoon* 属中（作者认为这是一个新的种而不是一个新的属，主要是基于其与姐妹物种 *E. bieneusi* 具有 85% 的 SSU rRNA 基因的相似性，因此被认为是非常保守的）。

这种发现进一步验证早期 Stentiford 对无脊椎动物（黄道蟹）细胞核内增殖的黄道蟹肠孢虫（*Enterospora canceri*）的描述。这项研究虽然仅仅基于超微结构的观察，但也表明了 *E. canceri* 与 Enterocytozoonidae 具有显著相似的特征，（如在产孢原生质团中形成孢子母细胞，见章节 23.3.2），只是鉴于该微孢子虫寄生于蟹类细胞核内的特定位置，不适合将其归置于 *Enterocytozoon* 属（寄生于细胞质中）。

在接下来的几年里，在感染海生甲壳类动物的 Enterocytozoonidae 科包含感染人类和鱼类微孢子虫的研究，让许多研究者十分振奋。对感染桡足类寄生虫以及自由生活的水蚤的微孢子虫进行系统发生分析，结果显示这些病原体以及 Enterocytozoonidae 科的部分成员间具有显著的相关性。同时，尽管 ssrDNA 序列的差异超过了 10%。更多的数据显示，感染桡足类的微孢子虫球蛛类核孢虫（*Paranucleospora theridion*）是怎样在这种寄生虫和它们的鱼类宿主之间循环的。该发现第一次证明了肠微孢子虫中的成员能够在处于不同营养级的宿主尤其是甲壳类动物和脊椎动物之间循环的。

最近，Stentiford 等描述了一种感染肝胰腺的微孢子虫，该微孢子虫是在英国的一种入侵物种中华绒螯蟹中发现的。该寄生虫在以前的描述中被认为是 *Endoreticulatus eriocheir*，其原寄主为生活在亚洲的蟹。然而，这种来自英国蟹类的微孢子虫的超微结构，系统发生以及生态学的数据表明它与 *Endoreticulatus* 属的成员具有差异。系统发生分析表明该寄生虫位于肠微孢子虫的姐妹枝上，因此，*Hepatospora* 属这种分类构架被提出来，其模式种为 *H. eriocheir*。在类似的研究中，通过 ssrDNA 的分析将细胞核内寄生的微孢子虫 *E. canceri* 正确地归类到 Enterocytozoonidae 科中，其最近缘的物种为人类病原体 *E. bieneusi*（具有 85% 的核酸序列相似性）。此外，虾肝肠胞虫（*E. hepatopenaei*）相较于 *Enterocytozoon* 属，与 *Enterospora* 属有更近的亲缘关系。因此作者认为虾肝肠胞虫更适合归于 *Enterospora* 属中（虽然它是细胞质感染而不是细胞核的感染）。总之，在 Enterocytozoonidae 科中，这些关于微孢子虫形态学和系统发生特征的最新数据是一致的，使得这一分支的病原体具有在脊椎动物和无脊椎动物之间循环的能力（图 23.11）。而且，存在于感染海生甲壳类动物的微孢子虫和人类病原体 *E. bieneusi* 之间存在有趣的近缘关系，这衍生了一个有趣的问题，即这些远分类单元的宿主寄生虫的生态位和进化关系是怎样的，以及无脊椎动物作为人类传染病原体的潜在作用。

23.5.2 感染淡水节肢动物的微孢子虫及综合评价

一般来说，感染淡水节肢动物的微孢子虫与那些感染海洋节肢动物的微孢子虫相比，其在进化关系上更接近于感染昆虫的微孢子虫。根据 ssrDNA 序列，大多数的分类群位于 *Aquasporidia* 分类的第 I 进化枝上。这一进化枝包含的微孢子虫属有 *Ambylospora*（被认为其可以在淡水生的昆虫和甲壳类动物中循环），并且有几个属可以感染片脚类和桡足类动物（如 *Marssoniella*、*Gurleya*、*Larssonia*、*Berwaldia*，以及 *Trichotuzetia*）。其他片脚类动物感染的分类单元更加接近于 Vossbrinck 提出的 *Marinosporidia* 分类（第 III 进化枝）（如 *Dictyocoela*）或者是 *Terresporidia* 分类（第 IV 进化枝）（如 *Nosema granulosis*）。将 *Dictyocoela* 归于 *Marinosporidia* 中表明，这个属感染的宿主最初被认为是海生的随后在淡水栖息。将颗粒病微粒子虫（*Nosema granulosis*）和红螯螯虾变形孢虫（*Vairimorpha cheracis*）归于 *Terresporidia* 依据的是系统发生学数据，这似乎表明了昆虫感染的微孢子虫与那些以淡水生栖息动物为宿主的微孢子虫之间存在进化和生态上的联系。尽管 *Thelohania contejeani* 和 *T. parastaci* 的分类（均为感染淡水小龙虾的微孢子虫）在这些分析中仍未解决，但从 Brown 以及 Stentiford 等的研究中可以知道这些以感染淡水节肢动物为代表的分类单元和昆虫感染的更为相似，与海生感染的单元具有明显的区分（如 *T. butleri*）。因此，不应将它们归于 *Thelohania* 属。那些感染水生节肢动物的微孢子虫属的系统发生关系所用的分子序列数据在公共数据库可以获得（图 23.12）。

最近运用形态学和分子生物学分析方法进行微孢子虫门分类的研究表明，低级别分类单元间相互关系存在明显的不匹配。这也是 Stentiford 等研究的缩影，证明在一个具有形态可塑性的分类单元中（*Ameson pulvis*）可能了包含了一系列现有的微孢子虫门的种、属，甚至科。当用传统的形态学特征去描述一个新的分类单元时，这种潜在的可塑性引起了一个根本的问题。尤其是那些分类单元在不同宿主中完成其生活

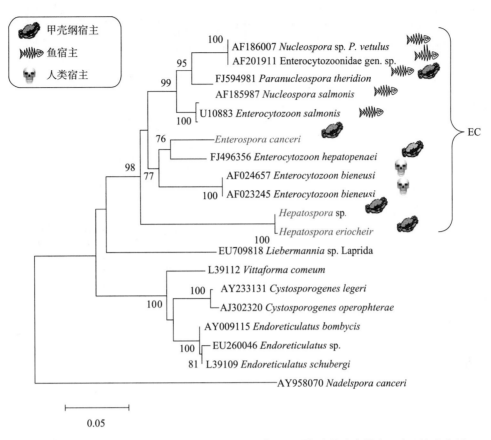

图 23.11　基于邻接法以部分种属 SSU rRNA 基因序列构建的脑炎微孢子虫系统发育树

　　各分支包括了感染鱼类肠道、甲壳纲与人类病原体，根据系统发生学上的分子数据和独特的孢子体形态，它们均聚在一类。迄今为止，与感染人的病原体 E. bieneusi 亲缘关系最近的是感染虾肝胰管上皮的微孢子虫（E. hepatopenaei；Tourtip et al. 2009）和感染蟹的微孢子虫（E. canceri；Stentiford et al. 2007）。其他代表的分支（如 P. theridion）会在鱼类和甲壳动物宿主中循环。系统发育树由 MEGA 3.1 版本分析完成。标尺代表碱基替换率。［引自 Stentiford, G.D., Bateman, K.S., Dubuffet, A., Chambers, E., & Stone, D.M.（2011）*Hepatosporaeriocheir*（Wang & Chen, 2007）gen. et comb. nov. infecting invasive Chinese mitten crabs（*Eriocheir sinensis*）in Europe. *J Invertebr Pathol*，108（3），156–166.. Elsevier, 2011］

周期，这个问题就更加尖锐了。为了解决这个问题，研究人员越来越多地采用分子系统发生学的方法来进行分类。现在绝大多数的此类研究包含的数据都是关于 SSU 18S rRNA 基因的部分序列。虽然利用单一的 SSU rRNA 序列数据来进行真核生物的系统发生分析也受到了质疑，但关于微孢子虫基因组中这一区域的信息在公共序列数据库中却占有很大的优势。因此，它仍然是现在微孢子虫门进行广泛的系统发育分析唯一可信的选择。目前的研究则更多地利用快速进化以及非核糖体编码的基因（如 RNA 聚合酶 Ⅱ 的 A–G 区域）并且在对微孢子虫属和种的分类上已证实可行。毫无疑问，将来我们可以通过基因组中可替代使用的区域，或者利用微孢子虫门各种生物全基因组测序获得的数据努力去建立微孢子虫门同其他门间，以及微孢子虫门内部的系统发生关系。

23.6　总结与展望

　　微孢子虫可能是水生无脊椎动物中最常见的病原体。微孢子虫门中所有已知的属近一半是感染水生宿主的，并且其中大约一半是感染无脊椎动物的。目前已描述的分类单元可能只代表现存的全球湖泊、河流和海洋中分类单元的一小部分。它们能感染特定的组织类型或者感染多个组织器官。大多数的分类单元

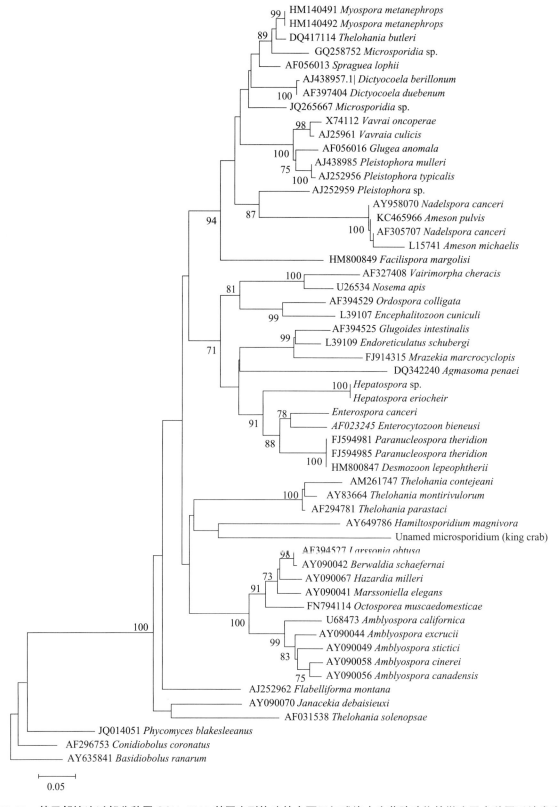

图 23.12 基于邻接法以部分种属 SSU rRNA 基因序列构建的主要已知感染水生节肢动物的微孢子虫种属系统发育树

作为代表的种属可以感染鱼类（如 *Spraguea lophii*）、人类（如 *Enterocytozoon bieneusi*）和昆虫（如 *Nosema apis*）的代表种，在发育树内与感染水生节肢动物的种属进行了对比。一段源于 *Basidiobolus ranarum*（AY635841）的 858 bp 的 SSU rRNA 的基因被用作定根。系统发育树由 MEGA 3.1 版本分析完成。分析进行了 1 000 次，系统发育树中采用了发生率大于 70% 数据。标尺代表碱基替换率

能够在其宿主中进行垂直传播。淡水节肢动物的系统研究表明个体水平的寄生状况能够推断出群体的寄生水平，甚至整个生态系统水平的变化。尽管有研究者们观察到一些显著个体水平的影响，但是病原体如何影响宿主以及它们在开放的海洋系统中的数量，我们几乎是一无所知的。微孢子虫门中的高层类群的分类还存有困惑，但是文献报道了越来越多的针对低层分类单元的快速、有效的分类工具。这些工具也是微孢子虫基因组以及新兴的有效技术的直接产物。作为系统生物学研究非常容易理解的模型，无脊椎动物宿主——微孢子虫系统，以及它们存在的水生环境，越来越多地被人们认识。为此，宿主以及病原体基因组的获得和注释，使得研究人员有能力去定义这个病原体群体特异的致病过程，这将会预示着一个新的时代的到来。这个进程是否可以被用于提供生物防治（在一些昆虫病原体系统中被观察到）还有待人们去研究。最后，分子诊断工具的利用为人们认识微孢子虫及其宿主间的多重营养级的相互作用提供了一个新的视角。重寄生的例子已经很丰富了。此外，甲壳类动物肠道感染的微孢子虫类群和某些脊椎动物感染的微孢子虫类群之间十分紧密的系统发生关系将会为微孢子虫门人畜共患的潜在性提出新的见解。

参考文献

 第 23 章参考文献

第 24 章　原始微孢子虫

J. I. Ronny Larsson

瑞典隆德大学生物系

24.1　前言

虽然还不清楚所谓原始的微孢子虫是否构成了一个明确定义的系统的生物类群，但它们至少是一个具有相似的细胞学和生命周期特征的物种的集合。对这些物种的大部分描述都显陈旧。其中一些物种的命名已经是最老的微孢子虫命名，而且对它们的鉴定也存在问题。

对类壶孢虫（*Chytridiopsis*-like）和类梅氏孢虫（*Metchnikovella*-like）的微孢子虫类群的研究起始于 19 世纪末的法国，它们均在对簇虫、肠栖息的共生物或者无脊椎动物的寄生虫的研究中观察到。Schneider（1884）从甲壳虫的肠壁上发现了群聚壶孢虫（*Chytridiopsis socius*），而 Caullery 和 Mesnil（1897b）从多毛类簇虫中发现了海稚虫梅氏孢虫（*Metchnikovella spionis*）。绝大部分的这些物种都很小，其孢子只有仅仅一个或几个微米长，也不会自发的弹出极丝，弹出极丝是光学显微镜观察定义微孢子虫的一个特征，而这些微孢子虫均没有发现有这个特征。由于缺乏典型特征，这两个种群都一直处于微孢子虫分类之外。直到电子显微镜的应用，Vivier（1965a）观察发现霍瓦斯梅氏孢虫（*Metchnikovella hovassei*）具有的微孢子虫含极丝的天然特征，Manier 和 Ormières（1968）同样观察到群聚壶孢虫也具有此特征。几年前，Sprague 把贻贝卵单孢虫（*Haplosporidium mytilovum*）归到壶孢虫属（*Chytridiopsis*），并提供了这个物种属于微孢子虫依据（Sprague 1965）。不过，后续研究表明，*H. mytilovum* 并不属于类壶孢虫微孢子虫（参见分类学总结评论）。

本章涵盖了包括梅氏孢虫科微孢子虫［Metchnikovellideans，包含梅氏孢虫属（*Metchnikovella*）、两棘孢虫属（*Amphiacantha*）、双钝孢虫属（*Amphiamblys*）和曹氏孢虫属（*Caulleryetta*）］，典型的壶孢虫科微孢子虫［Chytridiopsids，包含壶孢虫属（*Chytridiopsis*）、诺勒孢虫属（*Nolleria*）和因特斯塔孢虫属（*Intexta*）］，细胞学特征介于 Chytridiopsids 和典型微孢子虫之间的 *Buxtehudea* 属以及 3 个了解并不充分的杰氏孢虫属（*Jiroveciana*）、伯克孢虫属（*Burkea*）和赫赛孢虫属（*Hessea*）。物种名和属名都将参考发表文献中出现的名字。分类学的总结及观点包括了新结果的整合以及一个新属的建立。

24.2　梅氏孢虫科微孢子虫（Metchnikovellideans）

1897 年，Caullery 和 Mesnil 发表了他们认为是对孢子虫纲原虫寄生虫的第一个描述（Caullery & Mesnil 1897a）。他们的研究对象是底栖动物多毛纲马丁海稚虫（*Spio martinensis*）上的簇虫，他们观察到约 1 μm 大的圆形或稍微延伸的结构，它们经常和大的包含有椭圆形体的纺锤形孢子囊聚集在一起。他们称这种为梅氏孢虫（*Metchnikovella*）。他们报道观察到在其他的多毛纲物种中也存在一个相似的物种，并且他们还注意到这个相似的物种已被 Claparède 和 Léger 报道过。显而易见，梅氏孢虫属在最初就包含了多个种（Caullery & Mesnil 1897a）。

由于对新属 *Metchnikovella* 的首次报道并未指明任何种，因此同年晚些时候发表了关于这个属的更详细的介绍（Caullery & Mesnil 1897b）。现在该属的模式种命名为海稚虫梅氏孢虫（*Metchnikovella spionis*），这篇文献正式的描述了该新属。同时，他们观察到了更多具有相似特征的物种，并具有不同的孢子囊形状。每个孢子囊中的孢子数以及孢子囊的形状都有别于其他物种。这个新物种不具有任何与其他物种共有的特点，无法将其归属于其他物种中（Caullery & Mesnil 1897b）。

作者追溯到 1914—1919 年对梅氏孢虫类似物种的相关研究。1914 年，很多新种和两个新属被报道，这两个新属是双钝孢虫属和两棘孢虫属，它们都归为梅氏孢虫科（Metchnikovellidae）（Caullery & Mesnil 1914）。5 年后，Caullery 和 Mesnil 在一个专题论文中总结了对梅氏孢虫科的认识（Caullery & Mesnil 1919）。根据对物种描述的修正，一个新种和一个新的变种被命名。他们同时也讨论了梅氏孢虫与其他物种类群的相似性，但发现它还是处于一个独立位置（Caullery & Mesnil 1919）。这篇文章，连同后续 Vivier 关于原生动物寄生虫的综述（Vivier 1975），以及 Sprague（1977）、Canning 和 Vávra（2000）对微孢子虫分类的综述是迄今唯一的对 Metchnikovellideans 微孢子虫的综合性专题报道。目前，Metchnikovellideans 微孢子虫包括了大约 30 个已命名的物种。早期对微孢子虫的陈旧描述受到了光学显微镜的限制，所以没有一个充分的、清晰的鉴定结果。

自 1965 年起，Vivier 及其合作者发表了一系列文章，首次对梅氏孢虫科微孢子虫的超微结构进行了研究。对霍瓦斯梅氏孢虫（*Metchnikovella hovassei*）的调查及描述不仅说明 Metchnikovellideans 是微孢子虫，而且用一幅精确的图片描绘了孢子的结构，并且发现这些孢子是当时观察到的最小的微孢子虫孢子（Vivier 1965a）。目前，利用电子显微镜观察研究了微孢子虫 *Metchnikovella* 属中的 3 个种：最早 Vivier（1965a，b）、Vivier 和 Schrével（1973）发表的关于 *M. hovassei* 的报道，两篇关于沃尔夫斯梅氏孢虫（*Metchnikovella wohlfarthi*）的文献报道（Hildebrand & Vivier 1971；Hildebrand 1974），以及最近对内弯梅氏孢虫（*M. incurvata*）的研究（Sokolova et al. 2013）。典型种海稚虫梅氏孢虫（*M. spionis*）一直未被调查研究。*Amphiamblys* 属微孢子虫的 3 个种也进行了显微结构的研究：Desportes 和 Théodoridès（1979）对劳比瑞双钝孢虫（*Amphiamblys laubieri*）的研究；Ormières、Loubès 和 Maurand（1981）对芭提拉双钝孢虫（*A. bhatiellae*）的研究；以及 Larsson 和 Køie（2006）对典型种簇虫双钝孢虫（*A. capitellides*）的研究。Larsson（2000）报道了该属微孢子虫的典型种隆加两棘孢虫（*Amphiacantha longa*）的显微结构。

24.2.1 生命周期和细胞学

微孢子虫细胞学研究阐明了其生命周期。其生命周期包括了两个孢子形成期：一个具有微孢子虫起源的厚壁孢子囊（图 24.1），另一个游离于簇虫细胞质中或者宿主细胞起源的寄生泡中（图 24.1c 和 d；图 24.2a）。法国的作者 Caullery 和 Mesnil（1897a）以及更早的学者称这种厚壁囊为 "囊肿（kystes）"，而且 "囊肿（cysets）" 的术语也曾在德国和英国的论文献中出现。在本综述中，用的是 Larsson（2000）和 Sokolova 等（2013）的论文中都用到了 "孢子囊（spore sac）" 的术语。孢子增殖期之前是否存在一个营养复制过程不得而知。Vivier 和 Schrével（1973）对于 *M. hovassei* 微孢子虫的研究、Sokolova 等（2013）关于 *M. incurvata* 微孢子虫的研究、Larsson（2000）对于 *A. longa* 微孢子虫的研究，以及 Larsson 和 Køie（2006）有关 *A. capitellides* 微孢子虫的研究都发现微孢子虫的生活周期缺乏孢子形成前增殖期（presporogonial reproduction）。Desportes 和 Théodoridès 宣称观察到了 *A. laubieri* 微孢子虫营养增殖中的单核、双核和多核阶段（Desportes & Théodoridès 1979），但也不排除他们观察到的是游离孢子增殖期的早期阶段。游离的孢子增殖期被认为是早于孢子囊包裹的孢子形成期（Larsson & Køie 2006；Sokolova et al. 2013）。

微孢子虫是否在宿主细胞中形成一个寄生泡从而与宿主细胞相隔离，不同物种情况也不一样（图 24.2c）。霍瓦斯梅氏孢虫的游离和具有孢子囊的孢子形成期（Vivier & Schrével 1973）和沃尔夫斯梅氏孢虫的游离孢子增殖期（Hildebrand & Vivier 1971），都是在寄生泡中完成。空泡收集了这些梅氏孢虫的游离孢子，并在宿主细胞内形成紧密的集团。在内弯梅氏孢虫中，游离的孢子母细胞在细胞质中确实是游离的、未呈集团分布的（Sokolova et al. 2013）。隆加两棘孢虫的产孢过程没有诱导产生寄生泡（Larsson 2000）。而

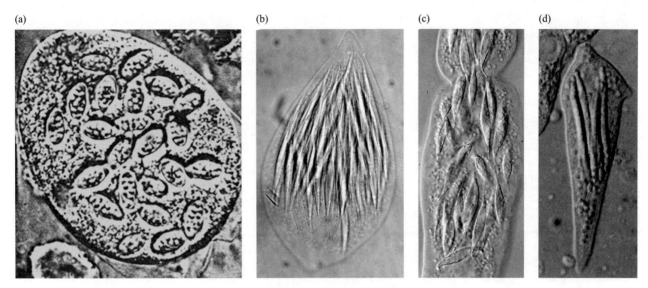

图 24.1 簇虫中的梅氏孢虫类微孢子虫

（a）霍瓦斯梅氏孢虫（*Metchnikovella hovassei*）；（b）紧密压缩在孢子囊内的隆加两棘孢虫（*Amphiacantha longa*）；（c）隆加两棘孢虫的孢子囊和游离孢子；（d）孢子囊紧密排列的簇虫双钝孢虫（*Amphiamblys capitellides*）。[经许可引自（a）Protistologica: Vivier, E. & Schrével, J. 1973. Étude en microscopie photonique et électronique de différents stades du cycle de *Metchnikovella hovassei* et observations sur la position systématique des Metchnikovellidae. *Protistologica*. 9:95–118；（c）Folia. Parasitol.: Larsson, J. I. R. 2000. The hyperparasitic microsporidium *Amphiacantha longa* Caullery et Mesnil, 1914（Microspora: Metchnikovellidae）—description of the cytology, redescription of the species, emended diagnosis of the genus. Amphiacantha and establishment of the new family Amphiacanthidae. *Folia. Parasitol*. 47: 241–256；and（d）*Eur. J. Protistol*.: Larsson, J. I. R. & Køie, M. 2006. The ultrastructure and reproduction of *Amphiamblys capitellides*（*Microspora*, Metchnikovellidae）, a parasite of the gregarine *Ancora sagittata*（*Apicomplexa*, Lecudinidae）, with redescription of the species and comments on the taxonomy. *Eur. J. Protistol*. 42:243–248]

且，劳比瑞双钝孢虫的发育与簇虫的内质网相关（Desportes & Théodoridès 1979）。簇虫双钝孢虫的游离孢子形成期起始于寄生泡中（图 24.2c），但寄生泡又会在孢子成熟之前消失。这种微孢子虫的孢子囊未存在于寄生泡中（Larsson & Køie 2006）。

单核或双核的母孢子通常发育为一个多核的产孢原质团（sporogonial plasmodium）（图 24.2c）。在游离的孢子形成期，微孢子虫最先被原生质膜分隔，但是随着细胞核数目的增加，它的表面被一个高电子密度的外层包裹，这就是最早的孢外壁（图 24.2c）。孢原质中含有大量游离核糖体，一个或明显或不明显的内质网（图 24.2b 和 c），高尔基体和一些空泡。在隆加两棘孢虫中聚集的核糖体明显靠近细胞核（Larsson 2000，图 8-9）。而在沃尔夫斯梅氏孢虫（Hildebrand 1974，图 2-3）、劳比瑞双钝孢虫（Desportes & Théodoridès 1979，图 4）和簇虫双钝孢虫（图 24.2b）中，核糖体却明显聚集在内质网附近，部分在细胞核周围。在霍瓦斯梅氏孢虫的产孢原质团中，高尔基体囊泡靠近细胞核，而且微管围绕细胞核聚集成束（Vivier & Schrével 1973）。产孢原质团通过原质团分割形成大量的孢子母细胞，如霍瓦斯梅氏孢虫（Vivier & Schrével 1973）；或者通过芽殖方式形成少量的孢子母细胞，如簇虫双钝孢虫（Larsson & Køie 2006）。隆加两棘孢虫游离孢子增殖期中，母孢子分成两个孢子母细胞（Larsson 2000）。隆加两棘孢虫因具有耦核而不同于其他梅氏孢虫科的微孢子虫。

母孢子和膜包裹的孢子形成期（enveloped sporogony）的产孢原质团的细胞质与游离孢子形成期的组织特征一致，但是由于固定处理的问题使得具有囊包裹的孢子形成期鲜有报道。在膜包裹的孢子形成期，产孢原质团产生的分泌物聚集到细胞膜形成孢子囊的厚壁（图 24.3a 和 b）。在劳比瑞双钝孢虫和簇虫双钝孢虫中观察到的分裂体（scindosomes）被认为是在壁的构建过程中激活的膜孢小体（Desportes & Théodoridès 1979）（图 24.3a 和 c）。目前描述的成熟厚壁孢子囊在细胞膜外存在 2~3 层结构（图 24.3d）。可能每个属的微孢子虫都拥有一个特殊结构的壁。霍瓦斯梅氏孢虫的厚壁由质膜外平行排布的纤维状物质构成的致密层以及一层较宽的网状表层构成（Vivier & Schrével 1973）。内弯梅氏孢虫的囊壁被描述为由多层无定

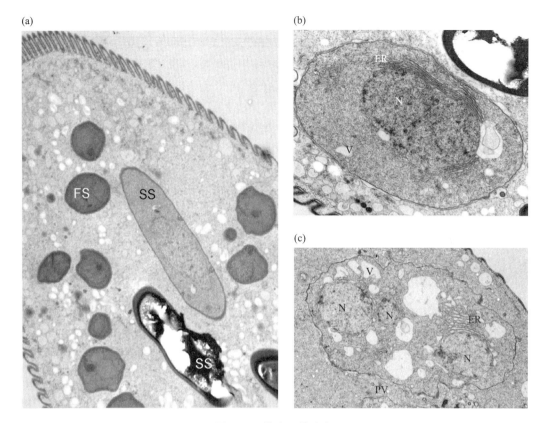

图 24.2 簇虫双钝孢虫

（a）游离孢子和孢子囊；（b～c）封闭在寄生泡中的游离孢子形成期的产孢原质团；（c）具有外壁基底的产孢原质团。ER，内质网；FS，游离孢子；N，细胞核；PV，寄生泡；SS，孢子囊；V，空泡。[（b～c）经许可引自 *Eur. J. Protistol.*: Larsson, J. I. R. & Køie, M. 2006. The ultrastructure and reproduction of *Amphiamblys capitellides* (*Microspora*, Metchnikovellidae), a parasite of the gregarine *Ancora sagittata* (*Apicomplexa*, Lecudinidae), with redescription of the species and comments on the taxonomy. *Eur. J. Protistol.* 42:243–248]

形的材料组成（Sokolova et al. 2013）。隆加两棘孢虫有一个较宽的高电子密度基层和一个薄的颗粒状的表面层（Larsson 2000，图 3b）。两个双钝孢虫，劳比瑞双钝孢虫和簇虫双钝孢虫（图 24.3d；图 24.4b），都有明显的孢子囊壁，但是壁层的厚度有所不同。壁有一个密集的基底层（endokyste）、一个中间密度层（mésokyste）和一个颗粒状的表面层（exokyste）（Desportes & Théodoridès 1979；Larsson & Køie 2006）。在劳比瑞双钝孢虫中，狭窄的致密层区域将这 3 个主要层分开。

Caullery 和 Mesnil（1914）利用孢子囊来区分 3 个属的微孢子虫。梅氏孢虫属的孢子囊是圆柱形或者菱形，短胖，相对比较短（长可达 40 μm），被 Caullery 和 Mesnil 称为 "bouchons"（1919），在孢子囊的一个末端或者两个末端形成类似塞子的结构（图 24.3e）。超薄切片观察可见孢子囊和电子致密层能够折光（Sokolova et al. 2013）。双钝孢虫属微孢子虫会产生一个长的圆柱形囊（长达 130 μm），两端圆，中间较宽（图 24.3f）（Desportes & Théodoridès 1979）。两棘孢虫属微孢子虫的囊是梭形的，测量有 80 μm 长，两端呈较长的线状延伸（图 24.3g）（Caullery & Mesnil 1914）。双钝孢虫和两棘孢虫的孢子囊特别大，以至于它们可以在簇虫内与簇虫的长轴平行分布（图 24.1b 和 d）。很多梅氏孢虫的孢子囊可以产生恒定数量的孢子（8 个、12 个、最多 16 个或者 32 个），双钝孢虫的孢子囊大约有 32 个或者更多的孢子，而隆加两棘孢虫的孢子形成期会有 100 多个孢子（Caullery & Mesnil 1919）。

在具有囊包裹的孢子形成期，孢子母细胞是由内源性的空泡产生。空泡出现于细胞质中，起初分布于外围区域（图 24.3a 和 b）。它们在数量和尺寸上逐渐增大，在细胞核和细胞质周围区域进行相互分离，形成后来的孢子母细胞。孢子母细胞的质膜来源于空泡，而产孢原质团的质膜为孢子囊壁的内层（图 24.3d）。

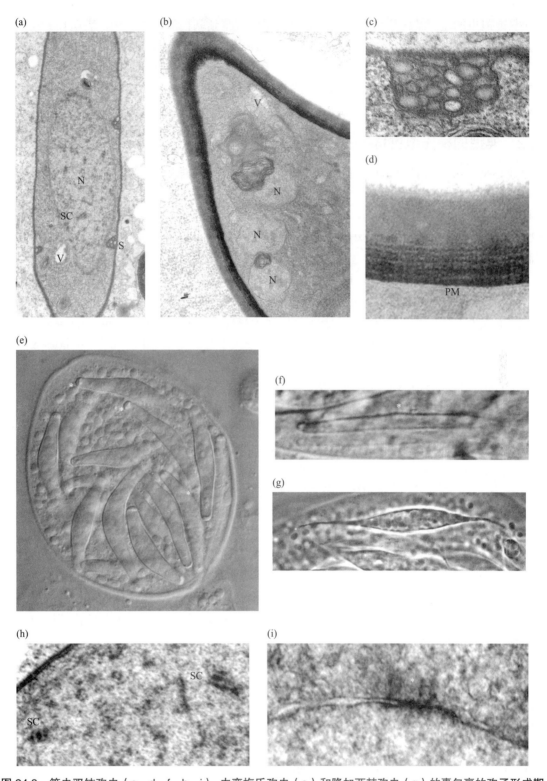

图 24.3　簇虫双钝孢虫（a~d, f, h~i）、内弯梅氏孢虫（e）和隆加两棘孢虫（g）的囊包裹的孢子形成期

　　（a）簇虫双钝孢虫母孢子质膜外具有高电子密度层，无寄生泡；（b）具有发育完全囊壁的产孢原质团；（c）分裂体（scindosome）；（d）质膜外成熟孢子囊的 3 层可见的壁；（e）内弯梅氏孢虫的孢子囊和游离孢子，＊表示一个极头；（f）簇虫双钝孢虫的孢子囊，＊表示较宽的中心区域；（g）隆加两棘孢虫的孢子囊和线性末端；（h）联会复合体；（i）从核膜延伸的圆柱形微管组织中心。N，细胞核；PM，细胞膜；S，scindosome；SC，联会复合体；V，空泡。[（a）、（b）、（d）和（e）引自 Larsson, J. I. R. & Køie, M. 2006. The ultrastructure and reproduction of *Amphiamblys capitellides*（Microspora，Metchnikovellidae），a parasite of the gregarine *Ancora sagittata*（Apicomplexa，Lecudinidae），with redescription of the species and comments on the taxonomy. *Eur. J. Protistol*. 42:243-248.（e）A. V. Smirnov,（f）Larsson, J. I. R. 2000. The hyperparasitic microsporidium *Amphiacantha longa* Caullery et Mesnil, 1914（Microspora: Metchnikovellidae）—description of the cytology, redescription of the species, emended diagnosis of the genus *Amphiacantha* and establishment of the new family Amphiacanthidae. *Fol. Parasitol*. 47:241-256]

对 3 种双钝孢虫的超微结构研究中，在产孢原质团中观察到联会复合体结构，表明在囊包裹的孢子形成期最初阶段可能存在一次减数分裂（图 24.3a 和 h）（Desportes & Théodoridès 1979；Ormières et al. 1981；Larsson & Køie 2006）。劳比瑞双钝孢虫（*A. laubieri*）和簇虫双钝孢虫（*A. capitellides*）具有一个微管组织中心，就像核膜上突出的筒状结构（图 24.3i），被 Desportes 和 Théodoridès 称为 "cylindre polaire"（1979）。Vivier 和 Schrével（1973）的图 11 也表明霍瓦斯梅氏孢虫具有类似的结构。

24.2.2　典型的梅氏孢虫科孢子

典型的孢子是椭圆形或者有角顶的圆三角形。在两个孢子形成期中，梅氏孢虫、曹氏孢虫和两棘孢虫产生类似的圆形或椭圆形的孢子（图 24.4）。Vivier 和 Schrével 在 1973 年第一次清晰的记载了霍瓦斯梅氏孢虫的形态特征，游离的孢子稍大，具有发育不完全的孢壁。内弯梅氏孢虫的游离孢子测量的大小为 3.7 μm × 1.8 μm，孢子囊包裹的孢子大小为 3.6 μm × 1.8 μm（Sokolova et al. 2013）。隆加两棘孢虫固定后的游离孢子测量大小为 4.5 μm × 2.4 μm，固定的孢子囊包裹的孢子直径有 6.4 μm（Larsson 2000）。双钝孢虫属微孢子虫中，游离的孢子和囊包裹孢子的形状不一。游离孢子通常为圆形，而孢子囊包裹的孢子成棒状（图 24.4a 和 b）。孢子囊内的孢子通常倾斜排列成两行，形成交叉孢子（图 24.4c）。固定后簇虫双钝孢虫的游离孢子测量大小为 2.7 μm × 2.8 μm，孢子囊包裹孢子的大小达 4.2 μm × 1.1 μm（Larsson & Køie 2006）。固定后的劳比瑞双钝孢虫的孢子囊包裹的孢子更大，测量大小为 10 μm × 0.9 μm（Desportes & Théodoridès 1979）。

对梅氏孢虫孢子特殊结构的最初描述是基于 Vivier 对霍瓦斯梅氏孢虫的研究（1965a）（图 24.4d）。该孢子的孢壁相当薄，通常由 1 个电子致密的孢外壁、1 个透亮的孢内壁和 1 个内层的原生质膜组成。在游离孢子形成阶段，孢子外壁层和孢子内壁层几乎一样厚。在孢子囊包裹的孢子形成阶段，孢子外壁层可能会稍微厚一点。在内弯梅氏孢虫中，游离孢子的孢壁有 20～24 nm，具有孢子囊包裹孢子的孢壁平均有 44.8 nm（Sokolova et al. 2013）。在簇虫双钝孢虫中，游离孢子的壁测量约为 27 nm，孢子囊包裹孢子的壁约有 40 nm（Larsson & Køie 2006）。据报道，芭提拉双钝孢虫的游离孢子和劳比瑞双钝孢虫的孢子囊包裹孢子都缺乏孢子内壁层（Ormières et al. 1981；Desportes & Théodoridès 1979）。

在微孢子虫发芽结构中具有 3 个可辨别的组分：极囊、端部球状的极丝和层状的折叠结构（图 24.4）。把这个结构称为一个弹射装置可能并不恰当，因为对于弹射并没有得到证实。极丝是直的（图 24.4a），或弯曲的（图 24.4d），粗壮的。Vivier（1965a）使用术语介绍极丝为一个 "柄状体（manubrium）"。起初，术语 "柄状体" 被用于描述姆则克虫属的直极丝（Léger & Hesse 1916）。柄状体通常横贯球形孢子和杆状孢子的短轴。在杆状孢子中，柄状体倾斜地跨过孢子的中心区域（图 24.4b）。柄状体由不同电子密度和厚度的多层结构组成。（图 24.4）。

柄的后端较宽（图 24.4）。Vivier（1965a）和其他的法国作者称为 "腺（gland）"，指其类似橡果的结构。其他人使用术语 "球形（bulbous）" 或 "球根（bulbal）" 来描述（Larsson & Køie 2006；Sokolova et al. 2013）。这个区域的内部结构不同于极丝，而且一个特异的结构区域将球形物与柄结构分开（图 24.4a；图 24.5f）。在隆加两棘孢虫成熟的游离孢子中，一个像衣领的结构被插入到所述的柄与球根之间。这种结构似乎是将球状物从柄结构上分离开（图 24.5e），形成一个附属物（Larsson 2000）。

柄状体与一个直的或弯的结构连接，称为极帽（polar cap）（Vivier 1965a；Sokolova et al. 2013）或者极囊（polar sac）（Desportes & Théodoridès 1979；Larsson 2000）。这个极囊由膜包裹并且充满了高电子密度的物质（图 24.5c）。具有典型细胞学特征的微孢子虫中，极囊是一个宽的结构，覆盖极质体前部，含有一个锚定盘。极丝进入极囊并与锚定盘连接。梅氏孢虫科微孢子虫的孢子缺少锚定盘，另外它的极丝柄未进入极囊（图 24.5c）。目前，仅在霍瓦斯梅氏孢虫中观察到类似的连接现象，这种情况在沃尔夫斯梅氏孢虫、内弯梅氏孢虫、芭提拉双钝孢虫、劳比瑞双钝孢虫和簇虫双钝孢虫中也有可能发生。在隆加两棘孢虫中，极囊被柄状体的表面层穿透（图 24.5d）。与传统细胞学观察的孢子相比，孢子内壁层很少在锚定

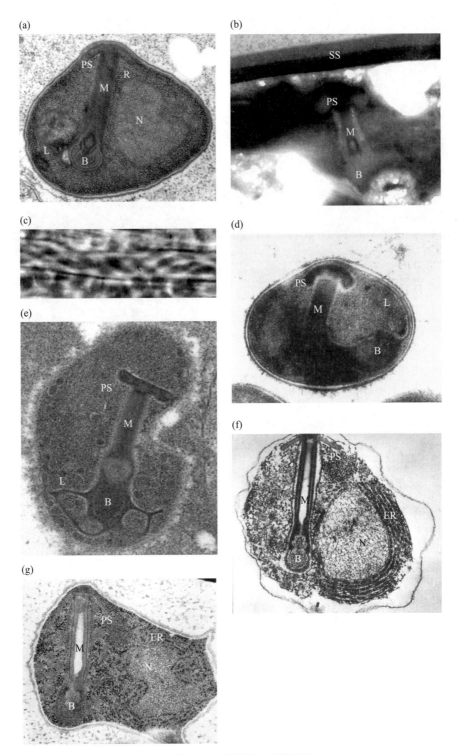

图 24.4　梅氏孢虫科的孢子

（a）簇虫梅氏孢虫的游离孢子；（b）簇虫梅氏孢虫的孢子囊包裹孢子；（c）簇虫梅氏孢虫的孢子囊和两列交错延伸的孢子；（d）霍瓦斯梅氏孢虫的游离孢子；（e）内弯梅氏孢虫的游离孢子；（f）隆加两棘孢虫的游离孢子；（g）隆加两棘孢虫的孢子囊包裹孢子。B，球根；L，片层结构；M，柄状体；PS，极囊；ER，内质网；N，核；R，核糖体；SS，孢子囊。[（a）和（b）的再版得到了 Larsson, J. I. R. & Køie, M. 2006 的允许 . The ultrastructure and reproduction of *Amphiamblys capitellides*（*Microspora*，Metchnikovellidae），a parasite of the gregarine *Ancora sagittata*（*Apicomplexa*，Lecudinidae），with redescription of the species and comments on the taxonomy. *Eur. J. Protistol.* 42:243−248,（c）Vivier, E. & Schrével, J. 1973. Étude en microscopie photonique et électronique de différents stades du cycle de *Metchnikovella hovassei* et observations sur la position systématique des Metchnikovellidae. *Protistologica*. 9:95−118.（d）和（e）Larsson, J. I. R. 2000. The hyperparasitic microsporidium *Amphiacantha longa* Caullery et Mesnil, 1914（*Microspora*: Metchnikovellidae）—description of the cytology, redescription of the species, emended diagnosis of the genus *Amphiacantha* and establishment of the new family Amphiacanthidae. *Fol. Parasitol.* 47: 241−256.（f）Larsson, J. I. R. & Køie, M. 2006. The ultrastructure and reproduction of *Amphiamblys capitellides*（*Microspora*，Metchnikovellidae），a parasite of the gregarine *Ancora sagittata*（*Apicomplexa*，Lecudinidae），with redescription of the species and comments on the taxonomy. *Eur. J. Protistol.* 42:243−248]

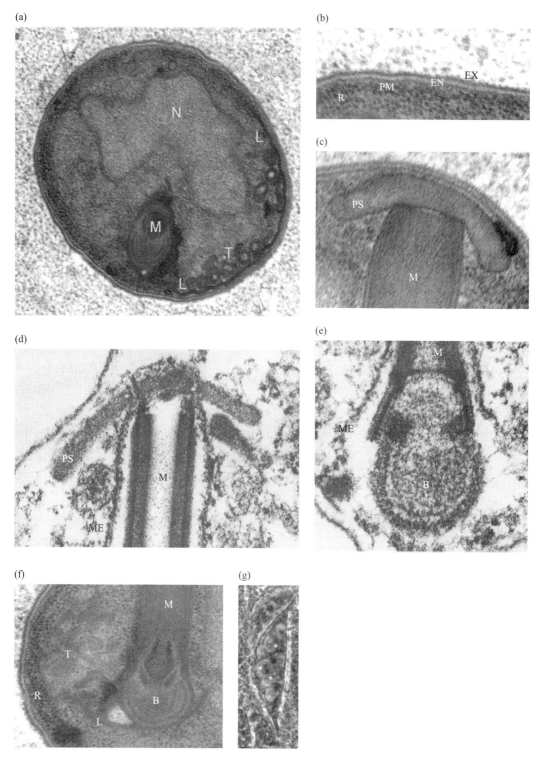

图 24.5　梅氏孢虫科孢子的细胞学特征

（a）簇虫双钝孢虫孢子的横向切面图，展示了马蹄形的核、柄状体和延伸到孢壁的极膜层；（b）3 层孢壁的细节图；（c）簇虫双钝孢虫中极囊与柄状体的连接；（d）隆加两棘孢虫中极囊与柄状体的连接，* 代表贯穿层；（e）隆加两棘孢虫中的衣领状结构，* 将球状末端从柄状体结构上分离开；（f）簇虫双钝孢虫中柄状体到球状末端的结构；（g）隆加两棘孢虫的成熟孢子囊，* 表示孢子的双核。B，球根；EN，孢内壁；EX，孢外壁；L，极膜层；M，柄状体；ME，膜；N，核；PM，原生质膜；PS，极囊；T，极管；R，核糖体。[图片的再版得到了 *Eur. J. Protistol*.：（a）Larsson, J. I. R., & Køie, M. 2006 的允许 . The ultrastructure and reproduction of *Amphiamblys capitellides*（*Microspora*, Metchnikovellidae）, a parasite of the gregarine *Ancora sagittata*（*Apicomplexa*, Lecudinidae）, with redescription of the species and comments on the taxonomy. *Eur. J. Protistol*. 42:243-248]

盘处变薄（图 24.4a 和 d）。

发育中的柄状体被封闭在一个松弛合适的膜泡中，其会在柄状体成熟过程中正常收缩成一个相当紧的膜衣覆盖住成熟的柄状体（图 24.4f；图 24.5d）。然而，典型细胞学观察发现，膜衣与柄状体之间的连接并不如极丝与其上覆盖的膜结构之间的连接紧密。隆加两棘孢虫游离孢子中，这种膜依旧是一个大的囊（图 24.4f；图 24.5d）。其后，这个膜沿着孢壁继续形成一个层状折叠（图 24.4a 和 d；图 24.5a）（Ormières et al. 1981，图 12 和图 14），在法语中称为 "cupule"（Vivier & Schrével 1973）、"lame polaire"（Hildebrand & Vivier 1971）或者 "lame manubrial"（Ormières et al. 1981）。Sokolova 和他的合作者用的术语是 "manubrial cistern"（Sokolova et al. 2013）。通过对梅氏孢虫孢子的切面观察发现极膜层衍生出管状或圆形结构（图 24.5a）。极膜层被认为是反式高尔基体网络组织的一部分，并且梅氏孢虫科微孢子虫的这种结构被认为是典型极丝发育的一个进化阶段（Sokolova et al. 2013）。

梅氏孢虫科微孢子虫细胞质相当致密，有大量游离核糖体（图 24.4a）。孢子中可能存在一个内质网，如沃尔夫斯梅氏孢虫的游离孢子（Hildebrand & Vivier 1971，图 3），或者像隆加两棘孢虫两种形态的孢子（Larsson 2000，图 14）。微孢子虫的核通常是马蹄形，弯曲围绕着柄状体（图 24.5a）。隆加两棘孢虫孢子具有双核（图 24.5g）。未观察到明显的后极泡。

24.2.3　对宿主的影响

所有的梅氏孢虫科微孢子虫都是重寄生生物，生存在簇虫中，并且这些簇虫几乎都寄生于海洋生物中。大约有 25 种微孢子虫来源于鬃蠕虫的簇虫（环节动物门，多毛纲），一种微孢子虫来源于鳃曳动物门，一种微孢子虫来源于棘皮动物门。还有两种微孢子虫比较例外，来源于陆生宿主簇虫：一种是来源于一种蚯蚓（环节动物门，寡毛纲），另一种来源于蟋蟀（昆虫纲，直翅目）。

大多数梅氏孢虫科微孢子虫只偶尔被观察到。尽管蠕虫分布广泛，而且实际上经常被簇虫寄生，但梅氏孢虫科微孢子虫似乎不常见或者仅在一个特定的时间内出现（Caullery & Mesnil 1919；Larsson，未发表数据）。寄生占宿主种群的数量水平似乎相当低，就像隆加两棘孢虫（Caullery & Mesnil 1919）和劳比瑞双钝孢虫（Desportes & Théodoridès 1979），对这些新物种的描述仅根据一次观察结果。如果蠕虫被簇虫寄生，通常大多数簇虫都携带有梅氏孢虫类微孢子虫（Caullery & Mesnil 1919）。这种梅氏孢虫科微孢子虫通常是位于簇虫的后部（Desportes & Théodoridès 1979；Larsson 2000）或者如果簇虫是具有隔膜的，那么梅氏孢虫科微孢子虫会位于簇虫后节（Corbel 1967）。

微孢子虫对宿主簇虫的影响已经有报道。内质网的小泡可能聚集到寄生虫周围（Desportes & Théodoridès 1979；Sokolova et al. 2013）。簇虫的核不会被入侵，但寄生虫可能诱导核释放次生核仁（Vivier & Schrével 1973）。如果簇虫细胞质充满孢子形成时期的孢子，簇虫的形状可能变的短而宽（Sokolova et al. 2013），而且细胞质会分解（Caullery & Mesnil 1919；Sokolova et al. 2013）。感染后的簇虫可能不能够繁殖（Caullery & Mesnil 1919），而且当簇虫分解后，微孢子虫孢子囊可能会释放到蠕虫的中肠（Mackinnon & Ray 1931）。

24.3　壶孢虫科微孢子虫（Chytridiopsids）

壶孢虫科微孢子虫是昆虫、多足类和螨虫的寄生虫，这一类生物很广泛。很多了解不充分的蚯蚓寄生虫也被归为这一类。它们的宿主几乎全是陆地生物。少数例外的宿主生活在淡水中。典型的壶孢虫科微孢子虫是肠道上皮细胞的寄生虫而且他们不会诱导产生感染的症状。目前对于壶孢虫科微孢子虫的治疗方法还没有报道，但是 Sprague（1977）、Canning 和 Vávra（2000）对其分类进行了综述。

Aimé Schneider（1884）第一次报道了壶孢虫科微孢子虫——群聚壶孢虫（Chytridiopsis socius）。它发现于琵甲属中一个未被确定的物种的肠上皮细胞中。琵甲属属于拟步甲虫科，这种虫生活在室内。据报道，这是一种罕见的寄生虫，仅出现在一个地方。虽然与壶菌纲真菌具有相似的名字，但它不能归类到这一类物种中。感染肠道细胞的切片显示，该微孢子虫在细胞核附近发育，并产生球形的孢囊，包裹着约 1.5 μm 大小的球形小孢子。根据描述，这些孢子是缺乏核的。

Léger 和 Duboscq（1909）研究拟步甲虫属中另一个物种多棘琵甲虫（*Blaps mucronata*）的簇虫时发现了群聚壶孢虫。他们描述了其增殖以及对他们认为的小配子和大配子发育进行了鉴定。这种孢子被解释为具有双核（"un noyau péripherique en diplocoque"）。他们简要介绍 4 个微孢子虫的新物种，其中 3 个来自甲虫、1 个来自蜈蚣。他们的结论是对壶孢虫进行分类还为时已早。他们有将其归属于微孢子虫的想法，但他们在这些孢子中无法找到极丝（"une capsule à filament spiral"）。

Manier 和 Ormières（1968）证明了壶孢虫具有微孢子虫的特征。他们发现大型琵甲虫（*B. lethifera*）感染了群聚壶孢虫。而与大型琵甲虫一起生活的吉加斯琵甲虫则不会被寄生。他们指出 Schneider 研究的宿主物种是 *B. mortisaga*，却没有解释。他们描述了其超微结构并报道其孢子具有短的极丝，排列成两个线圈。这个丝类似微孢子虫的极丝，但结构不同寻常。因此，壶孢虫是微孢子虫。

通过对收集的被感染宿主的细胞学研究，人们阐述了壶孢虫的细胞学特征和生命周期。超微结构的细胞学观察描述了壶孢虫属微孢子虫的 3 个物种［群聚壶孢虫、毛翅虫壶孢虫（*C. trichopterae*）和云杉八齿小蠹壶孢虫（*C. typographi*）］，而且后续的描述也都是在此 3 个物种的基础上。另外，或多或少了解的诺勒孢虫属（*Nolleria*）、因特斯塔孢虫属（*Intexta*）、布氏孢虫属（*Buxtehudea*）、伯克孢虫属（*Burkea*）和赫塞孢虫属（*Hessea*）中至少各有一个物种利用电镜观察研究过。后面将对它们进行分别描述。群聚壶孢虫云杉八齿小蠹壶孢虫是地面甲虫（拟步甲虫和树皮甲虫）的寄生虫，而淡水寄生虫毛翅虫壶孢虫利用石蛾的幼虫作为宿主。

24.3.1 壶孢虫的生活周期和细胞学特征

生命周期中包含了两个孢子形成期，产生游离孢子和孢囊孢子（图 24.6a，b 和 c）。游离孢子形成期早期阶段，单核的母孢子被封闭在宿主的寄生泡中（图 24.6d）。连续的有丝分裂将母孢子变为一个多核的产孢原质团。至少在毛翅虫壶孢虫中，产孢原质团通过反复的原质团分割形成多个原生质团（图 24.6d）。最终的产物是在寄生泡中聚集的单核孢子母细胞（图 24.6c）。偶尔孢子母细胞和成熟孢子出现在同一寄生泡的两端（Larsson 1993）。

毛翅虫壶孢虫的孢囊孢子形成期并未诱导产生寄生泡。电子致密物质积聚在单核母孢子质膜的外侧，逐渐形成厚壁层（图 24.6f，g 和 h）。连续的有丝分裂使得单核母孢子成为多核的产孢原质团。空泡起初在外周的细胞质中产生（图 24.6f）。它们在整个产孢原质团中进行生长并伴随着数量的增加并充满产孢原质团。毛翅虫壶孢虫空泡合并，在母孢子质膜下形成连续的内膜。此膜从产孢原质团的中间部分分离出一个含有细胞核周边区域（Purrini & Weiser 1985，图 9 和图 10）。不断增长的空泡将产孢原质团分割成许多带有一个核的胞质岛，这个过程被 Beard 和同事称为 "空泡的多重分割"（multiple division by vacuolation）（Beard et al. 1990）。空泡膜形成孢子母细胞的质膜。法国作者将这个厚囊膜称为 "kyste"（Manier & Ormières 1968），Weiser 和他的合作者用了术语 "cyst" 同 "泛孢子母细胞"（pansporoblast）来描述（Purrini & Weiser 1984），其他人称为 "产孢囊"（sporophorous vesicle）（Beard et al. 1990；Larsson 1993）。这个囊膜不同于典型微孢子虫的产孢囊，它包括了母孢子的质膜，由母孢子的分泌物形成，或偶尔由裂殖体分泌物形成。因此，应该采用不同的术语，后文中称为 "孢子囊"（spore sac）。在毛翅虫壶孢虫中，管状的结构出现在囊一侧或者两侧的细胞质周围，说明宿主细胞衍生的管状结构盘绕在囊周围（图 24.6f）。成熟孢子囊的壁或多或少分层，在毛翅虫壶孢虫（图 24.6g 和 h）和云杉八齿小蠹壶孢虫（Purrini & Weiser 1985，图 10）中，孢子囊周边区域被低电子密度空间隔开。而当毛翅虫壶孢虫的孢子囊被固定后，其大小为 5.2 ~ 7.0 μm（Larsson 1993），云杉八齿小蠹壶孢虫产生两种大小的囊，固定后测量有 10 ~ 20 μm 宽（Purrini & Weiser 1984，图 2）。每个孢子囊中的孢子数量通常是非常少而且是规律的（4、8、12、16 个）。如果产生两种大小的孢子囊，那么较大的孢子囊会包含更多数量的孢子（Purrini & Weiser

1984）。显而易见，游离孢子形成期早于孢子囊包裹孢子形成期，在此期间释放的孢子会散布在同一宿主中，然而孢子囊包裹孢子形成期的孢子会播散到新的宿主中。带有成熟孢子的孢子囊能释放到肠道中，包裹着孢子的完整孢子囊在宿主的前肠中也能观察到，这说明不仅是游离孢子，孢子囊也能被宿主"吃掉"（Larsson 1993）。

　　有报道称孢子形成期之前有营养增殖期（Léger & Duboscq 1909；Tonka et al. 2010）。Léger 和 Duboscq（1909）研究群聚壶孢虫，描述了他们认为的裂殖增殖和大小配子的有性增殖。没有其他研究报道证实配

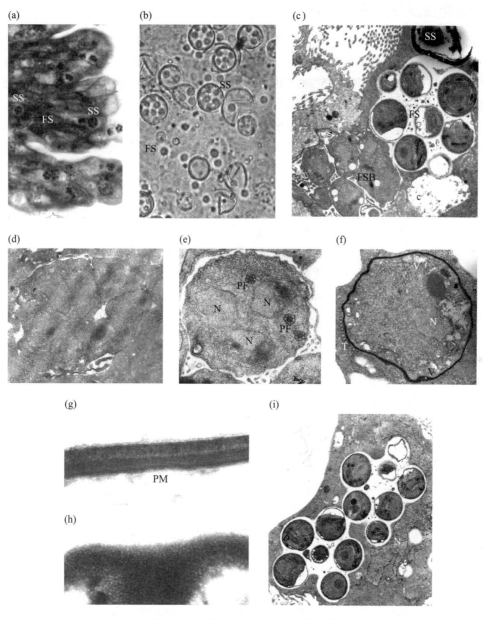

图 24.6　毛翅虫壶孢虫的孢子形成期

　　（a）肠上皮细胞中游离孢子形成期和孢囊孢子形成期；（b）游离孢子和正在释放孢子的压扁的孢子囊；（c）游离孢子形成期和孢囊孢子形成期；（d）在寄生泡中的游离孢子形成期的产孢原团；（e）发芽装置产生于孢子母细胞分离前；（f）包裹在孢囊内母孢子，可见厚壁和外沿的管状结构；（g）成熟孢子囊的壁；（h）囊表面的正切截面；（i）在宿主细胞核内的孢子形成期。FS，游离孢子；FSB，游离孢子形成期的孢子母细胞；N，细胞核；PF，极丝；PM，原生质膜；SS，囊包裹的孢子；T，管状结构；V，空泡。［（b~h）经许可引自 Larsson, J. I. R. 1993. Description of Chytridiopsis trichopterae n. sp.（Microspora, Chytridiopsidae）, a microsporidian parasite of the caddis fly Polycentropus flavomaculatus（Trichoptera, Polycentropodidae）, with comments on the relationships between the families Chytridiopsidae and Metchnikovellidae. J. Eukaryot. Microbiol.40:37-48］

子的产生，不过他们的图片（Léger & Duboscq 1909，图 1）可以更清晰地展示无孢囊包裹的孢子形成期。Tonka 等（2010）表示观察到云杉八齿小蠹壶孢虫的孢子形成早期存在出芽增殖。电子显微照片显示每个母细胞上仅有一个芽体，而且芽体的尺寸几乎与母细胞相同（Tonka et al. 2010，图 5~ 图 7）。产孢原质团被封闭在一个寄生泡中，如果产孢原质团释放芽体，空泡必须和芽体一起同时分割，因为无显微照片显示母细胞和释放的芽体存在于同一空泡中。这不能排除的是此芽体是游离孢子形成阶段的原质团分割产生的，直接在所谓"sister stages"阶段分离之后，为产生孢子母细胞做准备（Tonka et al. 2010，图 8）。

24.3.2　壶孢虫属微孢子虫孢子

壶孢虫属微孢子虫的孢子呈球形，并且游离和孢囊包裹的孢子具有相同的结构。它们只是在尺寸和孢壁的厚度上有所不同。游离的孢子通常是大些，孢壁较薄（图 24.6b；图 24.7a）。云杉八齿小蠹壶孢虫的活孢子测量有 3 ~ 4.5 μm（游离）和 2 ~ 2.5 μm（孢囊包裹）（Purrini & Weiser 1985），未固定的云杉八齿小蠹壶孢虫孢子约为 3.2 μm（游离）和 2.1 μm（孢囊膜包裹）（Larsson 1993）。

孢壁具有 3 层：质膜层、低电子密度的内壁层和电子致密的缺乏突出结构的外壁层（图 24.7b）。外壁和内壁在游离孢子中都是薄而均匀的。对于孢囊孢子而言，其外壁层可能更宽。毛翅虫壶孢虫两种类型孢子的孢壁约 35 nm 厚，内壁层和外壁层几乎一样宽（Larsson 1993）。云杉八齿小蠹壶孢虫两种孢子类型的内壁层约 10 nm。孢囊孢子的外壁约 80 nm 厚，游离孢子的外壁约 6 nm（Purrini & Weiser 1985）。像其他微孢子虫一样，内壁是孢壁发育形成的最后一层。细胞质中含有游离核糖体，但在典型的壶孢虫类微孢子虫中，细胞质中缺乏多聚核糖体（图 24.7a 和 g）。细胞核呈圆形，具有一个明显的核仁（图 24.7a）。

与大多数典型的微孢子相比，壶孢虫类微孢子虫的发芽装置形成较早。在大多数微孢子中，发芽装置在孢子母细胞时期形成，而在壶孢虫类微孢子虫中，它的形成发生在产孢原质团时期，并且主要的结构都是在孢子母细胞完全分离前形成（图 24.6e）。

发芽装置来源于高尔基体，由一个层叠膜连接的囊区域组成（图 24.7c）。发芽装置最早形成的结构是前端：一个填充了电子致密材料的囊膜（图 24.7c）。此结构称为"极囊（polar sac）"（Larsson 1993），"极帽（coiffe）"（Manier & Ormières 1968），或者"锚定盘（anchoring disk）"（Larsson 1980；Beard et al. 1990）。由于这种结构是类似于典型微孢子虫的极囊，在其中有一个独特的、电子致密的锚定盘中，术语"极囊"似乎更合适。壶孢虫类微孢子虫在严格意义上的来讲不产生锚定盘。

极丝是一个连接到极囊的、电子致密的、多层膜包裹的杆状结构（图 24.7d）。极丝形成早期即具有不同电子密度的分层。发育早期，膜下方呈现球形，透明的空间。它们最初排列是不规则的（图 24.7d），随着腔室形成六角的密闭结构包裹覆盖中间丝（图 24.7a），类似于蜂窝结构，极丝逐渐规则排布。在毛翅虫壶孢虫中，每个环包括 8 ~ 9 腔室（图 24.7e 和 f）。从这 3 种微孢子虫成熟孢子的超微结构可以发现极丝排列成 2 ~ 3 个极丝圈（图 24.7a）。极囊直接连接至最前部的极丝圈。极囊的前端表面弯曲为半圆（图 24.7e）。后表面具有一个平坦的中心和垂直的侧面。极丝前端部分与极丝圈倾斜，这是大多数微孢子的典型特征，却不存在于壶孢虫类微孢子虫中。

其极丝和极囊的耦合不同于微孢子的典型排列。在典型微孢子虫的结构中，极丝进入极囊与锚定盘结合成一个整体。壶孢虫属微孢子虫中一个物种的极囊，其平坦的后表面中间的形状像一个与极丝具有相同宽度的插座（致密的中心，缺乏周围腔室）。极丝前端被一个与极丝同宽的衣领状衬膜结构覆盖（图 24.7e）。只有极丝中心部分进入极囊。

如毛翅虫壶孢虫（图 24.7a）或 Purrini 和 Weiser 在 1985 年的文章中对云杉八齿小蠹壶孢虫的描述，其极丝末端靠近高尔基体衍生的囊泡聚集处，也就是后极泡形成的位置。壶孢虫中没有关于标准极质体的描述。

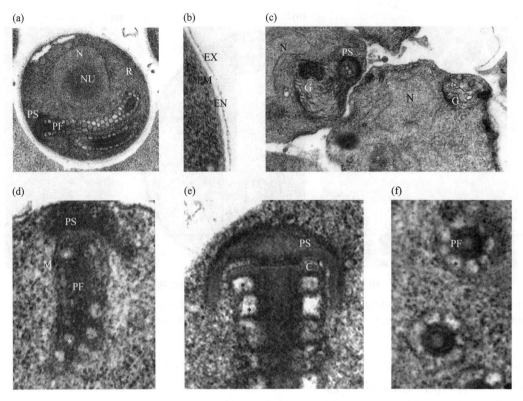

图 24.7　毛翅虫壶孢虫孢子的细胞结构

（a）成熟的游离孢子，极丝是非倾斜的；（b）孢壁三层结构；（c）发芽装置的最初结构；（d）孢子母细胞的前端及正在发育的发芽装置；（e）成熟孢子的极囊和像衣领状的极丝前端，* 表示小窝；（f）极丝圈的横截面，* 表示小窝。C，像衣领状的极丝前端；EN，内壁；EX，外壁；G，高尔基体；N，细胞核；NU，核仁；PF，极丝；PM，原生质膜；PS，极囊；R，核糖体；M，膜。[（a）、（c）、（d）、（e）、（f）和（g）经过许可引自 Larsson, J. I. R. 1993. Description of *Chytridiopsis trichopterae* n. sp.（*Microspora*, Chytridiopsidae）, a microsporidian parasite of the caddis fly *Polycentropus flavomaculatus*（*Trichoptera*, Polycentropodidae）, with comments on the relationships between the families Chytridiopsidae and Metchnikovellidae. *J. Eukaryot. Microbiol.* 40: 37−48]

24.4　诺勒孢虫属和因特斯塔孢虫属

普利茨诺勒孢虫（*Nolleria pulicis*）和粉螨因特斯塔孢虫（*Intexta acarivora*）的细胞学和发育特征都类似壶孢虫属微孢子虫，而且都是肠道上皮细胞的寄生虫。两者都感染陆地宿主。普利茨诺勒孢虫感染跳蚤（Beard et al. 1990），粉螨因特斯塔孢虫感染螨（Larsson et al. 1997）。普利茨诺勒孢虫能诱导产生寄生泡将寄生虫从宿主细胞的细胞质中分离，但粉螨因特斯塔孢虫不能。它们都不与宿主细胞核关联，而且不产生厚壁孢子囊。它们的单核孢子缺乏内质网，但具有一个后极泡。这两种微孢子虫由空泡产生孢子（图24.8a），并且这两个微孢子虫与云杉八齿小蠹壶孢虫有相同的产孢方式（Purrini & Weiser 1985，图10），其空泡在产孢原质团的质膜下方形成一个内膜。在普利茨诺勒孢虫中，膜附着到原生质膜上，形成一个"多聚成孢囊泡"（Beard et al. 1990，图9）。在粉螨因特斯塔孢虫微孢子虫中，膜从产孢原质团中央含有细胞核的部分分离出一个周边区域（图24.9a）。当孢子母细胞成熟后，普利茨诺勒孢虫的内膜和原生质膜失去接触，使其散在分布或包裹于囊膜中（图24.8a）。在普利茨诺勒孢虫中，产孢原质团外形成管状结构（Beard et al. 1990，图7-9），与毛翅虫壶孢虫周围的外管结构相似但也有所不同（图24.6f）。

粉螨因特斯塔孢虫的孢子形成期可以产生少量且无规律数量的孢子。普利茨诺勒孢虫可产生 100 ~ 150 个孢子，该数量远大于壶孢虫属微孢子虫的物种（Beard et al. 1990）。然而普利茨诺勒孢虫所有孢子的尺寸大致相同，固定后 1.9 ~ 2.5 μm（Beard et al. 1990），*I. acarivora* 可以产生小数量的固定后 1.5 ~ 2.3 μm 的大孢子和固定后 1.3 ~ 1.8 μm 的小孢子（Larsson et al. 1997），这在壶孢虫类微孢子虫中是特别的（图24.9b）。

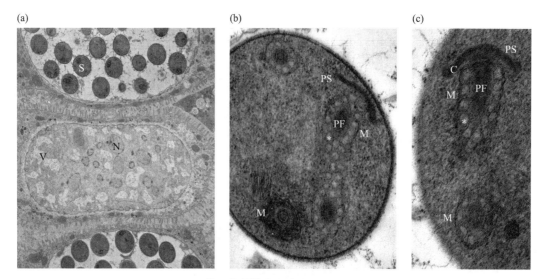

图 24.8 普利茨诺勒孢虫的孢子形成期和孢子

（a）正在空泡化的产孢原质团以及膜结构包裹的孢子囊内的孢子；（b～c）成熟孢子中小窝的被膜（★）和包裹后部极丝的膜结构（★）。C，极丝前端衣领结构；PF，极丝；PS，极囊；M，膜；N，细胞核；S，孢子；V，空泡。经许可引自 J. J. Becnel.

这两种微孢子虫的孢子具有薄的电子致密的外壁（图 24.8b；图 24.9e）。粉螨因特斯塔孢虫具有一层厚的内壁（图 24.9e），而普利茨诺勒孢虫缺少内壁。

普利茨诺勒孢虫的极囊相当平坦（图 24.8b 和 c），而粉螨因特斯塔孢虫和壶孢虫属微孢子虫一样具有半圆形的极囊（图 24.9c）。因特斯塔孢虫属微孢子虫的极囊填充着均匀的高电子密度物质。诺勒孢虫属微

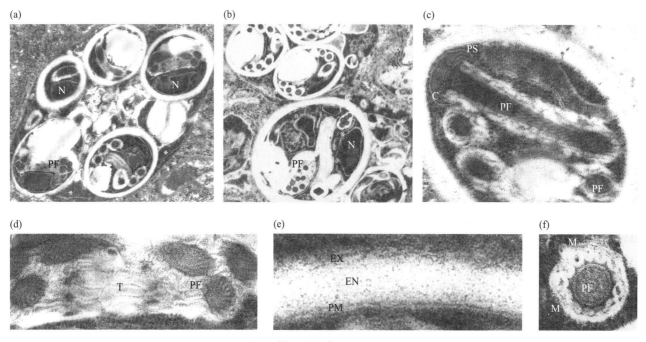

图 24.9 粉螨因特斯塔孢虫的孢子形成期

（a）含有成熟孢子的孢子囊，★表示外部胞质区；（b）大孢子和小孢子，大孢子的极丝圈被膜包裹；（c）发芽装置的前端；（d）极丝管状层的纵切面；（e）孢壁 3 层结构；（f）极丝圈和管状层周围膜结构的横切面。C，极丝前端衣领结构；EN，内壁；EX，外壁；M，膜；N，细胞核；PF，极丝；PM，原生质膜；PS，极囊；T，管状结构。[（a～f）经许可引自 Larsson, J. I. R., Steiner, M. Y. & Bjørnson, S. 1997. Intexta acarivora gen. et sp. n.（*Microspora*: Chytridiopsidae）—ultrastructural study and description of a new microsporidian parasite of the forage mite *Tyrophagus putrescentiae*（*Acari*: Acaridae）. *Acta Protozool*. 36:295−304]

孢子虫的极囊含有两种不同电子密度的物质，前端物质电子密度更高（Beard et al. 1990）。两者极丝前端都有类插座结构与衣领状结构相连接。普利茨诺勒孢虫的极丝形成两个极丝圈（图 24.8b）。粉螨因特斯塔孢虫的极丝在壶孢虫类微孢子虫中是唯一的异质型极丝（图 24.9a），形成 2 ~ 3 个极丝圈，但在大孢子中有多达 9 个极丝圈（图 24.9b）。与壶孢虫属微孢子虫相比，诺勒孢虫属和因特斯塔孢虫属微孢子虫的极丝被一个完整的囊膜包裹（图 24.8b 和 c；图 24.9f）。因特斯塔孢虫属微孢子虫大孢子的极丝圈被排列在此囊内部（图 24.9b）。普利茨诺勒孢虫的蜂窝状结构是由圆形隔间构成，称为"小窝"（Beard et al. 1990），看上去与极丝的横向和纵向截面相似（图 24.8c）。极丝的后端由可变为小窝的薄层环绕（图 24.8b）。粉螨因特斯塔孢虫微孢子虫极丝的横截面看起来类似，其 12 个小窝环绕形成环状结构（图 24.9f），但纵向截面显示，这些小窝实际属于一个膜下交织的管状系统，与极丝的长轴呈 30° 角缠绕（图 24.9c 和 d）。

24.5 布氏孢虫属、伯克孢虫属和赫赛孢虫属

布氏孢虫属（*Buxtehudea*）、伯克孢虫属（*Burkea*）和赫赛孢虫属（*Hessea*）这 3 个属的微孢子虫寄生于不同的陆地宿主。对它们的细胞学研究中发现，它们既具有微孢子虫的典型特征，又具有壶孢虫类微孢子虫的特征。

斯堪尼亚布氏孢虫（*Buxtehudea scaniae*）是海滨生物蛃虫（*Petrobius brevistylus*）的肠上皮寄生虫（昆虫纲，石蛃目）（Larsson 1980），可对中肠细胞造成严重感染（图 24.10a），尚未观察到孢子形成前期发育阶段。相邻的肠道细胞中可见孢子形成期早期发育阶段及完全形成孢子的微孢子虫（图 24.10b）。该微孢子虫与宿主细胞的细胞核没有特定关联。线粒体会聚集到产孢的微孢子虫周围（图 24.10b）。

最早观察到的阶段是具有均匀分布的细胞核的产孢原质团。当该物种被描述的时候，只观察到具有孢囊孢子增殖阶段。后续研究证实其也存在游离孢子增殖期（图 24.10b 和 c）。产孢阶段不会刺激宿主产生产孢囊。在游离孢子增殖期，产孢原质团通过原质团分割成孢子母细胞。在孢囊孢子增殖期，空泡化形成孢子母细胞（图 24.10d）。孢囊孢子增殖阶段在一个囊膜中产生大量的孢子，估计 50 ~ 100 个，当细胞破裂时这些孢子脱落到肠腔。空泡具有电子致密的斑点，它们相当规则地分布在其内侧（图 24.10e）。空泡膜形成孢子母细胞的质膜，电子致密点则是外壁层的基质。孢囊孢子增殖期的产孢原质团的质膜是光滑的。游离孢子增殖期的产孢原质团的质膜表面具有点状的电子致密外壁层基质，类似于孢囊增殖期的空泡膜上的致密点。在两种孢子形成期，发芽装置在孢子母细胞形成前即开始发育（图 24.10e）。

两个孢子形成阶段的成熟孢子呈球形略有透镜状，而且尺寸大致相同，未固定时 2.5 ~ 3.5 μm（图 24.10c 和 f）。成熟孢囊孢子的壁由高电子密度的外壁覆盖一个厚的孢子内壁层（图 24.10f）。游离孢子的内壁层未较好发育（图 24.10c），这是两种孢子间的主要区别。孢子内壁在极帽处并未变薄（图 24.10f）。单核孢子缺乏多聚核糖体（图 24.10f）。极丝为同型极丝。它的前段部是直的、倾斜的，后端部分形成 8 ~ 11 个极丝圈排列成不规则的两行（图 24.10f）。前端的极丝附着到一个具有膜内衬但却缺少锚定盘的极囊上。在描述中，该极囊被错误地称为锚定盘（Larsson 1980）。如诺勒孢虫（图 24.8c），布氏孢虫的极囊是平的，充满了两种密度的电子致密物，前端更密集（图 24.10f）。极囊与极丝的耦合类似壶孢虫类微孢子虫（图 24.10h）。在极囊附近观察到的膜片层，可能是一种原始的极质体。膜片层也存在于后极泡附近，极丝的后端是由膜包围（图 24.10f），与诺勒孢虫类似（图 24.8b）。

极丝的横剖面展示不同的电子密度层，包括大多数微孢子虫具有的原纤状层（图 24.10i）。表面层是折褶膜，这些折褶螺旋状排列围绕着纤维丝（图 24.10g）。这些折褶使极丝的横剖面呈放射状（图 24.10i）。在孢子母细胞中，其表面层呈现为一圈突出的小管（Larsson 1980，图 11）。

盖氏伯克孢虫（*Burkea gatesi*）[描述时认为是球孢虫属（*Coccospora*）] 以及另一种微孢子虫爱胜蚓伯克孢虫（*Burkea eiseniae*），都是陆地寡毛类动物的寄生虫（de Puytorac & Tourret 1963；Burke 1970；Sprague 1977）。它们与其他壶孢虫类微孢子虫不同的是可以感染除肠上皮细胞外的其他组织。这些微孢子虫能在

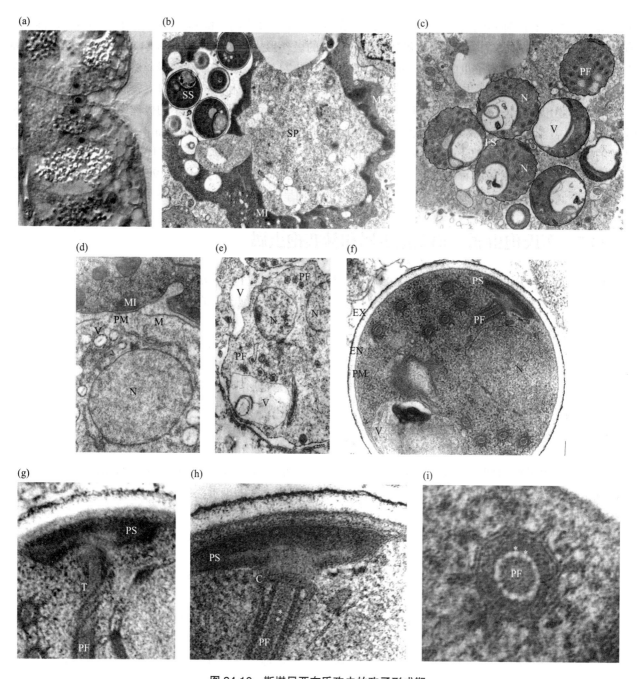

图 24.10　斯堪尼亚布氏孢子虫的孢子形成期

（a）宿主肠上皮细胞中的孢子；（b）游离孢子形成期的孢子囊、成熟孢子和孢子形成多核质体；宿主的线粒体聚集在微孢子虫周围；（c）游离孢子形成期的成熟孢子；（d）产孢原质团外围的空泡和膜；（e）空泡内表面的电子密度点是外壁的基质，在产孢原质团中已存在发芽装置；（f）囊包裹的成熟孢子，极丝长而倾斜；（g）未成熟孢子的前端，极丝表层沿着孢子（*）扭转；（h）成熟孢子的发芽装置，显示极丝前端衣领状的结构，* 表示纤维层；（i）极丝横切面与表面折褶膜以及内部原纤维层（*）。C，极丝前端衣领结构；EN，内壁；EX，外壁；FS，游离孢子；M，膜；MI，宿主细胞线粒体；N，细胞核；PF，极丝；PM，原生质膜；PS，极囊；SS，囊包裹的孢子；T，管状结构；V，空泡。[（e）和（f）经许可引自 Protistologica Larsson, R. 1980. Insect pathological investigations on Swedish Thysanura. II. A new microsporidian parasite of *Petrobius brevistylis*（*Microcoryphia*, Machilidae）: Description of the species and creation of two new genera and a new family. *Protistologica* 16:85-101]

大到 1.5 mm 宽的孢子囊中形成孢子（de Puytorac & Tourret 1963；Burke 1970；Sprague 1977），称为包囊（cysts），在蠕虫的肌肉和表皮组织形成合胞体（de Puytorac & Tourret 1963，图1；Burke 1970，图1）。孢子囊在具有多个细胞核的产孢原质团周围形成。是否具有孢子形成前期的增殖并未知晓。孢子 2.5 ~ 3 μm 宽

（固定尺寸），几乎呈球形，极丝长而倾斜，排列成两排极丝圈，后端极丝的直径会略有下降（de Puytorac & Tourret 1963，图 9）。具有一个充满电子致密物质的极囊。在显微照片中并未观察到极囊和极丝间的连接。极丝的横切面是分层的，外层是膜，由一个宽的、透亮的空间将其从稠密的中央部分分离开（de Puytorac & Tourret 1963，图 9）。聚合扁平囊部分围绕着核，可能是极质体的同系物（de Puytorac & Tourret 1963）。后极泡含有大量电子致密的内含物。孢壁具有一个厚的外壁层，由一个宽的、透亮空间将其和质膜隔开。这个空间是否是一个变形的内壁或是人为处理造成的现象无法判断。孢子囊的壁呈一个比较薄的膜层。Puytorac 和 Tourret（1963）的图 6 表明，每个孢子都是由膜包围，类似于诺勒孢虫属微孢子虫的排布（Beard et al. 1990）。该孢子形成阶段很可能通过空泡进行。产孢原质团的示意图（de Puytorac & Tourret 1963，图 4）显示了空泡状的结构，并且这种结构是常见的。

　　鳞刺蛾赫赛孢虫（*Hessea squamosa*）是陆地生物尖眼蕈蚊（Sciara，昆虫纲，双翅目）幼虫的肠上皮细胞寄生虫（Ormières & Sprague 1973，图 2）。孢子形成前期发生在孢子形成期之前，两种增殖同时发生在同一细胞中。在微孢子虫发育阶段，其核结构以一种不寻常的方式变化。裂殖体是双二倍体，游离在细胞质中（Ormières & Sprague 1973，图 4），其通过二分裂或裂殖进行分裂。早期孢子形成阶段是双二倍体，封闭在一个厚壁，10 ~ 15 μm 宽的孢子囊中（未固定的尺寸），称为包囊（Ormières & Sprague 1973，图 8）。母孢子的质膜合并为孢子囊的内层。孢子母细胞由空泡化形成。孢子形成期双核的相互联系但并如耦核般紧密相连。老孢子囊的孢子母细胞为单核。最后分裂形成一个孢子母细胞和一个滞育的孢子母细胞（Ormières & Sprague 1973，图 12）。当孢子母细胞形成之前发芽装置开始形成。未固定的成熟孢子呈球形至稍椭圆形，大小在 1.5 ~ 2.5 μm。极丝倾斜（Ormières & Sprague 1973，图 15），与后部结构一起排列成为绕核的 2 ~ 3 个极丝圈。横截面显示出其具有电子致密中心层和外部松弛的膜。未成熟和成熟孢子具有类似于布氏孢虫的极囊，孢子虫可能存在退化的极质体（Ormières & Sprague 1973，图 14）。既无说明也无插图显示极丝是如何与极囊耦合。孢子内壁层未发育完全或者不存在。孢子有明显的内质网（Ormières & Sprague 1973，图 19-20），这是壶孢虫类微孢子虫中独有的。此外，成熟的孢子囊也是独特的，其表面层分裂成多边形（Ormières & Sprague 1973，图 16 和图 22）。

　　作为壶孢虫类微孢子虫，布氏孢虫属、伯克孢虫属和赫赛孢虫属微孢子虫的孢子通过空泡化产生，由产孢原质团的质膜形成孢子囊。然而，它们都具有两个非壶孢虫属微孢子虫的特征。像大多数微孢子虫，它们的极丝是倾斜的，并且在布氏孢虫属和伯克孢虫属微孢子虫中，极丝长且排列成两层极丝圈。在这 3 个属的微孢子虫中，均在前端发现了类似于原始极质体的层状结构。

24.6　对宿主和生态的影响

　　宿主被壶孢虫类微孢子虫感染后很少能引起外在症状，大多数的描述都是偶然发现。很少有它们是如何传播的报道。群聚壶孢虫（*Chytridiopsis socius*）被定性为相当罕见的微孢子虫（Schneider 1884）。虽然它被重新发现，但到目前为止仍未传播出法国（Léger & Duboscq 1909；Manier & Ormières 1968）。斯堪尼亚布氏孢虫（*Buxtehudea scaniae*）只在瑞典的一个地方被发现（Larsson 1980）。它在当地已经相当普遍，并且流行了 30 多年，但在港口重建时销声匿迹。云杉八齿小蠹壶孢虫（*C. typographi*）似乎是个例外，它是唯一进行生态调查的微孢子虫。该物种已在德国、奥地利和捷克共和国多次被采集到（Purrini & Weiser 1984；Wegensteiner & Weiser 1996），并且 Weiser（1970）认为他报道的来自加拿大的微孢子虫也是该种微孢子虫。Weiser（1970）报道称，加拿大小于 2% 的树皮甲虫已经被微孢子虫感染。感染频率在夏季会变化。Wegensteiner 和 Weiser（1996）在澳大利亚使用信息素陷阱的方法，连续三年在每年的 4—8 月追踪一群树皮甲虫。他们发现，4 月和 8 月有 2% 左右的宿主被感染，6 月的感染率达到峰值，达 8%。在其他虫群现场采集的样品中，感染频率高达 35.2%。实验室培养的受感染的树皮甲虫，跟踪调查至 6 代。每代感染率会有所波动，最近一代达到峰值高达 67.5%（Wegensteiner & Weiser 1996）。

壶孢虫的感染通常仅发生在肠上皮细胞，而且现场采集的宿主并没有外部被感染的迹象。Purrini 和 Weiser（1985）观察发现，树皮甲虫被云杉八齿小蠹壶孢虫（*Chytridiopsis typographi*）感染后变得不活跃，并且停止进食。受感染样本的肠呈玻璃状而且肥厚（Purrini & Weiser 1984），这是不寻常的迹象，因为通常被壶孢虫感染后不会表现出视觉上肠道病理的变化。即使宿主细胞高比例的被感染时，仍旧不会有细胞病理学现象出现（Beard et al. 1990）。进一步的感染会发生在中肠的后部区域，并且更严重，表现为被感染的细胞数目增加以及每个细胞内的微孢子数量也增加（Larsson 1993）。感染了毛翅虫壶孢虫（Larsson 1993）和普利茨诺勒孢虫（Beard et al. 1990）后，每个细胞仅具有一个或两个产孢的微孢子虫。周边细胞可能存在处于不同发育阶段的寄生虫（Larsson 1980）。当然也存在例外，像粉螨因特斯塔孢虫和斯堪尼亚布氏孢虫，成熟和未成熟阶段的微孢子虫可能发生在同一细胞中（Larsson et al. 1997；Larsson，未发表数据）。Purrini 和 Weiser（1984）观察到当被云杉八齿小蠹壶孢虫和鳞刺蛾赫赛孢虫寄生时，会诱导受感染的细胞和核肥大（Ormières & Sprague 1973）。然而，也有报道称肥大是罕见的或不存在的（Larsson 1993）。Manier 和 Ormières（1968）观察到，感染群聚壶孢虫的细胞，其内质网尤为突出，核糖体数量增加，线粒体罕见。相反，感染斯堪尼亚布氏孢虫后，其宿主线粒体会聚集在发育中的寄生虫周围（图 24.10b）。只有 *Chytridiopsis* 微孢子虫，其发育与宿主细胞核有这么密切的关联，使得发育中的微孢子虫被部分地封闭在细胞核内区的（图 24.6i）。普利茨诺勒孢虫的所有发育阶段都封闭在宿主细胞来源的寄生泡中（Beard et al. 1990）。毛翅虫壶孢虫在游离孢子形成期形成寄生泡（Larsson 1993），而粉螨因特斯塔孢虫和斯堪尼亚布氏孢虫不会诱导产生寄生泡（Larsson et al. 1997；Larsson，未发表数据）。孢子，无论是游离的、有囊膜的，或者在完整的肠细胞中，都会被释放到肠腔。

24.7　分类学总结

宿主的名称已被更新到如今的系统学。原始的名称在方括号中。

24.7.1　Metchnikovellidae 科（Caullery & Mesnil 1914）

Caullery 和 Mesnil（1914）仅对该科进行了命名，并未进行特征鉴定。发表于 5 年后的专题论文中，他们指出，梅氏孢虫科微孢子虫是簇虫的寄生虫，该科具有厚壁的孢囊，并且孢囊的形状可用于该属的判别（Caullery & Mesnil 1919）。现代细胞学研究为科属判断的修正提供了一个基础。

修正判断：未观察到孢子形成前期阶段，假定不存在。具有在孢子囊内形成多孢子母细胞的游离孢子形成期和孢囊孢子形成期。孢子囊末端呈圆形，一端或两端具有一个极头。母孢子的原生质膜并入孢子囊的囊膜。囊膜孢子通过空泡作用产生。所有阶段都存在单核。游离孢子呈圆形，孢囊包裹的孢子呈圆形或细长形。如果两个孢子形成期产生圆形孢子，那么游离孢子会稍大，并具有一个更薄的孢子壁。所有孢子类型都带有一个包括极囊的发芽装置，缺少锚定盘，有一根带有柄和球根部分的极丝，并且后膜或多或少的延伸至孢壁，横切面为部分可见的圆形或管状结构。极丝只是部分耦合到极囊。缺少典型的极质体和后液泡。孢子具有游离核糖体，但缺乏多聚核糖体。属于簇虫的寄生虫。

24.7.1.1　*Metchnikovella* 属（Caullery & Mesnil 1897）

这个属是有争议的，因为对于模式种海稚虫梅氏孢虫（*M. spionis*）无近期的报道。当 Caullery 和 Mesnil（1919）综述了梅氏孢虫科时，确认了梅氏孢虫属中的 10 个种。除了一个种以外，其他所有都由作者自己描述。他们根据孢子囊的形状和孢子囊的长宽比，定义了 3 个属的微孢子虫（Caullery & Mesnil 1914）。和其他属微孢子虫相比，梅氏孢虫属的孢子囊是最宽的，其形态也有特殊变化。有些物种是在末端圆润的圆柱形至梭形囊中产孢。其他物种产生椭圆囊。此外，该囊的一端或两端具有极头。海稚虫梅氏孢虫的囊是可变的，在固定和染色时其极头的末端膨大。Caullery 和 Mesnil 认为梅氏孢虫属可能只有这一个物种（Caullery & Mesnil 1919）。

Sokolova 及其同事在电子显微镜观察基础上描述内弯梅氏孢虫（*Metchnikovella incurvata*）的生命周期和细胞学特征（Sokolova et al. 2013）。这个物种在拉长的、略弯曲、末端具有极头的孢子囊中产孢（图24.3e），并且产生同该属模式种一样的卵形孢子。这是唯一的对梅氏孢虫属中独特物种的最近研究。

最早，对于霍瓦斯梅氏孢虫（*Metchnikovella hovassei*）的论述研究是梅氏孢虫属生物中最详细（Vivier 1965a 和 b；Vivier & Schrével 1973）。这一物种的孢子囊并不像海稚虫梅氏孢虫的孢子囊；其孢子囊呈椭圆形（图 24.1a），一端有极头，而这一特征类似其他一些梅氏孢虫。这种类型的孢子囊是由 Dogiel（1922）所鉴定的曹氏孢虫属的典型特征。在早期综述中，Sprague（1977）接受很多 Caullery 和 Mesnil（1914）鉴定的属于梅氏孢虫属中的物种。*Caulleryetta* 和 *Microsporidyopsis* 属，被认为是 *Metchnikovella* 同物异名的属（Sprague 1977）。在后来的综述中，Sprague 和他的同事恢复了这两个属（Sprague et al. 1992）。*M. incurvata*（Sokolova et al. 2013）和 *M. hovassei*（Vivier 1965a；Vivier & Schrével 1973）的超微结构研究支持了 Dogiel 的观点。此外，除模式种梅斯尼尔曹氏孢虫（*Caulleryetta mesnili*）比较特殊，具有单极头的椭圆形孢子囊中产孢，应该属于梅氏孢虫属的分类特征。

修正：根据该科微孢子虫和以下附加的特征：孢子囊呈圆柱形或梭形，或多或少弯曲，圆形末端具有极头。长度不超过宽度的 10 倍。孢子呈椭圆形。两个孢子形成期产生大致相同形状的孢子。

M. spionis (Caullery & Mesnil 1897) 模式种

模式宿主：*Polyrhabdina brasili*（Caullery & Mesnil 1914）（Gregarinida），寄生在 *Spio martinensis* 中（Mesnil 1896）（Annelida，Polychaeta）。

附注：Caullery 和 Mesnil 认为，由于孢子囊的形态非常多变，梅氏孢虫属应该只有这一个种（Caullery & Mesnil 1919）。

M. hessei (Mesnil 1915)

模式宿主：*Monocystis mitis*（Leidy 1882）（Gregarina），寄生在 *Fridericia polychaeta* 中（Bretscher 1900）（Annelida，Oligochaeta）。

M. incurvata (Caullery & Mesnil 1914)

模式宿主：*Polyrhabdina pygospionis*（Caullery & Mesnil 1914）（Gregarinida），寄生在 *Spio seticornis* 中（Linnaeus 1767）（*Pygospio seticornis*）（Annelida，Polychaeta）。

附注：超微结构和生活史由 Sokolova 等（2013）描述。

M. legeri (Caullery & Mesnil 1914)

模式宿主：G:*Sycia inopinata*（Léger 1892）（Gregarinida），寄生在 *Cirriformia tentaculata* 中（Montagu 1808）（*Audouinia tentaculata*）（Annelida，Polychaeta）。

M. nereidis (Caullery & Mesnil 1914)

模式宿主：*Lecudina* sp.，可能是 *Lecudina ganapati*（Vivier et al. 1964）（*Lecudina pellucida*）（Gregarinida）寄生在 *Platynereis dumerilii* 中（Audouin & Milne Edwards 1834）（Annelida，Polychaeta）。

附注：孢子囊同曹氏孢虫相似，但有两个极头。

M. polydorae (Reichenow 1932)

模式宿主：*Selenidium* sp.，可能是 *S. cruzi*（da Faria et al. 1917）（Gregarinida）寄生在 *Polydora* sp. 中

（Annelida，Polychaeta）。

M. selenidii (Averinzew 1908)

模式宿主：*Selenidium* sp.（Gregarinida）寄生在 *Ophelia limacina* 中（Rathke 1843）（Annelida，Polychaeta）。

附注：未确定属。根据 Caullery 和 Mesnil（1919）描述，孢子囊拉伸并卷曲。若囊具有单极头，可能由 *Metchnikovella* 属修正为 *Caulleryetta* 属物种。

Metchnikovella 属两个物种的附注

Metchnikovella martojai (Corbel 1967)

模式宿主：G: *Gregarina cousinea*（Corbel 1968）（Gregarinida），寄生在 *Gryllus assimilis* 中（Fabricius 1775）（Insecta，Orthoptera）。

附注：未确定属。Vivier（1975）质疑了描述。

Metchnikovella minima (Caullery & Mesnil 1914)

模式宿主：*Selenidium cirratuli*（Lankester 1866）（Gregarinida），寄生在 *Audouinia* sp. 中（可能是 *Cirriformia tentaculata*（Montagu 1808），（*Audouinia tentaculata*）（Annelida，Polychaeta）。

附注：一种未被证实的 Metchnikovellidean 类群。孢子囊的形态是 Metchnikovellidae 科所有属中非典型性状。每个囊中存在大量异常的小孢子，使得 Caullery 和 Mesnil（1919）质疑了他们的鉴定。

Vivier（1975）总结了该未确定物种的大量观察信息。

24.7.1.2　*Caulleryetta* 属（Dogiel 1922）

修正：根据该科微孢子虫和以下附加的特征：孢子囊呈椭圆形，一端具有极头。两个孢子增殖期产生相同形状的孢子。孢子呈球形，略尖的极囊。

C. mesnili (Dogiel 1922) 模式种

同义名：*Metchnikovella mesnili*（Dogiel 1922；Vivier 1975）。

模式宿主：*Selenidium* sp.（Gregarinida）寄生在 *Travisia forbesii* 中（Johnston 1840）（Annelida，Polychaeta）。

C. berliozi (Arvy 1952) comb. n.

同义名：*Metchnikovella berliozi*（Arvy 1952）。

模式宿主：*Lecudina franciana*（Arvy 1952）（Gregarinida），寄生在 *Phascolion strombus* 中（Montagu 1804）（Sipunculida）。

附注：未确定属。具有部分曹氏孢虫属的特征，但关于极头无任何描述。

C. brasili (Caullery & Mesnil 1919) comb. n.

同义名：*Metchnikovella brasili*（Caullery & Mesnil 1919）。

模式宿主：*Polyrhabdina*（Caullery & Mesnil 1914）（Gregarinida）寄生在 *Spio martinensis* 中（Mesnil 1896）（Annelida，Polychaeta）。

附注：未确定属。孢子囊形状同 *Caulleryetta* 属，但关于极头一无所知。

C. hovassei (Vivier 1965) comb. n.

同义名：*Metchnikovella hovassei*（Vivier 1965）。

模式宿主：*Lecudina ganapati*（Vivier et al. 1964）（*Lecudina pellucida*）（Gregarinida），寄生在 *Perinereis cultrifera* 中（Grube 1840）（Annelida，Polychaeta）。

附注：Vivier（1965a，b），以及 Vivier 和 Schrével（1973）描述了其超微结构和生活史。

C. nereidis (Schereschevskaia 1924) comb. n.

同义名：*Microsporidyopsis nereidis*（Schereschevskaia 1924）；*Metchnikovella schereschevskaiae* nom. n.（Stubblefield 1955）。

模式宿主：*Lecudina* sp.（*Doliocystis* sp.）（Gregarinida）寄生在 *Nereis parallelogramma* 中（Claparède 1868）（Annelida，Polychaeta）。

附注：描述未指出其归属，但孢子囊形状只具单极头，产生孢子数较少，符合曹氏孢虫属特征。

C. oviformis (Caullery & Mesnil 1914) comb. n.

同义名：*Metchnikovella oviformis*（Caullery & Mesnil 1914）。

模式宿主：*Polyrhabdina pygospionis*（Caullery & Mesnil 1914）（Gregarinida），寄生在 *Spio seticornis* 中（Linnaeus 1785）（*Pygospio seticornis*）（Annelida，Polychaeta）。

附注：未确定属。Caullery 和 Mesnil（1919）指出孢子囊与其他 *Metchnikovella* 属物种不同。囊的形状，每个囊中孢子的数量较少的特征符合曹氏孢虫属，但并无极头（如果观察是正确的）。

C. wohlfarthi (Hildebrand & Vivier 1971) comb. n.

同义名：*Metchnikovella wohlfarthi*（Hildebrand & Vivier 1971）。

模式宿主：*Lecudina tuzetae*（Schrével 1963）（Gregarinida），寄生在 *Nereis diversicolor* 中（Müller 1776）（Annelida，Polychaeta）。

附注：超微结构由 Hildebrand 和 Vivier（1971）以及 Hildebrand（1974）描述。

24.7.1.3　*Amphiamblys* 属（Caullery & Mesnil 1914）

修正：根据该科微孢子虫和以下附加的特征：孢子囊呈圆柱形，中间稍宽（图 24.3f），长度超过宽度的 10 倍，具有平滑末端且无极头。游离孢子形成期产生少量圆形孢子。孢囊孢子形成期产生狭长的孢子。孢囊孢子倾斜的，沿着囊的纵轴排列成两行。孢囊孢子形成期可能存在减数分裂。

A. capitellides (Caullery & Mesnil 1897; Caullery & Mesnil 1914) 模式种

同义名：*Metchnikovella capitellides*（Caullery & Mesnil 1897）。

模式宿主：*Ancora* sp.（Gregarinida）寄生在 *Capitellides giardi* 中（Mesnil 1897）（Annelida，Polychaeta）

附注：超微结构和生活史由 Larsson 和 Køie（2006）描述。

A. ancorae (Reichenow 1932)

模式宿主：*Ancora sagittata*（Leuckhart 1861）（Gregarinida）寄生在 *Capitella capitata* 中（Fabricius 1780）（Annelida，Polychaeta）。

A. bhatiellae **(Ormières et al. 1981)**

模式宿主：*Bhatiella marphysae*（Setna 1931）（Gregarinida），寄生在 *Marphysa sanguinea* 中（Montagu 1815）（Annelida，Polychaeta）。

A. capitellae **(Caullery & Mesnil 1914)**

同义名：*Metchnikovella capitellae*（Caullery & Mesnil 1914；Caullery 1953）。

模式宿主：未确定的簇虫（Gregarinida），寄生在 *Capitella capitata* 中（Fabricius 1780）（Annelida，Polychaeta）。

A. caulleryi **(Mackinnon & Ray 1931; Reichenow 1932)**

同义名：*Metchnikovella caulleryi*（Mackinnon & Ray 1931）。

模式宿主：*Lecudina polydorae*（Léger 1893）（*Polyrhabdina polydorae*）（Gregarina），寄生在 *Polydora flava* 中（Claparède 1870）（Annelida，Polychaeta）。

A. claparedei **(Caullery & Mesnil 1914)comb. n.**

同义名：*Metchnikovella claparedei*（Caullery & Mesnil 1914）。

模式宿主：未鉴定的簇虫，根据 Caullery 和 Mesnil（1919）可能是 *Lecudina* sp.，寄生在 *Phyllodoce* sp. 中（Annelida，Polychaeta）。

附注：孢子囊中心较宽，符合双钝孢虫属特征，Caullery 和 Mesnil（1919）将其分类至该属。

A. laubieri **(Desportes & Théodoridès 1978)**

同义名：*Desportesia laubieri*（Desportes & Théodoridès 1978）（Issi & Voronin 1986）（见下面附注）。

模式宿主：*Lecudina* sp.（Gregarina），寄生在 *Echiurida indet* 中。

附注：首次描述是在一个大会摘要上，超微细胞结构由 Desportes 和 Théodoridès（1979）描述。

A. longior **(Caullery & Mesnil 1919)**

同义名：*Amphiamblys capitellae* var. *longior*（Caullery & Mesnil 1919）。

模式宿主：*Ancora sagittata*（Leuckhart 1861）（Gregarinida），寄生在 *Capitella capitata* 中（Fabricius 1780）（Annelida，Polychaeta）。

24.7.1.4 *Desportesia* 属的观点（Issi & Voronin 1986）

该属是由 Issi 和 Voronin 为劳比瑞双钝孢虫（*Amphiamblys laubieri*）建立的（Issi 1986）。判断标准："该微孢子虫有棒状的囊，中心微微加宽，末端圆润膨胀。孢子呈圆柱形。极丝薄，短。极质体具有少量片层。"建立新属的原因是："这些微孢子产生孢子的超微结构明显不同于该科其他微孢子虫，但更像高一级别微孢子虫（*Helmichia*、*Baculea*、*Striatospora*）的圆柱形孢子，而它们之间的区别是是否存在裂殖增殖"（Issi & Voronin 1986）。

劳比瑞双钝孢虫的类似棒状孢子和其他梅氏孢虫孢子以相同的方式排列，对照 Desportes 和 Théodoridès（1979）的图 33 和图 34，簇虫双钝孢虫的孢囊孢子（文中图 4b），具有一个短而粗的极丝，穿过孢子的中部区域。具有内部膜的折叠，但它们没有类似极质体的方式排列和定位。可能具有游离孢子形成期的孢子母细胞的营养增殖方式。对于 *Desportesia* 和 *Amphiamblys* 是同物异名属的最初鉴定是毫无疑问的。

24.7.2　Amphiacanthidae 科（Larsson 2000）

修正：未观察到该科微孢子虫的孢子形成前期发育，推测缺失此阶段。在游离孢子形成阶段和孢囊孢子形成阶段在伸长的孢子囊中产生少量的孢子母细胞。孢子囊呈纺锤形，无极头，丝状延伸（图 24.3g）。母孢子的质膜并入孢子囊的膜。由空泡产生孢囊孢子。生命周期的一部分阶段为双核。两种类型的孢子都是圆形至梨形。极管外弹装置的特点是具有一个极囊，缺少锚定盘，有一个带有柄和球根部分的极丝，并且后膜或多或少的延伸至孢壁，横切面为圆形或管状结构。极丝仅部分耦合到极囊。缺少典型的极质体和后极泡。孢子具有多核糖体。该科微孢子虫为簇虫的寄生虫。

24.7.2.1　*Amphiacantha* 属（Caullery & Mesnil 1914）

Stubblefield（1955）中描述了该属两个新物种的生命周期。这些周期不同于其他 Metchnikovellideans 微孢子虫的生命周期，包括其性的过程。它们一直被忽视，直到重新调查对描述进行了论证。

修正：根据该科微孢子虫和以下附加的特征：游离孢子呈平滑的梨形，孢囊孢子为不规则圆形。孢囊孢子形成期产生孢子母细胞。两种类型的孢子在较宽的末端都具有极管外弹装置，而在较窄的末端具有双核。极丝柄的表面层穿透极囊。一个像衣领的结构被插入到所述的极丝柄与球根之间。

A. longa (Caullery & Mesnil 1914) 模式种

同义名：*Metchnikovella longa*（Caullery & Mesnil 1914；Caullery 1953）。

模式宿主：*Lecudina elongata*（Mingazzini 1891）或邻近物种（Gregarinida），寄生在 *Lumbrinereis latreilli* 中（Audouin & Milne Edwards 1834）（*Lumbriconereis tingens*）（Annelida，Polychaeta）。

附注：超微结构和生活史由 Larsson（2000）描述。

A. attenuata (Stubblefield 1955)

模式宿主：*Lecudina* sp.（Gregarinida），寄生在 *Lumbrinereis japonica* 中（Marenzeller 1879）（*Lumbriconereis latreilli*）和 *L. zonata*（Johnson 1901）（Annelida，Polychaeta）。

A. ovalis (Stubblefield 1955)

模式宿主：*Lecudina* sp.（Gregarinida），寄生在 *Lumbrinereis japonica* 中（Marenzeller 1879）（*Lumbriconereis latreilli*）和 *L. zonata*（Johnson 1901）（Annelida，Polychaeta）。

24.7.3　Chytridiopsidae 科（Sprague et al. 1972）

Beard 等（1990）对该科进行了修正，以容纳新的诺勒孢虫属（*Nolleria*）。该判断再一次被修正以容纳因特斯塔孢虫属（*Intexta*）。最初的判断是以群聚壶孢虫（*Chytridiopsis socius*）（Sprague et al. 1972）为基础。由于与宿主细胞核的密切联系以及产生厚壁的孢子囊都是 *Chytridiopsis* 属特有的特征，因此这些特征在该科的特征修正中被去掉。

修正：该科微孢子虫都有离核。可能缺乏孢子形成前期阶段。孢子通过内生的空泡化形成，有时还通过原质团分割来完成。含两个孢子形成阶段，游离孢子形成期和孢囊孢子形成期。孢囊孢子形成期中母孢子的质膜合并。孢子小，球形或椭圆形，单核，孢子外壁薄。孢子内壁厚，薄或缺失。极短丝，非倾斜，排列为几个圈。极丝表面层有小窝。极囊缺乏锚定盘。极囊的中间后表面像一个插座，极丝像衣领一样的前端部分正好插入。仅有极丝的中间部分进入极囊。无典型极质体。

24.7.3.1 *Chytridiopsis* 属（Schneider 1884）

修正：根据该科微孢子虫和以下附加的特征：孢囊孢子形成期在厚壁的孢子囊中进行（图 24.6b）。孢子内壁薄。极丝类似丝状。孢子形成与宿主细胞核密切相关，导致细胞核的内陷。

C. socius (Schneider 1884) 模式种

模式宿主：*Blaps* sp.（*B. mortisaga*）（Linnaeus 1758；Manier & Ormières 1968）（Insecta，Coleoptera）。

附注：超微结构由 Manier 和 Ormières（1968）描述。

C. aquaticus (Léger & Duboscq 1909)

模式宿主：*Helodes minuta*（Linnaeus 1758）（Insecta，Coleoptera）。

附注：描述者临时将其分类于 *Chytridiopsis* 属。无新信息。

C. clerci (Léger & Duboscq 1909)

模式宿主：*Diaperis boleti*（Linnaeus 1758）（Insecta，Coleoptera）。

附注：描述者临时将其分类于 *Chytridiopsis* 属。无新信息。

C. pachyiuli (Granata 1929)

模式宿主：*Pachyiulus communis*（Savi 1817）（Myriapoda，Diplopoda）。

附注：简单描述。这种寄生虫在卵圆形孢子囊中形成，经常与宿主细胞的细胞核密切接触。

C. trichopterae (Larsson 1993)

模式宿主：*Polycentropus flavomaculatus*（Pictet 1834）（Insecta，Trichoptera）。

附注：超微结构和生活史由 Larsson（1993）描述。

C. typographi (Weiser 1954, 1970)

同义名：*Haplosporidium typographi*（Weiser 1954）。

模式宿主：*Ips typographus*（Linnaeus 1758）（Insecta，Coleoptera）。

附注：超微结构和生活史由 Purrini 和 Weiser（1984，1985）以及 Tonka 等（2010）描述。

C. variabilis (Léger & Duboscq 1909)

模式宿主：*Trox perlatus*（Goeze 1777）（Insecta，Coleoptera）。

附注：描述者临时将其归于 *Chytridiopsis* 属。无新信息。

C. xenoboli (Ganapati & Narasimhamurti 1960; Sprague 1977)

同义名：*Nephridiophaga xenoboli*（Ganapati & Narasimhamurti 1960）。

模式宿主：*Xenobolus carnifex*（Fabricius 1775）（Myriapoda，Chilopoda）。

附注：Sprague（1977）比较了这种生物体的不同类型物种，观察到与宿主细胞的细胞核密切接触的发育阶段。由于孢子囊壁相对较薄，转移至 *Chytridiopsis* 属只是暂时的。没有新消息。

24.7.3.1.1 3 个 *Chytridiopsis* 特殊种的注释

哈尼壶孢虫（*Chytridiopsis hahni*）(Jírovec 1940)

这是寡毛纲动物 *Rhynchelmis limosella* 肠上皮的寄生虫（Hoffmeister 1843）。简要描述并未说明其属于哪种生物。两个特点涉及微孢子虫：孢子球形或不规则，孢壁可以被核染料染色，具有隐藏的内部结构（Jírovec 1940）。Sprague（1977）怀疑这种生物是微孢子虫。

施耐德壶孢虫（*Chytridiopsis schneideri*）(Léger & Duboscq 1909)

这是蜈蚣 *Lithobius mutabilis* 肠上皮细胞的寄生虫（Koch 1862）。孢囊孢子形成期在球形孢子囊中产生椭圆形小孢子和大孢子，每个孢子囊产生一种孢子（Léger & Duboscq 1909）。这不同于类壶孢虫微孢子虫的孢子形成阶段，但类似匹里虫科的微孢子虫。

裂褶壶孢虫（*Chytridiopsis schizophylli*）(Trégouboff 1913; Jírovec 1940)

这是千足虫（*Schizophyllum mediterraneum*）肠上皮细胞的寄生虫（Latzel 1884），而且是 *Chytridioides* 属的模式种。Jírovec（1940）用 *Chytridiopsis* 属命名却没有评论。该描述并不容易追溯，但图 II l ~ m 显示可能有两个不同尺寸细胞核的原质团。在图 II: m 中 "noyau en diplocoque et une seule baguette chromatique" 应该是可见的（Trégouboff 1913）。两种尺寸的核，成对的小核，并且被染色为一条黑链的有丝分裂纺锤体穿过细胞核表明该物种可能是一个单核的微孢子虫（Perkins 2000；Larsson 1987）。

24.7.3.2 *Nolleria* 属（Beard et al. 1990）

斯坦豪斯孢虫属（*Steinhausia*）从壶孢虫撤出后使得该科的修正成为必要。

修正：根据 Chytridiopsidae 科微孢子虫基本特征和以下附加的特征：只有孢囊孢子形成期，在薄壁孢子囊中完成。孢子呈球形，孢子外壁薄，无孢子内壁。极丝类似丝状，小窝层被一层膜覆盖。每个细胞通常含有一个寄生虫，经常接近宿主细胞核。主要是陆生虫的寄生虫。

Nolleria pulicis (Beard et al. 1990) 模式种

模式宿主：*Ctenocephalides felis*（Bouché 1835）（Insecta，Siphonaptera）。

24.7.3.3 *Intexta* 属（Larsson et al. 1997）

修正：根据 Chytridiopsidae 科微孢子虫基本特征和以下附加的特征：只有囊膜孢子形成期，在薄壁孢子囊中完成，产生小孢子（主要）和大孢子。孢子呈球形，具有薄外壁和宽的孢子内壁层。极丝不同于丝状，丝管的表面层被膜覆盖。

I. acarivora (Larsson et al. 1997) 模式种

模式宿主：*Tyrophagus putrescentiae*（Shrank 1781）（Arachnida，Acari）。

24.7.3.4 *Steinhausia* 重新评价

Steinhausia 属由 Sprague 和他的同事于 1972 年建立，是一个不相关微孢子虫的集合属。双脐螺球孢虫（*Coccospora brachynema*）和贻贝卵单孢虫（*Haplosporidium mytilovum*），由于两者细胞学特征不同使得它们不能被安置在同一个属。

Richards 和 Sheffield（1971）描述了 *Coccospora brachynema* 为淡水蜗牛 *Biomphalaria glabrata* 的寄生虫。

3 年前，Manier 和 Ormières（1968）第一次调查了一个 *Chytridiopsis* 物种 *C. socius* 的超微结构。尽管在对 *Coccospora brachynema* 的描述中未讨论和 *C. socius* 的相似度，但发布的插图揭示了两个物种的孢子间有惊人的相似度。

很明显，*Coccospora brachynema* 和 *C. socius* 是相关的，但它们不是所有的特征都相同，所以 Sprague 等（1972）得出结论，*Chytridiopsis* 属不能容纳 *C. brachynema*。但这个物种也不能纳入 *Coccospora* 属，*Coccospora* 属是 Kudo 在 1925 年引入来替代 1921 年 Léger 和 Hesse 的 *Cocconema* 属，该属具有球形或次球形的孢子是作为唯一的区分属的特征（Kudo 1925）。问题通过建立一个新的属得以解决：1972 年 Sprague 等建立了 *Steinhausia* 属。与 *Chytridiopsis* 属一起，新属被纳入一个新的科——Chytridiopsidae。该属特异性的判断主要为："孢子形成期的囊只有膜的形式。典型的软体动物寄生虫"（Sprague et al. 1972）。超微结构细胞学特征被用于新科的判断（Sprague et al. 1972）。与 *Coccospora brachynema* 一起，软体动物的另外两种寄生虫转移到 *Steinhausia* 属。因为 *C. brachynema* 是唯一认知详尽的物种，加上创建新属的原因，而且因为该物种的结构表明其分类地位，*C. brachynema* 将是显而易见地作为典型物种。然而，其随后被 *Haplosporidium mytilovum* 代替。这是原本在美国大西洋沿岸收集的 *Mytilus edulis* 卵的寄生虫，报告非常简短，只有 4 个线图（Field 1924）。这一物种在孢子囊中产生大量球形孢子，其孢子囊紧贴宿主核（Field 1924）。

1997 年，Sagristà 和他的同事报道了巴塞罗那附近收集的普通贻贝品种的卵母细胞中分离得到的紫贻贝斯坦豪斯孢虫（*Steinhausia mytilovum*）。次年，发表了一个详细的描述：它被认为其特异性的宿主为紫贻贝。由于这项研究显示出一个产球形孢子的微孢子虫，但具有微孢子虫普通细胞学特征（Sagristà et al. 1998），与 *Steinhausia* 属的问题变得明显。*S. mytilovum* 不能和 *S. brachynema* 归属于同一个属。*S. mytilovum* 的光显微镜照片揭示与宿主细胞核的密切联系。Matos 等（2005）报道了从亚马逊河口贻贝（*Mytella guyanensis*）的卵母细胞中分离到的 *S. mytilovum* 的超微结构。欧洲和美国的样本之间没有明显的差异。Hillman（1991）曾报告了 *S. mytilovum* 的新的地理记录。公布的调查结果对 *Mytilus* 物种的分布进行了总结。得出的结论是来自美国西部海岸的 *S. mytilovum* 其可能的宿主为 *M. galloprovincialis*，这正是 *S. mytilovum* 的欧洲宿主。

存在一个鉴定的问题：据报道贻贝卵单孢虫（*Haplosporidium mytilovum*）具有单核孢子（Field 1924）。新的报告显示其具有明显的双核孢子（Sagristà et al. 1998；Matos et al. 2005）。然而，Sprague 早前（1965）评论 Field 的解释。他的研究鉴定了来自 *M. edulis* 的 *H. mytilovum* 微孢子虫，并发现其孢子具有双核。他的显微镜照片和图像都与 Field 的插图类似，因此对 Field 的单核孢子的解释提出了质疑。他将 *H. mytilovum* 转移到 *Chytridiopsis* 属中，并在 Schneider 描述的基础上提出了一些论据表明其与群聚壶孢虫有相似性，包括这两个物种均具有双核孢子（Sprague 1965）。最后一条语句是令人惊讶，因为 Schneider 无法观察到孢子中的核（Schneider 1884）。然而，认为 Field 在观察如此小的孢子中是无法看清楚核的个数的结论中 Sprague 是正确的。

新的观察结果证实 Field 的贻贝卵单孢虫不属于壶孢虫类微孢子虫（Sagristà et al. 1998；Matos et al. 2005）。其应归为豪斯孢虫属（*Steinhausia*），作为模式种命名为紫贻贝斯坦豪斯孢虫（*Steinhausia mytilovum*）。由 Sprague 和同事鉴定的 *Steinhausia* 属包括了 *S. mytilovum*（Field 1924）和 *S. ovicola*（Léger & Hollande 1917），这是两个贻贝寄生虫（Sprague et al. 1972）。此外，思普雷格斯坦豪斯孢虫（*Steinhausia spraguei*）由 Kalavati 和 Narasimhamurti（1977）描述的乌贼 *Sepia elliptica* 的寄生虫，也属于这个属。*S. mytilovum* 产生偶核的椭圆孢子，孢子尺寸大，孢子形成多核质体与宿主细胞核有联系。

对于双脐螺球孢虫，存在两种解决方案：建立一个新属或暂时安置在 *Chytridiopsis* 或 *Nolleria* 属中。因为典型 *Chytridiopsis* 的物种缺乏厚壁的孢子囊，该属被排除，并且虽然在宿主细胞核的附近形成孢子，但它并不被细胞核包围。在另一个可能的属的判断中，认为 *Nolleria* 区别于 *Steinhausia*（对 *S. brachynema* 超微结构研究）在于其是陆地昆虫的寄生虫，而不是水生软体动物，并且仅在肠上皮细胞中发现，并具有不同类型孢子形成期（Beard et al. 1990）。而如今 *Chytridiopsis* 的物种并不局限于陆地宿主，并且可能不是昆

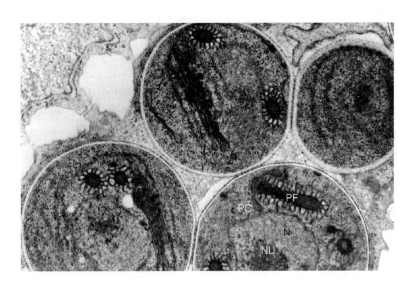

图 24.11　双脐螺球孢虫（*Coccospora brachynema*）的孢子

显微图片来自 Coll. Weiser. N，核；NU，核仁；PF，极丝；PC，极囊

虫，因此也不需要限制 *Nolleria* 来源于陆地物种，同时排除除昆虫外的其他宿主。中肠上皮细胞是双脐螺球孢虫侵染的主要组织（Richards & Sheffield 1971）。Beard 等（1990）未讨论 *Nolleria* 与 *Steinhausia* 的孢子形成期的区别。普利茨诺勒孢虫（*Nolleria pulicis*）的产孢是通过空泡作用来完成，这是典型的 *Chytridiopsis* 类微孢子虫。双脐螺球孢虫的产孢过程从 Richards 和 Sheffield（1971）发表的插图上看并不明显。他们利用 "schizogonic cycle" 作为一个假设的孢子形成早期增殖阶段并描述早期孢子形成阶段为不规则的原质团。从 Richards 和 Sheffield（1971）的图 4-6、图 12、图 13 和图 16，既不能被证明也不能被反驳空泡过程的存在。

对于成熟孢子的细胞学研究发现双脐螺球孢虫和普利茨诺勒孢虫之间的差异。这两个微孢子虫的细胞学都属于基本 Chytridiopsidae 类型，但 3 点不同是显而易见的。*Nolleria* 的极性囊是几乎持平，帽状结构（图 24.8b 和 c），而双脐螺球孢虫的极性囊具有较大的外表面，在后方向明显弯曲（图 24.11）。*Nolleria* 的极丝表层由球状膜内衬，通过连续的膜外鞘覆盖（图 24.8b 和 c），而双脐螺球孢虫的极丝表面层看起来像短管状突起（图 24.11）。它们全部不向外关闭，不被连续膜层覆盖。*Nolleria* 的孢壁缺乏透亮的内壁层，而双脐螺球孢虫的成熟孢子具有厚壁，并且具有明显的内壁层。这些差异表明，将普利茨诺勒孢虫与双脐螺球孢虫分开是正确的。因此，必须为双脐螺球孢虫建立一个新属，命名为谢氏孢虫属（*Sheriffia*）。

24.7.3.5　*Sheriffia* gen. n. 属

判断：根据 Chytridiopsidae 科微孢子虫基本特征和以下附加的特征：只有囊膜孢子形成阶段，在薄壁孢子囊中完成。孢子呈球形，具有内壁和外壁层。极丝呈类丝状，具有球状表面层，排列为打开或关闭的蜂巢状腔室，缺少覆盖膜层。软体动物的主要寄生虫。

S. brachynema (Richards & Sheffield 1971) comb. n.，模式种

同义名：*Coccospora brachynema*（Richards & Sheffield 1971；Richards & Sheffield 1970）（*nomen nudum*）；*Steinhausia brachynema*（Richards & Sheffield 1971；Sprague et al. 1972）。

模式宿主：*Biomphalaria glabrata*（Say 1818）（Mollusca，Gastropoda）。

地理位置：来自巴西和波多黎各的淡水蜗虫的十字架（Richards & Sheffield 1971）。

模式材料：病理学中心，加利福尼亚大学，欧文，加利福尼亚（Richards & Sheffield 1971）。

附注：描述中未涉及孢子囊，孢子发生的显微图片显示有明显的内源性孢子质膜存在（Richards & Sheffield 1971）。

24.7.4 Buxtehudeidae 科（Larsson 1980）

修正：每个阶段都有孤立的核。孢子形成早期增殖过程可能缺乏。孢子形成通过内生液泡完成，有时还通过裂殖。两个孢子形成期，游离和囊膜。囊膜孢子形成期在由母孢子质膜形成的薄壁孢子囊中完成。孢子呈球形或扁豆状，单核，具有内壁和外壁层。极丝长，盘绕和倾斜。极性囊缺乏锚定盘。极性囊后表面中心像一个插座，极丝像衣领一样的前端部分正好插入。仅有极丝的中间部分进入极囊。极丝的表面层是折叠膜，横剖面呈星状。其发育与宿主细胞的细胞核无联系。

24.7.4.1 *Buxtehudea* 属（Larsson 1980）
修正：根据该科微孢子虫基本特征和以下附加的特征。孢子内壁与整个孢子一样厚，极质体未发育，后极泡发育良好。陆地昆虫的主要寄生虫。

***Buxtehudea scaniae* (Larsson 1980) 模式种**

模式宿主：*Petrobius brevistylis*（Carpenter 1913）（Insecta，Microcoryphia）。

24.7.4.2 *Jiroveciana* 属（Larsson 1980）
基于一个寡毛纲动物的苏木精染色切片图（Larsson 1980），为 Jírovec（1940）描述的 *Chytridiopsis limnodrili* 建立了属。该蠕虫的肠前部已经被重度感染，其中，每 3 个宿主细胞就会发现寄生虫（Larsson 1980，图 19）。早期阶段为多核质体，核数目的变化表明该数目随着年龄增长而增加。多核质体分裂，产生圆形的孢子母细胞。早期孢子母细胞的染色质呈暗线或黑斑并平行排列（Larsson 1980，图 17），类似于 *Buxtehudea* 的孢子母细胞中复制结构（Larsson 1980，图 1）。该孢子产生在来历不明的薄壁液泡内进行。球形的孢子要么未成熟要么属于非囊包裹的孢子形成期。无孢子释放的迹象，孢子在肠腔中不可见。样品截面图中不排除其生命周期也包括孢子形成期。因为该属的关键特征无法评价，该物种无法转移到该属。与其将其匿名于 *Microsporidium* 属，不如给它赋予了新的属名，从而也具有了分类位置。

修正：寄生虫的发育与宿主细胞核无联系。在一个未知来源的膜包裹的液泡中产孢。孢子形成多核质体可以分割为多达 40 个圆形、单核的孢子母细胞。成熟孢子未知。环节动物的寄生虫。

***Jiroveciana limnodrili* (Jírovec 1940; Larsson 1980) 模式种**

同义名：*Chytridiopsis limnodrili*（Jírovec 1940）。
模式宿主：*Limnodrilus missionicus*（Annelida，Oligochaeta）。

24.7.5 Burkeidae 科（Sprague 1977）

诊断：裂殖增殖期不明。产孢过程中寄生虫并不是孤立的，而其发育与宿主细胞细胞质直接接触。感染后的细胞肥大，细胞膜产生囊，类似一个共生瘤。

24.7.5.1 *Burkea* 属（Sprague 1977）
诊断：基于该科微孢子虫的特征。环节动物的寄生虫。

***Burkea gatesi* (de Puytorac & Tourret 1963; Sprague 1977) 模式种**

同义名：*Coccospora gatesi*（de Puytorac & Tourret 1963）。
模式宿主：*Pheretima hawayana*（Rosa 1891）、*P. californica*（Kinberg 1867）（Annelida，Oligochaeta）。

***B. eiseniae* (Sprague 1977)**

同义名："microsporidian"（Burke 1970）。

模式宿主：*Eisenia foetida*（Savigny 1826）（Annelida，Oligochaeta）。

24.7.6　Hesseidae 科（Ormières & Sprague 1973）

Sprague（1977）修正：存在裂殖增殖期。孢子囊壁厚，显然不是 Gurley 的成孢子细胞膜的同源物（由于包在囊内阶段似乎早于母孢子阶段）。双孢子型孢子母细胞 – 单孢子。寄生虫与宿主细胞核无特殊关系。

24.7.6.1　*Hessea* 属（Ormières & Sprague 1973）

诊断：基于该科微孢子虫的特征（Ormières & Sprague 1973）。

***Hessea squamosa* (Ormières & Sprague 1973) 模式种**

模式宿主：*Sciara* sp.（Insecta，Diptera）。

24.8　分类中的梅氏孢虫和壶孢虫

梅氏孢虫（Metchnikovellideans）和壶孢虫（Chytridiopsids）的相关性，以及它们和其他微孢子虫的相关性，学者们通过各种尝试对它们进行分类来反映，但观点亦有不同。对其 DNA 的研究至今未解决分类学上的问题。当 Labbé 综述孢子虫纲时，该微孢子虫被认为属于 Légion Myxosporidia 的一个目，但 *Metchnikovella* 和 *Chytridiopsis* 属被视为孢子虫纲未定（Labbé 1899）。由于它们微孢子虫的性质被证明的相对较晚，*Metchnikovella* 发现于 1965 年（Vivier 1965a），*Chytridiopsis* 发现于 1968 年（Manier & Ormières 1968），Kudo（1924）的微孢子虫专著和 1965 年之前对微孢子虫的分类都不包括两者。它们未能被原生动物学家在早期对原生动物门的分类中提到，但该分类中却提到了 1922 年 Léger 和 Hesse 对微孢子虫的分类（Honigberg et al. 1964）。后来的微孢子分类已经考虑到它们，但不同的作者赋予它们不同的名字和不同的拼写。这些名字只是被引用出现在出版物中，无评论。

Tuzet 等（1971）认为这类微孢子虫因划分为独立的 Microsporidea 纲，独立的 Microsporida 目，未提到 Chytridiopsidae，但却包括 Metchnikovellidae 科，与 Nosematidae 一起属于 Apansporoblastina 中，Apansporoblastina 是两个亚目中的一个。他们补充的意见是 Metchnikovellidae 和 Nosematidae 都缺少产孢原质团和柄状体，Léger 和 Hesse（1916）暗示为 *sensu*，而且从描述上并未体现不同科之间的差异。

Sprague 和 Weiser 发表在 19 世纪 70 年代的对微孢子虫分类的观点非常详细。虽然 Weiser 的分类统一了 Metchnikovellideans 和 Chytridiopsids，Sprague 的分类却将它们分开。Weiser（1974）发现了它们与其他微孢子虫的差异，这个差异已被 Sprague 怀疑多年（Sprague 1970）。Sprague 将微孢子分类为亚门 Microspora，又分为两个纲 Microsporidea 和 Haplosporea（Sprague 1969），Weiser 又将 Microsporidea 纲分类为两个目："最原始的 Chytridiopsida 和更多可塑性的 Microsporidia"（Weiser 1974）。Chytridiopsida 包括 3 个科：Chytridiopsidae、Hesseidae 和 Metchnikovellidae。

Sprague 专题论文（1977）也接受 Vivier 的分类观点（1979）。Microspora 门被分为两个纲：建立于 Metchnikovellidae 基础上的 Rudimicrosporea 纲和 Chytridiopsidae 加入了大部分微孢子的 Microsporea 纲。Burkeidae 和 Hesseidae，加上 Chytridiopsidae 构成了一个单独的目——Chytridiopsida。这种分类被原生动物学会用于修订后的原生动物分类（Levine et al. 1980），并在 Corliss（1994）更容易使用的分类学中提到，但 Chytridiopsida 名称变为 Minisporida。在原生动物学会第 3 次分类中，几个原始的微孢子虫属被提及作为微孢子虫的例子，但更低分类未被提及（Adl et al. 2005）。

Weiser 的 新 分 类，与 Sprague 同 年 出 版，只 是 晚 几 个 月，维 持 了 他 以 前 的 观 点，把 所 有

Metchnikovellideans 和 Chytridiopsids 放在边界的同一侧（Weiser 1977）。对 Microsporidia 门的分类，他认为有两个纲：作为原始微孢子的 Metchnikovellidea 纲，另一个是包括了其他所有微孢子虫的 Microsprididea 纲。Metchnikovellidea 纲被分为 3 个目：包括 Metchnikovellidae 的 Metchnikovellida 目，包括 Chytridiopsidae 和 Burkeidae 的 Chytridiopsida 目，以及包括 Hesseidae 的 Hesseida 目。

　　Issi（1986）重新编排了 Microsporidia 门的分类和划分，将单独的 Microsporidea 纲，分为了 4 个亚纲，其中 2 个只含有原始微孢子虫：包括 Metchnikovellidae 科的 Metchnikovellidea 亚纲，包括 Chytridiopsidae 和 Buxtehudeidae 的 Chytridiopsidea 亚纲。*Burkea* 属被转到 Chytridiopsidae 亚纲中。*Hessea* 属被划分到 4 个亚纲中的最后一个亚纲 Nosematidea 的 Nosematidae 科，Nosematidea 被指向是与 *Pseudopleistophora* 属非常相似。

　　Sprague 和合作者建立了一个基于遗传学的新分类，将 Microspora 门划分为两个纲（Sprague et al. 1992）。在第 2 个纲中，Haplophasea 具有两个目，第 2 个目 Chytridiopsida 中包含 Chytridiopsidae、Buxtehudeidae、Burkeidae 科和第 4 个科 Enterocytozoonidae，但 Enterocytozoonidae 科缺乏 Chytridiopsid 的特征。这一分类办法也存在问题，它无法处理约 1/3 的属。Metchnikovellidae 和 Hesseidae 列在 "附录，类群地位未定"。*Steinhausia* 属被转入 Pseudopleistophoridae 科，只有一个注释是存在 Diplokarya 将其从 Chytridiopsidae 中删除（Sprague et al. 1992）。

　　Voronin 修正了这一分类的同时也接纳了 Metchnikovellideans（Voronin 2001）。Microsporidia 门被分为两个纲：仅限于 Metchnikovellidae 科的 Metchnikovellidea 纲和针对其余微孢子虫的 Microsporea 纲。Microsporea 纲包括由 Sprague 和合作者在 1992 年制定的分类，但原来的两个纲被降至亚纲，同时制定了许多新的亚级（Sprague et al. 1992；Voronin 2001）。Chytridiopsida 是 Haplophasea 亚纲两个目中之一，包含了 Chytridiopsidae 科、Buxtehudeidae 科、Burkeidae 科和 Enterocytozoonidae 科。*Steinhausia* 属被归类于 Pseudopleistophoridae 科（Dihaplophasea 亚纲），而且 *Hessea* 属被视为一个未定的类群。

　　Cavalier-Smith 修订的生命 6 大系统中表达了一个例外的观点（1998）。而包括 Chytridiopsids 的大量微孢子虫被排在真菌界中，Metchnikovellideans 从微孢子虫中去除并转移到原生动物界的 Infrakingdom Alveolata，他们作为新的亚门 Manubrispora 和另外两个亚门 Gregarines 和 Coccidia 存在于 Sporozoa 门中。

　　总之，Weiser 的分类集合了原始的 Microsporidians、Metchnikovellideans 和 Chytridiopsids（Weiser 1974 1977），同时根据 Sprague（1977）、Sprague 等（1992）、Issi（1986），以及 Voronin（2001）的分类，将原始微孢子虫和更进化的微孢子虫之间划定了界限。

　　考虑到细胞学和孢子形成期特征，*Metchnikovella* 属、*Caulleryetta* 属、*Amphiamblys* 属、*Amphiacantha* 属、*Chytridiopsis* 属、*Nolleria* 属、*Sheriffia* 属（为 *Coccospora brachynema* 建立的新属）、*Intexta* 属和 Buxtehudea 属具有 3 个独特的特点。①极丝不进入极囊和锚定盘连接。这种附着是局部的，即使在 Metchnikovellideans 和 Chytridiopsids 中也不完全相同，但与其他微孢子虫的连接方式是完全不相同的。关于 *Hessea* 属的细胞学特征有许多问题，其极丝和极囊如何连接，但是这种排列方式能在 *Buxtehudea* 属微孢子虫的插图中阐明。然而 *Burkea* 属的极囊与极丝前端的结构并不能在其图示中得到说明。②孢子形成是通过空泡化从内部产生。裂殖体的原生质膜作为一个囊膜来收集孢子母细胞，而孢子母细胞的原生质膜是来源于液泡的膜。Metchnikovellideans 和 *Chytridiopsis* 类微孢子虫，包括 *Hessea* 和 *Burkea* 的属，都具有这种这孢子形成方式。*Enterocytozoon bieneusi* 作为一个典型微孢子虫，其孢子形成期也存在空泡化，但它的孢子母细胞并未在来源于母孢子原生质膜的孢子囊中获得（Desportes et al. 1985）。③厚壁孢子囊，通过 *Metchnikovellidae* 属和 *Chytridiopsis* 属微孢子虫的超微结构研究发现，其母孢子的原生质膜加入了外部物质使之坚固。*Hessea* 属微孢子虫的孢子囊基本上是相同类型。微孢子虫三个独特的结构，其中两个可能是共有的衍征，联同 Metchnikovellideans 和 Chytridiopsids，支持了 Weiser（1977）对这些生物的分类方式。

致谢

感谢 J. J. Becnel、M. Køie、J. Schrével、A. V. Smirnov、J. J. Sokolova 和 J. Vávra 提供插图。

参考文献

　第 24 章参考文献

第 25 章　微孢子虫作为生物防治因子与有益昆虫病原体的两面性

Susan Bjørnson

加拿大圣玛丽大学，生物学系

David Oi

美国医学农学兽医昆虫学研究中心（美国农业部农业科学研究院）

微孢子虫感染昆虫后往往会引起昆虫慢性疾病，造成亚致死性的病理损伤，导致昆虫繁殖率下降、生命周期缩短。因其慢性感染节肢动物引发微孢子虫病的特点，微孢子虫可作为一种生物杀虫剂使用。研究人员认为，将微孢子虫作为一种长期的害虫调节因子使用时，可以起到阻碍、抑制害虫暴发的作用，这或许会有更大的价值。

微孢子虫病慢性微弱的特点使微孢子虫成为有益节肢动物（可用于害虫生物防治）的重要病原体。其在自然情况下可以感染那些调节害虫数量的有益节肢动物以及大量人工饲养的昆虫。在实验室饲养的有益节肢动物中也经常会发现微孢子虫，这往往会导致节肢动物的慢性微孢子虫病，从而降低宿主的适应性，极大地影响其生物防治的效果。

25.1　微孢子虫作为生物防治因子

微孢子虫作为生物防治因子使用时必须在宿主的生态系统中经过严格的计算。其对害虫造成的慢性感染和延迟性的影响可能与自然界生态系统或者多年生作物生态系统相契合。这样，生态系统可以适应害虫种群的缓慢减少，并且可抑制害虫的缓慢或迅速暴发。害虫的自然调节涉及其天敌和抗生素因子的复杂变化。在自然界生态系统以及害虫天敌存在的条件下，利用微孢子虫进行害虫的生物防治是其中一个重要组成部分。在本章的前半部分，我们将会讨论微孢子虫在草原蝗虫、欧洲玉米螟、按蚊、红火蚁和舞毒蛾中作为生物防治因子的研究进展及其应用。本章将在宿主生态学背景下详细介绍微孢子虫的灭虫特性。关于微孢子虫在各种害虫中的应用，详细内容见表25.1。

25.2　草原蝗虫：蝗虫类微粒子虫

美国西部草原是主要的牧区，同时受周期性地暴发 10～15 种蝗虫的困扰（Capinera & Seachrist 1982；Pfadt 2002）。而且其暴发的面积非常大，常能达到数千至数百万公顷。由于这些蝗虫种类众多，不同种类的发育次数、觅食能力、集群、迁移模式及其他动物行为均有较大差异，在复杂多变的栖息地和气候模式之中，各种各样的生物特性共同导致了在无法预知蝗虫密度和频率的情况下的种群暴发。（Lockwood &

表 25.1 用于生物防治的微孢子虫特点

种类	目标害虫	宿主域	已知季节性生活周期；传播方式	生物防治释放类型；效果	详细评论
Paranosema locustae	草原蝗虫	广泛（122 种直翅目昆虫）	有；水平传播和垂直传播	大量接种；已建立和传播	Lockwood et al.（1999）；Lange & Cigliano（2005）
Nosema pyrausta	欧洲玉果螟	窄（*O. nubilalis*）	有；水平传播和垂直传播	自然引入、接种；已建立和传播	Lewis et al.（2009）
Amblyospora connecticus	布朗盐沼蚊	窄（*O. nubilalis*）	有；水平传播和垂直传播	实验论证中；模拟田间感染	Andreadis（2007）；Solter et al.（2012）
Edhazardia aedis	黄热病伊蚊	窄（*Ae. aegypti*）	有；水平传播和垂直传播	实验论证中；半自然田间试验和害虫抑制	Becnel et al.（2005）；Andreadis（2007）
Kneallhazia solenopsae	红火蚁	窄（8 种火蚁）	无；水平传播和垂直传播	自然引入、接种；已建立和传播	Oi & Valles（2009）；Briano et al.（2012）
Vairimorpha invictae	红火蚁	窄（3 种火蚁）	无；水平传播、可能垂直传播	迄今未释放	Oi & Valles（2009）；Briano et al.（2012）
Nosema lymantriae	舞毒蛾	窄（比 *V. disparis* 种类多）	有；水平传播和垂直传播	实验论证和接种；感染 3 年的监测	Solter & Hajek（2009）；Solter et al.（2012）
Vairimorpha disparis	舞毒蛾	窄（比 *N. lymantriae* 种类少）	无；水平传播	实验论证和接种；感染后监测但没有维系下来	Solter & Hajek（2009）；Solter et al.（2012）

Lockwood 2008）。而且，这些蝗虫仍然继续破坏着这里的牧场（Lockwood et al. 2001）。

蝗虫会给农作物及牧草带来严重的破坏（Hewitt & Onsager 1983；Lockwood et al. 2002），这就使得它们成为杀虫剂集中消灭和控制的主要目标（Latchininsky & VanDyke 2006）。通常情况下，杀虫剂作用的时间范围要有严格的限定，如说针对 3 龄幼虫施药最有效，这样才能最大程度上减少对牧草的损伤（Hewitt & Onsager 1983）。

研究人员已经从不同种类的蝗虫体内分离得到数种微孢子虫，其中蝗虫类微粒子虫（*Paranosema locustae*）被评估为在蝗虫控制方面最有效的（Johnson 1997）。1953 年，蝗虫类微粒子虫最初被描述和命名为 *Nosema locustae*，也曾被归为 *Antonospora* 属（Canning 1953；Sokolova et al. 2003；Slamovits et al. 2004），但是 Sokolova 等（2005）反驳了属的变更。蝗虫类微粒子虫感染蝗虫后能引起慢性弱感染的疾病，相关的病症有食欲减退、发育迟缓、繁殖率下降以及死亡率的上升（Canning 1962；Henry & Oma 1974；Ewen & Mukerji 1980；Johnson & Pavlikova 1986）。该亚致死性的疾病会导致蝗虫从群居向独居的生活状态改变（Fu et al. 2010）。该病原体主要侵染脂肪体细胞，破坏宿主的代谢通路和能量储备。感染严重时会导致脂肪体过度肥大并充满孢子，白色不透明的膏状感染组织会逐渐变为粉红色，最终形成暗红色（Canning 1953）。

蝗虫在取食草料过程中被蝗虫类微粒子虫感染，也有的是取食染病同类时被感染（Canning 1962；Ewen & Mukerji 1980；Henry & Oma 1981）。该微孢子虫可以感染卵巢（Raina et al. 1995）。蝗虫所产卵含有微孢子虫，来年卵孵化后的子代也因垂直传播而被感染（Ewen & Mukerji 1980）。蝗虫发育到 3 龄幼虫时较易感染微孢子虫，这时的死亡率也会达到峰值。另外，幸存下来的蝗虫中也会有较高的感染率（Canning 1962；Henry et al. 1973）。

起初，人们怀疑蝗虫类微粒子虫不能成为控制蝗虫的有效微生物因子，因为牧场里有多种蝗虫的病原微生物，这种让蝗虫缓慢死亡的做法并不能抑制蝗虫对牧草和农作物的破坏（Canning 1962）。然而，Henry报道在蝗虫草料中加入微孢子虫，其感染率能达到 43%，明显减少蝗虫的数量，抑制了其繁殖率。这种慢性致弱的微孢子虫病可以调节宿主的死亡率，在牧场中有效地传播开来，使得该微孢子虫成为一种极有效的生物防治因子（Lockwood et al. 1999）。感染的宿主体内可以产生大量的孢子，而其传播所需的孢子量又很少（Henry 1971；Henry 1985），这一特点使得微孢子虫可以很好地作为生物杀虫剂，其前景广阔。1980 年，蝗虫类微粒子虫成为迄今为止的第一种注册的微孢子虫生物防治因子且在美国开始生产（USEPA 2000）。2013 年，蝗虫和摩门螽斯的饲料中开始加入该微孢子虫进行出售（如 Nolo Bait™、Semaspore™；图 25.1）。

最近有越来越多的研究分析了蝗虫类微粒子虫作为控制蝗虫的生物防治因子的稳定性，他们通过检测蝗虫数目、繁殖率的变化以及季节稳定性来反映防治效果。虽然一部分结果令人欢喜鼓舞，但是总体趋势表明，代与代之间出生率的下降结果呈现不一致性，季节间传播受限，总体死亡率较低（Lockwood et al. 1999）。报道显示，当幸存蝗虫的感染率在 20% ~ 40% 时，蝗虫数量减少 30%（Johnson 1997）。当把它与化学杀虫剂 70% ~ 95% 的杀伤率相比较时，微孢子虫的杀虫效力显得不够充分，与消费者的追求目标有一定的差距（Vaughn et al. 1991）。

遗憾的是，微孢子虫作为生物防治因子不能快速、高效地消灭害虫。作为一种致病菌，它可引起宿主的慢性疾病，几个星期后导致宿主的死亡，这样看来仍然达不到理想的效果。然而，在一些环境敏感的区域不能使用化学杀虫剂时，微孢子虫就可以作为一种长期有效的生物防治因子抑制蝗虫的数量，而不给环

图 25.1　商业化的草原蝗虫生物防治因子——蝗虫微孢子虫

图片来自于 G. Merrill/M&R Durango，Inc

境带来影响（Vaughn et al. 1991）。在中国同样有类似的情况出现，即使有政府的资助，但将其大规模地应用于实际中仍然显得说服力不够。因为其杀灭蝗虫的速度较慢，宿主死亡率也较低（≤ 60%）（Lockwood et al. 1999）。但是宿主如果维持一定的微孢子虫数量，那么在随后的几年中蝗虫的数量将会有所下降（Shi et al. 2009）。

当把目标聚焦在调节蝗虫暴发的频率和严重程度上面，蝗虫类微粒子虫作为一种生物因子就显得具有现实意义。在蝗虫类微粒子虫处理过的区域，其蝗虫卵的孵化率显著下降（65%）（Ewen & Mukerji 1980），这无疑控制了未来害虫的数量。Bomar 等（1993）的研究指出，在微孢子虫处理过的区域一年后蝗虫的数量显著下降。另外，感染蝗虫类微粒子虫后的雌性蝗虫所产卵存在异常的沉积现象，导致卵的感染率上升。

关于蝗虫类微粒子虫施用配方及应用技术的深入研究必将推动它本身作为生物杀虫剂在生物防治方面的应用。实际上，蝗虫类微粒子虫作为饲料配方中的一种曾被阿根廷引入（Lange & de Wysiecki 1996；Lange & Cigliano 2005；Lange & Azzaro 2008），而在中国的某些地区曾被作为饵料和喷雾进行使用（Shi et al. 2009；Miao et al. 2012），它被称为"新古典主义"生物防治因子，意指通过引入外来物种达到控制害虫的目的（Lockwood 1993）。该外来物种的引入需要考虑其是否对非目标物种有伤害，是否影响它们相互之间的聚集以及是否影响生态系统的其他组分。蝗虫类微粒子虫具有极广的宿主域，能够侵染全球范围内 122 种直翅目昆虫（Lange 2005，2010）。研究人员对阿根廷草原进行了长达 16 年的跟踪监测，发现该草原蝗虫种类有相对比例的变化，但是这种变化对于一个地区的农业生态系统来说是无法避免的，也是普遍存在的（Bardi et al. 2012）。然而，在有微孢子虫存在的地方与没有微孢子虫存在的地方相比，蝗虫暴发次数减少甚至停止暴发（Lange & Cigliano 2005，2010）。在中国蝗虫类微粒子虫的研究推广基地（15 000 hm²）的研究显示，该病原体可以在自然界中至少存活 9～10 年。因此，我们不难相信，在最初感染的蝗虫中微孢子虫会在其体内维持自身的生存，这将会抑制未来蝗虫的再暴发（Shi et al. 2009；Miao et al. 2012）。

25.3 欧洲玉米螟：玉米螟微粒子虫

20 世纪早期，欧洲玉米螟（ECB）进入美国，并且在美国有玉米种植的地区蔓延开来，后又流入加拿大。它是玉米的害虫，在感染的晚期，幼虫能钻入玉米的茎。并在其中贯通，造成茎的损伤和玉米的减产。玉米螟微粒子虫（*Nosema pyrausta*）是一种专性寄生于玉米螟细胞内的微孢子虫，被认为是玉米螟的重要防治因子（Lewis et al. 2009）。1927 年，玉米螟微粒子虫第一次在玉米螟中被描述到，于 1950 年在美国从玉米螟中分离得到（Steinhaus 1952）。1952 年，通过对野外收集到的玉米螟镜检显示，该微孢子虫已经自然传播开来，在 7 个州的众多乡镇中均有发现（Zimmack et al. 1954）。玉米螟微粒子虫的宿主域非常有限，在鳞翅目昆虫中，仅玉米螟中有该微孢子虫侵染的报道（Lewis et al. 2009）。

对玉米螟感染微孢子虫的研究已非常透彻，感染后的玉米螟具有慢性、非致死性和致衰弱的典型微孢子虫病症。根据感染的密度和宿主龄期的不同，玉米螟微粒子虫能引起不同程度的产卵量下降和宿主寿命的缩短，以及卵、幼虫的存活率下降及滞育（Zimmack & Brindley 1957；Siegel et al. 1986a；Sajap & Lewis 1992）。玉米螟受微孢子虫的感染影响较小时，仍能从感染的幼虫发育为可育的成虫。然而，当外界环境较恶劣如低温、越冬时，感染微孢子虫后幼虫的死亡率明显升高（Zimmack & Brindley 1957；Kramer 1959；Solter et al. 1990；Lewis et al. 2009）。

玉米螟微粒子虫可以发生经卵垂直传播和水平传播，这两种传播方式的效率取决于玉米螟及其一级宿主玉米的物候关系。每年玉米螟有两个世代，第一个世代玉米螟的感染取决于感染后成虫的经卵垂直传播，此时滞育后的 5 龄幼虫从玉米茎内经越冬后爬出，感染的成虫产下带毒卵，孵化出的玉米螟称为感染的第一世代。水平传播相对来说并不流行，因为玉米的叶生长很快，随风招展的叶子就会带走玉米螟排出残渣时带有的孢子。而此时幼虫仍停留在玉米的轮纹涡里面。另外，玉米螟所产的卵要越冬，这就减少了接触幼虫粪便的机会，孢子也就不能摄入体内（Lewis et al. 2009）。相比较而言，在玉米螟第二代时感染孢子的概率要明显增加，因为这一次带有孢子的粪便有更大的机会与玉米螟幼虫相接触，玉米螟密度也较大，在玉米植株之间相互移动的次数也大大增加（Andreadis 1986；Lewis & Cossentine 1986；Siegel et al. 1988；Lewis et al. 2009）。另外，玉米螟的拟寄生蜂腰带食体茧蜂 *Macrocentrus cingulum*（=*grandii*）能够机械性地传播玉米螟微粒子虫（Siegel et al. 1986b），但是这种机制对于增加玉米螟感染的作用相对较小（Andreadis 1986）。

众多研究表明，感染玉米螟微粒子虫的玉米螟幼虫感染率为 2%~100%，引起玉米螟的地方病和流行性疾病，也导致玉米螟数量的减少（Hill & Gary 1979；Andreadis 1986；Siegel et al. 1988；Lewis et al. 2006）。尽管有玉米螟微粒子虫的存在，玉米螟引发的损害仍然会发生，这就需要我们采用其他方法对其进行控制。感染该微孢子虫后的玉米螟比其他方法处理时具有更高的死亡率。玉米叶及叶鞘能够阻止玉米螟对玉米的损伤，在此基础上感染了微孢子虫后玉米螟的死亡率显著上升（Lewis & Lynch 1976；Lynch & Lewis 1976）。用杀虫剂和孢子悬液处理正在生长的玉米植株，会导致玉米螟显著减少、其对茎的损伤降低。杀虫剂联合孢子添加剂使用的研究表明，这两种控制玉米螟的方法可以兼容（Lublinkhof et al. 1979；Lublinkhof & Lewis 1980）。遗憾的是，其他拟寄生的生物防治因子，如寄生玉米螟幼虫的拟寄生蜂，寄生卵的赤眼蜂都会对该微孢子虫侵染玉米螟造成不良影响。感染了微孢子虫的玉米螟再受到其他病原生物的拟寄生时会降低拟寄生生物的生存能力，从而影响宿主的适应性（Andreadis 1982a；Cossentine & Lewis 1987；Sajap & Lewis 1988；Orr et al. 1994；）（见 25.9.14 和 25.9.16）。

世界各地广泛采用表达苏云金杆菌杀虫蛋白的转基因玉米，这可以削弱玉米螟微粒子虫对其主要宿主玉米螟的感染，因为玉米螟已经被转基因表达的 Bt 毒蛋白有效控制。此外，当感染了微孢子虫的玉米螟暴露在 Bt 毒蛋白的环境中时，玉米螟微粒子虫繁殖量显著降低（Pierce et al. 2001）。Lewis 等（2009）曾指出，当环境中无 Bt 毒蛋白存在时，玉米螟微粒子虫可以在环境中得到很好的维系。有趣的是，对玉米螟中 Bt 抗性和该微孢子虫数量的动态数据分析显示，微孢子虫感染引起的宿主发育迟缓可以促进抗 Bt 玉米螟和易感玉米螟之间数量的同步变化，这将有助于维持对 Bt 易感的玉米螟数量。此外，玉米螟微粒子虫的感染会进一步减少食下 Bt 毒蛋白后仍然存活的玉米螟的数量（Lopez et al. 2010）。玉米螟微粒子虫对玉米螟的感染与其较弱的飞行传播能力相关。这可能会影响抗 Bt 玉米螟与易感 Bt 玉米螟之间的交配与基因传递，从而影响抗性的进化（Dorhout et al. 2011）。

玉米螟微粒子虫是一种玉米螟生物防控的理想因子，其生活周期和有效的垂直传播、水平传播机制与玉米螟、玉米的物候学很好地融为一体。虽然采用孢子悬液能启动对田间玉米螟的感染，但是其体外大规模扩增方法的缺乏则限制了其作为微生物杀虫剂的进一步发展（Lewis et al. 2006）。虽然如此，该微孢子虫仍然可以作为调节每 6~7 年玉米螟害虫流行病暴发的重要因子（Lublinkhof et al. 1979；Lewis et al. 2009）。虽然 Bt 的转基因棉花能够有效地抑制玉米螟的数量，但是玉米螟自然天敌的存在，如玉米螟微粒子虫，对于宿主 Bt 抗性的发展和非转基因 Bt 农业生态系统都至关重要。

25.4　感染蚊子的两类微孢子虫：康州钝孢子虫和伊蚊艾德氏孢虫

微孢子虫是一类普遍存在于蚊类的寄生虫，世界范围内有超过 150 种的微孢子虫，能感染 14 个属的蚊子（Andreadis 2007）。这其中已有部分微孢子虫研究得比较透彻，甚至释放到环境中以评估其作为生防因子的潜力。微孢子虫感染能够对蚊虫造成广泛的影响，其中的一部分蚊子能够有效地将微孢子虫传播开来并形成流行病，造成幼虫较高的死亡率。微孢子虫感染也能引起蚊子典型的慢性疾病，在某些情况下影响宿主的繁殖率（Andreadis 2007；Solter et al. 2012）。

南太平洋的诺鲁岛和巴拿马是较早将微孢子虫作为生物防治因子进行尝试利用的地区，这里面的微孢子虫就包括库蚊变异微孢子虫［*Vavraia*（=*Plistophora*，=*Pleistophora*）*culicis*］和按蚊微孢子虫［*Anncaliia*

（=*Nosema*，=*Brachiola*）*algerae*］（Reynolds 1972；Anthony et al. 1978；Vávra & Becnel 2007）。以上案例均为孢子介入引发感染，最终导致蚊虫寿命的缩短和繁殖率下降。然而，这种感染不能持续下去也不能有效地扩散开来，从而不能引起害虫数量的减少。由于这些微孢子虫具有广泛的宿主范围，按蚊微孢子虫甚至能感染脊椎动物（Coyle et al. 2004），因此，这些微孢子虫不再作为生物防治的候选因子（Becnelet al. 2005；Andreadis 2007；Solter et al. 2012）。由于这两种微孢子虫是单一形态，它们具有简单的生命周期和单一的宿主，进化上与其他感染蚊子的微孢子虫不属于同一分支，这些信息表明蚊子可能不是这两种寄生虫的自然宿主（Vossbrinck et al. 2004a，2004b；Becnel et al. 2005）。

可以感染蚊子的多种微孢子虫在进化树上距离较远，具有复杂的生活周期，它们能繁殖产生几种不同类型的孢子，这些孢子可以感染不同的宿主组织、不同的生活阶段以及不同的世代，其中一些孢子还需要中间宿主。这种复杂性表明了这些物种之间的共同进化并导致了更加严格的宿主特异性（Becnel et al. 2005）。对于以上复杂生命周期的阐明不仅有助于微孢子虫生物学的发展，而且可以重新燃起微孢子虫作为蚊虫生物防治因子的希望。具有如此复杂生命周期的微孢子虫要么需要中间宿主完成水平传播，要么不需要中间宿主，本身具有水平传播和垂直传播两种传播方式。

至少有4个属的蚊子微孢子虫［钝孢子属（*Amblyospora*）、类泰罗汉孢虫属（*Parathelohania*）、杜氏孢虫属（*Duboscqia*）、透明球孢虫属（*Hyalinocysta*）］以桡足类动物作为专性的中间宿主。一般来说，上面列出的前3个属感染蚊子幼虫后随蚊子的发育经其卵巢完成至下一代幼虫的垂直传播。随着感染幼虫的死去，释放出的处于减数分裂时期的孢子被中间宿主桡足类动物摄入，中间宿主死亡后释放出单核的孢子，这些孢子被蚊子幼虫摄入后随着蚊子发育为成虫继续后面的循环。而对于透明球孢虫来说，感染不发生于蚊子成虫中。因此，仅在蚊子幼虫与桡足类动物之间发生水平传播。随着感染孢子后蚊子幼虫的死亡，释放出减数分裂时期的孢子，该孢子被桡足类动物摄取。感染后的桡足类动物释放出单核孢子又被蚊子的幼虫摄取（Andreadis，2007）。

对康州钝孢子虫及其宿主布朗盐沼蚊子，骚扰蚊属（=伊蚊）和中间宿主桡足类动物、矮小刺剑水蚤的深入研究表明其传播周期和流行病学具有与季节的一致性。感染的蚊子幼虫待秋季后以及感染的中间宿主桡足类动物夏蛰后都会释放出具有感染性的孢子。同样，感染的桡足类动物越冬后其病原体微孢子虫水平传播至春季越冬卵孵化出的蚊子幼虫，这对于康州钝孢子虫的维系是至关重要的（Andreadis 1988，1990a）。

伊蚊艾德氏孢虫（*Edhazardia aedis*）是一种能感染蚊子的微孢子虫，其生活周期复杂、具有异形孢子，没有中间宿主。该种孢子在其宿主埃及伊蚊（*Aedes aegypti*）中可以高效地进行水平传播和垂直传播。宿主幼虫可以摄取矛尖形、单核的孢子，并发育为感染性的成虫。当蚊子吸血后单核孢子可以发育成为双核孢子，并通过宿主的卵巢将伊蚊艾德氏孢虫传播至下一代。在一项研究中指出，子代中大约95%的感染都是经卵传播而来，而且感染后的成虫繁殖率显著下降（Becnel et al. 1995）。感染后的子代能够产生感染性、矛尖形的孢子，随着蚊子幼虫的死亡被释放进入水生生境，孢子在这里被蚊子幼虫摄入从而起始了另一轮循环。有时，垂直传播和水平传播不是交替发生而是重复出现，这就为感染的维持提供了可塑性（Becnel et al. 1989；Becnel & Johnson 2000）。

研究显示康州钝孢子虫和伊蚊艾德氏孢虫均具有较强的宿主特异性。5个属的15种蚊子不能被康州钝孢子虫感染。然而，4种伊蚊在实验室条件下通过口服摄入孢子而被感染。同样，伊蚊艾德氏孢虫不能感染其他13种蚊子，但是其可以通过水平传播的方式感染其他5种伊蚊外加3种其他属的蚊子。然而，针对康州钝孢子虫和伊蚊艾德氏孢虫两种微孢子虫，其经卵巢的垂直传播仅发生在其自然宿主坎氏伊蚊和埃及伊蚊中。因此，当感染的宿主能同时发生水平传播和垂直传播时，其病原微孢子虫才能在世代交替后仍能在宿主中维系（Andreadis 1989a，1994；Becnel & Johnson 1993）。

康州钝子虫和伊蚊艾德氏孢虫两种微孢子虫均展现出理想的生物防治因子的特征，包括高效的传播方式和宿主特异性。然而，很少有研究来评估微孢子虫的田间释放、传播以及其产生的持久性。通过释放感染康州钝孢子虫后的桡足类动物，使得该微孢子虫被引入田间，其宿主坎氏伊蚊的感染率可以达到较高的水平 16% ~ 24%（Andreadis 1989b）。将感染伊蚊艾德氏孢虫后的蛹引入半封闭的田间可以导致微孢子虫经卵巢垂直传播后扩散开来，但是该感染在越冬后并不能重建。在相同的地点大量引入感染后的幼虫，宿主埃及伊蚊会在 11 周内逐步淘汰掉（Becnel & Johnson 2000）。除了这些研究之外，进一步释放微孢子虫对蚊子进行生物防控的研究还未见报道。然而，对微孢子虫季节性生命周期的详细了解为其作为生物防控因子的保存和利用提供了机会。例如，选择合适的时机在夏天采用杀蚊剂对抗未感染微孢子虫的蚊子，也能避免干扰康州钝孢子虫感染引发的季节性流行病（Solter et al. 2012）。

25.5　入侵型红火蚁：红火蚁内尔氏孢虫和红火蚁变形微孢子虫

入侵型红火蚁是一种侵略性极强的火蚁属蚂蚁，曾引发世界范围内的担忧（Sánchez-Peña et al. 2005；Tschinkel 2006）。该火蚁可在环境中迅速传播，美国曾尝试将其消灭但以失败告终。于是，生物防治的策略被提上案头，其可能作为一种可持续的策略成功地抑制入侵型火蚁（Williams et al. 2003；Oi & Valles 2009）。在火蚁众多的自然天敌中，来自南美的两种病原微孢子虫红火蚁内尔氏孢虫（*Kneallhazia solenopsae*）和红火蚁变形微孢子虫（*Vairimorpha invictae*）被认为可以作为控制火蚁的生物防治因子（Williams et al. 2003）。因红火蚁内尔氏孢虫在火蚁中发现（Williams et al. 1998），故在田间其被开发利用来限制火蚁的传播。

红火蚁内尔氏孢虫曾被认为是火蚁泰罗汉孢虫（Sokolova & Fuxa 2008），其在 1973 年巴西的火蚁样本中被首次发现（Allen & Buren 1974）。最初的报道指出该微孢子虫感染了火蚁之后，火蚁表现出精力匮乏的症状，当处于干旱或者其他环境压力的情况下，感染的火蚁会迅速死亡（Allen & Buren 1974）。除此之外，更多关于感染了该微孢子虫后宿主死亡的报道出现在美国（Cook 2002；Oi & Williams 2002；Fuxa et al. 2005b）以及阿根廷黑色火蚁立氏红火蚁（*Solenopsis richteri*）中（Briano et al. 1995）。美国曾有报道指出感染以上两种微孢子虫后宿主有 63% 的数量下降，在阿根廷地区则高达 83%。这些数据部分来自于较小的火蚁群体被感染的情况，而不是火蚁巢大量火蚁存在情况下的数量下降（Oi & Valles 2009）。

实验室火蚁的接种和感染实验表明，火蚁数量的减少是由蚁后体重减轻、产卵率下降和快速死亡导致的。被感染群体的孵化率也会显著下降（Williams et al. 1999；Oi & Williams 2002）。可进行有性生殖的带翅火蚁的雌性和雄性群体均有被感染的情况，近期交配后感染的蚁后会引发群体的感染，与未感染群体相比，感染群体快速死亡（Oi & Williams 2003）。有证据显示，在入侵红火蚁和 *S. invicta* 感染红火蚁内尔氏孢虫后会发生经卵巢的垂直传播（Briano et al. 1996；Valles et al. 2002）。

蚁群中有繁殖能力的蚁后的数量是缓和红火蚁感染 *K. solenopsae* 后群体数量变化的重要因子。当蚁群中有多个蚁后，即多蚁后群体，它们的领域不是封闭的，彼此之间可以共享同样的资源、共同孵育后代，也会在彼此的蚁穴之间移动。相比之下，当蚁群中只有一个蚁后时（即单后型），蚁群只有在封闭的区域内进行较少的交流。红火蚁内尔氏孢虫在多后型的火蚁群体中更容易流行开来，当然在单后型的群体中也会发现其存在（Oi et al. 2004；Valles & Briano 2004；Fuxa et al. 2005a；Milks et al. 2008）。红火蚁内尔氏孢虫在多后型的火蚁群体中更容易流行的原因是，该群体领域不封闭，感染的火蚁可以在不同蚁群之间来回运动，其群体中数量下降的时间会由于未感染火蚁的涌入而持续下去。此外，由于该群体中蚁后感染的不同步会导致未感染子代的产生。多后型群体中巢群间的传播和巢群内感染的维系会导致红火蚁内尔氏孢虫很容易被检出。在封闭的单后型火蚁群体中，微孢子虫的感染是孤立的，蚁后的死亡会导致该群体内数量的迅速下降，微孢子虫传播和检出的概率均会下降（Fuxa et al. 2005a；Oi 2006）。然而，对阿根廷单后型火蚁群体中有限样品的检测显示红火蚁内尔氏孢虫的感染率为 55%。其如此高感染率的原因目前仍不清楚，但是人们推测可能与遗传基础或者中间宿主的存在有关（Valles & Briano 2004）。Oi 和 Valles（2009）指出 Valles & Briano（2004）提出的社会形式分析不能完全对南美洲的火蚁群体进行评估；然而，该分析确实为单后型群体提供了保守的结果（Shoemaker & Ascunce 2010）。

红火蚁内尔氏孢虫在群体之间以及蚁后之间的水平传播还没有被确定。红火蚁内尔氏孢虫感染火蚁后会产生4种类型的孢子，但是通过接种孢子引起感染还未实现（Shapiro et al. 2003；Chen et al. 2004；Sokolova & Fuxa 2008）。通过引入活的感染的幼虫或者蛹可以在实验室或者田间建立感染模型（Williams et al. 1999；Oi et al. 2001，2008）。运用这种方法已经在美国的几个州完成了田间侵染（Oi & Valles 2009；图25.2）。这种接种方法表明多后型种群的共育及单后型种群的互相偷袭均能在自然界中引起该病原体微孢子虫的传播（Oi & Williams 2003）。

红火蚁内尔氏孢虫的宿主域由其所处的田间环境决定。在南美洲进行广泛的抽样调查结果显示，在6种火蚁属中鉴定到该微孢子虫，所有的宿主都属于 *Saevissima* 种群（Oi & Valles 2009）。另外，研究人员从佛罗里达州感染红火蚁内氏尔氏孢虫的地区收集活的感染的田间样品进行实验，结果显示微孢子虫不能感染15种非 *S. invicta* 属火蚁（Oi & Valles 2012）。然而，热带火蚁（*Solenopsis geminate*）中以及热带火蚁与木火蚁的杂交种中均发现有该微孢子虫的感染。南北美洲红火蚁内尔氏孢虫感染火蚁的遗传多样性检测表明，该病原体微孢子虫变异体的存在可能会提供其作为生物防控因子的潜力（Ascunce et al. 2010）。

红火蚁变形微孢子虫也被认为是来自南美洲的可作为火蚁生物防控因子的微孢子虫。田间调查和实验室感染实验表明，该微孢子虫的宿主域比较有限，它仅能感染 *Solenopsis saevissima* 种类（Briano et al. 2002；Porter et al. 2007；Oi et al. 2010）。与红火蚁内尔氏孢虫一样，该微孢子虫存在于宿主不同的生活阶段，具有不同的孢子类型，分离得到的孢子也不能完成对宿主的侵染（Briano & Williams 2002）。然而，可以利用感染后活的或死的幼虫、成虫来启动侵染（Oi et al. 2005）。不同于红火蚁内尔氏孢虫利用活的火蚁作为接种物，用感染红火蚁变形微孢子虫死后的火蚁作为接种物就能使该病原体很容易地播散开来。

红火蚁变形微孢子虫并不同红火蚁内尔氏孢虫一样可以在入侵红火蚁和立氏红火蚁两种重要的南美洲火蚁中传播（Briano et al. 2012）。红火蚁变形微孢子虫感染后田间火蚁的数量会发生广泛波动和零星地出现。而红火蚁内尔氏孢虫感染后则可以在火蚁中连续存在，能检测出感染的水平。两种微孢子虫感染后造成的连续流行病可以给火蚁的种群带来持续的压力（Briano et al. 2006）。实验室研究发现当两种微孢子虫

图25.2　微孢子虫——红火蚁内尔氏孢虫接种至红火蚁巢中（见文后彩图）

将感染微孢子虫的活火蚁幼虫以及蛹（圈内所示）置于火蚁的巢内，巢内的火蚁将会被感染。图片由 D. Oi 拍摄 / 美国农业部农业科学研究院 USDA-ARS

同时感染火蚁群体时，其群体数量的下降更加迅速（Williams et al. 2003）。Briano（2005）进行了两种微孢子虫的田间感染实验，结果表明入侵红火蚁的数量有时会表现出持续下降。目前，美国境内仍然没有检测到红火蚁变形微孢子虫的存在（Oi et al. 2012），仍在进行检疫评估。

25.6　舞毒蛾：舞毒蛾微粒子虫和舞毒蛾变形微孢子虫

自然森林生态系统是复杂的，它包括各种各样的植物、动物、气候、地形和许多其他生物、非生物，其特性决定了在微观和宏观均存在着相互联系。在这个广阔的栖息地，森林昆虫的暴发是管理者重点关注的问题，也被作为重点项目进行研究。在众多报道的森林昆虫微孢子虫中，一部分微孢子虫与害虫种群暴发的调节有关（Solter et al. 2012）。举例来说，在北美洲北部的针叶树森林，舞毒蛾微粒子虫（*Nosema fumiferanae*）被认为是控制东部云杉蚜虫（*Choristoneura fumiferana*）暴发的一种有效因子（Régnière 1984；van Frankenhuyzen et al. 2007）。在该害虫以每 35～40 年为周期暴发时，就会出现大量的落叶（Royama 1984；Boulanger & Arseneault 2004），此时云杉卷叶蛾微粒子虫和其他内寄生病原体及微孢子虫的数量增加则会降低害虫的密度，抑制害虫的暴发（Eveleigh et al. 2007）。在蚜虫暴发时间点之间，云杉卷叶蛾微粒子虫可以通过卵巢完成垂直传播，在不同季节不同代系之间得以维系（Eveleigh et al. 2012）。

前面给出的云杉蚜虫的例子就是涉及了在北美本土微孢子虫和宿主之间的相互作用。相比之下，舞毒蛾（*Lymantria dispar*）是一种来自欧亚大陆的入侵害虫。这种害虫是落叶阔叶树的主要食叶害虫，主要侵袭美国东部和加拿大的森林（Elkinton & Liebhold 1990）。在北美，每 8～10 年就会暴发舞毒蛾虫害，造成整个地区植株落叶，期间每 4～5 年还会有一次小规模的暴发（Johnson et al. 2006）。该害虫已经发展成为森林管理人员主要的防治目标，需要大规模抑制其数量并减少其传播。昆虫的病原体被认为是这场战役的关键要素，包括细菌芽孢杆菌微生物杀虫剂（Btk）以及杆状病毒——舞毒蛾核型多角体病毒（*Ld*MNPV），这些病原体主要通过地面以及空中喷洒的方式来应用（McManus & Cóska 2007；Solter & Hajek 2009）。1989年开始应用真菌病原体——来自日本的嗜虫霉（*Entomophaga maimaiga*）进行杀虫，该病原体可以引起广泛的流行病从而达到控制舞毒蛾数量的目的（Hajek et al. 1990；Elkinton et al. 1991）。来自于欧洲舞毒蛾体内的微孢子虫被认为是该害虫的自然界天敌，它们已经开始用作典型的生物防治因子投放到美国进行使用（Weiser & Novotny 1987；Jeffords et al. 1988；Solter & Becnel 2007）。

1986 年引入两种微孢子虫来控制舞毒蛾，其中葡萄牙微粒子虫在宿主体内复苏并在接下来的一年发生了水平传播。但是在 1989 年搜集的样品中并未检测到该微孢子虫，表明其没有维系下来。然而上述案例表明利用来自欧洲的微孢子虫感染舞毒蛾进而控制其数量具有潜在的可行性（Jeffords et al. 1989；Solter & Becnel 2007；Solter et al. 2012）。微孢子虫作为生物防治因子的标准将会变得更加严格（Solter & Hajek 2009）。美国监管机构在 2008 年制订了欧洲舞毒蛾微粒子虫的一系列详细标准，包括其分类、宿主特异性、组织嗜性及传播方式，用来判断是否可以作为候选的生物防治因子。

在欧洲，一些本地微孢子虫普遍存在于舞毒蛾中，舞毒蛾暴发的间歇期微孢子虫在其体内维持较低的水平，随着舞毒蛾数量逐渐趋向于暴发水平，此时微孢子虫的数量也逐渐增多（McManus & Solter 2003）。由于孢子存在未知的二型性，早期对于这些微孢子虫的分类不清楚。最近的研究已经开始将这些微孢子虫归位 4 类，分别是舞毒蛾微粒子虫（包括两个分离株）、葡萄牙微粒子虫、舒氏内网虫（*Endoreticulatus schubergi*）和舞毒蛾变形微孢子虫（*Vairimorpha disparis*），基于其传播的特点和宿主特异性来进一步评价它们作为生物防控因子的潜力（Solter et al. 1997；Vávra et al. 2006；Solter & Hajek 2009；Solter et al. 2012）。确定感染舞毒蛾的不同微孢子虫的特点可以构筑起近代研究与当前精确的分类研究之间的桥梁。

确定潜在的生物防控因子的宿主特异性对于其利用是至关重要的。Solter 等（1997）描述了舞毒蛾微粒子虫与非目标鳞翅目昆虫的相互关系，①有耐受性；②与环境中少数微孢子虫具有非典型性的感染；

③可以引起严重的感染。严重的感染又可以进一步区分为（a）严重的非典型感染或者，（b）特异性感染"类宿主"感染，这些信息为确定潜在的生态学宿主域提供了有益的参考。例如，对于非目标范围的昆虫，如果没有考虑被特异性感染的症状，像孢子的可增殖发育等，仅检测其体内是否存在微孢子虫的感染这一生理学特性，会导致大部分潜在的生物防治因子被排除（Solter & Maddox 1998a）。

在欧洲生态区域较窄的地方或者田间，宿主范围也是通过现场调查来确定。通过对保加利亚舞毒蛾和其他鳞翅目昆虫的调查显示舞毒蛾微粒子虫、舞毒蛾变形微孢子虫和舒氏内网虫三种微孢子虫仅存在于舞毒蛾中，在其他鳞翅目昆虫中没有检出。斯洛伐克也有类似的报道，在那里舞毒蛾微粒子虫和舞毒蛾变形微孢子虫的孢子悬液已经被用于喷洒植物的叶片，结果表明仅存在有限的非目标宿主被感染，而且感染后孢子在其体内并不能维系下来（Solter et al. 2000，2010）。

除了评估宿主特异性之外，了解舞毒蛾中不同微孢子虫的传播途径也能促进其他标准的判定，如选择生物防控因子时需要考虑的毒力强弱和传染性等。舒氏内网虫的传播是由于摄入了排泄物污染的树叶，这反映了该微孢子虫可以感染宿主的中肠。收集宿主排泄物中 10 ~ 25 d 的舒氏内网虫进行感染实验，其感染率为 100%，然而实验室条件下该孢子感染幼虫后的死亡率较低，最高为 38%（Goertz & Hoch 2008a）。感染后存活下来的幼虫会继续发育至成虫，病原体微孢子虫通过卵表感染（不是通过卵巢）、交配传播以及尸体越冬后感染性微孢子虫的存在都有助于舒氏内网虫在代与代之间的维系（Goertz & Hoch 2008b）。实验室宿主特异性方面的研究表明舒氏内网虫是一个多面手，它可以针对 33 种非目标范围中的 15 种昆虫特异性感染。正因为这样，该微孢子虫不能作为典型的生物防治因子被释放至环境中（Solter et al. 1997，2012）。

舞毒蛾微粒子虫可以感染昆虫的马氏管、脂肪体、丝腺和性腺。由于其广泛地组织嗜性马氏管的感染可使其排泄物带有孢子，从而造成水平传播（Goertz & Hoch 2008a）。系统性地感染延伸至其他组织，如脂肪体，脂肪体的感染可使孢子从腐烂的尸体广泛播散开来。经卵巢传播也会出现（Goertz & Hoch 2008b），这可能是孢子感染性腺所致。该微孢子虫温和的毒力使其同时可以发生水平传播和垂直传播，这就使得该孢子得以有效传播，包括在代与代之间的维系（Goertz & Hoch 2008b）。

舞毒蛾变形微孢子虫在中肠开始感染，随后主要感染脂肪体。它是一种毒力较强的病原体，无论孢子的感染量和幼虫所处的阶段，感染后的幼虫均会死亡。感染性孢子在环境中的播散主要得益于尸体的腐烂分解。在幼虫死亡之前，孢子可以通过排泄物排泄出去，但这只是一种轻微的传播方式（Goertz & Hoch 2008a）。没有证据表明 *V. disparis* 可以经卵细胞感染传播（Goertz & Hoch 2008b）。较强的毒力、缺乏垂直传播方式及孢子越冬后较弱的生存能力并没有表明该孢子在季节间或者代间明确的维系机制。然而，舞毒蛾变形微孢子虫已经连续多年在保加利亚的单一地点被检测到（Solter et al. 2000）。

保加利亚和美国已经通过引入感染舞毒蛾的 3 龄幼虫，将舞毒蛾微粒子虫和舞毒蛾变形微孢子虫两种微孢子虫作为典型的生物防控因子引入到环境中。在保加利亚，2008 年引入的舞毒蛾微粒子虫在当年感染幼虫中检测的带毒率为 55%，随后 3 年的检出率为 7% ~ 10%。在美国，2008 年和 2010 年分别将舞毒蛾微粒子虫释放至环境中，但均未在当年的舞毒蛾幼虫中检出。然而，2010 年发现感染率为 12.5%。2008 年和 2010 年分别将舞毒蛾变形微孢子虫释放至环境中，在释放当年检出的带毒率分别为 57% 和 4.3%。然而舞毒蛾变形微孢子虫并不能在释放后的第 2 年检出。在美国，2008 年和 2010 年将舞毒蛾变形微粒子虫释放至环境中后并不能检测出。然而，2010 年检测时舞毒蛾变形微孢子虫的带毒率为 27%。两种微孢子虫复苏混淆的主要原因是舞毒蛾的密度较低。在美国，噬虫霉（*E. maimaiga*）的存在使得舞毒蛾的数量减少。在监测期内对保加利亚和美国的任意地点进行样品搜集和检测，结果表明舞毒蛾微粒子虫和舞毒蛾变形微孢子虫两种微孢子虫没有感染非目标昆虫，进一步确认了它们的宿主特异性。当然，像噬虫霉（*E. maimaiga*）一样的昆虫病原体对环境的影响需要做进一步评估。舞毒蛾微粒子虫的田间复苏的情况表明，微孢子虫作为生物防控因子具备多种传播方式是至关重要的。

25.7　结语

利用微孢子虫作为生物防控因子需要了解其季节性生活周期和在自然界中的传播方式，这些信息的获取有助于微孢子虫作为生物防治因子使用时被正确地去保存和释放（Andreadis 1990b）。微孢子虫作为生物防治因子使用时应具备以下特点：①高效地垂直和水平传播能使其持续感染和播散；②温和的毒力，实现宿主死亡和病原体维系 / 循环利用之间的平衡；③有限的宿主域，仅针对特定的害虫或者近缘害虫；④具有可操作的接种或释放方法（表 25.1）。考虑到目前微孢子虫尚不能在体外批量生产，对环境的引入或者释放主要依赖于其自身在环境中的维系和传播，微孢子虫作为害虫的天敌，用其进行生物防治是合理的。

随着贸易全球化的继续，全球化旅游的增加和自然栖息地的改变，外来物种的入侵以及之前暴发害虫的再次暴发肯定会出现。建立或者操控这些新发现的害虫的天敌来达到抑制害虫的数量，这种方法能够可持续性地将害虫数量稳定在环境可允许的范围内。通过单一的生物防控因子达到完全控制害虫的目的是梦寐以求的目标。然而，自然界中种群数量的调节是一种复杂的相互作用，这里面涉及了数种自然天敌及其他生物因子和非生物因子。在众多微孢子虫中，已有部分微孢子虫被用于生物防治，它们往往会引起宿主慢性衰弱的感染，而且这种感染还依赖于宿主的种群密度。因此，由于微孢子虫的感染导致的害虫数量下降往往不能达到让人足够满意的水平。但是，在非生产地区或者自然栖息地，微孢子虫的利用能缓解害虫的暴发、抑制害虫的迁徙（Bomar et al. 1993；Becnel & Johnson 2000；McManus & Solter 2003；Oi et al. 2008；Lewis et al. 2009）。因此，人们应该理性地去认识微孢子虫作为生物防治因子的作用，它们能够成为害虫数量调控的重要组成部分。

25.8　微孢子虫作为有益昆虫的病原体

作为昆虫的病原体，微孢子虫可以感染数种有益节肢动物，包括那些田间收集或者大量人工饲养用于害虫控制的动物，也包括那些自然界中起到控制害虫作用的动物。微孢子虫往往在实验室饲养的有益节肢动物中也有发现，它们会引起宿主的慢性疾病影响宿主健康，也会影响生物防治的效果。

由于自然界中微孢子虫的隐蔽性，感染的节肢动物往往只能通过切片观察的方式才能确定。在多数情况下，感染微孢子虫的有益节肢动物会表现出多种症状，包括食量下降、幼虫及蛹期延长、形成畸形蛹和成虫、繁殖率和寿命均下降并最终死亡（Brooks & Cranford 1972；Siegel et al. 1986b；Zchori-Fein et al. 1992；Geden et al. 1995；Bjørnson & Keddie 1999；Schuld et al. 1999；Idris et al. 2001；Steele & Bjørnson 2012）。感染了微孢子虫的宿主昆虫在外界压力下可能会表现出更多症状（Kluge & Caldwell 1992），尤其是当大量饲养的昆虫受到感染时。

下面是对田间收集和大量饲养的用于生物防治的有益昆虫以及自然界中用于害虫控制的有益昆虫感染微孢子虫时的总结和概括。表 25.2 列举了报道的有益节肢动物感染病原体微孢子虫的情况。

25.9　寄生蜂类

25.9.1　*Apanteles fumiferanae*（膜翅目：小茧蜂科）

云杉卷叶蛾绒茧蜂（*Apanteles fumiferanae*）是一种在加拿大寄生于云杉卷叶蛾（*Choristoneura fumiferana*）的寄生蜂，每年野外云杉卷叶蛾种群均有 10%～30% 的个体被寄生（Nealis & Smith 1987）。微孢子虫云杉卷叶蛾微粒子虫（*Nosema fumiferanae*）可以感染南安大略湖大部分的云杉卷叶蛾种群，在种群密度大的区域感染率较高（Nealis & Smith 1987）。云杉卷叶蛾微粒子虫可以感染云杉卷叶蛾幼虫与成虫的

表 25.2　被微孢子虫感染的有益节肢动物与线虫

寄生蜂 （除了标注的均为膜翅目）	寄生蜂宿主	微孢子虫	微孢子虫感染对 寄生蜂的影响
Apanteles fumiferanae（Braconidae）	云杉卷叶蛾（*Choristoneura fumiferana*）	*Nosema fumiferanae*	有限的有益作用
Ascogaster quadridentata（Braconidae）	苹果小卷蛾（*Laspeyresia pomonella*）	*Nosema carpocapsae*	有害的
Asobara tabida（Braconidae）	果蝇	*Tubulinosema kingi*	有害的
Pachycrepoideus vindemiae（Ichneumonidae） *Bonnetia comta*（Diptera：Tachinidae）	小地老虎（*Agrotis ipsilon*）	*Vairimorpha necatrix* 和 *Vairimorpha* sp.	有害的
Bracon mellitor（Braconidae）	棉子象鼻虫（*Anthonomu grandis*）	*Glugea gasti*	有害的
Campoletis sonorensis（Ichneumonidae）	棉铃虫（*Helicoverpazea*）	*Nosema heliothidis*	有害的
Cardiochiles nigriceps（Braconidae）	烟草夜蛾幼虫（*Heliothis virescens*）	*Nosema campoletidis* 和 *Nosema cardiochiles*	有限的有益作用
Catolaccus aenoviridis	*C. sonorensis*	*Nosema heliothidis*	小或无作用
Spilochalcis side（重寄生蜂）		*Nosema campoletidis*	有害的
Cotesia flavipes（Braconidae）	斑点天牛（*Chilo partellus*）	*Nosema partelli* 和 *Nosema bordati*	有害的
Cotesia flavipes	蔗螟（*Diatraea saccharalis*）	*Nosema* sp.	有害的
Cotesia glomerata（Braconidae）	菜青虫（*Pieris rapae*） 菜粉蝶（*Pieris brassicae*）	*Nosema mesnili*	无影响
Cotesia marginiventris（Braconidae）	禾灰翅夜蛾（*Spodoptera mauritia acronyctoides*） 棉铃虫（*H. zea*）	*Vairimorpha* sp.	未知
Dahlbominus fuscipennis（Eulophidae）	落叶松叶蜂（*Pristiphora erichsonii*）	*Thelohania pristiphorae*	有害的
Diadegma semiclausum（Ichneumonidae）	小菜蛾（*Plutella xylostella*）	*Vairimorpha imperfecta*	有害的
Encarsia nr. *pergandiella*（Aphelinidae）	银叶粉虱（*Bemesia argentifolii*）	*Nosema* sp.	有害的
Glyptapanteles liparidis（Braconidae）	舞毒蛾（*Lymantria dispar*）	*Vairimorpha disparis*	无影响
Lydella thompsoni（Diptera: Tachinidae）	ECB（*Ostrinia nubilalis*）	*Nosema pyrausta*	有害的
Macrocentrus ancylivorus（Braconidae）	梨小食心虫（*Grapholitha molesta*）	*Nosema destructor*	有害的
Macrocentrus cingulum（Braconidae）	ECB（*Ostrinia nubilalis*）	*Nosema pyrausta* *Nosema* sp. *Vairimorpha necatrix*	无影响 有害的 有害的
Muscidifurax raptor（Pteromalidae）	家蝇（*Musca domestica*） 舌蝇（*Stomoxys calcitrans*）	*Nosema muscidifuracis*	有害的

续表

寄生蜂 （除了标注的均为膜翅目）	寄生蜂宿主	微孢子虫	微孢子虫感染对 寄生蜂的影响
Pediobius foveolatus（Eulophidae）	墨西哥菜豆瓢虫 （*Epilachna varivestis*）	*Nosema epilachnae*、 *Nosema varivestis*	有害的
Tachinaephagus zealandicus （Encyrtidae）	Muscoid fly 幼虫	*Nosema* sp.	有害的
Trichogramma chilonis （Trichogrammatidae）	甘蓝小菜蛾（*Plutella xylostella*）	*Vairimorpha* sp.	有害的
Trichogramma evanescens、*Trichogramma nubilale*（Trichogrammatidae）	ECB（*Ostrinia nubilalis*）	*Nosema pyrausta*	有害的
草食昆虫（除标注的所有 Coleoptera 属物种）			
Galeruca rufa（Chrysomelidae）	田旋花（*Convolvulus arvensis*）	*Nosema* sp.	有害的
Lema cyanella（Chrysomelidae）	加拿大蓟（*Cirsium arvense*）	*Nosema* sp.	有害的
Rhinocyllus conicus（Curculionidae）	意大利蓟（*Carduus tenuiflorus*）	*Nosema* sp.	未知
Crown weevil、*Ceutorhynchus litura*（Curculionidae）；加拿大蓟茎五倍子虫（*Urophora cardui*）（Diptera，Tephritidae）	加拿大蓟（*Cirsium arvense*）	*Nosema* sp.	未知
Predators			
双斑瓢虫（*Adalia bipunctata*）（Coleoptera，Coccinellidae）	蚜虫	*Tubulinosema hippodamiae* 未被描述的微孢子虫	无影响 有害的
Chrysoperla californica *Chrysoperla carnea*（Neuroptera，Chrysopidae）	蚜虫	*Pleistophora californica* *Nosema pyrausta*	有害的 无影响
七星瓢虫和其他瓢虫（*Coccinella septempunctata*）（Coleoptera，Coccinellidae）	蚜虫	*Nosema tracheophila*、 *Nosema coccinellae*	可以感染组织、影响未见报道
会聚的瓢虫（*Hippodamia convergens*）（Coleoptera，Coccinellidae）	蚜虫	*Nosema hippodamiae* *Tubulinosema hippodamiae*	未见报道 有害的
Metaseiulus occidentalis（Acari，Phytoseiidae）	红蜘蛛	*Oligosporidium occidentalis*	有害的
Neoseiulus cucumeris、*Neoseiulus barkeri*（Acari，Phytoseiidae）	西花蓟马（*Frankliniella occidentalis*）、洋葱蓟马（*Thrips tabaci*）	可能是 Pleistophoridae 科 *Nosema steinhausi* 另外一个未被鉴定	未见报道
饲料螨（*Acarus siro*）、粮食螨（*Tyrophagus putrescentiae*），作为食物在益类螨虫中大规模饲养	西花蓟马（*Frankliniella occidentalis*）、洋葱蓟马（*Thrips tabaci*）	*Nosema steinhausi* *Intexta acarivora*	未见报道
Phytoseiulus persimilis（Acari，Phytoseiidae）	红蜘蛛	*Microsporidium phytoseiuli* 两个未被描述的微孢子虫	有害的 未见报道
Sasajiscymnus tsugae（Coleoptera，Coccinellidae）、*Laricobius nigrinus*（Coleoptera，Derodontidae）	铁杉球蚜	*Tubulinosema* sp. 一些 *Nosema* spp. 物种	有害的

寄生蜂 （除了标注的均为膜翅目）	寄生蜂宿主	微孢子虫	微孢子虫感染对 寄生蜂的影响
其他有益的无脊椎动物			
Steinernema glaseri（Rhabditida，Steinernematidae）	甲虫幼虫	未被描述的微孢子虫	有害的
Steinernema carpocapsae（Rhabditida，Steinernematidae）	鳞翅目幼虫	*Pleistophora schubergi*、*Nosema mesnili*	未知
Xysticus cambridgei（Araneae，Thomisidae）	蜘蛛	*Oligosporidium arachnicolum*	未知

多种组织（Thomson 1955；Percy 1973），但是感染效应则取决于感染的程度。低程度的感染会延长幼虫与成虫的生长发育时间和降低成虫的繁殖力，而严重的感染则会导致宿主死亡（Thomson 1958b）。在比较偶然的情形下会在同一个宿主中发现寄生蜂和微孢子虫（Thomson 1958a）。

在宿主内同时发现微孢子虫和寄生蜂时，可以在寄生蜂云杉卷叶蛾绒茧蜂幼虫体内发现云杉卷叶蛾微粒子虫的孢子，但是微孢子虫不能侵染寄生蜂的任何组织（Thomson 1958a；Nealis & Smith 1987）。寄生蜂幼虫的盲肠会为最终蛹化存储食物。当寄生蜂幼虫在被云杉卷叶蛾微粒子虫感染的宿主体内发育时，会因为食入宿主组织而大量摄入孢子，并在肠道中积累最终填满肠道。这些孢子既不能被消化也不能侵染寄生蜂幼虫。但是积累的孢子降低了寄生蜂幼虫存储食物的能力，因此对饥饿更加敏感。虽然可以在寄生蜂成虫上发现孢子，但是从来没有在被清洁剂或盐水清洗过的寄生蜂成虫身上发现过孢子，表明这些孢子只是存在寄生蜂成虫的表面（Nealis & Smith 1987）。

观察发现孢子仅会被寄生蜂雌性成虫体表携带。该微孢子虫病原体在寄生蜂中的感染率和感染程度均较轻，寄生蜂应该不是微孢子虫在云杉卷叶蛾种群的传播媒介，也几乎没有证据表明寄生蜂与云杉卷叶蛾微粒子虫在云杉卷叶蛾种群内的水平或垂直传播相关（Nealis & Smith 1987）。

尽管微孢子虫病原体不感染寄生蜂幼虫组织，但是其可以感染蛹。与从未被感染宿主体内钻出的个体相比，更多地从被感染宿主体内钻出的寄生蜂幼虫并未发育完全。由于微孢子虫严重感染宿主而导致宿主死亡时，寄生蜂幼虫的致死率也会大幅提升（Thomson 1958a；Nealis & Smith 1987）。与未被感染的个体相比，被云杉卷叶蛾微粒子虫感染的寄生蜂个体在蛹期发育时间、茧重和成虫的寿命方面没有发现变化（Nealis & Smith 1987）。宿主被严重感染时寄生蜂的死亡率会变高，但是由于微孢子虫导致的该效应是比较局限的，因为寄生蜂会在宿主发育的早期就钻出，对寄生蜂而言，在被严重感染的宿主中发育不会受到严重的影响，在大规模培养寄生蜂时它们也不会因为宿主存在一定程度的感染就受到影响（Nealis & Smith 1987）。

在实验室条件下，无论是云杉卷叶蛾微粒子虫的感染率还是感染程度都会随着时间增加而变强，但是在被寄生蜂寄生的宿主中增加的程度弱于未被寄生的宿主。云杉卷叶蛾微粒子虫不能感染寄生蜂的幼虫和成虫，也没有明显证据表明寄生蜂与微孢子虫在自然云杉卷叶蛾种群内存在相互作用，这证明它们对云杉卷叶蛾种群的效应是相互独立的（Nealis & Smith 1987）。

25.9.2 *Ascogaster quadridentata*（膜翅目：小茧蜂科）

四齿革腹茧蜂（*Ascogaster quadridentata*）是苹果小卷蛾（*Laspeyresia pomonella*）的寄生蜂，小卷蛾微粒子虫（*Nosema carpocapsae*）可以感染苹果小卷蛾的幼虫、蛹、成虫以及四齿革腹茧蜂的幼虫。这种病原菌只感染一龄幼虫的直肠，但是终龄幼虫会摄入孢子，因为其以宿主的脂肪为食。这些孢子会积累在幼虫的盲肠，当寄生蜂钻出宿主并结茧时其组织也会被微孢子虫侵染。该微孢子虫能侵染蛹中肠上皮、丝腺和马氏管，被严重感染的蛹不能发育至成虫，羽化而出的成虫很少进行交配，且它们的寿命也较短（Huger & Neuffer 1978）。

25.9.3　*Asobara tabida*（膜翅目：小茧蜂科）

微孢子虫金氏管孢虫（*Tubulinosema kingi*）可以感染实验室培养的果蝇，被感染后其预蛹期和蛹期延长了，蛹的死亡率增加了，成虫的生命力与繁殖力也下降了。当喂食果蝇的培养基中含有金氏管孢虫孢子时，该病原体的个体水平传播为 100%。但是该病原体在幼虫群内的传播与垂直传播的概率较低（<10%）（Futerman et al. 2006）。

Futerman 及其同事在 2001 年的研究发现寄生蜂反颚茧蜂（*Asobara tabida*）和金小蜂（*Pachycrepoideus vindemiae*）的幼虫与蛹中很多个体的右下腹苍白和肿胀的现象，对这些有症状的寄生蜂进行观察发现金氏管孢虫的孢子。其孢子为卵形或梨形，有两个核，大小为（4.6 ± 0.3）μm ×（2.7 ± 0.1）μm（新鲜孢子）和（3.6 ± 0.3）μm ×（2.4 ± 0.2）μm（固定后）（Franzen et al. 2006；Futerman et al. 2006）。

Futerman 等（2006）研究了未感染微孢子虫的反颚茧蜂寄生于被金氏管孢虫感染的果蝇（*D. subobscura*）后的效应。这种病原菌增加了蛹的死亡率，也降低了产卵率，随着被添加孢子剂量的增加这些比率还会进一步增加。被感染的反颚茧蜂产生的后代数发生了下降。

虽然病原体由果蝇传播至反颚茧蜂的概率为 100%，被感染的雌性寄生蜂并不会将该微孢子虫垂直传播给下一代，也不会感染其他果蝇幼虫。金氏管孢虫也可以感染金小蜂并引起很高的死亡率（Futerman et al. 2006）。

金氏管孢虫感染后，在反颚茧蜂和金小蜂体内引发的效应比在果蝇内更显著，作者提出多种解释。总的来说，在宿主体内发育的寄生蜂会接触高密度的微孢子虫，而寄生蜂的发育时间长于宿主的寿命，使得病原菌可以在寄生蜂体内组织发育更长时间（Futerman et al. 2006）。

25.9.4　*Bonnetia comta*（双翅目：寄蝇科）

球菜夜蛾（*Agrotis ipsilon*）幼虫在接种纳卡变形微孢子虫（*Vairimorpha necatrix*）和某未定种的变形微孢子虫（*Vairimorpha* sp.）之后会被感染。这些病原菌会破坏它们的肠道并导致幼虫快速死亡。

Cossentine 和 Lewis（1986）研究了纳卡变形微孢子虫和未定种变形微孢子虫感染球菜夜蛾幼虫后对其寄生蝇（*Bonnetia comta*）的影响。将球菜夜蛾幼虫喂食纳卡变形微孢子虫或未定种变形微孢子虫的孢子后再让寄生蝇在其中产卵并发育。与未被感染的幼虫相比，感染了纳卡变形微孢子虫的球菜夜蛾幼虫体内蛹化的寄生蝇数目要更少，蛹重相对更轻，而羽化为成虫所需时间也更长。在感染了未定种变形微孢子虫的幼虫中也存在类似的趋势，但是这种现象并不是非常显著。

在感染了纳卡变形微孢子虫或未定种变形微孢子虫后，寄生蝇幼虫肠腔内积累了不能被消化的孢子，随着幼虫的成熟体积逐渐增大。孢子的积累以及伴随而来的组织破坏会导致营养缺乏，这两种微孢子虫对雌性寄生蝇幼虫的危害都要大于对雄性寄生蝇幼虫的危害，而增大感染球菜夜蛾幼虫的微孢子虫剂量后，其对寄生蝇幼虫的影响效应也会增大（Cossentine & Lewis 1986）。

25.9.5　*Bracon mellitor*（膜翅目：小茧蜂科）

外寄生蜂嗜蜜茧蜂（*Bracon mellitor*）的宿主范围很广，包括鞘翅目与鳞翅目昆虫，是棉铃象甲的（*Anthonomus grandis*）的主要寄生蜂（Tillman & Cate 1989）。McLaughlin 在棉铃象甲中发现了加氏格留虫（*Glugea gasti*），这种病原菌会首先感染消化道随后播散到全身组织，成熟孢子的大小为（4.3 ± 0.3）μm ×（2.3 ± 0.2）μm。与此同时，在用于培养嗜蜜茧蜂的棉铃象甲中发现了另一种尚未被鉴定的微孢子虫。Bell 和 McGovern 正在开展相关的工作研究加氏格留虫及前述未鉴定的微孢子虫对嗜蜜茧蜂的影响。

感染了加氏格留虫的象鼻虫幼虫中没有嗜蜜茧蜂出现，而从感染了未知微孢子虫的棉铃象甲幼虫中出现的嗜蜜茧蜂与未感染的对照组相比没有表现出差异。从感染了未知微孢子虫的棉铃象甲幼虫中出现的嗜蜜茧蜂成虫体内未观察到孢子，但是在感染了微孢子虫加氏格留虫的棉铃象甲幼虫中，死亡的嗜蜜茧蜂幼虫体内可以观察到未成熟的微孢子虫以及大量孢子。据此作者得出结论，即感染了加氏格留虫的棉铃象甲会对嗜蜜茧蜂的生长带来影响，而未鉴定的微孢子虫则对嗜蜜茧蜂没有或者仅有很弱的影响（Bell & McGovern 1975）。

25.9.6 *Campoletis sonorensis*（膜 翅 目：姬 蜂 科） 和 *Cardiochiles nigriceps*（膜翅目：小茧蜂科）

棉铃虫微粒子虫（*Nosema heliothidis*）是一种以棉铃虫（*Helicoverpazea*）和烟草夜蛾（*Heliothis virescens*）为宿主的微孢子虫。Brooks 和 Cranford 报道了棉铃虫微粒子虫对寄生蜂索诺齿唇姬蜂（*Campoletis sonorensis*）和黑头折脉茧蜂（*Cardiochiles nigriceps*）的影响，同时也分别描述了从索诺齿唇姬蜂和黑头折脉茧蜂中分离到的微孢子虫病原体齿唇姬蜂微孢子虫（*Nosema campoletidis*）和折脉茧蜂微粒子虫（*Nosema cardiochiles*）。McNeil 和 Brooks 则报道了微孢子虫（棉铃虫微粒子虫和齿唇姬蜂微孢子虫）对巨颅金小蜂（*Catolaccus aenoviridis*）及卡诺小蜂（*Spilochalcis side*）这两种索诺齿唇姬蜂的超寄生蜂的影响。

在感染了棉铃虫微粒子虫的棉铃虫体内发育的索诺齿唇姬蜂均呈现了系统性感染，索诺齿唇姬蜂幼虫在发育时会食入含有微孢子虫的宿主组织，孢子会在其盲肠处积累。大部分情况下孢子会被限制在中肠肠腔或者中肠上皮细胞，但是在部分幼虫体内，病原菌会侵入与中肠相邻的组织，包括马氏管、丝腺、肌肉与脂肪体，生殖腺与神经系统则不会被感染。在化蛹的过程中大量的孢子会随着蛹便被排出，与幼虫相比，蛹体组织的感染程度更重，在中肠、脂肪体、肌肉与神经组织中均观察到了微粒子虫孢子，表皮细胞、气管细胞、卵巢与精巢的上皮细胞鞘也会被感染。与蛹相比成虫的感染程度则更为严重，成虫的生殖组织被更广泛地感染，证明棉铃虫微粒子虫可以垂直传播（Brooks & Cranford 1972）。

在被棉铃虫微粒子虫感染的宿主体内生长的寄生蜂幼虫大部分表现正常，少数成虫表现为翅膀畸形，部分个体相对虚弱，这类成虫往往会在 24 h 内死亡（Brooks & Cranford 1972）。

巨颅金小蜂或卡诺小蜂均不会由于寄生在感染棉铃虫微粒子虫的棉铃虫体内生长的索诺齿唇姬蜂而感染微粒子虫，棉铃虫微粒子虫孢子会在它们的盲肠聚集，但是在成蛹过程中会随着蛹便被排出。这两种超寄生蜂的成虫与蛹均不会被微粒子虫感染，即这种病原菌对它们的发育与生长均没有影响（McNeil & Brooks 1974）。

齿唇姬蜂微孢子虫可以感染索诺齿唇姬蜂，在北卡罗来纳州的自然种群中的感染率相对较高（7.9%～38.5%），这被认为主要是由较高的垂直传播率所导致的。齿唇姬蜂微孢子虫的孢子呈卵圆柱状，大小为（3.1～6.2）μm×（1.4～2.4）μm。在成熟的索诺齿唇姬蜂幼虫中，感染是系统性的，孢子可以侵入神经系统、幼虫生殖腺、中肠上皮细胞、马氏管、肌肉、气管与表皮细胞、丝腺和脂肪体，但是在肠腔内几乎检测不到孢子。在成虫中感染会更加严重，可以在中肠上皮细胞、肠腔、神经节、卵巢与精巢中检测到孢子。虽然齿唇姬蜂微孢子虫会导致系统性感染，但是它对幼虫的发育时间与成虫交配、繁殖与寿命等均不会产生明显的影响。没有一个特征与感染相关，也没有办法从野外采集到的个体中区分感染个体与健康个体（Brooks & Cranford 1972）。

巨颅金小蜂寄生了感染齿唇姬蜂微孢子虫的索诺齿唇姬蜂蛹后，会由于齿唇姬蜂微孢子虫而引发系统性感染。病原菌会寄生于肠道上皮细胞、马氏管、成虫与幼虫的脂肪体，也存在垂直传播的情况。卡诺小蜂同样也会被齿唇姬蜂微孢子虫感染，但是与前者不同，感染后的微孢子虫会保持在孢子母细胞状态，感染会局限在中肠上皮细胞且没有成熟孢子形成。在巨颅金小蜂与卡诺小蜂的例子中，感染了微孢子虫后并没有出现与之对应的症状，表明微孢子虫感染带来的危害可能被限制在了最小的范围（McNeil & Brooks 1974）。

折脉茧蜂微孢子虫可以感染黑头折脉茧蜂，一种烟草夜蛾的内寄生蜂。从田间收集的黑头折脉茧蜂样本的折脉茧蜂微孢子虫感染率较为一般（最多 33.3%）。从田间收集到健康的烟草夜蛾中分离到了感染折脉茧蜂微孢子虫的黑头折脉茧蜂，这暗示了垂直传播途径的存在。从田间收集到的感染微孢子虫样品不存在显著的与感染相关的症状（Brooks & Cranford 1972）。

折脉茧蜂微孢子虫的孢子呈略弯的卵圆柱状，大小为（3.6 ~ 6.0）μm×（1.4 ~ 2.4）μm。黑头折脉茧蜂幼虫的折脉茧蜂微孢子虫感染程度较重且表现为系统性感染。折脉茧蜂微孢子虫的孢子可以存在于中肠与盲肠上皮细胞、表皮与气管细胞、脂肪体、绛色细胞、丝腺、脑部与腹神经节、肌肉与发育中的生殖腺等。在被感染的雌性成虫中，马氏管会被侵染，而绛色细胞、脂肪组织与生殖腺则被严重感染，所产的卵中也含有孢子（Brooks & Cranford 1972）。

病原菌感染对幼虫的发育时间没有影响，但是部分成虫（23.1%）在成为预蛹之后不能羽化。在实验室条件下，感染微孢子虫属的宿主内寄生蜂数会有所下降（Brooks & Cranford 1972）。

25.9.7　*Cotesia*（*Apanteles*）*flavipes*（膜翅目：小茧蜂科）

螟黄足绒茧蜂（*Cotesia flavipes*）是一种社会性的寄生蜂，其幼虫寄生在鳞翅目钻心虫体内。螟黄足绒茧蜂的宿主范围很广，其在全世界范围内作为对抗钻心虫的生物防治材料被广泛运用（Bordat et al. 1994）。这种寄生蜂已经被引进到科莫多群岛与南非用以控制斑禾草螟（*Chilo partellus*）（Bordat et al. 1994；Kfir & Walters 1996），斑禾草螟也会被博氏微粒子虫（*Nosema bordati*）感染。

在 1989 年，实验室内培养的螟黄足绒茧蜂出现大量死亡的现象。对死亡的幼虫与蛹进行检查发现了大量博氏微粒子虫的孢子。虽然很多寄生蜂在感染博氏微粒子虫的斑禾草螟产卵后，幼虫均会受到感染，但是只有螟黄足绒茧蜂与寄生蜂 *Allorhogas pyralophagus* 表现出了致死的症状。

Bordat 等研究了螟黄足绒茧蜂和博氏微粒子虫均出现在斑禾草螟时的相互关系。他们将收集的孢子分散均匀后，以不同浓度孢子 [（7.59×10³）~（7.59×10⁷）个 /mL] 经口感染玉米螟幼虫，螟黄足绒茧蜂一龄幼虫的死亡率随着孢子浓度的上升而提高，博氏微粒子虫会导致未成熟的螟黄足绒茧蜂一龄幼虫死亡率为78.8% ~ 97.7%，而成功羽化后的成虫也会由于感染而过早死亡。受感染的螟黄足绒茧蜂无论是繁殖力还是寄生玉米螟的能力均出现了下降的情况。

博氏微粒子虫首先感染螟黄足绒茧蜂的直肠，随后逐渐侵入肠道上皮组织、神经系统、肌肉组织导致严重感染。无论是雌性还是雄性的生殖系统都会被感染，这表明被轻微感染的雌性有可能将病原菌垂直传播至后代中。从博氏微粒子虫在螟黄足绒茧蜂的感染情况来看，它应该是导致螟黄足绒茧蜂控制能力下降的原因之一（Bordat et al. 1994）。

螟黄足绒茧蜂也是小蔗螟的重要天敌，通过在实验室大量喂养小蔗螟幼虫并以之培育螟黄足绒茧蜂，随后释放到甘蔗田中以对抗这种害虫。在实验室中有高频的某未定种微粒子虫（*Nosema* sp.）感染，因此Simoes 等（2012）研究了微孢子虫对螟黄足绒茧蜂的影响。在感染了小蔗螟幼虫体内生长的螟黄足绒茧蜂会被该微粒子虫感染，严重的感染会引起宿主死亡，这会导致螟黄足绒茧蜂不能完成其生命周期。微孢子虫延长了幼虫期与蛹期，并导致成虫寿命下降，后代数目减少。正常的雌性螟黄足绒茧蜂会倾向于被小蔗螟啃食的植株，而被微粒子虫感染的雌性做出该反应的能力下降了。被感染之后，螟黄足绒茧蜂也会将病原菌传播至宿主。该作者针对微粒子虫的工作证明，在大规模培育寄生蜂的过程中应当对微孢子虫病给予足够的重视（Simoes et al. 2012）。

25.9.8　*Cotesia glomerata*（*Apanteles glomeratus*）（膜翅目：小茧蜂科）

微孢子虫迈氏菊孢虫（*Perezia mesnili*）最早于 1953 年在夏威夷从菜粉蝶（*Pieris rapae*）中分离得到，其内寄生蜂菜粉蝶绒茧蜂（*Cotesia glomerata*）同样可以寄生在菜青虫中，因此偶尔会被微孢子虫感染（Tanada 1953，1955）。在 1966 年，Issi 和 Maslennikova 报道了在圣彼得堡一种微孢子虫保利威微粒子虫（*Nosema polyvora*）可以感染大菜粉蝶（*Pieris brassicae*）以及其内寄生蜂菜粉蝶绒茧蜂。

Paillot 随后描述了 4 种可以感染大菜粉蝶的微孢子虫：*Perezia mesnili*、*P. legeri*、*P. pieris* 和 *Thelohania mesnili*（Tanada 1955）。随后发现这 4 个种与 *Nosema polyvora* 同属一个种，被合并命名为迈氏微粒子虫（*Nosema mesnili*）（Hostounsky 1970）。除了可以感染菜粉蝶和大菜粉蝶，这种微孢子虫还可以感染山楂绢粉蝶（*Aporia crataegi*）和多种寄生蜂，包括微红色盘绒茧蜂（*Cotesia rubecula*）、矮小哈氏茧蜂（*Haplaspis nanus*）、阿尔塔赫氏茧蜂（*Hemiteles aerator*）、褐柄赫氏茧蜂（*H. fulvipes*）、黄蜂赫氏茧蜂（*H. simillimus sulcatus*）、转移格氏茧蜂（*Gelis transfuga*）、短泰斯氏茧蜂（*Thysiotorus brevis*）、弓形双臂小蜂（*Dibrachys cavus*）和雷柏啮小蜂（*Tetrastichus rapo*）（Hostounsky 1970；Larsson 1979）。

被迈氏微粒子虫感染的雌性菜粉蝶绒茧蜂的卵巢中仅有少量卵可以产生后代，大部分卵内充满了微孢子虫的孢子。这些卵被注入宿主之后不会孵化而是作为感染源在大菜粉蝶中引发微孢子虫感染。迈氏微粒子虫的孢子的大小为 4.0（2.8 ~ 4.4）μm × 2.2（1.7 ~ 3.3）μm（Larsson 1979）。

在被迈氏微粒子虫感染的菜粉蝶幼虫中，中肠上皮组织与马氏管是被感染程度最严重的部位。微孢子虫感染这些部位之后，会随后扩散到血淋巴之中。寄生蜂幼虫在摄食寄主组织时经口感染微孢子虫，菜粉蝶绒茧蜂的感染首先发生在食管处随后扩散至丝腺，丝腺中最终会充满孢子。微孢子虫同样会侵入脂肪体以及其周围组织。对中肠的侵染会随后扩散至盲肠并进一步恶化（Hostounsky 1970；Larsson 1979）。菜粉蝶绒茧蜂幼虫也有可能因为微孢子虫穿透直肠的球状空腔的薄壁而被感染。经由这种途径被感染的幼虫中，球状空腔的外壁通常会存在一层微孢子虫，但是幼虫的其他组织则不受感染（Hostounsky 1970；Larsson 1979）。大部分裂殖阶段都是在直肠囊泡中被观察到的，感染的发生率很高（Larsson 1979）。成年个体的肠道与结缔组织比较容易被感染，孢子与裂殖体则会侵染虫卵。

未感染微孢子虫的菜粉蝶绒茧蜂同样有可能因为寄生在感染了迈氏微粒子虫的大菜粉蝶而染上微孢子虫病。被感染的雌性菜粉蝶绒茧蜂会将微孢子虫传染给宿主，随后传染未被感染的寄生蜂后代。Issi 和 Maslennikova 的研究表明，部分被感染的寄生蜂后代是可以存活的，并将病原体存留在寄生蜂种群中，随着被感染的虫卵传播至寄主种群。但是 Hostounsky 和 Larsson 报道称病原体并不存在于寄生蜂的卵中，宿主也仅在寄生蜂输卵管被感染或者虫卵表面带孢子的情况下被感染。

在通过光照限制感染的情况下菜粉蝶绒茧蜂可以在菜粉蝶体内发育，但是在严重感染的菜粉蝶体内不能完成生命周期。从严重感染的宿主体内产出的寄生蜂幼虫、蛹和成虫会携带微孢子虫孢子。约有 1/3 在中等感染程度宿主体内发育的寄生蜂成虫中携带了病原体（Tanada 1955）。幼虫会在最后龄期感染，不能存活到完全发育（Hostounsky 1970）。而从受感染宿主中出现的寄生蜂受感染程度依赖于宿主体内的微孢子虫浓度以及暴露于病原体的时间。很大一部分寄生蜂幼虫由于大量微孢子虫的孢子聚集于肠道致使缺乏用于完成发育的营养储备，或者伴随的条件致病菌感染（Hostounsky 1970）。被感染的雌性寄生蜂只能产下很少后代（Issi & Maslennikova 1966）。

在菜粉蝶中，微孢子虫可以感染雌性卵巢（Tanada 1955），但是不能侵染雄性的生殖器官（Hostounsky 1970）。受感染的雌性产下的卵中有 1/4 被微孢子虫感染，表明这种病原体可以垂直传播（Tanada 1955）。Hostounsky 的研究表明，迈氏微粒子虫会首先侵染大菜粉蝶幼虫的肠道，随后侵染脂肪体以及其他组织。这一点与前述的菜粉蝶绒茧蜂往往在最后一个龄期才被感染的情况相符。但是 Larsson 的研究表明这种病原菌仅存在于脂肪体和丝腺之中，在肠腔与肠道上皮细胞中并没有发现孢子。由于迈氏微粒子虫并不会感染大菜粉蝶幼虫的消化道，因此不存在基于大菜粉蝶幼虫的水平传播。

Issi 和 Maslennikova 开展了一项研究分析迈氏微粒子虫在大菜粉蝶和菜粉蝶绒茧蜂的传播，通过食入感染二龄大菜粉蝶，所有的（Issi & Maslennikova 1966）幼虫均呈现出严重感染的症状，但是菜粉蝶绒茧蜂的情况有所不同，存在由轻到重不同程度的感染。感染发生时，一龄大菜粉蝶被未感染菜粉蝶绒茧蜂寄生，前者仅表现出轻微感染的症状，而约 60% 的寄生蜂被感染了微孢子虫，这与田间采样的发病率数据相符，即严重感染的大菜粉蝶中菜粉蝶绒茧蜂的感染率不足 50%，寄生蜂种群的发病率倾向于与宿主的发病率保持一致性（Issi & Maslennikova 1966）。

25.9.9　*Cotesia*（原 *Apanteles*）*marginiventris*（膜翅目：小茧蜂科）

缘腹绒茧蜂（*Cotesia marginiventris*）是一类独居的寄生蜂，主要寄生夜蛾科，对夜蛾属（*Spodoptera*）有很强的偏好性。缘腹绒茧蜂倾向于将卵产在早龄宿主幼虫中。在蛹化之前，成熟的幼虫会离开宿主。存在重寄生现象时，一个宿主中只有一只幼虫能够实现完整的发育周期。

Laigo 和 Tamashiro 研究了一种未定种的微粒子虫（*Nosema* sp.）感染缘腹绒茧蜂的效应。这种微孢子虫对禾灰翅夜蛾（*Spodoptera mauritia acronyctoides*）有很强的致病性，并可以通过水平传播与垂直传播感染。

微粒子虫感染宿主之后，会影响宿主体内缘腹绒茧蜂的发育。在受感染宿主体内发育的寄生蜂的幼虫与蛹死亡率很高，成虫率也大幅下降。被微孢子虫感染对于缘腹绒茧蜂幼虫来说尤其致命。从受感染宿主体内发育成熟的成虫相对更小，寿命也更短。这些并不是由于微粒子虫感染缘腹绒茧蜂而直接引发的，而是因为被感染的宿主内环境不适宜寄生蜂发育（Laigo & Tamashiro 1967）。

在被微孢子虫感染的宿主中，微粒子虫并不会在缘腹绒茧蜂组织内产生显著的效应，成年寄生蜂也不能携带足够传染引发其他宿主微孢子虫病的孢子量，除非它们还在其他受感染宿主体内产卵，在这种情况下可以将微孢子虫病从严重感染宿主传染至未被感染的宿主。缘腹绒茧蜂偏向于在较小的禾灰翅夜蛾体内产卵，而被微粒子虫感染的宿主往往也更小，但是缘腹绒茧蜂并未表现出对受微粒子虫（*Nosema* sp.）感染宿主的偏好性（Laigo & Tamashiro 1967）。

变形微孢子虫属有许多个种可以感染棉铃虫（*Helicoverpa zea*）以及其他一些鳞翅目昆虫，而这些昆虫也会被缘腹绒茧蜂幼虫寄生。Hamm 等（1983）研究了在变形微孢子虫属感染棉铃虫后对在其中发育的缘腹绒茧蜂幼虫的影响。在向含有缘腹绒茧蜂幼虫的棉铃虫幼虫添食一定量变形微孢子虫属孢子后（1.6×10^5 个 /mL），受感染宿主体内的缘腹绒茧蜂无论是幼虫还是蛹的发育均未受到影响，成虫的寿命也没有变化。作者的研究表明变形微孢子虫可以用于棉铃虫的生物防治，因为它并不会对寄生蜂带来影响。

25.9.10　*Dahlbominus fuscipennis*（膜翅目：姬小蜂科）

帕氏泰罗汉孢虫（*Thelohania pristiphorae*）可以感染落叶松叶蜂等叶蜂，学者研究了帕氏泰罗汉孢虫感染落叶松叶蜂、短松锯角叶蜂、落叶新松叶蜂（*N. erichsonii*）和普拉提新松叶蜂（*N. pratti banksianae*）等叶蜂的蛹之后，对寄生其中的达博寡节小蜂（*Dahlbominus fuscipennis*）的影响。在受微孢子虫感染的叶蜂蛹内生存的寄生蜂幼虫会被帕氏泰罗汉孢虫感染，微孢子虫会感染多种组织，包括肠道上皮细胞、脂肪体、脑神经节等，达博寡节小蜂只会在非滞育期或者处于冬眠态的宿主处被感染（Smirnoff 1971）。

25.9.11　*Diadegma semiclausum*（膜翅目：姬蜂科）

缺陷变形微孢子虫（*Vairimorpha imperfecta*）可以感染小菜蛾（*Plutella xylostella*），给实验室大规模培养该生物时带来麻烦。Idris（2001）研究表明它的一种寄生蜂半闭弯尾姬蜂（*Diadegma semiclausum*）有可能在微孢子虫传染过程中发挥了作用。

在半闭弯尾姬蜂的雄性与雌性成虫体内都可以发现缺陷变形微孢子虫的孢子，这表明在羽化的时候就已经携带了孢子，同样也能在雌性成虫的性器官中发现孢子，这表明该种微孢子虫可以通过产卵垂直传播。缺陷变形微孢子虫会引起较高的宿主死亡率，同时发育成熟的成虫往往较小，而且存在畸形翅（Smirnoff 1971）。

25.9.12　*Encarsia* nr. *pergandiella*（膜翅目：蚜小蜂科）

恩蚜小蜂 *Encarsia* nr. *pergandiella* 是一种针对银叶粉虱的寄生蜂。一种未定种的微粒子虫（*Nosema* sp.）可以感染恩蚜小蜂的卵巢，导致其繁殖力与后代数量下降。Sheetz 等（1997）利用抗生素利福平处理了被微粒子虫感染的寄生蜂，发现药物处理可以缓解感染的程度。但是他们的数据显示药物处理会使随后的后代感染率上升，由初始的 22.2%（包含由轻到重不同程度的感染）上升至 30%（均表现为轻度感染）。未添加药物的对照组感染率则由初始的 33.3%（重度感染）上升至后代 100% 的感染率（后代均表现为轻度感染），研究人员的结果表明该种微孢子虫既可以通过卵也可以通过表面进行垂直传播。

25.9.13 *Glyptapanteles liparidis*（膜翅目：小茧蜂科）

群居寄生蜂毒蛾刻绒茧蜂（*Glyptapanteles liparidis*）是舞毒蛾的重要天敌，虽然毒蛾刻绒茧蜂寄生在 4 龄舞毒蛾幼虫中，寄生蜂会在更早龄的幼虫的体内产卵（Hoch et al. 2000）。

舞毒蛾变形微孢子虫（*Vairimorpha sp.*）（Vávra et al. 2006）是一种常见于东欧舞毒蛾体内的微孢子虫，舞毒蛾变形微孢子虫会首先侵染中肠肌肉组织，然后感染血淋巴，随后感染脂肪体及丝腺等组织（Solter & Maddox 1998b）。在感染了舞毒蛾变形微孢子虫的舞毒蛾宿主体内生长的毒蛾刻绒茧蜂并不会受到微孢子虫的影响，幼虫在发育后期会食入带孢子的宿主组织，孢子被摄入后会积累在盲肠，但是不会被感染和萌发，最后在羽化时随着蛹便被排出。因此，在被感染的舞毒蛾宿主体内生长的毒蛾刻绒茧蜂不会将舞毒蛾变形微孢子虫传染至其他未被感染的宿主中。从被感染宿主中生长的雌性毒蛾刻绒茧蜂成虫的产卵能力与从未被感染宿主体内发育的毒蛾刻绒茧蜂成虫相比没有区别（Hoch et al. 2000）。

在感染了舞毒蛾变形微孢子虫的舞毒蛾宿主体内生长的毒蛾刻绒茧蜂发育期更长，成虫羽化率更低，羽化后的个体更小、体重更轻、寿命也更短。同时被舞毒蛾变形微孢子虫感染和毒蛾刻绒茧蜂寄生的舞毒蛾会过早死亡，这会导致毒蛾刻绒茧蜂的幼虫无法在宿主死亡之前完成生命周期，尤其是在寄生发生在微孢子虫感染之后的情况下。同时被舞毒蛾变形微孢子虫感染和毒蛾刻绒茧蜂寄生会导致舞毒蛾死亡得比单纯被微孢子虫感染的个体更快（Hoch et al. 2000）。

Hoch 等（2002）研究表明同时被舞毒蛾变形微孢子虫感染和毒蛾刻绒茧蜂寄生会导致宿主血淋巴内的糖类与脂肪酸等含量下降，而毒蛾刻绒茧蜂幼虫需要摄食宿主体内的血淋巴，这个变化部分解释了舞毒蛾变形微孢子虫感染对毒蛾刻绒茧蜂幼虫生长与发育的影响。

25.9.14 *Lydella thompsoni*（双翅目：寄蝇科）

独行性寄生蝇汤氏里德寄蝇（*Lydella thompsoni*）是 ECB 玉米螟重要的天敌，在 1944—1955 年将汤氏里德寄蝇引入美国中部成功地控制住了玉米螟。进入 1960 年后汤氏里德寄蝇的寄生率大幅下降，这表明 ECB 种群中可能存在一种微孢子虫影响了汤氏里德寄蝇的寄生率（Hill et al. 1978；Lewis 1982）。这种推论源于 York 的研究，他在田间收集的玉米螟体内的另一种寄生蝇灰色里德寄蝇（*Lydella grisescens*）中发现了未知的微孢子虫。

Cossentine 和 Lewis（1988）研究了玉米螟微粒子虫和某未定种的微粒子虫（*Nosema sp.*）这两种微孢子虫对寄生于 ECB 中的汤氏里德寄蝇的影响。通过添食含有微孢子虫的食物感染（100 个 *N. pyrausta* 孢子或者 50 个某未定种微粒子虫孢子 /mm^2）ECB，而汤氏里德寄蝇则分别寄生于带微孢子虫与不带微孢子虫的宿主。

玉米螟微粒子虫和未定种微粒子虫会在玉米螟体内引发系统性感染。在寄生 5 d 后，无论是在寄生蝇幼虫的组织或者盲肠中均不能观察到微孢子虫。但是在晚龄幼虫消化道与成虫中均可以观察玉米螟微粒子虫和未定种微粒子虫的孢子。汤氏里德寄蝇一龄和二龄幼虫以宿主血淋巴为食，3 龄幼虫以宿主内脏组织为食，幼虫的摄食行为解释了为何在一龄与二龄幼虫体内未见微孢子虫，而在 3 龄幼虫肠道则开始积累孢子（Cossentine & Lewis 1988）。

大部分（58%）被玉米螟微粒子虫严重感染的玉米螟会过早死亡，这会使汤氏里德寄蝇来不及发育成熟而死亡。而能够从受感染宿主与未感染宿主体内爬出与化蛹的寄生蜂个体数没有显著差异。虽然从受玉米螟微粒子虫感染的玉米螟体内爬出的寄生蜂可以发育为成虫，但是从受未定种微粒子虫感染的玉米螟体内爬出的汤氏里德寄蝇不能羽化。被未定种微粒子虫感染的寄生蝇幼虫中肠内会积累孢子，这有可能对寄生蜂的发育带来严重的影响。作者的研究表明玉米螟微粒子虫并不是导致寄生蝇汤氏里德寄蝇从美国中部田间 ECB 种群消失的原因（Cossentine & Lewis 1988）。

25.9.15 *Macrocentrus ancylivorus*（膜翅目：小茧蜂科）

卷蛾长体茧蜂（*Macrocentrus ancylivorus*）是梨小食心虫（*Grapholitha molesta*）的重要天敌（Allen & Brunson 1947）。这种害虫最早在 1915 年于美国华盛顿附近发现，在十几年后发展成为对桃产业具有巨大破坏力的病虫害。梨小食心虫会直接啃食果实，而化学防治对它来说是无效的（Finney et al. 1947）。

在 1929 年，卷蛾长体茧蜂被发现是一种本土梨食心虫的寄生蜂，分布于南康涅狄格州至南弗吉尼亚州，可有效控制梨小食心虫的幼虫（Allen 1932；Finney et al. 1947）。很快有研究表明在加州通过大规模释放人工培养的卷蛾长体茧蜂可以控制梨小食心虫病情（Finney et al. 1947）。在加州河滨 1943 年时已经开始以马铃薯块茎蛾（*Gnorimoschema operculella*）作为宿主进行卷蛾长体茧蜂的实验性生产（Allen & Brunson 1947）。

在 1944 年夏，大规模培养的马铃薯块茎蛾开始表现出不正常的症状，有症状的个体腹侧表现为发白、肿胀与畸形（Allen & Brunson 1945；Allen 1954）。显微镜检测发现了孢子大小为（3.7 ~ 5.0）μm ×（1.8 ~ 2.2）μm 的微孢子虫病原体。雌性与雄性卷蛾长体茧蜂均被感染，且在成熟幼虫与茧中发现了丰富的孢子。在成虫的中肠与血淋巴中发现了大量孢子，在腿部的肌肉束中也有检出（Allen 1954）。受感染的个体寿命更短，几乎没有飞行能力，受感染的雌性产生后代的能力也更弱（Allen & Brunson 1945，1947；McCoy 1947；Allen 1954）。大部分受感染的寄生蜂不能完成生命周期，而能够钻出宿主的幼虫数相对于未被感染的宿主也下降了 65% ~ 70%（Finney et al. 1947；McCoy 1947）。

虽然微孢子虫会导致寄生蜂的活力与后代数目下降，但是这些因素并没有威胁到大规模培养寄生蜂（Allen 1954）。微孢子虫引发的感染并不会致使卷蛾长体茧蜂后代中雌性数目下降，也不会导致更高的虫茧致死率。由微孢子虫感染导致的损失与其他因素例如饲养过多导致的饥饿等相比并不算大（Allen 1954）。

微孢子虫可以感染处于各个发育阶段的马铃薯块茎蛾，包括中龄晚龄幼虫、蛹和成虫等。在马铃薯块茎蛾体内微孢子虫分布于血淋巴、丝腺、马氏管和中肠肠腔与细胞等组织。虽然被微孢子虫感染的卷蛾长体茧蜂会由于感染而出现明显的症状，但是被微孢子虫感染的马铃薯块茎蛾则不会出现相似的症状（Allen 1954）。微孢子虫感染对马铃薯块茎蛾的发育与生殖存在负效应（McCoy 1947；Allen 1954），而且可以垂直传播。因此，寄生蜂的微孢子虫发病率与宿主的发病率是相关的（Allen & Brunson 1947；McCoy 1947；Allen 1954）。微孢子虫不能通过卷蛾长体茧蜂进行垂直传播，因此通过控制宿主不被感染即可在三代内消除寄生蜂种群内的微孢子虫。具有讽刺意味的是，野外梨食心虫对微孢子虫不敏感，即使是严重感染的卷蛾长体茧蜂在其体内产卵之后，产出后代不会也被微孢子虫感染。

控制微孢子虫感染的方法与巴斯德的方法相似，通过将未被感染的宿主隔离出来在不含孢子的地方培养。这种方法虽然有效但是相对比较耗时（Allen & Brunson 1947；McCoy 1947），不带病的种系也有随时可能被感染。当这种情况发现时，唯一可以控制的方法是重新建立不带病的种系，需要耗费数月的时间（Allen 1954）。热处理马铃薯块茎蛾虫卵是一种可以有效控制微孢子虫的方法（47℃水浴 20 min），可以减少马铃薯块茎蛾以及寄生于其中的寄生蜂的感染率（Allen & Brunson 1947；Finney et al. 1947），热处理法比巴斯德的方法在控制感染方面更加有效，也不会对 *G. operculella* 虫卵生存能力以及后代繁殖力带来影响（McCoy 1947；Allen 1954）。干热灭菌法（70℃）是一种有效的杀灭培养用的托盘等非生命器材内微孢子虫的方法，稀释后的甲醛（1 份甲醛兑 19 份水）也是一种有效的消毒剂，可以在 2 min 内灭活微孢子虫的孢子，随后蒸发掉而不会导致残留（Allen 1954）。

在 1949 年，Steinhaus 和 Hughes 从养虫室的马铃薯茎蛾内分离到两种微孢子虫破坏者：微粒子虫（*Nosema destructor*）和加州匹里虫（*Plistophora californica*），*N. destructor* 的孢子大小为 2.8 μm × 4.0 μm，与前述的未鉴定的微孢子虫孢子（3.7 ~ 5.0）μm ×（1.8 ~ 2.2）μm（Allen & Brunson 1945，1947）大小相近，

而相应的加州匹里虫的孢子 1.0 μm × 2.0 μm（Steinhaus & Hughes 1949）则要小于破坏者微粒子虫的孢子。从孢子大小的描述来看，破坏者微粒子虫与之前 Allen 和 Brunson（1945）描述的微孢子虫的是一样的。除了感染马铃薯害虫，破坏者微粒子虫还可以感染多种鳞翅目昆虫的幼虫，如苜蓿黄蝶（*Colias eurytheme*）、加州树蛾（*Phryganidia californica*）、黑脉金斑蝶（*Danaus plexippus*）、甜菜夜蛾［*Laphygma*（*Spodoptera*）*exigua*］、菜粉蝶（*Pieris rapae*）和苹果蠹蛾［*Carpocapsa*（*Cydia*）*pomonella*］等，*N. destructor* 也可以感染两种膜翅目拟寄生昆虫：*Perisierola emigrata* 和 *Cremastus Flavoorbitalis*。

25.9.16 *Macrocentrus cingulum*（膜翅目：小茧蜂科）

腰带长体茧蜂（*Macrocentrus cingulum*）于 1929 年被引入北美用于控制 ECB——玉米螟 *Ostrinia nubilalis*（Andreadis 1980；Siegel et al. 1986b）。在 1944—1954 年，腰带长体茧蜂在康涅狄格州与爱荷华州被用于控制当地广泛分布的玉米螟（Andreadis 1982b；Lewis 1982）。在首次释放腰带长体茧蜂之后，其数量逐渐下降。腰带长体茧蜂在播散地数量逐渐下降存在多种原因，部分原因可能为腰带长体茧蜂对当地一种微孢子虫玉米螟微粒子虫（*Nosema pyrausta*）较为敏感（Andreadis 1982b）。

玉米螟微粒子虫会导致慢性感染，在 ECB 种群中比较常见。在美国，玉米螟微粒子虫被认为在控制玉米螟种群数量上发挥了重要的作用，也被用于玉米螟的生物防治（Andreadis 1982b）。

玉米螟微粒子虫主要感染玉米螟的马氏管（Andreadis 1982b），幼虫的丝腺与成虫的生殖器官也会被感染。成虫被感染后寿命与产生后代的能力会受到影响（Cossentine & Lewis 1987）。在羽化前，腰带长体茧蜂会消耗掉宿主除了外骨骼之外的所有的器官（Andreadis 1982b），因此腰带长体茧蜂会因为摄入孢子而引发系统性感染（Andreadis 1980；Siegel et al. 1986a）。微孢子虫感染腰带长体茧蜂后会迅速发展为系统性感染，侵染包括中肠上皮、肌肉、神经、马氏管等部位。性腺不会被感染，这也就可以解释为什么被玉米螟微粒子虫感染的雌性寄生蜂不会把微孢子虫传染给其他宿主。但是雌性寄生蜂不会将微孢子虫垂直传播至下一代的原因也可能是由于被感染的个体在存活到预产卵期（3~4 d）之前就已经死亡了（Andreadis 1980）。但是 Siegel 的研究（1986a）表明被感染的雌性腰带长体茧蜂不仅可以钻出宿主体内，存活过 3~4 d 的预产期，还可以将玉米螟微粒子虫传播至未被感染的宿主中，其产下的后代也携带了微孢子虫并会传播该病。Cossentine 和 Lewis 的研究（1987）表明被玉米螟微粒子虫感染的雌性腰带长体茧蜂可以存活最多 14 d。这 3 项研究使用的寄生蜂都是实验室培养的，在不同温度下完成的实验。这表明在高温下被感染的寄生蜂寿命会更短（25 ℃，Andreadis 1980；19~21 ℃，Siegel et al. 1986b；16~21 ℃，Cossentine & Lewis 1987）

相对于未被感染的个体，更少的被玉米螟微粒子虫感染的腰带长体茧蜂能够从宿主体内钻出。玉米螟微粒子虫不会影响钻出宿主的幼虫成蛹能力，但是对幼虫致死性主要体现在钻出宿主的 4 龄幼虫上。微孢子虫感染同样会影响钻出的成虫数，成虫的寿命与繁殖力，以及可进行下一步寄生的宿主数。未被感染的寄生蜂幼虫往往会在成茧前聚集在一起，而被感染的幼虫则会分散开来，在成茧之前就可能死亡，即使是成茧之后与未被感染个体相比羽化率也更低。被感染的腰带长体茧蜂能将玉米螟微粒子虫垂直传播到后代中，在实验室条件下成为微孢子虫的传播媒介，被感染的寄生蜂同样也可能在田间作为玉米螟微粒子虫的传播媒介（Siegel et al. 1986a）。

腰带长体茧蜂体内的玉米螟微粒子虫孢子大小为（4.23 ± 0.06）μm ×（1.75 ± 0.02）μm，比从卷蛾长体茧蜂内分离到的 *N. destructor* 孢子（3.7~5.0）μm ×（1.8~2.2）μm 更大。腰带长体茧蜂的玉米螟微粒子虫感染率与 ECB 宿主的感染率是高度一致（Andreadis 1980；Siegel et al. 1986a），类似的情况也见于卷蛾长体茧蜂与其宿主马铃薯块茎蛾幼虫（Andreadis 1980；Siegel et al. 1986a）。Andreadis（1980）据此认为宿主与寄生蜂间的感染率相似性可以控制寄生蜂种群，尤其是在宿主感染比较严重的情况下玉米螟微粒子虫对腰带长体茧蜂的种群数目有明显的抑制效应，这也可以解释为什么某些区域的寄生蜂数目虽然之前很多，但是随后就发现了下降的现象（Andreadis 1982b）。

在实验室条件下，Cossentine 和 Lewis（1987）研究了 3 种微孢子虫：玉米螟微粒子虫、某未定种的微粒子虫和纳卡变形微孢子虫对腰带长体茧蜂发育的影响，玉米螟微粒子虫和 Nosema sp. 数目与 ECB 种群数目相关（Cossentine & Lewis 1987），而纳卡变形微孢子虫则对玉米螟致死性很强。

这 3 种微孢子虫中仅有玉米螟微粒子虫和未定种微粒子虫可以感染腰带长体茧蜂幼虫组织。玉米螟微粒子虫可以感染宿主的马氏管、丝腺、脂肪体与肌肉组织。未定种微粒子虫可以侵染中肠上皮与消化道腔。前 3 龄的腰带长体茧蜂幼虫不太可能摄入玉米螟微粒子虫的孢子，但是孢子会在寄生蜂耗尽宿主组织并钻出的过程中被食入。所有在被未定种微粒子虫感染的玉米螟体内发育的腰带长体茧蜂幼虫均会被感染，在寄生蜂的中肠上皮与消化道腔中可以发现孢子。

纳卡变形微孢子虫可以感染玉米螟幼虫，破坏中肠引发细菌性败血症而死亡，即使是存活下来的玉米螟幼虫，也会在化蛹之后死亡（Lewis 1982）。从被微孢子虫纳卡变形微孢子虫感染玉米螟体内爬出的 4 龄腰带长体茧蜂幼虫中，约有 1/4 可以羽化为成虫。腰带长体茧蜂幼虫仅有消化道腔内被感染。有这三种微孢子虫导致的感染均会使羽化率下降，被未定种微粒子虫感染的宿主内仅有雄性寄生蜂羽化。被玉米螟微粒子虫或纳卡变形微孢子虫感染的雌性寄生蜂可以将微孢子虫垂直传播给下一代（Cossentine & Lewis 1987）。

25.9.17　*Muscidifurax raptor*（膜翅目：金小蜂科）

盗捕金小蜂（*Muscidifurax raptor*）是美国东北部蝇类的重要天敌（Geden et al. 1992）。在那儿蝇害不但包括家蝇（*Musca domestica*）、农业害虫舌蝇（*Stomoxys calcitrans*）之外，还包括由农村向附近城镇迁徙的数量巨大的蝇群（Dry et al. 1999）。

盗捕金小蜂的自然种群常见于美国北部的奶牛场，可以有效控制那儿的家蝇与舌蝇。也有许多商业机构会进行盗捕金小蜂的饱和式释放来将蝇类的数量控制在造成损害的阈值之下（Zchori-Fein et al. 1992）。

野外采集的盗捕金小蜂在实验室条件下培养时往往会出现快速和大量的死亡。Geden 等（1992）的研究表明野外采集的盗捕金小蜂在实验室条件下培养两代之后，寄生率与产生后代的能力均下降了一半。Zchori-Fein 等（1992）研究表明，在 1990 年纽约附近野外采集到的寄生蜂中，占总数 1/3 的个体感染了微孢子虫，该微孢子虫随后被命名为盗捕金小蜂微粒子虫（*Nosema muscidifuracis*）（Becnel & Geden 1994）。盗捕金小蜂微粒子虫是仅有的三种只感染寄生蜂而不感染其宿主的微孢子虫之一（Geden et al. 1995）。

盗捕金小蜂微粒子虫同样可以感染养虫室的寄生蜂，在一项 1995 年的研究中，一个商业培养机构内 86%～100% 的盗捕金小蜂均感染了微孢子虫（Geden et al. 1995）。1991 年和 1992 年研究发现在纽约附近的奶牛场中，土著盗捕金小蜂体内含有盗捕金小蜂微粒子虫的比例分别为 1.1% 与 10.7%。但是在释放了商业培养用于生物防治的寄生蜂的农场，微孢子虫的感染率则高达 84%。Dry（1999）于 1994 年和 1995 年间每隔两周测量一次阿肯色州禽舍内盗捕金小蜂的感染率，分别为 13% 和 5%。与前述 Geden 的研究（1995）不同，释放的商业培养用于生物防治的寄生蜂并没有表现出更高的感染率，因为作者认为释放出来的寄生蜂并不是病原体的主要来源。

盗捕金小蜂微粒子虫在盗捕金小蜂的幼虫与成虫体内会产生两种不同的孢子。其中一种孢子含有短极管（缠绕约 5 圈），被认为可以转移至新的宿主细胞中；另外一种则含有长极管（缠绕 9～10 圈），被认为可以感染新的易感宿主（Becnel & Geden 1994）。成熟的孢子大小为（5.4 ± 0.5）μm ×（3.0 ± 0.2）μm，呈卵形，内部含有两个细胞核。盗捕金小蜂的卵内既有裂殖体时期的盗捕金小蜂微粒子虫也有处于孢子状态的盗捕金小蜂微粒子虫，而孢子则与盗捕金小蜂幼虫与成虫内孢子形态均不同。在卵内的孢子呈长卵形，大小为（6.0 ± 0.8）μm ×（3.2 ± 0.3）μm，极管在后极泡附近缠绕了 15～16 圈，缺乏明显的孢子外壁。因为在盗捕金小蜂的卵内观察到了裂殖体期的微孢子虫，表明可能在幼虫发育之时就开始感染。在卵内包含孢子情况下，病原体不仅可以通过垂直传播，也可能在卵被食下之后水平传播给新宿主。裂殖体时期的微孢子虫可见于中肠上皮、马氏管、卵巢与卵母细胞，以及成虫与幼虫的脂肪体（Becnel & Geden 1994）。

盗捕金小蜂微粒子虫垂直传播的概率是 100%（Zchori-Fein et al. 1992）。田间盗捕金小蜂种群的盗捕金小蜂微粒子虫高感染率表明该微孢子虫的高效垂直传播还伴随着周期性水平传播。两种已知的水平传播模式均包含同类相食。两种模式分别为未感染的寄生蜂幼虫寄生在被感染寄生蜂的蛹和未被感染寄生蜂成体摄食被感染寄生蜂幼虫伤口流出物（Becnel & Geden 1994；Geden et al. 1995）。当寄生蜂数量很大导致过度拥挤时，未被感染的个体会更多地摄食或者寄生同类，而盗捕金小蜂微粒子虫的水平转移率也更高，在实验室条件下会在两代时间内大幅提升感染率（Geden et al. 1992）。将受感染组织匀浆上清后饲喂寄生蜂（含 $2.1 \times 10^6 \sim 2.1 \times 10^7$ 个孢子），盗捕金小蜂微粒子虫水平传播至盗捕金小蜂的效率为100%，致死率也随着剂量的上升而提高。家蝇成虫与幼虫则不受该微孢子虫感染，也没有参与传播（Zchori-Fein et al. 1992；Geden et al. 1995）。该微孢子虫也不存在性传播（Geden et al. 1995）。

与未受感染的寄生蜂相比，被盗捕金小蜂微粒子虫系统性感染的寄生蜂需要更多的时间完成发育，寿命减半，产生的后代数量为未被感染个体的1/10（Zchori-Fein et al. 1992；Geden et al. 1995）。感染的症状比较明显，会导致被感染的寄生蜂繁殖力下降，同时减弱对蝇类的控制能力（Geden et al. 1992；Zchori-Fein et al. 1992；Dry et al. 1999）。

可以利用类似巴斯德的方法，通过分离建立未被微孢子虫感染的寄生蜂，随后以之建立品系（Zchori-Fein et al. 1992），被感染的个体发育时间延长了7%，这个狭窄的时间窗口可以在需要建立不带菌品系时用于区分被感染个体和未被感染个体（Boohene et al. 2003a）。

热处理也是一种可以有效从实验室盗捕金小蜂品系中消除微孢子虫的方法，将含有虫卵的蝇蛹壳浸入热水（47℃处理 30 ~ 60 min）即可降低感染率。通过这种方法降低一个感染了微孢子虫的品系可以提高寄生蜂的繁殖力。在热水中孵育 30 ~ 45 min 即可有效降低感染率，而处理更长的时间（45℃处理 5 h）之后，仅有未被感染的寄生蜂可以爬出宿主（Boohene et al. 2003b）。但是太长时间暴露于热处理环境时会由于导致宿主死亡率而影响寄生蜂的存活率（Geden et al. 1995）。虽然热处理可以有效降低感染率，但是这种策略并不能根除微孢子虫。对于每个个体都被感染的品系，可以用这种方法降低感染率，随后用巴斯德的方法分离出未被感染的个体建立新品系（Geden et al. 1995）。

持续在高温状态（30 ~ 32℃）下培养寄生蜂可以降低感染率，但是不能根除微孢子虫（Boohene et al. 2003b）。

阿苯达唑与烟曲霉素处理不能降低盗捕金小蜂成虫或者幼虫的感染率，但是可以降低经卵传染率（Geden et al. 1995；Boohene et al. 2003b）。以 γ 射线处理带盗捕金小蜂微粒子虫的虫卵也是无效的（Boohene et al. 2003b）。

将带有微孢子虫的寄生蜂释放到田间进行生物控制会将这种病原菌引入野生的寄生蜂种群中，而它们相对更稀少，因此 Geden（1995）建议应当对用于生物防治的天敌进行严格的控制，保证只有不带微孢子虫的盗捕金小蜂被用于生物防治。

25.9.18 *Pediobius foveolatus*（膜翅目：姬小蜂科）

瓢虫柄腹姬小蜂（*Pediobius foveolatus*）可以寄生墨西哥菜豆瓢虫（*Epilachna varivestis*），在1980年自墨西哥菜豆瓢虫体内鉴定了两种微孢子虫食植瓢虫微粒子虫（*Nosema epilachnae*）和变囊盖微粒子虫（*N. varivestis*）（Brooks et al. 1985）。

食植瓢虫微粒子虫感染墨西哥菜豆瓢虫会引发系统性感染，而幼虫的脂肪组织、肌肉、马氏管等会被严重感染。这种微孢子虫具有很强的致病性，成虫与幼虫均可能经食下感染，并可以垂直传播。孢子呈卵圆柱状，大小为（5.3 ± 0.13）μm ×（2.1 ± 0.03）μm，含有两个细胞核（Brooks et al. 1980，1985）。

寄生在被感染瓢虫内的一龄瓢虫柄腹姬小蜂对食植瓢虫微粒子虫非常敏感，大部分瓢虫柄腹姬小蜂幼虫（96%）在发育过程中均被感染，被感染的幼虫只有很少一部分可以完成发育周期，主要在羽化前的蛹期死亡。因此，与未被感染的宿主相比，从被食植瓢虫微粒子虫感染宿主中产生的寄生蜂后代更少。被感染的雌性瓢虫柄腹姬小蜂产生的后代也更少，而且后代的感染率为100%（Own & Brooks 1986）。

被感染的幼虫发育时间并未发生变化，但是寿命显著下降了。大约有 1/3 被食植瓢虫微粒子虫感染的成虫带有畸形翅或者肿胀的下腹，或者两种症状皆有。只有少部分寄生蜂逃避了感染最终成功羽化为成虫。在雌虫产卵时也会通过机械传播将微孢子虫传播至未感染的宿主体内（Own & Brooks 1986）。

变囊盖微粒子虫同样会引发宿主的系统性感染。墨西哥菜豆瓢虫幼虫的马氏管会被严重感染，成虫的生殖器官也会被变囊盖微粒子虫侵染，而中肠上皮细胞则不会被感染。变囊盖微粒子虫的孢子为略带梨形的椭圆柱体，含有两个核，大小为（4.7 ± 0.06）μm ×（2.6 ± 0.03）μm，对宿主的致病性较弱（Brooks et al. 1980，1985）。

瓢虫柄腹姬小蜂也对变囊盖微粒子虫高度敏感，尤其是在一龄幼虫寄生在晚龄宿主体内的情况下，所有的幼虫都会被感染，仅有一半的幼虫可以最终钻出宿主体内，从被感染的宿主内产生的后代也相对更少。与食植瓢虫微粒子虫感染的情况相似，被变囊盖微粒子虫感染的成虫也可能会带有畸形翅或者肿胀的下腹（Own & Brooks 1986）。

变囊盖微粒子虫会引发系统性感染，可以在脂肪组织、中肠上皮细胞、肌肉、腹神经索等地方观察到孢子。被感染的寄生蜂幼虫发育时间不会延长，但是寿命则大幅下降。成虫有可能经食下感染变囊盖微粒子虫，经由雌虫传染给下一代的垂直传播率相对较低（约为 29%），可以通过产卵机械传播给未被感染的宿主（Own & Brooks 1986）。

Chapman 和 Hooker 研究表明一种微孢子虫未定种的微粒子虫（*Nosema* sp.）可以侵染瓢虫柄腹姬小蜂的脂肪组织、中肠肌肉、肠道上皮、血腔、马氏管和卵。该微孢子虫呈卵圆形，含有两个核，大小为 4.5 μm × 2.0 μm。根据其孢子大小以及侵染组织等特点，作者认为该微孢子虫为变囊盖微粒子虫，但是被感染的寄生蜂并未表现出对应症状。

由于瓢虫柄腹姬小蜂对食植瓢虫微粒子虫和变囊盖微粒子虫均敏感，且感染后会有恶性症状，因此大规模培养瓢虫柄腹姬小蜂时应严格采用未被感染的墨西哥菜豆瓢虫。未被检测到的感染会导致使用瓢虫柄腹姬小蜂进行生物防治的效率下降（Own & Brooks 1986；Chapman & Hooker 1992）。

25.9.19　*Tachinaephagus zealandicus*（膜翅目：跳小蜂科）

泽兰金小蜂（*Tachinaephagus zealandicus*）是一种社会性的寄生蜂，可以寄生 3 龄的蝇类幼虫。从巴西田间收集到的泽兰金小蜂体内含有一种未被鉴定的微孢子虫，处于各个发育阶段的寄生蜂均对其易感（Geden et al. 2002）。该未定种微孢子虫（*Nosema* sp.）为微粒子虫属未定种，其孢子为双核，大小为（4.16 ± 0.12）μm ×（2.05 ± 0.07）μm，可在成虫肠道、脂肪体、马氏管、卵巢和肌肉内观察到，在新产的虫卵中则只能观察到很少的孢子（少于 10 个）。该病原菌并不能感染麻蝇（*Sarcophaga bullata*）和旧大陆螺旋蝇（*Chrysomya putoria*）这两种泽兰金小蜂的宿主（de Almeida et al. 2002）。

该微孢子虫的垂直传播率为 96.3%，向雌虫喂食混有利福平的蜂蜜之后，可以部分控制其后代的感染率（63%），但是所有由利福平与阿苯达唑共同处理的雌虫产下的后代均被感染。未被感染的幼虫会因为和被感染幼虫同时寄生在一个宿主而被这种微孢子虫感染，但是具体的传染机制尚不明确（de Almeida et al. 2002）。

在以蜂蜜与水为食时，被微粒子虫感染的寄生蜂寿命仅有未被感染个体的一半，这种寿命缩短的情况在以 15℃ 或 30℃ 培养时尤为明显。微孢子虫感染不会对发育时间带来影响，但是会显著降低钻出宿主体内幼虫的数量，许多被感染的幼虫都可以发育但是不能钻出宿主的蛹。与未被感染的寄生蜂相比，被感染的寄生蜂内雄性比例更高（Geden et al. 2002）。

与未被感染的泽兰金小蜂相比，被微粒子虫感染的寄生蜂寄生的家蝇（*Musca domestica*）幼虫更少，产生的后代数也下降了一半。以麻蝇为宿主时，被感染的寄生蜂能够侵袭的宿主数及与产生的后代数则与未被感染个体相当。当提供了足够的蜂蜜、水以及家蝇幼虫时，被感染的寄生蜂寿命与未被感染个体相当，但是后者会寄生更多的宿主，产生两倍于前者的后代数（Geden et al. 2002）。

25.9.20 *Trichogramma chilonis*（膜翅目：赤眼蜂科）

螟黄赤眼蜂 *Trichogramma chilonis* 可以选择性寄生甘蓝夜蛾（*Plutella xylostella*）的虫卵，因此被认为是一种很有潜力的生防物种（Schuld et al. 1999）。在实验室大规模培养时，小菜蛾感染某未定种变形微粒子虫（*Vairimorpha* sp.）后并未表现出对生长的明显抑制，但是螟黄赤眼蜂寄生在被感染的小菜蛾虫卵后同样也会被未定种微粒子虫感染，而被感染的寄生蜂幼虫的适应力则受到了严重影响（Schuld et al. 1999）。

螟黄赤眼蜂在以被感染宿主为食时会摄入孢子，在寄生后第 3 天的螟黄赤眼蜂幼虫肠腔中即可观察到孢子。小菜蛾可以在螟黄赤眼蜂的多种组织内生长发育，包括飞行肌与神经系统。感染会影响幼虫的成虫率，成虫寿命与繁殖力。能够钻出宿主的幼虫量与虫卵被感染时间有关。从被感染了 24~72 h 的虫卵内钻出并羽化为成虫的寄生蜂数量要少于从感染了不到 24 h 的虫卵内产生的量，被感染的成虫能够寄生宿主的量也发生了下降，且与宿主虫卵被感染时间相关。被微孢子虫感染的小菜蛾中爬出的螟黄赤眼蜂并没有性别比例上的变化，发育时间与未被感染的个体也没有显著变化，也没有证据表明该微孢子虫在螟黄赤眼蜂内可以垂直传播。作者的研究表明如果将螟黄赤眼蜂用于生物防治的话，需要将其在未被微孢子虫感染的虫卵中进行大规模培养以保证其防治的可靠性与有效性（Schuld et al. 1999）。

25.9.21 *Trichogramma evanescens*（膜翅目：赤眼蜂科）

玉米螟微粒子虫（*Nosema pyrausta*）会在 ECB——玉米螟体内产生慢性感染，并在玉米螟种群内垂直传播。卵寄生蜂广赤眼蜂（*Trichogramma evanescens*）可以寄生未被感染或者被玉米螟微粒子虫感染的虫卵，从这两种卵中发育而来的寄生蜂的数量与发育时间相近，但是从被玉米螟微粒子虫感染的虫卵内发育而来的寄生蜂对感染更加敏感（Huger 1984）。

在被严重感染的广赤眼蜂幼虫中，多种组织内均可观察到孢子，包括消化道、脂肪体、马氏管、肌肉、神经系统与皮下组织，在某些样品中虫体下腹充满了孢子。向被感染的广赤眼蜂雌蜂提供麦蛾虫卵时，其产生后代的量仅为未被感染个体的一半，玉米螟微粒子虫不会通过垂直传播感染后代（Huger 1984）。

25.9.22 *Trichogramma nubilale*（膜翅目：赤眼蜂科）

玉米螟赤眼蜂可以选择性寄生 ECB——玉米螟（*Ostrinia nubilalis*）的虫卵，玉米螟微粒子虫可以感染玉米螟以及可以寄生玉米螟的多种寄生蜂，包括玉米螟赤眼蜂（*T. nubilale*）（York 1961；Andreadis 1980；Huger 1984；Siegel et al. 1986b；Cossentine & Lewis 1987；Cossentine & Lewis 1988；Sajap & Lewis 1988）。

玉米螟赤眼蜂雌蜂寄生被感染的虫卵时会引发微孢子虫感染，玉米螟赤眼蜂幼虫在宿主卵内生长发育时会被玉米螟微粒子虫感染，孢子会在其消化道内积累并挤占存放食物的空间。在蛹期和成虫阶段时该病原体会感染肠道上皮附近组织、肌肉与神经组织。被感染的玉米螟赤眼蜂雌蜂的后代数与未被感染的寄生蜂相比并没有受到影响，即玉米螟赤眼蜂并不会将玉米螟微粒子虫垂直传播至后代（Sajap & Lewis 1988）。

被感染的幼虫发育时间、成虫寿命与性别比例与未被感染的个体相比均未受影响，但是从被感染的宿主卵中钻出的幼虫数有明显下降，成虫的繁殖力也更差（Sajap & Lewis 1988；Saleh et al. 1995）。在被玉米螟微粒子虫感染的虫卵内发育羽化的寄生蜂相对更小、体重更轻，即被玉米螟微粒子虫感染的虫卵相对来说不适于培养寄生蜂（Saleh et al. 1995）。这表明在大规模培育寄生蜂时应该采用不含玉米螟微粒子虫的虫卵（Sajap & Lewis 1988）。

玉米螟赤眼蜂雌蜂会寄生被感染与未被感染的虫卵，表明其对虫卵是否被感染没有偏好性（Sajap & Lewis 1988；Saleh et al. 1995）。这种对宿主没有偏好性的特点有助于提高玉米螟赤眼蜂的防治率，因为田间的玉米螟种群很多都被玉米螟微粒子虫感染（Andreadis 1986）。

25.10　植食昆虫

25.10.1　*Galeruca rufa*（鞘翅目：叶甲科）

在 1980 年，鲁法萤叶甲（*Galeruca rufa*）被认为是一个有潜力的控制田间旋花类植物田旋花 *Convolvulus arvensis* 的物种。这种甲虫可以大量啃食这些植物的叶子，但是随后发现它们也以多种甘薯为食。因此，虽然它们可以有效控制旋花类植物，但是之后再也没有研究尝试在美国释放（Rosenthal 1995）。

前期实验发现，由意大利引进的鲁法萤叶甲的微粒子虫（*Nosema* sp.）感染率为 61% ~ 72%。与被感染的雌虫相比，未被感染的雌虫可以产生更多的卵，但是这种病原菌不会影响卵的孵化。实验室培养条件下鲁法萤叶甲被感染微粒子虫后，可以比较容易清除掉该病原菌。大部分被感染的甲虫产生的后代均不带有病原体，因此可以用于分离出不带菌的品系。水平传播的原因主要在于带有大量孢子的排泄物污染了虫卵或者培养材料（Etzel et al. 1981）。

Etzel（1981）研究了其他一些有控制杂草潜力的甲虫的抗微孢子虫能力，在他的研究中发现 17 种甲虫中有 5 种均会被微粒子虫属微孢子虫感染。作者认为如果没有其他原因的话，微孢子虫应该也能感染其他种甲虫，感染率也会更高。被用于生物防治的物种在使用之前应该保证其种群内不含有微孢子虫，而微孢子虫对宿主的致病性足以作为判断的标准。

25.10.2　*Lema cyanella*（鞘翅目：叶甲科）

在 20 世纪 70 年代晚期，有研究评估了月光花负泥虫（*Lema cyanella*）作为加拿大蓟 *Cirsium arvense* 的生防物种的潜力。一个源自德国田间的甲虫品系被某未定种微粒子虫（*Nosema* sp.）感染，而这种病原体逐步摧毁了这个很有潜力的抗杂草昆虫品系。该微孢子虫对成虫的寿命没有影响，但是会使成虫停止交配与产卵，对卵和幼虫的致死率也很高。被感染的后代培养到第三代时性别比会很不平衡（4 雄性 : 84 雌性），且没有一只雌虫的卵巢发育正常。作者的研究表明，被释放用于北美生物防治的甲虫必须保证未感染微孢子虫（Peschken & Johnson 1979），在 1983 年月光花负泥虫（*Lema cyanella*）被批准在田间散布用于生物防治（Mc Clay et al. 2001）。

25.10.3　*Rhinocyllus conicus*（鞘翅目：象甲科）

一种象鼻虫锥形宽喙象甲（*Rhinocyllus conicus*）从意大利引入加州用于防治意大利蓟（*Carduus tenuiflorus*），锥形宽喙象甲被某未定种微粒子虫（*Nosema* sp.）感染后会呈现出相应的感染症状。Dunn 和 Andres（1980）研究表明该微粒子虫可以感染李氏象甲（*Ceutorhynchus litura*）和卡氏绕实蝇（*Urophora cardui*）这两种已经被用于加拿大蓟（*Cirsium arvense*）生物控制的昆虫。作者研究还表明该微粒子虫可以感染跳甲 *Aphthona flava* 和 *A. nigriscutis*［乳浆大戟（*Euphorbia esula*）的生物防治物种］、鲁法萤叶甲［田旋花（*Convolvulus arvensis*）的生物防治物种］、月光花负泥虫（Canadathistle 的生物防治物种）和三角龟象甲（*Ceutorhynchus trimaculatus*）［飞廉（*Carduus nutans*）的生物防治物种］。

25.11　掠食性昆虫

25.11.1　*Adalia bipunctata*（鞘翅目 : 瓢虫科）

二星瓢虫（*Adalia bipunctata*）在北美和欧洲被用于防治蚜虫。最近在田间收集的二星瓢虫体内发现了二星瓢虫微粒子虫（*Nosema adaliae*）（Steele & Bjonson 2014），由于瓢虫被报道对不止一种微孢子虫敏感，

Steele 和 Bjornson（2012）因此研究了两种微孢子虫病原体感染对二星瓢虫的适应性的影响。

被二星瓢虫微粒子虫感染后，二星瓢虫幼虫的发育时间延长了许多，而被微孢子虫希氏管孢子（*Tubulinosema hippodamiae*）（源自集栖瓢虫 *Hippodamia convergens*）感染的瓢虫幼虫发育期没有变化。被两种病原体同时感染后幼虫的发育期也会显著延长，但是这个表现应该主要是由二星瓢虫微粒子虫引发的而不是两种微孢子虫协同的效应。被一种或者两种微孢子虫感染的不会影响性别比、成虫繁殖力或者寿命。虽然二星瓢虫微粒子虫的孢子（5.43 ± 0.06）μm ×（2.75 ± 0.03）μm 比希氏管孢虫的更大，但是在镜检同时感染两种微孢子虫的组织时很难将两者区别开来（Steele & Bjonson 2014）。

25.11.2 *Chrysoperla*（*Chrysopa*）*californica*（脉翅目：草蛉科）

1888 年，Albert Koebele 在澳大利亚考察用于对抗吹壳棉介虫（*Icerya purchasi*）的物种时发现草蛉属（*Chrysoperla*）具有一定的生防潜力（Koebele 1890），而在今天欧洲和北美已经在大规模培养北欧草蛉（*Chrysoperla carnea*）和红通草蛉（*C. rufilabris*）用于蚜虫的生物防治（van Lenteren et al. 1997）。

在 1949 年，一种可以感染马铃薯块茎夜蛾（*Gnorimoschema operculella*）的加州匹里虫 *Pleistophora*（=*Plistophora*）*californica* 被发现也可以侵染多种昆虫宿主，包括加州草蛉（Steinhaus & Hughes 1949）。加州匹里虫也可以感染被用于喂养瓢虫所用的粉蚧（Finney et al. 1947）。虽然加州草蛉不是加州匹里虫的直接侵染物种，但是该病原体会影响成虫的寿命与繁殖力（Finney 1950）。加州匹里虫孢子大小为 1.0 μm × 2.0 μm，当携带病原体的虫卵被浸入热水处理（57℃处理 5 min）后孢子不能存活（Finney 1950）。

Sajap 和 Lewis（1989）研究了一种感染 ECB——玉米螟的微孢子虫玉米螟微粒子虫对北欧草蛉的影响。这种病原菌对北欧草蛉的繁殖力与寿命没有影响。在发育的过程中孢子会积累在幼虫中肠与盲肠的肠腔，随后在羽化过程中随蛹便被排出，表明这些孢子不能侵染北欧草蛉的组织，但是对玉米螟幼虫仍然具有感染力（Sajap & Lewis 1989）。

25.11.3 *Coccinella septempunctata*（鞘翅目：瓢虫科）

成年七星瓢虫（*Coccinella septempunctata*）在喂食含有气管微粒子虫（*Nosema tracheophila*）孢子的蜂蜜后会被感染，当成年甲虫食用被感染甲虫尸体时也会被传染。被感染的成虫没有明显的感染症状，可以在血淋巴中观察到裂殖体期的微孢子虫。该微孢子虫的孢子呈椭圆形，大小为（4.0 ~ 5.3）μm ×（2.2 ~ 3.1）μm，可以侵染气管上皮、脂肪体周围的结缔组织、马氏管、生殖腺和中肠肌肉组织（Cali & Briggs 1967）。

瓢虫微粒子虫（*Nosema coccinellae*）可以感染来自波兰和俄国田间采集的七星瓢虫（*C. septempunctata*）、十三星瓢虫（*H. tredecimpunctata*）与十八星瓢虫（*Myrrha octodecimguttata*）。该微孢子虫在这 3 个物种的感染率分别为 24.1%、8.7% 和 2.5%（Lipa & Semyanov 1967；Lipa 1968）。Lipa（1975）随后在二星瓢虫（*Adalia bipunctata*）、五星瓢虫（*Coccinella quinquepunctata*）和四斑光瓢虫（*Exochomus quadripustulatus*）内也发现了瓢虫微粒子虫（*N. coccinellae*）。

瓢虫微粒子虫的孢子呈椭球形，在新鲜状态下大小为（4.4 ~ 6.7）μm ×（2.3 ~ 3.4）μm，在固定及染色后大小为（3.6 ~ 6.2）μm ×（2.0 ~ 3.6）μm，比从集栖瓢虫内分离得到的 *N. hippodamiae* 的孢子更大。*N. coccinellae* 可以局部侵染中肠上皮、马氏管、生殖腺、神经、卵巢和肌肉。七星瓢虫体内被感染最严重的地方是马氏管，表现为严重肿胀，中肠的组织病理学反应相当不明显。十八星瓢虫的中肠则是被严重感染的组织，往往会被病原菌破坏掉。卵巢和卵母细胞也会被感染（Lipa & Semyanov 1967；Lipa 1968）。

25.11.4 *Hippodamia convergens*（鞘翅目：瓢虫科）

集栖瓢虫 *Hippodamia convergens* 是一种可以购买的生物防治物种，在美国与加拿大被应用于家庭或者农场的蚜虫治理。加州内华达山脉的这种瓢虫每年会被收集一次并进行重新分配，这项实践已经持续了

100 多年了（Carnes 1912）。

　　Lipa 和 Steinhaus 在 1959 年的时候在加州集栖瓢虫体内鉴定到了一种微孢子虫希氏微粒子虫，染病的瓢虫不会呈现明显的症状。希氏微粒子虫的孢子呈卵形，大小为（3.3 ~ 5.4）μm ×（2.2 ~ 2.7）μm，主要侵染部位是中肠和脂肪体，感染严重的宿主体内其他组织也会被侵染。

　　从一个养虫室的集栖瓢虫体内又鉴定到了另外一种微孢子虫希氏管孢虫（Tubulinosema hippodamiae）。希氏管孢虫的生活周期和病理特性与希氏微粒子虫相似，希氏管孢虫的孢子含有两个核，大小为（3.58 ± 0.2）μm ×（2.06 ± 0.2）μm，极管缠绕 10 ~ 14 圈。也存在一些不正常的孢子，大小为（3.38 ± 0.8）μm ×（2.13 ± 0.2）μm，有完整的孢壁但是缺乏正常孢子的内部结构，取而代之的是薄层状与网状结构。这种病原菌可以感染中肠附近的纵肌，也可以侵染多种组织包括脂肪体、后肠、马氏管、幽门瓣上皮细胞、腹神经节、肌肉和卵巢，而结缔组织很少被感染（Bjonson et al. 2011）。

　　从三个饲养机构提供的 22 个商业材料中鉴定发现其中有 13 个感染了希氏管孢虫。虽然可以购买到的瓢虫的希氏管孢虫感染率很低（平均 0.9%，范围为 0 ~ 3%），但是有大量集栖瓢虫被购买与释放用于生物防治，因此有成千上万的被感染的瓢虫被释放到了环境中（Bjonson 2008）。

　　希氏管孢虫会延长幼虫的发育期，降低成虫的繁殖力与寿命。这种微孢子虫在集栖瓢虫种群内水平传播的概率为 100%，携带病原体的瓢虫卵被其他瓢虫食用时还会将该病传染给其他类的瓢虫（Saito & Bjonson 2006，2008；Joudrey & Bjonson 2007）。在实验室条件下，T. hippodamiae 可以感染多种瓢虫，包括二星瓢虫（Adalia bipunctata）、七星瓢虫（Coccinella septempunctata）、横带瓢虫（C. trifasciata perplexa）和异色瓢虫（Harmonia axyridis）。这些瓢虫在感染该微孢子虫后发育时间都会延长，但是幼虫死亡率则没有变化（Saito & Bjonson 2006，2008）。

　　通过对染病组织图片观察计数孢子的结果表明，二星瓢虫和横带瓢虫等本地物种的微孢子虫感染程度与集栖瓢虫（该病自然宿主）相当，而引进物种七星瓢虫和异色瓢虫（H. axyridis）被感染程度较轻。这表明相对于引进物种，希氏管孢虫更适应前述的两种本地物种。虽然被希氏管孢虫感染的集栖瓢虫（H. convergens）产下的卵更少寿命也更短，被感染的二星瓢虫、七星瓢虫或异色瓢虫的繁殖力与寿命则没有受到影响。在一项持续 90 d 的研究中，以被感染的虫卵喂食瓢虫后，该微孢子虫垂直传播的概率为 100%（Saito & Bjonson 2006，2008）。

　　瓢虫茧蜂（Dinocampus coccinellae）可以寄生多种瓢虫，其幼虫会因为在被微孢子虫感染的宿主体内发育而感染。虽然感染率为 100%，但是寄生蜂幼虫的发育没有受到感染的影响。很大一部分被未感染寄生蜂叮过的瓢虫有一只寄生蜂幼虫，表明被微孢子虫感染后寄生蜂的繁殖力或者卵的存活力受到了影响。这种微孢子虫可以感染瓢虫茧蜂成虫除了卵巢外的几乎所有组织。雌性寄生蜂对被感染或者未被感染的宿主没有偏好性（Saito & Bjørnson 2013）。

25.11.5 *Metaseiulus occidentalis*（蜱螨目：植绥螨科）

　　西方盲走螨（*Metaseiulus occidentalis*）是一种被大量培养并应用于园艺或农业领域进行红蜘蛛生物防治的物种。实验室培养的西方盲走螨对微孢子虫捕食螨寡聚孢虫（*Oligosporidium occidentalis*）比较敏感。该病原菌的孢子有两种形态，第一种在若虫与年幼成虫内比较常见，大小为 2.53 μm × 1.68 μm，有一个短的极管（缠绕 3 ~ 5 圈），被认为参与了微孢子虫在宿主体内传播与垂直传播。第二种主要存在于比较老的成虫体内，大小为 3.14 μm × 1.77 μm，极管较长（缠绕 8 ~ 9 圈），推测其与微孢子虫的水平传播有关，宿主在摄食含有孢子的卵后被感染（Becnel et al. 2002）。西方盲走螨生长的各个阶段都有可能被感染。

　　但是被感染后并不会表现出明显的症状，在宿主的盲肠、琴形器、上皮细胞、肌肉、卵巢和卵内均可以观察到孢子（Becnel et al. 2002）。被感染的雌虫寿命更短繁殖力也更差，后代性别比偏向雄性（Olsen & Hoy 2002）。

　　以热处理（33℃温育 7 d）被感染的卵之后，感染率可以从 85% 降低至 2%，但是并不能根除病原体。

可以从热处理后孵化的后代中选育不带菌的种系（Olsen & Hoy 2002），大部分（80%）成虫或者幼虫在热处理后均能存活，表明这种方法有效减少微孢子虫的感染。

25.11.6　*Neoseiulus*（*Amblyseius*）*cucumeris*（蜱螨目：植绥螨科）

胡瓜钝绥螨（*Neoseiulus cucumeris*）和巴氏新小绥螨（*Neoseiulus barkeri*）被用于防控西花蓟马（*Frankliniella Occidentalis*）和洋葱蓟马（*Thrips tabaci*）。

大规模培养捕食螨胡瓜钝绥螨和巴氏新小绥螨时若感染微孢子虫病会导致其质量与数量下降（Beerling & van der Geest 1991）。有 3 种微孢子虫可以感染这类捕食螨。第 1 种属于 Pleistophoridae 科，可以感染胡瓜钝绥螨和巴氏新小绥螨以及在生产中使用的饲料螨粗脚粉螨（*Acarus siro*）和腐食酪螨（*Tyrophagus putrescentiae*）。这种病原菌的孢子呈椭圆形，大小 1.8 μm×0.9 μm。第 2 种仅在饲料螨中被发现，孢子大小 1.4 μm×0.8 μm。第 3 种也只在饲料螨中被发现，但是只是偶尔被发现，其孢子大小为 2.6 μm×1.3 μm，认为其可能为 Lipa（1997）之前在捷克斯洛伐克田间收集的 *Tyrophagus noxius* 以及实验室喂养的粗脚粉螨体内发现的微孢子虫斯坦豪斯微粒子虫（*Nosema steinhausi*）（Beerling et al. 1993）。在各个发育阶段感染斯坦豪斯微粒子虫的粗脚粉螨体内会充满孢子，固定与染色后大小为（2.16~2.88）μm×（1.20~1.44）μm。

染病的螨虫颜色泛白、肿胀、行动迟缓。被感染的饲料螨症状相似，但是程度更轻一些。Beerling 和 van der Geest（1991）研究了 Pleistophoridae 科病原体传播的途径。传播途径包括垂直传播途径与 4 种可能水平传播途径：①由于接触了在宿主尸体表面或者排泄物中的孢子感染。②捕食了被感染的同类或者饲料螨。③直接接触了被感染的个体或者饲料螨。④由于交配感染。有两个细胞系已经被投入应用产生单克隆抗体，用于通过 ELISA 检测大规模培养的捕食螨中的微孢子虫（Beerling et al. 1993）。

粉螨因特斯塔孢虫（*Intexta acarivora*）可以感染被用作饲料的腐食酪螨，这种病原体寄生在中肠上皮中，孢子呈圆形，小孢子直径 1.3~1.7 μm，极管缠绕 2~3 圈，大孢子直径 1.5~2.3 μm，极管缠绕最多 9 圈，该病原体的病理学特性未知（Larsson et al. 1997）。

25.11.7　*Phytoseiulus persimilis*（蜱螨目：植绥螨科）

智利小植绥螨（*Phytoseiulus persimilis*）可以在农业上应用于控制蜘蛛虫害。研究发现从欧洲一处农业机构来源的智利小植绥螨在其发育的各阶段均可能被植绥螨微孢子虫（*Microsporidium phytoseiuli*）感染。被感染的螨虫不会表现出感染的症状，在琴形器、盲肠壁与肌肉组织中能够观察到处于各个发育阶段的微孢子虫。而在琴形器、神经节、盲肠壁、肌肉组织、皮下组织和雌虫体内正在发育的卵中可以观察到孢子（Bjonson et al. 1996）。

孢子呈宽卵形或者长卵形，含有一个核，大小为（5.37±0.46）μm×（2.22±0.17）μm（固定与染色后）或（5.88±0.34）μm×（2.22±0.19）μm（未处理），含有一个极丝且在孢子后部 2/3 处缠绕了 12~15 圈。这种微孢子虫不感染棉红蜘蛛（*Tetranychus urticae*）（Bjonson et al. 1996）。

从北美商业机构提供的智利小植绥螨发现了另一种尚未鉴定的微孢子虫，其孢子含有一个核，呈长卵形，大小为 2.88 μm×1.21 μm，含有一个在孢子后部 1/2 处缠绕了 7~10 圈的极管。可以在琴形器中发现裂殖体时期的微孢子虫，而孢子则可以在多种组织，包括发育中的卵内发现（Bjonson & Keddie 2000）。

还有一种未被鉴定的微孢子虫是从以色列商业机构提供的智利小植绥螨体内发现的，其呈卵形孢子含有一个核，大小为 2.65 μm×1.21 μm，含有一个在孢子后半部缠绕了 3~4 圈的极管，极管与其他孢子内部结构常常被高度凝集的核糖体所掩盖。裂殖体时期的微孢子虫常见于盲肠壁细胞或者琴形器细胞，而在多种组织内都充满了孢子，琴形器细胞中偶尔也会充满孢子，这种微孢子虫可以侵染卵巢和发育中的虫卵（Bjonson & Keddie 2000）。

植绥螨微孢子虫感染会降低智利小植绥螨雌虫的繁殖力、捕食能力与寿命。该病原菌的垂直传播率为 100%，但是水平传播的概率较低，仅在未成熟的智利小植绥螨接触到未被感染的宿主时才会发生。在实验室培养的种系中该微孢子虫的感染率可以高至 100%（Bjonson & Keddie 2001），而使用高温或者药物处理不能降低感染率（Bjonson 1998）。

由于相对低的疾病阳性率以及伴随而来的不明显的感染症状，在大规模培养智利小植绥螨时该病容易受到忽视，除非对个体进行病原体检测才能发现（Bjonson & Keddie 2001）。在感染率较低的种系中，可以从群体中仔细分离出未被感染的个体，然后用于建立不含微孢子虫的种系。将田间收集的智利小植绥螨加入现有种系时，应该首先进行检查并确保其不含微孢子虫（Bjonson & Keddie 2000）。

25.11.8　*Sasajiscymnus tsugae*（鞘翅目：瓢虫科）和 *Laricobius nigrinus*（鞘翅目：伪郭公虫科）

铁杉方瓢虫（*Sasajiscymnus tsugae*）是铁杉球蚜（*Adelges tsugae*）的天敌。铁杉方瓢虫从日本被引进，用于防治 1920 年被无意之间引入北美的铁杉球蚜（Reardon & Onken 2004）。

Solter 等发现一个实验室培养的铁杉方瓢虫品系由于微孢子虫感染而发生了很高的致死率。在一年内感染率从 12% 上升至 50%。宿主偏好性研究发现这种微孢子虫可以感染多种可以应用于铁杉球蚜生物防治的掠食性甲虫。

从华盛顿州和爱荷华州田间的尼格瑞拉氏郭公虫（*Laricobius nigrinus*）体内分离到了一种微孢子虫，可以导致系统性感染和很高的致死率。虽然被感染的掠食性甲虫并没有表现出明显的感染症状，微孢子虫感染会导致繁殖力下降与影响幼虫发育（Solter et al. 2011）。

分子生物学研究发现管孢虫属某个种以及微孢子虫属多个种的微孢子虫可以感染被大量培养用于铁杉球蚜生物防治的尼格瑞拉氏郭公虫、铁杉方瓢虫和松柏小毛瓢虫（*Scymnus coniferarum*）。微孢子虫会对甲虫的大规模培养带来影响（Solter et al. 2011）。

25.12　其他有益的无脊椎动物

25.12.1　*Steinernema*（*Neoplectana*）*glaseri*（小杆目：斯氏线虫科）

Poinar Jr.（1988）在处于各发育阶段昆虫致病线虫——格式线虫（*Neoplectana glaseri*）体内发现了一种未被鉴定的微孢子虫，在该线虫虫卵和具有感染性的幼虫阶段均能发现孢子。很少被感染的幼虫可以完成感染，与未被感染的个体相比体长更短也更加透明。这种病原菌会影响具有感染能力的 3 龄幼虫，与未被感染的个体正常的肠道与发育中的性腺相比，被感染的幼虫肠呈崩解状，性腺发育不全。被感染的幼虫肠腔一般会充满微孢子虫孢子，存放在 22℃时很快会死亡。

在皮下组织、肠道、生殖器官（子宫、输卵管、虫卵和精巢）中可以观察到处于不同阶段的微孢子虫和成熟的孢子（大小为 2.36 μm × 1.16 μm）。感染会导致部分或者完全去势，降低生殖力或者导致幼虫与成虫死亡。

线虫一般经口感染其宿主，相应的，在来自巴西的芙蕾雅长角天牛（*Migdolus fryanus*）例子中，微孢子虫有可能通过宿主而侵染线虫。作者认为在将线虫大规模培养应用于生物防治之前应确保其不含微孢子虫（Poinar Jr. 1988）。

25.12.2　*Steinernema carpocapsae*（小杆目：斯氏线虫科）

两种昆虫致病性微孢子虫修氏匹里虫（*Pleistophora schubergi*）和迈氏微粒子虫（*Nosema mesnili*）也可以感染线虫 *Steinernema carpocapsae*，但是微孢子虫感染对线虫的影响未知（Kaya et al. 1988）。

25.12.3　*Xysticus cambridgei*（蜘蛛目：蟹蛛科）和其他蛛形纲动物

关于感染蛛形类微孢子虫研究相对较少，1960 年 Cokendolpher 研究报道卫斯理微孢子虫（*Microsporidium weiseri*）可以感染从捷克斯洛伐克采集的盲蛛（*Opilio parietinus*）的血淋巴和红细胞（Cokendolpher 1993）。

而微孢子虫网柱寡聚孢虫（*Oligosporidium arachnicolum*）则可以在剑桥花蟹蛛（*Xysticus cambridgei*）的卵母细胞和卵巢细胞内发育，在细胞内充满了处于各个发育阶段的微孢子虫。其孢子为椭圆形，大小为 3.6 μm × 2.0 μm，极管在孢子基部缠绕了 7~8 圈。蜘蛛和其他捕食性蛛形类中的微孢子虫应该比已报道的更丰富，因为这些捕猎高手的习性会导致它们接触到丰富的被微孢子虫感染的猎物（Codreanu–Bălescu et al. 1981）。

25.13　总结

微孢子虫的隐秘特性与感染后致宿主衰弱的症状表明，常规检查田间收集和实验室培养的用于生物防治的有益节肢动物是很重要的。

研究发现当微孢子虫的宿主在处于压力状态下，其症状会更明显，这一点有助于解释为何这类病原菌常见于实验室与商业培养的宿主中（Goodwin 1984）。

有益的节肢动物在被测试或者释放作为生物防治材料时，应确保其中不包含微孢子虫，主要原因为被感染的候选物种可能因表现不佳而被淘汰。例如，被感染的个体可能无法在进入新环境生存下来，收集到的关于被感染个体的繁殖力、寿命以及其他数据并不能体现出其真实的生物防治效率。这些不准确的预实验数据可能会导致评估程序过早结束。当被微孢子虫感染的宿主被释放时，所有可能的不良反应都会影响到其生物防治效率，因为微孢子虫倾向于一个较窄的宿主范围，引入外源物种后可能会同样对该病原体敏感的本地物种带来影响（Kluge & Caldwell 1992）。

参考文献

 第 25 章参考文献

附录 A　微孢子虫模式种及其模式宿主的通用名目录

James J. Becnel

美国农业部农业研究服务署医学，农业及兽医昆虫学中心

Peter M. Takvorian

美国罗格斯大学生物科学系

Ann Cali

美国罗格斯大学生物科学系

　　Kudo（1924）、Sprague（1977）和 Franzen（2008）等对微孢子虫的分类历史进行了全面的综述。在分类系统的发展中，有几个具有里程碑意义的事件值得一提。首先是 1899 年 Labbe 对微孢子虫的首次综述，一共整理了 1 科 3 属 33 个命名和 20 个未命名的微孢子虫种类。1924 年，Kudo 撰写的重要综述中共整理罗列了 4 科 14 属 178 个命名种的微孢子虫。1936 年，Jirovec 更新了 Kudo 专著，列出了 17 属 236 种的微孢子虫。1977 年，在 Weiser 提出的微孢子虫新分类体系中，被描述的属总数增加到 38 个。与此同时，Sprague 发表了他的专著，识别了 46 属和大约 725 种的微孢子虫。1986 年，Issi 提出的一个新分类方法识别了 68 属的微孢子虫。1992 年，Sprague 等报道了 118 属的微孢子虫，在不到 10 年的时间内微孢子虫的属分类数量增加到 144 个（Sprague & Becnel 1999）。本文的微孢子虫通用名目录收录了 200 个已描述的微孢子虫。

　　本目录收录了所有引起我们关注的且符合《动物命名法》所规定的可用性标准的通用名称。某些在文献中有争议的属名则被分开列出予以说明。

　　1. *Abelspora* **Azevedo, 1987.** Type species *Abelspora portucalensis* Azevedo, 1987. Type host *Carcinus maenas* (L.) Leach, 1814 (Decapoda, Portunidae).

　　2. *Aedispora* **Kilochitskii, 1997.** Type species *Aedispora dorsalis* Kilochitskii, 1997. Type host *Aedes (Ochlerotatus) caspius dorsalis* (Meigen) (Diptera, Culicidae).

　　3. *Agglomerata* **Larsson and Yan, 1988.** Type species *Agglomerata sidae* (Jírovec, 1942) Larsson and Yan, 1988. Type host *Sida crystallina* (O. F. Mueller, 1785) (Cladocera, Sididae).

　　4. *Agmasoma* **Hazard and Oldacre, 1975.** Type species *Agmasoma penaei* (Sprague, 1950) Hazard and Oldacre, 1975. Type host *Penaeus setiferus* (L.) (Decapoda, Penaeidae).

　　5. *Alfvenia* **Larsson, 1983.** Type species *Alfvenia nuda* Larsson, 1983. Type host *Acanthocyclops vernalis* Fisher (Copepoda, Cyclopidae).

　　6. *Alloglugea* **Paperna and Lainson, 1995.** Type species *Alloglugea bufonis* Paperna and Lainson, 1995. Type host *Bufo marinus* L. (Anura, Bufonidae).

　　7. *Amazonspora* **Azevedo and Matos, 2003.** Type species *Amazonspora hassar* Azevedo and Matos, 2003.

Type host *Hassar orestis* (Steindachner, 1875) (Teleostei, Doradidae).

8. *Amblyospora* Hazard and Oldacre, 1975. Type species *Amblyospora californica* (Kellen & Lipa, 1960) Hazard and Oldacre, 1975. Type definitive host *Culex tarsalis* Coquillett (Diptera, Culicidae). Type intermediate host *Mesocyclops leukarti* (Claus, 1875) (Copepoda, Cyclopidae).

9. *Ameson* Sprague, 1977. Type species *Ameson michaelis* (Sprague, 1970) Sprague, 1977. Type host *Callinectes sapidus* (Rathbun, 1896) (Decapoda, Portunidae).

10. *Amphiacantha* Caullery and Mesnil, 1914. Type species *Amphiacantha longa* Caullery and Mesnil, 1914. Type host *Ophioidina elongata* Ming. "or related species" (Gregarinida) parasite of *Lumbriconereis tingens* (Polychaeta, Eunicidae).

11. *Amphiamblys* Caullery and Mesnil, 1914. Type species *Amphiamblys capitellides* (Caullery & Mesnil, 1897) Caullery and Mesnil, 1914. Type host *Ancora* sp. (Gregarinida) parasite of *Capitellides giardi* (Polychaeta).

12. *Andreanna* Simakova, Vossbrinck, and Andreadis, 2008. Type species *Andreanna caspii* Simakova, Vossbrinck, and Andreadis, 2008. Type host *Aedes (Ochlerotatus) caspius* (Pallas) (Diptera, Culicidae).

13. *Anisofilariata* Tokarev, Voronin, Seliverstova, Dolgikh, Pavlova, Ignatieva, and Issi, 2010. Type species *Anisofilariata chironomi* Tokarev, Voronin, Seliverstova, Dolgikh, Pavlova, Ignatieva, and Issi, 2010. Type host *Chironomus plumosus* L. (Diptera, Chironomidae).

14. *Anncaliia* Issi, Krylova, and Nicolaeva, 1993. Type species *Anncaliia meligethi* (Issi & Radishcheva, 1979) Issi, Krylova, and Nicolaeva, 1993. Type host *Meligethes aeneus* (Coleoptera, Nitidulidae).

15. *Anostracospora* Rode, Landes, Lievens, Flaven, Segard, Jabbour-Zahab, Michalakis, Agnew, Vivarès, and Lenormand, 2013. Type species *Anostracospora rigaudi* Rode, Landes, Lievens, Flaven, Segard, Jabbour-Zahab, Michalakis, Agnew, Vivares, and Lenormand, 2013. Type hosts *Artemia franciscana* Kellogg, 1906, and *A. parthenogenetica* Bowen and Sterling, 1978 (Anostraca, Artemiidae).

16. *Antonospora* Fries, Paxton, Tengo, Slemenda, da Silva, and Pieniazek, 1999. Type species *Antonospora scoticae* Fries, Paxton, Tengo, Slemenda, da Silva, and Pieniazek, 1999. Type host *Andrena scotica* Perkins, 1916 (Hymenoptera, Andrenidae).

17. *Areospora* Stentiford, Bateman, Feist, Oyarzún, Uribe, Palacios, and Stone, 2014. Type species *Areospora rohanae* Stentiford, Bateman, Feist, Oyarzún, Uribe, Palacios, and Stone, 2014. Type host *Lithodes santolla* Molina, 1782 (Arthropoda, Lithodidae).

18. *Auraspora* Weiser and Purrini, 1980. Type species *Auraspora canningae* Weiser and Purrini, 1980. Type host *Lepidocyrtus lignorum* Fabricius, 1781 (Collembola, Entomobryidae).

19. *Bacillidium* Janda, 1928. Type species *Bacillidium criodrili* Janda, 1928. Type host *Criodrilus lacuum* Hoffm. (Haplotaxida, Criodrilidae).

20. *Baculea* Loubes and Akbarieh, 1978. Type species *Baculea daphniae* Loubes and Akbarieh, 1978. Type host *Daphnia pulex* (de Geer, 1778) (Cladocera, Daphniidae).

21. *Becnelia* Tonka and Weiser, 2000. Type species *Becnelia sigarae* Tonka and Weiser, 2000. Type host water boatmen, *Sigara lateralis* Leach, 1817 (Heteroptera, Corixidae).

22. *Berwaldia* Larsson, 1981. Type species *Berwaldia singularis* Larsson, 1981. Type host *Daphnia pulex* (de Geer, 1778) (Cladocera, Daphniidae).

23. *Binucleata* Refardt, Decaestecker, Johnson, and Vávra, 2008. Type species *Binucleata daphnia* Refardt, Decaestecker, Johnson, and Vávra, 2008. Type host *Daphnia magna* Straus (Cladocera, Daphniidae).

24. *Binucleospora* Bronnvall and Larsson, 1995. Type species *Binucleospora elongata* Bronnvall and Larsson, 1985. Type host *Candona* sp. (Ostracoda, Cyprididae).

25. ***Bohuslavia* Larsson, 1985.** Type species *Bohuslavia asterias* (Weiser, 1963) Larsson, 1985. Type host *Endochironomus* sp. (Diptera, Chironomidae).

26. ***Brachiola* Cali, Takvorian, and Weiss, 1998.** Type species *Brachiola vesicularum* Cali, Takvorian, and Weiss, 1998. Type host *Homo sapiens* L. (Primates, Hominidae).

27. ***Bryonosema* Canning, Refardt, Vossbrinck, Okamura, and Curry, 2002.** Type species *Bryonosema plumatellae* Canning, Refardt, Vossbrinck, Okamura, and Curry, 2002. Type host *Plumatella nitens* Wood, 1996 (Plumatellida, Plumatellidae).

28. ***Burenella* Jouvenaz and Hazard, 1978.** Type species *Burenella dimorpha* Jouvenaz and Hazard, 1978. Type host *Solenopsis geminata* (Fabricius) (Hymenoptera, Formicidae).

29. ***Burkea* Sprague, 1977.** Type species *Burkea gatesi* (Puytorac and Tourret, 1963) Sprague, 1977. Type host *Pheretima hawayana* (Oligochaeta, Megascolecidae) selected here from two hosts mentioned.

30. ***Buxtehudea* Larsson, 1980.** Type species *Buxtehudea scaniae* Larsson, 1980. Type host *Petrobius brevistylis* Carpenter, 1913 (Thysanura, Machilidae).

31. ***Campanulospora* Issi, Radischcheva, and Dolzhenko, 1983.** Type species *Campanulospora denticulata* Issi, Radischcheva, and Dolzhenko, 1983. Type host *Delia floralis* Fall. (Diptera, Muscidae).

32. ***Canningia* Weiser, Wegensteiner, and Zizka, 1995.** Type species *Canningia spinidentis* Weiser, Wegensteiner, and Zizka, 1995. Type host *Pityokteines spinidens* Rtt. (Coleoptera, Scolytidae).

33. ***Caudospora* Weiser, 1946.** Type species *Caudospora simulii* Weiser, 1946. Type host *Simulium hirtipes* (Fries, 1824) (Diptera, Simuliidae).

34. ***Caulleryetta* Dogiel, 1922.** Type species *Caulleryetta mesnili* Dogiel, 1922. Type host *Selenidium* sp. (Gregarinida, Schizocystidae) parasite of *Travisia forbesii* (Polychaeta).

35. ***Chapmanium* Hazard and Oldacre, 1975.** Type species *Chapmanium cirritus* Hazard and Oldacre, 1975. Type host *Corethrella brakeleyi* (Coquillett) (Diptera, Chaoboridae).

36. ***Chytridioides* Tregouboff, 1913.** Type species *Chytridioides schizophylli* Tregouboff, 1913. Type host *Schizophyllum mediterraneum* Latzel = *Ommatoiulus rutilans* (Koch, 1847) (Julida, Julidae).

37. ***Chytridiopsis* Schneider, 1884.** Type species *Chytridiopsis socius* Schneider, 1884. Type host *Blaps mortisaga* L. (Coleoptera, Tenebrionidae).

38. ***Ciliatosporidium* Foissner and Foissner, 1995.** Type species *Ciliatosporidium platyophryae* Foissner and Foissner, 1995. Type host *Platyophrya terricola* (Foissner, 1987) Foissner and Foissner, 1995 (Ciliophora, Colpodea).

39. ***Coccospora* Kudo, 1925.** Replacement name for *Cocconema* Léger and Hesse, 1921, preoccupied. Type species *Coccospora micrococcus* (Léger & Hesse, 1921) Kudo, 1925. Type host *Tanypus setiger* Kieffer (Diptera, Chironomidae).

40. ***Cougourdella* Hesse, 1935.** Type species *Cougourdella magna* Hesse, 1935. Type host *Megacyclops viridis* Jurine (Copepoda, Cyclopidae).

41. ***Crepidulospora* Simakova, Pankova, and Issi, 2004.** Type species *Crepidulospora beklemishevi* (Simakova, Pankova, & Issi, 2003) Simakova, Pankova, and Issi, 2004. Type host *Anopheles beklemishevi* (Diptera, Culicidae).

42. ***Crispospora* Tokarev, Voronin, Seliverstova, Pavlova, and Issi, 2010.** Type species *Crispospora chironomi* Tokarev, Voronin, Seliverstova, Pavlova, and Issi, 2010. Type host *Chironomus plumosus* L. (Diptera, Chironomidae).

43. ***Cristulospora* Khodzhaeva and Issi, 1989.** Type species *Cristulospora sherbani* Khodzhaeva and Issi,

1989. Type host *Culex modestus* (Diptera, Culicidae).

44. *Cryptosporina* **Hazard and Oldacre, 1975.** Type species *Cryptosporina brachyfila* Hazard and Oldacre, 1975. Type host *Piona* sp. (Arachnida, Hygrobatinae).

45. *Cucumispora* **Ovcharenko, Bacela, Wilkinson, Ironside, Rigaud, and Wattier, 2010.** Type species *Cucumispora dikerogammari* (Ovcharenko and Kurandina, 1987) Ovcharenko, Bacela, Wilkinson, Ironside, Rigaud, and Wattier, 2010. Type host *Dikerogammarus villosus* (Sowinsky, 1894) (Amphipoda, Gammaridae).

46. *Culicospora* **Weiser, 1977.** Type species *Culicospora magna* (Kudo, 1920) Weiser, 1977. Type host *Culex pipiens* L. (Diptera, Culicidae).

47. *Culicosporella* **Weiser, 1977.** Type species *Culicosporella lunata* (Hazard & Savage, 1970) Weiser, 1977. Type host *Culex pilosus* (Dyar & Knab, 1906) (Diptera, Culicidae).

48. *Cylindrospora* **Issi and Voronin, 1986.** Type species *Cylindrospora chironomi* Issi and Voronin, 1986, in Issi 1986. Type host *Chironomus plumosus* L. (Diptera, Chironomidae).

49. *Cystosporogenes* **Canning, Barker, Nicholas, and Page, 1985.** Type species *Cystosporogenes operophterae* (Canning, 1960) Canning, Barker, Nicholas, and Page, 1985. Type host *Operophtera brumata* (L.) (Lepidoptera, Geometridae).

50. *Dasyatispora* **Diamant, Goren, Yokeş, Galil, Klopman, Huchon, Szitenberg, and Karhan, 2010.** Type species *Dasyatispora levantinae* Diamant, Goren, Yokes, Galil, Klopman, Huchon, Szitenberg, and Karhan, 2010. Type host *Dasyatis pastinaca* (L.) (Myliobatiformes, Dasyatidae).

51. *Desmozoon* **Freeman and Sommerville, 2009.** Type species *Desmozoon lepeophtherii* Freeman and Sommerville, 2009. Type host *Lepeophtheirus salmonis* (Krøyer) (Copepoda, Caligidae).

52. *Desportesia* **Issi and Voronin, 1986.** Type species *Desportesia laubieri* (Desportes & Theodorides, 1979) Issi and Voronin, 1986, in Issi 1986. Type host *Lecudina* sp. (Gregarinida, Lecudinidae) parasite of unidentified marine annelid (Echiurida).

53. *Dimeiospora* **Simakova, Pankova, and Issi, 2003.** Type species *Dimeiospora palustris* Simakova, Pankova, and Issi, 2003. Type host *Aedes (Ochlerotatus) punctor* Kirby (Diptera, Culicidae).

54. *Duboscqia* **Pérez, 1908.** Type species *Duboscqia legeri* Pérez, 1908. Type host *Termes lucifugus* = *Reticulitermes lucifugus* (Rossi) (Isoptera, Rhinotermitidae).

55. *Edhazardia* **Becnel, Sprague, and Fukuda, 1989.** Type species *Edhazardia aedis* (Kudo, 1930) Becnel, Sprague, and Fukuda, 1989, in Becnel, Sprague, Fukuda, and Hazard, 1989. Type host *Aedes aegypti* (L.) (Diptera, Culicidae).

56. *Encephalitozoon* **Levaditi, Nicolau, and Schoen, 1923.** Type species *Encephalitozoon cuniculi* Levaditi, Nicolau, and Schoen, 1923. Type host "Rabbit" (Lagomorpha, Leporidae).

57. *Endoreticulatus* **Brooks, Becnel, and Kennedy, 1988.** Type species *Endoreticulatus fidelis* (Hostounsky & Weiser, 1975) Brooks, Becnel, and Kennedy, 1988. Type host *Leptinotarsa undecimlineata* Stal (Coleoptera, Chrysomelidae).

58. *Enterocytospora* **Rode, Landes, Lievens, Flaven, Segard, Jabbour-Zahab, Michalakis, Agnew, Vivarès, and Lenormand, 2013.** Type species *Enterocytospora artemiae* Rode, Landes, Lievens, Flaven, Segard, Jabbour-Zahab, Michalakis, Agnew, Vivares, and Lenormand, 2013. Type hosts *Artemia franciscana* Kellogg, 1906; *A. franciscana monica* Verrill, 1869; and *A. parthenogenetica* Bowen and Sterling, 1978 (Anostraca, Artemiidae).

59. *Enterocytozoon* **Desportes, Le Charpentier, Galian, Bernard, Cochand-Priollet, Lavergne, Ravisse, and Modigliani, 1985.** Type species *Enterocytozoon bieneusi* Desportes, Le Charpentier, Galian, Bernard, Cochand-Priollet, Lavergne, Ravisse, and Modigliani, 1985. Type host *Homo sapiens* L. (Primates, Hominidae).

60. *Enterospora* Stentiford, Bateman, Longshaw, and Feist, 2007. Type species *Enterospora canceri* Stentiford, Bateman, Longshaw, and Feist, 2007. Type host *Cancer pagurus* L. (Decapoda, Cancridae).

61. *Episeptum* Larsson, 1986. Type species *Episeptum inversum* Larsson, 1986. Type host *Holocentropus picicornis* (Stevens. 1836) (Trichoptera, Polycentropidae).

62. *Euplotespora* Fokin, Giuseppe, Erra, and Dini, 2008. Type species *Euplotespora binucleata* Fokin, Giuseppe, Erra, and Dini, 2008. Type host *Euplotes woodruffi* (Hypotrichida, Euplotidae).

63. *Evlachovaia* Voronin and Issi, 1986. Type species *Evlachovaia chironomi* Voronin and Issi, 1986, in Issi, 1986. Type host *Chironomus plumosus* (Diptera, Chironomidae).

64. *Facilispora* Jones, Prosperi-Porta, and Kim, 2012. Type species *Facilispora margolisi* Jones, Prosperi-Porta, and Kim, 2012. Type host *Lepeophtheirus salmonis* Krøyer (Siphonostomatoida, Caligidae).

65. *Fibrillanosema* Galbreath, Smith, Terry, Becnel, and Dunn, 2004. Type species *Fibrillanosema crangonycis* Galbreath, Smith, Terry, Becnel, and Dunn, 2004. Type host *Crangonyx pseudogracilis* (Amphipoda, Crangonyctidae).

66. *Flabelliforma* Canning, Killick-Kendrick, and Killick-Kendrick, 1991. Type species *Flabelliforma montana* Canning, Killick-Kendrick, and Killick-Kendrick, 1991. Type host *Phlebotomus ariasi* Tonnoir, 1921 (Diptera, Psychodidae).

67. *Geusia* Rühl and Korn, 1979. Type species *Geusia gamocysti* Rühl and Korn, 1979. Type host *Gamocystis ephemerae* Frantzius, 1848 (Gregarinida, Gregarinidae), parasite of *Ephemera danica* (Ephemeroptera, Ephemeridae).

68. *Glugea* Thélohan, 1891. Type species *Glugea anomala* (Moniez, 1887) Gurley, 1893. Type host *Gasterosteus aculeatus* L. (Gasterosteiformes, Gasterosteidae).

69. *Glugoides* Larsson, Ebert, Vávra, and Voronin, 1996. Type species *Glugoides intestinalis* (Chatton, 1907) Larsson, Ebert, Vávra, and Voronin, 1996. Type host *Daphnia magna* Straus, 1820 (Cladocera, Daphniidae), selected here from two hosts mentioned.

70. *Golbergia* Weiser, 1977. Type species *Golbergia spinosa* (Golberg, 1971) Weiser, 1977. Type host *Culex pipiens* L. (Diptera, Culicidae).

71. *Gurleya* Doflein, 1898. Type species *Gurleya tetraspora* Doflein, 1898. Type host *Daphnia maxima* (Cladocera, Daphniidae).

72. *Gurleyides* Voronin, 1986. Type species *Gurleyides biformis* Voronin, 1986. Type host *Ceriodaphnia reticulata* Jurine (Cladocera, Daphniidae).

73. *Hamiltosporidium* Haag, Larsson, Refardt, and Ebert, 2010. Type species *Hamiltosporidium tvaerminnensis* Haag, Larsson, Refardt, and Ebert, 2010. Type host *Daphnia magna* Straus, 1820 (Cladocera, Daphniidae).

74. *Hazardia* Weiser, 1977. Type species *Hazardia milleri* (Hazard & Fukuda, 1974) Weiser, 1977. Type host *Culex pipiens quinquefasciatus* Say, 1823 (Diptera, Culicidae).

75. *Helmichia* Larsson, 1982. Type species *Helmichia aggregata* Larsson, 1982. Type host *Endochironomus* sp. (Diptera, Chironomidae).

76. *Hepatospora* Stentiford, Bateman, Dubuffet, Chambers, and Stone, 2011. Type species *Hepatospora eriocheir* (Wang & Chen, 2007) Stentiford, Bateman, Dubuffet, Chambers, and Stone, 2011. Type host *Eriocheir sinensis* H. Milne Edwards, 1853 (Decapoda, Varunidae).

77. *Hessea* Ormières and Sprague, 1973. Type species *Hessea squamosa* Ormières and Sprague, 1973. Type host *Sciara* sp. (Diptera, Lycoriidae).

78. *Heterosporis* Schubert, 1969. Type species *Heterosporis finki* Schubert, 1969. Type host *Pterophyllum scalare* (Curs & Valens, 1831) (Perciformes, Cichlidae).

79. *Heterovesicula* Lange, Macvean, Henry, and Streett, 1995. Type species *Heterovesicula cowani* Lange, Macvean, Henry, and Streett, 1995. Type host *Anabrus simplex* Haldeman, 1852 (Orthoptera, Tettigoniidae).

80. *Hirsutusporos* Batson, 1983. Type species *Hirsutusporos austrosimulii* Batson, 1983. Type host *Austrosimulium* sp. (Diptera, Simuliidae).

81. *Holobispora* Voronin, 1986. Type species *Holobispora thermocyclopis* Voronin, 1986. Type host *Thermocyclops orthonoides* (Sars) (Copepoda, Cyclopidae).

82. *Hrabyeia* Lom and Dykova, 1990. Type species *Hrabyeia xerkophora* Lom and Dykova, 1990. Type host *Nais christinae* Kasparzak, 1973 (Oligochaeta, Naididae).

83. *Hyalinocysta* Hazard and Oldacre, 1975. Type species *Hyalinocysta chapmani* Hazard and Oldacre, 1975. Type host *Culiseta melanura* Coquillett, 1902 (Diptera, Culicidae).

84. *Ichthyosporidium* Caullery and Mesnil, 1905. Type species *Ichthyosporidium giganteum* (Thélohan, 1895) Swarczewsky, 1914. Type host *Crenilabrus melops* L. (Perciformes, Labridae).

85. *Inodosporus* Overstreet and Weidner, 1974. Type species *Inodosporus spraguei* Overstreet and Weidner, 1974. Type host *Palaemonetes pugio* Holthius, 1949 (Decapoda, Palaemonidae).

86. *Intexta* Larsson, Steiner, and Bjørnson, 1997. Type species *Intexta acarivora* Larsson, Steiner, and Bjørnson, 1997. Type host *Tyrophagus putrescentiae* (Acari, Acaridae).

87. *Intrapredatorus* Chen, Kuo, and Wu, 1998. Type species *Intrapredatorus trinus* (Becnel & Sweeney, 1990) Chen, Kuo, and Wu, 1998. Type host *Culex fuscanus* Wiedemann (Diptera, Culicidae).

88. *Issia* Weiser, 1977. Type species *Issia trichopterae* (Weiser, 1946) Weiser, 1977. Type host *Plectrocnemia geniculate* (Trichoptera, Polycentropodidae).

89. *Janacekia* Larsson, 1983. Type species *Janacekia debaisieuxi* (Jírovec, 1943) Larsson, 1983. Type host *Simulium maculatum* Meig. (Diptera, Simuliidae).

90. *Jirovecia* Weiser, 1977. Type species *Jirovecia caudata* (Léger & Hesse, 1916) Weiser, 1977. Type host *Tubifex tubifex* Mueller (Oligochaeta, Tubificidae).

91. *Jiroveciana* Larsson, 1980. Type species *Jiroveciana limnodrili* (Jírovec, 1940) Larsson, 1980. Type host *Limnodrilus missionicus* (Oligochaeta, Tubificidae).

92. *Johenrea* Lange, Becnel, Razafindratiana, Przybyszewski, and Razafindrafara, 1996. Type species *Johenrea locustae* Lange, Becnel, Razafindratiana, Przybyszewski, and Razafindrafara, 1996. Type host *Locusta migratoria capito* (Saussure, 1884) (Orthoptera, Acrididae).

93. *Kabatana* Lom, Dyková, and Tonguthai, 2000. Type species *Kabatana arthuri* (Lom, Dyková, & Tonguthai, 1999) Lom, Dyková, and Tonguthai, 2000. Type host *Pangasius sutchi* (Siluriformes, Pangasiidae).

94. *Kinorhynchospora* Adrianov and Rybakov, 1991. Type species *Kinorhynchospora japonica* Adrianov and Rybakov, 1991. Type host *Kinorhynchus yushini* (Echinodera, Pycnophyidae).

95. *Kneallhazia* Sokolova and Fuxa, 2008. Type species *Kneallhazia solenopsae* (Knell, Allen, & Hazard, 1977) Sokolova and Fuxa, 2008. Type host *Solenopsis invicta* Buren (Hymenoptera, Formicidae).

96. *Krishtalia* Kilochitskii, 1997. Type species *Krishtalia pipiens* Kilochitskii, 1997. Type host *Culex pipiens pipiens* L. (Diptera, Culicidae).

97. *Lanatospora* Voronin, 1986. Type species *Lanatospora macrocyclopis* (Voronin, 1977) Voronin, 1986. Type host *Macrocyclops albidus* Jurine (Copepoda, Cyclopidae).

98. *Larssonia* Vidtmann and Sokolova, 1994. Type species *Larssonia obtusa* (Moniez, 1887) Vidtmann and

Sokolova, 1994. Type host *Daphnia pulex* De Geer (Cladocera, Daphniidae).

99. *Larssoniella* Weiser and David, 1997. Type species *Larssoniella resinellae* Weiser and David, 1997. Type host *Petrova resinella* (L.) (Lepidoptera, Tortricidae).

100. *Liebermannia* Sokolova, Lange, and Fuxa, 2006. Type species *Liebermannia patagonica* Sokolova, Lange, and Fuxa, 2006. Type host *Tristira magellanica* Bruner, 1900 (Orthoptera, Tristiridae).

101. *Loma* Morrison and Sprague, 1981. Type species *Loma morhua* Morrison and Sprague, 1981. Type host *Gadus morhua* L. (Gadiformes, Gadidae).

102. *Mariona* Stempell, 1909. Type species *Mariona marionis* (Thélohan, 1895) Stempell, 1909. Type host *Ceratomyxa coris* Georgevitch, 1916 (Bivalvulida, Ceratomyxidae), parasite of *Coris julis* L. (Pisces).

103. *Marssoniella* Lemmermann, 1900. Type species *Marssoniella elegans* Lemmermann, 1900. Type host *Cyclops strenuous* Fischer, 1851 (Copepoda, Cyclopidae).

104. *Merocinta* Pell and Canning, 1993. Type species *Merocinta davidii* Pell and Canning, 1993. Type host *Mansonia africana* (Theobald) (Diptera, Culicidae).

105. *Metchnikovella* Caullery and Mesnil, 1897. Type species *Metchnikovella spionis* Caullery and Mesnil, 1897. Type host *Polyrhabdina brasili* Caullery and Mesnil (Gregarinida, Lecudinidae) parasite of *Spio martinensis* Mesnil (Polychaeta, Spionidae).

106. *Microfilum* Faye, Toguebaye, and Bouix, 1991. Type species *Microfilum lutjani* Faye, Toguebaye, and Bouix, 1991. Type host *Lutjanus fulgens* (Valenciennes, 1830) (Perciformes, Lutjanidae).

107. *Microgemma* Ralphs and Matthews, 1986. Type species *Microgemma hepaticus* Ralphs and Matthews, 1986. Type host *Chelon labrosus* (Risso) (Mugiliformes, Mugilidae).

108. *Microsporidium* Balbiani, 1884. Not an available name *sensu stricto* but used under the provisions of the code (see Glossary, p. 257) as the legitimate name of a collective group. Useful as a provisional generic name if an author desires to record an unidentified species or to form a binomen and establish a new species while there is indecision about the genus.

109. *Microsporidyopsis* Schereschewsky, 1925. Type species *Microsporidyopsis nereidis* Schereschewsky, 1925. Type host *Doliocystis* sp. (Gregarinida) parasite of *Nereis parallelogramma* Claparede (Polychaeta, Nereidae).

110. *Mitoplistophora* Codreanu, 1966. Type species *Mitoplistophora angularis* Codreanu, 1966. Type host *Ephemera danica* (Ephemeroptera, Ephemeridae).

111. *Mockfordia* Sokolova, Sokolov, and Carlton, 2010. Type species *Mockfordia xanthocaeciliae* Sokolova, Sokolov, and Carlton, 2010. Type host *Xanthocaecilius sommermanae* Mockford, 1955 (Psocoptera, Caeciliusidae).

112. *Mrazekia* Léger and Hesse, 1916. Type species *Mrazekia argoisi* Léger and Hesse, 1916. Type host *Asellus aquaticus* L. (Isopoda, Asellidae).

113. *Multilamina* Becnel, Scheffrahn, Vossbrinck, and Bahder, 2013. Type species *Multilamina teevani* Becnel, Scheffrahn, Vossbrinck, and Bahder, 2013. Type host *Uncitermes teevani* (Isoptera, Termitidae, Syntermitinae).

114. *Myospora* Stentiford, Bateman, Small, Moss, Shields, Reece, and Tuck, 2010. Type species *Myospora metanephrops* Stentiford, Bateman, Small, Moss, Shields, Reece, and Tuck, 2010. Type host *Metanephrops challengeri* Balss, 1914 (Decapoda, Nephropidae).

115. *Myosporidium* Baquero, Rubio, Moura, Pieniazek, and Jordana, 2005. Type species *Myosporidium merluccius* Baquero, Rubio, Moura, Pieniazek, and Jordana, 2005. Type host *Merluccius capensis/paradoxus* complex (Gadiformes, Merlucciidae).

116. *Myxocystis* Mrazek, 1897. Type species *Myxocystis ciliata* Mrazek, 1897. Type host *Limnodrilus claparedianus* Ratzel (Oligochaeta, Tubificidac).

117. *Nadelspora* Olson, Tiekotter, and Reno, 1994. Type species *Nadelspora canceri* Olson, Tiekotter, and Reno, 1994. Type host *Cancer magister* Dana, 1852 (Decapoda, Cancridae).

118. *Napamichum* Larsson, 1990. Type species *Napamichum dispersus* (Larsson, 1984) Larsson, 1990. Type host *Endochironomus* sp. (Diptera, Chironomidae).

119. *Nelliemelba* Larsson, 1983. Type species *Nelliemelba boeckella* (Milner & Mayer, 1982) Larsson, 1983. Type host *Boeckella triarticulata* (Thomson) (Copepoda, Calanoidea).

120. *Nematocida* Troemel, Félix, Whiteman, Barrière, and Ausubel, 2008. Type species *Nematocida parisii* Troemel, Félix, Whiteman, Barrière, and Ausubel, 2008. Type host *Caenorhabditis elegans* (Rhabditida, Rhabditidae).

121. *Neoflabelliforma* Morris and Freeman, 2010. Type species *Neoflabelliforma aurantiae* Morris and Freeman, 2010. Type host *Tubifex tubifex* (Oligochaeta, Tubificidae).

122. *Neoperezia* Issi and Voronin, 1979. Type species *Neoperezia chironomi* Issi and Voronin, 1979. Type host *Chironomus plumosus* L. (Diptera, Chironomidae).

123. *Neonosemoides* Faye, Toguebaye, and Bouix, 1996. Type species *Neonosemoides tilapiae* Faye, Toguebaye, and Bouix, 1996. Type host *Tilapia guineensis* (Perciformes, Cichlidae).

124. *Nolleria* Beard, Butler, and Becnel, 1990. Type species *Nolleria pulicis* Beard, Butler, and Becnel, 1990. Type host *Ctenocephalides felis* (Boche, 1833) (Siphonaptera, Pulicidae).

125. *Norlevinea* Vávra, 1984. Type species *Norlevinea daphniae* Vávra, 1984. Type host *Daphnia longispina* O. F. Mueller (Cladocera, Daphniidae).

126. *Nosema* Naegeli, 1857. Type species *Nosema bombycis* Naegeli, 1857. Type host *Bombyx mori* L. (Lepidoptera, Bombycidae).

127. *Nosemoides* Vinckier, 1975. Type species *Nosemoides vivieri* (Vinckier, Devauchelle, and Prensier, 1970) Vinckier, 1975. Type host *Lecudina linei* Vinckier, 1975 (Gregarinida, Monocystidae), parasite of *Lineus viridis* (Fabricius) (Heteronemertea, Lineidae).

128. *Novothelohania* Andreadis, Simakova, Vossbrinck, Shepard, and Yurchenko, 2012. Type species *Novothelohania ovalae* Andreadis, Simakova, Vossbrinck, Shepard, and Yurchenko, 2012. Type host *Aedes* (*Ochlerotatus*) *caspius* (Pallas) (Diptera, Culicidae).

129. *Nucleospora* Docker, Kent, Hervio, Khattra, Weiss, Cali, and Devlin, 1997. Type species *Nucleospora salmonis* (Chilmonczyk, Cox, & Hedrick, 1991) Docker, Kent, Hervio, Khattra, Weiss, Cali, and Devlin, 1997. Type host *Oncorhynchus tshawytscha* (Walbaum) (Salmoniformes, Salmonidae).

130. *Nudispora* Larsson, 1990. Type species *Nudispora biformis* Larsson, 1990. Type host *Coenagrion hastulatum* Charpentier, 1925 (Odonata, Coenagrionidae).

131. *Octosporea* Flu, 1911. Type species *Octosporea muscaedomesticae* Flu, 1911. Type host *Musca domestica* L. (Diptera, Muscidae).

132. *Octotetraspora* Issi, Kadyrova, Pushkar, Khodzhaeva, and Krylova, 1990. Type species *Octotetraspora* paradoxa. Type host *Wilhelmia mediterranea* (Diptera, Simuliidae).

133. *Oligosporidium* Codreanu-Bălcescu, Codreanu, and Traciuc, 1981. Type species *Oligosporidium arachnicolum* (Codreanu-Bălcescu, Codreanu, & Traciuc, 1978) Codreanu-Bălcescu, Codreanu, and Traciuc, 1981. Type host *Xysticus cambridgei* (Araneae, Thomisidae).

134. *Ordospora* Larsson, Ebert, and Vávra, 1997. Type species *Ordospora colligate* Larsson, Ebert, and

Vávra, 1997. Type species *Daphnia magna* (Cladocera, Daphniidae).

135. *Ormieresia* Vivares, Bouix, and Manier, 1977. Type species *Ormieresia carcini* Vivares, Bouix, and Manier, 1977. Type host *Carcinus mediterraneus* Czerniavsky, 1884 (Decapoda, Portunidae).

136. *Orthosomella* Canning, Wigley, and Barker, 1991. Type species *Orthosomella operophterae* (Canning, 1960) Canning, Wigley, and Barker, 1991. Type host *Operophtera brumata* (L.) (Lepidoptera, Geometridae).

137. *Orthothelohania* Codreanu and Balcescu-Codreanu, 1974. Type species *Orthothelohania octospora* (Henneguy, 1892, *sensu* Pixel-Goodrich, 1920) Codreanu and Balcescu-Codreanu, 1974. Type host *Palaemon serratus* (Pennant, 1777) (Decapoda, Palaemonidae).

138. *Ovavesicula* Andreadis and Hanula, 1987. Type species *Ovavesicula popilliae* Andreadis and Hanula, 1987. Type host *Popillia japonica* Newman (Coleoptera, Scarabaeidae).

139. *Ovipleistophora* Pekkarinen, Lom, and Nilsen, 2002. Type species *Ovipleistophora mirandellae* (Vaney & Conte, 1901) Pekkarinen, Lom, and Nilsen, 2002. Type hosts *Gymnocephalus cernuus* (L.) (Perciformes, Percidae) and *Rutilus rutilus* (L.) (Cypriniformes, Cyprinidae), single type host not identified.

140. *Pankovaia* Simakova, Tokarev, and Issi, 2009. Type species *Pankovaia semitubulata* Simakova, Tokarev, and Issi, 2009. Type host *Cloeon dipterum* (L.) (Ephemeroptera, Baetidae).

141. *Paraepiseptum* Hyliš, Oborník, Nebesářová, and Vávra, 2007. Type species *Paraepiseptum polycentropi* (Weiser, 1965) Hyliš, Oborník, Nebesářová, and Vávra, 2007. Type host *Polycentropus flavomaculatus* (Polycentropodidae).

142. *Paranosema* Sokolova, Dolgikh, Morzhina, Nassonova, Issi, Terry, Ironside, Smith, and Vossbrinck, 2003. Type species *Paranosema grylli* (Sokolova, Seleznev, Dolgikh, & Issi, 1994) Sokolova, Dolgikh, Morzhina, Nassonova, Issi, Terry, Ironside, Smith, and Vossbrinck, 2003. Type host *Gryllus bimaculatus* Deg. (Orthoptera, Gryllidae).

143. *Parapleistophora* Issi, Kadyrova, Pushkar, Khodzhaeva, and Krylova, 1990. Type species *Parapleistophora ectospora* Issi, Kadyrova, Pushkar, Khodzhaeva, and Krylova, 1990. Type host *Tetisimulium desertorum* (Diptera, Simuliidae).

144. *Parastempellia* Issi, Kadyrova, Pushkar, Khodzhaeva and Krylova, 1990. Type species *Parastempellia odagmiae* Issi, Kadyrova, Pushkar, Khodzhaeva and Krylova, 1990. Type host *Odagmia ferganica* (Diptera, Simuliidae).

145. *Parathelohania* Codreanu, 1966. Type species *Parathelohania legeri* (Hesse, 1904) Codreanu, 1966. Type host *Anopheles maculipennis* Meigen, 1818 (Diptera, Culicidae).

146. *Paratuzetia* Poddubnaya, Tokarev, and Issi, 2006. Type species *Paratuzetia kupermani* Poddubnaya, Tokarev, and Issi, 2006. Type host *Khawia armeniaca* Cholodkovsky, 1915 (Cestoda, Lytocestidae) from oligochaete *Potamothrix paravanicus*.

147. *Pegmatheca* Hazard and Oldacre, 1975. Type species *Pegmatheca simulii* Hazard and Oldacre, 1975. Type host *Simulium tuberosum* (Lindstrom, 1911) (Diptera, Simuliidae).

148. *Perezia* Léger and Duboscq, 1909. Type species *Perezia lankesteriae* Léger and Duboscq, 1909. Type host *Lankesteria ascidiae* (Lankester, 1872) (Gregarinida, Diplocystidae) parasite of *Ciona intestinalis* (L.) (Dictyobranchia, Ascidiidae).

149. *Pernicivesicula* Bylen and Larsson, 1994. Type species *Pernicivesicula gracilis* Bylen and Larsson, 1994. Type host *Pentaneurella* sp. Fittkau and Murray, 1983 (Diptera, Chironomidae).

150. *Pilosporella* Hazard and Oldacre, 1975. Type species *Pilosporella fishi* Hazard and Oldacre, 1975. Type host *Wyeomyia vanduzeei* Dyar and Knab, 1906 (Diptera, Culicidae).

151. *Pleistophora* Gurley, 1893. Type species *Pleistophora typicalis* Gurley, 1893. Type host *Cottus scorpius* = *Myoxocephalus scorpius* (L.) (Perciformes, Cottidae).

152. *Pleistophoridium* Codreanu-Bălcescu and Codreanu, 1982. Type species *Pleistophoridium hyperparasiticum* (Codreanu-Bălcescu & Codreanu, 1976) Codreanu-Bălcescu and Codreanu, 1982. Type host *Enterocystis rhithrogenae* M. Codreanu, 1940 (Gregarinida, Monocystidae), parasite of *Rhithrogena semicolorata* (Curt, 1834) (Ephemeroptera).

153. *Polydispyrenia* Canning and Hazard, 1982. Type species *Polydispyrenia simulii* (Lutz & Splendore, 1908) Canning and Hazard, 1982. Type host *Simulium venustum* Say = *Simulium pertinax* Kollar (Diptera, Simuliidae).

154. *Potaspora* Casal, Matos, Teles-Grilo, and Azevedo, 2008. Type species *Potaspora morhaphis* Casal, Matos, Teles-Grilo, and Azevedo, 2008. Type host *Potamorhaphis guianensis* (Beloniformes, Belonidae).

155. *Pseudoloma* Matthews, Brown, Larison, Bishop-Stewart, Rogers, and Kent, 2001. Type species *Pseudoloma neurophilia* Matthews, Brown, Larison, Bishop-Stewart, Rogers, and Kent, 2001. Type host *Danio rerio* (Hamilton & Buchanan, 1822) (Cypriniformes, Cyprinidae).

156. *Pseudonosema* Canning, Refardt, Vossbrinck, Okamura, and Curry, 2002. Type species *Pseudonosema cristatellae* (Canning, Okamura, & Curry, 1997) Canning, Refardt, Vossbrinck, Okamura, and Curry, 2002. Type host *Cristatella mucedo* Cuvier, 1798 (Plumatellidae, Cristatellidae).

157. *Pseudopleistophora* Sprague, 1977. Type species *Pseudopleistophora szollosii* Sprague, 1977. Type host *Armandia brevis* (Polychaeta, Opheliidae).

158. *Pulcispora* Vedmed, Krylova, and Issi, 1991. Type species *Pulcispora xenopsyllae* Vedmed, Krylova, and Issi, 1991. Type host *Xenopsylla hirtipes* (Siphonaptera, Pulicidae).

159. *Pyrotheca* Hesse, 1935. Type species *Pyrotheca cyclopis* (Leblanc, 1930) Poisson, 1953. Type host *Cyclops albidus* Jurine, 1820 (Copepoda, Cyclopidae).

160. *Rectispora* Larsson, 1990c. Type species *Rectispora reticulata* Larsson, 1990c. Type host *Pomatothrix hammoniensis* (Michaelson, 1901) (Oligochaeta, Tubificidae).

161. *Resiomeria* Larsson, 1986b. Type species *Resiomeria odonatae* Larsson, 1986b. Type host *Aeshna grandis* (Odonata, Aeshnidae).

162. *Ringueletium* Garcia, 1990. Type species *Ringueletium pillosa* Garcia, 1990. Type host *Gigantodox rufidulum* Wigodzinsky and Coscaron (Diptera, Simuliidae).

163. *Schroedera* Morris and Adams, 2002. Type species *Schroedera plumatellae* Morris & Adams, 2002. Type host *Plumatella fungosa* Pallas (Plumatellida, Plumatellidae).

164. *Scipionospora* Bylen and Larsson, 1996. Type species *Scipionospora tetraspora* (Léger & Hesse, 1922) Bylen and Larsson, 1996. Type host *Tanytarsus* sp. Léger and Hesse, 1922 (Diptera, Chironomidae).

165. *Semenovaia* Voronin and Issi, 1986. Type species *Semenovaia chironomi* Voronin and Issi, 1986, in Issi, 1986. Type host *Chironomus plumosus* (Diptera, Chironomidae).

166. *Senoma* Simakova, Pankova, Tokarev, and Issi, 2005. Type species *Senoma globulifera* (Issi & Pankova, 1983) Simakova, Pankova, Tokarev, and Issi, 2005. Type host *Anopheles messeae* Fall. (Diptera, Culicidae).

167. *Septata* Cali, Kotler, and Orenstein, 1993. Type species *Septata intestinalis* Cali, Kotler, and Orenstein, 1993. Type host *Homo sapiens* L. (Primates, Hominidae).

168. *Sheriffia* Larsson, 2014. Type species *Sheriffia brachynema* (Richards and Sheffield 1971) Larsson, 2014. Type host *Biomphalaria glabrata* (Say, 1818) (Mollusca, Gastropoda).

169. *Simuliospora* Khodzhaeva, Krylova, and Issi, 1990. Type species *Simuliospora uzbekistanica* Khodzhaeva, Krylova, and Issi, 1990, in Issi et al. 1990. Type host *Tetisimulium alajense* (Diptera, Simuliidae).

170. *Spherospora* Garcia, 1991. Type species *Spherospora andinae* Garcia, 1991. Type host *Gigantodox chilense* (Philippi) (Diptera, Simuliidae).

171. *Spiroglugea* Léger and Hesse, 1924. Type species *Spiroglugea octospora* (Léger & Hesse, 1922) Léger and Hesse 1924. Type host *Ceratopogon* sp. (Diptera, Ceratopogonidae).

172. *Sporanauta* Ardila-Garcia and Fast, 2012. Type species *Sporanauta perivermis* Ardila-Garcia and Fast, 2012. Type host *Odontophora rectangula* (Axonolaimidae).

173. *Spraguea* Weissenberg, 1976. Type species *Spraguea lophii* (Doflein, 1898) Weissenberg, 1976. Type host *Lophius piscatorius* (Lophiiformes, Lophiidae).

174. *Steinhausia* Sprague, Ormieres, and Manier, 1972. Type species *Steinhausia mytilovum* (Field, 1924) Sprague, Ormieres, and Manier, 1972. Type host *Mytilus edulis* L. (Pelecypoda, Mytilidae).

175. *Stempellia* Léger and Hesse, 1910. Type species *Stempellia mutabilis* Léger and Hesse, 1910. Type host *Ephemera vulgata* L. (Ephemeroptera, Ephemeridae).

176. *Striatospora* Issi and Voronin, 1986. Type species *Striatospora chironomi* Issi and Voronin, 1986, in Issi, 1986. Type host *Chironomus plumosus* (Diptera, Chironomidae).

177. *Systenostrema* Hazard and Oldacre, 1975. Type species *Systenostrema tabani* Hazard and Oldacre, 1975. Type host *Tabanus lineola* Fabricius (Diptera, Tabanidae).

178. *Takaokaspora* Andreadis, Takaoka, Otsuka, and Vossbrinck, 2013. Type species *Takaokaspora nipponicus* Andreadis, Takaoka, Otsuka, and Vossbrinck, 2013. Type host *Ochlerotatus japonicus japonicus* (Theobald) (Diptera, Culicidae).

179. *Tardivesicula* Larsson and Bylen, 1992. Type species *Tardivesicula duplicata* Larsson and Bylen, 1992. Type host *Limnephilus centralis* (Curtis, 1884) (Trichoptera, Limnephilidae).

180. *Telomyxa* Léger and Hesse, 1910. Type species *Telomyxa glugeiformis* Léger and Hesse, 1910. Type host *Ephemera vulgata* L. (Ephemeroptera, Ephemeridae).

181. *Tetramicra* Matthews and Matthews, 1980. Type species *Tetramicra brevifilum* Matthews and Matthews, 1980. Type host *Scophthalmus maximus* (L.) (Pleuronectiformes, Bothidae).

182. *Thelohania* Henneguy, 1892. Type species *Thelohania giardi* Henneguy, 1892, in Henneguy and Thélohan, 1892. Type host *Crangon vulgaris* (Decapoda, Crangonidae).

183. *Toxoglugea* Léger and Hesse, 1924. Type species *Toxoglugea vibrio* (Léger & Hesse, 1922) Léger and Hesse, 1924. Type host *Ceratopogon* sp. (Diptera, Ceratopogonidae).

184. *Toxospora* Voronin, 1993. Type species *Toxospora volgae* Voronin, 1993. Type host *Corynoneura* sp. (Diptera, Chironomidae).

185. *Trachipleistophora* Hollister, Canning, Weidner, Field, Kench, and Marriott, 1996. Type species *Trachipleistophora hominis* Hollister, Canning, Weidner, Field, Kench, and Marriott, 1996. Type host *Homo sapiens* L. (Primates, Hominidae).

186. *Trichoctosporea* Larsson, 1994. Type species *Trichoctosporea pygopellita* Larsson, 1994. Type host *Aedes vexans* (Meig.) (Diptera, Culicidae).

187. *Trichoduboscqia* Léger, 1926. Type species *Trichoduboscqia epeori* Léger, 1926. Type host *Epeorus torrentium* Eat. (Ephemeroptera, Heptageniidae).

188. *Trichonosema* Canning, Refardt, Vossbrinck, Okamura, and Curry, 2002. Type species *Trichonosema pectinatellae* Canning, Refardt, Vossbrinck, Okamura, and Curry, 2002. Type host *Pectinatella* *magnifica* (Leidy, 1851) (Plumatellida, Pectinatellidae).

189. **Trichotuzetia** **Vávra, Larsson, and Baker, 1997.** Type species *Trichotuzetia guttata* Vávra, Larsson, and Baker, 1997. Type host *Cyclops vicinus* Uljanin, 1875 (Copepoda, Cyclopidae).

190. **Tricornia** **Pell and Canning, 1992.** Type species *Tricornia muhezae* Pell and Canning, 1992. Type host *Mansonia africana* (Theobald) (Diptera, Culicidae).

191. **Triwangia** **Nai, Hsu, and Lo, 2013.** Type species *Triwangia caridinae* Nai, Hsu, and Lo, 2013, in Wang et al., 2013. Type host *Caridina formosae* (Decapoda, Atyidae).

192. **Tubulinosema** **Franzen, Fischer, Schroeder, Scholmerich, and Schneuwly, 2005.** Type species *Tubulinosema ratisbonensis* Franzen, Fischer, Schroeder, Scholmerich, and Schneuwly, 2005. Type host *Drosophila melanogaster* (Diptera, Drosophilidae).

193. **Tuzetia** **Maurand, Fize, Fenwick, and Michel, 1971.** Type species *Tuzetia infirma* (Kudo, 1921) Maurand, Fize, Fenwick, and Michel, 1971. Type host *Cyclops albidus* (Jurine, 1820) (Copepoda, Cyclopidae).

194. **Unikaryon** **Canning, Lai, and Lie, 1974.** Type species *Unikaryon piriformis* Canning, Lai, and Lie, 1974. Type host *Echinostoma audyi* Umathevy, 1975 (Digenea, Echinostomatidae).

195. **Vairimorpha** **Pilley, 1976.** Type species *Vairimorpha necatrix* (Kramer, 1965) Pilley, 1976. Type host *Pseudaletia unipuncta* (Haworth) (Lepidoptera, Noctuidae).

196. **Vavraia** **Weiser, 1977.** Type species *Vavraia culicis* (Weiser, 1947) Weiser, 1977. Type host *Culex pipiens* L. (Diptera, Culicidae).

197. **Vittaforma** **Silveira and Canning, 1995.** Type species *Vittaforma corneae* (Shadduck, Meccoli, Davis, & Font, 1990) Silveira and Canning, 1995. Type host *Homo sapiens* L. (Primates, Hominidae).

198. **Weiseria** **Doby and Saguez, 1964.** Type species *Weiseria laurenti* Doby and Saguez, 1964. Type host *Prosimulium inflatum* (Davies) (Diptera, Simuliidae).

199. **Wittmannia** **Czaker, 1997.** Type species *Wittmannia antarctica* Czaker, 1997. Type host *Kantharella Antarctica* Czaker, 1997 (Mesozoa, Kantharellidae), parasite of *Pareledone turqueti* Joubin, 1905 (Cephalopoda).

200. **Zelenkaia** **Hyliš, Oborník, Nebesářová, and Vávra 2013.** Type species *Zelenkaia trichopterae* Hyliš, Oborník, Nebesářová, and Vávra 2013 Type host *Halesus digitatus* (Shrank, 1781) (Trichoptera, Limnephilidae).

其他部分属

Cocconema **Léger and Hesse, 1921.** Preoccupied, replaced by *Coccospora* Kudo, 1925.

Crepidula **Simakova, Pankova, and Issi, 2003.** Junior generic homonym for *Crepidulospora*.

Dictyocoela **Terry, Smith, Sharpe, Rigaud, Littlewood, Ironside, Rollinson, Bouchon, MacNeil, Dick, and Dunn, 2004.** Mentioned in this paper but not formally described.

Diffingeria spinosa **(Golberg, 1971) Issi, 1979.** Junior objective synonym for *Golbergia*.

Orthosoma **Canning, Wigley, and Barker, 1983.** Preoccupied, replaced by *Orthosomella* Canning, Wigley, and Barker, 1991.

Paranucleospora **Nylund, Nylund, Watanabe, Arnesen, and Karlsbakk, 2010.** Junior objective synonym for *Desmozoon* Freeman and Sommerville, 2009 (as noted in Freeman and Sommerville, 2011, and Jones et al., 2012).

Plistophora **Labbé 1899.** Junior objective synonym of *Pleistophora* Gurley, 1893.

Spironema **Léger and Hesse, 1922.** Preoccupied, replaced by *Spiroglugea* Léger and Hesse, 1924.

Spirospora **Kudo, 1925.** Junior objective synonym of *Spiroglugea* Léger and Hesse, 1924.

Spirillonema **Wenyon, 1926.** Junior objective synonym of *Spiroglugea* Léger and Hesse, 1924.

***Tabanispora* Bykova, Sokolova, and Issi, 1987.** Author says not published (J. Sokolova, personal communication).

***Toxonema* Léger and Hesse, 1922.** Preoccupied, replaced by *Toxoglugea* Leger and Hesse, 1924.

***Toxospora* Kudo, 1925.** Junior objective synonym of *Toxoglugea* Leger and Hesse, 1924.

***Visvesvaria* Pieniazek, Kurtii, da Silva, Slemenda, Moura, Moura, Bornay-Llinares, Schwartz, and Wirtz, 1997.**

非正式描述，序列数据来源于 GenBank。

致谢

感谢 Neil Sanscrainte 和 Kelly Anderson 在本书写作过程中提供的帮助。

参考文献

 附录 A 参考文献

附录B 微孢子虫的功能基因组资源数据库——MicrosporidiaDB

Omar S. Harb（代表欧洲病原体数据库资源中心团队）

美国宾夕法尼亚大学，生物系

B.1 概述

MicrosporidiaDB 是微孢子虫的功能基因组资源数据库（Aurrecoechea et al. 2011），隶属于由美国国立卫生研究院（National Institutes of Health）/美国感染病与过敏研究院（National Institute of Allergy and Infectious Disease）共同资助构建的真核生物病原体数据库（EuPathDB）（Aurrecoechea et al. 2013）。MicrosporidiaDB 旨在为广大的科研团体提供免费的数据库，可在线进获得基因组数据、注释信息、功能数据、分离株和种群数据，并提供全基因组数据查询和基因组数据可视化分析的工具。对 MicrosporidiaDB 的查询使用一种图形化检索策略系统，可以开展整合的数据分析。

提交到 MicrosporidiaDB 的数据的尽快释放及在线访问依赖于 3 个方面，分别是数据的处理速度、整合数据的工作量（EuPathDB 的工作人员需要同时维护其他 10 个数据库，如 PlasmoDB、TriTrypDB、OrhtoMCL 等）（Aslett et al. 2009；Aurrecoechea et al. 2009；Chen et al. 2006）和来自微孢子虫研究团体的建议。数据的最终释放还需要数据提供者的同意，他们会获得访问密码保护的预释放网站的访问权限以评价数据的准确性。

B.2 数据内容

所有 EuPathDB 网站的数据更新周期为两个月。

MicrosporidiaDB 5.0 版本（2013 年 9 月 25 日释放）包含了 21 个微孢子虫物种的数据，其中 17 个具有注释信息。表 B.1 罗列了可用的微孢子虫数据及其来源。

所有的基因组及其注释都是通过一个分析流程来处理，这个流程产生的额外数据都可以在数据库中检索得到。这些数据包括信号肽（Emanuelsson et al. 2007）和跨膜结构域（TM）分析结果（Sonnhammer et al. 1998）、InterPro scan 分析结果（McDowall & Hunter 2011）、与公共蛋白质数据的相似性、与 NR 数据库的 BLAST 比对结果、可用 EC 号和 GO 注释、利用 OrthoMCL 数据库获得的直系同源信息（Chen et al. 2006；Fischer et al. 2011；Li et al. 2003），以及等电点和相对分子质量等信息。另外，还有一些工具可以用来进行蛋白质和 DNA 的基序搜索、BLAST、通过 GMOD 的基因组浏览器浏览数据（Stein et al. 2002），以及序列提取。

除了基因组及其注释外，MicrosporidiaDB 还包含了基于 GenBank 的 dbEST 数据库中 EST 数据分析获得的基因表达信息。*Nematocida parisii* ERTm1 感染秀丽隐杆线虫后的 RNA 测序数据也被整合到了数据库中（Cuomo et al. 2012）。

表 B.1 MicrosporidiaDB 5.0 中的微孢子虫物种及其来源列表

微孢子虫物种	来源
Anncaliia algerae Undeen	法国国家基因测序中心
Anncaliia algerae PRA339	微孢子虫测序白皮书 – 布罗德研究所
Anncaliia algerae PRA109	微孢子虫测序白皮书 – 布罗德研究所
Edhazardia aedis USNM41457	微孢子虫测序白皮书 – 布罗德研究所
Encephalitozoon cuniculi GBM1	Katinka et al.（2001）
Encephalitozoon cuniculi EC3	微孢子虫测序白皮书 – 布罗德研究所
Encephalitozoon cuniculi EC2	微孢子虫测序白皮书 – 布罗德研究所
Encephalitozoon cuniculi EC1	微孢子虫测序白皮书 – 布罗德研究所
Encephalitozoon hellem Swiss	Pombert et al.（2012）
Encephalitozoon hellem ATCC50504	Pombert et al.（2012）
Encephalitozoon intestinalis ATCC50506	Corradi et al.（2010）
Encephalitozoon romaleae SJ2008	Pombert et al.（2012）
Enterocytozoon bieneusi H348	Akiyoshi et al.（2009）
Hamiltosporidium tvaerminnensis OER-3-3	Corradi et al.（2009）
Nematocida parisii ERTm3	微孢子虫测序白皮书 – 布罗德研究所
Nematocida parisii ERTm1	微孢子虫测序白皮书 – 布罗德研究所
Nematocida sp. ERTm6	微孢子虫测序白皮书 – 布罗德研究所
Nematocida sp. ERTm2	微孢子虫测序白皮书 – 布罗德研究所
Nosema ceranae BRL01	Cornman et al.（2009）
Vavraia culicis floridensis	微孢子虫测序白皮书 – 布罗德研究所
Vittaforma corneae ATCC50505	微孢子虫测序白皮书 – 布罗德研究所

MicrosporidiaDB 还包含了来自 GenBank 的物种株系信息。所有的微孢子虫分离株信息都会周期性地从 GenBank 获取。与株系相关的元数据（地理位置、宿主、分离株等）都可以在 MicrosporidiaDB 的分离株区块检索获得。

MicrosporidiaDB 的数据区块包含有具体的数据信息，这些信息均可访问。

B.3 MicrosporidiaDB 的主页

MicrosporidiaDB 的主页可以分成 3 个主要部分（图 B.1）：

（1）页面顶部的横幅区域（图 B.1a）可以访问数据库的所有页面。在数据库的任何页面都可以通过横幅区域访问数据库的所有信息，包括通过点击 logo 访问主页、数据库的版本和日期信息、基因 ID 和文字信息检索窗口。横幅区还包含有注册和登陆链接，以及一些有用的链接，包括"联系我们"、教程视频（EuPathDB 的 YouTube 频道）以及社交网站（Facebook 和 Twitter）。灰色工具条提供了访问搜索、工具、帮助和数据库信息的入口。

（2）主页左边（图 B.1b）是一些可伸缩的菜单。通过这些菜单可以访问数据统计、新闻和 Twitter 信息、数据更新及其他信息，公共资源区块是一些关于网站、公共文件、近期事件、培训、EuPathDB 工作室的一些培训视频和操作练习的链接，还有一个 MicrosporidiaDB 的介绍区块包含了使用和引用数据库的信息、EuPathDB 的论文发表、数据库工作人员和顾问团队信息、资助项目及网站的访问统计。

（3）主页的中间部分（图 B.1c）包括 3 方面的内容，分别是：基因数据搜索；株系、DNA 基序、EST 和 ORF 等数据搜索；以及一些工具，如 BLAST、序列提取、基因组浏览器和 RNA 序列分析流程等。

图 B.1　MicrosporidiaDB 主页

（a）顶部横幅区包含了一些有用的超链接，如登录、注册、ID 和文本搜索框；（b）左侧区域是一些可伸缩的菜单，显示了版本更新、Twitter 回馈、一些社区和培训相关的链接、一个 MicrosporidaDB 数据统计表的链接；（c）所有的查询和工具都显示在主页的中部，分为 3 个类群：查询基因、查询其他数据（分离株、EST、ORF、DNA 基序等）和工具（序列提取、BLAST、RNA 序列分析等）

B.4　MicrosporidiaDB 的搜索及结果查看

MicrosporidiaDB 的搜索是按照数据库的检索策略按步骤执行的。一个搜索策略可能包含一步或一系列操作（交叉、联合、消减）的多个步骤。下面的搜索策略示例了在 MicrosporidiaDB 中鉴定具有信号肽和（或）跨膜结构域，并含有一个激酶结构域的基因（图 B.2）。

（1）第一步为在 MicrosporidiaDB 中查询分泌信号肽（图 B.2a）。搜索入口位于主页 "Identify Genes by:" 区块内的 "Cellular Location" 下面（图 B.2a）。点击 "Get Answer" 按钮执行搜索将会返回 5 564 个基因查询结果（图 B.2b）。

（2）点击 "Add Step" 延伸搜索策略以包含至少具有一个跨膜结构域的基因（图 B.2b），此步会弹出一个含有访问所有结果链接的窗口（图 B.2c）。下一步选择跨膜结构域搜索（图 B.2c 中的箭头）并通过一系列操作定义如何归并搜索结果（图 B.2d 中的红色箭头：通过文氏图定义归并操作）。此示例的目的是获得编码有信号肽和（或）跨膜的所有基因，因此选择合并操作（图 B.2d）。

（3）第二搜索编码有跨膜结构域的基因将检索由一步策略扩展至了两步策略（图 B.2e）。这两个搜索策略产生了 3 个结果集：第一步产生的信号肽搜索结果、第二步搜索跨膜结构域的结果（8 489 个至少含有一个跨膜结构域的基因）和第三步整合结果获得的 11 102 个基因。

（4）运用与上面第 2 和 3 步相同的逻辑，搜索策略可以根据需要延伸至很多步。此示例中，增加了一步利用交叉算法搜索含有一个类激酶 InterPro 结构的基因（图 B.3a），最终获得了 48 个符合条件的基因。

一个搜索策略中的各个步骤都可以被修改、删除或查看，这只需要点击一下编辑按钮即可（图 B.3a 中

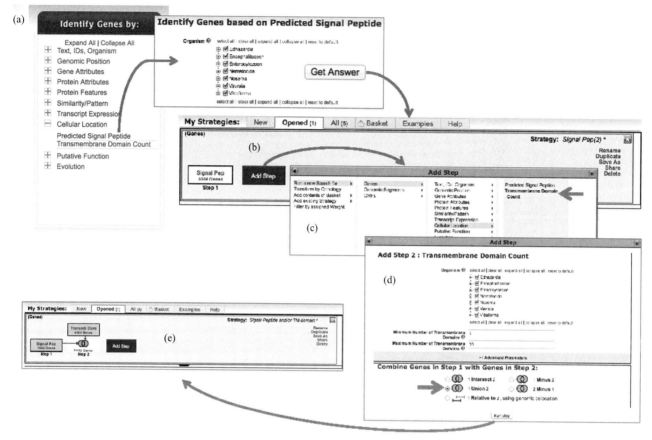

图 B.2 在 MicrosporidiaDB 中建立一个搜索策略

（a）点击一个搜索链接会加载相应的搜索页面，搜索参数可以调节，点击"Get Answer"按钮就会执行搜索；（b）查询结果会以图像的方式显示，图中高亮处显示了当前查看的步骤，点击"Add Step"按钮可以延伸搜索策略；（c）点击"Add Step"会弹出可以执行的搜索；（d）一旦选择了一个新的搜索，就可以修改参数和选择如何整合搜索结果（箭头）；（e）新的搜索步骤被添加显示在整个搜索策略中

的短箭头）。此外，还可以对一个搜索策略进行重命名、删除和保存以备将来使用。还有一个非常有用的工具，可以通过一个共享链接（链接见图 B.3a）同其他用户分享一个搜索策略。

搜索结果会根据搜索策略动态地变化（图 B.3b 和 c）。执行一个搜索策略后，针对数据库中所有物种的搜索结果会被立即以表格的形式返回，同时提供基因分布的鸟瞰形式，而且可以通过点击表格中的基因数目在感兴趣的不同物种间来回查看（表 B.3b 表示当前正在查看的基因）。在筛选表下面是实际的筛选结果表，用户可以点击第一列的 ID 查看记录页（如基因信息页面）（图 B.3c）。用户可以从列表中挑选基因加入到篮子中，点击 ID 旁的篮子图标（图 B.3c 短箭头所指，绿色篮子表示成功加入）可以作进一步分析。点击结果表列名旁的上下箭头可以进行排序（图 B.3c）。点击列名右侧的"x"可以删除此列信息，而点击结果列表右上角的"Add Column"则可以在弹出窗口中选择要添加的列（图 B.3c 悬浮框所示）。一些列上还有一栏工具可用以可视化栏目内容，例如图 B.3c（悬浮框）所示的词云（word cloud）。所有搜索结果都可以通过点击"download Genes"链接下载（图 B.3b 中下划线所示）。

B.5 搜索微孢子虫分离株

MicrosporidiaDB 中的微孢子虫分离株数据从 GenBank 获得，为了能够在 MicrosporidiaDB 中综合查询而整合了元数据信息。可以搜索的元数据包括地理位置、宿主、来源、分型编号等。分离株数据也可以利

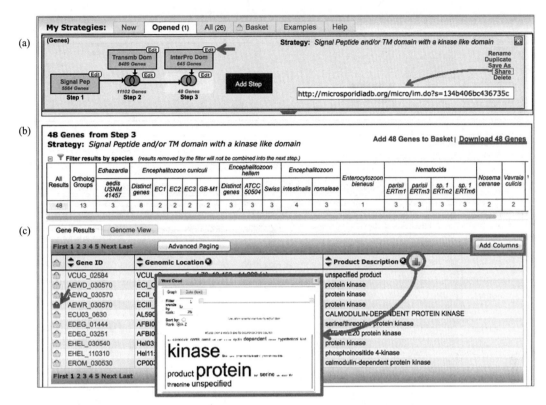

图 B.3 一个在 MicrosporidiaDB 中查询编码有信号肽或跨膜域，并且编码有一个 InterPro 类激酶结构域的基因的 3 步搜索策略

（a）一个策略中的所有步骤都可以通过点击编辑按钮（短箭头）进行编辑，搜索策略可以被重命名、保存、复制或分享（右侧箭头）；（b）一个筛选表综合展示了搜索结果在数据库全部物种中的分布，点击其中的基因数目可以只显示所选的结果（注意结果也会在搜索策略中被筛选），查询结果可以通过在一个可以定制的下载页中点击下载链接（下划线所示）下载；（c）查询结果列表动态地显示在一个可以配置的表格中，所有的列都可以删除或添加（添加按钮见右侧框所示），点击每列头部名称右侧的分析图标可以动态地生成关键词云（圆圈及悬浮框所示）

用 BLAST 查询。图 B.4 演示了一个查询分离株数据的搜索策略，第一步查询了分离自非人类动物的所有分离株，第二部利用 18S rRNA 对宿主进行了归类。查询结果显示在搜索策略下方，低级 "Isolate Geographic Location" 标签可以在地图中查看结果（图 B.4 中方框所示）。地图中所示的分离株信息可以通过点击图上的图钉，然后点击弹出窗口中的链接查看。

B.6　基因组浏览器

MicrosporidiaDB 的基因组浏览器 GBrowse（Stein et al. 2002）为用户提供了动态显示可配置的数据轨段，包括注释基因、共线性序列和基因（共享自 orthology）、ORF、阅读框、EST 比对、RNA 测序覆盖度图、串联重复、限制性酶切位点等。可以通过下面的链接在 YouTube 中概览基因组浏览器。

B.7　其他帮助链接和指南

每年 EuPathDB 会举办多次培训工作会，所有的学习资料都可以在线获取。
EuPathDB 的所有数据库都建立了使用指南。由于所有的 EuPathDB 数据库都是基于相同的框架构建，所以指南是通用的。指南是定期发布的，可以 YouTube 的 EuPahtDB 频道观看。下面列了其中的部分指南：

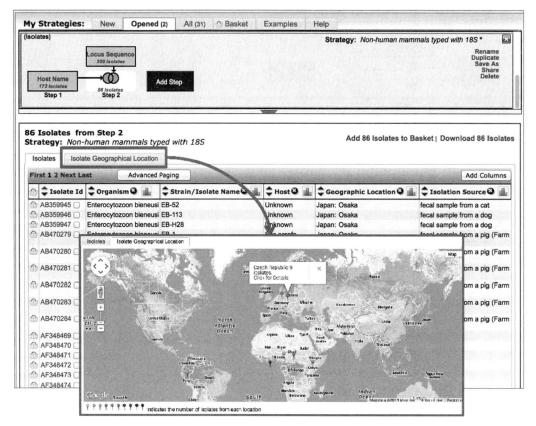

图 B.4 一个查询分离株的搜索策略定义了分离自以 18S rRNA 归类的非人类动物的微孢子虫

查询结构以表格的形式显示，也可以在一个世界地图中查

基于表达量寻找差异表达基因：http://youtu.be/jMuVB–ZIdH0

RNA 序列分析流程：第一部分，http://youtu.be/PHm7SF4–12U；第二部分，http://youtu.be/mKnp31jBWRA

序列提取工具：http://youtu.be/R2TY9_POcck

基于直系同源系统发生的基因预测：http://youtu.be/RAcAOgBJskY

DNA 基序分析：http://youtu.be/81nuXyNQP3k

致谢

EuPathDB 受到 NIAID、NIH 及人类健康与服务部的联邦基金的资助（项目号：HHSN272200900038C）。TriTrypDB 受到 Bill and Melinda Gates Foundation 公益基金和 Wellcome Trust 基金的资助（项目号：WT085822MA）。EuPathDB 感谢所有的数据提供者和建议提交者。

参考文献

附录 B 参考文献

附录 C 微孢子虫拉丁名与中文名对照表 [*]

Abelspora portucalensis	梭子蟹阿贝尔孢虫
Aedispora dorsalis	背点伊蚊孢虫
Agglomerata	聚团孢子虫属
Agglomerata sidae	仙达蚤聚团孢子虫
Agmasoma penaei	对虾八叠孢虫
Alfvenia	阿尔夫文亚孢虫属
Alfvenia nuda	裸孢阿尔夫文亚孢虫
Alloglugea bufonis	蟾蜍阿尔夫文亚孢虫
Amblyospora	钝孢子虫属
Amblyospora albifasciati	白带伊蚊钝孢子虫
Amblyospora bakcharia	巴克哈尔钝孢子虫
Amblyospora barita	拜里塔钝孢子虫
Amblyospora bogashovia	博格氏钝孢子虫
Amblyospora bracteata	苞状钝孢子虫
Amblyospora californica	加州钝孢子虫
Amblyospora callosa	坚硬钝孢子虫
Amblyospora canadesis	加拿大钝孢子虫
Amblyospora capillata	多毛钝孢子虫
Amblyospora chulymia	楚利姆钝孢子虫
Amblyospora cinerei	灰色伊蚊钝孢子虫
Amblyospora connecticus	康州钝孢子虫
Amblyospora criniferis	灰蕉鹃伊蚊钝孢子虫
Amblyospora culicis	库蚊钝孢子虫
Amblyospora excrucii	骚扰蚊钝孢子虫
Amblyospora ferocious	凶猛钝孢子虫
Amblyospora flavescens	金黄伊蚊钝孢子虫
Amblyospora hristinia	赫尔氏钝孢子虫
Amblyospora indicola	印度钝孢子虫
Amblyospora jurginia	尤氏钝孢子虫
Amblyospora kazankia	喀山钝孢子虫
Amblyospora khaliulini	卡氏钝孢子虫
Amblyospora kolarovi	科罗拉夫钝孢子虫
Amblyospora maviukevia	马威尔科夫钝微孢子虫
Amblyospora mocrushinia	莫氏钝孢子虫

---

* 译者注

Amblyospora modestium	凶小库蚊钝孢子虫
Amblyospora opacita	不透明钝孢子虫
Amblyospora rugosa	皱纹钝孢子虫
Amblyospora salinaria	盐水库蚊钝孢子虫
Amblyospora severinia	刺壳钝孢子虫
Amblyospora shegaria	希卡钝孢子虫
Amblyospora stictici	斯氏钝孢子虫
Amblyospora stimuli	林地蚊钝孢子虫
Amblyospora timirasia	蒂米拉斯钝孢子虫
Amblyospora varians	变异钝孢子虫
Amblyospora weiseri	魏氏钝孢子虫
Amblyosporea bracteata	苞状钝孢子虫
Ameson	埃姆森孢虫属
Ameson michaelis	米歇尔埃姆森孢虫
Ameson pulvis	粉尘埃姆森孢虫
Amphiacantha	两棘孢虫属
Amphiacantha attenuata	细两棘孢虫
Amphiacantha longa	隆加两棘孢虫
Amphiacantha ovalis	卵形两棘孢虫
Amphiacantha	双棘孢虫属
Amphiamblys	双钝孢虫属
Amphiamblys ancorae	安卡拉双钝孢虫
Amphiamblys bhatiellae	芭提拉双钝孢虫
Amphiamblys capitellae	小头虫双钝孢虫
Amphiamblys capitellides	簇虫双钝孢虫
Amphiamblys laubieri	劳比瑞双钝孢虫
Andreanna caspii	黑斑伊蚊安竺娜孢虫
Anisofilariata chironomi	摇蚊异丝孢虫
Anncaliia	安卡尼亚孢虫属
Anncaliia（Nosema）connori	康纳安卡尼亚孢虫 / 康纳微粒子虫
Anncaliia（Nosema）algerae	按蚊微孢子虫 / 阿尔及尔微粒子虫
Anncaliia meligethi	油菜露尾甲安卡尼亚孢虫
Anncaliia varivestis	变囊盖安卡尼亚孢虫
Anncaliia vesicularum	水泡安卡尼亚孢虫
Anncaliia（Brachiola）	安卡尼亚孢虫属
Anostracospora	无壳孢虫属
Antonospora	安东尼微孢子虫属
Antonospora scoticae	地花蜂安东尼微孢子虫
Antonospora（Nosema）locusta	蝗虫微孢子虫
Areospora	间孢虫属
Areospora rohanae	萝菡娜间孢虫
Auraspora canningae	康氏奥瓦孢虫
Bacillidium	小杆孢虫属
Bacillidium criodrili	蚯蚓小杆孢虫
Bacillidium filiferum	纤突小杆孢虫

Bacillidium strictum	紧密小杆孢虫
Bacillidium vesiculoformis	囊形小杆孢虫
Baculea daphniae	水蚤杆状孢虫
Becnelia sigarae	划蝽贝克那孢虫
Berwaldia	贝尔瓦德孢虫属
Berwaldia schaefernai	谢氏贝尔瓦德孢虫
Berwaldia singularis	单核贝尔瓦德孢虫
Binucleata daphniae	大型溞类双核孢虫
Binucleospora elongata	长双核孢虫
Bohuslavia asterias	星状博胡斯拉维孢虫
Brachiola	布朗奇孢虫属
Brachiola algerae	阿尔及尔布朗奇孢虫
Brachiola vesicularum	液泡布朗奇孢虫
Bryonosema plumatellae	普氏苔藓虫微粒子虫
Burenella dimorpha	双形布伦孢虫
Burkea	伯克孢虫属
Burkea eiseniae	爱胜蚓伯克孢虫
Burkea gatesi	盖氏伯克孢虫
Buxtehudea scaniae	斯堪尼亚布氏孢虫
Campanulospora	铃孢虫属
Campanulospora denticulata	齿铃孢虫
Canningia spinidentis	西方勾齿小蠹坎宁孢虫
Caudospora	尾孢虫属
Caudospora simulii	蚋尾孢虫
Caulleryetta	曹氏孢虫属
Caulleryetta berliozi	白辽士曹氏孢虫
Caulleryetta mesnili	梅斯尼尔曹氏孢虫
Chapmanium	察氏孢虫属
Chapmanium cirritus	喜日察氏孢虫
Chytridiopsis	壶孢虫属
Chytridiopsis aquaticus	水生壶孢虫
Chytridiopsis clerci	克莱尔壶孢虫
Chytridiopsis hahni	哈尼壶孢虫
Chytridiopsis pachyiuli	帕氏千足虫壶孢虫
Chytridiopsis schizophylli	裂褶壶孢虫
Chytridiopsis schneideri	施耐德壶孢虫
Chytridiopsis socius	群聚壶孢虫
Chytridiopsis trichopterae	毛翅虫壶孢虫
Chytridiopsis typographi	云杉八齿小蠹壶孢虫
Chytridiopsis variabilis	变异壶孢虫
Chytridiopsis xenoboli	卡氏蜈蚣壶孢虫
Coccospora	球孢虫属
Coccospora brachynema	双脐螺球孢虫
Coccospora micrococcus	微球球孢虫

Cougourdella	葫芦孢虫属
Cougourdella magna	马格纳葫芦孢虫
Crepidulospora beklemishevi	贝氏按蚊履孢虫
Crispospora chironomi	摇蚊卷曲孢虫
Cristulospora sherbani	舍尔尼冠孢虫
Cryptosporina brachyfila	短丝隐秘孢虫
Culicospora	库蚊孢虫属
Culicospora magna	马格纳库蚊孢虫
Culicosporella lunata	新月库蚊孢虫
Cylindrospora	筒孢虫属
Cylindrospora chironomi	摇蚊筒孢虫
Cylindrospora fasciculata	束状筒孢虫
Cystosporogenes	囊孢虫属
Cystosporogenes deliaradicae	甘蓝根蝇囊孢虫
Cystosporogenes legeri	莱热囊孢虫
Cystosporogenes operophterae	冬蛾囊孢虫
Dasyatispora levantinae	黎凡特魟孢虫
Desmozoon	嗜成纤维孢虫属
Desmozoon lepeophtherii	疮痂鱼虱嗜成纤维孢虫
Dictyocoela	网腔孢虫属
Dictyocoela duebenum	迪氏钩虾网腔孢虫
Dimeiospora palustris	沼泽伊蚊双减孢虫
Duboscqia	杜氏孢虫属
Duboscqia denghilli	邓希礼杜氏孢虫
Duboscqia legeri	莱热杜氏孢虫
Edhazardia aedis	伊蚊艾德氏孢虫
Encephalitozoon	脑炎微孢子虫属
Encephalitozoon chagasi	查氏脑炎微孢子虫
Encephalitozoon cuniculi	兔脑炎微孢子虫
Encephalitozoon hellem	海伦脑炎微孢子虫
Encephalitozoon intestinalis	肠脑炎微孢子虫
Encephalitozoon romaleae	蚱蜢脑炎微孢子虫
Endoreticulatus	内网虫属
Endoreticulatus bombycis	家蚕内网虫
Endoreticulatus fidelis/Pleistophora fidelis	菲德利斯内网虫
Endoreticulatus schubergi/Pleistophora schubergi	舒氏内网虫
Enterocytozoonidae	肠微孢子虫科
Enterocytozoon	肠微孢子虫属
Enterocytozoon bieneusi	毕氏肠微孢子虫
Enterocytozoon hepatopenaei	虾肝肠胞虫
Enterospora	肠孢虫属
Enterospora canceri	黄道蟹肠孢虫
Enterospora epinepheli	石斑鱼肠孢虫
Enterospora nucleophila	嗜核肠孢虫
Episeptum	上横隔孢虫属

Episeptum invadens	侵袭上横隔孢虫
Episeptum inversum	翻转上横隔孢虫
Euplotespora binucleata	双核游孢虫
Evlachovaia chironomi	摇蚊艾拉氏孢虫
Facilispora	易孢虫属
Facilispora margolisi	马氏易孢虫
Fibrillanosema	纤维微粒子虫属
Fibrillanosema crangonycis	褐虾纤维微粒子虫
Flabelliforma	扇孢虫属
Flabelliforma magnivora	麦格水蚤扇孢虫
Flabelliforma montana	蒙大拿扇孢虫
Geusia gamocysti	簇虫格塞亚孢虫
Globulispora	球状孢虫属
Gluega	格留虫属
Gluega pagri	真鲷格留虫
Glugea americanus	美洲鲅鳒鱼格留虫
Glugea anomala	异状格留虫
Glugea arabica	阿拉伯格留虫
Glugea atherinae	银汉鱼格留虫
Glugea caulleryi	卡氏格留虫
Glugea cepedianae	斯匹德格留虫
Glugea danilewski	丹氏格留虫
Glugea gasti	棉铃象甲格留虫
Glugea hertwigi	赫氏格留虫
Glugea luciopercae	欧洲梭鲈格留虫
Glugea plecoglossi	香鱼格留虫
Glugea stephani	丝黛芬妮格留虫
Glugea gigantea	巨型格留虫
Glugoides intestinalis	肠道类格留孢虫
Golbergia spinosa	刺脊高氏孢虫
Gurleya	格里孢虫属
Gurleya daphniae	水蚤格里孢虫
Gurleya dorisae	多丽莎格里孢虫
Gurleya tetraspora	四孢格里孢虫
Gurleyides	类格里孢虫属
Heterosporis anguillarum	鳗鲡异孢虫
Hamiltosporidium	汉氏孢虫属
Hamiltosporidium magnivora	麦格水蚤汉氏孢虫
Hamiltosporidium tvaerminnensis	水蚤汉氏孢虫
Haplosporidium mytilovum	贻贝卵单孢虫
Hazardia milleri	米氏哈扎德孢虫
Helmichia	何氏孢虫属
Helmichia aggregata	聚何氏孢虫
Helmichia lacustris	湖沼摇蚊何氏孢虫
Hepatospora eriocheir	绒螯蟹肝孢虫

Hessea	赫赛孢虫属
Hessea squamosa	鳞刺蛾赫赛孢虫
Heterosporis	异孢虫属
Heterosporis anguillarum	鳗鲡异孢虫
Heterosporis cichlidarum	丽鱼异孢虫
Heterosporis finki	芬克异孢虫
Heterosporis saurida	蛇鲻异孢虫
Heterosporis schuberti	舒伯特异孢虫
Heterovesicula cowani	柯恩异囊孢虫
Hirsutosporos	多毛孢虫属
Hirsutosporos austrosimulii	澳蚋多毛孢虫
Holobispora	全双孢虫属
Hrabyeia xerkophora	异瘤哈拜孢虫
Hyalinocysta	透明球孢虫属
Hyalinocysta chapmani	察氏透明球孢虫
Hyalinocysta expilatoria	消耗透明球孢虫
Hyperspora	超寄生孢虫属
Ichthyosporidium	鱼孢子虫属
Ichthyosporidium gasterophilum	胃蝇鱼孢子虫属
Ichthyosporidium giganteum	巨型鱼孢子虫
Ichthyosporidium hertwigi	赫氏鱼孢子虫
Ichthyosporidium phymogenes	费默金鱼孢子虫
Ichthyosporidium weissii	维斯鱼孢子虫
Inodosporus	内生孢虫属
Inodosporus spraguei	思普雷格内生孢虫
Intexta acarivora	粉螨因特斯塔孢虫
Issia	以赛亚孢虫属
Issia trichopterae	石蛾以赛亚孢虫
Janacekia	亚氏孢虫属
Janacekia adipophila	嗜脂肪体亚氏孢虫
Janacekia debaisieuxi	德贝西厄亚氏孢虫
Janacekia undinarum	安蒂亚娜亚氏孢虫
Jiroveciana	杰氏孢虫属
Jirovecia caudata	有尾杰氏孢虫
Jirovecia brevicauda	短尾杰氏孢虫
Jirovecia involuta	内卷杰氏孢虫
Jiroveciana limnodrili	水丝蚓杰氏孢虫
Johenrea locustae	蝗虫约翰孢虫
Kabatana	卡氏孢虫属
Kabatana arthuri	亚瑟卡氏孢虫
Kabatana newberryi	潮汐虾虎鱼卡氏孢虫
Kabatana seriolae	鰤鱼卡氏孢虫
Kabatana takedai	武田卡氏孢虫
Kneallhazia	内尔氏孢虫属
Kneallhazia carolinensae	卡氏红火蚁内尔氏孢虫

Kneallhazia solenopsae	红火蚁内尔氏孢虫
Krishtalia pipiens	尖音库蚊克氏孢虫
Lanatospora tubulifera	管状兰那塔孢虫
Larssonia	拉尔森孢虫属
Larssonia obtusa	钝头拉尔森孢虫
Larssoniella resinellae	红松实小卷蛾小拉尔森孢虫
Liebermannia patagonica	巴塔哥尼亚利伯曼孢虫
Loma	洛玛孢虫属
Loma acerinae	粘鲈洛玛孢虫
Loma branchialis	鳃裂洛玛孢虫
Loma camerounensis	喀麦隆洛玛孢虫
Loma fontinalis	美洲红点鲑洛玛孢虫
Loma morhua	大西洋鳕洛玛孢虫
Loma salmonae	鲑鱼洛玛孢虫
Mariona n. gen	马里奥纳孢虫属
Marssoniella	马尔森孢虫属
Marssoniella elegans	秀丽马尔森孢虫
Merocinta davidii	大卫带型孢虫
Metchnikovellidaeans	梅氏微孢子虫
Metchnikovellidaean	梅氏微孢子虫科
Metchnikovella	梅氏孢虫属
Metchnikovella claparedei	克拉伯梅氏孢虫
Metchnikovella hessei	赫丝梅氏孢虫
Metchnikovella hovassei	霍瓦斯梅氏孢虫
Metchnikovella incurvata	内弯梅氏孢虫
Metchnikovella legeri	莱热梅氏孢虫
Metchnikovella martojai	玛特伽梅氏孢虫
Metchnikovella minima	极小梅氏孢虫
Metchnikovella nereidis	沙蚕梅氏孢虫
Metchnikovella oviformis	卵形梅氏孢虫
Metchnikovella polydorae	保利多梅氏孢虫
Metchnikovella selenidii	簇虫梅氏孢虫
Metchnikovella spionis	海稚虫梅氏孢虫
Metchnikovella wohlfarthi	沃尔夫斯梅氏孢虫
Microfilum lutjani	笛鲷微丝孢虫
Microgemma hepaticus	肝微吉马孢虫
Microsporidium	微孢子虫属
Microsporidium africanum	非洲微孢子虫
Microsporidium celonensis	赛琳微孢子虫
Microsporidium ceylonensis	锡兰微孢子虫
Microsporidium cotti	柯蒂微孢子虫
Microsporidium fluviatilis	溪畔水蚤微孢子虫
Microsporidium phytoseiuli	小植绥螨微孢子虫
Microsporidium rhabdophilum	小杆线虫微孢子虫

Microsporidium takedai	武田微孢子虫
Microsporidium weiseri	魏氏微孢子虫
Microsporidyopsis nereidis= Metchnikovella nereidis	沙蚕梅氏孢虫
Mitoplistophora angularis	角型纺锤匹里虫
Mockfordia xanthocaeciliae	单虫齿默氏孢虫
Mrazekia	姆则克孢虫属
Mrazekia cyclopis	白剑水蚤姆则克孢虫
Mrazekia macrocyclopis	大剑水蚤姆则克孢虫
Mrazekiidae	姆则克孢虫科
Multilamina	多层孢虫属
Multilamina teevani	蒂氏多层孢虫
Myospora metanephrops	深海螯虾肌孢虫
Myosporidium merluccius	无须鳕微孢子虫
Myrmecomorba	蛛毛孢虫属
Myxocystis	肌囊孢虫属
Nadelspora	针状孢虫属
Nadelspora canceri	螃蟹针状孢虫
Napamichum	纳帕孢虫属
Napamichum aequifilum	水丝纳帕孢虫
Napamichum cellatum	塞拉塔姆纳帕孢虫
Napamichum dispersus	螺旋纳帕孢虫
Nelliemelba boeckella	贝壳水蚤内莉孢虫
Nematocida	杀线虫微孢子虫属
Nematocida ausubeli	奥氏杀线虫微孢子虫
Nematocida parisii	巴黎杀线虫微孢子虫
Nematocida sp1	sp1 杀线虫微孢子虫
Neoflabelliforma aurantiae	橘瓣新扇孢虫
Neoperezia chironomi	摇蚊新菊孢虫
Nolleria	诺勒孢虫属
Nolleria pulicis	普利茨诺勒孢虫
Norlevinea daphniae	水蚤诺列文孢虫
Nosema	微粒子虫属
Nosema adaliae	二星瓢虫微粒子虫
Nosema algere	按蚊微孢子虫 / 阿尔及尔微粒子虫
Nosema antheraeae	柞蚕微孢子虫
Nosema apis	西方蜜蜂微粒子虫
Nosema artemiae	丰年虾微粒子虫
Nosema bombi	熊蜂微粒子虫
Nosema bordati	博氏微粒子虫
Nosema campoletidis	齿唇姬蜂微粒子虫
Nosema carpocapsae	小卷蛾微粒子虫
Nosema ceranae	东方蜜蜂微粒子虫
Nosema coccinellae	七星瓢虫微粒子虫
Nosema connori	康纳微粒子虫

Nosema corneum=Vittaforma corneae	角膜条孢虫
Nosema costelytrae	新西兰草金龟微粒子虫
Nosema destructor	破坏者微粒子虫
Nosema disstriae	天幕毛虫微粒子虫
Nosema epilachnae	食植瓢虫微粒子虫
Nosema fumiferanae	云杉卷叶蛾微粒子虫
Nosema furnacalis	亚洲玉米螟微粒子虫
Nosema granulosis	颗粒病微粒子虫
Nosema heliothidis	棉铃虫微粒子虫
Nosema hippodamiae	毛斑长足瓢虫微粒子虫
Nosema kingi	金氏微粒子虫
Nosema lepiduri	鳞尾虫微粒子虫
Nosema lymantriae	舞毒蛾微粒子虫
Nosema mesnili	迈氏微粒子虫
Nosema muscidifuracis	盗捕金小蜂微粒子虫
Nosema necatrix	纳卡微粒子虫
Nosema ocularum	眼微粒子虫
Nosema otiorrhynchi	象鼻虫微粒子虫
Nosema pernyi	柞蚕微孢子虫
Nosema philosamiae	蓖麻蚕微孢子虫
Nosema plutellae	小菜蛾微孢子虫
Nosema polyvora	保利威微粒子虫
Nosema portugal	葡萄牙微粒子虫
Nosema ptyctimae	甲螨微粒子虫
Nosema pulicis	普利茨微粒子虫
Nosema pyrausta	玉米螟微粒子虫
Nosema rivulogammari	钩虾微粒子虫
Nosema serbica	塞尔维亚微粒子虫
Nosema spodopterae	斜纹夜蛾微粒子虫
Nosema steinhausi	斯坦豪斯微粒子虫
Nosema tracheophila	气管丛微粒子虫
Nosema tractabile	温顺微粒子虫
Nosema trichoplusiae	粉纹夜蛾微粒子虫
Nosema tritoni	蝶螈微粒子虫
Nosema varivestis	变囊盖微粒子虫
Nosema vespula	黄斑胡蜂微粒子虫
Nosema whitei	怀特微粒子虫
Nosemoides	微粒样孢虫属
Nosemoides simocephali	低额溞微粒样孢虫
Nosemoides vivieri	威氏微粒样孢虫
Novothelohania ovalae	卵圆新泰罗汉虫
Nucleospora	核孢虫属
Nucleospora（Enterocytozoon）salmonis	鲑鱼核孢虫
Nucleospora cyclopteri	圆鳍鱼核孢虫
Nucleospora salmonis	鲑鱼核孢虫

Nucleospora secunda	塞昆达核孢虫
Nudispora biformis	双形裸孢虫
Octosporea	八孢虫属
Octosporea bayeri	拜尔八孢虫
Octosporea muscaedomesticae	家蝇八孢虫
Oligosporidium	寡聚孢虫属
Oligosporidium arachnicolum	网柱寡聚孢虫
Oligosporidium occidentalis	捕食螨寡聚孢虫
Ordospora colligata	成束奥陶孢虫
Ormieresia	奥氏孢虫属
Ormieresia carcini	滨蟹奥氏孢虫
Orthosomella operophterae	冬尺蠖天牛孢虫
Ovavesiculla popilliae	日本金龟子卵囊孢虫
Ovipleistophora	卵匹里虫属
Ovipleistophora mirandellae	米兰达卵匹里虫
Ovipleistophora ovariae	金鳊卵巢卵匹里虫
Pancytospora	泛胞虫属
Pankovaia semitubulata	半管潘柯娃孢虫
Paraepiseptum	类上横隔孢虫属
Paraepiseptum polycentropi	多距石蛾类上横隔孢虫
Parahepatospora	类肝孢虫属
Paranosema	类微粒子虫属
Paranosema grylli	蟋蟀类微粒子虫
Paranosema locustae	蝗虫类微粒子虫
Paranosema whitei	怀特类微粒子虫
Paranucleospora theridion	球蛛类核孢虫
Parapleistophora ectospora	外孢类匹里虫
Parastempellia odagmiae	短蚋类斯坦孢虫
Parathelohania	类泰罗汉孢虫属
Parathelohania anophelis	按蚊类泰罗汉孢虫
Parathelohania legeri	莱热类泰罗汉孢虫
Parathelohania obesa	肥大类泰罗汉孢虫
Pegmatheca	佩氏孢虫属
Pegmatheca lamellata	片状佩氏孢虫
Pegmatheca simulii	蚋佩氏孢虫
Perezia	菊孢虫属
Perezia lankesteriae	兰氏菊孢虫
Perezia mesnili	迈氏菊孢虫
Perezia pyraustae	玉米螟菊孢虫
Pernicivesicula gracilis	纤细佩氏囊孢虫
Pilosporella	毛孢虫属
Pilosporella chapmani	察氏毛孢虫
Pilosporella fishi	费希毛孢虫
Pleistophora	匹里虫属

Pleistophora bufonis	蟾蜍匹里虫
Pleistophora ehrenbaumi	厄氏匹里虫
Pleistophora finisterrensis	菲尼斯特雷匹里虫
Pleistophora hippoglossoideos	拟庸鲽匹里虫
Pleistophora hyphessobryconis	魮脂鲤匹里虫
Pleistophora intestinalis	肠道匹里虫
Pleistophora ladogensis	拉多加湖匹里虫
Pleistophora macrozoarcidis	美洲大绵鳚匹里虫
Pleistophora mirandellae	米兰达匹里虫
Pleistophora mulleri	穆勒氏匹里虫
Pleistophora myotrophica	肌萎缩匹里虫
Pleistophora ronneafiei	罗氏匹里虫
Pleistophora salmonae	鲑鱼匹里虫
Pleistophora senegalensis	塞内加尔匹里虫
Pleistophora typicalis	经典匹里虫
Plistophora californica	加州匹里虫
Plistophora hyphessobryconis	魮脂鲤匹里虫
Plistophora schubergi	修氏匹里虫
Plistophora（pleistophora）anguillarum	日本鳗匹里虫
Polydispyrenia	多孢虫属
Polydispyrenia caecorum	盲囊囊泡多孢虫
Polydispyrenia simulii	蚋囊泡多孢虫
Potaspora morhaphis	江颌针鱼孢虫
Pseudoloma neurophilia	噬神经假洛玛孢虫
Pseudonosema	假微粒子虫属
Pseudonosema cristatellae	苔藓虫假微粒子虫
Pulicispora xenopsyllae	客蚤普利茨孢虫
Pyrotheca cyclopis	白剑水蚤派罗孢虫
Rectispora reticulata	网纹直孢虫
Resiomeria odonatae	蜻蜓瑞斯摩尔孢虫
Ringueletium pillosa	皮洛萨雷氏孢虫
Schroedera plumatellae	羽苔虫施诺德孢虫
Scipionospora	席氏孢虫属
Scipionospora tetraspora	四孢席氏孢虫
Scymnus coniferarum	松柏小毛瓢虫
Semenovaia chironomi	羽摇蚊塞梅诺娃孢虫
Senoma globulifera	球囊赛诺玛孢虫
Sheriffia brachynema	双脐螺谢氏孢虫
Simuliospora uzbekistanica	乌兹别克斯坦蚋孢虫
Spherospora andinae	安迪奈圆孢虫
Spiroglugea octospora	八孢螺格留孢虫
Sporanauta perivermis	围线虫诺塔孢虫
Spraguea lophii=Spraguea americana	鮟鱇思普雷格孢虫 / 美洲思普雷格孢虫
Steinhausia	斯坦豪斯孢虫属
Steinhausia brachynema	双脐螺斯坦豪斯孢虫

Steinhausia mytilovum	紫贻贝斯坦豪斯孢虫
Steinhausia spraguei	思普雷格斯坦豪斯孢虫
Stempellia mutabilis	变异斯坦孢虫
Striatospora chironomi	摇蚊纹孢虫
Systenostrema	共螺孢虫属
Systenostrema alba	阿尔巴共螺孢虫
Systenostrema candida	念珠共螺孢虫
Systenostrema corethrae	短嘴蚊共螺孢虫
Systenostrema tabani	虻属共螺孢虫
Takaokaspora nipponicus	日本高岗孢虫
Tardivesicula duplicata	复塔氏泡虫
Telomyxa glugeiformis	格留形特罗孢虫
Tetracapsuloides bryosalmonae	鲑鳟四囊虫
Tetramicra brevifilum	大菱鲆微孢子虫
Thelohania	泰罗汉孢虫属
Thelohania apodemi	姬鼠泰罗汉孢虫
Thelohania bracteata	苞状泰罗汉孢虫
Thelohania butleri	勃氏泰罗汉孢虫
Thelohania californica	加州泰罗汉孢虫
Thelohania contejeani	康氏泰罗汉孢虫
Thelohania giardi	贾氏泰罗汉孢虫
Thelohania maenadis	迈氏泰罗汉孢虫
Thelohania magna	麦格纳泰罗汉孢虫
Thelohania octospora	八孢泰罗汉孢虫
Thelohania parastaci	帕氏泰罗汉孢虫
Thelohania pristiphorae	锉叶蜂泰罗汉孢虫
Thelohania reniformis	肾形泰罗汉孢虫
Thelohania solenopsae	火蚁泰罗汉孢虫
Toxoglugea	弓形格留虫属
Toxoglugea variabilis	变异弓形格留虫
Toxoglugea vibrio	弧弓形格留虫
Toxospora volgae	伏尔加弓孢虫
Trachipleistophora	气管普孢虫属
Trachipleistophora anthropopthera	嗜人气管普孢虫
Trachipleistophora extenrec	马岛猬气管普孢虫
Trachipleistophora hominis	人气管普孢虫
Trichoctosporea	毛状八孢虫属
Trichoctosporea hominis	人类毛状八孢虫
Trichoctosporea pygopellita	尾毛状八孢虫
Trichoduboscqia epeori	高翔蜉毛状八孢虫
Trichonosema pectinatella	苔藓虫八孢虫
Trichotuzetia guttata	滴状毛突氏孢虫
Tricornia muhezae	穆海扎三角孢虫
Triwangia	三王孢虫属
Tubulinosema	管孢虫属

Tubulinosema acridophagus	嗜蝗虫管孢虫
Tubulinosema hippodamiae	毛斑长足瓢虫管孢虫
Tubulinosema kingi	金氏管孢虫
Tubulinosema ratisbonensis	拉蒂森堡管孢虫
Tuzetia	突氏孢虫属
Tuzetia infirma	衰弱突氏孢虫
Unikaryon	单核微孢子虫属
Unikaryon montanum	高山单核微孢子虫
Unikaryon piriformis	梨状单核微孢子虫
Unikaryon slaptonleyi	斯莱普顿单核微孢子虫
Vairimorpha	变形微孢子虫属
Vairimorpha cheracis	红螯螯虾变形孢虫
Vairimorpha disparis	舞毒蛾变形微孢子虫
Vairimorpha heliothidis	印度谷螟变形微孢子虫
Vairimorpha heterosporium	异孢变形微孢子虫
Vairimorpha imperfecta	缺陷变形微孢子虫
Vairimorpha invictae	红火蚁变形微孢子虫
Vairimorpha lymantriae	毒蛾变形微孢子虫
Vairimorpha mesnili	迈氏变形微孢子虫
Vairimorpha necatrix	纳卡变形微孢子虫
Vairimorpha phestiae	烟草粉斑螟变形微孢子虫
Vairimorpha plodiae	印度谷螟变形微孢子虫
Vavraia	变异微孢子虫属
Vavraia culicis	库蚊变异微孢子虫
Vavraia holocentropi	全距石蛾变异微孢子虫
Vavraia oncoperae	安可蛾变异微孢子虫
Vavraia parastacida	拟河虾变异微孢子虫
Vittaforma corneae	角膜条孢虫
Weiseria laurenti	劳伦蒂威斯孢虫
Zelenkaia trichopterae	毛翅泽兰卡孢虫

后 记

美国阿尔伯特·爱因斯坦医学院的路易斯·维斯教授是微孢子虫研究领域的知名科学家，1999年，他与同校的穆瑞·维特纳教授一起，主编了《微孢子虫与微孢子虫病》一书，由美国微生物学会出版社（ASM PRESS）出版，是一本微孢子虫研究的经典著作。15年后，微孢子虫研究取得了巨大的进步，一批重要的研究成果发表在《自然》《自然–通讯》《PLoS病原体》《PLoS遗传学》等国际知名期刊上，微孢子虫研究也完全步入了后基因组时代，微孢子虫的分类地位也从原生动物回归到真菌界。路易斯·维斯教授和美国农业部农业研究局的詹姆斯·贝克纳博士组织了世界上微孢子虫研究的专家学者，共同主编了微孢子虫研究的一本新专著《微孢子虫：机会性病原体》，该书内容丰富，不仅包含了各种动物的微孢子虫，还对微孢子虫的垂直传播、有性生殖、流行病学特征等单独成章，进行了详细的论述，该书是微孢子虫研究的权威著作。本人和周泽扬教授，以及重庆师范大学党晓群博士也有幸参与本书英文版的编写工作。该书于2014年底由威利·布莱克威尔出版社（Wiley Blackwell）正式出版。鉴于微孢子虫和微孢子虫病在科学研究和人类健康上的重要性，我们第一时间由路易斯·维斯教授引荐，联系了威利·布莱克威尔出版社，愿意将本书翻译成中文，推荐给广大微孢子虫及其相关科学工作者以及生物科学的相关学生，希望对读者的科研和学习有所帮助。

作为本书的译者，首先，非常感谢西南大学家蚕基因组生物学国家重点实验室学术委员会名誉主任向仲怀院士、我的导师周泽扬教授，本译著的顺利出版离不开他们的鞭策和支持。非常感谢高等教育出版社生命科学与医学出版事业部的吴雪梅主任、高新景编辑、郝真真编辑，在他们的辛勤劳动下，本译著才得以成功出版。本书英文版主编路易斯·维斯教授专门为此书的翻译本作序，我们感到十分荣幸，也十分感谢。在译稿的校对期间，我们团队的老师和同学们团队作战，克服了诸多困难，特别是陈洁老师，经常加班到深夜，付出许多心血和汗水，在这里向所有老师和同学们致以最诚挚的感谢！

最后，感谢所有译者，你们不辞辛苦的辛勤工作才有此书的面世。本书从翻译到出版，历时三年半时间，虽经多次校对和修改，但鉴于我们的翻译能力和知识局限性，不足和错误之处肯定还有不少，请读者批评指正。

潘国庆

2019年冬于西南大学

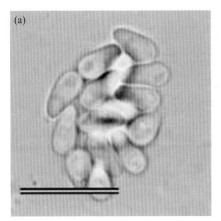 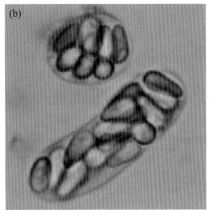 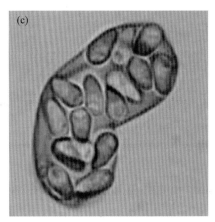

图 1.33　体内染色观察大型溞类双核孢虫（*Binucleata daphniae*）的产孢囊

（a）没有被染色的孢子中，在孢子周围的产孢囊的薄壁很难观察到；（b）加刚果红染液使 SPOV 的体积膨胀，其壁也被染色；（c）采用叠氮思嘉红（Azidine Scarlett Red）染色，染色结果更加明显。标尺 =10 μm（原始图片由 J. Vávra 提供）

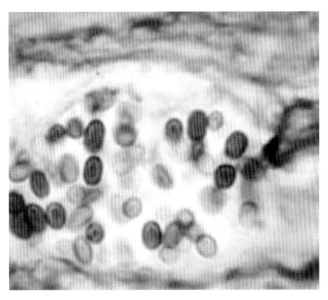

图 2.6　角膜条孢虫

空肠肌层中的孢子，孢壁可以被 GMS AFIP# 71-5887 很好地染色（引自 Strano, A., A. Cali, and R. Neafie. 1976. Microsporidiosis, protozoa section 7. In Pathology of Tropical and Extraordinary Diseases, eds. C. H. Binford and D. H. Connor. Washington, DC: Armed Forces Institute of Pathology Press: 336–339. © AFIP Press）

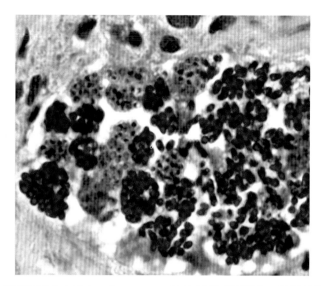

图 2.7 人骨骼肌中罗氏匹里虫（*Pleistophora ronneafiei*）孢子成团聚集，孢子被染成红色（ZN AFIP）

（引 自 Cali，A.，R. C. Neafie，and P. M. Takvorian. 2011. Microsporidiosis. In *Topics on the Pathology of Protozoan and Invasive Arthropod Diseases*，eds. W. M. Meyers，A. Firpo，and D. J. Wear. Washington，DC: Armed Forces Institute of Pathology Press：1–24. © DTIC）

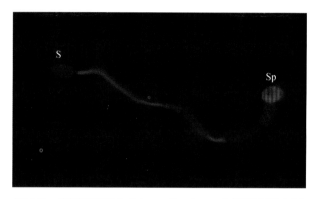

图 2.9 按蚊微孢子虫（*Anncalia algerae*）发芽孢子（S）

极管采用 Cy–3 标记的 PTP–1 抗体染色，孢原质（Sp）用 DAPI 染色

(a)   (b)

图 4.3 舞毒蛾微粒子虫（*Nosema lymantriae*）

一种造成舞毒蛾全身性感染的微孢子虫，可通过粪便（a）、蜕皮（b）、丝（a，b）等播散。（Leellen F. Solter 供照）

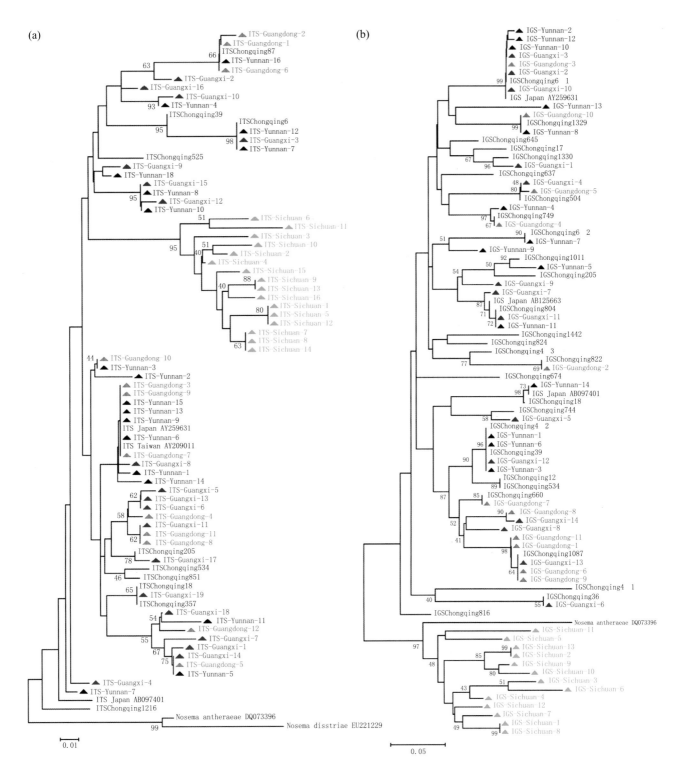

图 6.2 来源于 5 个地理区域家蚕微粒子虫的系统进化分析，分别基于 ITS rDNA 序列（a）和 IGS rDNA 序列（b）

不同地理区域的株系以不同颜色表示。［图片经许可来自 Liu, H, Pan, G, Luo, B, et al. (2013). Intraspecific polymorphism of rDNA among 5 *Nosema bombycis* isolates from different geographic regions in China. J Invertebr Pathol 113, 63–69.］

(a)

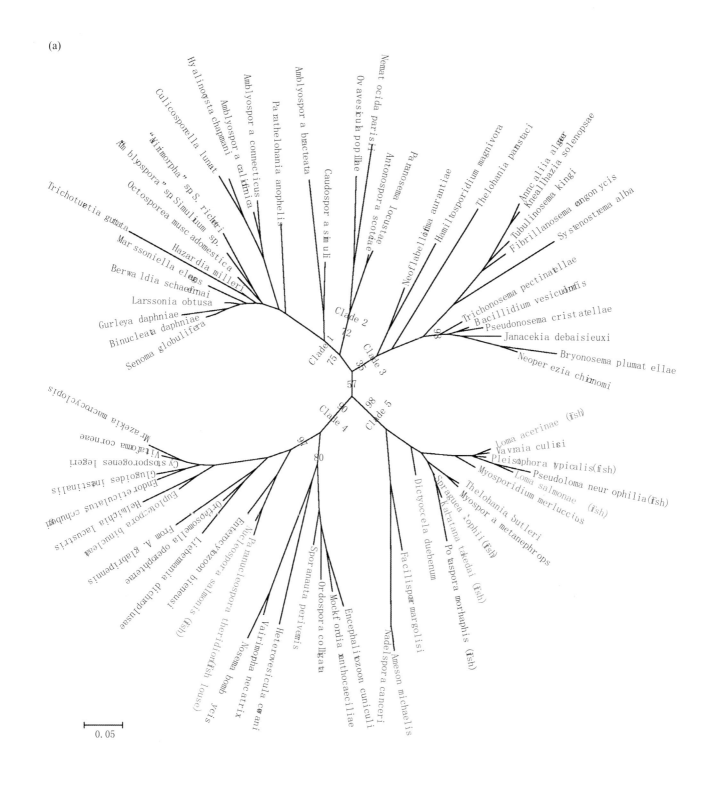

0.05

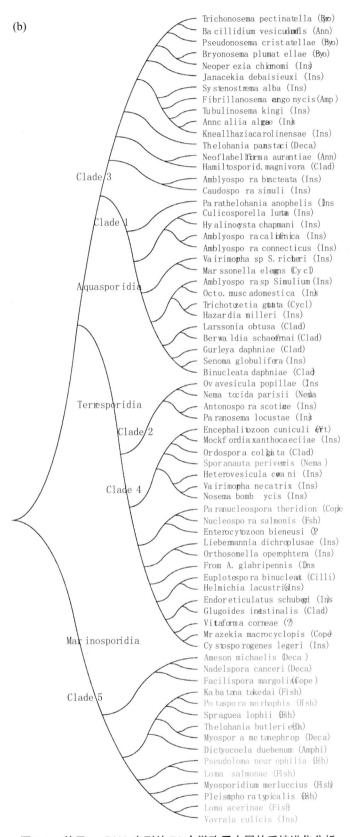

(b)

Trichonosema pectinatella (Bryo)
Bacillidium vesiculoffis (Ann)
Pseudonosema cristatellae (Bryo)
Bryonosema plumatellae (Bryo)
Neoperezia chironomi (Ins)
Janacekia debaisieuxi (Ins)
Systenostrema alba (Ins)
Fibrillanosema crangonycis (Amp)
Tubulinosema kingi (Ins)
Anncaliia algerae (Ins)
Kneallhazia carolinensae (Ins)
Thelohania pastaci (Deca)
Neoflabelliforma aurantiae (Ann)
Hamiltosporid. magnivora (Clad)
Amblyospora bracteata (Ins)
Caudospora simuli (Ins)
Parathelohania anophelis (Ins)
Culicosporella lunata (Ins)
Hyalinocysta chapmani (Ins)
Amblyospora californica (Ins)
Amblyospora connecticus (Ins)
Vairimorpha sp S. richeri (Ins)
Marssonella elegans (Cycl)
Amblyospora sp Simulium (Ins)
Octo. muscadomestica (Ins)
Trichotuzetia guttata (Cycl)
Hazardia milleri (Ins)
Larssonia obtusa (Clad)
Berwaldia schaefernai (Clad)
Gurleya daphniae (Clad)
Senoma globulifera (Ins)
Binucleata daphniae (Clad)
Ovavesicula popillae (Ins)
Nema tocida parisii (Nema)
Antonospora scotiae (Ins)
Paranosema locustae (Ins)
Encephalitozoon cuniculi (Vrt)
Mockfordia xanthocaeciiae (Ins)
Ordospora colligata (Clad)
Sporanauta perivermis (Nema)
Heterovesicula cowani (Ins)
Vairimorpha necatrix (Ins)
Nosema bombycis (Ins)
Paranucleospora theridion (Cope)
Nucleospora salmonis (Fish)
Enterocytozoon bieneusi (?)
Liebermannia dichroplusae (Ins)
Orthosomella operophtera (Ins)
From A. glabripennis (Ins)
Euplotespora binucleata (Cilli)
Helmichia lacustris (Ins)
Endoreticulatus schubergi (Ins)
Glugoides intestinalis (Clad)
Vitaforma corneae (?)
Mrazekia macrocyclopis (Cope)
Cystosporogenes legeri (Ins)
Ameson michaelis (Deca)
Nadelspora canceri (Deca)
Facilispora margolisi (Cope)
Kabatana takedai (Fish)
Potaspora morhaphis (Fish)
Spraguea lophii (Fish)
Thelohania butleri (Deca)
Myospora metanephrop (Deca)
Dictyocoela duebenum (Amphi)
Pseudoloma neurophilia (Fish)
Loma salmonae (Fish)
Myosporidium merluccius (Fish)
Pleistophora typicalis (Fish)
Loma acerinae (Fish)
Vavraia culicis (Ins)

Clade 3
Clade 1
Aquasporidia
Terresporidia
Clade 2
Clade 4
Marinosporidia
Clade 5

图 6.3　基于 ssrDNA 序列的 71 个微孢子虫属的系统进化分析

分析采用 MEGA 5.1 软件进行，序列通过 Clustal X 软件进行排列。字体颜色代表了不同宿主环境：蓝色为淡水，棕色为陆生，绿色为海洋，蓝绿色为部分海洋和部分淡水生活周期的宿主。(a) 图是最大似然法构建的进化树，枝上展示 bootstrap 值。(b) 图是最大简约法构建的无根进化树，使用 Subtree-Pruning-Regrafting 算法 (Tamura et al. 2011)

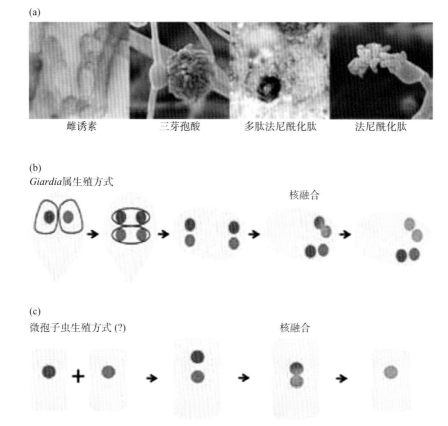

(a)

雌诱素　　　　三芽孢酸　　　多肽法尼酰化肽　　法尼酰化肽

(b)

*Giardia*属生殖方式　　　　　　　　　　　　核融合

(c)

微孢子虫生殖方式 (?)　　　　　　　　　核融合

图 8.1　真菌生殖结构和信息素及微孢子虫生殖模式假说

（a）真菌界各个门典型菌种的生殖结构，大雌异水霉形成两种菌丝片段分别产生雌、雄游走孢子；人致病性接合菌 *Mucor circinelloides* 的不同交配型交配形成接合子；子囊菌属的曲霉菌 *Aspergillus nidulans* 产生子囊孢子包裹在子囊壳中；人致病性担子菌 *Cryptococcus neoformans* 形成担子，产生担孢子，真菌在交配过程中产生信息素被受体识别；（b）贾第虫生殖方式：滋养体含有两个独立遗传的细胞核，双核分别通过有丝分裂形成两对细胞核，进而核融合，并分裂产生重组；（c）微孢子虫可能通过异性配子之间相互融合，核配后减数分裂形成重组的子代细胞核

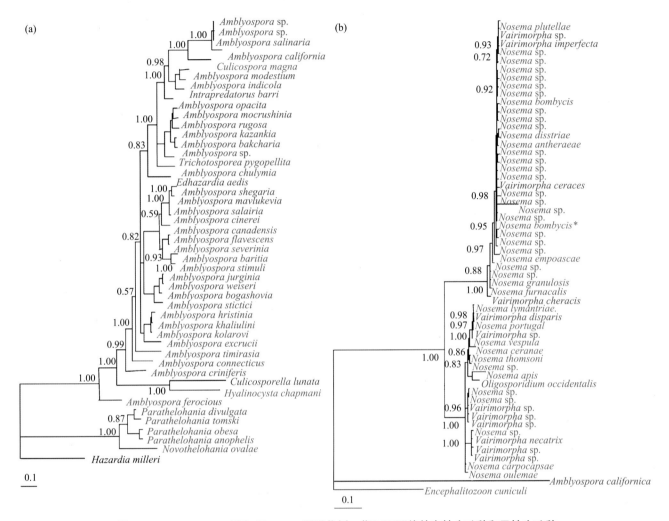

图 8.3 *Amblyospora* 属和 *Nosema* 属进化树，指示了可能的有性生殖种和无性生殖种

　　基于核糖体小亚基 rDNA 序列，采用贝叶斯法构建系统发生树。黑色加粗表示物种具有完整的假定减数分裂周期，灰色加粗表示物种具有失败的假定减数分裂周期，灰色表示物种不具有认可的减数分裂周期。（a）*Amblyospora* 属微孢子虫进化树，该进化树中的大部分物种具有完整的减数分裂周期，但至少在 3 次进化事件中部分物种出现了减数分裂的丢失；（b）*Nosema* 属微孢子虫进化树。*Nosema* 属的大部分种没有观察到减数分裂周期，但是这些种大多从害虫或驯养的鳞翅目昆虫中分离。*N. bombycis** 的建树序列与 *N. heliothidis*、*N. spodopterae*、*N. fumiferanae* 和 *N. trichoplusia* 的序列相同，这些类群可能从最近的具有有性生殖的共同祖先分化而来

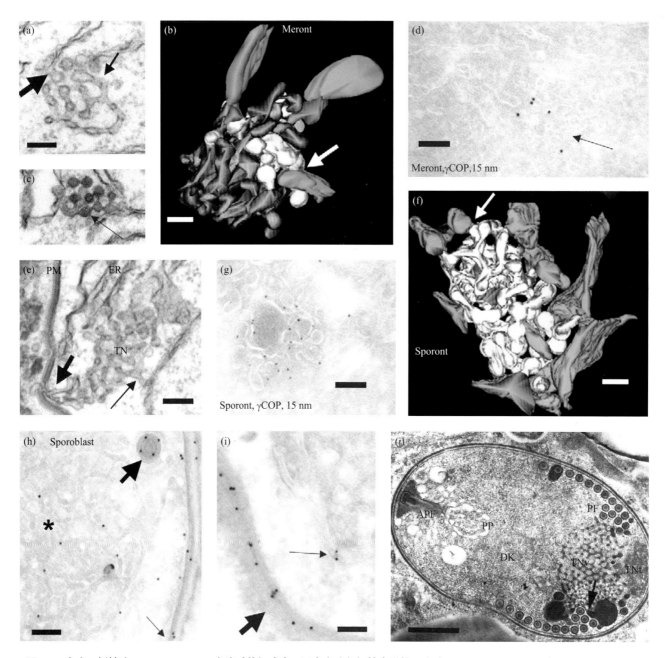

图 9.3 寄生于蟋蟀（*Gryllus bimaculatus*）脂肪体细胞中不同发育阶段蟋蟀类微粒子虫（*Paranosema grylli*）的高尔基体复合物观察

（a）裂殖体中直径为 300 nm～700 nm（细箭头）的细长管网状（TN）的圆簇结构，并与内质网（ER）相接合（细箭头）；（b）裂殖体中内质网（绿色）包裹的 TN 三维（3D）重构（基于电子显微镜 X 线断层摄影术、化学方法固定的 200 nm 感染宿主组织切片），TN 由管状（褐色）和曲张部分（黄色）组成，箭头表示 TN 和 ER 的相接处；（c 和 d）顺面高尔基体标记物在裂殖体 TN 中的定位情况，（c）在 1% OsO₄ 水溶液中孵育 24 h 后锇沉积积于孢子内，（d）裂殖体中 γCop 的免疫电子显微镜定位（利用 anti-γCop 抗体进行 IEM 冷冻切片标记）；（e）在母孢子时期，TN 的大小有所增加，TN 常连接于质膜（PM）和 ER 之间；（f）母孢子中 TN 的 3D 重构，曲张的 TN 变大（黄色），管状 TN 仍旧与 ER 相连接（箭头）；（g）γCop 在母孢子中的 IEM 定位情况；（h）利用针对 PTP A 的抗体进行冷冻切片标记，显示了 PTP 在大 TN（星号）中的定位、卷曲的极丝（宽箭头）和正在形成的孢壁（细箭头）；（i）利用针对孢壁蛋白 p40 抗体进行冷冻切片标记，证明 p40 从孢子母细胞高尔基体开始被转运：p40 存在于正在形成的孢壁中（宽箭头）和扩大的 TN 周围部分（细箭头）；（j）在未成熟孢子中，高尔基体复合物非常明显：由管状和囊泡网状结构（TNt 和 TNv）组成，与极管成分相连接的膜装置以出芽的形式产生与 TNv 相接的电子密度体（箭头），卷曲的极丝（PF）和极丝顶端形成锚定盘（APF）。其他缩写：DK：双二倍体；PP：原始极膜层，可能起源于 ER。标尺：120 nm（a、b、d 和 g）；80 nm（c 和 i）；270 nm（e）；100 nm（f）；90 nm（h）；700 nm（j）。[（a～i），引自 Beznoussenko, G. V., Dolgikh, V. V., Seliverstova, E. V., et al. 2007. Analogs of the Golgi complex in microsporidia: structure and avesicular mechanisms of function. *J Cell Sci*, 120：1288−1298.；（j）Sokolova, Y., Snigirevskaya, E., Morzhina, E., et al. 2001. Visualization of early Golgi compartments at proliferate and sporogenic stages of a microsporidian *Nosema grylli*. *J Eukaryot Microbiol*, 48（Suppl 1）：86S−87S, 并进行了修改]

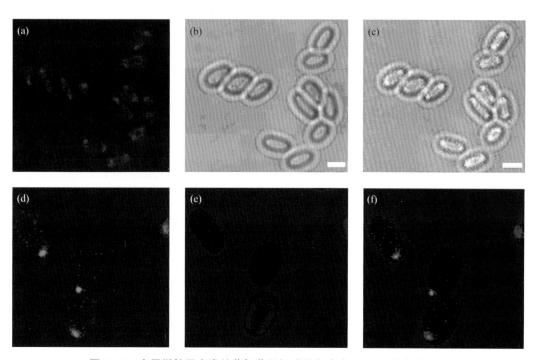

图 10.9　家蚕微粒子虫类枯草杆菌丝氨酸蛋白酶（NbSLP1）定位分析

　　NbSLP1 的抗体可以将该蛋白质定位于孢子的两极（Dang et al. 2013）。（a）NbSLP1 inhibitor _I9 功能域的抗体（红色）；（b）孢子微分干涉差显微镜（DIC）观察；（c）图（a）和图（b）的重叠，标尺为 3 μm，当用发芽液处理孢子后，成熟的蛋白酶仅仅可以在孢子的顶端被发现；（d~f）（d）成熟蛋白酶 NbSLP1 的免疫定位表明只有极端被标记；（e）孢子的 DAPI 染色；（f）图（d）和图（e）的合并，标尺为 3 μm。图片由 Zhou，Pan & Dang 博士惠赠；Xiaoqun Dang，Guoqing Pan，Tian Li，Lipeng Lin，Qiang Ma，Lina

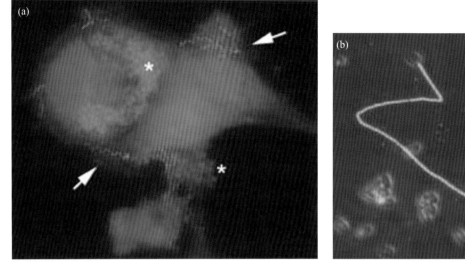
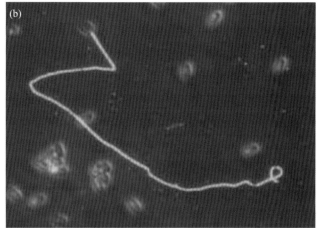
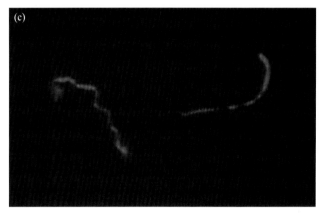

图 10.19　极管蛋白 1、2、3 的免疫定位分析

（a）利用重组 EhPTP1 制备的兔抗标记感染 RK-13 细胞的海伦脑炎微孢子虫，极管用 Alexa Fluor 594（箭头）标记，孢子（*）用 Calcofluor White M2R 标记，图片来自 Louis M. Weiss；（b）蝗虫微孢子虫（*Antonospora locustae*）用 AlPTP2 抗血清标记，图片来自 Frédéric Delbac；（c）兔脑炎微孢子虫极管用 EcPTP3 鼠多抗进行孵育，并用 Alexa Fluor 594 进行二抗标记，图片来自 Peter M. Takvorian

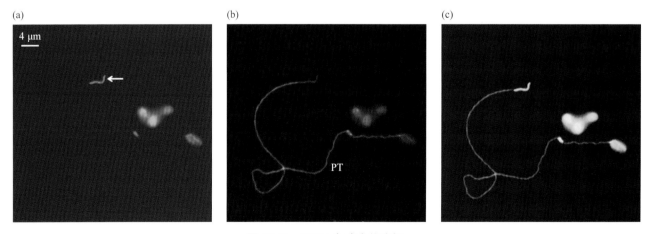

图 10.21　PTP4 免疫定位分析

（a）蝗虫微孢子虫 PTP4 抗体可以特异性的定位到弹出极管的末端（箭头）；（b）利用抗 PTP2 的抗体标记同一个极管；（c）图（a）和图（b）的叠加，利用 PTP4 的抗体标记弹出极管的末端，该标记与细胞核或者孢原质是否通过极管无关，因为 DAPI 仍然可以标记孢子表明细胞核仍在孢子内部（结果未显示）

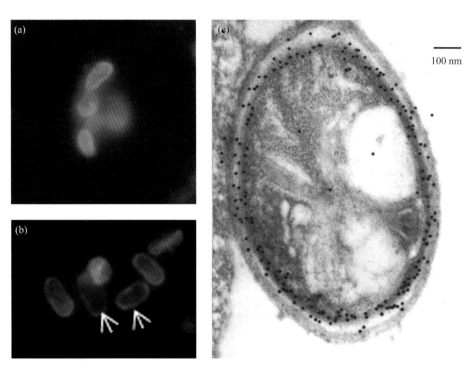

图 10.23　孢壁蛋白免疫定位分析

（a）兔脑炎微孢子虫孢子被重组蛋白 SWP3/EnP2 的多克隆抗体标记（Xu et al. 2006），图片来自 Louis Weiss；（b）兔脑炎微孢子虫孢子被重组蛋白 SWP1 的多克隆抗体标记，图片来自 Kaya Ghosh；（c）在兔脑炎微孢子虫感染的 RK-13 细胞中利用免疫电镜分析 SWP3/EnP2 发现大量的金颗粒位于原生质膜和孢壁内壁交界处（Xu et al. 2006），图片来自 Peter Takvorian

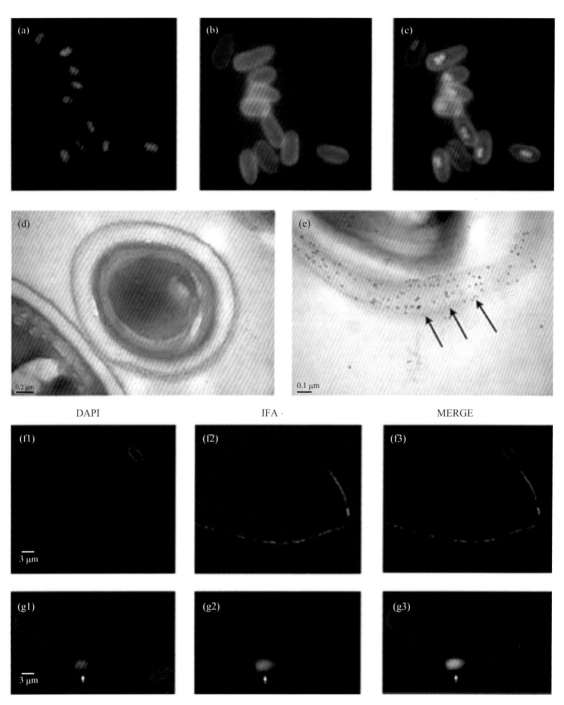

图 10.25　家蚕微粒子虫孢壁蛋白 5 定位分析

孢子与 NbSWP5 抗血清和 DAPI 孵育。（a）蓝色荧光表示 DAPI 染色；（b）绿色荧光表示 NbSWP5 定位于孢壁；（c）叠加图片表征核的位置和被 NbSWP5 标记的孢壁，标尺为 3 um；（d）和（e）利用 NbSWP5 抗血清在家蚕微粒子虫孢子上的免疫定位表明该蛋白定位于外壁，箭头显示大量胶体金颗粒定位在孢壁的较厚的区域（Cai et al. 2011），引自 Wu, Z., Li, Y., Pan, G., et al.(2008)Proteomic analysis of spore wall proteins and identification of two spore wall proteins from *Nosema bombycis*（ Microsporidia）. *Proteomics*，8，2447−2461；（f）和（g）免疫荧光实验表明 SWP5 定位于弹出的极管上。孢子利用 K_2CO_3 进行发芽（Li et al. 2012）。弹出的极管与 SWP5 鼠多抗和 DAPI 孵育（f1、g1）。DAPI 染色，箭头标记了未发芽的孢子，其中 g2 含有亮绿色荧光，而（g1）和（g3）中没有绿色荧光。（f3）和（g3）为叠加的图片。（Li et al. 2012）。［图片来自 Drs. Zhou, Pan, and Dang. Li, Z., Pan, G., Li, T., et al.（2012）SWP5, a spore wall protein, interacts with polar tube proteins in the parasitic microsporidian *Nosema bombycis*. *Eukaryot Cell*，11，229−237.. American Society for Microbiology］

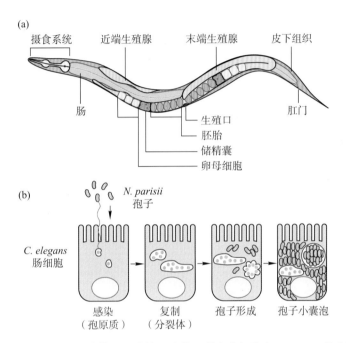

图 13.3　秀丽隐杆线虫的横剖面结构图及其肠道上皮细胞内 *N. parisii* 的生活周期

（a）秀丽隐杆线虫具有一个简单的不分节的虫体结构，其摄食系统包括一个用于泵入和研磨微生物的咽和一个由 20 个上皮细胞构成的管状肠道，图中标注了雌雄同体生殖系统的两个生殖腺臂、储精囊和生殖口，皮下组织与表皮、肌肉、神经及排泄系统一起构成了体壁，包裹着内部器官；（b）*N. parisii* 增殖周期的简单图示，为了完成感染，*N. parisii* 可能通过一根外翻的极管将其原生质体注射入秀丽隐杆线虫的肠道细胞。一旦进入宿主细胞，*N. parisii* 即以多核裂殖体的形式开始增殖，裂殖体最终发育成成孢子原生质团，进而发育成许多孢子。感染的后期，在产孢子的肠道细胞中观察到了含有孢子的小囊泡

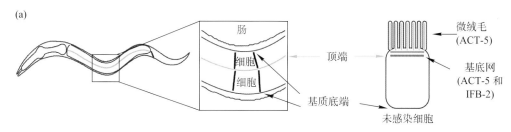

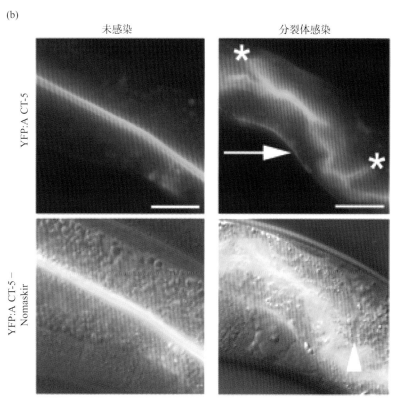

图 13.6 *N. parisii* 感染时秀丽隐杆线虫肠道细胞顶端肌动蛋白的破坏

（a）秀丽隐杆线虫肠道细胞的示意图，肠道由极化的上皮细胞构成，细胞顶端具有指形的微绒毛，这些微绒毛锚定在一种被称为基底网的结构上，这种结构主要由肌动蛋白（ACT-5）和中间丝蛋白（IFB-2）形成；（b）表达 YFP:ACT-5 的转基因线虫显示了 ACT-5 的细胞顶端定位（左侧），但在巴黎杀线虫微孢子虫感染的细胞中，ACT-5 被重定位于质基底端，如箭头所示（右侧）。（印刷版权获自 Estes, K. A., Szumowski, S. C. & Troemel, E. R. 2011. Non-lytic, actin-based exit of intracellular parasites from *C. elegans* intestinal cells. *PLoS Pathogens*, 7, e1002227. ）

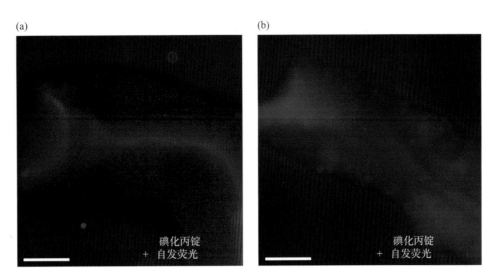

图 13.8　巴黎杀线虫微孢子虫感染期间秀丽隐杆线虫的肠道细胞膜未发生破裂

非细胞膜透过性染料碘化丙锭（红色）不能从肠腔进入感染的上皮细胞（a），但能够透过喂食了穿孔毒素 Cry5B 的未感染的肠道细胞膜（b）。蓝色标示了肠道自发荧光展示了肠道细胞的轮廓。（印刷版权获自 C&D – Estes, K. A., Szumowski, S. C. & Troemel, E. R. 2011. Non-lytic, actin-based exit of intracellular parasites from *C. elegans* intestinal cells. *PLoS Pathogens*, 7, e1002227）

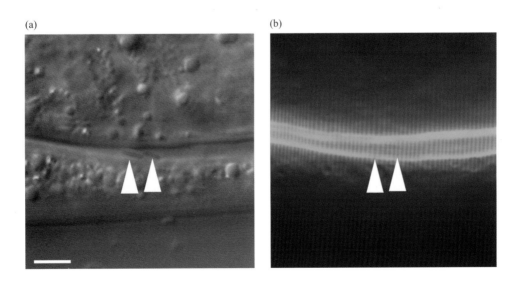

图 13.9　进入肠腔的巴黎杀线虫微孢子虫孢子不含有宿主细胞膜

在感染的转基因秀丽隐杆线虫中，外逃至肠腔的孢子（相差显微镜图 a）不含有宿主细胞膜的标志蛋白 PGP-1:GFP（b）。（印刷版权获自 Estes, K. A., Szumowski, S. C. & Troemel, E. R. 2011. Non-lytic, actin-based exit of intracellular parasites from *C. elegans* intestinal cells. *PLoS Pathogens*, 7, e1002227）

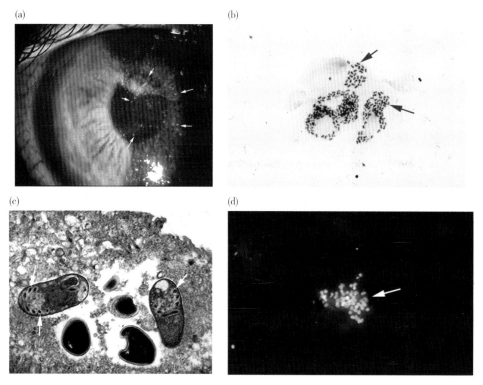

图 15.1　海伦脑炎微孢子虫引起眼部感染

（a）用荧光素显示的微孢子虫角膜结膜炎，指明小斑点角膜病变（箭头所示）；（b）结膜刮除物的革兰染色，可见细胞内寄生的微孢子虫，形态似安全别针；（c）结膜活组织检查得到海伦脑炎微孢子虫的透射电镜照片，箭头指示孢子内盘旋的极管，横切面可见极管呈单排排布；（d）结膜刮除物荧光增白剂染色，染色后可见宿主细胞内的荧光孢子（箭头所示）

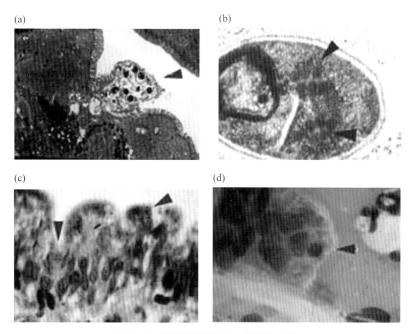

图 15.2　毕氏肠微孢子虫的肠道感染

（a）肠道活检组织透射电镜图片表明由于上皮细胞的腐败（凋亡）脱落孢子进入肠腔，图片使用获得 Jan Orenstein 和 Donald Kotler 博士许可；（b）毕氏肠微孢子虫孢子透射电镜图片显示孢子横切面有两排盘旋的极管，每排有 3 个切面（箭头所示）；（c）甲基蓝－天青Ⅱ－品红染色的小肠绒毛生检组织（塑料包埋切片）光学显微照片，箭头指出的是细胞内微孢子虫，这些孢子仅位于顶端上皮细胞表面，在基部表面或黏膜固有层没有孢子；（d）接触制备的小肠绒毛生检组织经甲基蓝－天青Ⅱ－品红染色的光学显微照片，箭头指示一个上皮细胞内的微孢子虫。（a）和（c）获得了 Wittner, M. & Weiss, L.M. 的翻印许可，（1999）The Microsporidia and Microsporidiosis, Washington, DC: ASM Press；图片使用获得 Jan Orenstein 和 Donald Kotler 博士的许可；（b）图使用获得 Ann Cali 和 Peter Takvorian 博士许可

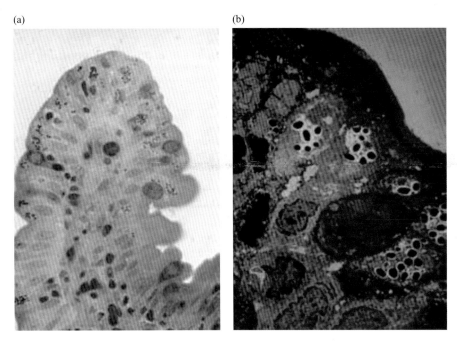

图 15.3　肠脑炎微孢子虫引起的胃肠道感染

　　（a）甲基蓝－天青Ⅱ－品红染色的小肠绒毛生检组织（塑料包埋切片）光学显微照片，显示在上皮细胞顶端和基部与鼓膜中层存在孢子；（b）肠道生检组织（空肠生检组织）透射电镜照片显示大量肠脑炎微孢子虫感染的具隔膜寄生泡。图片获得了 Wittner, M. & Weiss, L.M.（1999）的翻印许可，The Microsporidia and Microsporidiosis, Washington, DC: ASM Press；图片使用获得 Jan Orenstein 和 Donald Kotler 博士的许可

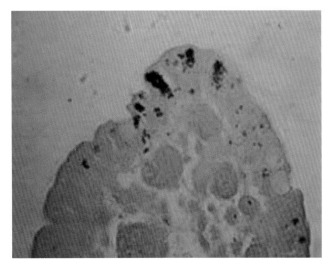

图 15.4　组织革兰氏染色图

　　肠脑炎微孢子虫感染患者的空肠革兰氏染色显示革兰氏染色阳性孢子。图片获得了 Wittner, M. & Weiss, L.M.（1999）的翻印许可，The Microsporidia and Microsporidiosis, Washington, DC: ASM Press；图片使用获得 Jan Orenstein 和 Donald Kotler 博士的许可

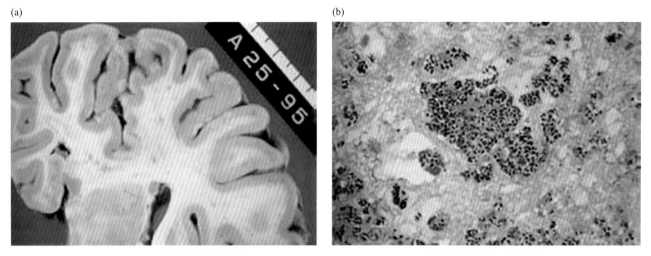

图 15.5　嗜人气管普孢虫（*Trachipleistophora anthropopthera*）致中枢神经系统感染

（a）被嗜人气管普孢虫感染脑炎患者的尸检照片显示在灰质和白质区的多个坏死斑；（b）六胺银染色的光镜照片显示大脑星形胶质细胞和其他细胞中的微孢子虫孢子。图片获得了 Wittner, M. & Weiss, L.M.（1999）的翻印许可，The Microsporidia and Microsporidiosis, Washington，DC: ASM Press；图片使用获得 Jan Orenstein 和 Donald Kotler 博士的许可

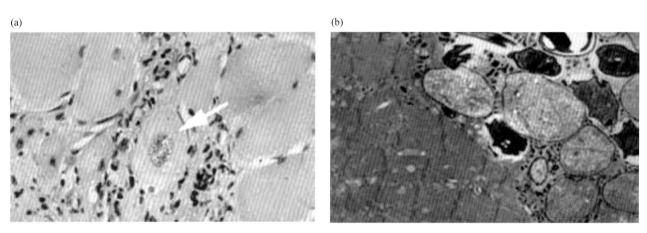

图 15.6　按蚊微孢子虫引起的肌肉感染

（a）苏木精伊红染色的肌肉活组织检查的光镜图片显示肌肉组织中的微孢子虫孢子（箭头所示），指出了感染肌纤维周围的炎症细胞和微孢子虫孢子区的细胞溶解；（b）骨骼肌生检组织中按蚊微孢子虫孢子的透射电镜图，图中显示了孢子发育的多个阶段和一个双核孢子。图片使用获得 Cali 和 Takvorian 博士许可

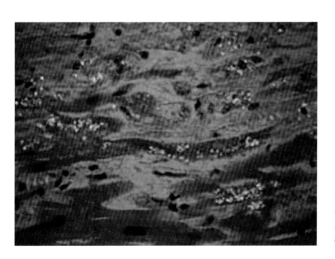

图 15.9　偏振光下心脏组织中的微孢子虫

气管普孢虫感染患者的心肌经 HE 染色后的偏振光显微照片，图中显示出心肌细胞的萎缩和纤维化。微孢子虫孢子在偏振光下是双折射的，这是因为它具有几丁质的孢壁。图片获得了 Wittner, M. & Weiss, L.M.（1999）的翻印许可，The Microsporidia and Microsporidiosis, Washington，DC: ASM Press；图片使用获得 Jan Orenstein 和 Donald Kotler 博士的许可

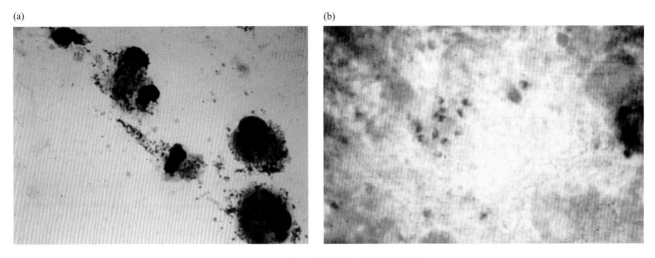

图 15.10 在尿液和粪便中的微孢子虫

（a）经 Diff-Quik 染色的尿沉淀（快速 Giemsa 染色）显示感染的上皮细胞中的肠脑炎微孢子虫孢子；（b）采用改良的铬变素 2R 染色法（Weber）进行粪便染色显示染成红色的微孢子虫孢子。孢子经透射电子显微镜鉴定为毕氏肠微孢子虫。［引自于 Wittner, M. & Weiss, L.M.（1999）The Microsporidia and Microsporidiosis, Washington, DC: ASM Press］

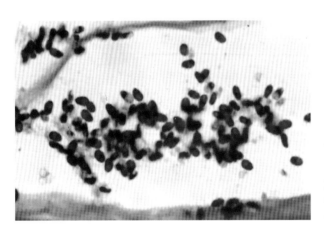

图 16.2 角膜组织学切片显示抗酸的微孢子虫呈红色，顶端有深染的区域（改进过的蓼 – 尼染色，×1 000）

再版得到许可 Vemuganti, G. K., Garg, P., Sharma, S., Joseph, J., Gopinathan, U., & Singh, S.（2005）Is microsporidian keratitis an emerging cause of stromal keratitis? A case seriesstudy. *BMC Ophthalmol*, 5，19.

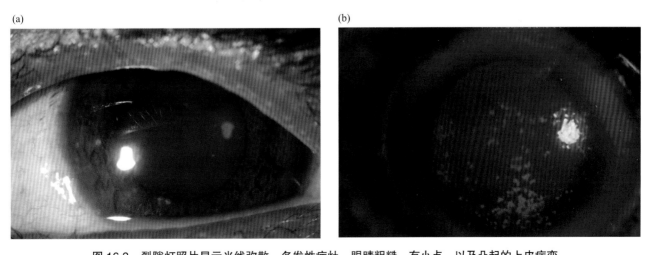

图 16.3 裂隙灯照片显示光线弥散、多发性病灶、眼睛粗糙、有小点，以及凸起的上皮病变

（a）利用弥散光线照明法；（b）钴蓝滤片荧光染色

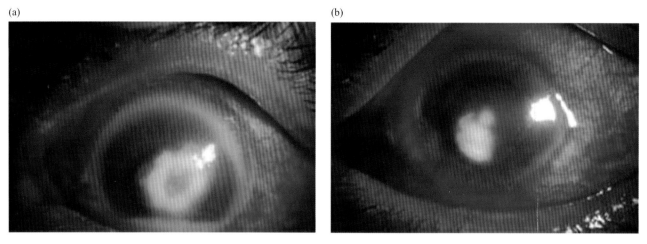

图 16.4　裂隙灯照片展示了基质角膜炎病例

（a）变薄中央角膜的渗透物和眼前房积脓；（b）未变薄中央角膜的渗透物

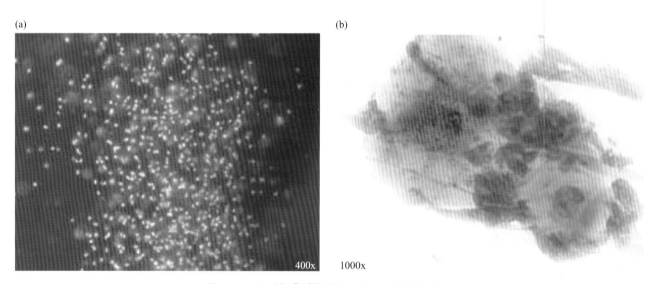

图 16.5　识别角膜刮片微孢子虫孢子的染色技术

（a）利用荧光显微镜观察患有角膜结膜炎患者的角膜刮片，发现大量 <3 μm 的圆形或卵圆形孢子（KOH+ 荧光增白剂，×400）；（b）一位角膜结膜炎患者的角膜刮片显示细胞内和细胞外微孢子虫［改进的蒌–尼（1% H_2SO_4，预冷）染色，×1 000］

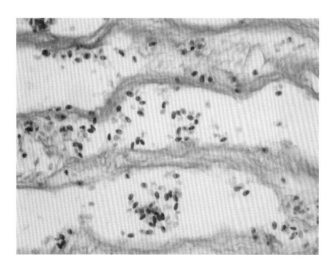

图 16.6　角膜组织切片显示卵圆形蓝紫色微孢子虫孢子

改进的革兰铬变素染色，×1 000。［再版得到许可 vemuganti，G. K.，Garg，P.，Sharma，S.，Joseph，J.，Gopinathan，U.，& Singh，S.（2005）Is microsporidian keratitis an emerging cause of stromal keratitis? A case series study. *BMC Ophthalmol*，5，19］

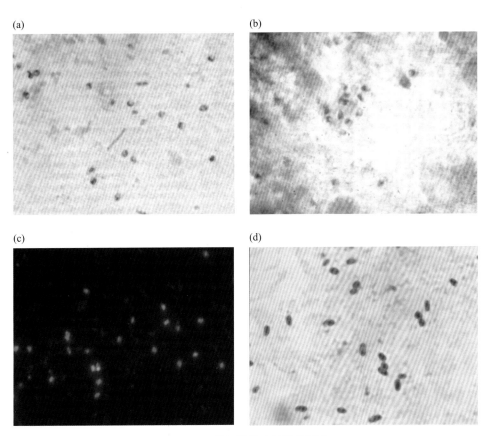

图 17.2 粪便样品中的微孢子虫

（a 和 b）将患有腹泻的艾滋病患者粪便样品进行铬变素染色，毕氏肠微孢子虫孢子大小为（0.7～1.0）μm×（1.1～1.6）μm，孢子颜色为粉红至微红，染色的孢子具有稳定的形状；图片来源于 Drs. David Schwartz 和 Louis M. Weiss；（c）将患有慢性腹泻的艾滋病患者粪便样品进行化学荧光染色（真菌－荧光素钠、多聚甲醛），图片来源于 Dr. David Schwartz；（d）感染肠脑炎微孢子虫的艾滋病患者粪便样品快速加热革兰—铬变素染色展示，孢子大小（1.0～1.2）μm×（2.0～2.5）μm，孢子呈现紫色，图片来源于 Dr. David Schwartz

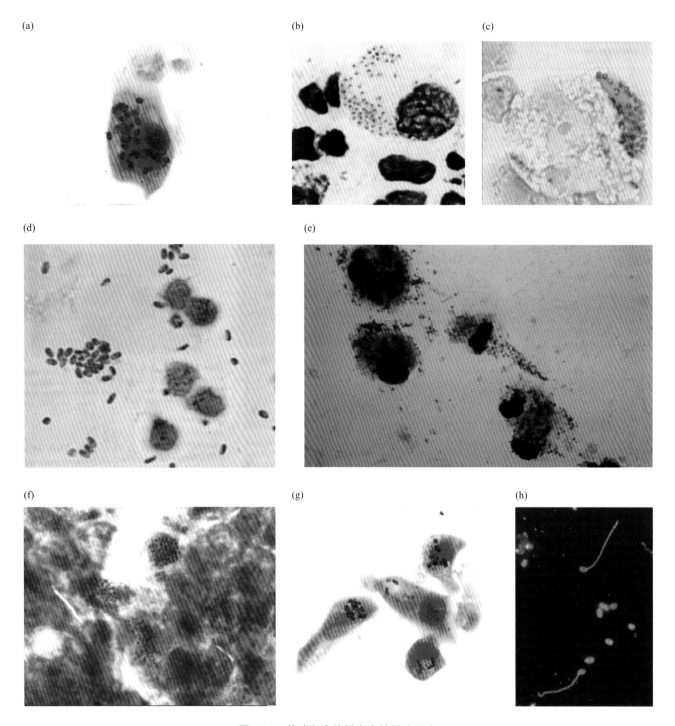

图 17.3 体液和涂片样本中的微孢子虫

（a）感染海伦脑炎微孢子虫的 AIDS 患者支气管肺泡灌洗液革兰染色，细胞内孢子呈革兰阳性特征，图片来源于 Dr. David Schwartz；（b）感染海伦脑炎微孢子虫的 AIDS 患者支气管肺泡灌洗液吉姆萨染色，细胞内孢子的结构，图片来源于 Dr. David Schwartz；（c）感染 *Encephalitozoon* spp. 的患者脑脊液铬变素染色，细胞内显现粉红色孢子成簇现象，图片来源于 Dr. David Schwartz；（d）感染兔脑炎微孢子虫的艾滋病患者尿液沉积物铬变素染色，（1.0～1.5）μm×（2.0～3.0）μm 由粉到红的孢子，图片来源于 Dr. Elizabeth Didier, Tulan University, USA；（e）感染脑炎微孢子虫属（*Encephalitozoon* spp.）的艾滋病患者尿液革兰染色，细胞内孢子的革兰阳性结构，图片来源于 Dr. David Schwartz；（f）感染毕氏肠微孢子虫的患者小肠活组织切片（通过内镜收集）吉姆萨染色，细胞内孢子的结构，图片来源于 Dr. Louis Weiss；（g）感染海伦脑炎微孢子虫的患者结膜涂片 Brown–Hopps 染色，表面上皮细胞包含革兰阳性孢子的结构，图片来源于 Dr. David Schwartz；（h）感染的患者痰液使用针对兔脑炎微孢子虫多克隆兔抗免疫荧光染色展示了痰液中的孢子以及被挤压出的极管，图片来源于 Dr. David Schwartz

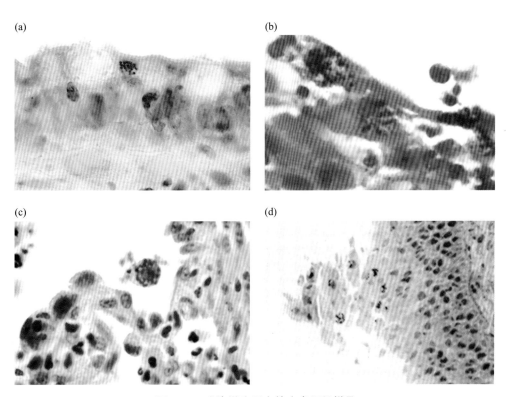

图 17.4　感染微孢子虫的患者组织样品

（a）小肠活组织切片 Brown-Brenn 染色，肠上皮细胞顶端毕氏肠微孢子虫孢子（革兰阳性），图片来源于 Dr. David Schwartz；（b）结膜活组织切片 Brown-Hopps 染色，细胞中海伦脑炎微孢子虫（革兰阳性），部分细胞坏死并从上皮脱落，图片来源于 Dr. David Schwartz；（c）肺组织 Brown-Hopps 染色，肺泡巨噬细胞中兔脑炎微孢子虫孢子，图片来源于 Dr. David Schwartz；（d）鼻黏膜活组织半薄塑料切片甲苯胺蓝染色，细胞中的海伦脑炎微孢子虫孢子，图片来源 Dr. David Schwartz

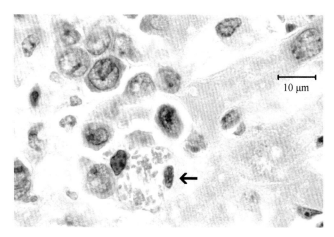

图 17.5 感染兔脑炎微孢子虫的小鼠肝活组织 Luna 染色

孢子（箭头）Luna 染色为红色。图片来自 Michael Kent，Oregon State University，OR

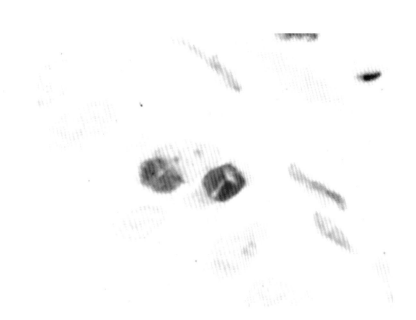

图 17.7 原位杂交检测小肠组织中的毕氏肠微孢子虫

原位诊断探针是基于毕氏肠微孢子虫 rRNA 序列（Carville et al. 1997）。[图片来源于 Saul Tzipori Tufts University，USA. 重印许可来自 Wittner，M. 和 Weiss，L. M.（1999）The Microsporidia and Microsporidiosis. Washington，DC，American Society for Microbiology]

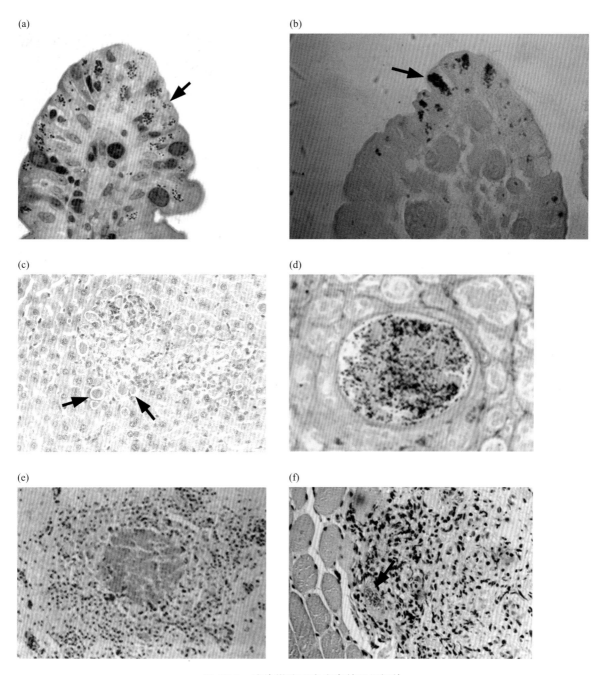

图 17.8 感染微孢子虫患者的组织切片

（a）感染肠脑炎微孢子虫患者小肠活组织切片，亚甲基蓝−天青II−碱性品红染色（箭头）。图片来源于 Drs. Donald Kotler 和 Jan Orenstein. 重印许可来自 Wittner, M. 和 Weiss, L. M.（1999）The Microsporidia and Microsporidiosis. Washington，DC，American Society for Microbiology.（b）感染肠脑炎微孢子虫患者小肠活组织切片，Warthin−Starry 染色（箭头）。重印许可来自 Wittner, M. 和 Weiss, L. M.（1999）The Microsporidia and Microsporidiosis. Washington，DC，American Society for Microbiology.（c）感染兔脑炎微孢子虫的免疫缺陷小鼠肝活组织切片，铬变素染色（箭头）。图片来源于 Drs. Louis M. Weiss 和 Imtiaz Khan.（d）肾小管内腔活组织切片，Steiner 染色，海伦脑炎微孢子虫（黑色孢子）。图片来源于 Dr. David Schwartz.（e）斜颈家兔脑组织，苏木精和曙红染色，兔脑炎微孢子虫感染引起的肉芽肿坏死，图片中无孢子。图片来源于 Drs. Rainer Weber University Hospital，Zurich，Switzerland. 重印许可来自 Wittner, M. 和 Weiss, L. M.（1999）The Microsporidia and Microsporidiosis. Washington，DC，American Society for Microbiology.（f）免疫缺陷患者肌肉组织、苏木精和曙红染色、*Anncaliia algerae*（箭头）肌炎。图片来源于 Dr. Louis M. Weiss

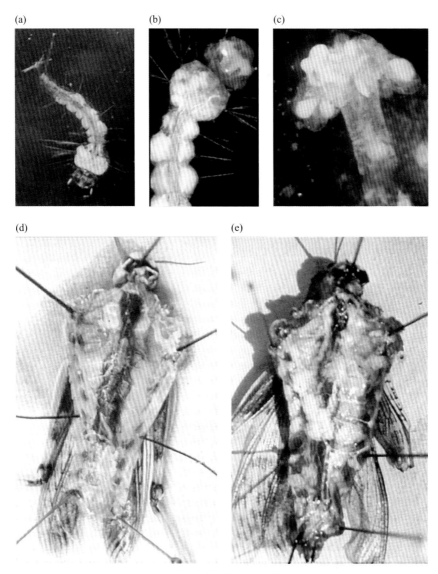

图 21.1 昆虫感染微孢子虫的病理图

（a）展示盐水库蚊（*Culex salinarius*）幼虫感染盐水库蚊钝孢子虫（*Amblyospora salinaria*）后的脂肪体，×7；（b）展示伊蚊（*Aedes aegypti*）幼虫感染 *Edhazardia aedis* 后的脂肪体，×10；（c）*Culiseta inornata* 幼虫感染盲囊囊泡多孢虫（*Polydispyrenia caecorum*）后的胃盲囊，白色囊肿是细胞充满了孢子，×20；（d）解剖健康的东亚飞蝗 *L. migratoria capito*，黄色显示为脂肪体，×2；（e）解剖感染蝗虫微孢子虫（*Johenrea locustae*）的东亚飞蝗（*L. migratoria capito*），结果显示感染了微孢子虫的脂肪体表现为白色囊肿，×2.2。经作者和出版社许可引自 Lange，C. E.，J. J. Becnel，E. Raza-ndratiana，J. Przybyszewski，and H. Raza-ndrafara. 1996. *Johenrea locustae n.g.*，*n.sp.*（Microspora: Glugeidae）: a pathogen of migratory locusts（Orthoptera: Acrididae: Oedipodinae）from Madagascar. *J. Invertebr. Pathol.* 68: 28-40.

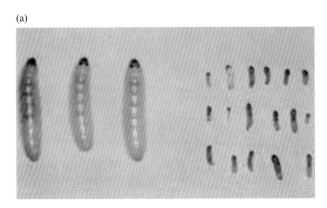
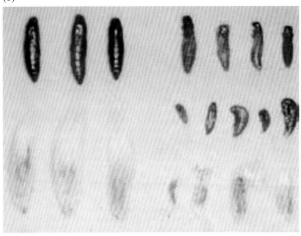

图 21.3 感染异孢变形微孢子虫（*Vairimorpha heterosporium*）的脐橙螟蛾（*Amyelois transitella*）

（a）大图左边是正常幼虫作为对照，右边是感染微孢子 4 周后的发育不良幼虫；（b）感染 *V. heterosporium* 的 *Amyelois transitella* 的蛹，左边是大的健康的正常蛹作为对照，右边是发育不良且变形的感染微孢子的蛹

图 22.3 蜂群崩溃失调症（CCD）的一个典型的症状是蜂群成年蜜蜂的迅速丢失

这表明正在崩溃或崩溃的蜂群中不存在或存在非常少的成年蜂来维持蜂群数量。［图片复制使用得到了原作者的允许。Fries, I., Martin, R., Meana, A., Garcia-Palencia, P., & Higes, M.（2006）Natural infections of *Nosema ceranae* in European honey bees. *J Apic Res*, 45，230-233. © International Bee Research Association, 2006］

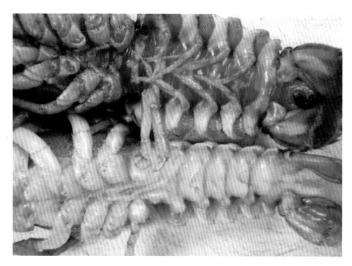

图 23.1 源自英国的由于深海鳌虾肌孢虫（*Myospora metanephrops*）感染在白爪龙虾（*Austropotamobius pallipes*）中导致的"瓷化病"

感染会导致骨骼肌出现不透明的病变（图中下方的个体）

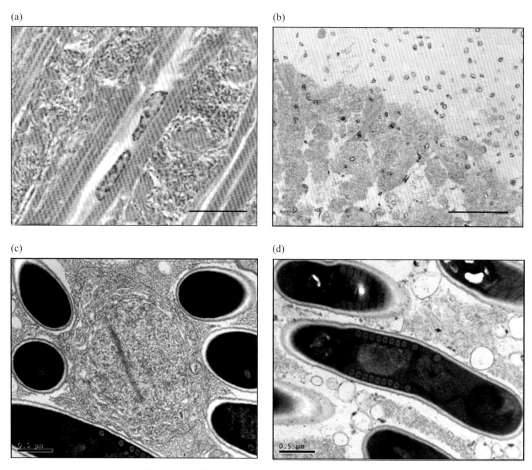

图 23.2 深海鳌虾肌孢虫感染 *Metanephrops challengeri* 的肌肉组织

包含孢子以及早期增殖阶段的微孢子虫的寄生囊逐渐取代了大量骨骼肌组织（a，标尺 =25 μm）和心肌组织（b，标尺 =100 μm），感染晚期大部分肌肉组织均被破坏，通过透射电镜观察可见裂殖体（c）与成熟孢子（d），微孢子虫为耦核且与肌质直接接触。[来源于 Stentiford, G.D., Bateman, K.S., Small, H.J., et al.（2010）*Myospora metanephrops*（n. g., n. sp.）from marine lobsters and a proposal for erection of a new order and family（Crustaceacida；Myosporidae）in the Class Marinosporidia（Phylum Microsporidia）. *Int J Parasitol*，40（12），1433–1446 © 2010，Elsevier]

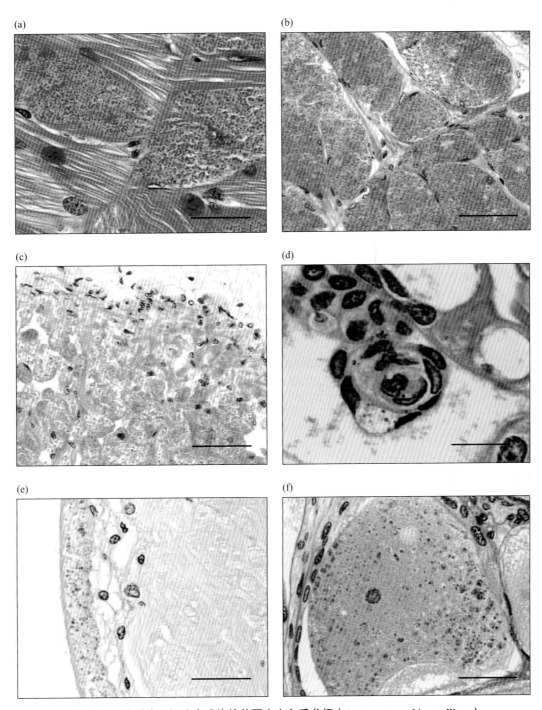

图 23.3　康氏泰罗汉孢虫感染的英国本土白爪龙虾（*Austropotamobius pallipes*）

　　包含孢子以及增殖阶段的微孢子虫的寄生囊逐渐取代了大量骨骼肌组织（a），最终所有肌纤维均被取代（b），心肌纤维中的持续性感染（c）。在病程进展时，可以在开管式循环系统中发现孢子，孢子随后被结缔组织、鳃和肝胆胰窦中的固定巨噬细胞吞噬（d）。在这个阶段，处于生活史不同阶段的微孢子虫可以在神经鞘（e）和卵母细胞（f）中被发现。标尺a，d=25 μm；b，c，e，f=100 μm。所有组化实验均为苏木精和伊红染色

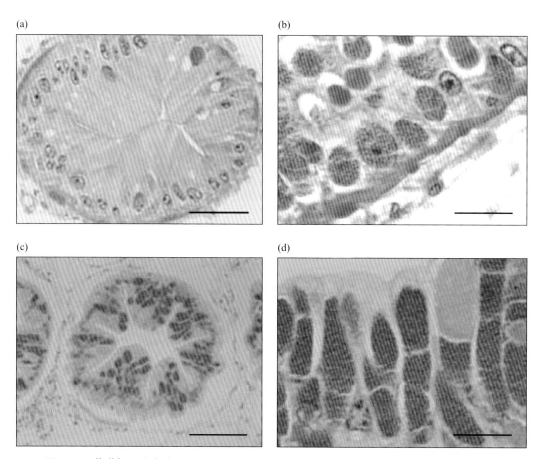

图 23.5 黄道蟹肝孢虫（Stentiford et al. 2007）与绒螯蟹肝孢虫（Stentiford et al. 2011）
分别感染肝胰腺上皮细胞的细胞核与细胞质后的组织病理学图

　　E. canceri 感染，早期可以在部分细胞核中看到孢子（a），随着感染的继续可在管中大部分细胞的细胞质和细胞核中观察到孢子（b），在 *H. eriocheir* 感染细胞后，微孢子虫被局限在细胞质内多个小泡中。小泡不同的染色特征表明其中的微孢子虫处于不同发育阶段（同时发生的）。组织学图为苏木精和伊红染色。[来源于 Stentiford, G.D., Bateman, K.S., Longshaw, M., & Feist, S.W.（2007）*Enterospora canceri* n. gen., n. sp., intranuclear within the hepatopancreatocytes of the European edible crab *Cancer pagurus. Dis Aquat Org*, 75, 61–72.（a and b）and Stentiford, G.D., Bateman, K.S., Dubuffet, A., Chambers, E., & Stone, D.M.（2011）Hepatospora eriocheir（Wang and Chen, 2007）gen. et comb. nov. infecting invasive Chinese mitten crabs（Eriocheir sinensis）in Europe. *J Invertebr Pathol*, 108（3）, 156–166.. Elsevier, 2011（c and d）]

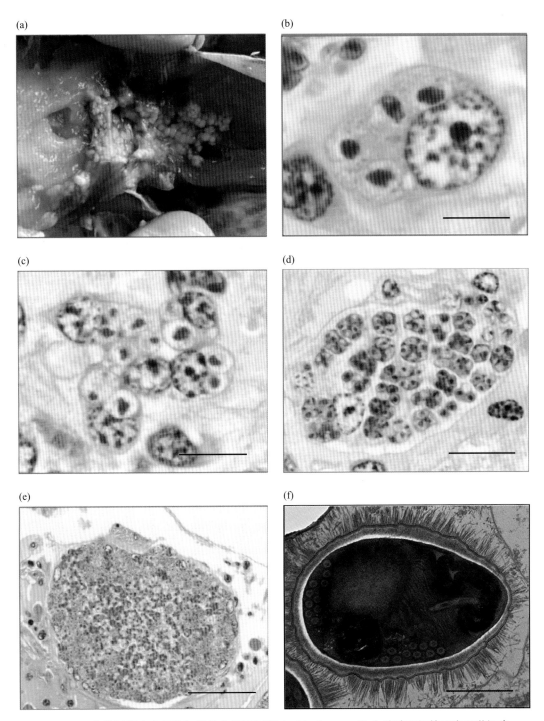

图 23.8　萝菌娜间孢虫侵染智利的南极帝王蟹（*Lithodes centolla*）结缔组织的固定吞噬细胞

（a）被感染蟹的皮下组织含有白色瘤状结构，尤其是在行走肢这个部位；（b）微孢子虫感染的早期固定吞噬细胞正在引发与邻近的细胞融合；（c）正在形成的含有发育阶段微孢子虫的多核宿主细胞；（d）进一步的融合形成了更大的合胞体，最终大片的结缔组织会被充满孢子的合胞体所取代；（e）透射电镜下展示的大量处于不同发育阶段的奇特形状的孢子；（f）每个产孢囊中含有 8 个孢子，孢子外壁有大量猪鬃状突起。标尺 b=10 μm；c, d=25 μm；e=100 μm；f=1 μm

图 25.2 微孢子虫——红火蚁内尔氏孢虫接种至红火蚁巢中

　　将感染微孢子虫的活火蚁幼虫以及蛹（圈内所示）置于火蚁的巢内，巢内的火蚁将会被感染。图片由 D. Oi 拍摄／美国农业部农业科学研究院 USDA-ARS